A P P L I E D   S U R V E Y

군무원 지도직 시험대비
토목기사
지적기사
측량 및 지형공간정보기사 시험대비

최신판

완벽한 시험대비
개 · 정 · 판

응용측량

김석종 · 이영욱 · 이영수 저

이 책의 구성

제**1**편 · 응용측량

제**2**편 · 과년도 문제해설

예문사

책머리에...

측량(測量)은 생명의 근원인 광대한 우주와 우리 삶의 터전인 지구를 관측(觀測)하고, 그 이치를 헤아리는 측천양지(測天量地)의 기술과 원리를 다루는 지혜의 학문이다. 측량이란 측천양지의 준말로서, 하늘을 재고 땅을 헤아린다는 뜻이다. 즉, 별자리를 통해 땅의 위치를 정하고 그 정해진 위치에 따라 땅의 크기를 결정한다는 의미이다.

오늘날 측량기술은 컴퓨터와 IT기술의 급속한 발전과 함께 항공사진측량, 인공위성에 의한 거리측정, GIS/LIS, 지하자원 탐사에 이르는 등 최첨단 정보기술로 거듭 발전하고 있다.

이 책은 20여 년간 측량실무 분야에 종사하면서 얻은 실무지식과 대학에서 강의를 하면서 정리한 교안을 기초로 하여, 각 단원마다 핵심 내용을 요약 · 정리하여 제시하고, 단원별 예상문제를 실어 앞에서 숙지한 내용들을 다시 한 번 확인하고 이해할 수 있도록 구성하였다.

이 책이 응용측량을 처음 접하는 모든 이들과 국가기술자격시험을 준비하는 수험생들에게 많은 도움이 되길 바라며, 앞으로 많은 분의 충고와 조언으로 더 좋은 교재가 될 수 있기를 기대한다.

마지막으로 이 책이 발간되기까지 도움을 주신 주위의 여러분들께 감사의 뜻을 전하며, 출판을 맡아주신 예문사 정용수 대표님, 장충상 전무님, 직원 여러분께도 진심으로 감사드리는 바이다.

저자 일동

A smooth sea never made a skilled mariner.
잔잔한 바다는 유능한 선원을 만들지 못한다.

CONTENTS

제1편 응용측량

CONTENTS

CONTENTS

제2편 과년도 문제해설

제1편 응용측량

제1장 총론

1.1 측량의 정의 및 분류

1.1.1 정의

측량(測量)은 원래 생명(生命)의 근원(根源)인 광대한 우주(宇宙)와 우리들 삶의 터전인 지구(地球)를 관측(觀測)하고 그 이치(理致)를 헤아리는 측천양지(測天陽地)의 기술(技術)과 원리(原理)를 다루는 지혜(智慧)의 학문(學問)이다.

측량이란 측천양지(測天陽地)의 준말로서 하늘을 재고 땅을 헤아린다는 뜻이다. 즉, 땅의 위치를 별자리에 의하여 정하고 그 정해진 위치에 의하여 땅의 크기를 결정한다는 뜻이다.

측량	측량법상 측량의 정의는 공간상에 존재하는 일정한 점들의 위치를 측정하고 그 특성을 조사하여 도면 및 수치로 표현하거나 도면상의 위치를 현지(現地)에 재현하는 것을 말하며, 측량용 사진의 촬영, 지도의 제작 및 각종 건설사업에서 요구하는 도면작성 등을 포함한다.
측량학	지구 및 우주공간에 존재하는 제점 간의 상호위치관계와 그 특성을 해석하는 것으로서 위치결정, 도면화와 도형해석, 생활공간의 개발과 유지관리에 필요한 자료제공, 정보체계의 정량화, 자연환경 친화를 위한 경관의 관측 및 평가 등을 통하여 쾌적한 생활 환경의 창출에 기여하는 학문이다.
측지학 (Geodesy)	지구 내부의 특성, 지구의 형상 및 운동을 결정하는 측량과 지구표면상에 있는 모든 점들 간의 상호위치관계를 산정하는 측량의 가장 기본적인 학문이다. 측지학에는 수평위치결정, 높이의 결정 등을 수행하는 기하학적 측지학, 지구의 형상해석, 중력, 지자기측량 등의 측량을 수행하는 물리학적 측지학으로 대별된다. 영어의 Geodesy의 Geo는 지구 또는 대지, Desy는 분할을 의미한다.
지적측량	토지를 지적공부에 등록하거나 지적공부에 등록된 경계점을 지상에 복원하기 위하여 제21호에 따른 필지의 경계 또는 좌표와 면적을 정하는 측량을 말하며, 지적확정측량 및 지적재조사측량을 포함한다. (제21호. "필지"란 대통령령으로 정하는 바에 따라 구획되는 토지의 등록 단위를 말한다.)

지적확정측량	제86조제1항에 따른 사업이 끝나 토지의 표시를 새로 정하기 위하여 실시하는 지적측량을 말한다.
지적재조사측량	「지적재조사에 관한 특별법」에 따른 지적재조사사업에 따라 토지의 표시를 새로 정하기 위하여 실시하는 지적측량을 말한다.
공간정보의 구축 및 관리 등에 관한 법률의 목적	이 법은 측량의 기준 및 절차와 지적공부(地籍公簿)·부동산종합공부(不動産綜合公簿)의 작성 및 관리 등에 관한 사항을 규정함으로써 국토의 효율적 관리 및 국민의 소유권 보호에 기여함을 목적으로 한다.

1.1.2 측량의 분류

가. 공간정보의 구축 및 관리 등에 관한 법의 분류

기본측량	"기본측량"이란 모든 측량의 기초가 되는 공간정보를 제공하기 위하여 국토해양부장관이 실시한 측량을 말한다.
공공측량	① 국가, 지방자치단체, 그 밖의 대통령령으로 정하는 기관이 관계 법령에 따른 사업 등을 시행하기 위하여 기본측량을 기초로 실시하는 측량 ② ①목 외의 자가 시행하는 측량 중 공공의 이해 또는 안전과 밀접한 관련이 있는 측량으로서 대통령령으로 정하는 측량
지적측량	"지적측량"이란 토지를 지적공부에 등록하거나 지적공부에 등록된 경계점을 지상에 복원하기 위하여 제21호에 따른 필지의 경계 또는 좌표와 면적을 정하는 측량을 말하며, 지적확정측량 및 지적재조사측량을 포함한다.
지적확정측량	"지적확정측량"이란 제86조제1항에 따른 사업이 끝나 토지의 표시를 새로 정하기 위하여 실시하는 지적측량을 말한다.
지적재조사측량	"지적재조사측량"이란 「지적재조사에 관한 특별법」에 따른 지적재조사사업에 따라 토지의 표시를 새로 정하기 위하여 실시하는 지적측량을 말한다.
일반측량	"일반측량"이란 기본측량, 공공측량, 지적측량 외의 측량을 말한다.

나. 측량구역의 면적에 따른 분류

측지측량 (Geodetic Surveying)	지구의 곡률을 고려하여 지표면을 곡면으로 보고 행하는 측량이며 범위는 100만분의 1의 허용 정밀도를 측량한 경우 반경 11km 이상 또는 면적 약 400km^2 이상의 넓은 지역에 해당하는 정밀측량으로서 대지측량(Large Area Surveying)이라고도 한다.

평면측량 (Plane Surveying)	지구의 곡률을 고려하지 않는 측량으로 거리측량의 허용 정밀도가 100만분의 1 이하일 경우 반경 11km 이내의 지역을 평면으로 취급하여 소지측량(Small Area Surveying)이라고도 한다.

1) 평면측량의 한계

정도	$\frac{d-D}{D}=\frac{1}{12}\left(\frac{D}{R}\right)^2=\frac{1}{m}=M$	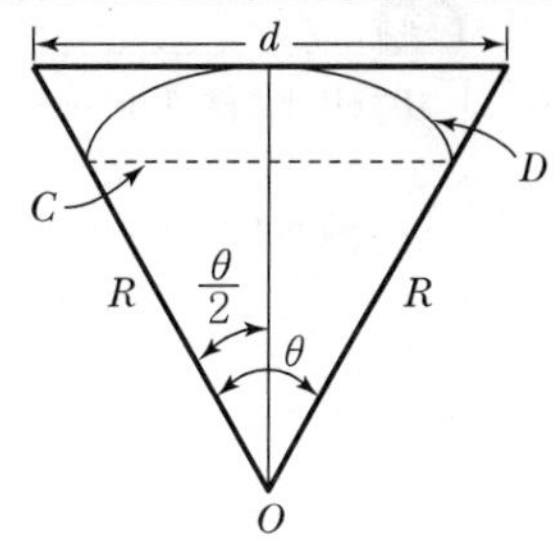
거리오차	$d-D=\frac{D^3}{12R^2}$	
평면으로 볼 수 있는 거리	$D=\sqrt{\frac{12\cdot R^2}{m}}$	여기서, d : 지평선(평면거리) D : 수평선(구면거리) R : 지구의 반경 $\frac{1}{M}$: 정밀도 C : 현 길이

예제

지구의 반경 R=6,370km라 하고 거리의 허용오차가 $\frac{1}{10^6}$이면 반경 몇 km까지 평면으로 볼 수 있는가?

➡ $\frac{d-D}{D}=\frac{1}{12}\left(\frac{D}{R}\right)^2=\frac{1}{10^6}$ 에서

1) 평면으로 볼 수 있는 거리

$$D=\sqrt{\frac{12R^2}{m}}=\sqrt{\frac{12\times 6,370^2}{10^6}}=22.1\text{km}$$

$\therefore$ 반경$\left(\frac{D}{2}\right)=\frac{22.1}{2}\fallingdotseq 11\text{km}$이다.

2) 거리오차($d-D$)

$$d-D=\frac{D^3}{12R^2}=\frac{22.1^3}{12\times 6,370^2}=0.000022\text{km}=22\text{mm}$$

예를 들면 지구의 반경 R=6,370km, $\frac{d-D}{D}$에 의한 허용오차가 $\frac{1}{10^6}$이라 하면 정도

$\left(\frac{d-D}{D}\right) \leq \frac{1}{1,000,000}$ 이고 평면거리(D) = 약 22km이다.

따라서 $\frac{1}{10^6}$ 정밀도의 측량을 할 때 직경 22km(반경 11km)에 대한 거리오차($d-D$)의 제한은 약 22mm(2.2cm)이며 면적은 약 400km²의 범위를 평면으로 볼 수 있다.

참고

지평선(地平線, Horizon) : • 편평한 대지 끝과 하늘이 맞닿아 보이는 경계선(境界線)
• 지상의 어떤 장소의 鉛直線에 직교하는 평면이 천구와 서로 접하여 이루는 큰 원

수평선(水平線) : • 바다 위에 있어서 물과 하늘이 맞닿은 경계선(境界線)
• 지구(地球) 위에서 중력(重力)의 방향에 수직이 되는 직선
• 수평면(水平面) 위의 직선

1.2 측지학

1.2.1 정의

지구 내부의 특성, 지구의 형상 및 운동을 결정하는 측량과 지구표면상에 있는 모든 점들 간의 상호위치관계를 산정하는 측량의 가장 기본적인 학문이다.

1.2.2 분류 암기 ㉿㉦해서 ㉸㉷㉿어라 ㉥㉸㉤㉭㉦를 ㉭㉸㉿㉷㉢㉷은 ㉿㉧㉿㉭

기하학적 측지학	물리학적 측지학
지구 및 천체에 대한 점들의 상호위치관계를 조사	지구의 형상해석 및 지구의 내부특성을 조사
① 측㉿학적 3차원 위치결정(경도, 위도, 높이)	① 지구의 ㉭상 해석
② 길이 및 ㉦간의 결정	② 지구의 ㉸운동과 자전운동
③ 수평위치 ㉸정	③ ㉿각의 변동 및 균형
④ 높이 결㉷	④ 지구의 ㉷ 측정
⑤ ㉿도제작	⑤ ㉢륙의 부동
⑥ ㉥적 · 체적측량	⑥ 해㉷의 조류
⑦ ㉸문측량	⑦ ㉿구조석측량
⑧ ㉤성측량	⑧ ㉧력측량
⑨ ㉭양측량	⑨ ㉿자기측량
⑩ ㉦진측량	⑩ ㉭성파측량

1.3 지구의 형상

지구의 형상은 물리적 지표면, 구, 타원체, 지오이드, 수학적 형상으로 대별되며 타원체는 회전, 지구, 준거, 국제타원체로 분류된다. 타원체는 지구를 표현하는 수학적 방법으로서 타원체면의 장축 또는 단축을 중심축으로 회전시켜 얻을 수 있는 모형이며 좌표를 표현하는 데 있어서 수학적 기준이 되는 모델이다.

1.3.1 타원체

가. 타원체의 종류 **암기** ㉦㉨㉢㉣

㉦전타원체	한 타원의 지축을 중심으로 회전하여 생기는 입체 타원체
㉨구타원체	부피와 모양이 실제의 지구와 가장 가까운 회전타원체를 지구의 형으로 규정한 타원체
㉢거타원체	어느 지역의 대지측량계의 기준이 되는 지구 타원체
㉣제타원체	전세계적으로 대지측량계의 통일을 위해 IUGG(International Association of Geodesy : 국제측지학 및 지구물리학연합)에서 제정한 지구타원체

나. 타원체의 특징 **암기** ㉠㉡㉢㉣는 ㉤㉥㉦㉧㉨㉩㉪고 ㉫㉬㉭㉮ ㉯㉰㉱다.

① ㉠하학적 ㉡원체이므로 ㉢곡이 없는 ㉣끈한 면이다.

② 지구의 ㉤경, ㉥적, ㉦면적, ㉧피, ㉨각측량, ㉩위도 결정, ㉪도제작 등의 기준

③ ㉫원체의 크기는 ㉬각측량 등의 실측이나 ㉭력측정값을 ㉮레로 정리로 이용

④ 지구타원체의 크기는 세계 각 나라별로 다르며 ㉯리나라에는 종래에는 Ⓑessel의 타원체를 사용하였으나 최근 측량·수로조사 및 지적에 관한 법 6조의 개정에 따라 ⒼRS80 타원체로 그 값이 변경되었다.

⑤ 지구의 형태는 극을 연결하는 직경이 적도방향의 직경보다 약 42.6km가 짧은 회전타원체로 되어 있다.

⑥ 지구타원체는 지구를 표현하는 수학적 방법으로서 타원체면의 장축 또는 단축을 중심으로 회전시켜 얻을 수 있는 모형이다.

다. 제성질

① 편심률(이심률, e)$=\sqrt{\dfrac{a^2-b^2}{a^2}}$

② 편평률$(P)=\dfrac{a-b}{a}=1-\sqrt{1-e^2}$

③ 자오선곡률반경$(M)=\dfrac{a(1-e)}{W^3}$ 여기서, $W=\sqrt{1-e^2\sin^2\phi}$

④ 횡곡률반경$(N) = \dfrac{a}{W} = \dfrac{a}{\sqrt{1-e^2\sin^2\phi}}$

⑤ 평균곡률반경$(R) = \sqrt{MN}$

1.3.2 지오이드

가. 정의

정지된 해수면을 육지까지 연장하여 지구 전체를 둘러쌌다고 가상한 곡면을 지오이드(Geoid)라 한다. 지구타원체는 기하학적으로 정의한 데 비하여 지오이드는 중력장 이론에 따라 물리학적으로 정의한다.

나. 특징 **암기** 지평대고해저면0측이고 연직선편차는 내부아미타불이다.

① 지오이드면은 평균해수면과 일치하는 등포텐셜면으로 일종의 수면이다.

② 지오이드면은 대륙에서는 지각의 인력 때문에 지구타원체보다 높고 해양에서는 낮다.

③ 고저측량은 지오이드면을 표고 0으로 하여 관측한다.

④ 타원체의 법선과 지오이드 연직선의 불일치로 연직선 편차가 생긴다.

⑤ 지형의 영향 또는 지각내부밀도의 불균일로 인하여 타원체에 비하여 다소의 기복이 있는 불규칙한 면이다.

⑥ 지오이드는 어느점에서나 표면을 통과하는 연직선은 중력방향에 수직이다.

⑦ 지오이드는 타원체면에 대하여 다소 기복이 있는 불규칙한 면을 갖는다.

⑧ 높이가 0이므로 위치에너지도 0이다.

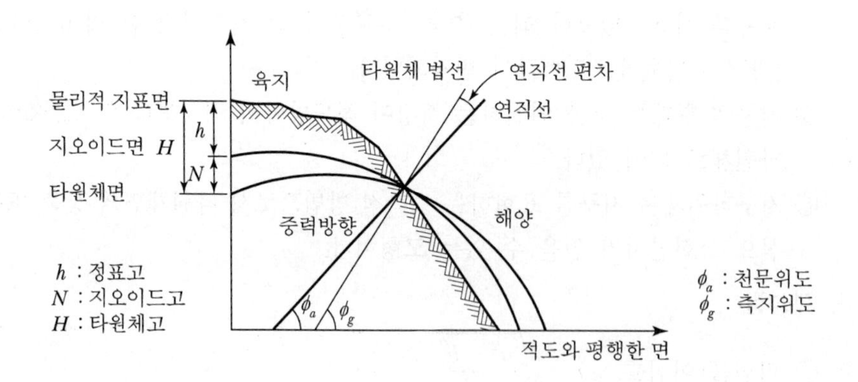

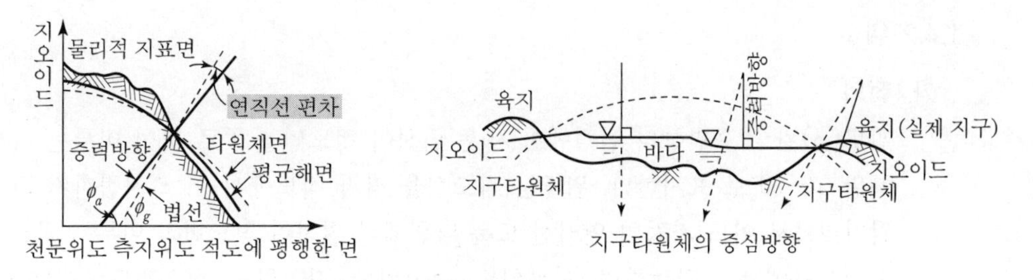

[타원체와 지오이드]

1.4 경도와 위도 암기 측천측천지화

1.4.1 경도

가. 정의

경도는 본초자오선과 적도의 교점을 원점(0, 0)으로 한다. 경도는 본초자오선으로부터 적도를 따라 그 지점의 자오선까지 잰 최소 각거리로 동서쪽으로 0°~180°까지 나타내며, 측지경도와 천문경도로 구분한다.

나. 종류

측지경도	본초자오선과 타원체상의 임의 자오선이 이루는 적도상 각 거리를 말한다.
천문경도	본초자오선과 지오이드상의 임의 자오선이 이루는 적도상 각 거리를 말한다.

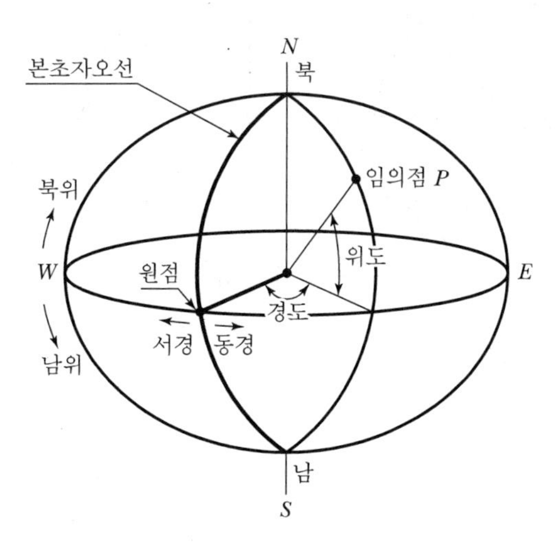

[경도와 위도]

1.4.2 위도

가. 정의

위도(ϕ)란 지표면상의 한점에서 세운 법선이 적도면을 0°로 하여 이루는 각으로서 남북위 0°~90°로 표시한다. 위도는 자오선을 따라 적도에서 어느 지점까지 관측한 최소 각거리로서 어느 지점의 연직선 또는 타원체의 법선이 적도면과 이루는 각으로 정의되고, 0°~90°까지 관측하며, 천문위도, 측지위도, 지심위도, 화성위도로 구분된다. 경도 1°에 대한 적도상 거리, 즉 위도 0°의 거리는 약 111km, 1′은 1.85km, 1″는 30.88m이다.

나. 종류

㊍지위도	지구상 한점에서 회전타원체의 법선이 적도면과 이루는 각으로 측지분야에서 많이 사용한다.
㊉문위도	지구상 한점에서 지오이드의 연직선(중력방향선)이 적도면과 이루는 각을 말한다.
㊋심위도	지구상 한점과 지구중심을 맺는 직선이 적도면과 이루는 각을 말한다.
㊌성위도	지구중심으로부터 장반경(a)을 반경으로 하는 원과 지구상 한점을 지나는 종선의 연장선과 지구중심을 연결한 직선이 적도면과 이루는 각을 말한다.

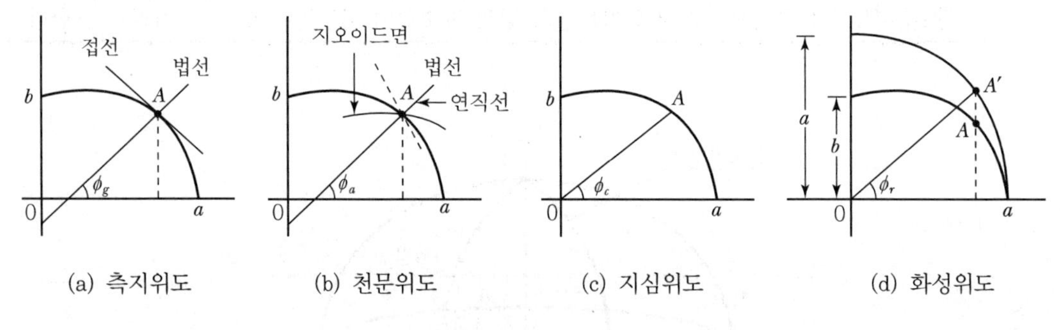

[위도의 종류]

1.5 구면삼각형과 구과량

1.5.1 구면삼각형

가. 정의

세 변이 대원의 호로 된 삼각형을 구면삼각형이라 하고 구면삼각형의 내각의 합은 180°보다 크다.

나. 특징

① 대규모지역의 측량의 경우 곡면각의 성질이 필요하다.

② 세 변이 대원의 호로 된 삼각형을 구면삼각형이라 한다.

③ 구면삼각형의 세 변의 길이는 대원호의 중심각과 같은 각거리이다.

1.5.2 구과량

가. 정의

구면삼각형 내각의 합은 180°보다 크며 이를 구과량, 또는 구면과량이라 한다. 구면삼각형의 3변과 길이가 같은 평면삼각형을 가상하여 그 면적을 E라 하면 구과량(ε'')은 다음과 같다.

즉, $\varepsilon = (A + B + C) - 180°$

$$\varepsilon'' = \frac{F}{R^2}\rho''$$

여기서, ε : 구과량
F : 삼각형의 면적
R : 지구반경

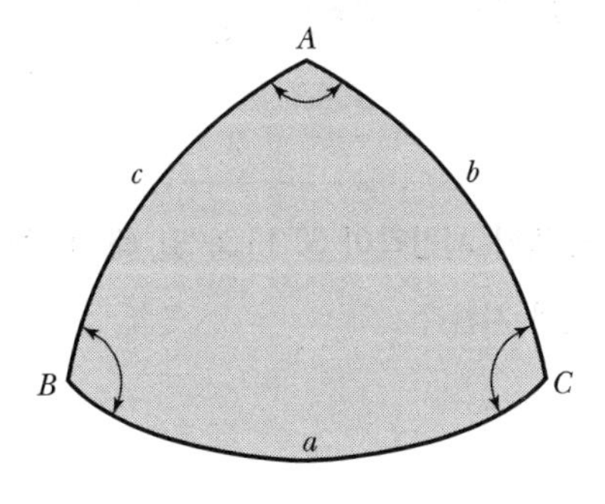

[구면삼각형]

나. 특징

① 구과량은 구면삼각형의 면적 F에 비례하고 구의 반경 R의 제곱에 반비례한다.
② 구면삼각형 한 정점을 지나는 변은 대원이다.
③ 일반측량에서 구과량은 미소하여 평면 삼각형 면적을 사용해도 지장이 없다.
④ 소규모 지역에서는 르장드르의 정리를, 대규모 지역에서는 슈라이버 정리를 이용한다.
⑤ 구과량 $\varepsilon = A + B + C - 180°$

1.6 시(時)

1.6.1 정의

시(時)는 지구의 자전 및 공전운동 때문에 관측자의 지구상 절대적 위치가 주기적으로 변화함을 표시하는 것으로 원래 하루의 길이는 지구의 자전, 1년은 지구의 공전, 주나 한 달은 달의 공전으로부터 정의된다. 시와 경도 사이에는 1시간은 15도의 관계가 있다.

1.6.2 시의 종류

가. 항성시(Local Sidereal Time ; LST)

항성일은 춘분점이 연속해서 같은 자오선을 두 번 통과하는 데 걸리는 시간이다(23시간 56분 4초). 이 항성일을 24등분하면 항성시가 된다. 즉 춘분점을 기준으로 관측된 시간을 항성시라 한다.

$$\mathrm{LST} = H_v = a + H$$

항성시 = 춘분점의 시간각 = 적경 + 시간각

예제

적경이 $3^h 30^m 20^s$ 인 천체의 시간각이 30°15′30″일 때 이 천체의 항성시는?

항성시 = 적경 + 천체의 시간각
- 1시간 = 15도
- 1분 = 15분
- 1초 = 15초

∴ 30°15′30″ = 2시간 1분 2초

항성시 = $3^h\,30^m\,20^s + 2^h\,1^m\,2^s = 5^h\,31^m\,22^s$

나. 태양시(Solar Time)

지구에서의 시간법은 태양의 위치를 기준으로 한다.

1) 시태양시

춘분점 대신 시태양을 사용한 항성시이며 태양의 시간각에 12시간을 더한 것으로 하루의 기점은 자정이 된다.

시태양시=태양의 시간각+12시간

2) 평균태양시

시태양시의 불편을 없애기 위하여 천구적도 상을 1년간 일정한 평균각속도로 동쪽으로 운행하는 가상적인 태양, 즉 평균태양의 시간각으로 평균태양시를 정의하며 이것이 우리가 쓰는 상용시이다.

평균태양시=평균태양의 시간각+12시간인 관계가 있다.

3) 균시차

① 시태양시와 평균태양시 사이의 차를 균시차라 한다.

균시차=시태양시-평균태양시

② 균시차가 생기는 이유

- 태양이 황도상을 이동하는 속도가 일정치 않아 공전속도의 변동에 의한 것이다.
- 지구의 공전궤도가 타원이다.
- 천구의 적도면이 황도면에 대해서 약 23.5도 경사져 있기 때문이다.

다. 세계시(Universal Time ; UT)

1) 표준시

지방시를 직접 사용하면 불편하므로 이러한 곤란을 해결하기 위하여 경도 15도 간격으로 전세계에 24개의 시간대를 정하고 각 경도대 내의 모든 지점을 동일한 시간을 사용하도록 하는데 이를 표준시라 한다.

우리나라의 표준시는 동경 135도를 기준으로 하고 있다.

2) 세계시

표준시의 세계적인 표준시간대는 경도 0도인 영국의 그리니치를 중심으로 하며 그리니치 자오선에 대한 평균태양시를 세계시라 한다.(서경)

$$UT = LST - a_{m.s} + \lambda + 12^h$$
세계시 = 지방시 - 평균태양시적경 + 관측점의 경도 + 12시간

한편 지구의 자전운동은 극운동과 계절적 변화의 영향으로 항상 균일한 것은 아니다. 이러한 영향을 고려하지 않는 세계시를 UT0라고 한다.

- UT0 : 이러한 영향을 고려하지 않는 세계시. 전세계가 같은 시간이다.
- UT1 : 극운동을 고려한 세계시. 전세계가 다른 시간이다.
- UT2 : UT1에 계절변화를 고려한 것으로 전세계가 다른 시각이다.
- $UT2 = UT1 + \Delta_S = UT0 + \Delta\lambda + \Delta_S$

동경 127° 지점에서 지방시가 5시 20분 40초이면 평균태양의 적경이 2시 25분 30초일 때 세계시는?

$UT = LST - a_{m.s} + \lambda + 12^h$

서경(λ) = 360° - 127° = 233°

$233°/15° = 15^h\,32^m\,00^s$

$UT = 15^h\,20^m\,40^s - 2^h\,25^m\,30^s + 15^h\,32^m\,00^s + 12^h = 30^h\,27^m\,10^s$

하루는 24시간이므로 $30^h\,27^m\,10^s - 24^h = 6^h\,27^m\,10^s$

라. 역표시(Ephemeris Time : ET)

지구는 자전운동뿐만 아니라 공전운동도 불균일하므로 이러한 영향 ⊿T를 고려하여 균일하게 만들어 사용한 것을 역표시라 한다.

$$ET = UT2 + \Delta T$$

중력포텐셜	중력장 내의 임의의 한 점에서 단위질량을 어떤 점까지 옮겨오는 데 필요한 일
등포텐셜	중력포텐셜이 일정한 값을 갖는 면

1.7 측량의 기준(공간정보의 구축 및 관리 등에 관한 법 제6조 측량기준)

1.7.1 높이의 종류

표고(Elevation)	지오이드면, 즉 정지된 평균해수면과 물리적 지표면 사이의 고저차
정표고(Orthometric Height)	물리적 지표면에서 지오이드까지의 고저차
지오이드고(Geoidal Height)	타원체와 지오이드와 사이의 고저차를 말한다.
타원체고(Ellipsoidal Height)	준거 타원체상에서 물리적 지표면까지의 고저차를 말하며 지구를 이상적인 타원체로 가정한 타원체면으로부터 관측지점까지의 거리이며 실제 지구표면은 울퉁불퉁한 기복을 가지므로 실제높이(표고)는 타원체고가 아닌 평균해수면(지오이드)으로부터 연직선 거리이다.

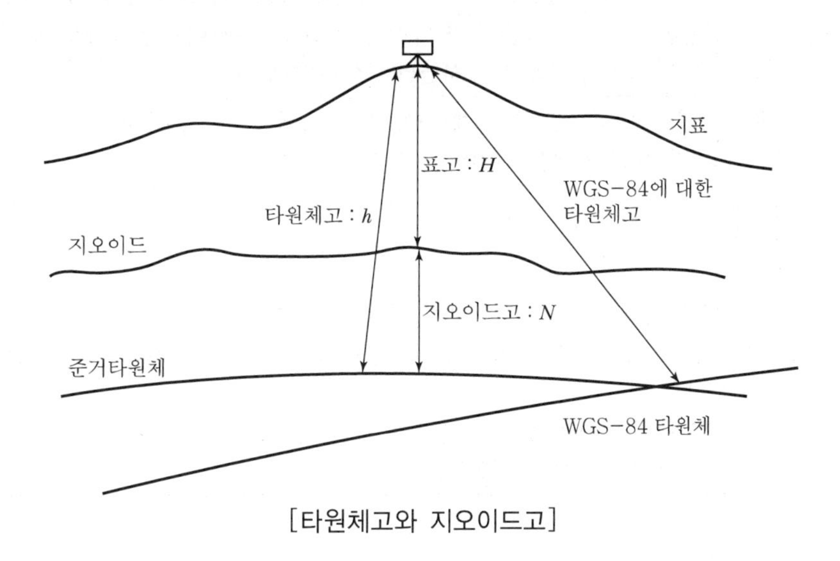

[타원체고와 지오이드고]

1.7.2 높이의 기준

위치	세계측지계(世界測地系)에 따라 측정한 지리학적 경위도와 높이(평균해면으로부터의 높이를 말한다. 이하 이 항에서 같다.)로 표시한다. 다만 지도제작 등을 위하여 필요한 경우에는 직각좌표와 높이, 극좌표와 높이, 지구중심 직교좌표 및 그 밖의 다른 좌표로 표시할 수 있다.
측량의 원점	대한민국 경위도원점(經緯度原點) 및 수준원점(水準原點)으로 한다. 다만, 섬 등 대통령령으로 정하는 지역에 대하여는 국토해양부장관이 따로 정하여 고시하는 원점을 사용할 수 있다.
간출지(干出地)의 높이와 수심	수로조사에서 간출지(干出地)의 높이와 수심은 기본수준면(일정 기간 조석을 관측하여 분석한 결과 가장 낮은 해수면)을 기준으로 측량한다. 〈삭제 2020. 2. 18.〉
해안선	해수면이 약최고고조면(略最高高潮面 : 일정 기간 조석을 관측하여 분석한 결과 가장 높은 해수면)에 이르렀을 때의 육지와 해수면과의 경계로 표시한다. 〈삭제 2020. 2. 18.〉

제6조(원점의 특례) 법 제6조제1항제2호 단서에서 "섬 등 대통령령으로 정하는 지역"이란 다음 각 호의 지역을 말한다. 〈개정 2013. 3. 23.〉

1. 제주도
2. 울릉도
3. 독도
4. 그 밖에 대한민국 경위도원점 및 수준원점으로부터 원거리에 위치하여 대한민국 경위도원점 및 수준원점을 적용하여 측량하기 곤란하다고 인정되어 국토교통부장관이 고시한 지역

② 제1항에 따른 세계측지계, 측량의 원점 값의 결정 및 직각좌표의 기준 등에 필요한 사항은 대통령령으로 정한다.

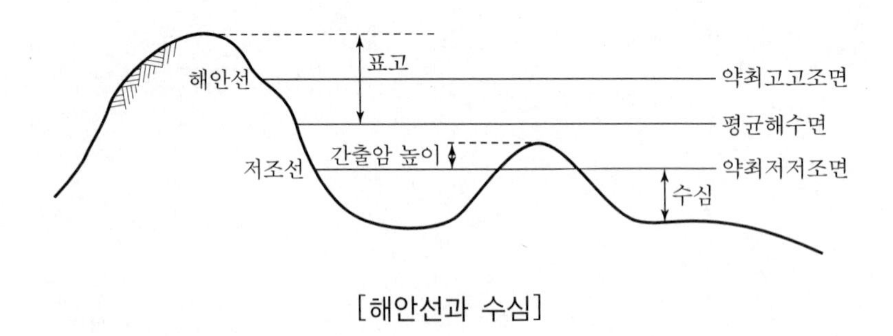

[해안선과 수심]

1.8 세계측지계(영 제7조)

① 법 제6조제1항에 따른 세계측지계(世界測地系)는 지구를 편평한 회전타원체로 상정하여 실시하는 위치측정의 기준으로서 다음 각 호의 요건을 갖춘 것을 말한다. 〈개정 2020. 6. 9.〉

1. 회전타원체의 긴반지름 및 편평률(扁平率)은 다음 각 목과 같을 것
   가. 긴반지름 : 6,378,137미터
   나. 편평률 : 298.257222101분의 1
2. 회전타원체의 중심이 지구의 질량중심과 일치할 것
3. 회전타원체의 단축(短軸)이 지구의 자전축과 일치할 것

1.9 측량의 원점

1.9.1 대한민국 경·위도 원점

① 1981~1985년까지 정밀천문측량 실시

② 1985년 12월 17일 발표

③ 우리나라의 최근에 설치된 경위도 원점은 2002년 1월 1일 관측하여 2003년 1월 1일 고시하였으며 대한민국 경위도원점의 변경 전·후 성과는 아래 표와 같다.

④ 원 방위각은 원점으로부터 진북을 기준으로 오른쪽 방향으로 측정한 우주측지관측센터에 있는 위성기준점 안테나 참조점 중앙이다.

구분	동경	북위	원방위각	원방위각 위치
변경 전	127°03′05.1453″ ±0.0950″	37°16′31.9031″ ±0.063″	170°58′18.190″ ±0.148″	동학산 2등삼각점
현재	127°03′14″.8913	37°16′33″.3659	165°03′44.538″	원점으로부터 진북을 기준으로 오른쪽 방향으로 측정한 우주측지관측센터에 있는 위성기준점 안테나 참조점 중앙
원점 소재지	국토지리정보원 내[경기도 수원시 영통구 월드컵로 92(국토지리정보원에 있는 대한민국 경위도원점 금속표의 십자선 교점)]			

1.9.2 수준원점

① 높이의 기준으로 평균해수면을 알기 위하여 토지조사 당시 검조장 설치(1911년)
② 검조장 설치위치 : 청진, 원산, 목포, 진남포, 인천(5개소)
③ 1963년 일등수준점을 신설하여 현재 사용
④ 위치 : 인천광역시 남구 용현동 253번지(인하대학교 교정)
⑤ 표고 : 인천만의 평균해수면으로부터 26.6871m

1.9.3 평면직각좌표원점

① 지도상 제 점 간의 위치관계를 용이하게 결정
② 모든 삼각점 (x, y) 좌표의 기준
③ 원점은 1910년의 토지 조사령에 의거 실시한 토지조사사업에 의하여 설정된 것으로 실제 존재하지 않는 가상의 원점이다. 원점은 동해, 동부, 중부, 서부원점이 있으며 그 위치는 다음과 같다.

[별표 2]

직각좌표의 기준(제7조제3항 관련)

1. 직각좌표계 원점

명칭	원점의 경위도	투영원점의 가산(加算)수치	원점축척계수	적용 구역
서부좌표계	경도 : 동경 125°00′ 위도 : 북위 38°00′	X(N) 600,000m Y(E) 200,000m	1.0000	동경 124°~126°
중부좌표계	경도 : 동경 127°00′ 위도 : 북위 38°00′	X(N) 600,000m Y(E) 200,000m	1.0000	동경 126°~128°
동부좌표계	경도 : 동경 129°00′ 위도 : 북위 38°00′	X(N) 600,000m Y(E) 200,000m	1.0000	동경 128°~130°
동해좌표계	경도 : 동경 131°00′ 위도 : 북위 38°00′	X(N) 600,000m Y(E) 200,000m	1.0000	동경 130°~132°

〈비고〉

가. 각 좌표계에서의 직각좌표는 다음의 조건에 따라 T · M(Transverse Mercator, 횡단 머케이터) 방법으로 표시하고, 원점의 좌표는 (X=0, Y=0)으로 한다.

1) X축은 좌표계 원점의 자오선에 일치하여야 하고, 진북방향을 정(+)으로 표시하며, Y축은 X축에 직교하는 축으로서 진동방향을 정(+)으로 한다.

2) 세계측지계에 따르지 아니하는 지적측량의 경우에는 가우스상사이중투영법으로 표시하되, 직각좌표계 투영원점의 가산(加算)수치를 각각 X(N) 500,000미터(제주도 지역 550,000미터), Y(E) 200,000m로 하여 사용할 수 있다.

나. 국토해양부장관은 지리정보의 위치측정을 위하여 필요하다고 인정할 때에는 직각좌표의 기준을 따로 정할 수 있다. 이 경우 국토해양부장관은 그 내용을 고시하여야 한다.

2. 지적측량에 사용되는 구소삼각지역의 직각좌표계 원점

명칭	원점의 경위도	
망산원점(間)	경도 : 동경 126°22′24″. 596 위도 : 북위 37°43′07″. 060	경기(강화)
계양원점(間)	경도 : 동경 126°42′49″. 685 위도 : 북위 37°33′01″. 124	경기(부천, 김포, 인천)
조본원점(m)	경도 : 동경 127°14′07″. 397 위도 : 북위 37°26′35″. 262	경기(성남, 광주)
가리원점(間)	경도 : 동경 126°51′59″. 430 위도 : 북위 37°25′30″. 532	경기(안양, 인천, 시흥)
등경원점(間)	경도 : 동경 126°51′32″. 845 위도 : 북위 37°11′52″. 885	경기(수원, 화성, 평택)
고초원점(m)	경도 : 동경 127°14′41″. 585 위도 : 북위 37°09′03″. 530	경기(용인, 안성)
율곡원점(m)	경도 : 동경 128°57′30″. 916 위도 : 북위 35°57′21″. 322	경북(영천, 경산)
현창원점(m)	경도 : 동경 128°46′03″. 947 위도 : 북위 35°51′46″. 967	경북(경산, 대구)
구암원점(間)	경도 : 동경 128°35′46″. 186 위도 : 북위 35°51′30″. 878	경북(대구, 달성)
금산원점(間)	경도 : 동경 128°17′26″. 070 위도 : 북위 35°43′46″. 532	경북(고령)
소라원점(m)	경도 : 동경 128°43′36″. 841 위도 : 북위 35°39′58″. 199	경북(청도)

〈비고〉

가. ㉠본원점 · ㉡초원점 · ㉢곡원점 · ㉣창원점 및 ㉤라원점의 평면직각종횡선수치의 단위는 ㉥㉦로 하고, ㉧산원점 · ㉨양원점 · ㉩리원점 · ㉪경원점 · ㉫암원점 및 금산원점의 평면직각종횡선수치의 단위는 ㉬(間)으로 한다. 이 경우 각각의 원점에 대한 평면직각종횡선수치는 0으로 한다.

나. 특별소삼각측량지역[전주, 강경, 마산, 진주, 광주(光州), 나주(羅州), 목포, 군산, 울릉도 등]에 분포된 소삼각측량지역은 별도의 원점을 사용할 수 있다.

1.10 좌표계

1.10.1 지구좌표계

가. 경 · 위도좌표

① 지구상 절대적 위치를 표시하는 데 가장 널리 쓰인다.

② 경도(λ)와 위도(ϕ)에 의한 좌표(λ, ϕ)로 수평위치를 나타낸다.

③ 3차원 위치표시를 위해서는 타원체면으로부터의 높이, 즉 표고를 이용한다.

④ 경도는 동 · 서쪽으로 0~180°로 관측하며 천문경도와 측지경도로 구분한다.

⑤ 위도는 남 · 북쪽으로 0~90° 관측하며 천문위도, 측지위도, 지심위도, 화성위도로 구분된다.

⑥ 경도 1°에 대한 적도상 거리는 약 111km, 1′는 1.85km, 1″는 0.88m가 된다.

나. 평면직교좌표

① 측량범위가 크지 않은 일반측량에 사용된다.

② 직교좌표값(x, y)으로 표시된다.

③ 자오선을 X축, 동서방향을 Y축으로 한다.

④ 원점에서 동서로 멀어질수록 자오선과 원점을 지나는 Xn(진북)과 평행한 Xn(도북)이 서로 일치하지 않아 자오선수차(r)가 발생한다.

다. UTM좌표

UTM좌표는 국제횡메르카토르 투영법에 의하여 표현되는 좌표계이다. 적도를 횡축, 자오선을 종축으로 한다. 투영방식, 좌표변환식은 TM과 동일하나 원점에서 축척계수를 0.9996으로 하여 적용범위를 넓혔다.

<table>
<tr><td>종대</td><td>① 지구 전체를 경도 6°씩 60개 구역으로 나누고, 각 종대의 중앙자오선과 적도의 교점을 원점으로 하여 원통도법인 횡메르카토르 투영법으로 등각투영한다.
② 각 종대는 180°W 자오선에서 동쪽으로 6°간격으로 1~60까지 번호를 붙인다.
③ 중앙자오선에서의 축척계수는 0.9996m이다.
(축척계수 : $\frac{\text{평면거리}}{\text{구면거리}} = \frac{s}{S} = 0.9996$)</td></tr>
<tr><td>횡대</td><td>① 종대에서 위도는 남북 80°까지만 포함시킨다.
② 횡대는 8°씩 20개 구역으로 나누어 C(80°S~72°S)~X(72°N~80°N)까지(단 I, O는 제외) 20개의 알파벳 문자로 표현한다.
③ 결국 종대 및 횡대는 경도 6°×위도 8°의 구형구역으로 구분된다.
④ 경도의 원점은 중앙자오선, 위도의 원점은 적도상에 있다.
⑤ 길이의 단위는 m이다.
⑥ 우리나라는 51~52 종대, S~T 횡대에 속한다.
종대 51 : 120°~126°(중앙자오선 123°E), 횡대 S : 32°~40°N
52 : 126°~132°(중앙자오선 129°E), T : 40°~48°N</td></tr>
</table>

라. UPS 좌표

① 위도 80° 이상의 양극지역의 좌표를 표시하는 데 이용한다.

② UPS 좌표는 극심입체투영법에 의한 것이며 UTM 좌표의 상사투영법과 같은 특징을 지닌다.

③ 특징

㉠ 양극을 원점으로 평면직각좌표계를 사용하며 거리좌표는 m로 표시한다.

㉡ 종축은 경도 0° 및 180°인 자오선, 횡축은 90°E인 자오선이다.

㉢ 원점의 좌표값은 (2,000,000mN, 2,000,000mN)이다.

㉣ 도북은 북극을 지나는 180° 자오선(남극에서는 0° 자오선)과 일치한다.

마. WGS 84 좌표

WGS 84는 여러 관측장비를 가지고 전 세계적으로 측정해온 중력측량으로 중력장과 지구형상을 근거로 만들어진 지심좌표계이다.

① 지구의 질량중심에 위치한 좌표원점과 X, Y, Z 축으로 정의되는 좌표계이다.

② Z축은 1984년 BIH(국제시보국)에서 채택한 지구자전축과 평행하다.

③ X축은 BIH에서 정의한 본초자오선과 평행한 평면이 지구 적도선과 교차하는 선이다.

④ Y축은 X축과 Z축이 이루는 평면에 동쪽으로 수직인 방향이다.

⑤ WGS 84 좌표계의 원점과 축은 WGS 84 타원체의 기하학적 중심과 X, Y, Z축으로 쓰인다.

1.10.2 천문좌표계

지평좌표 (Horizontal coordinate)	① 관측자를 중심으로 천체의 위치를 가장 간략하게 표시하는 좌표계이다. ② 관측자의 위치에 따라 방위각(A), 고저각(h)이 변하는 단점이 있다. • 고저각 : 지평선으로부터 천체까지 수직권을 따라 잰 각거리 (∠X′OX(0~±90°)) • 방위각 : 자오선의 북점으로부터 지평선을 따라 천체를 지나 수직권의 발(X′)까지 잰 각거리(∠NOX′(0~360°))
적도좌표계 (Equatorial coordinate)	① 천구상 위치를 천구 도면을 기준으로 적경(a)과 적위(δ) 또는 시간각(H)과 적위(δ)로 나타내는 좌표계이다. ② 시간과 장소에 관계없이 좌표값이 일정하고, 정확도가 높아 가장 널리 이용된다. ③ 특별한 시설이 없으면 천체를 나타내지 못하는 단점이 있다.
황도좌표계 (Ecliptic coordinate)	① 태양계 내의 천체의 운동을 설명하는 데 편리하다. ② 이는 태양계의 모든 천체의 궤도면이 지구의 궤도면과 거의 일치하며 천구상에서 황도 가까운 곳에 나타나기 때문이다(황도를 기준으로 함). ③ 황경은 춘분점을 원점으로 하여 황도를 따라 동쪽으로 잰 각거리 (0~360°) ④ 황위는 황도면에 떨어진 각거리(±0~90°) ⑤ 적도면과 황도면의 경사각 : 23.5° ⑥ 황도는 일년 중 하늘에서 태양이 움직이는 겉보기 궤도(태양이 황도상을 이동하는 속도가 일정치 않아 공전속도의 변동에 의해 균시차가 생긴다.)
은하좌표 (Galactic coordinate)	① 은하계의 중간 평면을 은하적도로 하여 은경, 은위로 위치 표현한다. ② 은하 적도는 천구적도에 비해 63° 기울어져 있다. ③ 은하계 내의 천구 위치나 은하계와 연관 있는 현상을 설명할 때 편리하다. • 은하적도는 천구적도에 대해 63° 기울어짐 • 은위는 은하적도로부터 잰 각거리(0~±90°) • 은경은 은하중심방향으로부터 은하적도를 따라 동쪽으로 잰 각거리(0~360°)

참고

모유선 : 천구지평선상에서 남점과 북점의 이등분점은 동점과 서점이며, 동점(E), 서점(W)과 천정을 지나는 수직권을 말한다.

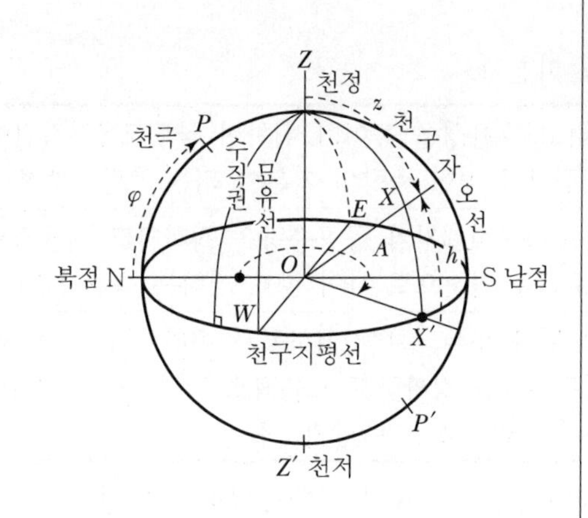

[지평좌표계]

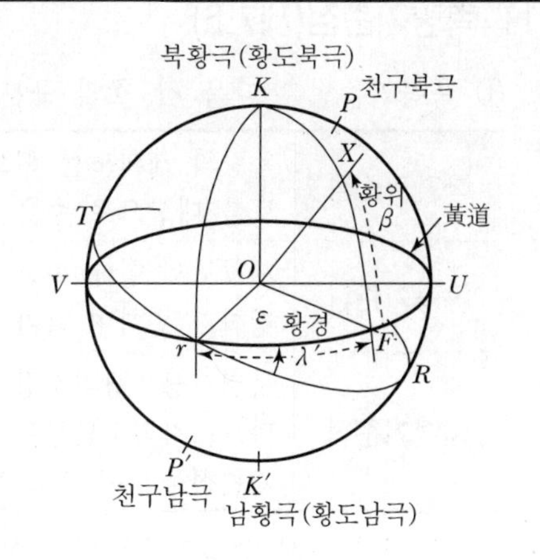

[황도좌표계]

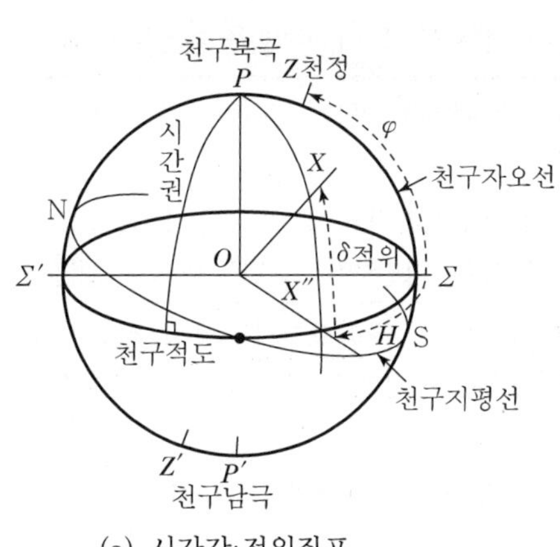

(a) 시간각·적위좌표

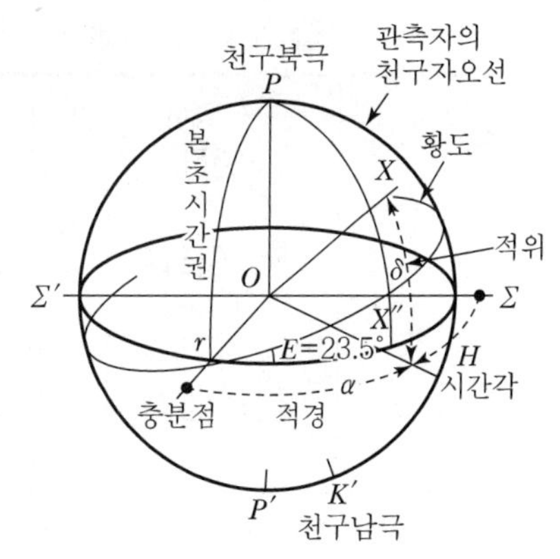

(b) 적경·적위좌표

[적도좌표계]

1.11 측량기준점(제7조)

① 측량기준점은 다음 각 호의 구분에 따른다.

국가기준점	측량의 정확도를 확보하고 효율성을 높이기 위하여 국토교통부장관이 전국토를 대상으로 주요 지점마다 정한 측량의 기본이 되는 측량기준점
공공기준점	제17조제2항에 따른 공공측량시행자가 공공측량을 정확하고 효율적으로 시행하기 위하여 국가기준점을 기준으로 하여 따로 정하는 측량기준점
지적기준점	특별시장 · 광역시장 · 도지사 또는 특별자치도지사(이하 "시 · 도지사"라 한다)나 지적소관청이 지적측량을 정확하고 효율적으로 시행하기 위하여 국가기준점을 기준으로 하여 따로 정하는 측량기준점

② 제1항에 따른 측량기준점의 구분에 관한 세부 사항은 대통령령으로 정한다.

제8조 (측량기준점의 구분) ① 법 제7조제1항에 따른 측량기준점은 다음 각 호의 구분에 따른다. 암기 ㉾리가 ㉷㉱이 심하면 ㉿㉶를 모아 ㉸㉹을 ㉸㉺번 해라

국가기준점	㉾주측지 기준점	국가측지기준계를 정립하기 위하여 전 세계 초장거리 간섭계와 연결하여 정한 기준점
	㉷성기준점	지리학적 경위도, 직각좌표 및 지구 중심 직교좌표의 측정 기준으로 사용하기 위하여 대한민국 경위도원점을 기초로 정한 기준점
	㉱합기준점	지리학적 경위도, 직각좌표, 지구중심 직교좌표, 높이 및 중력 측정의 기준으로 사용하기 위하여 위성기준점, 수준점 및 중력점을 기초로 정한 기준점
	㉿력점	중력 측정의 기준으로 사용하기 위하여 정한 기준점
	㉶자기점(地磁氣點)	지구자기 측정의 기준으로 사용하기 위하여 정한 기준점
	㉸준점	높이 측정의 기준으로 사용하기 위하여 대한민국 수준원점을 기초로 정한 기준점
	㉹해기준점	우리나라의 영해를 획정(劃定)하기 위하여 정한 기준점
	㉸로기준점	수로조사 시 해양에서의 수평위치와 높이, 수심 측정 및 해안선 결정 기준으로 사용하기 위하여 위성기준점과 법 제6조제1항제3호의 기본수준면을 기초로 정한 기준점으로서 수로측량기준점, 기본수준점, 해안선기준점으로 구분한다. ① 수로측량기준점 : 수로조사 시 해양에서의 수평위치측량의 기준으로 사용하기 위하여 위성기준점, 통합기준점 및 삼각점을 기초로 정한 국가기준점을 말한다.

		② 기본수준점 : 수로조사 시 높은 관측의 기준으로 사용하기 위하여 조석관측을 기초로 정한 국가기준점. 기본수준원점은 인천지역의 수심기준인 약최저저조면과 우리나라 해발고도의 기준인 평균해수면으로부터의 높이를 정한 점이다. ③ 해안선기준점 : 수로조사 시 해안선의 위치측량을 위하여 위성기준점, 통합기준점, 삼각점을 기초로 정한 국가기준점을 말한다.
	삼각점	지리학적 경위도, 직각좌표 및 지구중심 직교좌표 측정의 기준으로 사용하기 위하여 위성기준점 및 통합기준점을 기초로 정한 기준점
공공기준점	공공삼각점	공공측량 시 수평위치의 기준으로 사용하기 위하여 국가기준점을 기초로 하여 정한 기준점
	공공수준점	공공측량 시 높이의 기준으로 사용하기 위하여 국가기준점을 기초로 하여 정한 기준점
지적기준점	지적삼각점(地籍三角點)	지적측량 시 수평위치 측량의 기준으로 사용하기 위하여 국가기준점을 기준으로 하여 정한 기준점
	지적삼각보조점	지적측량 시 수평위치 측량의 기준으로 사용하기 위하여 국가기준점과 지적삼각점을 기준으로 하여 정한 기준점
	지적도근점(地籍圖根點)	지적측량 시 필지에 대한 수평위치 측량 기준으로 사용하기 위하여 국가기준점, 지적삼각점, 지적삼각보조점 및 다른 지적도근점을 기초로 하여 정한 기준점

1.12 측량의 요소 및 국제단위계

1.12.1 국제단위계

국제관측단위계(SI)는 일반적으로 미터법으로 불리며 과학기술계에서 MKSA단위라고 불리는 관측 단위체계의 최신 형태이다. 미터법 단위계는 1875년 파리에서 체결된 미터조약에 의하여 제정된 이래 전 세계에서 보급되어 제반 분야에서 널리 이용되고 있으며 측량 분야에서도 중요하게 사용된다.

가. 기본단위

1967년 온도의 단위가 캘빈(K)으로 바뀌고 1971년에 7번째 기본단위로서 물량단위인 몰(mole)이 추가되어 현재의 SI의 기초가 되었다.

구분	관측단위	기호
길이의 단위	미터(Meter)	m
질량의 단위	킬로그램(Kilogram)	kg
시간의 단위	초(Second)	s
전류의 단위	암페어(Ampere)	A
열 역학적 온도 단위	켈빈(Kelvin)	K
물량의 단위	몰(Mol)	mol
광도의 단위	칸델라(Candela)	cd

나. 보조단위

① 보조단위는 추가 단위라고도 하며, 평면각의 SI 단위인 라디안과 공간각의 SI 단위인 스테라디안이 있다.

② 평면각은 두 길이의 비율로, 공간각은 넓이와 길이의 제곱과의 비율로 표현되므로 두 가지 모두 기하학적이고 무차원량이다.

구분	라디안(평면 SI 단위계)	스테라디안(공간 SI 단위계)
표시	$1\text{rad}=\dfrac{1\text{m}(\text{호의 길이})}{1\text{m}(\text{반경})}=\dfrac{1\text{m}}{1\text{m}}$	$1\text{sr}=\dfrac{1\text{m}^2(\text{구의 일부표면적})}{1\text{m}^2(\text{구의 반경의 제곱})}=\dfrac{1\text{m}^2}{1\text{m}^2}$
이용분야	각속도(rad/s) 각 가속도(rad/s^2)	복사휘도(ω/m^2) 광속도(cd/sr)

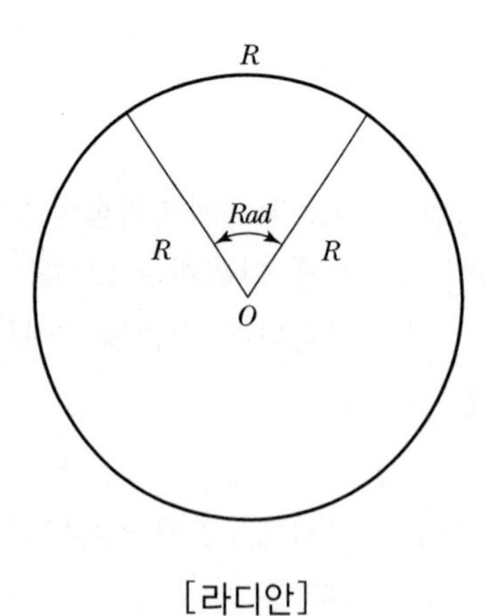

[라디안]

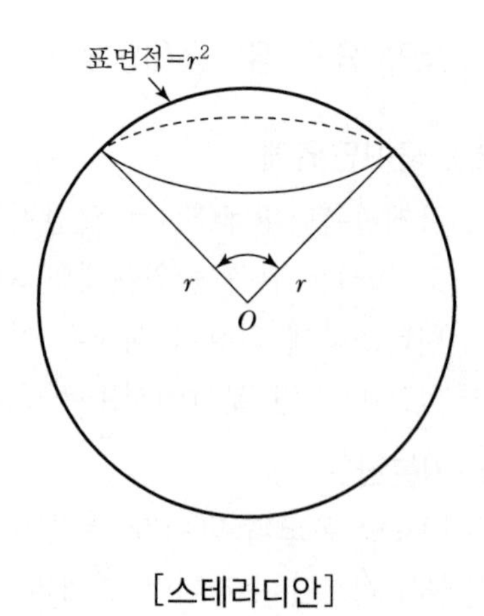

[스테라디안]

• SI단위

구분	단위	이름	기호
기본단위	길이의 단위	미터(Meter)	m
	질량의 단위	킬로그램(Kilogram)	kg
	시간의 단위	초(Second)	s
	전류의 단위	암페어(Ampere)	A
	열 역학적 온도 단위	켈빈(Kelvin)	K
	물량의 단위	몰(Mol)	mol
	광도의 단위	칸델라(Candela)	cd
보조단위	평면각	라디안(Radian)	rad
	입체각	스테라디안(Steradian)	sr
유도단위	면적	제곱미터(Squaremeter)	m^2
	부피	세제곱미터(Cubic meter)	m^3
	속도 · 속력	매 초당 미터(Meter per sec)	m/s
	가속도	매 제곱 초당 미터(Meter per square second)	m/s^2
	밀도	매 세제곱 미터당 킬로미터(Kilogram per cubic meter)	kg/m^3

• 보조단위 접두어

이름	기호	크기	이름	기호	크기
yotta	Y	10^{24}	deca	d	10^{-1}
zetta	Z	10^{21}	centi	c	10^{-2}
exa	E	10^{18}	milli	m	10^{-3}
peta	P	10^{15}	micro	μ	10^{-6}
tera	T	10^{12}	nano	n	10^{-9}
giga	G	10^{9}	pico	p	10^{-12}
mega	M	10^{6}	femto	f	10^{-15}
kilo	K	10^{3}	atto	a	10^{-18}
hecto	h	10^{2}	zepto	z	10^{-21}
deca	da	10^{2}	yocto	y	10^{-24}

1.13 지자기 측량

1.13.1 정의

지자기는 방향과 크기를 가진 양으로 벡타량이며 그 방향과 크기를 구함으로써 정해진다. 지자기는 지구가 가지고 있는 자기와 그 자장에서 일어나는 여러 현상이며, 지구 각 지점의 자장은 편각, 복각, 수평분력 등 지자기 3요소에 의해 결정된다.

1.13.2 지자기의 3요소

편각 (Declination)	수평분력 H가 진북과 이루는 각
복각 (Inclination)	전자장 F와 수평분력 H가 이루는 각
수평분력 (Horizontal Intensity)	① 전자장 F의 수평분력 ② 전자장 F로부터 수평분력 H와 연직분력 Z로 나누어진다. ③ 수평분력은 진북방향성분 X와 동서방향성분 Y로 나누어진다.

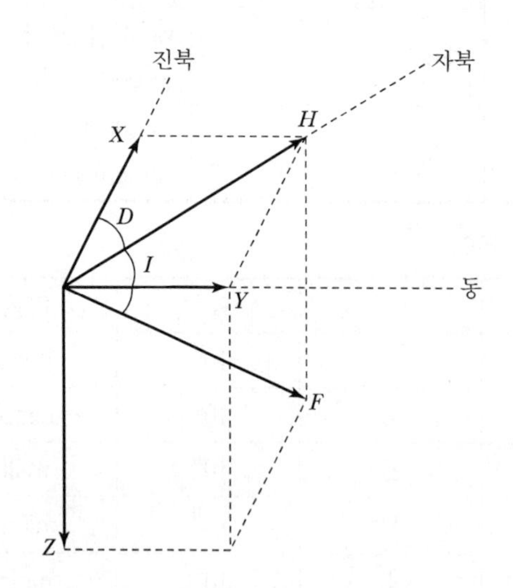

여기서, F : 전자장, H : 수평분력(X : 진북방향성분, Y : 동서방향성분), Z : 연직분력, D : 편각, I : 복각

[지자기 3요소]

1.14 탄성파 측량

1.14.1 정의

물체에 외력을 가했다가 외력을 제거했을 때 원상태로 돌아올 수 있는 상태에서 변형의 비율은 외력에 비례한다(Hook의 법칙). Hook의 법칙이 적용되는 고체를 탄성체라 하며 탄성체에 충격을 주어 급격한 변형을 일으키면 변형은 파장이 되어 주위로 전파되는데 이 파를 탄성파라 한다.

1.14.2 탄성파의 종류

P파(종파)	① 파의 진행에 의해 압축력이 생기므로 압축파, 조밀파, 쌍용파, P파(Primary wave) 라고도 한다. ② 종파는 매질밀도의 증감에 의한 입자운동에 의해 발생되는 파로 입자의 진동방향이 파의 진행방향과 일치하고 도달시간은 0분이며, 속도는 7~8km/sec이고, 모든 물체에 전파하는 성질을 가지고 있으며, 아주 작은 폭으로 발생한다.
S파(횡파)	① 변형이 전단변형을 가져오므로 전단파라고도 한다. ② 횡파는 파의 진동방향이 진행방향에 직교를 이루는 파로서 도달시간은 8분, 속도는 3~4km/sec이고, 고체 내에서만 전파하는 성질을 가지고 있으며 보통 폭으로 발생한다.
L파(표면파)	① 표면파는 탄성체의 표면 부근으로 전달되는 파로, P파, S파에 비해 느리지만 진폭이 커서 지진에 의한 피해는 대부분 이 표면파에 의한 것이며 표면파에는 Rayleigh파와 Love파가 있다. ② 진동방향은 수평 및 수직으로 일어나며 속도는 3km/sec 이하이고, 지표면에 진동하는 성질을 가지고 있으며 아주 큰 폭으로 발생한다.

1.14.3 탄성파의 특징

① 탄성파(지진파)측정은 자연지진이나 인공지진(화약에 의한 폭발로 발생)의 지진파로 지하구조를 탐사하는 것으로 굴절법과 반사법이 있다.

② 굴절법(Refraction) : 지표면으로부터 낮은 곳의 측정

③ 반사법(Reflection) : 지표면으로부터 깊은 곳의 측정

④ 지진이 일어났을 때 지진계에 기록되는 순서는 종파(P파) - 횡파(S파) - 표면파(L파)이다.

종류	진동방향	속도 및 도달시간	특징
종파(P파)	진행방향과 일치	• 속도 7~8km/sec • 도달시간 0분	• 모든 물체에 전파 • 아주 작은 폭
횡파(S파)	진행방향과 직각	• 속도 3~4km/sec • 도달시간 8분	• 고체 내에서만 전파 • 보통폭
표면파(L파)	수평 및 수직	속도 3km/sec	• 지표면에 진동 • 아주 큰폭

1.15 중력 측량

1.15.1 정의

지구의 표면에서 존재하는 것으로 가장 쉽게 느낄 수 있는 힘의 중력이며, 지구상의 모든 물체는 중력에 의해 지구 중심방향으로 끌리고 있다. 중력은 만유인력법칙에 의해 지구표면으로 낙하하는 물체의 낙하속도의 증가율로서 중력가속도를 말하며 이 중력이 미치는 범위를 중력장이라 한다. 중력측량은 지구를 타원체로 가정한 이론적인 값과 실측한 값의 차이를 구하여 지구의 형태를 연구하는 측지학적 분야, 지하구조 및 자원탐사에 이용되는 지질학적 분야, 태양계의 역학적 관계를 규명하는 천문학 분야 등에 중요역할을 한다.

1.15.2 중력보정의 종류 암기 (고)(지)(에) (조)(위)를 (대)(보)(계)

중력의 변화량을 제거시키는 것을 중력보정(Gravity correction)이라 한다.

중력보정		내용
(고)도보정 (高度補正)		관측점 사이의 고도차가 중력에 미치는 영향을 제거하는 보정이다.
①	프리에어 보정 (Freeair Correction)	물질의 인력을 고려하지 않고 고도차만을 고려하여 보정, 즉 관측값으로부터 기준면 사이에 질량을 무시하고 기준면으로부터 높이(또는 깊이)의 영향을 고려하는 보정이다. 관측된 중력값+고도차=프리에어보정
②	부게보정 (Bouguer Correction)	관측점들의 고도차가 존재하는 물질의 인력이 중력에 미치는 영향을 보정하는 것, 즉 물질의 인력을 고려하는 보정이며 측정점과 지오이드면 사이에 존재하는 물질이 중력에 미치는 영향에 대한 보정을 말한다. 관측된 중력값+고도차+물질의 인력=부게보정

㉮형보정 (Topographic 또는 Terrain Correction)	지형보정은 관측점과 기준면 사이에 일정한 밀도의 물질이 무한히 퍼져 있는 것으로 가정하여 보정하는 것이지만 실제지형은 능선이나 계곡 등의 불규칙한 형태를 이루고 있으므로 이러한 지형영향을 고려한 보정을 지형보정이라 한다. 지형보정은 측점주위의 높음과 낮음에 관계없이 보정값을 관측값에 항상 (+) 해주어야 한다. 관측된 중력값+고도차+물질의 인력+실제 지형=지형보정
㉯트베스보정 (Eotvos Correction)	선박이나 항공기 등의 이동체에서 중력을 관측하는 경우에 이동체 속도의 동, 서 방향성분은 지구자전축에 대한 자전각속도의 상대적인 증감효과를 일으켜서 원심가속도의 변화를 가져온다. 지구에 대한 이동체의 상대운동의 영향에 의한 중력효과를 보정하는 것이다.
㉰석보정 (Earth Tide Correction)	달과 태양의 인력에 의하여 지구 자체가 주기적으로 변형하는 지구 조석현상은 중력값에도 영향을 주게 되고 이것을 보정하는 것이다.
㉱도보정 (Latitude Correction)	지구의 적도반경과 극반경 차이에 의하여 적도에서 극으로 갈수록 중력이 커지므로 위도차에 의한 영향을 제거하는 것이다.
㉲기보정 (Airmass Correction)	대기에 의한 중력의 영향보정이다.
지각균형㉳정 (Isostatic Correction)	지각균형성에 의하면 밀도는 일정하지 않기 때문에 이를 보정하는 것이다. 관측된 중력값+고도차+물질의 인력+실제지형+지각균형설 =지각균형보정
㉴기보정 (Drift Correction)	스프링 크리프현상으로 생기는 중력의 시간에 따른 변화를 보정하는 것이다.

1.15.3 중력이상(重力異常, Gravity Anomaly)

중력이상이란 중력보정을 통하여 기준면에서의 중력값으로 보정된 중력값에서 표준중력값을 뺀 값이다. 즉, 실제 관측중력값에서 표준중력식에 의해 계산한 중력값을 뺀 것이다. 중력이상의 주원인은 지하의 지질밀도가 고르게 분포되어 있지 않기 때문이다.

중력 이상	내용
프리에어이상 (Freeair Anomaly)	• 관측된 중력값으로부터 위도보정과 프리에어보정을 실시한 중력값에서 기준점에서의 표준중력값을 뺀 값이다. (프리에어보정 + 위도보정) - 표준중력값 = Freeair Anomaly • 프리에어이상은 관측점과 지오이드 사이의 물질에 대한 영향을 고려하지 않았기 때문에 고도가 높은 점일수록 (+)로 증가한다.
부게이상 (Bouguer Anomaly)	• 중력관측점과 지오이드면 사이의 질량을 고려한 중력 이상이다. • 부게이상은 지하의 물질 및 질량분포를 구하는 데 목적이 있다. • 프리에어이상에 부게보정 및 지형보정을 더하여 얻는 이상이다. • 프리에어이상 + 부게보정 = Simple Bouguer Anomaly • 프리에어이상 + 부게보정 + 지형보정 = Bouguer Anomaly • 고도가 높을수록 (−)로 감소한다.
지각균형이상 (地殼均衡異常)	• 지질광물의 분포상태에 따른 밀도차의 영향을 고려한 이상이다. • 부게이상에 지각균형보정을 더하여 얻는 이상이다. 부게이상 + 지각균형보정 = Isostatic Anomaly

중력보정(Gravity Correction)	중력이상(Gravity Anomaly)
• 관측된 중력값+기준면상 값으로 보정 =중력보정 • 관측된 중력값+고도차=프리에어보정 • 관측된 중력값+고도차+물질의 인력 =부게보정 • 관측된 중력값+고도차+물질의 인력+실제지형=지형보정 • 관측된 중력값+고도차+물질의 인력+실제지형+지각균형설=지각균형보정	• 관측된 중력값-표준중력값 =Gravity Anomaly • (프리에어보정+위도보정) - 표준중력값 =Freeair Anomaly • 프리에어이상 + 부게보정 = Simple Bouguer Anomaly • 프리에어이상 + 부게보정 + 지형보정 = Bouguer Anomaly • 부게이상+지각균형보정 =Isostatic Anomaly

참고

- 수애선(水涯線) : 수면과 해안의 경계선으로, 하천수위의 변화에 따라 변동하며 평수위에 따라 정해진다.
- 평수위(OWL) : 어느 기간의 수위 중 이것보다 높은 수위와 낮은 수위의 관측수가 똑같은 수위로, 일반적으로 평균수위보다 약간 낮은 수위를 말한다. 또한 1년을 통하여 185일은 이보다 저하하지 않는 수위를 말한다.

1.15.4 중력측량의 특징

① 중력이상 = 중력실측값 - 이론실측값
② 중력이상(+) = 질량이 여유있는 지역
③ 중력이상(-) = 질량이 부족한 지역
④ 중력 = 만유인력 + 지구 자체의 원심력
⑤ 단위 : gel, cm/sec^2
⑥ 기준점 : 동독포츠담, 981,247gel

예상 및 기출문제

1. 다음 중 측량의 목적에 따른 분류가 아닌 것은 어느 것인가?

㉮ 천문측량 ㉯ 거리측량
㉰ 수준측량 ㉱ 지적측량

해설 ① 측량의 목적에 따른 분류 : 토지측량, 지형측량, 노선측량, 하해측량, 지적측량, 터널측량, 수준측량, 건축측량, 천체측량 등
② 측량기계에 따른 분류 : 거리측량, 평판측량, 컴퍼스측량, 트랜싯측량, 레벨측량, 사진측량 등

2. 다음 중 지적 관련 법률에 따른 측량기준에서 회전타원체의 편평률로 옳은 것은?

㉮ 약 $\frac{1}{6,378}$ ㉯ 약 $\frac{1}{2,500}$
㉰ 약 $\frac{1}{500}$ ㉱ 약 $\frac{1}{299}$

해설 지구의 편평률

$$f=\frac{\text{장반경}(a)-\text{단반경}(b)}{\text{장반경}(a)}$$
$$=\frac{6,377.397-6,356.079}{6,377.397}$$
$$=\frac{1}{299.15}$$

3. 다음의 사항 중 옳은 것은 어느 것인가?

㉮ 우리나라의 수준면은 1911년 인천의 중등해수면값을 기준으로 하였다.
㉯ 일반적인 측량에 많이 사용되는 좌표는 극좌표이다.
㉰ 지각변동의 측정, 긴 하천 또는 항로의 측량은 평면측량으로 행한다.
㉱ 위도는 어떤 지점에서 준거타원체의 법선이 적도면과 이루는 각으로 표시한다.

해설 ① 중등해수면 → 평균해수면
② 극좌표 → 평면직각좌표
③ 평면측량 → 대지측량

해답 1. ㉯ 2. ㉱ 3. ㉱

4. 다음 중 측량 기준에 대한 설명으로 옳지 않은 것은?

㉮ 세계측지계에 따르지 아니하는 지적측량의 경우에는 가우스상사이중투영법으로 좌표를 표시한다.

㉯ 지적측량에서 거리와 면적은 지평면상의 값으로 한다.

㉰ 측량의 원점은 대한민국 경위도원점 및 수준원점으로 한다.

㉱ 위치는 세계측지계에 따라 측정한 지리학적 경위도와 평균해수면으로부터의 높이로 표시한다.

해설 공간정보의 구축 및 관리 등에 관한 법률 제5조(측량기준에 관한 경과조치) ① 제6조제1항에도 불구하고 지도·측량용 사진 등을 이용하는 자의 편익을 위하여 종전의 「측량법」(2001년 12월 19일 법률 제6532호로 개정되기 전의 것을 말한다)에 따른 측량기준을 사용하는 것이 불가피하다고 인정하여 국토해양부장관이 지정하여 고시한 경우에는 2009년 12월 31일까지 다음 각 호에 따른 종전의 측량기준을 사용할 수 있다.

1. 지구의 형상과 크기는 베셀(Bessel)값에 따른다.
2. 위치는 지리학상의 경도 및 위도와 평균해면으로부터의 높이로 표시한다. 다만, 필요한 경우에는 직각좌표 또는 극좌표로 표시할 수 있다.
3. 거리와 면적은 수평면상의 값으로 표시한다.
4. 측량의 원점은 대한민국 경위도원점 및 수준원점으로 한다.

제6조(측량기준) ① 측량의 기준은 다음 각 호와 같다.

1. 위치는 세계측지계(世界測地系)에 따라 측정한 지리학적 경위도와 높이(평균해수면으로부터의 높이를 말한다. 이하 이 항에서 같다)로 표시한다. 다만, 지도 제작 등을 위하여 필요한 경우에는 직각좌표와 높이, 극좌표와 높이, 지구중심 직교좌표 및 그 밖의 다른 좌표로 표시할 수 있다.
2. 측량의 원점은 대한민국 경위도원점(經緯度原點) 및 수준원점(水準原點)으로 한다. 다만, 섬 등 대통령령으로 정하는 지역에 대하여는 국토해양부장관이 따로 정하여 고시하는 원점을 사용할 수 있다.
3. 수로조사에서 간출지(干出地)의 높이와 수심은 기본수준면(일정 기간 조석을 관측하여 분석한 결과 가장 낮은 해수면)을 기준으로 측량한다. 〈삭제 2020. 2. 18.〉
4. 해안선은 해수면이 약최고고조면(略最高高潮面 : 일정 기간 조석을 관측하여 분석한 결과 가장 높은 해수면)에 이르렀을 때의 육지와 해수면과의 경계로 표시한다. 〈삭제 2020. 2. 18.〉

② 해양수산부장관은 수로조사와 관련된 평균해수면, 기본수준면 및 약최고고조면에 관한 사항을 정하여 고시하여야 한다. 〈삭제 2020. 2. 18.〉

③ 제1항에 따른 세계측지계, 측량의 원점 값의 결정 및 직각좌표의 기준 등에 필요한 사항은 대통령령으로 정한다.

[별표 2] 직각좌표의 기준(제7조제3항 관련)

1. 직각좌표계 원점

명칭	원점의 경위도	투영원점의 가산(加算)수치	원점축척계수	적용 구역
서부 좌표계	경도 : 동경 125°00′ 위도 : 북위 38°00′	X(N) 600,000m Y(E) 200,000m	1.0000	동경 124°~126°
중부 좌표계	경도 : 동경 127°00′ 위도 : 북위 38°00′	X(N) 600,000m Y(E) 200,000m	1.0000	동경 126°~128°

해답 4. ㉯

동부 좌표계	경도 : 동경 129°00′ 위도 : 북위 38°00′	X(N) 600,000m Y(E) 200,000m	1.0000	동경 128°~130°
동해 좌표계	경도 : 동경 131°00′ 위도 : 북위 38°00′	X(N) 600,000m Y(E) 200,000m	1.0000	동경 130°~132°

[비고]

㉮ 각 좌표계에서의 직각좌표는 다음의 조건에 따라 T · M(Transverse Mercator, 횡단 머케이터) 방법으로 표시한다.

1) X축은 좌표계 원점의 자오선에 일치하여야 하고, 진북방향을 정(+)으로 표시하며, Y축은 X축에 직교하는 축으로서 진동방향을 정(+)으로 한다.

2) 세계측지계에 따르지 아니하는 지적측량의 경우에는 가우스상사이중투영법으로 표시하되, 직각좌표계 투영원점의 가산(加算)수치를 각각 X(N) 500,000미터(제주도지역 550,000미터), Y(E) 200,000m로 하여 사용할 수 있다.

㉯ 국토교통부장관은 지리정보의 위치측정을 위하여 필요하다고 인정할 때에는 직각좌표의 기준을 따로 정할 수 있다. 이 경우 국토교통부장관은 그 내용을 고시하여야 한다.

5. 지구곡률을 고려 시 대지측량을 해야 하는 범위는?

㉮ 반경 11Km, 넓이 $200km^2$ 이상인 지역
㉯ 반경 11Km, 넓이 $300km^2$ 이상인 지역
㉰ 반경 11Km, 넓이 $400km^2$ 이상인 지역
㉱ 반경 11Km, 넓이 $500km^2$ 이상인 지역

해설 $\frac{\Delta l}{l}=\frac{l^2}{12R^2}$ 에서

$\frac{1}{1,000,000}=\frac{l^2}{12\times 6,370^2}$ 이므로

$l=22\text{km}$

∴ 반경 : 11km,
면적 : $400km^2$

6. 지구의 곡률로부터 생기는 길이의 오차를 1/2,000,000까지 허용하면 반지름 몇 km 이내를 평면으로 보는 것이 옳은가?(단, 지구의 곡률반지름은 6,370km로 한다.)

㉮ 22.00km　㉯ 7.80km
㉰ 10.20km　㉱ 15.60km

해설 $\frac{\Delta l}{l}=\frac{l^2}{12R^2}$ 에서

$\frac{1}{2,000,000}=\frac{l^2}{12\times 6,370^2}$ 이므로

$l=15.60\text{km}$

∴ 반경 7.8km

해답 5. ㉰ 6. ㉯

7. 지구상의 50km 떨어진 두 점의 거리를 측량하면서 지구를 평면으로 간주하였다면 거리오차는 얼마인가?(단, 지구의 반경은 6,370km이다.)

㉮ 0.257m ㉯ 0.138m ㉰ 0.069m ㉱ 0.005m

해설 $\frac{\Delta l}{l}=\frac{l^2}{12R^2}$ 에서

$\Delta l=\frac{l^3}{12R^2}$ 이므로

$\Delta l=\frac{50^3}{12\times 6,370^2}=0.000257\text{km}=0.257\text{m}$

8. 다음 관계 중 옳은 것은?(단, N : 지구의 횡곡률반경, M : 지구의 자오선곡률반경, a : 타원지구의 적도반경, b : 타원지구의 극반경)

㉮ 측량의 원점에서의 평균곡률반경은 $\frac{a+2b}{3}$ 이다.

㉯ 타원에 대한 지구의 곡률반경은 $\frac{a-b}{a}$ 로 표시된다.

㉰ 지구의 편평률은 $\sqrt{N\cdot M}$ 로 표시된다.

㉱ 지구의 편심률(이심률)은 $\sqrt{\frac{a^2-b^2}{a^2}}$ 으로 표시된다.

해설 ① 산술평균에 의한 평균반경$(R)=\frac{2a+b}{3}=a\left(1-\frac{f}{3}\right)$

② 측량원점에서의 평균곡률반경$(R)=\sqrt{M\cdot N}$

M : 자오선곡률반경

N : 모유선곡률반경

③ 편평률$(f)=\frac{a-b}{a}=1-\sqrt{1-e^2}$

9. 기하학적 측지학의 3차원 위치결정에 맞는 것은 어느 것인가?

㉮ 위도, 경도, 진북방위각 ㉯ 위도, 경도, 자오선수차
㉰ 위도, 경도, 높이 ㉱ 위도, 경도, 방향각

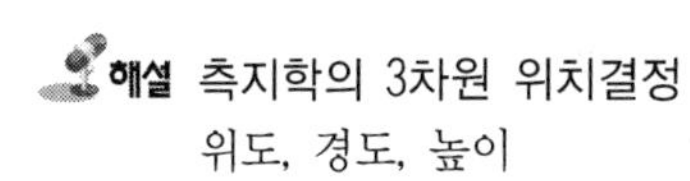

해설 측지학의 3차원 위치결정

위도, 경도, 높이

10. 지구의 기하학적 성질을 설명한 것 중 잘못된 것은?

㉮ 지구상의 자오선은 양극을 지나는 대원의 북극과 남극 사이의 절반이다.
㉯ 측지선은 지표상 두 점 간의 최단거리선이다.
㉰ 항정선은 자오선과 일정한 각도를 유지하며, 그 선 내각점에서 북으로 갈수록 방위각이 커진다.
㉱ 지표상 모유선은 지구타원체상 한 점의 법선을 포함한다.

해답 7. ㉮ 8. ㉱ 9. ㉰ 10. ㉰

해설 항정선

자오선과 일정한 각도를 유지하며 그 선 내의 각 점에서 방위각이 일정한 곡선이 된다.

11. 다음 설명 중 잘못된 것은?

㉮ 측지선은 지표상 두 점 간의 최단거리의 선이다.
㉯ 항정선은 자오선과 항상 일정한 각도를 유지하는 지표의 선이다.
㉰ 라플라스점은 중력측정을 실시하기 위한 점이다.
㉱ 실제 지구와 가장 가까운 회전타원체를 지구타원체라 한다.

해설 라플라스점은 방위각과 경도를 측정하여 삼각망을 바로잡는 점이다.

12. 지구의 적도반경 6,378km, 극반경 6.356km라 할 때 지구타원체의 편평률(f)과 이심률(e)은 얼마인가?

㉮ $f=\frac{1}{289.9}$ $e=0.0069$
㉯ $f=\frac{1}{289.9}$ $e=0.0830$
㉰ $f=\frac{1}{299.9}$ $e=0.0069$
㉱ $f=\frac{1}{299.9}$ $e=0.0077$

해설 ① $f=\frac{a-b}{a}=\frac{6.378-6.356}{6.378}=\frac{1}{289.9}$

② $e=\sqrt{\frac{a^2-b^2}{a^2}}=\sqrt{\frac{6.378^2-6.358^2}{6.378}}=0.083$

13. 측지위도 38°에서 자오선의 곡률반경값으로 가장 가까운 것은?(단, 장반경=6,377,397.15m, 단반경=6,356,078.96m)

㉮ 6,358,479.3m
㉯ 6,375,076.9m
㉰ 6,358,947.5m
㉱ 6,354,373.4m

해설 $M=\frac{a(1-e^2)}{W^3}$ 에서

① 이심률$(e)=\sqrt{\frac{a^2-b^2}{a^2}}=\sqrt{\frac{6,377,397.15^2-6,356,078.96^2}{6,377,397.15^2}}=0.081696823$

② $W=\sqrt{1-e^2\sin^2\phi}=\sqrt{1-0.081696823^2\cdot\sin^2 38°}=0.998734275$

∴ 자오선의 곡률반경$(M)=\frac{a(1-e^2)}{W^3}$ 이므로 6,358,947.524m

14. 중력이상의 주된 원인은?

㉮ 지하물질의 밀도가 고르게 분포되어 있지 않다.
㉯ 지하물질의 밀도가 고르게 분포되어 있다.
㉰ 태양과 달의 인력 때문이다.
㉱ 화살폭발이 원인이다.

해답 11. ㉰ 12. ㉯ 13. ㉰ 14. ㉮

해설 중력이상이란 실측중력값과 표준중력값의 차이를 말하며, 중력이상이 생기는 원인은 지하의 물질밀도가 고르게 분포되어 있지 않기 때문이다.

15. 변의 길이가 40km인 정삼각형 ABC의 내각을 오차없이 실측하였을 때, 내각의 합은?(단, R=6,370km)

㉮ 180° − 0.000034　　㉯ 180° − 0.000017
㉰ 180° + 0.000009　　㉱ 180° + 0.000017

해설 구과량 $\varepsilon'' = \frac{F}{R^2}\rho$에서

$$F = \frac{1}{2}ab\sin\theta = \frac{1}{2}\times 40\times 40\times \sin 60° = 692.82\text{m}^2$$

$$\therefore\ \varepsilon = \frac{692.82}{6,370^2}\rho'' = 0.000017 \cdot \rho''$$

∴ 내각의 합=180°+0.000017

16. 지구의 곡률반경이 6,370km이며 삼각형의 구과량이 2.0″일 때 구면삼각형의 면적은?

㉮ 193.4km^2　　㉯ 293.4km^2
㉰ 393.4km^2　　㉱ 493.4km^2

해설 $\varepsilon'' = \frac{F}{R^2}\rho''$에서

$$F = \frac{\varepsilon'' \cdot R^2}{\rho''} = \frac{2''\times 6,370^2}{206,265''} = 393.44\text{km}^2$$

17. 지구의 경도 180°에서 경도를 6° 간격으로 동쪽을 행하여 구분하고 그 중앙의 경도와 적도의 교점을 원점으로 하는 좌표는?

㉮ 평면직각좌표　　㉯ 극좌표
㉰ 적도좌표　　㉱ UTM좌표

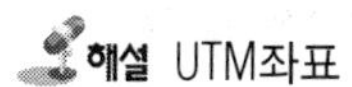
UTM좌표

좌표계의 간격은 경도 6°마다 60지대(1~60번 180°W 자오선부터 동쪽으로 시작), 위도 8°마다 20지대(C~X까지 알파벳으로 표시, 단 I, O 제외)로 나누고 각 지대의 중앙자오선에 대하여 횡메르카토르 도법으로 투영

① 경도의 원점은 중앙자오선이다.
② 위도의 원점은 적도상에 있다.
③ 길이의 단위는 m이다.
④ 중앙자오선에서의 축척계수는 0.9996m이다.
⑤ 우리나라는 51~52종대, S~T횡대에 속한다.

해답 15. ㉱ 16. ㉰ 17. ㉱

18. 우리나라에 설치된 수준점의 표고에 대한 설명으로 옳은 것은?

㉮ 평균 해수면으로부터의 높이를 나타낸다.
㉯ 도로의 시점을 기준으로 나타낸다.
㉰ 만조면으로부터의 높이를 나타낸다.
㉱ 삼각점으로부터의 높이를 나타낸다.

해설 높이의 종류와 높이의 기준

지구상의 위치는 지리학적 경도・위도 및 평균해면으로부터의 높이로 표시한다. 표고는 타원체고와 정표고 및 지오이드고로 구분할 수 있는데 점의 위치에서 평면위치는 기준면의 기준 타원체에 근거해 결정되고, 높이는 타원체를 근거하여 결정되는 것이 곤란하므로 종래 평균해수면을 기준으로 높이를 결정하였다.

1. 높이의 종류
   1) 표고(Elevation ; 표고) : 지오이드면, 즉 정지된 평균해수면과 물리적 지표면 사이의 고저차
   2) 정표고(Orthometric Height ; 정표고) : 물리적 지표면에서 지오이드까지의 고저차
   3) 지오이드고(Geoidal Height) : 타원체와 지오이드와 사이의 고저차를 말한다.
   4) 타원체고(Ellipsoidal Height ; 타원체고) : 준거 타원체상에서 물리적 지표면까지의 고저차를 말하며 지구를 이상적인 타원체로 가정한 타원체면으로부터 관측지점까지의 거리이며 실제 지구표면은 울퉁불퉁한 기복을 가지므로 실제높이(표고)는 타원체고가 아닌 평균해수면(지오이드)으로부터 연직선 거리이다.
2. 표고의 기준
   1) 육지표고기준 : 평균해수면(중등조위면, Mean Sea Level ; MSL)
   2) 해저수심, 간출암의 높이, 저조선 : 평균최저간조면(Mean Lowest Low Level ; MLLW)
   3) 해안선 : 해면이 평균 최고고조면(Mean Highest High Water Level ; MHHW)에 달하였을 때 육지와 해면의 경계로 표시한다.

19. 다음 중 실측된 중력값을 기준면의 값으로 보정하는 중력보정에 해당되지 않는 사항은?

㉮ 지형보정　　㉯ 이상보정
㉰ 고도보정　　㉱ 아이소스타시보정

해설 1. 중력보정의 종류

① 고도보정(高度補正) : 관측점 사이의 고도차가 중력에 미치는 영향을 제거하는 보정
- 프리-에어보정(Free air correction)
  관측점 사이에 존재하는 물질의 인력을 고려하지 않고 고도차만을 고려하는 보정
- 부게보정(Bouger correction)
  관측점들의 고도차가 존재하는 물질의 인력이 중력에 미치는 영향을 보정하는 것

② 지형보정(Topographic 또는 Terrain correction, 地形補正)
실제지형은 능선이나 계곡 등의 불규칙한 형태를 이루고 있으므로 이러한 지형영향을 고려한 보정을 지형보정이라 한다.

③ 에트베스보정(Eotvos correction)
지구에 대한 동체의 상대운동의 영향에 의한 중력효과를 보정하는 것을 에토베스보정이라 한다.

해답 18. ㉮ 19. ㉯

④ 조석보정(Earth tide correction, 潮汐補正)
달과 태양의 인력에 의하여 지구 자체가 주기적으로 변형하는 지구 조석현상은 중력값에도 영향을 주게 되는데 이 중력효과를 보정하는 것을 조석보정이라 한다.
⑤ 위도보정(Latitude correction, 緯度補正)
위도차에 의한 영향을 제거하는 것을 위도보정이라 한다.
⑥ 대기보정(Airmass correction, 大氣補正)
측점의 고도변화에 따른 대기질량의 효과를 고려하여야 하는데 이를 대기보정이라 한다.
⑦ 지각균형보정(Isostatic correction, 地殼均衡補正)
지각 균형설에 의하면 밀도는 일정하지 않기 때문에 이에 대한 보정이 필요하며 이것을 지각균형보정이라 한다.
⑧ 계기보정(Drift correction, 計器補正)
스프링 크립현상으로 생기는 중력의 시간에 따른 변화를 보정하는 것을 계기보정이라 한다.

2. 지각균형보정(Isostatic correction, 地殼均衡補正)
표준중력식은 지표면으로부터 같은 거리에 있는 지표면하의 밀도는 균일하다는 가정 아래 계산된 것이지만 지각균형설에 의하면 밀도는 일정하지 않기 때문에 이에 대한 보정이 필요하며 이것을 지각균형보정이라 한다.

20. 다음 중 지자기측량에서 필요한 보정이 아닌 것은?

㉮ 일변화 및 기계오차에 의한 시간적 변화 보정
㉯ 기준점 보정
㉰ 온도 보정
㉱ 태양 고도각 보정

해설 지자기보정은 지자기장의 위치변화에 따른 보정과 지자기장의 일변화 및 기계오차의 의한 시간적 변화에 따른 보정 및 기준점 보정, 온도 보정 등이 있다.
① 지자기장의 위치에 따른 보정
위도보정으로서 수학적인 표현은 복잡하기 때문에 전 세계적으로 관측된 지자기장의 표준값을 등자기선으로 표시한 자기분포도를 사용한다.
② 관측시간에 따른 보정
관측 장소 부근의 일변화곡선을 작성하여 보정하는 것
③ 기준점 보정
관측 장비에 충격을 가하든가 하면 자침의 평행위치는 쉽게 변하므로 관측구역 부근에 기준점을 설정하고 1일 수회 기준점에 돌아와 동일한 관측값을 얻는지 확인하여 보정을 하여야 한다.

21. 평탄한 표고 700.0m인 지역에 설치한 기선의 측정치가 800.0m였다. 이 기선의 평균해면상 거리는?(단, 지구의 반지름은 6370.0km로 가정)

㉮ 795.7m　　㉯ 799.9m
㉰ 803.3m　　㉱ 805.1m

해설 표고보정 $= -\frac{H}{R}L$

$$= -\frac{700 \times 800}{6,370 \times 1,000} = 0.09\text{m} \fallingdotseq 0.1\text{m}$$

∴ 평균해면상길이 = 800 - 0.1 = 799.9m

22. 지구 표면의 거리 100km까지를 평면으로 간주했다면 허용 정밀도는 약 얼마인가?(단, 지구의 반경은 6,370km이다.)

㉮ 1/50,000
㉯ 1/100,000
㉰ 1/500,000
㉱ 1/1,000,000

해설 $\frac{d-D}{D} = \frac{1}{12}\left(\frac{D}{R}\right)^2$에서

∴ $\frac{d-D}{D} = \frac{1}{50,000}$

23. 지구상의 어떤 한 점에서 지오이드에 대한 연직선이 천구의 적도면과 이루는 각을 말하는 것은?

㉮ 지심위도
㉯ 천문위도
㉰ 측지위도
㉱ 화성위도

해설 위도(Latitude)

위도(ϕ)란 지표면상의 한 점에서 세운 법선이 적도면을 0°로 하여 이루는 각으로서 남북위 0°~90°로 표시한다. 위도는 자오선을 따라 적도에서 어느 지점까지 관측한 최소 각거리로서 어느 지점의 연직선 또는 타원체의 법선이 적도면과 이루는 각으로 정의되고, 0°~90°까지 관측하며, 천문위도, 측지위도, 지심위도, 화성위도로 구분된다. 경도 1°에 대한 적도상 거리, 즉 위도 0°의 거리는 약 111km, 1′은 1.85km, 1″는 30.88m이다.

① 측지위도(ϕg)
지구상 한 점에서 회전타원체의 법선이 적도면과 이루는 각으로 측지분야에서 많이 사용한다.

② 천문위도(ϕa)
지구상 한 점에서 지오이드의 연직선(중력방향선)이 적도면과 이루는 각을 말한다.

③ 지심위도(ϕc)
지구상 한 점과 지구중심을 맺는 직선이 적도면과 이루는 각을 말한다.

④ 화성위도(ϕr)
지구중심으로부터 장반경(a)을 반경으로 하는 원과 지구상 한점을 지나는 종선의 연장선과 지구중심을 연결한 직선이 적도면과 이루는 각을 말한다.

24. 중력측정을 하여 지질구조를 찾을 때 설명으로 옳은 것은?

㉮ 측정중력을 평균 해수면에서의 중력치로 보정해야 한다.
㉯ 측정중력을 위도에 따른 표면장력으로 환산하여야 한다.
㉰ 측정중력을 보정할 필요 없이 그대로 사용한다.
㉱ 측정중력은 지표면 상태를 고려해야 한다.

해답 22. ㉮ 23. ㉯ 24. ㉮

해설 중력은 높이의 함수이므로 서로 다른 고도 및 위도의 중력값을 직접 비교할 수 없으며, 중력의 지리적 분포를 구하기 위해서는 실측된 중력값을 기준면(평균해수면)의 값으로 보정하여야 한다. 지구의 표면에서 존재하는 것으로 가장 쉽게 느낄 수 있는 힘의 중력이며, 지구상의 모든 물체는 중력에 의해 지구 중심방향으로 끌리고 있다. 중력은 만유인력법칙에 의해 지구표면으로 낙하하는 물체의 낙하속도의 증가율로서 중력가속도를 말하며 이 중력이 미치는 범위를 중력장이라 한다. 중력측량은 지구를 타원체로 가정한 이론적인 값과 실측한 값의 차이를 구하여 지구의 형태를 연구하는 측지학적 분야, 지하구조 및 자원탐사에 이용되는 지질학적 분야, 태양계의 역학적 관계를 규명하는 천문학분야 등에 중요역할을 한다.

25. 넓은 지역의 지도제작 시 측량지역의 지오이드에 가장 가까운 타원체를 선정한다. 이때 그 지역의 측지계의 기준이 되는 지구 타원체는?

㉮ 준거타원체　　㉯ 회전타원체
㉰ 지구타원체　　㉱ 국제타원체

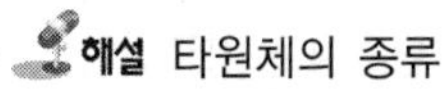
해설 타원체의 종류

① 회전타원체 : 한 타원의 지축을 중심으로 회전하여 생기는 입체 타원체
② 지구타원체 : 부피와 모양이 실제의 지구와 가장 가까운 회전타원체를 지구의 형으로 규정한 타원체
③ 준거타원체 : 어느 지역의 대지측량계의 기준이 되는 타원체
④ 국제타원체 : 전 세계적으로 대지측량계의 통일을 위해 IUGG에서 제정한 지구 타원체

26. 지구의 적도반경이 6,377km, 극반경이 6,356km일 때 타원체의 이심률은?

㉮ 0.910　　㉯ 0.191　　㉰ 0.081　　㉱ 0.018

해설
$$e=\sqrt{\frac{a^2-b^2}{a^2}}=\sqrt{\frac{6,377^2-6,356^2}{6,377^2}}=0.081$$

27. 구면삼각형 ABC의 세 내각이 다음과 같을 때 면적은?(단, 지구반경은 6,370km임)

$A=50°20'$,　　$B=66°75'$,　　$C=64°35'$

㉮ $1,222,663\text{km}^2$　　㉯ $1,362,788\text{km}^2$
㉰ $1,433,456\text{km}^2$　　㉱ $1,534,433\text{km}^2$

해설 구과량$(\varepsilon)=(A+B+C)-180°$
$$=2°10''=7,800''$$
$$A=\frac{r^2\varepsilon}{\rho''}=\frac{6,370^2\times7,800''}{206,265''}=1,543,433\text{km}^2$$

28. 지구상의 어느 한 점에서 타원체의 법선과 지오이드의 법선은 일치하지 않게 되는데 이 두 법선의 차이를 무엇이라 하는가?

㉮ 중력편차　　　　　　　　　　　㉯ 지오이드 편차
㉰ 중력이상　　　　　　　　　　　㉱ 연직선 편차

해설 연직선편차란 지구타원체 상의 점 Q에 대한 수직선과 이를 통과하는 연직선사이의 각을 말한다. 수직선 편차와 연직선 편차의 차이는 실용상 무시할 수 있을 만큼 작다.

29. 평균 해수면(지오이드면)으로부터 어느 지점까지의 연직거리는?

㉮ 정표고(Orthometric Height)　　　　㉯ 역표고(Dynamic Height)
㉰ 타원체고(Ellipsoidal Height)　　　　㉱ 지오이드고(Geoidal Height)

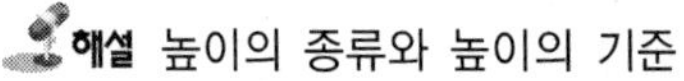
해설 높이의 종류와 높이의 기준

지구상의 위치는 지리학적 경도 · 위도 및 평균해면으로부터의 높이로 표시한다. 표고는 타원체고와 정표고 및 지오이드고로 구분할 수 있는데 점의 위치에서 평면위치는 기준면의 기준 타원체에 근거해 결정되고, 높이는 타원체를 근거하여 결정되는 것이 곤란하므로 종래 평균해수면을 기준으로 높이를 결정하였다.

1. 높이의 종류
   1) 標高(Elevation ; 고도) : 지오이드면, 즉 정지된 평균해수면과 물리적 지표면 사이의 고저차
   2) 正標高(Orthometric Height ; 정표고) : 물리적 지표면에서 지오이드까지의 고저차
   3) 지오이드고(Geoidal Height) : 타원체와 지오이드와 사이의 고저차를 말한다.
   4) 楕圓體高(Ellipsoidal Height ; 타원체고) : 준거 타원체상에서 물리적 지표면까지의 고저차를 말하며 지구를 이상적인 타원체로 가정한 타원체면으로부터 관측지점까지의 거리이며 실제 지구표면은 울퉁불퉁한 기복을 가지므로 실제높이(표고)는 타원체고가 아닌 평균해수면(지오이드)으로부터의 연직선 거리이다.

30. 임의 지점에서 GPS 관측을 수행하여 WGS84 타원체고(h) 57.234m를 획득하였다. 그 지점의 지구중력장 모델로부터 산정한 지오이드고(N)가 25.578m라 한다면 정표고(H)는 얼마인가?

㉮ −31.656m　　　　　　　　　　㉯ 25.578m
㉰ 31.656m　　　　　　　　　　　㉱ 82.812m

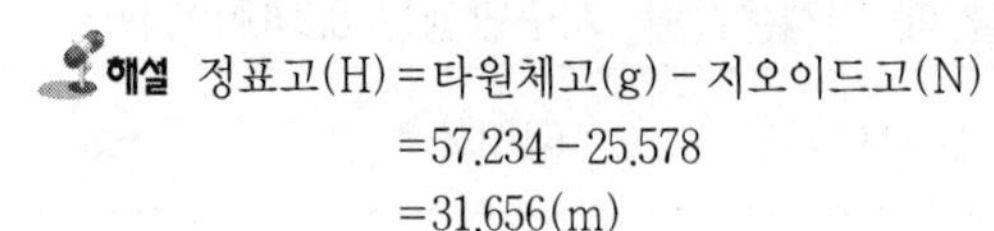
해설 정표고(H) = 타원체고(g) − 지오이드고(N)
= 57.234 − 25.578
= 31.656(m)

31. 높이를 표시하는 용어 중에서 타원체로부터 지오이드까지의 거리를 의미하는 것은?

㉮ 정규표고　　　　　　　　　　　㉯ 타원체고
㉰ 지오이드고　　　　　　　　　　㉱ 중력포텐셜계수

해설 29번 문제 해설 참조

해답 28. ㉱ 29. ㉮ 30. ㉰ 31. ㉰

32. 우리나라 평면좌표계 원점은 서부, 중부, 동부 원점을 사용하고 있다. 하지만, 울릉도는 예외의 원점을 사용한다. 이 원점은?

㉮ 38°N 131°E
㉯ 38°N 130°E
㉰ 38°N 129°E
㉱ 38°N 125°E

해설 평면직각좌표원점

명칭	경도	위도
동해원점	동경 131°00′00″	북위 38°
동부도원점	동경 129°00′00″	북위 38°
중부도원점	동경 127°00′00″	북위 38°
서부도원점	동경 125°00′00″	북위 38°

33. 연직선 편차란 무엇인가?

㉮ 타원체의 법선과 지오이드의 법선이 이루는 차이
㉯ 연직선과 지오이드면이 이루는 차이
㉰ 천문위도와 천문경도가 이루는 차이
㉱ 연직선과 중력이상이 이루는 차이

해설 연직선 편차
지구상의 어느 한 점에서 타원체 법선과 지오이드 법선의 차이가 발생하는데 이를 타원체 기준으로 한 것을 연직선 편차라 하고 수직선 편차와 연직선 편차의 차이는 실용상 무시할 수 있을 만큼 작다.

34. 지오이드에 대한 다음 설명 중 틀린 것은?

㉮ 평균해수면을 육지까지 연장하여 지구를 덮는 곡면을 상상하여 이 곡면이 이루는 모양을 지오이드라 한다.
㉯ 지오이드면은 등포텐셜면으로 항상 중력방향에 수직이다.
㉰ 지오이드면은 대체로 실제 지구형상과 지구 타원체 사이를 지닌다.
㉱ 지오이드면은 대륙에서는 지구타원체보다 낮으며 해양에서는 지구타원체보다 높다.

해설 지오이드의 특징
① 지오이드는 평균해수면과 일치하는 등포텐셜면으로 일종의 수면이다.
② 지오이드는 대륙에서는 지각의 인력 때문에 지구타원체보다 높고 해양에서는 낮다.
③ 고저측량은 지오이드면을 표고 0으로 하여 관측한다.

35. 다음에서 천체의 위치를 나타내는 데 유용한 적도좌표계를 나타내는 요소로 짝지어진 것은?

㉮ 적경, 적위
㉯ 방위각, 고도
㉰ 경도, 위도
㉱ 적경, 고도

해답 32. ㉮ 33. ㉮ 34. ㉮ 35. ㉮

해설 천문좌계

좌표계	위치요소
지평	방위각, 고저각
적도	적경, 적위, 시간각 적위
황도	황경, 황위
은하	은경, 은위

36. 우리가 일상적으로 사용하는 평균 태양시 단위로 1항성시는?

㉮ 22시간 46분 5초이다.
㉯ 34시간 48분 26.4이다.
㉰ 23시간 56분 4.09초이다.
㉱ 24시간 3분 5.06초이다.

해설 1항성일은 춘분점이 연속해서 같은 자오선을 두 번 통과하는 데 걸리는 시간이다(23시간 56분 4초). 1항성일을 24등분하면 항성시가 된다.

37. 다음 설명 중 옳지 않은 것은?

㉮ 측지학이란 지구내부의 특성, 지구의 형상 및 운동을 결정하는 특성과 지구표면상 점 간의 상호위치관계를 결정하는 학문이다.
㉯ 지각변동의 조사, 항로 등의 측량은 평면측량으로 실시한다.
㉰ 측지측량은 지구의 곡률을 고려한 정밀한 측량이다.
㉱ 측지학은 지구의 특성 결정을 위한 물리측지학과 위치결정을 위한 기하측지학으로 나눌 수 있다.

해설 ① 기하학적 측지학
지구 및 천체에 대한 제 점 간의 상호 위치 관계를 결정하는 것으로 그 대상은 다음과 같다. 측지학적 3차원 위치결정, 길이 및 시의 결정, 수평위치의 결정, 높이의 결정, 천문측량, 위성측량, 하해측량, 면적 및 체적의 산정, 도면화, 사진측량 등이다.
② 물리학적 측지학
지구 내부의 특성과 지구의 형태 및 지구 운동을 해석하는 것으로서 그 대상은 다음과 같다. 지구의 형상결정, 중력 측정, 지자기 측정, 탄성파 측정, 지구의 극운동과 자전운동, 지각변동 및 균형, 지구의 열, 대륙의 부동, 해양의 조류, 지구 조석 등이다.

38. 다음 중에서 지자기의 전자장을 결정하는 3요소가 아닌 것은?

㉮ 편각
㉯ 앙각
㉰ 복각
㉱ 수평분력

해설 지자기의 3요소
편각, 복각, 수평분력

해답 36. ㉰ 37. ㉯ 38. ㉯

39. 측지학에 대한 설명으로 옳지 않은 것은?

㉮ 지구곡률을 고려한 반경 11km 이상인 지역의 측량에는 측지학의 지식을 필요로 한다.
㉯ 지구표면상의 길이, 각 및 높이의 관측에 의한 3차원 좌표 결정을 위한 측량만을 의미한다.
㉰ 지구표면상의 상호 위치관계를 규명하는 것을 기하학적 측지학이라 한다.
㉱ 지구 내부의 특성, 형상 및 크기에 관한 것을 물리학적 측지학이라 한다.

해설 측지학은 지구 내부의 특성, 지구의 형상 및 운동을 결정하는 측량과 지구표면상에 있는 모든 점들 간의 상호위치관계를 산정하는 가장 기본적이 학문이다.

40. 지표면상 어느 한 지점에서 진북과 도북 간의 차이를 무엇이라 하는가?

㉮ 자오선 수차　　㉯ 구면수차
㉰ 자침편차　　㉱ 연직선편차

해설 어느 한 지점에서 진북과 도북간의 차를 자오선수차 또는 진북방향각이라 한다.

41. 전자파 거리 측량기를 전파거리측량기와 광파거리측량기로 구분할 때 다음 설명 중 틀린 것은?

㉮ 일반 건설 현장에서는 주로 광파거리측량기가 사용된다.
㉯ 광파거리측량기는 가시광선, 적외선, 레이저광 등을 이용한다.
㉰ 전파거리측량기는 안개나 구름에 의한 영향을 크게 받는다.
㉱ 전파거리측량기는 광파거리 측정기보다 주로 장거리 측정용으로 사용된다.

해설 전파거리측량기는 광파거리측량기에 비해 기상의 영향을 받지 않는다.

42. 거리 200km를 직선으로 측정하였을 때 지구 곡률에 따른 오차는?(단, 지구의 반경은 6,370km이다.)

㉮ 14.43m　　㉯ 15.43m　　㉰ 16.43m　　㉱ 17.43m

해설 $\frac{d-D}{D}=\frac{1}{12}\left(\frac{D}{\gamma}\right)^2$

$d-D=\frac{D^3}{12\gamma^2}=\frac{200^3}{12\times6,370^2}\fallingdotseq16.43\text{m}$

43. 다음의 지오이드(Geoid)에 관한 설명 중 틀린 것은?

㉮ 중력장 이론에 의해 물리학적으로 정의한 것이다.
㉯ 평균해수면을 육지까지 연장하여 지구 전체를 둘러싼 곡면이다.
㉰ 지오이드면은 등포텐셜면으로 중력방향은 이면은 수직이다.
㉱ 지오이드면은 대륙에서는 지구타원체보다 낮고 해양에서는 높다.

해설 지오이드는 육지에서는 회전타원체면 위에 존재하고, 바다에서는 회전타원체면 아래에 존재한다.

해답 39. ㉯ 40. ㉮ 41. ㉰ 42. ㉰ 43. ㉱

44. 다음 중 지자기의 3요소가 옳게 짝지어진 것은?

㉮ 편각, 수평각, 방향분력
㉯ 편각, 연직각, 수직분력
㉰ 편각, 복각, 수평분력
㉱ 편각, 경사각, 연직분력

해설 지자기는 방향과 크기를 가진 벡타로서 지자기의 크기 및 방향을 구하는 측량을 말한다.
① 지자기 3요소 : 편각, 복각, 수평분력
② 단위 : 가우스(Gauss)

45. 평면측량(국지측량)에 대한 정의로 가장 적합한 것은?

㉮ 대지측량을 제외한 모든 측량
㉯ 측량법에 의하여 측량한 결과가 작성된 성과
㉰ 측량할 구역을 평면으로 간주할 수 있는 국지적 범위의 측량
㉱ 대지측량에 비하여 비교적 좁은 구역의 측량

해설 평면측량(Plane Surveying)
지구의 곡률을 고려하지 않은 평면 거리를 적용시켜 수행하는 측량을 말하며, 국지측량 또는 소지측량이라고도 한다.

46. 다음 설명 중 옳지 않은 것은?

㉮ UPS 좌표계는 UTM 좌표로 표시하지 못하는 두 개의 극 지방을 표시하기 위한 독립된 좌표계이다.
㉯ 가우스 이중투영은 타원체에서 구체로 등각투영하고, 이 구체로부터 평면으로 등각 횡원통 투영을 하는 방법이다.
㉰ UTM은 지구를 회전타원체로 보고 80°N~80°S의 투영 범위를 위도 6°, 경도 8°씩 나누어 투영한다.
㉱ 가우스-크뤼거도법은 회전타원체로부터 직접 평면으로 횡축 등각 원통도법에 의해 투영하는 방법이다.

해설 UTM 좌표(Universal Transverse Mercator Coordinate)
① 지구를 회전타원체로 보고 경도 6도씩 60개, 위도를 북위 80도~남위 80도까지 8도 간격으로 20개 지역으로 분할하여 나타낸 2차원 좌표계로 지형도, 인공위성 영상, 군사, GIS 분야에 적용된다.
② 경도 방향은 1에서부터 60으로 명칭을 붙이며, 위도 방향은 알파벳으로 명칭을 붙인다.
③ 이와 같은 UTM 좌표계는 제2차 세계대전 중 각국이 서로 다른 도법을 사용한 데 기인한 작전상의 불편을 경험하여 1950년대 초 북대서양조약기구(NATO)의 가맹국들 사이에 통일된 지도를 작성하기로 약속함으로써 이루어졌다.
④ 투영방식 및 좌표변환은 가우스크뤼거도법(TM)과 동일하나 원점에서 축척계수를 0.9996으로 하여 적용범위를 넓혔다.

해답 44. ㉰ 45. ㉰ 46. ㉰

47. 지구의 적도반지름이 6,370km이고 편평률이 1/299라고 하면 적도반지름과 극반지름의 차이는 얼마인가?

㉮ 21.3km ㉯ 31.0km ㉰ 40.0km ㉱ 42.6km

해설 (장반경 − 단반경) = 편평률 TIMES 반경

$= \frac{1}{299} \times 6,370 = 21.3\text{km}$

48. 지구의 반경 R=6,370km이고 거리측정 정도를 $1/10^5$까지 허용하면 평면측량의 한계는 반경(km) 얼마인가?

㉮ 35km ㉯ 70km ㉰ 140km ㉱ 22km

해설

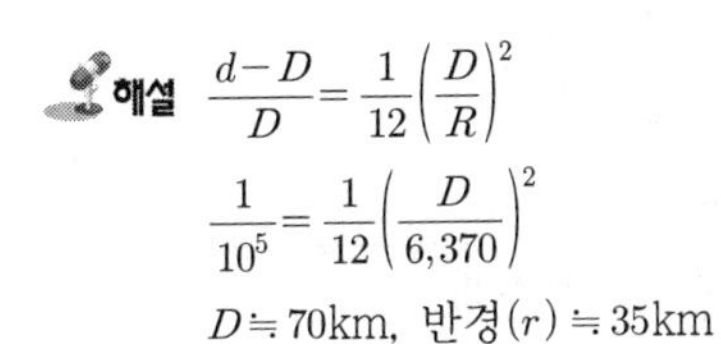

$\frac{d-D}{D} = \frac{1}{12}\left(\frac{D}{R}\right)^2$

$\frac{1}{10^5} = \frac{1}{12}\left(\frac{D}{6,370}\right)^2$

$D \fallingdotseq 70\text{km}$, 반경$(r) \fallingdotseq 35\text{km}$

49. 1등 삼각망내 어떤 삼각형의 구과량이 10″일 때 그 구면삼각형의 대략적인 면적은 얼마인가? (단, 지구의 평균곡률반경은 6,370km임)

㉮ $1,000\text{km}^2$ ㉯ $1,500\text{km}^2$ ㉰ $2,000\text{km}^2$ ㉱ $2,500\text{km}^2$

해설 $\varepsilon'' = \frac{A}{r^2}\rho''$에서 $A = \frac{r^2\varepsilon''}{\rho''} = \frac{6,370^2 \times 10''}{206,265''} = 1,967\text{km}^2 \fallingdotseq 2,000\text{km}^2$

50. 지도 작성 측량 시 해안선의 기준이 되는 것은?

㉮ 측정 당시 수면 ㉯ 평균 해수면 ㉰ 최고 저조면 ㉱ 최고 고조면

해설 표고의 기준

① 육지표고기준 : 평균해수면(중등조위면, Mean Sea Level ; MSL)

② 해저수심(海底水深), 간출암(干出岩)의 높이, 저조선(低潮線) : 평균최저간조면(Mean Lowest Low Water Level ; MLLW)

③ 해안선(海岸線) : 해면이 평균 최고고조면(Mean Highest High Water Level ; MHHW)에 달하였을 때 육지와 해면의 경계로 표시한다.

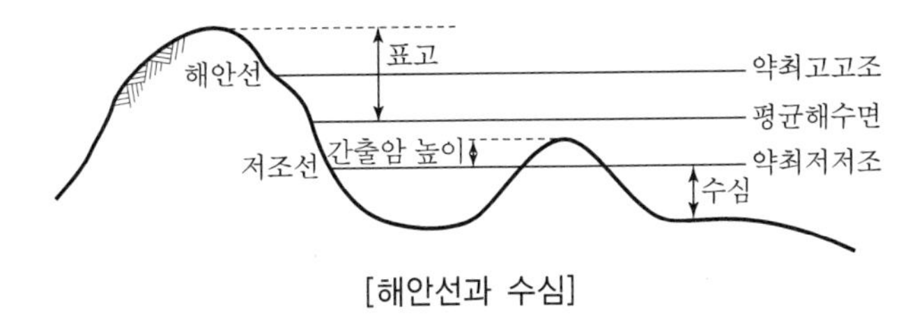

[해안선과 수심]

51. 다음 중 물리학적 측지학에 해당되지 않는 것은?

㉮ 중력 측정
㉯ 천체의 고도 측정
㉰ 지자기 측정
㉱ 조석 측정

해설

기하학적 측지학	물리학적 측지학
지구 및 천체에 대한 점들의 상호위치관계를 조사	지구의 형상해석 및 지구의 내부특성을 조사
① 측ⓙ학적 3차원 위치결정(경도, 위도, 높이)	① 지구의 ⓗ상 해석
② 길이 및 ⓢ간의 결정	② 지구의 ⓚ운동과 자전운동
③ 수평위치 ⓚ정	③ ⓙ각의 변동 및 균형
④ 높이 결ⓙ	④ 지구의 ⓨ 측정
⑤ ⓙ도제작	⑤ ⓓ륙의 부동
⑥ ⓜ적 · 체적측량	⑥ 해ⓨ의 조류
⑦ ⓒ문측량	⑦ ⓙ구조석측량
⑧ ⓦ성측량	⑧ ⓙ력측량
⑨ ⓗ양측량	⑨ ⓙ자기측량
⑩ ⓢ진측량	⑩ ⓣ성파측량

 해답 51. ㉯

제2장 사진측량

2.1 정의

사진측량(Photogrammetry)은 사진영상을 이용하여 피사체에 대한 정량적(위치, 형상, 크기 등의 결정) 및 정성적(자원과 환경현상의 특성 조사 및 분석) 해석을 하는 학문이다.

① 정량적 해석 : 위치, 형상, 크기 등의 결정

② 정성적 해석 : 자원과 환경현상의 특성 조사 및 분석

2.2 사진측량의 장단점

장점	단점
① 정량적 및 정성적 측정이 가능하다. ② 정확도가 균일하다. ㉠ 평면(X, Y) 정도 : $(10 \sim 30)\mu \times$ 촬영축척의 분모수(m) ㉡ 높이(H) 정도 : $\left(\frac{1}{10,000} \sim \frac{2}{10,000}\right) \times$ 촬영고도(H) 여기서, $1\mu = \frac{1}{1,000}$ (mm) m : 촬영축척의 분모수, H : 촬영고도 ③ 동체측정에 의한 현상보존이 가능하다. ④ 접근하기 어려운 대상물의 측정도 가능하다. ⑤ 축척변경도 가능하다. ⑥ 분업화로 작업을 능률적으로 할 수 있다. ⑦ 경제성이 높다. ⑧ 4차원의 측정이 가능하다. ⑨ 비지형 측량이 가능하다. ⑩ 소축척의 측량일수록 경제적이다(대축척은 보다 높은 정확도를 요구하므로 소축척에 비해 지형도 제작비가 고가이다).	① 좁은 지역에서는 비경제적이다. ② 기자재가 고가이다.(시설 비용이 많이 든다.) ③ 피사체에 대한 식별의 난해가 있다.(지명, 행정경제 건물명, 음영에 의하여 분별하기 힘든 곳 등의 측정은 현장의 작업으로 보충측량이 요구된다.) ④ 기상조건에 영향을 받는다. ⑤ 태양고도 등에 영향을 받는다.

2.3 사진측량의 분류

2.3.1 촬영방향에 의한 분류

분류	특징
수직사진	① 광축이 연직선과 거의 일치하도록 카메라의 경사가 3° 이내의 기울기로 촬영된 사진 ② 항공사진 측량에 의한 지형도 제작 시에는 거의 수직사진에 의한 촬영
경사사진	광축이 연직선 또는 수평선에 경사지도록 촬영한 경사각 3° 이상의 사진으로 지평선이 사진에 나타나는 고각도 경사사진과 사진이 나타나지 않는 저각도 경사사진이 있다. ① 고각도 경사사진 : 3° 이상으로 지평선이 나타난다. ② 저각도 경사사진 : 3° 이상으로 지평선이 나타나지 않는다.
수평사진	광축이 수평선에 거의 일치하도록 지상에서 촬영한 사진

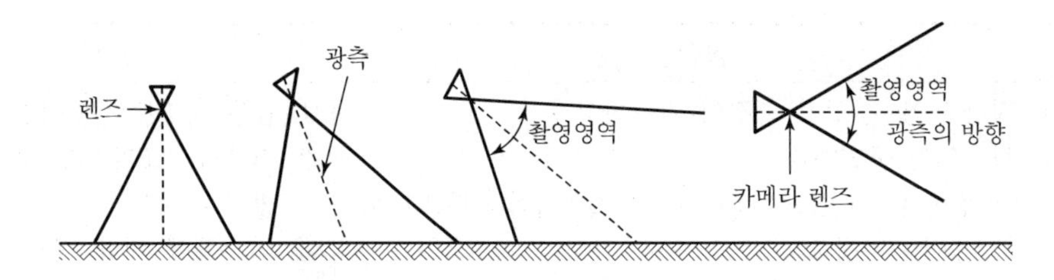

(a) 수직사진 (b) 저각도 경사사진 (c) 고각도 경사사진 (d) 수평사진

[촬영방향에 의한 분류]

2.3.2 사용 카메라의 의한 분류

종류	렌즈의 화각	화면크기(cm)	용도	비고
초광각사진	120°	23×23	소축척도화용	완전평지에 이용
광각사진	90°	23×23	일반도화, 사진판독용	경제적 일반도화
보통각사진	60°	18×18	산림조사용	산악지대 도심지촬영 정면도제작
협각사진	약 60° 이하		특수한 대축척 도화용	특수한 평면도 제작

2.3.3 측량방법에 의한 분류

분류	특징
항공사진측량 (Aerial Photogrammerty)	지형도 작성 및 판독에 주로 이용되며 항공기 및 기구 등에 탑재된 측량용 사진기로 중복하여 연속촬영된 사진을 정성적 분석 및 정량적 분석을 하는 측량방법이다.
지상사진측량 (Terrestrial Photogrammerty)	지상사진측량은 지상에서 촬영한 사진을 이용하여 건조물이나 시설물의 형태 및 변위계측과 고산지대의 지형을 해석한다.(건물의 정면도, 입면도 제작에 주로 이용된다.)
수중사진측량 (Underwater Photogrammerty)	수중사진기에 의해 얻어진 영상을 해석함으로써 수중자원 및 환경을 조사하는 것으로 플랑크톤량, 수질조사, 해저의 기복상태, 해저의 유물조사, 수중식물의 활력도에 주로 이용된다.
원격탐측 (Remote Sensing)	원격탐측은 지상에서 반사 또는 방사하는 각종 파장의 전자기파를 수집처리하여 환경 및 자원문제에 이용하는 사진측량의 새로운 기법 중의 하나이다.
비지형 사진측량 (Non-Topography Photogrammerty)	지도 작성 이외의 목적으로 X선, 모아래사진, 홀로그래픽(레이저사진) 등을 이용하여 의학, 고고학, 문화재 조사에 주로 이용된다.

2.3.4 촬영축척에 의한 분류

분류	특징
대축척 도화사진	촬영고도 800m(저공촬영) 이내에서 얻어진 사진을 도화 (축척 $\frac{1}{500} \sim \frac{1}{3,000}$)
중축척 도화사진	촬영고도 800~3,000m(중공촬영) 이내에서 얻어진 사진을 도화 (축척 $\frac{1}{5,000} \sim \frac{1}{25,000}$)
소축척 도화사진	촬영고도 3,000m(고공촬영) 이상에서 얻어진 사진을 도화 (축척 $\frac{1}{50,000} \sim \frac{1}{100,000}$)

2.3.5 필름에 의한 분류

분류	특징
팬크로 사진	일반적으로 가장 많이 사용되는 흑백사진이며 가시광선(0.4μ~0.75μ)에 해당하는 전자파로 이루어진 사진
적외선 사진	지도작성 · 지질 · 토양 · 수자원 및 산림조사 등의 판독에 이용
위색 사진	식물의 잎은 적색. 그 외는 청색으로 나타나며 생물 및 식물의 연구조사 등에 이용
팬인플러 사진	팬크로 사진과 적외선 사진 중간에 속하며 적외선용 필름과 황색필터를 사용
천연색 사진	조사, 판독용

2.4 사진의 일반성

2.4.1 측량용 및 디지털 사진기와 촬영용 항공기의 특징

분류	특징
측량용 사진기	① 초점길이가 길다. ② 화각이 크다. ③ 렌즈지름이 크다. ④ 거대하고 중량이 크다. ⑤ 해상력과 선명도가 높다. ⑥ 셔터의 속도는 1/100~1/1,000초이다. ⑦ 파인더로 사진의 중복도를 조정한다. ⑧ 수차가 극히 적으며 왜곡수차가 있더라도 보정판을 이용하여 수차를 제거한다.
디지털 사진기	① 필름을 사용하지 않는다. ② 현상비용이나 시간이 절감된다. ③ 오차발생방지(필름에서 영상 획득하기 위해 스캐닝 과정 생략) ④ 보관과 유지관리가 편리하다. ⑤ 영상의 품질관리가 용이하다. ⑥ 신속한 결과물을 이용할 수 있다. ⑦ 재난재해분야, 사회간접자본시설, RS응용분야, GIS분야 등에 활용성이 높다.

촬영용 항공기	① 안정성이 좋을 것 ② 조작성이 좋을 것 ③ 시계가 좋을 것 ④ 항공거리가 길 것 ⑤ 이륙거리가 짧을 것 ⑥ 상승속도가 클 것 ⑦ 상승한계가 높을 것 ⑧ 요구되는 속도를 얻을 수 있을 것

2.4.2 촬영보조 기계

종류	특징
수평선 사진기 (Horizontal Camera)	주사진기의 광축에 직각방향으로 광축이 향하도록 부착시킨 소형 사진기이다.
고도차계 (Statoscope)	고도차계는 U자관을 이용하여 촬영점 간의 기압차관측에 의하여 촬영점 간의 고차를 환산기록하는 것이다.
A.P.R (Airborne Profile Recorder)	A.P.R.은 비행고도자동기록계라고도 하며 항공기에서 바로 밑으로 전파를 보내고 지상에서 반사되어 돌아오는 전파를 수신하여 촬영비행 중의 대지촬영고도를 연속적으로 기록하는 것이다.
항공망원경 (Navigation Telescope)	접안격자판에 비행방향, 횡중복도가 30%인 경우의 유효폭 및 인접촬영경로, 연직점 위치 등이 새겨져 있어서, 예정촬영경로에서 항공기가 이탈되지 않고 항로를 유지하는 데 이용된다.
FMC (Forward Motion Compensation) : 떨림방지기구	FMC는 Imagemotion Compensator라고도 하며 항공사진기에 부착되어 영상을 취득하는 동안 비행기의 흔들림이나 움직이는 물체의 촬영 등으로 인해 발생되는 Shifting 현상을 제거하는 장치이다.
자이로스코프 (Gyroscope) : 자동평형경	회전체의 역학적인 운동을 관찰하는 실험기구로 회전의라고도 한다. 이를 이용하여 지구가 자전하는 것을 실험적으로 증명할 수 있다. 한편 로켓의 관성유도장치로 사용되는 자이로스코프, 이 원리를 응용한 나침반인 자이로 컴퍼스, 선박의 안전장치로 사용되는 자이로 안정기, 비행기의 동요 등이 카메라에 주는 영향을 막기 위하여 이용되는 등 넓은 의미에서 응용되고 있다.

2.4.3 항공사진의 보조자료

종류	특징
촬영고도	사진측량의 정확한 축척결정에 이용된다.
초점거리	축척결정이나 도화에 중요한 요소로 이용된다.
고도차	앞 고도와의 차를 기록
수준기	촬영시 카메라의 경사상태를 알아보기 위해 부착한다.
지표	여러 형태로 표시되어 있으며 필름 신축 보정시 이용
촬영시간	셔터를 누르는 순간 시각을 표시한다.
사진번호	촬영순서를 구분하는 데 이용

2.4.4 Sensor(탐측기)

감지기는 전자기파(Electromagnetic wave)를 수집하는 장비로서 수동적 감지기와 능동적 감지기로 대별된다. 수동방식(Passive sensor)은 태양광의 반사 또는 대상물에서 복사되는 전자파를 수집하는 방식이고, 능동방식(Active sensor)은 대상물에 전자파를 쏘아 그 대상물에서 반사되어 오는 전자파를 수집하는 방식이다.

<table>
<tr><td rowspan="14">수동적
탐측기</td><td rowspan="12">비주사
방식</td><td rowspan="3">비영상방식</td><td>지자기측량</td><td></td><td></td></tr>
<tr><td>중력측량</td><td></td><td></td></tr>
<tr><td>기타</td><td></td><td></td></tr>
<tr><td rowspan="9">영상방식</td><td rowspan="5">단일사진기</td><td>흑백사진</td><td></td></tr>
<tr><td>천연색사진</td><td></td></tr>
<tr><td>적외사진</td><td></td></tr>
<tr><td>적외칼라사진</td><td></td></tr>
<tr><td>기타 사진</td><td></td></tr>
<tr><td rowspan="4">다중파장대
사진기</td><td rowspan="2">단일렌즈</td><td>단일필름</td></tr>
<tr><td>다중필름</td></tr>
<tr><td rowspan="2">다중렌즈</td><td>단일필름</td></tr>
<tr><td>다중필름</td></tr>
<tr><td rowspan="2">주사
방식</td><td rowspan="2">영상면주사방식</td><td colspan="3">TV사진기(Vidicon 사진기)</td></tr>
<tr><td>고체주사기</td><td></td><td></td></tr>
</table>

<table>
<tr><td rowspan="5">수동적
탐측기</td><td rowspan="5">주사
방식</td><td rowspan="5">대상물면주사방식</td><td rowspan="4">다중파장대
주사기</td><td>Analogue 방식</td><td></td></tr>
<tr><td>Digital 방식</td><td>MSS</td></tr>
<tr><td></td><td>TM</td></tr>
<tr><td></td><td>HRV</td></tr>
<tr><td colspan="3">극초단파주사기(Microwave radiometer)</td></tr>
<tr><td rowspan="5">능동적
탐측기</td><td rowspan="2">비주사
방식</td><td colspan="2">Laser spectrometer</td><td></td><td></td></tr>
<tr><td colspan="2">Laser 거리측량기</td><td></td><td></td></tr>
<tr><td rowspan="3">주사
방식</td><td>레이더</td><td></td><td></td><td></td></tr>
<tr><td rowspan="2">SLAR</td><td colspan="3">RAR(Rear Aperture Radar)</td></tr>
<tr><td colspan="3">SAR(Synthetic Aperture Radar)</td></tr>
</table>

가. LIDAR(Light Detection and Ranging)

레이저에 의한 대상물 위치 결정방법으로 기상 조건에 좌우되지 않고 산림이나 수목지대에서도 투과율이 높다.

나. SLAR(Side Looking Airborne Radar)

능동적 탐측기는 극초단파를 이용하여 극초단파 중 레이더파를 지표면에 주사하여 반사파로부터 2차원을 얻는 탐측기를 SLAR이라 한다. SLAR에는 RAR과 SAR 등이 있다.

2.5 사진촬영 계획

2.5.1 사진축척(寫眞縮尺)

<table>
<tr><td>기준면에
대한 축척</td><td>$M=\frac{1}{m}=\frac{f}{H}=\frac{l}{L}$
여기서, M : 축척분모수
H : 촬영고도(기준면에서 렌즈 중심까지의 거리)
f : 초점거리(렌즈 중심에서 사진면에 내린 수선의 발)</td><td rowspan="2">[기준면에 대한 축척]</td></tr>
<tr><td>비고가 있을
경우 축척</td><td>$M=\frac{1}{m}=\left(\frac{f}{H\pm h}\right)$</td></tr>
</table>

2.5.2 중복도(Overlap)

구분	내용
종중복도 (End lap)	촬영진행방향에 따라 중복시키는 것으로 보통 60%, 최소한 50% 이상 중복을 주어야 한다. 종중복도$(p)=\dfrac{p_1m_1+m_1m_2+m_2p_2}{a}\times 100(\%)$ 여기서, $p_1m_1=p_1m_2-m_1m_2$ m_1, m_2 : 주점기선 길이(b_0)[인접하는 중복사진에서 첫째 사진 주점과 둘째 사진의 주점 간의 사진상에서의 길이] a : 화면크기(사진크기)
횡중복도 (Side lap)	촬영진행방향에 직각으로 중복시키며 보통 30%, 최소한 5% 이상 중복을 주어 촬영한다. • 산악지역(사진상에 고저차가 촬영고도의 10% 이상인 지역)이나 고층빌딩이 밀접한 시가지는 10~20% 이상 중복도를 높여서 촬영하거나 2단 촬영을 한다.(사각부분을 없애기 위함)

[중복도]

2.5.3 촬영기선장

하나의 촬영코스 중에 하나의 촬영점(셔터를 누른 점)으로부터 다음 촬영점까지의 거리를 촬영기선장이라 한다.

구분	내용	비고
주점기선장(b_0)	$b_0=a\left(1-\dfrac{p}{100}\right)$	여기서, a : 화면크기 p : 종중복도 q : 횡중복도 m : 축척분모수
촬영종기선길이	한 촬영점에서 다음 촬영점까지의 실제 거리 $B=m\cdot b_0=m\cdot a\left(1-\dfrac{p}{100}\right)$	
촬영횡기선길이	코스간격 $C=m\cdot a\left(1-\dfrac{q}{100}\right)$	

2.5.4 촬영고도

$$H=C\times \Delta h$$

여기서, H : 촬영고도

C : C계수(도화기의 성능과 정도를 표시하는 상수)

Δh : 최소 등고선의 간격

2.5.5 촬영코스

① 촬영코스는 촬영지역을 완전히 덮고 코스 사이의 중복도를 고려하여 결정한다.

② 일반적으로 넓은 지역을 촬영할 경우에는 동서방향으로 직선코스를 취하여 계획한다.

③ 도로, 하천과 같은 선형 물체를 촬영할 때는 이것에 따른 직선코스를 조합하여 촬영한다.

④ 지역이 남북으로 긴 경우는 남북방향으로 촬영코스를 계획하며 일반적으로 코스 길이의 연장은 보통 30km를 한도로 한다.

2.5.6 표정점 배치(Distribution of Points)

일반적으로 대지표정(절대표정)에 필요로 하는 최소 표정점은 삼각점(x, y) 2점과 수준점(z) 3점이며, 스트립 항공삼각측량인 경우 표정점은 각 코스 최초의 모델(중복부)에 4점, 최후의 모델이 최소한 2점, 중간에 4~5모델째마다 1점을 둔다.

2.5.7 촬영일시

촬영은 구름이 없는 쾌청일의 오전 10시부터 오후 2시경까지의 태양각이 45° 이상인 경우에 최적이며 계절별로는 늦가을부터 초봄까지가 최적기이다. 우리나라의 연평균 쾌청일수는 80일이다.

2.5.8 촬영카메라 선정

동일촬영고도의 경우 광각 사진기 쪽이 축척은 작지만 촬영면적이 넓고 또한 일정한 구역을 촬영하기 위한 코스 수나 사진매수가 적게 되어 경제적이다.

2.5.9 촬영계획도 작성

기존의 소축척지도(일반적으로 $\frac{1}{50,000}$ 지형도)상에 촬영계획도를 작성하고 축척은 촬영 축척의 $\frac{1}{2}$ 정도 지형도로 택하는 것이 적당하다.

2.5.10 사진 및 모델의 매수

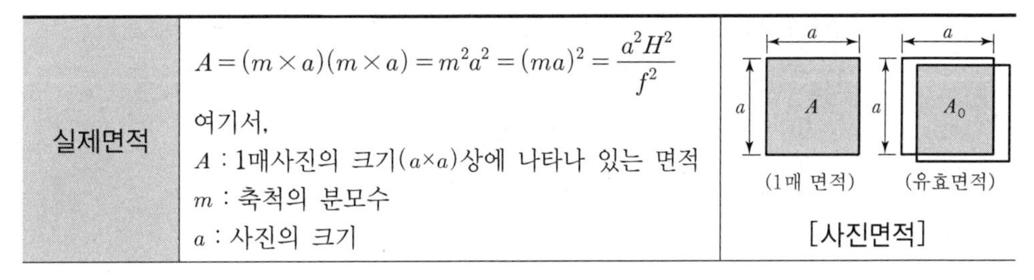

실제면적	$A=(m\times a)(m\times a)=m^2a^2=(ma)^2=\frac{a^2H^2}{f^2}$ 여기서, A : 1매사진의 크기($a\times a$)상에 나타나 있는 면적 m : 축척의 분모수 a : 사진의 크기	(1매 면적) (유효면적) [사진면적]

유효면적의 계산	단코스의 경우	$A_0=(ma)^2\left(1-\frac{p}{100}\right)$
	복코스의 경우	$A_0=(ma)^2\left(1-\frac{p}{100}\right)\left(1-\frac{q}{100}\right)$
사진의 매수	① 촬영지역의 면적에 의한 사진의 매수	사진의 매수 $N=\frac{F}{A_0}$ 여기서, F : 촬영대상지역의 면적 A_0 : 촬영유효면적
	② 안전율을 고려할 때 사진의 매수	$N=\frac{F}{A_0}\times(1+\text{안전율})$
	③ 모델수에 의한 사진의 매수	$\text{종모델수}=\frac{\text{코스길이}}{\text{종기선길이}}=\frac{S_1}{B}=\frac{S_1}{ma\left(1-\frac{p}{100}\right)}$
		$\text{횡모델수}=\frac{\text{코스횡길이}}{\text{횡기선길이}}=\frac{S_2}{C_0}=\frac{S_2}{ma\left(1-\frac{q}{100}\right)}$
	④ 총모델수	종모델수×횡모델수
	⑤ 사진의 매수	• 단코스 사진매수(N)=종모델수+1 • 복코스 사진매수=(종모델수+1)×횡모델수
	⑥ 삼각점수	총모델수×2
	⑦ 수준측량 총거리	[촬영경로의 종방향길이×{2(촬영경로의 수)+1} +촬영경로의 횡방향길이×2] km

초점거리 88mm인 초광각 사진기로 촬영고도 3,000m에서 종중복도 60%, 횡중복도 30%로 가로 50km, 세로 40km인 지역을 촬영하려고 한다. 사진크기가 23×23cm일 때 촬영계획을 수립하라.(단, 안전율 30%)

사진축척(M) $=\frac{1}{m}=\frac{f}{H}=\frac{88\text{mm}}{3{,}000\text{m}}=\frac{0.088}{3{,}000}=\frac{1}{34{,}091}$

촬영기선길이(B) $=ma\left(1-\frac{p}{100}\right)=34{,}091\times0.23\left(1-\frac{60}{100}\right)=3{,}136.37\text{m}$

촬영횡기선길이(c_0) $=ma\left(1-\frac{q}{100}\right)=34{,}091\times0.23\left(1-\frac{30}{100}\right)=5{,}488.65\text{m}$

1) 안전율을 고려한 경우

① 유효면적(A_o) $=(ma)^2\left(1-\frac{p}{100}\right)\left(1-\frac{q}{100}\right)=17.21\text{km}^2$

② 사진매수(N) $=\frac{F}{A_0}\times1.3=\frac{50\times40}{17.21}\times1.3=151.07\fallingdotseq152\text{매}$

2) 안전율을 고려하지 않은 경우

① 종모델수(D)= $\frac{S_1}{B}=\frac{50\text{km}}{3.136\text{km}}=15.94 \fallingdotseq 16$ 모델(단, 촬영경로의 입체모형수)

② 횡모델수(D')= $\frac{S_2}{C_0}=\frac{40\text{km}}{5.488\text{km}}=7.29 \fallingdotseq 8$ 코스(촬영경로의 수)

③ 총모델수= $D \times D'=16 \times 8=128$ 모델

④ 사진매수= $(D+1) \times D'=(16+1) \times 8=136$ 매

⑤ 삼각점수=모델 수×2=128×2=256점

⑥ 수준측량거리=50×(2×9+1)+(40×2)=930km

2.6 사진촬영

1) 사진촬영시 고려할 사항	① 높은 고도에서 촬영할 경우는 고속기를 이용하는 것이 좋다. ② 낮은 고도에서의 촬영에서는 노출 중의 편류에 의한 촬영에 주의할 필요가 있다. ③ 촬영은 지정된 촬영경로에서 촬영경로 간격의 10% 이상 차이가 없도록 한다. ④ 고도는 지정고도에서 5% 이상 낮게 혹은 10% 이상 높게 진동하지 않도록 직선상에서 일정한 거리를 유지하면서 촬영한다. ⑤ 앞뒤 사진 간의 회전각(편류각)은 5° 이내 촬영 시의 사진기 경사(Tilt)는 3° 이내로 한다.
2) 노출시간	(1) $T_l=\frac{\Delta S \cdot m}{V}$ (2) $T_s=\frac{B}{V}$ 여기서, T_l : 최장노출시간(sec) ΔS : 흔들림의 양(mm) V : 항공기의 초속 B : 촬영기선 길이 $(B)=ma\left(1-\frac{p}{100}\right)$ m : 축척분모수

2.6.1 촬영사진의 성과 검사 <항공사진측량작업규정 제26조>

항공사진이 사진측정학용으로 적당한지 여부를 판정하는 데는 중복도 이외에 사진의 경사, 편류, 축척, 구름의 유무 등에 대하여 검사하고 부적당하다고 판단되면 전부 또는 일부를 재촬영해야 한다.

재촬영하여야 할 경우	양호한 사진이 갖추어야 할 경우
① 항공기의 고도가 계획촬영 고도의 15% 이상 벗어날 때 ② 촬영 진행방향의 중복도가 53% 미만인 경우가 전 코스 사진매수의 1/4 이상일 때 ③ 인접한 사진축척이 현저한 차이가 있을 때 ④ 인접 코스 간의 중복도가 표고의 최고점에서 5% 미만일 때 ⑤ 구름이 사진에 나타날 때 ⑥ 적설 또는 홍수로 인하여 지형을 구별할 수 없어 도화가 불가능하다고 판정될 때 ⑦ 필름의 불규칙한 신축 또는 노출불량으로 입체시에 지장이 있을 때 ⑧ 촬영 시 노출의 과소, 연기 및 안개, 스모그(smog), 촬영셔터(shutter)의 기능불능, 현상처리의 부적당 등으로 사진의 영상이 선명하지 못할 때 ⑨ 보조자료(고도, 시계, 카메라번호, 필름번호) 및 사진지표가 사진상에 분명하지 못할 때 ⑩ 후속되는 작업 및 정확도에 지장이 있다고 인정될 때 ⑪ 지상GPS기준국과 항공기에서 수신한 GPS신호가 단절되어 GPS데이터 처리가 불가능할 때 ⑫ 디지털항공사진 카메라의 경우 촬영코스당 지상표본거리(GSD)가 당초 계획하였던 목표 값보다 큰 값이 10% 이상 발생하였을 때	① 촬영사진기가 조정검사되어 있을 것 ② 사진기 렌즈는 왜곡이 작을 것 ③ 노출시간이 짧을 것 ④ 필름은 신축, 변질의 위험성이 없을 것 ⑤ 도화하는 부분이 공백부가 없고 사진의 입체부분으로 찍혀 있을 것 ⑥ 구름이나 구름의 그림자가 찍혀 있지 않을 것 ⑦ 적설, 홍수 등의 이상상태일 때의 사진이 아닐 것 ⑧ 촬영고도가 거의 일정할 것 ⑨ 중복도가 지정된 값에 가깝고 촬영경로사이에 공백부가 없을 것 ⑩ 헐레이션이 없을 것

2.7 사진의 특성

2.7.1 중심투영과 정사투영

항공사진과 지도는 지표면이 평탄한 곳에서는 지도와 사진은 같으나 지표면의 높낮이가 있는 경우에는 사진의 형상이 다르다. 항공사진은 중심투영이고 지도는 정사투영이다.

<table>
<tr><td>중심투영
(Central Projection)</td><td>사진의 상은 피사체로부터 반사된 광이 렌즈 중심을 직진하여 평면인 필름면에 투영되어 나타나는 것을 말하며 사진을 제작할 때 사용(사진측량의 원리)</td><td rowspan="2"> 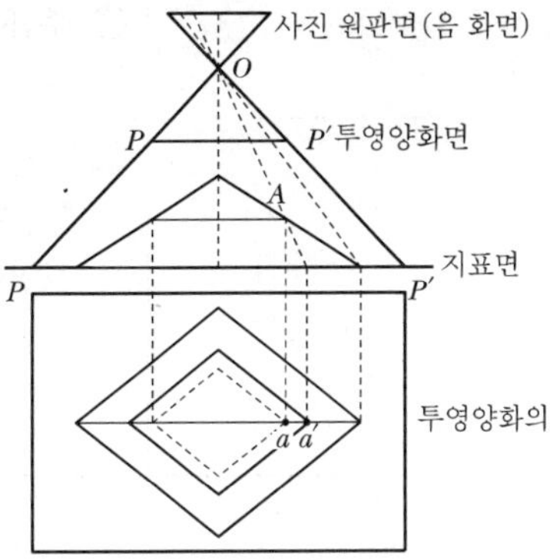사진 원판면(음 화면)
O
P
P′투영양화면
A
지표면
P
P′
투영양화의 확대
a′ a
[정사투영과 중심투영의 비교]</td></tr>
<tr><td>정사투영
(Orthoprojetcion)</td><td>항공사진과 지형도를 비교하면 같으나, 지표면의 높낮이가 있는 경우에는 평탄한 곳은 같으나 평탄치 않은 곳은 사진의 형상이 다르다. 정사투영은 지도를 제작할 때 사용</td></tr>
<tr><td rowspan="5">왜곡수차
(Distorion)</td><td colspan="2">이론적인 중심투영에 의하여 만들어진 점과 실제 점의 변위</td></tr>
<tr><td colspan="2">왜곡수차의 보정방법</td></tr>
<tr><td>포로-코페(Porro Koppe)의 방법</td><td>촬영카메라와 동일 렌즈를 갖춘 투영기를 사용하는 방법</td></tr>
<tr><td>보정판을 사용하는 방법</td><td>양화건판과 투영렌즈 사이에 렌즈(보정판)를 넣는 방법</td></tr>
<tr><td>화면거리를 변화시키는 방법</td><td>연속적으로 화면거리를 움직이는 방법</td></tr>
</table>

2.7.2 항공사진의 특수 3점

<table>
<tr><th>특수 3점</th><th colspan="2">특징</th></tr>
<tr><td>주점
(Principal Point)</td><td>주점은 사진의 중심점이라고도 한다. 주점은 렌즈 중심으로부터 화면(사진면)에 내린 수선의 발을 말하며 렌즈의 광축과 화면이 교차하는 점이다.</td><td></td></tr>
</table>

연직점 (Nadir Point)	① 렌즈 중심으로부터 지표면에 내린 수선의 발을 말하고 N을 지상연직점(피사체연직점), 그 선을 연장하여 화면(사진면)과 만나는 점을 화면연직점(n)이라 한다. ② 주점에서 연직점까지의 거리(mn) $= f\tan i$	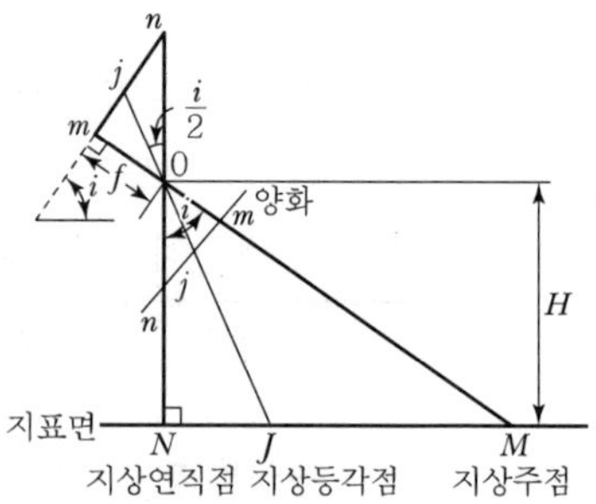 [항공사진의 특수 3점]
등각점 (Isocenter)	① 주점과 연직점이 이루는 각을 2등분한 점으로 또한 사진면과 지표면에서 교차되는 점을 말한다. ② 주점에서 등각점까지의 거리(mn) $= f\tan\frac{i}{2}$	

2.7.3 기복변위(Relief Displacement)

지표면에 기복이 있을 경우 연직으로 촬영하여도 축척은 동일하지 않으며 사진면에서 연직점을 중심으로 방사상의 변위가 생기는데 이를 기복변위라 한다. 즉, 대상물의 높이에 의해 생기는 사진 영상에의 위치 변위를 말한다.

원리(변위량)	Δr : ΔR의 축척관계 $\Delta R : h = r : f \cdots \Delta R = \frac{h}{f}r$ ········· ① $\Delta OP'A$: Δopa $\Delta R : H = \Delta r : f \cdots \Delta r = \frac{f}{H}\Delta R$ ···② ①을 ②에 대입하면 $\Delta r = \frac{f}{H}\frac{h}{f}r = \frac{h}{H}r$	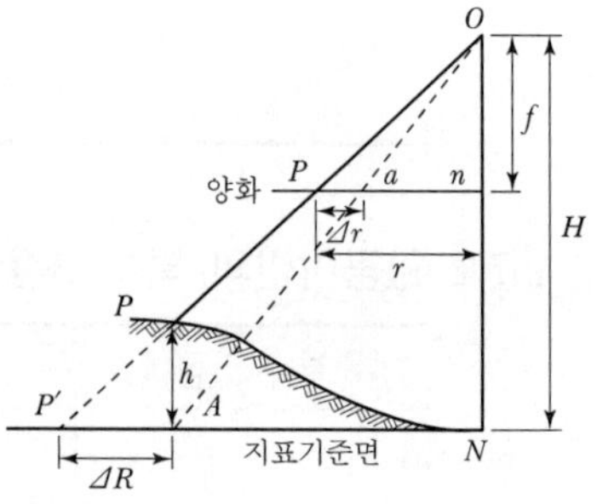
최대변위량	$\Delta r_{\max} = \frac{f}{H}r_{\max} = \frac{h}{H}\cdot\frac{\sqrt{2}}{2}a$ 여기서, Δr : 변위량 h : 비고 H : 비행고도 r : 화면 연직점에서의 거리 $r_{\max}$: 최대화면 연직점에서의 거리	

특징	① 비행고도(H)가 증가하거나 비고(h)가 감소하면 변위량(Δr)이 감소한다. ② 비고가 작아지기 위한 조건 비고 $h=\frac{H}{b_0}\Delta P=\frac{H}{a\left(1-\frac{p}{100}\right)}\Delta P$이므로 비고는 중복도에 반비례한다. ③ 비행고도가 커지기 위한 조건 축척 $M=\frac{1}{m}=\frac{f}{H}\rightarrow H=f\cdot m$이므로 초점거리가 증가할수록(협각사진으로 갈수록) 비행고도는 증가한다 ④ 그러므로 중복도가 증가하거나 초점거리가 증가할수록(광각에서 협각으로 갈수록) 기복변위가 감소한다.
활용	① 기복변위량을 고려하여 대축척도면 작성 시 중복도를 증가시키기도 한다. ② 기복변위공식을 응용하면 사진면에 나타난 탑, 굴뚝, 건물 등의 높이를 구할 수 있다.

2.8 입체 사진 측량

중복사진을 명시거리에서 왼쪽의 사진을 왼쪽 눈, 오른쪽의 사진을 오른쪽 눈으로 보면 좌우의 상이 하나로 융합되면서 입체감을 얻게 된다. 이것을 입체시 또는 정입체시라 한다.

정입체시	어느 대상물을 택하여 찍은 중복 사진을 명시거리(약 25cm 정도)에서 왼쪽의 사진을 왼쪽눈으로, 오른쪽 사진을 오른쪽 눈으로 보면 좌우의 상이 하나로 융합되면서 입체감을 얻게 되는데 이 현상을 입체시 또는 정입체시라 한다.
역입체시	입체시 과정에서 높은 것이 낮게, 낮은 것이 높게 보이는 현상이다. ① 정입체시 할 수 있는 사진을 오른쪽과 왼쪽위치를 바꿔 놓을 때 ② 여색입체사진을 청색과 적색의 색안경을 좌우로 바꿔서 볼 때 ③ 멀티 플렉스의 모델을 좌우의 색안경을 교환해서 입체시 할 때
여색입체시	여색입체사진이 오른쪽은 적색, 왼쪽은 청색으로 인쇄되었을 때 왼쪽에 적색, 오른쪽에 청색의 안경으로 보아야 바른 입체시가 된다.

2.8.1 입체사진의 조건

① 1쌍의 사진을 촬영한 카메라의 광축은 거의 동일 평면 내에 있어야 한다.

② 2매의 사진축척은 거의 같아야 한다.

③ 기선고도비가 적당해야 한다.

$$기선고도비=\frac{B}{H}=\frac{m \cdot a\left(1-\frac{p}{100}\right)}{m \cdot f}$$

2.8.2 육안에 의한 입체시의 방법

손가락에 의한 방법, 스테레오그램에 의한 방법

2.8.3 기구에 의한 입체시

가. 입체경

렌즈식 입체경과 반사식 입체경이 있다.

나. 여색입체시

왼쪽에 적색, 오른쪽에 청색의 안경으로 보면 입체감을 얻는다.

2.8.4 입체상의 변화

렌즈의 초점거리 변화에 의한 변화	렌즈의 초점거리가 긴 사진이 짧은 사진보다 더 낮게 보인다.
촬영기선의 변화에 의한 변화	촬영기선이 긴 경우 짧은 때보다 높게 보인다.
촬영고도의 차에 의한 변화	촬영고도가 낮은 사진이 높은 사진보다 더 높게 보인다.
눈을 옆으로 돌렸을 때의 변화	눈을 좌우로 움직여 옆에서 바라볼 때 항공기의 방향선상에서 움직이면 눈이 움직이는 쪽으로 기울어져 보인다.
눈의 높이에 따른 변화	눈의 위치가 높아짐에 따라 입체상은 더 높게 보인다.

2.8.5 카메론 효과(Cameron Effect)와 과고감(Vertical Exaggeration)

카메론 효과 (Cameron Effect)	항공사진으로 도로변 상공 위의 항공기에서 주행 중인 차량을 연속 촬영하여 이것을 입체화할 때 차량이 비행방향과 동일방향으로 주행하고 있다면 가라앉아 보이고, 반대방향으로 주행하고 있다면 부상(浮上 : 뜨는 것)하여 보인다. 또한 뜨거나 가라앉는 높이는 차량의 속도에 비례하고 있다. 이와 같이 이동하는 피사체가 뜨거나 가라앉아 보이는 현상을 카메론 효과라고 한다.

과고감 (Vertical Exaggeration)	항공사진을 입체시하는 경우 산의 높이 등이 실제보다 과장되어 보이는 현상을 말한다. 평면축척에 대하여 수직 축척이 크게 되기 때문에 실제 도형보다 산이 더 높게 보인다. ① 항공사진은 평면축척에 비해 수직축척이 크므로 다소 과장되어 나타난다. ② 대상물의 고도, 경사율 등을 반드시 고려해야 한다. ③ 과고감은 필요에 따라 사진판독요소로 사용될 수 있다. ④ 과고감은 사진의 기선고도비와 이에 상응하는 입체시의 기선고도비의 불일치에 의해서 발생한다. ⑤ 과고감은 촬영고도 H에 대한 촬영기선길이 B와의 비인 기선고도비 B/H에 비례한다.

2.8.6 시차

두 장의 연속된 사진에서 발생하는 동일지점의 사진상의 변위를 시차라 한다.

시차차에 의한 변위량	$h : H = \Delta P : P_a$ $h = \frac{H}{P_a}\Delta P = \frac{H}{P_r + \Delta P}\Delta P$ 여기서, H : 비행고도 P_r : 기준면의 시차차 h : 시차(굴뚝의 높이) ΔP(시차차) : $P_a - \Delta P$ P_a : 건물정상의 시차 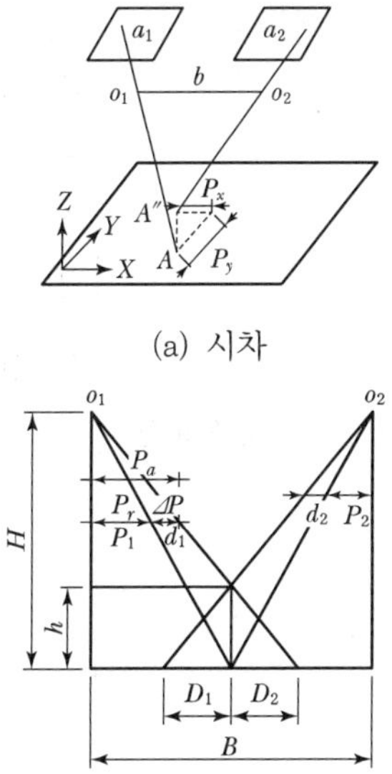
ΔP가 P_r보다 무시할 정도로 작을 때($P_r = b_0$)	$h = \frac{H}{P_r} \cdot \Delta P = \frac{H}{b_0} \cdot \Delta P$ $\therefore \Delta P = \frac{h}{H} \cdot P_r = \frac{h}{H} \cdot b_0$
주점 기선장 대신 기준면의 시차를 적용할 경우	$h = \frac{H}{P_r + \Delta P}\Delta P = \frac{H}{P_a}\Delta P$

(a) 시차

(b) 시차공식

[시차]

2.9 표정

사진상 임의의 점과 대응되는 땅의 점과의 상호관계를 정하는 방법으로 지형의 정확한 입체모델을 기하학적으로 재현하는 과정을 말한다.

2.9.1 표정의 순서

내부표정 → 상호표정 → 절대표정 → 접합표정

종류	특징
내부표정	내부표정이란 도화기의 투영기에 촬영 당시와 똑같은 상태로 양화건판을 정착시키는 작업이다. ① 주점의 위치결정 ② 화면거리(f)의 조정 ③ 건판의 신축측정, 대기굴절, 지구곡률보정, 렌즈수차 보정
상호표정	지상과의 관계는 고려하지 않고 좌우사진의 양투영기에서 나오는 광속이 촬영 당시 촬영면에 이루어지는 종시차(y-Parallax : P_y)를 소거하여 목표 지형물의 상대위치를 맞추는 작업 ① 비행기의 수평회전을 재현해 주는 (k, b_y) ② 비행기의 전후 기울기를 재현해 주는 (ϕ, b_z) ③ 비행기의 좌우 기울기를 재현해 주는 (ω) ④ 과잉수정계수$(o, c, f)=\frac{1}{2}\left(\frac{h^2}{d^2}-1\right)$ ⑤ 상호표정인자 : $(k, \phi, \omega, b_y, b_z)$ k_1의 작용 + k_2의 작용 = b_y의 작용 ϕ_1의 작용 + ϕ_2의 작용 = b_z의 작용 [인자의 운동]
절대표정	상호표정이 끝난 입체모델을 지상 기준점(피사체 기준점)을 이용하여 지상좌표(피사체좌표계)와 일치하도록 하는 작업 ① 축척의 결정, ② 수준면(표고, 경사)의 결정, ③ 위치(방위)의 결정 ④ 절대표정인자 : $\lambda, \phi, \omega, k, b_x, b_y, b_z$(7개의 인자로 구성)

접합표정	한쌍의 입체사진 내에서 한쪽의 표정인자는 전혀 움직이지 않고 다른 한쪽만을 움직여 그 다른 쪽에 접합시키는 표정법을 말하며, 삼각측정에 사용한다. ① 7개의 표정인자 결정(λ, k, ω, ϕ, c_x, c_y, c_z) ② 모델 간, 스트립 간의 접합요소 결정(축척, 미소변위, 위치 및 방위)

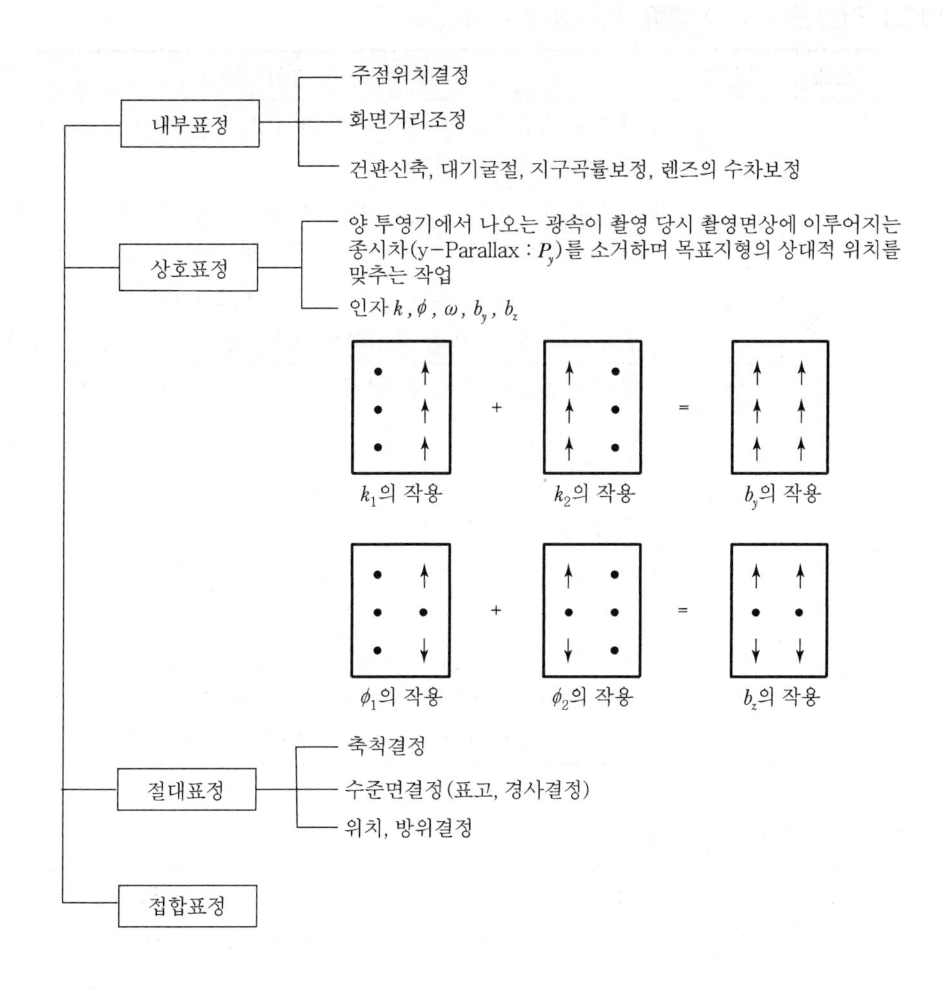

2.10 사진판독

사진판독은 사진면으로부터 얻어진 여러 가지 피사체(대상물)의 정보 중 특성을 목적에 따라 적절히 해석하는 기술로서 이것을 기초로 하여 대상체를 종합분석함으로써 피사체(대상물) 또는 지표면의 형상, 지질, 식생, 토양 등의 연구수단으로 이용하고 있다.

2.10.1 사진판독 요소 암기 ㉯㉰㉱㉲㉳㉴㉵㉶

요소	분류	특징
주요소	㉯조	피사체(대상물)가 갖는 빛의 반사에 의한 것으로 수목의 종류를 판독하는 것을 말한다.
	㉰양	피사체(대상물)의 배열상황에 의하여 판별하는 것으로 사진상에서 볼 수 있는 식생, 지형 또는 지표상의 색조 등을 말한다.
	㉱감	색조, 형상, 크기, 음영 등의 여러 요소의 조합으로 구성된 조밀, 거칠음, 세밀함 등으로 표현하며 초목 및 식물의 구분을 나타낸다.
	㉲상	개체나 목표물의 구성, 배치 및 일반적인 형태를 나타낸다.
	㉳기	어느 피사체(대상물)가 갖는 입체적, 평면적인 넓이와 길이를 나타낸다.
	㉴영	판독 시 빛의 방향과 촬영 시 빛의 방향을 일치시키는 것이 입체감을 얻는 데 용이하다.
보조요소	㉵호위치 관계	어떤 사진상이 주위의 사진상과 어떠한 관계가 있는가 파악하는 것으로 주위의 사진상과 연관되어 성립되는 것이 일반적인 경우이다.
	㉶고감	과고감은 지표면의 기복을 과장하여 나타낸 것으로 낮고 평평한 지역에서의 지형판독에 도움이 되는 반면 경사면의 경사는 실제보다 급하게 보이므로 오판에 주의해야 한다.

2.10.2 사진판독의 장단점

장점	단점
① 단시간에 넓은 지역의 정보를 얻을 수 있다. ② 대상지역의 여러 가지 정보를 종합적으로 획득할 수 있다. ③ 현지에 직접 들어가기 곤란한 경우도 정보 취득이 가능하다. ④ 정보가 사진에 의해 정확히 기록·보존된다.	① 상대적인 판별이 불가능하다. ② 직접적으로 표면 또는 표면 근처에 있는 정보취득이 불가능하다. ③ 색조, 모양, 입체감 등이 나타나지 않는 지역의 판독이 불가능하다. ④ 항공사진의 경우는 항공기를 사용하므로 기후 및 태양고도에 좌우된다.

2.10.3 사진판독의 순서

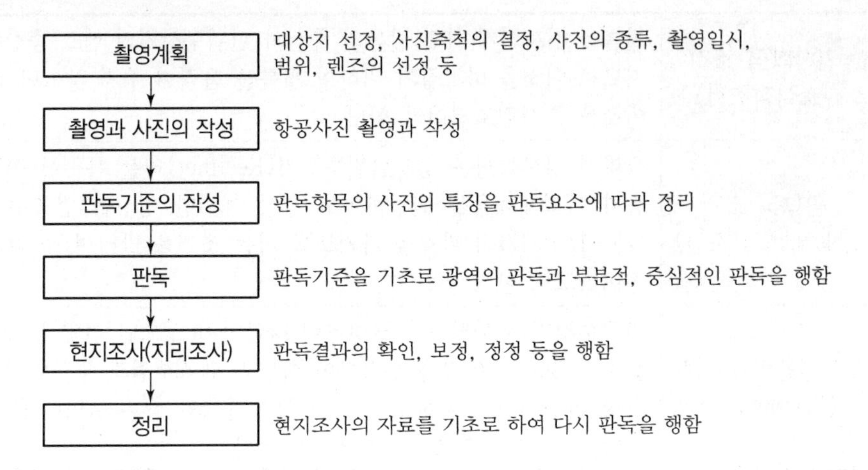

2.10.4 판독의 응용

① 토지이용 및 도시계획조사

② 지형 및 지질 판독

③ 환경오염 및 재해 판독

2.11 편위수정과 사진지도

2.11.1 편위수정(Rectification)

편위수정은 비행기로 사진을 촬영할 때 항공기의 동요나 경사로 인하여 사진상의 약간의 변위가 생기는 현상과 축척이 일정하지 않은 경사와 축척을 수정하여 변위량이 없는 수직사진으로 작성한 작업을 말한다. 즉 항공사진의 음화를 촬영할 때와 똑같은 상태(경사각과 촬영고도)로 놓고 지면과 평행한 면에 이것을 투영함으로써 수정할 수 있으며 기하학적 조건, 광학적 조건, 샤임플러그조건이 필요하다.

가. 편위수정의 원리

편위수정기는 매우 정확한 대형기계로서 배율(축척)을 변화시킬 수 있을 뿐만 아니라 원판과 투영판의 경사도 자유로이 변화시킬 수 있도록 되어 있으며 보통 4개의 표정점이 필요하다. 편위수정기의 원리는 렌즈, 투영면, 화면(필름면)의 3가지 요소에서 항상 선명한 상을 갖도록 하는 조건을 만족시키는 방법이다.

나. 편위수정을 하기 위한 조건

기하학적 조건 (소실점조건)	필름을 경사지게 하면 필름의 중심과 편위수정기의 렌즈 중심은 달라지므로 이것을 바로잡기 위하여 필름을 움직여 주지 않으면 안 된다. 이것을 소실점조건이라 한다.
광학적 조건 (Newton의 조건)	광학적 경사보정은 경사편위수정기(Rectifier)라는 특수한 장비를 사용하여 확대배율을 변경하여도 항상 예민한 영상을 얻을수 있도록 1/a+1/b+1/f의 관계를 가지도록 하는 조건을 말하며 Newton의 조건이라고도 한다.
샤임플러그조건 (Scheimpflug)	편위수정기는 사진면과 투영면이 나란하지 않으면 선명한 상을 맺지 못하는 것으로 이것을 수정하여 화면과 렌즈주점과 투영면의 연장이 항상 한선에서 일치하도록 하면 투영면상의 상은 선명하게 상을 맺는다. 이것을 샤임플러그조건이라 한다.

다. 편위수정방법

정밀수치편위수정은 직접법과 간접법으로 구분되는데 인공위성이나 항공사진에서 수집된 영상자료와 수치고도모형자료를 이용하여 정사투영사진을 생성하는 방법이다.

직접법 (Direct Rectification)	인공위성이나 항공사진에서 수집된 영상자료를 관측하여 각각의 출력영상소의 위치를 결정하는 방법이다.
간접법 (Indirect Rectification)	수치고도모형자료에 의해 출력영상소의 위치가 이미 결정되어 있으므로 입력영상에서 밝기값을 찾아 출력영상소 위치에 나타내는 방법으로 항공사진을 이용하여 정사투영 영상을 생성할 때 주로 이용된다.

2.11.2 사진지도

가. 사진지도의 종류

종류	특징
약조정집성사진지도	카메라의 경사에 의한 변위, 지표면의 비고에 의한 변위를 수정하지 않고 사진 그대로 접합한 지도
반조정집성사진지도	일부만 수정한 지도
조정집성사진지도	카메라의 경사에 의한 변위를 수정하고 축척도 조정한 지도
정사투영사진지도	카메라의 경사, 지표면의 비고를 수정하고 등고선도 삽입된 지도

나. 사진지도의 장단점

장점	단점
① 넓은 지역을 한눈에 알 수 있다. ② 조사하는 데 편리하다. ③ 지표면에 있는 단속적인 징후도 경사로 되어 연속으로 보인다. ④ 지형, 지질이 다른 것을 사진상에서 추적할 수 있다.	① 산지와 평지에서는 지형이 일치하지 않는다. ② 운반하는 데 불편하다. ③ 사진의 색조가 다르므로 오판할 경우가 많다. ④ 산의 사면이 실제보다 깊게 찍혀 있다.

2.12 수치사진측량

2.12.1 개요

수치사진측량은 아날로그 형태의 해석사진에서 컴퓨터프로그래밍의 급속한 발달과 함께 발전적으로 변화되어가는 사진측량기술로서 컴퓨터비전, 컴퓨터그래픽, 영상처리 등 다양한 학문과 연계되어 있으며, 수치영상을 이용하므로 기존 사진측량의 많은 작업공정을 자동으로 처리할 수 있는 많은 가능성을 제시하고 있다. 수치사진측량이 새로운 사진측량의 한 분야로 개발된 배경은 다양한 수치영상이 이용가능하며, 컴퓨터 하드웨어 및 소프트웨어의 발전, 실시간 처리 및 비용 절감에 대한 필요성 때문이다.

2.12.2 수치사진측량의 연혁

① 1970년대 중반부터 수치적 편위수정방법에 의해 수치정사투영 영상을 생성하기 위한 연구가 시작

② 1979년 Konecny에 의해 구체적 방법 제시

③ 1980년대 말 수치영상자료의 정량적 위치결정에 활발한 연구(영상처리, 영상정합)

④ 1990년대 들어 입체영상의 동일점을 탐색하기 위한 영상정합 및 수치영상처리기법 등에 많은 연구

2.12.3 수치사진측량의 특징

수치사진측량은 기존 사진측량과 비교하면 다음과 같은 특징이 있다.

① 다양한 수치 영상처리과정(Digital Image Processing)에 이용되므로 자료에 대한 처리 범위가 넓다.

② 기존 아날로그 형태의 자료보다 취급이 용이하다.

③ 기존 해석사진측량에서 처리가 곤란했던 광범위한 형태의 영상을 생성한다.
④ 수치 형태로 자료가 처리되므로 지형공간 정보체계에 쉽게 적용할 수 있다.
⑤ 기존 해석사진측량보다 경제적이며 효율적이다.
⑥ 자료의 교환 및 유지관리가 용이하다.

2.12.4 수치사진측량의 자료취득방법

① 인공위성 센서에 의한 직접 취득 방법
② 기존 사진을 주사(Scanning)하는 간접적 방법

2.12.5 사진의 기하학적 특성

수치사진측량의 기하학적 특성은 기존 사진측량과 동일하며 본문에서는 공선조건, 공명조건, 에피폴라 기하학을 중심으로 기술하고자 한다.

가. 공선조건(Collinearity Condition)

정의	사진상의 한 점(x, y)과 사진기의 투영중심(촬영중심)(X_o, Y_o, Z_o) 및 대응하는 공간상(지상)의 한 점(X_p, Y_p, Z_p)이 동일직선상에 존재하는 조건을 공선조건이라 한다.
특징	① 사진측량의 가장 기본이 되는 원리로서 대상물과 영상 사이의 수학적 관계를 말한다. ② 공선조건에는 사진기의 6개 자유도를 내포 : 세 개의 평행이동과 세 개의 회전 ③ 중심투영에서 벗어나는 상태는 공선조건의 계통적 오차로 모델링된다.

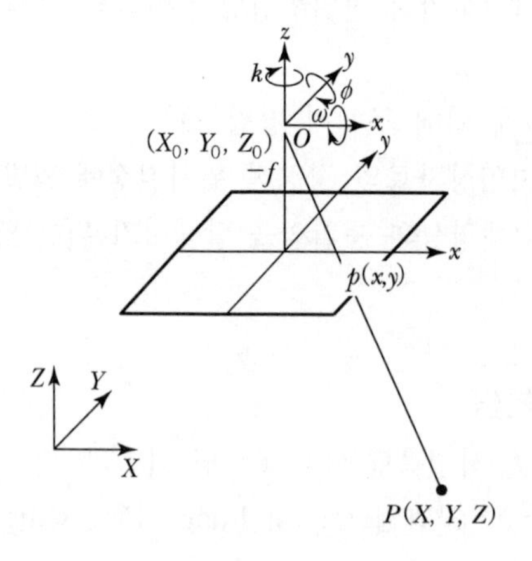

[공선조건]

여기서, y : 객체공간(지상좌표계)에서 대상물까지의 벡터
c : 객체공간(지상좌표계)에서 사진투영중심까지의 벡터
l : 축척
R : 3차원 회전 직교행렬
x : 영상공간(영상좌표계)에서 영상점까지의 벡터

나. 공면조건(Coplanarity Condition)

정의	한 쌍의 입체사진이 촬영된 시점과 상대적으로 동일한 공간적 관계를 재현하는 것을 공면조건이라고 하며, 대응하는 빛 묶음은 교회하여 입체상(Model)을 형성한다. 3차원 공간상에서 평면의 일반식은 $Ax+By+Cz+D=0$이며 두 개의 투영중심 $O_1(X_{O1}, Y_{O1}, Z_{O1})\, O_2(X_{O2}, Y_{O2}, Z_{O2})$과 공간상 임의점 p의 두 상점 $P_1(X_{p1}, Y_{p1}, Z_{p1})(X_{p1}, Y_{p1}, Z_{p1})\, P_2(X_{p2}, Y_{p2}, Z_{p2})$이 동일평면상에 있기 위한 조건을 공면조건이라 한다.
특징	① 한 쌍의 중복사진에 있어서 그 사진의 투영중심과 대응되는 상점이 동일평면 내에 있기 위한 필요충분조건이다. ② 이때 공유하는 평면을 공역 평면(Epipolar Plane)이라 한다. ③ 공액평면이 사진평면을 절단하여 얻어지는 선을 공역선(Epipolar Line)이라 한다.

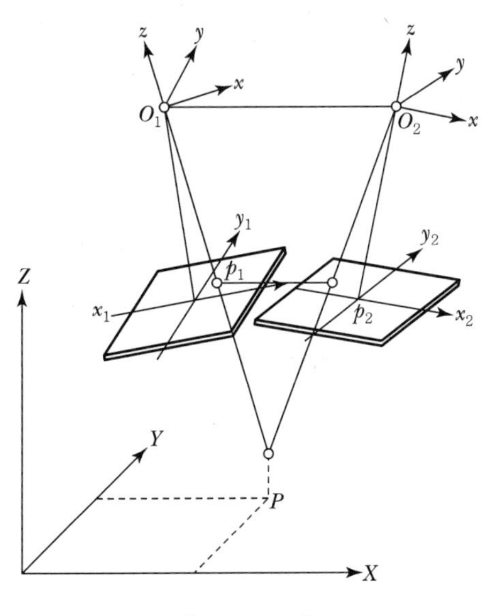

[공면조건]

다. 에피폴라 기하(Epipolar Geometry)

최근 수치사진측량기술이 발달함에 따라 입체사진에서 공액점을 찾는 공정은 점차 자동화되어가고 있으며 공액요소 결정에 에피폴라 기하(Epipolar Geometry)를 이용한다.

Epipolar Line	① 공액요소에 대한 중요한 제약은 에피폴라선이다. ② 에피폴라선(e', e'')은 영상평면과 에피폴라 평면의 교차점이다. ③ 에피폴라선은 탐색공간을 많이 감소시킨다. ④ 공액점은 에피폴라선상에 반드시 있어야 한다. ⑤ 에피폴라선은 주로 사진좌표계의 X축에 평행하지 않다.
Epipolar Plane	① 에피폴라선과 에피폴라 평면은 공액요소 결정에 이용된다. ② 에피폴라 평면은 투영중심 O_1, O_2와 지상점 P에 의해 정의된다. ③ 공액점 결정에 적용하기 위해서는 수치영상의 행(Row)과 에피폴라선이 평행이 되도록 하는데 이러한 입체상(Stereo Pairs)을 정규화영상(Normalized Images)이라고 한다.

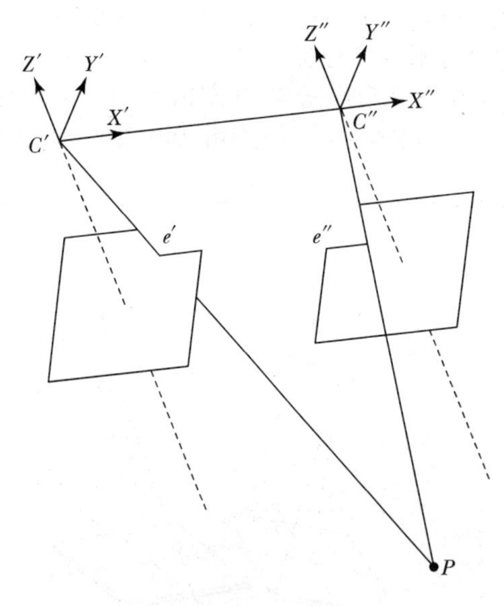

[에피폴라 기하]

2.12.6 영상정합(Image Matching)

영상정합은 입체 영상 중 한 영상의 한 위치에 해당하는 실제의 대상물이 다른 영상의 어느 위치에 형성되었는가를 발견하는 작업으로서 상응하는 위치를 발견하기 위해서 유사성 관측을 이용한다. 이는 사진측정학이나 로봇비전(Robot Vision) 등에서 3차원 정보를 추출하기 위해 필요한 주요 기술이며 수치사진측량학에서는 입체 영상에서 수치표고모형을 생성하거나 항공삼각측량에서 점이사(Point Transfer)를 위해 적용된다.

가. 영상정합방법

구분	내용
영역기준정합 (Area Based Matching)	영역기준정합에서는 오른쪽 사진의 일정한 구역을 기준영역으로 설정한 후 이에 해당하는 왼쪽 사진의 동일 구역을 일정한 범위 내에서 이동시키면서 찾아내는 원리를 이용하는 기법으로 밝기값 상관법과 최소제곱정합법이 있다.
	① 밝기값 상관법(Gray Value Corelation) 한 영상에서 정의된 대상영역(Target Area)을 다른 영상의 검색(탐색)영역(Search Area)상에서 한 점씩 이동하면서 모든 점들에 대해 통계적 유사성 관측값(상관계수)을 계산하는 방법이다. 입체정합을 수행하기 전에 두 영상에 대해 에피폴라 정렬을 수행하여 검색(탐색)영역을 크게 줄임으로써 정합의 효율성을 높일 수 있다.
	② 최소제곱정합법(Least Square Matching) 최소제곱정합법은 탐색영역에서 대응점의 위치(x_s, y_s)를 대상영상 G_t와 탐색영역 G_s의 밝기값들의 함수로 정의하는 것이다. $G_t(x_t\ y_t) = G_s(x_s\ y_s) + n(x\ y)$ 여기서, $(x_t\ y_t)$: 대상영역에 주어진 좌표 $(x_s\ y_s)$: 찾고자 하는 대응점의 좌표 n : 노이즈
형상기준정합 (Feature Matching)	① 형상기준정합에서는 대응점을 발견하기 위한 기본자료로서 특징(점, 선, 영역, 경계)적인 인자를 추출하는 기법이다. ② 두 영상에서 대응하는 특징을 발견함으로써 대응점을 찾아낸다. ③ 형상기준정합을 수행하기 위해서는 먼저 두 영상에서 모두 특징을 추출해야 한다. ④ 이러한 특징 정보는 영상의 형태로 이루어지며 대응특징을 찾기 위한 탐색영역을 줄이기 위하여 에피폴라 정렬을 수행한다.
	① 관계형 정합은 영상에 나타나는 특징들을 선이나 영역 등의 부호적 표현을 이용하여 묘사하고, 이러한 관계대상들뿐만 아니라 관계대상들끼리의 관계까지도 포함하여 정합을 수행한다.

관계형 정합 (Relation Matching)	② 점(Point), 희미한 것(Blobs), 선(Lines), 면 또는 영역(Region) 등과 같은 구성요소들은 길이, 면적, 형상, 평균 밝기값 등의 속성을 이용하여 표현된다. ③ 이러한 구성요소들은 공간적 관계에 의해 도형으로 구성되며 두 영상에서 구성되는 그래프의 구성요소들의 속성들을 이용하여 두 영상을 정합한다. ④ 관계형 정합은 아직 연구개발 초기단계에 있으며 앞으로 많은 발전이 있어야만 실제 상황에서의 적용이 가능할 것이다.

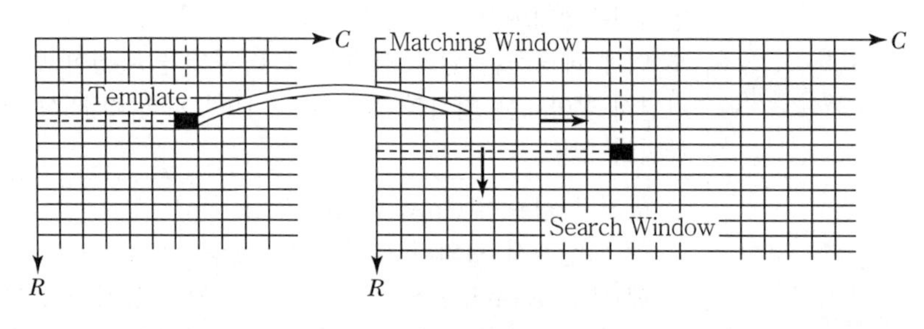

[영상정합]

2.12.7 항공삼각측량 조정방법

항공삼각측량에는 조정의 기본단위로서 블록(block), 스트립(strip), 모델(model), 사진(photo)이 있으며, 이것을 기본단위로 하는 항공삼각측량 조정방법에는 다항식 조정법, 독립모델법, 광속조정법, DLT법 등이 있다.

가. 다항식 조정법(Polynomial method)

1) 특징

다항식 조정법은 촬영경로, 즉 종접합모형(Strip)을 기본단위로 하여 종횡접합모형인 블록을 조정하는 것으로 촬영경로마다 접합표정 또는 개략의 절대표정을 한 후 복수 촬영경로에 포함된 기준점과 접합표정을 이용하여 각 촬영경로의 절대표정을 다항식에 의한 최소제곱법으로 결정하는 방법이다.

① 각 점의 종접합모형좌표가 관측값으로 취급된다.
② 미지수는 표고와 수평위치 조정으로 나누어 실시한다.
③ 수평위치 조정방법에는 헬머트(Helmert) 변환법, 2차원 등각사상변환법이 있다.
④ 다른 방법에 비해 필요한 기준점수가 많게 되고 정확도가 저하된다.
⑤ 다른 방법에 비해 계산량은 적게 소요된다.

2) 조정순서

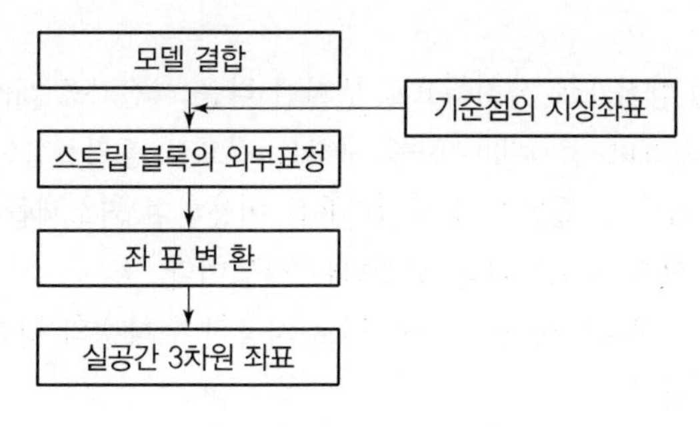

[다항식법 조정방법]

나. 독립모델조정법(Independent Model Triangulation : IMT)

1) 특징

독립모델조정법은 입체모형(Model)을 기본단위로 하여 접합점과 기준점을 이용하여 여러 모델의 좌표를 조정하는 방법에 의하여 절대좌표를 환산하는 방법이다.

① 조정방식은 수평위치좌표와 높이를 동시 조정하는 방법과 수평위치좌표와 높이를 분리하여 조정하는 방법으로 나눌 수 있다.

② 복수의 입체모형이 수평위치에 대해서 Helmert 변환식(입체모형당 4개의 미지변수)과 높이에 대해서는 1차 변환식(입체모형당 3개의 미지변수)으로 결합된다.

③ 입체모형당 7개의 미지변수가 존재하며 각 점의 입체모형좌표가 관측값으로 취급된다.

④ 다항식에 비하여 기준점수가 감소되며 전체적인 정확도가 향상되므로 큰 종횡접합 모형조정에 자주 이용된다.

2) 조정순서

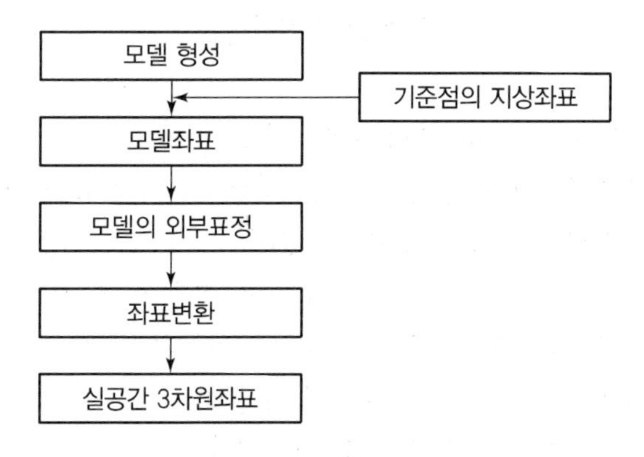

[독립모델법 조정방법]

다. 광속조정법(Bundle Adjustment)

1) 특징

광속조정법은 상좌표를 사진좌표로 변환한 다음 사진좌표(photo coordinate)로부터 직접절대좌표(absolute coordinate)를 구하는 것으로 종횡접합모형(block) 내의 각 사진상에 관측된 기준점, 접합점의 사진좌표를 이용하여 최소제곱법으로 각 사진의 외부표정요소 및 접합점의 최확값을 결정하는 방법이다.

① 광속법은 사진(Photo)을 기본단위로 사용하여 다수의 광속(Bundle)을 공선조건에 따라 표정한다.

② 각 점의 사진좌표가 관측값으로 이용되며, 이 방법은 세 가지 방법 중 가장 조정능력이 높은 방법이다.

③ 각 사진의 6개 외부표정요소(X_0, Y_0, Z_0, ω, ϕ, κ)가 미지수가 된다.

④ 외부표정요소뿐만 아니라 주점거리, 주점위치변위, 렌즈 왜곡 및 필름 신축 등에 관련된 내부표정요소를 미지수로 조정하는 방법을 자체검정에 의한 광속법 또는 증가변수에 의한 광속법이라 한다.

⑤ 자체검정을 한 광속법은 독립입체모형법보다 높은 정확도를 얻을 수 있다.

2) 조정순서

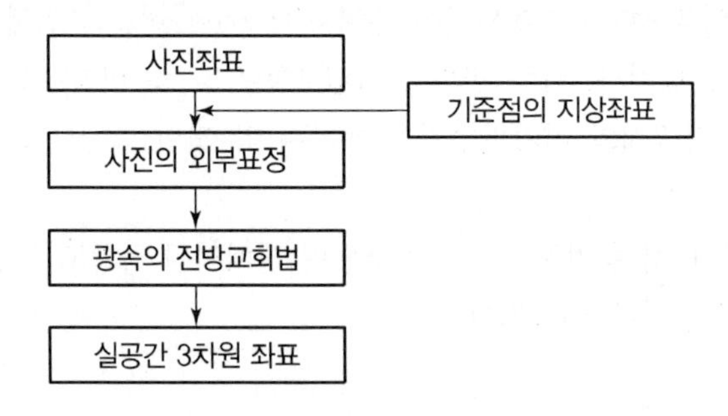

[광속법 조정방법]

라. DLT 방법(Direct Linear Transformation : DLT)

광속조정법의 변형인 DLT 방법은 상좌표로부터 사진좌표를 거치지 않고 11개의 변수를 이용하여 직접절대 좌표를 구할 수 있다.

① 직접선형변환(DLT)은 공선조건식을 달리 표현한 것이다.

② 정밀좌표관측기에서 지상좌표로 직접변환이 가능하다.

③ 선형 방정식이고 초기 추정값이 필요치 않다.

④ 광속조정법에 비해 정확도가 다소 떨어진다.

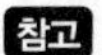

외부표정요소 : 항공사진측량에서 항공기에 GPS수신기를 탑재할 경우 비행기의 위치(X_0, Y_0, Z_0)를 얻을 수 있으며, 관성측량장비(INS)까지 탑재할 경우 (κ, ϕ, ω)를 얻을 수 있다. 즉, (X_0, Y_0, Z_0) 및 (κ, ϕ, ω)를 사진측량의 외부표정요소라 한다.

2.12.8 응용

① 3차원 위치결정
② 자동 항공삼각측량에 응용
③ 자동수치 표고모형에 응용
④ 수치정사투영 영상생성에 응용
⑤ 실시간 3차원 측량에 응용
⑥ 각종 주제도 작성에 응용

2.13 지상사진측량

사진측량은 전자기파를 이용하여 대상물에 대한 위치, 형상(정량적 해석) 및 특성(정성적 해석)을 해석하는 측량방법으로 측량방법에 의한 분류상 항공사진측량, 지상사진측량, 수중사진측량, 원격탐측, 비지형 사진측량으로 분류되며 이 중 지상사진측량은 촬영한 사진을 이용하여 건축모양, 시설물로의 형태 및 변위관측을 위한 측량방법이다.

2.13.1 지상사진 측량의 특징

항공사진측량	지상사진측량
후방교회법	전방교회법
감광도에 중점을 둔다.	렌즈수차만 작으면 된다.
광각사진이 경제적이다.	보통각이 좋다.
대규모 지역이 경제적이다.	소규모 지역이 경제적이다.
지상 전역에 걸쳐 찍을 수 있다.	보충촬영이 필요하다.
축척변경이 용이하다.	축척변경이 용이하지 않다.
평면위치는 정확도가 높다.	평면위치는 정확도가 떨어진다.
높이의 정도는 낮다.	높이의 정도는 좋다.

2.13.2 지상측량방법

구분	특징
직각수평촬영	① 양사진기의 광축이 촬영기선 b에 대해 수평 또는 직각 방향으로 향하게 하여 평면(수평) 촬영하는 방법 ② 기선길이는 대상물까지의 거리에 대하여 $\frac{1}{5} \sim \frac{1}{20}$ 정도로 택함
편각수평촬영	① 양사진기의 촬영축이 촬영기에 대하여 일정한 각도만큼 좌 또는 우로 수평편차하며 촬영하는 방법 ② 즉 사진기축을 특정한 각도만큼 좌·우로 움직여 평행 촬영을 하는 방법 ③ 종래 댐 및 교량지점의 지상 사진 측량에 자주 사용했던 방법 ④ 초광각과 같은 렌즈 효과를 얻을 수 있음
수렴수평촬영	서로 사진기의 광축을 교차시켜 촬영하는 방법

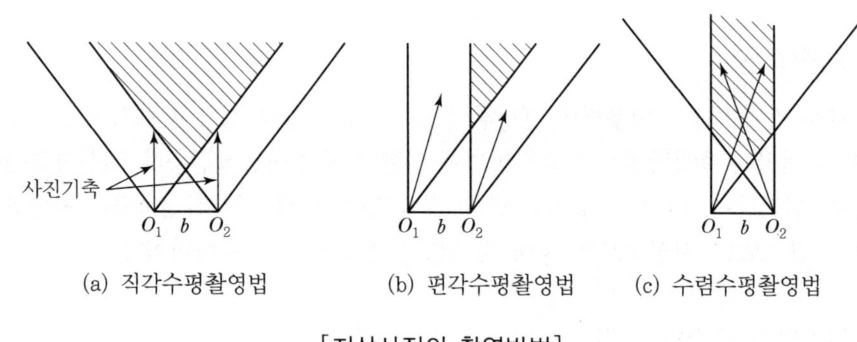

(a) 직각수평촬영법 (b) 편각수평촬영법 (c) 수렴수평촬영법

[지상사진의 촬영방법]

2.14 원격탐측(Remote sensing)

2.14.1 개요

원격탐측(Remote Sensing)이란 원거리에서 직접 접촉하지 않고 대상물에서 반사(Reflection) 또는 방사(Emission)되는 각종 파장의 전자기파를 수집, 처리하여 대상물의 성질이나 환경을 분석하는 기법을 말한다. 이때 전자파를 감지하는 장치를 센서(Sensor)라 하고 센서를 탑재한 이동체를 플랫폼(Platform)이라 한다. 통상 플랫폼에는 항공기나 인공위성이 사용된다.

2.14.2 역사

가. 연도별

① 1960년대 미국에서 원격탐사(RS)라는 명칭 출현
② 1972년대 최초의 지구관측위성인 Randsat-1호가 미국에서 발사됨
③ 1978년대 NOAA Series 시작(미국)
④ 1978년대 최초의 SAR위성 SEASAT발사(미국)
⑤ 1982년대 Randsat-4호에 30m 해상도의 Thematic Mapper(TM)가 탑재
⑥ 1986년대 SPOT-1호 발사(프랑스)
⑦ 1987년대 일본의 해양관측위성(MOS-1)을 발사
⑧ 1988년대 인도가 인디안 리모트센싱위성(IRS-1)을 발사
⑨ 1991년대 유럽우주국(ESA)이 레이더가 탑재된 ERS를 발사
⑩ 1992년대 국내 최초의 실험위성KITSAT(한국),JERS-1(일본)발사
⑪ 1995년대 캐나다가 RADARSAT위성 발사
⑫ 1999년대 최초의 상업용 고해상도 지구관측위성(IKONOS-1)발사(미국)
⑬ 1999년대 KOMPSAT-1 위성발사(한국)
⑭ 2000년대 Quick Bird-1 위성발사(미국)

나. 세대별

세대	연대	특징
제1세대	1972~1985	미국주도 · 실험 또는 연구적 이용
		Landsat-1(1972), Landsat-2(1975)
		Landsat-3(1978), Landsat-4(1982)
		Landsat-5(1984)
		해상도 : MSS(80m).TM(30m)
제2세대	1986~1997	국제화 · 실용화 모색
		SPOT-1(86 : 프). MOS-1(87 : 일)
		JERS-1(92 : 일). IRS (88 : 인)
		Radarsat(96 : 캐)
		해상도 : IRS-1C/1D 5.8m PAN
제3세대	1998~	민간기업 참여 · 상업화 개시
		IKONOS(99 : 미) 등
		해상도 : 1m PAN, 4m MSS

2.14.3 특징 및 활용분야

가. 특징

① 짧은 시간에 넓은 지역을 동시에 측정할 수 있으며 반복측정이 가능하다.
② 다중파장대에 의한 지구표면 정보 획득이 용이하며 측정자료가 기록되어 판독이 자동적이고 정량화가 가능하다.
③ 회전주기가 일정하므로 원하는 지점 및 시기에 관측하기가 어렵다.
④ 관측이 좁은 시야각으로 얻어진 영상은 정사투영에 가깝다.
⑤ 탐사된 자료가 즉시 이용될 수 있으므로 재해, 환경문제 해결에 편리하다.
⑥ 다중파장대 영상으로 지구표면 정조 획득 및 경관분석 등 다양한 분야에 활용
⑦ GIS와의 연계로 다양한 공간분석이 가능
⑧ 972년 미국에서 최초의 지구관측위성(Landsat-1)을 발사한 후 급속히 발전
⑨ 모든 물체는 종류, 환경조건이 달라지면 서로 다른 고유한 전자파를 반사, 방사 한다는 원리에 기초한다.

나. 활용분야

농림, 지질, 수문, 해양, 기상, 환경 등 많은 분야에서 활용되고 있다.

2.14.4 전자파

전자파의 원래 명칭은 전기자기파로서 이것을 줄여서 전자파라고 부른다.
전기 및 자기의 흐름에서 발생하는 일종의 전자기에너지로서 전기장과 자기장이 반복하여 파도처럼 퍼져나가기 때문에 전자파라 부른다.

가. 전자파의 분류

r선		
X선		
자외선		
가시광선		
적외선	근적외선	
	단파장적외선	
	중적외선	
	열적외선	
	원적외선	

전파	Sub millimeter파	
	마이크로파	millimeter파(EHF)
		centimeter파(SHF)
		decimeter파(UHF)
	초단파(VHF)	
	단파(HF)	
	중파(MF)	
	장파(LF)	
	초장파(VLF)	

2.14.5 전자파의 파장에 따른 분류

리모트센싱은 이용하는 전자파의 스펙트럼 밴드에 따라 가시·반사적외 리모트센싱·열적외 리모트센싱, 마이크로파 리모트센싱 등으로 분류할 수 있다.

가. 파장대별 RS의 분류

구분	가시·반사적외 RS	열적외 RS	마이크로파(초단파) RS	
전자파의 복사원	태양	대상물	대상물(수동)	레이다(능동)
자료는 지표대상물	반사율	열복사	마이크로파복사	후방산란계수
분광복사휘도	0.5μm에서 반사	10μm대상물복사		
전자파스펙트럼	가시광선	열적외선	마이크로파	
센스	카메라	검지소자	마이크로파센스	

2.14.6 원격탐측의 순서 암기 ㉺㉠㉻에 ㉾㉣㊉㊇㊃㊈하라

㉺료수집	인공위성센서(MSS, TM, HRV, SAR......)
	수동적 센서
	능동적 센서
㉠록	필름과 필터
	필름의 AD변환
	필름의 DA변환

영상(전)송	전송
	변조
	변환
영상(처)(리)	영상보정
	영상강조
영상(해)(석)	영상판독
	파장대해석
	영상 강조
(응)(용)	각종 지도제작
	환경조사
	재해조사
	농업・수자원관리

2.14.7 기록 방법

영상의 형을 기록하는 방식으로는 Hard Copy 방식과 Soft Copy 방식으로 분류되며, Hard Copy 방식은 사진과 같이 손으로 들거나 만질 수 있고, 장기간 보관이 가능한 방식이다. 또한, Soft Copy 방식은 영상으로 처리되어 손으로 들거나 만질 수 없고 장기간 보관이 불가능하다.

필름의 AD 변환	① AD변환은 영상과 같은 기계적 정보를 수치정보로 변환하는 것을 말한다. ② 필름에 찍힌 영상을 수치화하여 처리할 경우 Digitizer를 이용하여 필름영상을 AD로 변환한다.
필름의 DA 변환	① DA변환은 수치적 자료를 영상정보로 변환하는 것을 말한다. ② 수치적으로 처리된 자료를 Hard Copy 방식으로 영상화하기 위해서는 Recorder를 이용하는 DA 변환을 하여야 한다.

2.14.8 영상의 전송

영상의 형성, 기록 및 이 과정의 반복을 영상의 전송이라 하며, 전송되는 영상은 항상 최적화되지 않으므로 각 단계에서 발생하는 오차와 노이즈(Noise)를 정확히 파악하는 것이 매우 중요하다. 영상 전송에는 전송, 변조, 변환 등이 있다.

전송(Transfer)	원영상이 그대로 전송되는 것
변조(Modulation)	원영상과 비슷하지만 점 또는 선 등에 의해 분해되어 전송되는 것
변환(Transformation)	원영상이 그대로 전송되지 않고 다른 형태로 전송되는 것

2.14.9 영상처리

원격 탐측에 의한 자료는 대부분 화상자료로 취급할 수 있으며 자료처리에 있어서도 디지털화상처리계에 의해 영상을 해석한다.

가. 영상처리순서

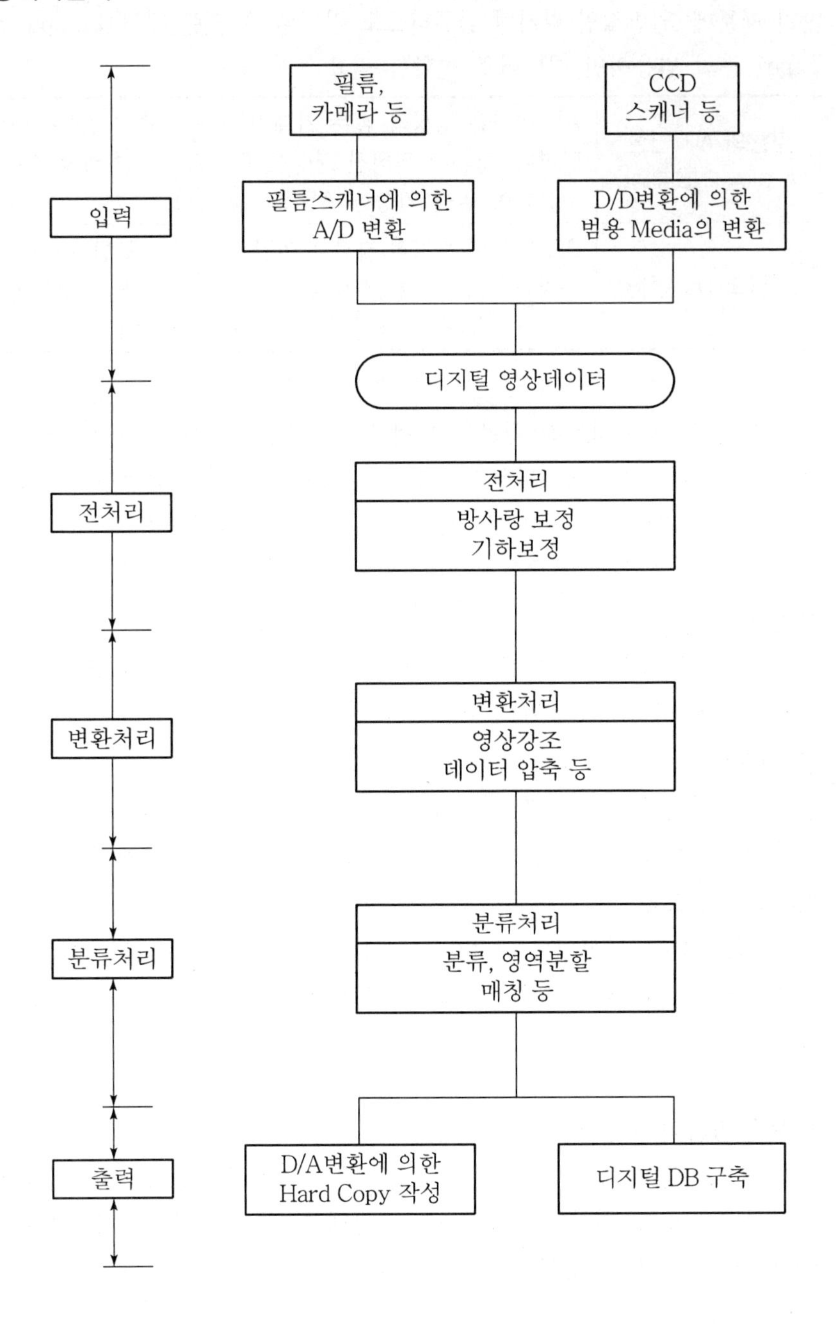

나. 관측자료의 입력

수집자료에는 아날로그 자료와 디지털 자료 2종류가 있다. 사진과 같은 아날로그 자료의 경우, 처리계에 입력하기 위해 필름 스캐너 등으로 A/D 변환이 필요하다. 디지털 자료의 경우, 일반적으로 고밀도 디지털 레코더(HDDT 등)에 기록되어 있는 경우가 많기 때문에, 일반적인 디지털 컴퓨터로도 읽어낼 수 있는 CCT(Computer Compatible Tape) 등의 범용적인 미디어로 변환할 필요가 있다.

필름의 AD 변환 (Analogue/Digital)	AD 변환은 영상과 같은 기계적 정보를 수치정보로 변환하는 것을 말한다. 필름에 찍혀진 영상을 수치화하여 처리할 경우 Digitizer를 이용하여 필름 영상을 AD로 변환한다.
필름의 DA 변환	DA 변환은 수치적 자료를 아날로그 정보로 변환하는 것을 말한다. 수치적으로 처리된 자료를 hard copy 방식으로 영상화하기 위해서는 Recorder를 이용하여 DA 변환을 하여야 한다.

다. 전처리

방사량 왜곡 및 기하학적 왜곡을 보정하는 공정을 전처리(Pre-processing)라고 한다. 방사량 보정은 태양고도, 지형경사에 따른 그림자, 대기의 불안정 등으로 인한 보정을 하는 것이고 기하학적 보정이란 센서의 기하특성에 의한 내부 왜곡의 보정, 플랫폼 자세에 의한 보정, 지구의 형상에 의한 외부 왜곡에 대한 보정을 말한다.

라. 변환처리

농담이나 색을 변환하는 이른바 영상강조(Image Enhancement)를 함으로써 판독하기 쉬운 영상을 작성하거나 데이터를 압축하는 과정을 말한다.

마. 분류처리

분류는 영상의 특징을 추출 및 분류하여 원하는 정보를 추출하는 공정이다. 분류처리의 결과는 주제도(토지이용도, 지질도, 산림도 등)의 형태를 취하는 경우가 많다.

바. 처리결과의 출력

처리결과는 D/A 변환되어 표시장치나 필름에 아날로그 자료로 출력되는 경우와 지리정보시스템 등 다른 처리계의 입력자료로 활용하도록 디지털 자료로 출력되는 경우가 있다.

2.14.10 위성영상의 해상도

다양한 위성영상 데이터가 가지는 특징들은 해상도(Resolution)라는 기준을 사용하여 구분이 가능하다. 위성영상 해상도는 공간해상도, 분광해상도, 시간 또는 주기 해상도 및 반사 또는 복사해상도로 분류된다.

가. 공간해상도(Spatial Resolution 또는 Geometric Resoultion)

인공위성영상을 통해 모양이나 배열의 식별이 가능한 하나의 영상소의 최소 지상면적을 뜻한다. 일반적으로 한 영상소의 실제 크기로 표현된다. 센서에 의해 하나의 화소(pixel)가 나타낼 수 있는 지상면적 또는 물체의 크기를 의미하는 개념으로서 공간해상도의 값이 작을수록 지형지물의 세밀한 모습까지 확인이 가능하고 이 경우 해상도는 높다고 할 수 있다. 예를 들어 1m 해상도란 이미지의 한 pixel이 1m×1m의 가로·세로 길이를 표현한다는 의미로, 1m 정도 크기의 지상물체가 식별 가능함을 나타낸다. 따라서 숫자가 작아질수록 지형지물의 판독성이 향상됨을 의미한다.

나. 분광해상도(Spectral Resoultion)

가시광선에서 근적외선까지 구분할 수 있는 능력으로서 스펙트럼 내에서 센서가 반응하는 특정 전자기파장대의 수와 이 파장대의 크기를 말한다. 센서가 감지하는 파장대의 수와 크기를 나타내는 말로서 '좀 더 많은 밴드를 통해 물체에 대한 다양한 정보를 획득할수록 분광해상도가 높다'라고 표현된다. 즉, 인공위성에 탑재된 영상수집 센서가 얼마나 다양한 분광파장영역을 수집할 수 있는지 나타낸다. 예를 들어 어떤 위성은 Red, Green, Blue 영역에 해당하는 가시광선 영역의 영상만 얻지만 어떤 위성은 가시광선영역을 포함하여 근적외, 중적외, 열적외 등 다양한 분광영역의 영상을 수집할 수 있다. 그러므로 분광해상도가 좋을수록 영상의 분석적 이용 가능성이 높아진다.

다. 방사 또는 복사해상도(Radiometric Resolution)

인공위성 관측센서에서 수집한 영상이 얼마나 다양한 값을 표현할 수 있는지 나타낸다. 예를 들어 한 픽셀을 8bit로 표현하는 경우 그 픽셀이 내재하고 있는 정보를 총 256개로 분류할 수 있다는 의미가 된다. 즉, 그 픽셀이 표현하는 지상물체가 물인지, 나무인지, 건축물인지 256개의 성질로 분류할 수 있다. 반면에 한 픽셀을 11bit로 표현한다면 그 픽셀이 내재하고 있는 정보를 총 2,048개로 분류할 수 있다는 것이므로 8bit인 경우 단순히 나무로 분류된 픽셀이 침엽수인지, 활엽수인지, 건강한지, 병충해가 있는지 등으로 자세하게 분류될 수 있다. 따라서 방사해상도가 높으면 위성영상의 분석정밀도가 높다는 의미이다.

라. 시간 또는 주기해상도(Temporal Resoultion)

지구상 특정지역을 얼마만큼 자주 촬영 가능한지 나타낸다. 어떤 위성은 동일한 지역을 촬영하기 위해 돌아오는 데 16일이 걸리고, 어떤 위성은 4일이 걸리기도 한다. 주기해상도가 짧을수록 지형변이 양상을 주기적이고 빠르게 파악할 수 있으므로 데이터베이스 축적을 통해 향후의 예측을 위한 좋은 모델링 자료를 제공한다고 할 수 있다.

예상 및 기출문제 02

1. 사진측량의 특성에 대한 설명으로 옳지 않은 것은?

㉮ 정량적 및 정성적 해석이 가능하다.
㉯ 측량의 정확도가 균일하다.
㉰ 동적인 대상물 및 접근하기 어려운 대상물의 측량이 가능하다.
㉱ 축척이 클수록, 면적이 작을수록 경제적이다.

해설 ① 사진측량의 장점
㉠ 정량적 · 정성적 측량이 가능하다.
㉡ 동적인 측량이 가능하다.
㉢ 시간을 포함한 4차원 측량이 가능하다.
㉣ 측량의 정확도가 균일하다.
㉤ 접근하기 어려운 대상물의 측량이 가능하다.
㉥ 분업화에 의한 작업능률성이 높다.
㉦ 축척변경의 용이성이 있다.

② 사진측량의 단점
㉠ 고가장비가 필요하므로 많은 경비가 소요된다.
㉡ 사진에 나타나지 않는 피사체는 식별이 난해한 경우도 있다.
㉢ 항공사진 촬영 시는 기상조건 및 태양고도 등의 영향을 받는다.
㉣ 소규모의 대상물에 대해서는 시설비용이 많이 든다.

2. 사진측량의 장점에 대한 설명으로 옳지 않은 것은?

㉮ 정량적 · 정성적 해석이 가능하며 접근하기 어려운 대상물도 측정 가능하다.
㉯ 측량의 정확도가 균일하다.
㉰ 측량변경이 용이하며 4차원 측량도 가능하다.
㉱ 촬영 대상물에 대한 판독 및 식별이 항상 용이하다.

해설 사진측량의 장점
- 정량적 및 정성적인 측량이 가능하다.
- 축척변경이 용이하다.
- 동적인 대성물의 측량이 가능하다.
- 접근하기 어려운 대상물의 측량이 가능하다.
- 넓은 지역을 신속하게 측량하므로 외업시간을 단축할 수 있다.
- 균일한 정밀도를 유지할 수 있다.

해답 1. ㉱ 2. ㉱

3. 사진측량에 있어서 정량적인 관측에 대한 설명으로 옳은 것은?

㉮ 피사체의 특성을 해석하는 것이다.
㉯ 지형, 지물의 위치, 형상 및 크기를 정하는 것이다.
㉰ 지형, 지물의 특성에 대한 해석이다.
㉱ 크기만을 측정하는 것이다.

해설 ① 정량적 해석 : 위치, 형상, 크기 등의 결정
② 정성적 해석 : 자원과 환경현상의 특성 조사 및 분석

4. 사진측량의 특성에 관한 설명으로 옳지 않은 것은?

㉮ 기상의 영향을 받지 않는다.
㉯ 측정범위가 넓다.
㉰ 넓은 지역에 경제성이 높다.
㉱ 사진은 정량적・정성적인 측정이 가능하다.

해설 GPS측량이 기상조건에 영향을 받지 않으나 사진측량은 기상이 좋지 않으면 사진측량을 할 수 없다.
① 사진측량의 장점
㉠ 정량적・정성적 측량이 가능하다.
㉡ 동적인 측량이 가능하다.
㉢ 시간을 포함한 4차원 측량이 가능하다.
㉣ 측량의 정확도가 균일하다.
㉤ 접근하기 어려운 대상물의 측량이 가능하다.
㉥ 분업화에 의한 작업능률성이 높다.
㉦ 축척변경의 용이성이 있다.
② 사진측량의 단점
㉠ 고가장비가 필요하므로 많은 경비가 소요된다.
㉡ 사진에 나타나지 않는 피사체는 식별이 난해한 경우도 있다.
㉢ 항공사진 촬영 시는 기상조건 및 태양고도 등의 영향을 받는다.
㉣ 소규모의 대상물에 대해서는 시설비용이 많이 든다.

5. 항공사진측량의 특징에 대한 설명으로 옳지 않은 것은?

㉮ 정량적 및 정성적 측정이 가능하다.
㉯ 대상물이 움직이더라도 그 상태를 분석할 수 있다.
㉰ 축척이 작을수록, 광역일수록 경제적이다.
㉱ 기상조건에 지장을 받지 않는다.

해설 항공사진측량의 특성
- 정량적 및 정성적인 측량이 가능하다.
- 동적인 대상물의 측량이 가능하다.
- 접근하기 어려운 대상물의 측량이 가능하다.
- 넓은 지역을 신속하게 측량하므로 외업시간이 짧다.
- 축척변경이 자유롭다.

해답 3. ㉯ 4. ㉮ 5. ㉱

6. 일반적인 측량방법과 비교할 때 사진측량의 장점에 대한 설명으로 옳지 않은 것은?

㉮ 축척변경이 용이하다.
㉯ 초기의 시설 및 장비 비용이 적게 든다.
㉰ 동체측정에 의한 기록보존이 용이하다.
㉱ 정량적 및 정성적 측량이 가능하다.

해설 측량에 필요한 장비(도화기, 카메라, 항공기 등)가 고가이다.

7. 사진측량의 특성에 대한 설명으로 잘못된 것은?

㉮ 정량적 및 정성적 관측이 가능하다.
㉯ 접근하기 어려운 대상물의 관측이 가능하다.
㉰ 시간적 변화를 포함한 4차원 측량이 가능하다.
㉱ 행정경계, 지명, 건물명 등도 별도의 작업 없이 측량이 가능하다.

해설 사진측량의 특성

- 정량적 및 정성적인 측량이 가능하다.
- 동적인 대상물의 측량이 가능하다.
- 접근하기 어려운 대상물의 측량이 가능하다.
- 넓은 지역을 신속하게 측량하므로 외업시간이 짧다.
- 균일한 정밀도를 유지할 수 있다.
- 축척변경이 자유롭다.

8. 축척 $\frac{1}{5,000}$ 의 항공사진을 시속 200km로 촬영할 경우에 허용 흔들림량을 사진상에서 0.01mm로 한다면 최장 노출시간은?

㉮ 0.009초　　㉯ 0.09초　　㉰ 0.9초　　㉱ 9초

해설 최장노출시간$(T_l) = \frac{\Delta S \cdot m}{V} = \frac{0.01 \times 5,000}{200 \times 1,000,000 \times \frac{1}{3,600}} = 0.009$초

9. 사진의 중심점으로 렌즈의 중심에서 화면에 내린 수선의 발을 무엇이라 하는가?

㉮ 연직점　　㉯ 등각점　　㉰ 렌즈의 초점　　㉱ 주점

해설 사진의 중심점으로서 렌즈의 중심에서 화면에 내린 수선의 발을 주점이라 한다. 즉, 렌즈의 광축과 화면이 교차하는 점

10. 화면거리 15.5cm의 사진에서 평지의 사진축척은 $\frac{1}{20,000}$ 이었다. 주점에서의 거리가 80.5mm, 평지에서의 비고 250m일 때 비고에 의한 기복변위량(혹은 변위량)은?

㉮ 4.5mm　　㉯ 5.5mm　　㉰ 6.5mm　　㉱ 7.5mm

해답 6. ㉯ 7. ㉱ 8. ㉮ 9. ㉱ 10. ㉰

해설 ① $\frac{1}{m}=\frac{f}{H}$에서 $H=m\times f=20,000\times 0.155=3,100\text{m}$

② 기복변위량$(\Delta r)=\frac{h}{H}\cdot r=\frac{250}{3,100}\times 80.5=6.5\text{mm}$

11. 항공사진의 초점거리 153mm, 사진 23cm×23cm, 사진축척 1/20,000, 기준면으로부터의 높이 35m일 때, 비고(比高)에 의한 사진의 최대편위(最大編位)는 다음 중 어느 것인가?

㉮ 0.370cm ㉯ 0.186cm ㉰ 0.256cm ㉱ 0.308cm

해설 ① $\frac{1}{m}=\frac{f}{H}$에서 $H=m\times f=20,000\times 0.153=3.060\text{m}$

② $r_{max}=\frac{\sqrt{2}}{2}\times a=\frac{\sqrt{2}}{2}\times 0.23=0.163\text{m}$

③ 최대변위량$(\Delta r_{max})=\frac{h}{H}\cdot r_{max}=\frac{35}{3,060}\times 0.163=0.00186\text{m}=0.186\text{cm}$

12. 주점 기선장이 밀착 사진에서 7.2cm일 때 18cm×18cm인 공중 사진의 중복도는?

㉮ 75% ㉯ 70% ㉰ 60% ㉱ 50%

해설 $b_0=a\left(1-\frac{p}{100}\right)$에서 $p=\left(1-\frac{b}{a}\right)\times 100=\left(1-\frac{7.2}{18}\right)\times 100=60\%$

13. 축척 1/10,000로 촬영한 수직사진이 있다. 사진의 크기를 23cm×23cm, 종중복도를 60%로 할 때 촬영기선의 길이는?

㉮ 920m ㉯ 1, 360m ㉰ 690m ㉱ 1, 610m

해설 $B=m\cdot a\left(1-\frac{p}{100}\right)=10,000\times 0.23\left(1-\frac{60}{100}\right)=920\text{m}$

14. 표고 300m의 지점을 초점거리 15cm의 카메라로 고도 3,000m에서 촬영한 사진의 축척은 얼마인가?

㉮ 1/10,000 ㉯ 1/22,000 ㉰ 1/18,000 ㉱ 1/14,000

해설 $M=\frac{1}{m}=\frac{f}{H_A}=\frac{f}{H-h_1}$에서 $\frac{f}{H-h_1}=\frac{0.15}{3000-300}=\frac{1}{18,000}$

15. 초점거리가 210m인 사진기로 비고 640m 지점의 기념탑을 1/50,000의 사진축척으로 촬영한 연직사진이 있다. 이때 촬영고도는 얼마인가?

㉮ 9.140km ㉯ 10.140km ㉰ 11.140km ㉱ 12.140km

해설 $M=\frac{1}{m}=\frac{f}{H_A}=\frac{f}{H-h_1}$에서 $\frac{1}{m}=\frac{f}{H-h_1}$ $H-h_1=m\cdot f$

$\therefore H=m\cdot f+h_1=50,000\times 0.210+640=11,140\text{m}=11.140\text{km}$

해답 11. ㉯ 12. ㉰ 13. ㉮ 14. ㉰ 15. ㉰

16. 지상고도 2,000m의 비행기 위에서 초점거리 152.7mm의 사진기로 촬영한 수직항공 사진에서 길이 50m인 교량의 사진상 길이는?

㉮ 0.26mm ㉯ 3.8mm ㉰ 2.6mm ㉱ 0.38mm

해설 ① $\frac{1}{m}=\frac{f}{H}$에서 $m=\frac{H}{f}=\frac{2,000}{0.1527}=\frac{1}{13,098}$

② 실제거리=도상거리×m에서 도상거리$=\frac{\text{실제거리}}{\text{m}}=\frac{50}{13,098}=0.0038\text{m}=3.8\text{mm}$

17. 항공사진의 축척이 1/40,000이고 C-factor가 600인 도화기로서 도화작업을 할 때 등고선의 최소 간격은?(단, 사진화면의 거리는 150mm이다.)

㉮ 5m ㉯ 10m ㉰ 15m ㉱ 20m

해설 ① $\frac{1}{m}=\frac{f}{H}$에서 $H=m\times f=40,000\times 0.15=6,000\text{m}$

② $\Delta h=\frac{H}{C}=\frac{6,000}{600}=10\text{m}$

18. 대공표지는 일반적으로 사진상에서 어느 정도 크기로 표시되어야 하는가?

㉮ 10μm ㉯ 30μm ㉰ 10mm ㉱ 30mm

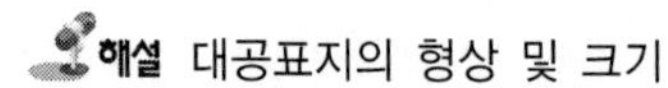

해설 대공표지의 형상 및 크기

1. 사진상에 명확하게 보이기 위하여는 주위의 색상과 대조적인 색을 사용하여야 한다. 즉, 주위가 황색이나 흰 경우는 짙은 녹색이나 검은색, 주위가 녹색이거나 검을 경우는 회백색 등으로 무광택색이어야 한다. 대공표지판에 그림자가 생기지 않도록 지면에서 약간 높게 설치하는 것이 가장 적합하다.
2. 상공은 45° 이상의 각도로 열어 두어야 한다.
3. 대공표지는 촬영 후 사진상에서 30μm 정도의 크기로 나타나야 한다.

19. 사진측량에서 사진의 특수 3점에 관한 설명으로 옳지 않은 것은?

㉮ 연직점을 중심으로 방사상의 변위가 발생하는 현상을 기복변위라 한다.
㉯ 등각점은 사진면에 직교되는 광선과 연직선이 이루는 각을 2등분하는 점이다.
㉰ 연직점은 렌즈의 중심으로부터 사진에 내린 수직선이 만나는 점이다.
㉱ 등각점에서는 경사각에 관계없이 수직사진의 축척과 같다.

해설 사진의 특수 3점

1. 주점(Principal Point) : 주점은 사진의 중심점이라고도 한다. 주점은 렌즈 중심으로부터 화면(사진면)에 내린 수선의 발을 말하며 렌즈의 광축과 화면이 교차하는 점이다.
2. 연직점(Nadir Point)
   ① 렌즈 중심으로부터 지표면에 내린 수선의 발을 말하고 N을 지상연직점(피사체 연직점), 그 선을 연장하여 화면(사진면)과 만나는 점을 화면연직점(n)이라 한다.
   ② 주점에서 연직점까지의 거리(mm)$=f\tan i$

해답 16. ㉯ 17. ㉯ 18. ㉯ 19. ㉰

3. 등각점(Isocenter)
   ① 주점과 연직점이 이루는 각을 2등분한 점으로 사진면과 지표면에서 교차되는 점을 말한다.
   ② 등각점의 위치는 주점으로부터 최대경사 방향선상으로 $mj = f\tan\frac{i}{2}$ 만큼 떨어져 있다.

20. 사진의 크기가 23cm×23cm이고 두 사진의 주점기선의 길이가 10cm였다면 이때의 종중복도는?

㉮ 약 43%　　㉯ 약 57%　　㉰ 약 64%　　㉱ 약 78%

해설 주섬기선길이$(b_0) = a\left(1 - \frac{p}{100}\right)$

$p = \frac{23-10}{23} = 0.565$

따라서 종중복도$(p) = 57\%$

21. 아날로그 사진측량에서 표정의 일반적인 순서로 옳은 것은?

㉮ 내부표정 – 절대표정 – 상호표정
㉯ 내부표정 – 상호표정 – 절대표정
㉰ 절대표정 – 상호표정 – 내부표정
㉱ 절대표정 – 내부표정 – 상호표정

해설 표정은 가상값으로부터 소요로 하는 최확값을 구하는 단계적인 해석 및 작업을 말하며, 아날로그 사진측량에서 표정의 일반적인 순서는 내부표정 – 외부표정(상호표정 – 접합표정 – 절대표정)이다.

22. 카메론효과에 대한 설명으로 옳은 것은?

㉮ 입체사진에서 물체와 인접한 호수나 바다의 반사하는 빛으로 그 물체가 뜨거나 가라앉아 보이는 효과
㉯ 입체사진에서 이동하는 물체를 입체시하면 그 운동에 의해서 물체가 뜨거나 가라앉아 보이는 효과
㉰ 입체사진에서 안개, 연기 등에 의한 태양빛의 퍼짐으로 사진상에 나타난 물체가 높게 보이는 효과
㉱ 입체사진에서 안개, 연기 등에 의한 태양빛의 퍼짐으로 사진상에 나타난 물체가 낮게 보이는 효과

해설 카메론효과란 입체사진 위에서 이동한 사물을 실체시하면 입체시에 의한 과고감으로 입체상의 변화를 나타내는 시차가 발생하고, 그 운동이 기선 방향이면 물체가 뜨거나 가라앉아 보이는 현상

23. 축척 1 : 30,000로 촬영한 카메라의 초점거리가 15cm, 사진의 크기는 23cm×23cm, 종중복도 60%일 때 이 사진의 기선고도비는?

㉮ 0.61　　㉯ 0.45　　㉰ 0.37　　㉱ 0.26

해답 20. ㉯ 21. ㉯ 22. ㉯ 23. ㉮

해설 기선고도비 $\frac{B}{H}$

$$B = m \cdot a\left(1 - \frac{p}{100}\right)$$

$$= 30{,}000 \times 0.23 \times \left(1 - \frac{60}{100}\right) = 2{,}760\text{m}$$

$$H = m \cdot f = 30{,}000 \times 0.23$$

$$= 4{,}500\text{m}$$

따라서 $\frac{B}{H} = \frac{2{,}760}{4{,}500} = 0.61$

24. 인접사진으로부터 측정한 굴뚝의 시차차가 3.5mm일 때 지상에서의 실제 높이로 옳은 것은? (단, 사진크기=23cm×23cm, 초점거리=153mm, 촬영고도=750m, 사진주점, 기선장=10cm)

㉮ 75.00m ㉯ 30.62m ㉰ 26.25m ㉱ 15.75m

해설 $\Delta P = \frac{h}{H} \times b_0$

$$h = \frac{\Delta PH}{b_0}$$

$$= 0.0035 \times \frac{750}{0.1} = 26.25\text{m}$$

25. 사진지도 중 사진의 경사, 지표면의 비고를 수정하였을 뿐만 아니라 등고선이 삽입된 지도는?

㉮ 약조정집성 사진지도 ㉯ 반조정집성 사진지도
㉰ 조정집성 사진지도 ㉱ 정사투영 사진지도

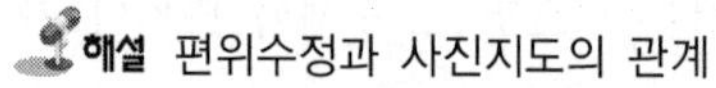

해설 편위수정과 사진지도의 관계

① 약조정집성 사진지도 : 사진기의 경사에 의한 변위, 지표면의 비고에 의한 변위를 수정하지 않고 사진을 그대로 집성한 사진지도
② 반조정집성 사진지도 : 일부 수정만을 거친 사진지도
③ 조정집성 사진지도 : 사진기의 경사에 의한 변위를 수정하고 축척도 조정된 사진지도
④ 정사투영 사진지도 : 사진기의 경사, 지표면의 비고를 수정하고 등고선이 삽입된 지도

26. 항공삼각측량 시 최근 많이 사용되고 있는 조정기법으로 사진을 기본단위로 하는 방법은?

㉮ 광속 조정법 ㉯ 독립 모형법 ㉰ 스트립 조정법 ㉱ 다항식법

해설 항공삼각측량에는 조정의 기본단위로서 블록(Block), 스트립(Strip), 모델(Model), 사진(Photo)이 있으며 이것을 기본단위로 하는 항공삼각측량 조정방법에는 다항식 조정법, 독립모델법, 광속조정법, DLT법 등이 있다.

1. 다항식 조정법(Polynomial method) : 다항식 조정법은 촬영경로, 즉 종접합모형(Strip)을 기본단위로 하여 종횡접합모형 즉 블록을 조정하는 것으로 촬영경로마다 접합표정 또는 개략의 절대표정을 한 후 복수촬영 경로에 포함된 기준점과 접합표정을 이용하여 각 촬영경로의 절대표정을 다항식에 의한 최소제곱법으로 결정하는 방법이다.

해답 24. ㉰ 25. ㉱ 26. ㉮

2. 독립입체모형법(Independent Model Triangulation : IMT) : 독립입체모형법은 입체모형(Model)을 기본단위로 하여 접합점과 기준점을 이용하여 여러 모델의 좌표를 조정하는 방법에 의하여 절대좌표를 환산하는 방법
3. 광속조정법(Bundle Adjustment)
광속조정법은 상좌표를 사진좌표로 변환시킨 다음 사진좌표(Photo Coordinate)로부터 직접 절대좌표(Absolute Coordinate)를 구하는 것으로 종횡접합모형(Block) 내의 각 사진상에 관측된 기준점, 접합점의 사진좌표를 이용하여 최소제곱법으로 각 사진의 외부표정요소 및 접합점의 최확값을 결정하는 방법이다.
4. DLT 방법(Direct Linear Transformation : DLT) : 광속조정법의 변형인 DLT 방법은 상좌표로부터 사진좌표를 거치지 않고 11개의 변수를 이용하여 직접 절대좌표를 구할 수 있다.
(1) 직접선형변환(Direct Linear Transformation)은 공선조건식을 달리 표현한 것이다.
(2) 정밀좌표관측기에서 지상좌표로 직접변환이 가능하다.
(3) 선형 방정식이고 초기 추정값이 필요치 않다.
(4) 광속조정법에 비해 정확도가 다소 떨어진다.

27. 다음 중 주점과 연직점이 일치하는 경우는?

㉮ 엄밀수직사진 ㉯ 엄밀수평사진
㉰ 고경사사진 ㉱ 저경사사진

해설 항공사진의 종류는 촬영각도, 촬영카메라의 화면각, 렌즈의 종류 등에 의하여 구분할 수 있으나 일반적으로 촬영각도에 의하여 분류한다. 항공사진을 촬영각도에 따라 구분하면 수직사진과 경사사진, 수평사진 등으로 나눌 수 있다.
1. 수직사진(垂直寫眞 : Vertical Photography)
① 수직사진 : 카메라의 중심축이 지표면과 직교되는 상태에서 촬영된 사진
② 엄밀수직사진 : 카메라의 축이 연직선과 일치하도록 촬영한 사진
③ 근사수직사진
㉠ 카메라의 축을 연직선과 일치시켜 촬영하는 것은 현실적으로 불가능하다. 따라서 일반적으로 ±5 grade 이내의 사진
㉡ 항공사진 측량에 의한 지형도 제작 시에는 보통 근사수직사진에 의한 촬영이다.
2. 경사사진(傾斜寫眞 : Obligue Photography)
① 경사사진은 촬영 시 카메라의 중심축이 직교하지 않고 경사된 상태에서 촬영된 사진
② 광축이 연직선 또는 수평선에 경사지도록 촬영한 경사각 3° 이상의 사진으로 지평선이 사진에 나타나는 고각도경사사진과 사진이 나타나지 않는 저각도경사사진이 있다.
㉠ 저각도경사사진 : 카메라의 중심축이 지면과 이루는 각이 60°보다 큰 상태에서 촬영한 사진
㉡ 고각도경사사진 : 60°보다 큰 상태에서 촬영한 사진
3. 수평사진(水平寫眞 : Horizontal Photography) : 수평사진측량은 광축이 수평선에 거의 일치하도록 지상에서 촬영한 사진

28. 항공사진의 판독요소 중 개체의 목표물의 윤곽, 구조, 배열 및 일반적인 형태 판독에 사용되는 요소로 옳은 것은?

㉮ 색조 ㉯ 형태 ㉰ 질감 ㉱ 크기

해답 27. ㉮ 28. ㉯

해설 ① 크기 : 어느 피사체가 갖는 입체적, 평면적 넓이의 길이를 나타낸다.
② 형태 : 목표물의 구성 배치 및 일반적인 형태를 나타낸다.
③ 음영 : 판독 및 촬영 시 빛의 방향을 일치시키는 것이 입체감을 갖는 데 용이하다.
④ 색조 : 피사체가 갖는 빛의 반사에 의한 것으로 수목의 종류를 판독하는 것을 말한다.
⑤ 질감 : 색조, 형상, 크기, 음영 등의 여러 요소의 조합으로 구성된 조밀함, 거칠음, 세밀함 등으로 표현하며 초목 및 식물의 구분을 나타낸다.
⑥ 모양 : 피사체의 배열상황에 의하여 판별하는 것으로 사진상에서 볼 수 있는 식생, 지형 또는 지표상의 색조 등을 판독한다.
⑦ 상호 간의 위치 관계 : 주위 물체와의 관계를 파악하는 것이다.
⑧ 과고감 : 지표면의 기복을 과장하여 나타낸 것으로 낮고 평탄한 지역에서의 지형판독에 유리한 반면 경사면의 경사는 실제보다 급하게 보이므로 오판에 주의하여야 한다.

29. 다음 중 수동적 센서에 해당하는 것은?

㉮ 항공사진카메라
㉯ SLAR(Side Looking Airborne Radar)
㉰ 레이더
㉱ 레이저 스캐너

해설

수동적 센서	햇볕이 있을 때만 사용 가능	
	MSS	
	TM	
	MRV	
능동적 센서	Laser	LiDAR
	Ladar	도플러 데이터 방식
		위성 데이터 방식
	SLAR	RAR 영상
		SAR 영상

30. 항공사진 촬영을 위한 표정점 선점 시 유의사항으로 옳지 않은 것은?

㉮ 표정점은 X, Y, H가 동시에 정확하게 결정될 수 있는 점이어야 한다.
㉯ 경사가 급한 지표면이나 경사변환선상을 택해서는 안 된다.
㉰ 상공에서 잘 보여야 하며 시간에 따라 변화가 생기지 않아야 한다.
㉱ 헐레이션(Halation)이 발생하기 쉬운 점을 선택한다.

해설 표정점
① 자연점 : 자연점(Natural Point)은 자연물로써 명확히 구분되는 것을 선택한다.
② 기준점(지상 기준점) : 대상물의 수평위치(x, y)와 수직위치(z)의 기준이 되는 점을 말하며 사진상에 명확히 나타나도록 표시하여야 한다.

해답 29. ㉮ 30. ㉱

31. 비행고도 3,450m에서 촬영한 연직사진의 크기가 23cm×23cm이고 이 사진의 촬영 면적이 48km² 이라면 초점거리는?

㉮ 8.5cm ㉯ 11.5cm ㉰ 15.0cm ㉱ 21.0cm

해설 $A=(ma)^2$에서

$$48,000,000\times\left(\frac{3,450}{f}\times0.23\right)^2$$

$$f=\frac{(3,450\times0.23)^2}{48,000,000}=\sqrt{0.013}=0.1145\text{m}$$

$$f=11.5\text{cm}$$

32. 사진판독의 요소에 해당되지 않는 것은?

㉮ 형태 ㉯ 색조 ㉰ 음영 ㉱ 지질

해설 사진의 판독요소는 색조, 모양, 질감, 형상, 크기, 음영, 과고감이다.

33. 입체영상을 얻을 수 있는 위성은?

㉮ SPOT ㉯ COSMOS ㉰ Landsat ㉱ NOAA

해설 SPOT 위성에는 HRV Sensor가 탑재되었으며 흑백영상과 다중분광영상의 기능을 갖고 있다. SPOT 위성은 두 개의 위성궤도로부터 완전한 입체사진을 제공한다. 관측주기를 4~5일로 단축할 수 있으며, 입체 시 관측이 가능하여 지형도 제작에 이용할 수 있다.

34. 항공사진의 촬영고도 13,000m, 초점거리 250mm, 사진크기 18cm×18cm에 포함되는 실면적은?

㉮ 87.6km² ㉯ 88.6km² ㉰ 89.6km² ㉱ 90.6km²

해설 사진의 실제면적 계산

사진 1매의 경우 $A=a^2\cdot\text{m}^2$

$=0.18^2\times52,000^2=87,609,600\text{m}^2$

$=87.6\text{km}^2$

여기서, 축척$(M)=\dfrac{1}{m}=\dfrac{f}{H}$에서

$=a^2\cdot\text{m}^2$

35. 항공사진의 입체시에서 나타나는 과고감에 대한 설명으로 옳지 않은 것은?

㉮ 인공적인 입체시에서 과장되어 보이는 정도를 말한다.
㉯ 실제모형보다 산이 약간 낮게 보인다.
㉰ 평면축척에 비해 수직축척이 크게 되기 때문이다.
㉱ 기선고도비가 커지면 과고감도 커진다.

해설 과고감은 인공입체시하는 경우 과장되어 보이는 정도이다. 항공사진을 입체시하여 보면 수평축척에 대하여 수직축척이 크게 되기 때문에 실제 모형보다 산이 더 높게 보인다.

36. 비행고도가 3,400m이고 초점거리가 15cm인 사진기로 촬영한 수직사진에서 50m 교량의 도상 길이는?

㉮ 1.2mm ㉯ 2.2mm ㉰ 2.5mm ㉱ 3.0mm

해설 $M=\frac{1}{m}=\frac{l}{L}=\frac{f}{H}=\frac{0.15}{3,400}=\frac{l}{50}$

$l=\frac{0.15\times 50}{3,400}=0.0022\text{m}=2.2\text{mm}$

37. 촬영고도 750m에서 촬영한 사진상의 철탑의 상단이 주점으로부터 80mm 떨어져 나타나 있으며, 철탑의 기복변위가 7.15mm일 때 철탑의 높이는?

㉮ 57.15m ㉯ 63.12m ㉰ 67.03m ㉱ 71.25m

해설 기복변위를 이용하여 구하는 공식은 $\Delta r=\frac{h}{H}\times r$이다.

(여기서, Δr는 변위량, h는 비고(실제 높이), H는 비행고도, r은 연직점까지의 거리)

$\therefore\ 0.00715=\frac{h}{750}\times 0.08$

그러므로 $h=\frac{0.00715}{0.08}\times 750=67.03\text{m}$

38. 20km×10km의 지형을 1/40,000의 항공사진으로 촬영할 때 사진매수는?(단, 종중복도=60%, 횡중복도=30%, 안전율=1.3, 사진크기 23cm×23cm)

㉮ 9장 ㉯ 11장 ㉰ 18장 ㉱ 25장

해설 사진매수$=\frac{F}{A_0}(1+\text{안전율})$

$=\frac{20\times 10}{(40,000\times 0.23)^2\times\left(1-\frac{60}{100}\right)\left(1-\frac{30}{100}\right)}\times(1.3)$

$=\frac{260}{23.7}=10.9=11$매

(예 : 안전율 30%이면 1+안전율, 여기서는 1.3으로 주어졌기 때문에 1.3 적용)

39. 사진측량에서 높이가 220m인 탑의 변위가 16mm, 이 탑의 윗부분에서 연직점까지의 거리가 48mm로 사진상에 나타났다. 이 사진에서 굴뚝의 변위가 9mm이고, 굴뚝의 윗부분이 연직점으로부터 72mm 떨어져 있었다면 이 굴뚝의 높이는?

㉮ 80m ㉯ 83m ㉰ 85m ㉱ 90m

해답 36. ㉯ 37. ㉰ 38. ㉯ 39. ㉯

해설 $\Delta r = \frac{h}{H} r$ 에서

$$H = \frac{r}{\Delta r} h = \frac{48}{16} \times 220 = 660$$

$$\therefore h = \frac{\Delta r}{r} H$$

$$= \frac{9}{72} \times 660 = 82.5 = 83\text{mm}$$

40. 사진의 크기가 18cm×18cm인 사진기로 평탄한 지역을 비행고도 2,000m로 촬영하여 연직사진을 얻었을 경우 촬영면적이 21.16km²이면 이 사진기의 초점거리는?

㉮ 78mm ㉯ 103mm ㉰ 150mm ㉱ 210mm

해설 $A_0 = (ma)^2 = \frac{a^2 H^2}{f^2}$ 에서

$$f = \sqrt{\frac{a^2 H^2}{A_0}} = \sqrt{\frac{0.18^2 \times 2000^2}{21,160,000}}$$

$$= 0.078\text{m} = 78\text{mm}$$

41. 번들조정법(광속조정법)에서 절대좌표를 구하기 위하여 이용되는 것은?

㉮ 사진좌표 ㉯ 모델좌표 ㉰ 지상좌표 ㉱ 스트립좌표

해설 항공삼각측량방법에서 대상물의 좌표를 얻기 위한 조정법에는 기계법(입체도화기)과 해석법(정밀 좌표관측기)이 있다. 해석법에는 스트립 및 블록조정(Strip 및 Block Adjustment), 독립모델법(Independent Model), 광속법(Bundle Adjustment)이 있으며 입력좌표로 사진좌표를 해석하는 방법은 광속(번들조정)법이다.

42. 수치사진측량의 수치지형모형자료의 자료기반구축에서 영상소를 재배열할 경우에 주로 이용하는 내삽법과 거리가 먼 것은?

㉮ 공액 보간법 ㉯ 최근린 보간법
㉰ 공일차 보간법 ㉱ 공삼차 보간법

해설 보간이란 구하고자 하는 점의 높이 좌표값을 그 주변의 주어진 자료의 좌표로부터 보간함수를 적용하여 추정 계산하는 것으로 영상소 재배열 방법에는 최근린 보간법, 공일차 보간법, 공이차 보간법, 공삼차 보간법이 있다.

43. 다음 중 해상력이 가장 좋은 관측 위성은?

㉮ IKONOS ㉯ SPOT
㉰ NOAA ㉱ LANDSAT

해답 40. ㉮ 41. ㉮ 42. ㉮ 43. ㉮

해설 IKONOS 위성의 장점은 고해상도와 높은 위치 정확도에 있으며 흑백영상은 1m이고, 컬러영상의 지상해상도는 4m이다.

① IKONOS : Space Imaging사의 CARTERRA Product 중에서 1m급의 고해상도 영상을 제공하는 IKONOS는 1999년 4월에 처음 1호가 발사되었으나 궤도진입에 실패하였고, 곧바로 IKONOS-2호를 1999년 9월에 발사하여 궤도 진입에 성공하였다. IKONOS-2는 최초의 상업용 고해상도 위성으로 1m 해상도의 Panchromatic 센서와 4m 해상도의 Multispectral 센서를 탑재하였다. IKONOS는 "image"라는 뜻의 그리스어로부터 유래된 말로 센서와 위성체의 회전이 가능하여 원하는 지역을 최고의 해상도로 취득할 수 있다.
또한 Panchromatic과 Multispectral 영상을 사용하여 1m Pan-Sharpened 영상을 만들 수 있다. IKONOS 위성에 탑재된 센서는 초점거리 10m의 Kodak 디지털 카메라로서 전정색 영상을 위한 13,500개의 선형 CCD array와 다중분광영상을 위한 3,375개의 선형 photodiode array로 구성되어 있다.
다중분광영상의 밴드는 LANDSAT 위성의 TM 센서 밴드 1-4와 같다. 정밀한 GCP[RMSE : 20cm(수평), 60cm(수직)]를 사용하여 정확한 위치 정보와 DEM, Map 제작에 가장 적합한 영상으로 농업, 지도제작, 각 지방자치단체의 업무, 기름 및 가스탐사, 시설물 관리, 응급대응, 자원관리, 통신, 관광, 국가방위, 보험, 뉴스 수집 등 많은 분야에서 활용되고 있다.

② LANDSAT : LANDSAT은 지구관측을 위한 최초의 민간목적 원격탐사 위성으로 1972년에 1호 위성이 발사되었다. 그 이후 LANDSAT 2, 3, 4, 5호가 차례로 발사에 성공했으나 LANDSAT 6호는 궤도 진입에 실패하였다. 1999년 4월에 LANDSAT 7호가 발사되었으며, 현재 1, 2, 3, 4호는 임무를 끝내고 운용이 중단되었고, 5, 7호만 운용 중에 있다. LANDSAT 시리즈는 20여 년 동안 Thematic Mapper(TM), Multispectral Scanner (MSS)를 탑재하여 오랜 시간 동안의 지구 환경의 변화된 모습을 볼 수 있다.
LANDSAT 7호는 LANDSAT Series의 일환으로 발사되어 현재 지구 관측을 하고 있으며 TM 센서를 보다 발전시킨 ETM+(Enhanced Thermal Mapper Plus) 센서를 탑재하고 있다. TM과 비교할 때 Thermal Band의 해상도가 120m에서 60m로 향상되어 보다 정밀한 지구 관측이 용이해졌고 15m 해상도의 Panchromatic Band(전파장 영역)가 추가되어 다양한 방법에 의한 지구 관측이 용이하고 더 좋은 영상을 제공할 수 있게 되었다.

③ SPOT : SPOT 위성은 프랑스 CNES(Centre National d'Etudes Spatiales) 주도하에 1, 2, 3, 4, 5호가 발사되었으며, 이 중 1, 2, 4, 5가 운용 중이지만 지상관제센터에서 관제할 수 있는 위성의 수가 3대이기 때문에 영상은 2, 4, 5호의 영상만을 획득하고 있다. SPOT 1, 2, 3에는 HRV(High Resolution Visible) 센서가 2대씩 탑재되어 10m의 해상도로 지구관측을 하기 때문에 주로 지도제작을 주목적으로 하고 있다. 그리고 20m의 Multi- Spectral 센서도 탑재하여 3Band의 다중분광모드로 지구관측을 할 수 있다. SPOT 4호는 이전의 SPOT과 제원은 비슷하나 다중분광모드에 중적외선 밴드를 추가한 HRVIR(High Resolution Visible and InfraRed) 센서 2대가 탑재되었으며, 농작물 및 환경변화를 매일 관측하기 위한 목적으로 Vegetation 센서가 추가되었다.
SPOT 5호는 2002년 5월에 발사되어 운용 중이며, SPOT 5호는 공간해상력을 향상시킨 HRG(High Resolution Geometry) 센서 2대를 탑재하여 5m의 공간해상도와 Resampling을 할 경우 2.5m의 해상도를 가지고, Multi-Spectral에서는 가시광선 및 근적외선의 3밴드에서 10m, 중적외선 밴드는 20m의 공간해상도의 영상을 공급하고 있다.

④ NOAA : NOAA 위성의 해상력은 1km(직하방), 6km(가장자리), IFOV=1.4m rad이며 오늘날 두 개의 위성이 운용되고 있다.

44. 탑재기(Platform)에 실린 감지기(Sensor)를 사용하여 지표의 대상물에서 반사 또는 방사된 전자 스펙트럼을 관측하고, 이들 자료를 이용하여 대상물이나 현상에 대한 정보를 획득하는 기법은?

㉮ 항공사진측량 ㉯ GPS측량 ㉰ GIS ㉱ 원격탐사

해설 원격탐측이란 지상이나 항공기 및 인공위성 등의 탑재기에 설치된 센서를 이용하여 지표, 지상, 지하, 대기권 및 우주공간의 대상물에서 반사 혹은 방사되는 전자기파를 이용하여 대상을 관측하고 탐측함으로써 이들 자료로부터 토지, 환경 및 자원에 대한 정보를 얻어 이를 해석하고 유지관리에 활용하는 기법이다.

45. 절대표정에 대한 설명으로 틀린 것은?

㉮ 사진의 축척을 결정한다. ㉯ 주점의 위치를 결정한다.
㉰ 모델당 7개의 표정인자가 필요하다. ㉱ 최소한 3개의 표정점이 필요하다.

해설 1. 내부표정 : 도회기의 투영기에 촬영 당시와 똑같은 상태로 양화건판을 정착시키는 작업
① 주점의 위치결정
② 화면거리의 조정
③ 건판의 신축측정, 대기굴절, 지구곡률보정, 렌즈수차 보정

2. 외부표정
① 지상과의 관계는 고려하지 않고 좌우사진의 양 투영기에서 나오는 광속이 촬영 당시 촬영면에 이루어지는 종시차를 소거하여 목표 지형물의 상대위치를 맞추는 작업
② 대지(절대)표정 : 상호표정이 끝난 입체모델을 지상 기준점을 이용하여 지상좌표와 일치하도록 하는 작업
㉠ 축척의 결정
㉡ 수준면의 결정
㉢ 위치의 결정
㉣ 절대표정인자
③ 접합표정 : 한 쌍의 입체사진 내에서 한쪽의 표정인자는 전혀 움직이지 않고 다른 한쪽만을 움직여 그 다른 쪽에 접합시키는 표정법을 말하며, 삼각측정에 이용된다.
㉠ 모델 간, 스트립 간의 접합요소 결정
㉡ 7개의 표정인자 결정

46. 초점거리 20cm인 카메라로 경사 40°로 촬영된 사진상에 연직점과 등각점 간의 거리로 옳은 것은?

㉮ 62.8mm ㉯ 72.8mm ㉰ 82.8mm ㉱ 92.8mm

해설 $n_j = f\tan\frac{i}{2}$

$= 0.2 \times \tan\frac{40}{2}$

$= 0.07279\text{m} = 72.8\text{mm}$

47. 초점거리 15cm인 광각카메라로 촬영고도 6,000m에서 시속 180km의 운항속도로 항공사진을 촬영할 때 사진노출점 간의 최소 소요 시간은?(단, 사진 화면 크기 23cm×23cm, 종중복도 60%이다.)

㉮ 53.6초　　㉯ 63.6초　　㉰ 73.6초　　㉱ 83.6초

해설 $T_S = \dfrac{B}{V} = \dfrac{ma\left(1-\dfrac{p}{100}\right)}{V}$

$= \dfrac{40,000 \times 0.23\left(1-\dfrac{60}{100}\right)}{180 \times 1,000 \times \dfrac{1}{3,600}}$

$= \dfrac{3,680\text{m}}{50\text{m/sec}} = 73.6$초

$m = \dfrac{H}{f} = 40,000$

48. 원격탐사의 센서에 대한 설명으로 옳지 않은 것은?

㉮ SLAR은 능동적 센서에 속한다.　　㉯ 비디콘 사진기는 수동적 센서에 속한다.
㉰ ETM+는 능동적 센서에 속한다.　　㉱ HRV 센서는 수동적 센서에 속한다.

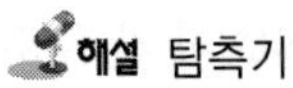
탐측기

① 수동적 탐측기 : MSS, TM, HRV
② 능동적 탐측기
- 레이저 방식 : LIDAR
- 레이더 방식 : SLAR

49. 지질, 토양, 수자원 및 산림조사 등의 판독작업에 주로 이용되는 사진은?

㉮ 적외선 사진　　㉯ 흑백 사진　　㉰ 반사 사진　　㉱ 위색 사진

해설 ① 팬크로 사진 : 일반적으로 가장 많이 사용되는 흑백사진이며 가시광선(0.4~0.75μ)에 해당하는 전자파로 이루어진 사진
② 적외선 사진 : 지도작성, 지질, 토양, 수자원 및 산림조사 등의 판독에 사용
③ 위색 사진 : 식물의 잎은 적색, 그 외는 청색으로 나타나며 생물 및 식물의 연구조사 등에 이용
④ 팬인플러 사진 : 팬크로 사진과 적외선 사진 중간에 속하며 적외선용 필름과 황색 필터를 사용
⑤ 천연색 사진 : 조사, 판독용

50. 다음 중 원격탐사에 사용되는 전자 스펙트럼에서 파장이 가장 긴 것은?

㉮ 자외선　　㉯ 초록색　　㉰ 빨간색　　㉱ 적외선

해설 전자파는 파장이 짧은 것부터 순서대로 r선, X선, 자외선(紫外線 : Ultraviolet), 가시광선(可視光線 : Visible), 적외선(赤外線 : Infrared), 전파로 분류한다.
전자파는 파장이 짧을수록 입자적 성질이 강해서 직진성과 지향성이 강하다.

 해답 47. ㉰ 48. ㉰ 49. ㉮ 50. ㉱

51. 카메라의 초점거리가 153mm인 수직사진의 경우, 촬영축척을 1/5,000로 하고자 할 때 촬영고도를 얼마로 해야 하는가?

㉮ 153m　　㉯ 765m　　㉰ 1,310m　　㉱ 5,000m

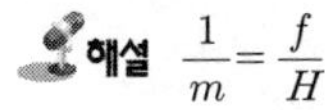 $\frac{1}{m}=\frac{f}{H}$

촬영고도(H) = 초점거리(f)×축척분모(m)
= 153×5,000 = 765,000mm
따라서 765m

52. 중복된 같은 고도의 항공사진이 연직사진일 경우 시차차로 알 수 있는 것은?

㉮ 토지의 이용 상태　　㉯ 두 점 간의 높이
㉰ 사진의 축척　　㉱ 1매의 사진이 포용하는 면적

해설 시차는 관찰자의 위치 변화에 의해 발생되는 대상물의 위치 변위를 말한다. 비행기의 움직임에 의해 한 사진에서 다른 사진으로 대상물의 위치가 변하는 경우에 이를 입체 시차, X 시차 또는 시차라 한다. 시차는 일련의 종중복 사진에 나타나는 모든 대상물에 대해 발생한다. 즉, 연속된 두 장의 사진에서 발생하는 동일지점의 사진상의 변위를 말한다.

53. 회전주기가 일정한 인공위성에 의한 원격탐측의 특성이 아닌 것은?

㉮ 얻어진 영상이 정사투영에 가깝다.
㉯ 판독이 자동적이고 정량화가 가능하다.
㉰ 넓은 지역을 동시에 측정할 수 있다.
㉱ 어떤 지점이든 원하는 시기에 관측할 수 있다.

해설 원격탐측의 특징
① 짧은 시간 내에 넓은 지역을 동시에 측정할 수 있으며 반복 측정이 가능하다.
② 다중파장대에 의한 지구표면 정보획득이 용이하며 측정 자료가 기록되어 판독이 자동적이고 정량화가 가능하다.
③ 회전주기가 일정하므로 원하는 지점 및 시기에 관측하기가 어렵다.
④ 관측이 좁은 시야각으로 얻어진 영상은 정사투영에 가깝다.
⑤ 탐사된 자료가 즉시 이용될 수 있으며, 재해, 환경문제 등에 편리하다.

54. 수치사진측량에서 영상정합의 분류 중, 영상소의 밝기값을 이용하는 정합은?

㉮ 영역기준정합　　㉯ 관계형 정합　　㉰ 형상기준정합　　㉱ 기호정합

해설 ① 영역기준정합(영상소의 밝기값 이용)
㉠ 밝기값 상관법
㉡ 최소제곱법
② 형상기준정합 : 경계정보 이용
③ 관계형 정합 : 각체의 점, 선, 면의 밝기값 등을 이용

해답 51. ㉯ 52. ㉯ 53. ㉱ 54. ㉮

55. 축척 1/15,000로 평지를 촬영한 연직사진의 사진크기가 18cm×18cm이고 사진의 종중복도가 60%라면 촬영기선장은 얼마인가?

㉮ 540m ㉯ 810m
㉰ 1,080m ㉱ 1,620m

해설 $B = ma\left(1-\frac{p}{100}\right)$

$= 15,000 \times 0.18 \times \left(1-\frac{60}{100}\right)$

$= 1,080\text{m}$

56. 다음 중 항공사진 판독의 기본요소가 아닌 것은?

㉮ 색조, 크기 ㉯ 형상, 음영
㉰ 촬영일시, 촬영고도 ㉱ 질감, 모양

해설 ① 크기 : 어느 피사체가 갖는 입체적, 평면적 넓이의 길이를 나타낸다.
② 형태 : 목표물의 구성 배치 및 일반적인 형태를 나타낸다.
③ 음영 : 판독 및 촬영 시 빛의 방향을 일치시키는 것이 입체감을 갖는 데 용이하다.
④ 색조 : 피사체가 갖는 빛의 반사에 의한 것으로 수목의 종류를 판독하는 것을 말한다.
⑤ 질감 : 색조, 형상, 크기, 음영 등의 여러 요소의 조합으로 구성된 조밀함, 거칠음, 세밀함 등으로 표현하며 초목 및 식물의 구분을 나타낸다.
⑥ 모양 : 피사체의 배열상황에 의하여 판별하는 것으로 사진상에서 볼 수 있는 식생, 지형 또는 지표상의 색조 등을 판독한다.
⑦ 상호 간의 위치 관계 : 주위 물체와의 관계를 파악하는 것이다.
⑧ 과고감 : 지표면의 기복을 과장하여 나타낸 것으로 낮고 평탄한 지역에서의 지형판독에 유리한 반면 경사면의 경사는 실제보다 급하게 보이므로 오판에 주의하여야 한다.

57. 사진측량에서 사진의 특수 3점 중 일반적으로 마주보고 있는 사진지표의 대각선이 서로 만나는 점으로 찾을 수 있는 것은?

㉮ 주점 ㉯ 연직점
㉰ 등각점 ㉱ 부점

해설 주점은 사진의 중심점으로서 렌즈의 중심으로부터 화면에 내린 수선의 발, 즉 렌즈의 광축과 화면이 교차하는 점을 말한다. 보통 항공사진에서는 마주보는 지표의 대각선이 서로 만나는 점이 주점의 위치이다.

58. 항공사진 측정용 카메라는 렌즈의 피사각(화각) 크기로 분류되는데, 피사각 90° 전후로 일반도화나 판독용에 주로 사용되는 것은?

㉮ 초광각 카메라 ㉯ 광각 카메라
㉰ 보통각 카메라 ㉱ 협각 카메라

해답 55. ㉰ 56. ㉰ 57. ㉮ 58. ㉯

해설

종류	렌즈의 피사각	초점거리 (mm)	사진의 크기 (cm)	필름의 길이 (m)	최단 셔터간격(초)	사용목적
보통각 카메라	50° 60°	300 120	23×23 18×18	300 120	2.5 2	도시관측 산림조사용
광각 카메라	90°	152~153	23×23	120	2	일반도화 판독용
초광각 카메라	120°	88	23×23	60	3.5	소축척도화용

59. 수치사진측량에서 둘 또는 그 이상의 사진상에서 공액점을 찾는 영상정합방법이 아닌 것은?

㉮ 영역기준 정합법　　㉯ 형상기준 정합법
㉰ 관계형 정합법　　㉱ 탐색형 정합법

해설 영상정합방법에는 영역기준 정합, 형상기준 정합, 관계형 정합이 있다

60. 항공사진 판독의 일반적인 순서로 옳은 것은?

㉮ 촬영의 계획 → 판독기준의 작성 → 현지조사 → 촬영과 사진작성 → 판독 → 정리
㉯ 촬영의 계획 → 촬영과 사진작성 → 판독기준의 작성 → 판독 → 현지조사 → 정리
㉰ 판독기준의 작성 → 촬영의 계획 → 현지조사 → 촬영과 사진작성 → 판독 → 정리
㉱ 판독기준의 작성 → 촬영의 계획 → 촬영과 사진작성 → 현지조사 → 판독 → 정리

해설 판독의 일반적인 순서
촬영계획 → 촬영과 사진제작 → 판독기준 작성 → 판독 → 현지조사 → 정리

61. 항공사진측량의 일반적인 작업순서로 맞는 것은?

(a) 촬영계획	(b) 판독	(c) 판독기준의 작성
(d) 촬영과 사진의 작성	(e) 정리	(f) 지리조사

㉮ a-f-d-c-b-e　　㉯ a-d-c-b-f-e
㉰ f-a-d-c-b-e　　㉱ f-a-c-b-d-e

해설 촬영계획 - 촬영과 사진의 작성 - 판독기준의 작성 - 판독 - 지리조사 - 정리

62. 다음 설명에 해당되는 판독의 요소는?

> 어떤 대상물의 윤곽을 파악하는 역할을 하며, 판독 시 빛의 방향과 촬영 시 빛의 방향을 일치시키면 입체감을 얻기 쉬우므로 이 요소를 활용하면 판독이 용이하다.

㉮ 색조　　㉯ 음영　　㉰ 모양　　㉱ 질감

해답 59. ㉱ 60. ㉯ 61. ㉯ 62. ㉯

해설 ① 크기 : 어느 피사체가 갖는 입체적, 평면적 넓이의 길이를 나타낸다.
② 형태 : 목표물의 구성 배치 및 일반적인 형태를 나타낸다.
③ 음영 : 판독 및 촬영 시 빛의 방향을 일치시키는 것이 입체감을 갖는 데 용이하다.
④ 색조 : 피사체가 갖는 빛의 반사에 의한 것으로 수목의 종류를 판독하는 것을 말한다.
⑤ 질감 : 색조, 형상, 크기, 음영 등의 여러 요소의 조합으로 구성된 조밀함, 거칠음, 세밀함 등으로 표현하며 초목 및 식물의 구분을 나타낸다.
⑥ 모양 : 피사체의 배열상황에 의하여 판별하는 것으로 사진상에서 볼 수 있는 식생, 지형 또는 지표상의 색조 등을 판독한다.
⑦ 상호간의 위치 관계 : 주위의 물체와의 관계를 파악하는 것이다.
⑧ 과고감 : 과고감은 지표면의 기복을 과장하여 나타낸 것으로 낮고 평탄한 지역에서의 지형판독에 유리한 반면 경사면의 경사는 실제보다 급하게 보이므로 오판에 주의하여야 한다.

63. 사진측량에 있어서 편위수정에 대한 설명으로 틀린 것은?
㉮ 사진의 경사를 수정한다.
㉯ 축척을 통일시키고 변위를 제거한다.
㉰ 편위수정 조건에는 샤임플러그의 조건이 있다.
㉱ 편위수정에는 2개의 표정점이 필요하다.

해설 편위수정
① 경사와 축척을 바로 수정하여 축척을 통일시키고 변위가 없는 연직 사진으로 수정하는 작업을 편위수정이라 한다.
② 편위수정 조건
• 기하학적 조건(소실점 조건)
• 광학적 조건(Newton의 렌즈조건)
• 샤임플러그 조건

64. 사진 판독에 있어 삼림지역에서 표층토양의 함수율에 의하여 사진의 색조가 변화하는 형상은?
㉮ 소일 마크(Soil mark)
㉯ 왜곡 마크(Distortion mark)
㉰ 쉐이드 마크(Shade mark)
㉱ 플로팅 마크(Floating mark)

해설 공중사진으로 판독 시 고고학분야에서도 이용되었다. 미대륙에서 발견된 인디언의 토굴의 흔적, 이란에서는 기원전 200년경에 만들어진 수로의 흔적, 남미의 대초원지대에 산재한 유적 등 세계적으로 실례는 수없이 많다. 지표에 노출되어 있는 것은 별문제라 하더라도 지하에 매몰되어 있는 유적은 인간의 육안으로는 판별하기 곤란할 때가 많다. 이것을 어떻게 공중사진으로 발견하는가는 필름과 필터의 매직(Magic)에 의한 것이라고 한다. 유적이 발견되는 데는 다음의 몇 가지 경우에 의해서이다.
① 섀도 마크(Shadow mark) : 유적이 매몰되어 있는 장소에 극히 적은 기복이라도 남아 있다면 태양각도가 낮은 조석에 촬영하면 낮에는 거의 눈에 보이지 않는 그림자가 지면에 길게 나타나 유적 전체의 윤곽을 파악할 수가 있다. 이것을 섀도 마크라 한다.
② 소일 마크(Soil mark) : 지표면의 형태와는 하등 관계없는 경우라도 유적의 형태 주위는 사진 색조의 농도가 변화되어 나타날 때가 있다. 이것은 유적이 흙에 묻혀 있을 때 그 유적을 덮고

해답 63. ㉱ 64. ㉮

있는 흙의 두께가 각각 틀리기 때문에 건조(乾燥)에 의해 토양에 함유되어 있는 수분의 비율이 틀려 사진상에는 각각의 색조로 나타난다. 이와 같은 현상을 소일 마크(Soil mark)라 한다.

③ 플랜트 마크(Flant mark) : 또 이 위에 식물이 있을 때는 토양에 함유되어 있는 수분의 양에 의해 식물의 생장상태가 다르게 된다. 수호(水濠)나 구(溝)가 있었던 곳에서는 식물의 생장이 눈에 띄게 좋으며, 돌이나 점토 등으로 덮인 데서는 그 성장이 나쁘다. 이것을 공중사진으로 관찰하면 이 성장의 차가 섀도 마크로 나타나는 경우도 있으나, 성장의 차 때문에 색깔의 변화로 색조가 달라지는 경우도 있다. 이와 같은 현상을 플랜트 마크(Flant mark)라 한다.

65. 다음 중 원격센서(Remote Sensor)를 능동적 센서와 수동적 센서로 구분할 때, 능동적 센서에 속하는 것은?

㉮ TM(Thematic Mapper)
㉯ 천연색 사진
㉰ MSS(Multi-spectral Scanner)
㉱ SLAR(Side Looking Airborne Rader)

해설 탐측기
① 수동적 탐측기 : MSS, TM, HRV
② 능동적 탐측기 : 레이저 방식 - LIDAR, 레이더 방식 - SLAR

66. 표정의 과정 중 축척의 결정, 수준면의 결정, 위치의 결정을 수행하는 작업은?

㉮ 내부표정　　㉯ 상호표정
㉰ 절대표정　　㉱ 접합표정

해설 1. 내부표정 : 내부표정이란 도화기의 투영기에 촬영 당시와 똑같은 상태로 양화건판을 정착시키는 작업
① 주점의 위치결정
② 화면거리의 조정
③ 건판의 신축측정, 대기굴절, 지구곡률보정, 렌즈수차 보정

2. 외부표정
① 지상과의 관계는 고려하지 않고 좌우사진의 양 투영기에서 나오는 광속이 촬영 당시 촬영면에 이루어지는 종시차를 소거하여 목표 지형물의 상대위치를 맞추는 작업
② 대지(절대)표정 : 상호표정이 끝난 입체모델을 지상 기준점을 이용하여 지상좌표와 일치하도록 하는 작업
㉠ 축척의 결정
㉡ 수준면의 결정
㉢ 위치의 결정
㉣ 절대표정인자
③ 접합표정 : 한 쌍의 입체사진 내에서 한쪽의 표정인자는 전혀 움직이지 않고 다른 한쪽만을 움직여 그 다른 쪽에 접합시키는 표정법을 말하며, 삼각측정에 이용된다.
㉠ 모델 간, 스트립 간의 접합요소 결정
㉡ 7개의 표정인자 결정

해답 65. ㉱ 66. ㉰

67. 초점거리 150mm의 카메라를 이용하여 기준면으로부터 5,000m 높이에서 수직촬영을 하였다. 비고 500m 지점의 사진축척은?

㉮ 1/20,000 ㉯ 1/30,000 ㉰ 1/40,000 ㉱ 1/50,000

해설 사진의 축척$(M) = \dfrac{\text{촬영고도}(H)}{\text{초점거리}(f)}$

$= \dfrac{5,000 - 500}{0.15} = 30,000$

68. 다음 중 항공사진측량에서 광축이 연직선과 일치하도록 촬영된 사진은?

㉮ 경사사진 ㉯ 수평사진
㉰ 수직사진 ㉱ 저각도 사진

해설 촬영방향에 따른 분류

① 수직사진
㉠ 광축이 연직선과 거의 일치하도록 카메라의 경사가 3° 이내의 기울기로 촬영된 사진
㉡ 항공사진 측량에 의한 지형도제작 시에는 거의 수직사진에 의한 촬영

② 경사사진 : 광축이 연직선 또는 수평에 경사지도록 촬영한 경사각 3° 이상의 사진으로 지평선이 사진에 나타나는 고각도 경사사진과 사진에 나타나지 않는 저각도 경사사진이 있다.

③ 수평사진 : 광축이 수평선에 거의 일치하도록 지상에서 촬영

69. 항공사진의 특수 3점에 해당되지 않는 것은?

㉮ 부점 ㉯ 연직점 ㉰ 등각점 ㉱ 주점

해설 ① 주점 : 주점은 사진의 중심점이라고도 한다. 주점은 렌즈 중심으로부터 화면에 내린 수선의 발을 말하며 렌즈의 광축과 화면이 교차하는 점이다.

② 연직점 : 렌즈 중심으로부터 지표면에 내린 수선의 발을 말한다.

③ 등각점 : 주점과 연직점이 이루는 각을 2등분한 점으로 또한 사진면과 지표면에서 교차되는 점을 말한다.

70. 초점거리 150mm, 경사각이 30°일 때 주점과 등각점 사이의 거리는?

㉮ 0.02m ㉯ 0.04m ㉰ 0.06m ㉱ 0.08m

해설 등각점$= f \times \tan\dfrac{I}{2}$ (여기서, f : 초점거리, I : 경사각)

$0.150 \times \tan\dfrac{30}{2} = 0.040\text{m}$

71. 촬영고도 5,000m에서 촬영한 항공사진상에 나타난 건물 정상의 시차를 주점에서 측정하니 19.32mm이고, 건물 밑부분의 시차를 주점에서 측정하니 18.88mm이었다. 한 층의 높이를 3m로 가정할 때 이 건물은 약 몇 층 건물인가?

㉮ 15층 ㉯ 28층 ㉰ 38층 ㉱ 45층

해답 67. ㉯ 68. ㉰ 69. ㉮ 70. ㉯ 71. ㉰

해설 $h = \dfrac{H}{P_r + \Delta P} \times \Delta P$

(h : 높이, H : 비행고도, P_a : 정상의 시차, P_r : 기준면의 시차)

$\dfrac{5{,}000{,}000}{18.88 + (19.32 - 18.88)} \times (19.32 - 18.88) = 113{,}872\text{mm}$

따라서 114m이며, 1층의 높이가 3m이므로 38층이 된다.

72. 절대표정에 대한 설명으로 옳은 것은?

㉮ 촬영 당시의 종시차를 소거한다.
㉯ 주점거리와 주점의 조정이 이루어진다.
㉰ 축척 조정, 수준면 조정 및 위치 결정이 이루어진다.
㉱ 한 쌍의 입체사진 내에서 대응되는 모형을 접합한다.

해설 대지(절대표정)
상호표정이 끝난 입체모델을 지상 기준점(피사체 기준점)을 이용하여 지상좌표(피사체 좌표계)와 일치하도록 하는 작업
① 축척의 결정
② 수준면(표고, 경사)의 결정
③ 위치(방위)의 결정

73. 항공사진을 실체시할 때 생기는 과고감에 영향을 미치는 인자가 아닌 것은?

㉮ 사진의 크기
㉯ 카메라의 초점거리
㉰ 기선고도비
㉱ 입체시할 경우 눈의 위치

해설 ① 사진의 초점거리와 반비례한다.
② 사진 촬영의 기선고도비에 비례한다.
③ 입체시할 경우 눈의 위치가 높아짐에 따라 커진다.
④ 렌즈의 피사각의 크기와 비례한다.

74. 회전주기가 일정한 위성을 이용한 원격탐사기법이 가지는 특징으로 틀린 것은?

㉮ 짧은 시간에 넓은 지역을 동시에 측정할 수 있으며 반복측정이 주기적으로 가능하여 대상물의 변화를 감지할 수 있다.
㉯ 다중파장대에 의한 지구표면의 다양한 정보의 취득이 용이하며 측정자료가 수치로 기록되어 판독에 있어서 자동적인 작업수행이 가능하고 정량화하기 쉽다.
㉰ 관측이 넓은 시야각으로 행해지므로 얻어진 영상은 중심투영상에 가깝다.
㉱ 탐사된 자료가 즉시 이용될 수 있으며 재해 및 환경문제의 해결에 유용하게 이용될 수 있다.

해설 관측이 좁은 시야각으로 얻어진 영상은 정사투영상에 가깝다.

해답 72. ㉰ 73. ㉮ 74. ㉰

75. 초점거리 150mm의 카메라로 촬영고도 1,500m의 상공에서 종중복도 60%의 항공사진을 촬영할 때 촬영기선장은?(단, 사진크기 : 23cm×23cm)

㉮ 750m ㉯ 920m ㉰ 1,200m ㉱ 1,500m

해설 $M=\dfrac{f}{H}=\dfrac{0.15}{1,500}=\dfrac{1}{10,000}$

$$B=ma\left(1-\frac{p}{100}\right)$$
$$=10,000\times0.23\times\left(1-\frac{60}{100}\right)$$
$$=920\text{m}$$

76. 사진판독의 요소 중 질감에 대한 설명으로 옳은 것은?

㉮ 빛의 반사에 의한 대상물의 판별이다.
㉯ 피사체의 꺼칠함 및 미끈함 등으로 표현된다.
㉰ 사진상의 배열상태를 판별하는 것이다.
㉱ 피사체에 대한 색조를 말한다.

해설 질감
색조, 형상, 크기, 음영 등 여러 요소의 조합으로 구성된 조밀함, 거칠음, 세밀함 등으로 표현하며 초목 및 식물의 구분을 나타낸다.

77. 사진면상의 특수 3점을 찾을 때의 순서와 초점거리와 경사각이 주어졌을 때 구하는 공식으로 옳은 것은?(단, f : 초점거리, i : 경사각)

㉮ 등각점$\left(f\times\tan\frac{1}{2}\right)$ → 주점 → 연직점$(f\times\tan i)$
㉯ 연직점 → 주점$(f\times\tan 2i)$ → 등각점$(f\times\tan i)$
㉰ 연직점$(f\times\tan i)$ → 주점 → 등각점$(f\times\tan 2i)$
㉱ 주점 → 연직점$(f\times\tan i)$ → 등각점$\left(f\times\tan\frac{i}{2}\right)$

해설
- 주점에서 연직점까지의 거리(mn) : $f\cdot\tan i$
- 주점에서 등각점까지의 거리(mj) : $f\cdot\tan\frac{i}{2}$

78. 초점거리 15cm의 광각카메라를 가지고 촬영고도 3,000m에서 200km/h의 속도로 항공사진을 촬영할 때 사진 노출시간의 최소 소요 시간은?(단, 사진의 크기는 23cm×23cm이고 진행방향 중복도는 60%이다.)

㉮ 33.12초 ㉯ 34.12초
㉰ 35.12초 ㉱ 36.12초

해답 75. ㉯ 76. ㉯ 77. ㉱ 78. ㉮

해설 $M = \frac{1}{m} = \frac{f}{H}$

$m = \frac{H}{f} = \frac{3,000}{0.15} = 20,000$

$B = ma\left(1 - \frac{p}{100}\right) = 20,000 \times 0.23 \times \left(1 - \frac{60}{100}\right) = 1840\text{m}$

따라서, $T_s = \frac{B}{V} = \frac{1,840}{200 \times 1,000 \times \frac{1}{3,600}} = 33.117$초

79. 해석항공사진측량의 경우 1촬영경로의 입체모델 수와 표정점의 수와의 일반적인 관계식으로 옳은 것은?(단, n은 모델 수)

㉮ 표정점의 수=n/2+2
㉯ 표정점의 수=n/3+3
㉰ 표정점의 수=n/4+4
㉱ 표정점의 수=n/5+5

해설 해석 항공삼각측량
① 1코스는 10모델 기준
② 표정점수는 10모델당 7점

$\text{표정점의 수} = \frac{\text{모델수}}{2} + 2$

80. 사진측정 결과 종모델 수가 10모델, 횡방향의 코스는 8코스라면 필요한 수평위치 기준점(삼각점)의 수는?

㉮ 160개 ㉯ 168개 ㉰ 320개 ㉱ 336개

해설 삼각점 수 = 모델 수×2×코스 = 10×2×8 = 160개

81. 원격탐사에 의한 측정에 영향을 미치는 요인과 가장 거리가 먼 것은?

㉮ 물체의 반사 또는 방사
㉯ 광원의 입사각과 물체 및 센서 위치관계
㉰ C-계수
㉱ 대기의 반사, 투과, 흡수, 산란

해설 C-계수란 사진측량에서 도화기에 따른 상수를 말한다.

82. 사진의 표정 중 절대표정에 의하여 결정(조정)되는 사항이 아닌 것은?

㉮ 축척 ㉯ 위치 ㉰ 수준면 ㉱ 초점거리

해설 대지표정이라고도 하며 대상물 공간 또는 지상의 기준점을 이용하여 대상물의 공간좌표계와 일치하도록 하는 작업이다.
① 축척결정
② 수준면결정 : 사진이 3도 정도 경사를 갖고 있으며 최소 3점 이상의 표고기준점 필요
③ 위치결정 : 평면상의 2점의 좌표로 위치가 결정

해답 79. ㉮ 80. ㉮ 81. ㉰ 82. ㉱

83. 수치사진측량의 영상정합에서 두 영상의 특징(일반적 경계정보를 의미)을 기본 자료로 이용하며 두 영상에서 대응하는 특징을 발견함으로써 대응점을 찾아내는 정합은?

㉮ 영역기준정합　　㉯ 단순정합
㉰ 형상기준정합　　㉱ 관계형 정합

해설 형상기준정합에서는 상응점을 발견하기 위한 기본자료로서 특징(점, 선, 영역 등이 될 수 있으나 일반적으로 Edge 정보를 의미함)을 이용한다. 두 영상에서 상응하는 특징을 발견함으로써 상응점을 찾아낸다.

84. 높이가 250m인 어떤 굴뚝이 사진축척 1 : 10,000인 수직사진상에서 연직점으로부터 거리가 60mm일 때, 비고에 의한 변위량은?(단, 초점거리＝150mm)

㉮ 1mm　　㉯ 6mm　　㉰ 10mm　　㉱ 60mm

해설 $\Delta r = \pm \frac{h}{H} \times r$

$H = 10,000 \times 0.15 = 1,500\text{m}$

$\frac{250}{1,500} = 0.1666\text{m} \times 0.06 = 9.996\text{mm} = 10\text{mm}$

85. 경사사진을 엄밀수직사진으로 변환시키는 작업은?

㉮ 상호표정　　㉯ 편위수정　　㉰ 기복변위　　㉱ 대지표정

해설
- 상호표정 : 대상물과의 관계를 고려하지 않고 좌우사진에 양 투영기에서 나오는 광속이 이루는 종시차를 소거하여 입체모형 전체가 완전 입체시가 되도록 하는 작업
- 대지표정 : 대상물 공간 또는 지상의 기준점을 이용하여 대상물의 공간 좌표계와 일치하도록 하는 작업
- 편위수정 : 경사와 축척을 바로잡고 변위가 없는 연직 사진으로 수정하는 작업

86. 항공삼각측량방법 중에서 해석적으로 종횡접합모형(Block) 조정을 하는 방법이 아닌 것은?

㉮ 다항식조정법　　㉯ 사선조정법
㉰ 독립모델조정법　　㉱ 광속조정법

해설 종횡접합모형(Block) 조정을 하는 방법에는 다항식조정법, 광속조정법, 독립모델조정법, DLT 법 등이 있다.

87. 항공삼각측량의 표정에 사용되지 않는 것은?

㉮ 공면조건식　　㉯ 부등각사상(Affine) 변환식
㉰ 공선조건식　　㉱ 뉴튼(Newton) 변환식

해설 공선조건식과 공면조건식은 표정 중 상호표정에 사용되며 부등각사상 변환식은 내부표정에 사용

해답 83. ㉰ 84. ㉰ 85. ㉯ 86. ㉯ 87. ㉱

88. 항공사진을 편위수정 시 정밀을 요하거나 해석적 편위수정에 필요한 표정점의 최소 수는 몇 개인가?

㉮ 3개　㉯ 4개　㉰ 5개　㉱ 6개

해설 편위수정에는 3개의 수평위치(x, y) 표정점이 필요하나 정밀을 요하는 해석적 편위수정에는 4점이 필요하다.

89. 경지정리 확정측량을 위한 항공사진측량을 실시할 때 수직사진은 일반적으로 화면의 경사각을 몇 도까지 허용하는가?

㉮ 1°　㉯ 3°　㉰ 5°　㉱ 7°

해설 사진측량을 촬영방향에 따라 분류 시
- 수직사진 : 3° 이내
- 경사사진 : 3° 이상
- 수평사진 : 광축이 수평선과 일치하도록 지상에서 촬영한 사진을 말한다.

90. SPOT 위성에 대한 설명으로 옳은 것은?

㉮ 미국 NASA에서 발사한 자원탐사위성이다.
㉯ HRV는 흑백영상과 다중파장대영상을 탐측한다.
㉰ 입체시는 불가능하지만 특성해석에는 적합하다.
㉱ LANDSAT과는 달리 경사관측이 불가능하다.

해설 1. 1977년 프랑스가 주축이 되어 계획
2. 탐측기는 HRV, 다중파장대영상 탑재
3. 입체시할 수 있는 영상과 지형도 작성이 가능하다.
4. DEM 구축이 용이하다.

91. 공선조건식을 이용하는 해석적 3차원 항공삼각측량 방법은?

㉮ 에어로폴리곤법　㉯ 스트립 및 블록조정법
㉰ 독립모델법　㉱ 번들조정법

해설 항곡삼각측량방법에서 대상물의 좌표를 얻기 위한 조정법에는 기계법(입체도화기)과 해석법(정밀 좌표광측기)이 있으며 해석법에는 스트립 및 블록조정, 독립모델법, 광속법이 있고 공선조건식을 이용하는 해석법에는 광속조정법이 사용된다. 광속조정법이 번들조정법이다.

92. 다음 중 수동적 센서 방식이 아닌 것은?

㉮ 사진방식　㉯ 선주사방식
㉰ Laser 방식　㉱ Vidicon 방식

해답 88. ㉯ 89. ㉯ 90. ㉯ 91. ㉱ 92. ㉰

해설 1. 탐측기는 전자기파를 수집하는 장비로서 수동적 탐측기와 능동적 탐측기로 구분되며 수동적 탐측기는 대상물에서 방사되는 전자기파를 수집하는 방식이다.
2. 능동적 탐측기는 전자기파를 발사하여 대상물에서 반사되는 전자기파를 수집하는 방식. 수동적 센서는 선주사방식과 카메라 방식이 있다.
3. 선주사방식 : 광기계적 주사방식, 전자적 주사방식이 있다.

93. 촬영고도가 760m, 사진주점기선장이 110mm일 때 지상의 비고는?(단, 시차차는 1.02mm이다.)

㉮ 7.01m ㉯ 7.05m ㉰ 7.12m ㉱ 7.60m

해설 $\Delta P = \frac{h}{H} \times b_0$

$h = \frac{\Delta PH}{b_0}$

$0.00102 \times \frac{760}{0.11} = 7.04727$

94. 상호표정의 인자 중 촬영방향(x축)을 회전축으로 한 회전운동 인자는?

㉮ ϕ ㉯ ω ㉰ κ ㉱ by

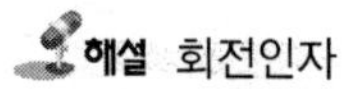
해설 회전인자

- yawing : κ(by) : 비행기의 수평(편류)회전을 재현, 항공기 Z축(높이) 주위의 회전
- pitching : ϕ(bz) : 비행기의 전후 기울기를 재현, 항공기 Y축 주위의 회전
- rolling : ω : 비행기 좌우 기울기 재현, 항공기 X축 주위의 회전
- 수평(편류) : 비행기가 비행 중에 바람에 의하여 수평으로 움직여 항로에서 한쪽으로 벗어나는 일
- 평행인자 : by, bz

95. 항공삼각측량의 방법에 대한 설명으로 틀린 것은?

㉮ 광속(번들)조정법은 사진좌표를 측정하여 조정계산한다.

㉯ 독립모델법은 모델좌표를 측정하여 조정계산한다.

㉰ 광속조정법은 기계식 방법이다.

㉱ 정밀한 사진좌표의 측정에는 기계식보다는 해석도화기나 정밀좌표측정기(Comparator)를 사용한다.

해설 항공삼각측량의 조정법

1. 기계법(입체도화기)
   에어로폴리곤법
   - 독립모델법
   - 스트립 및 블록조정
2. 해석법(정밀좌표관측기)
   - 스트립 및 블록조정
   - 독립모델법
   - 광속법

 해답 93. ㉯ 94. ㉯ 95. ㉰

96. 카메라의 초점거리가 153mm, 촬영 경사각이 3.6°로 평지를 촬영한 항공사진이 있다. 이 사진의 등각점은 주점으로부터 최대경사선상 몇 mm인 곳에 있는가?

㉮ 10.7mm ㉯ 5.3mm ㉰ 4.8mm ㉱ 3.6mm

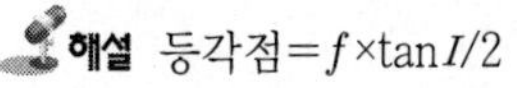
해설 등각점 $= f \times \tan I/2$

$0.153 \times \tan 3.6/2 = 4.8$

$153\text{mm} \times \tan 3.6/2 = 4.8\text{mm}$

등각점의 위치는 항공사진의 최대경사선상에 있으며 주점으로부터 다음 식에서 구한 값만큼 떨어져 있다.

$$\overline{mj} = f \cdot \tan\frac{i}{2} = 153\tan\frac{3.6}{2} = 4.8\text{mm}$$

97. 사진상의 주점이나 표정점 등 제점의 위치를 인접한 사진상에 옮기는 작업은?

㉮ 점이사 ㉯ 표정 ㉰ 투영 ㉱ 정합

해설 사진상의 주점이나 표정점 등 제점의 위치를 인접한 사진상에 옮기는 작업을 점이사라고 한다.

98. 영상정합의 종류에서 객체의 점, 선, 면의 밝기값 등을 이용하는 정합은?

㉮ 단순 정합 ㉯ 관계형 정합 ㉰ 형상 기준 정합 ㉱ 영역 기준 정합

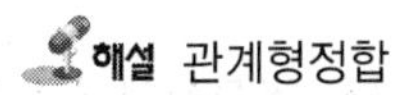
해설 관계형정합

영상에 나타나는 특징들을 선이나 영역 등의 부호적 표현을 이용하여 묘사하고, 이러한 객체들뿐만 아니라 객체들끼리의 관계까지도 포함하여 정합을 수행한다. Point, Blobs, Line, Region 등과 같은 구성요소들은 길이, 면적, 형상, 평균밝기값 등의 속성을 이용하여 표현한다.

〈정합방법과 정합요소의 관계〉

영상정합방법	유사성 관측	영상정합요소
영상기준정합	상관성, 최소제곱	영상소의 밝기값
형상기준정합	비용함수	경계정보
관계형 또는 기호정합	비용함수	기호특성 : 대상물의 점, 선, 면 밝기값

99. 입체시에 의한 과고감에 대한 설명으로 옳은 것은?

㉮ 사진의 초점 거리와 비례한다.
㉯ 사진 촬영의 기선고도비에 비례한다.
㉰ 입체시할 경우 눈의 위치가 높아짐에 따라 작아진다.
㉱ 렌즈의 피사각의 크기와 반비례한다.

해설 ㉮ 사진의 초점 거리와 반비례한다.
㉰ 입체시할 경우 눈의 위치가 높아짐에 따라 커진다.
㉱ 렌즈의 피사각의 크기와 비례한다.

해답 96. ㉰ 97. ㉮ 98. ㉯ 99. ㉯

100. 어떤 지역의 표고가 100m이다. 이 지역을 초점거리가 153mm인 카메라로 축척 1 : 37,500인 항공사진을 촬영하기 위한 비행기의 촬영고도는?

㉮ 200.5m ㉯ 760.5m ㉰ 5,837.5m ㉱ 8,000.5m

해설 $M=\frac{1}{m}=\frac{f}{H\pm h}=\frac{l}{L}$

$H=(m\times f)+h$

$=(37{,}500\times 0.153)+100$

$=5{,}837.5\text{m}$

101. 일반 사진기와 비교한 항공사진측량용 사진기의 특징에 대한 설명으로 틀린 것은?

㉮ 초점길이가 짧다. ㉯ 렌즈지름이 크다.
㉰ 왜곡이 적다. ㉱ 해상력과 선명도가 높다.

해설 항공사진측량용 사진기의 특징

1. 초점길이가 길다.
2. 렌즈지름이 크다.
3. 왜곡수차가 적다.
4. 해상력과 선명도가 높다.
5. 화각이 크다. : 지상사진이 항공사진보다 높이의 정도는 좋다.

102. 지형에서 비고가 있는 경우, 촬영고도가 5,000m, 비고 120m일 때에 사진 연직점에서 투영점까지의 사진상 거리가 15cm인 지점에서 사진상의 기복 변위는?

㉮ 40cm 나. 15cm ㉰ 1.5cm ㉱ 0.4cm

해설 기복변위량은 $\Delta r=\frac{h}{H}\times r$

$=\frac{120}{5{,}000}\times 0.15=0.0036\text{m}\fallingdotseq 0.4\text{cm}$

(h : 비고, H : 비행촬영고도, r : 주점에서의 측정점까지의 거리)

103. 항공사진판독에 대한 일반적인 설명으로 옳지 않은 것은?

㉮ 사진판독은 단시간에 넓은 지역을 판독할 수 있다.
㉯ 색조, 모양, 입체감 등이 나타나지 않는 지역의 판독에 어려움이 있다.
㉰ 수목의 종류를 판독하는 주요 요소는 색조(Tone)이다.
㉱ 초목, 식물의 잎을 판독하는 주요 요소는 크기(Size)이다.

해설
- 크기 : 어느 피사체가 갖는 입체적, 평면적 넓이의 길이를 나타낸다.
- 형태 : 목표물의 구성 배치 및 일반적인 형태를 나타낸다.
- 음영 : 판독 및 촬영 시 빛의 방향을 일치시키는 것이 입체감을 갖는 데 용이하다.
- 색조 : 피사체가 갖는 빛의 반사에 의한 것으로 수목의 종류를 판독하는 것을 말한다.

해답 100. ㉰ 101. ㉮ 102. ㉱ 103. ㉱

- 질감 : 색조, 형상, 크기, 음영 등 여러 요소의 조합으로 구성된 조밀함, 거칠음, 세밀함 등으로 표현하며 초목 및 식물의 구분을 나타낸다.
- 모양 : 피사체의 배열상황에 의하여 판별하는 것으로 사진상에서 볼 수 있는 식생, 지형 또는 지표상의 색조 등을 판독한다.
- 상호 간의 위치 관계 : 주위의 물체와의 관계를 파악하는 것이다.
- 과고감 : 과고감은 지표면의 기복을 과장하여 나타낸 것으로 낮고 평탄한 지역에서의 지형판독에 유리한 반면 경사면의 경사는 실제보다 급하게 보이므로 오판에 주의하여야 한다.

104. 1/50,000의 지형도에서 A, B점 간의 도상거리가 3cm였다. 어느 수직항공사진상에서 같은 두 A, B점 간을 측정하니 15cm였다면 이 사진의 축척은?

㉮ 1/5,000 ㉯ 1/10,000 ㉰ 1/15,000 ㉱ 1/20,000

해설 $\frac{1}{50,000} = \frac{0.03}{x}$

$x = 50,000 \times 0.03 = 1,500\text{m}$

$\frac{1}{m} = \frac{0.15}{1,500\text{m}} = \frac{1}{10,000}$

105. 지상에서 이동하고 있는 물체가 사진에 나타나 그 이동한 물체를 입체시할 때 그 운동이 기선 방향이면 물체가 뜨거나 가라앉아 보인다. 이러한 현상을 무엇이라 하는가?

㉮ 정사현상(Orthoscopic effect) ㉯ 역현상(Pseudoscopic effect)
㉰ 카메론 현상(Cameron effect) ㉱ 반사현상(Reflection effect)

해설 카메론 효과란 입체사진 위에서 이동한 사물을 실체시하면 입체시에 의한 과고감으로 입체상의 변화를 나타내는 시차가 발생하고, 그 운동이 기선 방향이면 물체가 뜨거나 가라앉아 보이는 현상

106. 항공사진에서 주점에 대한 설명으로 옳은 것은?

㉮ 축척과 표정의 결정에 사용되는 지표상의 한 점
㉯ 초첨과 같은 의미
㉰ 입체 쌍 사진에 의한 한 점
㉱ 마주 보는 지표의 대각선이 교차하는 점

해설 주점이란 사진의 중심점으로서 렌즈의 중심으로부터 사진화면에 수선을 내렸을 때 만나는 점을 말하며, 렌즈의 광축과 화면이 교차하는 점으로 주점 또는 중심점이라 한다. 항공사진에서는 서로 마주 보는 지표의 대각선이 만나는 점이 주점의 위치가 된다.

107. 비행속도 시속 180km/h인 항공기에서 초점거리 150mm인 카메라로 어느 시가지를 촬영한 항공사진이 있다. 허용 흔들림량이 사진상에서 0.01mm, 최장 허용 노출시간이 1/250초, 사진크기 23cm×23cm일 때, 이 사진상에서 연직점으로부터 6cm 떨어진 위치에 있는 건물의 사진상 변위가 0.26cm라면 이 건물의 실제 높이는?

㉮ 60m ㉯ 90m ㉰ 115m ㉱ 130m

해답 104. ㉯ 105. ㉰ 106. ㉱ 107. ㉱

해설 $T_l = \dfrac{\Delta Sm}{V}$ = 최장노출시간 = $\dfrac{\text{흔들리는 양}\times\text{축척분모수}}{\text{항공기속도}}$

$$\frac{1}{250s} = \frac{0.01\times m}{\dfrac{180\times 10^6}{60\times 60}}$$

$\therefore\ m = 20,000$

$$\frac{1}{m} = \frac{f}{H}$$

$$\frac{1}{20,000} = \frac{0.15}{H} \qquad \therefore\ H = 3,000\text{m}$$

$$\because\ \Delta r = \frac{h}{H}r = \frac{h}{3,000}0.06 = 0.0026$$

$\therefore\ h = 130\text{m}$

108. 다음 중 사진을 재촬영해야 할 경우가 아닌 것은?

㉮ 인접한 사진 간의 축척이 현저한 차이가 있을 때
㉯ 구름이 사진상에 나타날 때
㉰ 홍수로 인하여 지형을 구분할 수 없을 때
㉱ 종중복도가 70% 정도일 때

해설 재촬영하여야 할 경우

① 촬영필요구역의 일부분이라도 촬영범위 위에 있는 경우
② 종중복도가 50% 이하이고 연속사진 중 중간의 것을 제외한 그 사진에 중복부가 없는 경우
③ 지역촬영 사진에서 주 인접촬영 경로 사이에 횡중복도가 5% 이하인 경우
④ 촬영 시의 음화필름이 평평하지 않기 때문에 사진상이 흐려지는 경우
⑤ 스모그, 수증기 등으로 인하여 사진상이 선명하지 못한 경우
⑥ 구름 또는 구름의 그림자, 산의 그림자 때문에 지표면이 밝게 찍혀 있지 않은 부분이 상당수 차지하는 경우
⑦ 적설 등으로 지표면의 상태가 명료하지 않은 경우

109. 상호표정에 대한 설명으로 틀린 것은?

㉮ 종시차는 상호표정에서 소거되지 않는다.
㉯ 상호표정 후에도 횡시차는 남는다.
㉰ 상호표정으로 형성된 모델은 지상모델과 상사관계이다.
㉱ 상호표정에서 5개의 표정인자를 결정한다.

해설 상호표정이란

① 5개의 표정인자(κ, ϕ, ω, by, bz)
② 종시차 소거
③ 상호표정 후에도 횡시차는 남는다.
④ 상호표정으로 형성된 모델은 지상모델과 상사관계다.

해답 108. ㉱ 109. ㉮

110. 30km×20km 지역을 축척 1 : 10,000 항공사진으로 종중복 60%, 횡중복 30%로 촬영하고자 한다. 사진의 크기가 23cm×23cm일 경우 입체모델 수는?(단, 안전율 30%를 고려하여 계산한다.)

㉮ 405매 ㉯ 452매 ㉰ 502매 ㉱ 527매

해설 $A_0 = (ma)^2\left(1-\frac{p}{100}\right)\left(1-\frac{q}{100}\right)$

$= (10,000\times0.23)^2\left(1-\frac{60}{100}\right)\left(1-\frac{30}{100}\right) = 1,481,200\text{m}^2 = 1.48\text{km}^2$

$N = \frac{F}{A_0}\times(1+\text{안전율}) = \frac{30,000\times20,000}{1,481,200}\times(1+0.3) = 526.6\text{매} = 527\text{매}$

111. 36km×15km의 토지를 1 : 50,000의 항공사진으로 촬영할 때 모델 수는?(단, 23cm×23cm 광각사진, 종중복도 60%, 횡중복도 30%)

㉮ 10 ㉯ 12 ㉰ 14 ㉱ 16

해설 • 종모델수(D) $= \frac{S_1}{B} = \frac{S_1}{ma\left(1-\frac{P}{100}\right)}$

$= \frac{36,000}{5,000\times0.23\left(1-\frac{60}{100}\right)}$

$= 7.8 = 8$매

• 횡모델수(D') $= \frac{S_2}{C} = \frac{15,000}{ma\left(1-\frac{P}{100}\right)}$

$= \frac{15,000}{50,000\times0.23\left(1-\frac{30}{100}\right)}$

$= 1.8 = 2$매

• 총모델 수($D\times D'$) $= 8\times2 = 16$매

112. 다음 중 항공사진의 기복변위 계산에 직접적인 영향을 미치는 인자가 아닌 것은?

㉮ 지표면의 고저 ㉯ 사진의 촬영고도
㉰ 연직점에서의 거리 ㉱ 주점 기선 거리

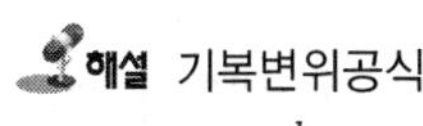
해설 기복변위공식

$\Delta r = \frac{h}{H}r$

(여기서, H : 촬영고도, h : 비고, r : 연직점에서의 거리)

113. 평탄지를 1/30,000로 촬영한 연직사진이 있다. 촬영에 사용한 카메라의 초점거리 210mm, 사진의 크기 23cm×23cm, 종중복도 60%일 때의 기선고도비는 얼마인가?

㉮ 0.62 ㉯ 0.56 ㉰ 0.51 ㉱ 0.44

해답 110. ㉱ 111. ㉱ 112. ㉱ 113. ㉱

해설 기선고도비

$$\frac{B}{H} = \frac{ma\left(1-\frac{P}{100}\right)}{m5}$$

$$= \frac{30,000 \times 0.23\left(1-\frac{60}{100}\right)}{30,000 \times 0.21} = 0.44$$

114. 높은 정확도를 요하는 경우에 적합한 지상사진측량 방법은?

㉮ 직각수평촬영 ㉯ 편각수평촬영
㉰ 수렴수평촬영 ㉱ 협각수평촬영

해설 지상사진측량방법
1. 직각수평촬영 : 사진기의 광축을 수평 또는 직각방향으로 향하게 하여 평면촬영을 하는 방법
2. 편각수평촬영 : 사진기축을 특정각도만큼 좌우로 움직여 평행촬영을 하는 방법
3. 수렴수평촬영 : 서로 사진기의 광축을 교차시켜 촬영하는 방법으로 높은 정확도를 요하는 경우에 적합하다.

115. 사진측량에서 공선조건을 설명할 때 필요한 요소가 아닌 것은?

㉮ 사진지표 ㉯ 투영중심
㉰ 필름상에 맺힌 점 ㉱ 피사체상의 한 점

해설 공선조건은 대상물의 점과 필름상에 맺힌 점과 투영중심이 동일직선상에 있어야 할 조건을 말한다.

116. 중복된 같은 고도의 항공사진이 연직사진일 경우 시차차로 알 수 있는 것은?

㉮ 토지의 이용 상태 ㉯ 두 점 간의 높이
㉰ 사진의 축척 ㉱ 1매의 사진이 포용하는 면적

해설 시차는 카메라의 광축과 각 사진의 노출지점이 동일 평면 내에 있지 않을 때 두 장의 연속된 사진에서 발생하는 동일 지점의 사진상의 변위로 높이의 차와 시차 차의 크기는 항상 비례하므로 동일 고도일 경우 시차 차에 의해 높이를 알 수 있다.

117. 지표면에 기복이 있을 때 사진면에는 어떤 점을 중심으로 방사상의 기복변위가 생기는가?

㉮ 연직점 ㉯ 지표 ㉰ 등각점 ㉱ 주점

해설 사진측량에서 사진상의 특수 3점으로는 주점, 연직점, 등각점이 있다.
① 주점 : 사진의 중심점으로 렌즈의 중심으로부터 화면상에 내린 수선의 발을 말한다.
② 연직점 : 렌즈의 중심으로부터 지표면에 내린 수선의 발로 지표면과 수직으로 지표면에 기복이 있을 때 방사상의 기복변위가 발생한다.
③ 등각점 : 주점과 연직점을 2등분하여 교차하는 점을 말한다.

해답 114. ㉰ 115. ㉮ 116. ㉯ 117. ㉮

118. 표고 2,000m의 비행기에서 초점거리 154mm의 사진기로 촬영한 수직항공사진의 축척은?

㉮ 약 1/10,000　㉯ 약 1/13,000　㉰ 약 1/15,000　㉱ 약 1/18,000

해설 사진측량에서 초점거리(f)와 촬영고도(H)를 이용해 축척을 구하는 공식
사진의 축척(M)=촬영고도(H)/초점거리(f)=2,000m/154mm=12,987.01299≒13,000

119. 종중복도 60%, 횡중복도 30%일 때 촬영종기선의 길이와 촬영횡기선의 길이의 비는?

㉮ 6 : 3　㉯ 1 : 2　㉰ 3 : 1　㉱ 4 : 7

해설 촬영종기선 길이 : 촬영횡기선 길이=$am(1-60/100) : am(1-30/100)=am0.4 : am0.7=4 : 7$

120. 카메라의 초점거리 153mm, 촬영경사 5°로 평지를 촬영한 사진이 있다. 이 사진의 등각점은 주점으로부터 최대경사선상의 몇 mm인 곳에 있는가?

㉮ 6.68mm　㉯ 7.68mm　㉰ 8.68mm　㉱ 9.68mm

해설 등각점$=f\times\tan\frac{I}{2}$(f : 초점거리, I : 경사각), 0.153×tan5/2=0.00668m

121. 다음 중 항공사진의 판독만으로 구별하기 가장 어려운 것은?

㉮ 능선과 계곡　㉯ 밀밭과 보리밭
㉰ 도로와 철도선로　㉱ 침엽수와 활엽수

해설 항공사진측량에서 사진판독 요소는 크기, 형태, 색조, 모양, 질감, 음영, 과고감, 상호위치관계 등이며 항공사진의 판독은 삼림의 판독, 지형의 판독, 지물의 판독, 환경오염지 조사, 토양의 판독, 군사적인 판독에 쓰인다.

122. 다음 항공사진측량용 사진기 중 피사각이 90° 정도로 일반 도화 및 판독용으로 많이 사용하는 것은?

㉮ 보통각사진기　㉯ 광각사진기
㉰ 초광각사진기　㉱ 협각사진기

해설 항공사진촬영용 카메라의 성능 중 초광각 카메라의 피사각(화각)은 120도, 광각 카메라의 피사각은 90도, 보통각 카메라의 피사각은 60도이다.

123. 다음 중 단일 촬영경로(Strip)의 입체모델 수가 12개일 때 필요한 최소 표정점 수는?

㉮ 3점　㉯ 8점　㉰ 13점　㉱ 18점

해설 스트립 항공 삼각 측정인 경우 표정점은 각 코스의 최초 모델에 4점, 최후의 모델에 2점, 중간의 4~5모델째마다 1점을 두기 때문에 입체모델 수가 12개일 때에는 최초 4점+최후 2점+10개 모델에 2개를 더하면 8점이 된다.

해답 118. ㉯ 119. ㉱ 120. ㉮ 121. ㉯ 122. ㉯ 123. ㉯

124. 항공사진(수직사진)의 축척을 구하는 식으로 옳은 것은?(단, Mb : 사진의 축척, f : 렌즈의 초점거리, H : 촬영고도)

㉮ $M_b = f - H$
㉯ $M_b = f + H$
㉰ $M_b = f \div H$
㉱ $M_b = f \times H$

해설 촬영고도(H)=초점거리(f)×축척분모(m)이므로 사진의 축척은 $\dfrac{\text{초점거리}(f)}{\text{촬영고도}(H)}$

125. 상호표정인자 중 회전인자에 해당되지 않는 것은?

㉮ b_y
㉯ κ
㉰ ϕ
㉱ ω

해설 상호표정 인자운동

① 회전인자와 평행인자는 최소 5점의 표정점이 필요하다.

② 회전인자
- $\kappa(b_y)$: 비행기의 수평회전 재현
- $\phi(b_x)$: 비행기의 전후 기울기 재현
- ω : 비행기의 좌우 기울기 재현

③ 평행인자 : b_y, b_x

126. 고도 2,000m에서 촬영한 항공사진상의 굴뚝 정상과 최하단의 시차가 각각 17mm, 15mm이었다. 사진 1, 사진 2의 기선 길이가 각각 61mm, 63mm이었다면 이 굴뚝의 높이는 약 얼마인가?

㉮ 35m
㉯ 45m
㉰ 55m
㉱ 65m

해설 시차차에 의한 비고량 계산식

1. $h = \dfrac{H}{P_r + \Delta P} \times \Delta P$

(여기서 h : 높이, H : 비행고도, P_a : 정상의 시차, P_r : 기준면의 시차)

2. $\Delta P = P_a - P_r$ 이므로 $\dfrac{2,000,000}{15+(17-15)} \times (17-15) = 235,294.12\text{mm} = 235.294\text{m}$

3. $\Delta P = \dfrac{h}{H} \times b_0$ 에서 $h = \dfrac{H}{b_0} \times \Delta P = \dfrac{H}{\dfrac{\text{I} + \text{II}}{2}} \times \Delta P$

$$= \dfrac{2,000,000}{\dfrac{61+63}{2}} \times 2 = 64,516.13\text{mm} = 65\text{m}$$

127. 상호표정이 끝났을 때 사진모델과 실제 지형모델과는 어떤 관계인가?

㉮ 상사
㉯ 대칭
㉰ 합동
㉱ 일치

해답 124. ㉰ 125. ㉮ 126. ㉱ 127. ㉮

해설 상호표정은 비행기가 촬영 당시에 가지고 있던 기울기를 도화기상에서 그대로 재현하는 과정으로 촬영 당시 촬영면상에 이루어지는 종시차를 소거하여 목표지형물의 상대적 위치를 맞추는 작업으로 사진과 실제 지형과의 관계는 상사관계이다.

128. 원격탐측(Remote Sensing) 위성과 거리가 먼 것은?

㉮ VLBI
㉯ LANDSAT
㉰ SPOT
㉱ COSMOS

해설 원격탐측에서 LANDSAT, SPOT, COSMOS는 모두 탐재기에 속하며 VLBI는 초장기선간섭계로 천체에서 복사되는 잡음전파를 2개의 안테나에서 독립적으로 동시에 수신하여 전파가 도달하는 시간차(지연시간)를 관측하여 두 지점 사이의 거리를 알아내는 관측방식이다.

129. 종중복도 60%로 항공사진을 촬영하여 밀착사진을 인화했을 때 주점과 주점 간의 거리가 9.2cm이면 이 항공사진의 크기는 얼마인가?

㉮ 23cm×23cm
㉯ 18.4cm×18.4cm
㉰ 18cm×18cm
㉱ 15.3cm×15.3cm

해설 촬영기선길이를 구하는 공식을 이용해 크기를 구하면

$B = ma\left(1 - \frac{p}{100}\right)$ (B : 촬영기선길이, a : 화면크기, m : 축척분모, p : 종중복도)

$$a = \frac{B}{m\left(1 - \frac{p}{100}\right)} = \frac{9.2}{m(0.4)} = 23\text{cm}$$

130. 센서에서 얻은 위성영상을 활용하기 위해서 기본적으로 행하여지는 작업과 거리가 먼 것은?

㉮ 기하보정
㉯ 방사보정
㉰ 영상강조
㉱ 망조정

해설 원격탐사에서의 영상처리

1. 영상데이터의 입력
2. 전처리 : 방사량보정, 기하보정
3. 변환처리 : 영상강조, 데이터 압축 등
4. 분류처리 : 분류, 영역분할, 매칭 등
5. 출력

131. 입체영상의 영상정합(Image Matching)에 대한 설명으로 옳은 것은?

㉮ 경사와 축척을 바로 수정하여 축척을 통일시키고 변위가 없는 수직 사진으로 수정하는 작업
㉯ 한 영상의 위치에 실제의 객체가 다른 영상의 어느 위치에 형성되었는가를 발견하는 작업
㉰ 사진상의 주점이나 표정점 등 제점의 위치를 인접한 사진상에 옮기는 작업
㉱ 지표의 상태를 파악하기 위하여 사진에 찍혀 있는 것이 무엇인지를 판별하는 작업

해답 128. ㉮ 129. ㉮ 130. ㉱ 131. ㉯

해설 영상정합(Image Matching)은 입체영상 중 한 영상의 한 위치에 해당하는 실제의 객체가 다른 영상의 어느 위치에 형성되어 있는가를 발견하는 작업으로서 상응하는 위치를 발견하기 위해 유사성 측정을 하는 것이다.

132. 수치사진측량의 수치지형모형자료의 자료기반구축에서 영상소를 재배열할 경우에 주로 이용되는 내삽법과 거리가 먼 것은?

㉮ 최근린 보간법　　㉯ 공일차 보간법
㉰ 공액 보간법　　㉱ 공삼차 보간법

해설 보간이란 구하고자 하는 점의 높이 좌표값을 그 주변의 주어진 자료의 좌표로부터 보간함수를 적용하여 추정 계산하는 것으로 영상소 재배열 방법에는 최근린 보간법, 공일차 보간법, 공이차 보간법, 공삼차 보간법이 있다.

133. 다음 중 위성에 탑재된 센서가 아닌 것은?

㉮ HRV(High Resolution Visible)
㉯ MSS(Multispectral Scanner)
㉰ TM(Thematic Mapper)
㉱ IFOV(Instataneous Field Of View)

해설 ① 수동적 센서 : MSS, TM, HRV
② 능동적 센서 : SLR(SLAR), LiDAR, Rader
• 탑측기 종류 및 특징
수동적 센서 – 햇볕이 있을 때만 사용가능
MSS
TM
MRV
능동적 센서 – 전천후 사용 가능
Laser : LiDAR
Ladae : 도플러 데이터 방식
위성 데이터 방식
SLAR – RAR영상
SAR영상

134. 다음 중 과고감이 가장 크게 나타내는 사진기는?

㉮ 광각 사진기　　㉯ 보통각 사진기
㉰ 초광각 사진기　　㉱ 사진기의 종류와는 무관하다.

해설 초광각 사진기가 기선–고도비(B/H)가 가장 크므로 과고감이 크다.

해답 132. ㉰ 133. ㉱ 134. ㉰

135. 원격탐측(Remote Sensing)에 대한 설명 중 옳지 않은 것은?

㉮ 원격탐측은 회전주기가 일정하므로 원하는 지점 및 시기에 관측이 용이하다.
㉯ 탐측된 자료가 즉시 이용될 수 있으며, 재해 및 환경 문제 해결에 편리하다.
㉰ 관측이 좁은 시야각으로 실시되므로, 얻어진 영상은 정사투영에 가깝다.
㉱ 짧은 시간 내에 넓은 지역을 동시에 측정할 수 있으며, 반복관측이 가능하다.

해설 회전주기가 일정하므로 원하는 지점 및 시기에 관측하기가 어렵다.
원격탐측은 지상이나 항공기 및 인공위성 등의 탑재기에 설치된 탐측기를 이용하여 지표, 지상, 지하, 대기권 및 우주공간의 대상들에서 반사 혹은 방사되는 전자기파를 탐지하고 이들 자료로부터 토지, 환경 및 자원에 대한 정보를 얻어 해석하는 기법이다. 원격 탐측(Remote Sensing)이란 원거리에서 직접 접촉하지 않고 대상물에서 반사(Reflection) 또는 방사(Emission)되는 각종 파장의 전자기파를 수집, 처리하여 대상물의 성질이나 환경을 분석하는 기법을 말한다.
이때 전자파를 감지하는 장치를 센서(Sensor)라 하고 센서를 탑재한 이동체를 플랫폼(Platform)이라 한다. 통상 플랫폼에는 항공기나 인공위성이 사용된다.

136. 원격탐사의 정보처리흐름으로 옳은 것은?

㉮ 자료수집 – 자료변환 – 방사보정 – 기하보정 – 자료압축 – 판독응용 – 자료보관
㉯ 자료수집 – 방사보정 – 기하보정 – 자료변환 – 자료압축 – 판독응용 – 자료보관
㉰ 자료수집 – 자료변환 – 기하보정 – 방사보정 – 자료압축 – 판독응용 – 자료보관
㉱ 자료수집 – 방사보정 – 자료변환 – 기하보정 – 자료압축 – 판독응용 – 자료보관

해설 원격탐측 좌표변환체계
자료수집 – 자료변환 – 라디오메트릭보정 – 기하학보정 – 자료압축 – 판독 및 응용 – 자료보관 및 재생
원격탐측(Remote Sensing)이란 원거리에서 직접 접촉하지 않고 대상물에서 반사(Reflection) 또는 방사(Emission)되는 각종 파장의 전자기파를 수집, 처리하여 대상물의 성질이나 환경을 분석하는 기법을 말한다. 이때 전자파를 감지하는 장치를 센서(Sensor)라 하고 센서를 탑재한 이동체를 플랫폼(Platform)이라 한다. 통상 플랫폼에는 항공기나 인공위성이 사용된다.

137. 다음 중 표정점의 선점에 관한 내용으로 틀린 것은?

㉮ 굴뚝과 같이 지표면보다 뚜렷하게 높은 곳에 있는 점이어야 한다.
㉯ 상공에서 보이지 않으면 안 된다.
㉰ 가상점, 가상상을 사용하지 않도록 한다.
㉱ 표정점은 X, Y, Z가 동시에 정확하게 결정될 수 있는 점이 이상적이다.

해설 표정점의 종류에는 자연점, 지상기준점, 대표공지, 종접합점, 횡접합점, 자침점 등이 있다. 종접합점은 스트립을 형성하기 위한 점이다.
사진상에 나타난 점과 대응되는 실제의 점과의 상관성을 해석하기 위한 점을 표정점(Orientation Point) 또는 기준점이라 하며 자연점, 지상기준점, 대공표지, 종접합점, 횡접합점 및 자침점 등이 있다.
1. 사진측량에 필요한 점
 (1) 표정점 : 자연점, 지상기준점

해답 135. ㉮ 136. ㉮ 137. ㉮

(2) 보조기준점 : 종접합점, 횡접합점
(3) 대공표지
(4) 자침점
• 표정점의 선점
① X, Y, Z가 동시에 정확하게 결정되는 점을 선택
② 상공에서 잘 보이면서 명료한 점 선택
③ 시간적 변화가 없는 점
④ 급한 경사와 가상점을 사용하지 않는 점
⑤ 헐레이션(Halation)이 발생하지 않는 점
⑥ 지표면에서 기준이 되는 높이의 점

138. 항공사진에 나타난 건물 정상의 시차(Parallax)를 측정하니 6.00cm이고 건물의 밑부분의 시차는 5.97cm였다. 이 건물의 높이는?(단, 이 건물의 밑부분을 기준면(Reference Plane)으로 한 촬영고도는 3,000m이다.)

㉮ 5.0m ㉯ 7.5m ㉰ 10.0m ㉱ 15.0m

해설 $h=\dfrac{H}{\dfrac{b_1+b_2}{2}}\Delta p=\dfrac{300,000}{\dfrac{6.0+5.97}{2}}\times 0.03$

$=1,503\text{cm}=15\text{m}$

139. 카메라의 노출시간이 $\dfrac{1}{100}\sim\dfrac{1}{300}$초인 카메라로 축척 1/25,000의 항공사진을 촬영할 때 영상의 허용 흔들림량을 0.02mm로 하려면 비행기의 촬영운항 속도로 가장 알맞은 것은?

㉮ 180km/h~540km/h ㉯ 200km/h~600km/h
㉰ 220km/h~660km/h ㉱ 240km/h~680km/h

해설 $T_l=\dfrac{\Delta Sm}{V}$ 에서

$\dfrac{1}{100}=\dfrac{0.02\times 25,000}{V}$ $\therefore V=180\text{km/h}$

$\dfrac{1}{300}=\dfrac{0.02\times 25,000}{V}$ $\therefore V=540\text{km/h}$

해답 138. ㉱ 139. ㉮

제3장 Global Positioning System

3.1 GPS의 개요

3.1.1 GPS의 정의

GPS는 인공위성을 이용한 범세계적 위치결정체계로 정확한 위치를 알고 있는 위성에서 발사한 전파를 수신하여 관측점까지의 소요시간을 관측함으로써 관측점의 위치를 구하는 체계이다. 즉, GPS측량은 위치가 알려진 다수의 위성을 기지점으로 하여 수신기를 설치한 미지점의 위치를 결정하는 후방교회법(Resection methoid)에 의한 측량방법이다.

3.1.2 GPS의 장 · 단점

장점	단점
① 관측의 정밀도가 높다. ② 기준점 간 시통이 필요하지 않다. ③ 장거리를 신속하게 측량할 수 있다. ④ 주야간 관측이 가능하고 기상조건에 영향을 받지 않는다. ⑤ 측량이 소요시간이 기존방법보다 효율적이다. ⑥ 3차원 측정 및 동체측정이 가능하다. ⑦ 지구상 어느 곳에서나 이용할 수 있다.	① 장비가 고가이다. ② 위성의 궤도정보가 필요하다. ③ 전리층 및 대류권에 대한 정보가 필요하다. ④ 도심지의 고층건물 등에 의한 오차발생 확률이 높다. ⑤ 수목이나 건물 등에 의한 상공장애가 발생하면 관측의 정밀도가 낮다.

3.1.3 GPS의 구성

구성요소	특징	
우주부문	구성	31개의 GPS위성
	기능	측위용전파 상시 방송, 위성궤도정보, 시각신호 등 측위계산에 필요한 정보 방송 ① 궤도형상 : 원궤도

<table>
<tr><td rowspan="1">우주부문</td><td>기능</td><td>③ 위성수 : 1궤도면에 4개 위성(24개+보조위성 7개)=31개
④ 궤도경사각 : 55°
⑤ 궤도고도 : 20,183km
⑥ 사용좌표계 : WGS84
⑦ 회전주기 : 11시간 58분(0.5 항성일) : 1항성일은 23시간 56분 4초
⑧ 궤도간이격 : 60도
⑨ 기준발진기 : 10.23MHz : 세슘원자시계 2대,
: 류비듐원자시계 2대</td></tr>
<tr><td rowspan="5">제어부문</td><td>구성</td><td>1개의 주제어국, 5개의 추적국 및 3개의 지상안테나(Up Link 안테나 : 전송국)</td></tr>
<tr><td rowspan="4">기능</td><td>주제어국 : 추적국에서 전송된 정보를 사용하여 궤도요소를 분석한 후 신규궤도요소, 시계보정, 항법메시지 및 컨트롤명령정보, 전리층 및 대류층의 주기적 모형화 등을 지상안테나를 통해 위성으로 전송함</td></tr>
<tr><td>추적국 : GPS위성의 신호를 수신하고 위성의 추적 및 작동상태를 감독하여 위성에 대한 정보를 주제어국으로 전송함</td></tr>
<tr><td>전송국 : 주관제소에서 계산된 결과치로서 시각보정값, 궤도보정치를 사용자에게 전달할 메시지 등을 위성에 송신하는 역할</td></tr>
<tr><td>① 주제어국 : 콜로라도 스프링스(Colorad Springs) - 미국 콜로라도주
② 추적국 : 어세션(Ascension Is) - 대서양
: 디에고 가르시아(Diego Garcia) - 인도양
: 쿠에제린(Kwajalein Is) - 태평양
: 하와이(Hawaii) - 태평양
③ 3개의 지상안테나(전송국) : 갱신자료 송신</td></tr>
<tr><td rowspan="2">사용자부문</td><td>구성</td><td>GPS수신기 및 자료처리 S/W</td></tr>
<tr><td>기능</td><td>위성으로부터 전파를 수신하여 수신점의 좌표나 수신점 간의 상대적인 위치관계를 구한다.
사용자부문은 위성으로부터 전송되는 신호정보를 수신할 수 있는 GPS수신기와 자료처리를 위한 소프트웨어로서 위성으로부터 전송되는 시간과 위치정보를 처리하여 정확한 위치와 속도를 구한다.
① GPS 수신기
위성으로부터 수신한 항법데이터를 사용하여 사용자 위치/속도를 계산한다.
② 수신기에 연결되는 GPS안테나
GPS위성신호를 추적하며 하나의 위성신호만 추적하고 그 위성으로부터 다른 위성들의 상대적인 위치에 관한 정보를 얻을 수 있다.</td></tr>
</table>

- 1태양일 : 지구가 태양을 중심으로 한 번 자전하는 시간 24시간
- 1항성일 : 지구가 항성을 중심으로 한 번 자전하는 시간 23시간 56분 4초

우주부문(Space Segment)
- 연속적 다중위치 결정체계
- GPS는 55° 궤도 경사각, 위도 60°의 6개 궤도
- 고도 20,183km 고도와 약 12시간 주기로 운행
- 3차원 후방 교회법으로 위치 결정

제어부문(Control Segment)
- 궤도와 시각 결정을 위한 위성의 추적
- 전리층 및 대류층의 주기적 모형화(방송궤도력)
- 위성시간의 동일화
- 위성으로의 자료전송

사용자부문(User Segment)
- 위성으로부터 보내진 전파를 수신해 원하는 위치
- 또는 두 점 사이의 거리를 계산

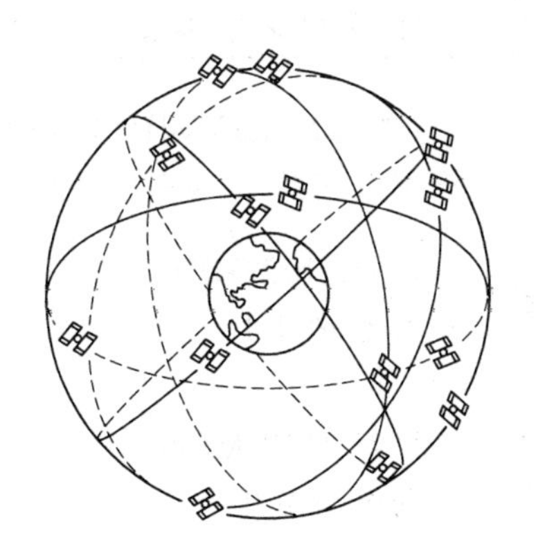

- 궤도 : 대략 원궤도
- 궤도수 : 6개
- 위성수 : 24개
- 궤도경사각 : 55°
- 높이 : 20,000km
- 사용좌표계 : WGS-84

[GPS 위성궤도]

3.1.4 GPS 신호

GPS 신호는 C/A코드, P코드 및 항법메시지 등의 측위 계산용 신호가 각기 다른 주파수를 가진 L_1 및 L_2 파의 2개 전파에 실려 지상으로 방송이 되며 L_1/L_2 파는 코드신호 및 항법메시지를 운반한다고 하여 반송파(Carrier Wave)라 한다.

신호	구분	내용
반송파 (Carrier)	L_1	• 주파수 1,575.42MHz(154×10.23MHz), 파장 19cm • C/A code와 P code 변조 가능
	L_2	• 주파수 1,227.60MHz(120×10.23MHz), 파장 24cm • P code만 변조 가능
코드 (Code)	P code	• 반복주기 7일인 PRN code(Pseudo Random Noise code) • 주파수 10.23MHz, 파장 30m(29.3m)
	C/A code	• 반복주기 : 1ms(milli-second)로 1.023Mbps로 구성된 PPN code • 주파수 1.023MHz, 파장 300m(293m)
Navigation Message	GPS 위성의 궤도, 시간, 기타 System Parameter들을 포함하는 Data bit	
	• 측위계산에 필요한 정보 - 위성탑재 원자시계 및 전리층보정을 위한 Parameter 값 - 위성궤도정보 - 타위성의 항법메시지 등을 포함	
	• 위성궤도정보에는 평균근점각, 이심률, 궤도장반경, 승교점적경, 궤도경사각, 근지점인수 등 기본적 인량 및 보정항이 포함	

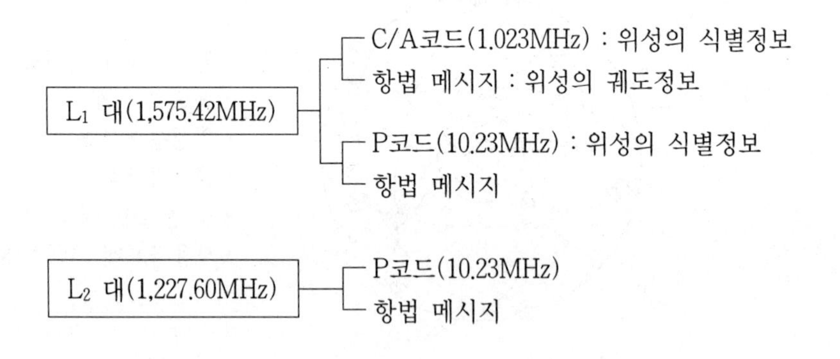

가. GPS 위성의 코드형태와 항법 메시지 정리

구분 \ 코드	C/A	P(Y)	항법데이터
전송률	1.023Mbps	10.23Mbps	50bps
펄스당 길이	293m	29.3m	5,950km

구분 \ 코드	C/A	P(Y)	항법데이터
반복	1ms	1주	N/A
코드의 형태	Gold	Pseudo random	N/A
반송파	L_1	L_1, L_2	L_1, L_2
특징	포착하기가 용이함	정확한 위치추적, 고장률이 적음	시간, 위치 추산표

3.1.5 케플러(Kepler)의 6요소

1) 궤도의 모양과 크기 결정 요소
   ① 궤도장반경(軌道長半徑, Semi-major Axis : A) : 궤도타원의 장반경
   ② 궤도이심률(軌道離心率, Eccentricity : e) : 궤도타원의 이심률
2) 궤도면의 방향(공간위치) 결정 요소
   ① 궤도경사각(軌道傾斜角, Inclination Angle : i) : 궤도면과 적도면의 교각
   ② 승교점적경(昇交點赤經, Right Ascension of Acsending Node : h) : 궤도가 남에서 북으로 지나는 점의 적경(승교점 : 위성이 남에서 북으로 갈 때의 천구적도와 천구상 인공위성궤도의 교점)
3) 궤도면의 장축방향 결정요소
   근지점인수(近地點引數, Argument of Perigee : g) 또는 근지점적경 : 승교점에서 근지점까지 궤도면을 따라 천구북극에서 볼 때 반시계방향으로 잰 각거리
4) 기타(궤도상 위성의 위치 결정)
   근점이각(近點離角, Satellite Anomaly : v) : 근지점에서 위성까지의 각거리로, 진근점이각, 이심근점이각, 평균근점이각의 세 가지가 있다.

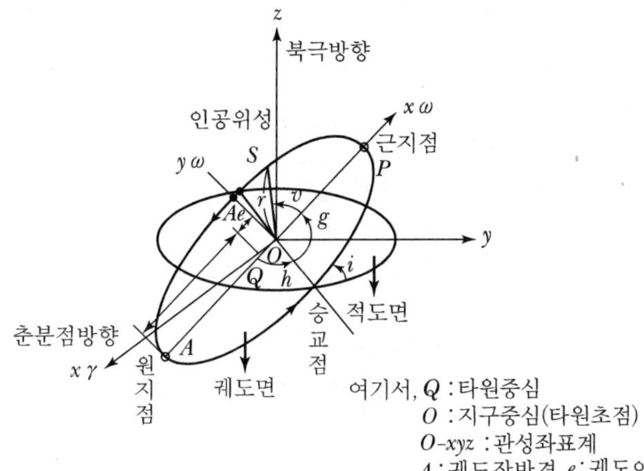

3.1.6 GPS 측위 원리

GPS를 이용한 측위방법에는 코드신호 측정방식과 반송파신호 측정방식이 있다. 코드신호에 의한 방법은 위성과 수신기 간의 전파 도달 시간차를 이용하여 위성과 수신기 간의 거리를 구하며, 반송파 신호에 의한 방법은 위성으로부터 수신기에 도달되는 전파의 위상을 측정하는 간섭법을 이용하여 거리를 구한다.

구분		특징
코드신호 측정방식	의의	위성에서 발사한 코드와 수신기에서 미리 복사된 코드를 비교하여 두코드가 완전히 일치할 때까지 걸리는 시간을 관측하여 여기에 전파속도를 곱하여 거리를 구하는 데 이때 시간에 오차가 포함되어 있으므로 의사거리(Pseudo range)라 한다.
	공식	$R=[(X_R-X_S)^2+(Y_R-Y_S)^2+(-Z_S)^2]^{1/2}+\delta t\cdot c$ 여기서, R : 위성과 수신기 사이의 거리 $X,\ Y,\ Z$: 위성의 좌표값 $X_R\ X_R\ Z_R$: 수신기의 좌표값 δt : GPS와 수신기 간의 시각 동기오차 C : 전파속도
	특징	① 동시에 4개 이상의 위성신호를 수신해야 함 ② 단독측위(1점측위, 절대측위)에 사용되며, 이때 허용오차는 5~15m ③ 2대 이상의 GPS를 사용하는 상대측위 중 코드 신호만을 해석하여 측정하는 DGPS(Differential GPS) 측위시 사용되며 허용오차는 약 1m 내외임
반송파신호 측정방식	의의	위성에서 보낸 파장과 지상에서 수신된 파장의 위상차를 관측하여 거리를 계산한다.
	공식	$R=\left(N+\dfrac{\phi}{2\pi}\right)\cdot\lambda+C(dT+dt)$ 여기서, R : 위성과 수신기 사이의 거리 λ : 반송파의 파장 N : 위성과 수신기 간의 반송파의 개수 ϕ : 위상각 C : 전파속도 $dT+dt$: 위성과 수신기의 시계오차

	특징	① 반송파신호측정방식은 일명 간섭측위라 하여 전파의 위상차를 관측하는 방식인데 수신기에 마지막으로 수신되는 파장의 위상을 정확히 알 수 없으므로 이를 모호정수(Ambiguity) 또는 정수치편기(Bias)라고 한다. ② 본 방식은 위상차를 정확히 계산하는 방법이 매우 중요한데 그 방법으로 1중차, 2중차, 3중차의 단계를 거친다. ③ 일반적으로 수신기 1대만으로는 정확한 Ambiguity를 결정할 수 없으며 최소 2대 이상의 수신기로부터 정확한 위상차를 관측한다. ④ 후처리용 정밀기준점 측량 및 RTK법과 같은 실시간이동측량에 사용된다.

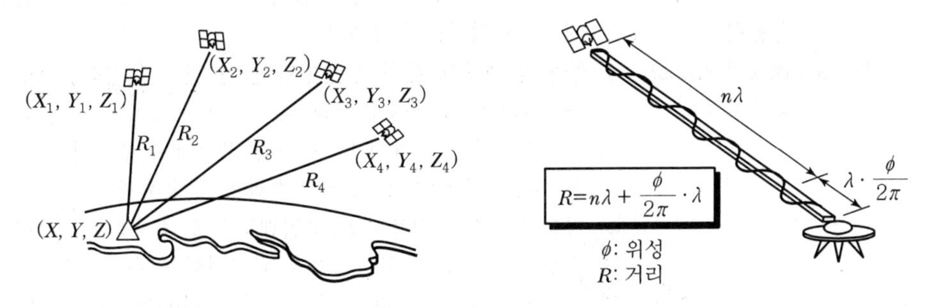

[의사거리를 이용한 위치해석 방법] [반송파에 의한 위성과 수신기 간 거리측정]

3.1.7 궤도 정보(Ephemeris : 위성력)

궤도정보는 GPS측위정확도를 좌우하는 중요한 사항으로서 크게 방송력과 정밀력으로 구분되며 Almanac(달력, 역서, 연감)과 같은 뜻이다. 위성력은 시간에 따른 천체의 궤적을 기록한 것으로 각각의 GPS위성으로부터 송신되는 항법메시지에는 앞으로의 궤도에 대한 예측치가 들어 있다. 형식은 30초마다 기록되어 있으며 Keplerian Element로 구성되어 있다.

구분	특징
방송력 (Broadcast Ephemeris) : 방송궤도정보	① GPS위성이 타 정보와 마찬가지로 지상으로 송신하는 궤도 정보임 ② GPS위성은 주관제국에서 예측한 궤도력, 즉 방송궤도력을 항법메시지의 형태로 사용자에게 전달하는데 이 방송궤도력은 1996년 당시 약 3m의 예측에 의한 오차가 포함되어 있었음 ③ 사전에 계산되어 위성에 입력한 예보궤도로서 실제운행궤도에 비해 정확도가 떨어짐 ④ 향후의 궤도에 대한 예측치가 들어 있으며 형식은 매 30초마다 기록되어 있으며 16개의 Keplerian element로 구성되어 있음 ⑤ 위성전파를 수신하지 않고 획득 가능하며 수신하는 순간부터도 사용이 가능하므로 측위결과를 신속히 알 수 있음 ⑥ 방송궤도력을 적용하면 정밀궤도력을 적용하는 것보다 기선결정의 정밀도가 떨어지지만 위성전파를 수신하지 않고도 획득 가능하며 수신하는 순간부터도 사용이 가능하므로 측위결과를 신속하고 간편하게 알 수 있음
정밀력 (Precise Ephemeris) : 정밀궤도정보	① 실제 위성의 궤적으로서 지상추적국에서 위성전파를 수신하여 계산된 궤도정보임 ② 방송력에 비해 정확도가 위성관측 후에 정보를 취득하므로 주로 후처리 방식의 정밀기준점측량시 적용됨 ③ 방송궤도력은 GPS수신기에서 곧바로 취득이 되지만, 정밀궤도력은 별도의 컴퓨터 네트워크를 통하여 IGS(GPS관측망)로부터 수집하여야 하고 약 11일 정도 기다려야 함 ④ GPS위성의 정밀궤도력을 산출하기 위한 국제적인 공동연구가 활발히 진행 중임 ⑤ 전 세계 약 110개 관측소가 참여하고 있는 국제 GPS관측망(IGS)이 1994년 1월 발족하여 GPS 위성의 정밀 궤도력을 산출하여 공급하고 있음 ⑥ 대덕연구단지 내 천문대 GPS관측소와 국토지리정보원 내 GPS 관측소가 IGS 관측소로 공식 지정되어 우리나라 대표로 활동함

3.1.8 간섭측위에 의한 위상차 측정

정적간섭측위(Static Positioning)를 통하여 기선해석을 하는 데 사용하는 방법으로서 두 개의 기지점에 GPS 수신기를 설치하고 위상차를 측정하여 기선의 길이와 방향을 3차원 백터량으로 결정하는데 다음과 같은 위상차 차분기법을 통하여 기선해석 품질을 높인다.

구분	특징
일중위상차 (Single Phace Difference)	① 한 개의 위성과 두 대의 수신기를 이용한 위성과 수신기 간의 거리측정차(행로차) ② 동일위성에 대한 측정치이므로 위성의 궤도오차와 원자시계에 의한 오차가 소거된 상태 ③ 그러나 수신기의 시계오차는 포함되어 있는 상태임
이중이상차 (Double Phace Difference)	① 두 개의 위성과 두 대의 수신기를 이용하여 각각의 위성에 대한 수신기 간 1중차끼리의 차이값 ② 두 개의 위성에 대하여 두 대의 수신기로 관측함으로서 같은량으로 존재하는 수신기의 시계오차를 소거한 상태 ③ 일반적으로 최소 4개의 위성을 관측하여 3회의 이중차를 측정하여 기선해석을 하는 것이 통례임
삼중위상차 (Triple Phace Difference)	① 한 개의 위성에 대하여 어떤 시각의 위상적산치(측정치)와 다음 시각의 적산치와의 차이값을 적분위상차라고도 함 ② 반송파의 모호정수(불명확상수)를 소거하기 위하여 일정시간 간격으로 이중차의 차이값을 측정하는 것을 말함 ③ 즉, 일정시간 동안의 위성거리 변화를 뜻하며 파장의 정수배의 불명확을 해결하는 방법으로 이용됨

3.2 GPS의 오차

3.2.1 구조적인 오차

종류	특징
위성시계오차	GPS위성에 내장되어 있는 시계의 부정확성으로 인해 발생
위성궤도오차	위성궤도정보의 부정확성으로 인해 발생
대기권전파지연	위성신호의 전리층, 대류권 통과시 전파지연오차(약 2m)
전파적 잡음	수신기 자체에서 발생하며 PRN코드잡음과 수신기 잡음이 합쳐져서 발생
다중경로 (Multipath)	다중경로오차는 GPS위성으로 직접 수신된 전파 이외에 부가적으로 주위의 지형, 지물에 의한 반사된 전파로 인해 발생하는 오차로서 측위에 영향을 미친다. ① 다중경로는 금속제건물·구조물과 같은 커다란 반사적 표면이 있을 때 일어난다. ② 다중경로의 결과로서 수신된 GPS신호는 처리될 때 GPS 위치의 부정확성을 제공 ③ 다중경로가 일어나는 경우를 최소화하기 위하여 미션설정, 수신기, 안테나 설계시에 고려한다면 다중경로의 영향을 최소화할 수 있다. ④ GPS신호시간의 기간을 평균하는 것도 다중경로의 영향을 감소시킨다. ⑤ 가장 이상적인 방법은 다중경로의 원인이 되는 장애물에서 멀리 떨어져서 관측하는 방법이다.

3.2.2 위성의 배치상태에 따른 오차

가. 정밀도저하율(DOP : Dilution of Precision)

GPS관측지역의 상공을 지나는 위성의 기하학적 배치상태에 따라 측위의 정확도가 달라지는데 이를 DOP(Dilution of Precision)라 한다.

종류	특징
① GDOP : 기하학적 정밀도 저하율 ② PDOP : 위치 정밀도 저하율 ③ HDOP : 수평 정밀도 저하율 ④ VDOP : 수직 정밀도 저하율 ⑤ RDOP : 상대 정밀도 저하율 ⑥ TDOP : 시간 정밀도 저하율	① 3차원 위치의 정확도는 PDOP에 따라 달라지는데 PDOP은 4개의 관측위성들이 이루는 사면체의 체적이 최대일 때 가장 정확도가 좋으며 이때는 관측자의 머리 위에 다른 3개의 위성이 각각 120°를 이룰 때이다. ② DOP은 값이 작을수록 정확한데 1이 가장 정확하고 5까지는 실용상 지장이 없다.

3.2.3 선택적 가용성에 따른 오차(SA ; Selective Abailability / AS ; Anti-Spoofing)

미국방성의 정책적 판단에 의해 인위적으로 GPS 측량의 정확도를 저하시키기 위한 조치로 위성의 시각정보 및 궤도정보 등에 임의의 오차를 부여하거나 송신, 신호형태를 임의 변경하는 것을 SA라 하며, 군사적 목적으로 P코드를 암호하는 것을 AS라 한다.

SA의 해제	2000년 5월 1일 해제
AS(Anti Spoofing : 코드의 암호화, 신호차단)	군사목적의 P코드를 적의교란으로부터 방지하기 위하여 암호화 시키는 기법

3.2.4 Cycle Slip

사이클슬립은 GPS반송파위상 추적회로에서 반송파위상치의 값을 순간적으로 놓침으로 인해 발생하는 오차, 사이클슬립은 반송파 위상데이터를 사용하는 정밀위치측정분야에서는 매우 큰 영향을 미칠 수 있으므로 사이클슬립의 검출은 매우 중요하다.

원인	처리
① GPS안테나 주위의 지형지물에 의한 신호단절 ② 높은 신호 잡음 ③ 낮은 신호 강도 ④ 낮은 위성의 고도각 ⑤ 사이클슬립은 이동측량에서 많이 발생	① 수신회로의 특성에 의해 파장의 정수배만큼 점프하는 특성 ② 데이터 전처리 단계에서 사이클슬립을 발견, 편집가능 ③ 기선해석 소프트웨어에서 자동처리

3.3 GPS의 활용

① 측지측량분야
② 해상측량분야
③ 교통분야
④ 지도제작분야(GPS-VAN)
⑤ 항공분야
⑥ 우주분야
⑦ 레저스포츠분야
⑧ 군사용
⑨ GSIS의 DB구축
⑩ 기타 : 구조물 변위 계측, GPS를 시각동기장치로 이용 등

3.4 측량에 이용되는 위성측위시스템

3.4.1 용어정리

지적위성측량	GPS측량기를 사용하여 실시하는 지적측량을 말한다.
지적위성좌표계	국제적으로 정한 회전타원체의 수치, 좌표의 원점, 좌표축 등으로 정의된 것으로서 지적위성측량에 사용하는 세계좌표계를 말한다.
지적좌표계	지적측량에 사용하고 있는 우리나라의 좌표계를 말한다.
지적위성기준점	국토해양부장관이 설치한 GPS상시관측시설의 안테나의 참조점을 말한다.
고정점	조정계산시 이용하는 경·위도좌표, 평면직각종횡선좌표 및 높이의 기지점을 말한다.
표고점	수준점으로부터 직접 또는 간접수준측량에 의하여 표고를 결정하여 지적위성측량시 표고의 기지점으로 사용할 수 있는 점을 말한다.
세션	당해 측량을 위하여 일정한 관측간격을 두고 동시에 지적위성측량을 실시하는 작업단위를 말한다.

3.4.2 위성항법시스템의 종류

가. 전지구위성항법시스템(Global Navigaion Satellite System ; GNSS)

① 지구 전체를 서비스 대상 범위로 하는 위성항법시스템

② 중궤도(2만 km 내외)를 선회하는 20~30기의 항법 위성이 필요

- 미국의 GPS(Global Positioning System)
- EU의 Galileo
- 러시아의 GLONASS(GLObal Navigation Satellite System)

나. 지역위성항법시스템(Regional Navigation Satellite System ; RNSS)

특정 지역을 서비스 대상으로 하는 위성항법시스템

① 중국의 북두(COMPASS/Beidou)

② 일본의 준춘정위성(QZSS, Quasi-Zenith Satellite System)

③ 인도의 IRNSS(Indian Regional Navigation Satellite System)

다. 위성항법시스템 구축 현황

소유국	시스템명	목적	운용연도	운용궤도	위성수
미국	GPS	전지구위성항법	1995	중궤도	31기 운용 중
러시아	GLONASS	전지구위성항법	2011	중궤도	24
EU	Galileo	전지구위성항법	2012	중궤도	30
중국	COMPASS (Beidou 1, 2)	전지구위성항법 (중국 지역위성항법)	2011	중궤도 정지궤도	30 5
일본	QZSS	일본 주변 지역위성항법	2010	고타원궤도	3
인도	IRNSS	인도 주변 지역위성항법	2010	정지궤도 고타원궤도	3 4

라. 보강시스템 구축 현황

1) 위성기반 보강시스템(Satellite-Based Augmentation System ; SBAB)
항공항법용 보정정보 제공을 주된 목적으로 미국, 유럽 등 다수 국가가 구축·운용

국가	시스템명	용도 및 제공정보	구축비용	운용 연도
미국	WAAS (Wide Area Augmentation System)	항공항법용 GPS 보정정보 방송	약 2조 원	2007
EU	EGNOS(European Geostationary Navigation Overlay Service)	항공항법용 GPS GLONASS 보정정보 방송	미공개	2008
일본	MSAS(Multi-functional Satellite-based Augmentation System)	항공항법용 GPS 보정정보 방송	약 2조 원	2005
인도	GAGAN(GPS and Geo Augmented Navigation System)	항공항법용 GPS 보정정보 방송	미공개	2010
캐나다	CWAAS(Canada Wide Area Augmentation System)	항공항법용 GPS 보정정보 방송	미공개	미정

2) 지상기반 보강시스템(Ground-Based Augmentation System ; GBAB)

① 해양용 보강시스템 : 국제해사기구(International Maritime Organization ; IMO)의 해상항법 권고에 따라 GPS 보정정보를 제공하는 시스템으로서, 현재 40여 개국에서 상이하게 구축·운용

② 항공용 보강시스템 : 국제민간항공기구(International Civil Aviation Organization ; ICAO)의 권고로 각국이 항공용 항로비행(GRAS) 및 이착륙(GBAS)을 위한 보강시스템 개발 중

- GRAS : Ground-based Regional Augmentation System
- GBAS : Ground-based Augmentation System

예상 및 기출문제 03

1. GPS 측량의 특성에 대한 설명으로 옳지 않은 것은?

㉮ 측점 간 시통이 요구된다.
㉯ 야간관측이 가능하다.
㉰ 날씨에 영향을 거의 받지 않는다.
㉱ 전리층 영향에 대한 보정이 필요하다.

해설 GPS의 장점
① 주·야간 및 기상상태와 관계없이 관측이 가능하다.
② 기준점 간 시통이 되지 않는 장거리 측량이 가능하다.
③ 측량의 소요시간이 기존 방법보다 효율적이다.
④ 관측의 정밀도가 높다.

2. GPS의 특징에 해당되지 않는 것은?

㉮ 야간에도 관측이 가능하다.
㉯ 날씨의 영향을 거의 받지 않는다.
㉰ 고압선 등의 전파에 대한 영향을 받지 않는다.
㉱ 측점 간 시통에 무관하다.

해설 1번 문제 해설 참조

3. GPS의 특징을 설명한 것 중 틀린 것은?

㉮ 고정밀도의 측량이 가능하다.
㉯ 측점 간의 상호 시통이 필요하지 않다.
㉰ 측점에서 모든 데이터 취득이 가능하다.
㉱ 날씨에 영향을 많이 받으며 야간관측이 어렵다.

해설 GPS 측량 시스템은 인공위성을 이용한 범지구위치측정시스템으로 정확한 위치를 알고 있는 위성에서 발사한 전파를 수신하고 관측점까지 소요시간을 측정하여 위치를 구한다. GPS의 특징은 다음과 같다.
① 기상상태와 시간적 제약에 관계없이 관측의 수행이 가능하다.
② 지형여건과 관계 없으며, 또한 측점 간 상호시통이 되지 않아도 관계없다.
③ 관측작업이 신속하게 이루어진다.
④ 측점에서 모든 데이터 취득이 가능해진다.
⑤ 1인 측량이 가능하여 인력이 적게 소요되고, 측정작업이 간단하다.

해답 1. ㉮ 2. ㉰ 3. ㉱

4. GPS에서 위도, 경도, 고도, 시간에 대한 차분해(Differential Solution)를 얻기 위해서는 최소 몇 개의 위성이 필요한가?

㉮ 1　　㉯ 2　　㉰ 4　　㉱ 8

해설 차량용 내비게이션은 단일측위이므로 1개의 위성, 측량용으로 사용하려면 최소 4개 이상 위성이 필요하다.

5. GPS 위성의 궤도 주기로 옳은 것은?

㉮ 약 6시간　　㉯ 약 10시간
㉰ 약 12시간　　㉱ 약 18시간

해설 공전주기를 11시간 58분으로 하여 위성이 하루에 지구를 두 번씩 돌도록 하여 지상의 어느 위치에서나 항상 동시에 5개에서 최대 8개까지 위성을 볼 수 있도록 하기 위해 배치되어 있다.

6. 정확한 위치에 기준국을 두고 GPS 위성 신호를 받아 기준국 주위에서 움직이는 사용자에게 위성신호를 넘겨주어 정확한 위치를 계산하는 방법은?

㉮ DOP　　㉯ DGPS　　㉰ SPS　　㉱ S/A

해설 DGPS는 이미 알고 있는 기지점 좌표를 이용하여 오차를 최대한 줄여서 이용하기 위한 상대측위 방식의 위치결정방식으로 기지점에 기준국용 GPS 수신기를 설치하고 위성을 관측하여 각 위성의 의사거리 보정값을 구한 뒤 이를 이용하여 이동국용 GPS 수신기의 위치결정 오차를 개선하는 위치결정형태이다.

7. GPS 측량에서 의사거리 결정에 영향을 주는 오차의 원인으로 거리가 먼 것은?

㉮ 위성의 궤도 오차　　㉯ 위성의 시계 오차
㉰ 안테나의 구심 오차　　㉱ 지상의 기상 오차

해설 1. GPS 측량의 오차는 위성의 시계 오차, 위성의 궤도 오차, 대기조건에 의한 오차, 수신기 오차 순으로 그 중요성이 요구된다.
2. GPS의 구조적인 오차
① 대기층 지연 오차
② 위성의 궤도 오차
③ 위성의 시계 오차
④ 전파적 잡음, 다중경로 오차

8. 지적삼각점의 신설을 위한 가장 적합한 GPS 측량방법은?

㉮ 정지측량방식(Static)　　㉯ DGPS(Differential GPS)
㉰ Stop & Go 방식　　㉱ RTK(Real Time Kinematic)

해답 4. ㉰ 5. ㉰ 6. ㉯ 7. ㉱ 8. ㉮

해설 정지측량(Static Survey)

① 가장 일반적인 방법으로 하나의 GPS 기선을 두 개의 수신기로 측정하는 방법이다.
② 측점 간의 좌표차이는 WGS84 지심좌표계에 기초한 3차원 X, Y, Z를 사용하여 계산되며, 지역 좌표계에 맞추기 위하여 변환하여야 한다.
③ 수신기 중 한 대는 기지점에 설치, 나머지 한 대는 미지점에 설치하여 위성신호를 동시에 수신하여야 하는데 관측시간은 관측조건과 요구 정밀도에 달려 있다.
④ 관측시간이 최저 45분 이상 소요되고 10km±2ppm 정도의 측량정밀도를 가지고 있으며 적어도 4개 이상의 관측위성이 동시에 관측될 수 있어야 한다.
⑤ 장거리 기선장의 정밀측량 및 기준점 측량에 주로 이용된다.
⑥ 정지측량에서는 반송파의 위상을 이용하여 관측점 간의 기선벡터를 계산한다.
⑦ 장시간의 관측을 하여야 하며 장거리 정밀측정에 정확도가 높고 효과적이다.

9. GPS를 이용하여 위치를 결정할 때 보정계산에 필요한 데이터와 거리가 먼 것은?

㉮ 측지좌표변환 파라미터　　㉯ 대류권 데이터
㉰ 전파성 데이터　　㉱ 전리층 데이터

해설 보정계산에 필요한 데이터는 위성시계, 위성궤도, 전리층, 대류권, 측지좌표 파라미터 등이다.

10. GPS 측량에서 구조적 요인에 의한 오차에 해당하지 않는 것은?

㉮ 전리층 오차　　㉯ 대류층 오차
㉰ S/A 오차　　㉱ 위성궤도오차 및 시계오차

해설 GPS 구조적 원인에 의한 오차

① 위성시계오차
　㉠ 위성에 장착된 정밀한 원자시계의 미세한 오차
　㉡ 위성시계오차로서 잘못된 시간에 신호를 송신함으로써 오차 발생
② 위성궤도오차
　㉠ 항법메시지에 의한 예상궤도, 실제궤도의 불일치
　㉡ 위성의 예상위치를 사용하는 실시간 위치결정에 의한 영향
③ 전리층과 대류권의 전파지연
　㉠ 전리층 : 지표면에서 70~1000km 사이의 충전된 입자들이 포함된 층
　㉡ 대류권 : 지표면상 10km까지 이르는 것으로 지구의 기후형태에 의한 층
　㉢ 전리층, 대류권에서 위성신호의 전파속도지연과 경로의 굴절오차
④ 수신기에서 발생하는 오차
　㉠ 전파적 잡음이 한정되어 있는 시간 차이를 측정하는 GPS 수신기의 능력과 관련된 다양한 오차를 포함한다.
　㉡ 다중경로오차 : GPS 위성으로부터 직접 수신된 전파 이외에 부가적으로 주위의 지형, 지물에 의해 반사된 전파로 인해 발생하는 오차
　　• 다중경로는 보통 금속제 건물, 구조물과 같은 커다란 반사적 표면이 있을 때 일어난다.
　　• 다중경로의 결과로서 수신된 GPS의 신호는 처리될 때 GPS 위치의 부정확성을 제공한다.

해답 9. ㉰ 10. ㉰

11. 위성신호를 연속적으로 받지 못하는 것으로 신호의 점프 또는 신호의 단절이라 하는 것은?

㉮ Selective Availability　　㉯ Dilution of Precision
㉰ Anti Spoofing　　㉱ Cycle Slip

해설 ① Cycle Slip의 원인
㉠ GPS 안테나 주위의 지형, 지물에 의한 신호차단으로 발생
㉡ 비행기의 커브 회전 시 동체에 의한 위성시야의 차단
㉢ 높은 신호잡음
㉣ 낮은 신호강도(Signal Strength)
㉤ 낮은 위성의 고도각
㉥ 사이클 슬립은 이동측량에서 많이 발생
② Cycle Slip의 처리
㉠ 수신회로의 특성에 의해 파장의 정수배만큼 점프하는 특성
㉡ 데이터의 전 처리 단계에서 사이클 슬립을 발견, 편집기능
㉢ 기선해석 소프트웨어에서 자동처리
㉣ 사이클 슬립을 소거하기 위한 방법은 원자시계 레이저 고도계, 관성항행장치(INS)와 같은 보호 장치의 활용이다.

12. GPS의 자료 교환에 사용되는 표준형식으로 서로 다른 기종 간의 기선해석이 가능하도록 한 것은?

㉮ RINEX　　㉯ SDTS　　㉰ DXF　　㉱ IGES

해설 GPS로 관측된 자료의 처리 S/W는 장비사마다 다르므로 이를 호환하여 사용이 가능하도록 Rinex라는 명칭의 프로그램이 개발되었다.

13. GPS 스태틱 측량을 실시한 결과 거리오차의 크기가 0.05m이고 PDOP이 4일 경우 측위오차의 크기는?

㉮ 0.2m　　㉯ 0.5m　　㉰ 1.0m　　㉱ 1.5m

해설 측위오차=거리오차(Range Error)×PDOP(Position Dilution of Precision)
0.2m=0.05m×4
측위 시 이용되는 위성들의 배치상황에 따라 오차는 증가하게 된다. 이는 육상에서 독도법으로 위치를 측정할 때와 마찬가지로 적당한 간격의 물표를 선택하여 독도법을 실시하면 오차삼각형이 작아져 위치가 정확해지고, 몰려 있는 물표를 이용하는 경우 오차삼각형이 커져서 위치가 부정확해진다. 마찬가지로 위성 역시 적당히 배치되어 있는 경우에 위치의 오차가 작아진다.

14. GPS의 구성요소 중 위성을 추적하여 위성의 궤도와 정밀시간을 유지하고 관련 정보를 송신하는 역할을 담당하는 부문은?

㉮ 우주부문　　㉯ 제어부문
㉰ 수신부문　　㉱ 사용자부문

해답 11. ㉱ 12. ㉮ 13. ㉮ 14. ㉯

해설 제어부문은 궤도와 시각결정을 위한 위성의 추적, 전리층 및 대류층의 주기적 모형화, 위성시간의 동일화 및 위성으로의 자료전송 등을 주 임무로 한다.

15. GPS 관측에 대한 설명으로 옳지 않은 것은?

㉮ C/A코드 및 P코드로 의사거리를 측정하여 관측점의 위치를 계산한다.
㉯ L_1주파의 위상(L_1 Carrier Phase) 측정 자료로 이용, 정수파수의 정수치(Integer Number)를 구함으로써 mm 또는 cm 정도의 정밀한 기선벡터를 계산할 수 있다.
㉰ L_1주파의 위상(L_1 Carrier Phase)측정자료만으로 전리층 오차를 보정할 수 있다.
㉱ L_1, L_2 2주파의 위상측정자료를 이용하면 L_1 1주파만 이용할 때보다 정수파수의 정수치(Integer Number)를 정확히 얻을 수 있다.

해설 2개의 주파수로 방송되는 이유는 위성궤도와 지표면 중간에 있는 전리층의 영향을 보정하기 위함이다.

16. GPS에서 PDOP와 가장 밀접한 관계가 있는 것은?

㉮ 위성의 배치　　㉯ 지상 수신기
㉰ 선택적 이용성　　㉱ 전리층 영향

해설 DOP(정밀도 저하율)의 종류
① GDOP : 기하학적 정밀도 저하율
② PDOP : 위치정밀도 저하율
③ HDOP : 수평정밀도 저하율
④ VDOP : 수직정밀도 저하율
⑤ RDOP : 상대정밀도 저하율
⑥ TDOP : 시간정밀도 저하율

17. 다음의 GPS 오차원인 중 L_1 신호와 L_2 신호의 굴절 비율의 상이함을 이용하여 L_1/L_2의 선형조합을 통해 보정이 가능한 것은?

㉮ 전리층 지연오차　　㉯ 위성시계오차
㉰ GPS 안테나의 구심오차　　㉱ 다중전파경로(멀티패스)

해설 1. 전리층 지연
① 전리층은 지상 100km 정도부터 1,000km 정도 사이에 존재하는 층으로서 GPS 전파에 영향을 미치는 곳은 지상 200km 이상에 있는 F2층이라는 부분이다.
② 전리층 중 200km에서 250km 부근에서 전리층 전자밀도로 정하는 플라즈마 주파수(Plasma Frequency)의 양을 의미하는 fp가 최대가 된다. 그 지역을 F2층 임계주파수라 하며 모든 전리층은 각각의 임계주파수를 가지고 있다.
③ 전리층에서는 태양 자외선에 의해 대기분자가 전자와 이온으로 분리된다.
④ GPS 전파는 전리층을 지나면서 Code 신호는 느려지고 반송파는 빨라지는 등 속도가 변화하므로 측량오차를 일으키게 된다.

해답 15. ㉰ 16. ㉮ 17. ㉮

2. 대류권 지연
   ① 대류권은 지표면에서 지상 80km 정도까지의 영역이다.
   ② 대류권의 건조공기는 안정된 분포를 보이기 때문에 보정이 비교적 용이하지만 수증기는 기상조건에 따라 분포가 달라져 보정이 어렵다.
   ③ 대류권 굴절오차는 중성자로 구성된 대기의 영향에 따라 위성신호가 굴절하여 야기되는 오차를 말한다.
   ④ 일반적으로 GPS 측량에서는 표준기상을 가정하여 계산된 대류권 지연량을 이용하여 보정한다.
   ⑤ 대부분의 기선해석 소프트웨어는 관측점에 대한 온도, 기압, 습도를 입력하여 대류권지연을 계산한다.
3. 다중경로(Multi-path) 오차
   ① 일반적으로 GPS 신호가 수신기 주변에 있는 바다 표면이나 고층빌딩 같은 지형지물에 의해 반사되어 들어옴으로써 발생한다.
   ② 수신기에 도달되는 신호가 실제적인 신호와 사선방향신호 그리고 반사파가 동시에 도달하기 때문에 다중경로라 한다.
   ③ 적절한 수신기 위치선정이 중요하며 일정기간 동안 취득한 데이터를 평균하는 것도 다중경로오차를 줄이는 방법이다.

18. GPS 측량에 의한 위치결정 시 최소 4대 이상의 위성에서 동시 관측해야 하는 이유로 옳은 것은?

㉮ 수신기 위치와 궤도오차를 구하기 위하여
㉯ 수신기 위치와 다중경로오차를 구하기 위하여
㉰ 수신기 위치와 시계오차를 구하기 위하여
㉱ 수신기 위치와 전리층오차를 구하기 위하여

해설 GPS 측량은 위성에서 발사한 코드와 수신기에서 미리 복사된 코드를 비교하여 두 코드가 완전히 일치할 때까지 걸리는 시간을 관측하여 여기에 전파속도를 곱하여 거리를 구한다. 여기에는 시간오차가 포함되어 있으므로 4개 이상의 위성을 관측하여 원하는 수신기의 위치와 시각동기오차를 결정하고 항법, 근사적인 위치결정, 실시간 위치결정 등에 이용된다.

19. GPS의 우주부문에 대한 설명으로 옳지 않은 것은?

㉮ 각 궤도에는 4개의 위성과 예비 위성으로 운영되고 있다.
㉯ 위성은 0.5항성일 주기로 지구 주위를 돌고 있다.
㉰ 위성은 모두 6개의 궤도로 구성되어 있다.
㉱ 위성은 고도 약 1,000km의 상공에 있다.

해설 우주부문은 24개의 위성과 3개의 예비위성으로 구성되어 전파신호를 보내는 역할을 담당한다. GPS위성은 적도면과 55°의 궤도경사를 이루는 6개의 궤도면으로 이루어져 있으며 궤도 간 이격은 60°이다. 고도는 약 20,200km(장반경 26,000km)에서 궤도면에 4개의 위성이 배치하고 있다. 공전주기를 11시간 58분으로 하여 위성이 하루에 지구를 두 번씩 돌도록 하여 지상의 어느 위치에서나 항상 동시에 5개에서 최대 8개까지 위성을 볼 수 있도록 하기 위해 배치되어 있다.

 해답 18. ㉰ 19. ㉱

20. GPS 측량에서 사이클 슬립(Cycle Slip)의 주된 원인은?

㉮ 높은 위성의 고도 ㉯ 높은 신호강도
㉰ 낮은 신호잡음 ㉱ 지형 · 지물에 의한 신호단절

해설 ① Cycle Slip의 원인
㉠ GPS 안테나 주위의 지형, 지물에 의한 신호차단으로 발생
㉡ 비행기의 커브 회전 시 동체에 의한 위성시야의 차단
㉢ 높은 신호잡음
㉣ 낮은 신호강도(Signal Strength)
㉤ 낮은 위성의 고도각
㉥ 사이클 슬립은 이동측량에서 많이 발생
② Cycle Slip의 처리
㉠ 수신회로의 특성에 의해 파장의 정수배만큼 점프하는 특성
㉡ 데이터의 전 처리 단계에서 사이클 슬립을 발견, 편집기능
㉢ 기선해석 소프트웨어에서 자동처리
㉣ 사이클 슬립을 소거하기 위한 방법은 원자시계 레이저 고도계, 관성항행장치(INS)와 같은 보호 장치의 활용이다.

21. GPS 시스템 오차의 종류가 아닌 것은?

㉮ 위성시계 오차 ㉯ 대류권 굴절 오차
㉰ 위성궤도 오차 ㉱ 영상표정 오차

해설 GPS 시스템 오차의 종류
구조적 원인에 의한 오차로 위성궤도 오차, 전리층 및 대류권 오차, 위성시계 오차, 다중경로 오차, 전파적 잡음 오차가 있다.

22. GPS 측량에서 사용되는 좌표계는 무엇인가?

㉮ UTM 좌표계 ㉯ WGS-84 좌표계
㉰ TM 좌표계 ㉱ WGS-80 좌표계

해설 GPS 측량에서 사용되는 좌표계는 WGS-84좌표계이다.

23. GPS 측량 정확도의 영향을 표시하는 DOP의 설명으로 옳지 않은 것은?

㉮ SDOP : 상대 정밀도 ㉯ GDOP : 기하학적 정밀도
㉰ PDOP : 위치 정밀도 ㉱ VDOP : 수직 정밀도

해설 기하학적(위성의 배치상황) 원인에 의한 오차
후방교회법에 있어서 기준점의 배치가 정확도에 영향을 주는 것과 마찬가지로 GPS의 오차는 수신기, 위성들 간의 기하학적 배치에 따라 영향을 받는데, 이때 측량정확도의 영향을 표시하는 계수로 DOP(Dilution of precision : 정밀도 저하율)가 사용된다.

① DOP의 종류
㉠ Geometric DOP : 기하학적 정밀도 저하율
㉡ Positon DOP : 위치정밀도 저하율(위도, 경도, 높이)
㉢ Horizontal DOP : 수평정밀도 저하율(위도, 경도)
㉣ Vertical DOP : 수직정밀도 저하율(높이)
㉤ Relative DOP : 상대정밀도 저하율
㉥ Time DOP : 시간정밀도 저하율
② DOP의 특징
㉠ 수치가 작을수록 정확하다.
㉡ 지표의 가장 좋은 배치상태를 1로 한다.
㉢ 5까지는 실용상 지장이 없으나 10 이상인 경우 좋지 않다.
㉣ 수신기를 중심으로 4개 이상의 위성이 정사면체를 이룰 때 최적의 체적이 되며 GBOP, PDOP가 최소가 된다.
③ 시통성(Visibility) : 양호한 GDOP라 하더라도 산, 건물 등으로 인해 위성의 전파경로 시계확보가 되지 않는 경우 좋은 측량 결과를 얻을 수 없는데, 이처럼 위성의 시계 확보와 관련된 문제를 시통성이라 한다.

24. GPS에서 DOP에 대한 설명으로 옳은 것은?

㉮ 도플러 이용
㉯ 위성궤도의 결정
㉰ 특정한 순간의 위성배치에 대한 기하학적 강도
㉱ 위성시계와 수신기 시계의 조합으로부터 계산되는 시간오차와 표준편차

해설 GPS에서 DOP
GPS 관측지역의 상공을 지나는 위성의 기하학적 배치상태에 따라 측위의 정확도가 달라지는데 이를 DOP라 한다. 즉, 정밀도 저하율을 뜻한다.

25. GPS에서 사용되는 L_1과 L_2 신호의 주파수로 옳은 것은?

㉮ 150MHz와 400MHz
㉯ 420.9MHz와 585.53MHz
㉰ 1575.42MHz와 1227.60MHz
㉱ 1832.12MHz와 3236.94MHz

해설 반송파 신호
① L_1, L_2 신호는 위성의 위치계산을 위한 Keplerian 요소와 형식화된 자료신호를 포함
② Keplerian 요소(궤도의 6요소)
③ 종류
L_1=주파수 - 1575.42MHz, 파장 - 19cm
L_2=주파수 - 1227.60MHz, 파장 - 24cm

해답 24. ㉰ 25. ㉰

26. 다음 중 GPS측량에서 의사거리(Pseudo-range)에 대한 설명으로 옳지 않은 것은?

㉮ 인공위성과 지상수신기 사이의 거리 측정값이다.
㉯ 대류권과 이온층의 신호지연으로 인한 오차의 영향력이 제거된 관측값이다.
㉰ 기하학적인 실제 거리와 달리 의사거리라 부른다.
㉱ 인공위성에서 송신되어 수신기로 도착된 신호의 송신시간을 PRN 인식코드로 비교하여 측정한다.

해설 단독측위에서는 4개의 위성거리를 관측한다. 거리는 전파가 위성을 출발한 시각과 수신기에 도착한 시각의 차를 구함으로써 알 수 있는데, 1차적으로 수신기 시계에 포함된 오차, 대기의 영향 오차 등을 포함하고 있으며, 이와 같은 오차들이 위성과 수신기 사이의 거리에 포함되므로 이를 의사거리라 한다.

27. 위성측량에서 GPS의 의사거리(Pseudo range)에 대한 설명으로 옳은 것은?

㉮ 시간 오차 등 각종 오차를 포함하고 있는 거리이다.
㉯ 모든 오차가 제거된 최종 확정된 거리이다.
㉰ 수신기와 가상의 기준국 간에 실제 거리이다.
㉱ 측정된 위성과 수신기 간의 거리에서 시간 오차가 보정된 거리이다.

해설 26번 문제 해설 참조

28. 단일 주파수 수신기와 비교할 때, 이중 주파수 수신기의 특징에 대한 설명으로 옳은 것은?

㉮ 전리층 지연에 의한 오차를 제거할 수 있다.
㉯ 단일 주파수 수신기보다 일반적으로 가격이 싸다.
㉰ 이중 주파수 수신기는 C/A코드를 사용하고 단일 주파수 수신기는 P코드를 사용한다.
㉱ 장기선 이상에서는 별로 이점이 없다.

해설 L_1, L_2 두 개의 주파수를 사용하는 것은 전리층의 전파지연이 주파수의 2승에 역비례함을 이용하여 그 전파지연을 교정하기 위함이다.

29. GPS 측량의 정확도에 영향을 미치는 요소와 거리가 먼 것은?

㉮ 기지점의 정확도
㉯ 관측 시의 온도 측정 정확도
㉰ 안테나의 높이 측정 정확도
㉱ 위성 정밀력의 정확도

해설 GPS 측량은 위성을 이용하여 측량을 하므로 날씨와 야간관측에 영향을 받지 않는 것이 특징이다.

해답 26. ㉯ 27. ㉮ 28. ㉮ 29. ㉯

30. GPS 측량에서 지적기준점 측량과 같이 높은 정밀도를 필요로 할 때 사용하는 관측방법은?

㉮ 스태틱(Static) 관측
㉯ 키네마틱(Kinematic) 관측
㉰ 실시간 키네마틱(Realtime kinematic) 관측
㉱ 1점 측위관측

해설 2개 이상의 수신기를 각 측점에 고정하고 양 측점에서 동시에 4개 이상의 위성으로부터 신호를 30분 이상 수신하는 방식으로 주로, 기준점 측량에서 사용하며 정지 측량이라고도 한다.

31. GPS 위성신호에 대한 설명으로 옳지 않은 것은?

㉮ L_1 반송파에 C/A코드와 P코드가 실려 전달된다.
㉯ L_2 반송파에 P코드가 실려 전달된다.
㉰ P코드는 10.23MHz의 주파수를 가진다.
㉱ C/A코드는 P코드의 1/100의 주파수를 가진다.

해설 GPS 위선의 코드형태와 항법 메시지 정리

구분 \ 코드	C/A	P(Y)	항법데이터
전송률	1.023Mbps	10.23Mbps	50bps
펄스당 길이	293m	29.3m	5,950km
반복	1ms	1주	N/A
코드의 형태	Gold	Pseudo random	N/A
반송파	L_1	L_1, L_2	L_1, L_2
특징	포착하기가 용이함	정확한 위치추적, 고장률이 적음	시간, 위치 추산표

32. 다음 중 삼각점의 신설을 위한 가장 적합한 GPS 측량방법은?

㉮ 정지측량방식(Static)
㉯ DGPS(Differential GPS)
㉰ Stop & Go 방식
㉱ RTK(Real Time Kinematic)

해설
- 정지측량방식(Static) : 지적삼각측량방법에 많이 이용
- RTK(Real Time Kinematic) : 일필지 확정측량에 많이 이용

33. GPS 측량에서 의사거리 결정에 영향을 주는 오차의 원인으로 거리가 먼 것은?

㉮ 대기굴절에 의한 오차
㉯ 위성의 시계오차
㉰ 수신 위치의 기온 변화에 의한 오차
㉱ 위성의 기하학적 위치에 따른 오차

해설 위성 측량은 기후와 상관없다.
수신기의 기온 변화는 오차의 원인이 아니다.

해답 30. ㉮ 31. ㉱ 32. ㉮ 33. ㉰

34. 위성측량에서 GPS에 의하여 위치를 결정하는 기하학적인 원리는?

㉮ 위성에 의한 평균계산법
㉯ 위성기점 무선항법에 의한 후방교회법
㉰ 수신기에 의하여 처리하는 자료해석법
㉱ GPS에 의한 폐합 도선법

해설 GPS 위성에 의한 후방교회법

35. GPS 위성의 신호 구성요소가 아닌 것은?

㉮ P 코드 ㉯ C/A 코드 ㉰ RINEX ㉱ 항법 메시지

해설 GPS 위성의 코드형태와 항법 메시지 정리

구분 \ 코드	C/A	P(Y)	항법데이터
전송률	1.023Mbps	10.23Mbps	50bps
펄스당 길이	293m	29.3m	5,950km
반복	1ms	1주	N/A
코드의 형태	Gold	Pseudo random	N/A
반송파	L_1	L_1, L_2	L_1, L_2
특징	포착하기가 용이함	정확한 위치추적, 고장률이 적음	시간, 위치 추산표

36. GPS 위성궤도면의 수는?

㉮ 4개 ㉯ 6개 ㉰ 8개 ㉱ 10개

해설 우주부문

① 궤도 : 원궤도
② 궤도면수 : 6궤도
③ 위성수 : 6×4=24개, 보조위성 : 3개
④ 고도 : 약 20187km
⑤ 궤도각 : 55°
⑥ 주기 : 약 11시간 58분

37. GPS에서 PDOP와 가장 밀접한 관계가 있는 것은?

㉮ 위성의 배치 ㉯ 지상 수신기 ㉰ 선택적 이용성 ㉱ 전리층 영향

해설 DOP

GPS에서 위성의 배치상태, 즉 정밀도 저하율을 나타내는 것으로서 PDOP는 위치정밀도 저하율을 나타낸다.

해답 34. ㉯ 35. ㉰ 36. ㉯ 37. ㉮

38. 다음 중 라디오 모뎀이 필요한 측량방식은?

㉮ Static 방법에 의한 상대측위 방법
㉯ 후처리 DGPS 방법
㉰ RTK 방법
㉱ Pseudo-Kinematic 방법

해설 RTK 방법은 실시간으로 좌표의 결과값을 알 수 있는 방법으로 라디오 모뎀이 필요하다.

39. DGPS(Differential GPS)를 이용한 측위에 대한 설명으로 틀린 것은?

㉮ 기본 GPS에 비해 정밀도가 떨어져 배나 비행기의 항법, 자동차 등에 응용될 수 없는 한계가 있다.

㉯ 제2의 장치가 수신기 근처에 존재하여 지금 현재 수신받는 자료가 얼마만큼 빗나간 양이라는 것을 수신기에게 알려줌으로써 위치결정의 오차를 극소화시킬 수 있는데, 바로 이 방법이 DGPS라고 불리는 기술이다.

㉰ DGPS는 두 개의 GPS 수신기를 필요로 하는데, 하나의 수신기는 정지해 있고(Stationary) 다른 하나는 이동(Roving)하면서 위치측정을 시행한다.

㉱ 정지한 수신기가 DGPS 개념의 핵심이 되는 것으로 정지 수신기는 실제 위성을 이용한 측정값과 이미 정밀하게 결정된 실제 값과의 차이를 계산한다.

해설 DGPS(Differential GPS)는 상대측위 방식의 GPS 측량기법으로 이미 알고 있는 기지점 좌표를 이용하여 오차를 최대한 줄여서 이용하기 위한 위치결정 방식이다. 이 방식은 기점에서 기준국용 GPS 수신기를 설치하여 위성을 관측하여 각 위성의 의사거리 보정값을 구한 뒤 이를 이용하여 이동국용 GPS 수신기의 위치 및 정오차를 개선하는 위치결정 형태이다.

40. DOP의 종류로 옳게 짝지어지지 않은 것은?

㉮ HDOP－기하학적 정밀도 저하율
㉯ PDOP－위치 정밀도 저하율
㉰ RDOP－상대 정밀도 저하율
㉱ VDOP－수직 정밀도 저하율

해설 1. DOP의 종류

① GDOP : 기하학적 정밀도 저하율
② PDOP : 위치 정밀도 저하율(3차원 위치), 3~5 정도 적당
③ HDOP : 수평 정밀도 저하율(수평위치), 2.5 이하 적당
④ VDOP : 수직 정밀도 저하율(높이)
⑤ RDOP : 상대 정밀도 저하율
⑥ TDOP : 시간 정밀도 저하율

2. DOP의 특징

① 수치가 작을수록 정확하다.
② 지표에서 가장 좋은 배치 상태일 때를 1로 한다. (10 이상이면 사용 불가)
③ 수신기를 가운데 두고 4개의 위성이 정사면체를 이룰 때, 즉 최대체적일 때 GDOP, PDOP 등이 최소이다.

해답 38. ㉰ 39. ㉮ 40. ㉮

41. GPS의 거리 관측 방법은 무엇인가?

㉮ 전파의 도달시간 이용　　㉯ 전파의 샤임플러그 효과
㉰ 공면 조건의 원리　　㉱ 라이다 측위 원리

해설 GPS 측량 원리

GPS의 관측방법에는 코드신호(의사거리, Pseudo Range) 측정방식과 반송파신호(반송파위상, Carrier Phase) 측정방식이 있다.

1. 코드신호(의사거리) 측정방식
   - 기본원리 : 의사거리(Pseudo Range)는 위성으로부터 전송된 코드신호가 GPS 수신기에 도달하는 동안 대류권과 전리층 등을 지나면서 발생하는 신호지연으로 기하학적 실제거리와 달라 이를 부르는 말이며 Code 측정방식은 의사거리를 이용한 위치결정방식이다.
2. 반송파신호(반송파위상) 측정방식
   - 기본원리 : 위성에서 송신된 코드신호를 운반하는 반송파의 위상변화를 이용하는 방법이다. 즉, 위상차를 관측하여 위성과 수신기 간의 거리를 측정한다.

42. GPS 측량 시 유사거리에 영향을 주는 오차와 거리가 먼 것은?

㉮ 위성시계의 오차　　㉯ 위성궤도의 오차
㉰ 전리층의 굴절 오차　　㉱ 지오이드의 변화 오차

해설 GPS의 측위오차는 거리오차와 DOP(정밀도 저하율)의 곱으로 표시가 되며 크게 구조적 요인에 의한 거리오차, 위성의 배치상황에 따른 오차, SA, Cycle Slip 등으로 구분할 수 있다.

1. 구조적 요인에 의한 거리 오차
   ① 위성에서 발생하는 오차
   - 위성시계오차
   - 위성궤도의 오차(약 5m)

   ② 대기권 전파 지연 오차
   - 위성 신호의 전리층 통과 시 전파 지연 오차(약 2m)

   ③ 수신기에서 발생하는 오차
   - 수신기 자체의 전자파적 잡음에 의한 오차(약 1~10m)
   - 안테나의 구심 오차, 높이 오차 등
   - 전파의 다중경로(Multipath)에 의한 오차
2. 위성의 배치상황에 따른 오차
   ① GPS 관측 지역의 상공을 지나는 위성의 기하학적 배치상태에 따라 측위의 정확도가 달라지는데 이를 DOP(Dilution of Precision)라 한다.
   ② 3차원 위치의 정확도는 PDOP에 따라 달라지는데, PDOP은 4개의 관측위성들이 이루는 사면체의 체적이 최대일 때 가장 정확도가 좋으며, 이때는 관측자의 머리 위에 다른 세 개의 위성이 각각 120°를 이룰 때이다.
   ③ DOP(정밀도저하율) : 후방교회법에 있어서 기준점의 배치가 정확도에 영향을 주는 것과 마찬가지로 GPS의 오차는 수신기와 위성들 간의 기하학적 배치에 따라 영향을 받는데, 이때 측위 정확도의 영향을 표시하는 계수로 DOP(정밀도저하율)가 사용된다.
3. 선택적 가용성(SA : Selective Avaiability)
   ① SA(Selective Availability : 선택적 가용성)은 미 국방성이 정책적 판단에 의하여 고의로 오차를 증가시키는 것을 말한다.

해답 41. ㉮ 42. ㉱

② 주로 전체 위치표에 의한 자료와 위성시계자료를 조작하여 위성과 수신기 간에 거리오차를 유발시킨다.
③ SA 작동 중에 발생하는 단독 측위의 오차는 약 100m 이상이지만 2000년 5월 1일부로 작동 해제되어 지금은 SA에 대한 오차가 발생되지 않는다.

4. 주파 단절(Cycle Slip)/수신기 시계오차
5. 주파수 모호성(Cycle ambiguity)

43. GPS 측량의 Cycle Slip에 대한 설명으로 옳지 않은 것은?

㉮ GPS 반송파 위상추적회로에서 반송파 위상차 값의 순간적인 차단으로 인한 오차이다.
㉯ GPS 안테나 주위의 지형·지물에 의한 신호단절 현상이다.
㉰ 높은 위성 고도각과 낮은 신호 잡음이 원인이 된다.
㉱ Static 측량에서 비교적 작게 나타난다.

해설 1. GPS 안테나 주위의 지형지물에 의한 신호의 차단으로 발생
2. 비행기의 커브 회전 시 동체에 의한 위성시야의 차단으로 발생
3. 관측된 신호의 잡음이 높을 경우에 발생
4. 위성의 위치가 좋지 않거나 낮은 수신 고도각 불량으로 발생
5. 이동 측량에서 많이 발생
6. 신호잡음, 수신각이나 수신기 위상, 중심 신호전파의 성능에 의해 발생

44. 위성과 지상관측점 사이의 거리를 측정할 수 있는 원리로 옳은 것은?

㉮ 세차운동 ㉯ 음향관측법 ㉰ 카메론효과 ㉱ 도플러효과

해설 GPS 위치측정 원리는 2가지 형태로 의사거리와 반송파위상을 이용하는 방법이 있다. 반송파위상은 높은 정밀도의 측위에 이용되며, 관측 데이터에는 반송파위상, 위성의 위치를 나타내는 방송궤도요소, 도플러효과, 데이터 취득시각 등이 기록되고 있다.

45. WGS 84 좌표계는 다음 중 어디에 해당하는가?

㉮ 측지좌표계 ㉯ 극좌표계 ㉰ 적도좌표계 ㉱ 지심좌표계

해설 WGS-84(World Geodetic System 1984)는 미 국방성에서 지구 중심을 기준으로 하여 GPS위성을 활용하여 범세계적으로 통용될 수 있는 기준 좌표계를 만들기 위해 채택된 3차원 지심좌표계를 말한다.

46. GPS측량의 반송파 위상측정에서 일반적으로 고려하지 않는 사항은?

㉮ 측정에서의 시계오차 ㉯ 위상시계의 오차
㉰ 대류권과 이온층에서의 신호전파의 영향 ㉱ 측점에서의 기상조건

해설 GPS측량의 반송파 위상측정 시 측점에서의 시계오차, 위성시계의 오차, 위성궤도의 오차, 대류권과 이온층에서의 신호 전파의 영향, 수신기에서 발생하는 오차 등을 고려해야 한다.

해답 43. ㉰ 44. ㉱ 45. ㉱ 46. ㉱

47. GPS위성의 주기는 얼마인가?

㉮ 0.25항성일　㉯ 1항성일　㉰ 0.5항성일　㉱ 18시간

해설 GPS위성은 공전주기를 11시간 58분(0.5항성일)으로 하여 위성이 하루에 지구를 두 번씩 돌도록 하며, 고도 5° 이상의 지구상 어디서나 4개 이상의 위성을 관측할 수 있도록 궤도를 구성한다.

48. GPS측량 중 1점 측위의 방법으로 시간 오차가 제거된 3차원 위치를 결정할 때, 동시 관측이 요구되는 최소 위성수는?

㉮ 2대　㉯ 4대　㉰ 6대　㉱ 8대

해설 GPS측량 중 1점 측위의 방법으로 시간오차가 제거된 3차원 위치를 결정할 때, 동시 관측이 요구되는 최소 위성수는 4대이다. 4개 이상의 위성을 관측하여 원하는 수신기의 위치와 시각동기오차를 결정하고 항법, 근사적인 위치결정, 실시간 위치결정 등에 이용된다.

49. GPS를 이용한 측지작업에 사용되는 캐리어관측법(Carrier Phase Measurement)과 관계가 먼 것은?

㉮ 연속위상관측(Continuous Phase Observable)
㉯ 신호제곱처리(Signal Squaring) 방법
㉰ 헤테로다인 수신(Heterodyning) 방법
㉱ 교차상관관계(Cross Correlation) 방법

해설 GPS위성에서 오는 반송파(Carrier)는 L_1, L_2의 주파수 파장으로 전달하는 정보에는 단독위치 결정에 필요한 C/A코드, P코드와 궤도정보 등을 알리는 항법메시지가 있다. 여기에서 L_1반송파는 주로 위치결정용 전파이며 L_2반송파는 지구대기로 인한 신호지연의 계산에 주로 활용한다. 교차상관관계 방법과는 거리가 멀다.

50. 다음 중 인공위성의 궤도요소에 포함되지 않는 것은?

㉮ 승교점의 적경　㉯ 궤도 경사각
㉰ 관측점의 위도　㉱ 궤도의 이심률

해설 인공위성의 궤도요소
궤도의 경사각, 궤도의 장반경, 승교점의 적경, 궤도의 주기, 궤도의 이심률, 근지점의 독립변수

51. GPS(Global Positioning System)의 구성요소가 아닌 것은?

㉮ 위성에 대한 우주부문
㉯ 지상 관제소에서의 제어부문
㉰ 경영 활동을 위한 영업부문
㉱ 측량자가 사용하는 수신기 등에 대한 사용자부문

해답 47. ㉰ 48. ㉯ 49. ㉱ 50. ㉰ 51. ㉰

해설 GPS 구성요소로는 인공위성으로 구성된 우주부문(Space Segment), 제어국으로 구성된 제어부문(Control Segment), 수신기 등의 사용자부문(User Segment)으로 구성된다.

52. GPS에서 발생하는 오차가 아닌 것은?

㉮ 위성시계 오차　　㉯ 위성궤도 오차
㉰ 대기권 굴절 오차　　㉱ 시차(視差)

해설 GPS측량의 오차에는 크게 구조적 요인에 의한 오차, 위성의 배치 상황에 따른 오차(DOP), 선택적 가용성에 의한 오차(SA), 주파단절(Cycle Slip)이 있다. 다시 구조적 요인에 의한 거리오차에는 위성시계 오차, 위성궤도 오차, 전리층과 대류권에 의한 전파지연, 전파적 잡음, 다중경로 오차가 있다. 시차는 사진측량에서 카메라의 광축과 각 사진의 노출지점이 동일 평면 내에 있지 않을 때, 두 장의 연속된 사진에서 발생하는 동일지점의 사진상의 변위를 말한다.

53. GPS 위성의 신호인 L_1과 L_2는 두 개의 PRNs(Pseudo-Random Noise codes)에 의해 변조된다. 이 코드의 명칭은?

㉮ f_0 코드, f_1 코드　　㉯ Ψ 코드, Δ 코드
㉰ P 코드, C/A 코드　　㉱ IDOT 코드, IODE 코드

해설 GPS 반송파는 P코드와 C/A코드로 구분된다.
1. P코드
① 반복주기가 7일인 PRN code(Pseudo-Random Noise codes)이다.
② 주파수가 10.23MHz이며 파장은 30m이다.
③ AS mode로 동작하기 위해 Y-code로 암호화되어 PPS 사용자에게 제공된다.
④ PPS(Precise Positioning Service : 정밀측위서비스) - 군사용
2. C/A코드
① 1ms(milli-scond)인 PPN code
② 주파수는 1.023MHz이며 파장은 300m이다.
③ L_1 반송파에 변조되어 SPS 사용자에게 제공
④ SPS(Standard Positioning Service : 표준측위서비스) - 민간용

54. GPS 측량의 오차에 관한 설명 중 틀린 것은?

㉮ 전리층 통과 시 전파의 운반지연량은 기온, 기압, 습도 등의 기상 측정에 의해 보정될 수 있다.
㉯ 기선해석에서 고정점의 좌표 정확도는 신점의 위치정확도에 영향을 미친다.
㉰ 일중차의 해석 처리만으로는 GPS 위성과 GPS 수신기 모두의 시계오차가 소거되지 않는다.
㉱ 동 기종의 GPS 안테나는 동일방향을 향하도록 설치함으로써 전파 입사각에 의한 위상의 엇갈림에 대한 영향을 줄일 수 있다.

해설 전리층과 대류권에 의한 전파지연오차는 수신기 2대를 이용한 차분기법으로 보정할 수 있다.

해답 52. ㉱ 53. ㉰ 54. ㉮

55. 단독측위, DGPS, RTK-GPS 등에 관한 설명으로 옳지 않은 것은?

㉮ 단독측위 시 많은 수의 위성을 동시에 관측할 때 위성의 궤도정보에 대한 오차는 측위결과에 영향이 없다.

㉯ DGPS는 신점과 기지점에서 동시에 관측을 실시하여 양 점에서 관측한 정보를 모두 해석함으로써 신점의 위치를 결정한다.

㉰ RTK-GPS는 위성신호 중 반송파 신호를 해석하기 때문에 코드신호를 해석하여 사용하는 DGPS보다 정확도가 높다.

㉱ RTK-GPS는 공공측량 시 3, 4급 기준점측량에 적용할 수 있다.

해설 구조적인 요인에 의한 거리오차에는 위성 시계오차, 위성 궤도오차, 전리층과 대류권에 의한 전파 지연, 전파적 잡음, 다중경로오차가 있다.

- 실시간 이동측량(RTK ; Realtime Kinematic Surveying)
  ① 2대 이상의 GPS수신기를 이용하여 한 대는 고정점에, 다른 한 대는 이동국인 미지점에 동시에 수신기를 설치하여 관측하는 기법이다.
  ② 이동국에서 위성에 의한 관측치와 기준국으로부터의 위치보정량을 실시간으로 계산하여 관측장소에서 바로 위치값을 결정한다.
  ③ 허용오차를 수 cm 정도를 얻을 수 있다.

56. DOP(Dilution of Precision)에 대한 설명으로 적당하지 않은 것은?

㉮ 높은 DOP는 위성의 기하학적인 배치 상태가 나쁘다는 것을 의미한다.

㉯ 수신기를 가운데 두고 4개의 위성이 정사면체를 이룰 때, 즉 최대 체적일 때 GDOP, PDOP 등이 최소가 된다.

㉰ DOP 상태가 좋지 않을 때는 정밀 측량을 피하는 것이 좋다.

㉱ DOP 수치가 클 때는 DGPS 방법을 이용하여 관측하여야 한다.

해설 기하학적(위성의 배치상황) 원인에 의한 오차

후방교회법에 있어서 기준점의 배치가 정확도에 영향을 주는 것과 마찬가지로 GPS의 오차는 수신기, 위성들 간의 기하학적 배치에 따라 영향을 받는다. 이때 측량정확도의 영향을 표시하는 계수로 DOP(Dilution of precision ; 정밀도 저하율)가 사용된다.

1. DOP의 종류
   ① Geometric DOP : 기하학적 정밀도 저하율
   ② Positon DOP : 위치 정밀도 저하율(위도, 경도, 높이)
   ③ Horizontal DOP : 수평정밀도 저하율(위도, 경도)
   ④ Vertical DOP : 수직 정밀도 저하율(높이)
   ⑤ Relative DOP : 상대 정밀도 저하율
   ⑥ Time DOP : 시간
2. DOP의 특징
   ① 수치 작 정확하다
   ② 지표 가장 좋은 배치상태 1로 한다.
   ③ 5까지는 실용상 지장이 없으나 10이상의 경우 좋지 않다

해답 55. ㉮ 56. ㉱

④ 수신기를 중심으로 4개 이상의 위성이 정사면체 이룰 때 최적의 체적이 되며 GBOP, PDOP가 최소가 된다.

3. 시통성(Visibility)

양호한 GDOP라 하더라도 산, 건물 등으로 인해 위성의 전파경로 시계 확보가 되지 않는 경우 좋은 측량 결과를 얻을 수 없다. 이처럼 위성의 시계 확보와 관련된 문제를 시통성이라 한다.

57. 다음의 RTK-GPS에 의한 지형측량 방법의 설명 중 옳지 않은 것은?

㉮ RTK-GPS에 의한 지형측량 시 기준점과 관측점 간의 시통이 양호한 경우에는 상공시계의 확보가 필요 없다.

㉯ RTK-GPS에 의한 지형측량 시 기준점과 관측점 간에는 관측데이터를 전송하기 위한 통신장치가 필요하다.

㉰ RTK-GPS에 의한 지형측량 시 관측점의 위치가 즉시 결정되기 때문에 현장에서 휴대용 PC 상에 측정결과를 표기하여 확인하는 것이 가능하다.

㉱ RTK-GPS에 의한 지형측량 시 RTK-GPS로 구한 타원체고에 대하여는 지오이드고를 정하여 지오이드면으로부터의 높이로 변환하는 것이 필요하다.

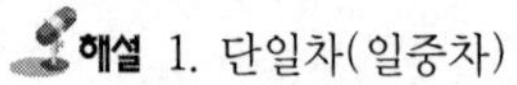

해설 RTK-GPS관측

기준이 되는 관측점(이하 고정점이라 한다.)과 구점(求点)이 되는 관측점(이하 이동점이라고 한다.)에 설치한 GPS측량기로 동시에 GPS위성으로부터의 신호를 수신하고, 고정점에서 취득한 신호를 무선장치 등을 이용해 이동점에 전송하여, 이동점에서 즉시 기선해석을 실시함으로써 위치를 결정하는 측량이다.

GPS관측에 있어 상공시계 확보는 필수적 요소이다. 관측점 간의 시통은 위치결정에 영향을 주지 않는다.

58. GPS 관측오차들 중에서 수신기의 시계오차만을 제거하려면 다음 중 무엇을 이용해야 하는가?

㉮ 단일차분　　㉯ 이중차분

㉰ 삼중차분　　㉱ 차분되지 않은 자료

해설 1. 단일차(일중차)

위성 한 개와 수신기 두 대를 이용한 위성과 수신기 간의 거리 측정차이다.

동일 위성의 측정차이이므로 위성 간의 궤도오차와 원자시계에 의한 오차가 없다.

2. 이중차

두 개의 위성과 두 대의 수신기를 이용한 각각의 위성에 대한 수신기 간 1중차끼리의 차이값이다.

3. 삼중차

한 개의 위성에 대하여 어떤 시각의 위상적산치와 다음 시간의 위상적산치 차이값으로 적분위상차라고도 한다.

해답 57. ㉮ 58. ㉮

59. GPS의 주요구성 중 궤도와 시각 결정을 위한 위성 추적을 담당하는 부문은?

㉮ 우주부문 ㉯ 제어부문
㉰ 사용자부문 ㉱ 위성부문

해설 1. 우주부문(Space Segment)

① GPS의 우주부문은 모두 24개의 위성으로 구성되는데, 이 중 21개가 항법에 사용되며 3개의 위성은 예비용으로 배치되었다.
② 모든 위성은 고도 약 20,200Km 상공에서 12시간을 주기로 지구 주위를 돌고 있으며, 궤도면은 지구의 적도면과 55°의 각도를 이루고 있다.
③ 모두 6개의 궤도는 60°씩 떨어져 있고 한 궤도면에는 4개의 위성이 위치한다.
④ GPS위성을 지구 궤도상에 배치하는 것은 지구상 어느 지점에서나 동시에 4개에서 최대 6개까지 위성을 볼 수 있게 되어 있다.
⑤ 각 위성의 무게는 900Kg 정도로 태양 전지판을 완전히 펼쳤을 경우 폭이 약 5m이다.
⑥ 각각의 GPS위성에서 송신되는 위성데이터는 각 위성 번호에 따라 특수하게 설계된 PRN 코드를 포함한다.
⑦ 코드다중분할방식(CDMA)으로 GPS위성데이터가 사용자에게 전송되므로 GPS수신기에서는 각 위성에 해당하는 항법 데이터를 명확하게 수신할 수 있다.
⑧ 인공위성에서 생성된 시간은 두 개의 리듐과 두 개의 세슘 원자시계를 근거로 한다.

2. 제어부문(Control Segment)

① 전리층 및 대류층의 주기적 모형화
② 궤도와 시각 결정을 위한 위성의 추적
③ 위성으로의 자료전송
④ 위성시간의 동일화

3. 사용자부문(User Segment)

① GPS위성 신호를 수신하여 위치를 계산하는 GPS수신기 및 이를 응용하여 각각의 특정한 목적을 달성하기 위해 개발된 다양한 장치로 구성된다.
② GPS수신기는 위성으로부터 수신한 항법 데이터를 사용하여 사용자의 위치 및 속도를 계산한다.
③ GPS수신기는 두 개의 신호로 전송하며 L_1대는 1,575.42MHz의 주파수, L_2대는 1,227.60MHz의 주파수가 있고 L_2대 신호는 P코드에 의해 변조되며 CA코드는 민간부분의 수신기에 사용되고 P코드는 군사용과 정밀측지측량용에 이용된다.
④ GPS위성 신호를 수신하여 계산한 위치 및 속도 정보는 기본적으로 이동체의 항법 및 추적에 이용되며 정확하게 계산된 수신기의 시계 오차는 이동통신 분야에 있어서 매우 중요한 시각 동기화를 위한 정보로 유용하게 사용된다.

60. GPS에서는 어떻게 위성과 수신기 사이의 거리를 측정하는가?

㉮ 신호의 전달시간을 관측 ㉯ 신호의 형태를 관측
㉰ 신호의 세기를 관측 ㉱ 신호대 잡음비를 관측

해설 GPS(Global Positioning System)에서는 인공위성과 수신기 사이의 거리를 의사거리라고 한다. 의사거리는 인공위성에서 송신되어 수신기로 도착된 송신시간을 PRNC인식코드로 비교하여 측정한다.

해답 59. ㉯ 60. ㉮

61. 범세계위치결정체계(GPS)에 대한 설명으로 틀린 것은?

㉮ 관측점의 위치는 정확한 위치를 알고 있는 위성에서 발사한 전파의 소요시간을 관측함으로써 결정한다.
㉯ GPS위성은 약 20,000km의 고도에서 24시간 주기로 운행한다.
㉰ 구성은 우주부문, 제어부문, 사용자부문으로 이루어진다.
㉱ GPS의 측위용 반송파는 L_1과 L_2두 개가 있다.

해설 GPS위성에 궤도주기는 약 12시간이다.

62. GPS 위성측량에 관한 다음의 설명 중 잘못된 것은?

㉮ SA 방법의 해제로 절대측위의 정확도가 향상되었다.
㉯ 위성시계의 오차가 없다면 3대의 위성신호를 사용하여도 위치결정이 가능하다.
㉰ GPS 위성은 위성마다 각각 자기의 코드 신호를 전송한다.
㉱ 위성과 수신기 간의 거리측정의 정확도는 C/A 코드를 사용하거나 L_1 반송파를 사용하거나 차이가 없다.

해설 코드관측 방식에 의한 위치결정은 4개 이상의 위성을 관측하여 원하는 수신기의 위치와 시각동기오차를 결정하며 항법으로 근사적인 위치결정, 실시간 위치결정에 이용된다.
반송파 관측방식에 의한 위치결정은 불명확 상수의 정확한 결정이 GPS 정확도를 좌우하는데 정밀 위치결정을 위한 상대위치 결정 등 대부분의 측지위치결정 등에서는 반송파 관측방식을 많이 이용한다.

63. 다음 중 위성의 기하학적 배치 상태에 따른 정밀도 저하율을 뜻하는 것은?

㉮ 멀티패스(Multipath)
㉯ DOP
㉰ 사이클 슬립(Cycle Slip)
㉱ S/A

해설 DOP는 GPS 측량시 특정지역에서 관측할 수 있는 위성 배치의 고른 정도를 말하며, 측위 정확도의 영향을 표시하는 계수이다.

64. 다음 중 GPS측량에 있어 기준점 선점시 고려사항과 거리가 먼 것은?

㉮ 전파의 다중 경로 발생 예상 지점 회피
㉯ 주파 단절 예상 지점 회피
㉰ 임계 고도각 유지 가능 지역 선정
㉱ 위성의 배치 상태가 항상 좋은 지점 선정

해설 위성 배치 상태가 항상 변하므로 항상 좋은 지점을 선정하는 것은 불가능하다.

해답 61. ㉯ 62. ㉱ 63. ㉯ 64. ㉱

65. 다음 중 GPS측량의 응용분야로 거리가 먼 것은?

㉮ 측지측량 분야 ㉯ 차량 분야
㉰ 군사 분야 ㉱ 실내인테리어 분야

해설 실내인테리어 분야와 GPS 측위체계의 활용과는 무관하다.

66. GPS위성에 대한 다음 내용 중 잘못 설명된 것은?

㉮ 측지기준계로 WGS84를 채택하고 있다.
㉯ 2004년 기준, GPS 위성은 적도면으로부터 위성궤도의 경사각이 30°인 4개의 궤도면에 배치되어 운용되고 있다.
㉰ GPS위성은 0.5항성일(약 11시간 58분)의 주기로 지구 주위를 돌고 있다.
㉱ 시간 기준은 세슘(Cs) 또는 루비듐(Rb)원자 시계에 기본을 둔 GPS 시간 체계를 사용하고 있다.

해설 GPS위성은 위성 궤도의 경사각이 55°인 6개의 궤도면에 배치되어 운용되고 있다.

67. 다음 위성 중 위치기반서비스(LBS)의 응용과 관계가 먼 것은?

㉮ GPS 위성 ㉯ GLONASS 위성
㉰ GALILEO 위성 프로젝트 ㉱ LANDSAT 위성

해설 LANDSAT은 원격탐측 위성으로 인공위성에 설치된 센서를 이용하여 토지, 환경 및 자원에 대한 정보를 해석하는 기법이다.

68. 기준국과 이동국 간의 거리가 짧을 경우 상대측위를 수행하면 절대 측위에 비해 정확도가 현격히 향상되게 되는데 그 이유로 부적합한 것은?

㉮ 위성궤도오차가 제거된다.
㉯ 다중경로오차(Multipath)를 제거할 수 있다.
㉰ 전리층에 의한 신호의 전파지연이 보정된다.
㉱ 위성시계오차가 제거된다.

해설 GPS상대측위로 제거되는 오차
① 전리층 통과시 전파지연오차
② 위성궤도오차
③ 위성시계오차

69. 다음 중에서 위성의 궤도요소로서 적합하지 않은 것은?

㉮ 궤도의 장반경 ㉯ 이심률
㉰ 궤도 경사각 ㉱ 위성의 고도

해답 65. ㉱ 66. ㉯ 67. ㉱ 68. ㉯ 69. ㉱

해설 위성의 궤도요소
① 장반경(a)
② 이심률(e)
③ 위성의 근지점 통과시각(t_0)
④ 승교점의 적경(Ω)
⑤ 근지점 인수(w)
⑥ 궤도 경사각(I)

70. GPS 측위 작업 중 DOP(Dilution of Precision)에 관련한 설명으로 옳지 않은 것은?
㉮ DOP는 위성의 기하학적 배치상태가 정확도에 어떻게 영향을 주는가를 추정할 수 있는 척도이다.
㉯ DOP는 위성의 위치, 높이, 시간에 대한 함수 관계가 있다.
㉰ 계산된 DOP 값이 큰 수치로 나타나면 정확도가 높다는 의미이다.
㉱ DOP에는 세부적으로 GDOP, PDOP, HDOP, VDOP 및 TDOP 등이 있다.

해설 DOP 값이 1일 때 가장 좋은 배치 상태를 말하며 5까지는 실용상 지장이 없으나 10 이상인 경우 좋은 조건이 아니다.

71. 다음 중 다중경로(멀티패스) 오차를 줄일 수 있는 방법으로 적합하지 않은 것은?
㉮ 관측시간을 길게 한다.
㉯ 안테나로 들어오는 위성신호의 입사각을 낮춘다.
㉰ 안테나의 설치환경(위치)을 잘 선택한다.
㉱ Choke Ring 안테나와 같이 Ground Plane이 장착된 안테나를 사용한다.

해설 안테나로 들어오는 위성신호의 입사각을 넓힘으로써 다중경로 오차를 최소화할 수 있다.

72. 상대측위 방법(간접계측위)의 설명 중 옳지 않은 것은?
㉮ 전파의 위상차를 관측하는 방식으로서 정밀 측량에 주로 사용된다.
㉯ 위상차의 계산은 단순차, 2중차, 3중차의 차분기법을 적용할 수 있다.
㉰ 수신기 1대를 사용하여 모호정수를 구한 뒤 측위를 실시한다.
㉱ 위성과 수신기 간 전파의 파장 개수를 측정하여 거리를 계산한다.

해설 두 개의 기지점에 GPS 수신기를 설치하고 위상차를 측정하여 모호정수를 구한 뒤 측위를 실시한다.

73. GPS 관측도중 장애물 등으로 인하여 GPS 신호의 수신이 일시적으로 단절되는 현상을 무엇이라고 하는가?
㉮ 사이클 슬립(Cycle Slip)
㉯ SA(Selective Availability)
㉰ AS(Anti Spoofing)
㉱ 모호 정수(Ambiguity)

 해답 70. ㉰ 71. ㉯ 72. ㉰ 73. ㉮

해설 Cycle Slip은 GPS 안테나 주위의 지형 · 지물에 의한 신호단절, 높은 신호잡음, 낮은 신호강도, 낮은 위성의 고도각 등에 의하여 발생한다.

74. 다음 중 항공측량 부분의 GPS 응용에서 GPS의 단점을 보완할 수 있는 장치로서 촬영비행기의 위치를 구하는 데 많이 활용되고 있는 것은?

㉮ 관성항법장치(INS)
㉯ 레이저스캐너(LIDAR)
㉰ HRV 센서
㉱ MSS 센서

해설 관성항법장치(INS)는 세가속도를 서로 수직이 설치하여 여기에 각각 자이로(Gyro)를 부착한 후 탑재기에 장착하여 물체의 거동으로부터 회전각과 이동거리의 변화를 계산하는 자주적인 위치결정 장치로서, 항공사진측량 분야의 보조기기로 널리 이용되고 있다.

75. GPS 측량시 고려해야 할 사항에 대한 설명으로 옳지 않은 것은?

㉮ 정지측량시는 4개 이상, RTP 측량시는 5개 이상의 위성이 관측되어야 한다.
㉯ 가능하면 15° 이상의 임계 고도각을 유지하여야 한다.
㉰ DOP 수치가 3 이하인 경우는 관측을 하지 않는 것이 좋다.
㉱ 철탑이나 대형 구조물, 고압선 직하지점은 회피하여야 한다.

해설 DOP 수치가 7~10 이상인 경우는 오차가 크므로 관측하지 않는 것이 좋다.

76. 인공위성과 관측점 간의 거리를 결정하는 데 사용되는 주요 원리는?

㉮ 다각법
㉯ 세차운동의 원리
㉰ 음향관측법
㉱ 도플러 효과

해설 NNSS, GPS의 거리관측법에는 NNSS는 인공위성 전파의 Doppler 효과를 이용하며, GPS는 전파의 도달 소요시간을 이용한다.

77. GPS 위성측량에 관한 다음의 설명 중 잘못된 것은?

㉮ SA 방법의 해제로 절대측위의 정확도가 향상되었다.
㉯ 위성시계의 오차가 없다면 3대의 위성신호를 사용하여도 위치결정이 가능하다.
㉰ GPS 위성은 위성마다 각각 자기의 코드 신호를 전송한다.
㉱ 위성과 수신기 간의 거리측정의 정확도는 C/A 코드를 사용하거나 L_1 반송파를 사용하거나 차이가 없다.

해설 ① 코드관측 방식에 의한 위치결정 : 4개 이상의 위성을 관측하여 원하는 수신기의 위치와 시각동기오차를 결정하며 항법, 근사적인 위치결정, 실시간 위치결정에 이용한다.
② 반송파 관측방식에 의한 위치결정 : 불명확 상수의 정확한 결정이 GPS 정확도를 좌우하는데 정밀 위치결정을 위한 상대위치 결정 등 대부분의 측지위치결정 등에서는 반송파 관측방식을 많이 이용한다.

해답 74. ㉮ 75. ㉰ 76. ㉱ 77. ㉱

78. 위성 자체에 전파원이 있는 것이 아니라 반사프리즘이 위성에 탑재되어 펄스광의 왕복시간을 측정함으로써 거리를 측량하게 할 수 있는 관측법은?

㉮ 전파 관측법
㉯ 음파 관측법
㉰ 레이저 관측법
㉱ 카메라 관측법

해설 SLR(Satellite Laser Ranging)
지상에서 레이저광선을 인공위성에 발사하여 펄스광의 왕복시간을 측정하여 인공위성과 관측지점의 거리를 측정하는 방법

79. 다음의 GPS 오차원인 중 L_1 신호와 L_2 신호의 굴절 비율의 상이함을 이용하여 L_1/L_2의 선형 조합을 통해 보정이 가능한 것은?

㉮ 전리층 지연오차
㉯ 위성시계오차
㉰ GPS 안테나의 구심오차
㉱ 다중전파경로(멀티패스)

해설 GPS 측량에서는 L_1, L_2파의 선형 조합을 통해 전리층 지연오차 등을 산정하여 보정할 수 있다.

80. 다음 중 GPS 시스템 오차 원인과 거리가 먼 것은?

㉮ 위성 시계 오차
㉯ 위성 궤도 오차
㉰ 코드 오차
㉱ 전리층과 대류권에 의한 오차

해설 GPS 측량의 오차는 위성의 시계오차, 위성의 궤도오차, 대기조건에 의한 오차, 수신기오차 순으로 그 중요성이 요구된다.

81. 다음 중 관성항법장치에서 획득되는 관측치는?

㉮ 거리
㉯ 속도
㉰ 가속도
㉱ 절대위치

해설 관성항법장치
출발시각부터 임의의 시각까지의 가속도 출력을 항법방정식에 넣고 적분하여 속도를 얻어내고 이것을 다시 적분하여 비행한 거리를 구할 수 있게 되며 최종적으로 현재의 위치를 알 수 있게 된다.

82. 다음 중 전리층 지연(거리)에 대한 설명으로 틀린 것은?

㉮ 반송파의 경우 전리층 지연이 음수(축소)가 된다.
㉯ 코드 신호의 경우 전리층 지연이 양수(연장)가 된다.
㉰ 태양활동, 지역, 계절, 주야에 따라 달라진다.
㉱ 전리층 지연효과는 선형조합으로 소거할 수 있다.

해설 전리층에 의한 지연을 제거하기 위해 L_1과 L_2의 조합을 이용한다.

해답 78. ㉰ 79. ㉮ 80. ㉰ 81. ㉰ 82. ㉱

83. 다음 중 위성 측위 시스템이 아닌 것은?

㉮ GPS　　㉯ GLONASS
㉰ EDM　　㉱ Galileo

해설 EDM은 전자파거리 측량기로서 크게 전파와 광파로 분류된다.

84. GPS 위성과 수신기 간의 거리를 측정할 수 있는 재원과 관계가 먼 것은?

㉮ P code　　㉯ CA code
㉰ L_1 Carrier　　㉱ E_1

해설 알고 있는 위성에서 발사한 전파를 수신하여 관측점까지의 소요시간을 관측함으로써 관측점에 위치를 구하는 것으로 E_1은 거리 관측과는 무관하다.

85. GPS 신호는 두 개의 주파수를 가진 반송파에 의해 전송된다. 두 개의 주파수를 쓰는 이유는?

㉮ 수신기 시계오차 제거　　㉯ 대류권 오차 제거
㉰ 전리층 오차 제거　　㉱ 다중경로 제거

해설 GPS 측량에서는 L_1, L_2 파의 선형조합을 통해 전리층 지연오차 등을 산정하여 보정할 수 있다.

86. 다음 중 가장 정확하게 위치를 결정할 수 있는 자료처리법은?

㉮ 코드를 이용한 단독측위
㉯ 코드를 이용한 상대측위
㉰ 반송파를 이용한 단독측위
㉱ 반송파를 이용한 상대측위

해설 코드측정방식은 신속하나 반송파 방식에 비해 정확도가 낮으며 단독측위보다는 상대측위가 정확도가 높다.

87. 다음 중 GPS를 이용한 측량 중 가장 정밀한 위치결정 방법으로 정밀한 기준점측량이나 학술 목적으로 주로 사용하는 방법은?

㉮ 스태틱(Static) 측량
㉯ 키네마틱(Kinematic) 측량
㉰ DGPS(Differential GPS)
㉱ RTK(Real Time Kinematic)

해설 정지측량(Static Survey)

GPS 측량의 현장관측은 크게 정지(적)관측(Static Surcey)과 동적관측(Kinematic Survey)으로 구분된다. 정지관측은 수신기를 장시간 고정한 채로 관측하는 방법으로 높은 정확도의 좌표값을 얻고자 할 때 사용하며 기준점 측량에 있어 가장 일반적인 방법이다.

해답 83. ㉰ 84. ㉱ 85. ㉰ 86. ㉱ 87. ㉮

88. 기준국과 이동국 간의 거리가 짧을 경우 상대측위를 수행하면 절대측위에 비해 정확도가 현격히 향상되게 되는데 그 이유로 부적합한 것은?

㉮ 위성궤도오차가 제거된다.
㉯ 다중경로오차(Multipath)를 제거할 수 있다.
㉰ 전리층에 의한 신호의 전파지연이 보정된다.
㉱ 위성시계오차가 제거된다.

해설 다중경로오차(Multipath)
① GPS위성의 신호가 수신기에 수신되기 전 건물 또는 지형 등에 의해 반사되어 수신되므로 발생되는 오차
② 다중경로오차는 수신기 주변에 반사물질이 없도록 해야만 줄일 수 있음

89. 위성의 배치에 따른 정확도의 영향을 수치로 나타낼 수 있는데 그중 위치정확도 저하율을 나타내는 것은?

㉮ VDOP
㉯ PDOP
㉰ TDOP
㉱ HDOP

해설 ① GDOP : 기하학적 정밀도 저하율
② PDOP : 위치정밀도 저하율
③ HDOP : 수평정밀도 저하율
④ VDOP : 수직정밀도 저하율
⑤ RDOP : 상대정밀도 저하율
⑥ TDOP : 시간정밀도 저하율

90. GPS 위성으로부터 송신되는 코드와 반송파 위상을 관측할 때 발생하는 오차가 아닌 것은?

㉮ 위성의 기하학적 배치상태
㉯ 전리층 및 대류층 오차
㉰ 다중경로 오차
㉱ 접선방향 오차

해설 GPS의 측위오차는 크게 구조적 요인에 의한 거리오차, 위성의 배치상황에 따른 오차, SA, Cycle Slip 등으로 구분할 수 있으며, 구조적 요인에 의한 거리오차는 다음과 같다.
① 위성시계오차
② 위성궤도오차
③ 전리층과 대류권에 의한 전파 지연
④ 전파적 잡음, 다중경로오차

91. GPS의 주요구성 중 궤도와 시각 결정을 위한 위성 추적을 담당하는 부문은?

㉮ 우주부문
㉯ 제어부문
㉰ 사용자부문
㉱ 위성부문

해답 88. ㉯ 89. ㉯ 90. ㉱ 91. ㉯

해설 제어부문(Control Segment)
① 궤도와 시각 결정을 위한 위성의 추적
② 전리층 및 대류층의 주기적 모형화
③ 위성시간의 동일화
④ 위성으로의 자료전송

92. GPS 위성 시스템에 관한 다음 설명 중 옳지 않은 것은?

㉮ 위성의 고도는 지표면상 평균 약 20,200km이다.
㉯ 측지기준계는 GRS80 기준계를 적용한다.
㉰ 각 위성들은 모두 상이한 코드정보를 전송한다.
㉱ 위성의 궤도주기는 약 11시간 58분이다.

해설 GPS 위성은 WGS-84 좌표계를 사용한다.

93. 임의 지점에서 GPS 관측을 수행하여 WGS84 타원체고(h) 57.234m를 획득하였다. 그 지점의 지구중력장 모델로부터 산정한 지오이드고(N)가 25.578m라 한다면 정표고(H)는 얼마인가?

㉮ −31.656m
㉯ 25.578m
㉰ 31.656m
㉱ 82.812m

해설 정표고(H) = 타원체고(g) − 지오이드고(N)
= 57.234 − 25.578
= 31.656(m)

94. GPS 관측오차들 중에서 수신기의 시계오차만을 제거하려면 다음 중 무엇을 이용해야 하는가?

㉮ 단일차분
㉯ 이중차분
㉰ 삼중차분
㉱ 차분되지 않은 자료

해설 단일차(일중차)
한 개의 위성과 두 대의 수신기를 이용한 위성과 수신기 간의 거리 측정차이다. 동일 위성에 대한 측정차이므로 위성의 궤도오차와 원자시계에 의한 오차가 소거된 상태이다.

해답 92. ㉯ 93. ㉰ 94. ㉮

제4장 노선측량

4.1 정의

도로, 철도, 운하 등의 교통로의 측량, 수력발전의 도수로 측량, 상하수도의 도수관의 부설에 따른 측량 등 폭이 좁고 길이가 긴 구역의 측량을 말한다. 그러므로 노선의 목적과 종류에 따라 측량도 약간 다르게 된다. 삼각측량 또는 다각측량에 의하여 골조를 정하고 이를 기본으로 지형도를 작성하고 종횡단면도 작성, 토량 등도 계산하게 되는 것이다.

4.2 작업과정

도상계획	지형도상에서 한 두 개의 계획노선을 선정한다.
형장답사	도상계획노선에 따라 현장 답사를 한다.
예측	답사에 의하여 유망한 노선이 결정되면 그 노선을 더욱 자세히 조사하기 위하여 트래버스측량과 주변에 대한 측량을 실시한다.
도상선정	예측이 끝나면 노선의 기울기, 곡선, 토공량, 터널과 같은 구조물의 위치와 크기, 공사비 등을 고려하여 가장 바람직한 노선을 지형도 위에 기입하는 단계이다.
현장실측	도상에서 선정된 최저노선을 지상에 측설하는 것이다.

4.3 작업과정 및 방법

노선선정(路線選定)	도상선정	국토지리정보원 발행의 1/50,000 지형도(또는 1/25,000 지형도, 필요에 따라 1/200,000 지형도)를 사용하여, 생각하는 노선은 전부 취하여 검토하고, 여러 개의 노선을 선정한다.
	종단면도 작성	도상선정의 노선에 관하여 지형도에서부터 종단면도(축척 종 1/2,000, 횡단 1/25,000)를 작성한다.
	현지답사	이상의 노선에 대하여 현지답사를 하여 수정할 개소는 수정하고 비교 검토하여 개략의 노선(route)을 결정한다.

<table>
<tr><td rowspan="5">계획조사측량
(計劃調査測量)</td><td>지형도
작성</td><td colspan="2">계획선의 중심에서, 폭 약 300m(비교선이 어느 정도 떨어져 있는 경우는 필요에 따라 폭을 넓힌다.)에 대하여, 항공사진의 도화(축척 1/5,000 또는 1/2,500)를 한다.</td></tr>
<tr><td>비교노선의
선정</td><td colspan="2">1/5,000의 지형도상에 비교노선을 기입하고, 평면선형을 검토한다. 관측점의 간격은 100m로 한다.</td></tr>
<tr><td>종단면도
작성</td><td colspan="2">지형도에서 종단면도(축척 종 1/500, 횡 1/5,000 또는 종 1/250, 횡 1/2,500)를 작성한다.</td></tr>
<tr><td>횡단면도
작성</td><td colspan="2">비교선의 각 관측점의 횡단면도(축척 1/200)를 지형도에서 작성한다.</td></tr>
<tr><td>개략노선의
결정</td><td colspan="2">이상의 결과를 현지답사에 의하여 수정하여, 개산공사비를 산출해서 비교검토하고 계획중심선을 결정한다.</td></tr>
<tr><td rowspan="7">실시설계측량
(實施設計測量)</td><td>지형도
작성</td><td colspan="2">계획선의 중심에서 폭 약 100m(필요에 따라 폭을 넓힐 수 있다)에 대하여 항공사진의 도화(1/1,000)를 한다.</td></tr>
<tr><td>중심선의
선정</td><td colspan="2">중심선이 결정되지 않은 경우에는 1/1,000의 지형도상에 비교선을 기입하여, 종횡단면도를 작성하고, 필요하면 현지답사를 실시하여 중심선을 결정한다.</td></tr>
<tr><td>중심선
설치(도상)</td><td colspan="2">1/1,000의 지형도상에서, 다각형의 관측점의 위치를 결정하여 교각을 관측하고, 곡선표, 크로소이드표 등을 이용하여 도해법으로 중심선을 정하여, 보조말뚝 및 20m마다의 중심말뚝 위치를 지형도에 기입한다.</td></tr>
<tr><td>다각측량</td><td colspan="2">용지폭말뚝의 위치를 지적측량의 정확도로 얻기 위하여, 각 관측점 위치의 좌표를 정확히 구하여 측량의 정확도 향상과 신속히 하기 위하여 IP(교점, Intersection Point)점을 연결한 다각측량 혹은 노선을 따라서 다각측량을 실시한다. IP점간에서 시준이 되지 않을 때는 적당한 중간에 절점을 설치한다.</td></tr>
<tr><td>중심선
설치(현지)</td><td colspan="2">다각측량의 결과 IP점에 있어서의 교각과 IP점간의 거리가 직접 혹은 간접으로 정확히 구해지므로, 이것을 기초로 하여 완화곡선과 단곡선의 계산을 하여 직접 지형도에 기입하고, 다시 현지에 중심말뚝을 설치한다.</td></tr>
<tr><td rowspan="2">고저측량</td><td>고저측량</td><td>중심선을 따라서 고저측량을 실시한다. 고저기준점(BM, Bench Mark)의 간격은 500~1,000m로 하고, 노선에서 약간 떨어진 곳에 설치한다.</td></tr>
<tr><td>종단면도
작성</td><td>중심선을 따라서 종단측량과 횡단측량을 실시하여, 종단면도(축척 종 1/100, 횡 1/1,000)와 횡단면도(축척 1/100 또는 1/200)를 작성한다.</td></tr>
</table>

세부측량 (細部測量)	구조물의 장소에 대해서, 지형도(축척 중 1/500~1/100)와 종횡단면도(축적 중 1/100, 횡 1/500~1/100)를 작성한다.	
용지측량 (用地測量)	횡단면도에 계획단면을 기입하여 용지 폭을 정하고, 축척 1/500 또는 1/600로 용지도를 작성한다. 용지폭말뚝을 설치할 때는 중심선에 직각인 방향을 구하는 것에 주의해야 한다. 구점의 요구 정확도에 따라 직각기 혹은 트랜시트, 레벨(수평분도원이 부착된 것)을 이용하여 방향을 구하고, 관측에는 천줄자 또는 쇠줄자 등을 이용하든가, 시거측량이나 관측봉을 이용하는 방법을 취한다.	
공사측량 (工事測量)	검사관측	중심말뚝의 검사관측, TBM(가고저기준점, Temporary Bench Mark)과 중심 말뚝의 높이의 검사관측을 실시한다.
	가인조점 등의 설치	필요하면 TBM을 500m 이내에 1개 정도로 설치한다. 또 중요한 보조말뚝의 외측에 인조점을 설치하고, 토공의 기준틀, 콘크리트 구조물의 형간의 위치측량 등을 실시한다.

4.3.1 노선조건

① 가능한 직선으로 할 것
② 가능한 한 경사가 완만할 것
③ 토공량이 적고 절토와 성토가 짧은 구간에서 균형을 이룰 것
④ 절토의 운반거리가 짧을 것
⑤ 배수가 완전할 것

4.3.2 노선측량

가. 종단측량

종단측량은 중심선에 설치된 관측점 및 변화점에 박은 중심말뚝, 추가말뚝 및 보조말뚝을 기준으로 하여 중심선의 지반고를 측량하고 연직으로 토지를 절단하여 종단면도를 만드는 측량이다.

1) 종단면도 작성

외업이 끝나면 종단면도를 작성한다. 수직축척은 일반적으로 수평축척보다 크게 잡으며 고저차를 명확히 알아볼 수 있도록 한다.

2) 종단면도 기재사항

① 관측점 위치
② 관측점간의 수평거리
③ 각 관측점의 기점에서의 누가거리

④ 각 관측점의 지반고 및 고저기준점(BM)의 높이
⑤ 관측점에서의 계획고
⑥ 지반고와 계획고의 차(성토 절토 별)
⑦ 계획선의 경사

나. 횡단측량

횡단측량에서는 중심말뚝이 설치되어 있는 지점에서 중심선의 접선에 대하여 직각방향(법선방향)의 지표면을 절단한 면을 얻어야 하는데 이때 중심말뚝을 기준으로 하여 좌우의 지반고가 변화하고 있는 점의 고저 및 중심말뚝에서의 거리를 관측하는 측량이 횡단측량이다.

4.4 분류

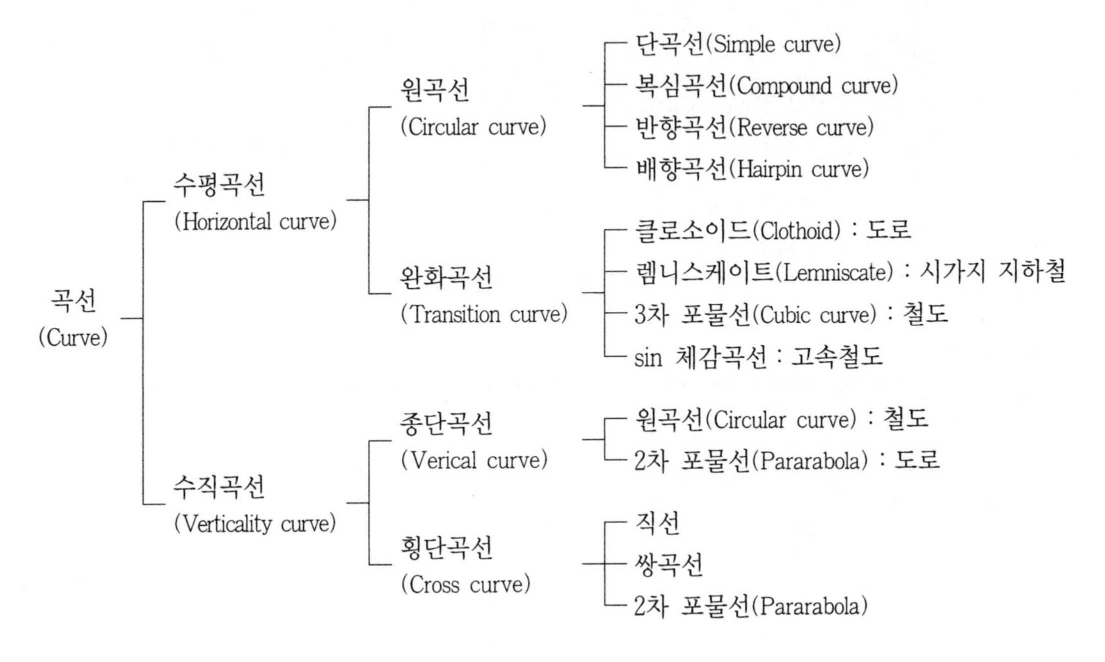

4.5 순서

① 지형측량 ② 중심선측량
③ 종단측량 ④ 횡단측량
⑤ 용지측량 ⑥ 시공측량

4.6 단곡선의 각부 명칭 및 공식

4.6.1 단곡선의 각부 명칭

기호	명칭
B.C	곡선시점(Biginning of curve)
E.C	곡선종점(End of curve)
S.P	곡선중점(Secant Point)
I.P	교점(Intersection Point)
I	교각(Intersetion angle)
∠AOB	중심각(Central angl) : I
R	곡선반경(Radius of curve)
$\widehat{AB}$	곡선장(Curve length) : C.L
AB	현장(Long chord) : C
T.L	접선장(Tangent length) : AD, BD
M	중앙종거(Middle ordinate)
E	외할(External secant)
δ	편각(Deflection angle) : ∠ VAG

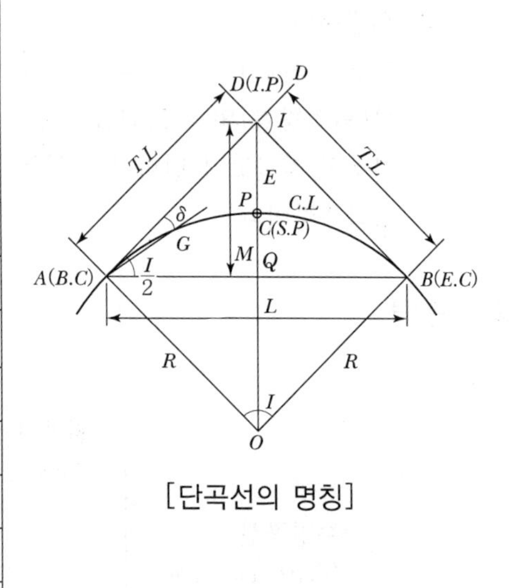

[단곡선의 명칭]

4.6.2 공식

구분	공식
접선장 (Tangent length)	$\tan\frac{I}{2}=\frac{TL}{R}$ 에서 $TL=R\cdot\tan\frac{I}{2}$
곡선장 (Curve length)	• 원둘레 : $2\pi R$ • 중심각 1°에 대한 원둘레의 길이 : $\frac{2\pi R}{360°}$ • $2\pi R : CL = 360° : I$ $\therefore CL=\frac{\pi}{180°}\cdot R\cdot I$ $=0.01745RI$

외할 (External secant)	$\sec\frac{I}{2}=\frac{l}{R}$에서 $l=R\cdot\sec\frac{I}{2}$ $E=l-R$ $=R\cdot\sec\frac{I}{2}-R$ $=R(\sec\frac{I}{2}-1)$	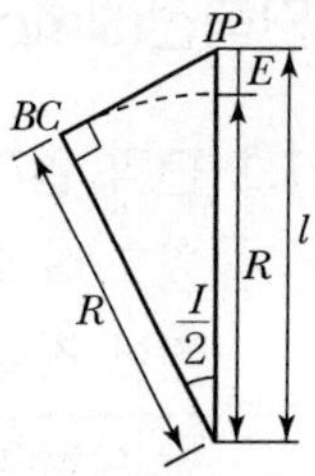 IP, E, BC, R, l, R, $\frac{I}{2}$
중앙종거 (Middle ordinate)	$\cos\frac{I}{2}=\frac{x}{R}$에서 $x=R\cdot\cos\frac{I}{2}$ $M=R-x$ $=R-R\cdot\cos\frac{I}{2}$ $=R\left(1-\cos\frac{I}{2}\right)$	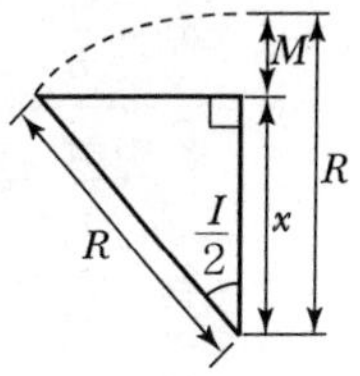 M, R, R, $\frac{I}{2}$, x
현장 (Long chord)	$\sin\frac{I}{2}=\frac{\frac{C}{2}}{R}=\frac{C}{2R}$ $\therefore C=2R\cdot\sin\frac{I}{2}$	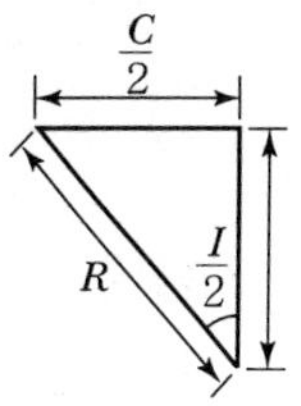 $\frac{C}{2}$, R, $\frac{I}{2}$
편각 (Deflection angle)	$\delta=\frac{l}{2R}\times\frac{180°}{\pi}=\frac{l}{R}\times\frac{90°}{\pi}$	
곡선시점	$B.C=I.P-T.L$	
곡선종점	$E.C=B.C+C.L$	
시단현	$l_1=B.C$ 점부터 $B.C$ 다음 말뚝까지의 거리	
종단현	$l_2=E.C$ 점부터 $E.C$ 바로 앞 말뚝까지의 거리	
호길이(C)와 현길이(l)의 차	$l=C-\frac{C^3}{24R^2}$, $C-l=\frac{C^3}{24R^2}$	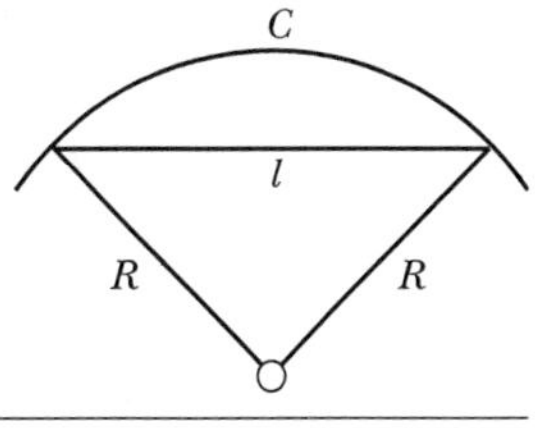 C, l, R, R
중앙종거와 곡률반경의 관계	$R^2-\left(\frac{L}{2}\right)^2=(R-M)^2$ $R=\frac{L^2}{8M}+\frac{M}{2}$ (여기서, $\frac{M}{2}$은 미세하여 무시해도 됨)	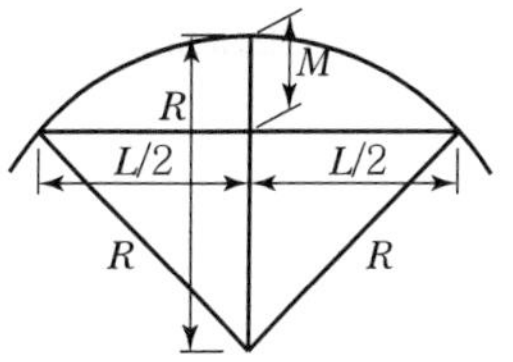 M, R, L/2, L/2, R, R

4.7 단곡선(Simple curve) 설치방법

4.7.1 편각 설치법

철도, 도로 등의 곡선 설치에 가장 일반적인 방법이며, 다른 방법에 비해 정확하나 반경이 적을 때 오차가 많이 발생한다.

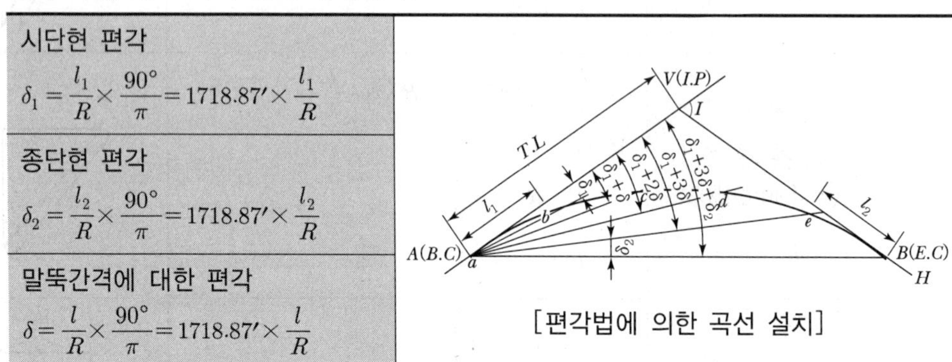

구분	식
시단현 편각	$\delta_1 = \frac{l_1}{R} \times \frac{90°}{\pi} = 1718.87' \times \frac{l_1}{R}$
종단현 편각	$\delta_2 = \frac{l_2}{R} \times \frac{90°}{\pi} = 1718.87' \times \frac{l_2}{R}$
말뚝간격에 대한 편각	$\delta = \frac{l}{R} \times \frac{90°}{\pi} = 1718.87' \times \frac{l}{R}$

[편각법에 의한 곡선 설치]

4.7.2 중앙종거법

곡선반경이 작은 도심지 곡선설치에 유리하며 기설곡선의 검사나 정정에 편리하다. 일반적으로 1/4법이라고도 한다.

$$M_1 = R\left(1 - \cos\frac{I}{2}\right)$$

$$M_2 = R\left(1 - \cos\frac{I}{4}\right)$$

$$M_3 = R\left(1 - \cos\frac{I}{8}\right)$$

$$M_4 = R\left(1 - \cos\frac{I}{16}\right)$$

$$\therefore M_1 = 4M_2$$

[중앙종거법]

1

반경 150m인 원곡선을 설치하려고 한다. 도로의 시점으로부터 740.25m에 있는 교점 IP점에 장애물이 있어 그림과 같이 $\angle A$, $\angle B$를 관측하였을 때 다음 요소들을 계산하시오.

1) 교각
2) TL(접선장)
3) CL(곡선장)
4) C(장현)
5) M(중앙종거)
6) BC의 측점번호, EC의 측점번호
7) 시단현, 종단현 길이
8) 시단현 편각, 종단현 편각

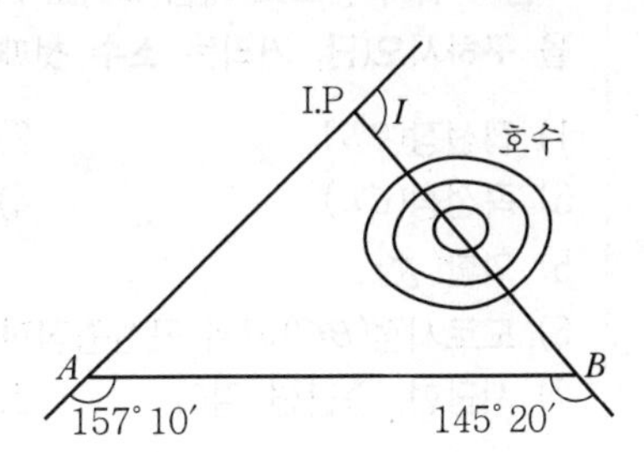

1) 교각

① $\angle A = 180 - 157°10' = 22°50'$

② $\angle B = 180 - 145°\ 20' = 34°40'$

③ 교각$(I) = 22°50' + 34°40' = 57°30'$

2) $TL = R \cdot \tan\frac{I}{2} = 150 \cdot \tan\frac{57°30'}{2} = 82.29\text{m}$

3) $CL = 0.01745R \cdot I = 0.01745 \times 150 \times 57°30' = 150.53\text{m}$

4) $C = 2R \cdot \sin\frac{I}{2} = 2 \times 150 \times \sin\frac{57°30'}{2} = 144.30\text{m}$

5) $M = R\left(1 - \cos\frac{I}{2}\right) = 150\left(1 - \cos\frac{57°30'}{2}\right) = 18.49$

6) BC의 측점번호, EC의 측점번호

$BC = IP - TL = 740.25 - 82.29 = 657.96$

$NO32 + 17.96 = 17.96$

$EC = BC + CL = 657.96 + 150.53 = 808.49$

$NO40 + 8.49 = 8.49\text{m}$

7) 시단현, 종단현 길이

$L_1 = 660 - 657.96 = 2.04$

$L_2 = 808.49 - 800 = 8.49$

8) 시단현편각, 종단현 편각

① 20m에 대한 편각 $\delta = 1718.87'' \times \frac{20}{150} = 3°49'11''$

② 시단현에 대한 편각 $\delta_1 = 1718.87'' \times \frac{2.04}{150} = 0°23'22.6''$

③ 종단현에 대한 편각 $\delta_2 = 1718.87'' \times \frac{8.49}{150} = 1°37'17.28''$

예제 2

다음과 같은 단곡선에서 AC 및 BD 사이의 거리를 편각법을 설치하고자 한다. 그러나 중간에 장애물이 있어 CD의 거리 및 α, β를 측정하여 CD=200m, α=50°, β=40°를 얻었다. C점의 위치가 도보 시점(BC)로부터 150.40m이고 C를 곡선의 시점으로 할 때 다음 요소들을 구하시오(단, 거리는 소수 첫째 자리, 각은 1″단위 계산)

1) 접선장(TL)
2) 곡선반경(R)
3) 곡선장(CL)
4) 중앙종거(M)
5) 외할(E)
6) 도로시점(BC)에서 곡선종점까지 추가거리
7) 시단현, 종단현 길이
8) 편각(δ_1, δ_2)

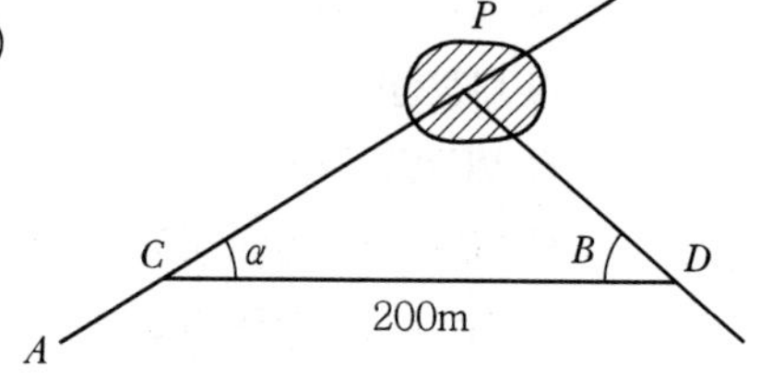

1) 접선장(TL)

$$TL = \frac{TL}{\sin 40} = \frac{200}{\sin 90}$$

$$TL = \frac{\sin 40 \times 200}{\sin 90} = 128.56 = 128.6\text{m}$$

2) 곡선반경(R)

$$TL = R \cdot \tan\frac{I}{2}$$

$$128.6 = R \cdot \tan\frac{90^\circ}{2} \quad R = 128.6\text{m}$$

3) 곡선장(CL)

$$CL = 0.01745R \cdot I = 0.01745 \times 128.6 \times 90^\circ = 202.0$$

4) 중앙종거(M)

$$M = R\left(1 - \cos\frac{I}{2}\right) = 128.6\left(1 - \cos\frac{90^\circ}{2}\right) = 37.7\text{m}$$

5) 외할(E)

$$E = R\left(\sec\frac{I}{2} - 1\right) = 128.6\left(\sec\frac{90^\circ}{2} - 1\right) = 53.3\text{m}$$

6) 도로시점(BC)에서 곡선종점까지 추가거리

$$EC = BC + CL = 150.40 + 202.0 = 352.4\text{m}$$

7) 시단현, 종단현 길이

① $L_1 = 160 - 150.40 = 9.6\text{m}$

② $l_2 = 352.4 - 340 = 12.4\text{m}$

8) 시단현 편각(δ_1), 종단현 편각(δ_2) 길이

①$\delta_1 = 1718.87' \frac{l_1}{R} = 1718.87' \times \frac{9.6}{128.6} = 2°8'18''$

②$\delta_2 = 1718.87' \frac{l_2}{R} = 1718.87' \times \frac{12.4}{128.6} = 2°45'44''$

 3

다음의 그림과 같이 A와 B노선 사이에 노선을 계획할 때 P점에 장애물이 있어 C와 D점에서 $\angle C$, $\angle D$및 CD의 거리를 측정하여 아래의 조건으로 단곡선을 설치하고자 한다. 다음 요소들을 계산하시오.(곡선반경 R=100m, $\overline{CD}$=100m, $\angle C$=30°, $\angle D$=80°, $\overline{AC}$의 거리는 453.02m이고 중심말뚝 간격은 20m 소수 첫째 자리, 각은 초단위)

1) 접선장(TL)
2) 곡선반경(R)
3) 곡선장(CL)
4) 중앙종거(M)
5) 외할(E)
6) 도로시점(BC)에서 곡선종점까지 추가거리
7) 시단현, 종단현 길이
8) 편각(δ_1, δ_2)

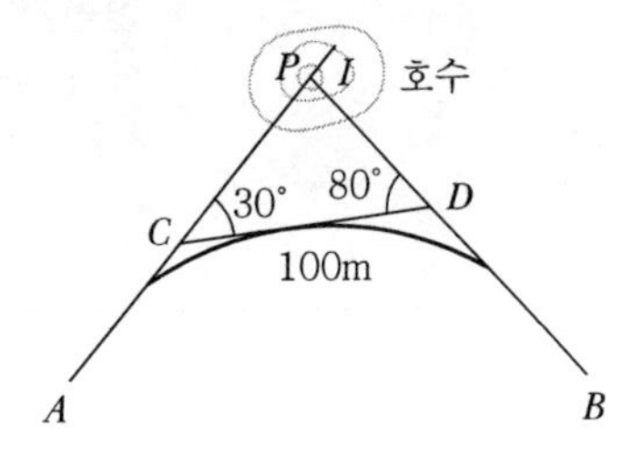

1) 교각(I)

$\angle C + \angle D = 30° + 80° = 110°$

2) 접선장(TL)

$$TL = R \cdot \tan\frac{I}{2} = 100 \cdot \tan\frac{110°}{2} = 142.8\text{m}$$

3) 곡선장(CL)

$CL = 0.01745R \cdot I = 0.01745 \times 100 \times 110° = 192.0\text{m}$

4) 곡선부시점(BC) 곡선부 종점(EC)

① $\overline{CP}$ 거리 $= \dfrac{100}{\sin\angle P} = \dfrac{\overline{CP}}{\sin\angle D}$

$$\overline{CP} = \frac{100 \times \sin 80°}{\sin 70°} = 104.80\text{m}$$

② BC 계산

총거리 $- TL = (453.02 + 104.80) - 142.8 = 415.02\text{m}$

(NO20 + 15.02m)

③ EC 계산

$BC + CL = 415.02 + 192.0 = 607.02\text{m}$

(NO30 + 7.02m)

5) 시단현, 종단현 길이

$L_1 = 20 - 15.2 = 4.98\text{m}$

$L_2 = (\text{NO}30)600 + 7.02 = 7.02\text{m}$

6) 시단편각, 종단편각

① 시단현에 대한 편각 : $\delta_1 = 1{,}718.87' \times \dfrac{4.8}{100} = 1°22'30.35''$

② 종단현에 대한 편각 : $\delta_2 = 1{,}718.87' \times \dfrac{7.02}{100} = 2°0'39.88''$

7) 20m에 대한 편각

$$\delta = 1{,}718.87' \times \frac{20}{100} = 5°43'46''$$

4.7.3 접선편거 및 현편거법

트랜싯을 사용하지 못할 때 폴과 테이프로 설치하는 방법으로 지방도로에 이용되며 정밀도는 다른 방법에 비해 낮다.

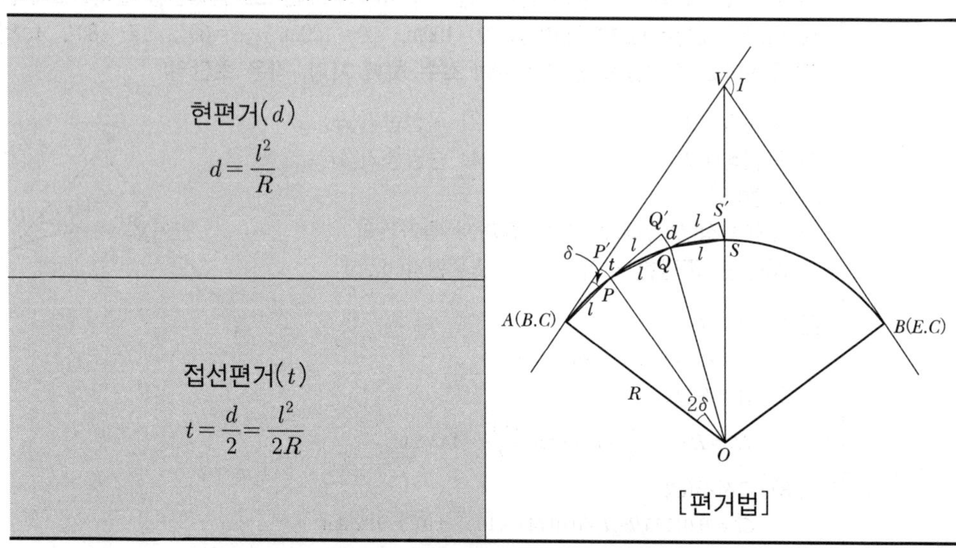

현편거(d)

$$d=\frac{l^2}{R}$$

접선편거(t)

$$t=\frac{d}{2}=\frac{l^2}{2R}$$

[편거법]

4.7.4 접선에서 지거를 이용하는 방법

양접선에 지거를 내려 곡선을 설치하는 방법으로 터널 내의 곡선설치와 산림지에서 벌채량을 줄일 경우에 적당한 방법이다.

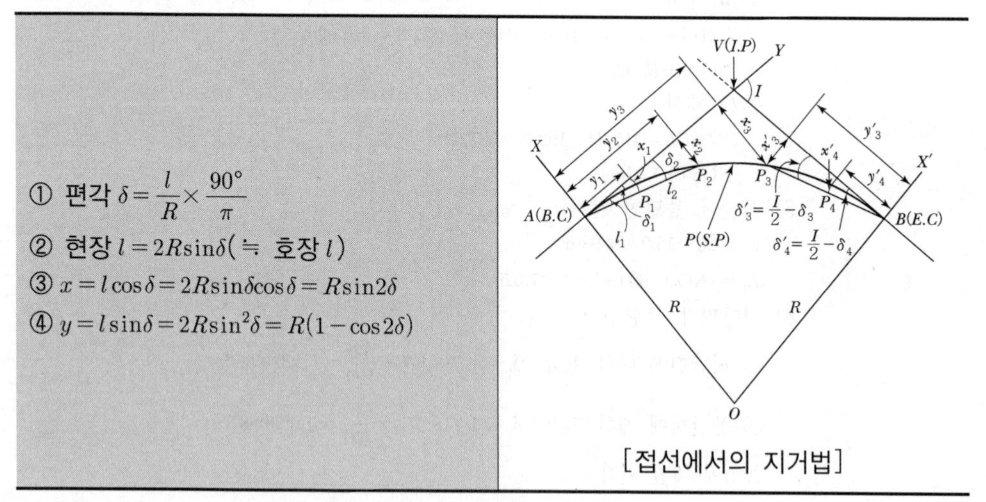

① 편각 $\delta=\frac{l}{R}\times\frac{90°}{\pi}$

② 현장 $l=2R\sin\delta$(≒ 호장 l)

③ $x=l\cos\delta=2R\sin\delta\cos\delta=R\sin2\delta$

④ $y=l\sin\delta=2R\sin^2\delta=R(1-\cos2\delta)$

[접선에서의 지거법]

4.7.5 복심곡선 및 반향곡선 · 배향곡선

복심곡선 (Compound curve)	반경이 다른 2개의 원곡선이 1개의 공통접선을 갖고 접선의 같은 쪽에서 연결하는 곡선을 말한다. 복심곡선을 사용하면 그 접속점에서 곡률이 급격히 변화하므로 될 수 있는 한 피하는 것이 좋다.
반향곡선 (Reverse curve)	반경이 같지 않은 2개의 원곡선이 1개의 공통접선의 양쪽에 서로 곡선중심을 가지고 연결한 곡선이다. 반향곡선을 사용하면 접속점에서 핸들의 급격한 회전이 생기므로 가급적 피하는 것이 좋다.
배향곡선 (Hairpin curve)	반향곡선을 연속시켜 머리핀 같은 형태의 곡선으로 된 것을 말한다. 산지에서 기울기를 낮추기 위해 쓰이므로 철도에서 Switch Back에 적합하여 산허리를 누비듯이 나아가는 노선에 적용한다.

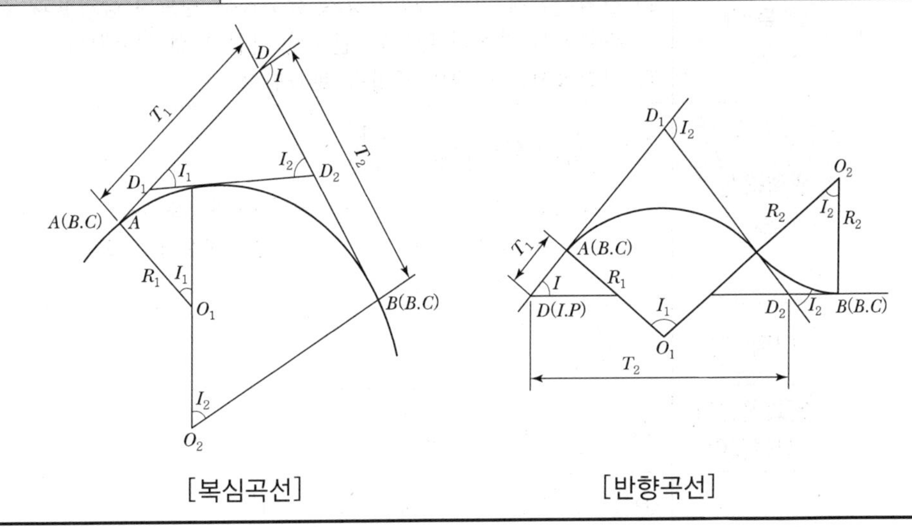

[복심곡선] [반향곡선]

4.8 완화곡선(Transition Curve)

완화곡선(Transition Curve)은 차량의 급격한 회전시 원심력에 의한 횡방향 힘의 작용으로 인해 발생하는 차량운행의 불안정과 승객의 불쾌감을 줄이는 목적으로 곡률을 0에서 조금씩 증가시켜 일정한 값에 이르게 하기 위해 직선부와 곡선부 사이에 넣는 매끄러운 곡선을 말한다.

4.8.1 완화곡선의 성질

구분	내용
완화곡선의 특징	① 곡선반경은 완화곡선의 시점에서 무한대, 종점에서 원곡선 R로 된다. ② 완화곡선의 접선은 시점에서 직선에, 종점에서 원호에 접한다. ③ 완화곡선에 연한 곡선반경의 감소율은 캔트의 증가율과 같다. ④ 완화곡선 종점의 캔트와 원곡선 시점의 캔트는 같다. ⑤ 완화곡선은 이정의 중앙을 통과한다.
완화곡선의 길이	$L=\dfrac{N}{1,000}\cdot C=\dfrac{N}{1,000}\cdot\dfrac{SV^2}{gR}$ 여기서, C : Cant　　g : 중력가속도 S : 궤간 거리　　N : 완화곡선과 캔트의 비 V : 열차의 속도
이정(f)	$f=\dfrac{L^2}{24R}$
완화곡선의 접선길이	$TL=\dfrac{L}{2}+(R+f)\tan\dfrac{I}{2}$
완화곡선의 종류	① 클로소이드 : 고속도로에 많이 사용된다. ② 렘니스케이트 : 시가지 철도에 많이 사용된다. ③ 3차 포물선 : 철도에 많이 사용된다. ④ 반파장 sine 체감곡선 : 고속철도에 많이 사용된다. [완화곡선의 종류]

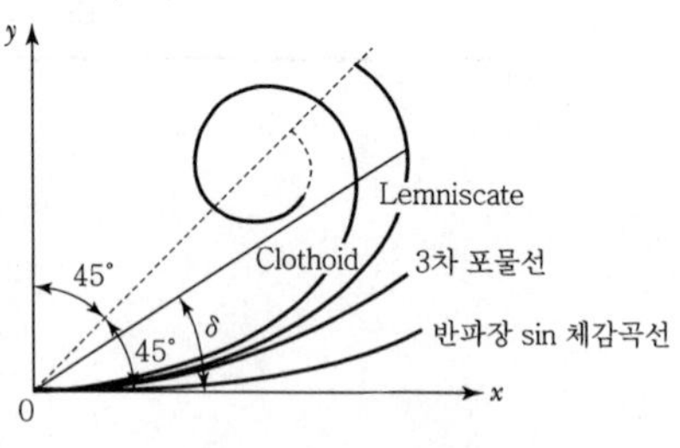

4.8.2 캔트(Cant)와 확폭(Slack)

가. 캔트

곡선부를 통과하는 차량이 원심력이 발생하여 접선 방향으로 탈선하려는 것을 방지하기 위해 바깥쪽 노면을 안쪽 노면보다 높이는 정도를 말하며 편경사라고 한다.

나. 슬랙

차량과 레일이 꼭 끼어서 서로 힘을 입게 되면 때로는 탈선의 위험도 생긴다. 이러한 위험을 막기 위하서 레일 안쪽을 움직여 곡선부에서는 궤간을 넓힐 필요가 있다. 이 넓힌 치수를 말한다. 확폭이라고도 한다.

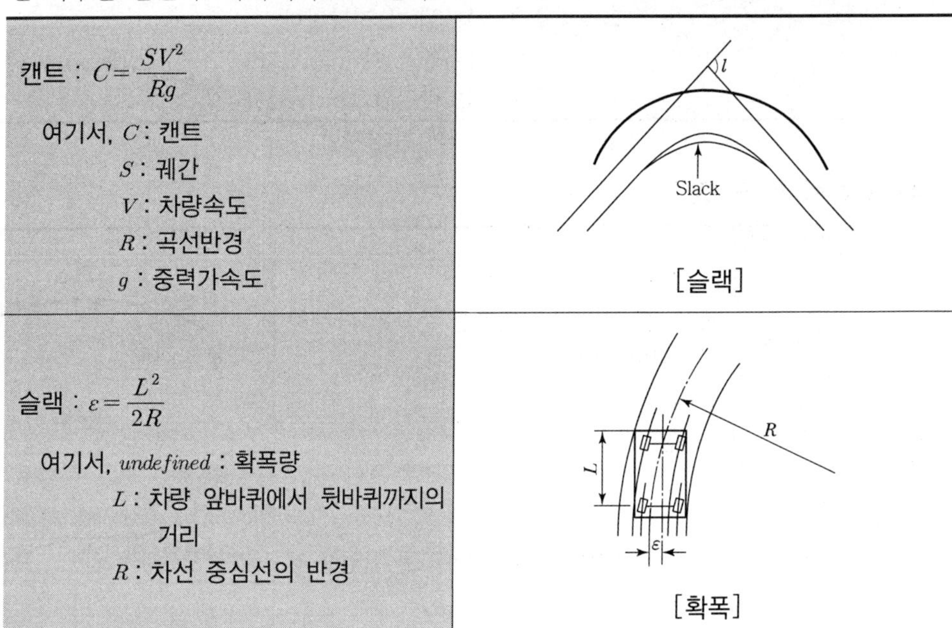

캔트 : $C=\dfrac{SV^2}{Rg}$ 여기서, C : 캔트 S : 궤간 V : 차량속도 R : 곡선반경 g : 중력가속도	[슬랙]
슬랙 : $\varepsilon=\dfrac{L^2}{2R}$ 여기서, $undefined$: 확폭량 L : 차량 앞바퀴에서 뒷바퀴까지의 거리 R : 차선 중심선의 반경	[확폭]

4.9 클로소이드(Clothoid) 곡선

곡률이 곡선장에 비례하는 곡선을 클로소이드 곡선이라 한다.

4.9.1 클로소이드 공식

매개변수(A)	$A=\sqrt{RL}=l\cdot R=L\cdot r=\dfrac{L}{\sqrt{2\tau}}=\sqrt{2\tau}\cdot R,\ A^2=RL=\dfrac{L^2}{2\tau}=2\tau R^2$
곡률반경(R)	$R=\dfrac{A^2}{L}=\dfrac{A}{l}=\dfrac{L}{2\tau}=\dfrac{A}{2\tau}$
곡선장(L)	$L=\dfrac{A^2}{R}=\dfrac{A}{r}=2\tau R=A\sqrt{2\tau}$
접선각(τ)	$\tau=\dfrac{L}{2R}=\dfrac{L^2}{2A^2}=\dfrac{A^2}{2R^2}$

4.9.2 클로소이드 성질

클로소이드 성질	① 클로소이드는 나선의 일종이다. ② 모든 클로소이드는 닮은꼴이다.(상사성이다.) ③ 단위가 있는 것도 있고 없는 것도 있다. ④ τ는 30°가 적당하다. ⑤ 확대율을 가지고 있다. ⑥ τ는 라디안으로 구한다.

4.9.3 클로소이드 형식

기본형	직선, 클로소이드, 원곡선 순으로 나란히 설치되어 있는 것	직선 원곡선 직선 클로소이드 A_1 클로소이드 A_1 [기본형]
S형	반향곡선의 사이에 클로소이드를 삽입한 것	원곡선 R_1 클로소이드 A_1 클로소이드 A_2 원곡선 R_2 [S형]
난형	복심곡선의 사이에 클로소이드를 삽입한 것	클로소이드 A 원곡선 원곡선 [난형]
凸형	같은 방향으로 구부러진 2개 이상의 클로소이드를 직선적으로 삽입한 것	직선 원곡선 직선 클로소이드 A_1 클로소이드 A_1 [凸형]
복합형	같은 방향으로 구부러진 2개 이상의 클로소이드를 이은 것으로 모든 접합부에서 곡률은 같다.	클로소이드 A_1 클로소이드 A_3 클로소이드 A_2 [복합형]

4.9.4 클로소이드 설치법

클로소이드 설치법	직각좌표에 의한 방법	• 주접선에서 직각좌표에 의한 설치법 • 현에서 직각좌표에 의한 설치법 • 접선으로부터 직각좌표에 의한 설치법
	극좌표에 의한 방법	• 극각 동경법에 의한 설치법 • 극각 현장법에 의한 설치법 • 현각 현장법에 의한 설치법
	기타에 의한 방법	• 2/8법에 의한 설치법 • 현다각으로부터의 설치법

4.10 종단곡선(수직곡선)

노선의 종단구배가 변하는 곳에 충격을 완화하고 충분한 시거를 확보해 줄 목적으로 적당한 곡선을 설치하여 차량이 원활하게 주행할 수 있도록 설치한 곡선을 말한다.

4.10.1 원곡선에 의한 종단곡선

곡선 길이 (L)	도로		$L=\frac{(m-n)}{360}V^2$
	철도	원곡선	$l=\frac{R}{2}(m-n)=\frac{R}{2}\left(\frac{m}{1,000}-\frac{-n}{1,000}\right)$ $L=l_1+l_2=R(m\pm n)$
		포물선	$L=4(m-n)=4\left(\frac{m}{1,000}-\frac{n}{1,000}\right)$
종거 (y)	도로		$y=\frac{(m-(-n))}{2L}x^2$
	철도		$y=\frac{x^2}{2R}$
구배선 계획고(H')			$H'=H_0+\frac{m}{100}\cdot x$
종곡선 계획고(H)			$H=H'-y=H_0+\left(\frac{M}{100}\cdot x\right)-y$

여기서, L : 종곡선 길이, R : 곡선반경
m과 n : 구배(상향+, 하향−)
y : 종거길이
x : 곡선시점에서 종거까지의 거리
H' : 구배선 계획고, H : 종곡선 계획고
H_0 : A점의 표고, V : 속도(km/h)

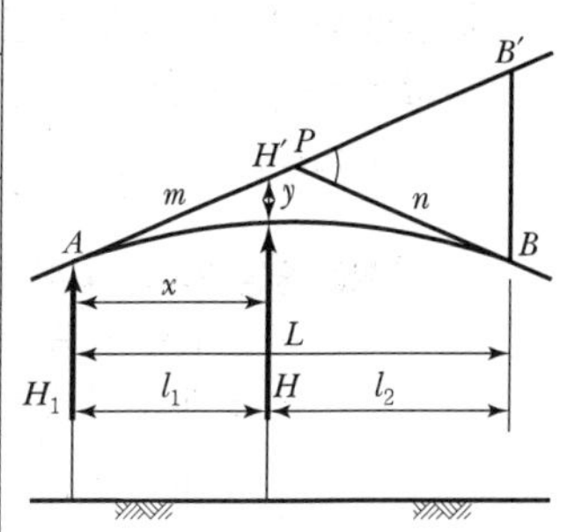

예상 및 기출문제

1. 도로에 사용되는 곡선 중 수평곡선에 사용되지 않는 것은?

㉮ 단곡선　　㉯ 복심곡선　　㉰ 반향곡선　　㉱ 2차 포물선

해설

곡선 ┬ 수평곡선 ┬ 원곡선(단곡선, 복심곡선, 반향곡선, 배향곡선)
　　 │　　　　　└ 완화곡선(클로소이드, 렘니스케이트, 3차 포물선, 사인체감곡선
　　 └ 종곡선(원곡선, 2차 포물선)

2. 원곡선에서 교각 I=60°, 곡선반지름 R=200m, 곡선시점 B.C=No.8+15m일 때 노선기점에서부터 곡선종점 E.C까지의 거리는?(단, 중심말뚝 간격은 20m이다.)

㉮ 209.4m　　㉯ 275.4m　　㉰ 309.4m　　㉱ 384.4m

해설 곡선종점 E.C까지의 거리=곡선종점의 위치(B.C의 추가거리)+(C.L)
중심말뚝 간격이 20m이므로 B.C=175m+C.L
=175+(0.01745×200×60°)
=384.4m

3. 중앙종거법에 의해 곡선을 설치하고자 한다. 장현(L)에 대한 중앙종거를 M_1이라 할 때, M_4의 값은?(단, 교각은 56°20′이고, 곡선반지름은 500m이다.)

㉮ 0.794m　　㉯ 0.845m　　㉰ 0.897m　　㉱ 0.944m

해설 중앙종거에 의한 방법(일명 1/4법)
곡선의 반경 또는 곡선의 길이가 작은 시가지의 곡선설치와 철도, 도로 등의 기설 곡선의 검사 또는 개정 시 편리하다.

$$M_1 = R\left(1-\cos\frac{I}{2}\right)$$

$$M_2 = R\left(1-\cos\frac{I}{4}\right)$$

$$M_3 = R\left(1-\cos\frac{I}{8}\right)$$

$$M_4 = R\left(1-\cos\frac{I}{16}\right)$$

따라서 $M_4 = 500\left(1-\cos\frac{56°20'}{16}\right) = 0.944\text{m}$

해답 1. ㉱ 2. ㉱ 3. ㉱

4. 곡선반지름 R=80m, 클로소이드 곡선길이 L=20m일 때 클로소이드의 파라미터 A의 값은?

㉮ 1600m ㉯ 120m ㉰ 80m ㉱ 40m

해설 $A=\sqrt{R\cdot L}$
$=\sqrt{80\times 20}=40\text{m}$

5. 철도, 도로 등의 단곡선 설치에서 접선과 현이 이루는 각을 이용하여 곡선을 설치하는 방법은?

㉮ 편각법 ㉯ 중앙종거법 ㉰ 접선편거법 ㉱ 접선지거법

해설 단곡선 설치방법
① 편각법 : 가장 널리 이용. 다른 방법에 비해 정밀하므로 도로 및 철도에 사용
② 중앙종거법 : 1/4법, 반경이 작은 도심지곡선 설치 및 기설 곡선 검정에 이용
③ 지거법 : 터널 내의 곡선설치 및 산림지역의 채벌량을 줄일 경우 적당
④ 접선편거 및 현편거 : 신속·간편하나 정도가 낮다. 폴과 줄자만으로 곡선 설치, 지방도 및 수로, 농로의 곡선 설치에 이용

6. 캔트를 계산하여 C를 얻었다. 같은 조건에서 곡선반지름을 4배로 할 때 변화된 캔트(C′)는?

㉮ C/4 ㉯ C/2 ㉰ 2C ㉱ 4C

해설 완화곡선에서 곡선반경의 증가율은 캔트의 감소율과 동률(다른 부호)이므로 반지름이 4배가 되면 캔트는 1/4배가 된다.

$C=\dfrac{SV^2}{gR}$ $E=\dfrac{L^2}{2R}$

여기서, S : 궤간, V : 차량속도, R : 곡선반경, g : 중력가속도,
L : 차량 앞바퀴에서 뒷바퀴까지의 거리, C : 캔트, E : 확폭

7. 고속차량이 직선부에서 곡선부로 주행할 경우, 안전하고 원활히 통과할 수 있게 설치하는 것은?

㉮ 단곡선 ㉯ 접선 ㉰ 절선 ㉱ 완화곡선

해설 곡률이 무한대인 직선과 곡률이 작은 곡선 사이에 완충작용을 하도록 삽입하는 곡선으로 3차포물선, 렘니스케이트, 클로소이드 등이 사용된다.

8. 곡선의 반지름이 200m, 교각 80도 20분의 원곡선을 설치하려고 한다. 시단현에 대한 편각이 2도 10분이라면 시단현의 길이는?

㉮ 13.96m ㉯ 15.13m ㉰ 16.29m ㉱ 17.76m

해설 • 시단현의 편각(σ) $=1,718.87'\dfrac{l}{R}=1,718.87'\dfrac{l}{200}=2°10'00''$

• 시단현의 길이(l) $=\dfrac{200\times 2°10'00''}{1,718.87'}=15.126\text{m}$
$=15.13\text{m}$

9. 축척 1/50,000의 지형도에서 A의 표고가 235m이고, B의 표고가 563m일 때 지형도상에 주곡선의 간격으로 등고선을 몇 개 삽입할 수 있는가?

㉮ 13　　㉯ 15　　㉰ 17　　㉱ 19

해설 등고선의 간격 중 축척 1/50,000, 주곡선 간격은 20m이므로 두 점의 표고차는 563m－235m＝328m이다.

$\frac{328}{20}=16.4$개

10. 곡선반지름 R＝2500m, 캔트(Cant) 80mm인 철도 선로를 설계할 때, 적합한 설계 속도는 약 몇 m/s인가?(단, 레일 간격은 1m로 가정한다.)

㉮ 44　　㉯ 50　　㉰ 55　　㉱ 60

해설 $c=\frac{S.V^2}{g.R}$

$V=\sqrt{\frac{c.g.R}{S}}$

$=\sqrt{\frac{0.08\times9.8\times2,500}{1}}$

$=44\text{m/sec}$

11. 다음 중 원곡선의 종류가 아닌 것은?

㉮ 반향곡선　　㉯ 단곡선
㉰ 렘니스케이트 곡선　　㉱ 복심곡선

해설 ① 복심곡선 : 반경이 다른 2개의 단곡선이 그 접속점에서 공통 접선을 갖고 곡선의 중심이 공통 접선과 같은 방향에 있을 때 이것을 복곡선이라 한다.
② 반향곡선 : 반경이 같지 않은 2개의 단곡선이 공통 접선을 갖고 곡선의 중심이 공통 곡선의 반대쪽에 있는 곡선
③ 곡선의 종류
㉠ 원곡선 : 단곡선, 복심곡선, 반향곡선, 배향곡선
㉡ 완화곡선 : 클로소이드, 3차 포물선, 렘니스케이트, sine체감곡선
㉢ 수직곡선 : 종곡선(원곡선, 2차 포물선), 횡단곡선

12. 완화곡선에 대한 설명으로 틀린 것은?

㉮ 반지름은 그 시작점에서 무한대이고, 종점에서는 원곡선의 반지름과 같다.
㉯ 접선은 시점에서는 직선에, 종점에서는 원호에 접한다.
㉰ 완화곡선 중 클로소이드 곡선은 철도에 주로 이용된다.
㉱ 완화곡선에 연한 곡선반지름의 감소율은 캔트의 증가율과 같다.

해답 9. ㉰ 10. ㉮ 11. ㉰ 12. ㉰

해설 완화곡선의 특징

① 곡선반경은 완화곡선의 시점에서 무한대, 종점에서 원곡선의 반지름과 같다.
② 완화곡선의 접선은 시점에서 직선에, 종점에서 원호에 접한다.
③ 완화곡선에 연한 곡선반경의 감소율은 캔트의 증가율과 같다.
④ 완화곡선의 종점의 캔트와 원곡선 시점의 캔트는 같다.

곡선 (Curve)	수평곡선 (Horizontal curve)	원곡선 (Circular curve)	• 단곡선(Simple curve) • 복심곡선(Compound curve) • 반향곡선(Reverse curve) • 배향곡선(Hairpin curve)
		완화곡선 (Transition curve)	• 클로소이드(Clothoid) : 도로 • 렘니스케이트(Lemniscate) : 시가지 지하철 • 3차 포물선(Cubic curve) : 철도 • sin 체감곡선 : 고속철도
	종곡선 (Vertical curve)	• 원곡선(Circular curve) : 철도 • 2차 포물선(Parabola) : 도로	

13. 등고선의 종류에 대한 설명으로 옳지 않은 것은?

㉮ 지형을 표시하는 데 기본이 되는 곡선을 주곡선이라 한다.
㉯ 간곡선은 주곡선 간격의 1/2의 간격으로 표시한다.
㉰ 조곡선은 간곡선 간격의 1/2의 간격으로 표시한다.
㉱ 계곡선은 주곡선 간격의 1/2의 간격으로 표시한다.

해설 축척별 등고선의 간격 (단위 : m)

등고선 간격 기호	1/10,000	1/25,000	1/50,000
주곡선 - 가는 실선	5	10	20
간곡선 - 가는 파선	2.5	5	10
조곡선 - 가는 점선	1.25	2.5	5
계곡선 - 굵은 실선	25	50	100

14. 노선측량의 일반적인 작업순서로 옳은 것은?

(1) 지형측량	(2) 중심선측량	(3) 공사측량	(4) 노선선정

㉮ (4)→(1)→(2)→(3) ㉯ (1)→(3)→(2)→(4)
㉰ (4)→(3)→(2)→(1) ㉱ (2)→(1)→(3)→(4)

해설 노선측량의 순서

노선선정 - 지형측량 - 중심선측량 - 공사측량

15. 단곡선에서 교각 I=36°20′, 반지름 R=500m 노선의 기점에서 교점(IP)까지의 거리는 6,500m이다. 20m 간격으로 중심말뚝을 설치할 때 종단현의 길이(l_2)는?

㉮ 7m ㉯ 10m ㉰ 13m ㉱ 16m

해설 노선측량에서 곡선종점(E.C)까지의 거리는 곡선시점(B.C)+곡선길이(C.L)이고,
곡선시점(B.C)=교점(I.P)−접선장(T.L)이므로, 먼저 B.C를 구하기 위해서는 T.L을 알아야 한다.

$T.L = R\tan\frac{I}{2} = 500\tan 18°10' = 164.06\text{m}$

$\therefore B.C = 6,500 - 164 = 6,336\text{m}$

다음으로 곡선길이(C.L)를 구하면

$C.L = 0.01745RI = 0.01745 \times 500 \times 36°20' = 317\text{m}$

$E.C = 6336 + 317 = 6653\text{m}$

∴ 노선출발점에서 곡선종점까지의 체인당 거리는

$E.C = 6653 \div 20 = \text{No.}332 + 13$

∴ 종단현의 길이(l_2)=13m

16. 등고선의 성질에 대한 설명으로 옳지 않은 것은?

㉮ 동일 등고선상의 모든 점들은 같은 높이에 있다.
㉯ 경사가 급하면 간격이 넓고 경사가 완만하면 간격이 좁다.
㉰ 능선 또는 계곡선과 직각으로 만난다.
㉱ 도면 내외에서 폐합하는 폐곡선이다.

해설 등고선의 성질

① 동일 등고선상에 있는 모든 점은 같은 높이다.
② 등고선은 도면 내, 외에서 폐합하는 폐곡선이다.
③ 지도의 도면 내에서 폐합하는 경우 등고선의 내부에 산정 또는 분지가 있다.
④ 두 쌍의 등고선의 볼록부가 상대할 때는 볼록부를 나타낸다.
⑤ 높이가 다른 두 등고선은 동굴이나 절벽의 지형이 아닌 곳에서는 교차하지 않으며, 동굴이나 절벽은 반드시 두 점에서 교차한다.
⑥ 등고선은 경사가 급한 곳에서는 등고선의 간격이 좁아지고 완만한 곳에서는 넓어진다.

17. 완화곡선의 성질에 대한 설명으로 옳지 않은 것은?

㉮ 완화곡선의 반지름은 시점에서 무한대이다.
㉯ 완화곡선의 반지름은 종점에서 원곡선의 반지름과 같다.
㉰ 완화곡선의 접선은 시점과 종점에서 직선에 접한다.
㉱ 곡선반경의 감소율은 캔트의 증가율과 같다.

해설 완화곡선의 특징

① 곡선반경은 완화곡선의 시점에서 무한대, 종점에서 원곡선의 반지름과 같다.
② 완화곡선의 접선은 시점에서 직선에, 종점에서 원호에 접한다.
③ 완화곡선에 연한 곡선반경의 감소율은 캔트의 증가율과 같다.
④ 완화곡선의 종점의 캔트와 원곡선 시점의 캔트는 같다.

해답 15. ㉰ 16. ㉯ 17. ㉰

18. 그림과 같이 2개의 산꼭대기가 서로 만나는 곳으로 좋은 교통로가 되는 고개부분을 무엇이라 하는가?

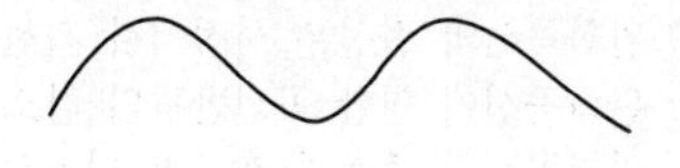

㉮ 요지
㉯ 능선
㉰ 안부
㉱ 경사변환점

해설 안부란 산악능선이 낮아져서 말안장 모양으로 된 곳을 말하며 곡두침식이 양쪽에서 일어나 능선이 낮아진 데서 생긴다. 산을 넘는 교통로는 대체로 이 부분을 이용하며 "고개"라고 부른다.

19. 노선측량에서 단곡선의 설치방법 중 접선과 현이 이루는 각을 이용하여 곡선을 설치하는 방법은?

㉮ 편각법　　㉯ 중앙종거법　　㉰ 장현지거법　　㉱ 좌표에 의한 설치법

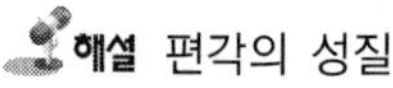

해설 편각의 성질
① 단곡선에서 접선과 현이 이루는 각이다.
② 도로 및 철도에 널리 사용한다.
③ 곡선반경이 작으면 오차가 따른다.

20. 그림과 같이 단곡선을 설치할 경우 곡률반지름을 R, 교각을 I라고 할 때 장현의 길이 AB를 계산하는 식으로 옳은 것은?

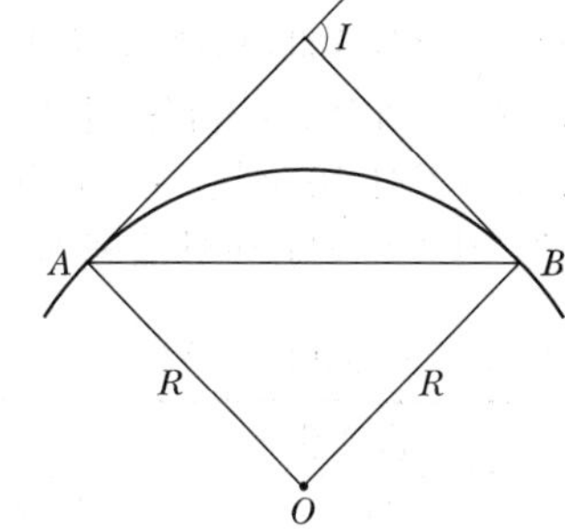

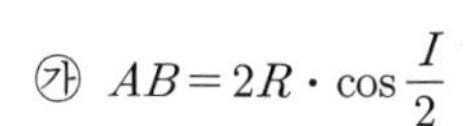

㉮ $AB = 2R \cdot \cos\frac{I}{2}$

㉯ $AB = R \cdot \sin\frac{I}{2}$

㉰ $AB = 2R \cdot \tan\frac{I}{2}$

㉱ $AB = 2R \cdot \sin\frac{I}{2}$

해설
- 곡선장 : $C.L = R \cdot I(\text{rad}) = R \cdot I \cdot \frac{\pi}{180°} = 0.01745RI$
- 장현 : $L = 2R \cdot \sin\frac{I}{2}$
- 중앙종거 : $M = R\left(1 - \cos\frac{I}{2}\right)$

21. 완화곡선(緩和曲線)에 대한 설명으로 옳지 않은 것은?

㉮ 완화곡선의 반지름은 무한대부터 시작하여 점차 감소하여 원의 반지름이 된다.
㉯ 우리나라 도로에서는 완화곡선으로 클로소이드 곡선을 주로 사용한다.
㉰ 완화곡선의 곡률은 일정한 값부터 점차 감소하여 0이 된다.
㉱ 완화곡선의 접선은 시점에서 직선에 접한다.

해답 18. ㉰ 19. ㉮ 20. ㉱ 21. ㉰

해설 완화곡선의 특징

① 곡선반경은 완화곡선의 시점에서 무한대, 종점에서 원곡선의 반지름과 같다.
② 완화곡선의 접선은 시점에서 직선에, 종점에서 원호에 접한다.
③ 완화곡선에 연한 곡선반경의 감소율은 캔트의 증가율과 같다.
④ 완화곡선의 종점의 캔트와 원곡선 시점의 캔트는 같다.

22. 원곡선에서 교각(I)이 90°일 때, 외할(E)이 25m라고 하면 곡선반지름은?

㉮ 35.6m ㉯ 46.2m ㉰ 60.4m ㉱ 93.7m

해설 $E=R\left(\sec\frac{I}{2}-1\right)$에서

$$R=\frac{E}{\sec\frac{I}{2}-1}=\frac{25}{\sec 45°-1}=\frac{25}{\frac{1}{\cos 45°}-1}=60.38\text{m}$$

$$\sin A=\frac{1}{\operatorname{cosec}A}$$

$$\cos A=\frac{1}{\sec A}$$

$$\tan A=\frac{1}{\cot A}$$

23. 등고선에 대한 설명으로 옳지 않은 것은?

㉮ 계곡선 간격이 100m이면 주곡선 간격은 20m이다.
㉯ 계곡선은 주곡선보다 굵은 실선으로 그린다.
㉰ 주곡선 간격이 10m이면 1 : 10000 지형도이다.
㉱ 간곡선 간격이 2.5m이면 주곡선 간격은 5m이다.

해설 1. 축척별 등고선의 간격 (단위 : m)

등고선	기호	1/10,000	1/25,000	1/50,000
주곡선	가는 실선	5	10	20
간곡선	가는 파선	2.5	5	10
조곡선	가는 점선	1.25	2.5	5
계곡선	굵은 실선	25	50	100

2. 등고선의 성질
① 동일 등고선상에 있는 모든 점은 같은 높이이다.
② 등고선은 도면 내, 외에서 폐합하는 폐곡선이다.
③ 지도의 도면 내에서 폐합하는 경우 등고선의 내부에 산정 또는 분지가 있다.
④ 두 쌍의 등고선의 볼록부가 상대할 때는 볼록부를 나타낸다.
⑤ 높이가 다른 두 등고선은 동굴이나 절벽의 지형이 아닌 곳에서는 교차하지 않으며, 동굴이나 절벽은 반드시 두 점에서 교차한다.

 해답 22. ㉰ 23. ㉰

24. 교각 I=80°, 곡선반지름 R=140m인 단곡선의 교점(I.P.)의 추가거리가 1427.25m일 때 곡선 시점(B.C.)의 추가거리는?

㉮ 633.27m ㉯ 982.87m ㉰ 1309.78m ㉱ 1567.25m

해설 $B.C = I.P - T.L = 1,427.25 - 140 \times \tan\frac{80°}{2} = 1,309.78\text{m}$

25. 곡선반지름 150m인 원곡선의 현장 20m에 대한 편각은?

㉮ 3°37′51″ ㉯ 3°39′11″ ㉰ 3°47′51″ ㉱ 3°49′11″

해설 $\delta = 1,718.9' \frac{l}{R} = 1,718.9' \frac{20}{150} \fallingdotseq 3°49'10.96''$

26. 축척이 m인 지형도에서 주곡선의 간격을 L이라 할 때, 간곡선의 간격은?

㉮ L/2 ㉯ 2L ㉰ m/4 ㉱ 2m

해설 23번 문제 해설 참조

27. 상향경사 2%, 하향경사 2%인 종단곡선 길이(l) 50m인 종단곡선상에서 종단곡선 끝단의 종거(y)는?(단, 종거 $y = \frac{i}{2l}x^2$)

㉮ 0.5m ㉯ 1m ㉰ 1.5m ㉱ 2m

해설 $y = \frac{(m-n)}{200l}x^2$

$= \frac{(2-(-2))}{200 \times 50} \times 50^2 = 1\text{m}$

[별해]$= \frac{\left(\frac{2}{100}\right) - \left(-\frac{2}{100}\right)}{2 \times 50} \times 50^2 = 1\text{m}$

28. 노선측량에서 종단면도에 기입되는 사항이 아닌 것은?

㉮ 관측점에서의 계획고 ㉯ 절토, 성토량
㉰ 계획선의 경사 ㉱ 추가거리와 지반고

해설 종단면도 기재사항으로는 거리, 지반고, 곡선, 구배, 절토고, 성토고 등이 있다.

29. 상향기울기 7.5/1,000와 하향기울기 45/1,000가 반지름 2,500m의 곡선 중에서 만날 경우에 곡선시점에서 25m 떨어져 있는 점의 종거 y값은 약 얼마인가?

㉮ 0.1 ㉯ 0.3 ㉰ 0.4 ㉱ 0.5

해설 곡선시점에서 x만큼 떨어져 있을 때

종거(y)의 계산$=\frac{x^2}{2R}=\frac{25^2}{2\times2500}=0.125 \fallingdotseq 0.1$

30. 단곡선 설치에서 교각 I=60°, 반지름 R=100m일 때 중앙종거법에 의한 원곡선을 측정할 때 8등분점의 중앙종거는?

㉮ 0.86　㉯ 1.71　㉰ 2.71　㉱ 3.27

해설 $M_n=R\left(1-\cos\frac{I}{2^n}\right)$에서 종거는 곡선을 2등분하면 M_1, 4등분하면 M_2, 8등분하면 M_3가 된다.

$M_3=R\left(1-\cos\frac{I}{2^3}\right)=100\left(1-\cos\frac{60}{8}\right)\fallingdotseq 0.8555$

31. 노선측량에서 중심선을 선정하고 설치(도상 및 현지)하는 단계의 측량은?

㉮ 계획조사측량　㉯ 실시설계측량
㉰ 세부측량　㉱ 노선설정

해설 노선측량의 순서 및 방법

① 노선선정
　㉠ 도상선정
　㉡ 현지답사
② 계획조사측량
　㉠ 지형도 작성
　㉡ 비교선의 선정
　㉢ 종단면도 작성
　㉣ 횡단면도 작성
　㉤ 개략적 노선의 결정
③ 실시설계측량 : 지형도 작성, 중심선 선정, 중심선 설치(도상), 다각측량, 중심선 설치(현장), 고저측량 순서에 의한다.
④ 용지측량 : 횡단면도에 계획단면을 기입하여 용지 폭 결정 후 용지도 작성
⑤ 공사측량 : 현지에 고저기준점과 중심말뚝의 검측을 실시 후 측량진행

32. 편각법에 의하여 단곡선을 설치하고자 할 때 편각 σ값을 구하는 공식으로 옳은 것은?

㉮ $1718.87'\times\frac{l}{2R}$　㉯ $1718.87'\times\frac{l}{R}$
㉰ $1718.87''\times\frac{l}{2R}$　㉱ $1718.87''\times\frac{l}{R}$

해설 $2\delta=\frac{l}{R}$, $\delta=\frac{l}{2R}$라디안, 따라서 $1718.9'\frac{l}{R}$

편각 $\delta=\frac{l}{R}\times\frac{90°}{\pi}=1718.87'\frac{l}{R}$

해답 30. ㉮ 31. ㉯ 32. ㉯

33. 원곡선에서 교각 I=40°, 반지름 R=150m, 곡선시점 B.C=No.32+4.0m일 때, 도로 기점으로부터 곡선종점 E.C까지의 거리는?(단, 중심말뚝 간격은 20m)

㉮ 104.7m ㉯ 138.2m ㉰ 744.7m ㉱ 748.7m

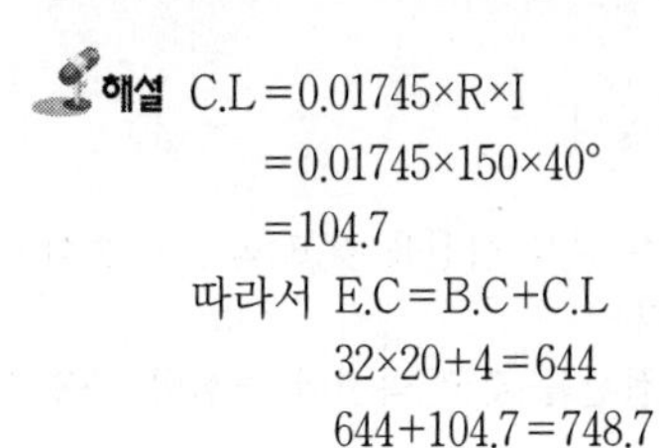

해설 C.L=0.01745×R×I
=0.01745×150×40°
=104.7
따라서 E.C=B.C+C.L
32×20+4=644
644+104.7=748.7

34. 캔트 계산에 있어서 속도와 곡선 반경을 각각 4배로 하면 캔트는 몇 배로 되는가?

㉮ 2배 ㉯ 3배 ㉰ 4배 ㉱ 16배

해설 캔트$(c)=\dfrac{Sv^2}{gR}$, 슬랙$(\varepsilon)=\dfrac{L^2}{2R}$
여기서, S : 궤간, R : 곡선반경, v : 차량속도, g : 중력가속도
L : 차량 앞바퀴에서 뒷바퀴까지 거리

35. 클로소이드 곡선에 대한 설명으로 옳지 않은 것은?

㉮ 클로소이드 형식에는 기본형, 복합형, S형 등이 있다.
㉯ 단위 클로소이드란 클로소이드의 매개변수 A에 있어서 A=1, 즉 R · L=1의 관계에 있는 것을 말한다.
㉰ 클로소이드 곡선이란 곡률이 곡선 길이에 반비례하는 것을 말한다.
㉱ 클로소이드 곡선 설치법에는 주접선에서 직교좌표에 의해 설치하는 방법이 있다.

해설 ① 클로소이드는 곡률이 곡선의 길이에 비례한다.
② 모든 클로소이드는 닮은꼴이다.
③ 클로소이드의 요소에는 길이의 단위를 갖는 것과 단위가 없는 것이 있다.
④ 매개변수(A)에 의해 클로소이드의 크기가 정해진다.
⑤ 캔트와 확폭의 연결부분을 합리적으로 할 수 있다.

36. 원심력에 의한 곡선부와 차량탈선을 방지하기 위하여 곡선부의 횡단 노면 외측부를 높여주는 것은?

㉮ 확폭 ㉯ 캔트 ㉰ 종거 ㉱ 완화구간

해설 ① 캔트 : 곡선부를 통과하는 차량이 원심력의 발생으로 접선 방향으로 탈선하려는 것을 방지하기 위해 바깥쪽 노면을 안쪽 노면보다 높이는 정도를 말하며 편경사라고도 한다.
② 슬랙 : 곡선부분에서 차의 앞바퀴와 뒷바퀴가 항상 안쪽을 지나므로 내측을 넓게 하는 것을 슬랙이라고 하며 확폭이라고도 한다.

해답 33. ㉱ 34. ㉰ 35. ㉰ 36. ㉯

37. 복곡선에 대한 설명으로 옳지 않은 것은?

㉮ 반지름이 다른 2개의 단곡선이 그 접속점에서 공통접선을 갖는다.
㉯ 철도 및 도로에서 복곡선 사용은 승객에게 불쾌감을 줄 수 있다.
㉰ 반지름의 중심은 공통접선과 서로 다른 방향에 있다.
㉱ 산지의 특수한 도로나 산길 등에서 설치하는 경우가 많다.

해설 ① 복심곡선 : 반경이 다른 2개의 단곡선이 그 접속점에서 공통 접선을 갖고 곡선의 중심이 공통 접선과 같은 방향에 있을 때 이것을 복곡선이라 한다.
② 반향곡선 : 반경이 같지 않은 2개의 단곡선이 공통 접선을 갖고 곡선의 중심이 공통 곡선의 반대쪽에 있는 곡선
③ 곡선의 종류
㉠ 원곡선 : 단곡선, 복심곡선, 반향곡선, 배향곡선
㉡ 완화곡선 : 클로소이드, 3차 포물선, 렘니스케이트, sine체감곡선
㉢ 수직곡선 : 종곡선(원곡선, 2차 포물선), 횡단곡선

38. 원곡선 설치 시 교각이 60°, 반지름이 100m, B.C=No.5+8m일 때 곡선의 E.C까지의 거리는? (단, 중심 말뚝간격은 20m이다.)

㉮ 152.7mm ㉯ 162.7mm
㉰ 212.7mm ㉱ 272.5mm

해설 C.L=0.01745×R×I
=0.01745×100×60°=104.7m
E.C=B.C+C.L=108+104.7=212.7m

39. 다음 중 완화곡선에 대한 설명으로 옳지 않은 것은?

㉮ 곡선반지름은 완화곡선의 시점에서 무한대, 종점에서 원곡선의 반지름으로 된다.
㉯ 완화곡선의 접선은 시점에서 원호에, 종점에서 직선에 접한다.
㉰ 완화곡선에 연한 곡선반지름의 감소율은 캔트의 증가율과 동률로 된다.
㉱ 종점에 있는 캔트는 원곡선의 캔트와 같게 된다.

해설 완화곡선
차량의 급격한 회전 시 원심력에 의한 횡방향 힘의 작용으로 인해 발생하는 차량운행의 불안정과 승객의 불쾌감을 줄이는 목적으로 곡률을 0에서 조금씩 증가시켜 일정한 값에 이르게 하기 위해 직선부와 곡선부 사이에 넣는 매끄러운 곡선을 말한다.
① 완화곡선의 특징
㉠ 곡선반경은 완화곡선의 시점에서 무한대, 종점에서 원곡선의 반지름과 같다.
㉡ 완화곡선의 접선은 시점에서 직선에, 종점에서 원호에 접한다.
㉢ 완화곡선에 연한 곡선반경의 감소율은 캔트의 증가율과 같다.
㉣ 완화곡선의 종점의 캔트와 원곡선 시점의 캔트는 같다.

 해답 37. ㉰ 38. ㉰ 39. ㉯

40. 교각(I)과 반지름(R)을 알고 있는 원곡선의 외선장(E)을 구하는 공식은?

㉮ $E=R\times\tan\frac{I}{2}$
㉯ $E=2R\times\sin\frac{I}{2}$
㉰ $E=R\left(1-\cos\frac{I}{2}\right)$
㉱ $E=R\left(\sec\frac{I}{2}-1\right)$

해설
- 곡선장 : $C.L=R\cdot I(\text{rad})$
- 현장 : $L=2R\cdot\sin\frac{I}{2}$
- 중앙종거 : $M=R\left(1-\cos\frac{I}{2}\right)$

41. 반지름(R) 130m인 원곡선을 편각법으로 설치하려 할 때 중심말뚝 간격 20m에 대한 편각(δ)은?

㉮ 4°24′26″
㉯ 5°18′26″
㉰ 8°48′26″
㉱ 9°36′26″

해설 $\delta=1,718.9'\frac{l}{R}=1,718.9'\frac{20}{130}$

≒4°24′26.77″

42. 도로에 사용하는 클로소이드(Clothoid)곡선에 대한 설명으로 틀린 것은?

㉮ 완화곡선의 일종이다.
㉯ 일종의 유선형 곡선으로 종단곡선에 주로 사용된다.
㉰ 곡선길이에 반비례하여 곡률반지름이 감소하는 곡선이다.
㉱ 차가 일정한 속도로 달리고 그 앞바퀴의 회전속도를 일정하게 유지할 경우의 운동궤적과 같다.

해설 클로소이드의 성질

① 원점부터 곡선장 임의의 점에 이르는 현장이 그 점에서의 곡률반경에 반비례하는 곡선
② 곡률이 곡선장에 비례하는 곡선
③ 클로소이드는 완화곡선의 일종이다.
④ 고속도로의 곡선 설계에 적합하다.
⑤ 매개변수 A가 정해지면 클로소이드의 크기가 정해진다.
⑥ 모든 클로소이드는 닮은꼴이다.
⑦ 클로소이드의 요소에는 길이의 단위를 갖는 것과 단위가 없는 것이 있다.

43. 곡선반경 500m 되는 원곡선상을 60km/h로 주행하려면 편경사는?(단, 궤간은 1,067mm이다.)

㉮ 6.05mm
㉯ 7.84,mm
㉰ 60.5mm
㉱ 78.4mm

해답 40. ㉱ 41. ㉮ 42. ㉯ 43. ㉰

해설 $C=\dfrac{SV^2}{gR}$

여기서, C : 캔트, S : 노선의 폭(철도의 궤간), V : 주행속도,
g : 중력가속도(9.81m/sec), R : 곡률반경

$V=\dfrac{60\text{km}}{3600}=16.67\text{m/sec}$

$C=\dfrac{1.067\times 16.67^2}{9.81\times 500}=0.060450\text{m}\fallingdotseq 60.5\text{mm}$

44. 노선측량의 완화곡선 중 차가 일정 속도로 달리고, 그 앞바퀴의 회전 속도를 일정하게 유지할 경우, 이 차가 그리는 주행 궤적을 의미하는 완화곡선으로 고속도로의 곡선설치에 많이 이용되는 곡선은?

㉮ 3차포물선　㉯ sin체감곡선　㉰ 클로소이드　㉱ 렘니스케이트

해설 차량이 직선부에서 곡선부분으로 방향을 바꾸면 반지름이 달라지기 때문에 완화곡선을 설치하게 되며, 클로소이드 곡선은 곡률이 곡선장에 비례하는 곡선으로 특히 고속도로 등 차가 일정한 속도로 달리고 그 앞바퀴의 회전속도를 일정하게 유지할 경우 이 차가 그리는 운동궤적은 클로소이드가 된다.

45. 노선에서 기본적인 횡단기울기를 설치하는 가장 큰 목적은?

㉮ 차량의 회전을 원활히 하기 위하여
㉯ 노면배수가 잘 되도록 하기 위하여
㉰ 급격한 노선변화에 대비하기 위하여
㉱ 주행에 따른 노면 침하를 사전에 방지하기 위하여

해설 횡단경사

직선부에서는 노면의 배수를 위하여 중심선에 대칭되도록 횡단경사를 주며 곡선부에서는 편경사를 적용한다.

46. 완화곡선의 성질에 대한 설명으로 옳은 것은?

㉮ 완화곡선의 반지름은 종점에서 무한대가 된다.
㉯ 완화곡선은 원곡선이 연속되는 경우에 설치되는 것으로 원곡선과 원곡선 사이에 설치하는 곡선이다.
㉰ 완화곡선의 접선은 종점에서 직선에 접한다.
㉱ 완화곡선의 종점에 있는 캔트는 원곡선의 캔트와 같게 된다.

해설 완화곡선의 특징

① 곡선반경은 완화곡선의 시점에서 무한대, 종점에서 원곡선의 반지름과 같다.
② 완화곡선의 접선은 시점에서 직선에, 종점에서 원호에 접한다.
③ 완화곡선에 연한 곡선반경의 감소율은 캔트의 증가율과 같다.
④ 완화곡선의 종점의 캔트와 원곡선 시점의 캔트는 같다.

해답 44. ㉰ 45. ㉯ 46. ㉱

47. 등고선의 성질에 대한 설명으로 옳은 것은?

㉮ 등고선상에 있는 모든 점은 각각의 다른 표고를 갖고 있다.
㉯ 동굴과 낭떠러지에서는 교차한다.
㉰ 등고선은 한 도곽 내에서 반드시 폐합한다.
㉱ 등고선은 경사가 급한 곳에서는 간격이 넓다.

해설 높이가 다른 경우 등고선은 절벽이나 동굴을 제외하고는 교차하지 않는다.

48. 단곡선에서 반지름 R=200m, 교각 I=60°일 때, 곡선길이(C.L.)는 얼마인가?

㉮ 200.10m　　㉯ 205.44m
㉰ 209.44m　　㉱ 211.55m

해설 $C.L = 0.01745RI$
$= 0.01745 \times 200 \times 60°$
$= 209.4\text{m}$

49. 터널 내의 곡선설치 방법으로 적합하지 않은 것은?

㉮ 현편거법　　㉯ 내접 다각형법
㉰ 외접 다각형법　　㉱ 중앙종거법

해설 터널 내의 곡선설치법은 현편거법, 내접 다각형법, 외접 다각형법이 있다.

50. 곡선반지름이 3km인 종단곡선을 설치함에 있어 상향기울기 5/1,000, 하향기울기 35/1,000일 때 종단곡선 길이(L)은?

㉮ 30m　　㉯ 60m
㉰ 90m　　㉱ 120m

해설 • 접선길이$(l) = \frac{R}{2}(m-n) = \frac{3,000}{2}\left[\frac{5}{1,000} - \left(-\frac{35}{1,000}\right)\right] = 60\text{m}$
• 종곡선길이$(L) = R(m-n) = 3,000\left[\frac{5}{1,000} - \left(-\frac{35}{1,000}\right)\right] = 120\text{m}$

51. 클로소이드의 일반적인 특성에 대한 설명으로 틀린 것은?(단, 클로소이드의 반지름 : R, 곡선길이 : L, 매개변수 : A)

㉮ 클로소이드는 나선의 일종이다.
㉯ 모든 클로소이드는 닮은꼴이다.
㉰ R=L=A인 특성점에서 접선각 τ는 45°가 된다.
㉱ 클로소이드의 요소에는 단위가 있는 것도 있고, 단위가 없는 것도 있다.

해답 47. ㉯ 48. ㉰ 49. ㉱ 50. ㉱ 51. ㉰

해설 ① 클로소이드는 나선의 일종이다.
② 모든 클로소이드는 닮은꼴이다.(상사성이다.)
③ 단위가 있는 것도 있고 없는 것도 있다.
④ 클로소이드 특성점의 접선각 $\tau=30°$가 적당하다.(클로소이드로 $R=L=A$인 점은 클로소이드의 특성점이라 하며 $\tau=30°$이다.)
⑤ 도로에서 특성점은 $\tau=45°$ 이하가 되게 한다.
⑥ 곡선 길이가 일정할 때 곡률반경이 크면 접선각은 작아진다.
⑦ 원점부터 곡선장 임의의 점에 이르는 현장이 그 점에서의 곡률반경에 반비례하는 곡선

52. 축척 1 : 25,000 지형도상의 표고 368m인 A점과 표고 282m인 B점 사이의 주곡선 간격의 등고선 개수는?

㉮ 3개 ㉯ 4개 ㉰ 7개 ㉱ 8개

해설 368－282＝86, 1/25,000 지형도상 주곡선의 간격은 10m이므로 8.6개, 즉 8개가 된다.

53. 중앙종거법으로 곡선설치를 하려고 한다. 현의 길이 40.00m, 중앙종거 1.0m일 때 원곡선의 반지름은?

㉮ 40.10m ㉯ 80.50m ㉰ 160.10m ㉱ 200.50m

해설 원곡선반경 $R=\frac{C^2}{8M}+\frac{M}{2}$

$$=\frac{40^2}{8\times1}+\frac{1}{2}=200.5\text{m}$$

54. 노선측량에서 철도를 개설하기 위한 측량의 순서로 옳은 것은?

㉮ 노선선정－실측－예측－세부측량－공사측량
㉯ 노선선정－예측－실측－세부측량－공사측량
㉰ 노선선정－실측－세부측량－예측－공사측량
㉱ 노선선정－예측－공사측량－실측－세부측량

해설 노선측량은 크게 나누어 답사, 예측, 실측의 순서로 행한다.
① 답사 : 노선통과 예정지 실지 현장에서 조사－종합적으로 검토하여 조사
② 예측 : 가장 좋은 노선을 결정
③ 실측 : 각 측점마다 중심항을 설치, 중심선이 변화는 곳은 곡선설치, 종단면도, 횡단면도 작성
④ 노선선정－계획조사측량－실시설계측량－세부측량－용지측량－공사측량

55. 다음 중 완화곡선에 해당하는 것은?

㉮ 반향곡선 ㉯ 머리핀곡선
㉰ 단곡선 ㉱ 렘니스케이트

해답 52. ㉱ 53. ㉱ 54. ㉯ 55. ㉱

해설 완화곡선

곡률이 무한대인 직선과 곡률이 작은 곡선 사이에 완충작용을 하도록 삽입하는 곡선으로 3차 포물선, 렘니스케이트, 클로소이드 등이 사용된다.

56. 곡선반경 300m의 단곡선을 시속 80km/h로 주행할 때, 캔트는 얼마로 해야 하는가?(단, 궤도간격=1.067mm, $g=9.8m/sec^2$)

㉮ 12cm ㉯ 15cm ㉰ 18cm ㉱ 21cm

해설 $C=bV^2/gR$ (C : 캔트, b : 차도간격, V : 주행속도, g : 중력가속도, R : 곡률반경)

$V=80,000/3,600=22.22m/sec$

$C=1.067\times22.222/9.8\times300=0.179186m=17.9cm$

57. 다음 노선측량의 작업과정 중 몇 개의 후보노선 가운데서 가장 좋은 1개의 노선을 결정하고 공사비를 개산(槪算)할 목적으로 실시하는 것은?

㉮ 답사 ㉯ 예측 ㉰ 실측 ㉱ 공사측량

해설
- 답사 : 노선통과 예정지를 실지 현장에서 조사하는 것
- 예측 : 노선이 통과하는 지형을 결정하고 가장 좋은 노선을 결정하기 위한 자료취득이 목적이며, 예정된 노선이 2~3개일 경우 이들 노선을 비교 검토하여 가장 좋은 노선을 결정해야 한다.
- 실측 : 예측에서 선정한 노선에 대하여 각 측점마다 중심항을 설치하고 노선의 중심선이 변화되는 곳에서 삽입해야 한다. 또한 각 측점마다 고저차를 측정하여 종단면도를 작성하고 중심선의 양 직각 방향에 횡단면도를 작성한다.

58. 철도, 도로 등의 단곡선 설치에서 접선과 현이 이루는 각을 이용하여 곡선을 설치하는 방법은?

㉮ 편각법 ㉯ 중앙종거법
㉰ 접선편거법 ㉱ 접선지거법

해설 편각의 성질
- 단곡선에서 접선과 현이 이루는 각이다.
- 도로 및 철도에 널리 사용한다.
- 곡선반경이 작으면 오차가 따른다.

59. "완화곡선의 접선은 시점에서는 (A)에, 종점에서는 (B)에 접한다."에서 (A, B)로 알맞은 것은?

㉮ 원호, 직선 ㉯ 원호, 원호
㉰ 직선, 원호 ㉱ 직선, 직선

해설 완화곡선의 접선은 시점에서 직선에, 종점에서는 원호에 접한다.

해답 56. ㉰ 57. ㉯ 58. ㉮ 59. ㉰

60. 원곡선에서 곡선길이가 150.39m이고 곡선반경이 200m일 때 교각은?

㉮ 30°12′ ㉯ 43°05′ ㉰ 45°25′ ㉱ 53°35′

해설 곡선장 $CL = RI\frac{\pi}{180}$

$150.39 = 200 \times I \times 0.01743$

$200 \times 0.01743 = 3.49$

따라서 $\frac{150.39}{3.49} = 43.0916854 = 43°05'30.39''$

61. 곡선 반지름 100m인 원곡선을 편각법에 의하여 설치할 때 노선의 중심말뚝 간격을 40m라 하면 이에 대한 편각은?

㉮ 5°44′ ㉯ 10°20′ ㉰ 11°28′ ㉱ 13°44′

해설 편각 = 현길이$/R \times 90°/\pi$

$= 40/100 \times 90°/3.141592654$

$= 0.4 \times 28°38'52.4''$

$= 11°27'32.96''$

62. 클로소이드의 형식 중 반향곡선 사이에 2개의 클로소이드를 삽입하는 것은?

㉮ 복합형 ㉯ S형 ㉰ 철형 ㉱ 난형

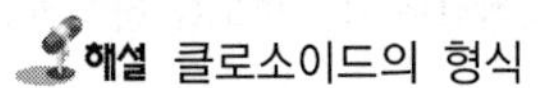

해설 클로소이드의 형식

- 기본형 : 직선 – 클로소이드 – 원곡선
- S형 : 반향곡선 사이에 2개의 클로소이드 삽입
- 난형 : 복심곡선 사이에 클로소이드 삽입
- 철형 : 같은 방향으로 구부러진 2개의 클로소이드를 직선적으로 삽입
- 복합형 : 같은 방향으로 구부러진 2개의 클로소이드를 이은 것

63. 노선 측량에서 곡선시점에 대한 접선길이(T.L)가 50m, 교각이 40°일 때 원곡선의 곡선길이는?

㉮ 41.600m ㉯ 95.905m ㉰ 102.578m ㉱ 137.374m

해설 R이 없으므로 곡률반경을 먼저 구해야 한다.

접선길이(T.L) $= R \times \tan\frac{I}{2}$

$50 = R \times \frac{\tan 40°}{2}$

$R = \frac{50}{\tan 20°}$

$R = 137.373871$

곡선길이는 $CL = RI0.01745(\pi/180)$

$CL = 137.373871 \times 40 \times 0.017453292$

$CL = 95.905$

해답 60. ㉯ 61. ㉰ 62. ㉯ 63. ㉱

64. 원곡선에서 교각 I=38°20′이고, 곡선 반지름이 300m인 원곡선을 편각법으로 설치할 경우 시단현의 편각은?(단, 노선의 기점으로부터 교점까지의 거리는 500m이고, 중심말뚝 간격은 20m이다.)

㉮ 0°12′15″　　㉯ 0°24′29″
㉰ 1°00′15″　　㉱ 1°30′06″

해설 $BC = IP - TL = 500 - R\tan\frac{I}{2}$

$= 500 - 300 \times \tan\frac{38°20'}{2} = 395.72$

$l_1 = 400 - 395.72 = 4.3$

$\delta_1 = \frac{l_1}{R} \times \frac{90}{\pi} = \frac{4.3}{300} \times \frac{90}{\pi} = 0°24'29''$

65. 노선 중 완화곡선을 넣는 장소는?

㉮ 직선과 직선 사이　　㉯ 원곡선과 직선 사이
㉰ 반향곡선과 원곡선 사이　　㉱ 종단곡선과 직선 사이

해설 노선의 직선부와 원곡선부 사이

66. 단곡선 설치에 있어서 접선과 현이 이루는 각을 이용하여 곡선을 설치하는 방법으로 가장 널리 사용되는 방법은?

㉮ 편각설치법　　㉯ 지거설치법
㉰ 중앙종거법　　㉱ 현편거법

해설 노선측량의 단곡선 설치에서 가장 일반적으로 이용되고 있는 방법은 편각설치법이다. 이는 장애물로 인하여 접선과 현이 만드는 각을 이용하여 곡선을 설치하는 방법이다.

67. 도로의 시작점부터 1234.30m 지점에 교점(I.P)이 있고 반경(R)은 150m, 교각(I)은 60°일 경우 접선장(T.L)과 곡선장(C.L)은?

㉮ T.L=157.08m, C.L=86.60m　　㉯ T.L=157.08m, C.L=157.08m
㉰ T.L=86.60m, C.L=157.08m　　㉱ T.L=86.60m, C.L=86.60m

해설 $T.L = R\tan I/2$

$= 150\tan 60°/2$

$= 86.6025$

$C.L = 0.01745 \times R \times I$

$= 0.01745 \times 150 \times 60°$

$= 157.08$

해답 64. ㉯ 65. ㉯ 66. ㉮ 67. ㉰

68. 곡률반경이 현의 길이에 반비례하는 곡선으로 시가지철도 및 지하철 등에 주로 사용되는 완화 곡선은?

㉮ 3차 포물선 ㉯ 반파장 체감곡선
㉰ 렘니스케이트 ㉱ 클로소이드

해설 • 3차 포물선 : 일반적으로 철도 및 도로에 널리 이용
• 클로소이드 : 고속도로에 주로 이용
• 렘니스케이트 : 시가지 도로 및 시가지 철도에 많이 이용

69. 클로소이드 곡선에 대한 설명으로 옳지 않은 것은?

㉮ 클로소이드 형식에는 기본형, S형, 나선형, 복합형 등이 있다.
㉯ 모든 클로소이드는 닮은꼴이다.
㉰ 단위 클로소이드의 모든 요소들은 단위가 없다.
㉱ 매개변수(A)에 의해 클로소이드의 크기가 정해진다.

해설 • 클로소이드는 곡률이 곡선의 길이에 비례한다.
• 모든 클로소이드는 닮은꼴이다.
• 클로소이드의 요소에는 길이의 단위를 갖는 것과 단위가 없는 것이 있다.
• 매개변수(A)에 의해 클로소이드의 크기가 정해진다.
• 캔트와 확폭의 연결부분을 합리적으로 할 수 있다.

70. 도로의 직선부와 원곡선을 원활하게 연결하기 위하여 설치하는 곡선은?

㉮ 완화곡선 ㉯ 종감곡선 ㉰ 반향곡선 ㉱ 복심곡선

해설 도로의 직선부와 원곡선을 원활하게 연결하기 위하여 설치하는 곡선은 완화곡선이다.
완화곡선 : 클로소이드, 3차 포물선, 렘니스케이트 곡선, Sine체감곡선

71. 등고선에 관한 설명 중 틀린 것은?

㉮ 주곡선은 등고선 간격의 기준이 되는 선이다.
㉯ 간곡선은 주곡선 간격의 1/2마다 표시한다.
㉰ 조곡선은 간곡선 간격의 1/4마다 표시한다.
㉱ 계곡선은 주곡선 5개마다 굵게 표시한다.

해설 조곡선은 간곡선 간격의 1/2마다 표시한다.

등고선 간격 기호	1/10,000	1/25,000	1/50,000
주곡선 - 가는 실선	5	10	20
간곡선 - 가는 파선	2.5	5	10
조곡선 - 가는 점선	1.25	2.5	5
계곡선 - 굵은 실선	25	50	100

 해답 68. ㉰ 69. ㉰ 70. ㉮ 71. ㉰

72. 토적곡선(Mass Curve)을 작성하는 목적과 거리가 먼 것은?

㉮ 시공 방법 결정 ㉯ 토공기계의 선정
㉰ 토량의 운반거리 산출 ㉱ 노선의 교통량 산정

해설 노선의 교통량 산정은 기종점 조사를 통해 노선의 적합성을 검토하는 단계이며, 교통량의 해소를 위해 노선이 선정된다.
토적곡선은 유토곡선이라고도 하며, 토량 이동에 따른 공사방법 및 순서 결정, 평균 운반거리 산출, 운반거리에 의한 토공 기계를 선정, 토량 배분을 위해 작성된다.

73. 노선측량에 사용되는 노선 중 주요 용도가 다른 것은?

㉮ 클로소이드 곡선 ㉯ 2차 곡선
㉰ 3차 포물선 ㉱ 렘니스케이트 곡선

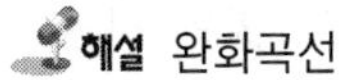
해설 완화곡선
곡률이 무한대인 직선과 곡률이 작은 곡선 사이에 완충작용을 하도록 삽입하는 곡선으로 sin체감곡선, 3차 포물선, 렘니스케이트, 클로소이드 등이 사용된다.

74. 캔트의 계산에 있어서 곡선반지름을 반으로 줄이면 캔트는 어떻게 되는가?

㉮ 1/2 ㉯ 1배 ㉰ 2배 ㉱ 4배

해설 캔트 $c=\frac{sv^2}{gr}$

캔트는 곡선반지름에 반비례하므로 R(반경)을 $\frac{1}{2}$배로 하면 c(캔트)는 2배가 된다.

75. 교각(I) 32°15′, 곡선반지름(R) 600m, 노선의 기점으로부터 교점(I.P)까지 거리가 895.205m 경우에 시단현의 편각은?(단, 중심말뚝은 20m 단위로 설치한다.)

㉮ 0°0′00″ ㉯ 0°52′25″ ㉰ 0°57′18″ ㉱ 1°49′36″

해설 $BC=IP-TL=895.20-R\tan\frac{I}{2}$

$=895.20-600\times\tan\frac{32^{o}151}{2}$

$=721.7$

$l_1=740-721.7=18.3$

$\delta_1=\frac{l_1}{R}\times\frac{90°}{\pi}=\frac{18.3}{600}\times\frac{90°}{\pi}=0°52′25″$

76. 1.5km 노선 길이의 결합 트래버스 측량에서 폐합비의 제한을 1/3000로 하고자 할 때 최대 폐합오차는?

㉮ 0.3m ㉯ 0.4m ㉰ 0.5m ㉱ 0.6m

해답 72. ㉱ 73. ㉯ 74. ㉰ 75. ㉯ 76. ㉰

해설 폐합비(정도)

$\frac{1}{M} = \frac{\text{폐합비오차}}{\text{총길이}}$

$\text{폐합오차} = \frac{\text{총길이}}{M} = \frac{1,500}{3,000} = 0.5\text{m}$

77. 완화곡선의 설치 시 캔트(Cant)의 계산과 관계없는 것은?

㉮ 주행속도 ㉯ 곡률반경 ㉰ 교각 ㉱ 궤간

해설 캔트(c) $= \frac{SV^2}{gR}$

여기서, V : 주행속도, R : 곡률반경, S : 궤간, g : 중력가속도

78. 노선측량에서 단곡선을 설치할 때 교각(I) = 49°31′, 반지름 = 130m인 경우 옳은 것은?

㉮ 접선길이 = 57.95m ㉯ 중앙종거 = 11.95m
㉰ 곡선길이 = 114.33m ㉱ 장현길이 = 109.89m

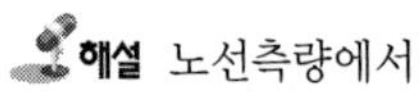

해설 노선측량에서

- 접선길이(TL) = $R\tan I/2$ = 130tan24°45′30″ = 59.95m
- 곡선길이(CL) = 0.01745RI = 0.01745×130×49°31′ = 112.33m
- 중앙종거(M) = $R(1-\cos I/2)$ = 130(1 − cos24°45′30) = 11.95m

79. 편각법으로 원곡선을 설치할 때 기점으로부터 교점까지의 거리 = 123.45, 교각(I) = 40°20′, 곡선반경(R) = 100m일 때 시단현의 길이는?(단, 중심 말뚝의 간격은 20m이다.)

㉮ 13.28m ㉯ 15.28m ㉰ 9.72m ㉱ 6.72m

해설 노선측량에서 TL = $R\tan I/2$ = 100tan20°10′ = 36.73

노선출발점에서 곡선시점까지의 거리는 BC = IP − TL = 123.45 − 36.73 = 86.72m

∴ 노선출발점에서 곡선시점까지의 Chain당 거리는 BC = 86.72÷20 = No.4+6.72m

시단현의 길이(l) 1Chain당 거리 − 6.72m = 13.28m

80. 곡률반지름 R인 원곡선의 곡선거리 l에 대한 편각은?(단, 단위 : 라디안)

㉮ l/2R ㉯ 2l/R ㉰ l^2/2R ㉱ 2l/R2

해설 원곡선에서 곡선거리에 대한 편각은 l/2R이다.

81. 노선의 곡률반경 R = 230m, 곡선장 L = 18m일 때 클로소이드의 매개변수 A의 값은?

㉮ 12.78m ㉯ 25.56m ㉰ 51.12m ㉱ 64.34m

해설 클로소이드 파라미터(매개변수) $A = \sqrt{RL} = \sqrt{230 \times 18} = 64.34$

해답 77. ㉰ 78. ㉯ 79. ㉮ 80. ㉮ 81. ㉱

82. 다음 중 노선공사의 시공측량에 포함되지 않는 것은?

㉮ 용지 측량 ㉯ 중요한 점의 인조점 측량
㉰ 시공 기준틀 설치공사 ㉱ 준공검사 측량

해설 노선측량 순서

① 노선선정 – 계획조사측량 – 실시설계측량 – 세부측량 – 용지측량 – 공사측량
② 공사측량(시공측량)에 해당되는 것은 중심말뚝의 검측, 가인조점 등의 설치, 주요말뚝의 외측에 인조점을 설치, 토공의 기준틀, 콘크리트 구조물의 형간 위치측량, 준공검사측량 등이 있다.

83. 곡선설치법 중 1/4법이라고도 하며, 이미 설치된 중심 말뚝 사이에 다시 세밀하게 설치하는데 편리하다. 시가지에서의 곡선 설치나 보도 설치 및 기설 곡선의 검사 또는 수정에 주로 사용되는 방법은?

㉮ 중앙종거법 ㉯ 접선편거법
㉰ 접선지거법 ㉱ 편각현장법

해설 노선측량에서 중앙종거(M)는 곡선을 설치하는 방법이며, 곡선의 반경 또는 곡선 길이가 작은 시가지의 곡선설치나 철도, 도로 등의 기설 곡선의 검사 또는 개정에 편리한 방법으로 근사적으로 1/4이 되기 때문에 일명 1/4법이라 한다.

84. 축척 1 : 50,000 지형도에서 810m와 910m 사이에 표시되는 주곡선 수는?

㉮ 10개 ㉯ 9개 ㉰ 5개 ㉱ 2개

해설 등고선의 간격 중 축척 1/50000 주곡선 간격은 20m이므로 두 점의 표고차는 910m – 810m = 100m이다. 표고의 간격이 100m인 주곡선으로부터 910m의 주곡선까지 5개가 삽입된다.

85. 종단곡선에서 상향기울기 $\frac{4.5}{1,000}$, 하향기울기 $\frac{35}{1,000}$인 두 노선이 반지름 2,000m의 원곡선상에서 교차할 때 곡선길이(L)는?

㉮ 49.5m ㉯ 44.5m ㉰ 39.5m ㉱ 34.5m

해설 $L=\frac{R}{2}\left(\frac{m}{1,000}-\frac{n}{1,000}\right)=\frac{2,000}{2}\left(\frac{4.5}{1,000}-\frac{-35}{1,000}\right)=39.5$

86. 노선측량에서 고속도로에 많이 사용되는 완화곡선은?

㉮ 3차포물선 ㉯ 2차포물선
㉰ 렘니스케이트 곡선 ㉱ 클로소이드 곡선

해설 우리나라 고속도로에는 클로소이드 곡선이 완화곡선으로 주로 사용된다.

해답 82. ㉮ 83. ㉮ 84. ㉰ 85. ㉰ 86. ㉱

87. 철도, 도로, 수로 등과 같이 폭이 좁고 길이가 긴 시설물을 현지에 설치하기 위한 노선측량에서 원곡선을 설치할 때에 대한 설명으로 옳지 않은 것은?

㉮ 철도, 도로 등에는 차량의 운전에 편리하도록 단곡선보다는 복심곡선을 많이 설치하는 것이 좋다.
㉯ 교통안전상의 관점에서 반향곡선은 가능하면 사용하지 않는 것이 좋고 불가피한 경우에는 양곡선 간에 충분한 길이의 완화곡선을 설치한다.
㉰ 두 원의 중심이 같은 쪽에 있고 반지름이 각기 다른 두 개의 원곡선을 설치하는 경우에는 완화곡선을 넣어 곡선이 점차로 변하도록 해야 한다.
㉱ 고속주행하는 차량의 통과를 위하여 직선부와 원곡선 사이나 큰 원과 작은 원 사이에는 곡률반경이 점차 변화하는 곡선부를 설치하는 것이 좋다.

해설 철도, 도로 등에는 차량의 운전에 편리하도록 단곡선을 많이 설치하는 것이 좋다.

88. 교각 60°, 곡선반지름 100m인 원곡선의 시점을 움직이지 않고 교각을 90°로 할 경우 교점까지의 접선길이와 곡선시점(B, C)이 동일한 새로운 원곡선의 반지름은?

㉮ 57.7m　㉯ 73.2m　㉰ 100.00m　㉱ 173.2m

해설 접선길이 $T.L = R\tan\frac{I}{2}$에서 $R = \frac{57.735}{\tan 45°} \fallingdotseq 57.7\text{m}$

89. 클로소이드 완화곡선의 매개 변수를 2배 늘리면 동일 곡선반경에서 완화곡선 길이는 몇 배가 되는가?

㉮ 4　㉯ 2.5　㉰ 2　㉱ 1.5

해설 클로소이드 완화곡선의 매개 변수를 2배 늘리면 동일 곡선반경에서 완화곡선 길이는 4배가 된다.

90. 원곡선에 있어서 교각(I)이 60°, 반지름(R)이 200m, B.C = No.5 + 5m일 때 곡선의 종점(E.C)의 기점에서부터의 추가거리는?(단, 중심말뚝의 간격은 20m이다.)

㉮ 214.4m　㉯ 309.4m　㉰ 209.4m　㉱ 314.4m

해설 1. C.L = 0.01745 RI = 0.01745×200×60° = 209.4m, B.C = (20×5) + 5m = 105m
2. 곡선종점(E.C)까지의 거리 = B.C + C.L = 105m + 209.4m = 314.4m

91. 등고선의 간격이 가장 큰 것부터 바르게 연결된 것은?

㉮ 주곡선 – 조곡선 – 간곡선 – 계곡선
㉯ 계곡선 – 주곡선 – 조곡선 – 간곡선
㉰ 주곡선 – 간곡선 – 조곡선 – 계곡선
㉱ 계곡선 – 주곡선 – 간곡선 – 조곡선

해설 등고선은 계곡선 – 주곡선 – 간곡선 – 조곡선 순서로 간격이 크다.

해답 87. ㉮ 88. ㉮ 89. ㉮ 90. ㉱ 91. ㉱

92. 클로소이드 설치방법이 아닌 것은?

㉮ 직각좌표에 의한 방법　　㉯ 극좌표에 의한 방법
㉰ 2/8법에 의한 방법　　㉱ 편각에 의한 방법

해설 클로소이드 설치방법
① 직각좌표에 의한 방법
② 극좌표에 의한 중간점 설치법
③ 2/8법에 의한 방법
④ 현다각으로부터의 설치방법

93. 반경이 다른 2개의 단곡선이 그 접속점에서 공통접선을 갖고 그것들의 중심이 공통접선과 같은 방향에 있는 곡선은?

㉮ 반향곡선　　㉯ 머리핀곡선
㉰ 복심곡선　　㉱ 종단곡선

해설 원곡선에는 단곡선, 복심곡선, 반향곡선, 머리핀곡선이 있다. 여기서 복심곡선은 반경이 다른 2개의 원곡선이 1개의 공통접선을 갖고 접선의 같은 쪽에서 연결하는 곡선을 말한다.

94. 원곡선에서 현의 길이가 45m이고 중앙종거가 5m이면 곡률반경은 약 얼마인가?

㉮ 43m　　㉯ 45m　　㉰ 53m　　㉱ 55m

해설 곡률반경$(R) = \frac{C^2}{8M} + \frac{M}{2} = \frac{45^2}{8\times5} + \frac{5}{2} = 53.125\text{m}$

95. 등고선 측량방법 중 표고를 알고 있는 기지점에서 중요한 지성선을 따라 측선을 설치하고, 측선을 따라 여러 점의 표고와 거리를 측량하여 등고선을 측량하는 방법은?

㉮ 방안법　　㉯ 횡단점법
㉰ 반향곡선　　㉱ 종단점법

해설 ① 방안법 : 측량구역을 정사각 또는 직사각으로 나누어 각 교점의 표고를 관측하고, 그 결과로부터 등고선을 구하는 것으로 지형이 복잡한 곳은 세분하면 좋고, 표고는 직접 레벨 등으로 관측한다.
② 종단점법 : 지성선의 방향이나 주요한 방향의 여러 개의 관측선에 대하여 기준점으로부터 필요한 점까지의 거리와 높이를 관측하여 등고선을 그리는 방법으로 비교적 소축척으로 산지 등의 측량에도 이용된다.
③ 횡단측량의 결과를 이용하는 경우 : 노선측량이나 고저측량에서 중심말뚝의 표고와 횡단선상의 횡단측량 결과를 이용하여 등고선을 그리는 방법으로 노선측량의 평면도에 등고선을 삽입할 경우 자주 이용된다.

해답 92. ㉱ 93. ㉰ 94. ㉰ 95. ㉱

제5장 수준측량

5.1 수준측량의 정의 및 용어

5.1.1 정의

수준측량(Leveling)이란 지구상에 있는 여러 점들 사이의 고저차를 관측하는 것으로 고저측량이라고도 한다.

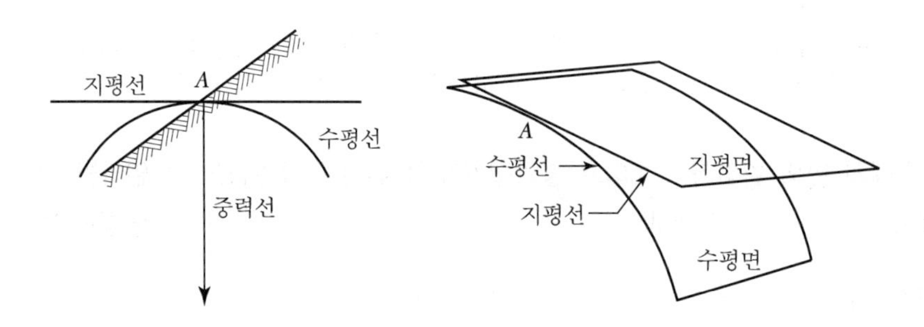

5.1.2 용어설명

용어	설명
수직선 (Vertical line)	지표 위 어느 점으로부터 지구의 중심에 이르는 선 즉, 타원체면에 수직한 선으로 삼각(트래버스)측량에 이용된다.
연직선 (Plumb line)	천체 측량에 의한 측지좌표의 결정은 지오이드면에 수직한 연직선을 기준으로 하여 얻어진다.
수평면 (Level surface)	모든 점에서 연직방향과 수직인 면으로 수평면은 곡면이며 회전타원체와 유사하다. 정지하고 있는 해수면 또는 지오이드면은 수평면의 좋은 예이다.
수평선(Level line)	수평면 안에 있는 하나의 선으로 곡선을 이룬다.
지평면 (Horizontal plane)	어느 점에서 수평면에 접하는 평면 또는 연직선에 직교하는 평면
지평선 (Horizontal Line)	지평면 위에 있는 한 선을 말하며 지평선은 어느 한 점에서 수평선과 접하는 직선이며 연직선과 직교한다.

기준면(Datum)	표고의 기준이 되는 수평면을 기준면이라 하며 표고는 0으로 정한다. 기준면은 계산을 위한 가상면이며 평균해면을 기준면으로 한다.
평균해면 (Mean sea level)	여러 해 동안 관측한 해수면의 평균값
지오이드(Geoid)	평균해수면으로 전 지구를 덮었다고 가정한 곡면
수준원점(Original Bench Mark, OBM)	수준측량의 기준이 되는 기준면으로부터 정확한 높이를 측정하여 기준이 되는 점
수준점 (Bench Mark, BM)	수준원점을 기점으로 하여 전국 주요지점에 수준표석을 설치한 점 ① 1등 수준점 : 4km마다 설치 ② 2등 수준점 : 2km마다 설치
표고(Elevation)	국가 수준기준면으로부터 그 점까지의 연직거리
전시(Fore sight)	표고를 알고자 하는 점(미지점)에 세운 표척의 읽음 값
후시(Back sight)	표고를 알고 있는 점(기지점)에 세운 표척의 읽음 값
기계고 (Instrument height)	기준면에서 망원경 시준선까지의 높이
이기점(Turning point)	기계를 옮길 때 한 점에서 전시와 후시를 함께 취하는 점
중간점 (Intermediate point)	표척을 세운 점의 표고만을 구하고자 전시만 취하는 점

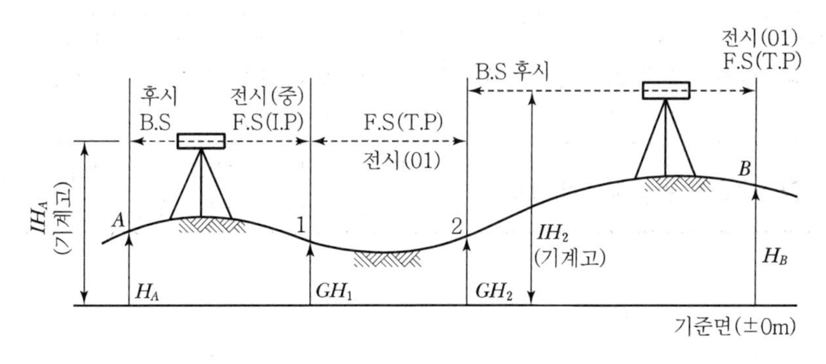

[직접수준측량의 원리 ①]

5.2 수준측량의 분류

5.2.1 측량방법에 의한 분류

<table>
<tr><td colspan="2">직접수준측량(Direct leveling)</td><td>Level을 사용하여 두 점에 세운 표척의 눈금차로부터 직접고저차를 구하는 측량</td></tr>
<tr><td rowspan="4">간접수준측량
(Indirect leveling)</td><td>삼각수준측량
(Trigonometrical leveling)</td><td>두 점 간의 연직각과 수평거리 또는 경사거리를 측정하여 삼각법에 의하여 고저차를 구하는 측량</td></tr>
<tr><td>스타디아수준측량
(Stadia leveling)</td><td>스타디아측량으로 고저차를 구하는 방법</td></tr>
<tr><td>기압수준측량
(Barometric leveling)</td><td>기압계나 그 외의 물리적 방법으로 기압차에 따라 고저차를 구하는 방법</td></tr>
<tr><td>공중사진수준측량
(Aerial photographic leveling)</td><td>공중사진의 실체시에 의하여 고저차를 구하는 방법</td></tr>
<tr><td colspan="2">교호수준측량(Reciprocal leveling)</td><td>하천이나 장애물 등이 있을 때 두 점 간의 고저차를 직접 또는 간접으로 구하는 방법</td></tr>
<tr><td colspan="2">약 수준측량(Approximate leveling)</td><td>간단한 기구로서 고저차를 구하는 방법</td></tr>
</table>

5.2.2 목적에 의한 분류

고저수준측량(Differential leveling)	두 점 간의 표고차를 직접 수준측량에 의하여 구한다.
종단수준측량(Profile leveling)	도로, 철도 등의 중심선 측량과 같이 노선의 중심에 따라 각 측점의 표고차를 측정하여 종단면에 대한 지형의 형태를 알고자 하는 측량
횡단수준측량(Cross leveling)	종단선의 직각 방향으로 고저차를 측량하여 횡단면도를 작성하기 위한 측량

5.3 직접수준측량

5.3.1 수준측량 방법

<table>
<tr><td colspan="2">기계고(IH)</td><td>IH=GH+BS</td><td rowspan="5">B.S F.S B H A H_B H_A 기준면(±0m)
[직접수준측량의 원리 ②]</td></tr>
<tr><td colspan="2">지반고(GH)</td><td>GH=IH−FS</td></tr>
<tr><td rowspan="2">고저차(H)</td><td>고차식</td><td>$H=\Sigma BS-\Sigma FS$</td></tr>
<tr><td>기고식
승강식</td><td>$H=\Sigma BS-\Sigma TP$</td></tr>
</table>

5.3.2 야장기입방법

고차식	가장 간단한 방법으로 B.S와 F.S만 있으면 된다.
기고식	가장 많이 사용하며, 중간점이 많을 경우 편리하나 완전한 검산을 할 수 없는 것이 결점이다.
승강식	완전한 검사로 정밀 측량에 적당하나, 중간점이 많으면 계산이 복잡하고, 시간과 비용이 많이 소요된다.

가. 고차식 야장기입법

이 야장기입법은 가장 간단한 것으로서 2단식이라고도 하며 후시(B.S)와 전시(F.S)의 난만 있으면 되기 때문에 고차 수준측량에 이용되며 측정이 끝난 다음에 후시의 합계와 전시의 합계의 차로서 고저차를 산출한다.

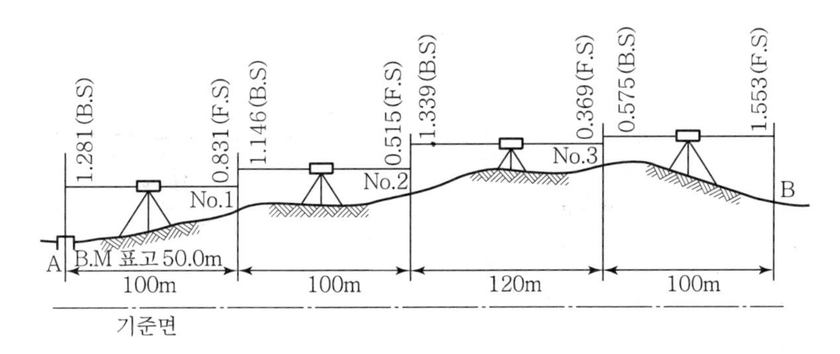

[고차식 야장기입법]

측점	후시(B.S)	전시(F.S)	지반고(G.H)
A	1.281		50.0000
No.1	1.146	0.831	50+1.281−0.831=50.45
No.2	1.339	0.515	50.45+1.146−0.515=51.081
No.3	0.575	0.369	51.081+1.339−0.369=52.051
B		1.553	51.073=52.051+0.575−1.553
계	4.341	3.268	

[검산]

$\Sigma B.S - \Sigma F.S =$ 지반고차

$\Delta H = \Sigma B.S - \Sigma F.S = 4.341 - 3.268 = 1.073$

$\Delta H = 50.000 - 51.073 = 1.073$ ∴ O.K.

나. 기고식 야장기입법

이 방법은 기지점의 표고에 그 점의 후시(B.S)를 더한 기계고(I.H)를 얻고 여기에서 표고를 알고자 하는 점의 전시(F.S)를 빼서 그 점의 표고를 얻는다. 단, 수준측량과 같이 중간점이 많은 경우에 편리하다.

① 후시가 있으면 그 측점에 기계고가 있다.

② 이기점(T.P)이 있으면 그 측점에 후시(B.S)가 있다.

③ 기계고(I.H)=G.H+B.S

④ 지반고(G.H)=I.H−F.S

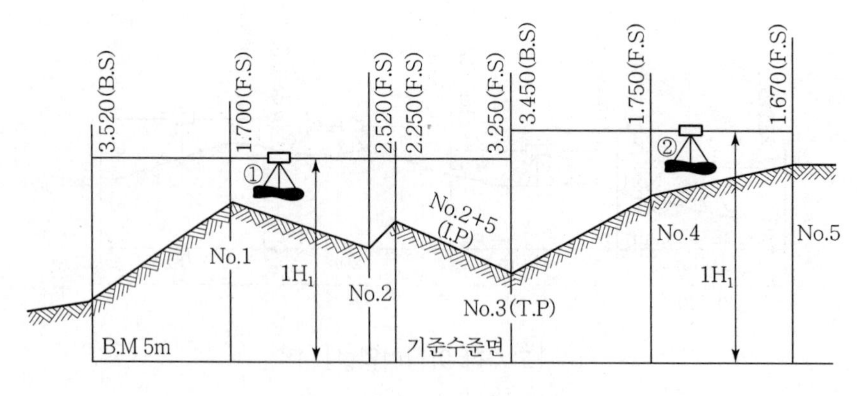

[기고식 야장기입법]

측점	거리 D(m)	후시 (B.S)	기계고 (I.H)	전시(F.S)		지반고 (G.H)	비고
				T.P	I.P		
BM		3.520	8.520			5.000	B.M=5m
No.1	20				1.700	6.820	
No.2	20				2.520	6.000	
No.2+5	5				2.250	6.270	
No.3	15	3.450	8.720	3.250		5.270	
No.4	20				1.750	6.970	
No.5	20			1.670		7.050	
계	100	6.970		4.920			

[검산]

$\Sigma B.S - \Sigma F.S(T.P) =$ 지반고차

$\Delta H = 6.970 - 4.920 = 2.05$

$\Delta H = 5.000 - 7.050 = 2.05$ $\quad \therefore$ O.K.

다. 승강식 야장기입법

전시에서 후시를 뺀 값이 고저차가 되므로 승, 강의 난을 따로 만들어 B.S>F.S이면 +(승), B.S<F.S이면 −(강)난에 차를 기입한다.

승, 강의 총합을 구하면 전, 후시의 읽음수의 차와 비교하여 계산 결과를 검사할 수 있고 임의의 점의 표고를 구하기에 편리하나 중간점이 많을 때에는 계산이 복잡해진다.

측점	거리 D(m)	후시 (B.S)	전시 (F.Ss)	승(+)	강(−)	지반고 (G.H)	비고
BM.A	20	1.281				50.000	
No.1	20	1.146	0.831	0.450		50.450	
No.2	20	1.339	0.515	0.631		51.081	
No.3	20	0.575	0.369	0.970		52.051	
B	20		1.553		0.978	51.073	
계		4.341	3.268	2.051	0.978		

[검산]

$\Sigma B.S - \Sigma F.S(T.P) =$ 지반고차 $= 4.341 - 3.268 = 1.073$

Σ승$(T.P) - \Sigma$강 $=$ 지반고차 $= 2.051 - 0.978 = 1.073$ $\quad \therefore O.K.$

5.3.3 전시와 후시의 거리를 같게 함으로써 제거되는 오차

① 레벨의 조정이 불완전(시준선이 기포관축과 평행하지 않을 때)할 때 발생하는 오차를 제거한다.(시준축오차 : 오차가 가장 크다.)

② 지구의 곡률오차(구차)와 빛의 굴절오차(기차)를 제거한다.

③ 초점나사를 움직이는 오차가 없으므로 그로 인해 생기는 오차를 제거한다.

5.3.4 직접수준측량의 주의사항

① 수준측량은 반드시 왕복측량을 원칙으로 하며, 노선은 다르게 한다.

② 정확도를 높이기 위하여 전시와 후시의 거리는 같게 한다.

③ 이기점(T. P)은 1mm까지 그 밖의 점에서는 5mm 또는 1cm 단위까지 읽는 것이 보통이다.

④ 직접수준측량의 시준거리

㉠ 적당한 시준거리 : 40~60m(60m가 표준)

㉡ 최단거리는 3m이며, 최장거리는 100~180m 정도이다.

⑤ 눈금오차(영점오차) 발생시 소거방법

㉠ 기계를 세운 표척이 짝수가 되도록 한다.

㉡ 이기점(T. P)이 홀수가 되도록 한다.

㉢ 출발점에 세운 표척을 도착점에 세운다.

5.4 간접수준측량

5.4.1 앨리데이드에 의한 수준측량

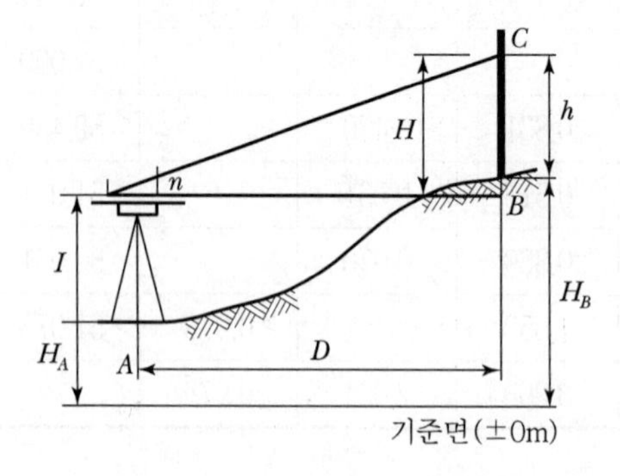

H_A : A점의 표고

H_B : B점의 표고

H : $\frac{n}{100}D$

I : 기계고

h : 시준고

[앨리데이드에 의한 수준측량]

① $H_B = H_A + I + H - h$ (전시인 경우)

② 두 지점의 고저차$(H_B - H_A) = I + H - h$ (전시인 경우)

5.4.2 교호수준측량

전시와 후시를 같게 취하는 것이 원칙이나 2점 간에 강 · 호수 · 하천 등이 있으면 중앙에 기계를 세울 수 없을 때 양 지점에 세운 표척을 읽어 고저차를 2회 산출하여 평균하며 높은 정밀도를 필요로 할 경우에 이용된다.

가. 교호 수준측량을 할 경우 소거되는 오차

교호 수준측량을 할 경우 소거되는 오차	① 레벨의 기계오차(시준축 오차) ② 관측자의 읽기오차 ③ 지구의 곡률에 의한 오차(구차) ④ 광선의 굴절에 의한 오차(기차)

나. 두 점의 고저차

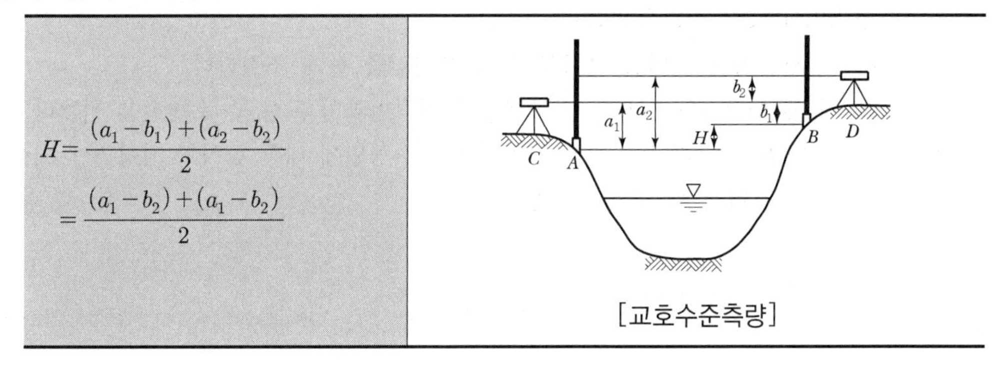

[교호수준측량]

다. 임의점(B점)의 지반고

$$H_B = H_A \pm H$$

5.5 삼각수준측량

삼각수준측량은 트랜싯 등을 사용하여 두 점 사이의 연직각을 측정하여 삼각법을 이용하여 고저차를 구하는 것으로 보통 삼각측량에 속하게 된다. 직접수준측량에 비하여 비용 및 시간이 절약되지만 정확도는 떨어진다. 이것은 주로 대기 중에서 광선의 굴절, 기온, 기압 등 기상이 지역 및 시간에 따라 다르기 때문이다. 따라서 연직각의 측정은 낮이나 밤이 좋으며 아침, 저녁에는 광선의 굴절이 심하기 때문에 좋지 않다.

5.5.1 양차

수평거리 D, 고도각이 α인 점의 높이 h는 $D\tan\alpha$로서 구해지지만 거리가 멀어지면 지표면은 구면이라고 생각되며 또한 대기의 굴절도 고려하여야만 된다. 전자를 구차, 후자를 기차라고 말하며 이것을 합하여 양차라고 말한다.

$$\Delta E = \frac{(1-K)S^2}{2R}$$

5.5.2 구차(Correction of Curvature)

① 지구의 곡률에 의한 오차로서 이 오차만큼 높게 조절한다.

② 지구표면은 구면이므로 지구표면과 연직면과의 교선 즉 수평선은 원호라고 생각할 수가 있다. 그러므로 넓은 지역에서는 수평면에 대한 높이와 지평면에 대한 높이가 다르다. 이 차를 구차라고 말한다.

$$Ec \fallingdotseq +\frac{S^2}{2R}$$

5.5.3 기차(Correction of Refraction)

① 지표면에 가까울수록 대기의 밀도가 커지므로 생기는 오차(굴절오차)로서 이 오차만큼 낮게 조정한다.

② 지구를 둘러싸고 있는 공기의 층은 위로 올라갈수록 밀도가 희박해지고 대기 중을 통과하는 광선은 직진하지 않고 구부러진다.

③ 지구상의 대기의 밀도는 지표면에 가까울수록 커지고 멀어질수록 작아진다. 따라서 이를 통과하는 광선은 공기 밀도차이로 인하여 굴절하는데 그 크기를 기차라 한다. 이는 굴절오차라고도 하며, 수준측량에 영향을 미친다.

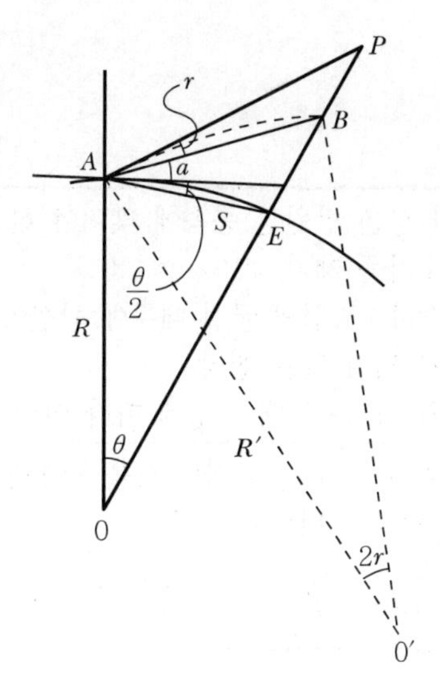

[구차와 기차]

$$E_\gamma = -\frac{KS^2}{2R}$$

여기서, E_c : 구차

E_γ : 기차

ΔE : 양차

R : 지구반경

S : 수평거리(바닷가에서 바라볼 수 있는 수평선거리)

K : 빛의 굴절계수(0.12~0.14)

예제 양차의 실례

키가 1.8m인 사람이 바닷가의 해수면 상에서 해수면을 바라볼 수 있는 수평선의 거리는 약 얼마인가?(단, 지구의 곡률반경=6,370km, 공기의 굴절계수=0.14)

$\Delta E = \frac{(1-K)}{2R} S^2$ 에서

$$S = \sqrt{\frac{2R \cdot \Delta E}{(1-K)}} = \sqrt{\frac{2 \times 6,370,000 \times 1.8}{1-0.14}} = 5,163.8\text{m} = 5.16\text{km}$$

즉, 1.8m인 사람이 해수면을 바라볼 수 있는 수평선 거리는 대략 5.2km 정도이다.

5.6 레벨의 구조

5.6.1 망원경

대물렌즈	목표물의 상은 망원경 통속에 맺어야 하고, 합성렌즈를 사용하여 구면수차와 색수차를 제거 ① 구면수차 : 광선의 굴절 때문에 광선이 한 점에서 만나지 않아 상이 선명하게 되지 않는 현상 ② 색수차 : 조준할 때 조정에 따라 여러 색(청색, 적색)이 나타나는 현상
접안렌즈	십자선 위에 와 있는 물체의 상을 확대하여 측정자의 눈에 선명하게 보이게 하는 역할을 한다.
망원경 배율	배율(확대율) = $\frac{\text{대물렌즈의 초점거리}}{\text{접안렌즈의 초점거리}}$ (망원경의 배율은 20~30배)

5.6.2 기포관

기포관의 구조	알코올이나 에테르와 같은 액체를 넣어서 기포를 남기고 양단을 막은 것
기포관의 감도	감도란 기포 한 눈금(2mm)이 움직이는 데 대한 중심각을 말하며, 중심각이 작을수록 감도는 좋다.
기포관이 구비해야 할 조건	① 곡률반지름이 클 것 ② 관의 곡률이 일정해야 하고, 관의 내면이 매끈해야 함 ③ 액체의 점성 및 표면장력이 작을 것 ④ 기포의 길이가 클 것

가. 감도 측정

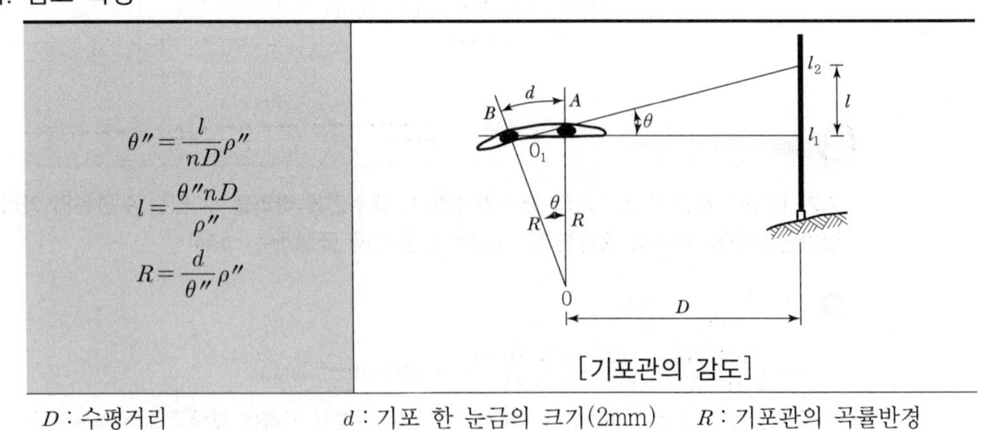

$$\theta'' = \frac{l}{nD}\rho''$$

$$l = \frac{\theta'' nD}{\rho''}$$

$$R = \frac{d}{\theta''}\rho''$$

[기포관의 감도]

D : 수평거리　d : 기포 한 눈금의 크기(2mm)　R : 기포관의 곡률반경
ρ'' : 1라디안초수(206265″)　θ'' : 감도(측각오차)　l : 위치오차($l_2 - l_1$)
n : 기포의 이동눈금수　m : 축척의 분모수

5.6.3 레벨의 조정

가. 가장 엄밀해야 할 것(가장 중요시해야 할 것)

① 기포관축//시준선

② 기포관축//시준선=시준축오차(전시와 후시의 거리를 같게 취함으로써 소거)

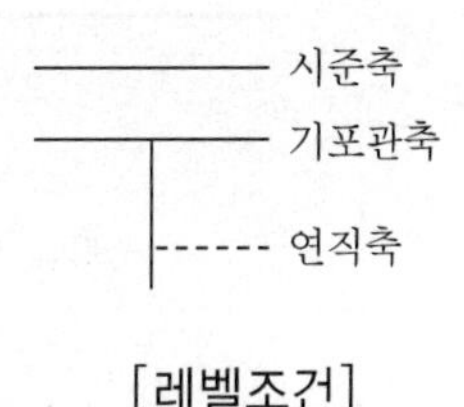

[레벨조건]

나. 기포관을 조정해야 하는 이유

기포관축을 연직축에 직각으로 할 것

다. 항정법(레벨의 조정량)

기포관이 중앙에 있을 때 시준선을 수평으로 하는 것(시준선//기포관축)

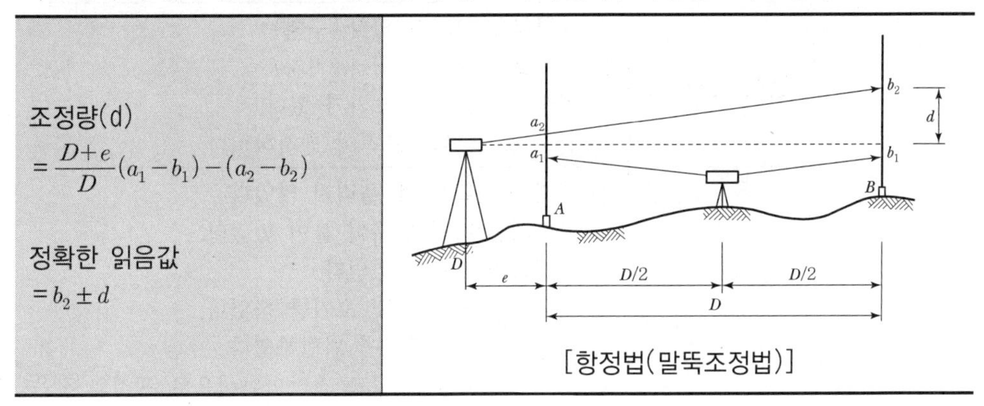

[항정법(말뚝조정법)]

5.7 수준측량의 오차와 정밀도

5.7.1 오차의 분류

정오차	부정오차
① 표척눈금부정에 의한 오차	① 레벨 조정 불완전(표척의 읽음 오차)
② 지구곡률에 의한 오차(구차)	② 시차에 의한 오차
③ 광선굴절에 의한 오차(기차)	③ 기상 변화에 의한 오차
④ 레벨 및 표척의 침하에 의한 오차	④ 기포관의 둔감
⑤ 표척의 영눈금(0점) 오차	⑤ 기포관의 곡률의 부등
⑥ 온도 변화에 대한 표척의 신축	⑥ 진동, 지진에 의한 오차
⑦ 표척의 기울기에 의한 오차	⑦ 대물경의 출입에 의한 오차

5.7.2 원인에 의한 분류

기계적 원인	① 기포의 감도가 낮다. ② 기포관 곡률이 균일하지 못하다. ③ 레벨의 조정이 불완전하다. ④ 표척 눈금이 불완전하다. ⑤ 표척 이음매 부분이 정확하지 않다. ⑥ 표척 바닥의 0 눈금이 맞지 않는다.
개인적 원인	① 조준의 불완전 즉 시차가 있다. ② 표척을 정확히 수직으로 세우지 않았다. ③ 시준할 때 기포가 정중앙에 있지 않았다.
자연적 원인	① 지구곡률 오차가 있다.(구차) ② 지구굴절 오차가 있다.(기차) ③ 기상변화에 의한 오차가 있다. ④ 관측 중 레벨과 표척이 침하하였다.
착오	① 표척을 정확히 빼 올리지 않았다. ② 표척의 밑바닥에 흙이 붙어 있었다. ③ 측정값의 오독이 있었다. ④ 기입사항을 누락 및 오기를 하였다. ⑤ 야장기입란을 바꾸어 기입하였다. ⑥ 십자선으로 읽지 않고 스타디아선으로 표척의 값을 읽었다.

5.7.3 우리나라 기본 수준측량의 오차 허용범위

구분	1등 수준측량	2등 수준측량	비고
왕복차	2.5mm $\sqrt{L}$	5.0mm $\sqrt{L}$	왕복했을 때 L은 노선거리(km)
환폐합차	2.0mm $\sqrt{L}$	5.0mm $\sqrt{L}$	

5.7.4 하천측량

4km에 대한 오차허용범위	유조부 : 10mm
	무조부 : 15mm
	급류부 : 20mm

5.7.5 정밀도

오차는 노선거리의 제곱근에 비례한다.

$$E = C\sqrt{L}$$

$$C = \frac{E}{\sqrt{L}}$$

여기서, E : 수준측량 오차의 합, C : 1km에 대한 오차, L : 노선거리(km)

5.7.5 직접수준측량의 오차조정

가. 동일 기지점의 왕복관측 또는 다른 표고기준점에 폐합한 경우

① 각 측점 간의 거리에 비례하여 배분한다.

② 각 측점의 조정량 :

$$= \frac{\text{조정할 측면까지의 추가거리}}{\text{총거리}(\Sigma L)} \times \text{폐합오차}$$

③ 각 측점의 최확값 = 각 측점의 관측값 ± 조정량

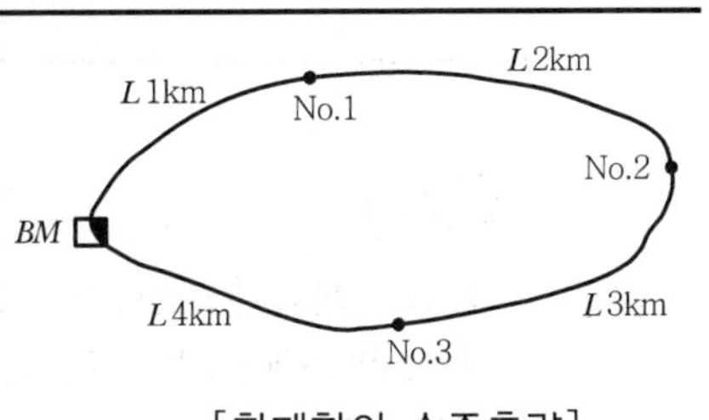

[환폐합의 수준측량]

그림과 같은 수준망에서 성과가 가장 나쁘므로 수준 측량을 다시 해야 할 노선은?(단, 수준점의 거리는 Ⅰ=4km, Ⅱ=3km, Ⅲ=2.4km, ① +3.600m, ② +1.385m, ③ -5.023m, ④ +1.105m, ⑤ +2.523m, ⑥ -3.912m)

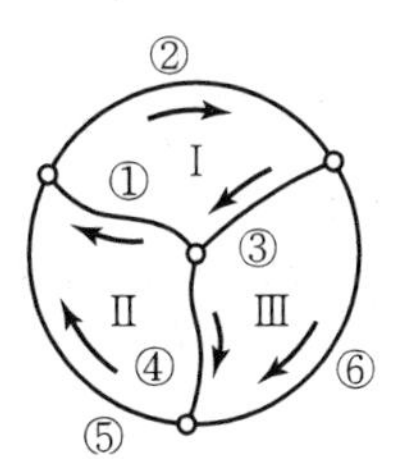

㉮ ②

㉯ ③

㉰ ①

㉱ ④

➡ (Ⅰ)노선 = +3.600 + 1.385 - 5.023 = -0.038

(Ⅱ)노선 = +1.105 + 2.523 - 3.600 = +0.028

(Ⅲ)노선 = +1.105 + 3.912 - 5.023 = -0.006

1km당 오차를 계산하면

$$C = \frac{E}{\sqrt{L}} = \frac{0.037}{\sqrt{4}} : \frac{0.028}{\sqrt{3}} : \frac{0.006}{\sqrt{2.4}} = 0.0185 : 0.016 : 0.004$$

폐합결과 : (Ⅰ)노선과 (Ⅱ)노선의 성과가 나쁘게 나타나므로 (Ⅰ), (Ⅱ)노선에 공통으로 포함된 ①을 재측한다.

나. 두 점 간의 직접수준측량의 오차조정 → 거리측량 참조

두 점 간의 거리를 2개 이상의 다른 노선을 따라 측량한 경우에는 경중률을 고려한 최확값을 산정한다.

① 경중률(P)을 거리에 반비례한다.	$P_1 : P_2 : P_3 = \frac{1}{S_1} : \frac{1}{S_2} : \frac{1}{S_3}$
② P점 표고의 최확값 $(L_o) = \frac{P_1H_1 + P_2H_2 + P_3H_3}{P_1 + P_2 + P_3} = \frac{\Sigma P \cdot H}{\Sigma P}$	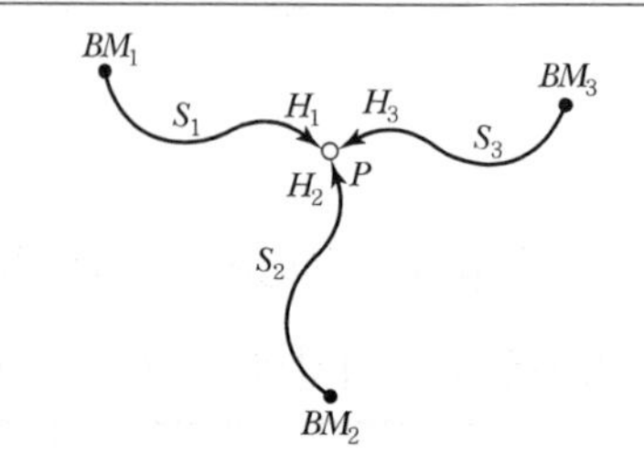

A, B, C 세 수준점으로부터 수준 측량을 하여 P점의 표고를 결정한 값이, A점으로부터 AP=2km, 216.786m, B점으로부터 BP=3km, 216.732m, C점으로부터 CP=4km, 216.758m이었다면 P점의 최확치는?

㉮ 216.779m
㉯ 216.780m
㉰ 216.778m
㉱ 216.763m

➡ ① 경중률 계산($P \alpha \frac{1}{S}$)

$$P_1 : P_2 : P_3 = \frac{1}{S_1} : \frac{1}{S_2} : \frac{1}{S_3} = \frac{1}{2} : \frac{1}{3} : \frac{1}{4} = 6 : 4 : 3$$

② 최확치(L_0)

$$L_0 = \frac{P_1H_1 + P_2H_2 + P_3H_3}{P_1 + P_2 + P_3} = \frac{216.786 \times 6 + 216.732 \times 4 + 216.758 \times 3}{6+4+3} = 216.763\text{m}$$

예상 및 기출문제 05

1. A, B 두 지점 간 지반고의 차를 구하기 위하여 왕복 측정한 결과 그림과 같은 측정값을 얻었을 때 최확값은?

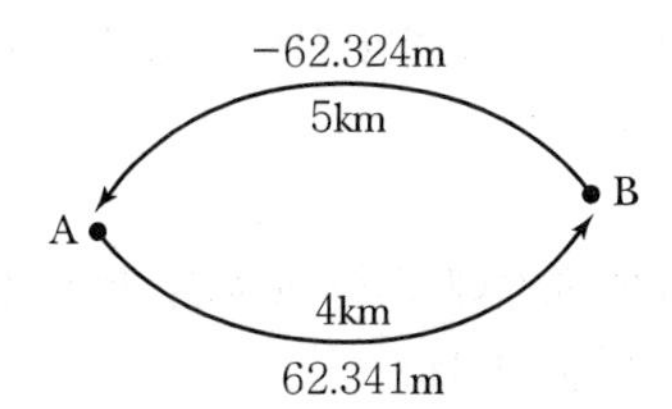

㉮ 62.324m ㉯ 62.330m ㉰ 62.333m ㉱ 62.341m

해설 $P_1 : P_2 = \frac{1}{S_1} : \frac{2}{S_2} = \frac{1}{5} : \frac{1}{4} = 4 : 5$

최확값$(H_B) = \frac{P_1h_1 + P_2h_2}{P_1 + P_2}$

$= \frac{4\times 62.324 + 5\times 62.341}{4+5} = 62.333\text{m}$

2. 다음 중 삼각점 사이의 고저차를 측정할 때 생기는 구차(球差)가 가장 큰 경우는?

㉮ 삼각점 간 거리가 1km 미만으로 가까울 때
㉯ 삼각점 간 거리가 약 4km 정도일 때
㉰ 삼각점 간 거리가 11km가 넘을 때
㉱ 삼각점 간 거리와 무관하게 오전에 관측할 때

해설 ① 구차 : 지구가 회전타원체인 것에 기인된 오차

구차 $E_C = +\frac{S^2}{2R}$

② 기차 : 지구공간에 대기가 지표면에 가까울수록 밀도가 커지므로 생기는 오차

기차 $E_R = -\frac{kS^2}{2R}$

③ 양차 : 구차와 기차의 합

양차 $K = \frac{(1-k)}{2R}S^2$

해답 1. ㉰ 2. ㉰

3. 수준측량에 사용되는 용어로 거리가 먼 것은?

㉮ 수준점　　㉯ 지반고　　㉰ 도근점　　㉱ 이기점

해설 도근점은 지적측량 시 기준점으로 사용하는 기준점이다.

4. 수준측량의 오차에 대한 설명으로 옳은 것은?

㉮ 정오차는 발생하나 부정오차는 발생하지 않는다.
㉯ 주로 기상의 영향으로 발생한다.
㉰ 오차는 노선거리의 제곱근에 비례한다.
㉱ 오차배분 시 경중률은 노선길이의 제곱근에 반비례한다.

해설 직접수준측량에서 오차는 노선거리(S)의 제곱근 $\sqrt{S}$에 비례한다. 직접수준측량에서 경중률은 노선거리(S)에 반비례한다.

5. 수준측량 시 레벨의 불완전 조정에 의한 오차를 제거하는 데 가장 적합한 방법은?

㉮ 왕복 2회 측정하여 평균을 취한다.
㉯ 시준거리를 짧게 한다.
㉰ 관측 시 기포가 항상 중앙에 오게 한다.
㉱ 전시와 후시의 거리를 같게 취한다.

해설 전시와 후시의 거리를 같게 함으로써 제거되는 오차
① 시준축오차 : 시준선이 기포관축과 평행하지 않을 때
② 구차 : 지구의 곡률오차
③ 기차 : 빛의 굴절오차
④ 초점나사를 움직이는 오차가 없음으로 인해 생기는 오차를 제거

6. 기포관의 감도가 20초인 레벨에서 기계로부터 50m 떨어진 곳에 세운 표척을 시준할 때 기포관에서 2눈금의 오차가 있었다면 수준오차는?

㉮ 1.2mm　　㉯ 2.4mm　　㉰ 4.8mm　　㉱ 9.7mm

해설 감도 $\theta'' = \frac{l}{nD} \times \rho''$

따라서 $l = \frac{n\theta'' D}{\rho''}$ (여기서, l : 오차, n : 눈금수, D : 거리)

$l = \frac{2 \times 20'' \times 50}{206265''} \fallingdotseq 0.00969\text{m} = 9.7\text{mm}$

7. A, B 두 점의 표고가 각각 120m, 144m이고, 두 점 간의 경사가 1 : 2인 경우 표고가 130m 되는 지점을 C라 할 때, A점과 C점과의 경사거리는?

㉮ 20.38m　　㉯ 21.76m　　㉰ 22.36m　　㉱ 23.76m

해답 3. ㉰ 4. ㉰ 5. ㉱ 6. ㉱ 7. ㉰

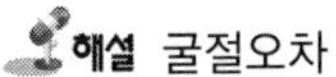 경사가 1 : 2이므로
144 - 120 = 24m
24m에 대한 수평거리는 48m
130 - 120 = 10m
10m에 대한 수평거리는 20m
따라서 AC의 경사거리는
$\sqrt{10^2 + 20^2} = 22.36$m

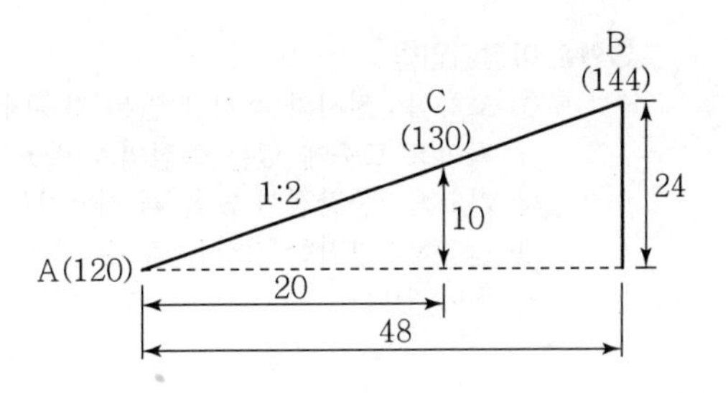

8. 수준측량에서 굴절오차와 거리의 관계를 설명한 것으로 옳은 것은?

㉮ 거리의 제곱근에 비례한다. ㉯ 거리의 제곱에 비례한다.
㉰ 거리의 제곱에 반비례한다. ㉱ 거리의 제곱근에 반비례한다.

해설 굴절오차
광선이 대기 중을 진행할 때는 밀도가 다른 공기층을 통과하면서 일종의 곡선을 그린다. 그러므로 물체는 이 곡선의 접선방향에 서서 보면 이 시준방향과 진방향과는 다소 다르게 되는 것을 알 수 있다. 이 차를 굴절오차라 말하며 굴절오차는 거리의 제곱에 비례한다.

9. 수준기의 감도가 30도인 레벨로 80m 전방의 표척을 시준하였더니 기포관의 눈금이 1개 이동되었다. 이때 생기는 위치 오차는?

㉮ 0.012m ㉯ 0.014m ㉰ 0.016m ㉱ 0.020m

해설 감도 $\theta'' = \frac{l}{nD} \times \rho'' m$

$l = \frac{n\theta'' D}{\rho''}$ (여기서, l : 오차, n : 눈금수, D : 거리)

$l = \frac{1 \times 30'' \times 80}{206265''} \fallingdotseq 0.0116\text{m} = 0.012\text{m}$

10. 수준측량 시 등시준거리에 의해 소거되지 않는 것은?

㉮ 레벨 조정 불완전오차 ㉯ 지구의 곡률오차
㉰ 빛의 굴절오차 ㉱ 시차에 의한 오차

해설 전시와 후시의 거리를 같게 함으로써 제거되는 오차
① 레벨의 조정이 불완전(시준선이 기포관축과 평행하지 않을 때)할 때(시준축의 오차 : 오차가 가장 크다.)
② 지구의 곡률오차(구차)와 빛의 굴절오차(기차)를 제거

11. 수준측량 야장기입법 중 중간점이 많은 경우에 편리한 방법은?

㉮ 고차식 ㉯ 기고식
㉰ 승강식 ㉱ 약도식

해답 8. ㉯ 9. ㉮ 10. ㉱ 11. ㉯

해설 야장기입법

① 고차식 : 전시와 후시만 있는 경우에 사용하는 야장기입법으로 2점의 높이를 구하는 것이 목적이고 도중에 있는 측점의 지반고는 구할 필요가 없다.

② 기고식 : 중간점이 많을 때 사용하는 야장기입법으로 완전한 검산을 할 수 없는 단점이 있다.

③ 승강식 : 완전한 검산을 할 수 있어 정밀한 측량에 적합하나 중간점이 많을 때에는 불편한 단점이 있다.

12. 폭이 120m이고 양안의 고저차가 1.5m 정도인 하천을 횡단하여 정밀하게 고저측량을 실시할 때 양안의 고저차를 관측하는 방법으로 가장 적합한 것은?

㉮ 교호고저측량　　㉯ 직접고저측량
㉰ 간접고저측량　　㉱ 약고저측량

해설 교호수준측량은 강 또는 바다 등으로 인하여 접근이 곤란한 2점 간의 고저차를 직접 또는 간접수준측량에 의하여 구하는 방법으로 높은 정밀도를 필요로 할 경우에는 양안의 고저차를 관측한다.

13. 수준측량 용어로 이 점의 오차는 다른 점에 영향을 주지 않으며 이 점만의 표고를 관측하기 위한 관측점을 의미하는 것은?

㉮ 기준점　　㉯ 측점
㉰ 이기점　　㉱ 중간점

해설 ① 수평면 : 정지된 해수면이나 해수면 위에서 중력방향에 수직한 곡면, 즉 지구표면이 물로 덮여 있을 때 만들어지는 형상의 표면

② 수평선 : 지구의 중심을 포함한 평평한 수평선이 교차하는 곡선, 즉 모든 점에서 중력방향에 직각이 되는 선

③ 지평면 : 수평면상의 한 점에서 접하는 평면

④ 지평선 : 수평선의 한 점에서 접하는 접선

⑤ 기준면 : 높이의 기준이 되는 수평면으로 일반적으로 평균해수면을 말하며 ±0으로 정한다.

⑥ 후시 : 표고를 알고 있는 점에 세운 표척의 읽음

⑦ 전시 : 구하려는 점에 세운 표척의 읽음

⑧ 기계고 : 기준면에서 시준선까지의 높이, 즉 지반고+측점의 후시측정값

⑨ 지반고 : 표척을 세운 점의 표고

⑩ 이기점 : 레벨 거치를 변경하기 위하여 전시, 후시를 함께 취하는 점으로서 이 점에 대한 관측오차는 이후의 측량 전체에 영향을 미치는 중요한 점이다.

⑪ 중간점 : 어느 점의 지반고만을 구하기 위해 전시만 측정한 표척의 읽음값으로 다른 점에 오차를 미치지 않는다.

14. 수준기의 감도가 5″인 레벨(Level)을 사용하여 50m 떨어진 표척을 시준할 때 발생하는 시준값의 차이는?

㉮ ±0.5mm　　㉯ ±1.2mm
㉰ ±7.3mm　　㉱ ±10.5mm

해답 12. ㉮ 13. ㉱ 14. ㉯

해설 감도 $\theta'' = \frac{l}{nD}\rho''$에서

$$l = \frac{\theta'' nD}{\rho''}$$

$$= \frac{5\times 50}{206265} = 0.0012 = 1.2\text{mm}$$

15. 수준측량 오차 중 레벨(Level)을 양 표척의 중앙에 세우고 관측함으로써 그 영향을 줄일 수 있는 것은?

㉮ 레벨의 시준선 오차
㉯ 레벨의 정치(整置) 불완전에 의한 오차
㉰ 지반침하에 의한 오차
㉱ 표척의 경사로 인한 오차

해설 전·후시의 거리를 같게 하여 제거되는 오차
① 레벨의 조정이 불완전하여 시준선이 기포관축과 평행하지 않을 때 발생하는 오차를 제거
② 지구의 곡률오차와 빛의 굴절오차를 제거
③ 초점나사를 움직일 필요가 없으므로 그로 인해 생기는 오차를 제거

16. B점에 기계를 세우고 표고가 61.5m인 P점을 시준하여 0.85m를 관측하였을 때 표고 60m에 세운 A점을 시준한 표척의 관측값으로 옳은 것은?

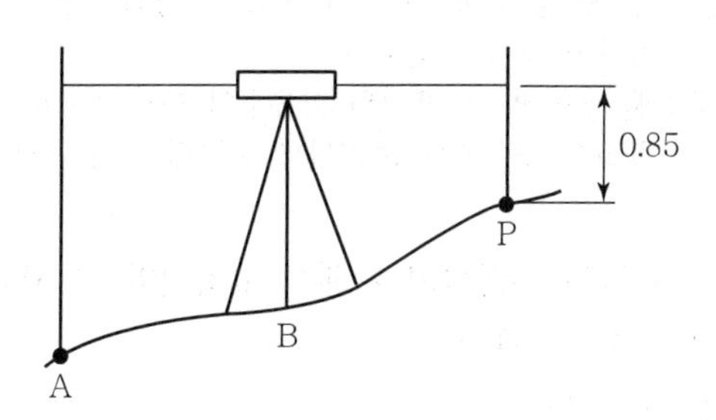

㉮ 1.53m ㉯ 1.75m ㉰ 2.35m ㉱ 2.53m

해설 A점의 관측값 = A점의 지반고 + 전시 − 후시 = 61.5m
전시 = 60 + 전시 − 0.85 = 61.5m
전시 = 61.5 + 0.85 − 60 = 2.35m

17. 측량목적에 따라 수준측량을 분류한 것은?

㉮ 교호수준측량
㉯ 공공수준측량
㉰ 정밀수준측량
㉱ 단면수준측량

해설 1. 측량방법에 의한 분류
① 직접고저측량
② 간접고저측량

해답 15. ㉮ 16. ㉰ 17. ㉱

③ 교호고저측량
④ 약고저측량
2. 측량목적에 의한 분류
① 고저측량
② 단면고저측량

18. 수준측량의 기고식과 관계있는 것은?

㉮ 기계적 고도수정
㉯ 기압수준측량
㉰ 간접수준측량
㉱ 야장기입계산

해설 야장기입법

① 고차식 야장기입법
㉠ 가장 간단한 것으로 2단식이라고도 하며, 후시와 전시 칸만 있으면 된다.
㉡ 측정이 끝난 다음 후시의 합계와 전시의 합계의 차로 고저차를 산출한다.

② 기고식 야장기입법
㉠ 기지점의 표고에 그 점의 후시를 더한 기계고를 얻고 표고를 알고자 하는 점의 전시를 빼서 표고를 얻는다.
㉡ 단, 수준측량과 같이 중간점이 많은 경우에 편리하다.

③ 승강식 야장기입법
㉠ 전시에서 후시를 뺀 값이 고저차가 되므로 승, 강의 난을 따로 만들어 후시가 크면(승), 전시가 크면 (강)란에 차를 기입한다.
㉡ 승, 강의 총합을 구하면 전, 후시의 읽음수의 차와 비교하여 계산 결과를 검사할 수 있다.
㉢ 임의의 점의 표고를 구하기에 편리하나 중간점이 많을 때에는 계산이 복잡하다.

19. 현장에서 수준측량을 정확하게 수행하기 위해서 고려해야 할 사항이 아닌 것은?

㉮ 전시와 후시의 거리를 동일하게 한다.
㉯ 기포가 중앙에 있을 때 읽는다.
㉰ 표척이 연직으로 세워졌는지 확인한다.
㉱ 레벨의 설치 횟수는 홀수회로 끝나도록 한다.

해설 표척을 세울 때 주의사항

① 연직방향으로 세울 것
② 조금씩 앞뒤로 움직여 가장 낮은 수준값을 읽음
③ 연약지반 조심, 밑바닥 흙먼지, 이음새로 인한 오차 주의

20. 레벨의 기포는 중앙에 있으며 수평방향으로 90m 떨어진 지점의 표척 읽음값이 2.894m이었고, 기포를 6눈금 이동한 때의 읽음값이 2.935m이었다. 이때 기포관의 1눈금 간격을 2mm라 하면 이 기포관의 곡률반경은 얼마가 되겠는가?

㉮ 24.7m ㉯ 26.3m ㉰ 28.1m ㉱ 29.4m

 해답 18. ㉱ 19. ㉱ 20. ㉯

해설 $R=\dfrac{n\times d\times L}{\Delta h}$

$=\dfrac{6\times 0.002\times 90}{0.041}=26.341$

여기서, n : 눈금 이동수, d : 기포관 눈금길이
L : 거리, Δh : 표척의 차(2.935 − 2.894 = 0.041m)

21. 수준측량에서 발생할 수 있는 정오차인 것은?

㉮ 전시와 후시를 바꿔 기입하는 오차
㉯ 관측자의 습관에 따른 수평 조정 오차
㉰ 표척 눈금이 정확하지 않을 때의 오차
㉱ 관측 중 기상상태 변화에 의한 오차

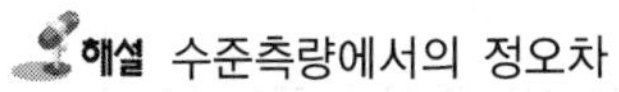

해설 수준측량에서의 정오차
① 표척의 눈금이 잘못되어 일어나는 오차
② 지구의 곡률에 의한 오차
③ 십자선의 굵기에 의한 오차

22. 삼각수준측량에서 연직각 α = 15°, 두 점 사이의 수평거리가 D = 500m, 기계높이 I = 1.60m, 표척의 높이 Z = 2.30m이면 두 점 간의 고저차는?(단, 대기오차와 지구곡률오차는 고려하지 않는다.)

㉮ 128.71m
㉯ 130.11m
㉰ 131.67m
㉱ 133.27m

해설 $D\times\tan\alpha+I-Z=500\times\tan 15+1.60-2.30$
$=133.2745\text{m}$

23. 수준측량 야장에서 측점 5의 기계고와 지반고는?(단, 표의 단위는 m이다.)

측점	B.S	F.S		I.H	G.H
		T.P	I.P		
A	1.14				80
1	2.41	1.16			
2	1.64	2.68			
3			0.11		
4			1.23		
5	0.33	0.40			
B		0.65			

㉮ 79.71m, 80.95m
㉯ 79.91m, 80.63m
㉰ 81.28m, 80.95m
㉱ 82.39m, 80.63m

해설
- 기계고 = 지반고 + 후시
- 지반고 = 기계고 − 전시
- A측점의 기계고 = 80 + 1.14 = 81.14m
- 1측점의 지반고 = 81.14 − 1.16 = 79.98m
- 1측점의 기계고 = 79.98 + 2.41 = 82.39m
- 2측점의 지반고 = 82.39 − 2.68 = 79.71m
- 2측점의 기계고 = 79.71 + 1.64 = 81.35m
- 3측점의 지반고 = 81.35 − 0.11 = 81.24m
- 4측점의 지반고 = 81.35 − 1.23 = 80.12m
- 5측점의 지반고 = 81.35 − 0.40 = 80.95m
- 5측점의 기계고 = 80.95 + 0.33 = 81.28m

24. 거리 80m 되는 곳에 표척을 세워 기포가 중앙에 있을 때와 기포관의 눈금이 5눈금 이동했을 때 표척 읽음값의 차이가 0.09m이었다면 이 기포관의 곡률반경은?(단, 기포관 한 눈금의 간격은 2mm이다.)

㉮ 8.97m ㉯ 9.07m ㉰ 9.37m ㉱ 9.57m

해설 $a'' = \frac{l}{n \cdot d}\rho'' = \frac{0.09}{5 \times 80} \times 206,265'' = 46''$

$R = d\frac{\rho''}{a''} = 2 \times \frac{206,265''}{46''} = 8,968\text{mm} = 8.97\text{m}$

25. Bm에서 출발하여 No.2까지 레벨 측량한 야장이 다음과 같다. No.2는 Bm보다 얼마나 높은가?

측점	후시(m)	전시(m)
Bm	0.760	
No.1	1.295	1.324
No.2		0.381

㉮ −1.462m ㉯ +1.462m ㉰ +0.35m ㉱ −0.35m

해설 고저차(h) = 후시(B.S)의 총합 − 전시(F.S)의 총합
= 2.055 − 1.705 = 0.35

26. 레벨(Level)의 중심에서 50m 떨어진 지점에 표척을 세우고 기포가 중앙에 있을 때 1.248m, 기포가 2눈금 움직였을 때 1.223m를 각각 읽은 경우 이 레벨의 기포관 곡률반지름은?(단, 기포관 1눈금 간격은 2mm이다.)

㉮ 8m ㉯ 12m ㉰ 16m ㉱ 20m

해설 $R = \frac{n \times d \times L}{\Delta h} = \frac{2 \times 0.002 \times 50}{0.025} = 8\text{m}$

여기서, n : 눈금 이동수, d : 기포관 눈금길이
L : 거리, Δh : 표척의 차

 해답 24. ㉮ 25. ㉰ 26. ㉮

27. 수준측량의 용어 설명 중 틀린 것은?

㉮ 이기점 : 전시와 후시를 모두 관측하여 앞뒤 수준측량 결과를 연결시키는 점이다.
㉯ 중간점 : 후시만 취하는 점으로 표고를 알고 있는 점이다.
㉰ 지평선 : 연직선에 직교하는 직선이다.
㉱ 기준면 : 높이의 기준이 되는 면으로 평균해수면을 말한다.

해설 ① 수평면 : 정지된 해수면이나 해수면 위에서 중력방향에 수직한 곡면, 즉 지구표면이 물로 덮여 있을 때 만들어지는 형상의 표면
② 수평선 : 지구의 중심을 포함한 평평한 수평선이 교차하는 곡선, 즉 모든 점에서 중력방향에 직각이 되는 선
③ 지평면 : 수평면상의 한 점에서 접하는 평면
④ 지평선 : 수평선의 한 점에서 접하는 접선
⑤ 기준면 : 높이의 기준이 되는 수평면으로 일반적으로 평균해수면을 말하며 ±0으로 정한다.
⑥ 후시 : 표고를 알고 있는 점에 세운 표척의 읽음
⑦ 전시 : 구하려는 점에 세운 표척의 읽음
⑧ 기계고 : 기준면에서 시준선까지의 높이, 즉 지반고+측점의 후시측정값
⑨ 지반고 : 표척을 세운 점의 표고
⑩ 이기점 : 레벨 거치를 변경하기 위하여 전시, 후시를 함께 취하는 점으로서 이 점에 대한 관측 오차는 이후의 측량 전체에 영향을 미치는 중요한 점이다.
⑪ 중간점 : 어느 점의 지반고만을 구하기 위해 전시만 측정한 표척의 읽음값으로 다른 점에 오차를 미치지 않는다.

28. 각 점들이 중력방향에 직각으로 이루어진 곡면을 뜻하는 용어로 옳은 것은?

㉮ 지평면(Horizontal plane)
㉯ 수준면(Level surface)
㉰ 연직면(Plumb plane)
㉱ 특별기준면(Special datum plane)

해설 ㉮ 지평면 : 지구 위의 어떤 지점에서 연직선에 수직인 평면
㉯ 수준면 : 각 점들이 중력방향에 직각으로 이루어진 곡면
㉰ 연직면 : 수직면이라 하고 어떠한 평면이나 직선과 수직이 이루는 면
㉱ 특별기준면 : 육지에서 멀리 떨어져 있는 섬에는 기준면을 연결할 수 없으므로 그 섬 특유의 기준면을 사용한다. 또 하천 및 항만공사는 전국의 기준면을 사용하는 것보다 그 하천 및 항만의 계획에 편리하도록 각자의 기준면을 가진 것도 있다. 이것을 특별기준면이라 한다.

29. A, B 두 개의 수준점에서 P점을 관측한 결과가 다음과 같을 때 P점의 최확값은?

- A → P 표고 = 80.158m, A → P 거리 = 4km
- A → P 표고 = 80.118m, B → P 거리 = 3km

㉮ 80.158m ㉯ 80.118m ㉰ 80.135m ㉱ 80.038m

해설 경중률 $= \frac{1}{4} : \frac{1}{3} = 3 : 4$

$$\frac{(80.158 \times 3) + (80.118 \times 4)}{3+4} = 80.135\text{m}$$

30. 지반고 55.16m인 기지점에서의 후시는 3.55m, 구하고자 하는 점의 전시는 2.35m를 읽었을 때 구하고자 하는 점의 지반고는?

㉮ 61.06m ㉯ 58.26m ㉰ 56.36m ㉱ 53.96m

해설 한 점의 지반고+후시－전시＝구하고자 하는 점의 지반고
55.16+3.55－2.35＝56.36m

31. 레벨의 기포를 중앙에 오게 하고 수평방향으로부터 50m 떨어진 지점의 표척 관측값이 1.750m 이었다. 기포를 4눈금 이동한 때의 관측값이 1.789m이었다면 기포관 한 눈금이 2mm일 때 기포관의 감도는?

㉮ 20초 ㉯ 30초 ㉰ 40초 ㉱ 50초

해설 $\alpha = \dfrac{l}{nD} \cdot \rho'' = \dfrac{(1.789-1.750)}{4\times 50} \times 206,265 = 40.22''$

32. 직접수준측량에 따른 오차 중 시준거리의 제곱에 비례하는 성질을 갖는 것은?

㉮ 기포관축과 시준선이 평행하지 않음으로 인한 오차
㉯ 표척의 길이가 표준길이와 다름으로 인한 오차
㉰ 지구의 곡률 및 대기 중 광선의 굴절로 인한 오차
㉱ 망원경의 시도 불명으로 인한 표척의 독취 오차

해설
- 구차 : $E_c = +\dfrac{S^2}{2R}$
- 기차 : $E_r = -\dfrac{KS^2}{2R}$
- 양차 : $\Delta E = \dfrac{(1-K)S^2}{2R}$

여기서, S : 수평거리, K : 굴절계수, R : 지구곡률반경

33. 교호수준측량의 장점으로 옳은 것은?

㉮ 작업속도가 더 빠르다.
㉯ 전시, 후시의 거리차가 일정하다.
㉰ 소규모 측량의 경우에 경제적이다.
㉱ 구차 및 기차의 오차를 제거할 수 있다.

해설 교호수준측량을 할 경우 소거되는 오차
- 레벨의 기계오차(시준축오차)
- 관측자의 읽기오차
- 지구곡률에 의한 오차(구차)
- 광선굴절에 의한 오차(기차)

해답 30. ㉰ 31. ㉰ 32. ㉰ 33. ㉱

34. 수준측량에서 사용하는 용어의 설명 중 틀린 것은?

㉮ I.P(중간점) : 어떤 지점의 표고를 알기 위해 표척을 세워 전시를 취한 점
㉯ B.S(후시) : 측량해 나가는 방향을 기준으로 기계의 후방을 시준한 값
㉰ T.P(이기점) : 기계를 옮기기 위해 어떤 점에서 전시와 후시를 취한 점
㉱ F.S(전시) : 표고를 알고자 하는 곳에 세운 표척의 시준값

해설 B.S(후시) : 알고 있는 점(기지점)에 표척을 세워 읽는 값

35. 수준측량에서 시준거리를 일정하게 하여 동일 조건하에서 측량하면 그 오차는 이론적으로 무엇에 비례하게 되는가?

㉮ 관측횟수의 역수
㉯ 관측점수의 제곱
㉰ 관측값의 2배수
㉱ 관측거리의 제곱근

해설 오차는 관측횟수, 관측거리의 제곱근에 비례한다.

$E = C\sqrt{L}$

여기서, E : 수준측량 오차의 합, C : 1km에 대한 오차, L : 노선거리(km)

36. 출발점에 세운 표척과 도착점에 세운 표척을 같게 하는 이유는?

㉮ 표척의 상태(마모 등)로 인한 오차를 소거한다.
㉯ 정준의 불량으로 인한 오차를 소거한다.
㉰ 수직축의 기울어짐으로 인한 오차를 제거한다.
㉱ 기포관의 강도불량으로 인한 오차를 제거한다.

해설 표척의 영눈금 오차는 오랜 기간 동안 사용하였기 때문에 표척의 밑부분이 마모하여 제로선이 올바르게 제로로 표시하지 않으므로 관측결과에 의해 생기는 오차이다. 이 영눈금의 오차는 레벨의 거치를 짝수화하여 출발점에 세운 표척을 도착점에 세우면 소거할 수 있다.

37. 레벨의 중심에서 100m 떨어진 곳에 표척을 세워 1.921m를 관측하고 기포가 4눈금 이동 후에 1.995m를 관측하였다면 이 기포관의 1눈금 이동에 대한 경사각(감도)은?

㉮ 약 40″ ㉯ 약 30″ ㉰ 약 20″ ㉱ 약 10″

해설 206265″×1.995－1.921/4×100＝38.159″

38. 간접 수준 측량으로 터널 천정에 설치된 AB 측점 간을 연직각 +5°로 관측하여 사거리가 50m, 후시(A점)의 관측값이 1.60m, 전시(B점)의 관측값이 1.50m이었다. AB 고저차는?

㉮ 3.55m ㉯ 3.75m ㉰ 4.26m ㉱ 4.45m

해설 고저차＝사거리×sin 연직각+전시－후시

$h = 50 \times \sin 5° + 1.5 - 1.6 = 4.26\text{m}$

해답 34. ㉯ 35. ㉱ 36. ㉮ 37. ㉮ 38. ㉰

39. 수준측량에서 우리나라가 채택하고 있는 기준면으로 옳은 것은?

㉮ 평균해수면 ㉯ 평균고조면 ㉰ 최저조위면 ㉱ 최고조위면

해설 우리나라의 수준측량의 기준은 인천 앞바다의 평균해수면을 0으로 수준원점 26.6871m로 한다.

40. 간접수준측량에서 지구의 평균반경을 6,370km로 하고, 수평거리가 2km일 때 지구곡률오차는?

㉮ 0.314m ㉯ 0.491m ㉰ 0.981m ㉱ 1.962m

해설 $\theta = \tan^{-1} \cdot \dfrac{2}{6,370} = 0°01'4.76''$

$$X = \frac{6,370}{\cos 0°01'4.76''} = 6,370.000314$$

지구의 곡률오차는

$6,370.000314 - 6,370 = 0.000314\text{km}$

$= 0.314\text{m}$

41. 기포관의 감도는 무엇으로 표시하는가?

㉮ 기포관의 길이에 대한 곡선의 중심각
㉯ 기포관의 눈금의 양단에 대한 곡선의 중심각
㉰ 기포관의 한 눈금에 대한 곡선의 중심각
㉱ 기포관의 반 눈금에 대한 곡선의 중심각

해설 기포관의 감도는 기포가 1눈금 움직일 때 수준기축이 경사되는 각도로서 기포관 한 눈금 사이에 낀 각을 말하며, 주로 수준기의 곡률반경에 좌우되고 곡률반경이 클수록 감도는 좋다.

42. 수준측량의 용어 설명 중 틀린 것은?

㉮ F.S(전시) : 표고를 구하려는 점에 세운 표척의 읽음값
㉯ B.S(후시) : 기지점에 세운 표척의 읽음값
㉰ T.P(이기점) : 전시와 후시를 같이 취할 수 있는 점
㉱ I.P(중간점) : 후시만을 취하는 점으로 오차가 발생하여도 측량결과에 전혀 영향을 주지 않는 점

해설 중간점
어느 점의 지반고만을 구하기 위해 전시만 측정한 표척의 읽음값으로 다른 점에 오차를 미치지 않는다.

43. 지오이드에서의 위치에너지값은 얼마인가?

㉮ 0 ㉯ 1 ㉰ 10 ㉱ 100

해설 지오이드의 특징

1. 지오이드면은 평균해수면을 나타낸다.
2. 고저측량은 지오이드면을 표고 0으로 하여 측정한다.
3. 지오이드면은 해발고도가 0m인 기준면으로 위치에너지가 0이다.

해답 39. ㉮ 40. ㉮ 41. ㉰ 42. ㉱ 43. ㉮

44. 고저차를 구하는 방법으로 사용하는 것이 아닌 것은?

㉮ 시거법(스타디아 측량) ㉯ 중력에 의한 방법
㉰ 평판의 앨리데이드에 의한 방법 ㉱ 수평표척에 의한 방법

해설 측량방법에 의한 분류

1. 직접수준측량 : 레벨과 표척을 사용하여 두 점 사이의 고저차를 구하는 방법
2. 간접수준측량 : 두 점 간의 연직각과 수평거리 또는 경사거리로서 삼각법에 의한 방법, 공중사진의 입체시에 의한 방법, 기압에 의한 방법, 스타디아수준측량에 의한 방법 등이 있다.
3. 교호수준측량 : 하천 등의 양쪽에 있는 2점 간의 고저차를 직접 또는 간접으로 구한다.
4. 평판의 앨리데이드에 의한 방법
5. 나반에 의한 방법
6. 기압수준측량
7. 중력에 의한 방법
8. 사진측정에 의한 방법

※ 수평표척에 의한 방법은 간접적으로 거리를 측정할 수 있는 방법이다.

45. 두 점 간의 거리가 2,100m이고 곡률반지름(R)이 6,370km, 빛의 굴절계수(k)가 0.14일 경우에 양차는?

㉮ 0.25m ㉯ 0.30m ㉰ 0.32m ㉱ 0.41m

해설 $\text{양차} = 1 - \frac{k}{2} R \times D^2$

$$= \frac{(1-0.14)}{2} \times 6,370 \times 2.1^2$$

$$= 0.0002977$$

46. 다음 표는 갱 내에서 수준측량을 실시한 결과이다. A점의 지반고가 224.590m일 경우 D점의 지반고는?

(단위 : m)

측점	후시	전시	지반고
A	+1.815		224.590
B	+1.346	+0.408	
C	−0.642	−1.833	
D	+1.721	+0.614	
E	−0.942	−1.155	
F		+1.547	

㉮ 221.260m ㉯ 227.920m
㉰ 228.019m ㉱ 229.641m

해설
- A점의 지반고는 224.590m이며, 지반고=기계고(지반고+후시)−전시이다.
- B점의 지반고=224.590+1.815−0.408=225.997m
- C점의 지반고=225.997+1.346−(−1.833)=229.176m
- D점의 지반고=229.176+(−0.642)−0.614=227.920m
- E점의 지반고=227.920+1.721−(−1.155)=230.796m
- F점의 지반고=230.796+(−0.942)−1.547=228.307m

47. 수준측량에서 전·후시의 측량을 연결하기 위하여 전시, 후시를 함께 취하는 점은?

㉮ 중간점　㉯ 수준점　㉰ 이기점　㉱ 기계점

해설
① 중간점 : 어느 점의 지반고만을 구하기 위해 전시만 측정한 표척의 읽음값
② 후시 : 표고를 알고 있는 점에 세운 표척의 읽음값
③ 전시 : 구하려는 점에 세운 표척의 읽음값
④ 이기점(Turning Point) : 전시와 후시의 연결점

48. 우리나라의 고저기준점에 대한 설명으로 맞는 것은?

㉮ 해수면의 최고수위를 기준으로 높이를 구하여 놓은 점
㉯ 기준수준면으로부터의 높이를 구하여 놓은 점
㉰ 기준타원체면으로부터의 높이를 구하여 놓은 점
㉱ 지표면으로부터의 높이를 구하여 놓은 점

해설 고저의 기준점은 지오이드로 정지된 평균해수면을 육지까지 연장하여 지구 전체를 둘러싼다고 가상한 곡면으로 지오이드의 특징은 다음과 같다.
① 지오이드면은 평균해수면을 나타낸다.
② 어느 점에서나 표면을 통과하는 연직선은 중력의 방향이 같다.
③ 지각 내부의 밀도분포에 따라 굴곡을 달리한다.
④ 지각 밀도의 불균일로 타원체면에 대하여 다소의 기복이 있는 불규칙한 면이다.
⑤ 고저측량은 지오이드면을 표고 "0"으로 하여 측정한다.
⑥ 해발고도가 0m인 기준면으로 위치에너지가 0이다.
⑦ 지각의 인력으로 대륙에서 지구타원체보다 높으며 해양에서 지구타원체보다 낮다.
⑧ 타원체의 법선과 지오이드의 법선은 일치하지 않게 되며 두 법선의 차, 즉 연직선 편차가 생긴다.

49. 300m 떨어진 곳에 표척을 세우고 기포가 중앙에 있을 때와 기포가 4눈금 이동했을 때의 양쪽을 읽어 그의 차를 0.08m라 할 때 이 기포관의 감도는?

㉮ 12″　㉯ 14″　㉰ 16″　㉱ 18″

해설 $a''=\rho''\times\frac{h}{nD}$ (ρ'' : 206.265″, h=눈금차, n=이동된 눈금 수, D=거리)
=206.265″×0.08/1200=0.0038197=0°0′12.75″

50. 수준측량에서 전·후시 거리를 같게 함으로써 제거되지 않는 오차는?

㉮ 지구의 곡률오차　　　　　㉯ 표척눈금 부정에 의한 오차
㉰ 광선의 굴절오차　　　　　㉱ 시준축 오차

해설 표척의 눈금오차는 기계의 정치횟수를 짝수로 하면 제거할 수 있다.

전·후시 거리를 같게 하여 제거되는 오차

- 레벨의 조정이 불완전하여 시준선이 기포관축과 평행하지 않을 때 발생하는 오차 제거
- 지구의 곡률오차와 빛의 굴절오차를 제거
- 초점나사를 움직일 필요가 없으므로 그로 인해 생기는 오차 제거

51. 도로의 중심선을 따라 20m 간격의 종단측량을 하여 다음과 같은 결과를 얻었다. 측점 1과 측점 5의 지반고를 연결하여 도로계획선을 설정한다면 이 계획선의 경사는?

측점	지반고(m)	측점	지반고(m)
No.1	53.63	No.4	70.65
No.2	52.32	No.5	50.83
No.3	60.67		

㉮ −2.8%　　　　　㉯ −3.5%
㉰ +3.5%　　　　　㉱ +2.8%

해설 측점 1과 측점 5의 높이차(h)는 53.63 − 50.83 = 2.8m

$$경사 = \frac{높이}{수평거리} = \frac{2.8}{80} = 0.035$$

∴ 3.5%, 측점 1보다 측점 5 지반이 낮으므로 경사는 −3.5%

52. 수준측량에서 n회 기계를 설치하여 높이를 측정할 때 1회 기계 설치에 따른 표준오차가 δ_r이면 전체 높이에 대한 오차는?

㉮ $n\delta_r$　　　　　㉯ $\frac{\sqrt{\delta_r}}{n}$
㉰ δ_r　　　　　㉱ $\sqrt{n \cdot \delta_r}$

해설 $e = \pm\sigma_r\sqrt{n}$

53. 수준측량에서 전시(F.S)의 정의로 옳은 것은?

㉮ 측량 진행방향에 대한 표척의 읽음
㉯ 수준점에 세운 표척의 읽음
㉰ 지반고를 알고 있는 기지점에 세운 표척의 읽음
㉱ 지반고를 알기 위한 미지점에 세운 표척의 읽음

해설 ① 수준점 : 수준원점을 출발하여 국도 및 중요한 도로를 따라 적당한 간격으로 표석을 매설하여 놓은 점이다.
② 표고 : 기준면에서 그 점까지의 연직거리를 말한다.
③ 후시 : 표고를 알고 있는 점에 세운 표척의 읽음값을 말한다.
④ 전시 : 구하려는 점에 세운 표척의 읽음값을 말한다.
⑤ 기계고 : 기준면에서 시준선까지의 높이, 즉 지반고+측점의 후시측정값을 말한다.

54. 직접수준측량을 통해 중간점의 고저차에 대한 결과 없이 A점으로부터 2km 떨어진 B점의 표고차만을 구하려고 할 때 가장 적합한 야장기입방법은?

㉮ 종횡단식 야장 ㉯ 승강식 야장
㉰ 고차식 야장 ㉱ 기고식 야장

해설 ① 고차식 : 이 야장기입법은 가장 간단한 것으로서 2단식이라고도 한다. 후시와 전시의 난만 있으면 되기 때문에 고저수준측량에 이용되며 측정이 끝난 다음에 후시의 합과 전시의 합의 차로서 고저차를 산출한다.
② 기고식 : 이 방법은 기지점의 표고에 그 점의 후시를 더한 기계고를 얻고 여기에서 표고를 알고자 하는 점의 전시를 빼서 그 점의 표고를 얻는다. 단, 수준측량과 같이 중간점이 많은 경우에 편리하다.

55. 측점 1에서 측점 5까지 직접 고저 횡단 측량을 실시하여 측점 1의 후시가 0.571m, 측점 5의 전시가 1.542m, 후시의 총합이 2.274m, 전시의 총합이 6.246m이었다면 측점 5의 표고는 측점 1에 비하여 어떤 위치에 있는가?

㉮ 0.971m 높다. ㉯ 0.971m 낮다.
㉰ 3.972m 높다. ㉱ 3.972m 낮다.

해설 고차식 야장기입법에 의해 전시의 총합 6.246m－후시의 총합 2.274m＝3.972m이므로 전시의 합이 후시의 합보다 커 측점 5의 지반고는 그 차이만큼 낮아지게 된다.

56. 직접수준측량에서 2km를 왕복하는 데 오차가 4mm 발생하였다면 이와 같은 정밀도로 하여 4.5km를 왕복했을 때의 오차는?

㉮ 5.0mm ㉯ 5.5mm ㉰ 6.0mm ㉱ 6.5mm

해설 $\sqrt{2\text{km}} : 4\text{mm} = \sqrt{4.5\text{km}} : x$에서 $x = 6\text{mm}$

57. 수준측량에서 기포관의 눈금이 3눈금 움직였을 때 60m 전방에 세운 표척의 읽음차가 2.5cm인 경우 기포관의 감도는?

㉮ 26″ ㉯ 29″ ㉰ 32″ ㉱ 35″

해답 54. ㉰ 55. ㉱ 56. ㉰ 57. ㉯

해설 $\alpha'' = \frac{\rho'' l}{nD} = \frac{0.025 \times 206265''}{3 \times 60} = 0°0'28.65''$

여기서 α : 기포관의 감도, ρ : 206265″, n : 이동눈금수, D : 수평거리

58. 수준측량에서 시준거리를 일정하게 하여 동일 조건하에서 측량하면 그 오차는 이론적으로 무엇에 비례하게 되는가?

㉮ 관측횟수의 역수　㉯ 관측점수의 제곱
㉰ 관측값의 2배수　㉱ 관측거리의 제곱근

해설 수준측량에서 시준거리를 일정하게 하여 동일 조건하에서 측량하면 그 오차는 이론적으로 노선거리의 제곱근에 비례한다.

59. 두 점 간의 고저차를 구하는 방법에 해당하지 않는 것은?

㉮ 직접수준측량　㉯ 기압수준측량
㉰ 항공사진측량　㉱ 지거수준측량

해설 두 점 간의 고저차를 구하는 수준측량의 측량방법에는 직접수준측량, 간접수준측량, 교호수준측량, 약수준측량, 기압수준측량 등이 있으며, 항공사진을 이용하여 고저차를 구할 수 있다.

60. 레벨의 시준축이 기포관축과 평행하지 않으므로 인한 오차는 다음 중 어떤 방법으로 소거될 수 있는가?

㉮ 후시한 후 곧바로 전시한다.　㉯ 표척을 정확히 수직으로 세운다.
㉰ 전시와 후시의 거리를 같게 한다.　㉱ 표척을 시준선의 좌우로 약간 기울인다.

해설 레벨의 조정이 불완전하여 시준축이 기포관축과 평행하지 않아 발생하는 오차는 전시와 후시의 거리를 같게 함으로써 소거된다.

61. 수평각 관측에서 축각오차 중 망원경을 정·반으로 관측하여 소거할 수 있는 오차가 아닌 것은?

㉮ 시준축 오차　㉯ 수평축 오차　㉰ 연직축 오차　㉱ 편심 오차

해설 망원경의 정·반 관측을 평균하여도 연직축 오차는 소거되지 않는다.

62. 직접수준측량 시 주의사항에 대한 설명으로 틀린 것은?

㉮ 작업 전에 기기 및 표척을 점검 및 조정한다.
㉯ 전후의 표척거리를 등거리로 하는 것이 좋다.
㉰ 표척을 세우고 나서는 표척을 움직여서는 안 된다.
㉱ 기포관의 기포는 똑바로 중앙에 오도록 한 후 관측을 한다.

해설 직접수준측량 시 표척은 기계수가 앞뒤 방향으로 천천히 움직여 주어야 하며, 움직임을 관측하여 가장 작은 눈금값을 읽어야 한다.

해답 58. ㉱ 59. ㉱ 60. ㉰ 61. ㉰ 62. ㉰

63. 레벨(Level) 수준의 기포관의 곡률반경을 알기 위하여 10m 떨어진 곳의 표척(Staff)을 수평으로 시준하고, 기포를 2눈금 이동시켜서 다시 표척을 시준하니 4cm의 이동이 있었다면 이때 기포관의 곡률반경은 얼마인가?(단, 기포관 1눈금=2mm)

㉮ 1.0m　　㉯ 1.5m　　㉰ 2.0m　　㉱ 2.3m

해설 $R:S=D:L$

(R : 기포관의 곡률반경, D : 표척이동거리, L : 시준거리, S : 눈금이동거리)

$R=\dfrac{0.004\times10}{0.04}=1\text{m}$

64. 직접 등고선 관측으로 표고 175.26m인 기준점에 표척을 세워 레벨로 측정한 값이 1.27m이다. 175m의 등고선을 측정하려 할 때 레벨이 시준해야 할 표척의 시준높이로 맞는 것은?

㉮ 1.35m　　㉯ 1.45m　　㉰ 1.49m　　㉱ 1.53m

해설 기계고=지반고+후시, 지반고=기계고-전시

175.26+1.27=176.53m, 176.53-175=1.53m

65. 다음 중 가장 정확한 표고 측정의 기준이 되는 점은 어느 것인가?

㉮ 삼각점　　㉯ 수준원점　　㉰ 중간점　　㉱ 이기점

해설 기준면으로부터 정확하게 표고를 측정해서 표시해 둔 점을 수준점(B.M)이라 한다. 기준이 되는 수준원점은 인하대학교 교정에 설치되어 있으며 높이는 26.6871m이다.

66. 장거리 고저차 측량에는 지구 곡률에 의한 구차가 적용되는데 이 구차에 대한 설명으로 맞는 것은?

㉮ 구차는 거리제곱에 반비례한다.　　㉯ 구차는 곡률반경의 제곱에 비례한다.

㉰ 구차는 곡률반경에 비례한다.　　㉱ 구차는 거리제곱에 비례한다.

해설 지구표면은 구면이므로 지구표면과 연직면과의 교선, 즉 수평선은 원호라고 생각할 수가 있다. 따라서 넓은 지역에서는 수평면에 대한 높이와 지평면에 대한 높이의 차를 구차라고 하며, 식은 $\dfrac{S^2}{2R}$로 표현되므로 거리제곱에 비례한다.

67. 다음 중 폭이 100m이고 양안(兩岸)의 고저차가 1m 되는 하천을 횡단하여 정밀히 수준측량을 실시할 때 양안의 고저차를 측정하는 방법으로 가장 적합한 것은?

㉮ 교호수준측량으로 구한다.　　㉯ 시거측량으로 구한다.

㉰ 간접수준측량으로 구한다.　　㉱ 양안의 수면으로부터의 높이로 구한다.

해설 교호수준측량은 강 또는 바다 등으로 인하여 접근이 곤란한 2점 간의 고저차를 직접 또는 간접수준측량에 의하여 구하는 방법으로 높은 정밀도를 필요로 할 경우에는 양안의 고저차를 관측한다.

해답 63. ㉮ 64. ㉱ 65. ㉯ 66. ㉱ 67. ㉮

68. 계산과정에서 완전한 검산을 할 수 있어 정밀한 측량에 이용되나 중간점이 많을 때는 계산이 복잡한 야장기입법은?

㉮ 고차식 ㉯ 기고식 ㉰ 횡단식 ㉱ 승강식

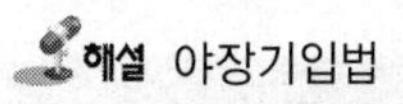

해설 야장기입법

① 고차식 : 전시와 후시만 있는 경우에 사용하는 야장기입법으로 2점의 높이를 구하는 것이 목적이고 도중에 있는 측점의 지반고는 구할 필요가 없다.

② 기고식 : 중간점이 많을 때 사용하는 야장기입법으로 완전한 검산을 할 수 없는 단점이 있다.

③ 승강식 : 완전한 검산을 할 수 있어 정밀한 측량에 적합하나 중간점이 많을 때에는 불편한 단점이 있다.

해답 68. ㉱

제6장 지형측량

6.1 개요

6.1.1 정의

지형측량(Topographic Surverying)은 지표면상의 자연 및 인공적인 지물·지모의 형태와 수평, 수직의 위치관계를 측정하여 일정한 축척과 도식으로 표현한 지도를 지형도(Topographic map)라 하며 지형도를 작성하기 위한 측량을 말한다.

6.1.2 지형의 구분

구분	내용
지물(地物)	지표면 위의 인공적인 시설물. 즉, 교량, 도로, 철도, 하천, 호수, 건축물 등
지모(地貌)	지표면 위의 자연적인 토지의 기복상태. 즉, 산정, 구릉, 계곡, 평야 등

6.1.3 지도의 종류

종류	내용
일반도 (General map)	인문·자연·사회 사항을 정확하고 상세하게 표현한 지도 ① 국토기본도 : 1/5,000, 1/10,000, 1/25,000, 1/50,000 우리나라의 대표적인 국토기본도는 1/50,000(위도차 15′, 경도차 15′) ② 토지이용도 : 1/25,000 ③ 지세도 : 1/250,000 ④ 대한민국전도 : 1/1,000,000
주제도 (Thematic map)	① 어느 특정한 주제를 강조하여 표현한 지도로서 일반도를 기초로 한다. ② 도시계획도, 토지이용도, 지질도, 토양도, 산림도, 관광도, 교통도, 통계도, 국토개발 계획도 등이 있다.
특수도 (Specifc map)	특수한 목적에 사용되는 지도 ① 지도표현 방법에 의한 분류 : 사진지도, 입체모형지도, 지적도, 대권항법도, 항공도, 해도, 천기도 등이 있다. ② 지도 제작 방법에 따른 분류 : 실측도, 편집도, 집성도로 구분

Help Tip

측량 · 수로조사 및 지적에 관한 법률 제2조 및 시행령 제4조

지도 (地圖)	측량 결과에 따라 공간상의 위치와 지형 및 지명 등 여러 공간정보를 일정한 축척에 따라 기호나 문자 등으로 표시한 것을 말한다. 정보처리시스템을 이용하여 분석, 편집 및 입력 · 출력할 수 있도록 제작된 수치지형도[항공기나 인공위성 등을 통하여 얻은 영상정보를 이용하여 제작하는 정사영상지도(正射映像地圖)를 포함한다]와 이를 이용하여 특정한 주제에 관하여 제작된 지하시설물도 · 토지이용현황도 등 대통령령으로 정하는 수치주제도(數値主題圖)를 포함한다.			
수치주제도 (數値主題圖)	토지이용현황도	지하시설물도	도시계획도	
	국토이용계획도	토지적성도	도로망도	
	지하수맥도	하천현황도	수계도	산림이용기본도
	자연공원현황도	생태 · 자연도	지질도	
	관광지도	풍수해보험관리지도	재해지도	행정구역도
	토양도	임상도	토지피복지도	식생도
	제1호부터 제21호까지에 규정된 것과 유사한 수치주제도 중 관련 법령상 정보유통 및 활용을 위하여 정확도의 확보가 필수적이거나 공공목적상 정확도의 확보가 필수적인 것으로서 국토해양부장관이 정하여 고시하는 수치주제도			

6.2 지형의 표시법

6.2.1 지형도에 의한 지형표시법

자연적 도법	영선법 (우모법, Hachuring)	"게바"라 하는 단선상(短線上)의 선으로 지표의 기본을 나타내는 것으로 게바의 사이, 굵기, 방향 등에 의하여 지표를 표시하는 방법
	음영법 (명암법, Shading)	태양광선이 서북쪽에서 45°로 비친다고 가정하여 지표의 기복을 도상에서 2~3색 이상으로 채색하여 지형을 표시하는 방법으로 지형의 입체감이 가장 잘 나타남

부호적 도법	점고법 (Spot height system)	지표면상의 표고 또는 수심을 숫자에 의하여 지표를 나타내는 방법으로 하천, 항만, 해양 등에 주로 이용
	등고선법 (Contour System)	동일표고의 점을 연결한 것으로 등고선에 의하여 지표를 표시하는 방법으로 토목공사용으로 가장 널리 사용
	채색법 (Layer System)	같은 등고선의 지대를 같은 색으로 채색하여 높을수록 진하게 낮을수록 연하게 칠하여 높이의 변화를 나타내며 지리관계의 지도에 주로 사용

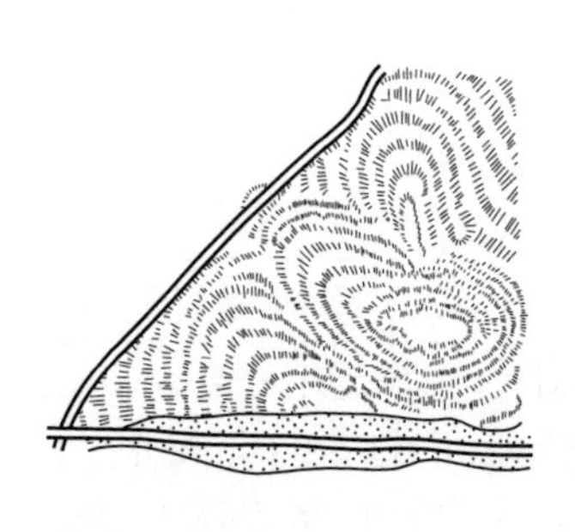
[영선법(우모법)]

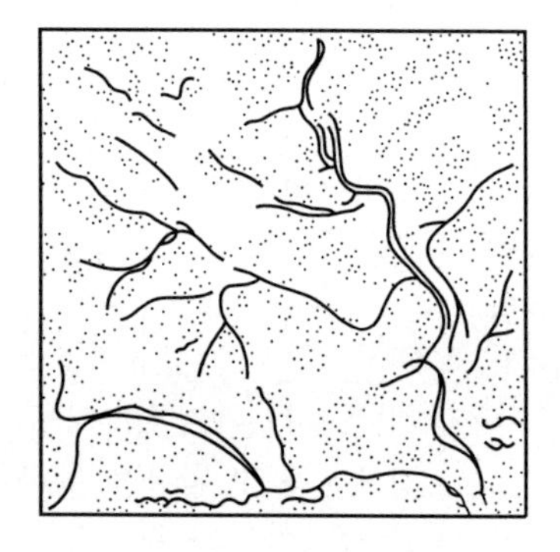
[음영법(명암법)]

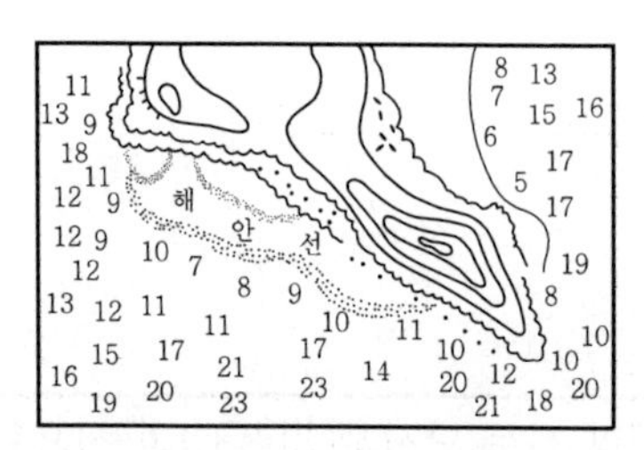

[점고법]

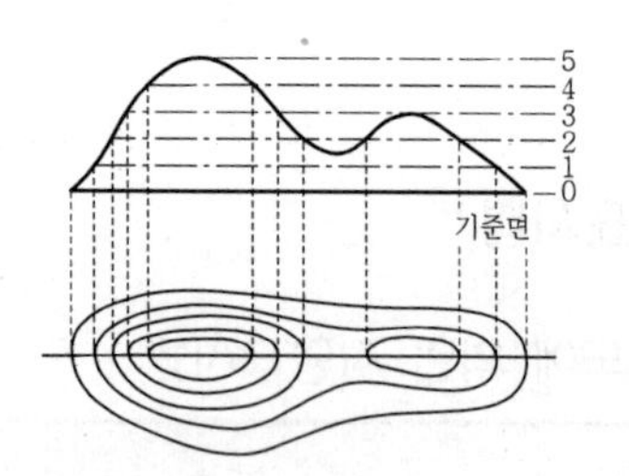

[등고선법]

6.3 등고선(Contour Line)

6.3.1 등고선의 종류와 성질

가. 등고선의 종류

주곡선	지형을 표시하는 데 가장 기본이 되는 곡선으로 가는 실선으로 표시
간곡선	주곡선 간격의 $\frac{1}{2}$간격으로 그리는 곡선으로 완경사지나 주곡선만으로 지모를 명시하기 곤란한 장소에 가는 파선으로 표시
조곡선	간곡선 간격의 $\frac{1}{2}$간격으로 그리는 곡선으로 불규칙한 지형을 표시 (주곡선 간격의 $\frac{1}{4}$간격으로 그리는 곡선)
계곡선	주곡선 5개마다 1개씩 그리는 곡선으로 표고의 읽음을 쉽게 하고 지모의 상태를 명시하기 위해 굵은 실선으로 표시

나. 등고선의 간격 암기 ㉨㉮㉨㉪

축척 등고선 종류	기호	1/5,000	1/10,000	1/25,000	1/50,000
㉨곡선	가는 실선	5	5	10	20
㉮곡선	가는 파선	2.5	2.5	5	10
㉨곡선 (보조곡선)	가는 점선	1.25	1.25	2.5	5
㉪곡선	굵은 실선	25	25	50	100

6.3.2 등고선의 성질

① 동일 등고선 상에 있는 모든 점은 같은 높이이다.

② 등고선은 반드시 도면 안이나 밖에서 서로 폐합한다.[그림 (a)]

③ 지도의 도면 내에서 폐합되면 가장 가운데 부분이 산꼭대기(산정) 또는 凹지(요지)가 된다.[그림 (b)]

④ 등고선은 도중에 없어지거나, 엇갈리거나[그림 (c)], 합쳐지거나[그림 (d)], 갈라지지 않는다.[그림 (e)]

⑤ 높이가 다른 두 등고선은 동굴이나 절벽의 지형이 아닌 곳에서는 교차하지 않는다.

⑥ 등고선은 경사가 급한 곳에서는 간격이 좁고 완만한 경사에서는 넓다.[그림 (g)]

⑦ 최대경사의 방향은 등고선과 직각으로 교차한다.[그림 (h)]

⑧ 분수선(능선)과 곡선(유하선)은 등고선과 직각으로 만난다.
⑨ 2쌍의 등고선의 볼록부가 상대할 때는 볼록부를 나타낸다.
⑩ 동등한 경사의 지표에서 양 등고선의 수평거리는 같다.
⑪ 같은 경사의 평면일 때는 나란한 직선이 된다.
⑫ 등고선이 능선을 직각방향으로 횡단한 다음 능선 다른 쪽을 따라 거슬러 올라간다.
⑬ 등고선의 수평거리는 산꼭대기 및 산 밑에서는 크고 산중턱에서는 작다.

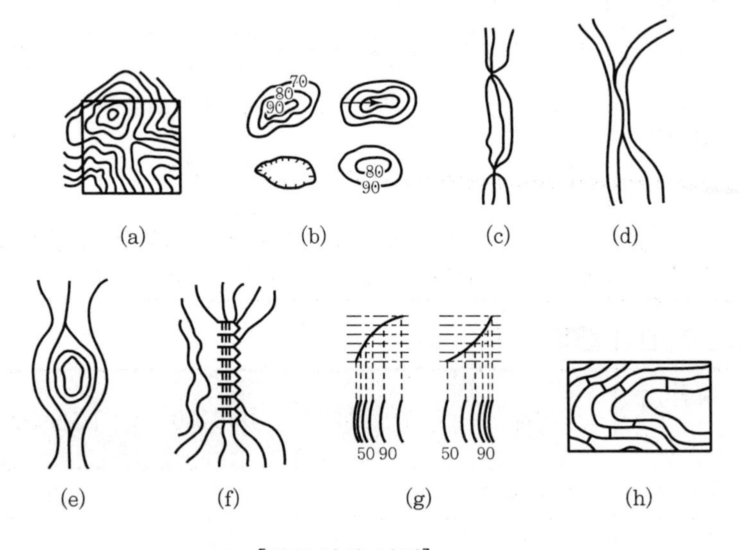

[등고선의 성질]

6.3.3 등고선도의 이용

① 노선의 도상선정
② 성토, 절토의 범위결정
③ 집수면적의 측정
④ 산의 체적
⑤ 댐의 유수량
⑥ 지형의 경사

6.3.4 지성선(Topographical Line)

지표는 많은 凸선, 凹선, 경사변환선, 최대경사선으로 이루어졌다고 생각할 때 이 평면의 접합부, 즉 접선을 말하며 지세선이라고도 한다.

능선(凸선), 분수선	지표면의 높은 곳을 연결한 선으로 빗물이 이것을 경계로 좌우로 흐르게 되므로 분수선 또는 능선이라 한다.
계곡선(凹선), 합수선	지표면이 낮거나 움푹 패인 점을 연결한 선으로 합수선 또는 합곡선이라 한다.

경사변환선	동일 방향의 경사면에서 경사의 크기가 다른 두 면의 접합선을 경사변환선이라 한다.(등고선 수평간격이 뚜렷하게 달라지는 경계선)
최대경사선	지표의 임의의 한 점에 있어서 그 경사가 최대로 되는 방향을 표시한 선으로 등고선에 직각으로 교차하며 물이 흐르는 방향이라는 의미에서 유하선이라고도 한다.

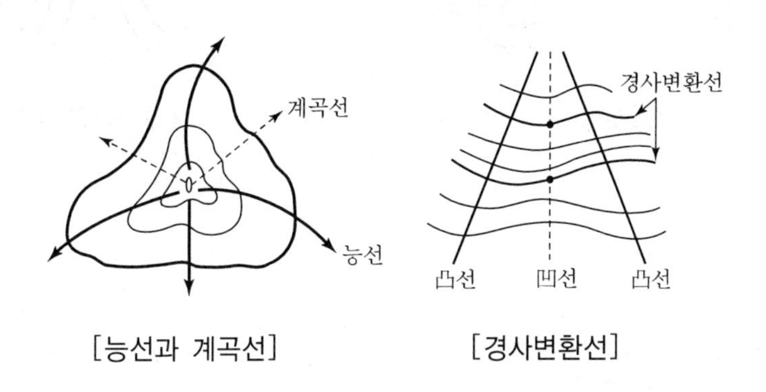

[능선과 계곡선] [경사변환선]

6.3.5 등고선에 의한 지형도 식별

산배(山背) · 산능(山稜)	산꼭대기와 산꼭대기 사이의 제일 높은 점을 이은 선으로 미근(尾根)이라 한다.
안부(鞍部)	서로 인접한 두 개의 산꼭대기가 서로 만나는 곳으로 좋은 교통로가 되는 고개부분을 말한다.
계곡(溪谷)	계곡은 凹(요)선(곡선)으로 표시되며 계곡의 종단면은 상류가 급하고 하류가 완만하게 되므로 상류가 좁고 하류가 넓게 된다.
凹(요)지와 산정(山頂)	최대경사선의 방향에 화살표를 붙여서 표시한다.
대지(臺地)	대지에서 산꼭대기는 평탄하고 사면의 경사는 급하게 되므로 등고선 간격은 상부에서는 넓고 하부에선 좁다.
선상지(扇狀地)	산간부로부터 흐른 아래의 하천이 평지에 나타나면 급한 하천경사가 완만하게 되며 그곳에 모래를 많이 쌓아두며 원추상(圓錘狀)의 경사지(傾斜地), 즉 삼각주를 구성하는 것을 말한다.
산급(山級)	산꼭대기 부근이나 凸선(능선)상에서 표시한 바와 같이 대지상(臺地狀)으로 되어 있는 것을 말하며 산급은 지형상의 요소로 기준선을 설치하기에 적당하다.
단구(段丘)	하안단구, 해안단구와 같이 계단상을 이룬 좁은 평지의 부분에서는 등고선 간격이 크게 된다. 단구는 여러 단으로 되어 있으나 급경사면과의 경계를 밝혀 식별되도록 등고선을 그린다.

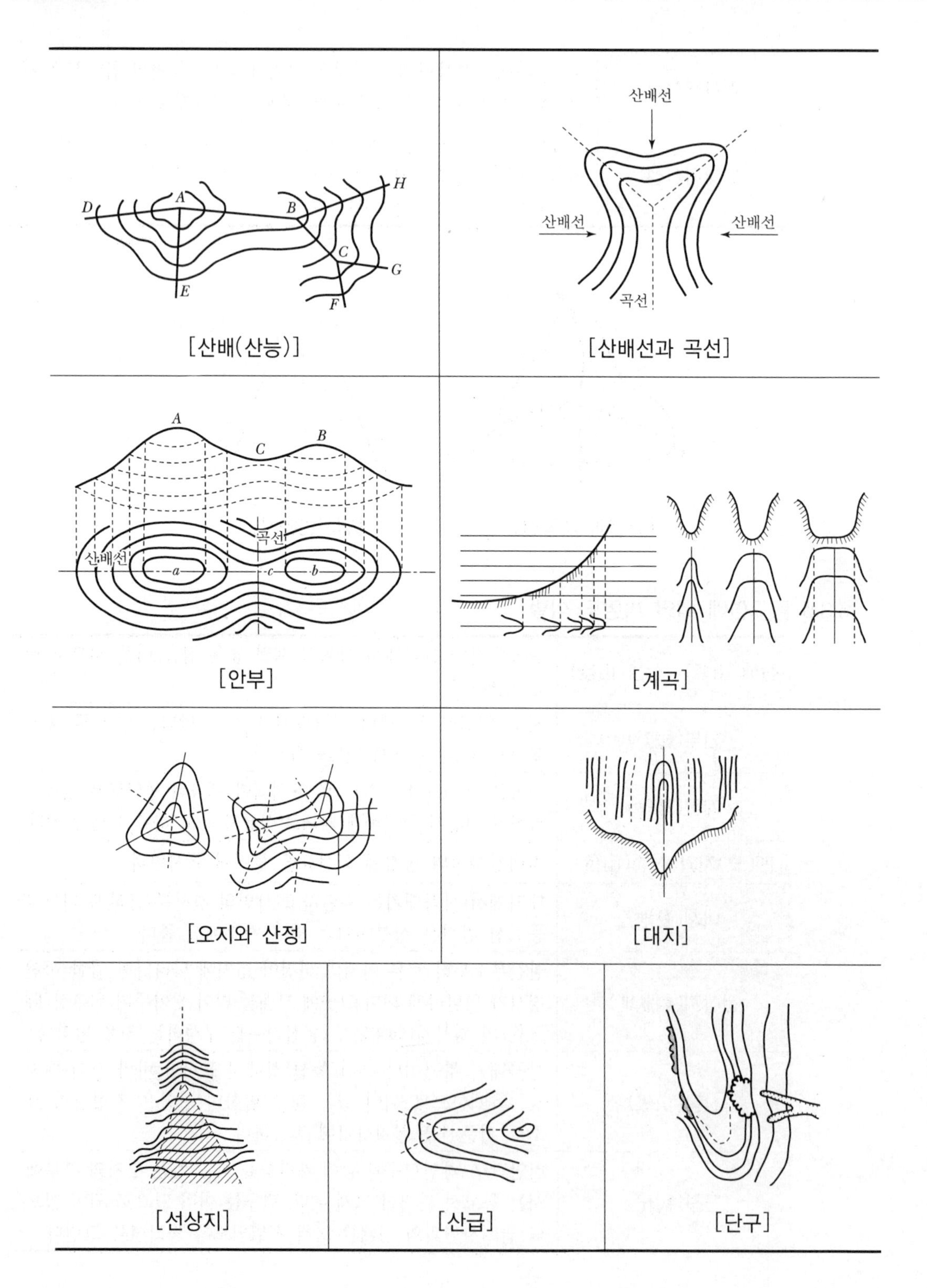
D
A
B
H
C
G
E
F
[산배(산능)]
산배선
산배선
산배선
곡선
[산배선과 곡선]
A
B
C
곡선
산배선
a
c
b
[안부]
[계곡]
[오지와 산정]
[대지]
[선상지]
[산급]
[단구]

6.4 등고선의 측정방법 및 지형도의 이용

6.4.1 지형측량의 작업순서

측량계획 → 답사 및 선점 → 기준점(골조) 측량 → 세부측량 → 측량원도 작성 → 지도편집

6.4.2 측량계획, 답사 및 선점시 유의사항

① 측량범위, 축척, 도식 등을 결정한다.
② 지형도 작성을 위해서 가능한 자료를 수집한다.
③ 작업의 용이성, 시간, 비용, 정밀도 등을 고려하여 선점한다.
④ 날씨 등의 외적 조건의 변화를 고려하여 여유 있는 작업 일지를 취한다.
⑤ 측량의 순서, 측량 지역의 배분 및 연결방법 등에 대해 작업원 상호의 사전조정을 한다.
⑥ 가능한 한 초기에 오차를 발견할 수 있는 작업방법과 계산방법을 택한다.

6.4.3 등고선의 측정방법

가. 기지점의 표고를 이용한 계산법

기지점의 표고를 이용한 계산법	$D : H = d_1 : h_1$ $\therefore\ d_1 = \dfrac{D}{H} \times h_1$ $D : H = d_2 : h_2$ $\therefore\ d_2 = \dfrac{D}{H} \times h_2$ $D : H = d_3 : h_3$ $\therefore\ d_3 = \dfrac{D}{H} \times h_3$ 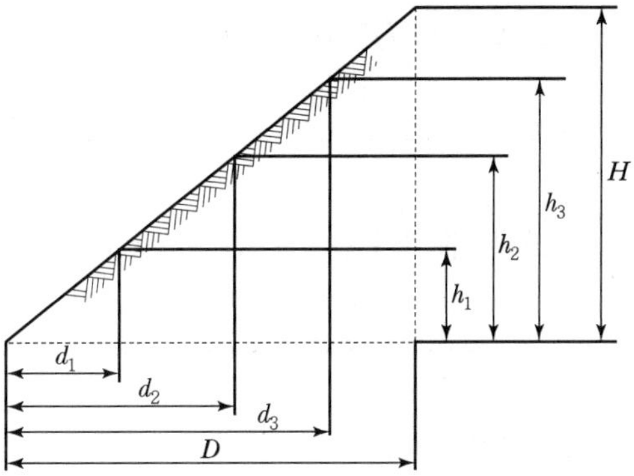 (그림: d_1, d_2, d_3, D, h_1, h_2, h_3, H)
목측에 의한 방법	현장에서 목측에 의해 점의 위치를 대충 결정하여 그리는 방법으로, 1/10,000 이하의 소축척의 지형 측량에 이용되며 많은 경험이 필요하다.
방안법(좌표점고법)	각 교점의 표고를 측정하고 그 결과로부터 등고선을 그리는 방법으로, 지형이 복잡한 곳에 이용한다.
종단점법	지형상 중요한 지성선 위의 여러 개의 측선에 대하여 거리와 표고를 측정하여 등고선을 그리는 방법으로, 비교적 소축척의 산지 등의 측량에 이용한다.
횡단점법	노선측량의 평면도에 등고선을 삽입할 경우에 이용되며 횡단측량의 결과를 이용하여 등고선을 그리는 방법이다.

6.4.4 지형도의 이용

① 방향 결정

② 위치 결정

③ 경사 결정(구배계산)

㉠ 경사$(i)=\dfrac{H}{D}\times 100\,(\%)$

㉡ 경사각$(\theta)=\tan^{-1}\dfrac{H}{D}$

④ 거리 결정

⑤ 단면도제작

⑥ 면적 계산

⑦ 체적계산(토공량 산정)

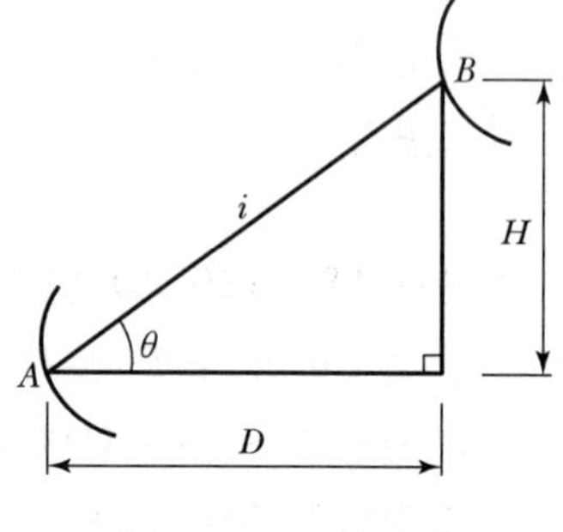

[등경사선의 계산]

6.5 등고선의 오차

최대수직위치오차	$\Delta H = dh + dl \cdot \tan\theta$	[등고선의 오차]
최대수평위치오차	$\Delta D = dh \cdot \cot an\theta + dl$	

6.5.1 적당한 등고선 간격

거리(dl) 및 높이(dh) 오차가 클 경우 인접하는 등고선이 서로 겹치게 되므로 이를 방지하기 위하여 도상에서 관측한 표고오차의 최대값은 등고선 간격의 1/2을 초과하지 않도록 규정한다.

적당한 등고선 간격	$H \geq 2(dh + dl \cdot \tan\theta)$ 여기서, dh : 높이관측오차 dl : 수평위치오차(도상위치오차×m) θ : 토지의 경사
등고선의 최소간격	$d = 0.25M$(mm)

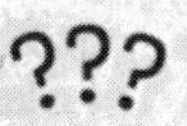

예상 및 기출문제

1. 축척 1/50,000 지형도에서 등고선 간격을 20m로 할 때 도상에서 표시될 수 있는 최소 간격을 0.45mm로 할 경우 등고선으로 표현할 수 있는 최대 경사각은?

㉮ 40.1°　　㉯ 41.6°　　㉰ 44.6°　　㉱ 46.1°

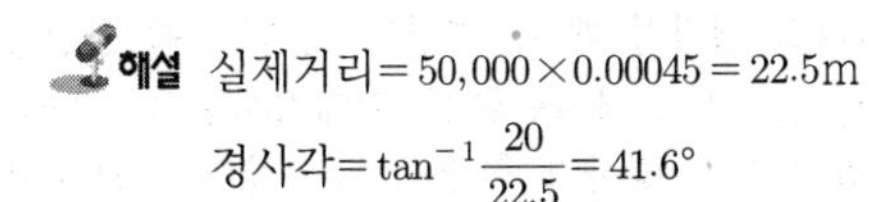

해설 실제거리 $= 50,000 \times 0.00045 = 22.5\text{m}$

경사각 $= \tan^{-1}\dfrac{20}{22.5} = 41.6°$

2. 우리나라 1 : 50,000 지형도의 간곡선 간격으로 옳은 것은?

㉮ 5m　　㉯ 10m　　㉰ 20m　　㉱ 25m

해설

구분	1 : 10,000	1 : 25,000	1 : 50,000
주곡선	5m	10m	20m
간곡선	2.5m	5m	10m
조곡선	1.25m	2.5m	5m
계곡선	25m	50m	100m

3. 지형의 표시방법 중 태양 광선이 서북쪽에서 경사 45도의 각도로 비춘다고 가정하여 지표의 기복에 대하여 그 명암을 2~3색 이상으로 도면에 채색해 기복의 모양을 표시하는 방법은?

㉮ 음영법　　㉯ 점고법　　㉰ 등고선법　　㉱ 채색법

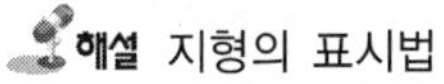

해설 지형의 표시법

자연적 도법	영선법(우모법) (Hachuring)	"게바"라 하는 단선상(短線上)의 선으로 지표의 기본을 나타내는 것으로 게바의 사이, 굵기, 방향 등에 의하여 지표를 표시하는 방법
	음영법(명암법) (Shading)	태양광선이 서북쪽에서 45°로 비친다고 가정하여 지표의 기복을 도상에서 2~3색 이상으로 채색하여 지형을 표시하는 방법으로 지형의 입체감이 가장 잘 나타남

해답 1. ㉯ 2. ㉯ 3. ㉮

부호적 도법	점고법 (Spot height system)	지표면 상의 표고 또는 수심을 숫자에 의하여 지표를 나타내는 방법으로 하천, 항만, 해양 등에 주로 이용
	등고선법 (Contour System)	동일 표고의 점을 연결한 것으로 등고선에 의하여 지표를 표시하는 방법으로 토목공사용으로 가장 널리 사용
	채색법 (Layer System)	같은 등고선의 지대를 같은색으로 채색하여 높을수록 진하게 낮을수록 연하게 칠하여 높이의 변화를 나타내며 지리관계의 지도에 주로 사용

4. 다음 중 지형측량의 지성선에 해당되지 않는 것은?

㉮ 계곡선(합수선) ㉯ 능선(분수선)
㉰ 경사변환선 ㉱ 주곡선

해설 지성선은 지표면이 다수의 평면으로 이루어졌다고 생각할 때 어 평면의 접합부, 즉 접선을 말하며 지세선이라고도 한다. 능선(분수선), 합수선(합곡선), 경사변환선, 최대경사선으로 나뉘며 최대경사선(유하선)은 지표의 임의의 한 점에 있어서 그 경사가 최대로 되는 방향을 표시한 선을 말하며, 등고선에 직각으로 교차한다.

5. 지형을 표시하는 일반적인 방법으로 옳지 않은 것은?

㉮ 음영법 ㉯ 영선법 ㉰ 등고선법 ㉱ 조감도법

해설 지형의 표시방법

① 자연도법 : 영선법(형선법), 음영법
② 부호적 도법 : 점고법, 등고선법, 채색법
③ 등고선의 간접측량방법에는 종단점법, 횡단점법, 정방형 분할법, 지형상 주요한 점을 취하는 방법이 있다.
 ㉠ 종단점법 : 기지점으로부터 몇 개의 측선을 설정하고 그 선상의 지반고와 거리를 재고 등고선을 삽입하는 방법
 ㉡ 횡단점법 : 노선측량에서 많이 사용되는 방법으로 중심선을 설치하고 이를 기준으로 좌우에 직각방향으로 측정하여 등고선을 삽입하는 방법
 ㉢ 방안법 : 한 측정구역을 정방형 또는 구형으로 나누어 각 교점의 위치를 결정하고 등고선을 삽입하는 방법
 ㉣ 방사절측법 : 트랜싯을 사용하여 경사가 변화하는 점을 측정하고 그 사이에 등간격으로 등고선을 삽입하는 방법
 ㉤ 목측법 : 지성선을 이용하여 등고선의 성질에 의해 2점 간의 등고선이 지나는 위치를 목측에 의해 정하고 이를 연결하여 등고선을 삽입하는 방법. 1/10000 이하의 소축척의 측량에 많이 이용된다.

6. 지형의 표시방법에 해당되지 않는 것은?

㉮ 영선법 ㉯ 등고선법 ㉰ 독립모델법 ㉱ 점고법

해설 5번 문제 해설 참조

해답 4. ㉱ 5. ㉱ 6. ㉰

7. 그림과 같은 지형표시법을 무엇이라고 하는가?

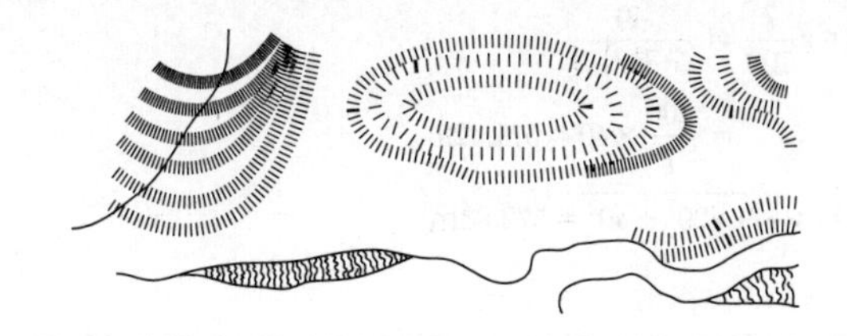

㉮ 영선법 ㉯ 음영법 ㉰ 채색법 ㉱ 등고선법

해설 지형의 표시방법

① 자연적인 도법

㉠ 영선법(게바법 : 우모법) : 게바라고 하는 선을 이용하여 지표의 기복을 표시하는 방법으로 기복의 판별은 좋으나 정확도가 낮다.

㉡ 음영법(명암법)

- 태양광선이 서북쪽에서 경사 45°로 비춘다고 가정하여 지표의 기복을 도상에 2~3색 이상으로 지형의 기복을 표시하는 방법
- 지형의 입체감이 가장 잘 나타나는 방법
- 고저차가 크고 경사가 급한 곳에 주로 사용한다.

② 부호적인 도법

㉠ 점고법 : 지표면상에 있는 임의의 점의 표고를 도상에 숫자로 표시해 지표를 나타내는 방법. 하천, 항만, 해양 등의 심천을 나타내는 경우에 주로 사용한다.

㉡ 등고선법 : 등고선은 동일 표고의 점을 연결한 것으로 등고선에 의하여 지표를 표시. 정확성을 요하는 지도에 사용함을 원칙으로 하며 토목공사용으로 가장 널리 사용한다.

㉢ 채색법 : 같은 등고선의 지대를 같은 색으로 칠하여 표시하는 방법이다. 지리관계의 지도나 소축척의 지형도에 사용되며 높을수록 진하게 낮을수록 연하게 칠한다.

8. 지형의 표시방법과 등고선에 관한 설명으로 옳지 않은 것은?

㉮ 등고선간격이 20m라 함은 수직방향 거리를 의미한다.
㉯ 지형표시 방법에는 음영법, 영선법, 등고선법 등이 있다.
㉰ 등고선은 폐합되지 않는다.
㉱ 동일 등고선상의 모든 점은 높이가 같다.

해설 등고선은 한 도곽 내에서 반드시 폐합한다.

9. 등고선의 간격이 2m인 지형도에서 100m 등고선상의 a점과 140m 등고선상의 B점 간을 일정 기울기 7%의 도로로 만들면 AB 간 도로의 실제 경사거리는?

㉮ 572.83m ㉯ 515.53m
㉰ 472.83m ㉱ 415.53m

해설 고저차=140−100=40

수평거리 $\Rightarrow \frac{7}{100} = \frac{40}{\text{수평거리}}$

$= \frac{100}{7} \times 40 = 571.429$

경사거리= $\sqrt{571.429^2 + 40^2} = 572.83\text{m}$

10. 축척이 1/5,000인 지형도에서 경사가 10%일 때 도상 등고선 간 수평거리는 얼마인가?(단, 등고선 간격은 5m이다.)

㉮ 1cm ㉯ 2cm ㉰ 5cm ㉱ 10cm

해설 구배= $\frac{\text{높이}}{\text{수평거리}}$, 거리= $5 \times \frac{100}{10} = 50\text{m}$

따라서 도상거리= $\frac{50 \times 1,000}{5,000} = 10\text{mm}$

[별해] 경사도(구배)= $\frac{\text{높이}(H)}{\text{거리}(D)} = \frac{10\%}{100} = \frac{1}{10}$

$\therefore\ D = 10 \times H$

여기서, $H = 5\text{m}$이므로 실제거리는 $10 \times 5 = 50\text{m}$

도상거리는 $\frac{1}{\text{m}} = \frac{\text{도상거리}}{\text{실제거리}}$

$\frac{1}{5,000} = \frac{x}{50}$

$x = \frac{50}{5,000} = 0.01\text{m} = 1\text{cm}$

11. 몇 개의 등고선이 저위부에 밀집하고 고위부에서 떨어지는 경우의 지형은?

㉮ 등경사면 ㉯ 凹형 사면
㉰ 凸형 사면 ㉱ 계단상 사면

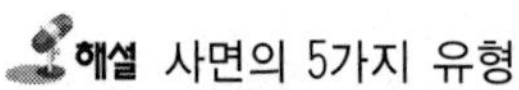
해설 사면의 5가지 유형

① 등경사면 : 등고선 상호의 거리가 같은 사면
② 철형(凸)사면 : 상부에서는 등고선 간의 거리가 넓고 하부에서는 좁은 사면
③ 요형(凹)사면 : 상부에서는 등고선 간의 거리가 좁고 하부에서는 넓은 사면
④ 요철사면 : 등고선 상호거리에 광협이 있는 사면경사변환점
⑤ 계단상 사면 : 그 형상이 계단상인 사면 · 평탄부의 상황을 표시하기 위해 필요에 따라서 간곡선, 조곡선 등을 사용하며 하안단구 등에서 볼 수 있는 지형

12. 경사거리가 500m이고 고저차가 100m인 지표상 두 점을 축척 1/25,000 지형도에 제도하려면 이 두 점 간의 도상거리는 약 얼마인가?

㉮ 1cm ㉯ 2cm ㉰ 3cm ㉱ 4cm

해답 10. ㉮ 11. ㉰ 12. ㉯

해설 수평거리 $D = \sqrt{L^2 - h^2}$

$= \sqrt{500^2 - 100^2}$

$= 489.89 = 490$

도상거리 $= \frac{490}{25,000} = 0.0196\text{m} = 2\text{cm}$

13. 지형도상에 등고선을 기입하는 방법이 아닌 것은?

㉮ 종단점법 ㉯ 방안법
㉰ 횡단측량법 ㉱ 영선법

해설 지형의 표시방법

① 자연도법 : 영선법(형선법), 음영법
② 부호적 도법 : 점고법, 등고선법, 채색법
③ 등고선의 간접측량방법에는 종단점법, 횡단점법, 정방형 분할법, 지형상 주요한 점을 취하는 방법이 있다
㉠ 종단점법 : 기지점으로부터 몇 개의 측선을 설정하고 그 선상의 지반고와 거리를 재고 등고선을 삽입하는 방법
㉡ 횡단점법 : 노선측량에서 많이 사용되는 방법으로 중심선을 설치하고 이를 기준으로 좌우에 직각방향으로 측정하여 등고선을 삽입하는 방법
㉢ 방안법 : 한 측정구역을 정방형 또는 구형으로 나누어 각 교점의 위치를 결정하고 등고선을 삽입하는 방법
㉣ 방사절측법 : 트랜싯을 사용하여 경사가 변화하는 점을 측정하고 그 사이에 등간격으로 등고선을 삽입하는 방법
㉤ 목측법 : 지성선을 이용하여 등고선의 성질에 의해 2점 간의 등고선이 지나는 위치를 목측에 의해 정하고 이를 연결하여 등고선을 삽입하는 방법. 1/10000 이하의 소축척의 측량에 많이 이용된다.

14. 1/25,000의 지형도에서 등고선으로 나타낼 수 있는 최대의 경사각은 얼마인가?(단, 등고선의 위치오차는 0.25mm이고 등고선 간격은 10m이다.)

㉮ 57°59′41″ ㉯ 43°30′41″
㉰ 38°39′41″ ㉱ 24°30′41″

해설 먼저 수평거리를 구하면 실제거리=축척×도상거리

=25,000×0.0025=6.25m

경사각은 $\theta = \tan^{-1}\frac{10}{6.25} = 57°\ 59'40.62''$

15. A점의 표고가 128m, B점의 표고가 155m인 등경사지형에서 A점으로부터 표고 130m 등고선까지의 거리는?(단, AB의 거리는 250m이다.)

㉮ 2.00m ㉯ 18.52m
㉰ 111.11m ㉱ 203.70m

해답 13. ㉰ 14. ㉮ 15. ㉯

해설 A점 표고=128m
B점 표고=155m
B점 표고－A점의 표고=27m
A점으로부터의 130 등고선의 표고=130m－128m=2m
비례식으로 풀면 27 : 250=2 : x

$$x=\frac{250\times 2}{27}=18.518\text{m}$$

16. 지형도의 도식과 기호가 만족하여야 할 조건에 대한 설명으로 옳지 않은 것은?

㉮ 간단하면서도 그리기 용이해야 한다.
㉯ 지물의 종류가 기호로써 명확히 판별될 수 있어야 한다.
㉰ 지도가 깨끗이 만들어지며 도식의 의미를 잘 알 수 있어야 한다.
㉱ 지도의 사용목적과 축척의 크기에 관계없이 모두 동일한 모양과 크기로 빠짐 없이 표시하여야 한다.

해설 ① 지형도 : 지면상의 자연 및 인공적인 지물, 지모 등을 일정한 축척과 도식으로 표현한 지도를 말한다.
② 도식 : 지도를 제작하는 데 있어서 모든 지형지물의 표시를 위한 기호 및 규정 등 일체를 통틀어서 도식이라 하고, 이 도식을 규정화한 것이 도식규정이다.

17. 우리나라의 1/25,000 지형도에서 계곡선의 간격은?

㉮ 10m ㉯ 20m ㉰ 50m ㉱ 100m

해설

등고선의 종류	등고선 간격		
	1/10,000	1/25,000	1/50,000
계곡선	25m	50m	100m
주곡선	5m	10m	20m
간곡선	2.5m	5m	10m
조곡선	1.25m	2.5m	5m

18. 태양광선이 서북쪽에서 비친다고 가정하고, 지표의 기복에 대해 명암으로 입체감을 주는 지형 표시방법은?

㉮ 음영법 ㉯ 단채법 ㉰ 점고법 ㉱ 등고선법

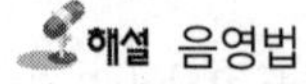
해설 음영법
① 태양광선이 서북쪽에서 경사 45°로 비친다고 가정하여 지표의 기복을 도상에 2~3색 이상으로 지형의 기복을 표시하는 방법
② 지형의 입체감이 가장 잘 나타나는 방법
③ 고저차가 크고 경사가 급한 곳에 주로 사용

 해답 16. ㉱ 17. ㉰ 18. ㉮

19. 지형측량에서 산지의 형상, 토지의 기복 등 지형을 표시하는 방법이 아닌 것은?

㉮ 등고선법 ㉯ 방사법 ㉰ 음영법 ㉱ 영선법

해설 지형의 표시방법

① 자연적인 도법

㉠ 영선법(게바법 : 우모법) : 게바라고 하는 선을 이용하여 지표의 기복을 표시하는 방법으로 기복의 판별은 좋으나 정확도가 낮다.

㉡ 음영법(명암법)

- 태양광선이 서북쪽에서 경사 45°로 비친다고 가정하여 지표의 기복을 도상에 2~3색 이상으로 지형의 기복을 표시하는 방법
- 지형의 입체감이 가장 잘 나타나는 방법
- 고저차가 크고 경사가 급한 곳에 주로 사용한다.

② 부호적인 도법

㉠ 점고법 : 지표면상에 있는 임의의 점의 표고를 도상에 숫자로 표시해 지표를 나타내는 방법. 하천, 항만, 해양 등의 심천을 나타내는 경우에 주로 사용

㉡ 등고선법 : 등고선은 동일 표고의 점을 연결한 것으로 등고선에 의하여 지표를 표시. 정확성을 요하는 지도에 사용함을 원칙으로 하며 토목공사용으로 가장 널리 사용

㉢ 채색법 : 같은 등고선의 지대를 같은 색으로 칠하여 표시하는 방법이다. 지리관계의 지도나 소축척의 지형도에 사용되며 높을수록 진하게 낮을수록 연하게 칠한다.

20. 지형도의 이용과 가장 거리가 먼 것은?

㉮ 종단면도 및 횡단면도의 작성 ㉯ 도로, 철도, 수로 등의 도상 선정
㉰ 집수면적의 측정 ㉱ 간접적인 지적도 작성

해설 지형도의 이용

① 종단면도 및 횡단면도 작성 : 지형도를 이용하여 기준점이 되는 종단점을 정하여 종단면도를 만들고 종단면도에 의해 횡단면도를 작업하여 토량산정에 의해 절토, 성토량을 구하여 공사에 필요한 자료를 근사적으로 얻을 수 있다.

② 저수량의 결정

③ 하천의 유역면적 산정

④ 토공량 산정(성토 및 절토 범위 관측)

⑤ 노선의 도상 선정

21. 축척 1 : 5,000 지형도에 등재하는 등고선 중 조곡선의 간격은?

㉮ 10m ㉯ 5m ㉰ 2.5m ㉱ 1.25m

해설

구분	1 : 5,000	1 : 10,000	1 : 25,000	1 : 50,000
주곡선	5	5	10	20
간곡선	2.5	2.5	5	10
조곡선	1.25	1.25	2.5	5
계곡선	25	25	50	100

해답 19. ㉯ 20. ㉱ 21. ㉱

22. 지형도에서 A점은 200m 등고선 위에 있고 B점은 220m 등고선 위에 있다. 두 점 사이의 경사가 20%이면 두 점 사이의 수평거리는?

㉮ 100m　　㉯ 120m　　㉰ 150m　　㉱ 200m

해설 비례식에 의하여 100 : 20 = x : 20

$$x = \frac{100}{20} \times 20 = 100\text{m}$$

23. 미소지역의 관측용으로 측량좌표계, 해도, 항공도 등에 주로 이용되는 투영법은?

㉮ 심사도법　　㉯ 등적도법

㉰ 등각도법　　㉱ 등거리도법

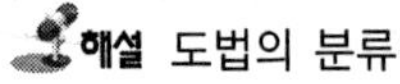**해설** 도법의 분류

투영면의 성질에 의해 분류하면 다음과 같다.

1. 등각도법(Conformal Projection)
   1) 지도상의 어느 곳에서나 각의 크기가 동일하게 표현되도록 하는 투영법(지도상의 경·위선의 교차각이 지구본에서와 동일)
   2) 등각성(等角性)을 유지하기 위해서는 경선과 위선이 등각으로 교차해야 하며, 한 지점에서 모든 방향으로의 축척이 동일해야 한다.
   3) 소지역에서 바른 형상을 유지한다.
   4) 두 점 간의 거리는 다르게 나타나고 지역이 커질수록 형상이 부정확하다.
   5) 대표적인 등각도법 : Marcator도법(수학적인 투영체계로 남-북 방향의 축척변화와 동일하게 동-서 방향의 축척을 변화시킴으로써 어떤 지점에서도 모든 방향으로의 축척이 동일하게 되어 등각성이 유지되는 투영법이다.)
2. 등적도법(Equal-area Projection)
   1) 지구상의 면적과 지도상의 면적이 동일하게 유지되도록 하는 투영법 → 등적성(等積性)을 유지하기 위해서는 경선과 위선을 따라 축척을 조정해야 한다.(즉, 어떤 지점에서 동-서 방향으로 확대되었다면 남-북 방향으로 축소시켜서 SF=1.0이 되도록 해야 한다.)
   2) 경선과 위선이 등각으로 교차하지 않으며, 형상이 압축되거나 늘어나며 휘어지는 등의 왜곡이 발생한다. 왜곡도는 지도의 주변부로 갈수록 심화된다.
   3) 통계지도나 지도첩을 제작할 때 적합하다.

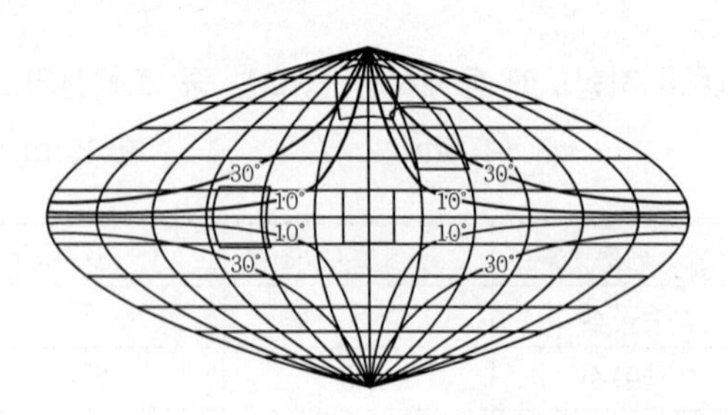

[등적투영에서의 형상변화]

해답 22. ㉮ 23. ㉰

3. 등거리도법(Equidistant Projection)
   1) 하나의 중앙점으로부터 다른 한 지점까지의 거리를 같게 나타내는 투영법으로 원점으로부터 동심원의 길이가 같게 표현된다.
   2) 등거리성(等距離性)을 유지하게 위해서는 대원상의 두 점 간 호거리가 지도상에서의 두 점 간 직선거리와 동일하도록 해야 한다.
   3) 등거리도법의 대표적인 예 : 방위등거리도법 → 모든 지점은 투영의 중심으로부터 등거리성을 유지하며 또한, 중심으로부터 모든 지점까지의 방향도 정방위를 나타낸다.
   (예 : 미국 Wisconsin의 Madison을 중심으로 한 방위등거리도법 ⇒ 매디슨을 중심으로 같은 거리에 있는 지역을 도시)

24. 하천, 호수, 항만 등의 수심을 나타내기에 가장 적합한 지형표시방법은?

㉮ 단채법　　㉯ 점고법
㉰ 영선법　　㉱ 등고선법

① 영선법
- 지면의 최대 경사방향에 단선상의 선을 그어 급경사는 굵고 짧게, 완경사는 가늘고 길게 표시하는 방법
- 수치적인 고저를 표시할 경우나 제도 등이 곤란

② 음영법
- 태양광선이 서북쪽에서 경사 45도의 각도로 비친다고 가정하고 지표의 기복에 대하여 그 명암을 채색하여 표시하는 방법
- 지리학, 지질학 등에 널리 사용되며 등고선과 영선법을 병용하는 경우도 있다

③ 채색법 : 등고선 간 대상의 부분을 색으로 채색하여 높이의 변화를 나타낸다.

④ 점고법 : 지표면 또는 수면상에 일정한 간격으로 점의 표고 또는 수심을 도상에 숫자로 기입하는 방법
- 하천, 항만 등에 사용

⑤ 등고선법
- 등고선은 지표면에서 동일한 같은 높이의 점을 연결한 선을 말하며 수평곡선이라고도 한다.
- 고저차뿐 아니라 지표경사의 완급 및 임의 방향의 경사를 구하기가 용이하므로 토목공사용으로 많이 사용된다.

25. 지상의 A 점의 표고가 300m, B점의 표고가 800m이며, AB의 경사가 25%일 때 두 지점의 1 : 50,000 지형도상 거리는?

㉮ 2cm　　㉯ 4cm　　㉰ 6cm　　㉱ 8cm

해설 경사$=\dfrac{\text{고저차}}{\text{수평거리}}$ 이므로, $800-300=\dfrac{500}{0.25}=2{,}000$

$4\text{cm}\times 5{,}000=\dfrac{200{,}000}{100}=2{,}000$

따라서 $\dfrac{2{,}000}{50{,}000}=0.04\text{m}=4\text{cm}$

26. 짧은 선의 간격, 굵기, 길이 및 방향 등으로 지표의 기복을 나타내는 것으로 우모법이라고도 하는 지형 표시 방법은?

㉮ 점고법 ㉯ 등고선법 ㉰ 영선법 ㉱ 채색법

해설 지형의 표시방법

1. 자연도법
   - 영선법 : 급경사는 선이 굵고, 완만하면 선이 가늘며 길게 된 새털모양으로 표시한다.
   - 음영법 : 태양광선이 서북쪽에서 경사 45도의 각도로 비친다고 가정하고 지표의 기복에 대하여 그 명암을 채색하여 표시하는 방법
2. 부호적 도법
   - 점고법 : 지표면상의 어떠한 점들의 표고를 도면상에 숫자로 표시하는 방법으로, 해도, 하천, 항만 등에 이용
   - 등고선법 : 동일한 높이의 점을 곡선으로 연결하여 표시하는 방법. 등고선에 의하여 지표를 표시하므로 비교적 정확한 지표의 표현방법이다.
   - 채색법 : 지표의 기복에 대해 그 명암을 도상에 2~3색 이상으로 채색하여 지형을 표시하는 방법

27. 지형도에 표시하는 주곡선의 기호로 옳은 것은?

㉮ 굵은 실선 ㉯ 가는 실선 ㉰ 가는 파선 ㉱ 가는 점선

해설 등고선의 종류

- 주곡선 : 기본선으로 가는 실선으로 표현
- 간곡선 : 가는 파선으로 표현
- 조곡선 : 가는 점선으로 표현
- 계곡선 : 주곡선 5개마다 굵은 실선으로 표현

28. 축척 1 : 3,000의 지형도 편찬을 하는데 축척 1 : 500 지형도를 이용하였다면 1 : 3,000 지형도의 1도면에 1 : 500 지형도가 몇 매 필요한가?

㉮ 36매 ㉯ 25매 ㉰ 6매 ㉱ 5매

해설 축척비 = 3,000/500 = 6매, 면적비 = 6×6 = 36매

29. 지형도를 활용하여 작성할 수 있는 자료와 가장 거리가 먼 것은?

㉮ 등경사선의 관측 ㉯ 토지경계의 결정
㉰ 성토 범위의 결정 ㉱ 유역면적의 계산

해설 지형도 이용

① 방향 결정 ② 위치 결정 ③ 경사 결정
④ 거리 결정 ⑤ 단면도 작성 ⑥ 면적 계산
⑦ 체적 계산

 해답 26. ㉰ 27. ㉯ 28. ㉮ 29. ㉯

30. 지형측량을 하려면 기본삼각점 만으로는 기준점이 부족하므로 삼각점을 기준으로 하여 지형측량에 필요한 측점을 설치하는데 이 점을 무엇이라고 하는가?

㉮ 이기점　　㉯ 방향변환점
㉰ 도근점　　㉱ 경사변환점

해설 • 도근점 : 지형도를 만들 때 필요한 측량을 하기 위한 측점
• 경사변환점 : 경사변환선과 분수선과 함수선의 교점

31. 건설현장 중 부지의 정지 작업을 위한 토량 산정 또는 저수지의 용량 등을 측정하는데 주로 사용되는 방법은?

㉮ 영선법　　㉯ 음영법
㉰ 채색법　　㉱ 등고선법

해설 ① 영선법
• 지면의 최대 경사방향에 단선상의 선을 그어 급경사는 굵고 짧게, 완경사는 가늘고 길게 표시하는 방법
• 수치적인 고저를 표시할 경우나 제도 등이 곤란

② 음영법
• 태양광선이 서북쪽에서 경사 45도의 각도로 비친다고 가정하고 지표의 기복에 대하여 그 명암을 채색하여 표시하는 방법
• 지리학, 지질학 등에 널리 사용되며 등고선과 영선법을 병용하는 경우도 있다.

③ 채색법 : 등고선 간 대상의 부분을 색으로 채색하여 높이의 변화를 나타낸다.

④ 점고법 : 지표면 또는 수면상에 일정한 간격으로 점의 표고 또는 수심을 도상에 숫자로 기입하는 방법
• 하천, 항만 등에 사용

⑤ 등고선법
• 등고선은 지표면에서 동일한 같은 높이의 점을 연결한 선을 말하며 수평곡선이라고도 한다.
• 고저차뿐 아니라 지표경사의 완급 및 임의 방향의 경사를 구하기가 용이하므로 토목공사용으로 많이 사용된다.

32. 축척 1 : 2,500, 등고선 간격 2m, 경사 5%일 때 등고선 간의 수평거리 L의 도상길이는?

㉮ 1.4cm　　㉯ 1.6cm　　㉰ 1.8cm　　㉱ 2.0cm

해설 $2/0.05 = 0.016\text{m} \times 100 = 1.6\text{cm}$

33. 축척 1 : 500 지형도를 기초로 하여 같은 크기의 축척 1 : 2,500의 지형도를 작성하려 한다. 1 : 2,500 지형도의 한 도면을 작성하기 위해서 필요한 1 : 500 지형도의 매수는?

㉮ 5매　　㉯ 10매　　㉰ 15매　　㉱ 25매

해답 30. ㉰ 31. ㉱ 32. ㉯ 33. ㉱

해설 축척비 = 2,500/500 = 5배, 면적비 = 가로×세로 = 5×5 = 25매

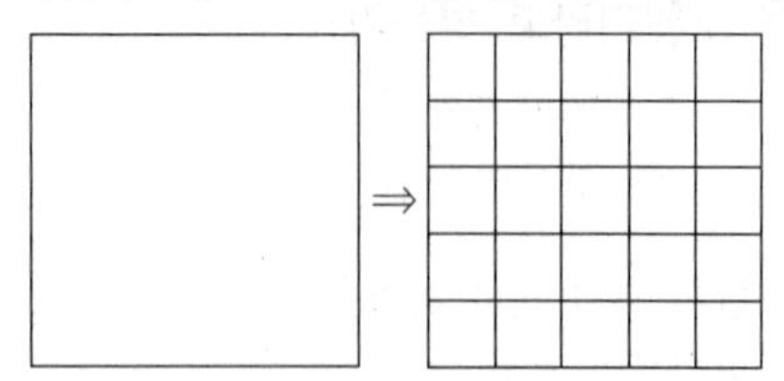

∴ 총 25매가 필요하다.

34. 지성선 중에서 빗물이 이것을 따라 좌우로 흐르게 되는 선으로 지표면이 높은 곳의 꼭대기 점을 연결한 선은?

㉮ 합수선(계곡선) ㉯ 분수선(능선)
㉰ 경사변환선 ㉱ 최대경사선

해설 지성선 중 분수선은 계곡선으로 지표면이 낮거나 움푹 패인 점을 연결한 선으로 합수선, 곡선 또는 합곡선이라고 한다.
- 계곡선 : 등고선을 읽기 쉽게 일정한 수의 등고선(주곡선)에 1개씩 굵게 나타낸 선
- 경사변환선 : 지표경사가 바뀌는 경계선
- 최대경사선 : 산비탈에서 경사각이 최대가 되는 선

35. 지형도의 지형 표시방법과 거리가 먼 것은?

㉮ 모형도법 ㉯ 영선법
㉰ 채색법 ㉱ 점고법

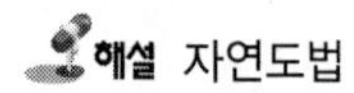 자연도법

1. 영선법
   - 지면의 최대 경사방향에 단선상의 선을 그어 급경사는 굵고 짧게, 완경사는 가늘고 길게 표시하는 방법
   - 경사가 급하면 선이 굵고 완만하면 선이 가늘며 길게 된 새털모양으로 표시
2. 음영법(명암법)
   - 고저차가 크고 경사가 급한 곳에 주로 사용
   - 빛이 지표에 비치면 지표기복의 형상에 따라서 명암이 생기는 원리를 이용한 것

부호적 도법

1. 점고법
   - 하천, 항만, 해양 등의 심천을 나타내는 경우에 사용
   - 지표면 또는 수면상에 일정한 간격으로 점의 표고 또는 수심을 도상에 숫자로 기입하는 방법
2. 등고선법 : 등고선에 의하여 지표를 표시하는 방법

해답 34. ㉯ 35. ㉮

36. 1 : 25,000 지형도에서 산 정상으로부터 산 밑까지의 도상 수평거리가 6cm일 때, 산 정상의 표고가 928m, 산 밑의 표고가 628m라 하면, 사면의 경사는?

㉮ 1/3 ㉯ 1/5
㉰ 1/7 ㉱ 1/9

해설 실거리 = 6cm×25,000 = 150,000 = 1,500m
높이차 = 928 − 628 = 300
∴ 300/1,500

37. A점의 지반고가 15.4m, B점의 지반고가 18.9m일 때 A점으로부터 지반고가 17m인 지점까지의 수평거리는?(단, AB 간의 수평거리는 40m이고, 등경사 지형이다.)

㉮ 20.3m ㉯ 19.3m
㉰ 18.3m ㉱ 17.3m

해설 $H=18.9-15.4=3.5$
$H=17.0-15.4=1.6$
그러므로 $40 : 3.5 = x : 1.6$
$x = 40/3.5 \times 1.6 = 18.3\text{m}$

38. 지형의 표시 방법 중 자연적 도법에 해당되는 것으로 우모법이라고도 하는 것은?

㉮ 영선법 ㉯ 등고선법
㉰ 점고법 ㉱ 채색법

해설 게바라고 하는 선을 이용하여 지표의 기복을 표시하는 방법으로 기복의 판별은 좋으나 정확도가 낮다.

39. 다음 중 1/50,000 지형도에서 등고선의 간격이 5m로 표시되는 것은?

㉮ 조곡선 ㉯ 간곡선
㉰ 계곡선 ㉱ 주곡선

구 분	$\frac{1}{10,000}$	$\frac{1}{25,000}$	$\frac{1}{50,000}$
주곡선	5m	10m	20m
간곡선	2.5	5	10
조곡선	1.25	2.5	5
계곡선	25	50	100

40. 우리나라 1 : 5,000 지형도에서 1,001m과 1,101m 사이에 계곡선은 몇 개 들어 있는가?

㉮ 2　　㉯ 4　　㉰ 10　　㉱ 20

해설

등고선의 간격	1/10,000	1/25,000	1/50,000
주곡선	5(m)	10(m)	20(m)
간곡선	2.5	5	10
조곡선	1.25	2.5	5
계곡선	25	50	100

1,101 − 1,001 = 100m

$\frac{100}{25} = 4$개

41. 지성선 중 지표면이 낮거나 움푹 패인 점을 연결한 선으로 합수선이라고도 하는 것은?

㉮ 능선　　㉯ 계곡선　　㉰ 경사변환선　　㉱ 최대경사선

해설 ① 계곡선은 지표가 낮거나 움푹 패인 점을 연결한 선으로 합수선이라고도 한다.
② 경사변환선은 같은 방향으로 비탈지고 있으나 경사가 틀린 두 면의 접합선이다.

42. 지형도로서 활용할 수 없는 것은?

㉮ 면적의 계산　　㉯ 토량의 계산
㉰ 토지의 기복상태의 조사　　㉱ 지적도의 복원

해설 지형측량이란 지구표면상의 자연 및 인위적인 지물·모양, 즉 도로, 철도, 하천 또는 산정, 구릉, 계곡, 평야의 상호 관계위치를 측정하여 일정한 축척과 도식에 의하여 지형도를 작성하는 것

43. 등고선의 간접 측량방법이 아닌 것은?

㉮ 사각형 분할법(좌표점법)　　㉯ 기준점법(종단점법)
㉰ 원곡선법　　㉱ 횡단점법

해설 지형측량에서 등고선의 측정방법에는 직접측정방법과 간접측정방법이 있다. 직접측정방법에는 레벨 또는 핸드레벨에 의한 방법과 평판에 의한 방법이 있으며, 간접측정방법에서는 방사절측법, 목측에 의한 방법, 방안법(좌표점고법, 모눈종이법), 기준점법(종단점법), 횡단점법이 있다.

44. 축척 1 : 25,000인 지형도에서 A점의 표고는 80m이고, B점의 표고는 140m이며 두 점 간의 거리가 도상에서 15.7cm일 때 경사는?

㉮ 1/63.2　　㉯ 1/65.0　　㉰ 1/65.2　　㉱ 1/65.4

해설 먼저 수평거리를 구하면 실제거리 = 축척×도상거리 = 25,000×0.157 = 3,925m이므로 경사는 높이/수평거리 = 60/3,925 = 0.01529 = 1/65.4

해답 40. ㉯ 41. ㉯ 42. ㉱ 43. ㉰ 44. ㉱

45. 지형도에 표현되는 지형을 지모와 지물로 구분할 때 지물에 해당되는 것은?

㉮ 도로　㉯ 계곡　㉰ 평야　㉱ 산정

해설 지형측량에서 지물은 도로, 철도, 시가지, 촌락, 하천, 해안을 말한다.

46. 지상 $1km^2$의 면적이 지도상에서 $16cm^2$로 표시되는 축척으로 옳은 것은?

㉮ 1/20,000　㉯ 1/25,000

㉰ 1/50,000　㉱ 1/100,000

해설 축척 $= 16cm^2/1km^2$

$= 4cm \times 4cm / 1,000 \times 1,000$

$= 0.04/1,000$

$= 1/25,000$

47. 우리나라 1 : 5,000 기본도에 사용하는 지형(높이)의 표시방법은?

㉮ 음영법　㉯ 영선법

㉰ 단채법　㉱ 등고선법

해설 지형표시방법

① 영선법
- 지면의 최대 경사방향에 단선상의 선을 그어 급경사는 굵고 짧게 완경사는 가늘고 길게 표시하는 방법
- 수치적인 고저를 표시할 경우나 제도 등이 곤란

② 음영법
- 태양광선이 서북쪽에서 경사 45°의 각도로 비친다고 가정하고 지표의 기복에 대하여 그 명암을 채색하여 표시하는 방법
- 지리학, 지질학 등에 널리 사용되며 등고선과 영선법을 병용하는 경우도 있다.

③ 단채법 : 등고선 간 대상의 부분을 색으로 채색하여 높이의 변화를 나타낸다.

④ 점고법
- 지표면 또는 수면상에 일정한 간격으로 점의 표고 또는 수심을 도상에 숫자로 기입하는 방법
- 하천, 항만 등에 사용

⑤ 등고선법
- 등고선은 지표면에서 동일한 같은 높이의 점을 연결한 선을 말하며 수평곡선이라고도 한다.
- 고저차뿐 아니라 지표경사의 완급 및 임의 방향의 경사를 구하기 용기하므로 토목공사용으로 많이 사용된다.

48. 지도의 사용목적별 분류가 아닌 것은?

㉮ 일반도　㉯ 주제도

㉰ 특수도　㉱ 편집도

해설 지도의 사용목적별 분류 : 일반도, 주제도(특수도)

해답 45. ㉮ 46. ㉯ 47. ㉱ 48. ㉱

49. 비교적 소축척으로 산지 등의 측량에 이용되는 등고선 측정방법으로 지성선 간의 중요점의 위치와 표고를 측정하고 이 점으로부터 등고선을 삽입하는 방법은?

㉮ 점고법 ㉯ 방안법(사각형분할법)
㉰ 횡단점법 ㉱ 종단점법(기준점법)

해설 ㉮ 점고법 : 하천・항만・해양 등의 심천을 나타내는 데 측점에 숫자로 기입하여 고저를 표시하는 방법이다.
㉯ 방안법 : 각 교점의 표고를 관측하고 그 결과로부터 등고선을 그리는 방법. 지형이 복잡한 곳에 이용한다.
㉰ 횡단점법 : 수준측량, 노선측량에서 중심 말뚝의 표고와 횡단측량결과를 이용하여 등고선을 그리는 방법이며, 노선측량의 평면도에 등고선을 삽입할 경우에 이용한다.
㉱ 종단점법 : 지성선 상의 중요점의 위치와 표고를 측정하여, 이 점들을 기준으로 하여 등고선을 삽입하는 등고선 측정방법으로 비교적 소축척으로 산지 등의 측량에 이용되며 지성선 간의 중요점의 위치와 표고를 측정하고 이 점으로부터 등고선을 삽입하는 방법이다.

50. 다음 중 지성선에 대한 설명으로 옳지 않은 것은?

㉮ 능선은 지표면의 가장 높은 곳을 연결한 선으로 분수선이라고도 한다.
㉯ 함수선은 지표면의 가장 낮은 곳을 연결한 선으로 계곡선이라고도 한다.
㉰ 경사변환선은 동일 방향의 경사면에서 경사의 크기가 다른 두 면의 교선을 말한다.
㉱ 최대경사선은 지표상 임의의 한 점에 있어서 그 경사가 최대로 되는 방향을 표시한 선을 말하며 등고선과 수평을 유지한다.

해설 지성선은 지표면이 다수의 평면으로 이루어졌다고 생각할 때 이 평면의 접합부, 즉 접선을 말하며 지세선이라고도 한다. 능선(분수선), 합수선(합곡선), 경사변환선, 최대경사선으로 나뉘며 최대경사선(유하선)은 지표의 임의의 한 점에 있어서 그 경사가 최대로 되는 방향을 표시한 선을 말하며, 등고선에 직각으로 교차한다.

51. 축척 1 : 50,000 지형도로 표시되어 있는 해당지역을 축척 1 : 5,000의 지형도로 확대 제작할 경우 몇 매가 필요한가?

㉮ 10매 ㉯ 20매
㉰ 50매 ㉱ 100매

해설 축척비율이 10배이므로 가로 10×세로 10=100매의 지형도가 필요하다.

52. 지형의 조합 중 지물만으로 짝지어진 것은?

㉮ 산정, 도로, 평야 ㉯ 철도, 하천, 촌락
㉰ 구릉, 계곡, 하천 ㉱ 철도, 경지, 산정

해설 지형측량의 지물 : 도로, 철도, 시가지, 촌락, 하천, 해안

해답 49. ㉱ 50. ㉱ 51. ㉱ 52. ㉯

53. 지형도를 이용하여 작성할 수 있는 자료에 해당되지 않는 것은?

㉮ 종 · 횡단면도 작성
㉯ 표고에 의한 평균유속 측정
㉰ 절토 및 성토범위의 결정
㉱ 등고선에 의한 체적 계산

해설 표고에 의한 평균유속 측정은 지형도를 이용하여 작성할 수 없다.

54. 1/25,000 지형도상에서 두 점 간의 거리를 측정하니 4cm였다. 축척이 다른 지형도의 동일한 두 점 간의 거리가 10cm일 때 이 지형도의 축척은?

㉮ 1/5,000
㉯ 1/10,000
㉰ 1/15,000
㉱ 1/30,000

해설 먼저 1/25,000에서의 실제거리를 구하면

$$\frac{1}{\text{축척}(M)} = \frac{\text{도상거리}}{\text{지상의 거리}} = \text{지상의 거리} = \text{축척} \times \text{도상거리} = 1{,}000\text{m}$$

$$\therefore \frac{0.1}{1{,}000} = 1/10{,}000$$

55. 축척 1/10,000 지형도상에서 계곡으로 표현된 지역에서 등고선 간의 최소거리는 그 지표면의 무엇을 표시하는 것인가?

㉮ 최소 경사방향
㉯ 최대 경사방향
㉰ 상향 경사방향
㉱ 하향 경사방향

해설 등고선의 간격은 등고선 사이의 연직(수직)거리로 경사가 지표의 임의의 1점에서 최대가 되는 방향을 나타내고, 등고선에 직각으로 교차하는 선을 최대 경사선이라 하며, 등고선의 간격이 좁은 곳은 경사가 급한 곳이다.

56. 지형도를 이용하여 작성할 수 있는 자료에 해당되지 않는 것은?

㉮ 종 · 횡단면도 작성
㉯ 표고에 의한 평균유속 측정
㉰ 절토 및 성토범위의 결정
㉱ 등고선에 의한 체적 계산

해설 표고에 의한 평균유속 측정은 지형도를 이용하여 작성할 수 없다.

지형도의 이용
① 저수량, 토공량 산정
② 노선의 도면상 선정
③ 면적의 도상 측정
④ 연직단면의 작성

해답 53. ㉯ 54. ㉯ 55. ㉯ 56. ㉯

제7장 면적 및 체적측량

7.1 경계선이 직선으로 된 경우의 면적 계산

방법	설명	공식
삼사법	밑변과 높이를 관측하여 면적을 구하는 방법	$A=\frac{1}{2}ah$
이변법	두 변의 길이와 그 사잇각(협각)을 관측하여 면적을 구하는 방법	$A=\frac{1}{2}ab\sin\gamma$ $=\frac{1}{2}ac\sin\beta$ $=\frac{1}{2}bc\sin\alpha$
삼변법	삼각변의 3변 a, b, c를 관측하여 면적을 구하는 방법	$A=\sqrt{S(S-a)(S-b)(S-c)}$ $S=\frac{1}{2}(a+b+c)$

좌표법

합위거(X)	합경거(Y)	$(X_{i+1}-x_{i-1})\times y$	배면적
X_1	Y_1	$(x_2-x_4)\times y_1=$	
X_2	Y_2	$(x_3-x_1)\times y_2=$	
X_3	Y_3	$(x_4-x_2)\times y_3=$	
X_4	Y_4	$(x_1-x_3)\times y_4=$	

$$A=\frac{1}{2}\Sigma y_i(x_{i+1}-x_{i-1})=\frac{1}{2}\Sigma x_i(y_{i+1}-y_{i-1})$$

[좌표에 의한 방법]

7.2 경계선이 곡선으로 된 경우의 면적 계산

<table>
<tr><td>심프슨 제1법칙</td><td>① 지거간격을 2개씩 1개조로 하여 경계선을 2차 포물선으로 간주
② A=사다리꼴(ABCD)+포물선(BCD)
$=\frac{d}{3}\{y_0+y_n+4(y_1+y_3+\cdots+y_{n-1})+2(y_2+y_4+\cdots+y_{n-2})\}$
$=\frac{d}{3}\{y_0+y_n+4(\Sigma y_{홀수})+2(\Sigma y_{짝수})\}$
$=\frac{d}{3}\{y_1+y_n+4(\Sigma y_{짝수})+2(\Sigma y_{홀수})\}$
③ n(지거의 수)은 짝수여야 하며, 홀수인 경우 끝의 것은 사다리꼴 공식으로 계산하여 합산</td><td>[심프슨 제1법칙]</td></tr>
<tr><td>심프슨 제2법칙</td><td>① 지거간격을 3개씩 1개조로 하여 경계선을 3차 포물선으로 간주
②$=\frac{3}{8}d\{y_0+y_n+3(y_1+y_2+y_4+y_5+\cdots+y_{n-2}+y_{n-1})+2(y_3+y_6+\cdots+y_{n-3})\}$
$=\frac{3}{8}d\{y_0+y_n+2\Sigma y_{3의\ 배수}+3\Sigma y_{나머지\ 수}\}$
③ $n-1$이 3배수여야 하며, 3배수를 넘을 때에는 나머지는 사다리꼴 공식으로 계산하여 합산</td><td>[심프슨 제2법칙]</td></tr>
<tr><td>지거법</td><td>① 경계선을 직선으로 간주
$A=d_1\left(\frac{y_1+y_2}{2}\right)+d_2\left(\frac{y_2+y_3}{2}\right)+\cdots+d_{n-1}\left(\frac{y_{n-1}+y_n}{2}\right)$
$\therefore\ A=d\left[\frac{y_0+y_n}{2}+y_1+y_2+y_3+\cdots+y_{n-1}\right]$</td><td>[지거법]</td></tr>
</table>

7.3 구적기(Planimeter)에 의한 면적 계산

등고선과 같이 경계선이 매우 불규칙한 도형의 면적을 신속하고, 간단하게 구할 수 있어 건설공사에 매우 활용도가 높으며 극식과 무극식이 있다.

구분	공식	비고
도면의 종(M_1)·횡(M_2) 축척이 같을 경우 ($M_1 = M_2$)	$A=\left(\frac{M}{m}\right)^2 \cdot C \cdot n$	여기서, M : 도면의 축척 분모수 m : 구적기의 축척 분모수 C : 구적기의 계수 n : 회전 눈금수(시계방향 : 제2읽기－제1읽기, 반시계방향 : 제1읽기－제2읽기) n_0 : 영원(Zero circle)의 면적
도면의 종(M_1)·횡(M_2) 축척이 다른 경우 ($M_1 \neq M_2$)	$A=\left(\frac{M_1 \times M_2}{m^2}\right) \cdot C \cdot n$	
도면의 축척과 구적기의 축척이 같은 경우 ($M=m$)	$A = C \cdot n = C(a_1 - a_2)$	

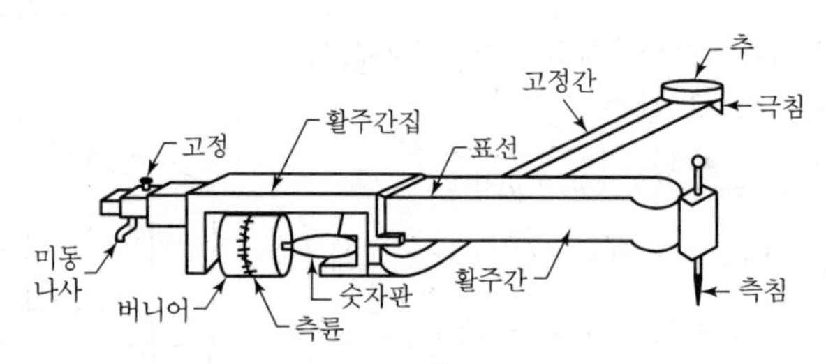

[플래니미터의 구조(극식)]

7.4 축척과 단위면적의 관계

$m_1^2 : a_1 = m_2^2 : a_2 \quad \therefore\ a_2 = \left(\frac{m_2}{m_1}\right)^2 a_1$	$a = \frac{m^2}{1,000} d\pi l \quad \therefore\ l = \frac{1,000 \cdot a}{m^2 d\pi}$
여기서, a_1 : 축척 $\frac{1}{m_1}$ 인 도면의 단위면적 a_2 : 축척 $\frac{1}{m_2}$ 인 도면의 단위면적	여기서, a : 축척 $\frac{1}{m}$ 인 경우의 단위면적 d : 측륜의 직경 l : 측간의 길이 $\frac{d\pi}{1,000}$: 측륜 한 눈금의 크기

7.5 횡단면적 측정법

7.5.1 수평 단면(지반이 수평인 경우)

① 방법 1

$$d_1 = d_2 = \frac{w}{2} + sh$$

$$A = c(w + sh)$$

② 방법 2

사다리꼴 공식

여기서, ∴ s : 경사

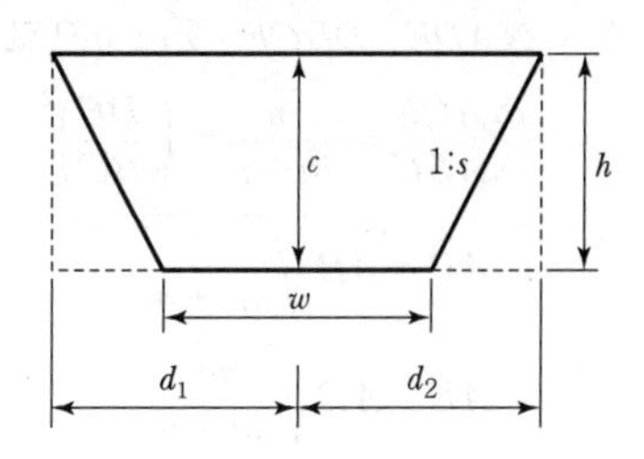

7.5.2 같은 경사 단면(양 측점의 높이가 다르고 그 사이가 일정한 경사로 되어 있는 경우)

$$d_1 = \left(c + \frac{w}{2s}\right)\left(\frac{ns}{n+s}\right)$$

$$d_2 = \left(c + \frac{w}{2s}\right)\left(\frac{ns}{n-s}\right)$$

$$A = \frac{d_1 d_2}{s} - \frac{w^2}{4s}$$

$$= sh_1h_2 + \frac{w}{2}(h_1 + h_2)$$

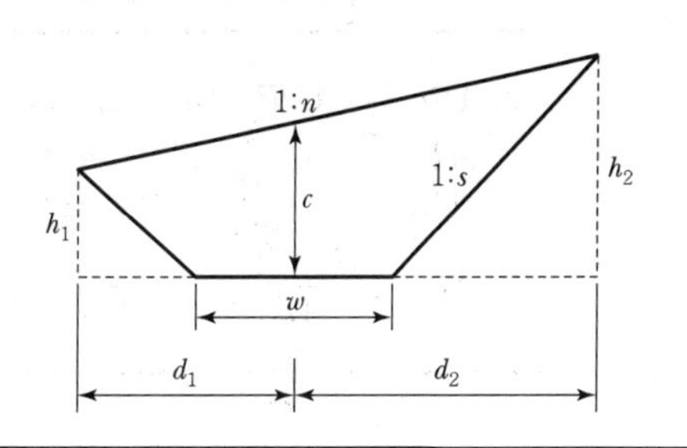

7.5.3 세 점의 높이가 다른 단면(3점의 높이가 주어진 경우)

① 방법 1

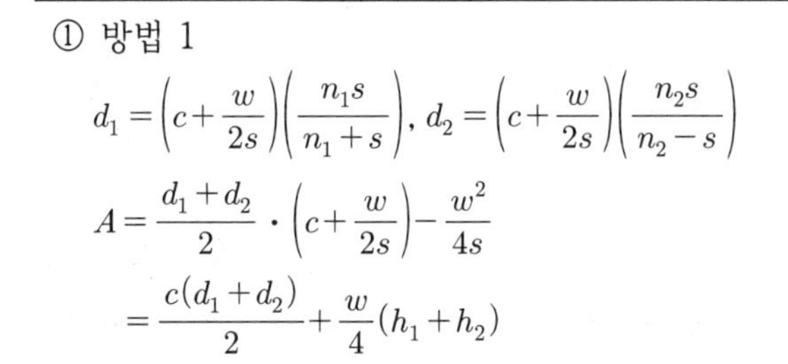

$$d_1 = \left(c + \frac{w}{2s}\right)\left(\frac{n_1 s}{n_1 + s}\right),\ d_2 = \left(c + \frac{w}{2s}\right)\left(\frac{n_2 s}{n_2 - s}\right)$$

$$A = \frac{d_1 + d_2}{2} \cdot \left(c + \frac{w}{2s}\right) - \frac{w^2}{4s}$$

$$= \frac{c(d_1 + d_2)}{2} + \frac{w}{4}(h_1 + h_2)$$

② 방법 2

- 좌측 면적$(A_1) = \left(\frac{h_1 + C}{2} \cdot d_1\right) -$ ◺ 면적
- 우측 면적$(A_2) = \left(\frac{h_2 + C}{2} \cdot d_2\right) -$ ◿ 면적

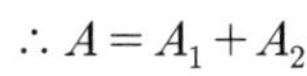

$\therefore A = A_1 + A_2$

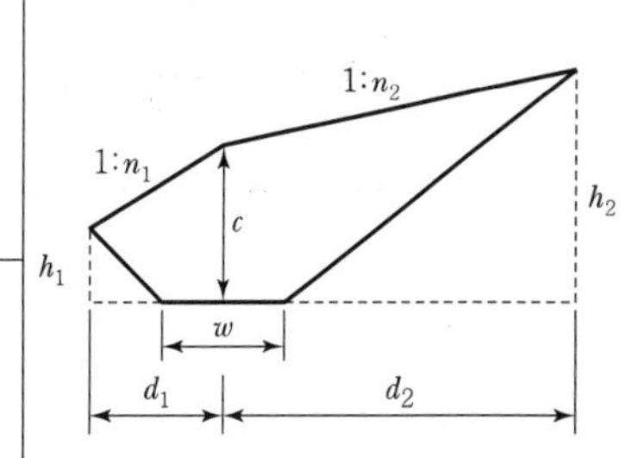

7.6 면적 분할법

7.6.1 한 변에 평행한 직선에 따른 분할

<table>
<tr>
<td>

$\triangle ADE : DBCE = m : n$으로 분할

$$\frac{\triangle ADE}{\triangle ABC} = \frac{m}{m+n} = \left(\frac{DE}{BC}\right)^2 = \left(\frac{AD}{AB}\right)^2 = \left(\frac{AE}{AC}\right)^2$$

$$\therefore AD = AB\sqrt{\frac{m}{m+n}}$$

$$\therefore AE = AC\sqrt{\frac{m}{m+n}}$$

</td>
<td>

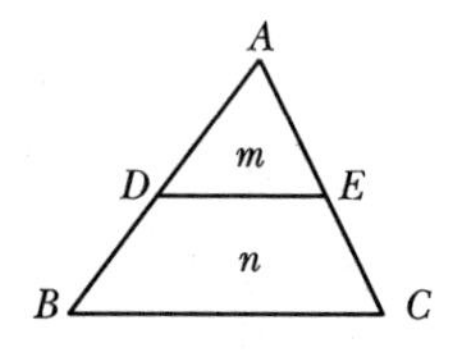

</td>
</tr>
</table>

7.6.2 변 상의 정점을 통하는 분할

<table>
<tr>
<td>

$\triangle ABC : \triangle ADP = (m+n) : m$으로 분할

$$\frac{\triangle ADP}{\triangle ABC} = \frac{m}{m+n} = \frac{AP \times AD}{AB \times AC}$$

$$\therefore AD = \frac{AB \times AC}{AP} \cdot \frac{m}{m+n}$$

</td>
<td>

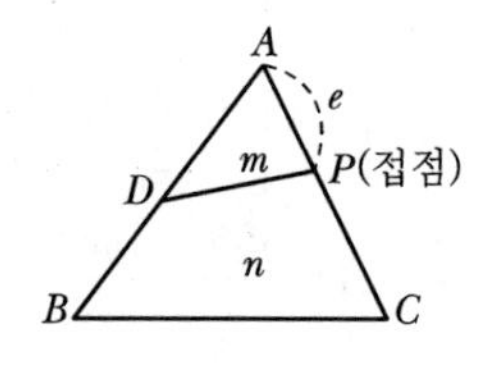

</td>
</tr>
</table>

7.6.3 삼각형이 정점(꼭짓점)을 통하는 분할

<table>
<tr>
<td>

$\triangle ABC : \triangle ABP = (m+n) : m$으로 분할

$$\frac{\triangle ABP}{\triangle ABC} = \frac{m}{m+n} = \frac{BP}{BC}$$

$$\therefore BP = \frac{m}{m+n} \cdot BC$$

</td>
<td>

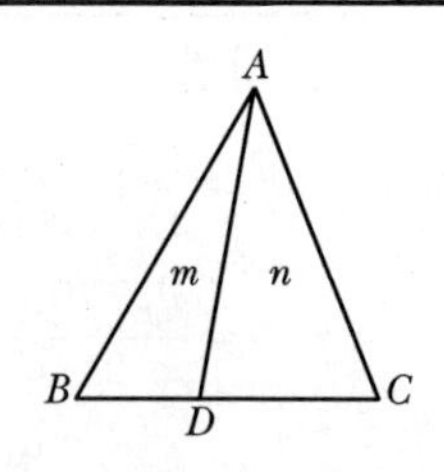

</td>
</tr>
</table>

7.6.4 사변형의 분할(밑변의 평행 분할)

$$S_1 : S_2 : S_3 = (AD)^2 : (EF)^2 : (BC)^2$$

$$\frac{S_1}{(AD)^2} = \frac{S_2}{(EF)^2} = \frac{S_3}{(BC)^2} = K$$

$$(S_1 = (AD)^2K,\ S_2 = (EF)^2K,\ S_3 = (BC)^2K)$$

$$A_1 = S_1 - S_2 = K[(AD)^2 - (EF)^2]$$

$$A_2 = S_2 - S_3 = K[(EF)^2 - (BC)^2]$$

$$A_1 : A_2 = n : m = (AD)^2 - (EF)^2 : (EF)^2 - (BC)^2$$

$$m[(AD)^2 - (EF)^2] = n[(EF)^2 - (BC)^2]$$

$$m(AD)^2 - m(EF)^2 = n(EF)^2 - n(BC)^2$$

$$m(AD)^2 + n(BC)^2 = (n+m)(EF)^2$$

$$\therefore EF = \frac{\sqrt{mAD^2 + nBC^2}}{m+n}$$

$$AE : R = AB : L$$

$$\therefore\ AE = AB \cdot \frac{AD - EF}{AD - BC}$$

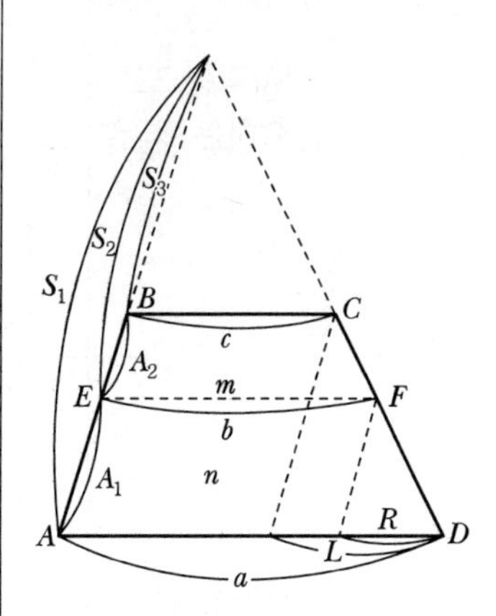

7.7 체적측량

7.7.1 단면법

양단면평균법 (End area formula)	$V = \frac{1}{2}(A_1 + A_2) \cdot l$ 여기서, $A_1 \cdot A_2$: 양끝 단면적 A_m : 중앙단면적 l : A_1에서 A_2까지의 길이	
중앙단면법 (Middle area formula)	$V = A_m \cdot l$	
각주공식 (Prismoidal formula)	$V = \frac{l}{6}(A_1 + 4A_m + A_2)$	

[단면법]

7.7.2 점고법

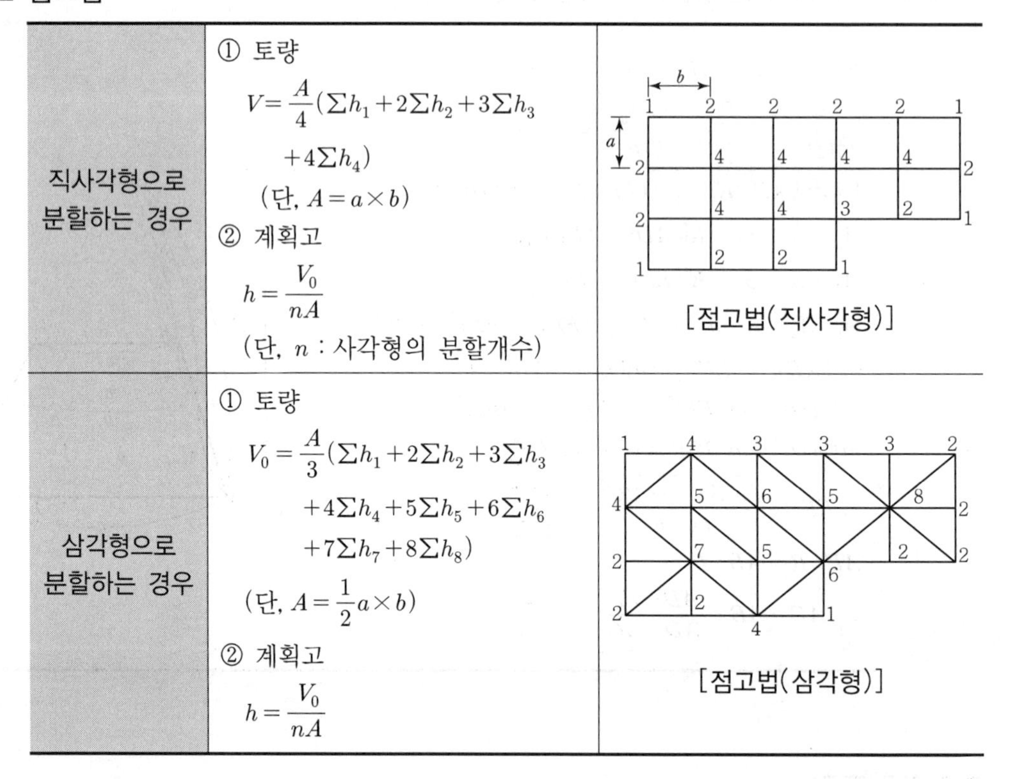

구분	공식	그림
직사각형으로 분할하는 경우	① 토량 $V=\frac{A}{4}(\Sigma h_1+2\Sigma h_2+3\Sigma h_3+4\Sigma h_4)$ (단, $A=a\times b$) ② 계획고 $h=\frac{V_0}{nA}$ (단, n : 사각형의 분할개수)	[점고법(직사각형)]
삼각형으로 분할하는 경우	① 토량 $V_0=\frac{A}{3}(\Sigma h_1+2\Sigma h_2+3\Sigma h_3+4\Sigma h_4+5\Sigma h_5+6\Sigma h_6+7\Sigma h_7+8\Sigma h_8)$ (단, $A=\frac{1}{2}a\times b$) ② 계획고 $h=\frac{V_0}{nA}$	[점고법(삼각형)]

7.7.3 등고선법

토량 산정, Dam과 저수지의 저수량 산정

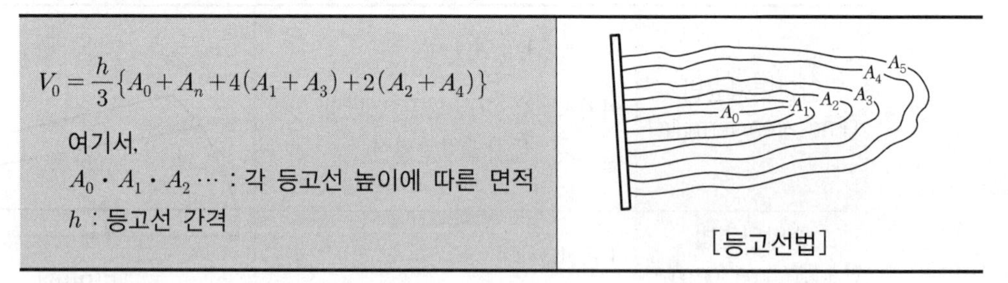

공식	그림
$V_0=\frac{h}{3}\{A_0+A_n+4(A_1+A_3)+2(A_2+A_4)\}$ 여기서, $A_0 \cdot A_1 \cdot A_2 \cdots$: 각 등고선 높이에 따른 면적 h : 등고선 간격	[등고선법]

7.8 관측면적 및 체적의 정확도

7.8.1 관측면적의 정확도

① 거리관측이 동일한 정도가 아닌 경우

- 면적$(A)=x \cdot y$
- 면적오차$(dA)=y \cdot dx+x \cdot dy$
- 면적의 정도$\left(\dfrac{dA}{A}\right)=\dfrac{y \cdot dx+x \cdot dy}{x \cdot y}$

$$=\frac{dx}{x}+\frac{dy}{y}$$

(면적의 정도는 거리 정도의 합이다.)

② 거리관측이 동일한 경우(정방형)

$\dfrac{dx}{x}=\dfrac{dy}{y}=\dfrac{dl}{l}$일 때

면적의 정도 $\dfrac{dA}{A}=2 \cdot \dfrac{dl}{l}$

(면적의 정도는 거리관측 정도의 2배이다.)

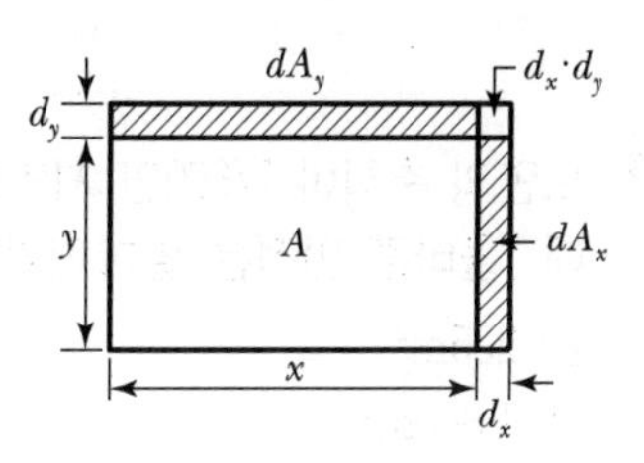

[면적의 정확도]

7.8.2 체적의 정확도

$$\frac{dv}{V}=\frac{dz}{Z}+\frac{dy}{Y}+\frac{dx}{X}$$

$\left(\dfrac{dz}{Z}=\dfrac{dy}{Y}=\dfrac{dx}{X}=\dfrac{dl}{L}\right.$ 이라고 할 때)

체적의 정도 $\dfrac{dV}{V}=3 \cdot \dfrac{dl}{l}$

여기서, V : 체적, dV : 체적오차

$\dfrac{dl}{l}$: 거리관측 허용 정확도

(체적의 정도는 거리관측 정도의 3배이다.)

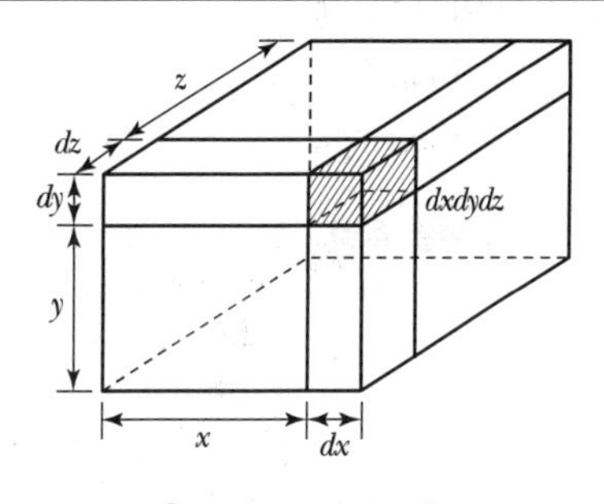

[체적의 정확도]

예상 및 기출문제 07

1. 도면의 축척이 1/600인 지역을 1/1,200으로 잘못 판단하여 면적을 측정한 결과가 900m²이었을 때, 올바른 면적은 얼마인가?

㉮ 225m² ㉯ 450m²
㉰ 1,800m² ㉱ 3,600m²

해설 $a_1 : m_1^2 = a_2 : m_2^2$

$$a_1 = \left(\frac{m_1}{m_2}\right)^2 \times a_2$$

$$a_1 = \left(\frac{600}{1,200}\right)^2 \times 900 = 225\text{m}^2$$

2. 축척이 1/600인 지역에서 분할 필지의 측정면적이 135.65m²일 경우 면적의 결정은 얼마로 하여야 하는가?

㉮ 135m² ㉯ 135.6m²
㉰ 135.7m² ㉱ 136m²

해설 측량 · 수로조사 및 지적에 관한 법률 시행령 제60조(면적의 결정 및 측량계산의 끝수처리)

① 면적의 결정은 다음 각 호의 방법에 따른다.

1. 토지의 면적에 1제곱미터 미만의 끝수가 있는 경우 0.5제곱미터 미만일 때에는 버리고 0.5제곱미터를 초과하는 때에는 올리며, 0.5제곱미터일 때에는 구하려는 끝자리의 숫자가 0 또는 짝수이면 버리고 홀수이면 올린다. 다만, 1필지의 면적이 1제곱미터 미만일 때에는 1제곱미터로 한다.
2. 지적도의 축척이 600분의 1인 지역과 경계점좌표등록부에 등록하는 지역의 토지 면적은 제1호에도 불구하고 제곱미터 이하 한 자리 단위로 하되, 0.1제곱미터 미만의 끝수가 있는 경우 0.05제곱미터 미만일 때에는 버리고 0.05제곱미터를 초과할 때에는 올리며, 0.05제곱미터일 때에는 구하려는 끝자리의 숫자가 0 또는 짝수이면 버리고 홀수이면 올린다. 다만, 1필지의 면적이 0.1제곱미터 미만일 때에는 0.1제곱미터로 한다.

② 방위각의 각치(角値), 종횡선의 수치 또는 거리를 계산하는 경우 구하려는 끝자리의 다음 숫자가 5 미만일 때에는 버리고 5를 초과할 때에는 올리며, 5일 때에는 구하려는 끝자리의 숫자가 0 또는 짝수이면 버리고 홀수이면 올린다. 다만, 전자계산조직을 이용하여 연산할 때에는 최종수치에만 이를 적용한다.

해답 1. ㉮ 2. ㉯

3. 지적도의 축척이 600분의 1인 지역에서 면적을 측정한 결과 $3250.25m^2$이었다면 결정면적은 얼마인가?

㉮ $3250.00m^2$　　㉯ $3250.25m^2$　　㉰ $3250.2m^2$　　㉱ $3250.3m^2$

해설 2번 문제 해설 참조

4. 축척이 1/600인 지역에서 원면적이 $564m^2$인 토지를 분할하고자 하는 경우, 분할 후의 면적의 합계와 분할 전 면적과의 오차의 허용범위는 얼마 이내이어야 하는가?

㉮ $9.6m^2$　　㉯ $10.7m^2$　　㉰ $16.0m^2$　　㉱ $19.0m^2$

해설 $A = 0.026^2 \times 600 \times \sqrt{564} = 9.63m^2$
$= 9.6m^2$

제19조(등록전환이나 분할에 따른 면적 오차의 허용범위 및 배분 등) ① 법 제26조제2항에 따른 등록전환이나 분할을 위하여 면적을 정할 때에 발생하는 오차의 허용범위 및 처리방법은 다음 각 호와 같다.

2. 토지를 분할하는 경우
   가. 분할 후의 각 필지의 면적의 합계와 분할 전 면적과의 오차의 허용범위는 제1호가목의 계산식에 따른다. 이 경우 A는 오차 허용면적, M은 축척분모, F는 원면적으로 하되, 축척이 3천분의 1인 지역의 축척분모는 6천으로 한다.
   나. 분할 전후 면적의 차이가 가목의 계산식에 따른 허용범위 이내인 경우에는 그 오차를 분할 후의 각 필지의 면적에 따라 나누고, 허용범위를 초과하는 경우에는 지적공부(地籍公簿)상의 면적 또는 경계를 정정하여야 한다.
   다. 분할 전후 면적의 차이를 배분한 산출면적은 다음의 계산식에 따라 필요한 자리까지 계산하고, 결정면적은 원면적과 일치하도록 산출면적의 구하려는 끝자리의 다음 숫자가 큰 것부터 순차로 올려서 정하되, 구하려는 끝자리의 다음 숫자가 서로 같을 때에는 산출면적이 큰 것을 올려서 정한다.

   $$r = \frac{F}{A} \times a$$

   (r은 각 필지의 산출면적, F는 원면적, A는 측정면적 합계 또는 보정면적 합계, a는 각 필지의 측정면적 또는 보정면적)

제19조(등록전환이나 분할에 따른 면적 오차의 허용범위 및 배분 등)

1. 등록전환을 하는 경우
   가. 임야대장의 면적과 등록전환될 면적의 오차 허용범위는 다음의 계산식에 따른다. 이 경우 오차의 허용범위를 계산할 때 축척이 3천분의 1인 지역의 축척분모는 6천으로 한다.

   $A = 0.026^2 M\sqrt{F}$

   (A는 오차 허용면적, M은 임야도 축척분모, F는 등록전환될 면적)

5. 축척 1/1,200 지적도 시행지역에서 전자면적측정기로 도상에서 2회 측정한 값이 $270.5m^2$, $275.5m^2$이었을 때 그 교차는 얼마 이하이어야 하는가?

㉮ $10.4m^2$　　㉯ $13.4m^2$　　㉰ $17.3m^2$　　㉱ $24.3m^2$

해답 3. ㉰ 4. ㉮ 5. ㉮

해설 지적측량 시행규칙 제20조(면적측정의 방법 등) ② 전자면적측정기에 따른 면적측정은 다음 각 호의 기준에 따른다.

1. 도상에서 2회 측정하여 그 교차가 다음 계산식에 따른 허용면적 이하일 때에는 그 평균치를 측정면적으로 할 것
   $A = 0.023^2 M\sqrt{F}$
   (A는 허용면적, M은 축척분모, F는 2회 측정한 면적의 합계를 2로 나눈 수)
2. 측정면적은 1천분의 1제곱미터까지 계산하여 10분의 1제곱미터 단위로 정할 것

[계산] 2회 측정한 값이 270.5m², 275.5m²이었을 때 그 교차는 5m²이다.
허용면적은 $0.023^2 \times 1200 \times \sqrt{273} = 10.4\text{m}^2$
(교차가 허용면적 이하이므로 평균치를 측정면적으로 한다.)

6. 좌표면적계산법에 따른 면적 측정에서 산출면적은 얼마의 단위까지 계산하여야 하는가?

㉮ 10,000분의 1제곱미터
㉯ 1,000분의 1제곱미터
㉰ 100분의 1제곱미터
㉱ 10분의 1제곱미터

해설 지적측량시행규칙 제20조(면적측정의 방법 등) ① 좌표면적계산법에 따른 면적 측정은 다음 각 호의 기준에 따른다.

1. 경위의측량방법으로 세부측량을 한 지역의 필지별 면적측정은 경계점 좌표에 따를 것
2. 산출면적은 1천분의 1제곱미터까지 계산하여 10분의 1제곱미터 단위로 정할 것

7. 지적도의 축척이 1/600인 지역의 면적결정밥법이 옳은 것은?

㉮ 산출면적이 123.15m²일 때는 123.2m²로 한다.
㉯ 산출면적이 125.55m²일 때는 126m²로 한다.
㉰ 산출면적이 135.25m²일 때는 135.3m²로 한다.
㉱ 산출면적이 146.55m²일 때는 145.5m²로 한다.

해설 제60조(면적의 결정 및 측량계산의 끝수처리) ① 면적의 결정은 다음 각 호의 방법에 따른다.

1. 토지의 면적에 1제곱미터 미만의 끝수가 있는 경우 0.5제곱미터 미만일 때에는 버리고 0.5제곱미터를 초과하는 때에는 올리며, 0.5제곱미터일 때에는 구하려는 끝자리의 숫자가 0 또는 짝수이면 버리고 홀수이면 올린다. 다만, 1필지의 면적이 1제곱미터 미만일 때에는 1제곱미터로 한다.
2. 지적도의 축척이 600분의 1인 지역과 경계점좌표등록부에 등록하는 지역의 토지 면적은 제1호에도 불구하고 제곱미터 이하 한 자리 단위로 하되, 0.1제곱미터 미만의 끝수가 있는 경우 0.05제곱미터 미만일 때에는 버리고 0.05제곱미터를 초과할 때에는 올리며, 0.05제곱미터일 때에는 구하려는 끝자리의 숫자가 0 또는 짝수이면 버리고 홀수이면 올린다. 다만, 1필지의 면적이 0.1제곱미터 미만일 때에는 0.1제곱미터로 한다.

② 방위각의 각치(角値), 종횡선의 수치 또는 거리를 계산하는 경우 구하려는 끝자리의 다음 숫자가 5 미만일 때에는 버리고 5를 초과할 때에는 올리며, 5일 때에는 구하려는 끝자리의 숫자가 0 또는 짝수이면 버리고 홀수이면 올린다. 다만, 전자계산조직을 이용하여 연산할 때에는 최종수치에만 이를 적용한다.

 해답 6. ㉯ 7. ㉮

8. 분할 후의 각 필지의 면적의 합계와 분할 전 면적과의 오차의 허용범위를 구하는 식으로 옳은 것은?(단, A : 오차허용면적, M : 축척분모, F : 원면적)

㉮ $A=0.023^2 \cdot M\sqrt{F}$　　㉯ $A=0.026^2 \cdot M\sqrt{F}$

㉰ $A=0.023 \cdot M\sqrt{F}$　　㉱ $A=0.026 \cdot M\sqrt{F}$

해설 제19조(등록전환이나 분할에 따른 면적 오차의 허용범위 및 배분 등) ① 법 제26조제2항에 따른 등록전환이나 분할을 위하여 면적을 정할 때에 발생하는 오차의 허용범위 및 처리방법은 다음 각 호와 같다.

1. 등록전환을 하는 경우
   가. 임야대장의 면적과 등록전환될 면적의 오차 허용범위는 다음의 계산식에 따른다. 이 경우 오차의 허용범위를 계산할 때 축척이 3천분의 1인 지역의 축척분모는 6천으로 한다.
   $A=0.026^2M\sqrt{F}$
   (A는 오차 허용면적, M은 임야도 축척분모, F는 등록전환될 면적)
   나. 임야대장의 면적과 등록전환될 면적의 차이가 가목의 계산식에 따른 허용범위 이내인 경우에는 등록전환될 면적을 등록전환 면적으로 결정하고, 허용범위를 초과하는 경우에는 임야대장의 면적 또는 임야도의 경계를 지적소관청이 직권으로 정정하여야 한다.
2. 토지를 분할하는 경우
   가. 분할 후의 각 필지의 면적의 합계와 분할 전 면적과의 오차의 허용범위는 제1호가목의 계산식에 따른다. 이 경우 A는 오차 허용면적, M은 축척분모, F는 원면적으로 하되, 축척이 3천분의 1인 지역의 축척분모는 6천으로 한다.
   나. 분할 전후 면적의 차이가 가목의 계산식에 따른 허용범위 이내인 경우에는 그 오차를 분할 후의 각 필지의 면적에 따라 나누고, 허용범위를 초과하는 경우에는 지적공부(地籍公簿)상의 면적 또는 경계를 정정하여야 한다.

9. 축척 1/3,000 지역에서 등록전환될 면적이 350m²일 때 임야대장의 면적과의 오차 허용범위는?

㉮ $\pm 18m^2$　　㉯ $\pm 37m^2$　　㉰ $\pm 56m^2$　　㉱ $\pm 75m^2$

해설 $A=0.026^2M\sqrt{F}$

$=0.026^2 \times 6{,}000 \times \sqrt{350}$

$=\pm 75.88m^2$

측량 · 수로조사 및 지적에 관한 법률 시행령 제19조(등록전환이나 분할에 따른 면적 오차의 허용범위 및 배분 등) ① 법 제26조제2항에 따른 등록전환이나 분할을 위하여 면적을 정할 때에 발생하는 오차의 허용범위 및 처리방법은 다음 각 호와 같다.

1. 등록전환을 하는 경우
   가. 임야대장의 면적과 등록전환될 면적의 오차 허용범위는 다음의 계산식에 따른다. 이 경우 오차의 허용범위를 계산할 때 축척이 3천분의 1인 지역의 축척분모는 6천으로 한다.
   $A=0.026^2M\sqrt{F}$
   (A는 오차 허용면적, M은 임야도 축척분모, F는 등록전환될 면적)

10. 삼각형의 각 변이 길이가 각각 30m, 40m, 50m일 때 이 삼각형의 면적으로 옳은 것은?

㉮ $600m^2$　㉯ $756m^2$　㉰ $1,000m^2$　㉱ $1,200m^2$

해설 삼변법에 의한 계산

$$S=\frac{1}{2}(30+40+50)=60$$

$$S=\sqrt{S(S-a)(S-b)(S-c)}$$
$$=\sqrt{60(60-30)(60-40)(60-50)}$$
$$=600m^2$$

11. 다음 중 축척 1/1,200 지역 토지의 면적을 전자면적계로 2회 측정한 결과가 각 $138,232m^2$, $138,347m^2$이었을 때 처리방법으로 옳은 것은?

㉮ 작은 면적을 측정면적으로 사용한다.
㉯ 큰 면적을 측정면적으로 사용한다.
㉰ 평균하여 측정면적으로 사용한다.
㉱ 재측량하여야 한다.

해설 지적법 시행규칙 제20조(면적측정의 방법 등) ② 전자면적측정기에 따른 면적 측정은 다음 각 호의 기준에 따른다.

1. 도상에서 2회 측정하여 그 교차가 다음 계산식에 따른 허용면적 이하일 때에는 그 평균치를 측정면적으로 할 것

$A=0.023^2M\sqrt{F}$

(A는 허용면적, M은 축척분모, F는 2회 측정한 면적의 합계를 2로 나눈 수)

$F=(138,232+138,347)\div2=138,289.5$

$A=0.023^2\times1,200\times\sqrt{138289.5}=236$

교차 $138,232-138,347=-115$이므로 평균하여 사용

12. 다음 중 축척 1000분의 1인 지적도에서 도곽선의 신축량이 각각 $\Delta X=-2mm$, $\Delta Y=-2mm$일 때 도곽선의 보정계수로 옳은 것은?

㉮ 0.0145　㉯ 0.9884
㉰ 1.0045　㉱ 1.0118

해설 $Z=\dfrac{X\cdot Y}{\Delta X\cdot\Delta Y}=\dfrac{300\times400}{(300-0.2)\times(400-0.2)}=1.0118$

축척	도곽선 크기(m)	도곽 내 포용면적(m^2)	축척	도곽선 크기(m)	도곽 내 포용면적(m^2)
1/500	150×200	30,000	1/2,400	800×1,000	800,000
1/600	200×250	50,000	1/3,000	1,200×1,500	1,800,000
1/1000	300×400	120,000	1/6,000	2,400×3,000	7,200,000
1/1200	400×500	200,000			

해답 10. ㉮ 11. ㉰ 12. ㉱

13. 삼각형의 세 변의 길이가 아래와 같을 때, ∠BAC의 값은?

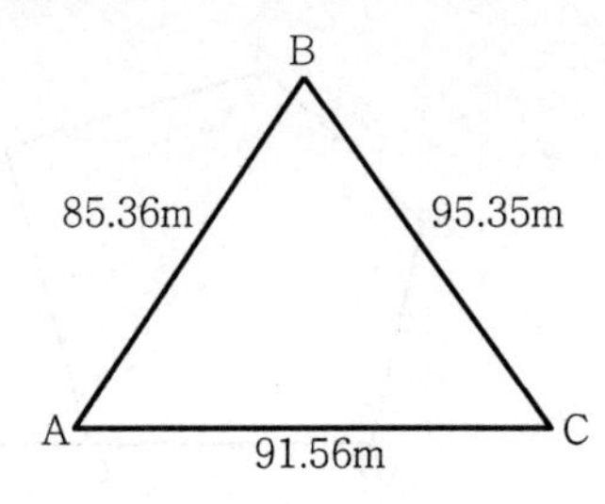

㉮ 96°50′41″ ㉯ 86°50′41″
㉰ 65°06′48″ ㉱ 22°40′21″

해설 $\angle BAC = \cos^{-1}\dfrac{c^2+b^2-a^2}{2cb}$

$\angle BAC = \cos^{-1}\dfrac{85.36^2+91.56^2-95.35^2}{2\times85.36\times91.56}$

$= 65°06'48.33''$

14. 다음 중 지상 500m²를 도면상에 5cm²로 나타낼 수 있는 도면의 축척은 얼마인가?

㉮ 1/500 ㉯ 1/600
㉰ 1/10,000 ㉱ 1/1,200

해설 축척 = $\dfrac{\text{실거리}}{\text{도상거리}}$

$= \dfrac{500}{0.05} = \dfrac{1}{10,000}$

15. 다음 중 지적 관련법규에 따른 면적측정 방법에 해당하는 것은?

㉮ 지상삼사법 ㉯ 도상삼사법
㉰ 스타디아법 ㉱ 좌표면적계산법

해설 지적측량 시행규칙 제20조(면적측정의 방법 등) ① 좌표면적계산법에 따른 면적측정은 다음 각 호의 기준에 따른다.

1. 경위의측량방법으로 세부측량을 한 지역의 필지별 면적측정은 경계점 좌표에 따를 것
2. 산출면적은 1천분의 1제곱미터까지 계산하여 10분의 1제곱미터 단위로 정할 것

② 전자면적측정기에 따른 면적측정은 다음 각 호의 기준에 따른다.

1. 도상에서 2회 측정하여 그 교차가 다음 계산식에 따른 허용면적 이하일 때에는 그 평균치를 측정면적으로 할 것
   $A = 0.023^2 M\sqrt{F}$
   (A는 허용면적, M은 축척분모, F는 2회 측정한 면적의 합계를 2로 나눈 수)
2. 측정면적은 1천분의 1제곱미터까지 계산하여 10분의 1제곱미터 단위로 정할 것

해답 13. ㉰ 14. ㉰ 15. ㉱

16. 다음 그림의 경계선 정정에서 CF의 길이는?(단, AC＝40m, BC＝25m, ∠ACB＝30°, ∠BCF＝80°)

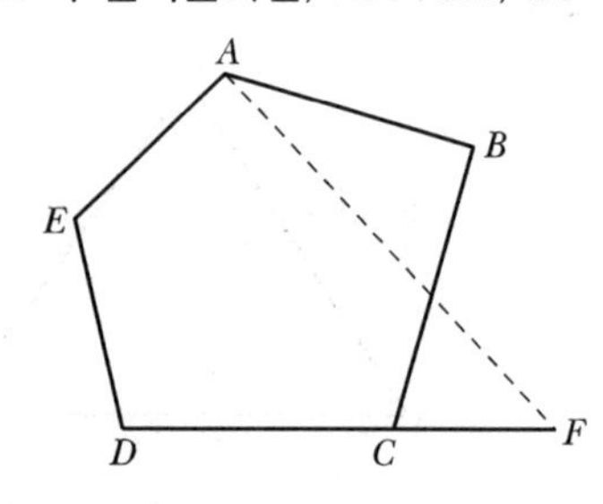

㉮ 13.3m　　㉯ 16.5m
㉰ 21.7m　　㉱ 31.9m

해설 • △ABC의 면적$=\frac{1}{2}\times 40\times 25\times \sin 30° = 250\text{m}^2$

△ACF의 면적$=\frac{1}{2}\times 40\times x\times \sin 110° = 250\text{m}^2$

△ABC의 면적과 △ACF의 면적이 같아야 하므로 따라서 $x=13.3\text{m}$

• △ABC의 면적$=\frac{1}{2}\times AC\times 25\times \sin 30°$

$=6.25\times AC \cdots\cdots$ ①

△ABC의 면적$=\frac{1}{2}\times AC\times CF\times \sin 110° \cdots\cdots$ ②

①=②

$6.25\times AC = 0.4698\times AC\times CF$

따라서 CF=13.3m

17. 전자면적측정기로 도상에서 2회 측정한 면적의 평균이 250m^2일 때, 교차의 허용면적이 최대 얼마 이하일 때에 평균치를 측정면적으로 할 수 있는가?(단, 축척은 1200분의 1이다.)

㉮ 8.6m^2　　㉯ 9.0m^2
㉰ 10.0m^2　　㉱ 12.8m^2

해설 지적측량 시행규칙 제20조(면적측정의 방법 등) ② 전자면적측정기에 따른 면적측정은 다음 각 호의 기준에 따른다.

1. 도상에서 2회 측정하여 그 교차가 다음 계산식에 따른 허용면적 이하일 때에는 그 평균치를 측정면적으로 할 것

$A=0.023^2 M\sqrt{F}$

$A=0.023^2 M\sqrt{F}$

$=0.023^2\times 1,200\sqrt{250} = 10.037\text{m}^2$

해답 16. ㉮ 17. ㉰

18. 다음 중 전자면적측정기에 따른 면적측정 기준으로 옳지 않은 것은?

㉮ 도상에서 2회 측정한다.
㉯ 측정면적은 100분의 1제곱미터까지 계산한다.
㉰ 측정면적은 10분의 1제곱미터 단위로 정한다.
㉱ 교차가 허용면적 이하일 때에는 그 평균치를 측정면적으로 한다.

해설 지적측량 시행 규칙 제20조(면적측정의 방법 등) ② 전자면적측정기에 따른 면적측정은 다음 각 호의 기준에 따른다.

1. 도상에서 2회 측정하여 그 교차가 다음 계산식에 따른 허용면적 이하일 때에는 그 평균치를 측정면적으로 할 것
   $A = 0.023^2 M\sqrt{F}$
   (A는 허용면적, M은 축척분모, F는 2회 측정한 면적의 합계를 2로 나눈 수)
2. 측정면적은 1천분의 1제곱미터까지 계산하여 10분의 1제곱미터 단위로 정할 것

19. 축척이 1200분의 1인 지적도 1도곽의 포용면적은 얼마인가?

㉮ $30,000m^2$　㉯ $5,000m^2$　㉰ $200,000m^2$　㉱ $800,000m^2$

해설

축척	도곽선 크기(m)	도곽 내 포용면적(m^2)	축척	도곽선 크기(m)	도곽 내 포용면적(m^2)
1/500	150×200	30,000	1/2,400	800×1,000	800,000
1/600	200×250	50,000	1/3,000	1,200×1,500	1,800,000
1/1,000	300×400	120,000	1/6,000	2,400×3,000	7,200,000
1/1,200	400×500	200,000			

20. 면적측정의 방법과 관련하여 ㉠에 들어갈 알맞은 값은?

> 면적이 (㉠) 이상인 필지를 분할하는 경우 분할 후의 면적이 분할 전 면적의 80% 이상이 되는 필지의 면적을 측정할 때에는 분할 전 면적의 20% 미만이 되는 필지의 면적을 먼저 측정한 후, 분할 전 면적에서 그 측정된 면적을 빼는 방법으로 할 수 있다. 다만, 동일한 측량 결과도에서 측정할 수 있는 경우와 좌표면적계산법에 따라 면적을 측정하는 경우에는 그러하지 아니하다.

㉮ $2,000m^2$　㉯ $3,000m^2$　㉰ $4,000m^2$　㉱ $5,000m^2$

해설 지적측량 시행규칙 제20조(면적측정의 방법 등) ④ 면적이 5천제곱미터 이상인 필지를 분할하는 경우 분할 후의 면적이 분할 전 면적의 80퍼센트 이상이 되는 필지의 면적을 측정할 때에는 분할 전 면적의 20퍼센트 미만이 되는 필지의 면적을 먼저 측정한 후, 분할 전 면적에서 그 측정된 면적을 빼는 방법으로 할 수 있다. 다만, 동일한 측량결과도에서 측정할 수 있는 경우와 좌표면적계산법에 따라 면적을 측정하는 경우에는 그러하지 아니하다.

해답 18. ㉯ 19. ㉰ 20. ㉱

21. 실제 지상거리가 24m이고 이를 도상에 나타낸 거리가 2cm인 도면의 축척으로 옳은 것은?

㉮ 1/600 ㉯ 1/1,000 ㉰ 1/1200 ㉱ 1/6,000

해설 $M=\frac{1}{m}=\frac{l}{L}$에서 $\frac{1}{m}=\frac{0.02}{24}=\frac{1}{1,200}$

[참고] • 도상거리=실제거리/축척

• 실제거리=축척×도상거리

22. 전자면적측정기에 따라 도상에서 2회 측정한 필지의 면적이 각각 467.6m², 472.4m²일 때 평균치를 측정면적으로 할 수 있는 교차의 허용면적 기준으로 옳은 것은?(단, 축척은 1,200분의 1이다.)

㉮ $11.7m^2$ 이하 ㉯ $12.6m^2$ 이하 ㉰ $13.7m^2$ 이하 ㉱ $17.6m^2$ 이하

해설 $0.023^2\times1,200\sqrt{470}=13.7m^2$

지적측량시행규칙 제20조(면적측정의 방법 등) ① 좌표면적계산법에 따른 면적측정은 다음 각 호의 기준에 따른다.

1. 경위의측량방법으로 세부측량을 한 지역의 필지별 면적측정은 경계점 좌표에 따를 것
2. 산출면적은 1천분의 1제곱미터까지 계산하여 10분의 1제곱미터 단위로 정할 것

② 전자면적측정기에 따른 면적측정은 다음 각 호의 기준에 따른다.

1. 도상에서 2회 측정하여 그 교차가 다음 계산식에 따른 허용면적 이하일 때에는 그 평균치를 측정면적으로 할 것

$A=0.023^2M\sqrt{F}$

(A는 허용면적, M은 축척분모, F는 2회 측정한 면적의 합계를 2로 나눈 수)

23. 두 변의 길이가 각각 65.26m, 57.45m이고, 끼인각의 크기가 62°36′40″인 삼각형의 면적은 얼마인가?

㉮ $1,445.5m^2$ ㉯ $1,554.5m^2$ ㉰ $1,664.5m^2$ ㉱ $1,775.5m^2$

해설 두 변의 길이를 알고 끼인각을 알면 공식은 $\frac{1}{2}\times a\times b\times\sin\alpha$

따라서, $\frac{1}{2}\times65.26\times57.45\times\sin62°36'40''=1,664.46m^2$

24. 1 : 5,000 축척의 지적도상에서 16cm²로 나타나 있는 정방형 토지의 실제 면적은?

㉮ $80,000m^2$ ㉯ $40,000m^2$ ㉰ $8,000m^2$ ㉱ $4,000m^2$

해설 $\left(\frac{1}{m}\right)^2=\frac{도상면적}{실제면적}$

$\left(\frac{1}{5,000}\right)^2=\frac{16}{실제면적}$

∴ 실제면적$=40,000m^2$

해답 21. ㉰ 22. ㉰ 23. ㉰ 24. ㉯

25. 축척 1/10,000의 도면상에서 구적기를 사용하여 면적을 측정하였더니 2,800m²이었다. 그런데 이 도면은 종횡 모두 1%씩 수축이 되어 있었다면 실제 면적은?

㉮ $2,829m^2$ ㉯ $2,856m^2$ ㉰ $2,745m^2$ ㉱ $2,773m^2$

해설 $\frac{dA}{A}=2\frac{dl}{l}$ 에서 $\frac{dA}{A}=\frac{1}{50}$ 이다.

잘못된 면적차이량 $=2,800\div50=56m^2$

실제면적(A) $=2,800+56=2,856m^2$

26. 400m²의 정사각형 토지면적을 0.1m²까지 정확히 구하기 위하여서는 각 변장을 측정할 때 테이프의 눈금을 최소 어느 정도까지 정확히 읽어야 하는가?

㉮ 1mm ㉯ 2.5mm ㉰ 5mm ㉱ 10mm

해설 $\frac{dA}{A}=2\frac{dl}{l}$ 에서

$dl=\frac{dA\cdot l}{2A}=\frac{0.1\times20}{2\times400}=0.0025m=2.5mm$ 정사각형 면적을 A, 한 변의 길이를 l이라 하면

$A=l\cdot l=l^2$ $\quad\therefore l=\sqrt{A}=\sqrt{400}=20m$

27. 다음 중 좌표면적계산법에 따른 면적측정을 하는 경우 면적을 정하는 단위 기준으로 옳은 것은?

㉮ 10분의 1제곱미터 단위로 정한다. ㉯ 100분의 1제곱미터 단위로 정한다.
㉰ 1,000분의 1제곱미터 단위로 정한다. ㉱ 10,000분의 1제곱미터 단위로 정한다.

해설 지적측량 시행규칙 제20조(면적측정 방법 등) ① 좌표면적계산법에 의한 면적측정은 다음 각 호의 기준에 의한다.

1. 경위의측량방법으로 세부측량을 한 지역의 필지별 면적측정은 경계점좌표에 의할 것
2. 산출면적은 1천분의 1제곱미터까지 계산하여 10분의 1제곱미터 단위로 정할 것

28. 다음 중 두 점 간의 실거리 300m를 도상에 6mm로 표시한 도면의 축척은 얼마인가?

㉮ $\frac{1}{20,000}$ ㉯ $\frac{1}{25,000}$ ㉰ $\frac{1}{50,000}$ ㉱ $\frac{1}{100,000}$

해설 300m=300,000mm이므로 S=6/300,000

29. 축척이 1/3,000인 지역의 토지를 등록전환하는 경우 임야대장의 면적과 등록전환될 면적의 오차 허용범위를 계산하기 위한 축척분모는 얼마로 하여야 하는가?

㉮ 1,000 ㉯ 1,200 ㉰ 3,000 ㉱ 6,000

해설 $A=0.026^2M\sqrt{F}$

(A : 오차허용면적, M : 축척분모, F : 원면적으로 하되 축척이 3,000분의 1인 지역의 축척분모는 6,000으로 한다.)

해답 25. ㉯ 26. ㉯ 27. ㉮ 28. ㉰ 29. ㉱

30. 축척이 1/500인 도면 1매의 면적이 1,000m²이라면, 도면의 축척을 1/1,000으로 하였을 때 도면 1매의 면적은 얼마인가?

㉮ $2,000m^2$　　㉯ $3,000m^2$　　㉰ $4,000m^2$　　㉱ $5,000m^2$

해설 비례식으로 풀면 $500^2 : 1,000^2 = 1,000m^2 : x$

$x = 1,000^2 \times 1,000/500^2 = 4,000m^2$

31. 다음 중 분할 후의 각 필지의 면적의 합계와 분할 전 면적과의 오차의 허용범위를 구하는 식으로 옳은 것은?(단, A : 오차허용면적, M : 축척분모, F : 원면적)

㉮ $A=0.023^2 \cdot M\sqrt{F}$　　㉯ $A=0.026^2 \cdot M\sqrt{F}$

㉰ $A=0.023 \cdot M\sqrt{F}$　　㉱ $A=0.026 \cdot M\sqrt{F}$

해설

<table>
<tr><th colspan="4">면적 측정</th></tr>
<tr><th colspan="2">구분</th><th colspan="2">기 준</th></tr>
<tr><td colspan="2">삼사법 산출 교차</td><td>$A=0.023^2M\sqrt{F}$ 이내일 때 평균</td><td rowspan="6">A : 허용면적
M : 축척분모
F : 원면적
C : 측륜 1분획 단위 면적
a : 각 필지의 측정면적, 보정면적</td></tr>
<tr><td colspan="2">푸라니미터독수교차</td><td>$A=0.023^2M\sqrt{F}/C$ 이내일 때 평균(최대 · 최소차)</td></tr>
<tr><td rowspan="2">신구면적</td><td>교차제한</td><td>$A=0.026^2M\sqrt{F}$ 이내일 때 안분배분</td></tr>
<tr><td>필지면적산출식</td><td>$r=\frac{F}{A}\times a$</td></tr>
<tr><td colspan="2">차인면적제한</td><td>분할 전 5,000m² 이상 토지로 1필지 면적이 8할 이상 분할시(동일 결과도 제외)</td></tr>
<tr><td colspan="2">면적보정</td><td>도곽선의 길이가 0.5mm 이상 신축시</td></tr>
</table>

32. 점간거리 200m를 축척 1/500인 도상에 등록한 경우 점간거리의 도상길이는 얼마인가?

㉮ 20cm　　㉯ 40cm　　㉰ 50cm　　㉱ 80cm

해설 축척=실거리/도상거리

따라서 도상거리는 실거리/축척

200/500=0.4m

∴ 40cm

33. 2,000m³의 체적을 산출할 때 수평 및 수직거리를 동일한 정확도로 관측하여 체적산정 오차를 0.3m³ 이내에 들게 하려면 거리관측의 허용 정확도는?

㉮ 1/15,000　　㉯ 1/20,000　　㉰ 1/25,000　　㉱ 1/30,000

해답 30. ㉰ 31. ㉯ 32. ㉯ 33. ㉯

해설 체적의 정도 $\left(\frac{dV}{V}\right)=3\cdot\frac{dl}{l}$ 에서

$$\frac{dl}{l}=\frac{1}{3}\cdot\frac{dV}{V}=\frac{1}{3}\times\frac{0.3}{2,000}=\frac{1}{20,000}$$

34. 2500m²의 면적을 0.1m²까지 정확하게 구하려면 거리관측의 최소단위를 얼마까지 읽어야 하는가?

㉮ 0.1mm ㉯ 0.5mm ㉰ 1mm ㉱ 5mm

해설 ① 한 변의 길이(l) 계산

$l\times l=A\quad l^2=A\quad l=\sqrt{A}=\sqrt{2,500}=50\text{m}$

② 면적의 정밀도(면적의 정도는 거리정도의 2배이므로)

$\frac{dA}{A}=2\cdot\frac{dl}{l}$ 에서

$$dl=\frac{dA}{A}\cdot\frac{l}{2}=\frac{0.1}{2,500}\times\frac{50}{2}=0.001\text{m}=1\text{mm}$$

35. 그림과 같은 토지의 한변 BC에 평행으로 m : n = 1 : 3의 비율로 분할하려면 AB = 50m일 때 AX는 얼마인가?

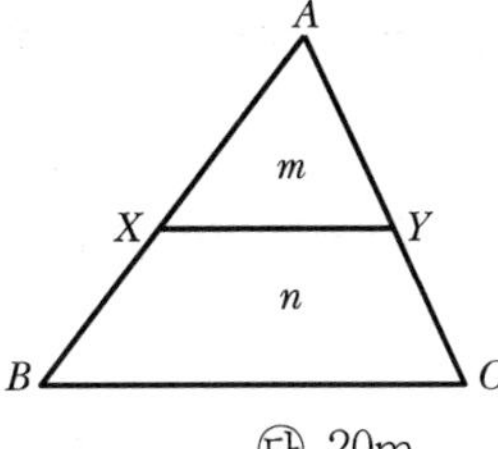

㉮ 10m ㉯ 15m ㉰ 20m ㉱ 25m

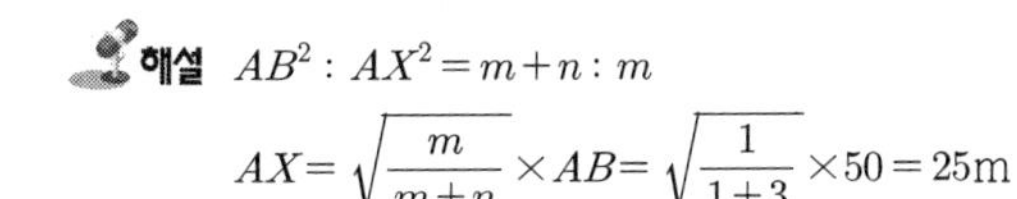

해설 $AB^2 : AX^2 = m+n : m$

$$AX=\sqrt{\frac{m}{m+n}}\times AB=\sqrt{\frac{1}{1+3}}\times 50=25\text{m}$$

36. 축척 1/1000 일 때 단위면적이 10m²의 측간의 위치에서 축척 1/100 의 면적을 측정하고자 한다. 단위면적은?

㉮ 0.1m² ㉯ 0.2m² ㉰ 0.3m² ㉱ 0.4m²

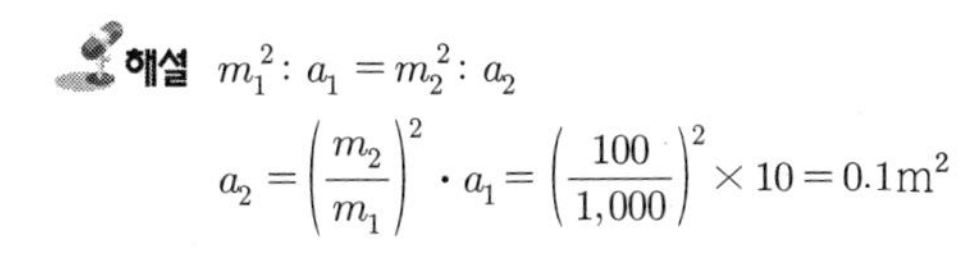

해설 $m_1^2 : a_1 = m_2^2 : a_2$

$$a_2=\left(\frac{m_2}{m_1}\right)^2\cdot a_1=\left(\frac{100}{1,000}\right)^2\times 10=0.1\text{m}^2$$

해답 34. ㉰ 35. ㉱ 36. ㉮

37. 축척 1/500 도면상의 면적을 축척 1/1,000으로 잘못 측정하여 24,000m²를 얻었을 때 실제의 면적은?

㉮ 36,000m²　　㉯ 10,600m²　　㉰ 54,000m²　　㉱ 37,500m²

해설 $m_1^2 : a_1 = m_2^2 : a_2$

$$a_2 = \left(\frac{m_1}{m2}\right)^2 \cdot a_1 = \left(\frac{1,500}{1,000}\right)^2 \times 24,000 = 54,000\text{m}^2$$

38. 축척 1/5,000 도상에서의 면적이 40.52cm²이었다. 실제 면적은?

㉮ 0.01km²　　㉯ 0.1km²

㉰ 1.0km²　　㉱ 10.0km²

해설 $(\text{축척})^2 = \left(\frac{1}{m}\right)^2 = \frac{\text{도상면적}}{\text{실제면적}}$

$$= \left(\frac{1}{5,000}\right)^2 = \frac{40.52}{\text{실제면적}}$$

∴ 실제면적 = 0.1km²

39. 직육면체인 저수탱크의 용적을 구하고자 한다. 밑변 a,b와 높이 h에 대한 측정결과가 다음과 같을 때 부피오차는?

• a = 40.00±0.05m	• b = 20.00±0.03m	• h = 15.00±0.02m

㉮ ±10m³　　㉯ ±21m³

㉰ ±28m³　　㉱ ±34m³

해설 $V = abh$

오차전파법칙에 의해

$$\Delta V = \pm\sqrt{(bh)^2 \cdot m_1^2 + (ah)^2 \cdot m_2^2 + (ab)^2 \cdot m_3^2}$$

$$= \pm\sqrt{(20\times15)^2\times0.05^2 + (40\times15)^2\times0.03^2 + (40\times20)^2\times0.02^2}$$

$$= 28.37\text{m}^3$$

40. 30m에 대하여 6mm가 늘어나 있는 줄자로 정방형의 지역을 측량한 결과 62,550m²였다. 실제 면적은?

㉮ 62,525m²　　㉯ 62,500m²

㉰ 62,475m²　　㉱ 62,550m²

해설 $\text{실제면적} = \frac{(\text{부정길이})^2 \times \text{관측면적}}{(\text{표준길이})^2}$

$$= \frac{(30.006)^2 \times 62,500}{(30)2}$$

$$= 62,525\text{m}^2$$

해답 37. ㉰ 38. ㉯ 39. ㉰ 40. ㉮

41. 축척 $\frac{1}{5,000}$ 인 지형도(도면)의 면적을 측정하여 4.8cm² 결과를 얻었다. 이때 도면의 모든 점이 1.5%가 수축되어 있었다면 실제면적은 얼마인가?

㉮ 11,643m² ㉯ 11,820m² ㉰ 12,183m² ㉱ 12,360m²

해설 축척$^2=\left(\frac{1}{m}\right)^2=\frac{\text{도상면적}}{\text{실제면적}}$

$\left(\frac{1}{5,000}\right)^2=\frac{4.8}{A'}$

실제면적 $A'=12,000\text{m}^2$

$\frac{dA}{A}=2\cdot\frac{dl}{l}=2\times\frac{1.5}{100}=0.03$

잘못된 면적 차이량

$12,000\text{m}^2\times0.03=360\text{m}^2$

∴ 실제면적 $=12,000+360=12,360\text{m}^2$

42. 도상에서 세 변의 길이를 관측한 결과 각각 21.5cm, 30.3cm, 29.0cm이었다면 실제면적은?(단, 지형도의 축척=1/500)

㉮ 7,325m² ㉯ 7,424m² ㉰ 7,124m² ㉱ 7,240m²

해설 $S=\frac{1}{2}(a+b+d)$

$=\frac{1}{2}(21.5+30.3+28)=39.9$

$A=\sqrt{s(s-a)(s-b)(s-c)}$

$=\sqrt{39.9(39.3-21.5)(39.9-30.3)(39.9-28)}$

$=289.60\text{cm}^2$

축척$^2=\left(\frac{1}{m}\right)^2=\frac{\text{도상면적}}{\text{실제면적}}$

$\left(\frac{1}{500}\right)^2=\frac{289.60}{\text{실제면적}}$

∴ 실제면적 $=\frac{289.60\times500^2}{100\times100}=7,240\text{m}^2$

43. 어느 도면상에서 면적을 측정하였더니 400m²이었다. 이 도면이 가로, 세로 1%씩 축소되었다면 이때 발생된 면적오차는 얼마인가?

㉮ 4m² ㉯ 6m² ㉰ 8m² ㉱ 12m²

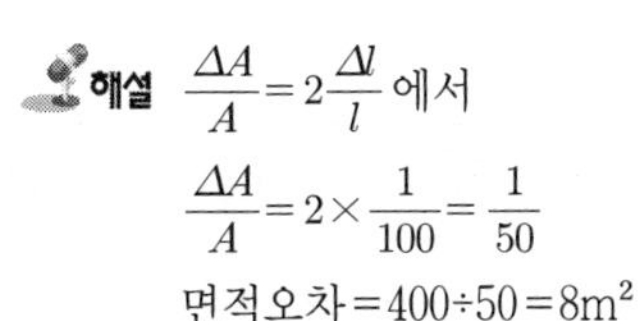

해설 $\frac{\Delta A}{A}=2\frac{\Delta l}{l}$ 에서

$\frac{\Delta A}{A}=2\times\frac{1}{100}=\frac{1}{50}$

면적오차 $=400\div50=8\text{m}^2$

해답 41. ㉮ 42. ㉱ 43. ㉰

제8장 경관측량

8.1 개요

경관의 해석을 위해서는 시각적 측면과 시각현상에 잠재되어 있는 의미적 특성을 동시에 고려하여야 한다. 이를 위하여 시각특성, 경관주체와 대상, 경관유형, 경관평가지표 및 경관 표현방법 등을 통하여 경관의 정량화를 이루어 쾌적하고 미려한 생활공간 창출하여야 하는 데 이를 위한 활동을 경관측량이라 한다. 경관측량은 인간과 물적 대상의 양 요소에 대한 경관도의 정량화 및 표현에 관한 평가를 하는 데 의의를 두고 있다.

• 경관의 3요소 : 조화감, 순화감, 미의식의 상승

8.2 경관의 분류

8.2.1 인식대상(認識對象)의 주체(主體)에 관한 분류

자연경관 (Natural viewscape)	인공이 가해지지 않은 경치로서 산, 하천, 바다, 자연녹지 등
인공경관 (Artificial viewscape)	① 조경 : 인공요소를 가한 경치(정원, 공원, 인공녹지, 도시경관, 시설물경관 등) ② 장식경 : 대상물에 미의식을 강조시켜 생활공간을 미화하는 실내외 장식
생태경관 (Ecological viewscape)	① 생태경 : 자연생태 그대로의 경관 ② 관상경 : 인공적 요소를 더한 경관[관상수(觀賞樹), 관상견(觀賞犬)]

8.2.2 경관구성요소(景觀構成要素)에 의한 분류

대상계(對象系)	인식의 대상이 되는 사물로서 사물의 규모, 상태, 형상, 배치 등
경관장계(京觀場系)	대상을 둘러싼 환경으로 전경(前景), 중경(中景), 배경(背景)에 의한 규모와 상태

시점계(視點系)	인식의 주체가 되는 것으로 생육환경, 건강상태, 연령 및 직업에 관한 시점의 성격
상호성계(相互性系)	대상계, 경관장계 및 시점계를 구성하는 요인과 성격에 관한 상호성을 규명하는 것

8.2.3 시각적 요소(視覺的要素)에 의한 분류

위치(位置)	고저, 원근, 방향
크기	대소
색(色)과 색감(色感)	명암, 흑백, 적청(赤靑)
형태(形態)	생김새
선(線)	곡선 및 직선
질감(質感)	거칠음, 섬세하고 아름다움
농담(濃淡)	투명과 불투명

8.2.4 개성적 요소(個性的要素)에 의한 분류

천연적 경관(天然的景觀)	산속의 기암절벽
파노라믹한 경관	넓은 초원이나 바다의 풍경
포위(包圍)된 경관	수목으로 둘러싸인 호수나 들
초점적 경관(焦點的景觀)	계곡, 도로 및 강물
터널적 경관	하늘을 가린 가로수 도로
세부적 경관(細部的景觀)	대상물의 부분적인 것으로 나뭇잎, 꽃잎의 생김새
순간적 경관(瞬間的景觀)	안개, 아침이나 저녁노을 등

8.3 경관 분석을 위한 기초 인자(景觀分析의 基礎 因子)

경관 현상의 기본적인 구성요소의 하나가 시점이며, 경관 현상 분석에 있어서는 인간의 시지각특성이 가장 기본적인 지식이 된다.

8.3.1 인간의 시지각 특성(人間의 視知覺 特性)

시야	인간의 정시야 범위 : 좌우 각각 약 60%, 상하 각각 약 70, 80도를 차지한다.

시야 협착	운전 시와 같이 시점이 움직이는 경우 차의 속도 증가에 따라 시야가 좁아지는 현상을 말한다.
시력과 색감	① 대상의 크기, 보기 쉬움, 눈에 띄기 쉬움 ② 색과 질감의 인지능력 ③ 숙시각 : 정시각을 기준으로 1~2도 사이의 시야각으로 대상을 가장 확실히 식별할 수 있는 시각을 말한다.

8.3.2 대상의 시각속성(對象의 視覺屬性)

가. 대상의 크기와 스케일

휴먼스케일에 의한 지표화	① 사물과 공간의 크기를 인간의 신체적 사이즈와의 관계로 나타낸다. ② 인간 얼굴의 식별이 가능한 20~25m 정도의 거리가 휴먼스케일의 거리이다. ③ 공간설계에 널리 이용된다.
시거리와 수목 관측법에 의한 거리 분할	① 근경영역 : 개개의 요소가 자세하게 눈에 띄는 영역이다. ② 중경영역 : 대상 전체의 형태 파악이 용이하고 대상이 경관의 주체가 되는 영역이다. ③ 원경영역 : 대상이 경관의 극히 일부인 영역이다.

나. 앙각과 부각

앙각	① 수평보다 위쪽의 수직 시각에 대응하는 예정각을 말한다. ② 인간의 시야 외의 관계에서 대상의 보기 쉬움, 공간의 폐쇄감, 압박감과 깊은 관계가 있다.	
	앙각의 각도별 경관	① 앙각 45° : 개개의 자세한 것이 관상되며 대상 전체를 볼 수 있다.
		② (D/H=1)
		③ 앙각 27° : 전체를 볼 수 있다.
		④ 앙각 18° : 건축적 · 회화적 인상
		⑤ 앙각 12°~10° : 순회화적
부각	① 수평보다 아래쪽의 수직 시각을 말한다. ② 자연상태에서 인간의 가장 보기 쉬운 영역이다. ③ 부각 0~10°가 가장 보기 쉬운 영역이나 부각 8~10°가 가장 이상적인 경관으로 평가된다.	

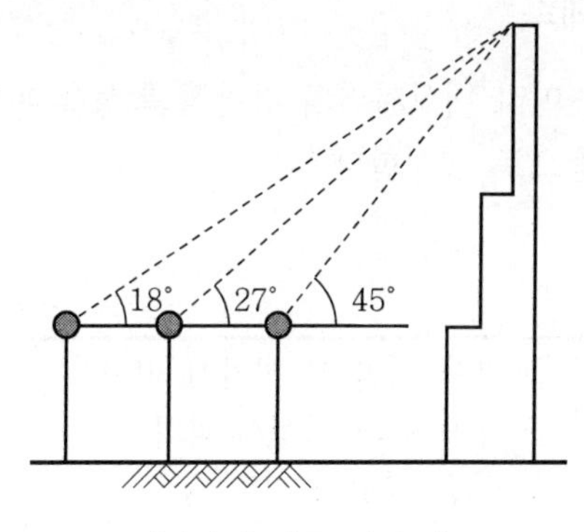

[앙각에 따른 경관도]

다. 시선 입사각과 오행의 지각

시선 입사각	① 시대상의 면과 축선과 시선이 이루는 각이다. ② 면의 보기 쉬움과 오행의 지각(Depth Preception)에 관계한다.
오행의 지각	시선 입사각이 작어지면 면의 표면 상태를 보기 어렵고 오행감이 증가한다.

라. 형의 지각

토목 시설이 경관 중에서 눈에 띄는 존재인지, 주재인지, 주변에 융화되는 것인지 검토한다.

마. 색체 조화론

토목 구조물의 색체 계획시 컬러 시뮬레이션에 의해 환경 친화적 색체인지를 검토한다.

바. 질감의 외양

시거리와 질감이 외양과의 관계를 파악한다.

8.3.3 시점과 대상과의 관계

① 대상의 외관의 크기는 대상 자체의 규모와 시거리에 따라 결정한다.

② 시각

$$\theta = \frac{s}{d}(rad) = 2\tan^{-1}\frac{s}{2d}\,(\text{도})$$

여기서, S : 대상 한 변의 크기

d : 시거리

8.4 경관의 해석조사 및 예측

경관의 설계, 계획 시에는 미리 대상지역의 경관적 특성을 파악해야 하며, 현장답사나 컴퓨터 그래픽에 의한 처리 등으로 실시한다.

8.4.1 지형 경관의 해석

조사항목	① 가시 지역 및 비가시 지역 ② 계곡 등의 지성선 파악 ③ 식생, 응달의 상황 등
DTM 처리에 의한 해석	① 지형도상에 Mesh를 덮고 그 격자점에 대응하는 지점의 높이값의 Matrix로써 지형을 모델화한다. ② 지형 투시도 생성 ③ 등고선, 횡단면도, 지성선, 음영 등의 처리로 다양하게 경관을 해석한다.

8.4.2 구조물 경관의 해석

① 스케치
② 담채스케치
③ 사진몽타주
④ 컴퓨터 그래픽 애니메이션
⑤ 모형

8.5 경관 예측방법

8.5.1 경관 평가요인의 정량화

가. 관점과 주시대상물의 위치 관계에 기인하는 요인

1) 수평시각(θ_H)에 의한 방법

$0° \le \theta_H \le 10°$	주위환경과 일체가 되고 경관의 주체로서 대상에서 벗어난다.
$10° < \theta_H \le 30°$	시설물의 전체 형상을 인식할 수 있고 경관의 주제로서 적당하다.
$30° < \theta_H \le 60°$	시설물의 시계 중에 차지하는 비율은 크고 강조된 경관을 얻는다.
$60° < \theta_H$	시설물 자체가 시야의 대부분을 차지하게 되고 시설물에 대한 압박감을 느끼게 시작한다.

2) 수직시각(θ_V)에 의한 방법

$0° \le \theta_V \le 15°$	시설물이 경관의 주제가 되고 쾌적한 경관으로 인식된다.
$15° < \theta_V$	압박감을 느끼고 쾌적한 경관으로 인식되지 못한다.

3) 시설물 1점을 시준할 때 시준축과 시설물축선이 이루는 각(α)에 의한 방법

$0° \le \alpha \le 10°$	특이한 시설물 경관을 얻고 시점이 높게 된다.
$10° < \alpha \le 30°$	입체감이 있는 계획이 잘된 경관이 된다.
$30° < \alpha \le 90°$	입체감이 없는 평면적인 경관이 된다.

4) 기준점에 대한 시점의 높이에 의한 방법

시점의 위치가 낮은 경우	활동적인 인상을 받는다.
시점의 위치가 높은 경우	정적인 인상을 받는다.

5) 시설물과 시점 사이의 거리에 의한 방법

시점이 시설물에 가까울 경우	상세하게 인식되지만 경관의 주제는 시설물의 국부적인 구성부재가 되어 시설물 전체의 형상은 영향이 없다.
시점이 멀어질 경우	시설물 전체가 경관의 주제가 된다.

8.6 경관계획의 적용

8.6.1 하천의 경관

하천경관의 주된 요소는 하천수로서 물을 통제하고 조절하는 치수시설(治水施設)과 물을 이용하는 이수시설(利水施設)에 대한 경관분석을 해야 한다.

치수시설(治水施設)	제방(堤防)	경관원형지역으로 정비해야 하고, 수목과 일체가 되도록 하며, 산책로 등으로 이용한다.
	호안(護岸)	물가로 접근할 수 있는 곳으로 물놀이, 낚시 등에 이용되므로 경사도를 완화와 레크리에이션 이용을 고려한 표면처리가 중요하다.
	수방림(水防林)	제방고수부지의 무미건조함을 보완하여 설계한다.
이수시설(利水施設)	하천경관의 주역인 물의 움직임과 수위의 변화를 주고 상·하류 측에서의 낚시, 보트 타기 등 물놀이에 이용된다.	

8.6.2 도로의 경관

도로 건설은 최근 입체화·직선화되므로 국토조형적 의미가 크고, 경관적 배려가 중요하다.

경관계획 설계과정	1단계	기존의 지물, 역사적 유물 등을 고려하여 도로의 통과 예정지 및 주변에 존재하는 경관의 주대상, 부대상, 주요시점을 검색하고 가장 좋은 시점위치를 찾는다.
	2단계	상기의 좋은 관점을 포함한 노선과 선형이 선택되고 조망점이 설정된다.
	3단계	시점장으로서의 도로공간과 휴게시설의 정돈 및 경계 처리에 질이 떨어지는 도로요소를 수정하고 가로수의 도입으로 혼란한 가로경관에 통일감을 주도록 한다.
도로경관 계획의 고려사항	① 자연의 손상을 최대한 억제하고 지역 경관과의 조화를 이루도록 한다. ② 시점을 도로 안에 두는 내부경관과 시점을 도로 밖에 두는 외부경관을 고려하여야 한다.	
선형설계	① 지역의 경관을 고려하여 투시형태상의 시각적 연속성 및 부드러움을 고려한다. ② 선형의 급변을 최대한 피한다.	

8.6.3 교량의 경관

경관상 교량은 경관의 주역인 경우나 경관의 첨경적인 경우로서 조망되는 대상과 교상(橋上)이 경관을 조망하는 기회를 주는 시점장(視點場)의 역할을 수행한다.

교량 경관설계 시 고려사항	내적 요청	교량에 요구되는 기능, 즉 안정성·내구성과 교량으로서의 미적 요소를 만족하여야 한다.
	외적 요청	시설물을 경관적으로 설계할 때는 내적·외적 요청의 일치감과 상이점으로 조화점을 찾아야 한다.
교량 경관계획	① 교량가설위치와 교량형식 및 규모를 결정한다. ② 교량을 조망하는 시점 및 시점장을 찾는다. ③ 교량의 재료와 형태 및 색체를 결정한다. ④ 교량과 수면, 지형, 주변 시설물과의 조화, 주변조경을 결정한다.	

예상 및 기출문제 08

1. 경관측량에서 고정적인 시점에서 얻을 수 있는 경관은?

㉮ 이동경관　　㉯ 지점경관　　㉰ 장의경관　　㉱ 변천경관

해설 고정적인 시점에서 얻을 수 있는 경관은 지점경관이다.

2. 다음 중 경관구성요소에 의한 분류(시점과 대상과의 관계에 의한 분류)에 속하지 않는 것은?

㉮ 대상계　　㉯ 경관장계　　㉰ 상호성계　　㉱ 인공계

해설 경관구성요소에 의한 분류

① 대상계 : 인식의 대상이 되는 사물(규모, 상태, 형상 및 배치) - 교량
② 경관장계 : 대상을 둘러싼 환경(전경, 중경, 원경에 의한 규모와 상태)
③ 시점계 : 인간의 개인차 (환경, 건강, 연령, 작업)에 의해 느껴지는 시점의 성격
④ 상호성계 : 대상계, 경관장계 및 시점계를 구성하는 요인과 성격에 관한 상호성을 규명하는 것

3. 경관의 구성요소에 해당하지 않는 것은?

㉮ 대상계　　㉯ 경관장계　　㉰ 상호성계　　㉱ 입체계

해설 2번 문제 해설 참조

4. 경관을 분류할 때 경관구성요소에 의한 분류기준 중 인식의 주체가 되는 계는 무엇인가?

㉮ 대상계　　㉯ 경관장계　　㉰ 시점계　　㉱ 상호성계

해설 ㉰ 시점계 : 인식의 주체가되는 것으로 생육환경, 건강상태, 연령 및 직업에 관한 시점의 성격

5. 경관표현방법에 의한 정량화 방법이 아닌 것은?

㉮ 정사투영도에 의한 방법　　㉯ 투시도에 의한 방법
㉰ 평면도에 의한 방법　　㉱ 영상(Image) 처리에 의한 방법

해설 경관의 정량화 방법

① 정사투영도에 의한 방법
② 스케치 및 회화에 의한 방법

해답 1. ㉯ 2. ㉱ 3. ㉱ 4. ㉰ 5. ㉰

③ 투시도에 의한 방법
④ 몽타주에 의한 방법
⑤ 색채모의관측에 의한 방법
⑥ 비디오 영상에 의한 방법

6. 경관평가에서 수평시각(θ_H)이 60°<θ_H일 때에 대한 설명으로 가장 알맞은 것은?

㉮ 시설물의 전체 형상을 인식할 수 있고 경관의 주체로서 적당하다.
㉯ 시설물이 시계 중에 차지하는 비율이 크고 강조된 경관을 얻는다.
㉰ 시설물에 대한 압박감을 느끼기 시작한다.
㉱ 시설물은 주위 환경과 일체가 되고 경관의 주체로서 대상에서 벗어난다.

해설 관점과 대상물의 위치관계에 의한 정량화

① 시설물전체의 수평시각(θ_H)에 의한 방법
- $0' \le \theta_H \le 10'$: 주위 환경과 일체가 되고 경관의 주제로서 대상에서 벗어남
- $10' < \theta_H \le 30'$: 시설물의 전체 형상 인식, 경관의 주제로서 적당
- $30' < \theta_H \le 60'$: 시설물의 시계 중에 차지하는 비율이 크고 강조된 경관을 말함
- $60' < \theta_H$: 시설물 자체가 시야의 대부분을 차지하며, 압박감을 느낌

② 시설물전체의 수직시각(θ_V)에 의한 방법
- $0' \le \theta_V \le 15'$: 쾌적한 경관, 시설물의 경관의 주제
- $15' < \theta_V$: 압박감, 쾌적하지 못한 경관

③ 시설물 1점의 시준축과 시설물축선이 이루는 각(α)에 의한 방법
- $0' \le \alpha \le 10'$: 특이한 시설물경관을 얻고 시점이 높게 됨
- $10' < \alpha \le 30'$: 입체감이 좋은 경관
- $30' < \alpha \le 90'$: 입체감이 없는 평면적인 경관

④ 기준점에 대한 시점의 높이에 의한 방법
- 시점의 위치가 낮은 경우 : 활동적인 인상
- 시점의 위치가 높은 경우 : 정적인 인상

⑤ 시점과 시설물의 거리에 의한 방법
- 시점이 가까울 때 : 상세하게 인식되지만 경관의 주제는 시설물의 국부적인 부재가 됨
- 시점이 멀어질 경우 : 시설물 전체가 경관의 주제가 됨

7. 각과 위치에 의한 경관도의 정량화에서 실시물의 1점을 시준할 때 시준선과 시설물 축선이 이루는 각 α는 크기에 따라 입체감에 변화를 주는데, 다음 중 입체감 있게 계획이 잘 된 경관을 얻을 수 있는 범위로 가장 적합한 것은?

㉮ $10° < \alpha \le 30°$
㉯ $30° < \alpha \le 50°$
㉰ $40° < \alpha \le 60°$
㉱ $50° < \alpha \le 70°$

해설 6번 문제 해설 참조

해답 6. ㉰ 7. ㉮

8. 경관측량에서 인식대상의 주체에 대하여 경관을 자연경관, 인공경관, 생태경관으로 분류할 때 자연경관에 해당되지 않는 것은?

㉮ 산 ㉯ 정원
㉰ 하천 ㉱ 바다

해설 ① 자연경관 : 산, 하천, 바다와 같은 자연경치
② 인공경관
• 조경 ; 공원, 정원, 인공녹지 등의 인공요소를 가한 경치
• 장식경 : 실내・외 장식과 같이 대상물의 인공요소만을 주체로 한 경치
③ 생태경관
• 생태경 : 자연상태 그대로의 생태경관
• 관상경 : 관상수(觀賞樹), 관상견(觀賞犬)과 같이 인공요소를 더한 경관

9. 경관 예측시 시설물을 보는 각도에 대한 설명으로 옳지 않은 것은?

㉮ 10°≤수평사각≤30도에서 시설물의 전체 형상을 인식할 수 있고 경관의 주제로서 적당하다.
㉯ 수평사각이 60도보다 크면 시설물에 대한 압박감을 느끼기 시작한다.
㉰ 0도≤수직사각≤15도에서 시설물이 경관의 주제가 되고 쾌적한 경관으로 인식된다.
㉱ 시계에서 차지하는 비율이 커져 압박감을 느끼기 시작하는 수직시각은 50도 보다 클 경우이다.

해설 ① 시설물 전체의 수평시각(θ_H)에 의한 방법
• $0° \leqq \theta_H \leqq 10°$: 주위 환경과 일체가 되고 경관의 주제로서 대상에서 벗어남
• $10° < \theta_H \leqq 30°$: 시설물의 전체 형상 인식, 경관의 주제로서 적당
• $30° < \theta_H \leqq 60°$: 시설물의 시계 중에 차지하는 비율이 크고 강조된 경관을 말함
• $60° < \theta_H$: 시설물 자체가 시야의 대부분을 차지하며 압박감을 느낌
② 시설물 전체의 수직시각(θ_V)에 의한 방법
• $0° \leqq \theta_V \leqq 15°$: 쾌적한 경관, 시설물의 경관의 주제
• $15° < \theta_V$: 압박감. 쾌적하지 못한 경관

10. 도로의 경관 계획 시 고려사항이 아닌 것은?

㉮ 자연환경의 손상을 최대한 억제하도록 한다.
㉯ 도로선형의 부드러움을 위해 곡선을 많이 삽입한다.
㉰ 지역 경관과의 조화를 이루도록 한다.
㉱ 내부경관과 외부경관을 동시에 고려하여야 한다.

해설 도로의 곡선을 많이 삽입하면 공사비, 시간, 교통사고 등 문제점이 많이 발생하여 도로의 경관 계획시 고려사항이 아니다.

해답 8. ㉯ 9. ㉱ 10. ㉯

11. 시설물의 경관을 수직시각(θ_V)에 의하여 평가하는 경우, 시설물이 경관의 주제가 되고 쾌적한 경관으로 인식되는 수직시각의 범위로 가장 적합한 것은?

㉮ $0° \le \theta_V \le 15°$ ㉯ $15° \le \theta_V \le 30°$

㉰ $30° \le \theta_V \le 45°$ ㉱ $45° \le \theta_V \le 60°$

해설 1. 관점과 대상물의 위치관계에 의한 정량화

① 시설물 전체의 수평시각(θ_H)에 의한 방법

- $0° \leqq \theta_H \leqq 10°$: 주위 환경과 일체가 되고 경관의 주제로서 대상에서 벗어남
- $10° < \theta_H \leqq 30°$: 시설물의 전체 형상 인식, 경관의 주제로서 적당
- $30° < \theta_H \leqq 60°$: 시설물의 시계 중에 차지하는 비율이 크고 강조된 경관을 말함
- $60° < \theta_H$: 시설물 자체가 시야의 대부분을 차지하며 압박감을 느낌

② 시설물 전체의 수직시각(θ_V)에 의한 방법

- $0° \leqq \theta_V \leqq 15°$: 쾌적한 경관, 시설물의 경관의 주제
- $15° < \theta_V$: 압박감. 쾌적하지 못한 경관

③ 시설물 1점의 시준축과 시설물축선이 이루는 각(α)에 의한 방법

- $0° \leqq \alpha \leqq 10°$: 특이한 시설물경관을 얻고 시점이 높게 됨
- $10° < \alpha \leqq 30°$: 입체감이 좋은 경관
- $30° < \alpha \leqq 90°$: 입체감이 없는 평면적인 경관

④ 기준점에 대한 시점의 높이에 의한 방법

- 시점의 위치가 낮은 경우 : 활동적인 인상
- 시점의 위치가 높은 경우 : 정적인 인상

⑤ 시점과 시설물의 거리에 의한 방법

- 시점이 가까울때 : 상세하게 인식되지만 경관의 주제는 시설물의 국부적인 부재가 됨
- 시점이 멀어질 경우 : 시설물 전체가 경관의 주제가 됨

2. 시점과 배경의 위치관계에 의한 정량화

① 배경의 다양성으로 심리적 영향에 따라 인상이 크게 변화하므로 정량적분석이 곤란함

② 배경과 경관도의 관계 추출

- 시점의 상태
- 배경과 대상물의 위치관계
- 시점과 배경의 위치관계
- 배경의 상태
- 기상조건에 따른 영향을 고려하여 추출

③ 배경의 경관도 규정

입지조건. 시준율. 대상시설물의 시준범위. 시점과 배경과의 거리

하향각(부각), 상향각(앙각). 육해공의 비율. 배경의 시준범위 및 기상조건 고려

 해답 11. ㉮

12. 경관 평가요인을 정량화하기 위하여 수평시각을 관측한 결과 $30° \le \theta \le 60°$의 값을 얻었다. 시설물에 대한 느낌으로 적절한 것은?

㉮ 시설물은 주위와 일체가 되고 경관의 주제로서 대상에서 벗어난다.
㉯ 시설물의 전체 형상을 인식할 수 있고 경관의 주제로 적합하다.
㉰ 시설물이 시계 중에 차지하는 비율이 크고 강조된 경관으로 인식된다.
㉱ 시설물에 대한 압박감을 느낀다.

해설
- $0' \le \theta_H \le 10'$: 주위 환경과 일체가 되고 경관의 주제로서 대상에서 벗어남
- $10' < \theta_H \le 30'$: 시설물의 전체형상인식, 경관의 주제로서 적당함
- $30' < \theta_H \le 60'$: 시설물의 시계중에 차지하는 비율이 크고 강조된 경관을 말함
- $60' < \theta_H$: 시설물 자체가 시야의 대부분을 차지하며, 압박감을 느낌

13. 다음 중 경관의 3요소와 거리가 먼 것은?

㉮ 경제성　㉯ 조화감　㉰ 순화감　㉱ 미의식의 상승

해설 경관의 3요소는 조화감, 순화감, 미의식의 상승이다.

14. 구조물 경관예측을 위한 사전 조사항목으로 가장 거리가 먼 것은?

㉮ 식생　㉯ 지형　㉰ 현황사진　㉱ 지하배관

해설 지하배관은 경관예측을 위한 사전조사 항목에 들지 않는다.

15. 경관표현방법 중 몽타주가 비교적 용이하고 장관도(Panorama)경관 및 이동경관 등 시야가 연속적으로 변화하는 동경관을 처리할 수 있는 방법은?

㉮ 투시도에 의한 방법　㉯ 색채모의관측에 의한 방법
㉰ 비디오영상에 의한 방법　㉱ 사진몽타주에 의한 방법

해설 경관표현방법

① 정사투영도에 의한 방법　② 스케치 및 회화에 의한 방법
③ 투시도에 의한 방법　④ 사진몽타지에 의한 방법
⑤ 색채시뮬레이션에 의한 방법　⑥ 비디오영상에 의한 방법
⑦ 영상처리에 의한 방법　⑧ 모형에 의한 방법이 있다.

16. 시설물의 계획 설계 시 경관상 검토되는 위치결정에 필요한 측량은?

㉮ 공공측량　㉯ 자원측량　㉰ 공사측량　㉱ 경관측량

해설 경관측량이란 인간과 물적 대상의 양 요소에 대한 경관도의 정량화 및 표현에 관한 평가를 하는 것을 말한다. 즉, 대상군을 전체로 보는 인간의 심적현상으로 경치, 눈에 보이는 경색, 풍경의 지리학적 특선과 특색 있는 풍경 형태를 가진 일정한 지역을 말한다.

해답 12. ㉰ 13. ㉮ 14. ㉱ 15. ㉰ 16. ㉱

17. 도로경관에서 시점에 대한 특징이 아닌 것은?

㉮ 도로에서의 시점은 이동한다.
㉯ 풍경이 변화하고 속도가 커짐에 따라 시야가 넓어진다.
㉰ 시축이 한 방향으로 한정된다.
㉱ 시점을 내부에 두는 내부경관과 도로 밖에 두는 외부경관으로 나누어진다.

해설 시점의 특징
① 도로에서의 시점은 이동한다.
② 풍경이 변화하고 속도가 커짐에 따라 시야가 좁아진다.
③ 시축이 한 방향으로 한정된다.
④ 시점을 내부에 두는 내부경관과 도로 밖에 두는 외부경관으로 나누어진다.

18. 경관구성요소에 의한 구분에서 설명이 잘못된 것은?

㉮ 인식대상이 되는 대상계
㉯ 대상을 둘러싸고 있는 경관장계
㉰ 인식의 주체인 시점계
㉱ 전경, 중경, 배경의 상대적 효과인 상대성계

해설 경관구성요소에 의한 분류
① 대상계 : 인식의 대상이 되는 사물(규모, 상태, 형상 및 배치)·교량
② 경관장계 : 대상을 둘러싼 환경(전경, 중경, 원경에 의한 규모와 상태)
③ 시점계 : 인간의 개인차(환경, 건강, 연령, 작업)에 의해 느껴지는 시점의 성격
④ 상호성계 : 대상계, 경관장계 및 시점계를 구성하는 요인과 성격에 관한 상호성을 규 명하는 것

19. 경관분석의 기초인자로 사용하기에 적합하지 않은 것은?

㉮ 인간의 시·지각 특성
㉯ 지점과 대상과의 관계
㉰ 식생상태와 기상과의 관계
㉱ 대상의 시각 속성

해설 경관분석의 기초인자
① 인간의 시·지각 특성
② 지점과 대상과의 관계
③ 대상의 시각 속성

20. 경관의 개성적 분류에 대한 설명으로 옳지 않은 것은?

㉮ 산속의 기암절벽은 천연적 경관에 속한다.
㉯ 넓은 초원이나 바다의 풍경은 파노라믹한 경관에 속한다.
㉰ 수목으로 쌓인 호수나 들은 터널적 경관이다.
㉱ 안개, 아침이나 저녁노을 등은 순간적 경관이다.

해답 17. ㉯ 18. ㉱ 19. ㉰ 20. ㉰

해설 개성적 요소에 의한분류

① 천연적 경관 : 산속의 기암 절벽
② 파노라믹한 경관 : 넓은 초원이나 바다의 풍경
③ 포위된 경관 : 수목으로 둘러 싸인 호수나 들
④ 세부적 경관 : 대상물의 부분적인 것으로 나뭇잎, 꽃잎의 생김새
⑤ 순간적 경관 : 안개, 아침이나 저녁노을 등
⑥ 초점적 경관 : 계곡, 도로 및 강물
⑦ 터널적 경관 : 하늘을 가린 가로수도로

21. 경관을 일반적으로 경관구성 요소에 의하여 시점계, 대상계, 경관장계, 상호계로 구분할 때 경관장계에 대한 설명으로 옳은 것은?

㉮ 인식의 주체
㉯ 인식대상이 되는 사물
㉰ 대상을 둘러싸고 있는 환경
㉱ 각 구성요인과 성격 사이에 존재하는 관계

해설 경관 구성 요소에 의한 분류

① 대상계(對象系) : 인식의 대상이 되는 사물로서 사물의 규모, 상태, 형상 및 배치
② 경관장계(京觀場系) : 대상을 둘러싼 환경으로서 전경(前景), 중경(中景), 배경(背景)에 의한 규모와 상태를 고려할 뿐 아니라 기후, 태양광선, 공기의 투명도 등 기상조건도 참작한다.
③ 시점계(視點系) : 인식의 주체가 되는 것으로 생육환경, 건강상태, 연령 및 직업에 관한 인간의 속성과 입지조건, 표고 및 파노라마도 등에 관한 시점의 성격을 고려하여야 한다.
④ 상호성계(相互性系) : 대상계, 경관장계, 시점계를 구성하는 요인과 성격에 관한 상호성을 규명하는 것

22. 시설물을 보는 각도에서 압박감을 느끼는 수평시각(θ_H)과 수직시각(θ_V)은?

㉮ $(\theta_H) > 60°$, $(\theta_V) > 15°$
㉯ $(\theta_H) > 60°$, $(\theta_V) > 10°$
㉰ $(\theta_H) > 50°$, $(\theta_V) > 15°$
㉱ $(\theta_H) > 50°$, $(\theta_V) > 10°$

해설 1. 시설물 전체의 수평시각(θ_H)에 의한 방법

- $0° \leq \theta_H \geq 10°$: 주위환경과 일체가 되고 경관의 주제로서 대상에서 벗어남
- $10° < \theta_H \leq 30°$: 시설물의 전체 형상 인식, 경관의 주제로서 적당함
- $30° < \theta_H \leq 60°$: 시설물의 시계중에 차지하는 비율이 크고 강조된 경관을 얻음
- $60° < \theta_H$: 시설물 자체가 시야의 대부분을 차지, 시설물에 대한 압박감을 느낌

2. 시설물 전체의 수직시각(θ_V)에 의한 방법

- $0° \leq \theta_V \leq 15°$: 쾌적한 경관, 시설물이 경관의 주제가 됨
- $15° < \theta_V$: 압박감, 쾌적하지 못한 경관

3. 시설물 1전의 시준축과 시설물 축선이 이루는 각(α)에 의한 방법

- $0° \leq \alpha \leq 10°$: 특이한 시설물 경관을 얻고 시점이 높게 됨
- $10° < \alpha \leq 30°$: 입체감이 있는 좋은 경관

해답 21. ㉰ 22. ㉮

제9장 하천측량

9.1 정의

하천의 형상, 수위, 단면 구배 등을 관측하여 하천의 평면도, 종횡단면도를 작성함과 동시에 유속, 유량 기타 구조물을 조사하여 각종 수공설계 및 시공에 필요한 자료를 얻기 위하여 실시하는 측량을 하천측량(河川測量)이라 한다.

9.2 순서

구분	내용
도상조사	유로상황, 지역면적, 지형지물, 토지이용현황, 교통·통신시설 상황조사 등
자료조사	홍수피해, 수리권문제, 물의 이용상황 등 제반자료를 모아 조사
현지조사	도상·자료조사를 기초로 하여 실시하는 측량으로, 답사 및 선점을 말함
평면측량	다각·삼각측량에 의해 세부측량의 기준이 되는 골조측량을 실시하고 전자평판측량에 의해 세부측량을 실시하여 평면도를 제작
수준측량	거리표를 이용하여 종·횡단면도를 실시하고, 유수부(流水部)는 심천측량에 의해 종·횡단면도를 제작
유량측량	각 관측점에서 수위·유속·심천측량에 의해 유량 및 유량곡선을 제작
기타측량	필요에 따라서 강우량측량 및 하천구조물 조사를 실시

9.3 평면측량(平面測量)

9.3.1 평면측량 범위

구분	범위
유제부	제외지 범위 전부와 제내지의 300m 이내
무제부	홍수가 영향을 주는 구역보다 약간 넓게 측량한다. (홍수 시에 물이 흐르는 맨 옆에서 100m까지)
홍수방지공사가 목적인 하천공사	하구에서부터 상류의 홍수피해가 미치는 지점까지

사방공사	수원지까지
선박운행을 위한 하천 계수가 목적일 때	하류는 하구까지

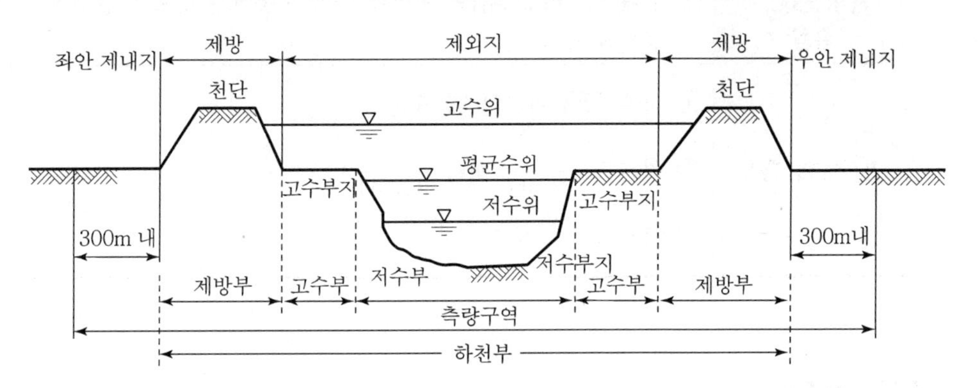

[유제부의 측량 구역(하천의 단면도)]

9.3.2 측량방법

가. 골조측량

삼각측량	① 삼각점은 기본 삼각점을 이용하여 2~3km마다 설치하며, 삼각망은 단열삼각망을 이용한다. ② 측각은 배각(반복)법으로 관측한다. ③ 협각은 40~100°(대삼각), 30~120°(소삼각)로 한다.
트래버스(다각) 측량	① 결합다각형의 폐합차는 3′ 이내로 한다. ② 폐합비는 $\frac{1}{1,000}$ 이내로 한다.

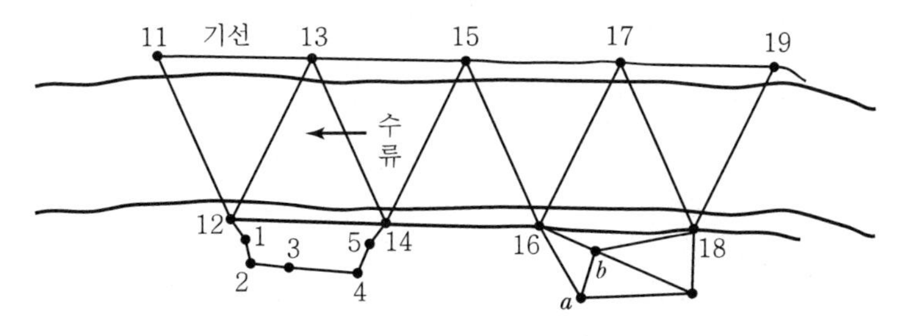

[하천 골조측량]

나. 세부측량

하천유역에 있는 모든 것을(하천의 형태, 제방, 방파제, 행정구획상 경계, 하천공사물, 양수표, 각종측량표)을 측량한다.

구분	내용
수애선(水涯線) 측량	① 수애선은 수면과 하안과의 경계선이다. ② 수애선은 하천수위의 변화에 따라 변동하는 것으로 평수위에 의해 정해진다.
평면도의 축척	① 하폭 50m 이하일 때 표준 : $\frac{1}{1,000}$ ② 기본도 : $\frac{1}{2,500}$ 또는 $\frac{1}{10,000}$ ③ 국부적인 상세도 : $\frac{1}{500} \sim \frac{1}{1,000}$

9.4 수준(고저)측량

하천측량에서 고저측량은 거리표 설치, 종횡단측량, 심천측량을 총칭하여 말한다.

구분		내용
거리표(距離標) 설치		① 하천의 중심에서 직각방향으로 설치한다. ② 하천의 한쪽 하안에 따라 하구 또는 하천의 합류점으로부터 100 또는 200m마다 설치한다. ③ 표석은 1km마다 매립한다.
종단측량(縱斷測量)		① 수준기표 : 5km마다 암반에 설치한다. ② 허용오차 : 4km 왕복에서 유조부 10mm, 무조부 15mm, 급류부 20mm ③ 축척 : 종(높이) $\frac{1}{100}$, 횡(거리) $\frac{1}{1,000}$
횡단측량(橫斷測量)		① 200m마다의 거리표를 기준으로 하며, 간격은 소하천은 5m, 대하천은 10~20m마다 좌안을 기준으로 측량을 실시한다. ② 축척 : 종(높이) $\frac{1}{100}$, 횡(폭) $\frac{1}{1,000}$ ③ 좌안 : 물이 흐르는 방향에서 볼 때 좌측
심천측량(深淺測量)	하천의 수심 및 유수부분의 하저 상황을 조사하고 횡단면도를 제작하는 측량	
	사용되는 기계·기구	① 로드[Rod, 측심봉(測心棒)] : 수심이 얕은(5m 이내) 곳에서 사용(1~ 2m의 경우에 효과적)한다. ② 레드[Lead, 측심추(測心錘)] : 유속이 그리 크지 않은 곳에서 사용하며 로프 끝부분에 3~5kg(최대 13kg)의 은 등의 추를 붙여서 사용하고, 5m 이상 시 사용한다.

심천측량(深淺測量)	사용되는 기계 · 기구	③ 음향측심기(수압측심기) : 수심이 깊고, 유속이 빠른 장소로 보통 30m 되는 곳에서 사용하며, 오차는 0.5% 정도 생긴다. 레드(측추)로 관측이 불가능한 경우에 사용하며 최근 전자기술의 발달에 의하여 아주 높은 정확도를 얻을 수 있다. ④ 배(측량선) : 하천폭이 넓고, 수심이 깊은 경우에 사용한다.
	하천의 심천측량	① 하천폭이 넓고 수심이 얕은 경우 양안 거리표를 시준한 선상에 수면말뚝을 박고 와이어로 길이 5~10m마다 수심을 관측한다. ② 하천폭이 넓고 수심이 깊은 경우 ▸ B점에서 트랜싯으로 관측한 경우(전방교회법) $\overline{AP_1} = AB \cdot \tan\alpha_1$ $\overline{AP_2} = AB \cdot \tan\alpha_2$ ▸ P(배)에서 육분의(Sextant)로 관측한 경우(후방교회법) $AP_1 = AB \cdot \cot\beta_1$ $AP_2 = AB \cdot \cot\beta_2$

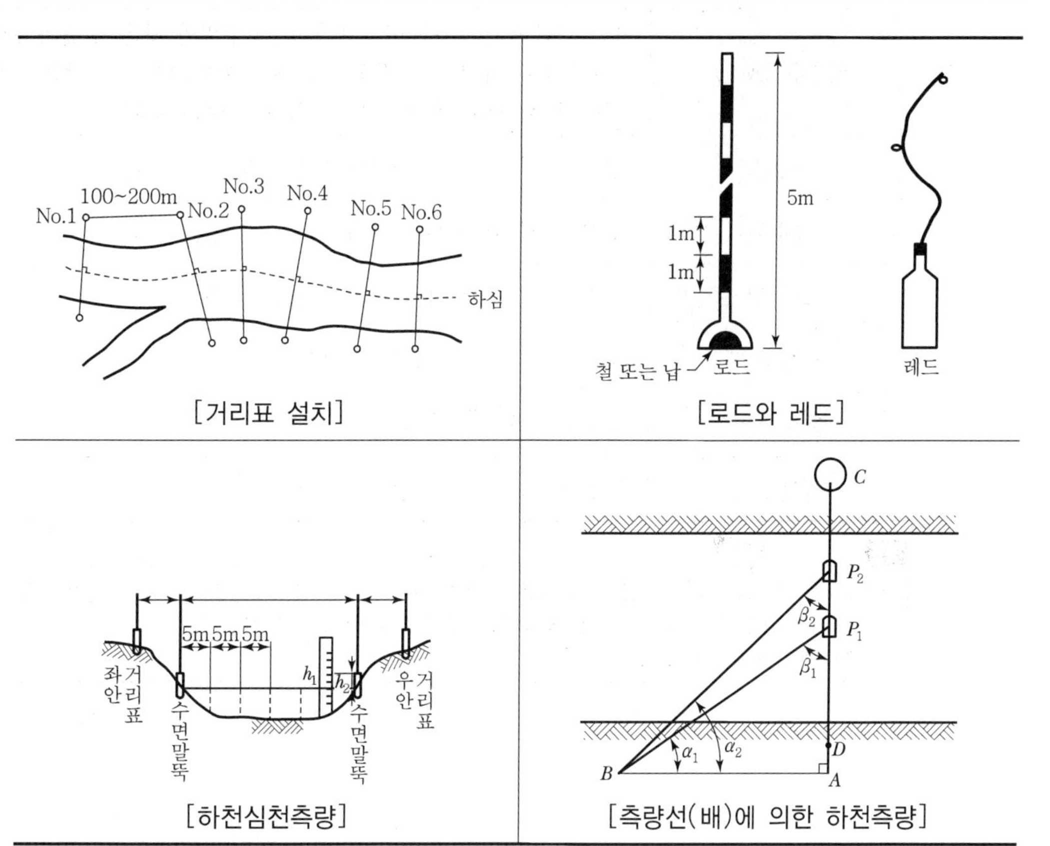

[거리표 설치]

[로드와 레드]

[하천심천측량]

[측량선(배)에 의한 하천측량]

9.5 수위 관측

9.5.1 하천의 수위

최고수위(HWL), 최저수위(LWL)	어떤 기간에 있어서의 최고, 최저수위로 연단위 혹은 월단위의 최고, 최저로 구한다.
평균최고수위(NHWL), 평균최저수위(NLWL)	연과 월에 있어서의 최고, 최저의 평균수위로, 평균최고수위는 제방, 교량, 배수 등의 치수 목적에 사용하며 평균최저수위는 수운, 선항, 수력발전의 이수(利水) 목적에 사용한다.
평균수위(MWL)	어떤 기간의 관측수위의 총합을 관측횟수로 나누어 평균치를 구한 수위
평균고수위(MHWL), 평균저수위(MLWL)	어떤 기간에 있어서의 평균수위 이상 수위들의 평균수위 및 어떤 기간에 있어서의 평균수위 이하 수위들의 평균수위
최다수위 (Most Frequent Water Level)	일정기간 중 제일 많이 발생한 수위
평수위(OWL)	어느 기간의 수위 중 이것보다 높은 수위와 낮은 수위의 관측수가 똑같은 수위로 일반적으로 평균수위보다 약간 낮은 수위. 1년을 통해 185일은 이보다 저하하지 않는 수위
저수위	1년을 통해 275일은 이보다 저하하지 않는 수위
갈수위	1년을 통해 355일은 이보다 저하하지 않는 수위
고수위	2~3회 이상 이보다 적어지지 않는 수위
지정수위	홍수 시에 매시 관측하는 수위
통보수위	지정된 통보를 개시하는 수위
경계수위	수방(水防)요원의 출동을 필요로 하는 수위

참고

- 치수(治水) : 물을 통제하고 조정하는 일. 물을 다스린다는 뜻으로 강과 하천에 물길을 내고, 제방을 쌓고, 댐을 건설하는 등 호수와 가뭄 따위의 피해를 막고 물을 효과적으로 이용하는 일
- 이수(利水) : 물을 이용하는 일

9.5.2 수위 관측소와 양수표 설치 장소

수위 관측소 및 (水位觀測所) 양수표 (量水標 : Water guage) 설치 장소	① 하안(河岸)과 하상(河床)이 안전하고 세굴이나 퇴적이 되지 않은 장소 ② 상하류의 길이 약 100m 정도의 직선일 것 ③ 유속의 변화가 크지 않을 것 ④ 수위가 교각이나 기타 구조물에 영향을 받지 않는 장소 ⑤ 홍수 시 관측소가 유실, 이동 및 파손될 염려가 없는 장소 ⑥ 평시는 홍수 때보다 수위표를 쉽게 읽을 수 있는 장소 ⑦ 지천의 합류점 및 분류점으로 수위의 변화가 생기지 않은 장소 ⑧ 양수표의 영점위치는 최저수위 밑에 있고, 양수표 눈금의 최고위는 최고홍수위보다 높은 장소 ⑨ 양수표는 평균해수면의 표고를 측정 ⑩ 어떠한 갈수 시에도 양수표가 노출되지 않는 장소 ⑪ 수위가 급변하지 않는 장소 ⑫ 양수표는 하천에 연하여 5~10km마다 배치

9.6 평균 유속 관측

유속 관측에는 유속계(Current Meter) 와 부자(Float) 등이 가장 많이 이용된다. 유속을 직접 관측할 수 없을 때는 하천구배를 관측하여 평균유속을 구하는 방법을 이용한다.

9.6.1 부자에 의한 방법

표면부자	① 나무, 코르크, 병, 죽통 등을 이용하여 가운데에 작은 돌이나 모래를 넣은 후 이를 추로 하여 부자고 0.8~0.9를 흘수선(吃水線)으로 한다. ② 주로 홍수 시 사용되며 투하지점은 10m 이상, $\frac{B}{3}$ 이상, 20초 이상(약 30초)으로 한다.(여기서, B : 하폭) ③ $V_m = (0.8 \sim 0.9)v$ 여기서, V_m : 평균유속 v : 유속 0.8 : 작은 하천에서의 부자고 0.9 : 큰 하천에서의 부자고

이중부자	① 표면부자에 실이나 가는 쇠줄을 수중부자와 연결하여 만든 부자로 측정한다. ② 수중부자는 수면에서 수심의 $\frac{3}{5}$인 곳에 수중부자를 가라앉혀서 직접 평균유속을 구할 때 사용한다. ③ 아주 정확한 값은 얻을 수 없다.
막대(봉)부자	죽통(竹筒)이나 파이프(관)의 하단에 추를 넣고 연직으로 세워 하천에 흘러 보내 평균유속을 직접 구하는 방법으로 종평균유속 측정에 사용한다.
부자의 유하거리	① 하천 폭의 2~3배로서 1~2분 흐를 수 있는 거리 ② 제1단면과 제2단면의 간격 • 큰 하천 : 100~200m • 작은 하천 : 20~50m ③ 부자에 의한 평균유속 : $V_m = \frac{L}{t}$ 여기서, L : 거리, t : 부자가 유하한 시간

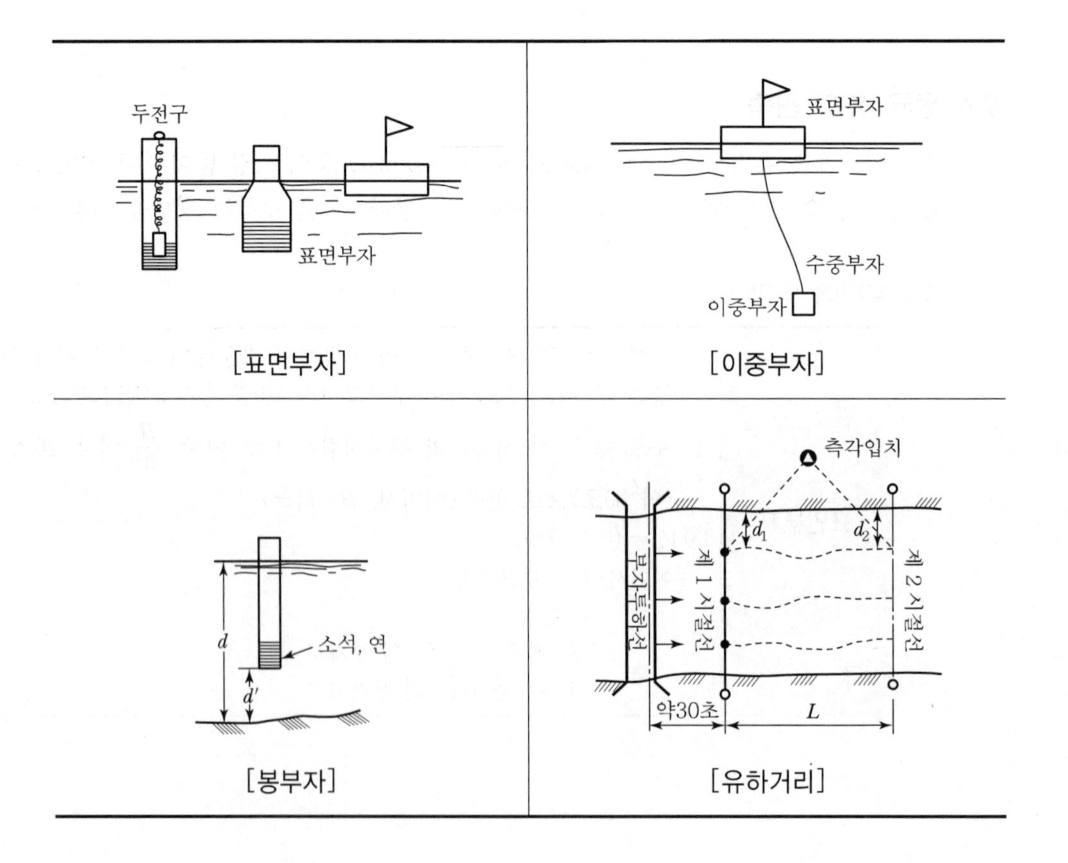

[표면부자] [이중부자] [봉부자] [유하거리]

9.6.2 평균 유속을 구하는 방법

1점법	수면으로부터 수심 0.6H 되는 곳의 유속 $V_m = V_{0.6}$
2점법	수심 0.2H, 0.8H 되는 곳의 유속 $V_m = \frac{1}{2}(V_{0.2} + V_{0.38})$
3점법	수심 0.2H, 0.6H, 0.8H 되는 곳의 유속 $V_m = \frac{1}{4}(V_{0.2} + 2V_{0.6} + V_{0.8})$
4점법	수심 1.0m 내외의 장소에서 적당하다. $V_m = \frac{1}{5}\left\{(V_{0.2} + V_{0.4} + V_{0.6} + V_{0.8}) + \frac{1}{2}\left(V_{0.2} + \frac{V_{0.8}}{2}\right)\right\}$

9.7 유량 관측

유량 관측은 하천과 기타 수로의 각종 수위에 대하여 유속을 관측하고, 이것에 기인하여 각 수위에 대한 유량을 계산하며 수위와 유량과의 관계를 정리하여 하천계획과 Dam 기타 계획 등 기초자료를 작성하는 데 목적이 있다.

〈유량의 계산〉

Chezy 공식	$Q = A \cdot V,\ V = C\sqrt{RS},\ C = \frac{1}{n}R^{\frac{1}{6}}$ 여기서, C : 유속계수, R : 유로의 경심, S : 단면의 구배
Kutter 공식	$Q = A \cdot V$
Manning 공식	$Q = A \cdot V$ $\quad V = \frac{1}{n}R^{\frac{2}{3}}I^{\frac{1}{2}}$

9.7.1 유량측정 장소

① 측수작업(測水作業)이 쉽고 하저(河底)의 변화가 없는 곳

② 잠류(潛流)와 역류(逆流)가 없고, 유수의 상태가 균일한 곳

③ 윤변(潤邊)의 성질이 균일하고 상·하류를 통하여 횡단면의 형상이 차(差)가 없는 곳

④ 유수방향이 최다방향과 일정한 곳

⑤ 비교적 유신(流身)이 직선이고 갈수류(渴水流)가 없는 곳

예상 및 기출문제

1. 다음 중 유량을 측정할 때 좋은 장소 선정에 대한 설명으로 옳지 않은 것은?

㉮ 작업하기 쉽고 하저의 변화가 없는 곳
㉯ 유선이 직선이고 균일한 단면으로 되어 있는 곳
㉰ 와류, 역류가 없고 유수의 상태가 균일한 곳
㉱ 상 · 하류 횡단면의 형상이 차이가 있는 곳

해설 유량측정 장소
① 측수작업(測水作業)이 쉽고 하저(河底)의 변화가 없는 곳
② 잠류(潛流)와 역류(逆流)가 없고, 유수의 상태가 균일한 곳
③ 윤변(潤邊)의 성질이 균일하고 상 · 하류를 통하여 횡단면의 형상이 차(差)가 없는 곳
④ 유수방향이 최다방향과 일정한 곳
⑤ 비교적 유신(流身)이 직선이고 갈수류(渴水流)가 없는 곳

2. 다음 중 하천측량에서의 고저측량에 포함되는 내용이 아닌 것은?

㉮ 골조측량　　㉯ 거리표 설치　　㉰ 종횡단 측량　　㉱ 심천측량

해설 하천측량에서 고저측량 순서
수준기표 설치 → 거리표설치 → 종단측량 → 횡단측량 → 수심측량
하천측량의 수준측량
① 수준기표(Bench Mark) 설치 : 견고한 장소 선정하여 양안 5km마다 설치
② 거리표(Distance Mark) 설치 : 하천 중심에 직각으로 설치, 하구나 하천 합류점 100~200m마다 설치
③ 종 · 횡단 측량
④ 수심측량 : 5m 구간으로 나누어 실시

3. 하천측량에서 수위에 관련한 다음 용어 중 잘못된 것은?

㉮ 최고수위(H.W.L) : 어떤 기간에 있어서 최고의 수위
㉯ 평균수위(M.W.L) : 어떤 기간의 관측수위를 합계하여 관측횟수로 나누어 평균값을 구한 수위
㉰ 평수위 : 어떤 기간의 수위 중 이것보다 높은 수위와 낮은 수위의 관측횟수가 똑같은 수위
㉱ 경계수위 : 지정된 통보를 개시하는 수위

해답 1. ㉱ 2. ㉮ 3. ㉱

해설 ① 최고수위(H.W.L) 최저수위(L.W.L) : 어떤 기간에 있어서 최고 · 최저의 수위로 연단위나 월단위의 최고 · 최저로 구분한다.

② 평균최고수위(N.H.W.L) 및 평균최저수위(N.L.W.L) : 연과 월에 있어서의 최고 · 최저의 평균을 나타낸다. 최고는 제방, 교량 배수 등의 치수목적 등에 이용되고 최저는 수운, 선항, 수력발전 등 하천의 수리목적에 이용된다.

③ 평균수위(M.W.L) : 어떤 기간의 관측수위를 합계하여 관측횟수로 나누어 평균치를 구한다.

④ 평균고수위(M.H.W.L), 평균저수위(M.L.W.L) : 어떤 기간에 있어서의 평균수위 이상, 평균수위 이하의 수위를 평균한 것

⑤ 평수위(O.W.L) : 어느 기간의 수위 중 이것보다 높은 수위와 낮은 수위의 관측횟수가 똑 같은 수위로 일반적으로 평수위 보다 약간 낮은 수위(1년을 통하여 185일은 이것보다 내려가지 않는 수위)

⑥ 저수위 : 1년을 통하여 275일은 이것보다 내려가지 않는 수위

⑦ 갈수위 : 1년을 통하여 355일은 이것보다 내려가지 않는 수위

⑧ 고수위 : 2~3회 이상 이보다 적어지지 않는 수위

⑨ 최다수위(Most Frequent Water Level) : 일정기간 중 제일 많이 증가한 수위

⑩ 지정수위 : 홍수시에 매시 수위를 관측하는 수위

⑪ 경계수위 : 수방(水防)요원의 출동을 요하는 수위

⑫ 통보수위 : 지정된 통보를 개시하는 수위

4. 다음 중 하천측량의 일반적인 작업 순서로서 옳은 것은?

㉮ 자료조사 → 현지조사 → 평면측량 → 수준측량 → 유량측량
㉯ 자료조사 → 수준측량 → 평면측량 → 현지조사 → 유량측량
㉰ 현지조사 → 유량측량 → 자료조사 → 평면측량 → 수준측량
㉱ 현지조사 → 자료조사 → 유량측량 → 수준측량 → 평면측량

해설

작업순서	조사 및 측량내용
도상조사	유로상황, 지역면적, 지형지물, 토지이용현황, 교통 · 통신시설 상황조사 등
자료조사	홍수피해, 수리권문제, 물의 이용상황 등 제반자료를 모아 조사
현지조사	도상 · 자료조사를 기초로 하여 실시하는 측량으로, 답사 및 선점을 말함
평면측량	다각 · 삼각측량에 의해 세부측량의 기준이 되는 골조측량을 실시하고 평판측량에 의해 세부측량을 실시하여 평면도를 제작
수준측량	거리표를 이용하여 종 · 횡단면도를 실시하고, 유수부(流水部)는 심천측량에 의해 종 · 횡단면도를 제작
유량측량	각 관측점에서 수위 · 유속 · 심천 측량에 의해 유량 및 유량곡선을 제작
기타측량	필요에 따라서 강우량측량 및 하천구조물의 조사를 실시

해답 4. ㉮

5. 다음의 하천측량에 대한 설명 중 옳지 않은 것은?

㉮ 평면측량의 범위는 유제부에서 제외지의 30m 정도와 홍수가 영향을 주는 구역보다 약간 넓게 측량한다.

㉯ 1점법에 의한 평균유속은 수면으로부터 수심의 0.6H 되는 곳의 유속을 말하며, 5% 정도의 오차가 발생한다.

㉰ 수심이 깊고 유속이 빠른 장소에는 음향측심기와 수압측심기를 사용하며, 음향측심기는 30m의 깊이를 0.5% 정도의 오차로 측정이 가능하다.

㉱ 하천측량의 목적은 하천공작물의 계획, 설계, 시공에 필요한 자료를 얻기 위함이다.

해설 하천측량에서의 범위

① 무제부 : 홍수가 영향을 주는 구역보다 넓게, 즉 홍수시에 물이 흐르는 맨 옆에서 100m까지 측량한다.
② 유제부 : 제외지의 전부와 제내지의 300m 이내를 측량한다.
③ 하천공사의 경우 : 하구에서 상류의 홍수 피해가 미치는 지점까지 측량한다.
④ 사방공사의 경우 : 수원지까지 측량한다.
⑤ 해운을 위한 하천개수공사 : 하구까지 측량한다.

6. 하천측량에서 수면으로부터 수심(H)의 0.2H, 0.6H, 0.8H 되는 곳의 유속이 각각 0.55m/sec, 0.66m/sec, 0.37m/sec였다. 다음 중 2점법(V_2) 및 3점법(V_3)에 의하여 산출한 평균 유속이 맞는 것은?

㉮ $V_2 = 0.46\text{m/sec},\ \ V_3 = 0.65\text{m/sec}$

㉯ $V_2 = 0.46\text{m/sec},\ \ V_3 = 0.56\text{m/sec}$

㉰ $V_2 = 0.48\text{m/sec},\ \ V_3 = 0.65\text{m/sec}$

㉱ $V_2 = 0.48\text{m/secc},\ \ V_3 = 0.56\text{m/sec}$

해설 ① 1점법(V_m) : 수면으로부터 수심 0.6H

② 2점법(V_m) : $\dfrac{V_{0.2} + V_{0.8}}{2}$

③ 3점법(V_m) : $\dfrac{V_{0.2} + 2V_{0.6} + V_{0.8}}{4}$

④ 4점법(V_m) : $\dfrac{1}{5}\left\{V_{0.2} + V_{0.4} + V_{0.6} + V_{0.8} + \dfrac{1}{2}\left(V_{0.2} + \dfrac{1}{2}V_{0.8}\right)\right\}$

• 2점법(V_2) $= \dfrac{V_{0.2} + V_{0.8}}{2} = \dfrac{0.55 + 0.37}{2} = 0.46\text{m/sec}$

• 3점법(V_3) $= \dfrac{V_{0.2} + 2V_{0.6} + V_{0.8}}{4}$

$= \dfrac{0.55 + (2 \times 0.66) + 0.37}{4}$

$= 0.56\text{m/sec}$

해답 5. ㉮ 6. ㉯

7. 하천측량에서 가장 많이 사용하는 삼각망의 형태는?

㉮ 사변형망 ㉯ 단열삼각망
㉰ 유심삼각망 ㉱ 복합삼각망

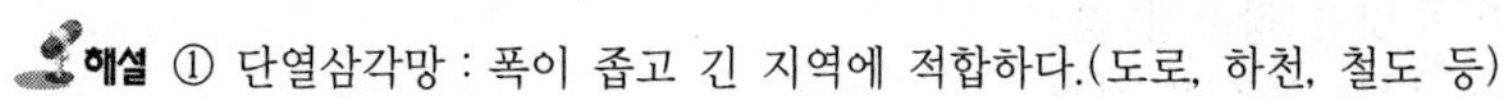

해설 ① 단열삼각망 : 폭이 좁고 긴 지역에 적합하다.(도로, 하천, 철도 등)
② 유심삼각망 : 측점수에 비해 포함 면적이 넓어 평야지에 많이 이용된다.
③ 사변형 삼각망 : 조건수식이 많아 높은 정확도를 얻을 수 있다.(기선삼각망에 이용)

8. 수심 H인 하천의 유속측정에서 수면으로부터 0.2H, 0.6H, 0.8H에서 유속이 각각 0.5m/sec, 0.45m/sec, 0.3m/sec일 때 3점법에 의한 평균유속은?

㉮ 0.425m/sec ㉯ 0.525m/sec
㉰ 0.625m/sec ㉱ 0.725m/sec

해설 평균유속 구하는 방법
① 1점법(V_m) : 수면으로부터 수심 0.6H
② 2점법(V_m) : $\dfrac{V_{0.2}+V_{0.8}}{2}$
③ 3점법(V_m) : $\dfrac{V_{0.2}+2V_{0.6}+V_{0.8}}{4}$
④ 4점법(V_m) : $\dfrac{1}{5}\left\{V_{0.2}+V_{0.4}+V_{0.6}+V_{0.8}+\dfrac{1}{2}\left(V_{0.2}+\dfrac{1}{2}V_{0.8}\right)\right\}$

$$V_m=\frac{(V_{0.2}+2V_{0.6}+V_{0.8})}{4}=\frac{0.5+2\times0.45+0.3}{4}=0.425\text{m/sec}$$

9. 하천수위의 갈수위에 대한 설명으로 옳은 것은?

㉮ 1년을 통하여 275일간은 이것보다 내려가지 않는 수위
㉯ 1년을 통하여 355일간은 이것보다 내려가지 않는 수위
㉰ 1년을 통하여 185일간은 이것보다 내려가지 않는 수위
㉱ 1년을 통하여 125일간은 이것보다 내려가지 않는 수위

해설 하천수위
① 평수위 : 1년을 통하여 185일은 이보다 저하하지 않는 수위
② 저수위 : 1년을 통하여 275일은 이보다 저하하지 않는 수위
③ 갈수위 : 1년을 통하여 355일은 이보다 저하하지 않는 수위
④ 지정수위 : 홍수시에 매시 수위를 관측하는 수위
⑤ 최다수위 : 어떤 기간에 있어서 가장 많이 증가한 수위

해답 7. ㉯ 8. ㉮ 9. ㉯

10. 하천측량에서 수위관측소의 설치장소에 대한 조건으로 옳지 않은 것은?

㉮ 하상과 하안이 안전하고 세굴이나 퇴적이 생기지 않는 장소일 것
㉯ 상 · 하류 약 100m 정도의 직선의 장소일 것
㉰ 하저의 변화가 뚜렷한 장소일 것
㉱ 와류 및 역류가 없는 장소일 것

해설 수위관측소 설치 장소
① 하상과 하안이 세굴, 퇴적이 안 되는 곳
② 상 · 하류가 100m 가량 직선인 곳
③ 수위가 교각등 구조물의 영향을 받지 않는 곳
④ 홍수 때에도 쉽게 양수표를 읽을 수 있는 곳
⑤ 홍수 때 관측소가 유실, 파손될 염려가 없는 곳
⑥ 지천의 합류점과 같이 불규칙한 변화가 없는 곳
⑦ 양수표 : 5~10km마다 배치

11. 하천의 수면구배를 정하기 위해 100m의 간격으로 동시 수위를 측정하여 다음과 같은 결과를 얻었다. 이 결과로부터 구한 이 구간의 평균 수면구배는?

측 점	수면의 표고(m)
1	73.63
2	73.45
3	73.23
4	73.02
5	72.83

㉮ 1/500　　㉯ 1/750　　㉰ 1/1,000　　㉱ 1/1,250

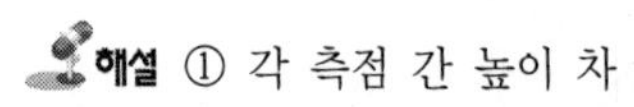
해설 ① 각 측점 간 높이 차
1-2=73.63-73.45=0.18
2-3=73.45-73.23=0.22
3-4=73.23-73.02=0.21
4-5=73.02-73.83=0.19
② 평균 표고
$$\frac{0.18+0.22+0.21+0.19}{4}=0.2$$
③ 평균 구배
$$\frac{\text{높이}}{\text{수평거리}}=\frac{0.2}{100}=\frac{1}{500}$$

 해답 10. ㉰ 11. ㉮

12. 다음 중 하천 수위의 변화에 따라 변동하는 것으로 평수위에 의해 결정되는 것은?

㉮ 수애선 ㉯ 지평선
㉰ 수평선 ㉱ 평균수위(M.W.L)

해설 수애선은 수면과 하안과의 경계선을 말하며, 평수위에 의해 정해진다.

13. 하천측량에서 평균유속을 구하는 식으로 3점법을 사용할 때의 공식은?(단, V_m = 평균유속, $V_{0.2}$, $V_{0.4}$, $V_{0.6}$, $V_{0.8}$ = 수면에서 수심의 20%, 40%, 60%, 80% 되는 곳의 유속)

㉮ $V_m = \dfrac{V_{0.2}+V_{0.6}+V_{0.8}}{3}$ ㉯ $V_m = \dfrac{V_{0.2}+V_{0.4}+V_{0.8}}{3}$

㉰ $V_m = \dfrac{V_{0.2}+2V_{0.6}+V_{0.8}}{4}$ ㉱ $V_m = \dfrac{V_{0.4}+2V_{0.6}+V_{0.8}}{4}$

해설 평균유속 구하는 방법

① 1점법(V_m) : 수면으로부터 수심 0.6H

② 2점법(V_m) : $\dfrac{V_{0.2}+V_{0.8}}{2}$

③ 3점법(V_m) : $\dfrac{V_{0.2}+2V_{0.6}+V_{0.8}}{4}$

④ 4점법(V_m) : $\dfrac{1}{5}\left\{V_{0.2}+V_{0.4}+V_{0.6}+V_{0.8}+\dfrac{1}{2}\left(V_{0.2}+\dfrac{1}{2}V_{0.8}\right)\right\}$

14. 하천의 평균유속을 구하기 위하여 두 점을 사용할 경우 수면으로 수심(h) 어느 지점의 유속을 측정하여 평균하여야 하는가?

㉮ 0.4h와 0.6h ㉯ 0.3h와 0.7h
㉰ 0.2h와 0.8h ㉱ 0.1h와 0.9h

해설 13번 문제 해설 참조

15. 하천의 고저측량 시 설치하는 거리표의 간격 표준으로 가장 적합한 것은?

㉮ 100m ㉯ 200m
㉰ 300m ㉱ 400m

해설 수준측량

① 거리표 설치 : 하천의 합류점에서 100~200m마다 설치

② 종단측량

- 수준기점은 양안 5km마다 설치
- 삼각점 2~3km
- 표석 : 1km마다 매립
- 종단 축척은 종 : $\dfrac{1}{100}$, 횡 : $\dfrac{1}{1,000}$

해답 12. ㉮ 13. ㉰ 14. ㉰ 15. ㉯

③ 심천측량의 기계기구
- 로드 : 수심이 얕은 곳(5m 이하)
- 음향깊이 관측기 : 수심이 깊고 유속이 큰 장소(정확도가 높음)
- 배(측량선) : 하천폭이 넓고 수심이 깊은 경우

④ 하천심천측량
- $BP = AB \tan\alpha$
- sin 법칙 이용

16. 하천의 유속측정에서 수면으로 다음 깊이의 유속을 측정하였을 때 평균유속은?(단, 수심 2/10에서의 유속이 0.687m/sec, 수심 6/10에서의 유속이 0.528m/sec, 수심 8/10에서의 유속이 0.382m/sec이다.)

㉮ 0.63m/sec ㉯ 0.53m/sec ㉰ 0.43m/sec ㉱ 0.33m/sec

해설 평균유속 구하는 방법

① 1점법(V_m) : 수면으로부터 수심 0.6H

② 2점법(V_m) : $\dfrac{V_{0.2}+V_{0.8}}{2}$

③ 3점법(V_m) : $\dfrac{V_{0.2}+2V_{0.6}+V_{0.8}}{4}$

④ 4점법(V_m) : $\dfrac{1}{5}\left\{V_{0.2}+V_{0.4}+V_{0.6}+V_{0.8}+\dfrac{1}{2}\left(V_{0.2}+\dfrac{1}{2}V_{0.8}\right)\right\}$

$$V_m = \frac{v_{0.2}+2v_{0.6}+v_{0.8}}{4}$$
$$= \frac{0.687+2\times0.528+0.382}{4} = 0.53\text{m/sec}$$

17. 다음 중 하천측량에서 수준측량작업과 거리가 먼 것은?

㉮ 거리표설치 ㉯ 종단 및 횡단측량
㉰ 심천측량 ㉱ 유속측량

해설 하천측량의 수준측량

① 수준기표(Bench Mark) 설치 : 견고한 장소 선정하여 양안 5Km마다 설치
② 거리표(Distance Mark) 설치 : 하천중심에 직각으로 설치, 하구나 하천 합류점 100~200m마다 설치
③ 종 · 횡단 측량
④ 수심측량 : 5m 구간으로 나누어 실시

18. 부자에 의한 유속관측을 하고 있다. 부자를 띄운 뒤 1분 후에 하류 120m 지점에서 관측되었다면 이때의 표면유속은?

㉮ 1m/sec ㉯ 2m/sec ㉰ 3m/sec ㉱ 4m/sec

해설 $V_S = \dfrac{l}{t} = \dfrac{120\text{m}}{60\text{sec}} = 2\text{m/sec}$

해답 16. ㉯ 17. ㉱ 18. ㉮

19. 하천의 유속측정에 있어서 최소유속, 최대유속, 평균유속, 표면유속의 4가지 유속은 크기가 다르게 나타난다. 이 4가지 유속을 하천의 표면에서부터 하저에 이르기까지 일반적으로 나타나는 순서대로 옳게 열거한 것은?

㉮ 표면유속 – 최대유속 – 최소유속 – 평균유속
㉯ 표면유속 – 평균유속 – 최대유속 – 최소유속
㉰ 표면유속 – 최대유속 – 평균유속 – 최소유속
㉱ 표면유속 – 최소유속 – 평균유속 – 최대유속

해설 표면에서부터 하저로 나타나는 순서
표면유속 – 최대유속 – 평균유속 – 최소유속
- 표면유속 : 수표면에서의 유속
- 평균유속 : 일정한 물길에서, 서로 다른 크기의 단면으로 된 곳들에서의 유속을 평균한 속도

20. 하천측량에서 관측한 수위에 대한 설명으로 옳지 않은 것은?

㉮ 최고수위는 어떤 기간에 있어서 가장 높은 쉬위를 말한다.
㉯ 평균수위는 어떤 기간의 관측수위를 합계하여 관측횟수로 나눈 것을 말한다.
㉰ 갈수위는 하천의 수위 중에서 1년을 통하여 355일간 이보다 내려가지 않는 수위를 말한다.
㉱ 평수위는 어떤 기간에 있어서의 관측수위가 일정하게 유지되는 최대 기간의 수위로 평균수위보다 약간 높다.

해설 ① 최고수위(H.W.L) 최저수위(L.W.L) : 어떤 기간에 있어서 최고·최저의 수위로 연단위나 월단위의 최고·최저로 구분한다.
② 평균최고수위(N.H.W.L) 및 평균최저수위 (N.L.W.L) : 연과 월에 있어서의 최고·최 저의 평균을 나타낸다. 최고는 제방, 교량배수 등의 치수목적 등에 이용되고 최저는 수운, 선항, 수력발전 등 하천의 수리목적에 이용된다.
③ 평균수위(M.W.L) : 어떤 기간의 관측수위를 합계하여 관측횟수로 나누어 평균치를 구한다.
④ 평균고수위(M.H.W.L), 평균저수위(M.L.W.L) : 어떤 기간에 있어서의 평균수위 이상, 평균수위 이하의 수위를 평균한 것
⑤ 평수위(O.W.L) : 어느 기간의 수위 중 이것보다 높은 수위와 낮은 수위의 관측횟수가 똑같은 수위로 일반적으로 평수위보다 약간 낮은 수위(1년을 통하여 185일은 이것보다 내려가지 않는 수위)
⑥ 저수위 : 1년을 통하여 275일은 이것보다 내려가지 않는 수위
⑦ 갈수위 : 1년을 통하여 355일은 이것보다 내려가지 않는 수위
⑧ 고수위 : 2~3회 이상 이보다 적어지지 않는 수위
⑨ 최다수위(Most Frequent Water Level) : 일정 기간 중 제일 많이 증가한 수위
⑩ 지정수위 : 홍수시에 매시 수위를 관측하는 수위
⑪ 경계수위 : 수방(水防)요원의 출동을 요하는 수위
⑫ 통보수위 : 지정된 통보를 개시하는 수위

해답 19. ㉰ 20. ㉱

21. 하천측량에서 평면측량의 범위에 대한 설명으로 옳지 않은 것은?

㉮ 유제부에서는 제외지 전부와 제내지의 300m이다.
㉯ 무제부에서는 홍수가 영향을 주는 구역까지만을 범위로 한다.
㉰ 하천공사에서는 하구에서부터 상류의 홍수피해가 미치는 지점까지 한다.
㉱ 사방공사의 경우에는 수원지까지를 범위로 한다.

해설 하천측량에서의 범위

① 무제부 : 홍수가 영향을 주는 구역보다 넓게, 즉 홍수 시에 물이 흐르는 맨 옆에서 100m까지 측량한다.
② 유제부 : 제외지의 전부와 제내지의 300m 이내를 측량한다.
③ 하천공사의 경우 : 하구에서 상류의 홍수피해가 미치는 지점까지 측량한다.
④ 사방공사의 경우 : 수원지까지 측량한다.
⑤ 해운을 위한 하천개수공사 : 하구까지 측량한다.

22. 하천의 어느 지점에서 유량측정을 위하여 필요한 직접적인 관측사항이 아닌 것은?

㉮ 강우량 측정
㉯ 유속 측정
㉰ 심천측량
㉱ 유수단면적 측정

해설 ① 심천측량은 하천의 수심 및 유수부분의 하저상황을 조사하여 횡단면도를 제작하는 측량이다. 유수의 실태를 파악하기 위해 하상의 물질을 동시에 채취(採取)하는 것이 보통이다.
② $Q=A \cdot V$ 에서
Q : 유량, A : 단면적, V : 유속

23. 하천측량에서 수면으로부터 수심(h)의 0.2h, 0.6h, 0.8h 되는 곳에서 유속을 측정한 결과 각각 0.684m/sec, 0.607m/sec, 0.522m/sec이었다. 3점법에 의한 평균유속은?

㉮ 0.603m/sec
㉯ 0.605m/sec
㉰ 0.607m/sec
㉱ 0.609m/sec

해설

$$V_m = \frac{1}{4}(V_{0.2} + 2V_{0.6}V + 0.8)$$
$$= \frac{1}{4}(0.684 + 2 \times 0.607 + 0.522)$$
$$= 0.605\text{m/sec}$$

24. 하천의 유량조사는 고수위와 저수위 공사에 대한 하도(河道)를 계획하는 데 필요한 조사로 관측점의 선점에 특히 주위를 요하는데, 선점 시의 주의 사항에 대한 설명으로 옳지 않은 것은?

㉮ 관측에 편리하며 무리가 없는 곳이 좋고 특히 교량의 교각 부근이 좋다.
㉯ 유료(流路)는 편평하고 고른 곳이 좋으며, 수로가 직선이고, 항상 급한 변동이 없는 곳이 좋다.
㉰ 수위의 변화에 따라 단면의 형태가 급변하지 않는 곳이 좋다.
㉱ 초목이나 그 외의 장애물 때문에 유속이 방해되지 않는 곳이 좋다.

해답 21. ㉯ 22. ㉮ 23. ㉯ 24. ㉮

해설 양수표(수위관측소)의 설치장소
① 하상과 하안이 세굴, 퇴적이 안 되는 곳
② 상·하류가 100m 가량 직선인 곳
③ 수위가 교각 등 구조물의 영향을 받지 않는 곳
④ 홍수 때에도 쉽게 양수표를 읽을 수 있는 곳
⑤ 홍수 때 관측소가 유실, 파손될 염려가 없는 곳
⑥ 지천의 합류점과 같이 불규칙한 변화가 없는 곳
⑦ 양수표 : 5~10km마다 배치

25. 하천의 평균유속 측정법 중 2점법에 대한 설명으로 옳은 것은?
㉮ 수면과 수저의 유속을 측정 후 평균한다.
㉯ 수면으로부터 수심의 40%, 60% 지점의 유속을 측정 후 평균한다.
㉰ 수면으로부터 수심의 20%, 80% 지점의 유속을 측정 후 평균한다.
㉱ 수면으로부터 수심의 10%, 90% 지점의 유속을 측정 후 평균한다.

해설 ① 1점법(V_m) : 수면으로부터 수심 0.6H
② 2점법(V_m) : $\dfrac{V_{0.2}+V_{0.8}}{2}$
③ 3점법(V_m) : $\dfrac{V_{0.2}+2V_{0.6}+V_{0.8}}{4}$
④ 4점법(V_m) : $\dfrac{1}{5}\left\{V_{0.2}+V_{0.4}+V_{0.6}+V_{0.8}+\dfrac{1}{2}\left(V_{0.2}+\dfrac{1}{2}V_{0.8}\right)\right\}$

26. 하천측량에서 저수위란 1년을 통하여 몇 일간 이보다 내려가지 않는 수위를 의미하는가?
㉮ 95일 ㉯ 135일 ㉰ 185일 ㉱ 275일

해설 ① 최고수위(H.W.L) 최저수위(L.W.L) : 어떤 기간에 있어서 최고·최저의 수위로, 연단위나 월단위의 최고·최저로 구분한다.
② 평균최고수위(N.H.W.L) 및 평균최저수위(N.L.W.L) : 연과 월에 있어서의 최고·최저의 평균을 나타낸다. 최고는 제방, 교량 배수 등의 치수목적 등에 이용되고 최저는 수운, 선항, 수력발전 등 하천의 수리목적에 이용된다.
③ 평균수위(M.W.L) : 어떤 기간의 관측수위를 합계하여 관측횟수로 나누어 평균치를 구한다.
④ 평균고수위(M.H.W.L), 평균저수위(M.L.W.L) : 어떤 기간에 있어서의 평균수위 이상, 평균수위 이하의 수위를 평균한 것.
⑤ 평수위(O.W.L)어느 기간의 수위 중 이것보다 높은 수위와 낮은 수위의 관측횟수가 똑같은 수위로 일반적으로 평수위 보다 약간 낮은 수위. (1년을 통하여 185일은 이것보다 내려가지 않는 수위)
⑥ 저수위 : 1년을 통하여 275일은 이것보다 내려가지 않는 수위
⑦ 갈수위 : 1년을 통하여 355일은 이것보다 내려가지 않는 수위
⑧ 고수위 : 2~3회 이상 이보다 적어지지 않는 수위
⑨ 최다수위(Most Frequent Water Level) : 일정기간 중 제일 많이 증가한 수위

해답 25. ㉰ 26. ㉱

⑩ 지정수위 : 홍수시에 매시 수위를 관측하는 수위
⑪ 경계수위 : 수방(水防)요원의 출동을 요하는 수위
⑫ 통보수위 : 지정된 통보를 개시하는 수위

27. 유량조사를 목적으로 하는 수위관측소의 설치장소 선정에 있어서 고려해야 할 조건으로 옳지 않은 것은?

㉮ 홍수 때에 관측소의 유실·이동의 염려가 없을 것
㉯ 하상이 안정하고 세굴이나 퇴적이 생기지 않을 것
㉰ 교각 등의 영향에 의한 불규칙한 수위변화가 없을 것
㉱ 하도의 만곡부로 수면 폭이 좁을 것

해설 수위관측소의 설치장소
① 하상과 하안이 세굴, 퇴적이 안 되는 곳
② 상·하류가 100m 가량 직선인 곳
③ 수위가 교각등 구조물의 영향을 받지 않는 곳
④ 홍수 때에도 쉽게 양수표를 읽을 수 있는 곳
⑤ 홍수 때 관측소가 유실, 파손될 염려가 없는 곳
⑥ 지천의 합류점과 같이 불규칙한 변화가 없는 곳
⑦ 양수표 : 5~10km마다 배치

28. 하천측량에서 평면측량의 범위 및 거리에 대한 설명으로 옳지 않은 것은?

㉮ 유제부에서의 측량범위는 제외지 전부와 제내지 300m 이내로 한다.
㉯ 무제부에서의 측량범위는 홍수가 영향을 주는 구역보다 하천중심방향으로 약간 안쪽으로 측량한다.
㉰ 홍수 방지 공사가 목적인 하천 공사에서는 하구에서부터 상류의 홍수 피해가 미치는 지점까지로 한다.
㉱ 선박 운행을 위한 하천 개수가 목적일 때 하류는 하구까지로 한다.

해설 평면측량 범위
① 무제부 : 홍수가 영향을 주는 곳에서 100m 더한다.
② 유제부 : 제외지 전부와 제내지의 300m 정도를 측량한다.
③ 하천공사의 경우 : 하구에서 상류의 홍수피해가 미치는 지점까지 측량한다.
④ 사방공사의 경우 : 수원지까지 측량한다.
⑤ 해운을 위한 하천개수공사 : 하구까지 측량한다.

29. 음향측심기를 사용하여 수심측량을 실시한 결과, 송신음파와 수신음파의 도달시간 차가 4초이고 수중음속이 1,000m/sec라 하면 수심은?

㉮ 1,000m ㉯ 2,000m ㉰ 3,000m ㉱ 4,000m

해설 $H=\frac{V\cdot t}{2}=\frac{1,000\times 4}{2}=2,000\text{m}$

 해답 27. ㉱ 28. ㉯ 29. ㉯

30. 하천이나 항만 등에서 심천측량을 한 결과에 따라 수심을 표시하는 방법으로 가장 적합한 것은?

㉮ 점고법　　㉯ 지모법　　㉰ 등고선법　　㉱ 음영법

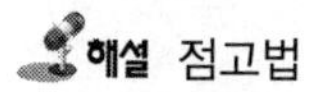
해설 점고법

하천이나 항만, 해안 등을 심천측량하여 측점에 숫자를 기입하여 그 높이를 표시하는 방법으로 하천, 해양 등의 수심표시에 주로 이용한다.

31. 그림과 같은 하천 단면에 평균 유속 2.0m/sec로 물이 흐를 때 유량(m^3/sec)은?

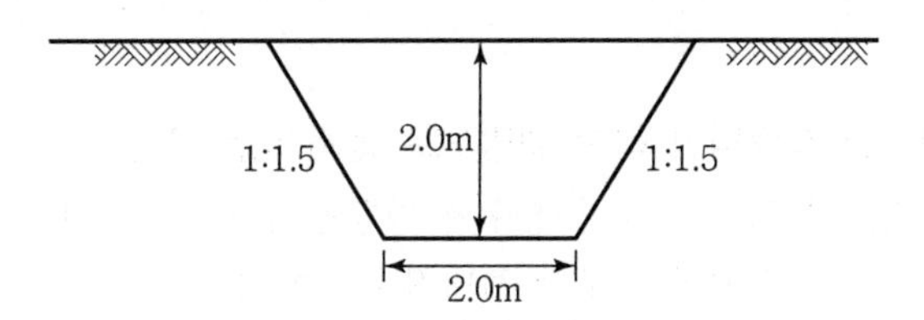

㉮ $10m^3/sec$　　㉯ $20m^3/sec$　　㉰ $30m^3/sec$　　㉱ $40m^3/sec$

해설 $Q = A \cdot V$

$$= \left\{ \frac{(2\times1.5)+2+(2\times1.5)}{2} \times 2 \right\} \times 2.0\text{m/sec}$$

$$= 20\text{m}^3/\text{sec}$$

32. 하천측량에서 심천측량과 가장 관계가 깊은 것은?

㉮ 횡단측량　　㉯ 기준점측량　　㉰ 평면측량　　㉱ 유속측량

해설 심천측량은 하천의 수심 및 유수부분의 하저사항을 조사하고, "횡단면도"를 제작하는 측량을 말한다.

33. 각 구간의 평균유속이 표와 같은 때, 그림과 같은 단면을 갖는 하천의 유량은?

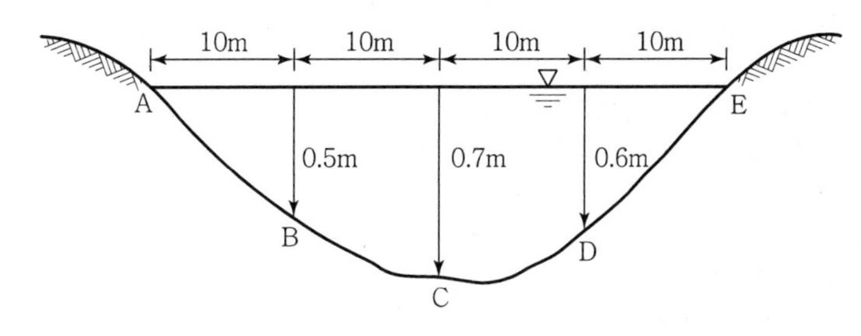

단면	A－B	B－C	C－D	D－E
평균유속(m/s)	0.05	0.3	0.35	0.06

㉮ $4.38m^3/sec$　　㉯ $4.83m^3/sec$　　㉰ $5.38m^3/sec$　　㉱ $5.83m^3/sec$

해답 30. ㉮ 31. ㉯ 32. ㉮ 33. ㉮

해설 $Q = A \cdot V_m$

$= (2.5 \times 0.05) + (6 \times 0.3) + (6.5 \times 0.35) + (3 \times 0.06)$

$= 4.38\text{m}^3/\text{sec}$

[참고]

2.5=10×0.5÷2

6=0.5+0.7×10÷2

6.5=0.7+0.6×10÷2

3=10×0.6÷2

34. 하천측량의 일반적인 측량범위 대한 설명으로 옳지 않은 것은?

㉮ 제방이 없는 하천의 경우는 과거 홍수에 영향을 받았던 구역보다 약간 좁게 한다.

㉯ 제방이 있는 경우는 제외지 전부와 제내지 300m 이내로 한다.

㉰ 종방향 범위는 하류의 경우에는 바다와 접하는 하구까지로 한다.

㉱ 종방향 범위의 상류는 홍수피해가 미치는 지점까지 또는 수원지까지 측량한다.

해설 하천측량에서 평면측량 범위

① 유제부 : 제외지 전부와 제내지의 300m 이내

② 무제부 : 홍수가 영향을 주는 구역보다 약간 넓게 측량한다. 즉, 홍수시에 물이 흐르는 맨 옆에서 100m까지

③ 하천공사 : 하구에서 상류의 홍수피해가 미치는 지점까지

④ 사방공사 : 수원지까지

35. 수위관측소의 설치 장소 선정을 위한 고려사항으로 옳지 않은 것은?

㉮ 상·하류 최소 100m 정도 곡선이 유지되는 장소

㉯ 수위가 교각 및 그 밖의 구조물로부터 영향을 받지 않는 곳

㉰ 홍수시 유실 또는 이동의 염려가 없는 곳

㉱ 평상시는 물론 홍수시에도 쉽게 양수표를 읽을 수 있는 장소

해설 양수표(수위관측소)의 설치장소

① 하상과 하안이 세굴, 퇴적이 안 되는 곳

② 상·하류가 100m 가량 직선인 곳

③ 수위가 교각등 구조물의 영향을 받지 않는 곳

④ 홍수 때에도 쉽게 양수표를 읽을 수 있는 곳

⑤ 홍수 때 관측소가 유실, 파손될 염려가 없는 곳

⑥ 지천의 합류점과 같이 불규칙한 변화가 없는 곳

⑦ 양수표 : 5~10km마다 배치

해답 34. ㉮ 35. ㉮

36. 하천측량에서 평면측량의 일반적인 범위는?

㉮ 유제부에서 제내지 및 제외지 300m 이내, 무제부에서는 홍수가 영향을 주는 구역보다 약간 넓게 한다.
㉯ 유제부에서 제내지 및 제외지 200m 이내, 무제부에서는 홍수가 영향을 주는 구역보다 약간 좁게 한다.
㉰ 유제부에서 제내지 및 제외지 200m 이내, 무제부에서는 홍수가 영향을 주는 구역보다 약간 넓게 한다.
㉱ 유제부에서 제내지 및 제외지 300m 이내, 무제부에서는 홍수가 영향을 주는 구역보다 약간 좁게 한다.

해설 평면측량 범위
① 무제부 : 홍수가 영향을 주는 곳에서 100m를 더함
② 유제부 : 제외지 전부와 제내지의 300m 이내
③ 하천공사의 경우 : 하구에서 상류의 홍수피해가 미치는 지점까지
④ 사방공사의 경우 : 수원지까지
⑤ 해운을 위한 하천개수공사 : 하구까지

37. 하천측량을 실시하는 가장 중요한 목적은 무엇인가?

㉮ 하천의 계획, 유지관리, 보존, 개발을 위한 설계 및 시공에 필요한 자료를 얻기 위하여
㉯ 하천공사의 공사 비용을 정확히 산출하기 위하여
㉰ 하천의 평면도, 종단면도를 작성하기 위하여
㉱ 하천의 수위, 기울기, 단면을 알기 위하여

해설 하천측량은 하천의 형상, 수위, 단면, 구배 등을 관측하여 하천의 평면도, 종횡단면도를 작성함과 동시에 유속, 유량, 기타 구조물을 조사하여 각종 수공설계·시공에 필요한 자료를 얻기 위해 실시한다.

38. 하천측량에서 유속관측에 관한 설명으로 옳지 않은 것은?

㉮ 유속관측에 따르면 같은 단면 내에서는 수심이나 위치에 상관없이 유속의 분포는 일정하다.
㉯ 유속계 방법은 주로 평상시에 이용하고 부자 방법은 홍수시에 많이 이용된다.
㉰ 보통 하천이나 수로의 유속은 경사, 유로의 형태, 크기와 수량, 풍향 등에 의해 변한다.
㉱ 유속관측은 유속계와 부자에 의한 관측 및 하천기울기를 이용하는 공식을 사용할 수 있다.

해설 유속관측
① 유속관측 장소는 직선부가 좋다.
② 유속관측에서는 유속계와 부자 등이 가장 많이 이용된다.
③ 유속을 직접 관측할 수 없을 때는 하천구배를 관측하여 평균유속을 구하는 방법을 이용한다.

해답 36. ㉮ 37. ㉮ 38. ㉮

39. 하천측량에서 유속관측에 관한 설명으로 적당하지 않은 것은?

㉮ 유속관측은 유속계와 같은 기계관측과 부자(浮子)에 의한 관측 등이 있다.
㉯ 같은 단면 내에서는 수심이나 위치에는 상관없이 유속의 분포는 일정하다.
㉰ 유속계의 방법은 주로 평수위 시가 좋고 부자의 방법은 홍수 시에 많이 이용된다.
㉱ 일반적으로 하천이나 수로의 유속은 기울기, 크기, 수량, 유로의 형태, 풍향 등에 따라 변한다.

해설 유속관측에는 유속계(Current Meter)와 부자(Float) 등이 가장 많이 이용된다. 유속을 직접 관측할 수 없을 때는 하천구배를 관측하여 평균유속을 구하는 방법을 이용한다.

40. 다음 중 하천측량을 실시한 후 종단면도를 작성할 때 높이(준), 거리(청)의 축척으로 알맞은 것은?

㉮ 높이는 1/100, 거리는 1/1,000
㉯ 높이는 1/200, 거리는 1/200
㉰ 높이는 1/500, 거리는 1/200
㉱ 높이는 1/500, 거리는 1/500

해설 ① 횡단면도 ┌ 종(높이) $\frac{1}{100}$
　　　　　　　　└ 횡(거리) $\frac{1}{1,000}$

② 종단면도 ┌ 종(높이) $\frac{1}{100}$
　　　　　　└ 횡(거리) $\frac{1}{1,000}$

41. 하천측량에 대한 설명으로 맞지 않는 것은?

㉮ 하천의 만곡부의 수면경사를 측정할 때 반드시 양안에서 하고 그 평균을 가장 중심의 수면으로 본다.
㉯ 하천 횡단면 직선 내 평균 유속을 구하는 데 2점법을 사용하는 경우 수면으로부터 수심의 2/10, 8/10점의 유속을 측정 평균한다.
㉰ 하천측량에 수준측량을 할 때의 거리표는 하천의 중심에 직각의 방향으로 설치하는 것을 원칙으로 한다.
㉱ 수위관측소의 위치는 지천의 합류점 및 분류점으로 수위의 변화가 일어나기 쉬운 곳이 적당하다.

해설 ① 동일 단면 내에서 위치나 수심에 따라 유속의 분포는 일정하지 않다.
② 수위관측소는 합류점이나 분류점에서 수위의 변화가 생기지 않는 장소가 적당하다.

42. 하천의 횡단면 연직선 내의 평균유속을 1점법으로 구하는 식으로 옳은 것은?(단, V_m = 평균유속, V_d = 수면으로부터 수심(H)의 dH인 지점의 유속)

㉮ $V_m = V_{0.2}$　　㉯ $V_m = V_{0.4}$
㉰ $V_m = V_{0.6}$　　㉱ $V_m = V_{0.8}$

 해답 39. ㉯ 40. ㉮ 41. ㉱ 42. ㉰

해설 평균유속 구하는 방법

① 1점법(V_m) : 수면으로부터 수심 0.6H

② 2점법(V_m) : $\dfrac{V_{0.2}+V_{0.8}}{2}$

③ 3점법(V_m) : $\dfrac{V_{0.2}+2V_{0.6}+V_{0.8}}{4}$

④ 4점법(V_m) : $\dfrac{1}{5}\left\{V_{0.2}+V_{0.4}+V_{0.6}+V_{0.8}+\dfrac{1}{2}\left(V_{0.2}+\dfrac{1}{2}V_{0.8}\right)\right\}$

43. 부자를 사용하여 유속을 측정하고자 할 때 일반적으로 사용되는 부자가 아닌 것은?

㉮ 표면부자 ㉯ 이중부자
㉰ 봉부자 ㉱ 거리표부자

해설 유속측정 시 일반적으로 사용하는 부자로는 표면부자, 이중부자, 봉부자 등이 있다.

44. 유량측정장소의 선정 조건에 해당되지 않는 것은?

㉮ 교량, 그 밖의 구조물에 의한 영향을 받지 않는 곳
㉯ 와류와 역류가 생기지 않는 곳
㉰ 유수방향이 최다방향으로 나누어지는 곳
㉱ 합류에 의하여 불규칙한 영향을 받지 않는 곳

해설 유량측정 장소선정

① 측수작업(測水作業)이 쉽고 하저(河底)의 변화가 없는 곳
② 잠류(潛流)와 역류(逆流)가 없고, 유수의 상태가 균일한 곳
③ 윤변(潤邊)의 성질이 균일하고 상·하류를 통하여 횡단면의 형상이 차(差)가 없는 곳
④ 유수방향이 최다방향과 일정한 곳
⑤ 비교적 유신(流身)이 직선이고 갈수류(渴水流)가 없는 곳

45. 하천측량 시 유제부에서 평명측량의 범위로 가장 적당한 것은?

㉮ 제외지 이내 ㉯ 제외지 및 제내지에서 100m 이내
㉰ 제외지 및 제내지에서 300m 이내 ㉱ 제내지 400m 이내

해설 평면측량 범위

① 유제부 : 제외지전부와 제내지의 300m 이내
② 무제부 : 홍수가 영향을 주는 구역보다 약간 넓게 측량(홍수시에 물이 흐르는 맨 옆에서 100m까지)

46. 하천의 어느 지점에서 유량측정을 위하여 필요한 직접적인 관측사항이 아닌 것은?

㉮ 강우량 측정 ㉯ 유속 측정
㉰ 심천측량 ㉱ 유수단면적 측정

해답 43. ㉱ 44. ㉰ 45. ㉰ 46. ㉰

해설 ① 심천측량 : 하천의 수심 및 유수부분의 하저 상황을 조사하고 횡단면도를 제작하는 측량
② 유량관측 : 하천이나 수로 내의 어떤 점의 횡단면을 단위시간에 흐르는 수량을 관측하는 것이며, 유량은 평균유속에 단면적을 곱한 것이므로 유량관측은 유속관측과 횡단면측량으로 나눌 수 있다.

47. 하천의 ㉠ 이수목적(利水目的)과 ㉡ 치수목적(治水目的)에 이용되는 각각의 수위는?

㉮ ㉠ 평균 최저 수위, ㉡ 평균 최고 수위
㉯ ㉠ 평균 최저 수위, ㉡ 평균 최저 수위
㉰ ㉠ 평균 최고 수위, ㉡ 평균 최저 수위
㉱ ㉠ 평균 최고 수위, ㉡ 평균 최고 수위

해설 ① 평수위 : 1년을 통하여 185일을 이보다 저하하지 않는 수위
② 저수위 : 1년을 통하여 275일을 이보다 저하하지 않는 수위
③ 갈수위 : 1년을 통하여 355일을 이보다 저하하지 않는 수위
④ 지정수위 : 홍수시에 매시 수위를 관측하는 수위
⑤ 최다수위 : 어떤 기간에 있어서 수위가 가장 많이 증가

48. 다음 중 유량 및 유속측정을 위한 관측장소로서 고려하여야 할 사항으로 적합하지 않은 것은?

㉮ 직류부로서 흐름이 일정하고 하상의 요철이 적으며 하상 경사가 일정한 곳
㉯ 수위의 변화에 의해 하천 횡단면 형상이 급변하고 와류가 일어나는 곳
㉰ 관측장소 상·하류의 유료가 일정한 단면을 갖는 곳
㉱ 관측이 편리한 곳

해설 양수표(수위관측소)의 설치장소
① 하상과 하안이 세굴, 퇴적이 안 되는 곳
② 상·하류가 100m 가량 직선인 곳
③ 수위가 교각 등 구조물의 영향을 받지 않는 곳
④ 홍수 때에도 쉽게 양수표를 읽을 수 있는 곳
⑤ 홍수 때 관측소가 유실, 파손될 염려가 없는 곳
⑥ 지천의 합류점과 같이 불규칙한 변화가 없는 곳
⑦ 양수표 : 5~10km마다 배치

49. 하천측량에서 골조측량은 보통 어떤 형으로 구성하는가?

㉮ 격자망 ㉯ 유심다각형망
㉰ 결합다각망 ㉱ 단열삼각망

해설 ① 단열삼각망 : 폭이 좁고 긴 지역에 적합하다.(도로, 하천, 철도 등)
② 유심삼각망 : 측점수에 비해 포함 면적이 넓어 평야지에 많이 이용된다.
③ 사변형 삼각망 : 조건수식이 많아 높은 정확도를 얻을 수 있다.(기선삼각망에 이용)

 해답 47. ㉮ 48. ㉯ 49. ㉱

50. 하천측량에서 거리표 설치 시 유의할 사항 중 틀린 것은?

㉮ 유심선에 직각으로 1km 거리마다 양안에 설치하는 것을 표준으로 한다.
㉯ 양안의 거리표를 시준하는 선은 유심선에 직교되어야 한다.
㉰ 굴착면의 변위발생으로 설치한 기준점의 변형이 일어나기 쉽다.
㉱ 후시의 경우 거리가 짧고 예각 발생의 경우가 많아 오차가 자주 발생한다.

해설 거리측정의 기준이 되는 거리표는 하천 중심에 직각으로 설치하여 하구 또는 하천의 합류점으로부터 100m 또는 200m마다 설치한다.

51. 다음 중에서 하천의 유량관측방법이 아닌 것은?

㉮ 수로 중에 둑을 설치하고 월류량의 공식을 이용하여 유량을 구하는 방법
㉯ 수위유량곡선을 미리 만들어 소요 수위에 대한 유량을 구하는 방법
㉰ 유속계로 직접 유속을 측정하여 평균유속을 구하고 단면적을 측정하여 유량을 구하는 방법
㉱ 유출계수와 강우강도를 구하여 유량을 구하는 방법

해설 유량관측방법
① 수로 중에 둑을 설치하고 월류량의 공식을 이용하여 유량을 구하는 방법
② 수위유량곡선을 미리 만들어 소요 수위에 대한 유량을 구하는 방법
③ 유속계로 직접 유속을 측정하여 평균유속을 구하고 단면적을 측정하여 유량을 구하는 방법

52. 하천측량의 골조측량 중에서 삼각측량과 다각측량에 관한 내용 중 틀린 것은?

㉮ 삼각망은 주로 유심삼각망을 많이 이용한다.
㉯ 다각망의 기준점 간격은 약 200m 정도로 한다.
㉰ 다각망은 삼각점을 기점과 종점으로 하는 결합 다각형으로 한다.
㉱ 하천의 합류점, 분류점 등은 높은 정확도를 위해 사변형 삼각망으로 하는 것이 좋다.

해설 49번 문제 해설 참조

53. 하천의 수심 및 유수부분의 하저 상황을 조사하고 횡단면도를 제작하기 위한 측량은?

㉮ 육분의측량　㉯ 심천측량　㉰ 후방교회측량　㉱ 전방교회측량

해설 하천측량에서의 수심측량은 하천의 수면으로부터 하저까지의 깊이를 구하는 측량으로 횡단측량과 같이 실시하며, 수위의 변동이 적을 때에 수면 말뚝을 기준으로 수면 횡방향 5~10m마다 수심을 측정하고, 하저의 토질, 자갈의 굵기 등도 조사한다.

54. 하천에서 표면부자에 의하여 유속을 측정한 경우 평균유속과 수면유속의 관계에 대한 설명으로 가장 적합한 것은?

㉮ 평균유속은 수면유속의 50~60%이다.　㉯ 평균유속은 수면유속의 80~90%이다.
㉰ 평균유속은 수면유속의 110~120%이다.　㉱ 평균유속은 수면유속의 140~150%이다

해설 평균유속은 수면유속의 80~90%이다.

해답 50. ㉮ 51. ㉱ 52. ㉮ 53. ㉯ 54. ㉯

55. 다음의 하천 수위 중 제방의 축조, 교량의 건설 또는 배수공사 등 치수목적으로 주로 이용되는 수위는?

㉮ 최저수위 ㉯ 평균최고수위
㉰ 평균수위 ㉱ 최다수위

해설 제방의 축설, 교량의 가설, 배수 등의 치수 목적에 사용되는 수위는 평균최고수위이며 어떤 기간 중 연 또는 월의 최고수위의 평균값을 말한다.

56. 하천측량의 횡단측량에 대한 설명으로 옳지 않은 것은?

㉮ 200m마다의 거리표를 기준으로 고저측량하는 것으로 좌안(左岸)을 기준으로 한다.
㉯ 고저차의 관측은 지면이 평탄한 경우에도 5~10m 간격으로 측량한다.
㉰ 경사변환점에서는 필히 높이를 관측한다.
㉱ 횡단면도는 좌안을 우측으로 하여 제도한다.

해설 하천의 횡단측량 특징
① 200m마다의 거리표를 기준으로 고저측량하는 것으로, 좌안(左岸)을 기준으로 한다.
② 고저차의 관측은 지면이 평탄한 경우에도 5~10m 간격으로 측량한다.
③ 경사변환점에서는 필히 높이를 관측한다.
④ 하천의 횡단면도는 좌안을 기준으로 하여 제도한다.

57. 하천의 유량을 간접적으로 알아내기 위해 평균유속공식을 사용할 경우 반드시 알아야 할 사항은?

㉮ 수면기울기, 하상기울기, 단면적, 최고유속
㉯ 단면적, 하상기울기, 윤변, 최고유속
㉰ 수면기울기, 조도계수, 단면적, 윤변
㉱ 단면적, 조도계수, 경심, 윤변

해설 $Q = A \cdot V$

$V = C\sqrt{RS}$

$C = \frac{1}{n} R^{\frac{1}{6}}$

여기서, C : 유속계수, R : 유로의 경심, S : 단면의 구배

58. 표면부자에 의한 유속관측 방법에 대한 설명으로 옳지 않은 것은?

㉮ 유속은 (거리/시간)으로 구한다.
㉯ 시점과 종점의 거리는 하천 폭의 약 2~3배 이상으로 한다.
㉰ 표면유속이므로 평균 유속으로 환산하면 표면유속의 60% 정도가 된다.
㉱ 하천에 표면부자를 이용하여 시점과 종점 간의 거리와 시간을 측정한다.

해답 55. ㉯ 56. ㉱ 57. ㉰ 58. ㉰

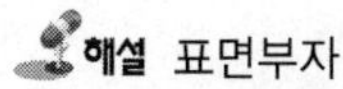
해설 표면부자
하천의 유속을 관측하는 데 사용되는 부자(浮子)의 일종이다. 부자 일부분이 수면 밖으로 나오게 한 것으로 나무, 코르크 등 가벼운 것으로 만들어 유하시켜 표면유속을 관측한다. 이 표면 부자는 바람이나 소용돌이 등의 영향을 받지 않도록 주의해야 하며, 답사나 홍수시 급히 유속을 결정해야 할 때 많이 사용된다.

59. 하천에서 부자를 이용하여 유속을 측정하고자 할 때 유하거리는 보통 얼마 정도로 하는가?

㉮ 100~200m ㉯ 500~1,000m
㉰ 1~2km ㉱ 하폭의 5배 이상

해설 부자의 유하거리는 하천폭의 2~3배로 1~2분 흐를 수 있는 거리(큰 하천 : 100~200m, 소 하천 20~50m)

60. 하천이나 항만 등에서 수심측량을 하여 지형을 나타내고자 할 때 가장 알맞은 방법은?

㉮ 채색법 ㉯ 점고법
㉰ 영선법 ㉱ 등고선법

해설 하천이나 항만 등에서 수심측량을 하여 지형을 나타내고자 할 때 가장 알맞은 방법은 점고법이다.

61. 하천공사에서 폭이 좁은(50m 이하) 하천의 평면도 작성에 주로 사용되는 축척은?

㉮ 1 : 1,000 ㉯ 1 : 2,500
㉰ 1 : 5,000 ㉱ 1 : 10,000

해설 1. 평면도
① 보통 1/2,500
② 하폭 50m 이하 1/10,000
③ 하천대장 평면도는 1/2,500. 상황에 따라 1/5,000 이상이 사용된다.
2. 종단면도
① 종 1/100~1/200, 횡 1/1,000~1/10,000
② 종 1/100, 횡 1/1000을 표준으로 하지만 경사가 급한 경우에는 종축척을 1/200으로 한다.
3. 횡단면도
축척은 횡 1/1,000, 종 1/100

62. 하천측량을 통해 유속(V)과 유적(A)를 관측하여 유량(Q)을 계산하는 공식은?

㉮ $Q=\sqrt{A\cdot V}$ ㉯ $Q=A\cdot V$
㉰ $Q=A^2\cdot V$ ㉱ $Q=\frac{A^2}{V}$

해답 59. ㉮ 60. ㉯ 61. ㉱ 62. ㉯

해설 유량계산

- Chezy 공식 $Q=A \cdot V$, $V=C\sqrt{RS}$, $c=\frac{1}{n}R^{\frac{1}{6}}$
- Kutter 공식 $Q=A \cdot V$
- Manning 공식 $Q=A \cdot V$, $V=\frac{1}{n}R^{\frac{2}{3}}I^{\frac{1}{2}}$
- 여기서, C : 유속계수, R : 유로의 경심, S : 단면의 구배

63. 수심 h인 하천의 유속 측정을 한 결과가 표와 같다. 1점법, 2점법, 3점법으로 구한 평균 유속의 크기를 각각 V_1, V_2, V_3라 할 때 이들을 비교한 것으로 옳은 것은?

수심	유속(m/sec)
0.2h	0.52
0.4h	0.58
0.6h	0.50
0.8h	0.48

㉮ $V_1=V_2=V_3$　　㉯ $V_1>V_2>V_3$　　㉰ $V_3>V_2>V_1$　　㉱ $V_2>V_1>V_3$

해설 평균유속 구하는 방법

① 1점법(V_m) : 수면으로부터 수심 0.6H=0.5

② 2점법(V_m) : $\frac{V_{0.2}+V_{0.8}}{2}=0.5$

③ 3점법(V_m) : $\frac{V_{0.2}+2V_{0.6}+V_{0.8}}{4}=0.5$

④ 4점법(V_m) : $\frac{1}{5}\left\{V_{0.2}+V_{0.4}+V_{0.6}+V_{0.8}+\frac{1}{2}\left(V_{0.2}+\frac{1}{2}V_{0.8}\right)\right\}$

64. 다음 중 수애선의 측량에 관한 설명 중 틀린 것은?

㉮ 수면과 하안과의 경계선으로 하천수위의 변화에 따라 다르며 평균고수위에 의하여 결정한다.

㉯ 심천측량에 의하여 횡단면도를 만들고 그 도면에서 수위의 관계로부터 평수위의 수위를 구한다.

㉰ 감조부의 하천에서는 하구의 기준면인 평균 해수면을 사용하는 경우도 있다.

㉱ 같은 시각에 많은 횡단측량을 하여 횡단면도를 작성하고 수애의 위치를 구한다.

해설 수애선은 수면과 하안과의 경계선을 말하며, 평수위에 의해 정해진다.

해답 63. ㉮ 64. ㉮

제10장 터널측량

10.1 개요

터널측량이란 도로, 철도 및 수로 등을 지형 및 경제적 조건에 따라 산악의 지하나 수저를 관통시키고자 터널의 위치선정 및 시공을 하기 위한 측량을 말하며, 갱외측량과 갱내측량, 갱내외 연결측량으로 구분한다.

10.2 터널측량 작업순서

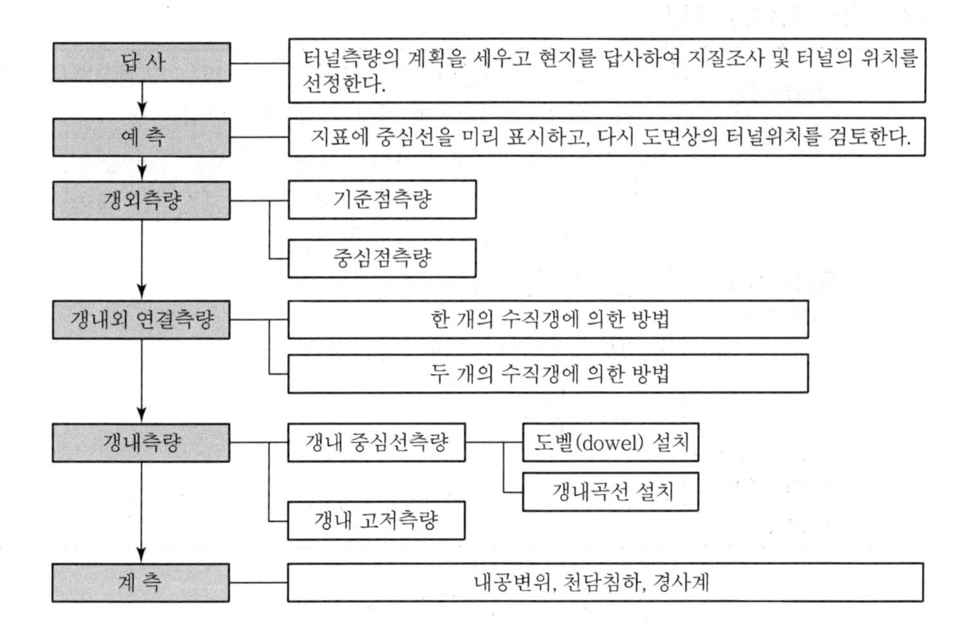

① 답사 : 터널위치 선정

② 예측 : 지표에 중심선을 미리 표시하고 도면상에 터널위치 검토

③ 지표 설치 : 중심선을 현지의 지표에 정확히 설정하고 갱문의 위치 결정

④ 지하 설치 : 갱문에서 굴착을 시작하고 굴착이 진행함에 따라 갱내의 중심선을 설정하는 작업

10.3 갱외(지상)측량

10.3.1 갱외 기준점 측량

① 터널입구 부근은 대개 지형도 나쁘고 좁은 장소가 많으므로 반드시 인조점(引照點)을 설치한다.

② 기준점은 인조점을 기초로 터널 작업을 진행해 가므로 측량정확도를 높이기 위하여 후시(後視)를 될 수 있는 한 길게 잡는다.

③ 고저측량용(高低測量用) 기준점(基準點)은 갱구(坑口) 부근과 떨어진 곳에 2개소 이상 설치하는 것이 좋다.

④ 기준점을 서로 관련시키기 위해서는 기설삼각점(既設三角點)을 주어진 점으로 하여 기준점이 시통되는 곳에 보조삼각점(補助三角點)을 설치하여 기준점 위치를 정하고 양 기준점 간의 중심선의 방향을 연결해 두어야 한다.

⑤ 착공 전에 행하는 측량으로는 지형측량, 중심선측량, 고저측량 등이 있다.

10.3.2 지표 중심선 측량

구분	내용
직접측설법	거리가 짧고 장애물이 없는 곳에서 Pole 또는 트랜싯으로 중심선을 측설한 후 Steel Tape에 의해 직접 재는 방법
트래버스에 의한 방법	장애물이 있을 때 갱내 양단의 점을 연결하는 Traverse를 만들어 좌표를 구하고, 좌표로부터 거리 및 방향을 계산하는 방법 ① $\overline{AB}$ 거리 $=\sqrt{(\Sigma L)^2+(\Sigma D)^2}$ 또는 $\overline{AB}=\sqrt{(X_B-X_A)^2+(Y_B-Y_A)^2}$ ② AB 방위각$(\theta)=\tan^{-1}\dfrac{\Sigma D}{\Sigma L}$ 또는 $\tan^{-1}\dfrac{Y_B-Y_A}{X_B-X_A}$
삼각측량에 의한 방법	터널길이가 길 때, 장애물로 인하여 위의 방법이 불가능할 때 사용

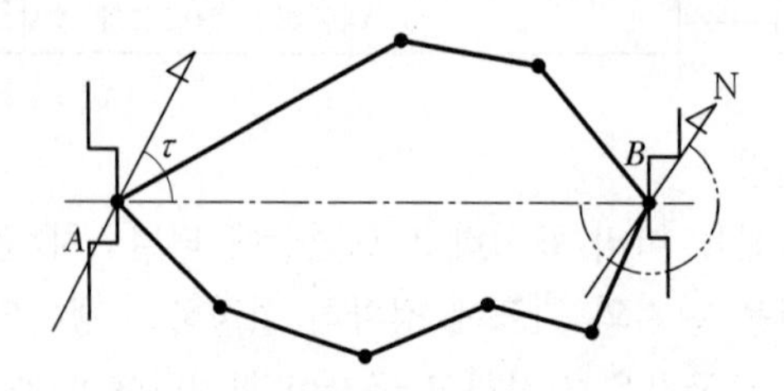

[트래버스에 의한 중심선 설치]

10.4 갱내(지하)측량

10.4.1 지하측량과 지상측량의 차이점

구분	지하측량	지상측량
정밀도	낮다.	높다.
측점설치	천정	지표면
조 명	필요	불필요

10.4.2 터널측량용 트랜싯의 구비조건

① 이심장치를 가지고 있고 상·하 어느 측점에도 빠르게 구심시킬 수 있어야 한다.

② 연직분도원은 전원일 것

③ 상반·하반 고정나사의 모양을 바꾸어 어두운 갱내에서도 촉감으로 구별할 수 있어야 한다.

④ 주망원경의 위 또는 옆에 보조망원경(정위망원경, 측위망원경)을 달 수 있도록 되어 있어야 한다.

⑤ 수평분도원은 0~360°까지 한 방향으로 명확하게 새겨져 있어야 한다.

10.4.3 정위망원경과 측위망원경의 비교

정위망원경	측위망원경
$x=\sin^{-1}\dfrac{BC}{AB}$ $\therefore V=V'-x$ 여기서, V : 측정치 V' : 정위망원경으로 측정한 값 x : 보정치 BC : 2시준선 간 거리 AB : 망원경 수평축에서 시준점까지의 거리	$\angle D=\angle H+\angle\alpha=\angle H'+\angle\beta$ $\therefore H=H'+\beta-\alpha$ 여기서, O : 기계중심 C : 측위망원경 중심

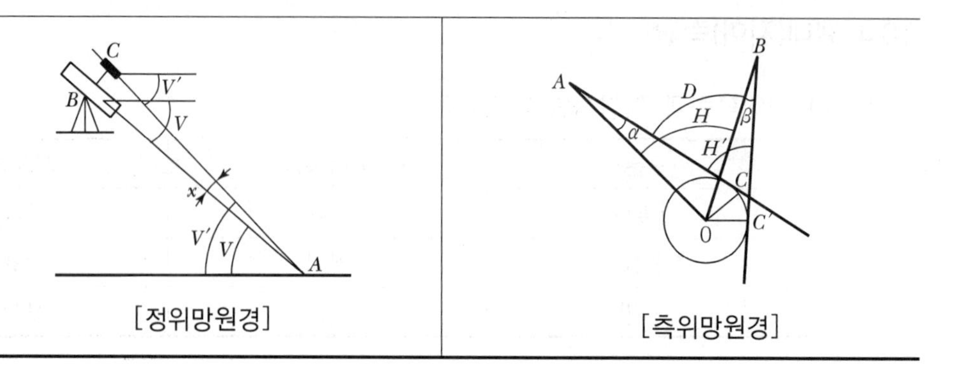

[정위망원경] [측위망원경]

10.4.4 갱내 수준측량

직접수준측량	간접수준측량
레벨과 표척을 이용하여 직접고저차를 측정하는 방법	갱내에서 고저측량을 할때 갱내의 경사가 급할 경우 경사거리와 연직각을 측정하여 트랜싯으로 삼각고저측량을 한다.
표척 전시 후시 표고=후시점의 표고+후시+전시	ΔH A h_1 B H_i α 사거리(L) $\Delta H = l \cdot \sin a + h_1 - H_i$

10.5 갱내외의 연결측량

10.5.1 목적

① 공사계획이 부적당할 때 그 계획을 변경하기 위하여

② 갱내외의 측점의 위치관계를 명확히 해두기 위해서

③ 갱내에서 재변이 일어났을 때 갱외에서 그 위치를 알기 위해서

10.5.2 방법

한 개의 수직갱에 의한 방법	두 개의 수직갱에 의한 방법
1개의 수직갱으로 연결할 경우에는 수직갱에 2개의 추를 매달아서 이것에 의해 연직면을 정하고 그 방위각을 지상에서 관측하여 지하의 측량을 연결한다.	2개의 수갱구에 각각 1개씩 수선 AE를 정한다. 이 AE를 기정 및 폐합점으로 하고 지상에서는 A, 6, 7, 8, E, 갱내에서는 A, 1, 2, 3, 4, E의 다각측량을 실시한다.
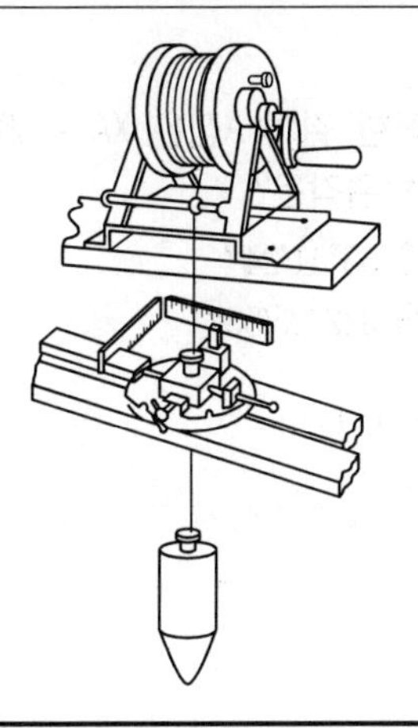	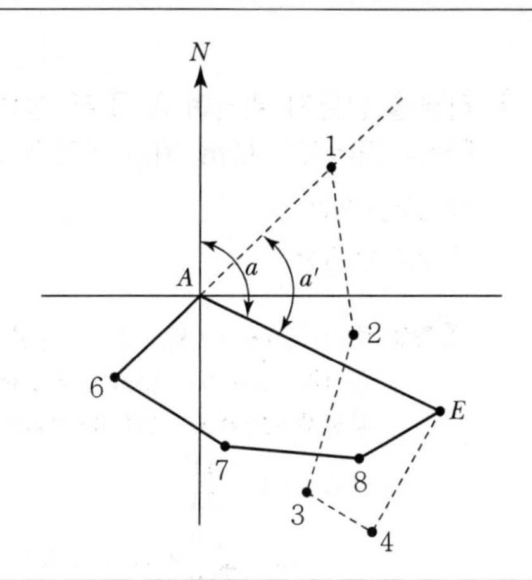

깊은 수갱	얕은 수갱
① 피아노선(강선) ② 추의 중량 : 50~60kg	① 철선, 동선, 황동선 ② 추의 중량 : 5kg

① 수갱 밑에 물 또는 기름을 넣은 탱크를 설치하고 그 속에 추를 넣어 진동하는 것을 막는다.
② 추가 진동하므로 직각방향으로 수선 진동의 위치를 10회 이상 관측해서 평균값을 정지점으로 한다.
③ 하나의 수갱(Shuft)에서 두 개의 추를 달아 이것에 의하여 연직면을 결정하고 그 방위각을 지상에서 측정하여 지하의 측량에 연결하는 것이다.

예상 및 기출문제

1. 터널을 만들기 위하여 A, B 두 점의 좌표를 측정한 결과 A점은 XA=1000.00m, YA=250.00m, B점은 XB=1500.00m, YB=1000.00m이면 AB의 방위각은?

㉮ 56°18′36″　　㉯ 33°41′24″
㉰ 232°25′53″　　㉱ 322°25′53″

해설 종선차$(\Delta X)=(X_B-X_A)$, 횡선차$(\Delta Y)=(Y_B-Y_A)$
종선차$=1500.00-1000.00=500\text{m}$
횡선차$=1000.00-250.00=750\text{m}$
방위$=\tan^{-1}\dfrac{\Delta Y}{\Delta X}$
$=\tan^{-1}\dfrac{750}{500}=56°18′35.76″$
1상한이므로 56°18′36″

2. 터널 내 측량에 대한 설명으로 옳은 것은?

㉮ 지상측량보다 작업이 용이하다.
㉯ 터널 내의 기준점은 터널 외의 기준점과 연결될 필요가 없다.
㉰ 기준점은 보통 천정에 설치한다.
㉱ 지상측량에 비하여 터널 내에서는 시통이 좋아서 측점 간의 거리를 멀리한다.

해설 터널 측량 시 기준점을 바닥에 설치할 경우 작업장비 등으로 망실될 위험성이 크므로 보통 천정에 설치한다.

3. 경사가 일정한 터널에서 두 점 A, B 간의 경사거리가 150m이고 고저차가 12m일 때 A, B 간의 수평거리는?

㉮ 146.5m　　㉯ 147.5m
㉰ 148.5m　　㉱ 149.5m

해설 $D=\sqrt{(150^2-12^2)}\fallingdotseq 149.5\text{m}$

해답 1. ㉮ 2. ㉰ 3. ㉱

4. 표고가 동일한 A, B 두 지점에서 지구중심방향으로 수직터널을 깊이 1,000m로 굴착하는 경우에 지표에서 수직터널 간의 거리가 130m이었다면 지표와 지하에서의 수직터널 간 거리는 약 얼마의 차이가 발생하는가?(단, 지구의 반지름은 6,370km이다.)

㉮ 2cm ㉯ 6cm ㉰ 9cm ㉱ 11cm

해설 $R : 130 = (R-1,000) : x$

$$x = \frac{130(R-1,000)}{R} = \frac{130(6,370,000-1,000)}{6,370,000} \fallingdotseq 129.9796\text{m}$$

따라서, $130 - 129.9796 = 0.02\text{m} = 2\text{cm}$

5. 터널측량 시 터널입구를 결정하기 위하여 측점 A, B, C, D 순으로 트래버스 측량한 결과가 아래와 같을 때, AD 간의 거리는?

[측량결과] A, B의 거리=30m, $V_A^B = 30°$, B, C의 거리=35m, $V_B^C = 120°$, C, D의 거리=40m, $V_C^D = 210°$

㉮ 34.5m ㉯ 35.4m ㉰ 35.9m ㉱ 36.4m

측선	거리	방위각	위거	경거	합위거	합경거
A－B	30	30	25.981	15	000.000	000.000
B－C	35	120	－17.5	30.311	25.981	15
C－D	40	210	－34.641	－20	8.481	45.311
D－A					－26.16	25.311

- 위거의 계산 $30 \times \cos 30° = 25.981\text{m}$
  $35 \times \cos 120° = -175.5\text{m}$
  $40 \times \cos 210° = -34.641\text{m}$
- 경거의 계산 $30 \times \sin 30° = 15\text{m}$
  $35 \times \sin 120° = 30.311\text{m}$
  $40 \times \sin 210° = -20\text{m}$
- 합위거 계산 A점의 합위거 $= 000.000\text{m}$
  B점의 합위거 $= 000.000 + 25.981 = 25.981\text{m}$
  C점의 합위거 $= 25.981 + (-17.5) = 8.481\text{m}$
  D점의 합위거 $= 8.481 + (-34.641) = -26.16\text{m}$
- 합경거 계산 A점의 합경거 $= 000.000$
  B점의 합경거 $= 000.000 + 15 = 15\text{m}$
  C점의 합경거 $= 15 + 30.311 = 45.311\text{m}$
  D점의 합경거 $= 45.311 + (-20) = 25.311\text{m}$

∴ A, D점 간 거리 계산 $= \sqrt{(X_D - X_A)^2 + (Y_D - Y_A)^2}$

$= \sqrt{(-26.16 - 000.000)^2 + (25.311 - 000.000)^2}$

$= 36.40\text{m}$

해답 4. ㉮ 5. ㉱

6. 지형이 고르지 않은 지역에서 연장이 긴 터널의 중심선 설치에 대한 설명으로 옳지 않은 것은?

㉮ 기본삼각점 등을 이용하여 기준점 위치를 정한다.
㉯ 예비측량을 시행하여 2점의 T.P점을 설치한다.
㉰ 2점의 T.P점을 연결하여 터널 입구에 필요한 기준점을 측설한다.
㉱ 기준점은 평판측량에 의하여 기준점망을 결정한다.

해설 평판측량은 오차가 크므로 정밀도를 요하는 기준점 측량에는 적합하지 않다.

지형이 복잡하며 터널 연장이 긴 경우

① 국토지리정보원의 기본삼각점 등의 기지점을 이용하여 소삼각측량을 행하고 기준점의 위치를 구한다.
② 도상에서 선점을 하고 중심선상에 시통이 좋은 2점을 고른다.
③ 예비측량을 하여 현지에 T.P를 2점 설치한다. 이 경우 2점 이상에서 전방교회법으로 임시 말뚝을 설치하고 다시 정밀하게 각을 관측하여 위치를 수정한다.
④ 이 두 점의 방향을 연장하여 양갱구 및 필요한 기준점을 만든다.
⑤ 이들 기준점을 새로운 삼각점으로 하여 도상에서 전 선에 걸친 망을 짜 정밀한 삼각측량을 한다.

이와 같이 한 경우에는 계산상의 방위, 좌표와 실측한 중심선방향이 일치하므로 매우 안전하다.

7. 터널 내의 천정에 측점을 그림과 같이 정하였을 때 두 점의 고저차는?(단, I.H = 1.20m, H.P = 1.82m, 사거리 = 42m, 연직각 = 20°32′)

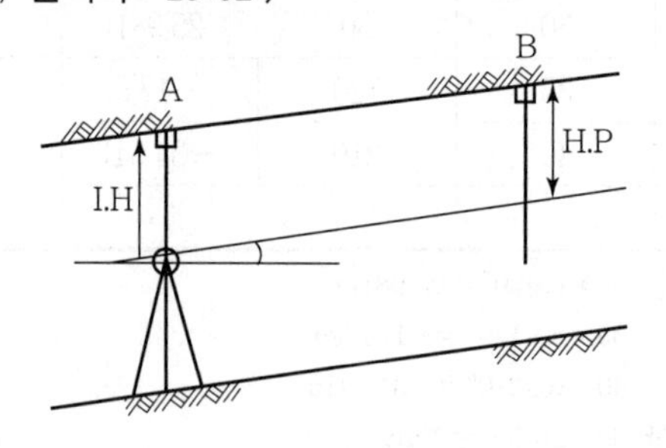

㉮ 14.35m　　㉯ 15.35m　　㉰ 16.35m　　㉱ 17.35m

해설
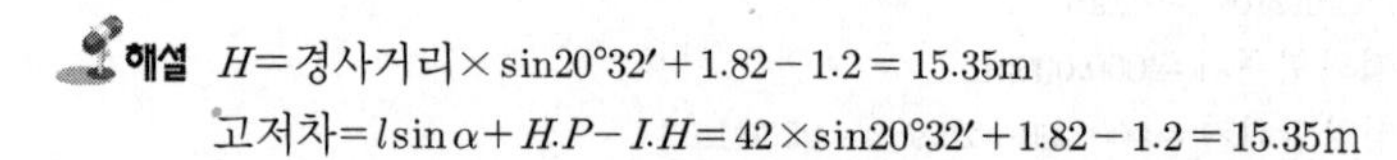
$H = \text{경사거리} \times \sin 20°32' + 1.82 - 1.2 = 15.35\text{m}$

$\text{고저차} = l\sin\alpha + H.P - I.H = 42 \times \sin 20°32' + 1.82 - 1.2 = 15.35\text{m}$

8. 수직터널에 의하여 지상과 지하의 측량을 연결할 때의 수선측량에 대한 설명으로 틀린 것은?

㉮ 깊은 수직터널에는 강선에 50～60kg 정도의 추를 매단다.
㉯ 추를 드리울 때, 깊은 수직터널에서는 보통 피아노선이 이용된다.
㉰ 수직터널 밑에는 물이나 기름을 담은 물통을 설치하고 내린 추가 그 물통 속에서 동요하지 않게 한다.
㉱ 수직터널 밑에서 수선의 위치를 결정하는 데는 수선이 완전 정지하는 것을 기다린 후 1회 관측값으로 결정한다.

 해답 6. ㉱ 7. ㉯ 8. ㉱

해설 지상과 지하의 측량을 연결할 때의 수선측량

① 얕은 수직갱 : 철선, 동선, 황동선 등 사용
② 깊은 수직갱에서는 피아노선을 이용
③ 추의 중량은 얕은 수직갱은 5kg 이하, 깊은 수직갱에서는 50~60kg 사용
④ 수직갱의 바닥에는 물 또는 기름을 넣은 탱크를 설치하고, 그 속에 추를 넣어 진동하는 것을 방지

9. 그림과 같이 측점 A의 밑에 기계를 세워 천정에 설치된 측점 A, B를 관측하였을 때 두 점의 높이 차(H)는?

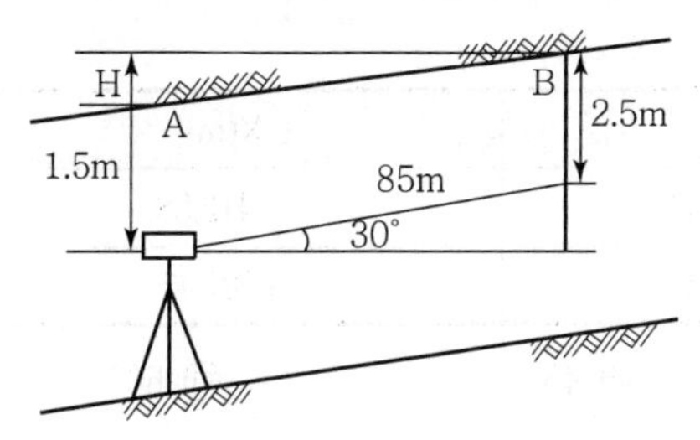

㉮ 41.5m ㉯ 43.5m ㉰ 74.6m ㉱ 77.6m

해설 $\sin 30° = \frac{h}{85}$ 에서

$h = 85 \times \sin 30° = 42.5\text{m}$

$H = 2.5 + 42.5 - 1.5 = 43.5\text{m}$

10. 두 터널 입구의 좌표가 각각 A(4273.60, 2736.20), B(3564.50, 1683.20)이고 높이 차가 123.40m인 경우 이 터널의 경사거리는?(단, 좌표의 단위 : m)

㉮ 1269.52m ㉯ 1271.50m ㉰ 1275.48m ㉱ 1277.38m

해설 $\overline{AB} = \sqrt{(X_b - X_a)^2 + (Y_b - Y_a)^2 + (Z_b - Z_a)^2}$

$= \sqrt{(3564.50 - 4273.60)^2 + (1683.20 - 2736.20)^2 + (123.4)^2}$

$= 1275.484\text{m}$

11. 터널 측량에서 중심선 측량의 목적이 아닌 것은?

㉮ 터널 중심선 방향의 확인 ㉯ 터널 입구 간의 거리 확인
㉰ 터널 입구의 중심선 상에 기준점 설치 ㉱ 터널 외 기준점의 설치

해설 터널 측량에서 중심선 측량의 목적

① 중심선 측량은 양쪽 터널입구의 중심선 상에 기준점을 설치하고 좌표를 구하여 터널을 굴진하기 위한 방향 설정과 정확한 거리를 찾아내는 것이 목적이다.
② 터널 측량에서 방향과 높이의 오차는 터널공사에 영향이 크다.
③ 지형이 완만한 경우 일반노선측량과 같이 산정에 중심선을 설치한다.

해답 9. ㉯ 10. ㉰ 11. ㉱

12. 터널측량에 관한 설명 중 옳지 않은 것은?

㉮ 터널측량은 터널 외 측량, 터널 내 측량, 터널 내외 연결측량으로 구분할 수 있다.
㉯ 터널 내 측량에서는 기계의 십자선 및 표척 등에 조명이 필요하다.
㉰ 터널의 길이방향은 삼각 또는 트래버스 측량으로 한다.
㉱ 터널 굴착이 끝난 구간에는 기준점을 주로 바닥에 설치한다.

해설 터널 내의 측점은 천정에 설치하는 것이 좋다.

13. 다음 표는 다각측량에 의하여 결정된 터널입구 A, B의 좌표값이다. 터널의 중심선 AB의 방향각은?

구분	X(m)	Y(m)
터널 입구(A)	−412.58	+5715.71
터널 출구(B)	+587.42	+7447.76

㉮ 30°　　㉯ 45°　　㉰ 60°　　㉱ 90°

해설 $\Delta x = X_B - X_A = 587.42 - (-412.58) = 1,000\text{m}$

$\Delta y = Y_B - Y_A = 7,447.76 - 5715.71 = 1,732.05\text{m}$

$\theta = \tan^{-1}\dfrac{\Delta y}{\Delta x} = \tan^{-1}\dfrac{1,732.05}{1,000} = 60°00\,00$

14. 터널이 긴 경우 굴진 공정기간의 단축을 위하여 중간에 수직터널이나 경사터널을 설치하고 본 터널과의 좌표를 일치시키기 위하여 실시하는 측량은?

㉮ 지하수준측량　　㉯ 터널 내 고저측량
㉰ 터널 내 중심선측량　　㉱ 터널 내외 연결측량

해설 ① 갱외측량 : 터널 입구의 지형측량을 위하여 삼각점 및 보조삼각점 등 기준점 측량을 실시하고 이에 의하여 지형측량, 중심선측량, 수준측량 등을 실시한다.
② 갱내측량 : 터널중심선을 갱내에서 결정하여 굴착 중 그 방향을 유지하는 측량이다.
③ 갱내외 연결측량 : 터널이 지하로 굴착하는 경우 지상과 지하의 갱내를 연결하는 측량으로 경사갱에 의한 경우와 수직갱에 의한 경우가 있다.

15. 터널측량의 작업 단계 중 지표에 설치된 중심선을 기준으로 하여 터널의 입구에서 굴착을 시작하여 굴착이 진행됨에 따라 터널 내의 중심선을 설정하는 작업은?

㉮ 지표 설치　　㉯ 지하 설치　　㉰ 조사　　㉱ 예측

해설 ① 답사 : 지형, 지질, 위치 조사
② 예측 : 지표에 중심선 및 터널위치 검토
③ 지표 설치 : 지표 중심선 설정, 갱문위치 결정
④ 지하 설치 : 갱내 중심선 결정

해답 12. ㉱ 13. ㉰ 14. ㉱ 15. ㉯

16. 터널 측량에서 지상의 측량좌표와 지하측량좌표를 같게 하는 측량은?

㉮ 지상(갱외)측량
㉯ 지하(갱내)측량
㉰ 터널 내외 연결측량
㉱ 지하 관통측량

해설 갱내외 연결측량

① 깊은 수갱은 피아노 강선이 사용되며 50~60kg의 무게이다.
② 하나의 수갱에서 두 개의 추를 달아 이것에 의하여 연직면을 결정하고 그 방위각을 지상에서 측정하여 지하의 측량에 연결하는 것이다.
③ 추는 얕은 수갱일 경우 철선, 동선 등이 사용되며 무게는 5kg 이하이다.
④ 추가 진동하므로 직각방향으로 추선 진동의 위치를 10회 이상 관측해서 평균값을 정지점으로 한다.
⑤ 수갱 밑바닥에는 물 또는 기름을 넣은 통을 놓고 추의 진동을 감소시킨다.

17. 터널 완성 후 단면관측에 대한 설명 중 틀린 것은?

㉮ 단면검사 및 변형검사를 위해 실시하는 측량이다.
㉯ 터널이 곡선인 경우는 접선에 직각방향으로 단면을 관측한다.
㉰ 터널이 경사진 경우는 수평방향의 수직단면을 관측해야 한다.
㉱ 단면측량은 단면측정기를 사용하여 관측하는 방법이 사용된다.

해설 과거의 터널 내공단면 측량의 개념은 단순히 중심선으로부터 굴착면까지의 거리만을 측정하는 개념이었으나 최근에는 단면의 형상뿐 아니라 숏크리트나 라이닝 콘크리트의 수량까지 계산하는 시공관리 개념으로서 터널 단면의 3차원 좌표를 이용한 다양한 처리가 요구되고 있다.

① 종래방법(거리측정에 의한 방법)
  ㉠ 레이저 거리측정기로 중심선으로부터 터널 굴착면까지의 거리를 관측하여 내공단면을 관측한다.
  ㉡ 레이저 장비 자체의 위치관측을 위한 별도의 위치수량이 수반된다.
  ㉢ 허용오차 : ±10mm 정도
② 최근의 방법(좌표 측정에 대한 방법)
  ㉠ 토탈스테이션으로 굴착면에 대한 3차원 좌표를 관측한다.
  ㉡ 설계 좌표값과 실측 좌표값을 비교하여 차이값을 구하고 이를 그래픽 처리하여 내공단면 측정을 실행할 수 있다.
  ㉢ 노트북 PC와 호환하여 실시간으로 내공 단면측정을 실행할 수 있다.
③ 현재 개발 중인 방법(지상 사진측량에 의한 방법)
  ㉠ 막장면에 표정점을 설치하고 지상 사진 측량방법에 의해 내공 단면을 해석한다.
  ㉡ 짧은 시간 내에 작업이 가능하며, 내공 단면 관측 외에 터널의 유지관리나 시공계획 등 여러 용도로 사용이 가능하다.

18. 경사각이 25°인 경사 터널의 입구와 출구에 있는 두 지점의 평면좌표가 각각 (20, 40), (60, 70)일 때 두 지점 사이의 경사거리는?(단, 좌표의 단위는 m이다.)

㉮ 45.32m
㉯ 50.00m
㉰ 55.17m
㉱ 60.09m

해답 16. ㉰ 17. ㉰ 18. ㉰

해설 수평거리=경사거리×$\cos\theta$

경사거리=수평거리/$\cos\theta$

수평거리= $\sqrt{(60-20)^2+(70-40)^2}=50\text{m}$

경사거리=$50 \div \cos 25° = 55.17\text{m}$

19. 터널측량에 대한 설명으로 옳지 않은 것은?

㉮ 터널측량은 터널 내 측량, 터널 외 측량, 터널 내외 연결측량으로 구분된다.
㉯ 터널 내의 측점은 천정에 설치하는 것이 유리하다.
㉰ 터널 내 측량에서는 망원경의 십자선 및 표척에 조명이 필요하다.
㉱ 터널 내에서의 곡선 설치는 중앙종거법을 사용하는 것이 가장 유리하다.

해설 터널 곡선부의 측설법으로 적당한 방법은 절선편거법과 현거법이나 트래버스 측량에 의한다.

20. 표고 0인 A 및 B점에서 2개의 수직터널을 굴착하는 경우에 A, B 두 점 간 수평거리를 S라 하면, 깊이 H인 이 2개의 수직터널 연결점(A′, B′) 간의 수평거리 L은?(단, 지구반지름은 R이다.)

㉮ $L=\dfrac{(R-H)S}{R}$　　㉯ $L=\dfrac{(R+H)S}{R}$

㉰ $L=\dfrac{R\cdot H}{(R-H)}$　　㉱ $L=\dfrac{R\cdot H}{(R+H)}$

해설 $R : S=(R-H) : X$

$X=\dfrac{S(R-H)}{R}$

21. 터널 양쪽 입구의 A점(568.25, 867.27)과 B점(432.72, 621.43)의 계획고가 각각 HA=262.562m, HB=274.634m일 때 이 터널의 기울기는?(단, 좌표단위는 m)

㉮ 3.4%　㉯ 4.3%　㉰ 5.6%　㉱ 6.5%

해설 $\Delta H=\Delta B-\Delta A=274.634-262.562=12.072$

AB 거리= $\sqrt{(B-A)^2+(B-A)^2}$

$=\sqrt{(432.72-568.25)^2+(621.43-867.27)^2}=280.72$

터널경사도=$\dfrac{h}{D}\times 100=\dfrac{12.07}{280.72}\times 100=4.3\%$

22. 표고가 동일하고 지상에서 50m 떨어진 2개의 수직터널에서 연직으로 200m인 지점의 두 수직터널 간의 거리는 지상에서와 얼마나 차이가 발생하는가?(단, 지구 반지름은 6,370km이다.)

㉮ 16cm　　㉯ 1.6cm
㉰ 0.16cm　　㉱ 0.016cm

해답 19. ㉱ 20. ㉮ 21. ㉯ 22. ㉰

해설 거리를 구하는 공식

$R : 200 = (R-500) : x$

$x = \dfrac{200(R-50)}{R} = \dfrac{200 \times 6,369,950}{6,370,000} = 199.9984\text{m}$

$\Delta l = 200 - x = 200 - 199.9984 = 0.16\text{cm}$

23. 깊이 50m, 직경 5m인 수직터널에 의해 터널 내외를 연결하는 측량방법으로 가장 효율적인 것은?

㉮ 삼각 구분법　㉯ 폴과 지거법에 의한 방법
㉰ 데오돌라이트와 추선에 의한 방법　㉱ 레벨과 함척에 의한 방법

해설 갱내의 수준측량은 주로 추선과 트랜싯을 사용한다.

24. 터널 내가 넓은 경우 세부측량 방법으로 적당한 것은?

㉮ 협각법　㉯ 방사법　㉰ 지거법　㉱ 삼각법

해설 협각법 : 급경사를 이루는 갱내에 사용한다.

25. 경사 터널 내에서 천정에 있는 A, B점을 관측한 결과로 A점의 좌표는 (2375.00m, 3763.00m)이고, B점의 좌표는 (2781.00m, 3542.00m)이며, A점의 지반고 982m, B의 지반고 1127m를 얻었다. 두 점의 경사도는?

㉮ 7°34′20″　㉯ 11°22′46″　㉰ 17°24′56″　㉱ 28°33′40″

해설
- AB의 거리 $= \sqrt{(2375.00-2781.00)^2 + (3763.00-3542.00)^2}$
  $= 462.252$
- AB의 높이차 $= 982 - 1127 = 145$
- 터널경사도 $= \tan - 1\ 145/462.252$
  $= 17°24'56.47''$
- 터널경사거리 $= 462.252 \times \cos 17°24'56.47''$

26. 터널측량을 하여 터널 시점(A)과 종점(B)의 좌표가 다음과 같을 때, 터널의 경사도는?

A(1125.68m, 782.46m),	B(1546.73m, 415.37m)
$H_A = 49.25\text{m}$	$H_B = 86.39\text{m}$

㉮ 3°25′14″　㉯ 3°48′14″　㉰ 4°08′14″　㉱ 5°08′14″

해설
- A와 B의 높이차 $= 86.39 - 49.25 = 37.14\text{m}$
- AB의 거리$(L) = \sqrt{(1546.73-1125.68)^2 + (415.37-782.46)^2} = 558.60\text{m}$
- 터널경사도 $= \tan^{-1}\dfrac{37.14}{558.60} = 3°48'14''$

해답 23. ㉰ 24. ㉯ 25. ㉰ 26. ㉯

27. 터널측량의 조사단계인 지형측량에서 실시하는 내용이 아닌 것은?

㉮ 항공사진측량　　㉯ 거리측량
㉰ 변형측량　　㉱ 기준점측량

해설 터널측량에서 변위계측은 공사 중 및 준공 후 안전관리측량에 속한다.

28. 터널의 준공을 위한 변형조사측량에 해당되지 않는 것은?

㉮ 중심측량　　㉯ 고저측량
㉰ 단면측량　　㉱ 삼각측량

해설 터널준공을 위한 변형조사 측량
① 중심 측량
② 고저 측량
③ 단면 측량

29. 다음 중 터널측량을 하는 데 사용할 수 있는 장비가 아닌 것은?

㉮ 레벨　　㉯ 육분의
㉰ 스틸테이프　　㉱ 트랜싯

해설 육분의
두 점 사이의 각도를 정밀하게 측정하는 광학기계로, 선박이 대양을 항해할 때 태양, 달, 별의 고도를 측정하여 현재위치를 구하는 데 사용하는 기기이다. 천체의 고도 외에 산의 고도나 두 점 사이의 수평각을 측정할 때도 사용된다.
육분의란 이름은 원의 육분의 1, 즉 60°의 원호모양을 한 프레임을 가지고 있는 데서 유래하였다.

30. 터널 완성 후 단면관측에 대한 설명 중 틀린 것은?

㉮ 단면검사 및 변형검사를 위해 실시하는 측량이다.
㉯ 터널이 곡선인 경우는 접선에 직각방향으로 단면을 관측한다.
㉰ 터널이 경사진 경우는 수평방향의 수직단면을 관측해야 한다.
㉱ 단면측량은 단면측정기를 사용하여 거리와 각을 관측하는 방법이 사용된다.

해설 단면관측
① 단면검사 및 변형검사를 위해 실시하는 측량
② 터널이 곡선일 때는 접선에 직각방향으로 단면을 관측
③ 단면측정기를 사용하여 거리와 각을 관측하는 방법

31. 터널을 만들기 위하여 A, B 두 점의 좌표를 측정한 결과 A점은 XA = 1,000.00m, YA = 250.00m, B점은 XB = 1,500.00m, YB = 1,000.00m이면 AB의 방위각은?

㉮ 56°18′36″　　㉯ 33°41′24″
㉰ 232°25′53″　　㉱ 322°25′53″

해답 27. ㉰ 28. ㉱ 29. ㉯ 30. ㉰ 31. ㉮

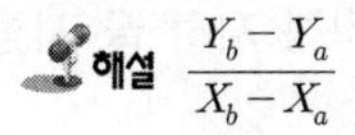

해설 $\dfrac{Y_b - Y_a}{X_b - X_a}$

1000.00 − 250.00 = 750

1500.00 − 1000.00 = 500

750/500 = 1.5

tan − 11.5 = 56°18′ 36″

1상한이므로 56°18′35.76″

32. 터널의 중심선을 천정에 설치하여 갱내 수준측량을 실시하였다. 기계를 세운 A점의 후시는 −1.00m, 표척을 세운 B점의 전시는 −1.50m, 사거리 50m, 연직각 +15°일 때 두 점 간의 고저차는?

㉮ 13.44m ㉯ 15.54m ㉰ 17.54m ㉱ 19.54m

해설 $H = L\sin\alpha + IH - HP = 50\sin 15° + (-1.00) - (-1.50) = 13.44$m

33. 깊이 100m인 수직 터널을 공사하기 위해 터널 외의 연결측량에 사용할 수 있는 가장 적합한 방법은?

㉮ 사변형법
㉯ 지거법
㉰ 트랜싯과 추선에 의한 방법
㉱ 삼각법

해설 한 개의 수갱(수직갱)에 의한 연결측량은 수직갱에 2개의 추를 매달아서 이것에 의해 연직면을 정하고 그 방위각을 지상에서 관측하여 지하의 측량으로 연결하는 방식을 취한다.

34. 표고가 동일한 A, B 두 지점에서 지구중심방향으로 수갱을 깊이 1,000m로 굴착하는 경우에 지표에서 수갱 간의 거리가 100m였다면 지표와 지하에서의 수갱 간 거리는 약 얼마의 차이가 발생하는가?(단, 지구의 반지름은 6,370km이다.)

㉮ 2cm ㉯ 6cm ㉰ 9cm ㉱ 11cm

해설 $R : 100 = (R - 1{,}000) : x$에서

$$x = \frac{100(R-1{,}000)}{R} = \frac{100(6{,}370{,}000 - 1{,}000)}{6{,}370{,}000} ≒ 99.9843$$

따라서, 100 − 99.9843 ≒ 0.02

35. 다음 중 터널측량의 갱내측량에서 사용되지 않는 장비는?

㉮ 트랜싯
㉯ 레벨
㉰ 광파측거기
㉱ GPS측량기

해설 갱내에서는 위성신호의 수신이 불가능하기 때문에 GPS측량이 불가능하다.

해답 32. ㉮ 33. ㉰ 34. ㉮ 35. ㉱

36. 깊이가 500m 되는 2개의 수직갱 입구 간의 지상거리가 130m일 때 수직갱 지하 끝 지점 간의 직선거리는 얼마나 차이가 발생하는가?(단, 지구의 반경=6,370km)

㉮ 0.1cm　　㉯ 1.0cm
㉰ 10.0cm　　㉱ 99.9cm

해설 6,370,000 : 130 = 6,369,500 : x에서 $x = \dfrac{6,369,500 \times 130}{6,370,000} ≒ 129.99$m이므로 차는 1cm

37. 터널측량, 노선측량, 하천측량과 같이 폭이 좁고, 거리가 긴 지역의 측량에 적합하며 거리에 비하여 측점 수가 적으므로 측량이 신속하고 경비가 적게 드는 반면 정확도는 낮은 삼각망은?

㉮ 사변형　　㉯ 유심다각망
㉰ 단열삼각망　　㉱ 삼각형복열

해설 단열삼각망에 관한 설명이다.

38. 직선 터널을 뚫기 위해 트래버스측량을 실시한 결과 다음과 같은 값을 얻었다. 터널 중심선 AB의 방위각은?

측정	위거(m)	경거(m)
A-1	+26.65	-19.95
1-2	-24.85	+30.40
2-B	+40.95	+25.35

㉮ 39°56′37″　　㉯ 50°03′22″
㉰ 219°57′49″　　㉱ 320°02′11″

해설 $\Sigma L = 26.65 - 24.82 + 40.95 = 42.75$

$\Sigma D = -19.95 + 30.40 + 25.35 = 35.80$

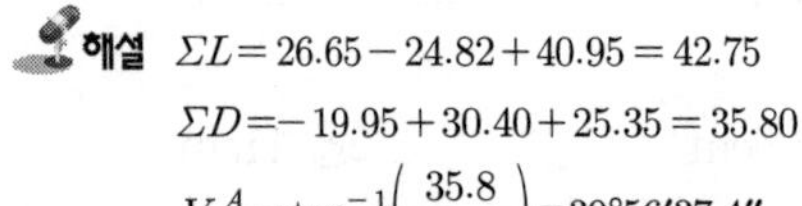

$V_B^A = \tan^{-1}\left(\dfrac{35.8}{42.75}\right) = 39°56'37.4''$

39. 수직갱에 의한 갱내외 연결측량에서 추선의 진동을 방지하기 위하여 어떤 조치를 하는가?

㉮ 추선을 바닥의 고정핀에 연결한다.
㉯ 추를 바닥의 기름이나 물에 담가 넣는다.
㉰ 추선을 벽면에 설치된 고정장치에 연결한다.
㉱ 추를 바닥에 깊이 10cm 정도로 묻는다.

해설 수직갱에 의한 연결측량에서 수갱 밑에는 물 또는 기름을 넣은 탱크를 설치하고 그 속에 추를 넣어 진동하는 것을 방지한다.

 해답 36. ㉯ 37. ㉰ 38. ㉮ 39. ㉯

40. 경사터널 천정의 두 점에 대한 고저차를 구하기 위하여 측량을 하였다. 두 점의 고저차는?(단, 시준고와 기계고는 천정으로부터 측정값이며 기계고=1.15m, 시준고=1.56m, 경사거리=26.55m, 연직각=+15°20′)

㉮ 9.73m ㉯ 7.43m ㉰ 6.61m ㉱ 4.31m

해설 천정에 측점이 있는 것에 주의 ΔH+기계고$(I.H)$=시준고(S)+경사거리$(L)\times\sin\alpha$
$\Delta H = S + L\sin\alpha - I.H = 1.56 + 26.55\sin 15°20' - 1.15 = 7.43\text{m}$

41. 1개의 수직갱에 의한 갱내외 연결측량 방법으로 가장 일반적으로 사용되는 방법은?

㉮ 정렬식 ㉯ 삼각법 ㉰ 트래버스 ㉱ 시거법

해설 하나의 수직갱에서 연결하는 갱내외 연결측량 방법은 하나의 수직갱에서 두 개의 추를 달아 이것에 의하여 연직면을 결정하고 그 방위각을 지상에서 측정하여 지하의 측량에 연결하는 삼각법에 의한다.

42. 터널측량을 크게 3부분으로 나눌 때 그 분류로 옳지 않은 것은?

㉮ 지상측량(갱외측량) ㉯ 지하측량(갱내측량)
㉰ 지상 · 지하 연결측량 ㉱ 평면측량

해설 터널측량은 크게 갱외측량, 갱내측량, 갱내외 연결측량으로 구분된다.

43. 터널의 중심선측량의 가장 중요한 목적은?

㉮ 정확한 방향과 거리 측정 ㉯ 갱구의 정확한 크기 설정
㉰ 인조점의 올바른 매설 ㉱ 도벨의 정확한 위치 결정

해설 터널측량은 지상측량, 지하측량, 갱내외 연결측량으로 나누어지며 터널을 굴진하기 위한 방향을 맞춤과 동시에 정확한 거리를 찾아내는 것이 목적인 터널의 측량은 중심선 측량이다.

44. 갱내에서 차량 등에 의하여 파손되지 않도록 콘크리트 등을 이용하여 만든 기준점을 무엇이라 하는가?

㉮ 도갱 ㉯ 레벨(Level)
㉰ 도벨(Dowel) ㉱ 입갱

해설 도벨(Dowel) 설치
① 갱내에서의 중심말뚝은 차량 등에 의하여 파괴되지 않도록 견고하게 만들어야 한다.
② 보통 도벨이라 하는 기준점을 설치한다.
③ 도벨은 노반을 사방 30cm, 깊이 30~40cm 정도 파내어 그 안에 콘크리트를 넣어 목괴를 묻어서 만든다.

해답 40. ㉯ 41. ㉯ 42. ㉱ 43. ㉮ 44. ㉰

45. 터널 내 기준점측량에서 기준점을 보통 천정에 설치하는 이유로 가장 거리가 먼 것은?

㉮ 운반이나 기타 작업에 장애가 되지 않게 하기 위하여
㉯ 발견하기 쉽게 하기 위하여
㉰ 파손될 염려가 적기 때문에
㉱ 설치가 쉽기 때문에

해설 터널 내 기준점측량에서 기준점을 천정에 설치하는 이유
㉮ 운반이나 기타 작업에 장애가 되지 않게 하기 위하여
㉯ 발견하기 쉽게 하기 위하여
㉰ 파손될 염려가 적기 때문에

46. 터널 내 천정에 표척을 매달아 수준측량을 실시한 결과 a점의 표척 눈금이 2.450m, b점의 표척 눈금이 3.560m, a, b 사이의 수평거리가 150m일 경우 천정 경사도는 얼마인가?

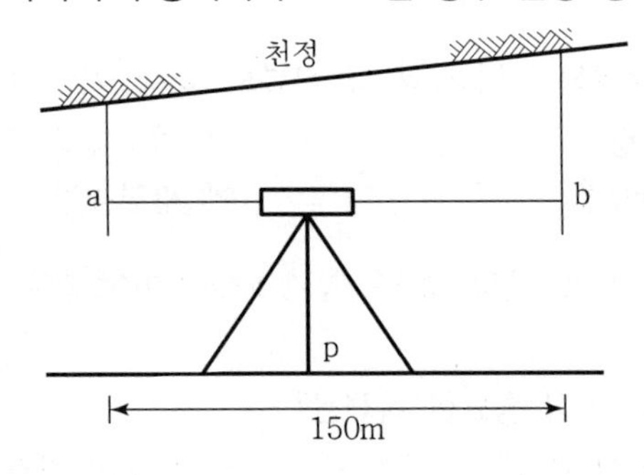

㉮ 1.11%　　㉯ 0.74%　　㉰ 0.25%　　㉱ 0.42%

해설 $h = 3.56 - 2.45 = 1.11$

$$\text{경사} = \frac{\text{고저차}}{\text{수평거리}} = \frac{1.11}{150} \times 100 = 0.74\%$$

47. 터널측량에 대한 설명으로 옳지 않은 것은?

㉮ 터널 내의 곡선 설치는 일반적으로 지상에서와 같이 편각법, 중앙종거법 등을 사용한다.
㉯ 터널의 길이방향은 삼각측량 또는 트래버스측량으로 행한다.
㉰ 터널 내의 측량에서는 기계의 십자선 또는 표척에 조명이 필요하다.
㉱ 터널측량의 분류는 터널 외 측량, 터널 내 측량, 터널 내외 연결측량으로 나눈다.

해설 갱내의 곡선 설치는 갱내가 협소할 때 지거법, 접선편거, 현편거방법 등으로 이용한다.

 해답 45. ㉱ 46. ㉯ 47. ㉮

48. 한 개의 수직터널에 의한 터널 내 · 외 연결측량의 설명으로 옳지 않은 것은?

㉮ 수직터널에 2개의 추를 매달아 연직면을 정한다.
㉯ 방위각은 지상에서 관측하여 지하측량으로 연결한다.
㉰ 수직터널의 바닥에는 물 또는 기름을 넣은 탱크를 설치하고 그 속에 추를 넣어 진동하는 것을 방지한다.
㉱ 추는 얕은 수직터널은 피아노선, 깊은 수직터널에서는 철선, 강선, 황동선 등을 주로 사용한다.

해설 1개의 수직갱으로 연결할 경우에는 수직갱에 2개의 추를 매달아서 이것에 의해 연직면을 정하고, 그 방위각을 지상에서 관측하여 갱내측량으로 연결한다.

① 깊은 수갱은 피아노선이 사용되며 50~60kg의 무게이다.
② 하나의 수갱(Shuft)에서 두 개의 추를 달아 이것에 의하여 연직면을 결정하고 그 방위각을 지상에서 측정하여 지하의 측량에 연결하는 것이다.
③ 추는 얕은 수갱일 경우 철선, 동선 등이 사용되며, 무게는 5kg 이하이다.
④ 추가 진동하므로 직각방향으로 추선 진동의 위치를 10회 이상 관측해서 평균값을 정지점으로 한다.
⑤ 수갱 밑바닥에는 물 또는 기름을 넣은 통을 놓고 추의 진동을 감소시킨다.

49. 터널 내외 연결측량에 관한 설명으로 옳지 않은 것은?

㉮ 1개의 수직 터널에 의한 연결측량방법은 정렬법과 삼각법이 있다.
㉯ 선단에 추를 달아 수직선을 내리고 추의 흔들림을 막기 위해 물 또는 기름통에 넣어 진동을 방지한다.
㉰ 얕은 수직 터널에서는 보통 철선, 강선, 황동선이 이용되며 깊은 수직 터널에서는 피아노선이 이용된다.
㉱ 수직 터널이 한 개인 경우 수직 터널에 한 개의 수선을 내리고 이 수선의 길이와 방위를 관측한다.

해설 갱내외의 연결측량시 가장 정확하고 많이 사용되는 방법은 트랜싯과 추선에 의한 방법이다. (48번 문제 해설 참조)

50. 터널측량에서 터널 내 고저측량에 대한 설명으로 옳지 않은 것은?

㉮ 터널의 굴삭이 진행됨에 따라 터널 입구 부근에 이미 설치된 고저기준점(B.M)으로부터 터널 내의 B.M에 연결하여 터널 내의 고저를 관측한다.
㉯ 터널 내의 B.M은 터널 내 작업에 의하여 파손되지 않는 곳에 설치가 쉽고 측량이 편리한 장소를 선택한다.
㉰ 터널 내의 고저측량에는 터널 외와 달리 레벨을 사용하지 않는다.
㉱ 터널 내의 표척은 작업에 지장이 없도록 알맞은 길이를 사용하고 조명을 할 수 있도록 해야 한다.

해설 터널 내 수준측량의 경우 경사가 완만하면 경우 레벨과 트랜싯을 사용한다.

해답 48. ㉱ 49. ㉱ 50. ㉰

51. 터널측량에서 측점의 위치가 다음 표와 같을 경우 터널 내 곡선의 교각은 얼마인가?

측적위치	X(m)	Y(m)
터널내 원곡선시점	100,000	100,000
터널내 원곡선종점	100,000	350,000
교점	120,000	225,000

㉮ 18°10′50″ ㉯ 28°15′45″ ㉰ 48°10′50″ ㉱ 71°50′10″

해설 $\tan\theta = \dfrac{\Delta Y}{\Delta X} \quad \therefore \tan^{-1}\dfrac{\Delta Y}{\Delta X}$

$$A = \tan^{-1}\left(\frac{225-100}{120-100}\right) = 80°54'35''$$

$$B = \tan^{-1}\left(\frac{355-255}{120-100}\right) = 80°54'35''$$

$$I = 180° - A - B$$
$$= 180° - 80°54'35'' - 80°54'35''$$
$$= 18°10'50''$$

52. 사갱의 고저차를 구하기 위해 측량을 하여 다음 결과를 얻었다. A, B의 고저차는 얼마인가?(단, A점의 기계높이와 B점의 시준높이는 천정으로부터 잰 값이다.)

- A점의 기계높이 I.H=1.15m
- 사거리 L=31.69m
- B점의 시준높이 Z=1.56m
- 연직각 $\alpha = +17°41'$

㉮ 8.63m ㉯ 9.36m
㉰ 10.04m ㉱ 11.42m

해설 $\Delta H = z + Lsina - IH$

$$= 1.56 + 31.69 \times \sin 17°41' - 1.15$$
$$= 10.04\text{m}$$

53. 지구중심을 향한 깊이 800m의 두 수갱에 대하여 지표에서의 두 수갱 간 거리를 600m라 하면 지하 800m에서의 두 수갱 간 거리는?(단, 지구의 반지름=6,370km)

㉮ 599.246m ㉯ 599.925m
㉰ 599.993m ㉱ 600.075m

해설 $L_0 = L - \dfrac{L}{R}H = 600 - \dfrac{800}{6370 \times 10^3} \times 600$

$$= 599.925\text{m}$$

표고보정(기준명상 길이보정) : $ch = -\dfrac{L}{R} \cdot H$

해답 51. ㉮ 52. ㉰ 53. ㉯

54. 터널의 변형조사 측량과 거리가 먼 것은?

㉮ 중심측량　　㉯ 삼각측량
㉰ 고저측량　　㉱ 단면측량

해설 터널변형 측정은 터널 삼각측량과 무관하다.

55. 터널 내 A, B의 좌표가 A(x=1,328.0m, y=810.0m, z=86.30m), B(x=1734.0m, y=589.0m, z=112.40m)일 때 두 점을 굴진하는 경우 A, B점의 경사각은?

㉮ 약 3°　　㉯ 약 5°
㉰ 약 7°　　㉱ 약 9°

해설 $\overline{AB}$(수평거리) $=\sqrt{(\Sigma L)^2+(\Sigma D)^2}$ 또는

$\overline{AB}=\sqrt{(X_B-X_A)^2+(Y_B-Y_A)^2}$

AB 경사각 $=\tan^{-1}\dfrac{H}{D}$

$\overline{AB}$ 수평거리 $=\sqrt{(X_A-X_B)^2+(Y_A-Y_B)^2}$

$=462.25\text{m}$

$\overline{AB}$ 고저차 $=Z_B-Z_A=26.1\text{m}$

$\theta=\tan^{-1}\dfrac{\overline{AB}\text{고저차}}{\overline{AB}\text{수평거리}}=3.23°≒3°$

56. 터널측량을 실시할 때 작업순서로 옳은 것은?

> ① 갱내 기준점을 설치하기 위한 측량을 한다.
> ② 다각측량으로 터널 중심선을 설치한다.
> ③ 터널의 굴착 단면형을 확인하기 위해서 횡단면을 측정한다.
> ④ 항공사진측량에 의해 계획지역의 지형도를 작성한다.

㉮ ②→④→①→③　　㉯ ②→①→④→③
㉰ ④→①→②→③　　㉱ ④→②→①→③

해설 터널측량의 순서

노선 선정→갱외측량→갱내외 연결측량→갱내측량→내공단면측량→터널변위계측

① 답사 : 개략적인 계획을 세우고 현장 부근의 지형이나 지질을 조사하여 터널의 위치 예정
② 예측 : 지표에 중심선을 미리 표시하고 다시 도면상에 터널위치를 검토
③ 지표 설치 : 중심선을 현지의 지표에 정확히 설정, 갱문의 위치 결정
④ 지하 설치 : 갱문에서 굴착이 진행함에 따라 갱내의 중심선을 설정하는 작업

해답 54. ㉯ 55. ㉮ 56. ㉱

57. 경사 30°인 경사터널의 터널입구와 터널 내부의 두 점 간 고자차를 측정하는 데 가장 신속하고 정확한 방법은?

㉮ 경사계에 의해서 경사를 구하고 사거리를 측정하여 계산으로 구한다.
㉯ 수은 기압계에 의하여 측정한다.
㉰ 레벨로 직접 수준측량을 한다.
㉱ 트랜싯으로 경사를 구하고 사거리를 측정하여 계산으로 구한다.

해설 경사터널의 터널입구와 터널 내부의 두 점간 고자차를 측정하는 데 가장 신속하고 정확한 방법은 트랜싯으로 경사를 구하고 사거리를 측정하여 계산하는 방법이다.

58. 급경사가 되어 있는 터널 내의 트래버스 측량에 있어서 정밀한 측각을 하려면 어느 측각방법이 좋은가?

㉮ 방위각법 ㉯ 배각법
㉰ 편각법 ㉱ 단각법

해설 트래버스 측량에 있어서 정밀한 측각을 하려면 주로 배각법을 사용한다.

59. 터널공사에서 터널 내의 기준점설치에 주로 사용되는 방법으로 연결된 것은?

㉮ 삼각측량 - 평판측량 ㉯ 평판측량 - 트래버스측량
㉰ 트래버스측량 - 수준측량 ㉱ 수준측량 - 삼각측량

해설 터널측량순서

구분	시간	목적	내용	성과
지형측량	조사단계	터널의 노선선정, 선형, 구배의 설계	항공사진측량, 기준점측량, 평판측량	1/10,000~1/5,000, 1/2,500~1/500의 지형도
갱외 기준점측량	설계완료 후 (시공 전)	굴착을 위한 측량의 기준점 설치	삼각측량, 트래버스측량, GPS, 수준측량	기준점 설치, 중심선의 방향말뚝 설치
세부측량	갱외 기준점 설치 후 (시공 전)	갱구 및 터널 가설계획에 필요한 상세한 지형도의 작성	평판측량, 수준측량 등	1/200의 지형도
갱내측량	시공 중	설계중심선의 갱내 측설, 굴착지 지항 및 거푸집 설치	트래버스측량, 수준측량	갱내 기준점 설치
작업갱의 측량	작업갱 완성 후	작업갱으로부터 중심선 및 수준의 도입	상동	갱내 기준점 설치
준공측량	공사 완성 후	터널사용 목적에 따른 준공측량 실시	중심측량, 수준측량 단면측량	준공도면

 해답 57. ㉱ 58. ㉯ 59. ㉰

제11장 지하시설물측량

11.1 개요

지하시설물측량이란 지하에 설치/매설된 시설물을 효율적이고 체계적으로 유지/관리하기 위하여 지하시설물에 대한 조사, 탐사 및 위치측량과 이에 따른 도면 제작 및 데이터베이스 구축까지를 말한다.

11.2 지하시설물 종류

① 상수도시설
② 하수도시설
③ 가스시설
④ 통신시설
⑤ 전기시설
⑥ 송유관시설
⑦ 난방열관시설

11.3 지하시설물 탐사작업의 순서

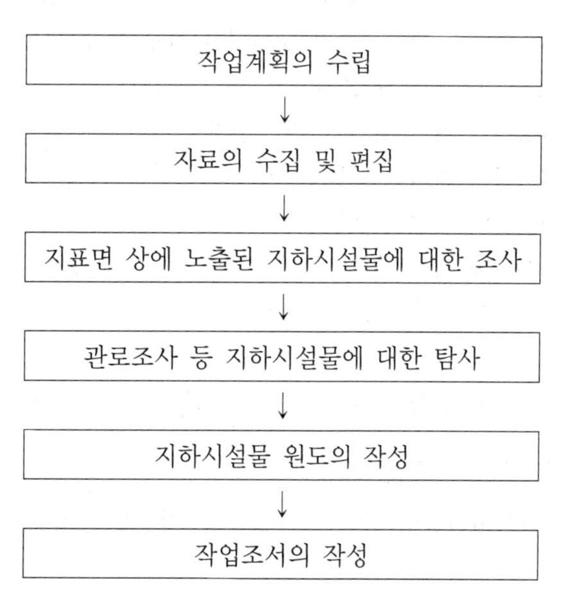

11.3.1 작업계획의 수립

지하시설물을 탐사하고자 하는 자(이하 "탐사자"라 한다)는 지하시설물 관리기관과 협의하여 탐사작업에 관한 세부적인 작업계획(인원계획 · 장비투입계획 및 안전대책을 포함한다)을 수립하여야 한다.

11.3.2 자료의 수집 및 편집

탐사자는 다음 각호의 사항에 관한 자료를 수집하여야 한다.

① 지하시설물의 위치에 관한 정보
② 지하시설물에 관한 각종 도면
③ 지하시설물 관리대장

11.3.3 노출된 지하시설물에 대한 조사 등

① 탐사자는 조사 당시 지표면상에 노출된 지하시설물을 현지에서 조사하여야 한다.
② 탐사자는 지하시설물 지도상의 지형 · 지물과 실제의 지형 · 지물이 현저히 다른 경우에는 현지보완측량을 하여야 한다.

11.3.4 관로조사 등 지하시설물에 대한 탐사

① 탐사자는 지하시설물을 그 종류별로 구분하여 탐사하여야 한다.
② 탐사자는 금속관로 · 비금속관로 · 케이블 등 지하시설물의 재질에 따라 적합한 탐사방법을 선택하여야 한다.
③ 탐사자는 지하시설물의 중심선을 기준으로 하여 그 평면위치 및 깊이를 탐사하여야 한다. 이 경우 탐사오차의 허용범위는 별표와 같다.
④ 지하시설물에 대한 탐사간격은 20미터 이하로 한다. 다만, 다음 각호의 가에 해당하는 경우에는 탐사간격에 관계없이 반드시 탐사를 실시하여야 한다.
ⓐ 지하시설물의 지름 또는 재질이 변경되는 경우
ⓑ 지하시설물이 교차 · 분기하거나 상태가 바뀌는 경우
ⓒ 지하시설물이 곡선구간인 경우
ⓓ 지하시설물에 각종 제어장치 또는 밸브가 있는 경우
ⓔ 지하시설물 경사변화의 수직폭이 별표의 탐사오차의 허용범위 중 깊이기준을 초과하는 경우
ⓕ 기타 국립지리원장이 탐사가 필요하다고 인정하는 경우

11.3.5 지하시설물 원도의 작성

탐사자는 국립지리원장이 정하는 바에 따라 성과를 이용하여 지하시설물 원도를 작성하여야 한다.

11.3.6 작업조서의 작성

① 탐사자는 지하시설물에 대한 탐사를 완료한 때에는 작업조서를 작성하고 이에 서명·날인하여야 한다.

② 작업조서 기재사항

ⓐ 작업일자

ⓑ 작업내용

ⓒ 사용장비

ⓓ 작업방법

ⓔ 작업자의 인적사항

ⓕ 탐지기의 탐사능력의 범위를 초과하는 등 지하시설물을 탐사하는 것이 기술적으로 곤란한 경우에는 그 지역의 위치와 사유

11.4 지하시설물 측량기법

전자유도 측량기법	지표로부터 매설된 금속관로 및 케이블 관측과 탐침을 이용하여 공관로나 비금속관로를 관측할 수 있는 방법으로, 장비가 저렴하고 조작이 용이하며 운반이 간편하여 지하시설물 측량기법 중 가장 널리 이용되는 방법이다.
지중레이더 측량기법	지중레이더 측량기법은 전자파의 반사의 성질을 이용하여 지하시설물을 측량하는 방법이다.
음파 측량기법	전자유도 측량방법으로 측량이 불가능한 비금속 지하시설물에 이용한다. 물이 흐르는 관 내부에 음파 신호를 보내면 관 내부에 음파가 발생된다. 이때 수신기를 이용하여 발생된 음파를 측량하는 기법이다.

11.5 지하시설물 탐사의 정확도

금속관로의 경우	매설깊이가 3.0m 이하인 경우에 한하여 평면위치 20cm, 깊이 30cm 이내이어야 하며, 매설 깊이가 3.0m를 초과하는 경우에는 별도로 정하여 사용할 수 있다.
비금속관로의 경우	매설깊이가 3.0m 이하인 경우에 한하여 평면위치 20cm, 깊이 40cm 이내이어야 하며, 매설깊이가 3.0m를 초과하는 경우에는 별도로 정하여 사용할 수 있다.

기기		성능	판독범위
지하시설물측량기기(탐사기기)	금속관로 탐지기	평면위치 20cm, 깊이 30cm	관경 80mm 이상, 깊이 3m 이내의 관로를 기준으로 한 것
	비금속관로 탐지기	평면위치 20cm, 깊이 40cm	
	맨홀 탐지기	매몰된 맨홀의 탐지 50cm 이상	

11.6 용어정의

목적	지하시설물도의 작성에 관한 작업방법의 기준을 정함으로써 지하시설물도의 정확도와 호환성을 확보함을 그 목적으로 한다.
지하시설물	지하에 매설된 다음 각 목의 시설물 및 이와 관련된 시설물을 말한다. 가. 상수도시설　나. 하수도시설 다. 가스시설　라. 통신시설 마. 전기시설　바. 송유관시설 사. 난방열관시설　아. 기타 국립지리원장이 정하는 시설
지하시설물도	지하시설물을 효율적이고 체계적으로 유지·관리하기 위하여 수치지도를 기초로 하여 지하시설물을 일정한 기호와 축척으로 표시한 도면(수치화된 도면을 포함한다)을 말한다.
지하시설물 기도(基圖)	지하시설물도의 작성이 용이하도록 편집된 축척 1천분의 1의 수치지도(1천분의 1의 수치지도가 없는 경우에는 축척이 가장 큰 수치지도)를 말한다.
지하시설물 원도(原圖)	입력이 용이하도록 지하시설물에 대한 탐사의 성과를 지하시설물 기도에 정리한 도면을 말한다.
현지보완측량	지하시설물 기도에 필요한 정확도를 유지할 수 없는 지역에 대하여 현지에서 측량을 실시하여 지하시설물 기도를 보완하는 작업을 말한다.
지하시설물에 대한 탐사	측량기를 사용하여 지하시설물의 위치·깊이와 서로 떨어진 거리 등을 측량하는 작업을 말한다.
표준코드	지하시설물도의 작성을 용이하게 하고 자료의 호환성을 확보하기 위하여 일정한 형식으로 구성한 코드를 말한다.
정위치편집	지하시설물 원도의 성과를 표준코드 등을 이용하여 지하시설물도 입력기준에 따라 입력하여 편집하거나 지하시설물에 대한 탐사의 성과를 이용하여 지하시설물도를 수정·보완하는 작업을 말한다.
구조화편집	데이터 간의 상관관계를 파악하기 위하여 정위치편집된 지하시설물을 기하학적인 형태로 구성하는 작업을 말한다.

예상 및 기출문제 11

1. 상 · 하수도, 가스관, 통신선로 등의 건설, 유지관리를 위한 자료 제공 및 측량도면 등을 제작하기 위한 측량은?

㉮ 관개배수측량　　㉯ 시설물 변위측량
㉰ 지하시설물측량　　㉱ 건축물측량

해설 지하시설물측량이란 지하에 설치/매설된 시설물을 효율적이고 체계적으로 유지/관리하기 위하여 지하시설물에 대한 조사, 탐사 및 위치측량과 이에 따른 도면제작 및 데이터베이스 구축까지를 말한다.

2. 새로운 지하시설물도를 작성하기 위한 지하시설물측량을 할 때 실제 탐사작업의 업무량을 줄이는 데 가장 필요로 하는 것은?

㉮ 사전자료수집의 정확성　　㉯ 지적현황측량의 신속성
㉰ 시설물종합도 편집의 정확성　　㉱ 시설물상세도 편집의 정확성

해설 지하시설물측량을 할 때 사전자료수집을 정확하게 함으로써 탐사작업의 업무량을 줄일 수 있다.

지하시설물 작업순서
① 계획 : 현장답사 및 계획 수립
② 자료수집 : 지하시설물에 대한 자료를 수집 및 편집
③ 지상조사 지상에 노출된 지하시설물을 조사, 보완측량
④ 지하시설물 측량 : 지하시설물 종류별로 구분하여 조사, 측량
⑤ 지하시설물 도면 작성 : 조사, 탐사, 측량한 결과를 구분 정리하여 도면 작성
⑥ 작업조서의 작성 : 지하시설물 대장 및 작업조서를 작성
⑦ 정리점검 : 대조, 확인, 검수, 보고

3. 지하시설물 관측방법에서 원래 누수를 찾기 위한 기술로 수도관로 중 PVC 또는 플라스틱관을 찾는 데 이용되는 관측방법은?

㉮ 전기관측법　　㉯ 자정관측법
㉰ 음파관측법　　㉱ 자기관측법

해설 1. 지중레이더 탐사법
① 안테나에서 지하로 전파를 발사하여 지하의 여러 대상물에서 반사한 전자파를 수신, 단면을 반사강도에 따라 8가지 컬러 영상으로 표시하여 이를 분석, 대상물의 위치와 깊이를 탐

사하는 방법

② 전자파의 지중전달에 있어 손실이 적은 10kHz 이하와 10kHz 이상 주파수대를 사용하는데 지하매설물 탐사에서는 10kHz 이상의 주파수대를 사용한다.

2. 전자유도탐사법
   ① 직접탐사법, 간접탐사법, 크램프 탐사법, 통선법, 탐침법으로 구분한다.
   ② 지하에 매설된 전도체에 흐르는 전류에 의해 자장이 형성된다.
   ③ 전파탐사 장비로 자장에서 발생하는 에너지를 수신하여 매설물을 파악하는 방법이다.
   ④ 지하매설물의 평면위치와 깊이 등을 측정한다.
3. 음파탐사법
   ① 초기에는 누수를 찾기 위한 기술이었는데, 현재는 수도관로 중 PVC 또는 플라스틱관을 찾는 데 이용되고 있다.
   ② 수도관 등의 물이 흐르는 관로에 음파신호를 보내어 관내에 발생된 음파를 탐지하게 하는 방법이다.
   ③ 비금속관로 탐지에 유용하다.
4. 전기탐사법
   ① 전류를 흘려보내는 순간의 전류전극과 전압 강하를 측정해야 한다.
   ② 지반 중에 전류를 흐르게 하여 전압강하를 측정하여 비저항치의 분포원을 구하는 것으로 지중에 있는 강자성체의 이상자기를 측정·조사하는 방법이다.
   ③ 전류를 보내는 전압을 측정하여 내비저항의 평면적 분포를 파악함으로써 토질과 지반상황의 변화를 측정한다.

4. 지하시설탐사에서 지하에 매설된 전도체에 전류가 흐르면 전도체를 중심으로 원통형 자장이 형성되는데 이 자장의 세기(H)에 대한 설명으로 옳은 것은?(단, I는 전류, r은 전도체에서 임의의 점까지 떨어진 거리)

㉮ H는 I와 r에 비례한다.
㉯ H는 I에 비례하고 r에 반비례한다.
㉰ H는 I에 반비례하고 r에 비례한다.
㉱ H는 I와 r에 반비례한다.

해설 전자유도탐사법

전도체에 전기가 흐르면 도체 주변에 자장이 형성된다는 전기장법칙에 따라 전류가 통하는 물체는 동심원적인 자장을 형성하며, 그 크기는 전류의 강도 및 거리에 따라 좌우되고 전도체중심에서 임의의 점까지 떨어진 자장의 세기 H에 의해 구할 수 있다.

$$H=\frac{I}{r}$$

$$V=\left(\frac{P}{t}\right)\times k$$

여기서, I : 전류
r : 전도체에서 임의의 점까지 떨어진 거리
V : 자기장 내에 있는 코일에 생긴 전압
k : 코일에 감은 수
t : 시간변화
P : 자속변화

해답 4. ㉯

5. 지하시설물의 관측방벙 중 조사구역을 적당한 격자 간격으로 분할하여 그 격자점에 대한 자력값을 관측함으로써 지하의 자성체의 분포를 추정하는 방법은?

㉮ 자정관측법 ㉯ 자기관측법 ㉰ 전자관측법 ㉱ 탄성파관측법

해설 자기탐사법이란 지구자장의 변화를 측정하여 자성체의 분포를 알아내는 것. 조사구역을 적당한 격자간격으로 분할하여 그 격자점에 대한 자력치의 합을 측정함으로써 조사구역 내의 자장변화를 평면적으로 확인하여 지하의 자성체의 분포를 추정할 수 있다.

6. 지하시설물의 유지관리에 대한 설명으로 옳지 않은 것은?

㉮ 자료구축 이후 지속적이며 표준화된 갱신이 이루어져야 한다.
㉯ 지하시설물의 특성에 따른 모니터링 체계를 통합함이 효율적이다.
㉰ 일관성 있고 체계적인 자료의 유지관리가 이루어져야 한다.
㉱ 지하시설물의 관측방법은 직접 시추를 통한 방법이 거의 유일한 방법이다.

해설 지하시설물의 관측방법 : 직접시추법, 전파탐사법, 음향탐사법, 적외선탐사법, 자장탐사법, 원자탐사법 등

7. 다음 중 높은 정확도가 요구되는 지하매설물의 측량기법에 속하지 않는 것은?

㉮ 전자유도 측량기법 ㉯ 지중레이더 측량기법
㉰ 음파 측량기법 ㉱ 관성 측량기법

해설 지하매설물 측량기법
① 전자유도 측량기법
② 지중레이더 측량기법
③ 음파측량기법

8. 지하시설물의 관측방법 중 조사구역을 적당한 격자간격으로 분할하여 그 격자점에 대한 자력값을 관측함으로써 지하 자성체의 분포를 추정하는 방법은?

㉮ 지중레이더관측법 ㉯ 자기관측법 ㉰ 전자관측법 ㉱ 탄성파관측법

해설 1. 전자유도측량방법
지표로부터 매설된 금속관로 및 케이블관측과 탐침을 이용하여 공관로나 비금속관로를 관측할 수 있는 방법으로 장비가 저렴하고 조작이 용이하며, 운반이 간편하여 지하시설물측량기법 중 가장 널리 이용되는 방법이다.
2. 지중레이더측량기법
지중레이더측량기법은 전자파의 반사의 성질을 이용하여 지하시설물을 측량하는 방법이다.
3. 음파측량기법
전자유도측량방법으로 측량이 불가능한 비금속지하시설물에 이용하는 방법으로 물이 흐르는 관 내부에 음파신호를 보내면 관 내부에 음파가 발생되는데, 이때 수신기를 이용하여 발생된 음파를 측량하는 기법이다.
4. 자기관측법
지구자장의 변화를 관측하여 자성체의 분포를 측정하는 방법이다.

해답 5. ㉯ 6. ㉱ 7. ㉱ 8. ㉯

9. 지하에 매설되어 있는 금속관로 EH는 비금속관로의 탐지기의 평면 위치에 대한 정밀도 성능 기준(허용탐사오차)은?

㉮ ±10mm ㉯ ±20cm ㉰ ±50cm ㉱ ±1m

해설 지하매설물 허용탐사오차

대상물	탐사의 허용오차		비고
	평면위치	깊이	
금속관로	±20cm	±30cm	매설깊이가 3m 이하인 경우
비금속관로	±20cm	±40cm	

10. 지하시설물도 작성시 각종 시설물의 혼동이 발생하지 않도록 색상으로 구분한다. 지하시설물의 종류별 기본색상으로 연결이 옳지 않은 것은?

㉮ 통신시설－녹색 ㉯ 가스시설－황색
㉰ 상수도시설－주황색 ㉱ 하수도시설－보라색

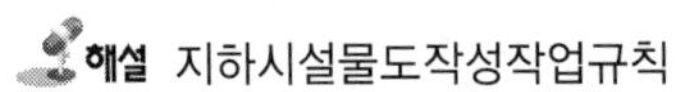

해설 지하시설물도작성작업규칙

제15조(지하시설물도에의 입력 등) ① 지하시설물도에 표시하는 지하시설물의 종류별 기본색상은 다음 각 호의 구분에 의한다.

1. 상수도시설 : 청색
2. 하수도시설 : 보라색
3. 가스시설 : 황색
4. 통신시설 : 녹색
5. 전기시설 : 적색
6. 송유관시설 : 갈색
7. 난방열관시설 : 주황색

11. 전자파의 반사 성질을 이용하여 지하의 각종 현상을 밝히는 측량방법은?

㉮ 지중레이더측량기법 ㉯ 전자유도측량기법
㉰ 음파측량기법 ㉱ GPS 측량기법

해설 1. 전자유도측량방법
지표로부터 매설된 금속관로 및 케이블 관측과 탐침을 이용하여 공관로나 비금속관로를 관측할 수 있는 방법으로, 장비가 저렴하고 조작이 용이하며, 운반이 간편하여 지하시설물측량기법중 가장 널리 이용되는 방법이다.

2. 지중레이더측량기법
지중레이더측량기법은 전자파의 반사적 성질을 이용하여 지하시설물을 측량하는 방법이다.

3. 음파측량기법
전자유도측량방법으로 측량이 불가능한 비금속지하시설물에 이용하는 방법으로, 물이 흐르는 관 내부에 음파신호를 보내면 관 내부에 음파가 발생된다.

 해답 9. ㉯ 10. ㉰ 11. ㉮

12. 지하에 매설되어 있는 금속관로 또는 비금속관로의 평면 위치의 허용탐사 오차는?

㉮ ±10mm　　㉯ ±20cm
㉰ ±50cm　　㉱ ±1m

해설 지하매설물 허용탐사오차
① 금속관로 : 평면위치 20cm, 깊이 30cm
② 비금속관로 : 평면위치 20cm, 깊이 40cm
∴ 평면위치 ±20cm

13. 지상 및 지하시설물 등에 대한 지도 및 도면 등 제반 정보를 수치 입력하여 효율적으로 운영관리하는 종합적인 관리체계를 무엇이라 하는가?

㉮ SIS(Surveying Information System)　　㉯ CAD체계
㉰ AM(Automated Mapping)　　㉱ FM(Facilities Management)

해설 ① SIS : 측량정보시스템
② AM/FM : 도면자동화 및 시설물 관리체계

14. 지하시설물의 관측방법 중 지구자장의 변화를 관측하여 자성체의 분포를 알아내는 방법은?

㉮ 전자관측법　　㉯ 자기관측법
㉰ 전기관측법　　㉱ 탄성파관측법

해설 지구자장의 변화를 관측 자성체의 분포를 측정하는 방법으로 자기관측법이 있다.

15. 지하시설물에 대한 측량간격은 20m 이하를 원칙으로 한다. 다음 중 간격에 관계없이 반드시 측량하여야 하는 경우가 아닌 것은?

㉮ 지하시설물의 지름 또는 재질이 변경된 경우
㉯ 지하시설물이 교차·분기되거나 상태가 바뀌는 경우
㉰ 지하시설물이 직선구간인 경우
㉱ 지하시설물에 각종 제어장치 또는 밸브가 있는 경우

해설 지하시설물이 직선구간인 경우에는 반드시 측량을 하지 않아도 된다.

16. 지하시설물측량 및 그 대상에 대한 설명으로 틀린 것은?

㉮ 지하시설물측량은 도면 작성 및 검수에 초기비용이 적게 든다.
㉯ 도시의 지하시설물은 주로 상수도, 하수도, 전기선, 전화선, 가스선 등으로 이루어진다.
㉰ 지하시설물과 연결되어 지상으로 노출된 각종 맨홀 등의 가공선에 대한 자료 조사 및 관측 작업도 포함된다.
㉱ 지중레이더관측법, 음파관측법 등 다양한 방법이 사용된다.

해답 12. ㉯ 13. ㉱ 14. ㉯ 15. ㉰ 16. ㉮

해설 지하시설물측량(Underground Facility Surveying)
지하시설물의 수평위치와 수직위치를 관측하는 측량을 말한다. 지하시설물을 효율적 · 체계적으로 유지관리하기 위하여 지하시설물에 대한 조사, 탐사와 도면제작을 위한 측량으로 초기 도면제작비용이 많이 든다.

17. 지하 3m에 매설 되어 있는 PVC상수도관 깊이의 허용탐사 오차는?

㉮ ±1cm ㉯ ±4cm ㉰ ±10cm ㉱ ±40cm

해설

기기		성능	판독범위
지하시설물 측량기기 (탐사기기)	금속관로 탐지기	평면위치 20cm 깊이 30cm	관경 80mm 이상, 깊이 3m 이내의 관로를 기준으로 한 것
	비금속관로 탐지기	평면위치 20cm 깊이 40cm	
	맨홀 탐지기	매몰된 맨홀의 탐지 50cm 이상	

18. 지하시설물관측방법 중 지하를 단층 촬영하여 시설물의 위치를 판독하는 방법은?

㉮ 전기관측법 ㉯ 지중레이더관측법
㉰ 전자관측법 ㉱ 자장관측법

해설 지중레이더 탐사법은 지하를 단층촬영하여 시설물위치를 판독하는 방법

19. 지중레이더(Ground Penetration Radar ; GPR) 탐사기법은 전자파의 어떤 성질을 이용하는가?

㉮ 방사 ㉯ 반사 ㉰ 흡수 ㉱ 산란

해설 지중레이더(Ground Penetration Radar ; GPR) 탐사기법은 전자파의 반사를 이용한다.

20. 지하시설물 측량의 순서로 옳은 것은?

㉮ 작업계획 – 자료수집 – 지하시설물 탐사 – 지하시설물 원도 작성 – 작업조서 작성
㉯ 자료수집 – 작업계획 – 지하시설물 탐사 – 작업조서 작성 – 지하시설물 원도 작성
㉰ 작업계획 – 지하시설물 탐사 – 자료수집 – 지하시설물 원도 작성 – 작업조서 작성
㉱ 자료수집 – 지하시설물 탐사 – 작업계획 – 작업조서 작성 – 지하시설물 원도 작성

해설 지하시설물 측량의 순서
① 작업계획 수립
② 자료의 수집 및 편집
③ 지표면상에 노출된 지하시설물에 대한 조사
④ 관로조사 등 지하매설물에 대한 탐사
⑤ 지하시설물 원도 작성
⑥ 작업조서의 작성

 해답 17. ㉱ 18. ㉯ 19. ㉯ 20. ㉮

제12장 해양측량

12.1 개요

해양측량은 해상위치 결정, 수심 관측, 해저지형의 기복과 구조, 해안선의 결정, 조석의 변화, 해양중력 및 지자기의 분포, 해수와 흐름과 특성 및 해양에 관한 제반정보를 체계적으로 수집·정리하여 해양을 이용하는 데 필수적인 자료를 제공하기 위한 해양과학의 한 분야이다.

12.2 해도

12.2.1 바다의 기본도

해양에 관한 정보를 총체적으로 수록한 도면으로서 해저지형도, 해저지질구조도, 지자기전 자력도, 중력이상도의 네 종류가 있고, 축척에 따라서는 다음과 같은 세 가지가 있다.

1 : 200,000 기본도	경제수역 200해리까지를 대상으로 하며, 각종 해양개발계획의 예찰도(豫察圖)로서 적합하다.
1 : 50,000 기본도	해양개발계획을 위한 개찰도(概察圖)로서 적합하다.
1 : 10,000 기본도	자원채굴 등의 정사도(精査圖)에 적합하고, 우리나라 영해의 폭을 결정하는 기준으로 쓰이며, 해저자원 확보와 밀접한 대륙붕 분할의 기선으로서도 중요하다.

12.2.2 항해용 해도

항해의 안전을 목적으로 해로, 해저수심, 장해물, 연안지형지물, 방위, 좌표, 거리 등 항해상 필요한 제반사항을 정확하고 이용하기 쉽게 표현한 도면으로 다음과 같이 구분된다.

총도 (總圖, General Chart)	매우 광대한 해역을 일괄하여 볼 수 있도록 만든 해도로서 원양항해나 항해계획수립용으로 사용된다.
원양항해도(遠洋航海圖, Sailing Chart)	원양항해에 사용되는 해도

근해항해도(近海航海圖, Coast Navigational Chart)	육지와 가시거리 내에서 항해할 때 사용되는 해도
해안도(海岸圖, Coast Chart)	연안항해에 사용되는 해도
항박도(港泊圖, Harbour Plan)	소구역을 대상으로 항만, 어항, 수도 등을 상세하게 게제한 해도

12.2.3 특수해도

기본도, 항해용해도 이외의 여러 가지 참고용 해도를 말하며 다음과 같이 구분된다.

수심도, 해저지형도 (水深圖, 海底地形圖, Bathymetric Chart)	해저지형을 정밀한 등심선이나 음영법으로 표시하여 대륙붕이나 해저 지형특성을 파악하기 쉽도록 제작된 도면으로 해저자원조사 및 개발 등에 적합하다.
어업용도(漁業用圖, Fishery Chart)	연안 어업에 편위를 제공하기 위하여 일반 항해용 해도에 각종 어업에 관한 정보와 규제내용 등을 색별해 인쇄한 도면
전파항법도(電波航法圖, Electronic Positioning Chart)	일반항해용 해도에 전파항법체계의 위치선과 그 번호를 기입한 해도

12.3 해양측량의 종별 및 내용

해상위치측량(海上位置測量, Marine Positioning Survey)	해상에서 선박의 위치를 정확하게 결정하기 위한 측량이다.
수심측량(水深測量, Bathymetric Survey)	해수면으로부터 해저까지의 수심을 결정하기 위한 측량으로 음향측심이라고도 하며, 해상위치측량과 함께 가장 활용도가 높다.
해저지형측량(海底地形測量, Underwater Topographic Survey)	해저지형의 기복을 정확하게 결정하기 위한 측량이다.
해저지질측량(海底地質測量, Underwater Geological Survey)	해저지질 및 지층구조를 조사하기 위한 측량으로, 일반적으로 음파조사에 의 한 방법이 널리 사용된다.
조석 관측(潮汐觀測, Tidal Observation)	해수면의 주기적 승강의 정확한 양상을 파악하기 위한 관측으로 연안선박 통행, 수심 관측의 기준면 결정 및 해양공사, 육상수준측량의 기준면 설정에 중요하다.

해안선측량(海岸線測量, Coast LineSurvey)	해안선의 형상과 성질을 조사하는 측량으로 부근의 육상 지형, 소도, 간출암, 저조선 등도 함께 측량하여 해안지역의 이용에 중요한 자료를 제공한다.
해도 작성을 위한 측량 (海圖作成을 위한 測量, Hydrographic Survey)	일반적으로 수로측량이라고 하며, 측량대상지역과 측량대상에 따라 다음과 같이 구분된다.

〈해도 작성을 위한 측량〉

항만측량(港灣測量, Harbour Survey)	항만 및 그 부근에서 항해의 안전을 목적으로 실시하는 측량
항로측량(航路測量, Channel or Passage Survey)	항로에 있어서 선박의 안전항행을 목적으로 실시하는 측량
연안측량(沿岸測量, Coastal Survey)	연안지역에서 선박의 안전항행을 목적으로 실시하는 측량
대양측량(大洋測量, Oceanic Survey)	대양에서의 선박의 안전항행을 목적으로 실시하는 측량
보정측량(補正測量, Correction Survey)	해저기복의 국지적 변화에 대응하여 해도를 정비하기 위하여 실시하는 측량
소해측량(掃海測量, Sweep or Wire Drag Survey)	천초(淺礁), 천퇴(淺堆), 침선(沈船) 등과 같은 장해물을 수색하여 선박의 안전항행을 위한 최대안전수심을 보장하기 위한 측량
해양중력측량(海洋重力測量, Marine Gravity Survey)	해상 또는 수중에서 중력을 관측하여 해면 지오이드 결정과 같은 해양측지학, 해양지구물리, 해양지각구조 및 자원탐사 등의 자료를 제공하기 위한 측량
해양지자기측량(海洋地磁氣測量, Marine Magnetic Survey)	해양에 있어서의 지자기의 3요소를 관측하여 항해용 지자기분포도, 해양자원탐사자료 등을 작성하기 위한 측량
해양기준점측량 (海洋基準點測量, Marine Control Survey)	해안부근의 육상지형, 해안선, 도서지방 등의 정확한 위치결정에 필요한 기준점을 설정하기 위한 측량으로 원점측량이라고도 한다.
선박속력시험표측량 (船舶速力試驗標測量, Male Post Survey)	선박의 정확한 속력을 구하기 위해서 일정한 방향과 거리마다 시험표를 이용하는데 이러한 시험표를 정확히 설치하기 위한 측량

12.4 해상위치 결정

해상의 위치 결정방법은 관측장비, 관측원리, 측량거리나 목적에 따라 다양하게 분류할 수 있다. 해상에서의 선박의 위치를 결정하기 위한 해상위치측량은 선박의 항로유지, 수심측량 등 해양측량뿐만 아니라 모든 해양활동에 있어서 가장 기초적이며 중요한 것이다.

12.4.1 측량거리 및 목적에 따른 분류

근거리용 항법	재래적인 연안항법, 근거리용 전파측량 System
중거리용 항법	Radiobeacon, Consol, Decca
장거리용 항법	천문항법, 위성항법, 관성항법, 추측항법, Loran, Omega, Autotape

12.4.2 주요 해상위치 결정체계

<table>
<tr><td>지문항법</td><td colspan="2">① 연안의 지물이나 항로표식 등에 의하여 항로위치를 결정하는 방법
② 연안항법과 추측항법으로 대별됨</td></tr>
<tr><td>천문항법</td><td colspan="2">① 항성이나 태양 등 천체를 관측하여 선박위치를 결정하는 방법(육분의 이용)
② 원리는 천문측량과 동일
③ 주로 육분의에 의하며 천정각 거리나 방위각 대신 고도와 시각을 관측</td></tr>
<tr><td>위성항법</td><td colspan="2">① 인공위성은 지구중력장의 성질을 반영하므로 위성궤도를 정확히 관측하여 지구중력장 해석, 지오이드 결정, 수신점의 위치를 구할 수 있는 방법
② NNSS와 GPS 방식이 있음</td></tr>
<tr><td>관성항법</td><td colspan="2">① 관성항법장치에 의하여 출발점으로부터 이동경로에 따른 순간 가속도를 구하여 위치를 결정하는 방법
② 전파항법, 위성항법과 함께 대양을 항해하는 선박이나 항공기에 널리 사용
③ 시통성, 기상, 대기 굴절 등과 무관하므로 잠수함항법으로도 이용
④ 최근 정확도 향상으로 기준점측량, 공사측량, 진북자오선 결정, 지구물리측량에 신속간편하게 적용</td></tr>
<tr><td>음향항법</td><td colspan="2">해저의 기지점에 설치된 음향표식의 초음파신호를 이용하여 해수면 또는 수중에서의 위치를 결정하는 기법이다.</td></tr>
<tr><td rowspan="6">전파항법</td><td colspan="2">유효거리에 의한 분류</td></tr>
<tr><td>장거리방식</td><td>유효거리 500해리 이상(Loran-A, Loran-C, Omega, Lambda)</td></tr>
<tr><td>중거리방식</td><td>유효거리 100~500해리(Beacon, Consol, Decca)</td></tr>
<tr><td>단거리방식</td><td>유효거리 100해리 이내(Hi-Fix, Raydist.....)</td></tr>
<tr><td colspan="2">위치선에 따른 분류</td></tr>
<tr><td>방사선방식</td><td>위치선은 무선국 간의 방위선이 된다.</td></tr>
</table>

전파항법	원호방식	두 무선국 간의 거리를 관측한 경우 위치선은 원호가 되며, 중거리 · 단거리용으로 사용
	쌍곡선방식	두 무선국과 다른 하나의 무선국 사이의 거리차를 관측한 경우 쌍곡선이 되면 장거리에 사용
	주파수에 의한 분류	
	초장파방식	초장거리용
	장파방식	장거리용
	중파방식	중거리용
	단파방식	중거리용
	초단파방식	중거리/단거리용

12.5 수심측량 방법

수심측량은 수심을 체계적인 방법으로 관측하여 해저지형 기복을 알아내기 위한 측량이다. 오늘날 거의 대부분의 수심측량은 수면에서 해저까지의 음파신호의 왕복시간을 관측하여 수심을 알아내는 음향 측심(Echo Sounding)에 의하여 이루어진다.

측추, 측간에 의한 방법		무게추를 매단 줄이나 막대로 직접 재는 방식으로, 얕은 바다에서 활용된다.
사진측량에 의한 방법		수질이 아주 투명한 해역에서는 항공사진 또는 수중사진을 활용할 수 있다.
수중측량에 의한 방법		주로 해저 유물탐사 및 고고학적 연구에 응용되는 방법이다.
레이저에 의한 방법		초음파보다 훨씬 분해능이 높은 레이저를 이용하는 방법으로 아직 실용되지는 못하고 있다.
음향측심기에 의한 방법	원리	$D=\frac{1}{2}V \cdot t$ 여기서, D : 수심, V : 수중속도, t : 시간차
	구조	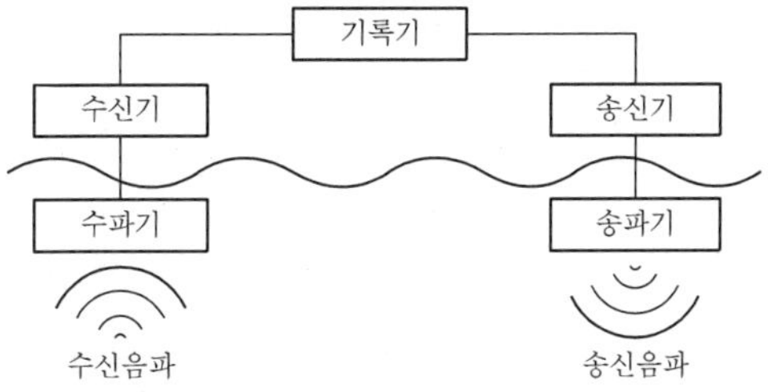 기록기, 수신기, 송신기, 수파기, 송파기, 수신음파, 송신음파 [음향측심기 원리]
	음속도 보정	① 음향표적법, ② 음속도계법, ③ 계산법, ④ 보정도법

12.6 해안선측량

해안선측량은 해안선의 형상과 그 종별을 확인하여 도면화하기 위한 측량으로 해안선 부근의 육상지형, 소도, 이암, 간출암, 저조선 등도 함께 관측하는 것이 일반적이다. 일반적으로는 사진측량에 의함을 원칙으로 하며, 사진측량에 의지할 수 없는 경우에는 실측에 의한다. 해안선은 해면이 약최고고조면에 달하였을 때의 육지와 해면의 경계로 표시한다. 또한 해저수심, 간출암의 높이, 저조선은 약최저저조면을 기준으로 한다.

항측에 의한 해안선측량	항공사진에 나타난 수애선이 바로 정의에 맞는 해안선이라면 문제가 없으나 실제로 해수면은 조석현상에 따라 변동을 거듭하므로 촬영 당시 항공사진에 나타난 수애선과 실제 지도상에 표기해야 할 해안선의 관계를 정확하게 규명해 두어야 한다. 예를 들어 해안의 경사가 작을 경우 만조 시를 제외하고는 촬영시간과 현지의 조석시간을 비교하여 경사에 따르는 값을 보정해주어야 한다.
실측법에 의한 해안선측량	해안선측량에서는 해안선 결정을 위한 기준점 측량을 원점측량이라 하며, 해안에 가까운 지역에 설치된 원점은 삼각, 삼변, 다각측량 등의 방법으로 그 위치를 결정한다. 또한 해안선의 특징을 나타내는 주요지점인 보조점은 원점위치를 기준으로하여 대체로 교회법 또는 다각측량에 의하여 결정한다. 보조점 관측법으로는 전방교선법, 후방교선법, 측방교선법, 직선일각법, 거리일각법 등이 사용되며, 보조기준점 또는 해상에서 육분의 각관측에 의한 3방향 이상의 교선법이 많이 이용된다.

12.7 수심측량

12.7.1 측량기준

기준점측량	측량에 관한 기준점으로 국립지리원 및 국립해양조사원의 기설삼각점을 기준점으로 한다. 1) 주요기준점은 국립지리원의 삼각점 및 국립해양조사원의 수로측량표에 기초하는 삼각점 및 다각점을 기준으로 한다. 2) 수심측량에 필요한 보조기준점은 주요기준점을 기준으로 한다. 3) 주요기준점의 측정은 다각측량에 의한다. 그리고 보조기준점의 측정에는 다각측량, 전방교회법 또는 후방교회법에 의한다. 단, 후방교회법의 경우는 주요 기준점으로부터의 위치의 선을 병용한다. 4) 다각측량의 절점의 위치계산은 좌표가 기지점에 결합되도록 하는 것으로 한다. 그리고 좌표치의 폐합차는 주요기준점에 대하여는 $20+5\sqrt{n}$ cm 이내, 보조기준점에 대하여는 $30+5\sqrt{n}$ cm 이내로 한다. 여기서 n은 다각변의 수이다.

기준점측량	5) 교회법에 의한 위치계산은 3개소 이상의 기준점을 써서 행한다. 6) 기준점측량에 사용하는 기기는 필요한 정도를 고려하여 선정한다.
검조	1) 측량구역 내에 기준검조소가 있는 경우에는 이를 사용한다. 2) 측량구역 내에 기준검조소가 없는 경우에는 검조기를 설치하는 것을 원칙으로 한다. 단, 부득이 한 경우에는 검조표척을 설치하여 읽는다. 3) 검조를 실시하는 경우는 검조기록과 검조표척과의 교관측(기준측정이라 함) 등을 다음과 같이 실시한다. ① 검조기록을 이용하기 전에 기기의 작동상황, 기준면의 값 등을 확인한다. ② 고조 시 및 저조 시에 각각 전후 1시간(10분마다 관측) 표척에 의한 조위측정을 실시하여야 한다. ③ 검조기의 자기펜의 지시시각의 빠름, 늦음 그리고 표척과 기록조위의 비교를 실시한다. 1일 1회 이상 관측하여 기록한다. ④ 검조기록의 0점과 기본수준점표와의 높이차를 얻기 위한 수준측량을 행하는 경우에는 특별시방서의 정하는 바에 따른다.
기본수준면	시공자는 수심의 기준면으로 국립해양조사원이 고시한 기본수준면(약최저저조면) 을 적용하는 것을 원칙으로 해야 한다. 국립해양조사원의 기본수준점표 성과는 조석표 및 국립해양조사원 연보(1995년 이전에는 수로연보)에 기재 고시하고 있다.

12.7.2 측심

가. 해상위치

최근에는 해상위치측정용 인공위성측정기, 즉 D.G.P.S(Differential Global Positioning System)가 개발되어 실용화되고 있다. 이 측기는 육상의 기준점에 기준국(base station)을, 조사선에 이동국(mobil station)을 설치하고 항주하면서 양국에서 같은 시각에 동일 인공위성으로부터 좌표를 수신한다. 이때 기준국에서는 수신된 좌표값과 기지값의 편차를 계산하여 이동국에 송신하면 이동국에서는 위성으로부터 수신된 좌표값에 편차를 보정하여 각 해상측점의 실용좌표를 얻는다.

1) 해상 측위기기는 다음 표의 성능 이상의 것을 사용한다.

구분	성능
전파측위기	측위 정도 : 30mm±3~4/백만 · D
측위 정도 : 30mm±3~4/백만 · D	광파측위기 측위 정도 : 10mm±1/백만 · D
트랜싯	최소읽기 : 20초독
육분의	1분독
3간분도기	1분독

2) 측위방법은 3점양각법, 직선 및 곡선유도법으로 하고 특별시방서에 정하는 바에 따른다.
3) 측심선상의 측위간격은 200m 이내로 하여야 한다.
4) 측위를 결정하는 위치의 선의 교각은 30~150°로 하여야 한다.
5) 육분의에 의한 유도거리는 600m 이내로 하여야 한다.
6) 전경의에 의한 유도거리는 20초독의 것으로는 3,000m 이내, 10초독의 것으로는 6,000m 이내로 하여야 한다.
7) 전파측위기를 사용하는 경우는 특별시방서에 규정하는 바에 따른다.

나. 측심

1) 측심기기

음향측심기에 의해 측심을 행하는 것을 원칙으로 하며, 사용하는 음향측심기는 표에 표시하는 성능 이상의 것이어야 한다.

〈음향측심기의 성능(수심 100m 이하)〉

항목	성능
가정음속도	1500m/sec
발진주파수	90kHz~230kHz
송수파기의 지향각	반감반각 8° 이하
기록지속도	20mm/min 이상
최소눈금	0.2m 이하
기록 정도	±(0.1+수심×10-3)m

2) 측심

① 송수파기는 선체의 중앙 부근에 설치하여야 한다.
② 수심은 수직측심치만을 채용하여야 한다. 단, 다소자측기를 사용할 때 사측 심의 경사각이 5° 이내의 경우는 그 측심치를 채용할 수도 있다.
③ 측심기록은 0.1m까지 또는 최소눈금의 1/2까지 읽는 것을 원칙으로 한다.
④ 음측기록의 수심은 해저의 표면인 최저수심을 읽어야 한다. 해저에 부니층이 있는 경우도 그 부니층 표면의 수심 값을 채택한다.
⑤ 음측기록상 이상이 있어 판단하기 어려울 때는 재측하여 확인한다.
⑥ 측량선이 접근하기 곤란할 때는 레드 또는 기타 방법을 병용한다.
⑦ 구조물 전면의 측방측심은 원칙적으로 방충재로부터 1m까지 직각방향으로 측정한다.

3) 수심경정

① 측심기의 기계적오차 및 수중음파속도의 변화 등에 의한 수심 경정은 바첵 크(Barcheck)법에 따라야 한다.

② 바-체크는 1일 1회 측심해역의 최심부에서 행하는 것으로 하여야 한다. 바-의 심도는 송수파기를 기준으로 심도 31m 미만은 2m마다, 31m 이상은 5m마다 측정하여 올릴 대와 내릴 때의 평균치로 정하여야 한다.

4) 조위경정

① 측심치의 조위경정은 원칙적으로 조위관측치(기본수준면상)에 의해 행하여야 한다. 단, 부득이 한 경우 특별시방서에 정하는 바에 의해 인근 검조소의 조위관측 또는 조석예보치를 보정(조시차 및 조고비 적용)하여 조위경정할 수도 있다.

② 검조소의 위치와 측심위치사이의 조석의 차가 있을 때는 조시차 및 조고비를 적용하여 조위의 편차가 10cm 이내가 되도록 보정한 조위를 이용하여 조위경정을 행하여야 한다.

5) 측심간격

① 측심선의 간격은 원칙적으로 정박지와 항로에 있어서는 5~30m, 기타 해역에서는 10~50m로 하되 구조물 설계측량의 중요도, 해저의 기복, 해저질이 이토, 모래, 암반인가에 따라 특별시방서에서 정하는 바에 따른다.

② 측심방향 : 측심선은 원칙적으로 해안선에 직각되는 방향으로 설정하여 해저 지형을 파악할 수 있도록 하여야 한다.

③ 검측선 : 검측심선은 주측심선에 가급적 직교하도록 하며, 그 간격은 주측심 간격의 5~10배로 하여야 한다.

12.8 해저음파 지층탐사

12.8.1 음파탐사기기

구분	내용
종류	① 자외 또는 전외 음파탐사기 ② 방전식 음파탐사기, 전자유도식 음파탐사기
성능	① 주파수는 8kHx 이하 ② 가정음파속도로 한 연속기록방식 ③ 기록지속도 10mm/min 이상 ④ 기록독취 최소 0.5m 이상 ⑤ 팬 주사제어 방식이 전원주파수 동기방식으로 하고 주파수 안정도가 3×10^{-2}/day 이상

12.8.2 지층분석

지층단면분석	지층단면의 분석은 측심기록 및 음파탐사기록을 기초로 해저질, 기타 시추자료 등을 참작하여 기반암 퇴적층의 단면을 묘사한다.
기록독취	① 음파탐사기록의 독취는 도상 5mm 간격 및 기반암의 기복부 등에서 최소눈금 의 1/2까지로 하며, 송수파기 간격에 대한 보정을 한다. ② 퇴적층의 두께는 퇴적층의 표면과 기반암사이의 거리로 하며, 도상 5mm 간격 및 퇴적층의 두꺼운 곳과 얕은 곳에서 행한다. ③ 기반암의 심도는 수심과 퇴적층의 두께의 합으로 얻어 수심과 동일한 기준면으로부터의 깊이로 나타낸다.

12.9 조석 관측

해수면의 승강을 관측하는 것을 조석 관측 또는 검조라고 하고, 정확한 파악을 위해서는 1년 이상 연속 관측하여야 한다. 조석 관측은 여러 가지 조석현상은 물론, 정확한 평균해수면을 구함으로써 지각변동의 검출, 지진현상 등에도 중요한 자료를 제공한다.

〈조석 관측방법〉

검조주 (檢潮柱, Tide pole)	눈금판을 붙인 기둥을 해주수에 설치하고 그 수위를 관측하는 법으로, 관측 도중 상대위치에 변화가 없는가 살펴야 한다.
수압식 자동기록검조의 (水壓式自動紀錄檢潮儀, Pressure type tide gauge)	수압감지기를 해저에 설치하여 해저의 승강에 따라 생기는 수압변화를 해수면승강으로 환산하여 기록지에 자동기록하는 방법이다.
부표식 자동기록검조의 (浮標式自動記錄檢潮儀, Bouy type tide gauge)	해안에 우물을 파고, 해수를 도수관으로 우물에 끌어들여, 우물에 띄운 부표의 승강을 기록지에 자동기록하는 방법
해저검조의(海底檢潮儀, Off-shore tide gauge)	해안에서 상당히 멀리 떨어진 곳의 조석 관측에 사용하는 법으로 수면에 직접 부표를 띄우고 부표의 승강을 해저에서 자동으로 기록하는 방법
원격자동기록검조의 (遠隔自動記錄檢潮儀)	

???

예상 및 기출문제 12

1. 해양측량에 대한 다음 설명 중 맞지 않은 것은?

㉮ 선상에서 연직추를 늘어뜨리면 배의 동요로 인한 수평 가속도의 영향 대문에 연직진자는 3~6° 기울어진다.

㉯ 해양관측의 정확도는 육지관측의 경우에 비하여 훨씬 좋다.

㉰ 해면은 지오이드(Geoid)면과 거의 일치한다.

㉱ 해양측량에는 연직 또는 수평 방향의 유지가 중요한 문제이다.

해설 해양측량 관측의 정밀도는 일반적으로 육상측량 관측의 경우에 비하여 나쁘다.

2. 해양측량에 대한 설명으로 옳지 않은 것은?

㉮ 해면은 지오이드면과 상당한 차이가 있으며, 지오이드면 외측에 있는 질량의 영향을 고려해야 한다.

㉯ 해양측량 관측의 정밀도는 일반적으로 육상측량 관측의 경우에 비하여 나쁘다.

㉰ 해양측량에서는 연직 또는 수평방향의 유지가 중요한 문제이다.

㉱ 선상에서 연직추를 늘어뜨리면 배의 동요에 의한 수평 가속도의 영향 때문에 실의 방향이 정확한 연직방향을 가리키지 못한다.

해설 해면은 지오드면과 차이가 없다. 지오이드는 평균해수면을 육지까지 연장하여 가상한 곡면을 말한다.

표고의 기준

① 육지표고기준 : 평균해수면(중등조위면, Mean Sea Level ; MSL)

② 해저수심, 간출암의 높이, 저조선 : 평균최저간조면(Mean Lowest Low Level ; MLLW)

③ 해안선 : 해면이 평균 최고고조면(Mean Highest High Water Level ; MHHW)에 달하였을 때 육지와 해면의 경계로 표시한다.

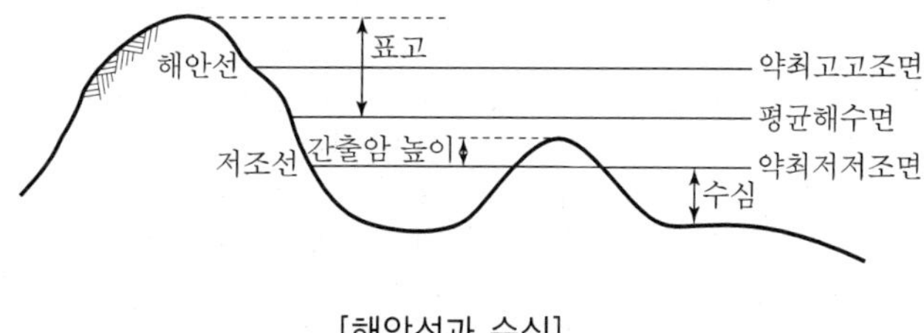

[해안선과 수심]

해답 1. ㉯ 2. ㉮

3. 해양측지에 해당되지 않는 것은?

㉮ 해도작성을 위한 측량　　㉯ 항만 및 항로측량
㉰ 해양측량 및 보정측량　　㉱ 유속측정측량

해설 해양측량의 구분

해상위치측량(海上位置測量, Marine Positioning Survey)	해상에서 선박의 위치를 정확하게 결정하기 위한 측량
수심측량(水深測量, Bathymetric Survey)	해수면으로부터 해저까지의 수심을 결정하기 위한 측량으로 음향측심이라고도 하고, 해상위치측량과 함께 가장 활용도가 높은 측량이다.
해저지형측량(海底地形測量, Underwater Topographic Survey)	해저지형의 기복을 정확하게 결정하기 위한 측량이다.
해저지질측량(海底地質測量, Underwater Geological Survey)	해저지질 및 지층구조를 조사하기 위한 측량으로, 일반적으로 음파조사에 의 한 방법이 널리 사용된다.
조석관측(潮汐觀測, Tidal Observation)	해수면의 주기적 승강의 정확한 양상을 파악하기 위한 관측으로 연안선박 통행, 수심관측의 기준면 결정 및 해양공사, 육상수준측량의 기준면 설정에 중요하다.
해안선측량(海岸線測量, Coast LineSurvey)	해안선의 형상과 성질을 조사하는 측량으로 부근의 육상지형, 소도, 간출암, 저조선 등도 함께 측량하여 해안지역의 이용에 중요한 자료를 제공한다.
해도작성을 위한 측량(海圖作成을 위한 測量, Hydrographic Survey)	일반적으로 수로측량이라고 하며, 측량대상지역과 측량대상에 따라 구분한다.

4. 해상에서 위치 결정방법이 아닌 것은?

㉮ 삼각항법　　㉯ 전파항법　　㉰ 음향항법　　㉱ 천문항법

해설 해상 위치 결정방법

지문항법	① 연안의 지물이나 항로표식 등에 의하여 항로위치를 결정하는 방법 ② 연안항법과 추측항법으로 대별됨
천문항법	① 항성이나 태양 등 천체를 관측하여 선박위치를 결정하는 방법(육분의 이용) ② 원리는 천문측량과 동일 ③ 주로 육분의에 의하며 천정각 거리나 방위각 대신 고도와 시각을 관측
위성항법	① 인공위성은 지구중력장의 성질을 반영하므로 위성궤도를 정확히 관측하여 지구중력장해석, 지오이드 결정, 수신점의 위치를 구할 수 있는 방법 ② NNSS와 GPS 방식이 있음
관성항법	① 관성항법장치에 의하여 출발점으로부터 이동경로에 따른 순간 가속도를 구하여 위치를 결정하는 방법 ② 전파항법, 위성항법과 함께 대양을 항해하는 선박이나 항공기에 널리 사용 ③ 시통성, 기상, 대기 굴절 등과 무관하므로 잠수함 항법으로도 이용 ④ 최근 정확도 향상으로 기준점측량, 공사측량, 진북자오선 결정, 지구물리측량에 신속간편하게 적용

해답 3. ㉱ 4. ㉮

음향항법	해저의 기지점에 설치된 음향표식의 초음파신호를 이용하여 해수면 또는 수중에서의 위치를 결정하는 기법이다.	
전파항법	전파항법은 전파를 이용하여 무선국 간의 거리, 거리차 또는 방위를 관측함으로써 위치를 결정하는 방법	
	유효거리에 의한 분류	
	장거리방식	유효거리 500해리 이상(Loran-A, Loran-C, Omega, Lambda)
	중거리방식	유효거리 100~500해리(Beacon, Consol, Decca)
	단거리방식	유효거리 100해리 이내(Hi-Fix, Raydist.....)
	위치선에 따른 분류	
	방사선방식	위치선은 무선국 간의 방위선이 된다.
	원호방식	두 무선국 간의 거리를 관측한 경우, 위치선은 원호가 되며, 중거리 · 단거리용으로 사용
	쌍곡선방식	두 무선국과 다른 하나의 무선국 사이의 거리차를 관측한 경우 쌍곡선이 되면 장거리에 사용
	주파수에 의한 분류	
	초장파방식	초장거리용
	장파방식	장거리용
	중파방식	중거리용
	단파방식	중거리용
	초단파방식	중거리/단거리용

5. 해상위치 결정에서 전파의 직진성, 또는 송수신 시간차 등을 이용하여 위치선을 구하는 방법은?

㉮ 지문항법 ㉯ 천문항법 ㉰ 직진항법 ㉱ 전파항법

천문항법	① 항성이나 태양 등 천체를 관측하여 선박위치를 결정하는 방법(육분의 이용) ② 원리는 천문측량과 동일 ③ 주로 육분의에 의하며 천정각 거리나 방위각 대신 고도와 시각을 관측
위성항법	① 인공위성은 지구중력장의 성질을 반영하므로 위성궤도를 정확히 관측하여 지구중력장해석, 지오이드 결정, 수신점의 위치를 구할 수 있는 방법 ② NNSS와 GPS 방식이 있음
관성항법	① 관성항법장치에 의하여 출발점으로부터 이동경로에 따른 순간 가속도를 구하여 위치를 결정하는 방법 ② 전파항법, 위성항법과 함께 대양을 항해하는 선박이나 항공기에 널리 사용 ③ 시통성, 기상, 대기 굴절 등과 무관하므로 잠수함 항법으로도 이용 ④ 최근 정확도 향상으로 기준점 측량, 공사측량, 진북자오선 결정, 지구물리측량에 신속간편하게 적용
전파항법	전파항법은 전파를 이용하여 무선국 간의 거리 ,거리차 또는 방위를 관측함으로써 위치를 결정하는 방법

해답 5. ㉱

6. 해상위치 결정에 대한 다음 설명 중 틀린 것은?

㉮ 전자항법이란 임의의 천체의 운동을 관측하여 해상위치를 결정하는 항법이다.
㉯ 천문항법의 정확도는 관측자의 기술, 선의 동요, 대기에 의한 빛의 굴절, 작도의 오차 등에 의존한다.
㉰ 육지의 기지점의 고도나 방위 등을 해상에서 광학적으로 관측하여 위치선을 구하는 것을 지문항법이라 한다.
㉱ 인공위성의 운동을 관측하여 해상의 위치를 구하는 것을 위성항법이라 한다.

해설

지문항법	① 연안의 지물이나 항로표식 등에 의하여 항로위치를 결정하는 방법 ② 연안항법과 추측항법으로 대별됨
천문항법	① 항성이나 태양 등 천체를 관측하여 선박위치를 결정하는 방법(육분의 이용) ② 원리는 천문측량과 동일 ③ 주로 육분의에 의하며 천정각 거리나 방위각 대신 고도와 시각을 관측 ④ 임의의 천체의 운동을 관측하여 해상위치를 결정하는 항법
위성항법	① 인공위성은 지구중력장의 성질을 반영하므로 위성궤도를 정확히 관측하여 지구중력장 해석, 지오이드 결정, 수신점의 위치를 구할 수 있는 방법 ② NNSS와 GPS 방식이 있음

7. 해상위치 결정에 대한 설명 중 잘못된 것은?

㉮ 천문항법은 천구상의 위치를 알고 있는 항성을 관측하여 해상위치를 결정하는 항법이다.
㉯ 지문항법은 육지의 기점이 고도나 방위 등을 해상에서 광학적으로 측정하여 위치선을 구하는 것이다.
㉰ 위성항법은 별의 운동을 관측하여 해상위치를 구하는 것이다.
㉱ 전파항법은 전파의 직진성 또는 송수신 시간차 등을 이용하여 위치선을 구하는 것이다.

해설

지문항법	① 연안의 지물이나 항로표식 등에 의하여 항로위치를 결정하는 방법 ② 연안항법과 추측항법으로 대별됨
천문항법	① 항성이나 태양 등 천체를 관측하여 선박위치를 결정하는 방법(육분의 이용) ② 원리는 천문측량과 동일 ③ 주로 육분의에 의하며 천정각 거리나 방위각 대신 고도와 시각을 관측 ④ 알고 있는 별운동을 관측하여 해상의 위치를 구하는 것
위성항법	① 인공위성은 지구중력장의 성질을 반영하므로 위성궤도를 정확히 관측하여 지구중력장해석, 지오이드 결정, 수신점의 위치를 구할 수 있는 방법 ② NNSS와 GPS 방식이 있음
관성항법	① 관성항법장치에 의하여 출발점으로부터 이동경로에 따른 순간 가속도를 구하여 위치를 결정하는 방법 ② 전파항법, 위성항법과 함께 대양을 항해하는 선박이나 항공기에 널리 사용 ③ 시통성, 기상, 대기 굴절 등과 무관하므로 잠수함 항법으로도 이용 ④ 최근 정확도 향상으로 기준점 측량, 공사측량, 진북자오선 결정, 지구물리측량에 신속간편하게 적용

해답 6. ㉮ 7. ㉰

8. 위성항법에 대한 설명 중 잘못된 것은?

㉮ 이용지역이 비교적 좁다.
㉯ 위성에 의한 정보전달 기능을 가지고 있다.
㉰ 위성의 방향, 거리 및 거리변화를 측정하여 위치를 결정한다.
㉱ 전파를 이용한 위성의 방향측정은 전파의 간섭에 의해 고도와 방위를 측정한다.

해설 위성항법

위성항법	① 인공위성은 지구중력장의 성질을 반영하므로 위성궤도를 정확히 관측하여 지구중력장해석, 지오이드 결정, 수신점의 위치를 구할 수 있는 방법 ② 위성항법은 전파신호를 이용하여 위성과 관측자 사이의 거리 및 거리변화율을 관측함으로써 위치를 결정하게 되며 현재 실용 중인 위성항법방식으로는 NNSS와 GPS 방식이 있음 ③ 위성항법은 이용지역이 매우 넓음
관성항법	① 관성항법장치에 의하여 출발점으로부터 이동경로에 따른 순간 가속도를 구하여 위치를 결정하는 방법 ② 전파항법, 위성항법과 함께 대양을 항해하는 선박이나 항공기에 널리 사용 ③ 시통성, 기상, 대기 굴절 등과 무관하므로 잠수함 항법으로도 이용 ④ 최근 정확도 향상으로 기준점 측량, 공사측량, 진북자오선 결정, 지구물리측량에 신속간편하게 적용

9. 위성항법에 대한 다음 설명 중 잘못된 것은?

㉮ 인공위성에 의하여 위치를 결정하는 방법으로, 이용지역이 비교적 좁다.
㉯ 위성에 의한 정보전달의 기능을 가지고 있는 장점이 있다.
㉰ 전파를 이용한 위성의 방향 측정은 전자의 간섭에 의하여 고도와 방위를 측정한다.
㉱ 2개의 위성으로부터 동시에 발사된 전파의 도래 시각차를 측정하면 보통의 쌍곡선항법과 같은 원리로 위치의 선이 얻어진다.

해설 8번 문제 해설 참조

10. 근거리해역에서의 해상위치 결정방법이 아닌 것은?

㉮ 지거비례법　　㉯ 거리관측법
㉰ 삼점양각법　　㉱ 전방교회법

해설 근거리해역에서의 해상위치 결정방법에는 전방교회법, 거리관측법, 거리일각법, 해상방위관측법, 삼점양각법, 궤적항법 등이 있다.

11. 다음 중 해상의 수평위치 결정방식이 아닌 것은?

㉮ Echo Sounder　　㉯ Raydist
㉰ Omega　　㉱ Decca

해답 8. ㉮ 9. ㉮ 10. ㉮ 11. ㉮

해설

전파항법	유효거리에 의한 분류	
	장거리방식	유효거리 500해리 이상(Loran-A, Loran-C, Omega, Lambda)
	중거리방식	유효거리 100~500해리(Beacon, Consol, Decca)
	단거리방식	유효거리 100해리 이내(Hi-Fix, Raydist.....)
	위치선에 따른 분류	
	방사선방식	위치선은 무선국 간의 방위선이 된다.
	원호방식	두 무선국 간의 거리를 관측한 경우, 위치선은 원호가 되며, 중거리 · 단거리용으로 사용
	쌍곡선방식	두 무선국과 다른 하나의 무선국 사이의 거리차를 관측한 경우 쌍곡선이 되면 장거리에 사용
	주파수에 의한 분류	
	초장파방식	초장거리용
	장파방식	장거리용
	중파방식	중거리용
	단파방식	중거리용
	초단파방식	중거리/단거리용

12. 해양상에서 위치를 결정할 때 500해리 이상의 측정장비로서 알맞은 것은?

㉮ Hi-Fix ㉯ Raydist
㉰ Consol ㉱ Loran A

해설 11번 문제 해설 참조

13. 전파위치 결정(E.P.F)방식이 아닌 것은?

㉮ 타원방식 ㉯ 방사선방식
㉰ 원호방식 ㉱ 쌍곡선방식

해설 11번 문제 해설 참조

14. 다음 중 전파위치 결정방법이 아닌 것은?

㉮ 방위선방식 ㉯ 원호방식
㉰ 방사선방식 ㉱ 쌍곡선방식

해설 11번 문제 해설 참조

해답 12. ㉱ 13. ㉮ 14. ㉮

15. 육분의에 대한 설명 중 부적당한 것은?

㉮ 선체에서 수평각, 연직각 및 경사각을 신속하게 측정할 수 있다.
㉯ 천체관측, 하천, 항만공사에서 선상위치를 측정할 수 있다.
㉰ 곡선 설정 등 지상의 측각에도 많이 이용된다.
㉱ 동요선체상에서도 측각이 가능하므로 수상측량에 사용한다.

해설 육분의(Sextant)는 수평각, 수직각을 신속하게 관측할 수 있고 정확도도 비교적 좋으므로 동요하는 선상에서 천체관측, 하천, 항만공사에서 측량선의 위치결정 등에 널리 쓰인다. 그러나 지상에서는 정도가 낮으므로 많이 이용되지 않는다. 육분의는 해상에서 육상기지점을 관측할 경우에는 일반적으로 선박 자체가 끊임없이 요동을 받으므로 트랜싯에 비하여 관측 정밀도는 낮으나 순간적으로 간편한 수평각 또는 수직각을 관측할 수 있는 육분의가 널리 사용된다.

16. 비행기에서 발광체를 낙하산으로 투하시켜 이것을 각 관측점에서 동시에 관측하는 방법은?

㉮ 위성삼각법　　㉯ 쇼란측량
㉰ 섬광삼각법　　㉱ 하이란측량

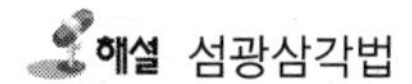
해설 섬광삼각법
섬광삼각법은 비행기에서 발광체를 낙하산으로 투하시켜 이것을 각 관측점에서 동시에 관측하는 방법이다.

17. 인공위성을 이용하는 측량 중 원래 항행용으로 개발되었으나 오늘날 극운동 또는 지구의 자전속도 변동조사 및 측지학적 위치결정에 이용되고 있는 것은?

㉮ 방향 관측법　　㉯ 거리 관측법
㉰ 전파방식　　㉱ NNSS

해설 NNSS는 1959년 미국 해군 내에서 TRANSIT 계획으로서 시작되었으며 1964년 실용화되었고, 일반인에게는 1967년부터 공개되었다. 원래는 항행용으로 사용하였으나 위치결정의 정확도 향상에 의해 측량 및 다양한 분야에 이용하게 되었다.

18. 위성자체에 전파원이 있는 것이 아니라, 반사 프리즘이 위성에 탑재되어 펄스광의 왕복시간을 측정함으로써 거리를 측량할 수 있는 관측법은?

㉮ 전파관측법　　㉯ 카메라관측법
㉰ 음파관측법　　㉱ 레이저관측법

해설 레이저관측법은 반사 프리즘이 위성에 탑재되어 펄스광의 왕복시간을 측정함으로써 거리를 측량할 수 있는 관측방법이다.

해답 15. ㉰ 16. ㉰ 17. ㉱ 18. ㉱

19. 음향측심기에 관한 설명 중 잘못된 것은?

㉮ 해수의 염분은 음향측심기의 측정값에 영향을 미친다.
㉯ 해면에서 음파를 해저에 발사하고, 도달시간을 이용하여 수심을 측량한다.
㉰ 수심은 $D=V\cdot t$(D : 수심, t : 발사 후 음파의 도달시간, V : 해수 중에서의 음파의 평균전파속도)로 계산한다.
㉱ 대부분의 음향측심기는 가정 음파속도의 음파를 발사한다.

해설 음향측심기

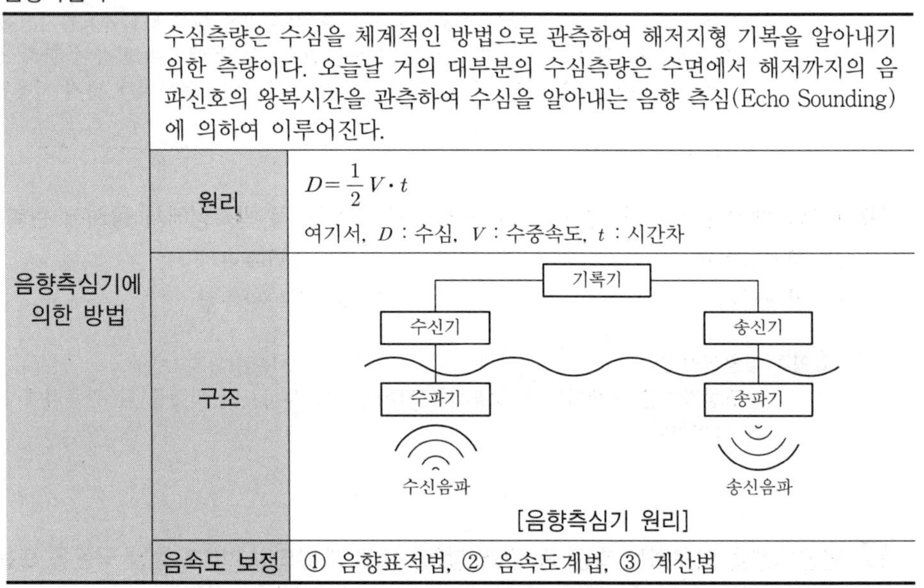

음향측심기에 의한 방법		
	수심측량은 수심을 체계적인 방법으로 관측하여 해저지형 기복을 알아내기 위한 측량이다. 오늘날 거의 대부분의 수심측량은 수면에서 해저까지의 음파신호의 왕복시간을 관측하여 수심을 알아내는 음향 측심(Echo Sounding)에 의하여 이루어진다.	
	원리	$D=\frac{1}{2}V\cdot t$ 여기서, D : 수심, V : 수중속도, t : 시간차
	구조	[음향측심기 원리]
	음속도 보정	① 음향표적법, ② 음속도계법, ③ 계산법

20. 음향측심기에 의한 관측값을 정확한 수심으로 환산하기 위한 보정 중 옳지 않은 것은?

㉮ 음속도보정 ㉯ 흘수보정
㉰ 조고보정 ㉱ 중력보정

해설 음향측심기 보정

구분	내용
음속도 보정	① 음향표적법 ② 음속도계법 ③ 계산법
흘수보정 (吃水補正)	송수파기는 수면으로부터 일정한 깊이(吃水)에 잠겨있으므로 음향측심 기록에 이 흘수량을 더해 주어야 한다.
조고보정 (潮高補正)	해수면의 높이는 조석의 영향 때문에 수시로 변화므로 측량시의 조석의 높이를 고려하여 음향측심기록에 보정을 가하여야 한다. 조고보정량 = 조석의 높이-기본수준면의 높이

 해답 19. ㉰ 20. ㉱

21. 해저지형은 다음 어느 기구를 사용하면 편리한가?

㉮ 측심봉　　㉯ 음향측심기(Echo Sounder)
㉰ 측추　　㉱ 수압계

해설 수심측량은 수심을 체계적인 방법으로 관측하여 해저지형 기복을 알아내기 위한 측량이다. 오늘날 거의 대부분의 수심측량은 수면에서 해저까지의 음파신호의 왕복시간을 관측하여 수심을 알아내는 음향측심(Echo Sounding)에 의하여 이루어진다.

22. 회전식유속계로 유속을 측정할 때 V-aN+b(m/sec)로 표시된다. 이 식에서 N은?(단 a, b는 정수이다.)

㉮ 유속계의 관측 회수　　㉯ 유속계의 10회전에 소요되는 시간(sec)
㉰ 유속계의 1초에 대한 회전수　　㉱ 유속계의 1회전에 소요되는 시간(sec)

해설 $V = aN + b$
여기서, V = 유속
N = 회전수
a, b = 유속계의 상수

23. 해저지형측량에서 수심이 8,000m이고 발사음이 약 10초 후에 수신된다면 음파의 속도는?

㉮ 750m/sec　　㉯ 1,500m/sec
㉰ 1,600m/sec　　㉱ 8,000m/sec

해설 $D = \frac{1}{2}Vt$
여기서, V : 수중속도
t : 송신음파와 수신음파와의 도달시간차

$$V = \frac{2D}{t} = \frac{2 \times 8,000}{10}$$
$$= 1,600\text{m/sec}$$

24. 다음은 해저지형측량에서 음파 속도에 영향을 주는 요소이다. 가장 영향을 적게 받는 것은?

㉮ 수압　　㉯ 수온
㉰ 해수의 오염　　㉱ 염분의 농도

해설 실제 수중의 음속은 염분, 수온, 수압 등에 의하여 미소하게 변화하므로 엄밀한 관측값을 구하려면 관측 당시의 실제 음속을 구하여 음속도 보정을 해주어야 한다.

25. 하천이나 항만 등에서 심천측량을 한 결과의 지형을 표시하는 방법으로 옳은 것은?

㉮ 지모법　　㉯ 음영법
㉰ 점고법　　㉱ 등고선법

해답 21. ㉯ 22. ㉰ 23. ㉰ 24. ㉰ 25. ㉰

해설 ① 점고법 : 하천 · 항만 · 해양 등의 심천을 나타내는 데 측점에 숫자로 기입하여 고저를 표시하는 방법이다.
② 방안법 : 각 교점의 표고를 관측하고 그 결과로부터 등고선을 그리는 방법. 지형이 복잡한 곳에 이용한다.
③ 횡단점법 : 수준측량, 노선측량에서 중심 말뚝의 표고와 횡단측량결과를 이용하여 등고선을 그리는 방법이며, 노선측량의 평면도에 등고선을 삽입할 경우에 이용한다.
④ 종단점법 : 지성선상의 중요점의 위치와 표고를 측정하여, 이 점들을 기준으로 하여 등고선을 삽입하는 등고선 측정방법으로 비교적 소축척으로 산지 등의 측량에 이용되며 지성선 간의 중요점의 위치와 표고를 측정하고 이 점으로부터 등고선을 삽입하는 방법이다.

26. 하구 심천측량에 관한 설명 중 잘못된 것은?

㉮ 하구 심천측량은 하구 부근 하저 및 해저의 지형을 조사한다.
㉯ 하구의 항만시설, 해안보전시설의 설계자료로 사용된다.
㉰ 조위를 관측하고 실측한 수심을 기본수준면으로부터의 수심을 보정하여 심천측량의 정확도를 높인다.
㉱ 해안에서는 수심 100m되는 앞바다까지를 측량구역으로 한다.

해설 심천측량은 하천의 수심 및 우수부분의 하저사항을 조사하고, 횡단면도를 제작하는 측량을 말한다.

27. 부자에 의한 유속관측에서 유속오차는 시간 및 거리의 관측정밀도에 따라 정해진다.유하거리의 관측오차를 0.1m, 유하시간의 관측오차를 1초로 하면 최대유속 1.5m/s일 때 유속의 오차를 2% 이하로 하기 위해 필요한 최소부자 유하거리는?

㉮ 65.9m　　㉯ 70.3m
㉰ 75.2m　　㉱ 80.4m

해설 V=m/sec에서 유속은 휴하거리와 시간에 영향을 받는다.

• 유하거리의 정도 $\frac{dl}{l} = \frac{0.1}{l} \times 100 = \frac{10}{l}\%$

• 유하시간의 정도 $\frac{dt}{t} = \frac{dt}{\frac{l}{V}} = \frac{1}{\frac{l}{1.5}} = \frac{150}{l}\%$

• 유속의 정도 $\frac{dV}{V} = \sqrt{\left(\frac{dl}{l}\right)^2 + \left(\frac{dt}{t}\right)^2}$

$$\frac{dV}{V} = 2\% = \sqrt{\left(\frac{10}{l}\right)^2 + \left(\frac{150}{l}\right)^2}$$

$$= \frac{150.33}{l}$$

∴ l이 75.165m이므로 $l \geq 75.2$m가 되어야 한다.

28. 유속계로 1회 관측 시 회전수(N)가 2.6일 때 유속(V)이 0.9m/sec이었고, 2회 관측시 회전수(N)가 3.8일 때 유속(V)이 1.20m/sec이었다. 유속계의 상수 a, b는 얼마인가?(단, V=aN+b 이다.)

㉮ V=0.25N+0.25　　㉯ V=0.35N+0.35
㉰ V=0.25N+0.45　　㉱ V=0.35N+0.55

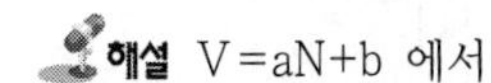
해설 V=aN+b 에서
0.9=2.6a+b ………①
1.2=3.8a+b ………②
연립방정식을 풀면 a=0.25, b=0.25
그러므로, V=0.25N+0.25

29. 항만측량에서 해안선의 기준은 무엇으로 정하는가?

㉮ 전관수역의 경계　　㉯ 최저저조면과 육지와의 경계
㉰ 최고고조면과 육지와의 경계　　㉱ 평균해수면과 육지와의 경계

해설 해안선은 바다와 육지 사이의 접선으로 최고고조면을 기준으로 한다.

표고의 기준
① 육지표고기준 : 평균해수면(중등조위면, Mean Sea Level ; MSL)
② 해저수심, 간출암의 높이, 저조선 : 평균최저간조면(Mean Lowest Low Level ; MLLW)
③ 해안선 : 해면이 평균 최고고조면(Mean Highest High Water Level ; MHHW)에 달하였을 때 육지와 해면의 경계로 표시한다.

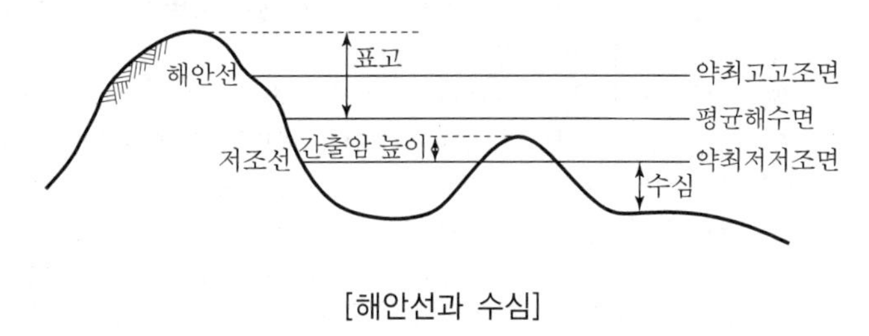

[해안선과 수심]

30. 해저수심과 해안선의 기준을 옳게 설명한 것은?

㉮ 해저수심은 평균최고만조면을 기준으로 하고 해안선은 평균최저간조면을 기준으로 한다.
㉯ 해저수심은 평균해수면을 기준으로 하고 해안선은 평균최저간조면을 기준으로 한다.
㉰ 해저수심은 평균최고만조면을 기준으로 하고 해안선은 평균해수면을 기준으로 한다.
㉱ 해저수심은 평균최저간조면을 기준으로 하고 해안선은 평균최고만조며을 기준으로 한다.

해설 29번 문제 해설 참조

해답 28. ㉮ 29. ㉰ 30. ㉱

31. 심천측량에서 육상의 3개 기준점을 이용하여 측심선의 위치를 다음 2가지 방법으로 구할 때 두 방법의 비교 설명 중 틀린 것은?

> Ⅰ. 3개의 기지점의 직각에 트랜싯을 정지하여 배의 위치를 동시에 관측한다.(전방교회법)
> Ⅱ. 3개의 기준점 사이의 협각을 2개의 윤분의로서 동시에 관측한다.(후방교회법)

㉮ 후방교회법은 전방교회법보다 작업의 능률은 좋으나 정도는 낮다.
㉯ 후방교회법은 전방교회법보다도 작업인원이 적게 소요된다.
㉰ 전방교회법은 후방교회법보다도 배를 목적지점에 빨리 유도할 수 있다.
㉱ 후방교회법에는 각의 관측이 1개라도 빠지면 배의 위치는 구할 수 없으나 전방교회법은 한 각이 결측되어도 배의 위치를 구할 수 있다.

해설 후방교회법은 심천측량에서 전방교회법에 비해 정도는 낮으나 배를 신속하게 유도할 수 있다.

32. 수심측량에서 측량선의 평면위치 결정방법이 아닌 것은?

㉮ 기선과 유도측선에 의한 방법
㉯ 초음파에 의한 방법
㉰ 육분의에 의한 방법
㉱ 전자파 또는 GPS에 의한 방법

해설 ① 수심측량 : 수심 측량은 바다를 항해하는 선박의 안전을 위하여 시작되었다.
초기에는 납으로 만든 추에 눈금을 새긴 줄을 매어 해저까지 내린 다음, 줄에 표시한 눈금으로 바다의 깊이를 알아내는 방법으로 수심을 측량하였다. 추의 무게는 3.2~12.7kg 정도를 사용하였으며, 이 방법은 오늘날에도 항만에서 안벽의 직하 수심을 측정할 때 유용하게 사용되고 있는 일반적인 방법이다.
제2차 세계대전 이후 음향탐지 기술의 급속한 발달이 이루어지면서 음향측심기(수심측정기)가 개발되기 시작하였다. 음향측심기는 바다밑에 초음파를 발사하면 약 1,500m/s의 속도로 바다 밑에 이른 뒤 다시 반사되어 같은 경로로 되돌아오는 성질을 이용한 것이다.
② 평면위치 측량 : 초기에는 육분의(Sextant)를 이용한 3점 양각법, 두 곳 육상종국에서 발사하는 전파를 해상주국에서 수신하여 그 거리로써 선위를 측정하는 Range-Range 방법(Raydist, Trisponder 등)을 사용하였으나, 최근에는 지구위치측정시스템(GPS)이 개발·실용화되면서 보다 넓은 지역의 정확한 위치를 확인할 수 있게 되었다.

33. 수심측량의 측점위치를 정하는 다음 설명 중 적당하지 않은 것은?

㉮ 선박상에서 육분의로 정한다.
㉯ 육지에 기선을 설정하여 선박과 이루는 기선 양단의 각을 측정한다.
㉰ 선박을 일정한 선상, 일정한 속도로 진행시킨다.
㉱ 선박상에서 트래버스측량을 실시한다.

해설 32번 문제 해설 참조

해답 31. ㉰ 32. ㉯ 33. ㉱

34. 다음 그림에서 BC선에 연하여 심천측량을 하기 위해 A점을 CB선에 직각으로 AB=86m를 잡았다. 지금 이 배의 위치에서 육분의(Sextant)로 $\angle APB$를 측정하여 62°25′를 얻었을 때 BP의 거리는?

㉮ 45.25m
㉯ 65.85m
㉰ 34.33m
㉱ 44.33m

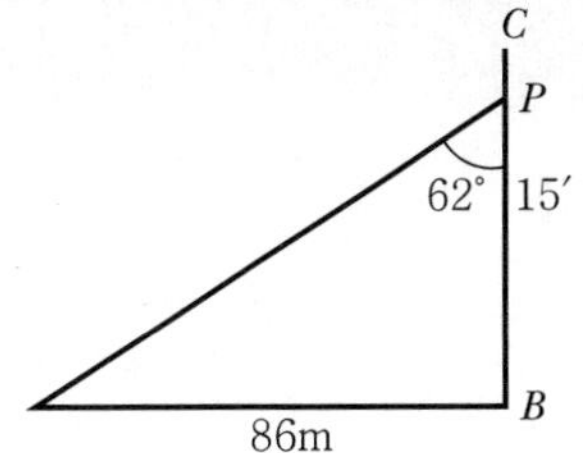

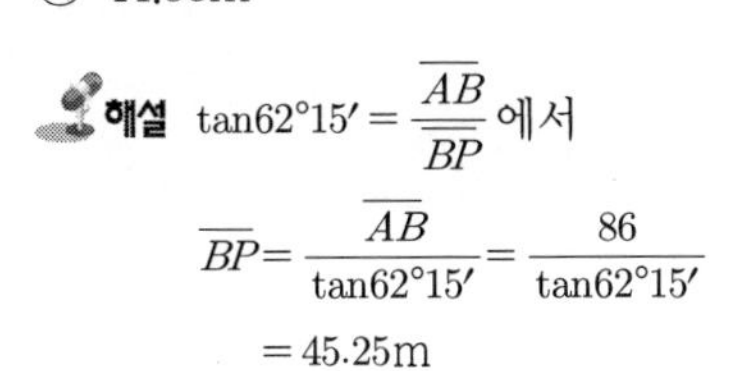

해설 $\tan 62°15' = \dfrac{\overline{AB}}{\overline{BP}}$ 에서

$$\overline{BP} = \frac{\overline{AB}}{\tan 62°15'} = \frac{86}{\tan 62°15'}$$

$= 45.25\text{m}$

35. 수로가 비교적 직선이고 단면적도 규칙적이며 하상이 편평한 상태에서의 평균유속을 설명한 것 중 맞는 것은?

㉮ 수면으로부터 평균유속까지의 깊이는 수심과 하천폭과의 비가 증가함에 따라서 커진다.
㉯ 일반적으로 평균유속의 위치는 수심의 0.2~0.3 사이에 존재한다.
㉰ 하상의 표면이 조잡할수록 평균유속의 위치는 낮아지고 평활할수록 높아진다.
㉱ 하상의 표면에 상관없이 평균유속의 위치는 같다.

해설 유속관측에는 유속계와 부자 등이 가장 많이 이용된다. 유속을 직접 관측 할 수 없을 때는 하천구배를 관측하여 평균유속을 구하는 방법을 이용한다.

해답 34. ㉮ 35. ㉮

제2편 과년도 문제해설

응용측량(2013년 1회 지적기사)

01. 다음 중 우리나라에서 발사한 위성은?

① KOMPSAT ② LANDSAT
③ SPOT ④ IKONOS

해설 우리나라 위성의 종류 및 연혁

1. 우리별위성(KITSAT)
   ㉠ 1992.8.11 초소형 과학위성인 우리별(KITSAT) 1호 발사
   ㉡ 1993.9.26 해상력 400m인 우리별(KITSAT) 2호 발사
   ㉢ 1999.5.26 우리별 3호 발사
   - 우리나라가 쏘아 올린 최초의 과학위성
   - 지구표면 촬영, 우주실험 등의 임무를 수행
   - 우리별 3호의 경우 15m급의 해상도
2. 무궁화위성(KOREASET)
   ㉠ 1995.8.5 한국 최초의 상용 통신. 방송위성인 무궁화 1호 발사
   ㉡ 1996.1.14 무궁화 2호를 발사하였으며 1999년에 발사한 무궁화 3호까지 운용되고 있음
   - 우리나라 위성통신과 위성방송사업을 담당하기 위해 발사된 통신위성
   - 방송분야와 통신분야의 임무를 수행
   - 주로 통신을 목적으로 하므로 지구의 자전각 속도와 동일한 각속도로 운동함으로써 정지궤도를 유지
3. 아리랑위성(KOMPSAT)
   ㉠ 1999.12.21 다목적 실용위성인 아리랑 1호 발사
   - 1994년에 개발을 시작하여 1999년에 발사한 우리나라 최초의 다목적 실용위성
   - 해상도는 6.6m
   - 사용연수는 3년 이상
   ㉡ 2006.7.28 다목적 실용위성인 아리랑 2호 발사
   - 1999년에 개발을 시작하여 2006년 7월 발사에 성공
   - 1m급 해상도의 다중대역 카메라(MSC)를 장착하여 고해상도의 위성영상 제공
   - 영상지도제작, 지질탐지 및 재해예방, 기상변화탐지, 국토개발과 관련된 토지이용현황 파악 등 다양한 서비스 제공
   - 별 추적기와 S밴드 안테나, 다중대역 카메라, 영상자료 전송 안테나, 태양전지판, 이차면경 방열판 등으로 구성
   - 고도 685km에서 적도를 남북으로 가르며(태양동기궤도) 하루 14.5바퀴씩 돈다.
4. 과학기술위성(STSAT)
   ㉠ 2003.9.27 우주관측위성인 과학기술위성 1호를 발사
   - 우리나라 최초의 과학기술위성으로 우주관측, 우주환경 측정, 과학실험 등의 임무를 수행
   - 1998년 개발에 착수하여 2003년 성공적으로 발사
   - 원자외선 분광기, 우주물리 시험장치, 데이터수집장비 및 고정밀 별감지기 탑재
   ㉡ 2013년 1월에는 과학기술위성 2호 발사. 나로호에 실린 과학기술위성 2호는 우리나라 최초 발사체인 나로호의 성능을 검증하기 위한 실험적인 임무를 띤 반면 천리안은 통신과 해양, 기상 관측 등 3가지의 복합적인 용도를 지닌 다목적 위성이라고 볼 수 있다. 과학실험 및 우주관측을 위한 국내 기술로 제작한 인공위성. 2009년과 2010년 두 차례의 나로호 발사 실패와 함께 사라짐에 따라 2013년 1월 30일 3차 발사에는 나로과학위성이 실림

Answer 01. ①

5. 천리안위성
한국최초의 통신해양기상위성. 우리의 기술로 개발한 최초의 정지궤도위성, '천리안위성'이 2010년 6월 27일 발사되었다. 천리안위성은 통신해양기상위성으로, 통신 위성과 해양 관측 위성, 기상 위성의 역할을 모두 하는 위성이다. 천리안위성이 가진 기능 중 아무래도 기상 부분이 가장 친숙할 것으로 생각된다.

02. 그림과 같은 노선횡단면의 면적은?

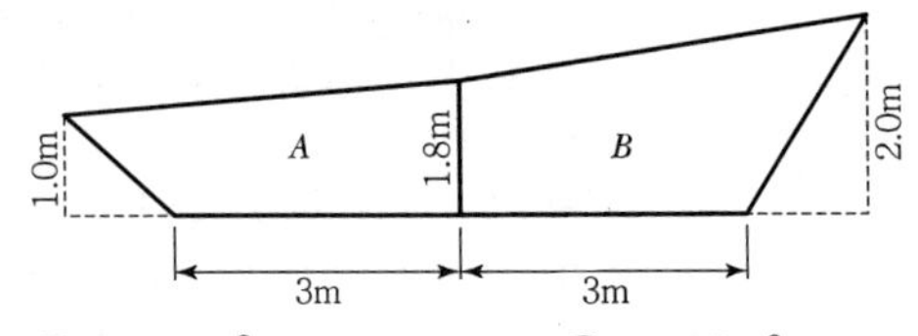

① $15.95m^2$　② $14.95m^2$
③ $13.95m^2$　④ $12.95m^2$

해설

$$A=\frac{1+1.8}{2}\times 4.5-\frac{1}{2}\times 1.5\times 1$$
$$=5.55$$

$$B=\frac{1.8+2.0}{2}\times 6-\frac{1}{2}\times 3\times 2$$
$$=8.4$$

$$\therefore A+B=5.55+8.4=13.95m^2$$

여기서,
(A) 밑변은 1.5×1+3=4.5m
(B) 밑변은 2×1.5+3=6.0m

03. 사진에서 볼 때 태양광선을 받아 주위보다 밝게 찍혀 보이는 부분을 무엇이라 하는가?

① Sun Spot
② Lineament
③ Over Lay
④ Shadow Spot

해설 선 스폿(Sun Spot)과 섀도우 스폿(Shadow Spot)
사진 판독은 사진화면으로부터 얻어진 여러 가지 정보를 목적에 따라 적절히 해석하는 기술을 말한다. 태양고도, 즉 태양반사광에 의해 사진에서는 희게 혹은 검게 찍히는 경우가 있다. 이것은 토양 등의 색깔에 의한 것이 아니고 태양반사광에 의한 광휘작용(光輝作用)이라는 것을 알 수 있다. 강한 태양광선에 의해 선 스폿이나 섀도우 스폿 현상이 나타난다.

㉠ 선 스폿
태양광선의 반사지점에 연못이나 논과 같이 반사능이 강한 수면이 있으면 그 부근이 희게 반짝이는 광휘작용(光輝作用, Halation)이 생긴다. 이와 같은 작용을 선 스폿이라 한다. 즉, 사진상에서 태양광선의 반사에 의해 주위보다 밝게 촬영되는 부분을 말한다.

㉡ 섀도우 스폿
사진기의 그림자가 찍혀지는 지점에 높은 수목 등이 있으면 그 부근의 원형부분이 주위보다 밝게 된다. 이것은 마치 만월(滿月)이 가장 밝게 보이는 것과 같은 이유인 것으로 이 부근에서는 태양광선을 받아 밝은 부분만이 찍히게 되고 어두운 부분은 감추어지기 때문이다. 이와 같은 현상을 섀도우 스폿이라 한다.

04. 평판을 이용하여 측량한 결과가 그림과 같이 $n=13$, $D=75m$, $S=1.24m$, $I=1.30m$ $H_A=50.00m$일 때 B점의 표고(H_B)는?

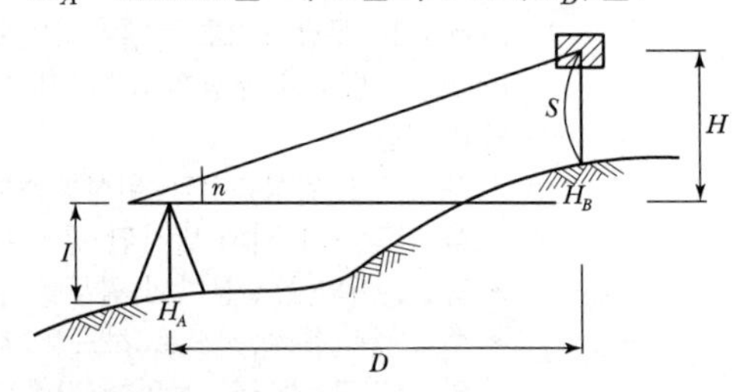

① 58.8m
② 59.8m
③ 60.8m
④ 61.8m

해설

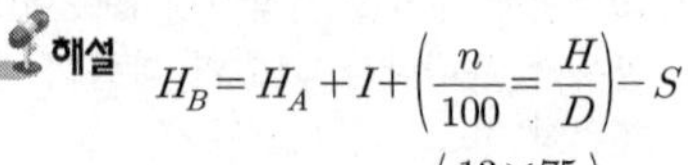

$$H_B=H_A+I+\left(\frac{n}{100}=\frac{H}{D}\right)-S$$
$$=50+1.3+\left(\frac{13\times 75}{100}\right)-1.24=59.81m$$

05. 노선측량의 작업 단계를 A~E와 같이 나눌 때, 일반적인 작업순서로 옳은 것은?

> A : 실시설계측량
> B : 계획조사측량
> C : 노선 선정
> D : 용지 및 공사 측량
> E : 세부측량

① A→C→D→E→B
② A→C→B→D→E
③ C→A→D→B→E
④ C→B→A→E→D

해설 노선측량의 순서
노선 선정(路線線定) → 계획조사측량(計劃調査測量) → 실시설계측량(實施設計測量) → 세부측량(細部測量) → 용지측량(用地測量) → 공사측량(工事測量)

06. 노선의 중심점 간 길이가 20m이고 단곡선의 반지름 R=100m일 때 1체인(20m)에 대한 편각은?

① 5°40′　　② 5°20′
③ 5°44′　　④ 5°54′

해설 $\delta = \frac{l}{R} \times \frac{90°}{\pi} = \frac{20}{100} \times 1718.87'$
$= 5°43'46.44''$

07. 지하시설물측량을 지하시설물의 조사, 관측, 해석 및 유지관리로 구분 할 때, 지하시설물 해석의 내용과 거리가 먼 것은?

① 관측을 통하여 수집된 관측 자료를 분석한다.
② 구조화 편집을 통하여 최종자료 기반화를 완성한다.
③ 지하시설물의 변동사항 갱신과 지하시설물의 특성에 따른 모니터링체계를 통합한다.
④ 관측을 통하여 수집된 지하시설물원도와 대장조서를 이용하여 대장입력과 도면제작편집을 수행한다.

해설 ㉠ 지하시설물의 해석
지하시설물의 해석은 지하시설물 관측자료의 분석, 편집 및 자료기반화이다. 관측을 통하여 수집된 지하시설물원도와 대장조서를 이용하여 대장 입력과 도면제작편집을 수행하게 되며 구조화 편집(위상 및 속성자료연결)을 통하여 최종자료 기반화를 완성하게 된다.
㉡ 유지관리
지하시설물의 유지관리를 위해서는 자료구축 이후의 지속적이며 표준화된 갱신이 이루어져야 한다. 단순한 지하시설물의 변동사항 갱신뿐만 아니라 각각의 지하시설물의 특성에 따른 모니터링체계를 통합함으로써 보다 효율적인 관리가 이루어질 수 있으며 일관성 있는 자료의 유지관리를 추구함으로써 과학적이고 합리적인 예측을 통한 의사결정을 수행할 수 있을 것이다.

08. 그림과 같이 A에서부터 관측하여 폐합 수준 측량을 한 결과가 표와 같을 때 오차를 보정한 D점의 표고는?

측점	거리(km)	표고(m)
A	0	20.00
B	3	12.412
C	2	11.285
D	1	10.874
A	2	20.055

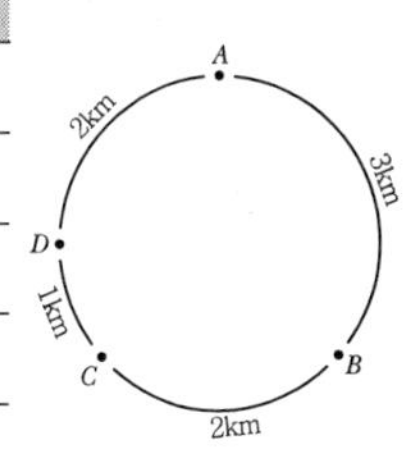

① 10.819m　　② 10.833m
③ 10.915m　　④ 10.929m

해설 A에서 다시 돌아온 거리가 5.5cm의 오차가 발생하므로 측선거리에 비례해서 보정이 필요하다.
- D점까지의 거리 : 3+2+1=6km
- A에서 다시 돌아온 거리 : 6+2=8km
- 오차는 거리에 비례 : $5.5 \times \frac{6}{8} = 4.125\text{cm}$
$= 0.041\text{m}$

∴ D점의 보정치 : 10.874-.041=10.833m

09. 반지름이 300m인 단곡선에서 교각 $I=87°24'50''$일 때 곡선장($C.L$)은?

① 457.7m ② 300.0m
③ 228.8m ④ 188.4m

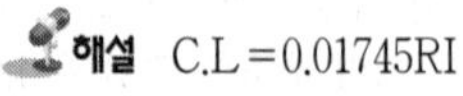

$C.L = 0.01745RI$
$= 0.01745 \times 300 \times 87°24'50'' = 457.61\text{m}$

10. 다음 중 GPS의 구성체계에 포함되지 않는 부분은?

① 우주 부문 ② 사용자 부문
③ 제어 부문 ④ 탐사 부문

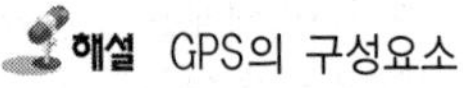

GPS의 구성요소
㉠ 우주 부문
㉡ 제어 부문
㉢ 사용자 부문

11. 터널 안에서 A점의 좌표가(1749.0m, 1134.0m, 126.9m) B점의 좌표가(2419.0m, 967.0m, 149.4m)일 때 A, B점을 연결하는 터널의 굴진하는 경우 이 터널의 경사거리는?

① 685.94m ② 686.19m
③ 686.31m ④ 686.57m

해설 경사거리 $= \sqrt{(2419.0-1749.0)^2+(987.0-1134.0)^2+(149.4-126.9)^2}$

$= \sqrt{670^2+147^2+22.5^2} = 686.31\text{m}$

12. 초점거리(f) 21cm인 카메라로 촬영한 공중사진의 중축복도(P) 70%, 60%인 사진 2장과 초점거리 11cm인 카메라로 촬영한 공중사진의 종중복도 75%, 60%인 사진 2장, 총 4장의 사진 중 기선고도비가 가장 큰 것은? (단, 사진크기는 18×18cm로 동일하다.)

① f=21cm, P=70%
② f=21cm, P=60%
③ f=11cm, P=75%
④ f=11cm, P=60%

해설 기선고도비 $= \dfrac{B}{H} = \dfrac{ma\left(1-\dfrac{P}{100}\right)}{mf}$

$= \dfrac{a\left(1-\dfrac{P}{100}\right)}{f}$ 일 때,

① $\dfrac{0.18\left(1-\dfrac{70}{100}\right)}{0.21} = 0.257$

② $\dfrac{0.18\left(1-\dfrac{60}{100}\right)}{0.21} = 0.343$

③ $\dfrac{0.18\left(1-\dfrac{75}{100}\right)}{0.11} = 0.409$

④ $\dfrac{0.18\left(1-\dfrac{60}{100}\right)}{0.11} = 0.655$(가장 크다.)

13. 편각법으로 원곡선을 설치할 때 기점으로부터 교점까지의 거리=123.45m, 교각(I)=40°20′, 곡선반지름(R)=100m일 때 시단현의 길이는?(단, 중심말뚝의 간격은 20m이다.)

① 4.18m ② 6.72m
③ 14.18m ④ 13.28m

해설 $TL = R\tan\dfrac{I}{2}$

$= 100 \times \tan\dfrac{40°20'}{2} = 36.73$

$BC = 123.45 - 36.73 = 86.72$

$N_0 4 + 6.72$

시단현 길이 $20 - 6.72 = 13.28\text{m}$

14. 초점거리 210mm, 사진크기 18×18cm인 카메라로 평지를 촬영한 항공사진 입체모델의 주점기선장이 60mm라면 종중복도는?

① 56% ② 61%
③ 67% ④ 72%

해설

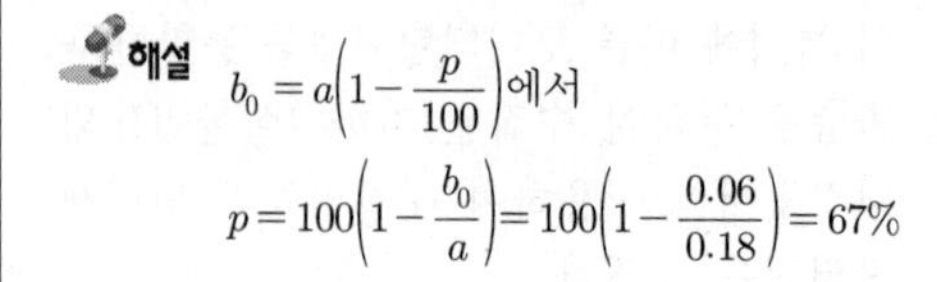

$b_0 = a\left(1-\dfrac{p}{100}\right)$에서

$p = 100\left(1-\dfrac{b_0}{a}\right) = 100\left(1-\dfrac{0.06}{0.18}\right) = 67\%$

15. 터널측량에 대한 설명 중 옳지 않은 것은?

① 터널측량은 크게 터널 내 측량, 터널 외 측량, 터널 내외 연결측량으로 나누어진다.
② 터널 내 측량에서는 망원경의 십자선 및 표척에 조명이 필요하다.
③ 터널의 길이방향은 주로 트래버스 측량으로 행한다.
④ 터널 내의 곡선설치는 일반적으로 지상에서와 같이 편각법을 주로 사용한다.

해설 터널 내의 곡선설치법은 현편거법, 내접 다각형법, 외접 다각형법이 있다.

16. 사진의 주점을 맞추고, 자구의 곡률 등을 보정하는 표정은?

① 접합표정 ② 내부표정
③ 대지표정 ④ 상호표정

해설 표정의 종류

1. 내부표정(Inner Orientation)
   ㉠ 사진의 주점을 투영기의 중심에 일치
   ㉡ 초점거리(f)의 조정
   ㉢ 건판신축, 대기굴절, 지구곡률, 렌즈왜곡의 보정
2. 외부표정(Exterior Orientation)
   ㉠ 상호표정(Relative Orientation)
   - 5개의 표정인자(κ, ϕ, ω, b_y, b_z) 사용
   - 종시차(($y-parallax : P_y$)) 소거

   ㉡ 절대표정(Absolute Orientation)
   - 7개의표정인자(λ, κ, ϕ, ω, b_x, b_y, b_z) 사용
   - 축척 및 경사의 조정으로 위치 결정
   - 축척의 결정, 위치. 방위의 결정, 표고. 경사의 결정

   ㉢ 접합표정(Succesive Orientation)
   - 7개의 표정인자(λ, κ, ϕ, ω, c_x, c_y, c_z) 사용
   - 모델 간, 스트립 간의 접합요소
   - 단입체 모형인 경우 생략, 좌표변환 시에만 필요

17. 등고선 측정방법 중 지성선상의 중요점의 위치와 표고를 측정하여, 이 점들을 기준으로 하여 등고선을 삽입하는 등고선 측정방법은?

① 사각형 분할법(좌표점법)
② 기준점법(종단점법)
③ 횡단점법
④ 직접법

해설 ① 좌표점법 : 표고를 관측, 그 결과로부터 등고선을 그리는 방법. 복잡한 지형에 이용
② 종단점법 : 비교적 소축척으로 산지 등의 측량에 이용되며 지성선상의 중요점의 위치와 표고를 측정하여, 이 점들을 기준으로 하여 등고선을 삽입하는 등고선 측정 방법
③ 횡단점법 : 노선측량의 평면도에 등고선을 삽입할 경우 이용
④ 직접법 : 레벨이나 평판을 사용하여 등고선을 삽입할 경우 이용

18. 수준측량 시 중간시가 많을 경우에 가장 편리한 야장기입 방법은?

① 기고식 ② 교차식
③ 승강식 ④ 고차식

해설 야장기입방법
㉠ 고차식 : 가장 간단한 방법으로 B.S와 F.S만 있으면 된다.
㉡ 기고식 : 가장 많이 사용하며, 중간점이 많을 경우 편리하나 완전한 검산을 할 수 없는 것이 결점이다.
㉢ 승강식 : 완전한 검사로 정밀 측량에 적당하나 중간점이 많으면 계산이 복잡하고, 시간과 비용이 많이 소요된다.

19. 항공사진측량을 할 때 현지조사 및 현장보완측량에 대한 설명으로 옳은 것은?

① 현지지리조사를 나갈 때에는 촬영사진을 1:1로 출력하여 사용한다.
② 인공구조물을 모두 조사하되 자연지물은 조사하지 않는다.

Answer 15. ④ 16. ② 17. ② 18. ① 19. ③

③ 현장보완측량에는 주로 토털스테이션을 사용한다.

④ 가건물과 비닐하우스도 모두 조사하여 표시하는 것을 원칙으로 한다.

해설 현지조사 방법 중 경계로 구분되어 있는 구역 내의 가건물은 삭제를 원칙으로 하고, 주기가 있는 가건물은 대표적인 것만 남기고 나머지는 삭제한다.

1. 현지조사의 기본원칙
   - ㉠ 지형·지물의 관련조사는 항공사진이 촬영된 시점을 기준
   - ㉡ 주기조사는 야장에 기록된 조사날짜를 기준
   - ㉢ 지리조사용 도면은 축척별 출력 도면을 이용하여 조사
   - ㉣ 도로폭의 결정은 도로계 계석의 외측 끝을 기준
   - ㉤ 건물조사는 모든 건물을 대상
   - ㉥ 위치에 관계된 조사사항은 모두 도형 및 치수를 병행표기
   - ㉦ 도화가 불가능한 지역(사각지대)의 지형·지물을 현지조사로 모두실측, 보완
   - ㉧ 도화원도상의 누락 부분은 현지조사에서 확인 및 도면에 표기하며, 수치도화로 보완할 수 있도록 현장에서 즉시 통보하고 확인된 다른 지점을 기준으로 선정하여 조사
2. 현지보완측량
   현지조사측량 후 변화가 발생한 지역의 측량에 대해서는 평판 및 TS 등 측량에 의한 세부측량의 관계규정을 준용한다.

20. 우리나라 지형도 1:50,000에서 조곡선의 간격은?

① 2.5m ② 5m
③ 10m ④ 20m

구분	기호	$\frac{1}{5,000}$	$\frac{1}{10,000}$	$\frac{1}{25,000}$	$\frac{1}{50,000}$
주곡선	가는 실선	5	5	10	20
간곡선	가는 파선	2.5	2.5	5	10
조곡선(보조곡선)	가는 점선	1.25	1.25	2.5	5
계곡선	굵은 실선	25	25	50	100

 Answer 20. ②

응용측량(2013년 1회 지적산업기사)

01. 사진측량에서 표정 중, 촬영 당시의 광속의 기하 상태를 재현하는 작업으로 기준점 위치, 렌즈의 왜곡, 사진기의 초점거리와 사진의 주점을 결정하는 작업은?

① 내부표정　② 상호표정
③ 절대표정　④ 접합표정

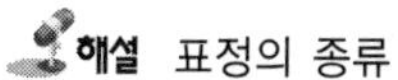

해설 표정의 종류

1. 내부표정(Inner Orientation)
   - ㉠ 사진의 주점을 투영기의 중심에 일치
   - ㉡ 초점거리(f)의 조정
   - ㉢ 건판신축, 대기굴절, 지구곡률, 렌즈왜곡의 보정
2. 외부표정(Exterior Orientation)
   - ㉠ 상호표정(Relative Orientation)
     - 5개의 표정인자(κ, ϕ, ω, b_y, b_z) 사용
     - 종시차(($y-parallax : P_y$)) 소거
   - ㉡ 절대표정(Absolute Orientation)
     - 7개의표정인자(λ, κ, ϕ, ω, b_x, b_y, b_z) 사용
     - 축척 및 경사의 조정으로 위치 결정
     - 축척의 결정, 위치. 방위의 결정, 표고. 경사의 결정
   - ㉢ 접합표정(Succesive Orientation)
     - 7개의 표정인자(λ, κ, ϕ, ω, c_x, c_y, c_z) 사용
     - 모델 간, 스트립 간의 접합요소
     - 단입체 모형인 경우 생략, 좌표변환 시에만 필요

02. 지상 1km²의 면적이 도면상에서 4cm²일 때 축척은?

① 1:5,000　② 1:25,000
③ 1:50,000　④ 1:250,000

해설 $\left(\frac{1}{m}\right)^2 = \frac{\text{도상면적}}{\text{지상면적}}$ 에서

$$\frac{1}{m} = \sqrt{\frac{\text{도상면적}}{\text{지상면적}}} = \sqrt{\frac{4}{10,000,000,000}} = \frac{1}{50,000}$$

03. 노선 측량작업의 단계가 [보기]와 같을 때, 노선측량의 순서로 알맞은 것은?

[보기]	
① 공사 측량	② 실측
③ 예측	④ 도상 계획

① ④→①→③→②
② ④→③→②→①
③ ③→④→①→②
④ ③→①→②→④

해설 도상계획 → 예측 → 실측 → 공사측량

04. 단곡선 측량에서 교각 I=50°, 반지름 R=250m인 경우에 외선장 E는?

① 10.12m　② 15.84m
③ 20.84m　④ 25.84m

해설
$$E = R\left(\sec\frac{I}{2} - 1\right) = 250\left(\sec\frac{50°}{2} - 1\right) = 250\left(\frac{1}{\cos 25°} - 1\right) = 25.84\text{m}$$

05. 다음 중 사진지도의 특징에 대한 설명으로 잘못된 것은?

① 정량적 및 정성적 관측이 가능하다.
② 접근하기 어려운 대상물의 관측이 가능하다.
③ 시간적 변화를 포함한 4차원 측량이 가능하다.
④ 행정경계, 지명, 건물명 등도 별도의 작업 없이 측량이 가능하다.

Answer 01. ① 02. ③ 03. ② 04. ④ 05. ④

해설 1. 장점

㉠ 정량적 및 정성적 측정이 가능하다.
㉡ 정확도가 균일하다.
㉢ 동체측정에 의한 현상보존이 가능하다.
㉣ 접근하기 어려운 대상물의 측정도 가능하다.
㉤ 축척변경도 가능하다.
㉥ 분업화로 작업을 능률적으로 할 수 있다.
㉦ 경제성이 높다.
㉧ 4차원의 측정이 가능하다.
㉨ 비지형측량이 가능하다.

2. 단점

㉠ 좁은 지역에서는 비경제적이다.
㉡ 기재가 고가이다(시설 비용이 많이 든다).
㉢ 피사체에 대한 식별의 난해가 있다(지명, 행정경계 건물명, 음영에 의하여 분별하기 힘든 곳 등의 측정은 현장의 작업으로 보충측량이 요구된다).

06. 완화곡선의 성질에 대한 설명으로 옳지 않은 것은?

① 곡선의 반지름은 완화곡선의 시점에서 무한대, 종점에서 원곡선의 반지름(R)으로 된다.
② 완화곡선의 접선은 시점에서 원호에, 종점에서 직선에 접한다.
③ 완화곡선에 연한 곡선반지름의 감소율은 캔트(Cant)의 증가율과 동률로 된다.
④ 완화곡선 종점에 있는 캔트는 원곡선의 캔트와 같게 된다.

해설 완화곡선의 성질

㉠ 완화곡선의 반지름은 그 시작점에서 무한대이고, 종점에서는 원곡선의 반지름과 같다.
㉡ 완화곡선의 접선은 시점에서는 직선에, 종점에서는 원호에 접한다.
㉢ 완화곡선의 연한 곡선반경의 감소율은 캔트의 증가율과 같다.
㉣ 완화곡선의 편경사의 크기는 곡선의 반경에 반비례하고 설계속도에 비례한다.

07. 축척 1:10,000의 항공사진에서 건물의 시차를 측정하니 옥상이 21.51mm, 아래부분이 16.21mm 이었다. 건물의 높이는?(단, 촬영고도는 1,000m, 촬영기선길이 850m이다.)

① 61.35m ② 62.35m
③ 62.55m ④ 63.34m

해설

$$h=\frac{H}{b_0}\Delta p=\frac{1000}{850}\times 53=62.35\text{m}$$

여기서,

$10,000\times 21.51=215,100\text{mm}=215.1\text{m}$

$10,000\times 16.21=162100\text{mm}=162.1\text{m}$

$\Delta p=215.1-162.1=53\text{m}$

08. 다음 중 터널에서 중심선 측량의 가장 중요한 목적은?

① 도벨 간 정확한 거리 판정
② 인조점의 바른 매설
③ 터널입구 형상의 측정
④ 정확한 방향과 거리 측정

해설 터널의 중심선측량(中心線測量)은 양갱구(兩坑口)의 중심선상에 기준점을 설치하고 이 두 점의 좌표를 구하여 터널을 굴진(掘進)하기 위한 방향을 줌과 동시에 정확한 거리를 찾아내는 것이 목적이다. 터널에 있어서는 방향과 고저, 특히 방향의 오차는 영향이 크므로 되도록 직접 구하여 터널을 굴진하기 위한 방향을 구하는 것과 동시에 정확한 거리를 찾아내는 것이 목적이다.

09. 등고선에 관한 설명 중 틀린 것은?

① 주곡선은 등고선 간격의 기준이 되는 선이다.
② 간곡선은 주곡선 간격의 1/2마다 표시한다.
③ 조곡선은 간곡선 간격의 1/4마다 표시한다.
④ 계곡선은 주곡선 5개마다 굵게 표시한다.

 Answer 06. ② 07. ② 08. ④ 09. ③

해설 등고선의 종류와 간격

구분	기호	$\frac{1}{5,000}$	$\frac{1}{10,000}$	$\frac{1}{25,000}$	$\frac{1}{50,000}$
주곡선	가는실선	5	5	10	20
간곡선	가는파선	2.5	2.5	5	10
조곡선 (보조곡선)	가는점선	1.25	1.25	2.5	5
계곡선	굵은실선	25	25	50	100

10. 항공사진의 기복 변위와 관계없는 것은?

① 촬영고도 ② 중심투영
③ 지형지물의 높이 ④ 정사투영

$\Delta r = \frac{h}{H} r$

여기서, Δr : 변위량
h : 비고
H: 촬영고도
r: 화면연직점에서의거리

11. GPS 측량을 위한 관측계획을 세울 때 유의할 사항에 해당하지 않는 것은?

① 측정점 간의 시통은 잘 되는가?
② 측정점에서 공중에 대한 시야는 확보되어 있는가?
③ 측정시간대의 인공위성 배치는 양호한가?
④ 측정점 가까이 강한 전파를 발사하는 송신탑이나 고압선은 없는가?

해설 GPS 측량 관측계획 시 유의사항
㉠ 고도각은 원칙적으로 15° 이상일 것
㉡ 위성의 작동 상태가 정상일 것
㉢ 동시 수신 위성수는 4개 이상일 것
㉣ 측정점 가까이 강한 전파를 발사하는 송신탑이나 고압선은 피할 것

12. 등고선도로 알 수 없는 것은?

① 산의 체적 ② 댐의 유수량
③ 연직선 편차 ④ 지형의 경사

해설 1. 등고선도의 이용
㉠ 노선의 도상 선정
㉡ 성토, 절토의 범위 결정
㉢ 집수면적의 측정
㉣ 산의 체적
㉤ 댐의 유수량
㉥ 지형의 경사
2. 연직선편차
지구상 어느 한 점에서 타원체의 법선(수직선)과 지오이드의 법선(연직선)과의 차이

13. 지표 위 어느 점으로부터 지구의 중심에 이르는 선을 무엇이라 하는가?

① 수직선(Vertical Line)
② 수평선(Horizontal Line)
③ 묘유선(Prime Vertical)
④ 항정선(Rhumb Line)

해설 연직선과 수직선
중력방향은 등포텐셜면에 직교하는 방향으로 지구의 중심을 향하지만 엄밀하게는 중력에 의하여 조금씩 변화하고 있으며, 레벨이나 트랜시트 등의 측량기기의 추가 가리키는 방향으로 연직선(鉛直線, Plumb Line)이라 한다. 그러나 지구타원체는 지구의 질량과 관계없이 매끈한 곡선을 이루므로 이에 직교하는 방향은 지구중심을 향하며 이를 수직선(垂直線, Vertical Line)이라 한다.
연직선과 수직선은 일반적으로 일치하지 않으며 아래 그림과 같이 편차가 생기는데 (A)의 경우는 지오이드상의 점 P에 대한 연직선과 이를 통과하는 수직선 사이의 각으로 수직선편차(垂直線偏差, Deflection Of The Vertical)라고 한다.
그림 (B)의 경우는 지구타원체상의 점 Q에 대한 수직선과 이를 통과하는 연직선 사이의 각으로 연직선편차(鉛直線偏差, Deflection Of The Plumb Line)라고 한다.

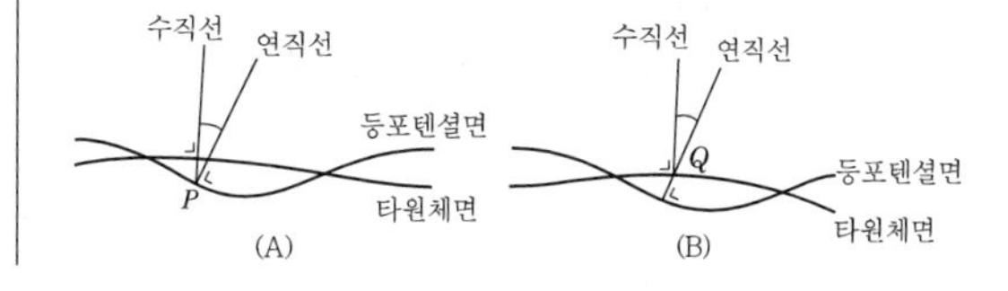

14. 터널측량의 조사단계인 지형측량에서 실시하는 내용이 아닌 것은?

① 항공사진측량 ② 거리측량
③ 변형측량 ④ 기준점측량

해설 터널측량의 세분

지형측량(地形測量)	항공사진측량, 기준점측량, 평판측량 등으로 터널의 노선선정이나 지형의 경사 등을 조사하는 측량이다.
갱외기준점측량(坑外基準點測量)	삼각 또는 다각측량 및 수준측량에 의해 굴삭을 위한 측량의 기준점 설치 및 중심선 방향의 설치를 하는 측량이다.
세부측량(細部測量)	평판측량과 수준측량으로 갱구 및 터널 가설설계에 필요한 상세한 지형도작성을 위한 측량이다.
갱내측량(坑內測量)	다각측량과 수준측량에 의해 설계중심선의 갱내에의 설정 및 굴삭, 지보공(支保工), 형틀설치 등을 위한 측량이다.
작업갱측량(作業坑測量)	갱내기준점설치를 위한 측량이다.
준공측량(竣工測量)	도로, 철도, 수로 등 터널 사용목적에 따라 터널 형상을 제작하기 위한 측량이다.

15. 철도, 도로등의 단곡선 설치에서 접선과 현이 이루는 각을 이용하여 곡선을 설치하는 방법은?

① 편각법 ② 진출법
③ 지거법 ④ 접선법

해설 철도, 도로 등의 곡선 설치에 가장 일반적인 방법이며, 다른 방법에 비해 정확하나 반경이 작을 때 오차가 많이 발생한다.

16. 다음 수준측량 오차 중 시준거리의 제곱에 비례하여 변화하는 것은?

① 지구의 곡률에 의한 오차
② 표척의 경사에 의한 오차
③ 관측자의 오독으로 인한 오차
④ 레벨의 불완전조정에 의한 오차

해설 ㉠ 구차(球差) : 지구의 곡률에 의한 오차로서 +보정(높게)한다.

$$h_1 = +\frac{D^2}{2R}$$

㉡ 기차(氣差) : 광선(빛)의 굴절에 따른 오차로서 －보정(낮게)한다.

$$h_1 = -\frac{KD^2}{2R}$$

㉢ 양차 : 구차와 기차를 합한 것

$$h = h_1 + h_2 = \frac{(1-K)}{2R}D^2$$

여기서, R : 지구반경,
K : 빛의 굴절계수(0.12~0.14)

17. 2km에 대한 수준측량의 왕복오차를 ±15mm로 제한한다면 3km노선을 왕복 수준측량을 하였을 경우에 제한 오차는?

① ±15mm ② ±16mm
③ ±17mm ④ ±18mm

해설 $\sqrt{2\text{km}} : 15\text{mm} = \sqrt{3\text{km}} : x$ 에서
x는 18.37mm

18. GPS측량의 반송파 위상측정에서 일반적으로 고려하지 않는 사항은?

① 위성시계의 오차
② 측점에서의 시계오차
③ 측점에서의 기상조건
④ 대류권과 이온층에서의 신호전파의 영향

해설 GPS측량의 반송파 위상측정에서 일반적으로 고려할 사항
㉠ 위성시계의 오차
㉡ 측점에서의 시계오차
㉢ 위성의 궤도오차
㉣ 대류권과 이온층에서의 신호전파의 영향
㉤ 전파적 잡음
㉥ 다중경로 오차

 Answer 14. ③ 15. ① 16. ① 17. ④ 18. ③

19. 축척 1:25000 지형도상의 어느 산정에서 산 밑까지 거리를 관측하여 4cm이었다. 이 산정의 표고가 750m, 산 밑의 표고는 500m라면 산 밑에서 산정까지 등경사지라고 할 때, 두 지점의 사면거리는?

① 1030.78m ② 1125.46m
③ 1236.87m ④ 1363.78m

해설

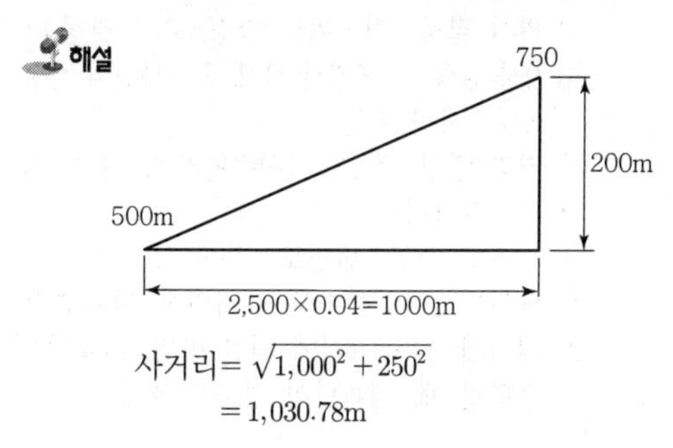

사거리$= \sqrt{1,000^2 + 250^2}$
$= 1,030.78$m

20. 사진판독 후 현지조사를 하여야 정확한 판독을 할 수 있는 것은?

① 철도나 도로 ② 수로
③ 건물의 종류 ④ 논과 밭

해설 ㉠ 사진판독 후 현지조사를 하여야 정확한 판독을 할 수 있는 것 : 수목 중의 소도로, 건물의 종류, 행정경계
㉡ 논과 밭의 구분은 사진에서는 대체로 명료(明瞭)하므로 현지조사는 여력(餘力)이 있을 때 행하는 정도를 한다.

Answer 19. ① 20. ③

응용측량(2013년 2회 지적기사)

01. 수준측량의 야장기입법 중 중간점(I.P)이 많을 때 가장 적합한 방법은?

① 승강식 ② 고차식
③ 기고식 ④ 방사식

해설 야장기입방법

고차식	가장 간단한 방법으로 B.S와 F.S만 있으면 된다.
기고식	가장 많이 사용하며, 중간점이 많을 경우 편리하나 완전한 검산을 할 수 없는 것이 결점이다.
승강식	완전한 검사로 정밀 측량에 적당하나 중간점이 많으면 계산이 복잡하고, 시간과 비용이 많이 소요된다.

02. 터널의 준공을 위한 변형조사측량에 해당되지 않는 것은?

① 중심측량
② 고저측량
③ 단면측량
④ 삼각측량

해설 터널의 준공을 위한 변형조사측량
터널 완성 후의 측량에는 준공검사의 측량과 터널이 변형을 일으킨 경우의 조사측량이 있는데 방법은 동일하다.
㉠ 중심선측량(中心線測量)
㉡ 고저측량(高低測量)
㉢ 단면의 관측(斷面의 觀測)

03. 다음 중 지형도의 이용과 거리가 먼 것은?

① 연직단면의 작성
② 저수용량, 토공량의 산정
③ 면적의 도상 측정
④ 지적도 작성

해설 지형도의 이용
㉠ 방향 결정
㉡ 위치 결정 : 경·위도 결정, 표고 결정
㉢ 경사 결정 : 지표경사 결정, 등경사선의 결정, 최대경사선 결정
㉣ 거리 결정 : 직선·곡선수평거리, 직선·곡선경사거리
㉤ 단면도 작성 : 단면도·종단면도 작성
㉥ 면적계산 : 수평면적, 유역면적, 담수면적
㉦ 체적계산 : 등고선에 의한 방법, 계획면이 수평일 때, 계획면이 경사진 경우

04. 수준측량에서 발생하는 오차 중에서 기계적 원인으로 발생하는 오차가 아닌 것은?

① 시준 시 기포가 정중앙에 있지 않다.
② 기포관의 곡률이 균일하지 않다.
③ 레벨의 조정이 불완전하다.
④ 기포가 둔감하다.

해설

정오차	• 표척눈금 부정에 의한 오차 • 지구곡률에 의한 오차(구차) • 광선굴절에 의한 오차(기차) • 레벨 및 표척의 침하에 의한 오차 • 표척의 영눈금(0점) 오차 • 온도 변화에 대하 표척의 신축 • 표척의 기울기에 의한 오차
부정오차	• 레벨 조정 불완전(표척의 읽음 오차) • 시차에 의한 오차 • 기상 변화에 의한 오차 • 기포관의 둔감 • 기포관의 곡률의 부등 • 진동, 지진에 의한 오차 • 대물경의 출입에 의한 오차

Answer 01. ③ 02. ④ 03. ④ 04. ①

05. 실거리가 500m인 도로구간에 대해 항공사진측량을 실시하여 고도 1km 상공에서 촬영을 하였다면 사진에 나타난 도로의 길이는?(단, 카메라 초점거리는 150mm이다.)

① 5.0cm ② 7.5cm
③ 13.3cm ④ 30.0cm

해설 $M=\frac{1}{m}=\frac{f}{H}=\frac{l}{L}$에서 $\frac{0.15}{1{,}000}=\frac{l}{500}$

$l=\frac{0.15\times500}{100}=0.075\text{m}=7.5\text{cm}$

06. 원격탐사에 관한 설명으로 옳지 않은 것은?

① 항공기나 인공위성을 주로 이용한다.
② 탐사 센서에는 수동적 센서와 능동적 센서가 있다.
③ 전자파의 많은 파장대 중 가시광선을 이용하는 것만을 의미한다.
④ 관측자료가 수치로 기록되어 판독이 자동적이고 정량화가 가능하다.

해설 원격탐측(Remote Sensing)

1. 정의
원거리에서 직접 접촉하지 않고 대상물에서 반사(Reflection) 또는 방사(Emission)되는 각종 파장의 전자기파를 수집, 처리하여 대상물의 성질이나 환경을 분석하는 기법을 말한다. 이때 전자파를 감지하는 장치를 센서(Sensor)라 하고 센서를 탑재한 이동체를 플랫폼(Platform)이라 한다. 통상 플랫폼에는 항공기나 인공위성이 사용된다.
2. 특징
㉠ 짧은 시간에 넓은 지역을 동시에 측정할 수 있으며 반복측정이 가능하다.
㉡ 다중파장대에 의한 지구표면 정보 획득이 용이하며 측정자료가 기록되어 판독이 자동적이고 정량화가 가능하다.
㉢ 회전주기가 일정하므로 원하는 지점 및 시기에 관측하기가 어렵다.
㉣ 관측이 좁은 시야각으로 얻어진 영상은 정사투영에 가깝다.
㉤ 탐사된 자료가 즉시 이용될 수 있으므로 재해, 환경문제 해결에 편리하다.
㉥ 다중파장대 영상으로 지구표면 정조 획득 및 경관분석 등 다양한 분야에 활용
㉦ GIS와의 연계로 다양한 공간분석이 가능
㉧ 1972년 미국에서 최초의 지구관측위성(Landsat-1)을 발사한 후 급속히 발전
㉨ 모든 물체는 종류, 환경조건이 달라지면 서로 다른 고유한 전자파를 반사, 방사한다는 원리에 기초한다.

07. 초점거리가 150mm, 사진크기가 23×23cm, 비행고도가 7500m인 항공사진의 실체모델 하나의 유효면적은?(단, 종중복도는 60%, 횡중복도는 30%이다.)

① 37.03km² ② 41.03km²
③ 49.03km² ④ 60.23km²

해설 $A_0=(ma)^2\left(1-\frac{p}{100}\right)\left(1-\frac{q}{100}\right)$

$\frac{1}{m}=\frac{f}{H}=\frac{0.15}{7{,}500}=\frac{1}{50{,}000}$

$A_0=(50{,}000\times0.23)^2\times\left(1-\frac{60}{100}\right)\left(1-\frac{30}{100}\right)$

$=37{,}030{,}000\text{m}^2=37.03\text{km}^2$

08. 완화곡선 중 $y=\frac{x^3}{6RX}$의 식으로 나타낼 수 있는 것은?(단, R=반지름, X=완화곡선 종점)

① 3차 포물선 ② 클로소이드
③ 렘니스케이트 ④ 복곡선

해설 ㉠ 3차 포물선 $y=\frac{x^3}{6RX}$

㉡ 클로소이드 $A^2=RL$

09. 곡선 반지름(R)=150m, 교각(I)=90°인 단곡선에서 기점으로부터의 교점(I.P)의 추가거리가 1273.45m일 때, 곡선 시점(B.C)의 추가거리는?

① 1,034.25m ② 1,123.45m
③ 1,245.56m ④ 1,368.86m

해설

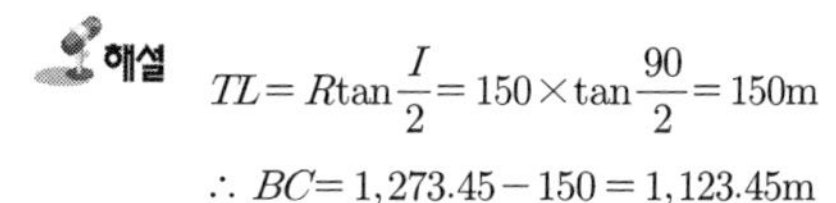

$TL=R\tan\frac{I}{2}=150\times\tan\frac{90}{2}=150\text{m}$

$\therefore BC=1{,}273.45-150=1{,}123.45\text{m}$

Answer 05. ② 06. ③ 07. ① 08. ① 09. ②

10. GPS 측량방법 중 후처리 방식이 아닌 것은?

① Statric 방법
② Kinematic 방법
③ Pseudo-Kinematic 방법
④ Real-Time Kinematic 방법

해설 GPS 측량방법
㉠ 후처리방법 : 정적간섭측위(Static Survey), 키네마틱 측위(Kinematic Survey)
㉡ 실시간 처리방법 : RTK 측위법(Real-Time Kinematic Survey)

11. 노선측량에서 일반적으로 종단면도에 기입되는 항목이 아닌 것은?

① 관측점 간 수평거리
② 절토 및 성토량
③ 계획선의 경사
④ 관측점의 지반고

해설 종단면도에 기입되는 항목
㉠ 측점위치
㉡ 측점 간의 수평거리
㉢ 각 측점의 기점에서의 누가거리
㉣ 각 측점의 지반고 및 고저기준점(B.M)의 높이
㉤ 측점에서의 계획고
㉥ 지반고와 계획고의 차(성토, 절토별)
㉦ 계획선의 경사

12. 내부표정에 대한 설명으로 옳은 것은?

① 기계좌표계 → 지표좌표계 → 사진좌표계로 변환
② 지표좌표계 → 기계좌표계 → 사진좌표계로 변환
③ 지표좌표계 → 사진좌표계 → 기계좌표계로 변환
④ 기계좌표계 → 사진좌표계 → 지표좌표계로 변환

해설 표정(Orientation)
㉠ 내부표정(Inner Orientation) : 기계좌표로부터 지표좌표를 구한 다음 사진좌표를 구하는 단계적 표정으로서 좌표변환식은 Helmert 변환, 2차원등각사상변환(Conformal Transformation), 2차원부등각사상변환(Affine Transformation)이 이용된다.
㉡ 상호표정(Relative Orientation) : 사진좌표로부터 사진기좌표를 구한 다음 모델좌표를 구하는 단계적 표정으로서 좌표변환식은 공선조건(Collinearity Condition)과 공면조건(Coplannarity Condition)을 이용한다.
㉢ 절대표정(Absolute Orientation) : 상호표정이 끝난 모델을 피사체 기준점 또는 지상기준점을 이용하여 피사체 좌표계 또는 지상좌표계와 일치하도록 하는 작업이다.

13. 터널 내에서 A점의 좌표 및 표고가(1328, 810, 86), B점의 좌표 및 표고가(1734, 589, 112)일 때 A, B점을 연결하는 터널을 굴진할 경우 이 터널의 경사거리는?(단, 좌표의 단위는 m이다.)

① 341.5m　　② 363.1m
③ 421.6m　　④ 463.0m

해설 경사거리 $= \sqrt{(1734-1328)^2+(589-810)^2+(112-86)^2} = 462.98\text{m}$

14. 항공삼각측량에서 기본단위가 사진으로, 블록 내의 각 사진상에 관측된 기준점, 접합점의 사진좌표를 이용하여 최소제곱법으로 사진의 외부표정요소 및 접합점의 최확값을 결정하는 방법은?

① 다항식법
② 독립 모델법
③ 광속조정법
④ 그루버법

 Answer 10. ④ 11. ② 12. ① 13. ④ 14. ③

해설 항공삼각측량 조정방법

항공삼각측량에는 조정의 기본단위로서 블록(Block), 스트립(Strip), 모델(Model), 사진(Photo)이 있으며 이것을 기본단위로 하는 항공삼각측량 조정방법에는 다항식 조정법, 독립모델법, 광속조정법, DLT법 등이 있다.

㉠ 다항식조정법(Polynomial Method)
다항식 조정법은 촬영경로, 즉 종접합모형(Strip)을 기본단위로 하여 종횡접합모형 즉 블록을 조정하는 것으로 촬영경로마다 접합표정 또는 개략의 절대표정을 한 후 복수촬영경로에 포함된 기준점과 접합표정을 이용하여 각 촬영경로의 절대표정을 다항식에 의한 최소제곱법으로 결정하는 방법이다.

㉡ 독립모델조정법(IMT : Independent Model Trianulation)
독립모델조정법(독립입체모형법)은 입체모형(Model)을 기본단위로 하여 접합점과 기준점을 이용하여 여러 모델의 좌표를 조정하는 방법에 의하여 절대좌표를 환산하는 방법

㉢ 광속조정법(Bundle Adjustment)
광속조정법은 상좌표를 사진좌표로 변환시킨 다음 사진좌표(Photo Coordinate)로부터 직접절대좌표(Absolute Coordinate)를 구하는 것으로 종횡접합모형(Block) 내의 각 사진상에 관측된 기준점, 접합점의 사진좌표를 이용하여 최소제곱법으로 각 사진의 외부표정요소 및 접합점의 최확값을 결정하는 방법이다.

㉣ DTL 방법(DLT : Direct Linear Transformation)
광속조정법의 변형인 DLT 방법은 상좌표로부터 사진좌표를 거치지 않고 11개의 변수를 이용하여 직접절대 좌표를 구할 수 있다.

15. 다음 중 수준점에 대한 설명으로 틀린 것은?

① 우리나라는 국도 및 중요한 간선 도로에 따라 약 2km마다 2등 수준점을 설치하였다.
② 수준점의 표고는 지오이드로부터의 높이를 말하며, 레벨측량으로 구한다.
③ 수준점 표석의 상단 가운데에는 십자선이 표시되어 있다.
④ 우리나라 수준점의 표고의 기준점은 수준원점이다.

해설 수준점(Bench Mark)

기준면에서 표고를 정확하게 측정해서 표시해 둔 점을 수준점(BM)이라 한다. 우리나라 국도 및 주요도로에서는 1등은 4km, 2등은 2km마다 수준점을 설치한다.

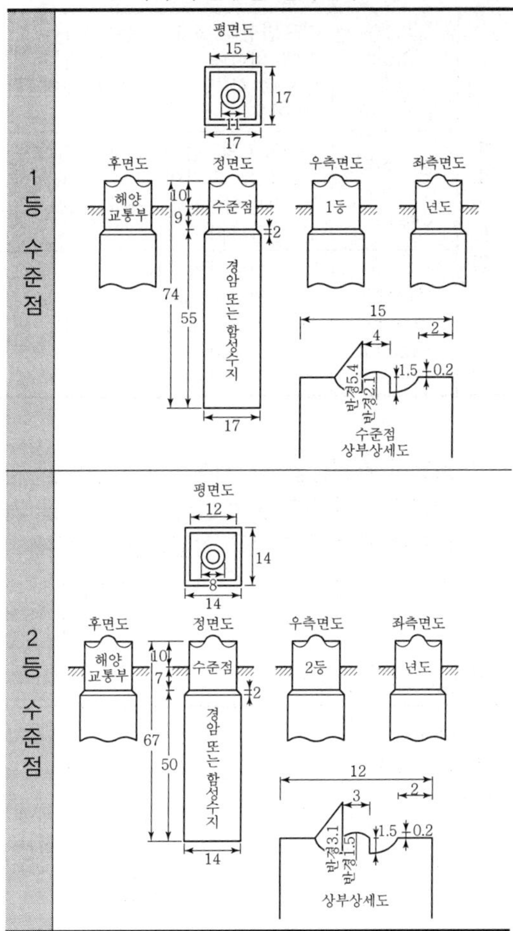

16. 다음 중 지형의 표시방법이 아닌 것은?

① 점고법 ② 우모법
③ 평행선법 ④ 등고선법

해설 지형도에 의한 지형표시법

자연적 도법	영선법 (우모법, Hatching)	"게바"라 하는 단선상(短線上)의 선으로 지표의 기본을 나타내는 것으로 게바의 사이, 굵기, 방향 등에 의하여 지표를 표시하는 방법
	음영법 (명암법, Shading)	태양광선이 서북쪽에서 45°로 비친다고 가정하여 지표의 기복을 도상에서 2~3색 이상으로 채색하여 지형을 표시하는 방법으로 지형의 입체감이 가장 잘 나타나는 방법
부호적 도법	점고법 (Spot height system)	지표면상의 표고 또는 수심을 숫자에 의하여 지표를 나타내는 방법으로 하천, 항만, 해양 등에 주로 이용
	등고선법 (Contour System)	동일표고의 점을 연결한 것으로 등고선에 의하여 지표를 표시하는 방법으로 토목공사용으로 가장 널리 사용
	채색법 (Layer System)	같은 등고선의 지대를 같은 색으로 채색하여 높을수록 진하게 낮을수록 연하게 칠하여 높이의 변화를 나타내며 지리관계의 지도에 주로 사용

17. 등고선 측정방법 중 지성선상의 중요한 지점의 위치와 표고를 측정하여 이 점들을 기준으로 하여 등고선을 삽입하는 방법은?

① 횡단점법 ② 종단점법
③ 지형점법 ④ 방안점법

해설 등고선의 측정방법

방안법 (좌표점고법)	각교점의 표고를 측정하고 그 결과로부터 등고선을 그리는 방법으로 지형이 복잡한 곳에 이용한다.
종단점법	지형상 중요한 지성선 위의 여러 개의 측선에 대하여 거리와 표고를 측정하여 등고선을 그리는 방법으로 비교적 소축척의 산지 등의 측량에 이용
횡단점법	노선측량의 평면도에 등고선을 삽입할 경우에 이용되며 횡단측량의 결과를 이용하여 등고선을 그리는 방법이다.

18. 비행속도 시속 180km/h인 항공기에서 초점거리 150mm인 카메라로 어느 시가지를 촬영한 항공사진이 있다. 허용 흔들림량이 사진상에서 0.01mm, 최장 허용 노출시간이 1/250초, 사진크기 23×23cm일 때, 이 사진상에서 연직점으로부터 6cm 떨어진 위치에 있는 건물의 사진상 변위가 0.26cm라면 이 건물의 실제 높이는?

① 60m ② 90m
③ 105m ④ 130m

해설 $T_l = \dfrac{\Delta s \cdot m}{V}$에서

$$m = \frac{T_l \cdot V}{\Delta s} = \frac{\frac{1}{250} \times 180 \times 1{,}000{,}000 \times \frac{1}{3{,}600}}{0.01}$$

$$= \frac{200}{0.01} = 20{,}000$$

$M = \dfrac{1}{m} = \dfrac{f}{H}$에서

$H = mf = 20{,}000 \times 0.15 = 3{,}000$

$\Delta r = \dfrac{h}{H} \times r$에서

$$h = \frac{H}{r}\Delta r$$

$$= \frac{300{,}000}{6} \times 0.26 = 13{,}000\text{cm} = 130\text{m}$$

19. 곡선장이 104.7m이고, 곡선반지름 $R=100$일 때 곡선시점과 곡선종점 간의 곡선거리(호장)와 직선거리(현장)의 차이는?

① 4.7m ② 6.5m
③ 10.9m ④ 18.1m

해설 $L - l = \dfrac{L^3}{24R^2} = \dfrac{104.7^3}{24 \times 100^2} = 4.7\text{m}$

20. GPS 측량에서 사이클슬립(Cycle Slip)의 주된 원인은?

① 높은 위성의 고도
② 높은 신호강도
③ 낮은 신호잡음
④ 지형 · 지물에 의한 신호단절

 Answer 17. ② 18. ④ 19. ① 20. ④

해설 사이클슬립(Cycle Slip)

사이클슬립은 GPS 반송파위상 추적회로에서 반송파위상치의 값을 순간적으로 놓침으로 인해 발생하는 오차, 사이클 슬립은 반송파 위상데이터를 사용하는 정밀위치측정분야에서는 매우 큰 영향을 미칠 수 있으므로 사이클슬립의 검출은 매우 중요하다.

구분	내용
원인	• GPS 안테나 주위의 지형 · 지물에 의한 신호단절 • 높은 신호 잡음 • 낮은 신호 강도 • 낮은 위성의 고도각 • 사이클 슬립은 이동측량에서 많이 발생
처리	• 수신회로의 특성에 의해 파장의 정수배만큼 점프하는 특성 • 데이터 전처리 단계에서 사이클 슬립을 발견, 편집 가능 • 기선해석 소프트웨어에서 자동처리

응용측량(2013년 2회 지적산업기사)

01. 1:50,000 지형도에서 산정과 산 밑까지의 거리를 측정하니 3.6cm이었다. 산정의 표고가 425.65m, 산 밑의 표고가 196.25m라면 경사면의 경사는?

① $\frac{1}{7.8}$　　② $\frac{1}{10.8}$

③ $\frac{1}{12.8}$　　④ $\frac{1}{14.8}$

해설

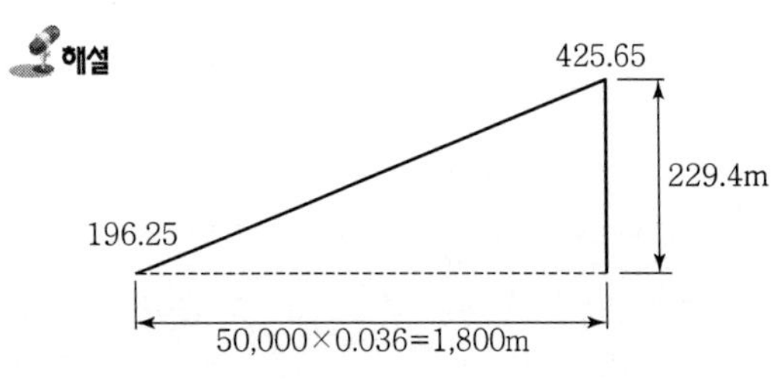

$\frac{1}{m}=\frac{l}{L}$에서

$L=\text{ml}=50,000\times0.036=1,800\text{m}$

$h=425.65-196.25=229.4$

$\therefore$ 경사$(i)=\frac{h}{L}=\frac{229.4}{1,800}=\frac{1}{7.84}$

02. 사진측량에서의 사진 판독 순서로 옳은 것은?

① 촬영계획 및 촬영 → 판독기준 작성 → 판독 → 현지조사 → 정리

② 촬영계획 및 촬영 → 판독기준 작성 → 현지조사 → 정리 → 판독

③ 판독기준 작성 → 촬영계획 및 촬영 → 판독 → 정리 → 현지조사

④ 판독기준 작성 → 촬영계획 및 촬영 → 현지조사 → 판독 → 정리

해설 촬영계획 → 촬영과 사진의 작성 → 판독기준의 작성 → 판독 → 지리(현지)조사 → 정리

03. 사진측량의 장점에 대한 설명으로 옳지 않은 것은?

① 정량적 해석뿐만 아니라 정성적 해석도 가능하다.

② 접근이 어려운 대상물의 관측이 가능하다.

③ 축척변경이 용이하다.

④ 좁은 지역의 세부측량에 특히 경제적이다.

해설 사진측량의 장단점

구분	내용
장점	㉠ 정량적 및 정성적 측정이 가능하다. ㉡ 정확도가 균일하다. • 평면(X, Y) 정도 (10~30)μ×촬영축척의 분모수(M) $=\left(\frac{10}{1,000}\sim\frac{30}{1,000}\right)\text{mm}\cdot M$ • 높이(H) 정도 $\left(\frac{1}{10,000}\sim\frac{2}{10,000}\right)$×촬영고도($H$) 여기서, $1\mu=\frac{1}{1,000}\text{mm}$ M : 촬영축척의 분모수 H : 촬영고도 ㉢ 동체 측정에 의한 현상보존이 가능하다. ㉣ 접근하기 어려운 대상물의 측정도 가능하다. ㉤ 축척변경도 가능하다. ㉥ 분업화로 작업을 능률적으로 할 수 있다. ㉦ 경제성이 높다. ㉧ 4차원의 측정이 가능하다. ㉨ 비지형측량이 가능하다.
단점	㉠ 좁은 지역에서는 비경제적이다. ㉡ 기자재가 고가이다.(시설 비용이 많이 든다.) ㉢ 피사체에 대한 식별의 난해가 있다.(지명, 행정경계 건물명, 음영에 의하여 분별하기 힘든 곳 등의 측정은 현장의 작업으로 보충측량이 요구된다.) ㉣ 기상조건에 영향을 받는다. ㉤ 태양고도 등에 영향을 받는다.

 Answer 01. ① 02. ① 03. ④

04. 그림과 같이 교호수준측량을 실시하여 구한 B점의 표고는?(단, $H_A = 20$m이다.)

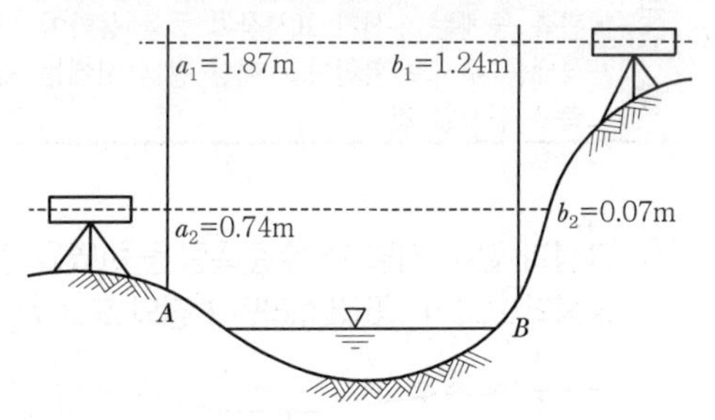

① 19.34m ② 20.65m
③ 20.67m ④ 20.75m

해설 $H_B = H_A + h$

$$= 20 + \frac{(1.87+0.74)-(1.24+0.07)}{2}$$

$$= 20 + 0.65$$

$$= 20.65\text{m}$$

05. 지형표시법 중 지표의 같은 높이의 점을 연결한 곡선을 이용하여 지표면의 형태를 표시하는 방법으로 지형도 작성에서 가장 널리 쓰이는 방법은?

① 점고법 ② 단채법
③ 영선법 ④ 등고선법

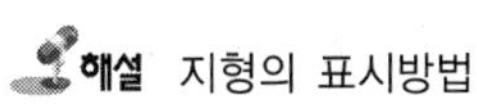
지형의 표시방법

1. 자연적인 도법
   ㉠ 영선법(게바법, 우모법) : 게바라고 하는 선을 이용하여 지표의 기복을 표시하는 방법으로 기복의 판별은 좋으나 정확도가 낮다.
   ㉡ 음영법(명암법) : 태양광선이 서북쪽에서 경사 45°로 비친다고 가정하여 지표의 기복을 도상에 2~3색 이상으로 지형의 기복을 표시하는 방법, 지형의 입체감이 가장 잘 나타나는 방법, 고저차가 크고 경사가 급한 곳에 주로 사용한다.
2. 부호적인 도법
   ㉠ 점고법 : 지표면상에 있는 임의의 점의 표고를 도상에 숫자로 표시해 지표를 나타내는 방법, 하천, 항만, 해양 등의 심천을 나타내는 경우에 주로 사용
   ㉡ 등고선법 : 등고선은 동일 표고의 점을 연결한 것으로 등고선에 의하여 지표를 표시, 정확성을 요하는 지도에 사용함을 원칙으로 하며 토목공사용으로 가장 널리 사용
   ㉢ 채색법 : 같은 등고선의 지대를 같은 색으로 칠하여 표시하는 방법이다. 지리관계의 지도나 소축척의 지형도에 사용되며 높을수록 진하게, 낮을수록 연하게 칠한다.

06. 촬영고도 1,500m에서 촬영한 항공사진의 연직점으로부터 10cm 떨어진 위치에 찍힌 굴뚝의 변위가 2mm이었다면 굴뚝의 실제높이는?

① 20m ③ 25m
③ 30m ④ 35m

해설
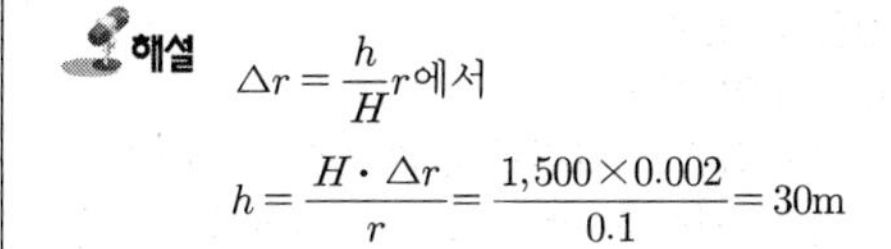

07. 고도 5,000m의 높이에서 촬영한 공중사진이 있다. 주점기선장이 10cm, 철탑 시차차가 2mm라면 이 철탑의 높이는?

① 80m ② 90m
③ 100m ④ 110m

해설 $h = \frac{H}{b_0} \cdot \Delta P = \frac{5,000}{0.1} \times 0.002 = 100\text{m}$

08. 고저측량에서 전시·후시의 표척의 거리를 같게 함으로써 소거되는 오차는?

① 기온변화에 의한 오차
② 시차에 의한 오차
③ 표척의 기울기에 의한 오차
④ 시준선과 기포관 축이 나란하지 않아 생기는 오차

해설 전시와 후시의 거리를 같게 함으로써 제거되는 오차

㉠ 시준축오차 : 시준선이 기포관축과 평행하지 않을 때

Answer 04. ② 05. ④ 06. ③ 07. ③ 08. ④

㉡ 구차 : 지구의 곡률오차
㉢ 기차 : 빛의 굴절오차
㉣ 초점나사를 움직이는 오차가 없음으로 인해 생기는 오차를 제거한다.

09. GPS 측량의 관측과 관련하여 불필요한 사항은?

① 관측시의 온도는 반드시 측정하여 기록한다.
② 관측 개시 후 문제가 발생하였을 경우 상대측점에 즉시 연락을 취한다.
③ 측정점 선정에서 그 주위에 송신탑이나 고압선이 있는 곳은 피한다.
④ 작업 전에 배터리는 충분하게 충전하여 작업에 지장이 없도록 한다.

해설 선점 및 관측

1. 소구점 선점
   소구점은 인위적인 전파장애, 지형·지물 등의 영향을 받지 않도록 다음의 장소를 피하여 선점하여야 한다.
   ㉠ 건물 내부, 산림 속, 고층건물이 밀집한 시가지, 교량 아래 등 상공시계 확보가 어려운 곳
   ㉡ 초고압송전선, 고속철도 등의 전차경로 등 전기불꽃의 영향을 받는 곳
   ㉢ 레이더안테나, TV탑, 방송국, 우주통신국 등 강력한 전파의 영향을 받는 곳
   ㉣ 관측망은 기지점과 소구점이 폐합다각형이 되도록 구성하여야 한다.
2. 관측 시 위성의 조건과 주의사항

구분	내용
위성의 조건	• 관측점으로부터 위성에 대한 고도각이 15° 이상에 위치할 것 • 위성의 작동상태가 정상일 것 • 관측점에서 동시에 수신 가능한 위성수는 정지측량에 의하는 경우에 는 4개 이상, 이동측량에 의하는 경우에는 5개 이상일 것
주의사항	• 안테나 주위의 10미터 이내에는 자동차 등의 접근을 피할 것 • 관측 중에는 무전기 등 전파발신기의 사용을 금한다. 다만, 부득이한 경우에는 안테나로부터 100미터 이상의 거리에서 사용할 것 • 발전기를 사용하는 경우에는 안테나로부터 20미터 이상 떨어진 곳에서 사용할 것 • 관측 중에는 수신기 표시장치 등을 통하여 관측상태를 수시로 확인하고 이상 발생 시에는 재관측을 실시할 것

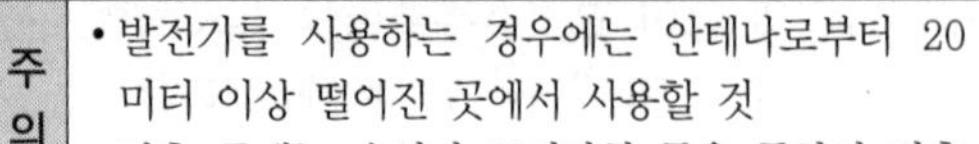

10. 그림과 같이 터널 내 수준측량을 하였을 경우 A점의 표고가 156.632m라면 B점의 표고 H_B는?

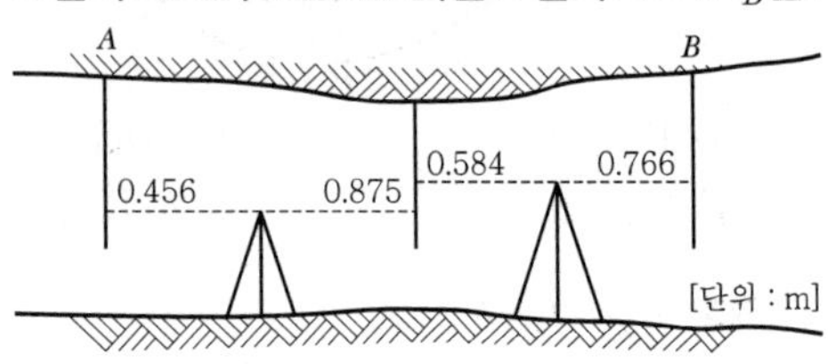

① 156.869m ② 157.233m
③ 157.781m ④ 158.401m

해설 $H_B = H_A - 0.456 + 0.875 - 0.584 + 0.766$
$= 157.233\text{m}$
or
$H_B = H_A - (0.456 + 0.584) + (0.875 + 0.766)$
$= 157.233\text{m}$

11. 완화곡선의 설치시 캔트(Cant)의 계산과 관계없는 것은?

① 설계속도 ② 곡선 반지름
③ 교각 ④ 궤간

해설

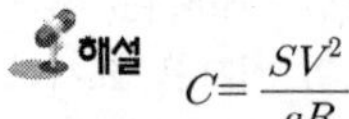

$$C = \frac{SV^2}{gR}$$

여기서, C : 캔트
S : 궤간
V : 차량속도
R : 곡선반경
g : 중력가속도

12. 노선측량을 도상계획, 예측, 실측 및 공사측량으로 구분할 때, 공사측량(시공측량)에 포함되지 않는 것은?

① 용지 측량
② 준공검사 측량

③ 시공 기준틀 설치 측량
④ 중요한 점의 인조점 측량

해설 공사측량(工事測量)

1. 검측(檢測) : 중심말뚝의 검측, 가(假) B.M.과 중심말뚝의 높이의 검측을 실시한다.
2. 가인조점(假引照點) 등의 설치, 기타
   ㉠ 필요하면 가(假)B.M.을 500m 이내에 1개 정도로 설치한다.
   ㉡ 중요한 보조말뚝의 외측에 인조점을 설치하고, 토공의 기준틀, 콘크리트 구조물의 형간(型桿)의 위치측량 등을 실시한다.

13. 노선의 직선부와 원곡선부 사이에 삽입하는 완화곡선의 반지름이 원곡선의 반지름과 같게 되는 지점은?

① 완환곡선의 시점
② 완화곡선의 종점
③ 완화곡선 4분점
④ 완화곡선의 종점

해설 완화곡선의 특징

㉠ 곡선반경은 완화곡선의 시점에서 무한대, 종점에서 원곡선 R로 된다.
㉡ 완화곡선의 접선은 시점에서 직선에, 종점에서 원호에 접한다.
㉢ 완화곡선에 연한 곡선반경의 감소율은 캔트의 증가율은 같다.
㉣ 완화곡선의 종점의 캔트와 원곡선 시점의 캔트는 같다.
㉤ 완화곡선은 이정의 중앙을 통과한다.

14. 터널이 곡선의 경우 터널 내에 원곡선 설치 방법으로 옳지 않은 것은?

① 현편거법　② 편각법
③ 내접 다각형법　④ 외접 다각형법

해설 터널 내에 원곡선 설치방법

㉠ 현편거법(弦偏距法)
㉡ 접선편거법(接線偏距法)
㉢ 내접다각형법(內接多角形法)
㉣ 외접다각형법(外接多角形法)

15. GPS에 이용되는 좌표체계인 WGS 84의 원점은?

① 평균해수면　② 평균최고만조면
③ 지구질량중심　④ 지오이드면

해설 공간정보의 구축 및 관리 등에 관한 법률 시행령 제7조(세계측지계 등)

① 법 제6조제1항에 따른 세계측지계(世界測地系)는 지구를 편평한 회전타원체로 상정하여 실시하는 위치측정의 기준으로서 다음 각 호의 요건을 갖춘 것을 말한다.
1. 회전타원체의 장반경(張半徑) 및 편평률(扁平率)은 다음 각 목과 같을 것
   가. 장반경 : 6,378,137미터
   나. 편평률 : 298.257222101분의 1
2. 회전타원체의 중심이 지구의 질량중심과 일치할 것
3. 회전타원체의 단축(短軸)이 지구의 자전축과 일치할 것

16. 측점1에서 측점5까지 직접 고저측량을 실시하여 후시의 총합이 3.627m, 전시의 총합이 6.809m이었고, 측점1의 후시가 0.682m, 측점5의 전시가 2.039m이었다면, 측점1에 대한 측점5의 표고는?

① 3.182m 높다.　② 3.182m 낮다.
③ 4.539m 높다.　④ 4.539m 낮다.

해설 $\Sigma BS - \Sigma FS = 3.627 - 6.809 = -3.182\text{m}$

17. 초점거리가 180mm인 카메라로 비고 750m 지점의 전망대를 연직 촬영하여 축척 1:25,000의 연직사진을 얻었다면 촬영고도는?

① 4,550m　② 4,800m
③ 5,000m　④ 5,250m

해설 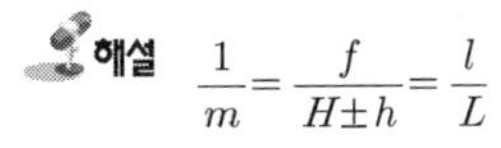

$$\frac{1}{m} = \frac{f}{H \pm h} = \frac{l}{L}$$

$H - h = mf = (25,000 \times 0.18) + 750 = 5,250\text{m}$

18. 지형도의 등고선에 대한 설명으로 옳지 않은 것은?

① 등고선의 표고수치는 평균해수면을 기준으로 한다.
② 한 장의 지형도에서 주곡선의 등고선 간격은 일정하다.
③ 등고선은 수준점 높이와 같은 정도의 정밀도가 있어야 한다.
④ 계곡선은 도면의 안팎에서 반드시 폐합한다.

해설 등고선의 성질
㉠ 동일 등고선상에 있는 모든 점은 같은 높이이다.
㉡ 등고선은 반드시 도면 안이나 밖에서 서로가 폐합한다.
㉢ 지도의 도면 내에서 폐합되면 가장 가운데 부분을 산꼭대기(산정) 또는 凹지(요지)가 된다.
㉣ 등고선은 도중에 없어지거나, 엇갈리거나, 합쳐지거나, 갈라지지 않는다.
㉤ 높이가 다른 두 등고선은 동굴이나 절벽의 지형이 아닌 곳에서는 교차하지 않는다.
㉥ 등고선은 경사가 급한 곳에서는 간격이 좁고 완만한 경사에서는 넓다.
㉦ 최대경사의 방향은 등고선과 직각으로 교차한다.
㉧ 분수선(능선)과 곡선(유하선)은 등고선과 직각으로 만난다.
㉨ 2쌍의 등고선의 볼록부가 상대할 때는 볼록부를 나타낸다.
㉩ 동등한 경사의 지표에서 양 등고선의 수평거리는 같다.
㉪ 같은 경사의 평면일 때는 나란한 직선이 된다.
㉫ 등고선이 능선을 직각방향으로 횡단한 다음 능선 다른 쪽을 따라 거슬러 올라간다.
㉬ 등고선의 수평거리는 산꼭대기 및 산 밑에서는 크고 산 중턱에서는 작다.

19. 단곡선의 설치에 사용되는 명칭의 표시로 옳지 않은 것은?

① E.C－곡선시점 ② C.L－곡선장
③ I－교각 ④ T.L－접선장

 해설

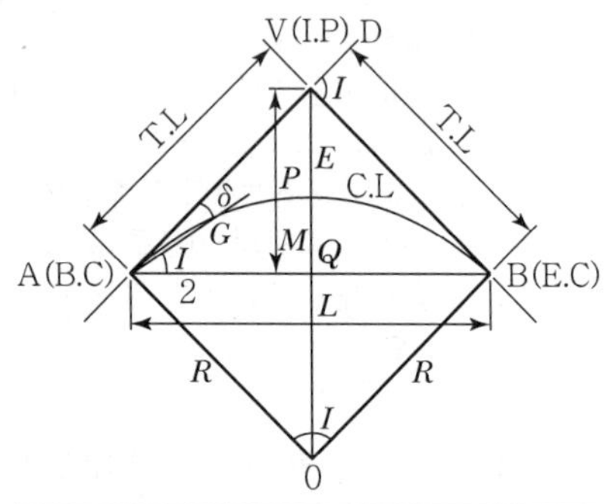

B.C	곡선시점(Biginning of Curve)
E.C	곡선종점(End of Curve)
S.P	곡선중점(Secant Point)
I.P	교점(Intersection Point)
I	교각(Intersetion Angle)
∠AOB	중심각(Central Angl) : I
R	곡선반경(Radius of Curve)
$\widehat{AB}$	곡선장(Curve Length) : C.L
AB	현장(Long Chord) : C
T.L	접선장(Tangent Length) : AD, BD
M	중앙종거(Middle Ordinate)
E	외할(External Secant)
δ	편각(Deflection Angle) : ∠VAG

20. 축척 1:25,000의 항공사진에서 200km/h의 속도로 촬영할 경우에 허용 흔들림 양을 사진에서 0.01mm로 한다면 최장 노출시간은?

① $\frac{1}{182}$ ② $\frac{1}{192}$
③ $\frac{1}{212}$ ④ $\frac{1}{222}$

해설

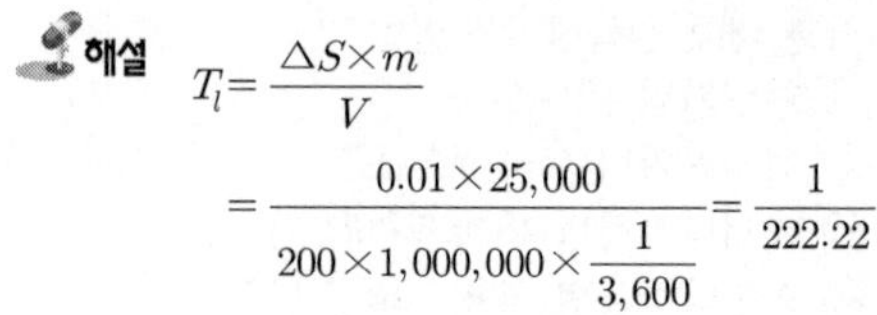

$$T_l = \frac{\Delta S \times m}{V} = \frac{0.01 \times 25,000}{200 \times 1,000,000 \times \frac{1}{3,600}} = \frac{1}{222.22}$$

 Answer 18. ③ 19. ① 20. ④

응용측량(2013년 3회 지적기사)

01. 철도를 설계할 때 직선부에서 곡선부로 열차가 주행하는 곳에는 어떤 형태의 노선을 설계하는 것이 바람직한가?

① 복심곡선
② 완화곡선
③ 반향곡선
④ 단곡선

해설 완화곡선(Transition Curve)은 차량의 급격한 회전 시 원심력에 의한 횡방향 힘의 작용으로 인해 발생하는 차량운행의 불안정과 승객의 불쾌감을 줄이는 목적으로 곡률을 0에서 조금씩 증가시켜 일정한 값에 이르게 하기 위해 직선부와 곡선부 사이에 넣는 매끄러운 곡선을 말한다.

02. 지형측량에서 독립표고(Spot Height)를 나타내어야 하는 곳으로 적당하지 않은 것은?

① 독립건물 앞
② 도로교차점
③ 조곡선상
④ 경사가 급히 변하는 지점

해설 조곡선상은 독립표고(Spot Height)를 나타내어야 하는 곳으로 적당하지 않다.

03. 터널측량의 작업 순서 중 선정한 중심선을 현지에 정확히 설치하고 터널의 입구나 수직터널의 위치를 결정하며 터널의 길이를 측량하는 작업은?

① 답사
② 예측
③ 지표 설치
④ 지하 설치

해설 터널측량 작업 과정

답사(踏査)	미리 실내에서 개략적인 계획을 세우고 현장 부근의 지형이나 지질을 조사하여 터널의 위치를 예정한다.
예측(豫測)	답사의 결과에 따라 터널위치를 약측에 의하여 지표에 중심선을 미리 표시하고 다시 도면상에 터널을 설치할 위치를 검토한다.
지표 설치(地表設置)	예측의 결과 정한 중심선을 현지의 지표에 정확히 설정하고 이때 갱문이나 수갱의 위치를 결정하고 터널의 연장도 정밀히 관측한다.
지하 설치(地下設置)	지표에 설치된 중심선을 기준으로 하고 갱문에서 굴삭을 시작하며 굴삭을 진행함에 따라 갱내의 중심선을 설정하는 작업을 한다.

04. 입체영상의 영상정합(Image Matching)에 대한 설명으로 옳은 것은?

① 경사와 축척을 바로 수정하여 축척을 통일시키고 변위가 없는 수직 사진으로 수정하는 작업
② 한 영상의 한 위치에 해당하는 실제의 객체가 다른 영상의 어느 위치에 형성되었는가를 발견하는 작업
③ 사진상의 주점이나 표정점 등 제점의 위치를 인접한 사진상에 옮기는 작업
④ 지표의 상태를 파악하기 위하여 사진에 찍혀 있는 것이 무엇인지를 판별하는 작업

해설 영상정합(Image Matching)
영상정합은 입체영상 중 한 영상의 한 위치에 해당하는 실제의 대상물이 다른 영상의 어느 위치에 형성되었는가를 발견하는 작업으로서 상응하는 위치를 발견하기 위해서 유사성 관측을 이용한다. 이는 사진측정학이나 로봇비전(Robot Vision) 등에서 3차원 정보를 추출

Answer 01. ② 02. ③ 03. ③ 04. ②

하기 위해 필요한 주요 기술이며 수치사진 측량학에서는 입체영상에서 수치표고모형을 생성하거나 항공삼각측량에서 점이사(Point Transfer)를 위해 적용된다.

05. A점의 표고가 100.56m이고, A와 B점의 지표에 세운 표척의 관측값이 각각 $a=+5.5$m, $b=+2.3$m라 할 때 B점의 표고는?

① 97.36m ② 101.46m
③ 103.76m ④ 108.36m

해설 B점 표고 $=100.56+5.5-2.3=103.76$m

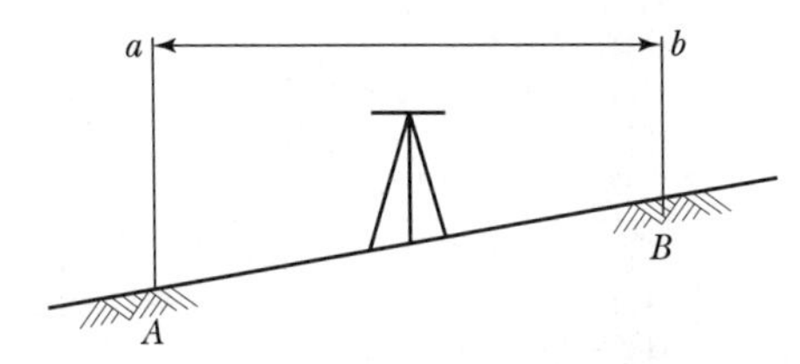

06. 터널 내에서의 수준측량 결과가 아래와 같을 때 B점의 지반고는?

측점	$B.S$	$F.S$	지반고
No. A	2.40		110.00
1	−1.20	−3.30	
2	−0.40	−0.20	
B		2.10	

① 112.20m ② 114.70m
③ 115.70m ④ 116.20m

해설

측점	지반고
1	110+2.4−(−3.3)=115.7m
2	115.7+(−1.2)−(−0.20)=114.7m
B	114.7+(−0.40)−(2.10)=112.20m

07. 수준측량에서 전 · 후시 거리를 같게 함으로써 소거되지 않는 오차는?

① 지구의 곡률오차
② 표척눈금 부정에 의한 오차
③ 광선의 굴절오차
④ 시준축 오차

해설 전시와 후시의 거리를 같게 함으로써 제거되는 오차
㉠ 레벨의 조정이 불완전(시준선이 기포관축과 평행하지 않을 때)할 때(시준축오차 : 오차가 가장 크다.)
㉡ 지구의 곡률오차(구차)와 빛의 굴절오차(기차)를 제거한다.
㉢ 초점나사를 움직이는 오차가 없으므로 그로 인해 생기는 오차를 제거한다.

08. 그림과 같이 경사지에 폭 6.0m의 도로를 만들고자 한다. 절토기울기 1 : 0.7, 절토고 2.0m, 성토기울기 1 : 1, 성토고 5m일 때 필요한 용지폭(x_1+x_2)은?(단, 여유폭 a는 1.50m로 한다.)

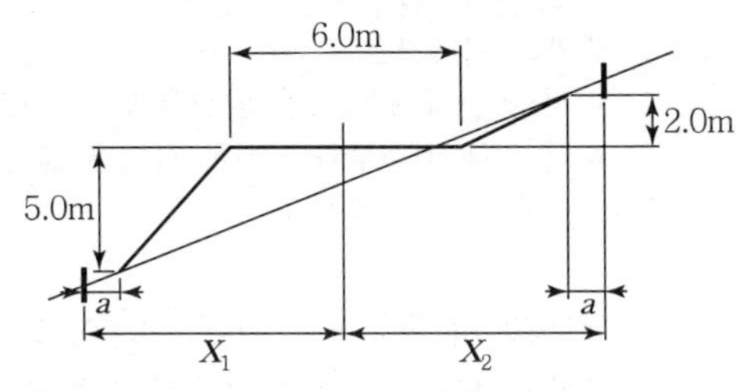

① 15.4m ② 11.5m
③ 11.8m ④ 7.9m

해설 용지폭 $=1.5+(1\times5)+6+(0.7\times2)+1.5$
$=15.4$m

09. 등고선의 성질에 대한 설명으로 틀린 것은?

① 등고선은 최대경사선과 직교한다.
② 등고선은 폭포와 같이 도면 내외 어느 곳에서도 폐합되지 않는 경우가 있다.
③ 동일 등고선상에 있는 모든 점은 높이가 같다.
④ 등고선은 절벽이나 동굴의 지형을 제외하고는 교차하지 않는다.

 Answer 05. ③ 06. ① 07. ② 08. ① 09. ②

해설 등고선의 성질

㉠ 동일 등고선상에 있는 모든 점은 같은 높이이다.
㉡ 등고선은 반드시 도면 안이나 밖에서 서로가 폐합한다.
㉢ 지도의 도면 내에서 폐합되면 가장 가운데 부분을 산꼭대기(산정) 또는 凹지(요지)가 된다.
㉣ 등고선은 도중에 없어지거나, 엇갈리거나 합쳐지거나 갈라지지 않는다.
㉤ 높이가 다른 두 등고선은 동굴이나 절벽의 지형이 아닌 곳에서는 교차하지 않는다.
㉥ 등고선은 경사가 급한 곳에서는 간격이 좁고 완만한 경사에서는 넓다.
㉦ 최대경사의 방향은 등고선과 직각으로 교차한다.
㉧ 분수선(능선)과 곡선(유하선)은 등고선과 직각으로 만난다.
㉨ 2쌍의 등고선의 볼록부가 상대할 때는 볼록부를 나타낸다.
㉩ 동등한 경사의 지표에서 양 등고선의 수평거리는 같다.
㉪ 같은 경사의 평면일 때는 나란한 직선이 된다.
㉫ 등고선이 능선을 직각방향으로 횡단한 다음 능선 다른 쪽을 따라 거슬러 올라간다.
㉬ 등고선의 수평거리는 산꼭대기 및 산 밑에서는 크고 산중턱에서는 작다.

10. 노선측량에서 단곡선을 설치할 때 교각(I) = 45°30′, 반지름 = 130m인 경우 옳은 것은?

① 중앙종거 = 10.11m
② 접선길이 = 57.95m
③ 곡선길이 = 114.33m
④ 장현길이 = 109.89m

$TL = R\tan\frac{I}{2} = 130\times\tan\frac{45°30'}{2} = 54.5\text{m}$

$M = R\left(1-\cos\frac{I}{2}\right)$

$= 130\times\left(1-\cos\frac{45°30'}{2}\right) = 10.11\text{m}$

$CL = 0.01745RI$

$= 0.01745\times130\times45°30' = 130.21\text{m}$

$C = 2R\sin\frac{I}{2}$

$= 2\times130\times\sin\frac{45°30'}{2} = 100.54\text{m}$

11. 항공삼각측량(Aerial Triangulation)의 방법에 대한 설명으로 옳은 것은?

① 다항식 조정법(Polynomial Method)은 가장 최근에 제안된 방법이다.
② 독립모델조정법(Independent Model Triangulation)은 공선조건식을 사용한다.
③ 광속조정법(Bundle Adjustment Method)은 공면조건식을 이용한다.
④ 광속조정법(Bundle Adjustment Method)은 사진좌표를 기본 단위로 사용한다.

해설 항공삼각측량의 방법

다항식법	종접합모형(Strip)을 기본단위로 하여 블록을 조정하는 것으로 복수의 종접합모형이 다항식으로 결합
독립모델법	독립입체모형법(IMT : Independent Model Triangulation)은 입체모형(Model)을 기본단위로 하고 있다.
광속법	광속법은 사진(Photo)을 기본단위로 사용하여 다수의 광속(Bundle)을 공선조건에 따라 표정한다. 각 점의 사진좌표가 관측값으로 이용되며, 이 방법은 세 가지 방법 중 가장 조정능력이 높은 방법이다.
DLT 방법	• 직접선형변환(DLT : Direct Linear Transformation)은 공선조건식을 달리 표현한 것이다. • 정밀좌표관측기에서 지상좌표로 직접변환이 가능하다. • 선형 방정식이고 초기 추정값이 필요치 않다. • 광속조정법에 비해 정확도가 다소 떨어진다.

Answer 10. ① 11. ④

12. 수준측량에서 전시(F.S : Fore Sight)에 대한 설명으로 옳은 것은?

① 미지점에 세운 표척의 눈금을 읽는 것
② 기지점에 세운 표척의 눈금을 읽는 것
③ 앞의 점에 세운 표척의 눈금을 읽는 것
④ 지반고를 알고 있는 점에 세운 표척의 눈금을 읽는 것

해설

수준점 (BM : Bench Mark)	수준원점을 기점으로 하여 전국 주요지점에 수준표석을 설치한 점 • 1등 수준점 : 4km마다 설치 • 2등 수준점 : 2km마다 설치
표고 (Elevation)	국가 수준 기준면으로부터 그 점까지의 연직거리
전시 (Fore Sight)	표고를 알고자 하는 점(미지점)에 세운 표척의 읽음값
후시 (Back Sight)	표고를 알고 있는 점(기지점)에 세운 표척의 읽음값
기계고 (Instrument Height)	기준면에서 망원경 시준선까지의 높이
이기점 (Turning Point)	기계를 옮길 때 한 점에서 전시와 후시를 함께 취하는 점
중간점 (Intermediate Point)	표척을 세운 점의 표고만을 구하고자 전시만 취하는 점

13. 촬영고도 2,500m에서 찍은 인접 사진에서 주점기선의 길이가 10cm이고, 어느 건물의 시차차가 2mm이었다면 건물의 높이는?

① 10m ② 30m
③ 50m ④ 70m

해설

$$\Delta P = \frac{h}{H} b_0$$

$$h = \frac{H}{b_0} \times \Delta P = \frac{2,500 \times 0.002}{0.1} = 50\text{m}$$

14. 원격탐사에 사용되는 인공위성의 종류가 아닌 것은?

① LANDSAT ② SPOT
③ IKNOS ④ MSS

해설

<table>
<tr><td rowspan="7">수동적 탐측기(受動的探測機)</td><td rowspan="7">주사방식(走査方式)</td><td rowspan="2">映像面走査方式(영상면주사방식)</td><td colspan="3">TV사진기(Vidicon 사진기)</td></tr>
<tr><td>古體走査機(고체주사기)</td><td></td><td></td></tr>
<tr><td rowspan="5">對象物面走査方式(대상물면주사방식)</td><td rowspan="4">多重波長帶走査機(다중파장대주사기)</td><td>Analogue 방식</td><td></td></tr>
<tr><td>Digital 방식</td><td>MSS</td></tr>
<tr><td></td><td>TM</td></tr>
<tr><td></td><td>HRV</td></tr>
<tr><td colspan="3">극초단파주사기(Microwave Radiometer)</td></tr>
<tr><td rowspan="5">능동적 탐측기(能動的探測機)</td><td rowspan="2">비주사방식(非走査方式)</td><td colspan="2">Laser Spectrometer</td><td></td><td></td></tr>
<tr><td colspan="2">Laser 距離測量機(거리측량기)</td><td></td><td></td></tr>
<tr><td rowspan="3">주사방식(走査方式)</td><td>레이더</td><td></td><td></td><td></td></tr>
<tr><td rowspan="2">SLAR</td><td colspan="3">RAR(Rear Aperture Radar)</td></tr>
<tr><td colspan="3">SAR(Synthetic Aperture Radar)</td></tr>
</table>

15. 사진크기 23cm×23cm, 초점거리 15cm, 촬영고도 780m일 때 사진의 실제 포괄면적은?

① 14.3km^2 ② 5.2km^2
③ 1.5km^2 ④ 1.43km^2

해설

$$M = \frac{1}{m} = \frac{f}{H} = \frac{l}{L} = \frac{0.15}{780} = \frac{1}{5,200}$$

$$A = (ma)^2 = (5,200 \times 0.23)^2 = 1,430,416\text{m}^2 = 1.43\text{km}^2$$

16. 25km×10km의 지를 종중복(P) 60%, 횡중복(Q) 30%, 사진축척 1 : 5,000으로 촬영하였을 때의 입체모델 수는?(단, 사진의 크기는 23cm×23cm이다.)

① 356매 ② 534매
③ 625매 ④ 715매

Answer 12. ① 13. ③ 14. ④ 15. ④ 16. ④

해설

$$종모델\ 수 = \frac{S_1}{B} = \frac{S_1}{ma\left(1-\frac{p}{100}\right)}$$

$$= \frac{25,000}{5,000 \times 0.23\left(1-\frac{60}{100}\right)}$$

$$= 54.35 = 55\text{model}$$

$$횡모델\ 수 = \frac{S_2}{C} = \frac{S_2}{ma\left(1-\frac{q}{100}\right)}$$

$$= \frac{10,000}{5,000 \times 0.23\left(1-\frac{30}{100}\right)}$$

$$= 12.4 = 13\text{model}$$

$\therefore$ 모델 수 = 55 × 13 = 715

17. DOP의 종류와 설명의 연결이 틀린 것은?

① VDOP – 수직 정밀도 저하율
② PDOP – 위치 정밀도 저하율
③ RDOP – 상대 정밀도 저하율
④ HDOP – 기하학적 정밀도 저하율

해설 정밀도 저하율(DOP : Dilution of Precision)
GPS 관측지역의 상공을 지나는 위성의 기하학적 배치상태에 따라 측위의 정확도가 달라지는데 이를 DOP(Dilution of Precision)라 한다(정밀도 저하율).

종류	• GDOP : 기하학적 정밀도 저하율 • PDOP : 위치 정밀도 저하율 • HDOP : 수평 정밀도 저하율 • VDOP : 수직 정밀도 저하율 • RDOP : 상대 정밀도 저하율 • TDOP : 시간 정밀도 저하율
특징	• 3차원위치의 정확도는 PDOP에 따라 달라지는 데 PDOP는 4개의 관측위성들이 이루는 사면체의 체적이 최대일 때 가장 정확도가 좋으며 이때는 관측자의 머리 위에 다른 3개의 위성이 각각 120°를 이룰 때이다. • DOP는 값이 작을수록 정확한데 1이 가장 정확하고 5까지는 실용상 지장이 없다.

18. 원곡선 설치 시 교각이 60°, 반지름이 100m, B.C = No.5 + 8m일 때 곡선의 E.C까지의 거리는?(단, 중심 말뚝간격은 25m이다.)

① 203.72m ② 220.72m
③ 237.72m ④ 273.72m

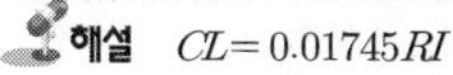

해설 $CL = 0.01745RI$

$= 0.01745 \times 100 \times 60° = 104.7\text{m}$

$EC = BC + CL = 133 + 104.7 = 237.7\text{m}$

19. 지형측량에 관한 설명으로 틀린 것은?

① 지형의 표시방법에는 자연적 도법(영선법, 음영법)과 부호적 도법(등고선법, 단채법)이 있다.
② 지성선은 지형을 묘사하기 위한 중요한 선으로 능선, 최대경사선, 계곡선 등이 있다.
③ 축척 1 : 50,000, 1 : 2,5000, 1 : 5,000 지형도의 주곡선 간격은 각각 20m, 10m, 2m이다.
④ 등고선 중 간곡선 간격은 조곡선 간격의 2배이다.

해설 축척별 등고선의 간격

등고선 종류 \ 축척	기호	$\frac{1}{5,000}$	$\frac{1}{10,000}$	$\frac{1}{25,000}$	$\frac{1}{50,000}$
주곡선	가는 실선	5	5	10	20
간곡선	가는 파선	2.5	2.5	5	10
조곡선 (보조곡선)	가는 점선	1.25	1.25	2.5	5
계곡선	굵은 실선	25	25	50	100

20. GPS 위성의 신호에 대한 설명 중 틀린 것은?

① L1 반송파에는 C/A코드와 P코드가 포함되어 있다.
② L2 반송파에는 C/A코드만 포함되어 있다.
③ L1 반송파가 L2 반송파보다 높은 주파수를 가지고 있다.

Answer 17. ④ 18. ③ 19. ③ 20. ②

④ 위성에서 송신되는 신호는 대기의 상태에 따라 전파의 속도가 달라지는 것을 보정하기 위하여 파장이 다른 2가지의 전파를 동시에 수신한다.

해설

구분		내용
반송파 (Carrier)	L1	• 주파수 1,575.42MHz (154×10.23MHz), 파장 19cm • C/A code와 P code 변조 가능
	L2	• 주파수 1,227.60MHz (120×10.23MHz), 파장 24cm • P code만 변조 가능
코드 (Code)	P code	• 반복주기 7일인 PRN code (Pseudo Random Noise code) • 주파수 10.23MHz, 파장 30m(29.3m)
	C/A code	• 반복주기 : 1ms(milli-second)로 1.023Mbps로 구성된 PPN code • 주파수 1.023MHz, 파장 300m(293m)

응용측량(2013년 3회 지적산업기사)

01. GPS의 제어부문에 대한 설명으로 옳지 않는 것은?

① GPS 위성과 궤도정보를 송신한다.
② GPS 위성 관제국은 5개의 감시국(Monitor Station)과 주 관제국 1개소 등으로 구성된다.
③ GPS 위성의 유지 관리가 이루어지는 부분이다.
④ 위성으로부터 수신된 신호로부터 수신기 위치를 결정하며, 이를 위한 다양한 장치를 포함한다.

제어부문	구성	1개의 주제어국, 5개의 추적국 및 3개의 지상안테나(Up Link 안테나 : 전송국)
	기능	• 주제어국 : 추적국에서 전송된 정보를 사용하여 궤도요소를 분석한 후 신규궤도요소, 시계보정, 항법메시지 및 컨트롤 명령정보, 전리층 및 대류층의 주기적 모형화 등을 지상안테나를 통해 위성으로 전송 • 추적국 : GPS 위성의 신호를 수신하고 위성의 추적 및 작동상태를 감독하여 위성에 대한 정보를 주제어국으로 전송 • 전송국 : 주관제소에서 계산된 결과치로서 시각보정값, 궤도보정치를 사용자에게 전달할 메시지 등을 위성에 송신하는 역할
		• 주제어국 : 콜로라도 스프링스(Colorado Springs) – 미국 콜로라도주 • 추적국 : 어세션(Ascension Is) – 대서양 : 디에고 가르시아(Diego Garcia) – 인도양 : 쿠에제린(Kwajalein Is) – 태평양 : 하와이(Hawaii) – 태평양 • 3개의 지상안테나 (전송국) : 갱신자료 송신

02. 위성과 지상관측점 사이의 거리를 측정할 수 있는 원리로 옳은 것은?

① 세차 운동 ② 음향관측법
③ 카메론 효과 ④ 도플러 효과

해설 도플러 효과(Doppler effect, 도플러 현상, 도플러 편이현상)
1842년에 오스트리아의 물리학자 크리스찬 도플러가 발견한 것으로, 상대 속도를 가진 관측자에게 파동의 진동수와 파원(波源)에서 나온 수치가 다르게 관측되는 현상. 파동을 일으키는 물체와 관측자가 가까워질수록 커지고, 멀어질수록 작아진다. 소리와 같이 매질을 통해 움직이는 파동에서는 관찰자와 파동원의 매질에 대한 상대속도에 따라 효과가 변한다. 그러나 빛이나 특수상대성이론에서의 중력과 같이 매질이 필요 없는 파동의 경우 관찰자와 파동원의 상대속도만이 도플러 효과에 영향을 미친다.

03. 캔트(Cant)에 대한 설명으로 옳은 것은?

① 직선과 곡선의 연결 명칭이다.
② 토량을 계산하는 방법의 일종이다.
③ 곡선부의 바깥쪽과 안쪽의 높이 차이다.
④ 완화곡선의 일종이다.

해설 ㉠ 캔트(Cant) : 곡선부를 통과하는 차량이 원심력이 발생하여 접선방향으로 탈선하려는 것을 방지하기 위해 바깥쪽 노면을 안쪽 노면보다 높이는 정도를 말하며 편경사라고 한다.

$$\tan\alpha = \frac{\frac{mV^2}{R}}{mg} = \frac{V^2}{gR}$$

$$\therefore C = S \cdot \tan\alpha = \frac{SV^2}{gR}$$

여기서, C : 캔트, $B=S$: 궤간
V : 차량속도, R : 곡선반경
g : 중력가속도

㉡ 확폭(Slack) : 차량과 레일이 꼭 끼어서 서로 힘을 받게 되면 때로는 탈선의 위험도 생긴다. 이러한 위험을 막기 위해서 레일

안쪽을 움직여 곡선부에서는 궤간을 넓힐 필요가 있다. 이 넓힌 치수를 확폭이라고 한다.

슬랙 : $\varepsilon = \frac{L^2}{2R}$

여기서, ε : 확폭량

L : 차량 앞바퀴에서 뒷바퀴까지의 거리

R : 차선 중심선의 반경

04. 원곡선에서 교각(I)=30°, 반지름(R)=200m, 곡선의 시점(B.C)=No.32+5.0m일 때, 곡선의 종점(E.C)까지의 거리는?(단, 중심 말뚝 간격은 20m이다.)

① 267.7m　② 429.7m
③ 589.7m　④ 749.7m

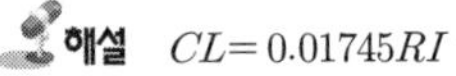

$CL = 0.01745RI$

$= 0.01745 \times 200 \times 30° = 104.7\text{m}$

$EC = BC + EC$

$= 645 + 104.7 = 749.7\text{m}$

05. 1등수준측량에서 왕복관측값의 교차에 대한 허용범위로 옳은 것은?[단, S:관측거리(편도), km]

① $0.5\text{mm}\sqrt{S}$ 이하
② $2.5\text{mm}\sqrt{S}$ 이하
③ $5.0\text{mm}\sqrt{S}$ 이하
④ $15\text{mm}\sqrt{S}$ 이하

해설

구분	허용범위	비고
1등 수준측량	2km 왕복 관측 시 $E = \pm 2.5\sqrt{L}$(mm)	여기서, L: 노선거리(km) E: 허용오차(mm)
2등 수준측량	2km 왕복 관측 시 $E = \pm 5.0\sqrt{L}$(mm)	

06. 임의의 점의 표고를 숫자로 도면상에 나타내는 방법으로 주로 해도, 하천, 호수, 항만의 수심을 나타내는 경우에 사용되는 방법은?

① 영선법　② 음영법
③ 지형모형법　④ 점고법

해설

구분	방법	설명
자연적 도법	영선법(우모법, Hatching)	"게바"라 하는 단선상(短線上)의 선으로 지표의 기본을 나타내는 것으로 게바의 사이, 굵기, 방향 등에 의하여 지표를 표시하는 방법
	음영법(명암법, Shading)	태양광선이 서북쪽에서 45°로 비친다고 가정하여 지표의 기복을 도상에서 2~3색 이상으로 채색하여 지형을 표시하는 방법으로 지형의 입체감이 가장 잘 나타나는 방법이다.
부호적 도법	점고법(Spot height system)	지표면상의 표고 또는 수심을 숫자에 의하여 지표를 나타내는 방법으로 하천, 항만, 해양 등에 주로 이용
	등고선법(Contour System)	동일표고의 점을 연결한 것으로 등고선에 의하여 지표를 표시하는 방법으로 토목공사용으로 가장 널리 사용
	채색법(Layer System)	같은 등고선의 지대를 같은 색으로 채색하여 높을수록 진하게, 낮을수록 연하게 칠하여 높이의 변화를 나타내며 지리관계의 지도에 주로 사용

07. 내부표정과 거리가 먼 것은?

① 지구곡률 보정　② 초점거리의 조정
③ 렌즈왜곡 보정　④ 종시차의 소거

구분	내용
내부표정	내부표정이란 도화기의 투영기에 촬영 당시와 똑같은 상태로 양화건판을 정착시키는 작업이다. • 주점의 위치결정 • 화면거리(f)의 조정 • 건판의 신축측정, 대기굴절, 지구곡률보정, 렌즈수차 보정
상호표정	지상과의 관계는 고려하지 않고 좌우사진의 양 투영기에서 나오는 광속이 촬영 당시 촬영면에 이루어지는 종시차(ϕ)를 소거하여 목표 지형물의 상대위치를 맞추는 작업
절대표정	상호표정이 끝난 입체모델을 지상 기준점(피사체 기준점)을 이용하여 지상좌표에(피사체좌표계)와 일치하도록 하는 작업 • 축척의 결정 • 수준면(표고, 경사)의 결정 • 위치(방위)의 결정 • 절대표정인자 : λ, ϕ, ω, κ, b_x, b_y, b_z(7개의 인자로 구성)

 Answer 04. ④ 05. ② 06. ④ 07. ④

접합표정	한 쌍의 입체사진 내에서 한쪽의 표정인자는 전혀 움직이지 않고 다른 한쪽만을 움직여 그 다른 쪽에 접합시키는 표정법을 말하며, 삼각측정에 사용한다. • 7개의 표정인자 결정(λ, κ, ω, ϕ, c_x, c_y, c_z) • 모델 간, 스트립 간의 접합요소 결정(축척, 미소변위, 위치 및 방위)

08. 원격탐사(Remote Sensing) 위성과 거리가 먼 것은?

① VLBI ② LANDSAT
③ SPOT ④ COSMOS

해설 초장기선간섭계(VLBI : Very Long Baseline Interferometry)

VLBI는 지구로부터 수억 광년 이상 떨어진 우주의 준성(Quaser)으로부터 발사되는 전파를 이용하여 거리를 결정하는 측량방법이다. VLBI는 천체(1,000~10,000km)에서 복사되는 잡음전파를 2개의 안테나에서 동시에 수신하여 전파가 도달하는 시간차를 관측함으로써 안테나를 세운 두 점 사이의 거리를 관측하며 정확도는 ±수 cm 정도이다.

09. 사진측량으로 평지를 측량할 때 사용되는 카메라의 종류와 렌즈의 피사각, 주요 사용 목적이 올바르게 연결된 것은?

① 초광각 사진기 – 약 120°, 소축척 도화용
② 광각 사진기 – 약 90°, 특수한 대축척 판독용
③ 보통각 사진기 – 약 90°, 산림조사용
④ 협각 사진기 – 약 60°, 일반지형도 제작

해설

종류	렌즈의 화각	화면크기 (cm)	용도	비고
초광각 사진	120°	23×23	소축척 도화용	완전평지에 이용
광각 사진	90°	23×23	일반도화, 사진판독용	경제적 일반도화
보통각 사진	60°	18×18	산림조사용	산악지대 도심지 촬영 정면도 제작
협각 사진	약 60° 이하		특수한 대축척 도화용	특수한 평면도 제작

10. 우리나라 수준 원점의 표고는?

① 36.8971m ② 26.6871m
③ 16.564m ④ 0.0m

해설 수준원점

㉠ 높이의 기준으로 평균해수면을 알기 위하여 토지조사 당시 검조장 설치(1911년)
㉡ 검조장 설치위치 : 청진, 원산, 목포, 진남포, 인천(5개소)
㉢ 1963년 일등수준점을 신설하여 현재 사용
㉣ 위치 : 인천광역시 남구 용현동 253번지 (인하대학교 교정)
㉤ 표고 : 인천만의 평균해수면으로부터 26.6871m

11. 사진측량의 특성에 대한 설명으로 옳지 않은 것은?

① 정성적 측량은 불가능하지만, 정량적 측량은 가능하다.
② 접근하기 어려운 대상물의 측량이 가능하다.
③ 3차원뿐만 아니라 4차원 측량도 가능하다.
④ 균일한 정확도의 측량이 가능하다.

해설

장점

㉠ 정량적 및 정성적 측정이 가능하다.
㉡ 정확도가 균일하다.
• 평면(X, Y) 정도 :
(10~30)μ×촬영축척의 분모수(M)
$=\left(\frac{10}{1,000}\sim\frac{30}{1,000}\right)\text{mm}\cdot M$
• 높이(H) 정도 :
$\left(\frac{1}{10,000}\sim\frac{2}{10,000}\right)$×촬영고도($H$)
여기서, $1\mu=\frac{1}{1,000}\text{mm}$
M : 촬영축척의 분모수
H : 촬영고도
㉢ 동체측정에 의한 현상보존이 가능하다.
㉣ 접근하기 어려운 대상물의 측정도 가능하다.
㉤ 축척변경도 가능하다.
㉥ 분업화로 작업을 능률적으로 할 수 있다.
㉦ 경제성이 높다.
㉧ 4차원의 측정이 가능하다.
㉨ 비지형측량이 가능하다.

Answer 08. ① 09. ① 10. ② 11. ①

단점	㉠ 좁은 지역에서는 비경제적이다. ㉡ 기자재가 고가이다.(시설 비용이 많이 든다.) ㉢ 피사체에 대한 식별의 난해가 있다.(지명, 행정 경계 건물명, 음영에 의하여 분별하기 힘든 곳 등의 측정은 현장의 작업으로 보충측량이 요구된다.) ㉣ 기상조건에 영향을 받는다. ㉤ 태양고도 등에 영향을 받는다.

12. 1:50,000 지형도상에서 두 점 간의 거리를 측정하니 4cm이었다. 축척이 다른 지형도에서 동일한 두 점 간의 거리가 10cm이었다면 이 지형도의 축척은?

① 1:5,000　② 1:10,000
③ 1:20,000　④ 1:25,000

해설

$$\frac{1}{50,000}:4=\frac{1}{m}:10$$

$$\frac{4}{m}=\frac{10}{50,000}$$

$$\therefore m=\frac{4\times 50,000}{10}=\frac{1}{20,000}$$

13. 지적측량을 하기 위해 준비한 농촌지역 항공사진의 특수 3점이 일치하였다면 이때 사진의 경사각은?

① 0°　② 20°
③ 30°　④ 60°

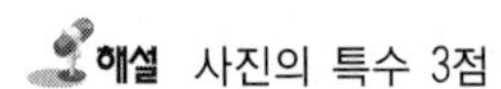
해설 사진의 특수 3점

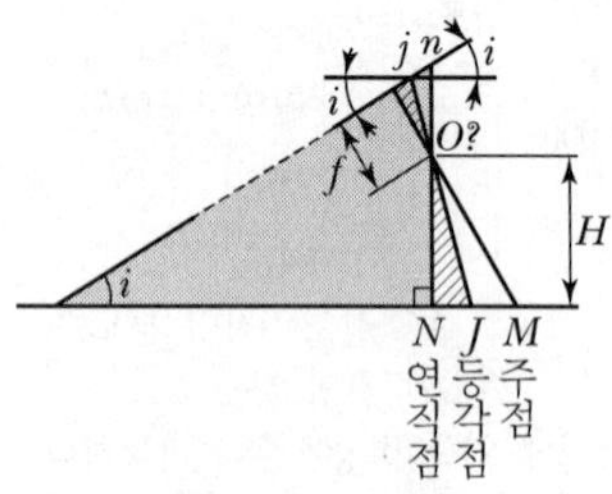

1. 주점(Principal Point)
주점은 사진의 중심점이라고도 한다. 주점은 렌즈 중심으로부터 화면(사진면)에 내린 수선의 발을 말하며 렌즈의 광축과 화면이 교차하는 점이다.

2. 연직점(Nadir Point)
㉠ 렌즈 중심으로부터 지표면에 내린 수선의 발을 말하고 N을 지상연직점(피사체연직점), 그 선을 연장하여 화면(사진면)과 만나는 점을 화면 연직점(n)이라 한다.
㉡ 주점에서 연직점까지의 거리(mm) $=f\tan i$

3. 등각점(Isocenter)
㉠ 주점과 연직점이 이루는 각을 2등분한 점으로 또한 사진면과 지표면에서 교차되는 점을 말한다.
㉡ 등각점의 위치는 주점으로부터 최대경사 방향선상으로
$mj=\dfrac{f\tan i}{2}$ 만큼 떨어져 있다.
그러므로 특수 3점이 일치하였다면 이때 사진의 경사각은 0°가 된다.

14. 곡선반지름 R=600m, 교각 I=50°의 단곡선을 설치하려고 할 때 접선길이(T.L)와 곡선길이(C.L)는?

① T.L=715.05m, C.L=261.80m
② T.L=279.78m, C.L=523.60m
③ T.L=715.05m, C.L=523.60m
④ T.L=279.78m, C.L=261.80m

해설

$$TL=R\tan\frac{I}{2}=600\times\tan\frac{50}{2}=279.78\text{m}$$

$$CL=0.01745RI=0.01745\times 600\times 50=523.5\text{m}$$

15. 동일한 카메라로 촬영된 수직 항공사진의 1매에 포함된 표고가 다른 두 지점 A, B의 국부적인 축척에 대한 설명으로 옳은 것은? (단, A점은 B점보다 표고가 매우 높다.)

① A, B 두 지점의 축척은 동일하다.
② A지점이 소축척이다.
③ A지점이 대축척이다.
④ A, B지점 간 축척을 비교할 수 없다.

해설 사진의 축척은 평지를 기준으로 하며 사진축척은 표고가 높을수록 대축척이 된다.

 Answer 12. ③ 13. ① 14. ② 15. ③

16. 야장기입 방법 중 종단 및 횡단 수준 측량에서 중간점이 많은 경우에 편리하여 많이 사용되는 것은?

① 승강식 ② 고차식
③ 기고식 ④ 교호식

해설 야장기입방법
㉠ 고차식 : 가장 간단한 방법으로 B.S와 F.S만 있으면 된다.
㉡ 기고식 : 가장 많이 사용하며, 중간점이 많을 경우 편리하나 완전한 검산을 할 수 없는 것이 결점이다.
㉢ 승강식 : 완전한 검사로 정밀 측량에 적당하나, 중간점이 많으면 계산이 복잡하고, 시간과 비용이 많이 소요된다.

17. 터널의 중심선을 천장에 설치하여 터널 내 수준측량을 실시하였다. 기계를 세운 A점의 후시는 −1.00m, 표척을 세운 B점의 전시는 −1.50m, 사거리 50m, 연직각 +15°일 때 두 점 간의 고저차는?

① 12.44m ② 13.44m
③ 47.80m ④ 48.80m

해설 $\Delta H = (\text{경사거리} \times \sin 15° + \text{전시}) - \text{후시}$
$= (\sin 15° \times 50 + 1.5) - 1.0 = 13.44\text{m}$

18. 지형도에서 소축척인 경우 등고선 주곡선의 일반적인 간격은?

① 축척분모의 약 1/500
② 축척분모의 약 1/1,000
③ 축척분모의 약 1/2,500
④ 축척분모의 약 1/4,000

해설 등고선의 간격

구분	기호	$\frac{1}{5,000}$	$\frac{1}{10,000}$	$\frac{1}{25,000}$	$\frac{1}{50,000}$
주곡선	가는실선	5	5	10	20
간곡선	가는파선	2.5	2.5	5	10
조곡선 (보조곡선)	가는점선	1.25	1.25	2.5	5
계곡선	굵은실선	25	25	50	100

등고선 간격은 일반적으로 축척분모수의 $\frac{1}{2,000} \sim \frac{1}{2,500}$이다.

19. 노선의 결정에 고려하여야 할 사항으로 옳지 않은 것은?

① 가능한 한 경사가 완만할 것
② 절토의 운반거리가 짧을 것
③ 배수가 완전할 것
④ 가능한 한 곡선으로 할 것

해설 노선 선정 조건
㉠ 건설비와 유지비가 적게 드는 노선이어야 한다.
㉡ 절토와 성토가 균형을 이루어야 한다.
㉢ 가급적 급경사 노선은 피한다.
㉣ 배수가 원활해야 한다.
㉤ 교통성이 좋아야 한다.

20. 터널 양쪽 터널입구를 연결하는 트래버스측량을 시행하여 합위거(ΣL) = −123.72m, 합경거(ΣD) = 223.46m를 얻었다. 터널 진행방향의 방위각은?

① 61°01′43″ ② 118°58′17″
③ 151°58′17″ ④ 241°01′43″

해설 $\theta = \tan^{-1}\frac{\Sigma D}{\Sigma L}$
$= \tan^{-1}\frac{223.46}{123.72} = 61°01'43.05''$(2상환)
∴ 방위각 $= 180° - 61°01'43.05''$
$= 118°58'16.9''$

Answer 16. ③ 17. ② 18. ③ 19. ④ 20. ②

응용측량(2014년 1회 지적기사)

01. 지형의 표시방법 중 길고 짧은 선으로 지표의 기복을 나타내는 방법은?

① 영선법 ② 채색법
③ 등고선법 ④ 점고법

해설 지형도에 의한 지형표시법

구분	방법	설명
자연적 도법	영선법 (우모법, Hatching)	"게바"라 하는 단선상(短線上)의 선으로 지표의 기본을 나타내는 것으로 게바의 사이, 굵기, 방향 등에 의하여 지표를 표시하는 방법
	음영법 (명암법, Shading)	태양광선이 서북쪽에서 45°로 비친다고 가정하여 지표의 기복을 도상에서 2~3색 이상으로 채색하여 지형을 표시하는 방법으로 지형의 입체감이 가장 잘 나타나는 방법
부호적 도법	점고법 (Spot Height System)	지표면 상의 표고 또는 수심을 숫자로 나타내어 지표를 표시하는 방법으로 하천, 항만, 해양 등에 주로 이용
	등고선법 (Contour System)	동일 표고의 점을 연결한 것으로 등고선에 의하여 지표를 표시하는 방법으로 토목공사용으로 가장 널리 사용
	채색법 (Layer System)	같은 등고선의 지대를 같은 색으로 채색하여 높을수록 진하게, 낮을수록 연하게 칠하여 높이의 변화를 나타내며 지리관계의 지도에 주로 사용

02. 수준측량에서 표척(수준척)을 세우는 횟수를 짝수로 하는 주된 이유는?

① 표척의 영점오차 소거
② 시준축에 의한 오차의 소거
③ 구차의 소거
④ 기차의 소거

해설 표척의 영눈금 오차는 오랜 기간 동안 사용하였기 때문에 표척의 밑부분이 마모하여 제로선이 올바르게 제로로 표시되지 않으므로 관측결과에 생기는 오차이다. 이 영눈금의 오차는 레벨의 거치를 짝수화하여 출발점에 세운 표척을 도착점에 세우면 소거할 수 있다.

03. 터널 내 측량에서 고저의 변동, 중심선의 이동을 기록하여 두고 수회 관측하여도 틀릴 경우의 원인조사 사항과 거리가 먼 것은?

① 측량기계의 이상 여부
② 터널 내에 설치한 도벨상태의 이상 여부
③ 지산이 움직이고 있는가의 여부
④ 삼각측량결과 오차점검의 여부

해설 터널 내 측량에서 고저의 변동, 중심선의 이동을 기록하여 두고 수회 관측하여도 틀릴 경우의 원인조사 사항은 다음과 같다.

㉠ 갱구 부근에 설치한 갱외의 기준점이 움직였는지의 여부
㉡ 갱내의 도벨이 나쁜가의 여부
㉢ 측량기계가 나쁜가의 여부
㉣ 지산(地山)이 움직이고 있는가의 여부

04. 어떤 도로에서 원곡선의 반지름이 200m일 때 현의 길이 20m에 대한 편각은?

① 2° 51′ 53″
② 3° 49′ 11″
③ 5° 44′ 22″
④ 8° 21′ 12″

해설 $\delta = \frac{l}{2R}$ 라디안 $= 1718.9'\frac{l}{R}$

편각$(\delta) = \frac{l}{R} \times \frac{90°}{\pi} = 1718.9'\frac{l}{R}$

$= 1718.9' \times \frac{20}{200}$

$= 2° 51' 53.22''$

Answer 01. ① 02. ① 03. ④ 04. ①

05. GPS에서 에포크(Epoch)의 의미로 옳은 것은?

① GPS 위성들의 위치를 기록한 표
② GPS 위성을 포함하는 대원(Great Circle)의 평면
③ 신호를 수신하는 순간의 시간 간격
④ GPS 안테나와 수신거리를 연결하는 케이블

해설 에포크(Epoch)
GPS에서 에포크는 수신기에 의해 생성된 시간 수치이다. Epoch Rate는 측정 수치의 간격, 관찰 수치 또는 데이터를 기록할 때 수신기에서 사용된 기록률(Recoding Rate)을 말한다. 이것은 매 15초마다 관찰(측정)된다.

06. 수평거리가 18km일 때 광선의 굴절에 의한 오차는?(단, 굴절계수는 0.14, 지구의 곡선반지름은 6,370km)

① −21.87m ② −6.12m
③ −5.36m ④ −3.56m

해설 굴절오차 $\Delta r = -\frac{k}{2R}D^2$

$= -\frac{0.14}{2\times 6,370,000}\times 18,000^2$

$= -3.56\text{m}$

07. 수준점 A, B, C에서 수준측량을 한 결과가 표와 같을 때 P점의 최확값은?

수준점	표고(m)	고저차 관측값(m)		노선거리(km)
A	19.332	A→P	+1.533	2
B	20.933	B→P	−0.074	4
C	18.852	C→P	+1.986	3

① 20.839m ② 20.842m
③ 20.855m ④ 20.869m

해설 $P_A = 19.332 + 1.533 = 20.865$
$P_B = 20.933 - 0.074 = 20.859$
$P_C = 18.852 + 1.986 = 20.838$
경중률은 노선거리에 반비례한다.

$P_A : P_B : P_C = \frac{1}{2} : \frac{1}{4} : \frac{1}{3} = 6 : 3 : 4$

$H_P = 20 + \frac{6\times 0.865 + 3\times 0.859 + 4\times 0.838}{6+3+4}$

$= 20.855\text{m}$

08. 위성측량에서 GPS에 의하여 위치를 결정하는 기하학적인 원리는?

① 위성에 의한 평균계산법
② 무선항법에 의한 후방교회법
③ 수신기에 의하여 처리하는 자료해석법
④ GPS에 의한 폐합도선법

해설 GPS 측량은 위치가 알려진 다수의 위성을 기지점으로 하여 수신기를 설치한 미지점의 위치를 결정하는 후방교회법(Resection Method)에 의한 측량방법이다.

09. 비행고도 3,000m인 항공기에서 초점거리 150mm인 카메라로 촬영한 실제길이 50m 교량의 수직사진에서의 길이는?

① 1.0mm ② 1.5mm
③ 2.0mm ④ 2.5mm

해설 $M = \frac{1}{m} = \frac{f}{H} = \frac{l}{L}$ 에서

$\frac{0.15}{3,000} = \frac{l}{50}$ $\therefore l = 0.0025\text{m} = 2.50\text{mm}$

10. 지형도에서 92m 등고선상의 A점과 118m 등고선상의 B점 사이에 일정한 기울기 8%의 도로를 만들었을 때 AB 사이 도로의 실제 경사거리는?

① 347m ② 339m
③ 332m ④ 326m

해설 고저차 = 118 − 92 = 26

$\frac{8}{100} = \frac{26}{\text{수평거리}}$ 에서

수평거리 $= \frac{100}{8}\times 26 = 325$

$\therefore$ 경사거리 $= \sqrt{325^2 + 26^2} = 326\text{m}$

Answer 05. ③ 06. ④ 07. ③ 08. ② 09. ④ 10. ④

11. 항공사진은 촬영방향에 의한 카메라의 광축에 따라 분류할 수 있다. 이 분류에 속하지 않는 것은?

① 수직사진 ② 경사사진
③ 수평사진 ④ 지상사진

해설 촬영방향에 따른 항공사진의 분류

수직사진	• 광축이 연직선과 거의 일치하도록 카메라의 경사가 3° 이내의 기울기로 촬영된 사진 • 항공사진 측량에 의한 지형도제작 시에는 거의 수직사진에 의한 촬영
경사사진	광축이 연직선 또는 수평에 경사지도록 촬영한 경사각 3° 이상의 사진으로 지평선이 사진에 나타나는 고각도 경사사진과 사진에 나타나지 않는 저각도 경사사진이 있다.
수평사진	광축이 수평선에 거의 일치하도록 지상에서 촬영

12. 수치사진측량의 영상정합(image matching) 방법에 해당되지 않는 것은?

① 형상기준 정합
② 미분연산자 정합
③ 영역기준 정합
④ 관계형 정합

해설 영상정합의 분류

영역기준정합 (영상소의 밝기값 이용)	• 밝기값 상관법 • 최소제곱법
형상기준정합	경계정보 이용
관계형 정합	각체의 점, 선, 면의 밝기값 등을 이용

13. 수준측량에서 발생하는 오차 중 정오차인 것은?

① 시차에 의한 오차
② 태양의 직사광선에 의한 오차
③ 표척을 잘못 읽어 생기는 오차
④ 지구곡률에 의한 오차

해설 오차의 종류별 원인

정오차	• 표척눈금 부정에 의한 오차 • 지구곡률에 의한 오차(구차) • 광선굴절에 의한 오차(기차) • 레벨 및 표척의 침하에 의한 오차 • 표척의 영눈금(0점) 오차 • 온도 변화에 대한 표척의 신축 • 표척의 기울기에 의한 오차
부정오차	• 레벨 조정 불완전(표척의 읽음 오차) • 시차에 의한 오차 • 기상 변화에 의한 오차 • 기포관의 둔감 • 기포관의 곡률의 부등 • 진동, 지진에 의한 오차 • 대물경의 출입에 의한 오차

14. 지모의 형태를 표시하고 표고의 높이를 쉽게 파악하기 위해 주곡선 5개마다 표시하는 등고선은?

① 수애선
② 계곡선
③ 간곡선
④ 조곡선

해설 등고선의 종류

주곡선	지형을 표시하는 데 가장 기본이 되는 곡선으로 가는 실선으로 표시
간곡선	주곡선 간격의 $\frac{1}{2}$ 간격으로 그리는 곡선으로, 완경사지나 주곡선만으로 지모를 명시하기 곤란한 장소에 가는 파선으로 표시
조곡선	간곡선 간격의 $\frac{1}{2}$ 간격으로 그리는 곡선으로 불규칙한 지형을 표시 (주곡선 간격의 $\frac{1}{4}$ 간격으로 그리는 곡선)
계곡선	주곡선 5개마다 1개씩 그리는 곡선으로, 표고의 읽음을 쉽게 하고 지모의 상태를 명시하기 위해 굵은 실선으로 표시

 Answer 11. ④ 12. ② 13. ④ 14. ②

15. 경사 터널의 고저차를 구하기 위해 그림과 같이 관측하여 I.H=1.15m, H.P=1.56m 경사거리=31.00m, 고저각 α=+30°의 결과를 얻었을 때 AB의 고저차는?

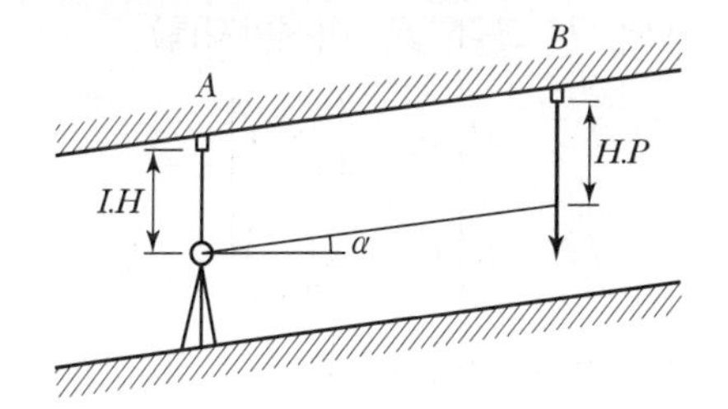

① 15.91m ② 16.93m
③ 17.95m ④ 18.97m

해설 고저차$=l\sin\alpha+\text{H.P}-\text{I.H}$
$=31\times\sin30+1.56-1.15=15.91\text{m}$

16. 적외선사진의 특성에 관한 설명으로 옳지 않은 것은?

① 짧은 파장대가 차단되어 영상이 선명하다.
② 깨끗한 물일수록 밝은 영상 색조를 나타낸다.
③ 식물피복의 식별이 용이하다.
④ 육지와 해면의 경계가 명확하게 식별된다.

해설 필름에 의한 항공사진의 분류

구분	설명
팬크로 사진	일반적으로 가장 많이 사용되며 가시광선에 해당되는 전자파로 이루어진 흑백 사진
적외선 사진	• 적외선을 이용하여 지질, 토양, 수자원 및 삼림조사, 재해조사 등의 판독작업에 주로 이용되는 사진 • 물은 적외선을 전부 흡수하기 때문에 적외선 사진에서는 까맣게 나타나므로 해안선, 수로 등을 선명하게 구별할 수 있다.(온대 혼합수림 판독에 효과적임)
팬인플라 사진	팬크로사진과 적외선 사진의 중간에 속하며 적외선용 필름과 황색 필터를 사용한다.
위색 사진	적외선에 감성하는 필름의 층을 붉게 발색시키는 것으로 식물의 잎은 적색, 그 외는 청색으로 찍히며 생물 및 식물의 연구나 조사 등에 이용된다.
천연색 사진	천연색 사진은 조사, 판독 등에 이용된다.

17. 반지름이 다른 2개의 단곡선이 그 접속점에서 공통접선을 갖고 그것들의 중심이 공통접선과 같은 방향에 있는 곡선은?

① 반향곡선
② 머리핀곡선
③ 복심곡선
④ 종단곡선

해설

구분	설명
복심곡선 (Compound Curve)	반경이 다른 2개의 원곡선이 1개의 공통접선을 갖고 접선의 같은 쪽에서 연결하는 곡선을 말한다. 복심곡선을 사용하면 그 접속점에서 곡률이 급격히 변화하므로 될 수 있는 한 피하는 것이 좋다.
반향곡선 (Reverse Curve)	반경이 같지 않은 2개의 원곡선이 1개의 공통접선의 양쪽에 서로 곡선 중심을 가지고 연결한 곡선이다. 반향곡선을 사용하면 접속점에서 핸들의 급격한 회전이 생기므로 가급적 피하는 것이 좋다.
배향곡선 (Hairpin Curve)	반향곡선을 연속시켜 머리핀 같은 형태의 곡선으로 된 것을 말한다. 산지에서 기울기를 낮추기 위해 쓰이므로 철도에서 스위치 백(Switch Back)에 적합하여 산허리를 누비듯이 나아가는 노선에 적용한다.

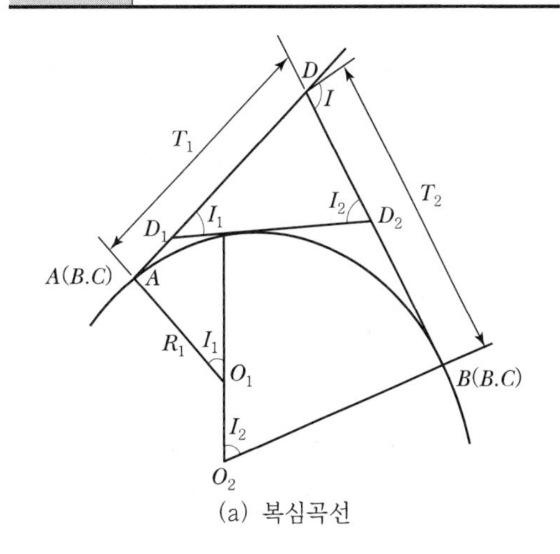

(a) 복심곡선

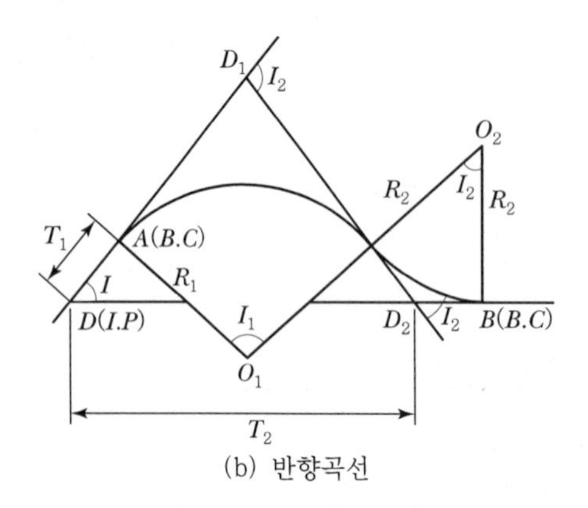

(b) 반향곡선

18. 사진측량의 특징에 대한 설명으로 옳지 않은 것은?

① 측량대상의 범위가 넓다.
② 대축척일수록 경제적이다.
③ 측량의 정확도가 균일하다.
④ 분업화에 의한 작업이 능률적이다.

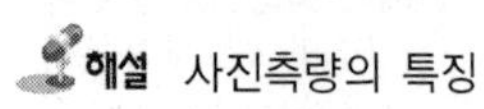 사진측량의 특징

1. 장점
   - ㉠ 사진은 정량적 · 정성적인 측정이 가능하다.
   - ㉡ 거시적으로 관찰할 수 있으며, 재측이 용이하다.
   - ㉢ 측정대상의 범위가 넓으며, 정도가 균일하다.
   - ㉣ 작업이 능률적이며, 동적인 것도 측정 가능하다.
   - ㉤ 넓은 지역에 경제성이 높고 기록보전이 용이하다.
   - ㉥ 사진측량은 시설 및 장비의 비용이 고가이다.
   - ㉦ 사진측량은 대체로 정확도가 균일하며 사진축척분모가 클수록 소축척이므로 경제적이다.
2. 단점
   - ㉠ 대축척 측량은 보다 높은 정확도를 요구하므로 소축척에 비해 지형도 제작이 고가이다.
   - ㉡ 시설비용이 많이 소요된다.
   - ㉢ 피사체 식별이 난해한 경우도 있다.
   - ㉣ 기상조건 및 태양고도의 영향을 받는다.

19. 노선측량에서 접선장(TL)을 구하는 식은? (단, I : 교각, R : 곡선반지름)

① $TL = R\left[\sec\left(\frac{I}{2}\right) - 1\right]$
② $TL = R\left[1 - \cos\left(\frac{I}{2}\right)\right]$
③ $TL = R\tan\left(\frac{I}{2}\right)$
④ $TL = R \times I[\mathrm{Rad}]$

해설 노선측량의 단곡선 공식

구분	공식
접선장 (Tangent length)	$TL = R \cdot \tan\frac{I}{2}$
곡선장 (Curve length)	$CL = \frac{\pi}{180°} \cdot R \cdot I° = 0.0174533RI°$
외할 또는 외거 (External secant)	$E = R\left(\sec\frac{I}{2} - 1\right)$
중앙종거 (Middle ordinate)	$M = R\left(1 - \cos\frac{I}{2}\right)$
현장 (Long chord)	$L = 2R \cdot \sin\frac{I}{2}$
편각 (Deflection angle)	$\delta = 1718.87'\frac{l}{R}$
호(장)길이(CL)와 현(장)길이(L)의 차	$L = CL - \frac{L^3}{24R^2}$ $CL - L = \frac{CL^3}{24R^2}$
중앙종거와 곡률반경의 관계	$R = \frac{L^2}{8M} + \frac{M}{2}$ (여기서, M의 값이 L의 값에 비해 작으면 $\frac{M}{2}$은 무시한다.)
교각(I)=중심각	$\angle AOB + \angle BPA = 180°$ $\angle I + \angle BPA = 180°$ $\therefore \angle I = \angle AOB$

 Answer 18. ② 19. ③

20. 지하시설물의 탐사방법으로 수도관로 중 PVC 또는 플라스틱 관을 찾는 데 주로 이용되는 방법은?

① 전자탐사법 ② 자기탐사법
③ 음파탐사법 ④ 전기탐사법

해설 지하시설물의 탐사방법

구분	내용
자장 관측법	전자유도방식의 원리는 지하시설물관이나 케이블에 교류전류를 흐르게 하여 그 주변에 교류자장을 발생시켜 지표면에서 발생된 교류자장을 수신기의 관측코일의 감도 방향성에 이용하여 수평위치를 관측하고 지표면으로부터 전위경도에 대해 수직위치를 관측한다.
지중 레이더 관측법	지하를 단층촬영하여 시설물위치를 판독하는 방법으로 지상의 안테나에서 지하에 전자기파를 발사시켜 대상물에서 반사 또는 방사되는 전자기파를 수신하는데, 이것은 반사강도에 따라 8가지 색상으로 표시되고, 이를 분석하여 수평 및 수직위치를 관측한다.
음파 관측법	음파관측법은 원래 누수를 찾기 위한 기술이었는데 현재는 이 기술을 이용하여 수도관로 중 PVC 또는 플라스틱 관을 찾는 데 이용되고 있다. 이 기술의 원리는 물이 가득히 흐르는 관로에 음파신호를 보내 수신기로 하여금 관 내에 발생된 음파를 관측하는 방법으로 비금속 수도관로 관측에 유용하나 음파신호를 보낼 수 있는 소화전이나 수도 미터기 등이 반드시 필요하다.
전기 관측법	전기관측법은 지반 중에 전류를 흘려보내어 그 전류에 의한 전압 강하를 관측함으로써 지반 내의 비저항값의 분포를 구하는 것이다. 전류를 흘려보내는 순간의 전류전극과 전압 강하를 관측한다. 이는 문화 유적지 조사 등에 적합하다.
전자 관측법	전자관측법은 지반의 전자유도 현상을 이용한 관측법으로 지반의 도전율을 관측함으로써 지하구조와 고도 전체의 위치를 파악하는 것이다. 전자관측장비에는 관측심도가 수천 미터에서 지표근접 수 미터를 대상으로 하는 것까지 다양하게 있지만, 시설물 조사에는 층을 조사할 수 있는 간단한 것이 사용되고 있다.
자기 관측법	지구자장의 변화를 관측하여 자성체의 분포를 알아내는 것이다. 조사구역을 적당한 격자 간격으로 분할하여 그 격자점에 대한 자력값을 관측함으로써 조사구역 내의 자장 변화를 확인하여 지하의 자성체의 분포를 추정할 수 있다.

Answer 20. ③

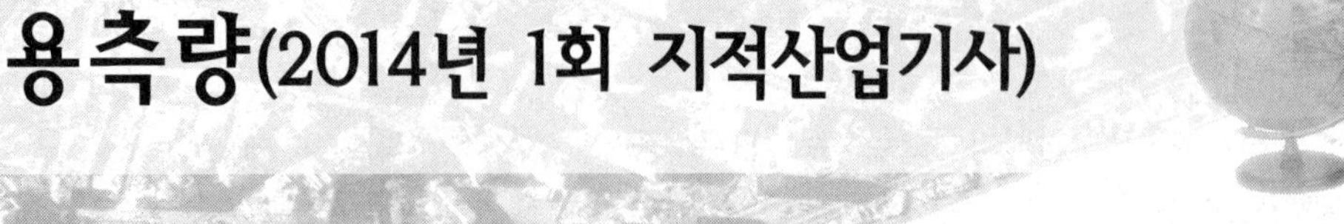

응용측량(2014년 1회 지적산업기사)

01. 지반고 40.20m인 기지점에서의 후시는 3.21m, 구하고자 하는 점의 전시 1.85m를 관측하였다면 구하고자 하는 점의 지반고는?

① 35.50m ② 41.56m
③ 45.60m ④ 53.52m

해설 구하고자 하는 점의 지반고
=기지점의 지반고+후시−전시
=40.20+3.21−1.85=41.56m

02. GPS측량에서 이동국 수신기를 설치하는 순간 그 지점의 보전 데이터를 기지국에 송신하여 상대적인 방법으로 위치를 결정하는 방법은?

① Static 방법
② Kinematic 방법
③ Pseudo−Kinematic 방법
④ Real Time Kinematic 방법

해설 1. 정지측량(Static Surveying)
정지측량은 2대 이상의 GPS 수신기를 이용하여 1대는 고정점에, 다른 1대는 미지점에 동시에 수신기를 설치하여 관측하는 기법이다.
㉠ 3대 이상의 수신기를 이용하여 기지점과 미지점을 동시에 관측한다.(세션 관측)
㉡ 각 수신기의 데이터 수신시간은 최소 30분 이상 관측한다.
㉢ 정밀 기준점측량에 사용하며, 오차의 크기는 수 cm 정도이다.

2. 신속 정지측량(Rapid Static Surveying)
㉠ 2주파 수신기를 이용하며 정지측량과 같은 방식으로 관측시간은 5~10분 정도로서 짧은 시간에 위치측정이 가능하다.
㉡ 일반적으로 저급의 기준점측량에 사용한다.

3. 이동측량(Kinematic Surveying)
정지측량의 관측시간에 소요되는 긴 시간을 해결하기 위하여 2대 이상의 GPS수신기를 이용하여 한 대는 고정점에, 다른 한 대는 미지점을 옮겨가며 방사형으로 관측하는 기법이며 Stop And Go 방식이라고도 한다.
㉠ 2대 이상의 수신기를 이용하여 기지점과 미지점을 관측한다.
㉡ 각 수신기의 데이터 수신은 수분, 수초 관측한다.
㉢ 정확도가 수 cm 정도로서 기본 설계측량 등 비교적 정밀도가 낮은 기준점측량이나 지형측량에 사용한다.

4. 실시간 이동측량(RTK : Realtime Kinematic Surveying)
㉠ 2대 이상의 GPS 수신기를 이용하여 한 대는 고정점에, 다른 한 대는 이동국인 미지점에 동시에 수신기를 설치하여 관측하는 기법이다.
㉡ 이동국에서 위성에 의한 관측치와 기준국으로부터의 위치보정량을 실시간으로 계산하여 관측장소에서 바로 위치값을 결정한다.
㉢ 허용오차를 수 cm 정도 얻을 수 있다.

03. 터널 측량에서 지상의 측량좌표와 지하의 측량좌표를 같게 하는 측량은?

① 지상(터널 외)측량
② 지하(터널 내)측량
③ 터널 내외 연결측량
④ 지하 관통측량

해설 갱내외 연결측량
㉠ 깊은 수갱은 50~60kg인 피아노 강선이 사용된다.
㉡ 하나의 수갱에서 두 개의 추를 달아 이것에 의하여 연직면을 결정하고 그 방위각

 Answer 01. ② 02. ④ 03. ③

을 지상에서 측정하여 지하의 측량에 연결하는 것

㉢ 추는 얇은 수갱일 경우 철선, 동선 등이 사용되며 무게는 5kg 이하이다.

㉣ 추가 진동하므로 직각방향으로 추선 진동의 위치를 10회 이상 관측해서 평균값을 정지점으로 한다.

㉤ 수갱 밑바닥에는 물 또는 기름을 넣은 통을 놓고 추의 진동을 감소시킨다.

04. 축척 1 : 25,000 지형도에서 A, B지점 간의 경사각은?(단, AB 간의 도상거리는 4cm이다.)

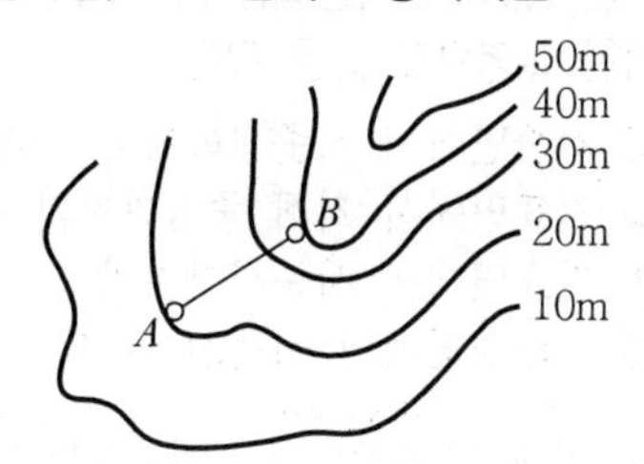

① 0° 01′ 41″ ② 1° 08′ 45″
③ 1° 43′ 06″ ④ 2° 12′ 26″

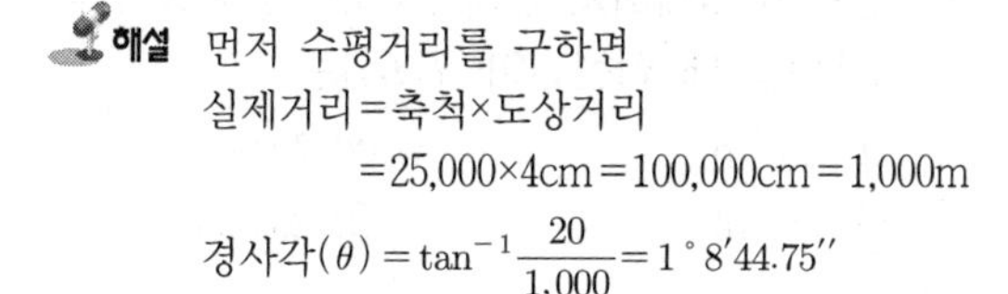

해설 먼저 수평거리를 구하면

실제거리 = 축척×도상거리

$= 25,000 \times 4\text{cm} = 100,000\text{cm} = 1,000\text{m}$

$$경사각(\theta) = \tan^{-1}\frac{20}{1,000} = 1°8'44.75''$$

05. 지형도의 이용에 관한 설명으로 틀린 것은?

① 토량의 계산
② 저수량의 측정
③ 하천유역면적의 측정
④ 일필지 면적의 측정

해설 지형도의 이용

㉠ 방향결정
㉡ 위치결정
㉢ 경사결정(구배계산)

- $경사(i) = \frac{H}{D} \times 100(\%)$
- $경사각(\theta) = \tan^{-1}\frac{H}{D}$

㉣ 거리결정
㉤ 단면도제작
㉥ 면적계산
㉦ 체적계산(토공량 산정)

06. 항공사진의 촬영비행조건으로 옳은 것은?

① 태양고도가 산지에서는 30°, 평지에서는 25° 이상일 때 행한다.
② 태양고도가 산지에서는 25°, 평지에서는 30° 이상일 때 행한다.
③ 태양고도가 산지에서는 30°, 평지에서는 15° 이상일 때 행한다.
④ 태양고도가 산지에서는 15°, 평지에서는 30° 이상일 때 행한다.

해설 항공사진측량 작업규정 제17조(촬영비행조건)

촬영비행은 다음 각 호의 정하는 바에 의한다.

1. 촬영비행은 시정이 양호하고 구름 및 구름의 그림자가 사진에 나타나지 않도록 맑은 날씨에 하는 것을 원칙으로 한다.
2. 촬영비행은 태양고도가 산지에서는 30° 평지에서는 25° 이상일 때 행하며 험준한 지형에서는 음영부에 관계없이 영상이 잘 나타나는 태양고도의 시간에 행하여야 한다.
3. 촬영비행은 예정 촬영고도에서 가급적 일정한 높이로 직선이 되도록 한다.
4. 계획촬영 코스로부터 수평이탈은 계획촬영 고도의 15% 이내로 한하고 계획고도로부터의 수직이탈은 5% 이내로 한다. 단, 사진축척이 1/5,000 이상일 경우에는 수직이탈 10% 이내로 할 수 있다.
5. GNSS/INS 장비를 이용하여 촬영하는 경우 GNSS기준국은 촬영대상지역 내 GNSS 상시관측소를 이용하고, 작업반경 30km 이내에 GNSS 상시관측소가 없을 경우 별도의 지상 GNSS 기준국을 설치하여 한다.
6. GNSS 기준국은 GNSS 상시관측소를 이용하는 경우를 제외하고, 다음에 유의하여 설치 및 관측을 하여야 한다.
   가. 수신 앙각(angle of elevation)이 15도 이상인 상공시야 확보
   나. 수신간격은 항공기용 GNSS와 동일하게 1초 이하의 데이터 취득
   다. 수신하는 GNSS 위성의 수는 5개 이상,

Answer 04. ② 05. ④ 06. ①

GNSSS 위성의 PDOP(Positional Dilution of Precision)는 3.5 이하

7. GNSS 기준국의 최종 측량성과 산출은 국토지리정보원에 설치한 국가기준점과 GNSS 상시관측소를 고정점으로 사용하여야 한다.

07. 반지름 500m인 원곡선에서 편각법에 의하여 곡선을 설치하려 한다. 중심말뚝 간격 20m에 대한 편각은?

① 1° 08' 45″　② 1° 10' 45″
③ 1° 12' 45″　④ 1° 14' 45″

해설 편각 $\delta = \frac{l}{R} \times \frac{90°}{\pi}$

$= 1,718.87' \frac{l}{R}$

$= 1,718.87' \times \frac{20}{500}$

$= 1°8'45.29''$

08. 도로의 직선과 원곡선 사이에 곡률을 서서히 증가시켜 넣는 곡선은?

① 복심곡선　② 반향곡선
③ 완화곡선　④ 머리핀곡선

해설 1. 완화곡선
차량의 급격한 회전 시 원심력에 의한 횡방향 힘의 작용으로 인해 발생하는 차량운행의 불안정과 승객의 불쾌감을 줄이는 목적으로 곡률을 0에서 조금씩 증가시켜 일정한 값에 이르게 하기 위해 직선부와 곡선부 사이에 넣는 매끄러운 곡선을 말한다.

2. 완화곡선의 특징
㉠ 곡선반경은 완화곡선의 시점에서 무한대, 종점에서 원곡선의 반지름과 같다.
㉡ 완화곡선의 접선은 시점에서 직선에, 종점에서 원호에 접한다.
㉢ 완화곡선에 연한 곡선반경의 감소율은 캔트의 증가율과 같다.
㉣ 완화곡선의 종점의 캔트와 원곡선 시점의 캔트는 같다.

09. 영상정합의 종류가 아닌 것은?

① 영역기준정합　② 제반요소정합
③ 관계형 정합　④ 형상기준정합

해설 영상정합의 분류
㉠ 영역기준정합(영상소의 밝기값 이용)
- 밝기값 상관법
- 최소제곱법

㉡ 형상기준정합 : 경계정보 이용
㉢ 관계형 정합 : 각체의 점, 선, 면의 밝기값 등을 이용

10. 수준측량에서 사용되는 용어 중 기계고(I.H)에 대한 설명으로 옳은 것은?

① 기준면에서 시준선까지의 수직거리
② 지표면에서 기계 중심까지의 수직거리
③ 지표면에서 시준선까지의 수직거리
④ 수준원점에서 시준선까지의 수직거리

해설 기계고 : 기준면에서 시준선까지의 높이, 즉 지반고+측점의 후시측정값

11. 원곡선 설치에서 교각 $I = 70°$, 반지름 $R = 100$m일 때 접선길이($T.L$)는?

① 50.5m　② 70.0m
③ 86.6m　④ 259.8m

해설 $T.L = R \times \tan\frac{I}{2}$

$= 100 \times \tan\frac{70°}{2} = 70.02\text{m}$

12. 항공사진의 특수 3점이 아닌 것은?

① 주점　② 등각점
③ 표정점　④ 연직점

해설 항공사진의 특수 3점
㉠ 주점 : 주점은 사진의 중심점이라고도 한다. 주점은 렌즈 중심으로부터 화면에 내린 수선의 발을 말하며 렌즈의 광축과 화면이 교차하는 점이다.
㉡ 연직점 : 렌즈 중심으로부터 지표면에 내린 수선의 발을 말한다.
㉢ 등각점 : 주점과 연직점이 이루는 각을 3

Answer 07. ① 08. ③ 09. ② 10. ① 11. ② 12. ③

등분한 점으로 또한 사진면과 지표면에서 교차되는 점을 말한다.

13. 등고선의 성질에 대한 설명으로 옳은 것은?

① 급경사지에서는 등고선의 간격이 넓고 완경사지에서는 좁아진다.
② 같은 경사면인 지표에서는 표고가 높아짐에 따라 간격이 좁아진다.
③ 높이가 다른 등고선은 반드시 교차하거나 합쳐지지 않는다.
④ 등고선은 도면 안 또는 밖에서 반드시 폐합한다.

해설 등고선의 성질

㉠ 동일 등고선상에 있는 모든 점은 같은 높이다.
㉡ 등고선은 도면 내외에서 폐합하는 폐곡선이다.
㉢ 지도의 도면 내에서 폐합하는 경우 등고선의 내부에 산정 또는 분지가 있다.
㉣ 두 쌍의 등고선의 볼록부가 상대할 때는 볼록부를 나타낸다.
㉤ 높이가 다른 두 등고선은 동굴이나 절벽의 지형이 아닌 곳에서는 교차하지 않으며, 동굴이나 절벽은 반드시 두 점에서 교차한다.

14. 레벨(Level)의 중심에서 40m 떨어진 지점에 표척을 세우고 기포가 중앙에 있을 때 1.248m, 기포가 2눈금 움직였을 때 1.223m를 각각 읽은 경우 이 레벨의 기포관 곡률 반지름은? (단, 기포관 1눈금 간격은 2mm다.)

① 5.0m ② 5.7m
③ 6.4m ④ 8.0m

해설

$$a'' = \frac{l}{n \times d}\rho''$$

$$= \frac{1.248 - 1.223}{2 \times 40} \times 206,265'' = 0°1'4.46''$$

$$R = d\frac{\rho''}{a''}$$

$$= 2 \times \frac{206,265''}{0°1'4.46''} = 6,399.78\text{mm} = 6.4\text{m}$$

15. 완화곡선의 종류가 아닌 것은?

① 2차 포물선
② 클로소이드 곡선
③ 렘니스케이트 곡선
④ 3차 포물선

해설

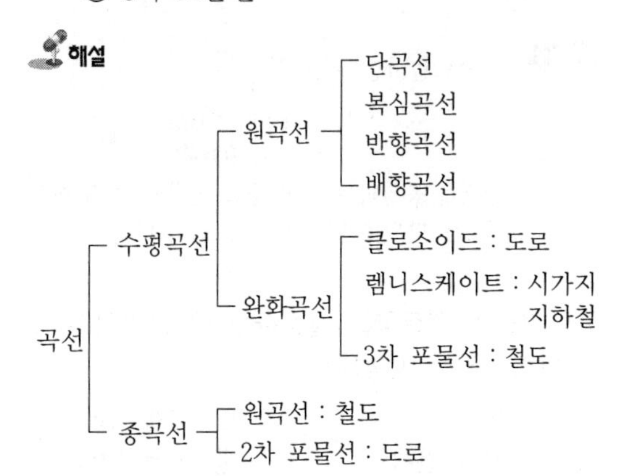

16. GPS측량의 특징에 대한 설명으로 틀린 것은?

① 기상상태와 관계없이 신호의 수신이 가능하다.
② 하루 24시간 어느 시간에서나 이용이 가능하다.
③ 측량거리에 비하여 상대적으로 높은 정확도를 지니고 있다.
④ 열대우림지방과 시가지 고층건물이 있는 지역은 관측에 적합하다.

해설 GPS 측량시스템은 인공위성을 이용한 범지구위치측정시스템으로 정확한 위치를 알고 있는 위성에서 발사한 전파를 수신하여 관측점까지 소요시간을 측정하여 위치를 구하며 GPS의 특징은 다음과 같다.

㉠ 기상상태와 관계없이 관측의 수행이 가능하다.
㉡ 지형여건과 관계없으며, 또한 측점 간 상호 시통이 되지 않아도 관계없다.
㉢ 관측작업이 신속하게 이루어진다.
㉣ 측점에서 모든 데이터 취득이 가능해진다.

Answer 13. ④ 14. ③ 15. ① 16. ④

17. 축척 1 : 5,000의 항공사진을 50m/s로 촬영하려고 한다. 허용 흔들림량을 사진상에서 0.01mm로 한다면 최장 노출시간은?

① 0.02초　　② 0.01초
③ 0.002초　　④ 0.001초

해설 최장노출시간$(T_l) = \dfrac{\Delta S \cdot m}{V}$

$$= \frac{0.01 \times 5,000}{50 \times 1000/1} = 0.001\text{초}$$

단위를 통일하는 것이 중요. 흔들림 양과 속도를 mm단위로 맞추면 0.001초가 나온다.

18. 철도의 캔트량을 결정하는 데 고려하지 않아도 되는 사항은?

① 확폭　　② 설계속도
③ 레일 간격　　④ 곡선반지름

해설 곡선부를 통과하는 차량이 원심력이 발생하여 접선방향으로 탈선하려는 것을 방지하기 위해 바깥쪽 노면을 안쪽 노면보다 높이는 정도를 말하며 편경사라고 한다.

$$C = \frac{SV^2}{Rg}$$

여기서, C : 캔트, S : 궤간
V : 차량속도, R : 곡선반경
g : 중력가속도

19. 지하시설물의 관측방법 중 지구자장의 변화를 관측하여 자성체의 분포를 알아내는 방법은?

① 전자관측법　　② 자기관측법
③ 전기관측법　　④ 탄성파관측법

해설 지구자장의 변화를 관측 자성체의 분포를 측정하는 방법으로 자기관측법이 있다.

20. 사진판독에 있어 주요 판독요소가 아닌 것은?

① 형상(shape)
② 크기(size)
③ 질감(texture)
④ 정의(definition)

해설 사진판독요소
색조, 모양, 질감, 형상, 크기, 음영, 상호위치관계, 과고감

 Answer 17. ④ 18. ① 19. ② 20. ④

응용측량(2014년 2회 지적기사)

01. 시속 720km, 고도 3,000m, 렌즈의 초점거리 150mm 허용흔들림이 0.02mm일 때 최장노출시간은?

① 1/100초　　② 1/250초
③ 1/500초　　④ 1/1,000초

해설 최장노출시간 $T_l = \dfrac{\Delta s \times m}{V}$

$$= \frac{0.02\text{mm} \times 20,000\text{m}}{720\text{km/h}}$$
$$= \frac{0.02 \times 20,000}{200,000\text{mm/sec}}$$
$$= 0.002\text{sec}$$
$$= \frac{1}{500}\text{sec}$$

[참고 1]

축척 $M = \dfrac{1}{m} = \dfrac{f}{H}$

$\dfrac{0.15}{3000} = \dfrac{1}{20,000}$

[참고 2]

$200,000\text{mm/sec} = 720 \div 3,600\text{sec} \times 1,000,000$

02. 사진측량에서 절대표정에 대한 설명으로 옳은 것은?

① 정준 조정
② 시차 조정
③ 사진중심 조정
④ 축척과 경사 조정

해설 표정은 가상값으로부터 소요의 최확값을 구하는 단계적인 해석 및 작업을 말한다. 사진측량에서는 사진기와 사진 촬영 당시의 주위 사정으로 엄밀 수직사진을 얻을 수 없으므로 촬영점의 위치, 사진기의 경사, 사진축척 등을 구하여 촬영 당시의 사진기와 대상물좌표계와의 관계를 재현하는 것으로 내부표정과 외부표정(상호표정, 절대표정, 접합표정)이 있다.

(1) 내부표정
　㉠ 정의 : 상좌표로부터 사진좌표를 얻기 위한 자표의 변환
　㉡ 종류 : Helmert 변환, 등각사상변환(Conformal Transformation), 부등각사상변환(Affine Transformation)

(2) 외부표정
　㉠ 상호표정
　　기본조건 : 공선조건, 공면조건, 5개의 표정인자
　㉡ 접합표정(κ, ϕ, ω, b_y, b_z)
　　모델과 모델, 스트립과 스트립 간 접합
　　7개의 표정인자(λ, κ, ϕ, ω, S_x, S_y, S_z)
　㉢ 절대(대지)표정
　　축척(방위), 표고(경사) 조정
　　7개의 표정인자(λ, κ, ϕ, ω, C_x, C_y, C_z)

03. 곡선반지름 $R = 80$m, 곡선길이 $L = 20$m일 때 클로소이드의 매개변수 A의 값은?

① 40m　　② 60m
③ 100m　　④ 160m

해설 $A^2 = RL$

$A^2 = 80 \times 20$

$A = 40$

04. 평지에 있는 언덕의 높이는 200m이고 이때 항공사진을 촬영하기 위한 비행고도가 3,000m이다. 사진 상에서 지상변위의 최대값은?(단, 항공사진 1장의 크기는 23cm×23cm이다.)

① 7.67mm　　② 10.84mm
③ 15.33mm　　④ 21.68mm

Answer 01. ③ 02. ④ 03. ① 04. ②

해설

$$\Delta r_{max} = \frac{h}{H} \cdot r_{max}$$
$$= \frac{h}{H} \cdot \frac{\sqrt{2}}{2} \cdot a$$
$$= \frac{200}{3{,}000} \times \frac{\sqrt{2}}{2} \times 0.23$$
$$= 0.01084\text{m} = 10.84\text{mm}$$

05. 직접수준측량에서 2km를 왕복하는 데 오차가 ±4mm 발생하였다면 이와 같은 정밀도로 하여 4.5km를 왕복했을 때의 오차는?

① ±5.0mm ② ±5.5mm
③ ±6.0mm ④ ±6.5mm

해설 $\sqrt{4\text{km}} : 4\text{mm} = \sqrt{9\text{km}} : x$

$$x = \frac{\sqrt{9}}{\sqrt{4}} \times 4 = \pm 6.0\text{mm}$$

06. 원격탐사의 특성에 대한 설명으로 옳지 않은 것은?

① 관측자료의 판독은 자동적이나 정량화가 불가능하다.
② 짧은 시간에 넓은 지역을 동시에 측정할 수 있다.
③ 얻어진 영상은 정사투영에 가깝다.
④ 반복 측정이 가능하다.

해설 원격탐사

원격탐측은 지상이나 항공기 및 인공위성 등의 탑재기에 설치된 탐측기를 이용하여 지표, 지상, 지하, 대기권 및 우주공간의 대상들에서 반사 혹은 방사되는 전자기파를 탐지하고 이들 자료로부터 토지, 환경 및 자원에 대한 정보를 얻어 해석하는 기법이다. 원격 탐측(Remote Sensing)이란 원거리에서 직접 접촉하지 않고 대상물에서 반사(Reflection) 또는 방사(Emission)되는 각종 파장의 전자기파를 수집·처리하여 대상물의 성질이나 환경을 분석하는 기법을 말한다. 이때 전자파를 감지하는 장치를 센서(Sensor)라 하고 센서를 탑재한 이동체를 플랫폼(Platform)이라 한다. 통상 플랫폼에는 항공기나 인공위성이 사용된다. 원격탐사의 특징은 다음과 같다.

㉠ 1972년 미국에서 최초의 지구관측위성(Landsat-1)을 발사한 후 급속히 발전
㉡ 모든 물체는 종류, 환경조건이 달라지면 서로 다른 고유한 전자파를 반사, 방사한다는 원리에 기초한다.
㉢ 실제로 센서에 입사되는 전자파는 도달과정에서 대기의 산란 등 많은 잡음이 포함되어 있어 태양의 위치, 대기의 상태, 기상, 계절, 지표상태, 센서의 위치, 센서의 성능 등을 종합적으로 고려하여야 한다.
㉣ 고해상도의 위성영향으로 상세한 D/B를 구축한다.
㉤ 짧은 시간에 넓은 지역의 조사 및 반복측정이 가능하다.
㉥ 다중파장대 영상으로 지구표면 정조 획득 및 경관분석 등 다양한 분야에 활용된다.
㉦ GIS와의 연계로 다양한 공간분석이 가능하다.

07. 다음 중 원격탐사에 사용되는 전자 스펙트럼에서 가장 파장이 긴 것은?

① 자외선 ② 초록색
③ 노란색 ④ 적외선

해설 원격탐사에서 사용되는 전자파

구분		내용
자외선 (Ultraviolet)		• 피부를 그을리는 주요 원인 • 공기 중의 수증기에 흡수되기 쉬우므로 RS에서는 저고도 항공기에 의한 이용 외는 거의 사용되지 않는다. • 가시광선의 보라색 부분을 벗어난 부분을 말한다. • 지표상의 몇몇 물질, 주로 바위 혹은 광물질은 자외선을 비출 경우 가시광선을 방사하거나 형광현상을 보인다. • 파장범위 : 0.3~0.4μm
가시광선 (Visible)		• 보통 빛이라고 칭한다. • 인간의 눈에는 파장이 긴 쪽으로부터 순서대로 빨강, 주황, 노랑, 녹색, 파랑, 남색, 보라색의 이른바 무지개색으로 보인다. • 파장범위 : 0.4~40.7μm • 인간의 눈으로 감지할 수 있는 영역이다.
적외선	근적외선	• 식물에 포함된 엽록소(클로로필)에 매우 잘 반응하기 때문에 식물의 활성도 조사에 사용된다. • 파장범위 : 0.7~1.3μm

 Answer 05. ③ 06. ① 07. ④

	단파장 적외선	• 식물의 함수량에 반응하기 때문에 근적외선과 함께 식생조사에 사용된다. • 지질판독조사에 사용된다.
	중적외선	• 특수한 광물자원에 반응하기 때문에 지질조사에 사용된다. • 파장범위 : 3.0~8.0μm
	열적외선	• 수온이나 지표온도 등의 온도 측정에 사용된다. • 파장범위 : 8.0~1.4μm

08. 축척 1 : 50,000의 지형도에서 A의 표고가 235m이고, B의 표고가 563m일 때 지형도상에 주곡선 간격의 등고선을 몇 개 삽입할 수 있는가?

① 13　② 15
③ 17　④ 18

해설 등고선의 종류

구분	기호	$\frac{1}{5,000}$	$\frac{1}{10,000}$	$\frac{1}{25,000}$	$\frac{1}{50,000}$
주곡선	가는 실선	5	5	10	20
간곡선	가는 파선	2.5	2.5	5	10
조곡선 (보조곡선)	가는 점선	1.25	1.25	2.5	5
계곡선	굵은 실선	25	25	50	100

A점의 표고가 235m이므로 240m부터 20m 간격으로 B의 표고 560m까지 총 17개의 주곡선 간격의 등고선을 삽입할 수 있다.

09. GPS에서 이중차분법(Double Differencing)에 대한 설명으로 옳은 것은?

① 이중차는 2개의 단일차의 합이다.
② 이중차는 여러 에포크에서 2개의 수신기로 추적되는 1개의 위성을 포함한다.
③ 이중차는 여러 에포크에서 1개의 수신기로 추적되는 2개의 위성을 포함한다.
④ 동시에 2개 위성을 추적하는 2개의 수신기는 이중차 관측이다.

해설 이중차(이중위상차, Double Phase Difference)
㉠ 2개의 위성을 2개의 수신기를 이용하여 관측한 반송파의 위상차를 말한다.
㉡ 위성 간 혹은 수신기 간 일중위상차의 차를 구하여 위성시계오차와 수신기시계오차를 동시에 소거한다.
㉢ 일반적으로 기선 해석 시 이중위상차를 이용한다.

10. 터널의 시점(P)과 종점(Q)의 좌표가 P(1200, 800, 75), Q(1600, 600, 100)로 터널을 굴진할 경우 경사각은?

① 2° 11′ 59″
② 2° 13′ 19″
③ 3° 11′ 59″
④ 3° 13′ 19″

해설 PQ 수평거리 $= \sqrt{(\Sigma L)^2 + (\Sigma D)^2}$
또는 $PQ = \sqrt{(X_B - X_A)^2 (Y_B - Y_A)^2}$
• PQ의 수평거리
$= \sqrt{(1,600-1,200)^2 + (800-600)^2}$
$= 447.21\text{m}$
• PQ 수직거리 $= 100 - 75 = 25\text{m}$
• 경사각 계산
$\tan\theta = \frac{\text{고저차}}{\text{수평거리}} = \frac{25}{447.21} = 0.0559$
$\theta = \tan^{-1} 0.0559$
$\theta = 3° 11′ 59″$

11. 다음 노선측량 중 공사측량에 속하지 않는 것은?

① 용지측량
② 토공의 기준틀측량
③ 주요 말뚝의 인조점 설치 측량
④ 중심말뚝의 검측

해설 노선측량의 순서 및 방법
1. 노선선정
㉠ 도상 선정
㉡ 현지답사

Answer 08. ③ 09. ④ 10. ③ 11. ①

2. 계획조사측량
   ㉠ 지형도 작성
   ㉡ 비교선의 선정
   ㉢ 종단면도 작성
   ㉣ 횡단면도 작성
   ㉤ 개략적 노선의 결정
3. 실시설계측량
   지형도 작성, 중심선 선정, 중심선 설치(도상), 다각측량, 중심선 설치(현장), 고저측량 순서에 의한다.
4. 용지측량
   횡단면도에 계획단면을 기입하여 용지 폭 결정 후 용지도 작성
5. 공사측량
   현지에 고저기준점과 중심말뚝의 검측을 실시한다. 중요한 보조 말뚝의 외측에 인조점을 설치하고, 토공의 기준틀, 콘크리트 구조물의 형간의 위치측량 등을 실시한다.

12. 그림과 같이 곡선중점(E)을 E'로 이동하여 교각의 변화 없이 신곡선을 설치하고자 한다. 신곡선의 반지름은?

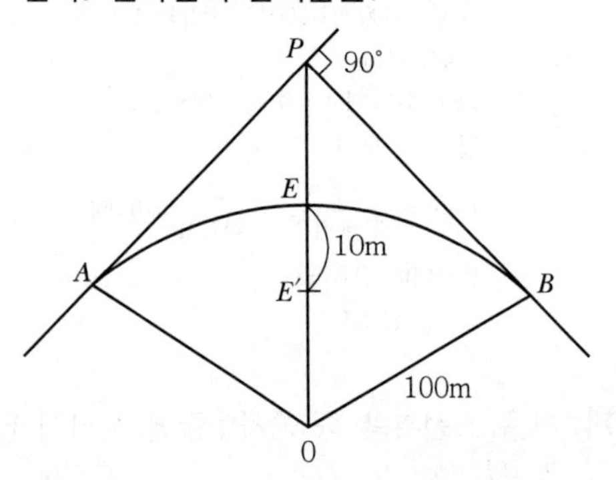

① 68m ② 90m
③ 124m ④ 200m

해설

외할(E) $= R\left(\sec\frac{I}{2}-1\right)$에서

$$10 = R\left(\sec\frac{90^\circ}{2}-1\right)$$

$$R = \frac{10}{\sec\frac{90^\circ}{2}-1} = 24.1\text{m}$$

신곡선(R) $=100+24=124$m

13. 경사면 AB, BC에 따라 거리를 측정하여 $AB=21.562$m, $BC=28.064$m를 얻었다. 1측점에서 레벨을 설치하고 A, B, C 상에 표척을 세워 아래와 같이 얻었을 때 AC의 수평거리는?

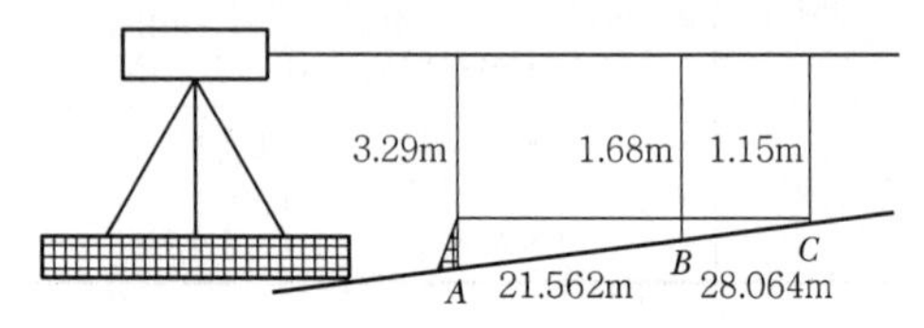

① 49.6m ② 50.1m
③ 59.6m ④ 60.1m

해설

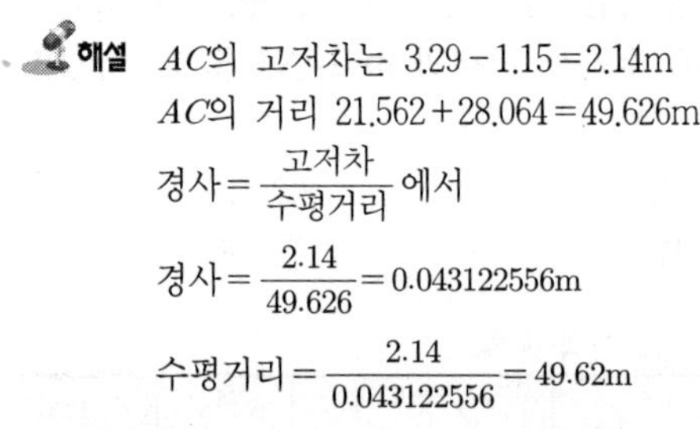

AC의 고저차는 $3.29-1.15=2.14$m

AC의 거리 $21.562+28.064=49.626$m

경사 $=\frac{\text{고저차}}{\text{수평거리}}$에서

경사 $=\frac{2.14}{49.626}=0.043122556$m

수평거리 $=\frac{2.14}{0.043122556}=49.62$m

14. 그림에서 삼각형 BC와 평행하게 $m:n=1:4$의 비율로 분할하고자 할 경우, $AB=75$m일 때 AX의 거리는?

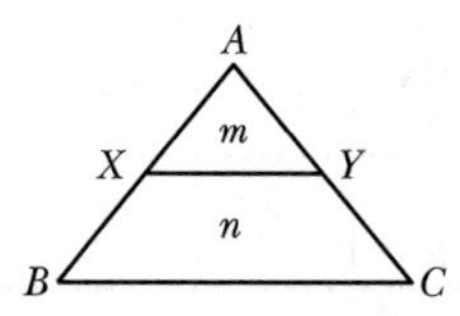

① 15.0m ② 18.8m
③ 33.5m ④ 37.5

해설

$$AX = AB\sqrt{\frac{m}{m+n}}$$

$$= 75\sqrt{\frac{1}{1+4}} = 33.5\text{m}$$

15. 원심력에 의한 곡선부의 차량 탈선을 방지하기 위하여 곡선부의 횡단 노면 외측부를 높여주는 것은?

① 확폭 ② 캔트
③ 종거 ④ 완화구간

 Answer 12. ③ 13. ① 14. ③ 15. ②

해설 캔트
곡선부를 통과하는 차량이 원심력이 발생하여 접선 방향으로 탈선하려는 것을 방지하기 위해 바깥쪽 노면을 안쪽 노면보다 높이는 정도를 말하며 편경사라고도 한다.

$C=\frac{SV^2}{Rg}$

여기서, C : 캔트
S : 궤간
V : 차량속도
R : 곡선반경
g : 중력가속도

16. 기복변위와 경사변위를 모두 제거한 사진으로 옳은 것은?
① 엄밀수직사진
② 엄밀수평사진
③ 정사사진
④ 사진집성도

해설 정사사진(正射寫眞, Orthophotograph)
정사투영을 위하여 높이에 의하여 발생한 수직사진에서의 비틀림을 보정할 수 있게 인화한 사진

17. 일반적으로 터널을 설치하는 것이 유리한 경우로 옳지 않은 것은?
① 절취깊이가 10m 미만인 경우
② 지질이 좋지 못하여 절취면의 유지가 곤란한 경우
③ 경제적 여건을 고려하여 터널의 설치가 유리한 경우
④ 지질이 좋지 않아 절취면의 보수 작업이 곤란한 경우

해설 흔히 도로 등을 개설할 때 산을 절개하여 개설하는 경우, 절취면의 지질이 좋지 않아 절취면의 유지·보수가 곤란하거나 경제적 여건 등을 고려하여 터널의 설치가 유리한 경우에 산중앙부를 절취하여 도로를 개설하지 않고 터널을 설치한다.

18. 현장에서 수준측량을 정확하게 수행하기 위해서 고려해야 할 사항이 아닌 것은?
① 전시와 후시의 거리를 동일하게 한다.
② 기포가 중앙에 있을 때 읽는다.
③ 표척이 연직으로 세워졌는지 확인한다.
④ 레벨의 설치 횟수가 홀수회로 끝나도록 한다.

해설 ④ 표척은 1~2개를 쓰고 출발점에 세워둔 표척은 필히 도착점에 세워둔다. 이를 위한 레벨의 설치 횟수가 짝수회로 끝나도록 한다.

19. 1 : 50,000 지형도에서 제한경사 5%의 노선을 산정하기 위한 주곡선 간의 도상 거리는?
① 4mm
② 8mm
③ 10mm
④ 15mm

해설

구분	기호	$\frac{1}{5,000}$	$\frac{1}{10,000}$	$\frac{1}{25,000}$	$\frac{1}{50,000}$
주곡선	가는 실선	5	5	10	20
간곡선	가는 파선	2.5	2.5	5	10
조곡선 (보조 곡선)	가는 점선	1.25	1.25	2.5	5
계곡선	굵은 실선	25	25	50	100

축척 1/50,000에서 주곡선의 간격은 20m이다.

$\frac{20}{0.05}=400$, $\frac{400}{50,000}=0.008\text{m}=8\text{mm}$

20. GPS를 구성하는 위성의 궤도 주기로 옳은 것은?
① 약 6시간 ② 약 12시간
③ 약 18시간 ④ 약 24시간

해설 ㉠ GPS 측위기술이 발달됨에 따라 세계 공통의 경도, 위도를 정의하게 되어 전 세계적으로 공통의 측지계 사용이 가능한 지구 질량의 중심점을 좌표계의 원점으로 정해 전 세계에 하나의 통일된 좌표계(기준계)를 사용한다.

㉡ 관측점좌표(X, Y, Z)와 시간(T)의 4차원 좌표 결정방식으로 4개 이상의 위성에서 전파를 수신하여 관측점의 위치를 구한다.

㉢ L1파와 L2파 2개의 주파수로 방송되는 이유는 위성궤도와 지표면 중간에 있는 전리층의 영향을 보정하기 위함이다.

㉣ 궤도주기는 약 11시간 58분이다(약 0.5항성일이다).

응용측량(2014년 2회 지적산업기사)

01. 터널측량에서 지상측량의 좌표와 지하측량의 좌표를 점검하는 측량으로 맞는 것은?

① 지하중심선 설치측량
② 터널 내·외 연결측량
③ 지표중심선측량
④ 단면측량

해설 갱내외 연결측량은 지상측량의 좌표와 지하측량의 좌표를 같게 하는 측량이다.

02. 원곡선에 있어서 교각(I)이 60°, 반지름(R)이 200m, 곡선의 시점($B.C$)=NO.5+5m일 때 도로의 기점에서부터 곡선의 종점($E.C$)까지의 추가거리는?(단, 중심말뚝의 간격은 20m이다.)

① 214.4m ② 309.4m
③ 209.4m ④ 314.4m

해설 $\mathrm{CL} = 0.01745RI$
$= 0.01745 \times 200 \times 60 = 209.4\mathrm{m}$
∴ 추가거리 = 209.4 + 105 = 314.4m

03. 사진측량의 특수 3점 중 렌즈의 중심으로부터 내린 수선이 사진 화면과 교차하는 점은?

① 주점 ② 연직점
③ 등각점 ④ 기준점

해설 사진측량의 특수 3점

1. 주점(Principal Point)
   주점은 사진의 중심점이라고도 한다. 주점은 렌즈 중심으로부터 화면(사진면)에 내린 수선의 발을 말하며 렌즈의 광축과 화면이 교차하는 점이다.
2. 연직점(Nadir Point)
   ㉠ 렌즈 중심으로부터 지표면에 내린 수선의 발을 말하고 N을 지상연직점(피사체연직점), 그 선을 연장하여 화면(사진면)과 만나는 점을 화면 연직점(n)이라 한다.
   ㉡ 주점에서 연직점까지의 거리($\overline{\mathrm{mm}}$)
   $= f\tan i$
3. 등각점(Isocenter)
   ㉠ 주점과 연직점이 이루는 각을 2등분한 점으로 또한 사진면과 지표면에서 교차되는 점을 말한다.
   ㉡ 등각점의 위치는 주점으로부터 최대경사 방향선상으로 $mj = \dfrac{f\tan i}{2}$만큼 떨어져 있다.

04. 수준측량의 왕복거리 2km에 대하여 허용 오차가 ±3mm라면 왕복거리 4km에 대한 허용 오차는?

① ±4.24mm ② ±5.24mm
③ ±7.24mm ④ ±6.24mm

해설 오차는 노선거리의 제곱근에 비례(여기서 거리는 왕복거리)
$\sqrt{2} : 3 = \sqrt{4} : x$
$\therefore\ x = \dfrac{\sqrt{4}}{\sqrt{2}} \times 3$
$= \pm 4.24\mathrm{mm}$

05. 50m 높이의 굴뚝을 촬영고도 2,000m의 높이에서 촬영한 항공사진이 있고 이 사진의 주점기선장이 10cm였다면 이 굴뚝의 시차차는 약 얼마인가?

① 1.5mm ② 2.5mm
③ 3.5mm ④ 4.5mm

Answer 01. ② 02. ④ 03. ① 04. ① 05. ②

해설

$$\Delta P = \frac{b_0}{H}h$$

$$\Delta P = \frac{0.1}{2,000} \times 50 = 0.0025\text{m} = 2.5\text{mm}$$

06. 항공사진측량의 장점으로 틀린 것은?

① 일부 외업 외에 분업화로 작업능률성이 높다.
② 동일 모델 내에서 정확도는 균일하다.
③ 대축척일수록 경제적이다.
④ 축척변경이 용이하다.

해설 1. 사진측량의 장점
㉠ 정량적 및 정성적 측량이 가능하다.
- 정량적 : 피사체에 대한 위치와 형상 해석
- 정성적 : 환경 및 자원문제를 조사·분석, 처리하는 특성해석

㉡ 정확도의 균일성이 있다.
- 평면(X, Y) 정도
$(10\sim30)\mu \cdot \text{m}$(촬영축척의 분모수)
$= \left(\frac{10}{1,000} \sim \frac{30}{1,000}\right)\text{mm} \cdot \text{m}$
($1\mu : \frac{1}{1,000}\text{mm}$, 도화축척인 경우 촬영축척분모수의 5배)
- 높이(H) 정도
$\left(\frac{1}{10,000} \sim \frac{1}{10,000}\right) \times$ 촬영고도(H)

㉢ 동체 관측에 의한 보존 이용이 가능하다.
㉣ 관측대상에 접근하지 않고도 관측이 가능하다.
㉤ 광역(廣域)일수록 경제성이 있다.
㉥ 분업화에 의한 작업능률성이 높다.
㉦ 축척변경이 용이하다.
㉧ 4차원측량이 가능하다.

2. 사진측량의 단점
㉠ 사진기, 센서, 항공기, 정밀도화기, 편위수정기 등 고가의 장비가 필요하므로 많은 경비가 소요되어 소규모의 대상물에 적용 시에는 비경제적이다.
㉡ 사진에 나타나지 않는 피사체는 식별이 난해한 경우도 있다.
㉢ 항공사진 촬영 시는 기상조건 및 태양고도 등에 영향을 받는다.

07. GPS 측량의 특성에 대한 설명으로 틀린 것은?

① 측점 간 시통이 요구된다.
② 야간 관측이 가능하다.
③ 날씨에 영향을 거의 받지 않는다.
④ 전리층 영향에 대한 보정이 필요하다.

해설 GPS의 장점
㉠ 주·야간 및 기상상태와 관계없이 관측이 가능하다.
㉡ 기준점 간 시통이 되지 않는 장거리 측량이 가능하다.
㉢ 측량의 소요시간이 기존 방법보다 효율적이다.
㉣ 관측의 정밀도가 높다.

08. 그림에서 A, B 두 개의 수준점으로부터 수준측량을 하여 구한 P점의 최확 표고는? (단, $A \rightarrow P$: 31.363m , $B \rightarrow P$: 31.375m)

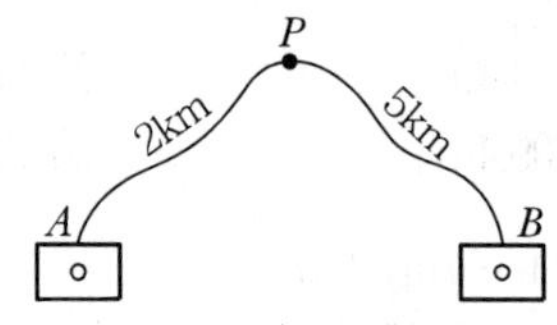

① 31.364
② 31.366
③ 31.369
④ 31.372

해설 P점의 최확값은

$$P_1 : P_2 = \frac{1}{S_1} : \frac{1}{S_2} = \frac{1}{2} : \frac{1}{5} = 5 : 1$$

$$L_0 = \frac{P_1 l_1 + P_2 l_2}{P_1 + P_2} = \frac{(5 \times 31.363) + (1 \times 31.375)}{5+1} = 31.365\text{m}$$

 Answer 06. ③ 07. ① 08. ②

09. 등고선의 성질에 대한 설명으로 틀린 것은?

① 등고선은 등경사지에서는 등간격이다.
② 높이가 다른 등고선은 절대로 서로 만나지 않는다.
③ 동일 등고선상에 있는 모든 점은 같은 높이이다.
④ 등고선간의 최단거리의 방향은 그 지표면의 최대경사의 방향을 가리킨다.

해설 등고선의 성질

㉠ 동일 등고선상에 있는 모든 점은 같은 높이이다.
㉡ 등고선은 도면 내외에서 폐합하는 폐곡선이다.
㉢ 지도의 도면 내에서 폐합하는 경우 등고선의 내부에 산꼭대기(산정) 또는 분지가 있다.
㉣ 높이가 다른 두 등고선은 동굴이나 절벽을 제외하고는 교차하지 않는다.
㉤ 등고선은 급경사에서 간격이 좁고 완경사지에서 간격이 넓어진다.

10. 그림과 같이 교호수준측량을 시행한 경우 A점의 표고가 50m라면 D점의 표고는?

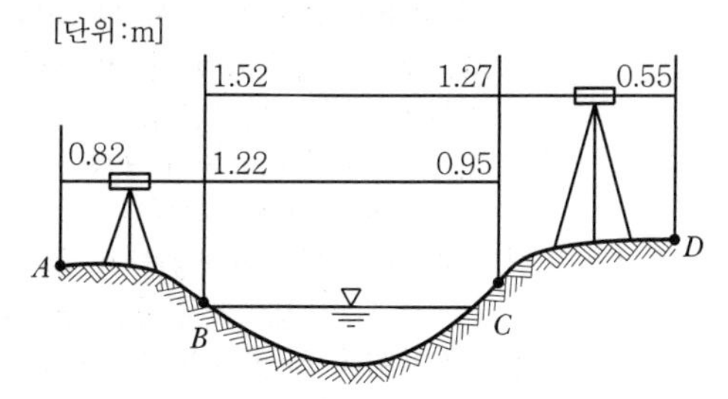

① 50.06 ② 50.37
③ 50.58 ④ 50.89

해설 B와 C의 고저차(h)

$$= \frac{1}{2}(1.22+1.52)-(0.95+1.27)$$

$$= 0.26$$

B점의 표고 $= 50+0.82-1.22 = 49.6$m

C점의 표고 $= 49.6+0.26 = 49.86$m

D점의 표고 $= 49.86+1.27-0.55 = 50.58$m

11. 노선측량에서 일반국도를 개설하려고 한다. 측량의 순서로 옳은 것은?

① 계획조사측량 – 노선선정 – 실시설계측량 – 세부측량 – 용지측량
② 노선선정 – 계획조사측량 – 실시설계측량 – 세부측량 – 용지측량
③ 노선선정 – 계획조사측량 – 세부측량 – 실시설계측량 – 용지측량
④ 계획조사측량 – 노선선정 – 세부측량 – 실시설계측량 – 용지측량

해설 노선측량의 순서

노선선정(路線選定) → 계획조사측량(計劃調査測量) → 실시설계측량(實施設計測量) → 세부측량(細部測量) → 용지측량(用地測量) → 공사측량(工事測量)

12. 등고선에 직각이며 물이 흐르는 방향을 의미하는 지성선은?

① 분수선 ② 합수선
③ 경사변환선 ④ 최대경사선

해설 지성선

지표는 많은 凸선, 凹선, 경사변환선, 최대 경사선으로 이루어졌다고 생각할 때 이 평면의 접합부, 즉 접선을 말하며 지세선이라고도 한다.

1. 능선(凸선), 분수선
   지표면의 높은 곳을 연결한 선으로 빗물이 이것을 경계로 좌우로 흐르게 되므로 V자형으로 표시
2. 계곡선(凹선), 합수선
   지표면이 낮거나 움푹 패인 점을 연결한 선으로 A Y자형으로 표시
3. 경사변환선
   동일 방향의 경사면에서 경사의 크기가 다른 두 면의 접합선(등고선 수평간격이 뚜렷하게 달라지는 경계선)
4. 최대경사선
   ㉠ 지표의 임의의 한 점에 있어서 그 경사가 최대로 되는 방향을 표시한 선
   ㉡ 등고선에 직각으로 교차한다.
   ㉢ 물이 흐르는 방향이라는 의미에서 유하선이라고도 한다.

Answer 09. ② 10. ③ 11. ② 12. ④

13. GPS 측량에서 발생하는 오차가 아닌 것은?

① 위성시계오차
② 위성궤도오차
③ 대기권 굴절오차
④ 시차(視差)

해설 구조적 원인에 의한 오차

1. 위성시계오차
   ㉠ 위성에 장착된 정밀한 원자시계의 미세한 오차
   ㉡ 위성시계오차로서 잘못된 시간에 신호를 송신함으로써 오차발생
2. 위성궤도오차
   ㉠ 항법메시지에 의한 예상궤도, 실제궤도의 불일치
   ㉡ 위성의 예상위치를 사용하는 실시간 위치결정에 의한 영향
3. 전리층과 대류권의 전파지연
   ㉠ 전리층 : 지표면에서 70~1,000km 사이의 충전된 입자들이 포함된 층
   ㉡ 대류권 : 지표면상 10km까지 이르는 것으로 지구의 기후형태에 의한 층
   ㉢ 전리층, 대류권에서 위성신호의 전파속도지연과 경로의 굴절오차
4. 수신기에서 발생하는 오차
   ㉠ 전파적 잡음 : 한정되어 있는 시간 차이를 측정하는 GPS 수신기의 능력과 관련된 다양한 오차를 포함한다.
   ㉡ 다중경로오차 : GPS 위성으로부터 직접 수신된 전파 이외에 부가적으로 주위의 지형, 지물에 의해 반사된 전파로 인해 발생하는 오차
   - 다중경로는 보통 금속제 건물, 구조물과 같은 커다란 반사적 표면이 있을 때 일어난다.
   - 다중경로의 결과로서 수신된 GPS의 신호는 처리될 때 GPS 위치의 부정확성을 제공한다.
   - 다중경로가 일어나는 경우를 최소화하기 위하여 미션 설정, 안테나, 수신기 설계 시에 고려한다면 다중경로의 영향을 최소화할 수 있다.
   - GPS 신호시간의 기간을 평균하는 것도 다중경로의 영향을 감소시킨다.
   - 가장 이상적인 방법은 다중경로의 원인이 되는 장해물에서 멀리 떨어져 관측하는 것이다.

14. 항공사진판독에 대한 설명으로 틀린 것은?

① 사진판독은 단시간에 넓은 지역을 판독할 수 있다.
② 색조, 모양, 입체감 등이 나타나지 않는 지역은 판독에 어려움이 있다.
③ 수목의 종류를 판독하는 주요 요소는 음영이다.
④ 근적외선 영상은 식물과 물을 판독하는 데 유용하다.

해설 1. 주요소
   ㉠ 색조 : 피사체(대상물)가 갖는 빛의 반사에 의한 것으로 수목의 종류를 판독하는 것을 말한다.
   ㉡ 모양 : 피사체(대상물)의 배열상황에 의하여 판별하는 것으로 사진상에서 볼 수 있는 식생, 지형 또는 지표상의 색조 등을 말한다.
   ㉢ 질감 : 색조, 형상, 크기, 음영 등의 여러 요소의 조합으로 구성된 조밀, 거칢, 세밀함 등으로 표현하며 초목 및 식물의 구분을 나타낸다.
   ㉣ 형상 : 개체나 목표물의 구성, 배치 및 일반적인 형태를 나타낸다.
   ㉤ 크기 : 어느 피사체(대상물)가 갖는 입체적·평면적인 넓이와 길이를 나타낸다.
   ㉥ 음영 : 판독 시 빛의 방향과 촬영 시의 빛의 방향을 일치시키는 것이 입체감을 얻는 데 용이하다.

2. 보조요소
   ㉠ 상호위치관계 : 어떤 사진상이 주위의 사진상과 어떠한 관계가 있는가 파악하는 것으로 주위의 사진상과 연관되어 성립되는 것이 일반적인 경우이다.
   ㉡ 과고감 : 과고감은 지표면의 기복을 과장하여 나타낸 것으로 낮고 평평한 지역에서의 지형 판독에 도움이 되는 반면 경사면의 경사는 실제보다 급하게 보이므로 오판에 주의해야 한다.

 Answer 13. ④ 14. ③

15. 우리나라의 1 : 25,000 지형도에서 계곡선의 간격은?

① 10m ② 20m
③ 50m ④ 100m

해설

구분	기호	$\frac{1}{5,000}$	$\frac{1}{10,000}$	$\frac{1}{25,000}$	$\frac{1}{50,000}$
주곡선	가는 실선	5	5	10	20
간곡선	가는 파선	2.5	2.5	5	10
조곡선 (보조 곡선)	가는 점선	1.25	1.25	2.5	5
계곡선	굵은 실선	25	25	50	100

16. 터널측량에 관한 설명 중 틀린 것은?

① 터널측량은 터널 외 측량, 터널 내 측량, 터널 내외 연결측량으로 구분할 수 있다.
② 터널 내 측량에서는 기계의 십자선 및 표척 등에 조명이 필요하다.
③ 터널의 길이방향측량은 삼각 또는 트래버스측량으로 한다.
④ 터널굴착이 끝난 구간에는 기준점을 주로 바닥에 설치한다.

해설 터널굴착이 끝난 후일지라도 작업차량 등에 의하여 파괴되는 경우가 많으며 적당한 장소를 찾지 못할 때 지보공의 천단에 중심점을 만든다. 그러나 장기간에 걸쳐 사용하는 중심점을 지보공으로 잡는 것은 부적당하며 빠른 시기에 도벨(Dowel)을 설치하는 것이 좋다. 무지보공(無支保工) 또는 지보공(支保工)이 있어도 괘시판(掛矢板)에 간격이 있을 때는 천단(天端)의 암반(岩盤)에 구멍을 뚫고 목편(木片)을 끼워 그것에 중심정(中心釘)을 박는 것도 있다. 이 천정(天井)의 도벨(Dowel)은 터널의 굴삭(掘削)이 완료된 구간 또는 복공(覆工)이 완성된 구간 중 하부에 설치할 수 없는 경우에 사용되며 트랜싯과 측량자의 측량장소를 따로 만든다.

17. 항공사진측량용 사진기에 대한 설명으로 틀린 것은?

① 초광각 사진기의 화각은 60도, 광각 사진기의 화각은 90도, 보통각 사진기의 화각은 120도이다.
② 렌즈 왜곡이 적으며 왜곡이 있어도 보정이 가능하다.
③ 일반사진기와 비교하여 화각이 크다.
④ 해상력과 선명도가 좋다.

해설

종류	화각 (렌즈각)	용도	특징
초광각 카메라	약 120°	소축척 도화용	왜곡이 커서 평지에 이용
광각 카메라	약 90°	일반판독용 지형도 제작	경제적
보통각 카메라	약 60°	산림조사용	사진매수 증가로 비용 과다
협각 카메라	약 60° 이하	특수한 대축척 도화용	특수한 정면도 제작

18. 클로소이드 곡선에 대한 설명으로 틀린 것은?

① 곡률이 곡선의 길이에 반비례한다.
② 형식에는 기본형, 복합형, S형 등이 있다.
③ 설치법에는 주접선에서 직교좌표에 의해 설치하는 방법이 있다.
④ 단위 클로소이드란 클로소이드의 매개변수 $A=1$, 즉 $RL=1$의 관계에 있는 경우를 말한다.

해설 클로소이드곡선의 성질

㉠ 곡률이 곡선장에 비례하는 곡선

$$A^2 = RL = \frac{L^2}{2\tau} = 2\tau R^2$$

㉡ 모든 클로소이드는 나선의 일종이다.
㉢ 모든 클로소이드는 닮은꼴이다.
㉣ 단위가 있는 것도 있고 없는 것도 있다.
㉤ τ는 30°가 적당하다.

19. 완화곡선의 성질에 대한 설명 중 틀린 것은?

① 완화곡선의 반지름은 시점에서 무한대이다.
② 완화곡선은 시점에서는 직선에 접하고 종점에서는 원호에 접한다.
③ 완화곡선에 연한 곡선반지름의 감소율은 캔트의 증가율과 같다.
④ 완화곡선 시점의 캔트는 원곡선의 캔트와 같다.

해설 1. 완화곡선의 성질

㉠ 완화곡선의 반지름은 그 시작점에서 ∞ 이고, 종점에서는 원곡선의 반지름과 같다.
㉡ 완화곡선의 접선은 시점에서는 직선에, 종점에서는 원호에 접한다.
㉢ 완화곡선의 연한 곡선반경의 감소율은 캔트의 증가율과 같다.
㉣ 완화곡선의 편경사의 크기는 곡선의 반경에 반비례하고 설계속도에 비례한다.

2. 완화곡선의 종류

클로소이드, 렘니스케이트, 3차포물선, 반파장 sine 체감곡선

20. 촬영고도 2,000m, 초점거리 152.7mm 사진기로 촬영한 항공사진에서 30m 교량의 길이는?

① 3.0mm　　② 2.3mm
③ 2.0mm　　④ 1.5mm

해설

$$M=\frac{l}{L}=\frac{f}{H}=\frac{0.1527}{2,000}=\frac{l}{30}$$

$\therefore\ l=0.00229\text{m} \fallingdotseq 2.3\text{mm}$

 Answer 19. ④ 20. ②

응용측량(2014년 3회 지적기사)

01. 곡선설치에서 캔트(cant)의 의미는?

① 확폭　　② 편경사
③ 종곡선　　④ 매개변수

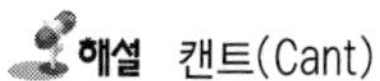

캔트(Cant)
곡선부를 통과하는 차량에 원심력이 발생하여 접선 방향으로 탈선하려는 것을 방지하기 위해 바깥쪽 노면을 안쪽 노면보다 높이는 정도를 말하며, 편경사라고도 한다.

※ 확폭(Slack)
차량과 레일이 꼭 끼어서 서로 힘을 입게 되면 때로는 탈선의 위험도 생긴다. 이러한 위험을 막기 위하여 레일 안쪽을 움직여 곡선부에서는 궤간을 넓힐 필요가 있는데, 이 넓힌 치수를 말한다.

02. 직선 터널을 뚫기 위해 트래버스측량을 실시하여 표와 같은 값을 얻었다. 터널 중심선 AB의 방위각은?

측선	위거(m)	경거(m)
A－1	+26.65	－19.95
1－2	－24.85	+30.40
2－B	+40.95	+25.35

① 39°56′37″　　② 50°03′22″
③ 219°57′49″　　④ 320°02′11″

측선	위거		경거	
	N	S	E	W
A－1	+26.65			－19.95
1－2		－24.85	+30.40	
2－B	+40.95		+25.35	
계	67.6	－24.85	55.75	－19.95
	42.72		35.8	

$\therefore$ AB의 방위각$(\theta)=\tan^{-1}\dfrac{\text{경거}}{\text{위거}}$

$=\tan^{-1}\dfrac{35.8}{42.75}=39°56'37''$

03. 그림의 AB 간에 곡선을 설치하고자 하였으나 교점(P)에 접근할 수 없어 $\angle ACD=140°$, $\angle CDB=90°$ 및 $CD=200$m를 관측하였다. C점에서 출발점($B.C$)까지의 거리는?(단, 곡선반지름 R은 300m이다.)

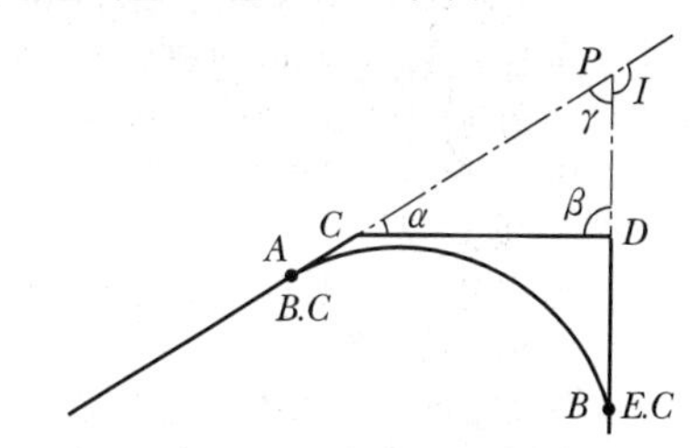

① 643.35m　　② 261.68m
③ 382.27m　　④ 288.66m

해설

$TL=R\tan\dfrac{I}{2}=300\times\tan\dfrac{130}{2}=643.35\text{m}$

$\dfrac{CP}{\sin 90°}=\dfrac{200}{\sin 50°}$에서

$CP=\dfrac{\sin 90°\times 200}{\sin 50°}=261.08\text{m}$

$\therefore\ \overline{AC}=643.35-261.08=382.27\text{m}$

04. 항공사진의 촬영에서 재촬영하여야 할 판정기준으로 옳지 않은 것은?

① 구름이 사진에 나타날 때
② 항공기의 고도가 계획촬영 고도의 5% 이상 벗어날 때
③ 인접 코스 간의 중복도가 표고의 최고점에서 5% 미만일 때
④ 촬영 진행방향의 중복도가 53% 미만인 경우가 전 코스 사진 매수의 1/4 이상일 때

Answer 01. ② 02. ① 03. ③ 04. ②

해설 1. 재촬영하여야 할 경우
㉠ 촬영 대상 구역의 일부분이라도 촬영범위 외에 있는 경우
㉡ 종중복도가 50% 이하인 경우
㉢ 횡중복도가 5% 이하인 경우
㉣ 스모그(Smog), 수증기 등으로 사진상이 선명하지 못한 경우
㉤ 구름 또는 구름의 그림자, 산의 그림자 등으로 지표면이 밝게 찍히지 않은 부분이 상당히 많은 경우
㉥ 적설 등으로 지표면의 상태가 명료하지 않은 경우

2. 양호한 사진이 갖추어야 할 조건
㉠ 촬영사진기가 조정검사 되어 있을 것
㉡ 사진기 렌즈는 왜곡이 작을 것
㉢ 노출시간이 짧을 것
㉣ 필름은 신축, 변질의 위험성이 없을 것
㉤ 도화하는 부분이 공백부가 없고 사진의 입체부분으로 찍혀 있을 것
㉥ 구름이나 구름의 그림자가 찍혀 있지 않을 것
㉦ 적설, 홍수 등의 이상상태일 때의 사진이 아닐 것
㉧ 촬영고도가 거의 일정할 것
㉨ 중복도가 지정된 값에 가깝고 촬영경로 사이에 공백부가 없을 것
㉩ 헐레이션이 없을 것

05. 수준측량 시에 중간점(I.P)이 많을 경우에 가장 많이 사용되는 야장 기입법은?
① 승강식 ② 고차식
③ 중간식 ④ 기고식

해설 ㉠ 고차식
가장 간단한 방법으로 B.S와 F.S만 있으면 된다.
㉡ 기고식
가장 많이 사용하며, 중간점이 많을 경우 편리하나 완전한 검산을 할 수 없는 것이 결점이다.
㉢ 승강식
완전한 검사로 정밀 측량에 적당하나, 중간점이 많으면 계산이 복잡하고, 시간과 비용이 많이 소요된다.

06. 수준측량에 대한 설명으로 옳지 않은 것은?
① 표고는 2점 사이의 높이차를 의미한다.
② 어느 지점의 높이는 기준면으로부터 연직거리로 표시한다.
③ 기포관의 감도는 기포 1눈금에 대한 중심각의 변화를 의미한다.
④ 기준면으로부터 정확한 높이를 측정하여 수준 측량의 기준이 되는 점으로 정해 놓은 점을 수준 원점이라 한다.

해설 수준측량

기준면 (Datum)	표고의 기준이 되는 수평면을 기준면이라 하며 표고는 0으로 정한다. 기준면은 계산을 위한 가상면이며 평균해면을 기준면으로 한다.
평균해면 (Mean Sea Level)	여러 해 동안 관측한 해수면의 평균값
지오이드 (Geoid)	평균해수면으로 전 지구를 덮었다고 가정한 곡면
수준원점 (OBM : Original Bench Mark)	수준측량의 기준이 되는 기준면으로부터 정확한 높이를 측정하여 기준이 되는 점
수준점 (BM : Bench Mark)	수준원점을 기점으로 하여 전국 주요지점에 수준표석을 설치한 점 • 1등 수준점 : 4km마다 설치 • 2등 수준점 : 2km마다 설치
표고 (Elevation)	국가 수준기준면으로부터 그 점까지의 연직거리

07. 원곡선의 설치에서 편각법에 의하여 중심말뚝을 설치하고자 한다. 곡선반지름이 150m, 시단현의 길이가 15m이면 시단현에 의한 편각은?
① 2°6′35″
② 2°51′53″
③ 3°44′35″
④ 5°44′53″

해설

$$\delta_1 = 1718.87' \times \frac{l_1}{R} = 1718.87' \times \frac{15}{150} = 2°\,51'\,53''$$

 Answer 05. ④ 06. ① 07. ②

08. 수준측량에서 전시와 후시의 거리를 같게 하여 소거할 수 있는 주요 오차는?

① 망원경의 시준선이 기포관축에 평행이 아닐 때의 오차
② 시준하는 순간 기포가 중앙에 있지 않아 생기는 오차
③ 전시와 후시의 야장기입을 잘못하여 생기는 오차
④ 표척이 표준길이가 아닌 경우의 오차

해설 전시와 후시의 거리를 같게 함으로써 제거되는 오차
㉠ 레벨의 조정이 불완전(시준선이 기포관축과 평행하지 않을 때)할 때(시준축오차 : 오차가 가장 크다.)
㉡ 지구의 곡률오차(구차)와 빛의 굴절오차(기차)를 제거한다.
㉢ 초점나사를 움직이는 오차가 없으므로 그로 인해 생기는 오차를 제거한다.

09. 사진기준점측량의 조정계산방법이 아닌 것은?

① 번들조정법(광속조정법)
② 독립모델조정법
③ 다항식법
④ 유한요소법

해설 독립모델법
다항식법에 비하여 기준 점수가 감소되며, 전체적인 정확도가 향상되므로 큰 블록 조정에 자주 이용된다.
항공삼각측량에는 조정의 기본단위로서 블록(Block), 스트립(Strip), 모델(Model), 사진(Photo)이 있으며 이것을 기본단위로 하는 항공삼각측량 조정방법에는 다항식 조정법, 독립모델법, 광속조정법, DLT법 등이 있다.

1. 다항식 조정법(Polynomial Method)
다항식 조정법은 촬영경로, 즉 종접합모형(Strip)을 기본단위로 하여 종횡접합모형, 즉 블록을 조정하는 것으로 촬영경로마다 접합표정 또는 개략의 절대표정을 한 후 복수촬영경로에 포함된 기준점과 접합표정을 이용하여 각 촬영경로의 절대표정을 다항식에 의한 최소제곱법으로 결정하는 방법이다.
2. 독립모델조정법(IMT : Independent Model Triangulation)
입체모형(Model)을 기본단위로 하여 접합점과 기준점을 이용하여 여러 모델의 좌표를 조정하는 방법에 의하여 절대좌표를 환산하는 방법이다.
3. 광속조정법(Bundle Adjustment)
광속조정법은 상좌표를 사진좌표로 변환시킨 다음 사진좌표(Photo Coordinate)로부터 직접절대좌표(Absolute Coordinate)를 구하는 것으로 종횡접합모형(Block)내의 각 사진상에 관측된 기준점, 접합점의 사진좌표를 이용하여 최소제곱법으로 각 사진의 외부표정요소 및 접합점의 최확값을 결정하는 방법이다.
4. DLT 방법(Direct Linear Transformation)
광속조정법의 변형인 DLT 방법은 상좌표로부터 사진좌표를 거치지 않고 11개의 변수를 이용하여 직접절대 좌표를 구할 수 있다.
㉠ 직접선형변환(Direct Linear Transformation)은 공선조건식을 달리 표현한 것이다.
㉡ 정밀좌표관측기에서 지상좌표로 직접 변환이 가능하다.
㉢ 선형 방정식이고 초기 추정값이 필요치 않다.
㉣ 광속조정법에 비해 정확도가 다소 떨어진다.

10. 터널측량에 대한 설명으로 옳지 않은 것은?

① 터널측량은 터널 내 측량, 터널 외 측량, 터널 내외 연결측량으로 구분된다.
② 터널 내의 측점은 천장에 설치하는 것이 유리하다.
③ 터널 내 측량에서는 망원경의 십자선 및 표척에 조명이 필요하다.
④ 터널 내에서의 곡선 설치는 중앙종거법을 사용하는 것이 가장 유리하다.

해설 터널 곡선부의 측설법으로 적당한 방법은 절선편거법과 현편거법이나 트래버스 측량에 의한다.

Answer 08. ① 09. ④ 10. ④

11. 위성과 수신기 사이의 의사거리를 구하는 데 보정되는 오차로 옳지 않은 것은?

① 전리층오차 ② 위성시계오차
③ 대기오차 ④ 상대오차

해설 구조적 원인에 의한 오차

1. 위성시계오차
   ㉠ 위성에 장착된 정밀한 원자시계의 미세
   ㉡ 위성시계오차로서 잘못된 시간에 신호를 송신함으로써 오차 발생
2. 위성궤도오차
   ㉠ 항법메시지에 의한 예상궤도, 실제궤도의 불일치
   ㉡ 위성의 예상위치를 사용하는 실시간 위치결정에 의한 영향
3. 전리층과 대류권의 전파지연
   ㉠ 전리층 : 지표면에서 70~1,000km 사이의 충전된 입자들이 포함된 층
   ㉡ 대류권 : 지표면상 10km까지 이르는 것으로 지구의 기후형태에 의한 층
   ㉢ 전리층, 대류권에서 위성신호의 전파속도지연과 경로의 굴절오차
4. 수신기에서 발생하는 오차
   ㉠ 전파적 잡음 : 한정되어 있는 시간 차이를 측정하는 GPS 수신기의 능력과 관련된 다양한 오차를 포함한다.
   ㉡ 다중경로오차 : GPS 위성으로부터 직접 수신된 전파 이외에 부가적으로 주위의 지형, 지물에 의해 반사된 전파로 인해 발생하는 오차
   - 다중경로는 보통 금속제 건물, 구조물과 같은 커다란 반사적 표면이 있을 때 일어난다.
   - 다중경로의 결과로서 수신된 GPS의 신호는 처리될 때 GPS 위치의 부정확성을 제공한다.
   - 다중경로가 일어나는 경우를 최소화하기 위하여 미션설정, 안테나, 수신기 설계 시에 고려한다면 다중경로의 영향을 최소화할 수 있다.
   - GPS 신호시간의 기간을 평균하는 것도 다중경로의 영향을 감소시킨다.
   - 가장 이상적인 방법은 다중경로의 원인이 되는 장해물에서 멀리 떨어져 관측하는 것이다.

12. 사진축척이 1 : 10,000이고 종중복도가 60%일 때 촬영종기선의 길이는?(단, 사진크기는 23cm×23cm이다.)

① 460m ② 690m
③ 920m ④ 1,150m

해설

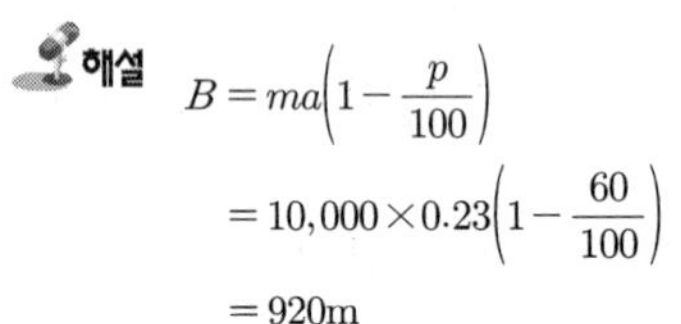

$$B = ma\left(1-\frac{p}{100}\right)$$
$$= 10{,}000 \times 0.23\left(1-\frac{60}{100}\right)$$
$$= 920\text{m}$$

13. 그림과 같이 중심을 0로 하는 반지름 100m, 교각 60°인 기존의 원곡선에서 교각과 접선을 공통으로 하고 외할의 길이를 10m 증가시켜 신규 원곡선을 설치하고자 할 때, 두 원곡선의 길이의 차는?

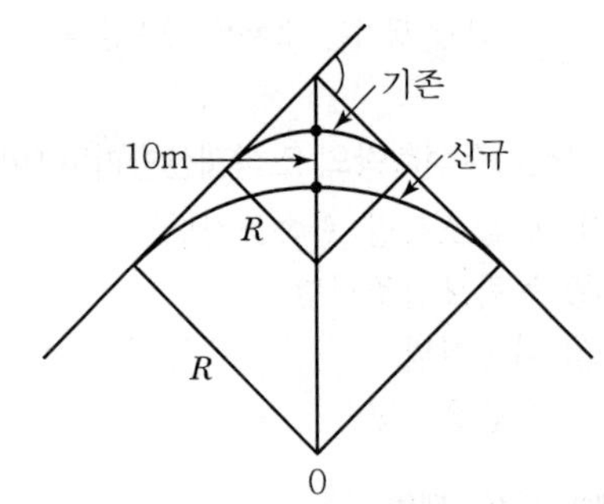

① 59.50m ② 63.80m
③ 67.69m ④ 71.10m

해설

- $CL_1 = 0.01745RI$
  $= 0.01745 \times 100 \times 60 = 104.7\text{m}$
- $E = R\left(\sec\frac{I}{2}-1\right) = 100\left(\frac{1}{\cos 30}-1\right) = 15.47\text{m}$
- $E_1 = 15.47 + 10 = 25.47\text{m}$
- $R = \dfrac{E}{\sec\frac{I}{2}-1}$
  $= \dfrac{25.47}{\sec 30 - 1} = \dfrac{25.47}{\frac{1}{\cos 30}-1} = 164.64\text{m}$
- $CL_2 = 0.01745RI$
  $= 0.01745 \times 164.64 \times 60 = 172.38\text{m}$

$\therefore\ 172.38 - 104.70 = 67.68\text{m}$

14. 수평각 관측에서 측각오차 중 망원경을 정·반위로 관측하여 소거할 수 있는 오차가 아닌 것은?

① 시준축 오차
② 수평축 오차
③ 연직축 오차
④ 편심 오차

해설 오차의 종류

종류	원인	처리방법
시준축 오차	시준축과 수평축이 직교하지 않기 때문에 생기는 오차	망원경을 정·반위로 관측하여 평균을 취한다.
수평축 오차	수평축이 연직축에 직교하지 않기 때문에 생기는 오차	망원경을 정·반위로 관측하여 평균을 취한다.
연직축 오차	연직축이 연직이 되지 않기 때문에 생기는 오차	소거 불능

15. 사진의 크기가 23cm×23cm인 카메라로 평탄한 지역을 비행고도 2,000m로 촬영하여 연직사진을 얻었을 경우 촬영면적이 21.16km² 이면 이 카메라의 초점거리는?

① 10cm
② 27cm
③ 25cm
④ 20cm

해설

$$A=(ma)^2=\frac{H^2}{f^2}a^2 \text{에서}$$

$$f=\sqrt{\frac{H^2}{A}\times a^2}$$

$$=\sqrt{\frac{2{,}000^2\times 0.23^2}{21{,}160{,}000}}$$

$$=0.1\text{m}=10\text{cm}$$

16. 축척 1 : 10,000의 항공사진을 180km/h로 촬영할 경우 허용 흔들림의 범위를 0.02mm로 한다면 최장노출시간으로 옳은 것은?

① 1/50초　② 1/100초
③ 1/150초　④ 1/250초

$$T_l=\frac{\Delta S\cdot m}{V}$$

$$=\frac{0.02\times 10{,}000}{180\times 1{,}000{,}000\times\frac{1}{3{,}600}}=\frac{1}{250}\text{초}$$

17. 사진측량에서 공간상의 임의의 점과 그에 대응하는 사진상의 점 및 사진기의 투영 중심이 동일 직선상에 있어야 한다는 조건은?

① 공선조건　② 공면조건
③ 수령조건　④ 수평조건

1. 공선조건(Collinearity Condition)
사진상의 한 점(x, y)과 사진기의 투영 중심(촬영 중심)(X_o, Y_o, Z_o) 및 대응하는 공간상(지상)의 한 점(X_p, Y_p, Z_p)이 동일 직선상에 존재하는 조건을 공선조건이라 한다.
㉠ 사진측량의 가장 기본이 되는 원리로서 대상물과 영상 사이의 수학적 관계를 말한다.
㉡ 공선조건에는 사진기의 6개 자유도를 내포 : 세 개의 평행이동과 세 개의 회전
㉢ 중심투영에서 벗어나는 상태는 공선조건의 계통적 오차로 모델링된다.

2. 공면조건(Coplanarity Condition)
한 쌍의 입체사진이 촬영된 시점과 상대적으로 동일한 공간적 관계를 재현하는 것을 공면조건이라고 하며, 대응하는 빛 묶음은 교회하여 입체상(Model)을 형성한다.
3차원 공간상에서 평면의 일반식은 $Ax+By+Cz+D=0$이며 두 개의 투영 중심 $O_1(X_{O1}, Y_{O1}, Z_{O1})$, $O_2(X_{O2}, Y_{O2}, Z_{O2})$과 공간상 임의점 p의 두 상점 $P_1(X_{p1}, Y_{p1}, Z_{p1})$, $P_2(X_{p2}, Y_{p2}, Z_{p2})$가 동일 평면상에 있기 위한 조건을 공면조건이라 한다.

Answer 14. ③ 15. ① 16. ④ 17. ①

18. GPS 시스템의 구성요소에 해당되지 않는 것은?

① 위성에 대한 우주 부문
② 지상 관제소에서의 제어 부문
③ 경영 활동을 위한 영업 부문
④ 측량용 수신기에 대한 사용자 부문

해설 GPS 시스템의 구성요소

1. 우주 부문(Space Segment)
   ㉠ 연속적 다중위치 결정체계
   ㉡ GPS는 55° 궤도 경사각, 위도 60°의 6개 궤도
   ㉢ 고도 20,183km에서 약 12시간 주기로 운행
   ㉣ 3차원 후방교회법으로 위치 결정
2. 제어 부문(Control Segment)
   ㉠ 궤도와 시각 결정을 위한 위성의 추척
   ㉡ 전리층 및 대류층의 주기적 모형화(방송궤도력)
   ㉢ 위성시간의 동일화
   ㉣ 위성으로의 자료 전송
3. 사용자 부문(User Segment)
   ㉠ 위성으로부터 보내진 전파를 수신해 원하는 위치
   ㉡ 또는 두 점 사이의 거리를 계산

19. 기설의 기준점만으로 세부측량을 실시하기에 부족할 경우 기설기준점을 기준으로 지형측량에 필요한 새로운 측점을 관측하여 결정된 기준점은?

① 도근점
② 경사변환점
③ 등각점
④ 이점

해설 1. 지적삼각점(地籍三角點)
지적측량 시 수평위치 측량의 기준으로 사용하기 위하여 국가기준점을 기준으로 하여 정한 기준점

2. 지적삼각보조점
지적측량 시 수평위치 측량의 기준으로 사용하기 위하여 국가기준점과 지적삼각점을 기준으로 하여 정한 기준점

3. 지적도근점(地籍圖根點)
지적측량 시 필지에 대한 수평위치측량 기준으로 사용하기 위하여 국가기준점, 지적삼각점, 지적삼각보조점 및 다른 지적도근점을 기초로 하여 정한 기준점

20. 하천, 호수, 항만 등의 수심을 나타내기에 가장 적합한 지형표시방법은?

① 단채법
② 점고법
③ 영선법
④ 채색법

해설 지형표시방법

1. 자연적 도법
   ㉠ 영선법(우모법, Hatching)
   "게바"라 하는 단선상(短線上)의 선으로 지표의 기본을 나타내는 것으로 게바의 사이, 굵기, 방향 등에 의하여 지표를 표시하는 방법
   ㉡ 음영법(명암법, Shading)
   태양광선이 서북쪽에서 45°로 비친다고 가정하여 지표의 기복을 도상에서 2~3색 이상으로 채색하여 지형을 표시하는 방법으로 지형의 입체감이 가장 잘 나타난다.
2. 부호적 도법
   ㉠ 점고법(Spot height system)
   지표면 상의 표고 또는 수심의 숫자에 의하여 지표를 나타내는 방법으로 하천, 항만, 해양 등에 주로 이용
   ㉡ 등고선법(Contour System)
   동일 표고의 점을 연결한 것으로 등고선에 의하여 지표를 표시하는 방법이며 토목공사용으로 가장 널리 사용
   ㉢ 채색법(Layer System)
   같은 등고선의 지대를 같은 색으로 채색하는데 높을수록 진하게, 낮을수록 연하게 칠하여 높이의 변화를 나타내며 지리관계의 지도에 주로 사용

 Answer 18. ③ 19. ① 20. ②

응용측량(2014년 3회 지적산업기사)

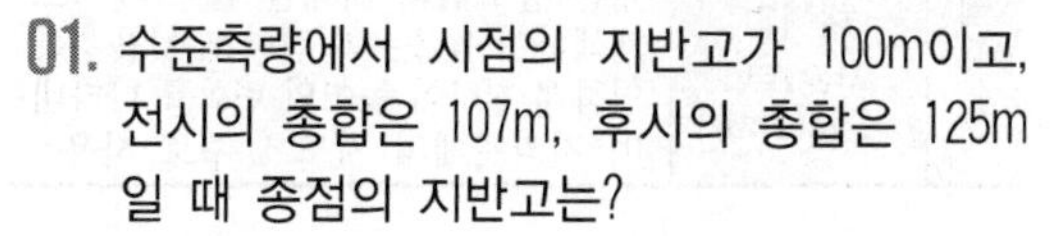

01. 수준측량에서 시점의 지반고가 100m이고, 전시의 총합은 107m, 후시의 총합은 125m일 때 종점의 지반고는?

① 332m　　② 232m
③ 118m　　④ 82m

해설 종점의 지반고
=시점의 지반고+후시의 총합－전시의 총합
=100+125－107=118m

02. 축척 1 : 10,000으로 촬영된 수직사진을 이용하여 판독할 때 가장 구별하기 어려운 것은?

① 하천과 도로
② 농로와 용수로
③ 우체국과 구청
④ 등대와 고압송전선의 철탑

해설 판독(判讀)의 난이(難易)
㉠ 판독 불가능한 것
지명, 시・읍・면・리 경계, 건물의 기능(우체국, 파출소, 작은 공장 등)
㉡ 판독이 매우 곤란한 것
건물 기호의 대부분(학교, 대공장 제외), 기준점(대공표식 제외), 작은 담, 묘석 등 작은 소물체
㉢ 판독이 곤란한 것
작은 묘지, 문, 기념비, 입상(立像), 작은 굴뚝, 뽕나무 밭, 물 밑의 공작물 등
㉣ 판독이 쉬운 것
가옥, 특수건물, 학교, 큰 병원, 큰 공장, 큰 묘지와 공지, 대공표식(對空標識), 소물체이나 큰 것(철탑, 독립수, 큰 굴뚝, 큰 터널, 등대, 송전선 등), 채광지, 항구, 비행장, 도로, 철도, 하천, 지형 등

03. 노선측량에 사용되는 곡선 중 주요 용도가 다른 것은?

① 2차 포물선
② 3차 포물선
③ 클로소이드 곡선
④ 렘니스케이트 곡선

해설

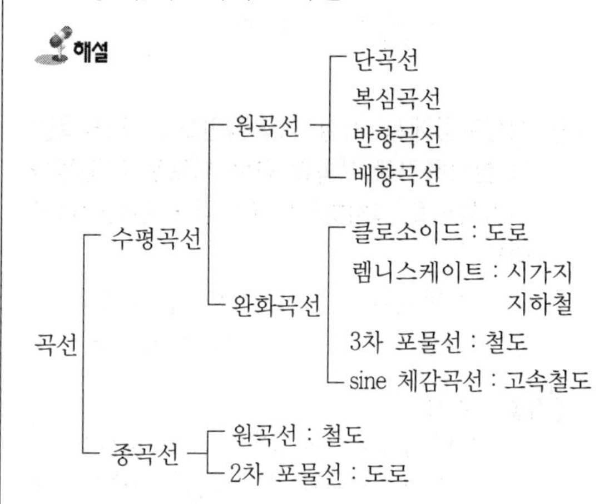

04. A, B점의 표고가 각각 125m, 153m이고, 2점 간의 수평거리가 250m일 때, AB 선상의 표고 140m인 C점에 대한 A, C점 간의 수평거리는?(단, A, B 간은 등경사이다.)

① 132.93m　　② 133.93m
③ 134.93m　　④ 135.93m

해설

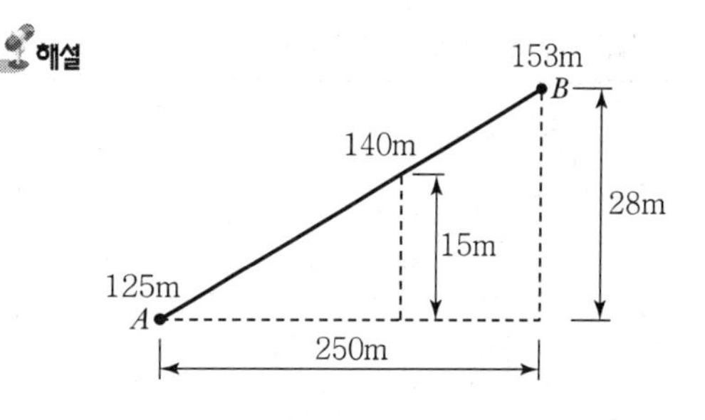

Answer 01. ③ 02. ③ 03. ① 04. ②

$$250 : 28 = x : 15$$
$$\therefore x = \frac{250 \times 15}{28} = 133.928\text{m}$$

05. 2km 왕복 직접수준측량에 ±10mm 오차를 허용한다면 동일한 정확도로 측량하여 4km를 왕복 측량할 때 허용오차는?

① ±8mm ② ±14mm
③ ±20mm ④ ±24mm

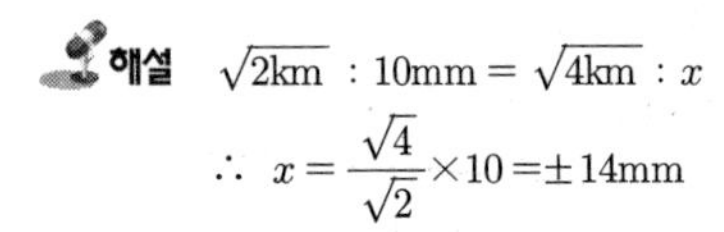

해설 $\sqrt{2\text{km}} : 10\text{mm} = \sqrt{4\text{km}} : x$

$$\therefore x = \frac{\sqrt{4}}{\sqrt{2}} \times 10 = \pm 14\text{mm}$$

06. 지형측량에서 기설 삼각점만으로 세부측량을 실시하기에 부족할 경우 새로운 기준점을 추가적으로 설치하는데 이 점을 무엇이라고 하는가?

① 경사변환점 ② 방향변환점
③ 도근점 ④ 이기점

해설 도근점
지형측량에서 기설 삼각점만으로 세부측량을 실시하기에 부족할 경우 새로운 기준점을 추가적으로 설치하는 점을 말한다.

07. 건설현장 중 부지의 정지 작업을 위한 토량 산정 또는 저수지의 용량 등을 측정하는 데 주로 사용되는 방법은?

① 영선법 ② 음영법
③ 채색법 ④ 등고선법

해설 지형도에 의한 지형표시법

구분	방법	내용
자연적 도법	영선법 (우모법, Hatching)	"게바"라 하는 단선상(短線上)의 선으로 지표의 기본을 나타내는 것으로 게바의 사이, 굵기, 방향 등에 의하여 지표를 표시하는 방법
	음영법 (명암법, Shading)	태양광선이 서북 쪽에서 45°로 비친다고 가정하여 지표의 기복을 도상에서 2~3색 이상으로 채색하여 지형을 표시하는 방법으로 지형의 입체감이 가장 잘 나타나는 방법
부호적 도법	점고법 (Spot height system)	지표면상의 표고 또는 수심을 숫자에 의하여 지표를 나타내는 방법으로 하천, 항만, 해양 등에 주로 이용
	등고선법 (Contour System)	동일표고의 점을 연결한 것으로 등고선에 의하여 지표를 표시하는 방법으로 토목공사용으로 가장 널리 사용
	채색법 (Layer System)	같은 등고선의 지대를 같은 색으로 채색하여 높을수록 진하게, 낮을수록 연하게 칠하여 높이의 변화를 나타내며 지리관계의 지도에 주로 사용

08. 곡선설치법 중 1/4법이라고도 하며, 시가지에서의 곡선 설치나 보도 설치 및 기설 곡선의 검사 또는 수정에 주로 사용되는 방법은?

① 중앙종거법 ② 접선편거법
③ 접선지거법 ④ 편각현장법

해설 단곡선설치방법
㉠ 편각설치법
편각은 단곡선에서 접선과 현이 이루는 각으로 철도, 도로 등의 곡선 설치에 가장 일반적인 방법이며, 다른 방법에 비해 정확하나 반경이 작을 때 오차가 많이 발생한다.
㉡ 중앙종거법
곡선반경이 작은 도심지 곡선 설치에 유리하며 기설곡선의 검사나 정정에 편리하다. 일반적으로 1/4법이라고도 한다.
㉢ 접선편거 및 현편거법
트랜싯을 사용하지 못할 때 폴과 테이프로 설치하는 방법으로 지방도로에 이용되며 정밀도는 다른 방법에 비해 낮다.
㉣ 접선에서 지거를 이용하는 방법
양 접선에 지거를 내려 곡선을 설치하는 방법으로 터널 내의 곡선 설치와 산림지에서 벌채량을 줄일 경우에 적당한 방법이다.

09. 지하시설물 관측방법 중에서 지하를 단층 촬영하여 시설물의 위치를 탐사하는 방법은?

① 전기탐사법
② 자정탐사법
③ 전자탐사법
④ 지중레이더탐사법

Answer 05. ② 06. ③ 07. ④ 08. ① 09. ④

해설 지하시설물 측량기법

㉠ 전자유도측량 방법
지표로부터 매설된 금속관로 및 케이블 관측과 탐침을 이용하여 공관로나 비금속 관로를 관측할 수 있는 방법으로, 장비가 저렴하고 조작이 용이하며 운반이 간편하여 지하시설물 측량기법 중 가장 널리 이용되는 방법이다.

㉡ 지중레이더 측량기법
지중레이더 측량기법은 전자파의 반사의 성질을 이용하여 지하시설물을 측량하는 방법이다.

㉢ 음파 측량기법
전자유도 측량방법으로 측량이 불가능한 비금속 지하시설물에 이용하는 방법으로 물이 흐르는 관 내부에 음파 신호를 보내면 관 내부에 음파가 발생된다. 이때 수신기를 이용하여 발생된 음파를 측량하는 기법이다.

10. 곡선반지름 $R=300$m, 교각 $I=50°$인 단곡선의 접선길이(TL)와 곡선길이(CL)는?

① $TL=126.79$m, $CL=261.80$m
② $TL=139.89$m, $CL=261.80$m
③ $TL=126.79$m, $CL=361.75$m
④ $TL=139.89$m, $CL=361.75$m

해설

$$TL=R\cdot\tan\frac{I}{2}$$
$$=300\times\tan 25°=139.89\text{m}$$
$$CL=0.01745RI$$
$$=0.01745\times300\times50°=261.75\text{m}$$

11. 평균 표고 500m인 평탄지를 비행고도 3,000m에서 초점거리 200mm인 카메라로 촬영한 사진의 축척과 사진의 크기가 23cm×23cm일 때 유효면적은?

① 1 : 12,500, 9.27km^2
② 1 : 12,500, 8.27km^2
③ 1 : 20,000, 9.27km^2
④ 1 : 20,000, 8.27km^2

해설

$$A=(ma)^2=\frac{a^2H^2}{f^2}=\frac{0.23^2\times(3{,}000-500)^2}{0.2^2}$$
$$=8{,}265{,}625\text{m}^2=8.27\text{km}^2$$
$$M=\frac{1}{m}=\frac{f}{H}$$
$$m=\frac{H}{f}=12{,}500$$

12. 수치사진측량에서 수치영상을 취득하는 방법과 거리가 먼 것은?

① 항공사진 디지타이징
② 디지털센서의 이용
③ 항공사진필름 제작
④ 항공사진 스캐닝

해설 수치영상을 취득하는 방법
Sensor(탐측기)
감지기는 전자기파(Electromagnetic Wave)를 수집하는 장비로서 수동적 감지기와 능동적 감지기로 대별된다.

Passive Sensor	수동방식(受動方式, Passive Sensor)은 태양광의 반사 또는 대상물에서 복사되는 전자파를 수집하는 방식
	사진기, 스캐너
Active Sensor	능동방식(能動方式, Active Sensor)은 대상물에 전자파를 쏘아 그 대상물에서 반사되어 오는 전자파를 수집하는 방식
	레이더, 레이저

13. 촬영고도 1,250m에서 촬영한 항공사진의 주점에서 12cm 떨어진 위치에 투영된 어느 산정(山頂)의 높이가 150m라면 이 산정의 사진에서의 기복 변위량은?

① 4mm ② 8mm
③ 11mm ④ 14mm

해설

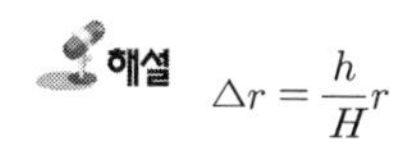

$$\Delta r=\frac{h}{H}r$$
$$=\frac{150}{1{,}250}\times0.12=0.0144\text{m}=14.4\text{mm}$$

Answer 10. ② 11. ② 12. ③ 13. ④

14. 철도, 도로, 수로, 등과 같이 폭이 좁고 길이가 긴 시설물을 현지에 설치하기 위한 노선측량에서 원곡선 설치에 대한 설명으로 틀린 것은?

① 철도, 도로 등에는 차량의 운전에 편리하도록 단곡선보다는 복심곡선을 많이 설치하는 것이 좋다.
② 교통안전상의 관점에서 반향곡선은 가능하면 사용하지 않는 것이 좋고 불가피한 경우에는 두 곡선 사이에 충분한 길이의 완화곡선은 설치한다.
③ 두 원의 중심이 같은 쪽에 있고 반지름이 각기 다른 두 개의 원곡선을 설치하는 경우에는 완화곡선을 넣어 곡선이 점차로 변하도록 해야 한다.
④ 고속주행하는 차량의 통과를 위하여 직선부와 원곡선 사이나 큰 원과 작은 원 사이에는 곡률반지름이 점차 변화하는 곡선부를 설치하는 것이 좋다.

해설

복심곡선 (Compound curve)	반경이 다른 2개의 원곡선이 1개의 공통접선을 갖고 접선의 같은 쪽에서 연결하는 곡선을 말한다. 복심곡선을 사용하면 그 접속점에서 곡률이 급격히 변화하므로 될 수 있는 한 피하는 것이 좋다.
반향곡선 (Reverse curve)	반경이 같지 않은 2개의 원곡선이 1개의 공통접선의 양쪽에 서로 곡선 중심을 가지고 연결한 곡선이다. 반향곡선을 사용하면 접속점에서 핸들의 급격한 회전이 생기므로 가급적 피하는 것이 좋다.
배향곡선 (Hairpin curve)	반향곡선을 연속시켜 머리핀 같은 형태의 곡선으로 된 것을 말한다. 산지에서 기울기를 낮추기 위해 쓰이므로 철도에서 Switch Back에 적합하여 산허리를 누비듯이 나아가는 노선에 적용한다.

15. 경사가 일정한 터널에서 두 점 AB 간의 경사거리가 150m이고 고저차가 15m일 때 AB 간의 수평거리는?

① 149.2m ② 148.5m
③ 147.2m ④ 146.5m

해설 수평거리 $= \sqrt{\text{경사거리}^2 - \text{고저차}^2}$
$= \sqrt{150^2 - 15^2} = 149.2\text{m}$

16. 지표면에서 거리가 500m인 두 수직터널의 깊이가 모두 800m라고 하면 두 수직터널 간 지표면에서의 거리와 깊이 800m에서의 거리에 대한 차는?(단, 지구는 구로 가정하고 곡률반지름은 6,370km이며 지구중심방향으로 각 800m씩 굴착한다.)

① 6.3cm ② 7.3cm
③ 8.3cm ④ 9.3cm

해설 표고보정량

$$C_{n1} = -\frac{DH}{R} = \frac{800 \times 800}{6,370 \times 1,000} = 0.10\text{m} = 10\text{cm}$$

$$C_{n2} = -\frac{DH}{R} = \frac{300 \times 800}{6,370 \times 1,000} = 0.037\text{m} = 3.7\text{cm}$$

∴ 거리에 대한 차 = 10 − 3.7 = 6.3cm

여기서, D : 임의지역의 수평거리
H : 평균표고
R : 지구반경

17. 축척 1 : 25,000 지형도에서 간곡선의 간격은?

① 1.25m ② 2.5m
③ 5m ④ 10m

해설 등고선의 간격

구분	기호	$\frac{1}{5,000}$	$\frac{1}{10,000}$	$\frac{1}{25,000}$	$\frac{1}{50,000}$
주곡선	가는 실선	5	5	10	20
간곡선	가는 파선	2.5	2.5	5	10
조곡선 (보조곡선)	가는 점선	1.25	1.25	2.5	5
계곡선	굵은 실선	25	25	50	100

 Answer 14. ① 15. ① 16. ① 17. ③

18. 비행고도가 2,700m이고 초점거리가 15cm인 사진기로 촬영한 수직사진에서 50m 교량의 도상길이는?

① 1.8mm ② 2.3mm
③ 2.8mm ④ 3.2mm

(축척) $M=\frac{1}{m}=\frac{f}{H}=\frac{l}{L}$

$$\frac{1}{m}=\frac{f}{H}=\frac{0.15}{2,700}=\frac{1}{18,000}$$

$$\therefore\ l=\frac{L}{m}=\frac{50,000}{18,000}=2.77\text{mm}$$

19. GPS 측량에서 제어부문에서의 주임무로 틀린 것은?

① 위성시각의 동기화
② 위성으로의 자료전송
③ 위성의 궤도 모니터링
④ 신호정보를 이용한 위치결정 및 시각 비교

제어부문	구성	1개의 주제어국, 5개의 추적국 및 3개의 지상안테나(Up Link 안테나:전송국)
	기능	• 주제어국 : 추적국에서 전송된 정보를 사용하여 궤도요소를 분석한 후 신규궤도요소, 시계보정, 항법메시지 및 컨트롤 명령정보, 전리층 및 대류층의 주기적 모형화 등을 지상안테나를 통해 위성으로 전송 • 추적국 : GPS 위성의 신호를 수신하고 위성의 추적 및 작동상태를 감독하여 위성에 대한 정보를 주제어국으로 전송 • 전송국 : 주관제소에서 계산된 결과치로서 시각보정값, 궤도보정치를 사용자에게 전달할 메시지 등을 위성에 송신하는 역할
		• 주제어국 : 콜로라도 스프링스(Colorado Springs) – 미국 콜로라도주 • 추적국 : 어세션(Ascension Is) – 대서양 : 디에고 가르시아(Diego Garcia) – 인도양 : 쿠에제린(Kwajalein Is) – 태평양 : 하와이(Hawaii) – 태평양 • 3개의 지상안테나(전송국) : 갱신자료 송신

20. GPS 측량에서 사용하고 있는 측지 기준계로 옳은 것은?

① WGS72 ② WGS84
③ Bessel 1841 ④ Hayford 1924

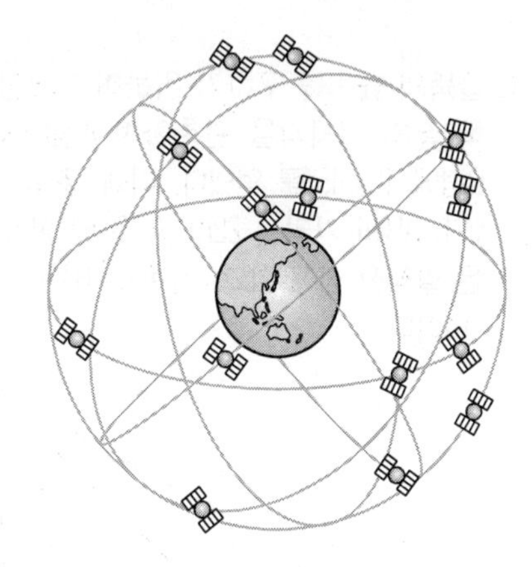

[GPS 위성궤도]

㉠ 궤도 : 대략 원궤도
㉡ 궤도 수 : 6개
㉢ 위성 수 : 24대
㉣ 궤도경사각 : 56°
㉤ 높이 : 20,000km
㉥ 사용좌표계 : WGS-84

응용측량(2015년 1회 지적기사)

01. 굴뚝의 높이를 구하기 위하여 A, B점에서 굴뚝 끝의 경사각을 관측하여 A점에서는 30°, B점에서는 45°를 얻었다. 이때 굴뚝의 표고는?(단, AB의 거리는 22m, A, B 및 굴뚝의 하단은 일직선 상에 있고, 기계고(IH)는 A, B 모두 1m이다.)

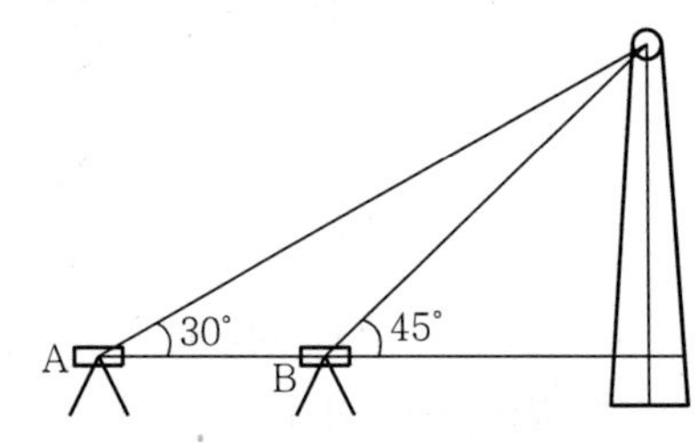

① 30m　　② 31m
③ 33m　　④ 35m

 해설

- 내각계산
  $180° - \{30° + (180° - 45°)\} = 15°$
- $\dfrac{22}{\sin 15°} = \dfrac{b}{\sin 30°}$
  $b = \dfrac{\sin 30°}{\sin 15°} \times 22 = 42.5\text{m}$
- $\dfrac{h}{\sin 45°} = \dfrac{42.5}{\sin 90°}$
  $h = \dfrac{\sin 45°}{\sin 90°} \times 42.5 = 30.05\text{m}$

∴ 굴뚝의 높이
$30.05 + \text{IH} = 30.05 + 1.0 = 31.05\text{m}$

02. 반지름 100m의 단곡선을 설치하기 위하여 교각 I를 관측하였더니 60°였다. 곡선시점과 교점(IP)의 거리는?

① 45.25m　　② 55.57m
③ 57.74m　　④ 81.37m

해설 $TL = R\tan\dfrac{I}{2} = 100 \times \tan\dfrac{60°}{2} = 57.735\text{m}$

03. 교각 55°, 곡선반지름 285m인 단곡선이 설치된 도로의 기점에서 교점(IP)까지의 추가거리가 423.87m일 때 시단현의 편각은?(단, 말뚝 간의 중심거리는 20m이다.)

① 0°27′05″　　② 0°11′24″
③ 1°45′16″　　④ 1°45′20″

 해설

$TL = R\tan\dfrac{I}{2} = 285 \times \tan\dfrac{55°}{2} = 148.36\text{m}$

$BC = IP - TL = 423.87 - 148.36 = 275.51\text{m}$

$l_1 = 280 - 275.51 = 4.49\text{m}$

$\delta_1 = 1718.87' \dfrac{l_1}{R} = 1718.87' \times \dfrac{4.49}{285}$
$= 0°27'4.78''$
$≒ 0°27'05''$

04. 축척 1 : 20,000의 사진을 제작하고자 할 때, 항공기의 속도를 180km/h, 흔들림의 허용량을 0.01mm라 할 때 최장 노출시간으로 옳은 것은?

① 1/50초　　② 1/100초
③ 1/250초　　④ 1/500초

 해설

$T_l = \dfrac{\Delta S \cdot m}{V} = \dfrac{0.01 \times 20{,}000}{180 \times 1{,}000{,}000 \times \dfrac{1}{3{,}600}}$
$= \dfrac{200}{50{,}000} = \dfrac{1}{250}$ 초

05. 수준 측량 시 중간시가 많을 경우 가장 편리한 야장기입방법은?

① 기고식　　② 고차식
③ 승강식　　④ 기준면식

 Answer 01. ② 02. ③ 03. ① 04. ③ 05. ①

해설 야장기입방법

고차식	가장 간단한 방법으로 B.S와 F.S만 있으면 된다.
기고식	가장 많이 사용하며, 중간점이 많을 경우 편리하나 완전한 검산을 할 수 없는 것이 결점이다.
승강식	완전한 검사로 정밀 측량에 적당하나, 중간점이 많으면 계산이 복잡하고, 시간과 비용이 많이 소요된다.

06. A, B 두 지점 간 지반고의 차를 구하기 위하여 왕복 관측한 결과 그림과 같은 관측값을 얻었을 때 최확값은?

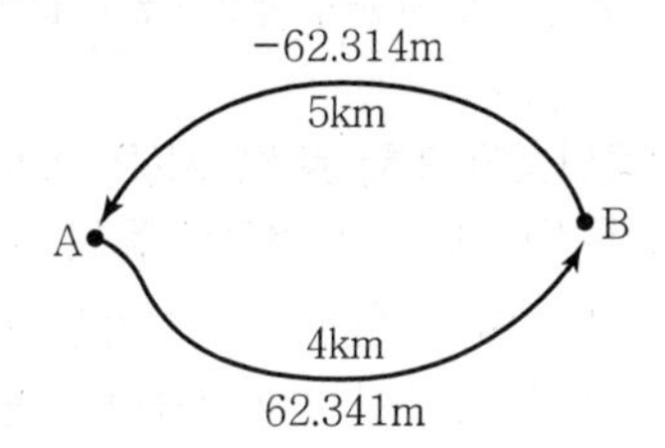

① 62.332m
② 62.329m
③ 62.334m
④ 62.341m

해설 각 측점 간의 거리에 반비례하여 배분한다.

$$P_1 : P_2 = \frac{1}{5} : \frac{1}{4} = 4 : 5$$

$$\therefore H_B = \frac{P_1 l_1 + P_2 l_2}{P_1 + P_2} = \frac{62.314 \times 4 + 62.341 \times 5}{4+5} = 62.329\text{m}$$

07. 지형도에 의한 댐의 저수량 측정에 사용할 방법으로 적당한 것은?

① 영선법
② 채색법
③ 음영법
④ 등고선법

해설 부호적 도법

점고법 (Spot Height System)	지표면상의 표고 또는 수심을 숫자에 의하여 지표를 나타내는 방법으로 하천, 항만, 해양 등에 주로 이용
등고선법 (Contour System)	동일표고의 점을 연결한 것으로 등고선에 의하여 지표를 표시하는 방법으로 토목공사용으로 가장 널리 사용
채색법 (Layer System)	같은 등고선의 지대를 같은 색으로 채색하여 높을수록 진하게 낮을수록 연하게 칠하여 높이의 변화를 나타내며 지리관계의 지도에 주로 사용

08. GPS 신호에서 P코드의 1/10 주파수를 가지는 C/A코드의 파장 크기로 옳은 것은?

① 100m
② 200m
③ 300m
④ 400m

해설

반송파 (Carrier)	L1	• 주파수 1,575.42MHz(154×10.23MHz), 파장 19cm • C/A code와 P code 변조 가능
	L2	• 주파수 1,227.60MHz(120×10.23MHz), 파장 24cm • P code만 변조 가능
코드 (Code)	P code	• 반복주기 7일인 PRN code(Pseudo Random Noise code) • 주파수 10.23MHz, 파장 30m(29.3m)
	C/A code	• 반복주기 : 1ms(milli−second)로 1.023Mbps로 구성된 PPN code • 주파수 1.023MHz, 파장 300m(293m)

09. 터널 내 중심선 측량 시 도벨을 설치하는 주된 이유는?

① 중심말뚝 간 시통이 잘 되도록 하기 위하여
② 차량 등에 의한 기준점 파손을 막기 위하여
③ 후속작업을 위해 쉽게 제거할 수 있도록 하기 위하여
④ 측량 시 쉽게 발견할 수 있도록 하기 위하여

해설 도벨(Dowel)
갱내에서 차량 등에 의하여 파손되지 않도록 콘크리트 등을 이용하여 만든 기준점을 말한다.

Answer 06. ② 07. ④ 08. ③ 09. ②

10. 축척 1 : 50,000의 지형도에서 주곡선의 간격은?

① 1m ② 5m
③ 10m ④ 20m

해설 등고선의 간격

축척 / 등고선 종류	기호	1/5,000	1/10,000	1/25,000	1/50,000
주곡선	가는 실선	5	5	10	20
간곡선	가는 파선	2.5	2.5	5	10
조곡선(보조곡선)	가는 점선	1.25	1.25	2.5	5
계곡선	굵은 실선	25	25	50	100

11. 터널 레벨측량의 특징에 대한 설명으로 옳은 것은?

① 지상에서의 수준측량방법과 장비 모두 동일하다.
② 수준점의 위치는 바닥레일의 중심점을 이용한다.
③ 이동식 답판을 주로 이용해야 안정성이 있다.
④ 수준점은 천장에 주로 설치한다.

해설 터널 내 기준점 측량에서 기준점을 천장에 설치하는 이유
㉠ 운반이나 기타 작업에 장애가 되지 않게 하기 위하여
㉡ 발견하기 쉽게 하기 위하여
㉢ 파손될 염려가 적기 때문에

12. 종단측량을 행하여 표와 같은 결과를 얻었을 때 측점 1과 측점 5의 지반고를 연결한 도로 계획선의 경사도는?(단, 중심선의 간격은 20m이다.)

측점	지반고(m)	측점	지반고(m)
1	53.38	4	50.56
2	52.28	5	52.38
3	55.76		

① +1.00% ② −1.00%
③ +1.25% ④ −1.25%

해설
• 측점 1과 측점 5의 높이차
$53.38-52.38=1.0\text{m}$
• $\text{경사}=\dfrac{\text{높이}}{\text{수평거리}}\times 100$
$=\dfrac{1}{20+20+20+20}\times 100=1.25\%$
측점 5의 지반이 낮으므로 −1.25%이다.

13. 인공위성에 의한 원격탐사(Remote Sensing)의 특징에 대한 설명으로 틀린 것은?

① 짧은 시간 내에 넓은 지역을 동시에 관측할 수 있으며 반복관측이 가능하다.
② 다중파장대에 의한 지구표면 정보획득이 용이하고 판독이 자동적이며 정량화가 가능하다.
③ 탐사된 자료가 즉시 이용될 수 있으며 재해, 환경문제 해결에 편리하다.
④ 회전주기를 자유롭게 조정할 수 있으므로 원하는 지점 및 시기에 관측하기 용이하다.

해설 원격탐측(Remote Sensing)
원격탐측이란 지상이나 항공기 및 인공위성 등의 탑재기(Platform)에 설치된 탐측기(Sensor)를 이용하여 지표, 지상, 지하, 대기권 및 우주공간의 대상들에서 반사 혹은 방사되는 전자기파를 탐지하고 이들 자료로부터 토지, 환경 및 자원에 대한 정보를 얻어 이를 해석하는 기법이다.
원격탐측의 특징은 다음과 같다.
㉠ 짧은 시간에 넓은 지역을 동시에 측정할 수 있으며 반복측정이 가능하다.
㉡ 다중파장대에 의한 지구표면 정보획득이 용이하며 측정자료가 기록되어 판독이 자동적이고 정량화가 가능하다.
㉢ 회전주기가 일정하므로 원하는 지점 및 시

 Answer 10. ④ 11. ④ 12. ④ 13. ④

기에 관측하기가 어렵다.

㉣ 관측이 좁은 시야각으로 얻어진 영상은 정사투영에 가깝다.

㉤ 탐사된 자료가 즉시 이용될 수 있으므로 재해, 환경문제 해결에 편리하다.

14. 클로소이드 곡선의 매개변수를 2배 증가시키고자 한다. 이때 곡선의 반지름이 일정하다면 완화곡선의 길이는 몇 배로 되는가?

① 2　　② 4
③ 8　　④ 14

해설

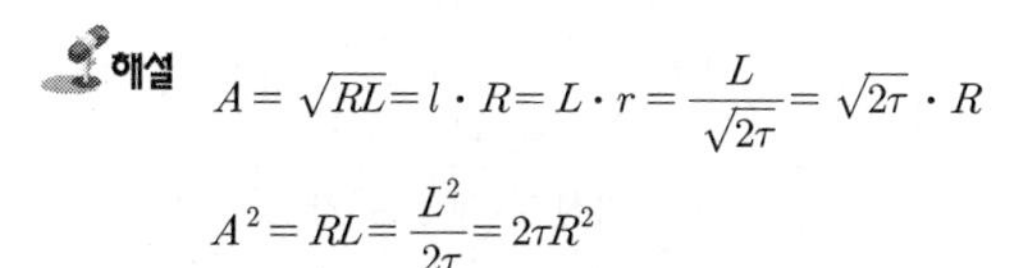

$$A=\sqrt{RL}=l\cdot R=L\cdot r=\frac{L}{\sqrt{2\tau}}=\sqrt{2\tau}\cdot R$$

$$A^2=RL=\frac{L^2}{2\tau}=2\tau R^2$$

15. GPS 관측에 대한 설명으로 옳지 않은 것은?

① C/A코드 및 P코드로 의사거리를 관측하여 관측점의 위치를 계산한다.

② L1 주파의 위상(L1 Carrier Phase) 관측자료를 이용, 정수파수의 정수치(Integer Number)를 구함으로써 mm 또는 cm 정도의 정밀한 기선 벡터를 계산할 수 있다.

③ L1 주파의 위상(L1 Carrier Phase) 관측자료만으로 전리층 오차를 보정할 수 있다.

④ L1, L2 2주파의 위상관측자료를 이용하면 L1주파만 이용할 때보다 정수파수의 정수치(Integer Number)를 정확히 얻을 수 있다.

해설 2개의 주파수로 방송되는 이유는 위성궤도와 지표면 중간에 있는 전리층의 영향을 보정하기 위함이다.

16. 지성선 중에서 등고선 간의 최소거리를 의미하는 것은?

① 경사변환선　　② 합수선
③ 최대경사선　　④ 분수선

해설 지성선(Topographical Line)

지표는 많은 凸선, 凹선, 경사변환선, 최대경사선으로 이루어졌다고 생각할 때 이 평면의 접합부, 즉 접선을 말하며 지세선이라고도 한다.

구분	설명
능선(凸선), 분수선	지표면의 높은 곳을 연결한 선으로 빗물이 이것을 경계로 좌우로 흐르게 되므로 분수선 또는 능선이라 한다.
계곡선(凹선), 합수선	지표면이 낮거나 움푹 패인 점을 연결한 선으로 합수선 또는 합곡선이라 한다.
경사변환선	동일 방향의 경사면에서 경사의 크기가 다른 두 면의 접합선(등고선 수평간격이 뚜렷하게 달라지는 경계선)을 말한다.
최대경사선	지표의 임의의 한 점에 있어서 그 경사가 최대로 되는 방향을 표시한 선으로 등고선에 직각으로 교차하며 물이 흐르는 방향이라는 의미에서 유하선이라고도 한다.

17. 지상에서 이동하고 있는 물체가 사진에 나타나 그 이동한 물체를 입체시할 때 그 운동이 기선방향이면 물체가 뜨거나 가라앉아 보이는 현상은?

① 정사현상(Orthoscopic Effect)
② 역현상(Pseudoscopic Effect)
③ 카메론현상(Cameron Effect)
④ 반사현상(Reflection Effect)

해설 카메론효과(Cameron Effect)

항공사진으로 도로변 상공 위의 항공기에서 주행 중인 차량을 연속촬영하여 이것을 입체화시켜 볼 때 차량이 비행방향과 동일 방향으로 주행하고 있다면 가라앉아 보이고, 반대방향으로 주행하고 있다면 부상(浮上 : 떠오름)하여 보인다. 또한 오르고 가라앉는 높이는 차량의 속도에 비례하고 있다. 이와 같이 이동하는 피사체가 오르고 가라앉아 보이는 현상을 카메론효과라고 한다.

18. 정밀도 저하율(DOP : Dilution of Precision)의 특징이 아닌 것은?

① 정밀도 저하율의 수치가 클수록 정확하다.
② 위성들의 상대적인 기하학적 상태가 위치 결정에 미치는 오차를 표시한 것이다.
③ 무차원수로 표시된다.
④ 시간의 정밀도에 의한 DOP의 형식을 TDOP라 한다.

해설 1. DOP의 특징
㉠ 수치가 작을수록 정확하다.
㉡ DOP의 값이 가장 좋은 배치상태를 1로 한다.
㉢ 5까지는 실용상 지장이 없으나 10 이상인 경우 좋지 않다.
㉣ 수신기를 중심으로 4개 이상의 위성이 정사면체를 이룰 때 최적의 체적이 되며 GDOP, PDOP가 최소가 된다.
2. 시통성(Visibility)
양호한 GDOP라 하더라도 산, 건물 등으로 인해 위성의 전파경로 시계확보가 되지 않는 경우 좋은 측량 결과를 얻을 수 없는데 이처럼 위성의 시계 확보와 관련된 문제를 시통성이라 한다.

19. 초점거리 15cm, 사진크기 23cm×23cm인 카메라를 가지고 종중복 60%로 촬영한 평지 연직사진의 축척이 1 : 10,000일 때 기선고도비는?

① 0.51　② 0.61
③ 0.71　④ 0.81

해설

$$\text{기선고도비} = \frac{B}{H} = \frac{m \cdot a\left(1-\frac{p}{100}\right)}{m \cdot f}$$

$$= \frac{10{,}000 \times 0.23\left(1-\frac{60}{100}\right)}{10{,}000 \times 0.15} = 0.61$$

20. 사진의 판독요소로 천연색 사진이 판독범위가 넓으며 천연색 사진에서 밭, 논, 수면 등을 판독할 때 가장 중요한 요소는?

① 색조　② 형상
③ 음영　④ 질감

해설 사진판독 요소

요소	분류	특징
주요소	색조	피사체(대상물)가 갖는 빛의 반사에 의한 것으로 수목의 종류를 판독하는 것을 말한다.
	모양	피사체(대상물)의 배열상황에 의하여 판별하는 것으로 사진상에서 볼 수 있는 식생, 지형 또는 지표상의 색조 등을 말한다.
	질감	색조, 형상, 크기, 음영 등의 여러 요소의 조합으로 구성된 조밀, 거칢, 세밀함 등으로 표현하며 초목 및 식물의 구분을 나타낸다.
	형상	개체나 목표물의 구성, 배치 및 일반적인 형태를 나타낸다.
	크기	어느 피사체(대상물)가 갖는 입체적, 평면적인 넓이와 길이를 나타낸다.
	음영	판독 시 빛의 방향과 촬영 시의 빛의 방향을 일치시키는 것이 입체감을 얻는 데 용이하다.
보조요소	상호위치관계	어떤 사진상이 주위의 사진상과 어떠한 관계가 있는가 파악하는 것으로 주위의 사진상과 연관되어 성립되는 것이 일반적인 경우이다.
	과고감	과고감은 지표면의 기복을 과장하여 나타낸 것으로 낮고 평평한 지역에서의 지형판독에 도움이 되는 반면 경사면의 경사는 실제보다 급하게 보이므로 오판에 주의해야 한다.

 Answer 18. ① 19. ② 20. ①

응용측량(2015년 1회 지적산업기사)

01. 표고 100m인 A점에서 표고 120m인 B점을 관측하여 경사각 25°를 구했다면 A, B점 간의 수평거리는?(단, A점의 기계고와 B점의 시준고는 같다.)

① 42.26m ② 42.89m
③ 47.32m ④ 50.71m

해설 $\tan 25° = \dfrac{\text{높이}(h)}{\text{수평거리}(D)}$ 에서

$D = \dfrac{20}{\tan 25°} = 42.89\text{m}$

02. 절대표정에 대한 설명으로 옳은 것은?

① 한쪽만을 움직여 접합시키는 작업이다.
② 사진지표와 초점거리를 바로잡는 작업이다.
③ 축척과 위치를 바로잡는 작업이다.
④ 종시차를 소거시키는 작업이다.

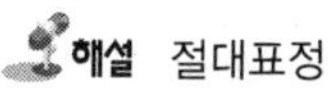

해설 절대표정
상호표정이 끝난 입체모델을 지상 기준점(피사체 기준점)을 이용하여 지상좌표(피사체좌표계)와 일치하도록 하는 작업
㉠ 축척의 결정
㉡ 수준면(표고, 경사)의 결정
㉢ 위치(방위)의 결정
㉣ 절대표정인자 : $\lambda, \phi, \omega, \kappa, b_x, b_y, b_z$
(7개의 인자로 구성)

03. 터널측량의 구분 중 터널 외 측량의 작업공정으로 틀린 것은?

① 두 터널 입구 부근의 수준점 설치
② 두 터널 입구 부근의 지형측량
③ 중심선에 따른 터널의 방향 및 거리측량
④ 줄자에 의한 수직 터널의 심도측정

해설 터널 외 측량은 착공 전에 행하는 측량으로 지형측량, 터널의 기준점 측량, 중심선 측량, 수준측량 등이 있다.

04. 지형의 표시법 중 급경사는 굵고 짧게, 완경사는 가늘고 길게 표시하는 방법은?

① 음영법 ② 영선법
③ 채색법 ④ 등고선법

해설

구분	방법	설명
자연적 도법	영선법 (우모법) (Hatching)	"게바"라 하는 단선상(短線上)의 선으로 지표의 기본을 나타내는 것으로 게바의 사이, 굵기, 방향 등에 의하여 지표를 표시하는 방법으로 급경사는 굵고 짧게, 완경사는 가늘고 길게 표시한다.
	음영법 (명암법) (Shading)	태양광선이 서북 쪽에서 45°로 비친다고 가정하여 지표의 기복을 도상에서 2~3색 이상으로 채색하여 지형을 표시하는 방법으로 지형의 입체감이 가장 잘 나타나는 방법이다.
부호적 도법	점고법 (Spot Height System)	지표면상의 표고 또는 수심을 숫자에 의하여 지표를 나타내는 방법으로 하천, 항만, 해양 등에 주로 이용
	등고선법 (Contour System)	동일 표고의 점을 연결한 것으로 등고선에 의하여 지표를 표시하는 방법으로 토목공사용으로 가장 널리 사용
	채색법 (Layer System)	같은 등고선의 지대를 같은 색으로 채색하여 높을수록 진하게, 낮을수록 연하게 칠하여 높이의 변화를 나타내며 지리관계의 지도에 주로 사용

Answer 01. ② 02. ③ 03. ④ 04. ②

05. 사진측량에서 입체모델(Stereo Model)에 대한 설명으로 옳은 것은?

① 한 장의 수직사진을 말한다.
② 입체시가 되는 중복사진의 상을 말한다.
③ 편위 수정한 사진의 상을 말한다.
④ 축척이 동일한 흑백과 천연색 사진을 말한다.

해설 모델이란 다른 위치로부터 촬영되는 2매 1조의 입체사진으로부터 만들어지는 처리 단위를 말한다. 입체모델(Stereo Model)은 입체시가 되는 중복사진의 상을 말한다.

06. 측점 A의 횡단면적이 32m, 측점 B의 횡단면적이 48m²이고, 두 측점 간 거리가 20m일 때 토공량은?

① 640m³ ② 780m³
③ 800m³ ④ 960m³

해설 양단면 평균법

$$V = \left(\frac{A_1 + A_2}{2}\right) \times l$$
$$= \frac{32+48}{2} \times 20 = 800\text{m}^3$$

07. 항공사진측량에서 촬영 시 적용되는 투영법은?

① 중심투영 ② 정사투영
③ 평행투영 ④ 연직투영

해설 중심투영과 정사투영
항공사진과 지도는 지표면이 평탄한 곳에서는 일치하나 지표면의 높낮이가 있는 경우에는 사진의 형상이 달라진다. 항공사진은 중심투영이고 지도는 정사투영이다.

중심투영 (Central Projection)	사진의 상은 피사체로부터 반사된 광이 렌즈 중심을 직진하여 평면인 필름면에 투영되어 나타나는 것을 말하며 사진을 제작할 때 사용(사진측량의 원리)
정사투영 (Orthopro jetcion)	항공사진과 지형도를 비교하면 같으나, 지표면의 높낮이가 있는 경우에는 평탄한 곳은 같지만, 평탄치 않은 곳은 사진의 형상이 다르다. 정사투영은 지도를 제작할 때 사용한다.

08. 좌표(X ,Y, Z)가 각각 A(810, 328, 86.3), B(589, 734, 112.4)인 두 점 A, B를 연결하는 터널의 경사각은?(단, 좌표의 단위는 m이다.)

① 2°13′54″ ② 3°13′54″
③ 23°13′54″ ④ 86°45′48″

해설 $\overline{AB} = \sqrt{(589-810)^2 + (734-328)^2} = 462.25\text{m}$

$$\text{경사각}(\theta) = \tan^{-1}\frac{\text{높이}}{\text{수평거리}}$$
$$= \tan^{-1}\frac{112.4-86.3}{462.25} = 3°13'54''$$

09. GPS측량을 위해 위성에서 발사하는 신호 요소가 아닌 것은?

① 반송파(Carrier)
② P-코드
③ C/A-코드
④ 키네메틱(Kinematic)

해설

신호	구분	내용
반송파 (Carrier)	L1	• 주파수 1,575.42MHz(154×10.23MHz), 파장 19cm • C/A code와 P code 변조 가능
	L2	• 주파수 1,227.60MHz(120×10.23MHz), 파장 24cm • P code만 변조 가능
코드 (Code)	P code	• 반복주기 7일인 PRN code(Pseudo Random Noise code) • 주파수 10.23MHz, 파장 30m(29.3m)
	C/A code	• 반복주기 : 1ms(milli-second)로 1.023Mbps로 구성된 PPN code • 주파수 1.023MHz, 파장 300m(293m)

10. 촬영고도 3,000m에서 촬영한 1 : 20,000 축척의 항공사진에서 연직점으로부터 10cm 떨어진 곳에 찍힌 굴뚝의 길이를 측정하니 2mm 이었다. 이 굴뚝의 실제 높이는?

① 40m ② 50m
③ 60m ④ 70m

Answer 05. ② 06. ③ 07. ① 08. ② 09. ④ 10. ③

해설 $h = \frac{H}{b_0} \times \Delta p = \frac{3,000}{0.1} \times 0.002 = 60\text{m}$

11. GPS측량에서 GDOP에 관한 설명으로 옳은 것은?

① 위성의 수치적인 평면의 함수 값이다.
② 수신기의 기하학적인 높이의 함수 값이다.
③ 위성의 신호 강도와 관련된 오차로서 그 값이 크면 정밀도가 낮다.
④ 위성의 기하학적인 배열과 관련된 함수 값이다.

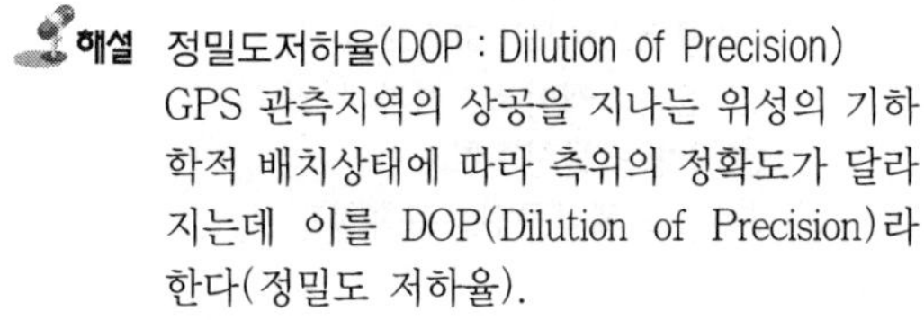
해설 정밀도저하율(DOP : Dilution of Precision)
GPS 관측지역의 상공을 지나는 위성의 기하학적 배치상태에 따라 측위의 정확도가 달라지는데 이를 DOP(Dilution of Precision)라 한다(정밀도 저하율).

1. 종류
   ㉠ GDOP : 기하학적 정밀도 저하율
   ㉡ PDOP : 위치정밀도 저하율
   ㉢ HDOP : 수평정밀도 저하율
   ㉣ VDOP : 수직정밀도 저하율
   ㉤ RDOP : 상대정밀도 저하율
   ㉥ TDOP : 시간정밀도 저하율
2. 특징
   ㉠ 3차원 위치의 정확도는 PDOP에 따라 달라지는데 PDOP는 4개의 관측위성들이 이루는 사면체의 체적이 최대일 때 가장 정확도가 좋으며 이때는 관측자의 머리 위에 다른 3개의 위성이 각각 120°를 이룰 때이다.
   ㉡ DOP는 값이 작을수록 정확한데 1이 가장 정확하고 5까지는 실용상 지장이 없다.

12. 초점거리 150mm, 비행고도 3,000m, 사진크기 23×23cm일 때 종중복도가 60%라면 이때의 기선장은?

① 1,220m ② 1,840m
③ 2,300m ④ 3,220m

해설 $\frac{1}{m} = \frac{f}{H} = \frac{0.15}{3,000} = \frac{1}{20,000}$

$B = ma(1 - \frac{p}{100})$

$= 20,000 \times 0.23(1 - \frac{60}{100}) = 1,840\text{m}$

13. 축척 1 : 25,000 지형도에서 4% 기울기의 노선 선정 시 계곡선 사이에 취하여야 할 도상 수평거리는?

① 5mm ② 10mm
③ 50mm ④ 100mm

해설

축척 / 등고선 종류	기호	1/5,000	1/10,000	1/25,000	1/50,000
주곡선	가는 실선	5	5	10	20
간곡선	가는 파선	2.5	2.5	5	10
조곡선(보조곡선)	가는 점선	1.25	1.25	2.5	5
계곡선	굵은 실선	25	25	50	100

경사$(i) = \frac{h}{D}$에서 $D = \frac{h}{i} = \frac{50}{0.04} = 1,250\text{m}$

실제거리 = 도상거리 × m

도상거리 = $\frac{\text{실제거리}}{m} = \frac{1,250}{25,000} = 0.05\text{m} = 50\text{mm}$

14. 측량의 구분에서 노선측량이 아닌 것은?

① 철도의 노선설계를 위한 측량
② 지형, 지물 등을 조사하는 측량
③ 상하수도의 도수관 부설을 위한 측량
④ 도로의 계획조사를 위한 측량

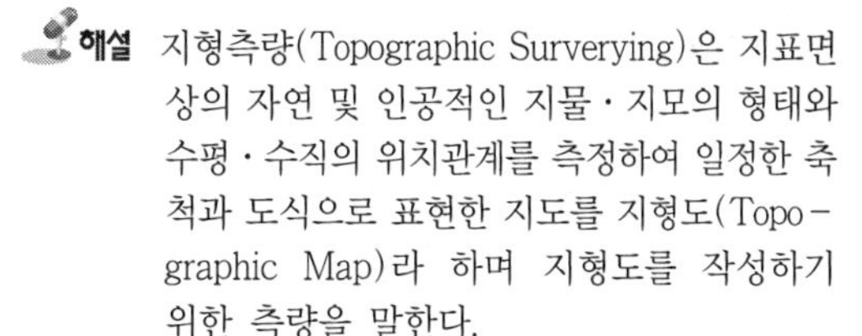
해설 지형측량(Topographic Surverying)은 지표면상의 자연 및 인공적인 지물·지모의 형태와 수평·수직의 위치관계를 측정하여 일정한 축척과 도식으로 표현한 지도를 지형도(Topographic Map)라 하며 지형도를 작성하기 위한 측량을 말한다.

Answer 11. ④ 12. ② 13. ③ 14. ②

15. 클로소이드의 조합형식 중 반향곡선 사이에 클로소이드를 삽입한 형식은?

① 기본형　　② 난형
③ 복합형　　④ S형

해설

구분	설명	그림
기본형	직선, 클로소이드, 원곡선 순으로 나란히 설치되어 있는 것	직선, 원곡선, 직선, 클로소이드 A_1, 클로소이드 A_1
S형	반향곡선의 사이에 클로소이드를 삽입한 것	원곡선, R_1, 클로소이드 A_1, 클로소이드 A_2, R_2, 원곡선
난형	복심곡선의 사이에 클로소이드를 삽입한 것	원곡선, 클로소이드 A, 원곡선
凸형	같은 방향으로 구부러진 2개 이상의 클로소이드를 직선적으로 삽입한 것	원곡선, 클로소이드 A_1, 클로소이드 A_1
복합형	같은 방향으로 구부러진 2개 이상의 클로소이드를 이은 것으로 모든 접합부에서 곡률은 같다.	클로소이드 A_1, 클로소이드 A_3, 클로소이드 A_2

16. 지형도의 이용에 관한 설명으로 틀린 것은?

① 경계 복원
② 토량 계산
③ 저수 유역면적 추정
④ 성토, 절토의 범위 결정

해설 지형도의 이용
㉠ 방향결정
㉡ 위치결정
㉢ 경사결정(구배계산)
- 경사$(i)=\dfrac{H}{D}\times 100(\%)$
- 경사각$(\theta)=\tan^{-1}\dfrac{H}{D}$

㉣ 거리결정
㉤ 단면도 제작
㉥ 면적계산
㉦ 체적계산(토공량 산정)

17. 곡선장 및 횡거 등에 의해 캔트를 직선적으로 체감하는 완화곡선이 아닌 것은?

① 3차 포물선
② 클로소이드 곡선
③ 렘니스케이트 곡선
④ 반파장 정현 곡선

해설 완화곡선의 종류
㉠ 클로소이드 : 고속도로
㉡ 렘니스케이트 : 시가지 철도
㉢ 3차 포물선 : 철도
㉣ sine 체감곡선 : 고속철도

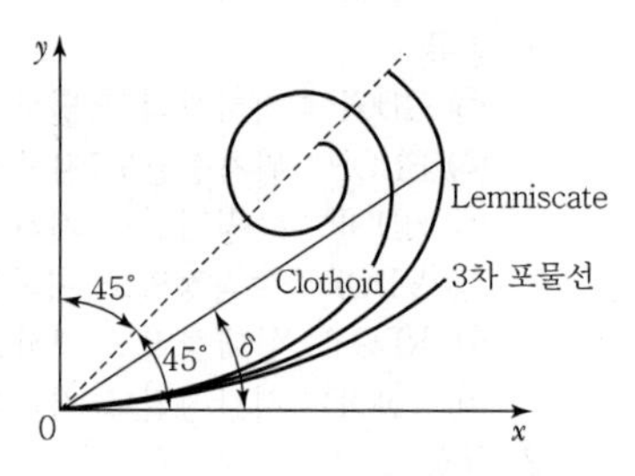

18. 폭이 100m이고 양안(兩岸)의 고저차가 1m인 하천을 횡단하여 수준측량을 실시할 때 양안의 고저차를 측정하는 방법으로 옳은 것은?

① 교호수준측량으로 구한다.
② 시거측량으로 구한다.
③ 간접수준측량으로 구한다.
④ 양안의 수면으로부터의 높이로 구한다.

해설 교호수준측량
전시와 후시를 같게 취하는 것이 원칙이나 2점 간에 강·호수·하천 등이 있으면 중앙에 기계를 세울 수 없을 때 양 지점에 세운 표척을 읽어 고저차를 2회 산출하여 평균하며 높은 정밀도를 필요로 할 경우에 이용된다.

 Answer 15. ④ 16. ① 17. ④ 18. ①

19. 항공사진 촬영 시 사진면에 직교하는 광선과 연직선이 이루는 각의 2등분선이 사진면과 만나는 점은?

① 주점 ② 연직점
③ 등각점 ④ 중심점

해설 항공사진의 특수 3점

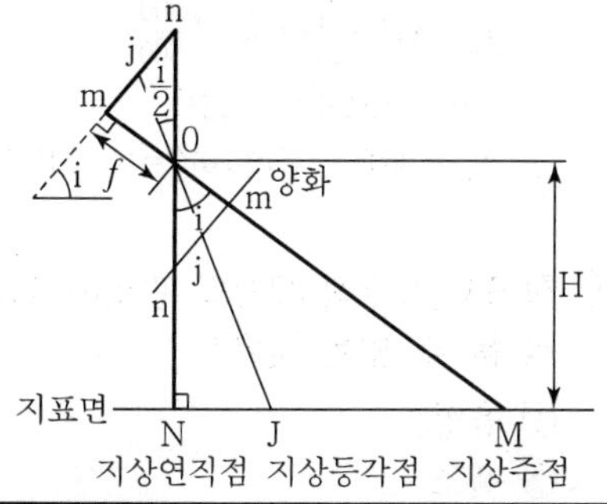

주점 (Principal Point)	주점은 사진의 중심점이라고도 한다. 주점은 렌즈 중심으로부터 화면(사진면)에 내린 수선의 발을 말하며 렌즈의 광축과 화면이 교차하는 점이다.
연직점 (Nadir Point)	• 렌즈 중심으로부터 지표면에 내린 수선의 발을 말하고 N을 지상연직점(피사체연직점), 그 선을 연장하여 화면(사진면)과 만나는 점을 화면연직점(n)이라 한다. • 주점에서 연직점까지의 거리 $(\text{mn}) = f\tan i$
등각점 (Isocenter)	주점과 연직점이 이루는 각을 2등분한 점으로 또한 사진면과 지표면에서 교차되는 점을 말한다.

20. 노선측량에서 기점으로부터 BC(곡선지점)까지의 거리가 1,523.5m이고, CL(곡선길이)이 260m이면, EC(곡선종점)까지의 거리는?

① 1,263.5m ② 1,393.5m
③ 1,653.5m ④ 1,783.5m

해설 $EC = BC + CL = 1523.5 + 260 = 1,783.5\text{m}$

Answer 19. ③ 20. ④

응용측량(2015년 2회 지적기사)

01. GPS의 직접적인 활용분야와 가장 거리가 먼 것은?

① 긴급구조 및 방재
② 터널 내 중심선 측량
③ 지상측량 및 측지측량기준망 설정
④ 지형공간정보 및 시설물 관리

해설 터널 내 중심선 측량은 GPS의 직접적인 활용분야와 거리가 멀다.

02. 용지 경계와 용지 면적을 산출함으로써 지가 보상 등의 자료로 사용할 목적으로 실시하는 노선측량 단계는?

① 용지측량
② 다각측량
③ 공사측량
④ 조사측량

해설 용지측량(用地測量)
횡단면도에 계획단면을 기입하여 용지 폭을 정하고, 축척 1/500 또는 1/600로 용지도를 작성한다. 용지폭말뚝을 설치할 때는 중심선에 직각인 방향을 구하는 것에 주의해야 한다. 구점의 요구 정확도에 따라 직각기 혹은 트랜시트, 레벨(수평분도원이 부착된 것)을 이용하여 방향을 구하고, 관측에는 천줄자 또는 쇠줄자 등을 이용하거나 시거측량이나 관측봉을 이용하는 방법을 취한다.

03. 터널을 만들기 위하여 A, B 두 점의 좌표를 측정한 결과 A점은 $N(X)a$ =1000.00m, $E(Y)a$ =250.00m, B점은 $N(X)b$ =1500.00m, $E(Y)b$ =50.00m였다면 AB의 방위각은?

① 21°48′05″ ② 158°11′55″
③ 201°48′05″ ④ 338°11′55″

해설 $\Delta x = X_B - X_A = 1,500 - 1,000 = 500$
$\Delta y = Y_B - Y_A = 50 - 250 = -200$
$\theta = \tan^{-1}\dfrac{\Delta y}{\Delta x} = \tan^{-1}\dfrac{200}{500}$
$= 21°48'5.07''$ (4상환)
$V_A^B = 360° - 21°48'5.07'' = 338°11'54.9''$

04. 항공사진(수직사진)의 판독에 필요한 요소로 볼 수 없는 것은?

① 음영
② 색조
③ 크기와 형태
④ 운량과 풍력

해설 사진판독 요소

구분	요소	내용
주요소	색조	피사체(대상물)가 갖는 빛의 반사에 의한 것으로 수목의 종류를 판독하는 것을 말한다.
	모양	피사체(대상물)의 배열상황에 의하여 판별하는 것으로 사진상에서 볼 수 있는 식생, 지형 또는 지표상의 색조 등을 말한다.
	질감	색조, 형상, 크기, 음영 등의 여러 요소의 조합으로 구성된 조밀, 거칢, 세밀함 등으로 표현하며 초목 및 식물의 구분을 나타낸다.
	형상	개체나 목표물의 구성, 배치 및 일반적인 형태를 나타낸다.
	크기	어느 피사체(대상물)가 갖는 입체적, 평면적인 넓이와 길이를 나타낸다.
	음영	판독 시 빛의 방향과 촬영 시의 빛의 방향을 일치시키는 것이 입체감을 얻는 데 용이하다.

 Answer 01. ② 02. ① 03. ④ 04. ④

보조요소	상호 위치 관계	어떤 사진상이 주위의 사진상과 어떠한 관계가 있는가 파악하는 것으로 주위의 사진상과 연관되어 성립되는 것이 일반적인 경우이다.
	과고감	과고감은 지표면의 기복을 과장하여 나타낸 것으로 낮고 평평한 지역에서의 지형판독에 도움이 되는 반면 경사면의 경사는 실제보다 급하게 보이므로 오판에 주의해야 한다.

05. 수준측량에서의 오차 중 우연오차에 해당되는 것은?

① 지구의 곡률에 의한 오차
② 빛의 굴절에 의한 오차
③ 표척의 눈금이 표준(검정)길이와 달라 발생하는 오차
④ 십자선의 굵기 때문에 생기는 읽음 오차

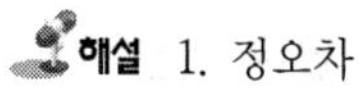
해설 1. 정오차
㉠ 표척눈금 부정에 의한 오차
㉡ 지구곡률에 의한 오차(구차)
㉢ 광선굴절에 의한 오차(기차)
㉣ 레벨 및 표척의 침하에 의한 오차
㉤ 표척의 영눈금(0점) 오차
㉥ 온도 변화에 대한 표척의 신축
㉦ 표척의 기울기에 의한 오차

2. 부정오차
㉠ 레벨 조정 불완전(표척의 읽음 오차)
㉡ 시차에 의한 오차
㉢ 기상 변화에 의한 오차
㉣ 기포관의 둔감
㉤ 기포관의 곡률의 부등
㉥ 진동, 지진에 의한 오차
㉦ 대물경의 출입에 의한 오차
㉧ 십자선의 굵기 때문에 생기는 읽음 오차

06. 편각법에 의한 단곡선 설치에서 외할 250m, 교각 120°일 때 곡선반지름은?

① 38.7m
② 125m
③ 250m
④ 750m

해설

$$E = R\left(\sec\frac{I}{2} - 1\right)$$

$$R = \frac{E}{\sec\frac{I}{2} - 1} = \frac{250}{\sec 60 - 1} = \frac{250}{\frac{1}{\cos 60^\circ} - 1} = 250\text{m}$$

07. 수준기의 감도가 40″인 레벨로 60m 전방에 세운 표척을 시준한 후 기포가 1눈금 이동하였을 때 발생하는 오차는?

① 0.006m
② 0.012m
③ 0.018m
④ 0.024m

해설

$$\theta'' = \frac{l}{nD}\rho''$$

$$l = \frac{nD}{\rho''}\theta'' = \frac{1\times 60}{206,265}\times 40 = 0.0116 = 0.012\text{m}$$

08. 원격 센서(Remote Sensor)의 분류관계가 올바르게 짝지어진 것은?

① 선주사방식 – 사진방식
② 카메라방식 – Laser방식
③ 화상센서 – 수동적 센서
④ 능동적 센서 – TV방식

Answer 05. ④ 06. ③ 07. ② 08. ③

해설

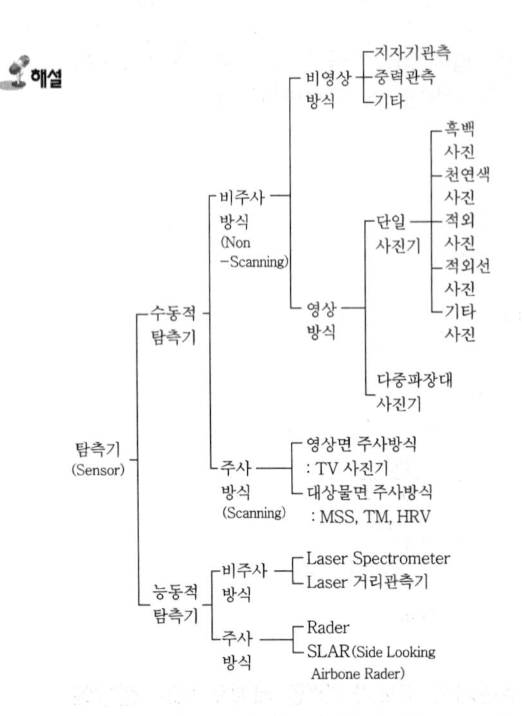

09. GPS 시스템 오차의 종류가 아닌 것은?

① 위성 시계 오차
② 영상 표정 오차
③ 위성 궤도 오차
④ 대류권 굴절 오차

해설 구조적인 오차

종류	특징
위성시계오차	GPS 위성에 내장되어 있는 시계의 부정확성으로 인해 발생
위성궤도오차	위성궤도정보의 부정확성으로 인해 발생
대기권 전파지연	위성신호의 전리층, 대류권 통과 시 전파지연오차(약 2m)
전파적 잡음	수신기 자체에서 발생하며 PRN코드 잡음과 수신기 잡음이 합쳐져서 발생
다중경로 (Multipath)	다중경로오차는 GPS 위성으로 직접 수신된 전파 이외에 부가적으로 주위의 지형, 지물에 의한 반사된 전파로 인해 발생하는 오차로서 측위에 영향을 미친다. • 다중경로는 금속제 건물, 구조물과 같은 커다란 반사적 표면이 있을 때 일어난다. • 다중경로의 결과로서 수신된 GPS 신호는 처리될 때 GPS 위치의 부정확성을 제공 • 다중경로가 일어나는 경우를 최소화하기 위하여 미션설정, 수신기, 안테나 설계 시에 고려한다면 다중경로의 영향을 최소화할 수 있다. • GPS 신호시간의 기간을 평균하는 것도 다중경로의 영향을 감소시킨다. • 가장 이상적인 방법은 다중경로의 원인이 되는 장애물에서 멀리 떨어져서 관측하는 방법이다.

10. 상호표정에 대한 설명으로 옳은 것은?

① 종시차 소거
② 초점거리 조정
③ 렌즈의 왜곡 보정
④ 사진주점과 투영기의 중심 일치

해설 1. 내부표정

내부표정이란 도화기의 투영기에 촬영 당시와 똑같은 상태로 양화건판을 정착시키는 작업이다.

㉠ 주점의 위치결정
㉡ 화면거리(f)의 조정
㉢ 건판의 신축측정, 대기굴절, 지구곡률 보정, 렌즈수차 보정

2. 상호표정

지상과의 관계는 고려하지 않고 좌우사진의 양투영기에서 나오는 광속이 촬영당시 촬영면에 이루어지는 종시차(ϕ)를 소거하여 목표 지형물의 상대위치를 맞추는 작업

㉠ 비행기의 수평회전을 재현해 주는 (κ, b_y)
㉡ 비행기의 전후 기울기를 재현해 주는 (ϕ, b_z)
㉢ 비행기의 좌우 기울기를 재현해 주는 (ω)

 Answer 09. ② 10. ①

㉣ 과잉수정계수 $(o, c, f)=\frac{1}{2}\left(\frac{h^2}{d^2}-1\right)$

㉤ 상호표정인자 : $(\kappa, \phi, \omega, b_y, b_z)$

3. 절대표정

상호표정이 끝난 입체모델을 지상 기준점(피사체 기준점)을 이용하여 지상좌표에(피사체좌표계)와 일치하도록 하는 작업

㉠ 축척의 결정

㉡ 수준면(표고, 경사)의 결정

㉢ 위치(방위)의 결정

㉣ 절대표정인자 : $\lambda, \phi, \omega, \kappa, b_x, b_y, b_z$(7개의 인자로 구성)

4. 접합표정

한 쌍의 입체사진 내에서 한쪽의 표정인자는 전혀 움직이지 않고 다른 한쪽만을 움직여 그 다른 쪽에 접합시키는 표정법을 말하며, 삼각측정에 사용한다.

㉠ 7개의 표정인자 결정($\lambda, \kappa, \omega, \phi, c_x, c_y, c_z$)

㉡ 모델 간, 스트립 간의 접합요소 결정(축척, 미소변위, 위치 및 방위)

11. 지성선 중에서 빗물이 이것을 따라 좌우로 흐르게 되는 선으로 지표면이 높은 곳의 꼭대기 점을 연결한 선은?

① 합수선(계곡선)

② 분수선(능선)

③ 경사변환선

④ 최대경사선

해설 지성선(Topographical Line)

지표는 많은 凸선, 凹선, 경사변환선, 최대경사선으로 이루어졌다고 생각할 때 이 평면의 접합부, 즉 접선을 말하며 지세선이라고도 한다.

㉠ 능선(凸선), 분수선 : 지표면의 높은 곳을 연결한 선으로 빗물이 이것을 경계로 좌우로 흐르게 되므로 분수선 또는 능선이라 한다.

㉡ 계곡선(凹선), 합수선 : 지표면이 낮거나 움푹 패인 점을 연결한 선으로 합수선 또는 합곡선이라 한다.

㉢ 경사변환선 : 동일 방향의 경사면에서 경사의 크기가 다른 두 면의 접합선(등고선 수평간격이 뚜렷하게 달라지는 경계선)

㉣ 최대경사선 : 지표의 임의의 한 점에 있어서 그 경사가 최대로 되는 방향을 표시한 선으로 등고선에 직각으로 교차하며 물이 흐르는 방향이라는 의미에서 유하선이라고도 한다.

12. 2점 간의 관측거리(편도)가 4km인 2점을 1등수준측량하였을 때의 왕복관측값의 최대 허용 교차는?

① ±1mm ② ±3mm

③ ±5mm ④ ±7mm

해설 우리나라 기본 수준측량의 오차 허용범위

구분	1등 수준측량	2등 수준측량	비고
왕복 차	$2.5\text{mm}\sqrt{L}$	$5.0\text{mm}\sqrt{L}$	왕복했을 때 L은 편도노선 거리(km)
환폐합 차	$2.0\text{mm}\sqrt{L}$	$5.0\text{mm}\sqrt{L}$	

최대허용오차 $=2.5\text{mm}\sqrt{L}=2.5\sqrt{4}=\pm5\text{mm}$

13. 곡선설치법에서 원곡선의 종류가 아닌 것은?

① 복심곡선 ② 렘니스케이트

③ 반향곡선 ④ 단곡선

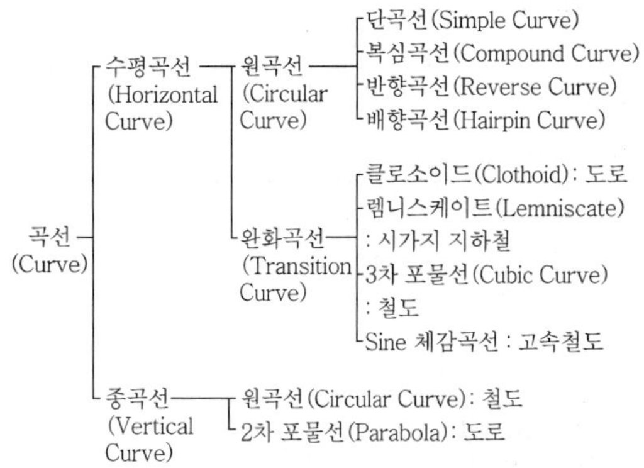

14. 비교적 소축척으로 산지 등의 측량에 이용되는 등고선 측정방법으로 지성선상의 중요점의 위치와 표고를 측정하고 이 점으로부터 등고선을 삽입하는 방법은?

① 점고법
② 방안법(사각형 분할법)
③ 횡단점법
④ 종단점법(기준점법)

해설

방안법 (좌표점고법)	각 교점의 표고를 측정하고 그 결과로부터 등고선을 그리는 방법으로 지형이 복잡한 곳에 이용한다.
종단점법	지형상 중요한 지성선 위의 여러 개의 측선에 대하여 거리와 표고를 측정하여 등고선을 그리는 방법으로 비교적 소축척의 산지 등의 측량에 이용
횡단점법	노선측량의 평면도에 등고선을 삽입할 경우에 이용되며 횡단측량의 결과를 이용하여 등고선을 그리는 방법이다.

15. 중심투영에 의하여 만들어진 점과 실제점의 변위를 의미하는 왜곡수차의 보정방법으로 옳지 않은 것은?

① 포로-코페(Porro-Koppe)의 방법
② 보정판을 사용하는 방법
③ 화면거리를 변환시키는 방법
④ 파인더(Finder)를 사용하는 방법

해설 왜곡수차(Distorion)
이론적인 중심투영에 의하여 만들어진 점과 실제점의 변위

왜곡수차의 보정방법

포로-코페 (Porro Koppe)의 방법	촬영카메라와 동일 렌즈를 갖춘 투영기를 사용하는 방법
보정판을 사용하는 방법	양화건판과 투영렌즈 사이에 렌즈(보정판)를 넣는 방법
화면거리를 변화시키는 방법	연속적으로 화면거리를 움직이는 방법

16. 노선측량에서 기지점에서 곡선시점(B.C)까지의 거리가 2410.5m이고 곡선의 길이가 320.5m이면 곡선종점(EC)까지의 거리는?

① 1769.5m ② 2090.0m
③ 2731.0m ④ 3051.5m

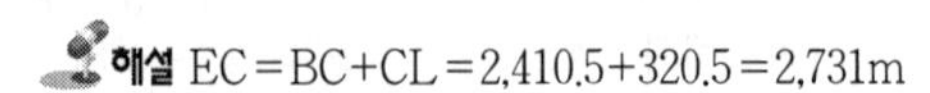
해설 EC=BC+CL=2,410.5+320.5=2,731m

17. 초점거리 15cm, 사진의 크기 23cm×23cm, 축척 1 : 20,000, 촬영기준면으로부터 중복도 60%가 되도록 촬영계획을 세웠다. 동일한 조건에서 중복도가 50%가 되도록 하기 위한 비행고도의 변화량은?

① 333m ② 420m
③ 550m ④ 600m

해설
- 촬영기준면에서의 촬영고도
  $H=mf=20,000\times0.15=3,000\text{m}$
- $B=ma(1-p)$
  $=20,000\times0.23(1-0.6)=1,840\text{m}$
- 임의지역의 축척 분모수
  $m=\dfrac{B}{a(1-p)}=\dfrac{1,840}{0.23(1-0.5)}=16,000$
- $\dfrac{1}{m}=\dfrac{f}{H-h}$에서

$\therefore h=H-mf=3,000-16,000\times0.15=600\text{m}$

18. 짧은 선의 간격, 굵기, 길이 및 방향 등으로 지표의 기복을 나타내는 방법으로 우모법이라고도 하는 지형 표시 방법은?

① 영선법 ② 등고선법
③ 점고법 ④ 채색법

해설

자연적 도법	영선법 (우모법, Hachuring)	"게바"라 하는 단선상(短線上)의 선으로 지표의 기본을 나타내는 것으로 게바의 사이, 굵기, 방향 등으로 지표를 표시하는 방법
	음영법 (명암법, Shading)	태양광선이 서북쪽에서 45°로 비친다고 가정하여 지표의 기복을 도상에서 2~3색 이상으로 채색하여 지형을 표시하는 방법으로 지형의 입체감이 가장 잘 나타나는 방법이다.

 Answer 14. ④ 15. ④ 16. ③ 17. ④ 18. ①

부호적 도법	점고법 (Spot height system)	지표면상의 표고 또는 수심의 지표를 숫자로 나타내는 방법으로 하천, 항만, 해양 등에 주로 이용
	등고선법 (Contour System)	동일 표고의 점을 연결한 등고선으로 지표를 표시하는 방법으로 토목공사용으로 가장 널리 사용
	채색법 (Layer System)	같은 등고선 지대를 같은 색으로 채색하여 높을수록 진하게 낮을수록 연하게 칠하여 높이의 변화를 나타내며 지리관계의 지도에 주로 사용

19. 지하시설물 측량의 순서로 옳은 것은?

① 작업계획 - 자료수집 - 지하시설물 탐사 - 지하시설물 원도 작성 - 작업조서 작성
② 자료수집 - 작업계획 - 지하시설물 탐사 - 작업조서 작성 - 지하시설물 원도 작성
③ 작업계획 - 지하시설물 탐사 - 자료수집 - 지하시설물 원도 작성 - 작업조서 작성
④ 자료수집 - 지하시설물 탐사 - 작업계획 - 작업조서 작성 - 지하시설물 원도 작성

해설

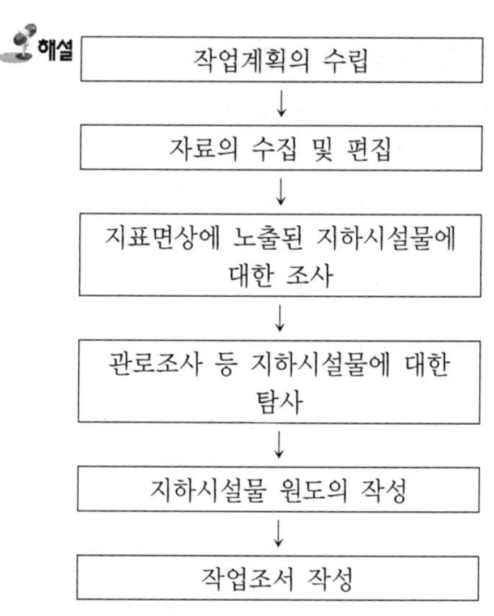

20. 터널공사에서 터널 내의 기준점 설치에 주로 사용되는 방법으로 연결된 것은?

① 삼각측량 - 평판측량
② 평판측량 - 트래버스측량
③ 트래버스측량 - 수준측량
④ 수준측량 - 삼각측량

해설 터널공사에서 터널 내의 기준점 설치에 주로 사용되는 방법은 트래버스 측량과 고저측량으로 이루어진다.

트래버스에 의한 법
장애물이 있을 때 갱내의 양단의 점을 연결하는 Traverse를 만들어 좌표를 구하고, 좌표로부터 거리 및 방향을 계산하는 방법

- $\overline{AB}$ 거리 $= \sqrt{(\Sigma L)^2 + (\Sigma D)^2}$
  또는 $\overline{AB} = \sqrt{(X_B - X_A)^2 + (Y_B - Y_A)^2}$
- AB 방위각$(\theta) = \tan^{-1}\dfrac{\Sigma D}{\Sigma L}$
  또는 $\tan^{-1}\dfrac{Y_B - Y_A}{X_B - X_A}$

응용측량(2015년 2회 지적산업기사)

01. 다음 중 원곡선이 아닌 것은?

① 단곡선
② 복합곡선
③ 반향곡선
④ 클로소이드곡선

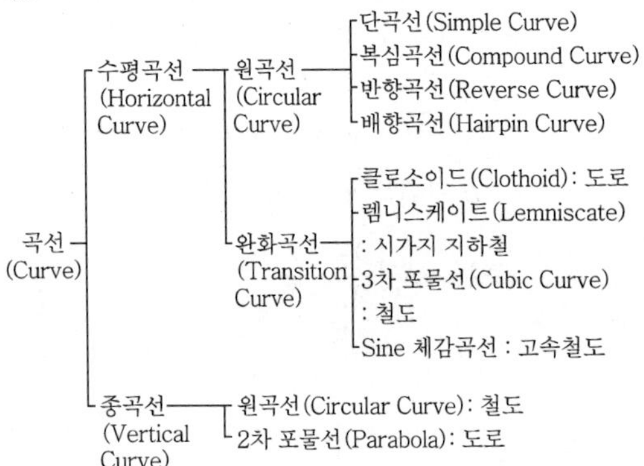

02. 촬영고도가 1,500m인 비행기에서 표고 1,000m의 지형을 촬영했을 때 이 지형의 사진 축척은?(단, 초점거리는 150mm)

① 1 : 10,000
② 1 : 6,600
③ 1 : 3,300
④ 1 : 2,500

해설

$$\frac{1}{m}=\frac{f}{H}=\frac{0.15}{1,500-1,000}=\frac{1}{3,333.33}\fallingdotseq\frac{1}{3,300}$$

03. 원곡선 설치 시 교각 60°, 반지름 200m, 곡선시점의 위치가 No.20+12.5m일 때 곡선종점의 위치는?(단, 측점 간 거리는 20m)

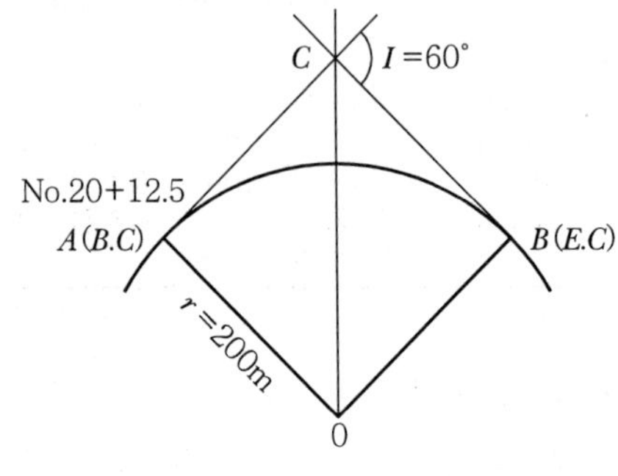

① 421.94m
② 521.94m
③ 621.94m
④ 821.94m

해설

$CL = 0.01745RI$
$= 0.01745\times200\times60°$
$= 209.4\text{m}$
$\therefore EC = BC + CL$
$= 412.5 + 209.4 = 621.9\text{m}$

04. GPS의 특징으로 틀린 것은?

① 측점 간 시통에 무관하다.
② 야간에도 관측이 가능하다.
③ 날씨의 영향을 거의 받지 않는다.
④ 고압선, 고층건물 등은 관측의 정확도에 영향을 주지 않는다.

해설 GPS측량의 장단점

1. 장점
   ㉠ 기상조건에 영향을 받지 않는다.
   ㉡ 야간에 관측도 가능하다.
   ㉢ 관측점 간의 시통이 필요 없다.
   ㉣ 장거리를 신속하게 측정할 수 있다.
   ㉤ X, Y, Z(3차원) 측정이 가능하다.
   ㉥ 움직이는 대상물도 측정이 가능하다.
2. 단점
   ㉠ 우리나라 좌표계에 맞도록 변환하여야 한다.

 Answer 01. ④ 02. ③ 03. ③ 04. ④

㉡ 위성의 궤도정보가 필요하다.
㉢ 전리층 및 대류권에 관한 정보를 필요로 한다.

05. 등고선에 대한 설명으로 틀린 것은?
① 주곡선은 지형을 표시하는 데 기본이 되는 선이다.
② 계곡선은 주곡선 10개마다 굵게 표시한다.
③ 간곡선은 주곡선 간격의 1/2이다.
④ 조곡선은 간곡선 간격의 1/2이다.

해설 등고선의 종류와 간격

축척 / 등고선 종류	기호	1/5,000	1/10,000	1/25,000	1/50,000
계곡선	굵은 실선	25	25	50	100
주곡선	가는 실선	5	5	10	20
간곡선	가는 파선	2.5	2.5	5	10
조곡선 (보조곡선)	가는 점선	1.25	1.25	2.5	5

06. 1 : 50,000 지형도에서 A점은 140m 등고선 위에, B점은 180m 등고선 위에 있다. 두 점 사이의 경사가 15%일 때 수평거리는?
① 255.56m ② 266.67m
③ 277.78m ④ 288.89m

해설

$i=\frac{h}{D}\cdot 100$에서

$D=\frac{100}{i}h=\frac{100}{15}\times 40$

$=266.67\text{m}$

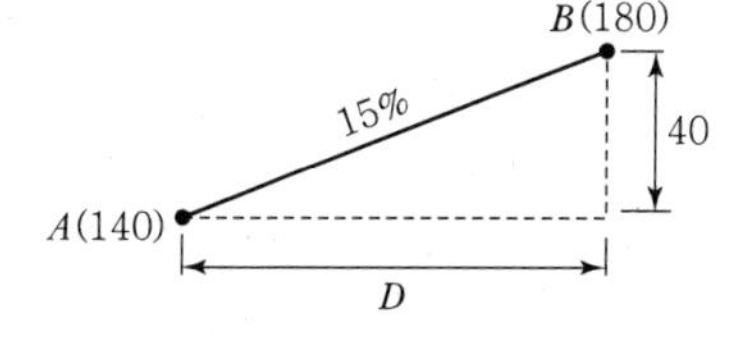

07. 다음 중 깊이 50m, 직경 5m인 수직 터널에 의해 터널 내외를 연결하는 측량방법으로 가장 적합한 것은?
① 삼각 구분법
② 레벨과 함척에 의한 방법
③ 폴과 지거법에 의한 방법
④ 데오드라이트와 추선에 의한 방법

해설 수직터널에 의해 터널 내외를 연결하는 측량은 데오드라이트와 추선에 의한 방법에 의한다.

08. 지형도는 지표면상의 자연 및 지물(地物), 지모(地貌)를 표현하게 되는데, 다음 항목 중에서 지모(地貌)에 해당되지 않는 것은?
① 도로 ② 계곡
③ 평야 ④ 구릉

해설 ㉠ 지물(地物) : 지표면 위의 인공적인 시설물(예 교량, 도로, 철도, 하천, 호수, 건축물 등)
㉡ 지모(地貌) : 지표면 위의 자연적인 토지의 기복상태(예 산정, 구릉, 계곡, 평야 등)

09. 초점거리 150mm, 사진크기 23×23cm, 축척 1 : 10,000인 사진이 있다. 종중복도가 60%일 때 기선고도비는?
① 0.38 ② 0.48
③ 0.52 ④ 0.61

해설

$$\text{기선고도비}=\frac{B}{H}=\frac{ma\left(1-\frac{p}{100}\right)}{mf}$$

$$=\frac{0.23\times 0.4}{0.15}$$

$$=0.61$$

10. 사진판독에서 정성적 요소가 아닌 것은?
① 모양 ② 크기
③ 음영 ④ 질감

Answer 05. ② 06. ② 07. ④ 08. ① 09. ④ 10. ②

해설 사진측량(Photogrammetry)
사진영상을 이용하여 피사체에 대한 정량적(위치, 형상, 크기 등의 결정) 및 정성적(자원과 환경현상의 특성 조사 및 분석) 해석을 하는 학문이다.
㉠ 정량적 해석 : 위치, 형상, 크기 등의 결정
㉡ 정성적 해석 : 자원과 환경현상의 특성 조사 및 분석(모양, 음영, 질감 등)

11. 곡선반지름이나 곡선길이가 작은 시가지의 곡선설치나 철도, 도로 등의 기설곡선의 검사 또는 개정에 편리한 노선측량 방법은?
① 접선편거와 현편거에 의한 방법
② 중앙종거에 의한 방법
③ 접선에 대한 지거법
④ 편각에 의한 방법

해설

편각 설치법	철도, 도로 등의 곡선 설치에 가장 일반적인 방법이며, 다른 방법에 비해 정확하나 반경이 작을 때 오차가 많이 발생한다.
중앙 종거법	곡선반경이 작은 도심지 곡선 설치에 유리하며 기설곡선의 검사나 정정에 편리하다. 일반적으로 1/4법이라고도 한다.
접선 편거 및 현편거법	트랜싯을 사용하지 못할 때 폴과 테이프로 설치하는 방법으로 지방도로에 이용되며 정밀도는 다른 방법에 비해 낮다.

12. 등고선 간 최소거리의 방향이 의미하는 것은?
① 최대 경사 방향 ② 최소 경사 방향
③ 하향 경사 방향 ④ 상향 결사 방향

해설 등고선의 성질
㉠ 동일 등고선상에 있는 모든 점은 같은 높이이다.
㉡ 등고선은 반드시 도면 안이나 밖에서 서로 폐합한다.
㉢ 지도의 도면 내에서 폐합되면 가장 가운데 부분은 산꼭대기(산정) 또는 凹지(요지)가 된다.
㉣ 등고선은 도중에 없어지거나 엇갈리거나 합쳐지거나 갈라지지 않는다.
㉤ 높이가 다른 두 등고선은 동굴이나 절벽의 지형이 아닌 곳에서는 교차하지 않는다.
㉥ 등고선은 경사가 급한 곳에서는 간격이 좁고 완만한 경사에서는 넓다.
㉦ 최대경사의 방향은 등고선과 직각으로 교차한다.
㉧ 분수선(능선)과 곡선(유하선)은 등고선과 직각으로 만난다.
㉨ 2쌍의 등고선의 볼록부가 상대할 때는 볼록부를 나타낸다.
㉩ 동등한 경사의 지표에서 양 등고선의 수평거리는 같다.
㉪ 같은 경사의 평면일 때는 나란한 직선이 된다.
㉫ 등고선이 능선을 직각방향으로 횡단한 다음 능선 다른 쪽을 따라 거슬러 올라간다.
㉬ 등고선의 수평거리는 산꼭대기 및 산 밑에서는 크고 산 중턱에서는 작다.

13. 지하시설물 도면을 작성할 경우 시설물과 색상이 바르게 연결되지 않은 것은?
① 상수도시설 – 청색 ② 전기시설 – 적색
③ 통신시설 – 갈색 ④ 가스시설 – 황색

해설 지하시설물도작성작업규칙 제15조(지하시설물도에의 입력 등)
① 지하시설물도에 표시하는 지하시설물의 종류별 기본색상은 다음 각호의 구분에 의한다.
1. 상수도시설 : 청색
2. 하수도시설 : 보라색
3. 가스시설 : 황색
4. 통신시설 : 녹색
5. 전기시설 : 적색
6. 송유관시설 : 갈색
7. 난방열관시설 : 주황색
② 정위치편집은 표준코드 및 기호(심벌)를 사용하여 도엽단위로 하여야 하며, 정위치편집이 완료된 파일은 이를 별도로 보관하여야 한다.
③ 구조화편집은 정위치편집된 지하시설물도에 대하여 필요한 대상을 점·선·면의 기하학적인 형태로 편집하여야 하며, 그에 관한 설명서가 작성되어야 한다.
④ 지하시설물도에는 현지조사 및 탐사를 통

 Answer 11. ② 12. ① 13. ③

하여 수집된 속성자료와 관계법령에 의하여 작성된 지하시설물 관리대장상의 항목 중 필요한 사항이 입력되어야 한다. 이 경우 속성자료는 도형자료와 서로 연계될 수 있도록 입력되어야 한다.

⑤ 지하시설물도에의 입력과 표현방법에 관한 세부적인 사항은 국립지리원장이 따로 정한다.

14. 수준측량에서 전시와 후시의 거리를 같게 측량함으로써 제거되는 오차가 아닌 것은?

① 시준축 오차
② 표척의 0눈금 오차
③ 광선의 굴절에 의한 오차
④ 지구의 곡률에 의한 오차

해설 1. 전시와 후시의 거리를 같게 함으로써 제거되는 오차
㉠ 레벨의 조정이 불완전(시준선이 기포관축과 평행하지 않을 때)할 때 (시준축오차 : 오차가 가장 크다.)
㉡ 지구의 곡률오차(구차)와 빛의 굴절오차(기차)를 제거한다.
㉢ 초점나사를 움직이는 오차가 없으므로 그로 인해 생기는 오차를 제거한다.

2. 눈금오차(영점오차) 발생 시 소거방법
㉠ 기계를 세운 표척이 짝수가 되도록 한다.
㉡ 이기점(T.P)이 홀수가 되도록 한다.
㉢ 출발점에 세운 표척을 도착점에 세운다.

15. 삼각수준측량에서 연직각 $\alpha=20°$, 두 점 사이의 수평거리 D=400m, 기계 높이 i= 1.70m, 표척의 높이 Z=2.50m이면 두 점 간의 고저차는?(단, 대기오차와 지구의 곡률오차는 고려하지 않는다.)

① 130.11m ② 140.25m
③ 144.79m ④ 146.39m

해설 $H=i+D\cdot\tan\alpha$
$=1.70+400\times\tan 20°$
$=147.29\text{m}$
$Z=2.50\text{m}$

∴ 두 점의 고저차
$h=H-Z$
$=147.29-2.50$
$=144.79\text{m}$

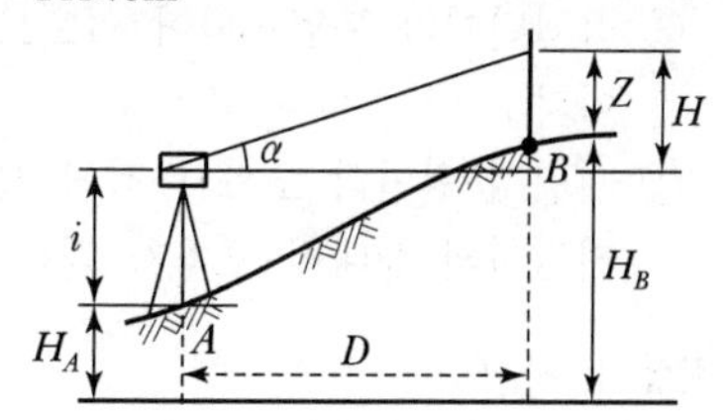

16. GPS 측량에서 지적기준점 측량과 같이 높은 정밀도를 필요로 할 때 사용하는 관측방법은?

① 실시간 키네마틱(Realtime Kinematic) 관측
② 키네마틱(Kinematic) 측량
③ 스태틱(Static) 측량
④ 1점 측위관측

해설 정지측량(Static Survey)
㉠ 가장 일반적인 방법으로 하나의 GPS기선을 두 개의 수신기로 측정하는 방법이다.
㉡ 측점 간의 좌표 차이는 WGS84 지심좌표계에 기초한 3차원 X, Y, Z를 사용하여 계산되며, 지역 좌표계에 맞추기 위하여 변환하여야 한다.
㉢ 수신기 중 한 대는 기지점에 설치, 나머지 한 대는 미지점에 설치하여 위성신호를 동시에 수신하여야 하는데 관측시간은 관측 조건과 요구 정밀도에 달려 있다.
㉣ 관측시간이 최저 45분 이상 소요되고 10km ±2ppm 정도의 측량정밀도를 가지고 있으며 적어도 4개 이상의 관측위성이 동시에 관측될 수 있어야 한다.
㉤ 장거리 기선장의 정밀측량 및 기준점 측량에 주로 이용된다.
㉥ 정지측량에서는 반송파의 위상을 이용하여 관측점 간의 기선벡터를 계산한다.
㉦ 장시간의 관측을 하여야 하며 장거리 정밀측정에 정확도가 높고 효과적이다.

Answer 14. ② 15. ③ 16. ③

17. 사진측량의 특징에 대한 설명으로 틀린 것은?

① 좁은 지역, 대축척일수록 경제적이다.
② 동일 모델 내에서는 정확도가 균일하다.
③ 작업단계가 분업화되어 있으므로 능률적이다.
④ 개인적 원인의 오차가 적게 생기며 다른 지점과의 상대적 오차가 적다.

해설 1. 장점

㉠ 정량적 및 정성적 측정이 가능하다.
㉡ 정확도가 균일하다.

- 평면(X, Y) 정도 : $(10\sim30)\mu\times$촬영축척의 분모수(m)
- 높이(H) 정도

$$\left(\frac{1}{10,000}\sim\frac{1}{15,000}\right)\times \text{촬영고도(H)}$$

$$1\mu=\frac{1}{1,000}\text{mm}$$

여기서, m : 촬영축척의 분모수
H : 촬영고도

- 동체측정에 의한 현상보존이 가능하다.
- 접근하기 어려운 대상물의 측정도 가능하다.
- 축척변경도 가능하다.
- 분업화로 작업을 능률적으로 할 수 있다.
- 경제성이 높다.
- 4차원의 측정이 가능하다.
- 비지형측량이 가능하다.

2. 단점

㉠ 좁은 지역에서는 비경제적이다.
㉡ 기재가 고가이다.(시설 비용이 많이 든다)
㉢ 피사체에 대한 식별의 난해가 있다.(지명, 행정경계 건물명, 음영에 의하여 분별하기 힘든 곳 등의 측정은 현장의 작업으로 보충측량이 요구된다)

18. 상호표정이 끝났을 때 사진모델과 실제 지형모델의 관계로 옳은 것은?

① 상사 ② 대칭
③ 합동 ④ 일치

해설 상호표정은 비행기가 촬영 당시에 가지고 있던 기울기를 도화기상에서 그대로 재현하는 과정으로 촬영 당시 촬영면상에 이루어지는 종시차를 소거하여 목표지형물의 상대적 위치를 맞추는 작업으로 사진과 실제 지형과의 관계는 상사관계이다.

19. 그림에서 여유 폭을 고려한 단면용지의 폭은?(단, 여유 폭은 0.5m로 한다.)

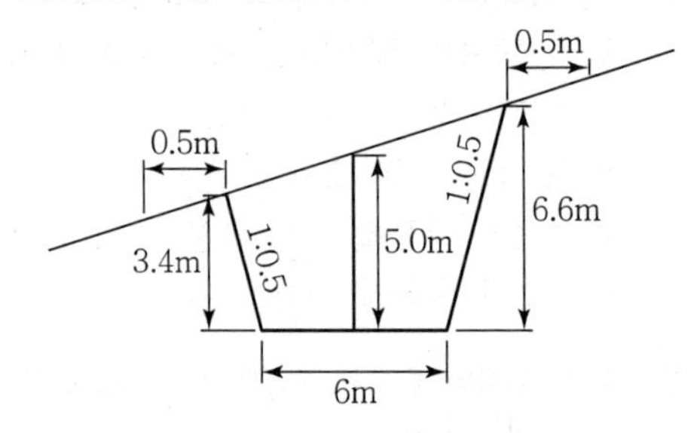

① 10m ② 11m
③ 12m ④ 13m

해설 단면용지 폭

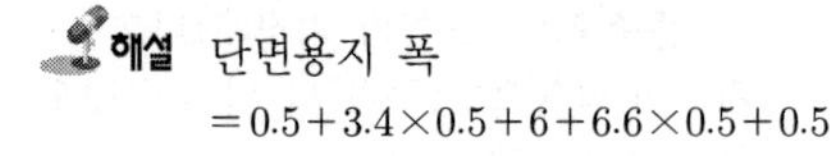

$=0.5+3.4\times0.5+6+6.6\times0.5+0.5$
$=12\text{m}$

20. A점의 표고 100.65m, B점의 표고 104.25m일 때, 레벨을 사용하여 A점에 세운 표척의 읽음값이 5.23m였다면 B점에 세운 표척의 읽음값은?

① 0.78m ② 0.98m
③ 1.52m ④ 1.63m

해설 $H_A+\text{후시}-\text{전시}=H_B$

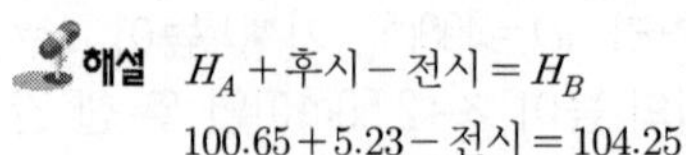

$100.65+5.23-\text{전시}=104.25$
$\therefore\ \text{전시}=100.65+5.23-104.25=1.63\text{m}$

 Answer 17. ① 18. ① 19. ③ 20. ④

응용측량(2015년 3회 지적기사)

01. 노선측량에서 곡선설치에 사용하는 완화곡선에 해당되지 않는 것은?

① 복심곡선
② 3차 포물선
③ 클로소이드곡선
④ 렘니스케이트곡선

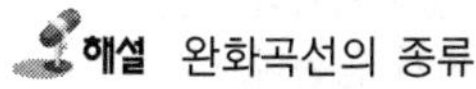

해설 완화곡선의 종류

㉠ 클로소이드 : 고속도로에 많이 사용된다.
㉡ 렘니스케이트 : 시가지 철도에 많이 사용된다.
㉢ 3차 포물선 : 철도에 많이 사용된다.
㉣ Sine 체감곡선 : 고속철도

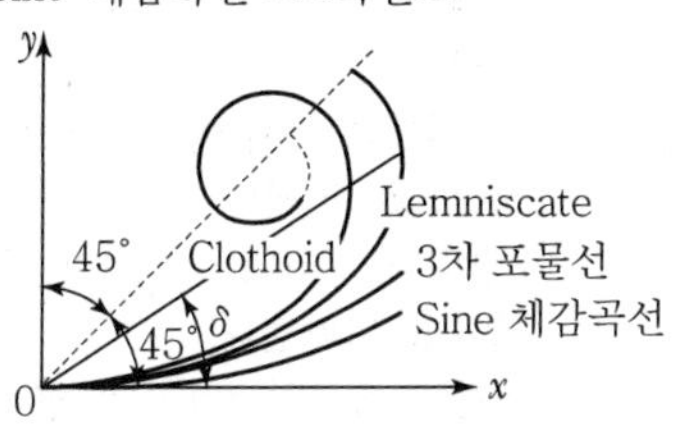

완화곡선의 종류

02. 축척 1 : 10,000의 항공사진에서 건물의 시차를 측정하니 상부가 19.33mm, 하부가 16.83mm이었다면 건물의 높이는?(단, 촬영고도=800m, 사진상의 기선길이=68mm)

① 19.4m ② 29.4m
③ 39.4m ④ 49.4m

해설 ΔP가 p_r보다 무시할 정도로 작을 때 $(p_r = b_0)$

$$h = \frac{H}{b_0}\Delta P = \frac{800}{0.068}(0.01933 - 0.01683)$$
$$= 29.4\text{m}$$

03. 수준기의 감도가 20″인 레벨(Level)을 사용하여 40m 떨어진 표척을 시준할 때 발생할 수 있는 시준 오차는?

① ±0.5mm ② ±3.9mm
③ ±5.2mm ④ ±8.5mm

해설 $l = \frac{\theta'' n D}{\rho''} = \frac{20'' \times 40{,}000}{206{,}265''} = 3.89\text{mm}$

04. 상호표정에서 그림과 같은 시차를 소거하기 위한 표정인자는?

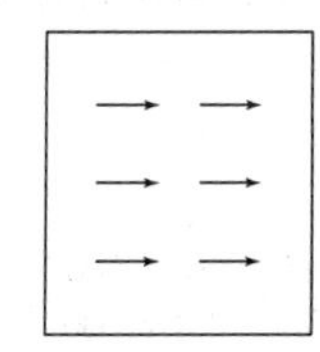

① b_x ② b_y
③ b_z ④ k_1

해설 투영기의 미소회전 및 평행변위에 의한 영향

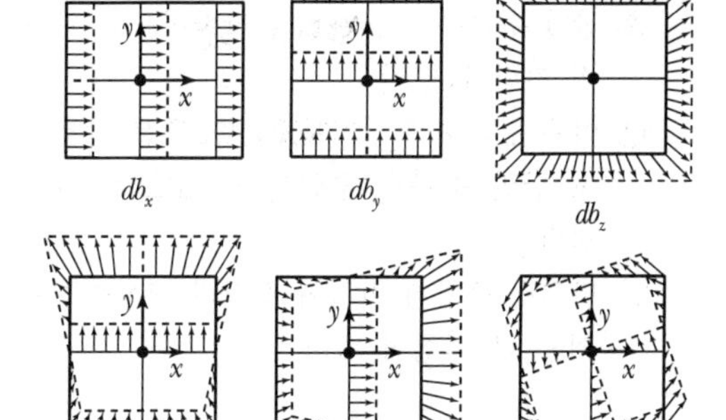

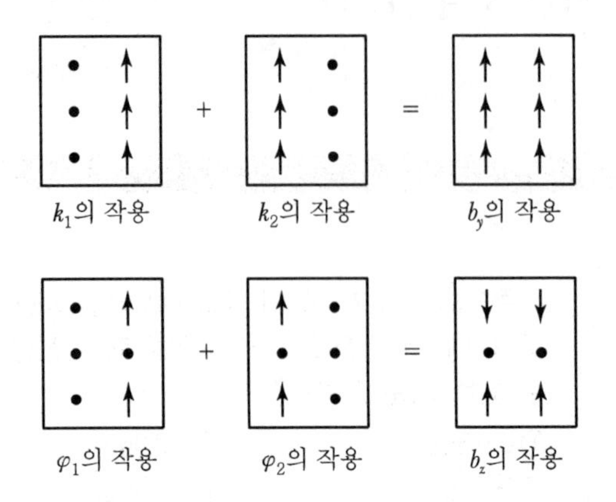

05. 두 개의 수직터널에 의하여 깊이 700m의 터널 내외를 연결을 하는 경우에 지상에서의 수직터널 간 거리가 500m라면 두 수직터널 간 터널 내외에서의 거리 차이는?(단, 지구 반지름 R=6,370km이다.)

① 4.5m ② 5.5m
③ 4.5cm ④ 5.5cm

해설

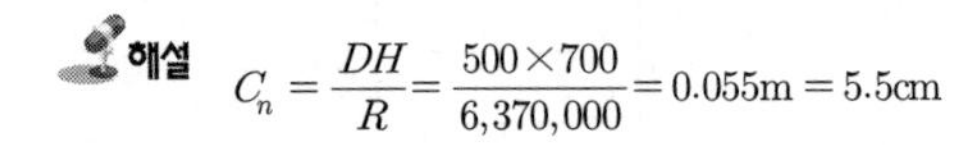

$$C_n = \frac{DH}{R} = \frac{500 \times 700}{6,370,000} = 0.055\text{m} = 5.5\text{cm}$$

06. 단일 주파수 수신기와 비교할 때, 이중 주파수 수신기의 특징에 대한 설명으로 옳은 것은?

① 전리층지연에 의한 오차를 제거할 수 있다.
② 단일 주파수 수신기보다 일반적으로 가격이 저렴하다.
③ 이중 주파수 수신기는 C/A코드를 사용하고 단일 주파수 수신기는 P코드를 사용한다.
④ 단거리 측량에 비하여 장거리 기선측량에서는 큰 이점이 없다.

07. 등고선의 성질을 설명한 것으로 틀린 것은?

① 등고선은 등경사지에서 등간격으로 나타낸다.
② 등고선은 도면 내·외에서 반드시 폐합하는 폐곡선이다.
③ 등고선은 절벽이나 동굴을 제외하고는 교차하지 않는다.
④ 등고선은 급경사지에서는 간격이 넓고 완경사지에서는 좁다.

해설 등고선의 성질

㉠ 동일 등고선상에 있는 모든 점은 같은 높이이다.
㉡ 등고선은 반드시 도면 안이나 밖에서 서로가 폐합한다.
㉢ 지도의 도면 내에서 폐합되면 가장 가운데 부분이 산꼭대기(산정) 또는 凹지(요지)가 된다.
㉣ 등고선은 도중에 없어지거나, 엇갈리거나 합쳐지거나 갈라지지 않는다.
㉤ 높이가 다른 두 등고선은 동굴이나 절벽의 지형이 아닌 곳에서는 교차하지 않는다.
㉥ 등고선은 경사가 급한 곳에서는 간격이 좁고 완만한 경사에서는 넓다.
㉦ 최대경사의 방향은 등고선과 직각으로 교차한다.
㉧ 분수선(능선)과 곡선(유하선)은 등고선과 직각으로 만난다.
㉨ 2쌍의 등고선의 볼록부가 상대할 때는 볼록부를 나타낸다.
㉩ 동등한 경사의 지표에서 양 등고선의 수평거리는 같다.
㉪ 같은 경사의 평면일 때는 나란한 직선이 된다.
㉫ 등고선이 능선을 직각방향으로 횡단한 다음 능선 다른 쪽을 따라 거슬러 올라간다.
㉬ 등고선의 수평거리는 산꼭대기 및 산 밑에서는 크고 산 중턱에서는 작다.

08. 곡선의 종류 중 원곡선 두 개가 접속점에서 각각 다른 방향으로 굽어진 형태의 곡선으로 주로 계곡부에 이용되는 것은?

① 단곡선
② 복심곡선
③ 완화곡선
④ 반향곡선

 Answer 05. ④ 06. ① 07. ④ 08. ④

복심곡선 (Compound Curve)	반경이 다른 2개의 원곡선이 1개의 공통접선을 갖고 접선의 같은 쪽에서 연결하는 곡선을 말한다. 복심곡선을 사용하면 그 접속점에서 곡률이 급격히 변화하므로 될 수 있는 한 피하는 것이 좋다.
반향곡선 (Reverse Curve)	반경이 같지 않은 2개의 원곡선이 1개의 공통접선의 양쪽에 서로 곡선중심을 가지고 연결한 곡선이다. 반향곡선을 사용하면 접속점에서 핸들의 급격한 회전이 생기므로 가급적 피하는 것이 좋다.
배향곡선 (Hairpin Curve)	반향곡선을 연속시켜 머리핀 같은 형태의 곡선으로 된 것을 말한다. 산지에서 기울기를 낮추기 위해 쓰이므로 철도에서 Switch Back에 적합하여 산허리를 누비듯이 나아가는 노선에 적용한다.

09. 그림의 AC와 DB 간 원곡선을 설치하려고 할 때, 교점을 장애물로 인해 관측할 수 없어 $\angle ACD=140°$, $\angle CDB=100°$, $CD=180$m를 관측했다. 이때 C점에서 BC점까지의 거리는?(단, 곡선반지름=300m)

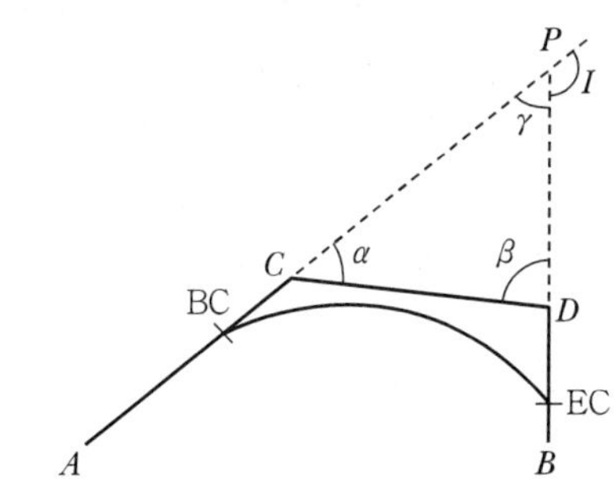

① 307.5m ② 314.9m
③ 321.6m ④ 329.6m

$\dfrac{180}{\sin 60°}=\dfrac{x}{\sin 80°}$에서

$x=\dfrac{\sin 80°}{\sin 60°}\times 180=204.69\text{m}$

$TL=R\tan\dfrac{I}{2}=300\times\tan\dfrac{120°}{2}=519.62\text{m}$

C점에서 BC까지 거리

$TL-x=519.62-204.69=314.9\text{m}$

10. 지상고도 3000m의 비행기에서 초점거리 15cm의 사진기로 촬영한 수직 공중사진에 나타난 50m 교량의 크기는?

① 2.0mm ② 2.5mm
③ 3.0mm ④ 3.5mm

$\dfrac{1}{m}=\dfrac{f}{H}=\dfrac{0.15}{3,000}=\dfrac{1}{20,000}$

$\dfrac{1}{20,000}=\dfrac{l}{50}$에서

$l=\dfrac{50}{20,000}=0.0025\text{m}=2.5\text{mm}$

11. 인공위성을 이용한 원격탐사에 대한 설명으로 옳지 않은 것은?

① 얻어진 영상은 정사투영상에 가깝다.
② 탐사된 자료가 즉시 이용될 수 있다.
③ 반복측정이 불가능하고 좁은 지역에 적합하다.
④ 회전주기가 일정하므로 원하는 지점 및 시기에 촬영하기 어렵다.

해설 원격탐측(Remote Sensing)

원격탐측이란 지상이나 항공기 및 인공위성 등의 탑재기(Platform)에 설치된 탐측기(Sensor)를 이용하여 지표, 지상, 지하, 대기권 및 우주공간의 대상들에서 반사 혹은 방사되는 전자기파를 탐지하고 이들 자료로부터 토지, 환경 및 자원에 대한 정보를 얻어 이를 해석하는 기법이다.

[특징]
㉠ 짧은 시간에 넓은 지역을 동시에 측정할 수 있으며 반복측정이 가능하다.
㉡ 다중파장대에 의한 지구표면 정보획득이 용이하며 측정자료가 기록되어 판독이 자동적이고 정량화가 가능하다.
㉢ 회전주기가 일정하므로 원하는 지점 및 시기에 관측하기가 어렵다.
㉣ 관측이 좁은 시야각으로 얻어진 영상은 정사투영에 가깝다.
㉤ 탐사된 자료가 즉시 이용될 수 있으므로 재해, 환경문제 해결에 편리하다.

Answer 09. ② 10. ② 11. ③

12. 경사면 위의 두 점(A, B)에서 A점은 표고는 180m, B점의 표고는 60m이고, AB의 수평거리는 200m이다. B로부터 표고 150m인 등고선까지의 수평거리는?

① 50m ② 100m
③ 150m ④ 200m

해설 200 : 120 = x : 90

$x = \frac{200 \times 90}{120} = 150\text{m}$

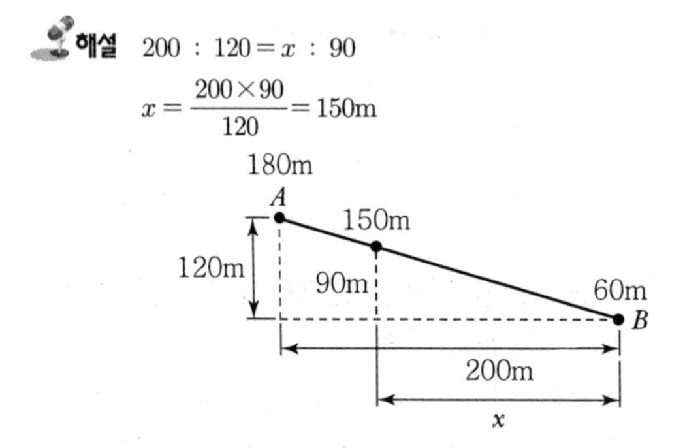

13. 터널측량에서 지표 중심선 측량방법과 직접적으로 관련이 없는 것은?

① 토털스테이션에 의한 직접측량법
② 트래버스 측량에 의한 측설법
③ 삼각측량에 의한 측설법
④ 레벨에 의한 측설법

해설 고저측량은 기준점의 평면좌표가 구해지면 다음에는 표고를 구해야 한다.

14. 평판을 이용하여 측량한 결과가 그림과 같이 n=13, D=75m, S=1.25m, I=1.30m, H_A=50.00m일 때 B점의 표고(H_B)는?

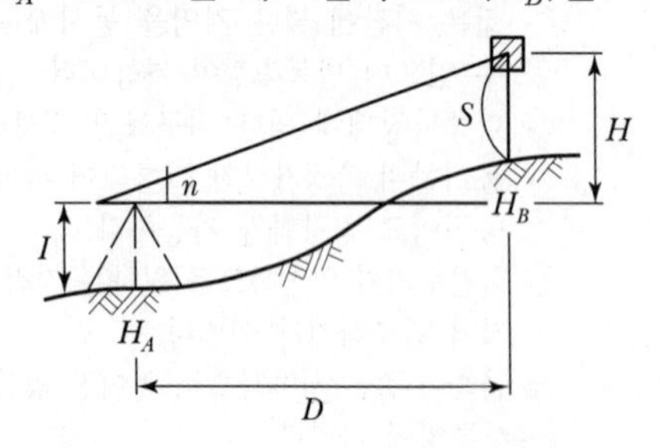

① 58.8m ② 59.8m
③ 60.8m ④ 61.8m

해설 $D : H = 100 : n$

$H = \frac{D \times n}{100}$

$H_B = H_A + I + \frac{75 \times 13}{100} - S$

$= 50 + 1.30 + \frac{75 \times 13}{100} - 1.25$

$= 59.8\text{m}$

15. DGPS(Differential GPS)를 이용한 측위에 대한 설명으로 옳지 않은 것은?

① 기본 GPS에 비해 정밀도가 떨어져 배나 비행기의 항법, 자동차 등에 응용되기 어려운 한계가 있다.
② 제2의 장치가 수신기 근처에 존재하여 지금 현재 수신받는 자료가 얼마만큼 빗나간 양이라는 것을 수신기에게 알려줌으로써 위치결정의 오차를 극소화시킬 수 있는데, 바로 이 방법이 DGPS라고 불리는 기술이다.
③ DGPS는 두 개의 GPS 수신기를 필요로 하는데, 하나의 수신기는 정지해 있고(Stationary) 다른 하나는 이동을 하면서(Roving) 위치측정을 시행한다.
④ 정지한 수신기가 DGPS 개념의 핵심이 되는 것으로 정지 수신기는 실제 위성을 이용한 측정값과 이미 정밀하게 결정된 실제 값과의 차이를 계산한다.

해설 상대측량(DGPS : Differential Global Position System)
DGPS 측량은 상대측량방식의 GPS 측량기법으로 좌표값을 알고 있는 기지점을 이용하여 미지점의 좌표결정 시 위치오차를 최대한 줄이는 측량형태이다. 기지점에 기준국용 GPS 수신기를 설치하며 위성을 관측하여 각 위성의 의사거리 보정값을 구한 뒤 이를 이용하여 이동국용 GPS 수신기의 위치결정오차를 개선하는 위치결정형태이다.

1. DGPS의 원리(구성)
   ㉠ 기지국 GPS(Reference Station)
   기지점에 설치된 GPS 수신기를 이용하

 Answer 12. ③ 13. ④ 14. ② 15. ①

여 위성으로부터 측정된 위치데이터와 기지점의 위치데이터와의 차이값을 계산하여 위치보정데이터를 생성하고 이를 이동국 GPS로 송신한다.

㉡ 이동국 GPS(Mobile Station)
미지점에 설치된 GPS 수신기를 이용하여 위성으로부터 측정된 위치데이터와 기지국으로부터 송신된 위치보정데이터를 조합함으로써 이동국의 위치를 정확히 측량한다.

2. DGPS의 특징
㉠ 기지국의 위치보정데이터를 이용하기 때문에 높은 정밀도의 측량이 가능하다.
㉡ 실시간 혹은 후처리 측량의 방법으로 위치해석이 가능하다.
㉢ 1인 측량이 가능하다.
㉣ 보정데이터 송수신을 위한 무선모뎀(Radio Modem) 등 양호한 통신환경의 확보가 매우 중요하다.

16. 항공사진의 특수 3점 중 기복변위의 중심점이 되는 것은?

① 연직점 ② 주점
③ 등각점 ④ 표정점

주점 (Principal Point)	주점은 사진의 중심점이라고도 한다. 주점은 렌즈중심으로부터 화면(사진면)에 내린 수선의 발을 말하며 렌즈의 광축과 화면이 교차하는 점이다.
연직점 (Nadir Point)	• 렌즈중심으로부터 지표면에 내린 수선의 발을 말하고 N을 지상연직점(피사체연직점), 그 선을 연장하여 화면(사진면)과 만나는 점을 화면연직점(n)이라 한다. • 주점에서 연직점까지의 거리(mn) $= f\tan i$
등각점 (Isocenter)	• 주점과 연직점이 이루는 각을 2등분한 점으로 또한 사진면과 지표면에서 교차되는 점을 말한다. • 주점에서 등각점까지의 거리(mn) $= f\tan\frac{i}{2}$

17. 반지름(R)=200m, 교각(I)=42°36′인 원곡선에서 현길이(弦長) 20m에 대한 편각(δ)은?

① 1°25′58″
② 2°51′53″
③ 5°43′55″
④ 5°44′21″

해설

$$\delta = 1718.87' \times \frac{l}{R}$$
$$= 1718.87' \times \frac{20}{200} = 2°\,51'53.22''$$

18. 지하시설물측량 방법 중 수도관의 누수를 찾기 위한 방법으로 비금속(PVC 등) 수도관을 탐사하는 데 유용한 것은?

① 음파탐사기법
② 전기탐사기법
③ 자장탐사기법
④ 지중레이더 탐사기법

해설

전자유도 측량방법	지표로부터 매설된 금속관로 및 케이블 관측과 탐침을 이용하여 공관로나 비금속관로를 관측할 수 있는 방법으로, 장비가 저렴하고 조작이 용이하며 운반이 간편하여 지하시설물 측량기법 중 가장 널리 이용되는 방법이다.
지중레이더 측량기법	지중레이더 측량기법은 전자파의 반사의 성질을 이용하여 지하시설물을 측량하는 방법이다.
음파 측량기법	전자유도 측량방법으로 측량이 불가능한 비금속 지하시설물에 이용하는 방법으로 물이 흐르는 관 내부에 음파 신호를 보내면 관 내부에 음파가 발생된다. 이때 수신기를 이용하여 발생된 음파를 측량하는 기법이다.

19. P점의 높이를 직접수준측량에 의하여 A, B, C, D의 수준점에서 관측한 결과 각 노선별 거리와 표고값이 다음과 같을 때, P점의 최확값은?

- A → P : 1km, 45.348m
- B → P : 2km, 45.370m
- C → P : 3km, 45.351m
- D → P : 4km, 45.362m

① 45.366m
② 45.376m
③ 45.355m
④ 45.375m

$P_1 : P_2 : P_3 : P_4 = \frac{1}{1} : \frac{1}{2} : \frac{1}{3} : \frac{1}{4}$

$= 12 : 6 : 4 : 3$

$$L_0 = \frac{P_1H_A + P_2H_B + P_3H_C + P_4H_D}{P_1 + P_2 + P_3 + P_4}$$

$$= 45 + \frac{12\times0.348 + 6\times0.370 + 4\times0.351 + 3\times0.362}{12+6+4+3}$$

$= 45 + 0.3554 = 45.355\text{m}$

20. 삼각형의 세 꼭짓점의 좌표가 A(3, 4), B(6, 7), C(7, 1)일 때에 삼각형의 면적은?(단, 좌표의 단위는 m이다.)

① 12.5m^2
② 11.5m^2
③ 10.5m^2
④ 9.5m^2

y	4	7	1	4
x	3	6	7	3

$2A = (4\times6 + 7\times7 + 1\times3) - (7\times3 + 1\times6 + 4\times7)$

$= 76 - 55 = 21$

$\therefore\ A = \frac{21}{2} = 10.5\text{m}^2$

 Answer 19. ③ 20. ③

응용측량(2015년 3회 지적산업기사)

01. 교점(IP)이 기점에서 1658.450m 떨어져 있고 곡선반지름(R)이 480m, 교각(I)이 20°25′40″일 때 곡선길이(CL)는?

① 163.439m ② 165.998m
③ 168.560m ④ 171.135m

해설 $CL = 0.01745RI$
$= 0.0174533 \times 480 \times 20°25'40''$
$= 171.135\text{m}$

02. 지성선상의 중요점에 대한 위치와 표고를 관측하고, 이 점들을 기준점으로 하여 등고선을 삽입하는 방법은?

① 방안법
② 종단점법
③ 직접관측법
④ 횡단측량결과 이용법

해설

방안법 (좌표점고법)	각 교점의 표고를 측정하고 그 결과로부터 등고선을 그리는 방법으로 지형이 복잡한 곳에 이용한다.
종단점법	지형상 중요한 지성선 위의 여러 개의 측선에 대하여 거리와 표고를 측정하여 등고선을 그리는 방법으로 비교적 소축척의 산지 등의 측량에 이용한다.
횡단점법	노선측량의 평면도에 등고선을 삽입할 경우에 이용되며 횡단측량의 결과를 이용하여 등고선을 그리는 방법이다.

03. 촬영코스의 종방향 길이가 50km, 횡방향 길이가 30km이고, 촬영 종기선의 길이가 1,840m, 촬영 횡기선의 길이가 3,220m일 때 총 모델 수는?(단, 사진측량의 안전율을 고려하지 않음)

① 243모델 ② 280모델
③ 290모델 ④ 560모델

해설 $\text{종모델 수} = \dfrac{\text{코스길이}}{\text{종기선길이}} = \dfrac{S_1}{B} = \dfrac{S_1}{ma\left(1-\dfrac{p}{100}\right)}$

$= \dfrac{50,000}{1,840} = 27.1 = 28\text{매}$

$\text{횡모델 수} = \dfrac{\text{코스횡길이}}{\text{횡기선길이}} = \dfrac{S_2}{C_0} = \dfrac{S_2}{ma\left(1-\dfrac{q}{100}\right)}$

$= \dfrac{30,000}{3,220} = 9.3 = 10\text{매}$

총 모델 수=종모델 수×횡모델 수=28×10
=280모델

04. 토적곡선(Mass Curve)을 작성하는 목적이 아닌 것은?

① 시공 방법 결정
② 토공기계의 선정
③ 노선의 교통량 산정
④ 토량의 운반거리 산출

해설 유토곡선 작성 목적
㉠ 시공 방법을 결정한다.
㉡ 평균운반거리를 산출한다.
㉢ 운반거리에 대한 토공기계를 선정한다.
㉣ 토량을 배분한다.
㉤ 작업배경을 결정한다.

05. 반지름 150m인 원곡선에서 현의 길이 20m에 대한 편각은?

① 1°54′41″ ② 3°49′11″
③ 5°44′02″ ④ 7°38′42″

Answer 01. ④ 02. ② 03. ② 04. ② 05. ②

해설 $\delta = 1,718.87' \times \frac{l}{R}$

$= 1,718.87' \times \frac{20}{150} = 3°49'10.96''$

06. 사진측량의 장점으로 틀린 것은?

① 사각지대의 피사체에 대한 식별이 매우 용이하다.
② 접근이 어려운 피사체도 관측할 수 있다.
③ 정량적 및 정성적 해석이 가능하다.
④ 4차원 측량이 가능하다.

해설 사진측량의 장단점

1. 장점
㉠ 정량적 및 정성적 측정이 가능하다.
㉡ 정확도가 균일하다.
㉢ 동체측정에 의한 현상보존이 가능하다.
㉣ 접근하기 어려운 대상물의 측정도 가능하다.
㉤ 축척변경도 가능하다.
㉥ 분업화로 작업을 능률적으로 할 수 있다.
㉦ 경제성이 높다.
㉧ 4차원의 측정이 가능하다.
㉨ 비지형 측량이 가능하다.

2. 단점
㉠ 좁은 지역에서는 비경제적이다.
㉡ 기자재가 고가이다.(시설 비용이 많이 든다.)
㉢ 피사체에 대한 식별의 난해가 있다.(지명, 행정경제 건물명, 음영에 의하여 분별하기 힘든 곳 등의 측정은 현장의 작업으로 보충측량이 요구된다.)
㉣ 기상조건의 영향을 받는다.
㉤ 태양고도 등의 영향을 받는다.

07. 지형측량의 요소가 아닌 것은?

① 지성선 ② 경사변환점
③ 경사변환선 ④ 토지의 경계점

해설 지성선(Topographical Line)
지표는 많은 凸선, 凹선, 경사변환선, 최대경사선으로 이루어졌다고 생각할 때 이 평면의 접합부, 즉 접선을 말하며 지세선이라고도 한다.
㉠ 능선(凸선), 분수선 : 지표면의 높은 곳을 연결한 선으로 빗물이 이것을 경계로 좌우로 흐르게 되므로 분수선 또는 능선이라 한다.
㉡ 계곡선(凹선), 합수선 : 지표면이 낮거나 움푹 패인 점을 연결한 선으로 합수선 또는 합곡선이라 한다.
㉢ 경사변환선 : 동일 방향의 경사면에서 경사의 크기가 다른 두 면의 접합선(등고선 수평간격이 뚜렷하게 달라지는 경계선)
㉣ 최대경사선 : 지표의 임의의 한 점에 있어서 그 경사가 최대로 되는 방향을 표시한 선으로 등고선에 직각으로 교차하며 물이 흐르는 방향이라는 의미에서 유하선이라고도 한다.

08. 등고선의 성질에 대한 설명으로 틀린 것은?

① 분수선과 평행하다.
② 절벽에서 서로 만난다.
③ 최대경사선과 직교한다.
④ 도면의 안 또는 밖에서 반드시 폐합한다.

해설 등고선의 성질
㉠ 동일 등고선상에 있는 모든 점은 같은 높이이다.
㉡ 등고선은 반드시 도면 안이나 밖에서 서로가 폐합한다.
㉢ 지도의 도면 내에서 폐합되면 가장 가운데 부분은 산꼭대기(산정) 또는 凹지(요지)가 된다.
㉣ 등고선은 도중에 없어지거나, 엇갈리거나 합쳐지거나 갈라지지 않는다.
㉤ 높이가 다른 두 등고선은 동굴이나 절벽의 지형이 아닌 곳에서는 교차하지 않는다.
㉥ 등고선은 경사가 급한 곳에서는 간격이 좁고 완만한 경사에서는 넓다.
㉦ 최대경사의 방향은 등고선과 직각으로 교차한다.
㉧ 분수선(능선)과 곡선(유하선)은 등고선과 직각으로 만난다.
㉨ 2쌍의 등고선의 볼록부가 상대할 때는 볼록부를 나타낸다.
㉩ 동등한 경사의 지표에서 양 등고선의 수평

 Answer 06. ① 07. ④ 08. ①

거리는 같다.
㉤ 같은 경사의 평면일 때는 나란한 직선이 된다.
㉥ 등고선이 능선을 직각방향으로 횡단한 다음 능선 다른 쪽을 따라 거슬러 올라간다.
㉦ 등고선의 수평거리는 산꼭대기 및 산 밑에서는 크고 산 중턱에서는 작다.

09. 사진측량에서 공선조건을 설명할 때 필요한 요소가 아닌 것은?

① 사진지표
② 투영중심
③ 필름상에 맺힌 점
④ 피사체상의 한 점

해설 공선조건(Collinearity Condition)
사진상의 한 점(x, y)과 사진기의 투영중심(촬영중심)(X_o, Y_o, Z_o) 및 대응하는 공간상(지상)의 한 점(X_p, Y_p, Z_p)이 동일 직선상에 있어야 하는 조건을 공선조건이라 한다.

10. GPS의 활용분야가 아닌 것은?

① 측지측량의 기준망 설치
② 시설물의 유지관리
③ 선박의 운항 체계
④ 지상의 온도 관측

해설 GPS의 활용
㉠ 측지측량 분야
㉡ 해상측량 분야
㉢ 교통분야
㉣ 지도제작분야(GPS-VAN)
㉤ 항공 분야
㉥ 우주 분야
㉦ 레저 스포츠 분야
㉧ 군사용
㉨ GSIS의 DB구축
㉩ 기타 : 구조물 변위 계측, GPS를 시각동기 장치로 이용 등

11. 그림과 같이 2개의 수준점 A, B를 기준으로 임의의 점 P의 표고를 측량한 결과 A점을 기준으로 42.375m와 B점을 기준으로 42.363m를 관측하였다. 이때 P점의 표고는?

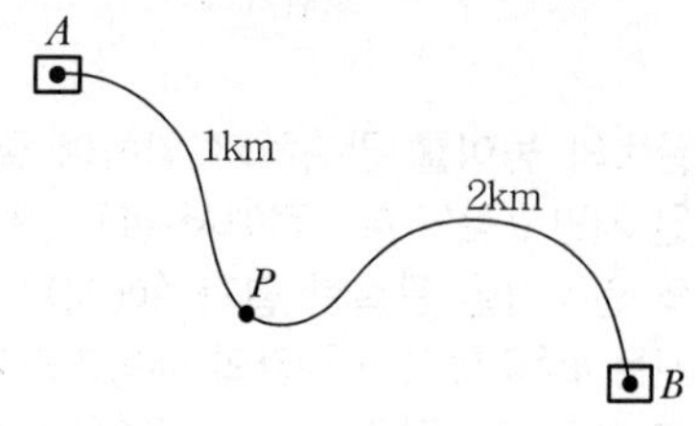

① 42.367m ② 42.369m
③ 42.371m ④ 42.373m

해설 경중률(P)은 거리에 반비례한다.

$$P_1 : P_2 : P_3 = \frac{1}{S_1} : \frac{1}{S_2} : \frac{1}{S_3} = \frac{1}{1} : \frac{1}{2} = 2 : 1$$

$$L_o = \frac{P_1H_1 + P_2H_2 + P_3H_3}{P_1 + P_2 + P_3} = \frac{2\times 42.375 + 1\times 42.363}{2+1} = 42.371\text{m}$$

12. 캔트 계산에 있어서 속도와 곡선 반지름을 각각 4배로 하면 캔트는 몇 배로 되는가?

① 2배 ② 3배
③ 4배 ④ 16배

해설 캔트

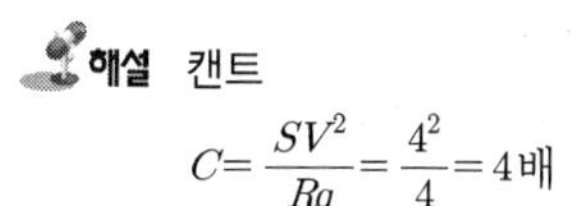

$$C = \frac{SV^2}{Rg} = \frac{4^2}{4} = 4\text{배}$$

13. 항공사진의 축척에 대한 설명으로 옳은 것은?

① 초점거리와 비행고도에 비례한다.
② 초점거리와 비행고도에 반비례한다.
③ 초점거리에 비례하고 비행고도에 반비례한다.
④ 초점거리에 반비례하고 비행고도에 비례한다.

해설 $M=\frac{1}{m}=\frac{f}{H}=\frac{l}{L}$

여기서, M : 축척분모수, H : 촬영고도
f : 초점거리

14. 굴뚝의 높이를 관측하기 위하여 굴뚝과 동일 지반고상의 A, B점에서 굴뚝 꼭대기까지의 연직각을 관측한 결과 A에서는 30°, B에서는 45°이었다. AB 간의 수평거리가 50m라고 하면, 이 굴뚝의 높이는?(단, A, B점의 기계고 : 1.5m로 동일)

① 42.4m　　② 52.4m
③ 68.3m　　④ 69.8m

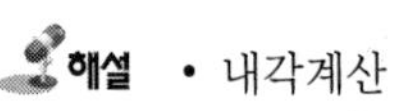

해설 • 내각계산
$180° - \{30° + (180° - 45°)\} = 15°$

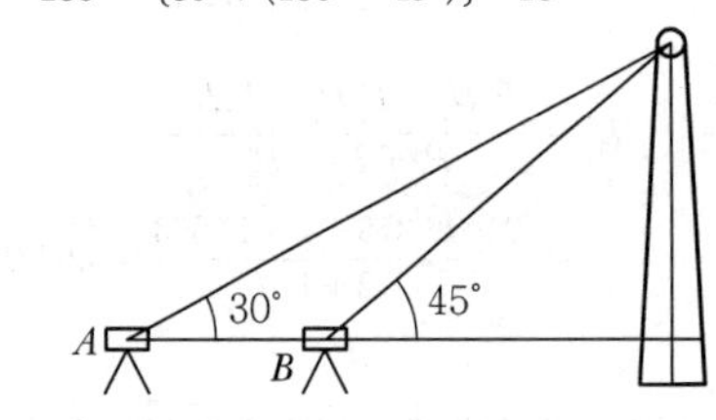

• $\frac{50}{\sin 15°}=\frac{b}{\sin 30°}$

$b=\frac{\sin 30°}{\sin 15°}\times 50 = 96.6\text{m}$

• $\frac{h}{\sin 45°}=\frac{96.6}{\sin 90°}$

$h=\frac{\sin 45°}{\sin 90°}\times 96.6 = 68.3\text{m}$

∴ 굴뚝의 높이
$68.3 + IH = 68.3 + 1.5 = 69.8\text{m}$

15. 터널측량에서 터널 입구 A와 출구 B를 트래버스측량하여 위거의 합 50.4m, 경거의 합 81.2m를 얻었다면 AB의 거리는?

① 95.6m　　② 90.6m
③ 85.6m　　④ 75.6m

해설 $AB=\sqrt{(X_B-X_A)^2+(Y_B-Y_A)^2}$
$=\sqrt{50.4^2+81.2^2}=95.6\text{m}$

16. 사진면에 직교하는 광선과 연직선이 이루는 각을 2등분하는 광선이 사진면과 만나는 점은?

① 등각점　　② 주점
③ 연직점　　④ 수평점

해설

주점 (Principal Point)	주점은 사진의 중심점이라고도 한다. 주점은 렌즈중심으로부터 화면(사진면)에 내린 수선의 발을 말하며 렌즈의 광축과 화면이 교차하는 점이다.
연직점 (Nadir Point)	• 렌즈중심으로부터 지표면에 내린 수선의 발을 말하고 N을 지상연직점(피사체연직점), 그 선을 연장하여 화면(사진면)과 만나는 점을 화면연직점(n)이라 한다. • 주점에서 연직점까지의 거리(mn) $=f\tan i$
등각점 (Isocenter)	• 주점과 연직점이 이루는 각을 2등분한 점으로 또한 사진면과 지표면에서 교차되는 점을 말한다. • 주점에서 등각점까지의 거리(mn) $=f\tan\frac{i}{2}$

17. 키가 1.7m인 사람이 표고 200m의 산정에서 볼 수 있는 수평거리는?(단, 지구를 곡률반지름이 6370km인 구(球)로 가정)

① 약 4km　　② 약 10km
③ 약 25km　　④ 약 50km

해설 $h_1=+\frac{S^2}{2R}$에서

$S=\sqrt{2Rh}=\sqrt{2\times 6{,}370{,}000\times(200+1.7)}$
$=50{,}691.79\text{m} \fallingdotseq 50\text{km}$

18. 교각(I)과 반지름(R)을 알고 있는 원곡선의 외할(E)을 구하는 공식은?

① $E=R\times\tan\frac{I}{2}$

② $E=R(\sec\frac{I}{2}-1)$

 Answer 14. ④ 15. ① 16. ① 17. ④ 18. ②

③ $E=R(1-\cos\frac{I}{2})$

④ $E=2R\times\sin\frac{I}{2}$

해설 외할$(E)=R\left(\sec\frac{I}{2}-1\right)$

19. GPS 위성의 신호 구성요소가 아닌 것은?

① P 코드 ② C/A 코드
③ RINEX ④ 항법메시지

해설 GPS 신호

신호	구분	내용
반송파 (Carrier)	L1	• 주파수 1,575.42MHz(154×10.23MHz), 파장 19cm • C/A code와 P code 변조 가능
	L2	• 주파수 1,227.60MHz(120×10.23MHz), 파장 24cm • P code만 변조 가능
코드 (Code)	P code	• 반복주기 7일인 PRN code(Pseudo Random Noise code) • 주파수 10.23MHz, 파장 30m(29.3m)
	C/A code	• 반복주기 : 1ms(milli-second)로 1.023Mbps로 구성된 PPN code • 주파수 1.023MHz, 파장 300m(293m)
Navigation Message	GPS위성의 궤도, 시간, 기타 System Parameter들을 포함하는 Data bit	
	측위계산에 필요한 정보 • 위성탑재 원자시계 및 전리층보정을 위한 Parameter 값 • 위성궤도정보 • 타 위성의 항법메시지 등을 포함	
	위성궤도정보에는 평균근점각, 이심률, 궤도장반경, 승교점적경, 궤도경사각, 근지점인수 등 기본적인 양 및 보정항이 포함	

20. 항공사진측량으로 촬영된 사진에 대한 설명으로 옳은 것은?

① 수직사진은 경사각 10° 이내의 사진을 말한다.
② 항공사진측량은 수평사진을 주로 이용한다.
③ 초광각사진기의 화각(피사각)은 120°이다.
④ 항공사진 촬영 시 사진은 정사투영으로 취득된다.

해설 사용 카메라에 의한 분류

종류	렌즈의 화각	화면크기 (cm)	용도	비고
초광각 사진	120°	23×23	소축척 도화용	완전평지에 이용
광각 사진	90°	23×23	일반 도화, 사진 판독용	경제적 일반도화
보통각 사진	60°	18×18	산림 조사용	• 산악지대 도심지촬영 • 정면도제작
협각 사진	약 60° 이하		특수한 대축척 도화용	특수한 평면도 제작

응용측량(2016년 1회 지적기사)

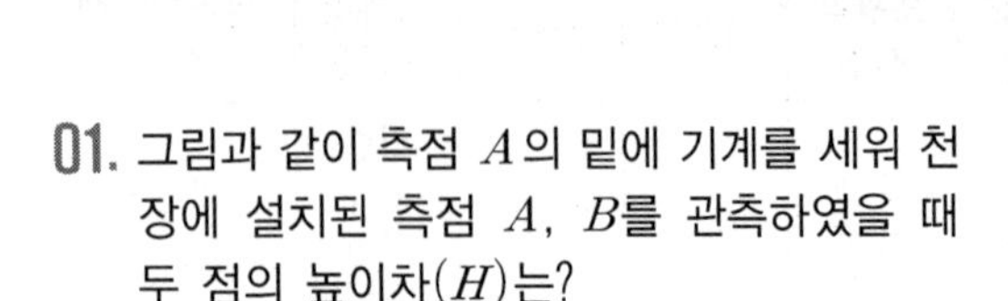

01. 그림과 같이 측점 A의 밑에 기계를 세워 천장에 설치된 측점 A, B를 관측하였을 때 두 점의 높이차(H)는?

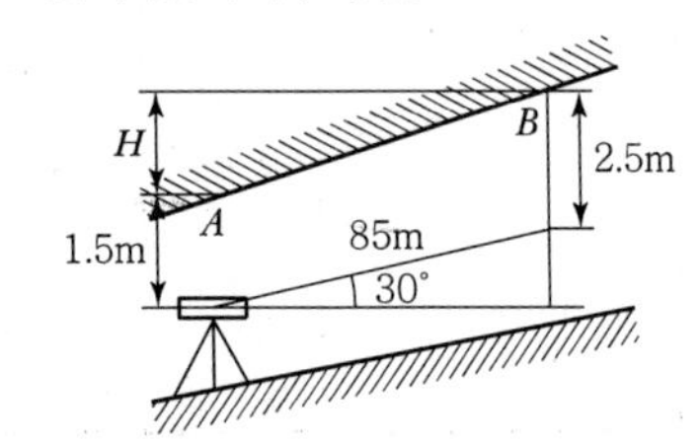

① 42.5m ② 43.5m
③ 45.5m ④ 46.5m

해설 $H = 2.5 + 85 \times \sin 30° - 1.5 = 43.5\text{m}$

02. 다음 중 사진을 재촬영해야 할 경우가 아닌 것은?

① 구름이 사진 상에 나타날 때
② 인접 사진 간에 축척이 현저한 차이가 있을 때
③ 홍수로 인하여 지형을 구분할 수 없을 때
④ 종중복도가 70% 정도일 때

해설 1. 재촬영하여야 할 경우
㉠ 촬영 대상 구역의 일부분이라도 촬영범위 외에 있는 경우
㉡ 종중복도가 50% 이하인 경우
㉢ 횡중복도가 5% 이하인 경우
㉣ 스모그(Smog), 수증기 등으로 사진상이 선명하지 못한 경우
㉤ 구름 또는 구름의 그림자, 산의 그림자 등으로 지표면이 밝게 찍혀 있지 않은 부분이 상당히 많은 경우
㉥ 적설 등으로 지표면의 상태가 명료하지 않은 경우

2. 양호한 사진이 갖추어야 할 경우
㉠ 촬영사진기가 조정검사되어 있을 것
㉡ 사진기 렌즈는 왜곡이 작을 것
㉢ 노출시간이 짧을 것
㉣ 필름은 신축, 변질의 위험성이 없을 것
㉤ 도화하는 부분이 공백부가 없고 사진의 입체부분으로 찍혀 있을 것
㉥ 구름이나 구름의 그림자가 찍혀 있지 않을 것
㉦ 적설, 홍수 등의 이상상태일 때의 사진이 아닐 것
㉧ 촬영고도가 거의 일정할 것
㉨ 중복도가 지정된 값에 가깝고 촬영경로 사이에 공백부가 없을 것
㉩ 헐레이션이 없을 것

03. 지형도의 난외주기 사항에 「NJ 52-13-17-3 대천」과 같이 표시되어 있을 때, NJ 52가 의미하는 것은?

① TM 도엽번호
② UTM 도엽번호
③ 경위도 좌표계 구역번호
④ 가우스 크뤼거 도엽번호

해설 ㉠ N : 북반구에 위치함을 표시한 기호
㉡ J : 적도로부터 매 4°씩의 위도대에 붙인 알파벳 순의 기호
㉢ 52 : 경도 180°의 경선으로부터 동으로 매 6°씩의 경도대에 붙인 번호
㉣ 13 : 위도 4° 경도 6°씩으로 구획한 경위도대에 포함되는 각 축척의 지형도 도엽으로 좌상단에서부터 차례로 붙인 일련번호

04. 사진 판독에 있어 삼림지역에서 표층토양의 함수율에 의하여 사진의 색조가 변화하는 현상은?

 Answer 01. ② 02. ④ 03. ② 04. ①

① 소일 마크(Soil Mark)
② 왜곡 마크(Distortion Mark)
③ 쉐이드 마크(Shade Mark)
④ 플로팅 마크(Floating Mark)

해설 ㉠ 섀도우 마크(Shadow Mark) : 유적이 매몰되어 있는 장소에 극히 적은 기복이라도 남아 있다면 태양각도가 낮은 조석에 촬영하면 낮에는 거의 눈에 보이지 않는 그림자가 지면에 길게 나타나 유적 전체의 윤곽을 파악할 수가 있다. 이것을 섀도우 마크라 한다.
㉡ 소일 마크(Soil Mark) : 지표면의 형태와는 하등 관계없는 경우라도 유적의 형태 주위는 사진 색조의 농도가 변화되어 나타날 때가 있다. 이것은 유적이 흙에 묻혀 있을 때 그 유적을 덮고 있는 흙의 두께가 각각 다르기 때문에 건조(乾燥)에 의해 토양에 함유되어 있는 수분의 비율이 달라 사진상에는 각각의 색조로 나타난다. 이와 같은 현상을 소일 마크라 한다.
㉢ 플랜트 마크(Plant Mark) : 또 이 위에 식물이 있을 때는 토양에 함유되어 있는 수분의 양에 의해 식물의 생장상태가 다르게 된다. 수호(水濠)나 구(搆)가 있었던 곳에서는 식물의 생장이 눈에 띄게 좋으며, 돌이나 점토 등으로 덮인 데서는 그 성장이 나쁘다. 이것을 공중사진으로 관찰하면 이 성장의 차가 섀도우 마크로 나타나는 경우도 있으나, 성장의 차 때문에 색깔의 변화로 색조가 달라지는 경우도 있다. 이와 같은 현상을 플랜트 마크라 한다.

05. 수준 측량의 야장 기입법 중 중간점($I.P$)이 많을 때 가장 편리한 것은?

① 기고식 ② 고차식
③ 승강식 ④ 방사식

해설 야장기입방법

구분	내용
고차식	가장 간단한 방법으로 B.S와 F.S만 있으면 된다.
기고식	가장 많이 사용하며, 중간점이 많을 경우 편리하나 완전한 검산을 할 수 없는 것이 결점이다.
승강식	완전한 검사로 정밀 측량에 적당하나 중간점이 많으면 계산이 복잡하고, 시간과 비용이 많이 소요된다.

06. 축척 1 : 25,000 지형도에서 등고선의 간격 10m를 묘사할 수 있는 도상 간격이 0.13mm이라 할 경우 등고선으로 표현할 수 있는 최대 경사각으로 옳은 것은?

① 약 45°
② 약 60°
③ 약 72°
④ 약 90°

해설 실제거리 $= 25,000 \times 0.00013 = 3.25\text{m}$

경사각 $= \tan^{-1}\dfrac{10}{3.25} = 71°59'45'' \fallingdotseq 72°$

07. 다음 중 지형의 표시방법이 아닌 것은?

① 점고법
② 우모법
③ 평행선법
④ 등고선법

해설

구분	방법	내용
자연적 도법	영선법(우모법) (Hatching)	"게바"라 하는 단선상(短線上)의 선으로 지표의 기본을 나타내는 것으로 게바의 사이, 굵기, 방향 등에 의하여 지표를 표시하는 방법
	음영법(명암법) (Shading)	태양광선이 서북 쪽에서 45°로 비친다고 가정하여 지표의 기복을 도상에서 2~3색 이상으로 채색하여 지형을 표시하는 방법으로 지형의 입체감이 가장 잘 나타나는 방법
부호적 도법	점고법 (Spot Height System)	지표면상의 표고 또는 수심을 숫자에 의하여 지표를 나타내는 방법으로 하천, 항만, 해양 등에 주로 이용
	등고선법 (Contour System)	동일 표고의 점을 연결한 것으로 등고선에 의하여 지표를 표시하는 방법으로 토목공사용으로 가장 널리 사용
	채색법 (Layer System)	같은 등고선의 지대를 같은 색으로 채색하여 높을수록 진하게 낮을수록 연하게 칠하여 높이의 변화를 나타내며 지리관계의 지도에 주로 사용

Answer 05. ① 06. ③ 07. ③

08. 원격탐사(Remote Sensing)의 센서에 대한 설명으로 옳지 않은 것은?

① 전자파 수집장치로 능동적 센서와 수동적 센서로 구분된다.
② 능동적 센서는 대상물에서 반사 또는 방사되는 전자파를 수집하는 센서를 의미한다.
③ 수동적 센서는 선주사방식과 카메라방식이 있다.
④ 능동적 센서는 Radar방식과 Laser방식이 있다.

해설 수동적 센서는 대상물에서 반사 또는 방사되는 전자파를 수집하는 센서를 의미한다.
전자기파를 담는 기기로 전자기파를 받아들이기만 하는 수동적 센서(Camera, MSS, TM, HRV)와 대상물에 전자파를 쏘아 그 대상물에서 반사되어 오는 전자파를 수집하는 방식, 즉 전자기파를 보내서 다시 받는 능동적 센서(Radar, Laser)가 있다.

09. 노선측량의 종단면도, 횡단면도에 대한 설명으로 옳지 않은 것은?

① 일반적으로 횡단면도의 가로・세로 축척은 같게 한다.
② 일반적으로 종단면도에서 세로 축척은 가로 축척보다 작게 한다.
③ 종단면도에서 계획선을 정할 때 일반적으로 성토, 절토가 동일하도록 하는 것이 좋다.
④ 종단면도에서 계획기울기는 제한기울기 이내로 한다.

해설 1. 종단측량
종단측량은 중심선에 설치된 관측점 및 변화점에 박은 중심말뚝, 추가말뚝 및 보조말뚝을 기준으로 하여 중심선의 지반고를 측량하고 연직으로 토지를 절단하여 종단면도를 만드는 측량이다.
㉠ 종단면도 작성 : 외업이 끝나면 종단면도를 작성한다. 수직축척은 일반적으로 수평축척보다 크게 잡으며 고저차를 명확히 알아볼 수 있도록 한다.
㉡ 종단면도 기재사항
- 관측점 위치
- 관측점 간의 수평거리
- 각 관측점의 기점에서의 누가거리
- 각 관측점의 지반고 및 고저기준점(BM)의 높이
- 관측점에서의 계획고
- 지반고와 계획고의 차(성토, 절토별)
- 계획선의 경사

2. 횡단측량
횡단측량에서는 중심말뚝이 설치되어 있는 지점에서 중심선의 접선에 대하여 직각방향(법선방향)으로 지표면을 절단한 면을 얻어야 하는데 이때 중심말뚝을 기준으로 하여 좌우의 지반고가 변화하고 있는 점의 고저 및 중심말뚝에서의 거리를 관측하는 측량이 횡단측량이다.

10. 원격탐사자료가 이용되는 분야와 거리가 먼 것은?

① 토지분류 조사
② 토지소유자 조사
③ 토지이용현황 조사
④ 도로교통량의 변화 조사

해설 원격탐사자료가 이용되는 분야
㉠ 토지피복 분류 조사
㉡ 토지피복 변화의 검출
㉢ 토지이용현황 조사
㉣ 도로교통량의 변화 조사
㉤ 지질판독
㉥ 대기성분 관측
㉦ 수질감시 등

11. 곡선의 반지름이 250m, 교각 80°20′의 원곡선을 설치하려고 한다. 시단현에 대한 편각이 2°10′이라면 시단현의 길이는?

① 16.29m ② 17.29m
③ 17.45m ④ 18.91m

 Answer 08. ② 09. ② 10. ② 11. ④

해설 $l_1 = \dfrac{R}{1718.87'} \times \delta_1$

$= \dfrac{250}{1718.87'} \times 2°10' = 18.91\text{m}$

12. 완화곡선에 대한 설명 중 잘못된 것은?

① 완화곡선의 반지름은 시점에서 원의 반지름부터 시작하여 점차 증가하여 무한대가 된다.

② 우리나라에서는 주로 도로에서는 완화곡선에 클로소이드 곡선을, 철도에서는 3차 포물선을 사용한다.

③ 완화곡선의 접선은 시점에서 직선에 접하고 종점에서 원호에 접한다.

④ 완화곡선에 연한 곡선 반지름의 감소율은 캔트의 증가율과 같다.

해설 완화곡선의 특징

㉠ 곡선반경은 완화곡선의 시점에서 무한대, 종점에서 원곡선 R로 된다.

㉡ 완화곡선의 접선은 시점에서 직선에, 종점에서 원호에 접한다.

㉢ 완화곡선에 연한 곡선반경의 감소율은 캔트는 같다.

㉣ 완화곡선의 종점의 캔트와 원곡선 시점의 캔트는 같다.

㉤ 완화곡선은 이정량(Shift)의 중앙을 통과한다.

13. 도로의 중심선을 따라 20m 간격의 종단측량을 하여 다음과 같은 결과를 얻었다. 측점 1과 측점 5의 지반고를 연결하여 도로계획선을 설정한다면 이 계획선의 경사는?

측점	지반고(m)	측점	지반고(m)
No.1	53.63	No.4	70.65
No.2	52.32	No.5	50.83
No.3	60.67		

① +3.5%　　② +2.8%

③ −2.8%　　④ −3.5%

해설 $i = \dfrac{h}{D} \times 100 = \dfrac{2.8}{80} \times 100 = -3.5\%$(하향)

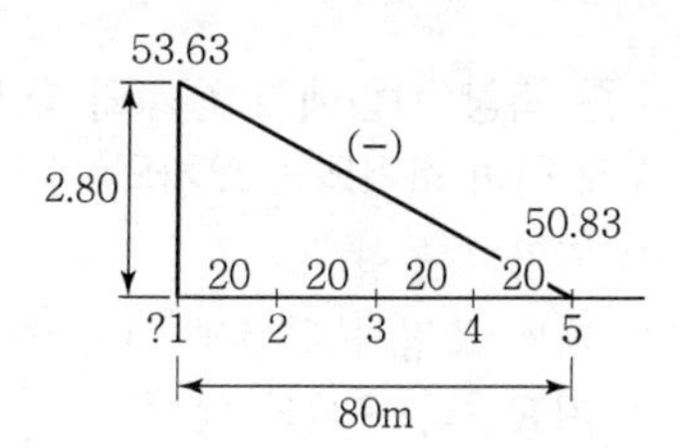

14. 지하시설물 관측방법에서 원래 누수를 찾기 위한 기술로 수도관로 중 PVC 또는 플라스틱 관을 찾는 데 이용되는 관측방법은?

① 전기관측법　　② 자장관측법

③ 음파관측법　　④ 자기관측법

전자유도 측량기법	지표로부터 매설된 금속관로 및 케이블 관측과 탐침을 이용하여 공관로나 비금속관로를 관측할 수 있는 방법으로, 장비가 저렴하고 조작이 용이하며 운반이 간편하여 지하시설물 측량기법 중 가장 널리 이용되는 방법이다.
지중레이더 측량기법	지중레이더 측량기법은 전자파의 반사의 성질을 이용하여 지하시설물을 측량하는 방법이다.
음파 측량기법	전자유도 측량방법으로 측량이 불가능한 비금속지하시설물에 이용한다. 물이 흐르는 관 내부에 음파 신호를 보내면 관 내부에 음파가 발생된다. 이때 수신기를 이용하여 발생된 음파를 측량하는 기법이다.

15. 키가 1.6m인 사람이 해안선에서 해상을 바라볼 수 있는 거리는?(단, 지구의 곡률 반지름은 6,370km이다.)

① 1,600m　　② 2,257m

③ 3,200m　　④ 4,515m

구차$(h) = \dfrac{S^2}{2R}$에서

$S = \sqrt{2Rh}$

Answer 12. ① 13. ④ 14. ③ 15. ④

$= \sqrt{2 \times 6370,000 \times 1.6}$
$= 4,514.9 = 4,515\text{m}$

16. 수준 측량 작업에서 전시와 후시의 거리를 같게 하여 소거되는 오차와 거리가 먼 것은?

① 기차의 영향
② 레벨 조정 불완전에 의한 기계오차
③ 지표면의 구차의 영향
④ 표척의 영점 오차

해설 전시와 후시의 거리를 같게 함으로써 제거되는 오차
㉠ 레벨의 조정이 불완전(시준선이 기포관축과 평행하지 않을 때)할 때(시준축오차 : 오차가 가장 크다.)
㉡ 지구의 곡률오차(구차)와 빛의 굴절오차(기차)를 제거한다.
㉢ 초점나사를 움직이는 오차가 없으므로 그로 인해 생기는 오차를 제거한다.

17. 카메라의 초점거리 153mm, 촬영경사 7°로 평지를 촬영한 사진이 있다. 이 사진의 등각점은 주점으로부터 최대경사선상의 몇 mm인 곳에 위치하는가?

① 9.36mm ② 10.63mm
③ 12.36mm ④ 13.63mm

해설

$$mj = f\tan\frac{I}{2}$$
$$= 0.153 \times \tan\frac{7°}{2}$$
$$= 0.00935\text{m} = 9.36\text{mm}$$

18. 실체사진 위에서 이동한 물체를 실체시하면, 그 운동 때문에 그 물체가 겉보기상의 시차가 발생하고, 그 운동이 기선방향이면 물체가 뜨거나 가라앉아 보이는 효과는?

① 카메론 효과(Cameron Effect)
② 가르시아 효과(Garcia Effect)
③ 고립효과(Isolated Effect)
④ 상위 효과(Discrepancy Effect)

해설 카메론 효과(Cameron Effect)
실체사진 위에서 이동한 물체를 실체시하면 그 운동 때문에 그 물체가 겉보기상의 시차가 발생하고 그 운동이 기선방향이면 물체가 뜨거나 가라앉아 보이는 현상

19. GPS에서 단일차 분해(Single Difference So-lution)를 얻을 수 있는 경우는?

① 두 개의 수신기가 시간 간격을 두고 각각의 위성을 관측하는 경우
② 두 개의 수신기가 동일한 순간 동안 각각의 위성을 관측하는 경우
③ 두 개의 수신기가 동일한 순간 동안 동일한 위성을 관측하는 경우
④ 한 개의 수신기가 한순간에 한 개의 위성만 관측하는 경우

해설 간섭측위에 의한 위상차 측정

일중 위상차 (Single Phace Difference)	• 한 개의 위성과 두 대의 수신기를 이용한 위성과 수신기간의 거리측정차(행로차) • 동일 위성에 대한 측정치이므로 위성의 궤도오차와 원자시계에 의한 오차가 소거된 상태 • 그러나 수신기의 시계오차는 포함되어 있는 상태
이중 이상차 (Double Phace Difference)	• 두 개의 위성과 두 대의 수신기를 이용하여 각각의 위성에 대한 수신기간 1중차끼리의 차이 값 • 두 개의 위성에 대하여 두 대의 수신기로 관측함으로써 같은 양으로 존재하는 수신기의 시계오차를 소거한 상태 • 일반적으로 최소 4개의 위성을 관측하여 3회의 이중차를 측정하여 기선해석을 하는 것이 통례
삼중 위상차 (Triple Phace Difference)	• 한 개의 위성에 대하여 어떤 시각의 위상적산치(측정치)와 다음 시각의 적산치와의 차이 값을 적분위상차라고도 한다. • 반송파의 모호정수(불명확상수)를 소거하기 위하여 일정시간 간격으로 이중차의 차이값을 측정하는 것을 말한다. • 즉, 일정시간 동안의 위성거리 변화를 뜻하며 파장의 정수배의 불명확을 해결하는 방법으로 이용된다.

 Answer 16. ④ 17. ① 18. ① 19. ③

20. 지표에서 거리 $1,000\text{m}$ 떨어진 A, B 두 개의 수직터널에 의하여 터널 내외의 연결측량을 하는 경우 수직터널의 깊이가 $1,500\text{m}$라 할 때, 두 수직터널 간 거리의 지표와 지하에서의 차이는?(단, 지구반지름 $R=6,370\text{km}$)

① 15cm ② 24cm
③ 48cm ④ 52cm

해설

$$C_h = -\frac{L}{R}H$$
$$= \frac{1,000}{6,370,000} \times 1,500$$
$$= 0.235\text{m} = 23.5\text{cm}$$

Answer 20. ②

응용측량(2016년 2회 지적산업기사)

01. 초점거리 150mm, 경사각이 30°일 때 주점으로부터 등각점까지의 길이는?

① 20mm ② 40mm
③ 60mm ④ 80mm

해설 $\overline{mj} = f\tan\frac{I}{2}$

$= 0.15 \times \tan\frac{30°}{2}$

$= 0.040\text{m} = 40\text{mm}$

02. 등고선의 성질에 대한 설명으로 틀린 것은?

① 높이가 다른 등고선은 서로 교차하거나 합쳐지지 않는다.
② 동일한 등고선상의 모든 점의 높이는 같다.
③ 등고선은 반드시 폐합하는 폐곡선이다.
④ 등고선과 분수선은 직각으로 교차한다.

해설 등고선의 성질

㉠ 동일 등고선상에 있는 모든 점은 같은 높이이다.
㉡ 등고선은 반드시 도면 안이나 밖에서 서로 폐합한다.
㉢ 지도의 도면 내에서 폐합되면 가장 가운데 부분을 산꼭대기(산정) 또는 凹지(요지)가 된다.
㉣ 등고선은 도중에 없어지거나, 엇갈리거나 합쳐지거나 갈라지지 않는다.
㉤ 높이가 다른 두 등고선은 동굴이나 절벽의 지형이 아닌 곳에서는 교차하지 않는다.
㉥ 등고선은 경사가 급한 곳에서는 간격이 좁고 완만한 경사에서는 넓다.
㉦ 최대경사의 방향은 등고선과 직각으로 교차한다.
㉧ 분수선(능선)과 곡선(유하선)은 등고선과 직각으로 만난다.
㉨ 2쌍의 등고선의 볼록부가 상대할 때는 볼록부를 나타낸다.
㉩ 동등한 경사의 지표에서 양 등고선의 수평거리는 같다.
㉪ 같은 경사의 평면일 때는 나란한 직선이 된다.
㉫ 등고선이 능선을 직각방향으로 횡단한 다음 능선 다른 쪽을 따라 거슬러 올라간다.
㉬ 등고선의 수평거리는 산 꼭대기 및 산 밑에서는 크고 산 중턱에서는 작다.

03. 수준측량의 용어에 대한 설명으로 옳지 않은 것은?

① 전시 : 표고를 알고자 하는 곳에 세운 표척의 읽음값
② 중간점 : 그 점의 표고만을 구하고자 표척을 세워 전시만 취하는 점
③ 후시 : 측량해 나가는 방향을 기준으로 기계의 후방을 시준한 값
④ 기계고 : 기준면에서 시준선까지의 높이

해설

용어	설명
수준점 (BM : Bench Mark)	수준원점을 기점으로 하여 전국 주요 지점에 수준표석을 설치한 점 • 1등 수준점 : 4km마다 설치 • 2등 수준점 : 2km마다 설치
표고 (Elevation)	국가 수준기준면으로부터 그 점까지의 연직거리
전시 (Fore Sight)	표고를 알고자 하는 점(미지점)에 세운 표척의 읽음값
후시 (Back Sight)	표고를 알고 있는 점(기지점)에 세운 표척의 읽음값
기계고 (Instrument Height)	기준면에서 망원경 시준선까지의 높이

Answer 01. ② 02. ① 03. ③

이기점 (Turning Point)	기계를 옮길 때 한 점에서 전시와 후시를 함께 취하는 점
중간점 (Intermediate Point)	표척을 세운 점의 표고만을 구하고자 전시만 취하는 점

04. 다음 중 완화곡선에 사용되지 않는 것은?

① 클로소이드 곡선 ② 렘니스케이트 곡선
③ 2차 포물선 ④ 3차 포물선

해설

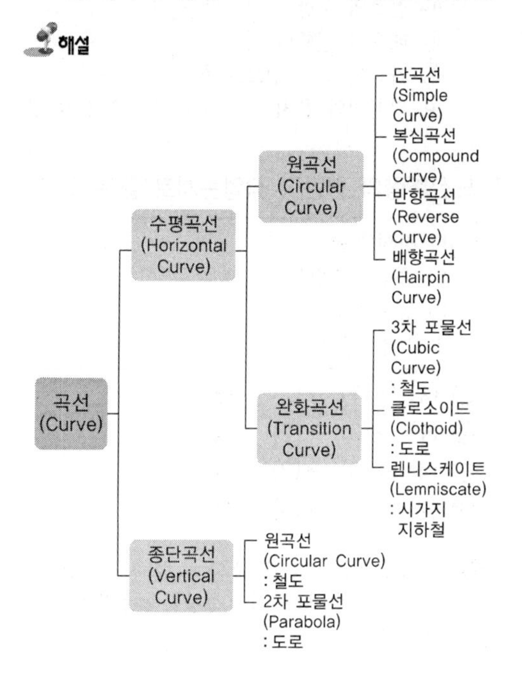

05. 중간점이 많은 종단수준측량에 적합한 야장기입방법은?

① 고차식 ② 기고식
③ 승강식 ④ 종란식

해설 야장기입방법

고차식	가장 간단한 방법으로 B.S와 F.S만 있으면 된다.
기고식	가장 많이 사용하며, 중간점이 많을 경우 편리하나 완전한 검산을 할 수 없는 것이 결점이다.
승강식	완전한 검사로 정밀 측량에 적당하나 중간점이 많으면 계산이 복잡하고, 시간과 비용이 많이 소요된다.

06. 위성측량으로 지적삼각점을 설치하고자 할 때 가장 적합한 측량방법은?

① 실시간 이동상대측량(Real Time Kinematic Survey)
② 이동상대측량(Kinematic Survey)
③ 정지상대측량(Static Survey)
④ 방향관측법

해설 정지측량

GPS 측량기를 사용하여 기초측량 또는 세부측량을 하고자 하는 때에는 정지측량(Static) 방법에 의한다. 정지측량방법은 2개 이상의 수신기를 각 측점에 고정하고 양 측점에서 동시에 4개 이상의 위성으로부터 신호를 30분 이상 수신하는 방식이다.

07. 직접수준측량 시 주의사항에 대한 설명으로 틀린 것은?

① 작업 전에 기기 및 표척을 점검 및 조정한다.
② 전후의 표척거리는 등거리로 하는 것이 좋다.
③ 표척을 세우고 나서는 표척을 움직여서는 안 된다.
④ 기포관의 기포는 똑바로 중앙에 오도록 한 후 관측을 한다.

해설 직접수준측량의 주의사항

1. 수준측량은 반드시 왕복측량을 원칙으로 하며, 노선은 다르게 한다.
2. 정확도를 높이기 위하여 전시와 후시의 거리는 같게 한다.
3. 이기점(TP)은 1mm까지, 그 밖의 점에서는 5mm 또는 1cm 단위까지 읽는 것이 보통이다.
4. 직접수준측량의 시준거리
   ㉠ 적당한 시준거리 : 40~60m(60m가 표준)
   ㉡ 최단거리는 3m이며, 최장거리 100~180m 정도이다.
5. 눈금오차(영점오차) 발생 시 소거방법
   ㉠ 기계를 세운 표척이 짝수가 되도록 한다.
   ㉡ 이기점(TP)이 홀수가 되도록 한다.
   ㉢ 출발점에 세운 표척을 도착점에 세운다.

Answer 04. ③ 05. ② 06. ③ 07. ③

08. 항공사진측량용 사진기 중 피사각이 90° 정도로 일반도화 및 판독용으로 많이 사용하는 것은?

① 보통각사진기　② 광각사진기
③ 초광각사진기　④ 협각사진기

해설 사용 카메라에 의한 분류

종류	렌즈의 화각	화면 크기(cm)	용도	비고
초광각 사진	120°	23×23	소축척 도화용	완전 평지에 이용
광각 사진	90°	23×23	일반 도화, 사진판 독용	경제적 일반도화
보통각 사진	60°	18×18	산림조 사용	•산악지대 도심지 촬영 •정면도 제작
협각 사진	약 60° 이하		특수한 대축척 도화용	특수한 평면도 제작

09. 그림과 같은 ΔABC에서 $\overline{AD}$로 ΔABD : ΔABC=1 : 3으로 분할하려고 할 때, $\overline{BD}$의 거리는?(단, $\overline{BC}$= 42.6m)

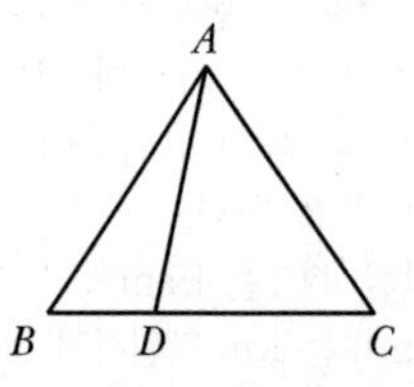

① 2.66m　② 4.73m
③ 10.65m　④ 14.20m

해설

$\Delta ABC : \Delta ABD = (m+n) : m$으로 분할

$$\frac{\Delta ABD}{\Delta ABC} = \frac{m}{m+n} = \frac{BD}{BC}$$

$$\therefore BD = \frac{m}{m+n} \cdot BC = \frac{1}{1+2} \times 42.6 = 14.20\text{m}$$

10. 노선의 결정 시 고려하여야 할 사항으로 옳지 않은 것은?

① 가능한 한 경사가 완만할 것
② 절토의 운반거리가 짧을 것
③ 배수가 완전할 것
④ 가능한 한 곡선으로 할 것

해설 노선 결정 시 고려사항
㉠ 가능한 한 경사가 완만할 것
㉡ 절토의 운반거리가 짧을 것
㉢ 배수가 원활할 것
㉣ 가능한 한 직선으로 할 것
㉤ 건설비와 유지비가 적게 드는 노선일 것

11. 노선측량의 일반적 작업순서로 옳은 것은?

(1) 지형측량
(2) 중심선측량
(3) 공사측량
(4) 노선 선정

① (4) → (1) → (2) → (3)
② (1) → (3) → (2) → (4)
③ (4) → (3) → (2) → (1)
④ (2) → (1) → (3) → (4)

해설 노선 선정 → 계획 조사 측량(지형측량) → 실시설계측량(중심선측량) → 세부측량 → 용지측량 → 공사측량

12. 경사진 터널 내에서 2점 간의 표고차를 구하기 위하여 측량한 결과 아래와 같은 결과를 얻었다. AB의 고저차 크기는?(단, a = 1.20m, b = = 1.65m, α = −11°, S = 35m)

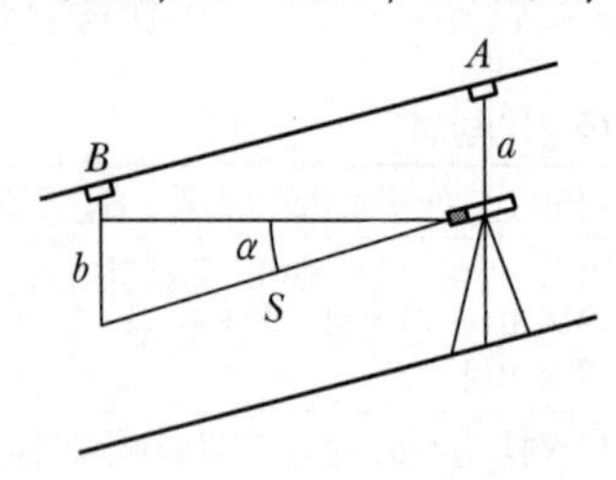

① 5.32m　② 6.23m
③ 7.32m　④ 8.23m

 Answer 08. ② 09. ④ 10. ④ 11. ① 12. ②

해설 $\Delta h = b + x - a$

$= 1.65 + (-6.68 - 1.20)$

$= 6.23\text{m}$

$x = -\sin 11° \times 35 = -6.68\text{m}$

13. 사진측량에서 표정 중, 촬영 당시의 광속의 기하 상태를 재현하는 작업으로 기준점 위치, 렌즈의 왜곡, 사진기의 초점거리와 사진의 주점을 결정하는 작업은?

① 내부표정 ② 상호표정
③ 절대표정 ④ 접합표정

해설

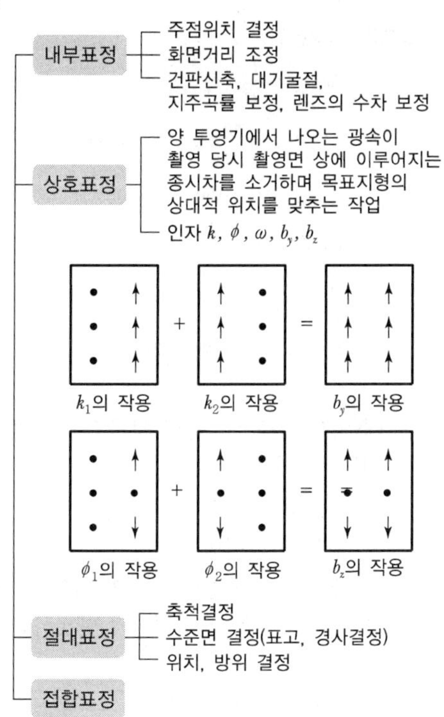

14. 다음 중 항공사진의 판독만으로 구별하기 가장 어려운 것은?

① 능선과 계곡
② 밀밭과 보리밭
③ 도로와 철도선로
④ 침엽수와 활엽수

해설

요소	분류	특징
주 요소	색조	피사체(대상물)가 갖는 빛의 반사에 의한 것으로 수목의 종류를 판독하는 것을 말한다.
	모양	피사체(대상물)의 배열상황에 의하여 판별하는 것으로 사진상에서 볼 수 있는 식생, 지형 또는 지표상의 색조 등을 말한다.
	질감	색조, 형상, 크기, 음영 등의 여러 요소의 조합으로 구성된 조밀, 거칠음, 세밀함 등으로 표현하며 초목 및 식물의 구분을 나타낸다.
	형상	개체나 목표물의 구성, 배치 및 일반적인 형태를 나타낸다.
	크기	어느 피사체(대상물)가 갖는 입체적, 평면적인 넓이와 길이를 나타낸다.
	음영	판독 시 빛의 방향과 촬영 시의 빛의 방향을 일치시키는 것이 입체감을 얻는 데 용이하다.
보조 요소	상호 위치 관계	어떤 사진상이 주위의 사진상과 어떠한 관계가 있는가 파악하는 것으로 주위의 사진상과 연관되어 성립되는 것이 일반적인 경우이다.
	과고감	과고감은 지표면의 기복을 과장하여 나타낸 것으로 낮고 평평한 지역에서의 지형판독에 도움이 되는 반면 경사면의 경사는 실제보다 급하게 보이므로 오판에 주의해야 한다.

15. 자침편차가 동편 3°20′인 터널 내에서 어느 측선의 방위 $S24°30' W$를 관측했을 경우 이 측선의 진북방위각은?

① 152°10′ ② 158°50′
③ 201°10′ ④ 207°50′

해설 $S24°30' W = 180° + 24°30' = 204°30'$

$a = 204°30' + 3°20' = 207°50'$

자침편차는 진북방향을 기준으로 한 자북방향의 편차를 나타내는 것으로 자북이 동편일 때는 + 값을, 서편일 때는 − 값을 가지며 우리나라에서는 일반적으로 $4 \sim 9° W$이다.

진북방위각(a) = 자북방위각(a_m) + 자침편차$(\pm \Delta)$

Answer 13. ① 14. ② 15. ④

16. 등고선도로서 알 수 없는 것은?

① 산의 체적
② 댐의 유수량
③ 연직선 편차
④ 지형의 경사

해설 등고선도 이용
㉠ 노선의 도상 선정
㉡ 성토 · 절토의 범위 결정
㉢ 집수면적의 측정
㉣ 댐의 유수량 측정
㉤ 지형의 경사 결정

17. 사진측량의 특수 3점이 아닌 것은?

① 주점 ② 연직점
③ 수평점 ④ 등각점

주점 (Principal Point)	주점은 사진의 중심점이라고도 한다. 주점은 렌즈 중심으로부터 화면(사진면)에 내린 수선의 발을 말하며 렌즈의 광축과 화면이 교차하는 점이다.
연직점 (Nadir Point)	• 렌즈 중심으로부터 지표면에 내린 수선의 발을 말하고 N을 지상연직점(피사체연직점), 그 선을 연장하여 화면(사진면)과 만나는 점을 화면연직점(n)이라 한다. • 주점에서 연직점까지의 거리(mn) = $f\tan i$
등각점 (Isocenter)	• 주점과 연직점이 이루는 각을 2등분한 점으로 또한 사진면과 지표면에서 교차되는 점을 말한다. • 주점에서 등각점까지의 거리(mn) = $f\tan\frac{i}{2}$

18. 노선연장 2km를 결합도선으로 측량할 때 폐합비를 1/100,000으로 제한하려면 폐합오차의 허용한계는 얼마로 해야 하는가?

① 0.2cm
② 0.5cm
③ 1.0cm
④ 2.0cm

해설 폐합비 $= \frac{1}{m} = \frac{E}{\Sigma L}$

$$= \frac{1}{100,000} = \frac{E}{2,000}$$

$$\therefore\ E = \frac{2,000}{100,000} = 0.02\text{m} = 2.0\text{cm}$$

19. 비고 50m의 구릉지에서 초점거리 210mm의 사진기로 촬영한 사진의 크기가 23×23cm이고, 축척이 1 : 25,000이었다. 이 사진의 비고에 의한 최대변위량은?

① 1.5mm ② 3.2mm
③ 4.8mm ④ 5.2mm

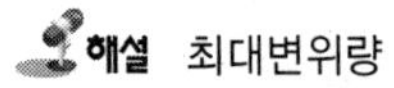

해설 최대변위량

$$\Delta r_{\max} = \frac{h}{H}\cdot r_{\max}$$

$$= \frac{50}{5,250}\times\frac{\sqrt{2}}{2}\times 0.23$$

$$= 0.0015\text{m} = 1.5\text{mm}$$

단, $r_{\max} = \frac{\sqrt{2}}{2}\cdot a$

$\frac{1}{m} = \frac{f}{H}$ 에서

$H = mf = 25,000\times 0.21 = 5,250\text{m}$

20. GNSS(위성측위) 관측 시 주의할 사항으로 거리가 먼 것은?

① 측정점 주위에 수신을 방해하는 장애물이 없도록 하여야 한다.
② 충분한 시간 동안 수신이 이루어져야 한다.
③ 안테나 높이, 수신시간과 마침시간 등을 기록한다.
④ 온도의 영향을 많이 받으므로 너무 춥거나 더우면 관측을 중단한다.

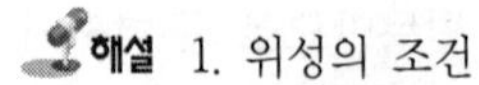

해설 1. 위성의 조건
㉠ 관측점으로부터 위성에 대한 고도각이 15° 이상에 위치할 것
㉡ 위성의 작동상태가 정상일 것
㉢ 관측점에서 동시에 수신 가능한 위성수는 정지측량에 의하는 경우에는 4개 이

 Answer 16. ③ 17. ③ 18. ④ 19. ① 20. ④

상, 이동측량에 의하는 경우에는 5개 이상일 것

2. 주의사항
   ㉠ 안테나 주위의 10미터 이내에는 자동차 등의 접근을 피할 것
   ㉡ 관측 중에는 무전기 등 전파발신기의 사용을 금한다. 다만, 부득이한 경우에는 안테나로부터 100미터 이상의 거리에서 사용할 것
   ㉢ 발전기를 사용하는 경우에는 안테나로부터 20미터 이상 떨어진 곳에서 사용할 것
   ㉣ 관측 중에는 수신기 표시장치 등을 통하여 관측상태를 수시로 확인하고 이상 발생 시에는 재관측을 실시할 것

응용측량(2016년 2회 지적기사)

01. GNSS 측량에서 DOP에 대한 설명으로 옳은 것은?

① 도플러 이동량
② 위성궤도의 결정 좌표
③ 특정한 순간의 위성배치에 대한 기하학적 강도
④ 위성시계와 수신기 시계의 조합으로부터 계산되는 시간오차의 표준편차

해설 정밀도 저하율(DOP : Dilution of Precision)
GPS 관측지역의 상공을 지나는 위성의 기하학적 배치상태에 따라 측위의 정확도가 달라지는데 이를 DOP(Dilution of Precision)라 한다(정밀도 저하율).

1. 종류
   ㉠ GDOP : 기하학적 정밀도 저하율
   ㉡ PDOP : 위치 정밀도 저하율
   ㉢ HDOP : 수평 정밀도 저하율
   ㉣ VDOP : 수직 정밀도 저하율
   ㉤ RDOP : 상대 정밀도 저하율
   ㉥ TDOP : 시간 정밀도 저하율
2. 특징
   ㉠ 3차원 위치의 정확도는 PDOP에 따라 달라지는데 PDOP는 4개의 관측위성들이 이루는 사면체의 체적이 최대일 때 가장 정확도가 좋으며 이때는 관측자의 머리 위에 다른 3개의 위성이 각각 120°를 이룰 때이다.
   ㉡ DOP는 값이 작을수록 정확한데 1이 가장 정확하고 5까지는 실용상 지장이 없다.

02. 수준측량에서 기포관의 눈금이 3눈금 움직였을 때 60m 전방에 세운 표척의 읽음 차가 2.5cm인 경우 기포관의 감도는?

① 26″ ② 29″
③ 32″ ④ 35″

해설

$$\theta'' = \frac{l}{nD}\rho'' = \frac{0.025}{3\times 60}\times 206265'' = 28.6''$$

03. 노선측량의 작업순서로 옳은 것은?

① 노선선정 – 계획조사측량 – 실시설계측량 – 세부측량 – 용지측량 – 공사측량
② 계획조사측량 – 노선선정 – 용지측량 – 실시설계측량 – 공사측량 – 세부측량
③ 노선선정 – 계획조사측량 – 용지측량 – 세부측량 – 실시설계측량 – 공사측량
④ 계획조사측량 – 용지측량 – 노선선정 – 실시설계측량 – 세부측량 – 공사측량

해설 노선측량의 작업순서

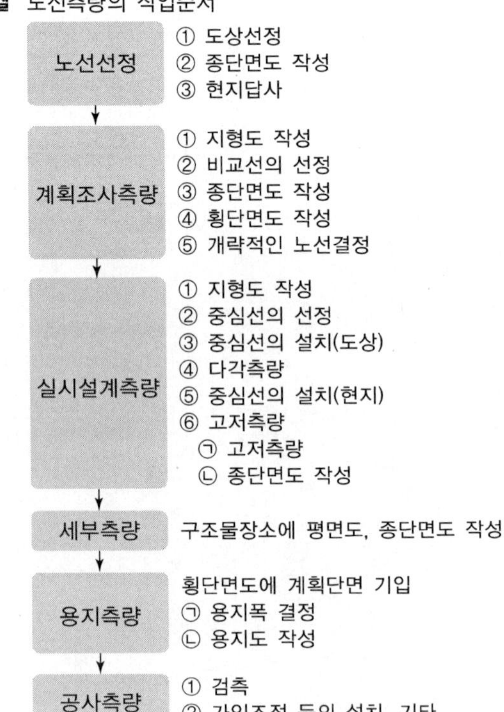

04. 노선측량의 단곡선 설치에서 교각 $I=90°$, 곡선반지름 $R=150\text{m}$일 때 곡선거리(CL)는?

① 212.6m ② 216.3m
③ 223.6m ④ 235.6m

해설 $CL=0.01745RI$
$=0.01745\times150\times90°$
$=235.6\text{m}$

05. 터널의 준공을 위한 변형조사측량에 해당되지 않는 것은?

① 중심측량 ② 고저측량
③ 삼각측량 ④ 단면측량

해설 터널 완성 후의 측량에는 준공검사의 측량과 터널이 변형을 일으킨 경우의 조사측량이 있는데 방법은 동일하다.
㉠ 중심선측량
㉡ 고저측량
㉢ 단면의 관측

06. 다음 중 항공삼각측량 방법이 아닌 것은?

① 다항식 조정법 ② 광속조정법
③ 독립모델조정법 ④ 보간조정법

해설 항공삼각측량의 조정방법
1. 다항식법(Polynomial Method)
㉠ Strip을 단위로 하여 Block을 조정하는 것으로 각 스트립의 절대표정을 다항식에 의한 최소제곱법으로 조정한다.
㉡ 표고와 수평위치조정으로 나누어 실시한다.
㉢ 타 방법에 비해 기준점수가 많이 소요되고 정확도가 낮은 단점과 계산량이 적은 장점이 있다.
2. 독립모델법(IMT : Independent Model Triangulation)
㉠ 각 Model을 기본단위로 하여 접합점과 기준점을 이용하여 여러 모델의 좌표를 조정하여 절대좌표로 환산하는 방법
㉡ X, Y, Z 동시 조정방법과 Z를 분리하여 조정하는 방법으로 대별된다.
3. 광속조정법(Bundle Adjustment)
㉠ 사진을 기본단위로 사용하여 다수의 광속을 공선조건에 따라 표정한다.
㉡ 상좌표를 사진좌표로 변환한 다음 직접 절대좌표로 환산한다.
㉢ 기준점 및 접합점을 이용하여 최소제곱법으로 절대좌표를 산정한다.
㉣ 각 점의 사진좌표가 관측값에 이용되며 가장 조정능력이 높은 방법이다.
4. DLT(Direct Linear Transformation) 방법
㉠ 광속법을 변형한 방법
㉡ 상좌표로부터 사진좌표를 거치지 않고 11개의 변수를 이용하여 직접 절대좌표를 구하는 방법

07. 항공사진의 투영원리로 옳은 것은?

① 정사투영 ② 중심투영
③ 평행투영 ④ 등적투영

해설 중심투영과 정사투영
항공사진과 지도는 지표면이 평탄한 곳에서는 지도와 사진은 같으나 지표면의 높낮이가 있는 경우에는 사진의 형상이 틀린다. 항공사진은 중심투영이고 지도는 정사투영이다.

구분	내용
중심투영 (Central Projection)	사진의 상은 피사체로부터 반사된 광이 렌즈중심을 직진하여 평면인 필름면에 투영되어 나타나는 것을 말하며 사진을 제작할 때 사용(사진측량의 원리)
정사투영 (Ortho Projection)	항공사진과 지형도를 비교하면 같으나, 지표면의 높낮이가 있는 경우에는 평탄한 곳은 같으나 평탄치 않은 곳은 사진의 형상이 다르다. 정사투영은 지도를 제작할 때 사용
왜곡수차 (Distortion)	㉠ 이론적인 중심투영에 의하여 만들어진 점과 실제점의 변위 ㉡ 왜곡수차의 보정방법 • 포로-코페(Porro-Koppe)의 방법 : 촬영카메라와 동일 렌즈를 갖춘 투영기를 사용하는 방법 • 보정판을 사용하는 방법 : 양화건판과 투영렌즈 사이에 렌즈(보정판)를 넣는 방법 • 화면거리를 변화시키는 방법 : 연속적으로 화면거리를 움직이는 방법

Answer 04. ④ 05. ③ 06. ④ 07. ②

08. 다음 중 지형측량의 지성선에 해당되지 않는 것은?

① 계곡선(합수선) ② 능선(분수선)
③ 경사변환선 ④ 주곡선

해설 지성선(Topographical Line)
지표는 많은 凸선, 凹선, 경사변환선, 최대경사선으로 이루어졌다고 생각할 때 이 평면의 접합부, 즉 접선을 말하며 지세선이라고도 한다.

능선(凸선), 분수선	지표면의 높은 곳을 연결한 선으로 빗물이 이것을 경계로 좌우로 흐르게 되므로 분수선 또는 능선이라 한다.
계곡선(凹선), 합수선	지표면이 낮거나 움푹 패인 점을 연결한 선으로 합수선 또는 합곡선이라 한다.
경사변환선	동일 방향의 경사면에서 경사의 크기가 다른 두 면의 접합선(등고선 수평간격이 뚜렷하게 달라지는 경계선)
최대경사선	지표의 임의의 한 점에서 그 경사가 최대로 되는 방향을 표시한 선으로 등고선에 직각으로 교차하며 물이 흐르는 방향이라는 의미에서 유하선이라고도 한다.

09. 사진의 크기가 23×23cm, 종중복도 70%, 횡중복도 30%일 때 촬영 종기선의 길이와 촬영 횡기선의 길이의 비(종기선 길이 : 횡기선길이)는?

① 2 : 1 ② 3 : 7
③ 4 : 7 ④ 7 : 3

해설 $B : C_0$

$$ma\left(1-\frac{p}{100}\right) : ma\left(1-\frac{q}{100}\right)$$

$$ma\left(1-\frac{70}{100}\right) : ma\left(1-\frac{30}{100}\right)$$

$$=0.3 : 0.7 = 3 : 7$$

10. GPS 위성의 신호에 대한 설명 중 틀린 것은?

① L1 반송파에는 C/A코드와 P코드가 포함되어 있다.
② L2 반송파에는 C/A코드만 포함되어 있다.
③ L1 반송파가 L2 반송파보다 높은 주파수를 가지고 있다.
④ 위성에서 송신되는 신호는 대기의 상태에 따라 전파의 속도가 달라지는 것을 보정하기 위하여 파장이 다른 2가지의 전파를 동시에 수신한다.

해설 GPS 신호
GPS 신호는 C/A코드, P코드 및 항법메시지 등의 측위 계산용 신호가 각기 다른 주파수를 가진 L1 및 L2 파의 2개 전파에 실려 지상으로 방송이 되며 L1/L2 파는 코드신호 및 항법메시지를 운반한다고 하여 반송파(Carrier Wave)라 한다.

신호	구분	내용
반송파 (Carrier)	L1	• 주파수 1,575.42MHz(154×10.23MHz), 파장 19cm • C/A code와 P code 변조 가능
	L2	• 주파수 1,227.60MHz(120×10.23MHz), 파장 24cm • P code만 변조 가능
코드 (Code)	P code	• 반복주기 7일인 PRN code(Pseudo Random Noise code) • 주파수 10.23MHz 파장 30m (29.3m)
	C/A code	• 반복주기 : 1ms(milli-second)로 1.023Mbps로 구성된 PPN code • 주파수 1.023MHz 파장 300m (293m)
Navigation Message		GPS 위성의 궤도, 시간, 기타 System Parameter들을 포함하는 Data Bit
		㉠ 측위계산에 필요한 정보 • 위성탑재 원자시계 및 전리층 보정을 위한 Parameter 값 • 위성궤도정보 • 타 위성의 항법메시지 등을 포함 ㉡ 위성궤도정보에는 평균근점각, 이심률, 궤도장반경, 승교점적경, 궤도경사각, 근지점인수 등 기본적인 양 및 보정항이 포함

11. 수준측량에서 전·후시의 측량을 연결하기 위하여 전시, 후시를 함께 취하는 점은?

① 중간점 ② 수준점
③ 이기점 ④ 기계점

해설 ㉠ 표고(Elevation) : 국가 수준기준면으로부터 그 점까지의 연직거리
㉡ 전시(Fore Sight) : 표고를 알고자 하는 점(미지점)에 세운 표척의 읽음값
㉢ 후시(Back Sight) : 표고를 알고 있는 점(기지점)에 세운 표척의 읽음값
㉣ 기계고(Instrument Height) : 기준면에서 망원경 시준선까지의 높이
㉤ 이기점(Turning Point) : 기계를 옮길 때 한 점에서 전시와 후시를 함께 취하는 점
㉥ 중간점(Intermediate Point) : 표척을 세운 점의 표고만을 구하고자 전시만 취하는 점

12. 노선측량의 완화곡선 중 차가 일정 속도로 달리고, 그 앞바퀴의 회전 속도를 일정하게 유지할 경우, 이 차가 그리는 주행 궤적을 의미하는 완화곡선으로 고속도로의 곡선설치에 많이 이용되는 곡선은?

① 3차 포물선 ② sine 체감곡선
③ 클로소이드 ④ 렘니스케이트

해설

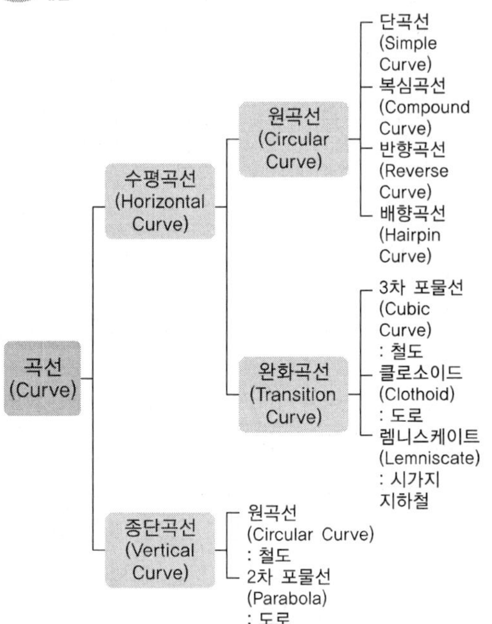

13. 항공사진 촬영을 위한 표정점 선점 시 유의사항으로 옳지 않은 것은?

① 표정점은 X, Y, H가 동시에 정확하게 결정될 수 있는 점이어야 한다.
② 경사가 급한 지표면이나 경사변환선상을 택해서는 안 된다.
③ 상공에서 잘 보여야 하며 시간에 따라 변화가 생기지 않아야 한다.
④ 헐레이션(Halation)이 발생하기 쉬운 점을 선택한다.

해설 항공사진 촬영을 위한 표정점 선점 시 유의사항
㉠ 표정점은 X, Y, H가 동시에 정확하게 결정될 수 있는 점이어야 한다.
㉡ 경사가 급한 지표면이나 경사변환선상을 택해서는 안 된다.
㉢ 상공에서 잘 보여야 하며 시간에 따라 변화가 생기지 않아야 한다.
㉣ 대공표지의 설치장소는 천장으로부터 45° 이내에 장애물이 없어야 하며, 대공표지판에 그림자가 생기지 않도록 지면에서 약 30cm 높게 수평으로 고정한다.
㉤ 대공표지는 사진상에서 사진축척분모수에 대하여 30μm 정도의 크기이다.

14. 지형도에서 100m 등고선상의 A점과 140m 등고선 상의 B점 간을 상향기울기 9%의 도로로 만들면 AB 간 도로의 실제 경사거리는?

① 446.24m ② 448.42m
③ 464.44m ④ 468.24m

해설
- 경사도$(i) = \frac{h}{D} \times 100$
- 수평거리$(D) = \frac{h}{i} \times 100$

$$= \frac{(140-100)}{9} \times 100 = 444.44\text{m}$$

∴ 경사거리 $= \sqrt{444.44^2 + 40^2} = 446.23\text{m}$

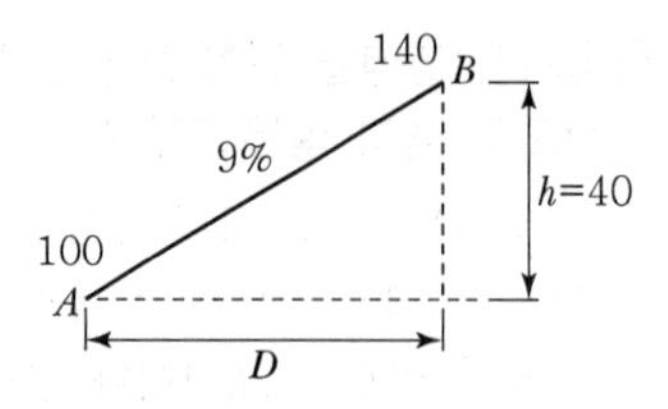

15. 수직 터널에 의하여 지상과 지하의 측량을 연결할 때의 수선측량에 대한 설명으로 틀린 것은?

① 깊은 수직 터널에 내리는 추는 50~60kg 정도의 추를 사용할 수 있다.

② 추를 드리울 때, 깊은 수직 터널에서는 보통 피아노선이 이용된다.

③ 수직 터널 밑에는 물이나 기름을 담은 물통을 설치하고 내린 추가 그 물통 속에서 동요하지 않게 한다.

④ 수직 터널 밑에서 수선의 위치를 결정하는 데는 수선이 완전히 정지하는 것을 기다린 후 1회 관측값으로 결정한다.

해설 수직 터널 밑에서 수선의 위치를 결정하는 데는 수선진동의 위치를 10회 이상 관측해서 그것의 평균값으로 정지점을 삼는 것이 적당하다.

16. 수치사진측량에서 영상정합(Image Matching)에 대한 설명으로 틀린 것은?

① 저역통과필터를 이용하여 영상을 여과한다.

② 하나의 영상에서 정합요소로 점이나 특징을 선택한다.

③ 수치표고모델 생성이나 항공삼각측량의 점이사를 위해 적용한다.

④ 대상공간에서 정합된 요소의 3차원 위치를 계산한다.

해설 영상정합(Image Matching)

1. 정의 : 영상정합은 입체영상 중 한 영상의 한 위치에 해당하는 실제의 객체가 다른 영상의 어느 위치에 형성되어 있는가를 발견하는 작업으로서 상응하는 위치를 발견하기 위해 유사성 측정을 하는 것이다.
2. 분류
   - ㉠ 영역기준정합(Area-based Matching)
     영상소의 밝기값 이용
     - 밝기값상관법
       (GVC : Gray Value Correlation)
     - 최소제곱정합법
       (LSM : Least Sauare Matching)
   - ㉡ Feature Matching : 경계정보 이용
   - ㉢ Relation Matching : 대상물의 점, 선, 밝기값 등을 이용

17. 수준측량에서 발생하는 오차 중 정오차인 것은?

① 표척을 잘못 읽어 생기는 오차

② 태양의 직사광선에 의한 오차

③ 지구곡률에 의한 오차

④ 시차에 의한 오차

해설 오차의 분류

정오차	부정오차
• 표척눈금 부정에 의한 오차 • 지구곡률에 의한 오차(구차) • 광선굴절에 의한 오차(기차) • 레벨 및 표척의 침하에 의한 오차 • 표척의 영눈금(0점) 오차 • 온도 변화에 대한 표척의 신축 • 표척의 기울기에 의한 오차	• 레벨 조정 불완전(표척의 읽음 오차) • 시차에 의한 오차 • 기상 변화에 의한 오차 • 기포관의 둔감 • 기포관의 곡률의 부등 • 진동, 지진에 의한 오차 • 대물경의 출입에 의한 오차

18. 다음 중 원격탐사(Remote Sensing)의 정의로 가장 적합한 것은?

① 센서를 이용하여 지표의 대상물에서 반사 또는 방사된 전자스펙트럼을 측정하여 대상물에 대한 정보를 얻는 기법

② 지상에서 대상물체에 전파를 발생시켜 그 반사파를 이용하여 측정하는 기법

 Answer 15. ④ 16. ① 17. ③ 18. ①

③ 우주에 산재하여 있는 물체들의 고유 스펙트럼을 이용하여 각각의 구성성분을 지상의 레이더망으로 수집하여 얻는 기법
④ 우주선에서 찍은 중복된 사진을 이용하여 지상에서 항공사진의 처리와 같은 방법으로 판독하는 기법

해설 원격탐측(Remote Sensing)

1. 정의 : 원격탐측이란 지상이나 항공기 및 인공위성 등의 탑재기(Platform)에 설치된 탐측기(Sensor)를 이용하여 지표, 지상, 지하, 대기권 및 우주공간의 대상들에서 반사 혹은 방사되는 전자기파를 탐지하고 이들 자료로부터 토지, 환경 및 자원에 대한 정보를 얻어 이를 해석하는 기법이다.
2. 특징
   ㉠ 짧은 시간에 넓은 지역을 동시에 측정할 수 있으며 반복측정이 가능하다.
   ㉡ 다중파장대에 의한 지구표면 정보획득이 용이하며 측정자료가 기록되어 판독이 자동적이고 정량화가 가능하다.
   ㉢ 회전주기가 일정하므로 원하는 지점 및 시기에 관측하기가 어렵다.
   ㉣ 관측이 좁은 시야각으로 얻어진 영상은 정사투영에 가깝다.
   ㉤ 탐사된 자료가 즉시 이용될 수 있으므로 재해, 환경문제 해결에 편리하다.

19. 곡선반지름 R=2,500mm, 캔트(cant) 100mm인 철도 선로를 설계할 때, 적합한 설계 속도는?(단, 레일 간격은 1m로 가정한다.)

① 50km/h ② 60km/h
③ 150km/h ④ 178km/h

해설

$$C_0 = \frac{SV^2}{gR}$$

$$= \frac{S}{gR}\left(x \times 1{,}000\text{mm} \times \frac{1}{3{,}600}\right)^2$$

$$V = \frac{\sqrt{\dfrac{C \cdot g \cdot R}{S}}}{\dfrac{1{,}000}{3{,}600}}$$

$$= \frac{\sqrt{\dfrac{0.1 \times 9.8 \times 2{,}500}{1}}}{0.278}$$

$$= 178\text{km/h}$$

20. 등고선 내의 면적이 저면부터 A_1=380m², A_2=350m², A_3=300m², A_4=100m², A_5=50m²일 때 전체 토량은?(단, 등고선 간격은 5m이고 상단은 평평한 것으로 가정하며 각주공식에 의한다.)

① 2,950m³ ② 4,717m³
③ 4,767m³ ④ 5,900m³

해설

$$V_0 = \frac{h}{3}[A_1 + A_n + 4(A_2 + A_4) + 2(A_3)]$$

$$= \frac{5}{3}[380 + 50 + 4(350 + 100) + 2(300)]$$

$$= 4{,}716.7\text{m}^3$$

Answer 19. ④ 20. ②

응용측량(2016년 2회 지적산업기사)

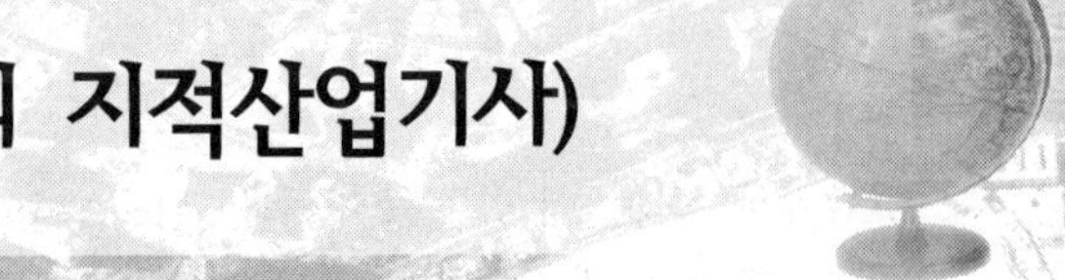

01. 폭이 120m이고 양안의 고저차가 1.5m 정도인 하천을 횡단하여 정밀하게 고저측량을 실시할 때 양안의 고저차를 관측하는 방법으로 가장 적합한 것은?

① 교호고저측량　② 직접고저측량
③ 간접고저측량　④ 약고저측량

해설 교호수준측량
전시와 후시를 같게 취하는 것이 원칙이나 2점 간에 강·호수·하천 등이 있으면 중앙에 기계를 세울 수 없을 때 양 지점에 세운 표척을 읽어 고저차를 2회 산출하여 평균하며 높은 정밀도를 필요로 할 경우에 이용된다.

02. 등고선의 성질에 대한 설명으로 옳은 것은?

① 등고선은 분수선과 평행하다.
② 평면을 이루는 지표의 등고선은 서로 수직한 직선이다.
③ 수원(水源)에 가까운 부분은 하류보다도 경사가 완만하게 보인다.
④ 동일한 경사의 지표에서 두 등고선 간의 수평거리는 서로 같다.

해설 등고선의 성질
㉠ 동일 등고선상에 있는 모든 점은 같은 높이이다.
㉡ 등고선은 반드시 도면 안이나 밖에서 서로가 폐합한다.
㉢ 지도의 도면 내에서 폐합되면 가장 가운데 부분을 산꼭대기(산정) 또는 凹지(요지)가 된다.
㉣ 등고선은 도중에 없어지거나, 엇갈리거나 합쳐지거나 갈라지지 않는다.
㉤ 높이가 다른 두 등고선은 동굴이나 절벽의 지형이 아닌 곳에서는 교차하지 않는다.
㉥ 등고선은 경사가 급한 곳에서는 간격이 좁고 완만한 경사에서는 넓다.
㉦ 최대경사의 방향은 등고선과 직각으로 교차한다.
㉧ 분수선(능선)과 곡선(유하선)은 등고선과 직각으로 만난다.
㉨ 2쌍의 등고선의 볼록부가 상대할 때는 볼록부를 나타낸다.
㉩ 동등한 경사의 지표에서 양 등고선의 수평거리는 같다.
㉪ 같은 경사의 평면일 때는 나란한 직선이 된다.
㉫ 등고선이 능선을 직각방향으로 횡단한 다음 능선 다른 쪽을 따라 거슬러 올라간다.
㉬ 등고선의 수평거리는 산꼭대기 및 산 밑에서는 크고 산 중턱에서는 작다.

03. 항공사진에서 기복변위량을 구하는 데 필요한 요소가 아닌 것은?

① 지형의 비고
② 촬영고도
③ 사진의 크기
④ 연직점으로부터의 거리

해설 기복변위
대상물에 기복이 있는 경우 연직으로 촬영하여도 축척은 동일하지 않되, 사진면에서 연직점을 중심으로 방사상의 변위가 발생하는데 이를 기복변위라 한다.

변위량 $\Delta r = \dfrac{h}{H} r$

여기서, H : 촬영고도
h : 지형의 비고
r : 연직점으로부터의 거리

 Answer 01. ① 02. ④ 03. ③

04. GNSS 오차 중 송신된 신호를 동기화하는 데 발생하는 시계오차와 전기적 잡음에 의한 오차는?

① 수신기오차
② 위성의 시계오차
③ 다중 전파경로에 의한 오차
④ 대기조건에 의한 오차

해설

종류	특징
위성시계 오차	GPS 위성에 내장되어 있는 시계의 부정확성으로 인해 발생
위성궤도 오차	위성궤도정보의 부정확성으로 인해 발생
대기권 전파지연	위성신호의 전리층, 대류권 통과 시 전파지연오차(약 2m)
전파적 잡음	수신기 자체에서 발생하며 PRN 코드잡음과 수신기 잡음이 합쳐져서 발생
다중 경로 (Multipath)	다중경로오차는 GPS 위성으로 직접수신된 전파 이외에 부가적으로 주위의 지형, 지물에 의한 반사된 전파로 인해 발생하는 오차로서 측위에 영향을 미친다. • 다중경로는 금속제건물, 구조물과 같은 커다란 반사적 표면이 있을 때 일어난다. • 다중경로의 결과로서 수신된 GPS 신호는 처리될 때 GPS 위치의 부정확성을 제공한다. • 다중경로가 일어나는 경우를 최소화하기 위하여 미션설정, 수신기, 안테나 설계 시에 고려한다면 다중경로의 영향을 최소화할 수 있다. • GPS 신호시간의 기간을 평균하는 것도 다중경로의 영향을 감소시킨다. • 가장 이상적인 방법은 다중경로의 원인이 되는 장애물에서 멀리 떨어져서 관측하는 방법이다.

05. BM에서 출발하여 No.2까지 수준측량한 야장이 다음과 같다. BM와 No.2의 고저차는?

측점	후시(m)	전시(m)
BM	0.365	
No.1	1.242	1.031
No.2		0.391

① 1.350m ② 1.185m
③ 0.350m ④ 0.185m

해설

측점	후시(m)	전시(m)	기계고	지반고
BM	0.365		0.365	0
No.1	1.242	1.031	0.576	−0.666
No.2		0.391		0.185

06. 터널측량에 관한 설명으로 옳지 않은 것은?

① 터널 내에서의 곡선 설치는 지상의 측량방법과 동일하게 한다.
② 터널 내의 측량기기에는 조명이 필요하다.
③ 터널 내의 측점은 천장에 설치하는 것이 좋다.
④ 터널측량은 터널 내 측량, 터널 외 측량, 터널내외 연결측량으로 구분할 수 있다.

해설 ㉠ 터널측량 : 터널측량이란 도로, 철도 및 수로 등을 지형 및 경제적 조건에 따라 산악의 지하나 수저를 관통시키고자 터널의 위치선정 및 시공을 하기 위한 측량을 말하며 갱외측량과 갱내측량으로 구분한다.
㉡ 터널 내 곡선 설치 : 작업 중 절우(切羽)의 중심을 찾는 데는 현길이를 허용하는 범위에서 되도록 길게 잡아 현편거, 접선편거를 산출하고 이것을 사용하여 현편거법, 접선편거법을 적용한다.

07. 다음 중 절대표정(대지표정)과 관계가 먼 것은?

① 경사 조정 ② 축척 조정
③ 위치 결정 ④ 초점거리 결정

해설

내부표정	내부표정이란 도화기의 투영기에 촬영 당시와 똑같은 상태로 양화건판을 정착시키는 작업이다. • 주점의 위치결정 • 화면거리(f)의 조정 • 건판의 신축측정, 대기굴절, 지구곡률 보정, 렌즈수차 보정

Answer 04. ① 05. ④ 06. ① 07. ④

상호표정	지상과의 관계는 고려하지 않고 좌우사진의 양투영기에서 나오는 광속이 촬영 당시 촬영면에 이루어지는 종시차(ϕ)를 소거하여 목표 지형물의 상대위치를 맞추는 작업
절대표정	상호표정이 끝난 입체모델을 지상 기준점(피사체 기준점)을 이용하여 지상좌표(피사체좌표계)와 일치하도록 하는 작업 • 축척의 결정 • 수준면(표고, 경사)의 결정 • 위치(방위)의 결정 • 절대표정인자 : $\lambda, \phi, \omega, \kappa, b_x, b_y, b_z$ (7개의 인자로 구성)
접합표정	한 쌍의 입체사진 내에서 한쪽의 표정인자는 전혀 움직이지 않고 다른 한쪽만을 움직여 그 다른 쪽에 접합시키는 표정법을 말하며, 삼각측정에 사용한다. • 7개의 표정인자 결정($\lambda, \kappa, \omega, \phi, c_x, c_y, c_z$) • 모델 간, 스트립 간의 접합요소 결정(축척, 미소변위, 위치 및 방위)

08. 등고선의 간접 측정방법이 아닌 것은?

① 사각형 분할법(좌표점법)
② 기준점법(종단점법)
③ 원곡선법
④ 횡단점법

해설 등고선의 간접 측정방법

방안법(좌표점고법)	각 교점의 표고를 측정하고 그 결과로부터 등고선을 그리는 방법으로 지형이 복잡한 곳에 이용한다.
종단점법	지형상 중요한 지성선 위의 여러 개의 측선에 대하여 거리와 표고를 측정하여 등고선을 그리는 방법으로 비교적 소축척의 산지 등의 측량에 이용
횡단점법	노선측량의 평면도에 등고선을 삽입할 경우에 이용되며 횡단측량의 결과를 이용하여 등고선을 그리는 방법이다.

09. 클로소이드 곡선에서 매개변수 $A=400\text{m}$, 곡선반지름 $R=150\text{m}$일 때 곡선의 길이 L은?

① 560.2m ② 898.4m
③ 1,066.7m ④ 2,066.7m

해설 $A=\sqrt{RL}=l\cdot R$

$=L\cdot r=\dfrac{L}{\sqrt{2\tau}}$

$=\sqrt{2\tau}\cdot R$

$A^2=RL=\dfrac{L^2}{2\tau}=2\tau R^2$

$L=\dfrac{A^2}{R}=\dfrac{400^2}{150}=1{,}066.7\text{m}$

10. 일반 사진기와 비교한 항공사진측량용 사진기의 특징에 대한 설명으로 틀린 것은?

① 초점길이가 짧다.
② 렌즈지름이 크다.
③ 왜곡이 적다.
④ 해상력과 선명도가 높다.

해설 측량용 사진기
㉠ 초점길이가 길다.
㉡ 화각이 크다.
㉢ 렌즈지름이 크다.
㉣ 거대하고 중량이 크다.
㉤ 해상력과 선명도가 높다.
㉥ 셔터의 속도는 1/100~1/1,000초이다.
㉦ 파인더로 사진의 중복도를 조정한다.
㉧ 수차가 극히 적으며 왜곡수차가 있더라도 보정판을 이용하여 수차를 제거한다.

11. 사거리가 50m인 경사터널에서 수평각을 측정한 시준선에 직각으로 5mm의 시준오차가 생겼다면 수평각에 미치는 오차는?

① 21″ ② 25″
③ 31″ ④ 43″

해설

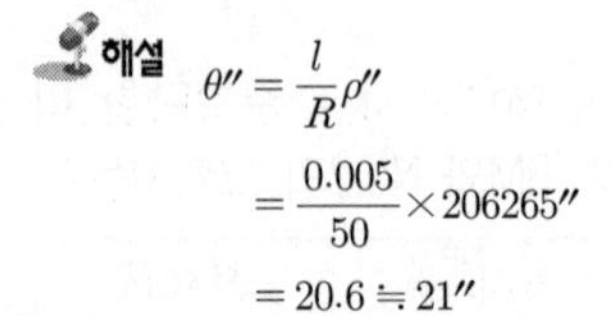

$\theta''=\dfrac{l}{R}\rho''$

$=\dfrac{0.005}{50}\times 206265''$

$=20.6\fallingdotseq 21''$

12. 축척 1 : 25,000 지형도에서 A, B 지점 간의 경사각은?(단, AB 간의 도상거리는 4cm이다.)

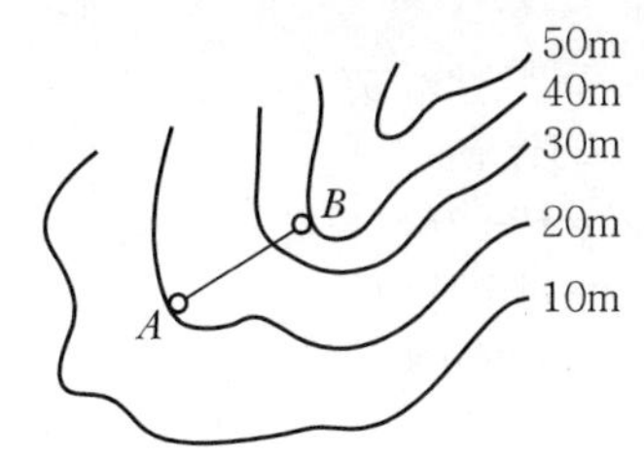

① 0°01′41″ ② 1°08′45″
③ 1°43′06″ ④ 2°12′26″

해설

$$경사(i) = \frac{h}{D} = \frac{(40-20)}{ml} = \frac{20}{25,000\times 0.04} = \frac{1}{50}$$

$$\theta = \tan^{-1}\frac{20}{1,000} = 1°8'44.75''$$

13. 표고에 대한 설명으로 옳은 것은?

① 두 점 간의 고저차를 말한다.
② 지구 중력 중심에서부터의 높이를 말한다.
③ 삼각점으로부터의 고저차를 말한다.
④ 기준면으로부터의 연직거리를 말한다.

해설

구분	설명
표고 (Elevation)	국가 수준기준면으로부터 그 점까지의 연직거리
전시 (Fore Sight)	표고를 알고자 하는 점(미지점)에 세운 표척의 읽음값
후시 (Back Sight)	표고를 알고 있는 점(기지점)에 세운 표척의 읽음값
기계고 (Instrument Height)	기준면에서 망원경 시준선까지의 높이
이기점 (Turning Point)	기계를 옮길 때 한 점에서 전시와 후시를 함께 취하는 점
중간점 (Intermediate Point)	표척을 세운 점의 표고만을 구하고자 전시만 취하는 점

14. 항공삼각측량의 3차원 항공삼각측량 방법 중에서 공선 조건식을 이용하는 해석법은?

① 블록조정법 ② 에어로 폴리곤법
③ 독립모델법 ④ 번들조정법

해설 광속법(Bundle 조정법)

광속조정법은 상좌표를 사진좌표로 변환시킨 다음 사진좌표(Photo Coordinate)로부터 직접 절대좌표(Absolute Coordinate)로 구하는 것으로 종횡접합모형(Block) 내의 각 사진상에 관측된 기준점 · 접합점의 사진좌표를 이용하여 최소제곱법으로 각 사진의 외부표정요소 및 접합점의 최확값을 결정하는 방법이다.

㉠ 사진을 기본단위로 사용하여 다수의 광속을 공선조건에 따라 표정한다.
㉡ 상좌표를 사진좌표로 변환한 다음 직접 절대좌표로 환산한다.
㉢ 기준점 및 접합점을 이용하여 최소제곱법으로 절대좌표를 산정한다.
㉣ 각 점의 사진좌표가 관측값에 이용되며 가장 조정능력이 높은 방법이다.

15. 다음 중 완화곡선에 사용되지 않는 것은?

① 클로소이드 ② 2차 포물선
③ 렘니스케이트 ④ 3차 포물선

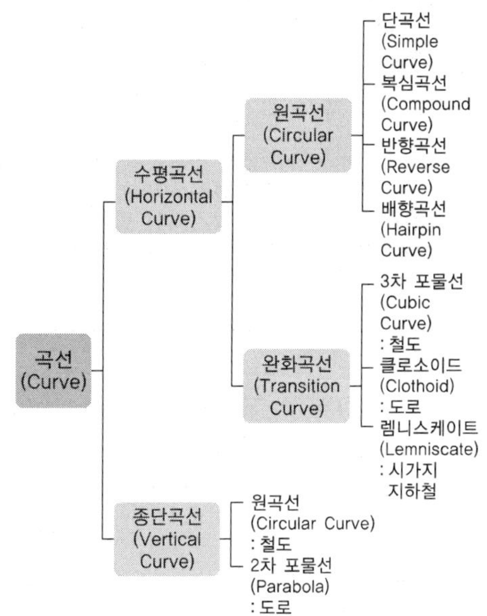

16. 종중복도 60%로 항공사진을 촬영하여 밀착사진을 인화했을 때 주점과 주점 간의 거리가 9.2cm였다면 이 항공사진의 크기는?

① 23cm×23cm
② 18.4cm×18.4cm
③ 18cm×18cm
④ 15.3cm×15.3cm

해설

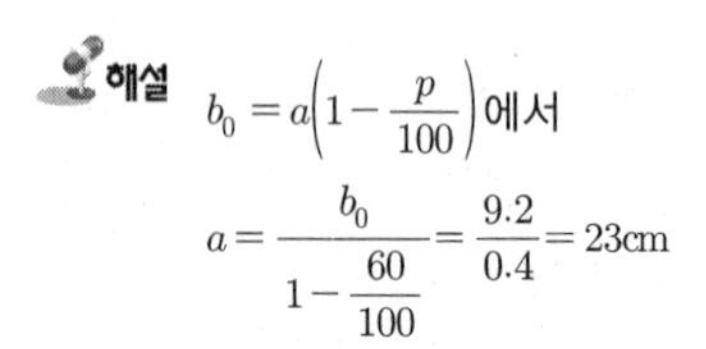

$b_0 = a\left(1-\frac{p}{100}\right)$에서

$a = \frac{b_0}{1-\frac{60}{100}} = \frac{9.2}{0.4} = 23\text{cm}$

17. 항공사진의 특수 3점이 아닌 것은?

① 주점　② 연직점
③ 등각점　④ 지상기준점

해설

주점 (Principal Point)	주점은 사진의 중심점이라고도 한다. 주점은 렌즈 중심으로부터 화면(사진면)에 내린 수선의 발을 말하며 렌즈의 광축과 화면이 교차하는 점이다.
연직점 (Nadir Point)	• 렌즈 중심으로부터 지표면에 내린 수선의 발을 말하고 N을 지상연직점(피사체연직점), 그 선을 연장하여 화면(사진면)과 만나는 점을 화면연직점(n)이라 한다. • 주점에서 연직점까지의 거리(mn) $= f\tan i$
등각점 (Isocenter)	• 주점과 연직점이 이루는 각을 2등분한 점으로 또한 사진면과 지표면에서 교차되는 점을 말한다. • 주점에서 등각점까지의 거리(mn) $= f\tan\frac{i}{2}$

18. 교각 I=80°, 곡산반지름 R=140m인 단곡선의 교점(IP)의 추가거리가 1,427.25m일 때 곡선의 시점(BC)의 추가거리는?

① 633.27m　② 982.87m
③ 1,309.78m　④ 1,567.25m

해설

$TL = R\tan\frac{I}{2}$

$= 140 \times \tan\frac{80°}{2}$

$= 117.47\text{m}$

$BC = IP - TL$

$= 1427.25 - 117.47$

$= 1,309.78\text{m}$

19. 정확한 위치에 기준국을 두고 GPS 위성 신호를 받아 기준국 주위에서 움직이는 사용자에게 위성신호를 넘겨주어 정확한 위치를 계산하는 방법은?

① DOP　② DGPS
③ SPS　④ S/A

해설 DGPS(Differential Global Position System)
DGPS 측량은 상대측량방식의 GPS 측량기법으로 좌푯값을 알고 있는 기지점을 이용하여 미지점의 좌표결정 시 위치오차를 최대한 줄이는 측량형태이다. 기지점에 기준국용 GPS 수신기를 설치하며 위성을 관측하여 각 위성의 의사거리 보정값을 구한 뒤 이를 이용하여 이동국용 GPS 수신기의 위치결정오차를 개선하는 위치결정형태이다.

20. 단곡선이 그림과 같이 설치되었을 때 곡선반지름 R은?(단, I=30°30′)

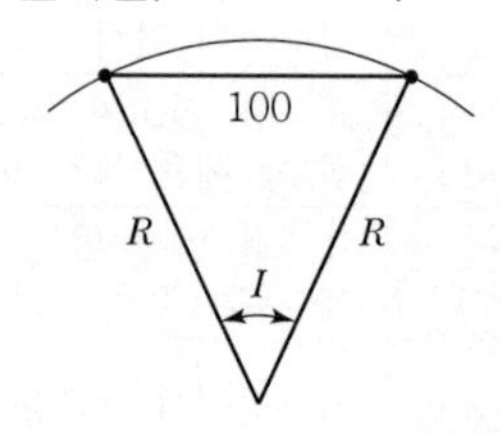

① 197.00m　② 190.09m
③ 187.01m　④ 180.08m

해설

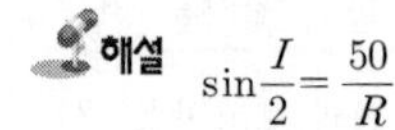

$\sin\frac{I}{2} = \frac{50}{R}$

$R = \frac{50}{\sin\frac{30°30'}{2}} = 190.09\text{m}$

 Answer 16. ① 17. ④ 18. ③ 19. ② 20. ②

응용측량(2016년 3회 지적기사)

01. GNSS(Global Navigation Satellite System) 측량의 Cycle Slip에 대한 설명으로 옳지 않은 것은?

① GNSS 반송파 위상추적회로에서 반송파 위상차 값의 순간적인 차단으로 인한 오차이다.
② GNSS 안테나 주위의 지형·지물에 의한 신호단절 현상이다.
③ 높은 위성 고도각에 의하여 발생하게 된다.
④ 이동측량의 경우 정지측량의 경우보다 Cycle Slip의 다양한 원인이 존재한다.

해설 Cycle Slip
사이클 슬립은 GPS반송파위상 추적회로에서 반송파위상치의 값을 순간적으로 놓치면서 발생하는 오차. 사이클슬립은 반송파 위상데이터를 사용하는 정밀위치측정분야에서는 매우 큰 영향을 미칠 수 있으므로 사이클슬립의 검출은 매우 중요하다.

원인	처리
• GPS 안테나 주위의 지형지물에 의한 신호단절 • 높은 신호 잡음 • 낮은 신호 강도 • 낮은 위성의 고도각 • 사이클 슬립은 이동측량에서 많이 발생	• 수신회로의 특성에 의해 파장의 정수배만큼 점프하는 특성 • 데이터 전처리 단계에서 사이클 슬립을 발견, 편집 가능 • 기선해석 소프트웨어에서 자동처리

02. 촬영고도 1,500m에서 찍은 인접 사진에서 주점기선의 길이가 15cm이고, 어느 건물의 시차차가 3mm였다면 건물의 높이는?

① 10m ② 30m
③ 50m ④ 70m

해설 $\Delta P = \frac{h}{H} b_0$ 에서

$$h = \frac{H}{b_0}\Delta P = \frac{1,500}{0.15} \times 0.003 = 30\text{m}$$

03. 표척 2개를 사용하여 수준측량할 때 기계의 배치 횟수를 짝수로 하는 주된 이유는?

① 표척의 영점오차를 제거하기 위하여
② 표척수의 안전한 작업을 위하여
③ 작업능률을 높이기 위하여
④ 레벨의 조정이 불완전하기 때문에

해설 직접수준측량의 주의사항
1. 수준측량은 반드시 왕복측량을 원칙으로 하며, 노선은 다르게 한다.
2. 정확도를 높이기 위하여 전시와 후시의 거리는 같게 한다.
3. 이기점(TP)은 1mm까지 그 밖의 점에서는 5mm 또는 1cm 단위까지 읽는 것이 보통이다.
4. 직접수준측량의 시준거리
 ㉠ 적당한 시준거리 : 40~60m(60m가 표준)
 ㉡ 최단거리는 3m이며, 최장거리 100~180m 정도이다.
5. 눈금오차(영점오차) 발생 시 소거방법
 ㉠ 기계를 세운 표척이 짝수가 되도록 한다.
 ㉡ 이기점(TP)이 홀수가 되도록 한다.
 ㉢ 출발점에 세운 표척을 도착점에 세운다.

04. 사진의 특수 3점은 주점, 등각점, 연직점을 말하는데, 이 특수 3점이 일치하는 사진은?

① 수평사진
② 저각도경사사진
③ 고각도경사사진
④ 엄밀수직사진

해설

분류	특징
수직사진	• 광축이 연직선과 거의 일치하도록 카메라의 경사가 3° 이내의 기울기로 촬영된 사진 • 항공사진 측량을 통한 지형도 제작 시에는 거의 수직사진에 의한 촬영
경사사진	광축이 연직선 또는 수평선에 경사지도록 촬영한 경사각 3° 이상의 사진으로 지평선이 사진에 나타나는 고각도 경사사진과 사진이 나타나지 않는 저각도 경사사진이 있다. • 고각도 경사사진 : 3° 이상으로 지평선이 나타난다. • 저각도 경사사진 : 3° 이상으로 지평선이 나타나지 않는다.
수평사진	광축이 수평선에 거의 일치하도록 지상에서 촬영한 사진

05. 지형도에서 등고선에 둘러싸인 면적을 구하는 방법으로 가장 적합한 것은?

① 전자면적측정기에 의한 방법
② 방안지에 의한 방법
③ 좌표에 의한 방법
④ 삼사법

해설 지형도에서 등고선에 둘러싸인 면적을 구하는 방법으로는 전자면적측정기에 의한 방법이 적합하다.

06. 수준측량의 야장기입법 중 중간점(IP)이 많을 때 가장 적합한 방법은?

① 승강식　② 고차식
③ 기고식　④ 방사식

해설 야장기입방법

고차식	가장 간단한 방법으로 B.S와 F.S만 있으면 된다.
기고식	가장 많이 사용하며, 중간점이 많을 경우 편리하나 완전한 검산을 할 수 없는 것이 결점이다.
승강식	완전한 검사로 정밀 측량에 적당하나 중간점이 많으면 계산이 복잡하고, 시간과 비용이 많이 소요된다.

07. 곡선의 종류 중 완화곡선이 아닌 것은?

① 복심곡선　② 3차 포물선
③ 렘니스케이트　④ 클로소이드

해설

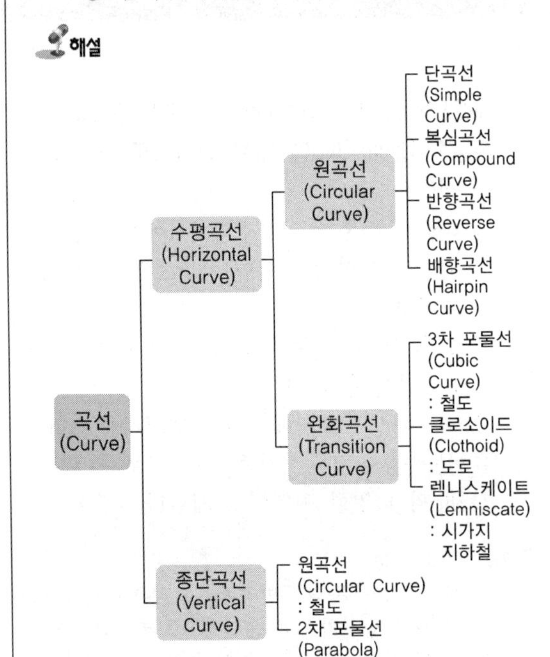

08. 상호표정의 인자 중 촬영방향(x-축)을 회전축으로 한 회전운동 인자는?

① ϕ　② ω
③ κ　④ b_y

해설 상호표정
지상과의 관계는 고려하지 않고 좌우사진의 양투영기에서 나오는 광속이 촬영 당시 촬영면에 이루어지는 종시차(ϕ)를 소거하여 목표 지형물의 상대위치를 맞추는 작업
㉠ 비행기의 수평회전을 재현해 주는 (κ, b_y)
㉡ 비행기의 전후 기울기를 재현해 주는 (ϕ, b_z)
㉢ 비행기의 좌우 기울기를 재현해 주는 (ω)
㉣ 과잉수정계수 (o, c, f) $= \frac{1}{2}\left(\frac{h^2}{d^2}-1\right)$
㉤ 상호표정인자 : (k, ϕ, ω, b_y, b_z)

 Answer 05. ① 06. ③ 07. ① 08. ②

09. 터널측량에서 측점 A, B를 천장에 설치하고 A점으로부터 경사거리 46.35m, 경사각 $+17°20'$, A점의 천장으로부터 기계고 1.45m, B점의 측표 높이 1.76m를 관측하였을 때, AB의 고저차는?

① 17.02m ② 10.60m
③ 13.50m ④ 14.12m

해설

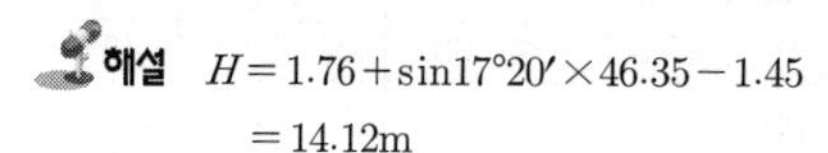

$H = 1.76 + \sin 17°20' \times 46.35 - 1.45$
$= 14.12\text{m}$

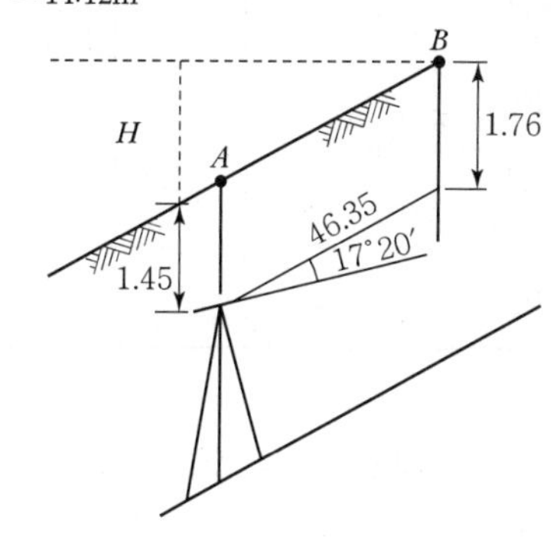

10. 다음 중 인공위성의 궤도요소에 포함되지 않는 것은?

① 승교점의 적경 ② 궤도 경사각
③ 관측점의 위도 ④ 궤도의 이심률

해설 1. 위성의 궤도요소

행성과 위성 등의 궤도를 표현하기 위한 수치의 조합을 궤도요소(Orbital Element)라 한다.

여러 가지 궤도요소가 있을 수 있으나 지구위성의 경우 독립궤도요소의 수는 6이다. 대표적인 것으로 케플러의 6요소가 있다. 지구를 돌고 있는 인공위성을 예로 생각하면 인공위성은 지구 외에 달과 태양의 인력을 받으면서 운동하고 있다. 그러나 일반적으로 달과 태양의 영향은 매우 작아서 이것을 무시하면 인공위성은 지구를 포함한 평면상을 일정한 규칙에 따라 운동한다. 이 평면을 궤도면(軌道面)이라 한다. 반면 천구상에서 천체의 위치를 나타내기 위한 좌표계에 적도좌표계(Equatorial Coordinate System)가 있다.

적도좌표계에서는 천체의 위치를 적경(Right Ascension)과 적위(Declination)로 표시한다.

2. 케플러의 6요소

㉠ 궤도의 모양과 크기를 결정하는 요소
- 궤도장반경(Semi-major Axis : A) : 궤도타원의 장반경
- 궤도이심률(Eccentricity : e) : 궤도타원의 이심률(장반경과 단반경의 비율)

㉡ 궤도면의 방향(공간위치)을 결정하는 요소
- 궤도경사각(Inclination Angle : i) : 궤도면과 적도면의 교각
- 승교점적경(Right Ascension of Acsending Node : h) : 궤도가 남에서 북으로 지나는 점의 적경(승교점 : 위성이 남에서 북으로 갈 때의 천구적도와 천구상 인공위성궤도의 교점)

㉢ 궤도면의 장축방향 결정요소

근지점 인수(Argument of Perigee : g) 또는 근지점 적경 : 승교점에서 근지점까지 궤도면을 따라 천구북극에서 볼 때 반시계방향으로 잰 각거리

㉣ 기타(궤도상 위성의 위치 결정)

근점(近點) 이각(Satellite Anomaly : v) : 근지점에서 위성까지의 각거리. 진근점이각, 이심근점이각, 평균근점이각의 세 가지가 있다.

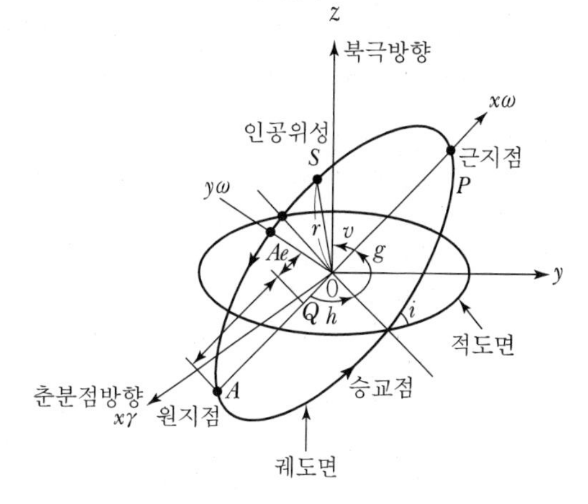

여기서, A : 궤도 장반경
e : 궤도 이심률
i : 궤도 경사각
h : 승교점 적경
g : 근지점 인수
v : 진근점 이각(離角)

11. 사진의 크기 18×18cm, 초점거리 180mm의 카메라로 지면으로부터 비고가 100m인 구릉지에서 촬영한 연직사진의 축척이 1 : 40,000이었다면 이 사진의 비고에 의한 최대 변위량은?

① ±18mm ② ±9mm
③ ±1.8mm ④ ±0.9mm

해설

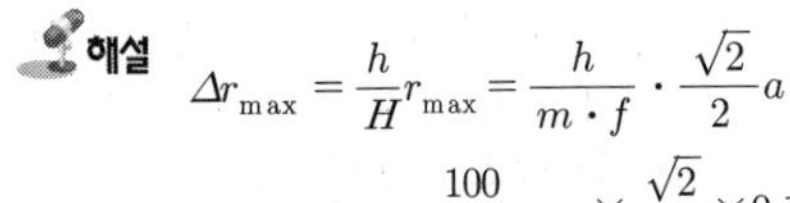

$$\Delta r_{\max} = \frac{h}{H} r_{\max} = \frac{h}{m \cdot f} \cdot \frac{\sqrt{2}}{2} a$$
$$= \frac{100}{40,000 \times 0.18} \times \frac{\sqrt{2}}{2} \times 0.18$$
$$= 0.0018\text{m} = 1.8\text{mm}$$

12. 완화곡선의 성질에 대한 설명으로 옳지 않은 것은?

① 완화곡선의 접선은 시점에서 직선에 접한다.
② 완화곡선의 접선은 종점에서 원호에 접한다.
③ 완화곡선에 연한 곡선반지름의 감소율은 캔트의 증가율과 같다.
④ 곡선반지름은 완화곡선의 시점에서 완곡선의 반지름과 같다.

해설 완화곡선의 특징

㉠ 곡선반경은 완화곡선의 시점에서 무한대, 종점에서 원곡선 R로 된다.
㉡ 완화곡선의 접선은 시점에서 직선에, 종점에서 원호에 접한다.
㉢ 완화곡선에 연한 곡선반경의 감소율은 캔트는 같다.
㉣ 완화곡선 종점의 캔트와 원곡선 시점의 캔트는 같다.
㉤ 완화곡선은 이정량의 중앙을 통과한다.

13. 우리나라 지형도 1 : 50,000에서 조곡선의 간격은?

① 2.5m ② 5m
③ 10m ④ 20m

해설

등고선 종류	기호	축척			
		1/5,000	1/10,000	1/25,000	1/50,000
주곡선	가는 실선	5	5	10	20
간곡선	가는 파선	2.5	2.5	5	10
조곡선 (보조곡선)	가는 점선	1.25	1.25	2.5	5
계곡선	굵은 실선	25	25	50	100

14. 항공삼각측량의 광속조정법(Bundle Adjustment)에서 사용하는 입력 좌표는?

① 사진좌표 ② 모델좌표
③ 스트립좌표 ④ 기계좌표

해설

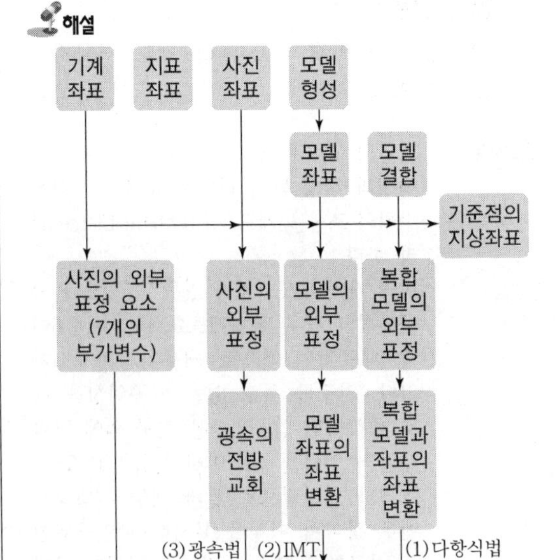

항공삼각측량의 조정법

 Answer 11. ③ 12. ④ 13. ② 14. ①

15. 터널측량을 하여 터널 시점(A)과 종점(B)의 좌표와 높이(H)가 다음과 같을 때, 터널의 경사도는?

- A(1,125.68, 782.46)
- B(1,546.73, 415.37)
- H_A=49.25
- H_B=86.39 [단위 : m]

① 3°25′14″ ② 3°48′14″
③ 4°08′14″ ④ 5°08′14″

해설 $AB=\sqrt{(X_B-X_A)^2(Y_B-Y_A)^2}$

- AB의 수평거리

$=\sqrt{(1,546.73-1,125.68)^2+(415.37-782.46)^2}$

$=\sqrt{421.05^2+367.09^2}=558.60\text{m}$

- PQ 수직거리$=86.39-49.25=37.14\text{m}$
- 경사각 계산

$\tan\theta=\dfrac{\text{고저차}}{\text{수평거리}}=\dfrac{37.14}{558.60}=0.0665$

$\theta=\tan^{-1}0.0665$

$\theta=3°48'16.44''$

16. 원곡선 설치를 위하여 교각(I)이 60°, 반지름이 200m, 중심 말뚝 거리가 20m일 때 노선기점에서 교점까지의 추가거리가 630.29m라면 시단현의 편각은?

① 0°24′31″ ② 0°34′31″
③ 0°44′31″ ④ 0°54′31″

해설

$TL=R\tan\dfrac{I}{2}=200\times\tan30°=115.47\text{m}$

$BC=IP-TL=630.29-115.47=514.82\text{m}$

$l_1=520-514.82=5.18\text{m}$

$\delta_1=1718.87'\times\dfrac{l_1}{R}=1,718.87'\times\dfrac{5.18}{200}$

$=0°44'31.12''$

17. 그림과 같이 원곡선(AB)을 설치하려고 하는데 그 교점(IP)에 갈 수 없어 $\angle ACD=150°$, $\angle CDB=90°$, $CD=100\text{m}$를 관측하였다. C 점에서 곡선시점(BC)까지의 거리는?(단, 곡선반지름 $R=150\text{m}$)

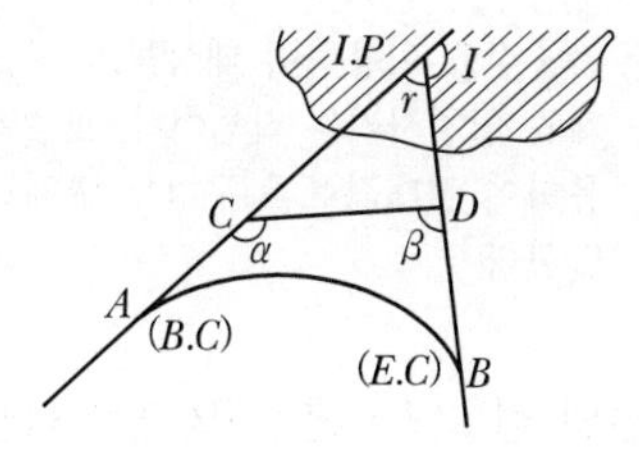

① 115.47m ② 125.25m
③ 144.34m ④ 259.81m

해설 $\angle C=30°$

$\angle D=90°$

$\angle r=60°$

$\overline{CIP}=\dfrac{\sin90°}{\sin60°}\times100=115.47\text{m}$

$TL=R\tan\dfrac{I}{2}=150\times\tan\dfrac{120°}{2}=259.81\text{m}$

$\overline{CBC}=TL-\overline{CIP}=259.81-115.47=144.34\text{m}$

18. 내부표정에 대한 설명으로 옳은 것은?

① 기계좌표계 → 지표좌표계 → 사진좌표계로 변환
② 지표좌표계 → 기계좌표계 → 사진좌표계로 변환
③ 지표좌표계 → 사진좌표계 → 기계좌표계로 변환
④ 기계좌표계 → 사진좌표계 → 지표좌표계로 변환

해설 ㉠ 내부표정 : 내부표정이란 도화기의 투영기에 촬영 시와 동일한 광학관계를 갖도록 장착시키는 작업으로 기계좌표로부터 지표좌표를 구한 다음 사진좌표를 구하는 단계적 표정을 말한다.

㉡ 상호표정 : 상호표정은 대상물과의 관계를 고려하지 않고 좌우사진의 양 투영기에서 나오는 광속이 이루는 종시차를 소거하여 입체모형 전체가 완전입체시되도록 하는 작업으로 상호표정을 완료하면 3차원 입체모형좌표를 얻을 수 있다. 사진좌표로부터 사진기 좌표를 구한 다음 모델좌표를 구하는 단계적 표정을 말한다.

㉢ 절대표정 : 절대표정은 대지표정이라고도 하며 상호표정이 끝난 입체모형을 지상

Answer 15. ② 16. ③ 17. ③ 18. ①

기준점을 이용하여 대상물의 공간상 좌표계와 일치시키는 작업이다. 모델좌표를 이용하여 절대좌표를 구하는 단계적 표정을 말한다.

19. 등고선의 성질에 대한 설명으로 틀린 것은?

① 등고선은 최대경사선과 직교한다.
② 동일 등고선상에 있는 모든 점은 높이가 같다.
③ 등고선은 절벽이나 동굴의 지형을 제외하고는 교차하지 않는다.
④ 등고선은 폭포와 같이 도면 내외 어느 곳에서도 폐합되지 않는 경우가 있다.

해설 등고선의 성질

㉠ 동일 등고선상에 있는 모든 점은 같은 높이다.
㉡ 등고선은 반드시 도면 안이나 밖에서 서로가 폐합한다.
㉢ 지도의 도면 내에서 폐합되면 가장 가운데 부분은 산꼭대기(산정) 또는 凹지(요지)가 된다.
㉣ 등고선은 도중에 없어지거나, 엇갈리거나 합쳐지거나 갈라지지 않는다.
㉤ 높이가 다른 두 등고선은 동굴이나 절벽의 지형이 아닌 곳에서는 교차하지 않는다.
㉥ 등고선은 경사가 급한 곳에서는 간격이 좁고 완만한 경사에서는 넓다.
㉦ 최대경사의 방향은 등고선과 직각으로 교차한다.
㉧ 분수선(능선)과 곡선(유하선)은 등고선과 직각으로 만난다.
㉨ 2쌍의 등고선의 볼록부가 상대할 때는 볼록부를 나타낸다.
㉩ 동등한 경사의 지표에서 양 등고선의 수평거리는 같다.
㉪ 같은 경사의 평면일 때는 나란한 직선이 된다.
㉫ 등고선이 능선을 직각방향으로 횡단한 다음 능선 다른 쪽을 따라 거슬러 올라간다.
㉬ 등고선의 수평거리는 산꼭대기 및 산 밑에서는 크고 산 중턱에서는 작다.

20. 다음 그림과 같은 경사지에 폭 6.0m의 도로를 개설하고자 한다. 절토기울기 1 : 0.5, 절토높이 2.0m, 성토기울기 1 : 1, 성토높이 5m로 한다면 필요한 용지폭은?(단, 양쪽의 여유폭은 1m로 한다.)

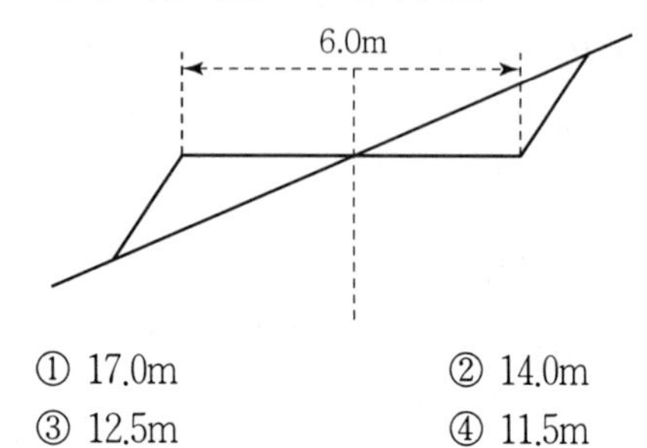

① 17.0m ② 14.0m
③ 12.5m ④ 11.5m

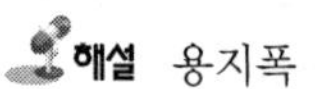
해설 용지폭

$=$여유폭$+5\times1+6+2\times0.5+$여유폭

$=1+5+6+1+1=14.0$m

응용측량(2016년 3회 지적산업기사)

01. 수준측량의 용어에 대한 설명으로 틀린 것은?

① F.S(전시) : 표고를 구하려는 점에 세운 표척의 읽음값
② B.S(후시) : 기지점에 세운 표척의 읽음값
③ T.P(이기점) : 전시와 후시를 같이 취할 수 있는 점
④ I.P(중간점) : 후시만을 취하는 점으로 오차가 발생하여도 측량결과에 전혀 영향을 주지 않는 점

해설 ㉠ 표고(Elevation) : 국가 수준기준면으로부터 그 점까지의 연직거리
㉡ 전시(Fore Sight) : 표고를 알고자 하는 점(미지점)에 세운 표척의 읽음 값
㉢ 후시(Back Sight) : 표고를 알고 있는 점(기지점)에 세운 표척의 읽음 값
㉣ 기계고(Instrument Height) : 기준면에서 망원경 시준선까지의 높이
㉤ 이기점(Turning Point) : 기계를 옮길 때 한 점에서 전시와 후시를 함께 취하는 점
㉥ 중간점(Intermediate Point) : 표척을 세운 점의 표고만을 구하고자 전시만 취하는 점

02. 완화 곡선에 대한 다음 설명의 A, B로 옳은 것은?

완화 곡선의 접선은 시점에서는(A)에, 종점에서는 (B)에 접한다.

① (A) 원호, (B) 직선
② (A) 원호, (B) 원호
③ (A) 직선, (B) 원호
④ (A) 직선, (B) 직선

해설 완화곡선의 특징
㉠ 곡선반경은 완화곡선의 시점에서 무한대, 종점에서 원곡선 R로 된다.
㉡ 완화곡선의 접선은 시점에서 직선에, 종점에서 원호에 접한다.
㉢ 완화곡선에 연한 곡선반경의 감소율은 캔트와 같다.
㉣ 완화곡선의 종점의 캔트와 원곡선 시점의 캔트와 같다.
㉤ 완화곡선은 이정의 중앙을 통과한다.

03. 원곡선에서 곡선길이가 79.05m이고 곡선반지름이 150m일 때 교각은?

① 30°12′
② 43°05′
③ 45°25′
④ 53°35′

해설 $CL = 0.01745RI$

$$I = \frac{CL}{0.01745 \times R} = \frac{79.05}{0.01745 \times 150} = 30°12'\,2.06''$$

04. 지형측량에서 지성선(Topographical Line)에 관한 설명으로 틀린 것은?

① 지성선은 지표면이 다수의 평면으로 이루어졌다고 가정할 때 이 평면의 접합부를 말하며 지세선이라고도 한다.
② 능선은 지표면의 가장 높은 곳을 연결한 선으로 분수선이라고도 한다.
③ 합수선은 지표면의 가장 낮은 곳을 연결한 선으로 계곡선이라고도 한다.
④ 동일 방향의 경사면에서 경사의 크기가 다른 두 면의 교선을 최대경사선 또는 유하선이라 한다.

해설 ㉠ 지성선(Topographical Line) : 지표는 많은 凸선, 凹선, 경사변환선, 최대경사선으로 이루어졌다고 생각할 때 이 평면의 접합부, 즉 접선을 말하며 지세선이라고도 한다.
㉡ 능선(凸선), 분수선 : 지표면의 높은 곳을 연

Answer 01. ④ 02. ③ 03. ① 04. ④

결한 선으로 빗물이 이것을 경계로 좌우로 흐르게 되므로 분수선 또는 능선이라 한다.

㉢ 계곡선(凹선), 합수선 : 지표면이 낮거나 움푹 패인 점을 연결한 선으로 합수선 또는 합곡선이라 한다.

㉣ 경사변환선 : 동일 방향의 경사면에서 경사의 크기가 다른 두 면의 접합선(등고선 수평간격이 뚜렷하게 달라지는 경계선)

㉤ 최대경사선 : 지표의 임의의 한 점에 있어서 그 경사가 최대로 되는 방향을 표시한 선으로 등고선에 직각으로 교차하며 물이 흐르는 방향이라는 의미에서 유하선이라고도 한다.

05. 항공사진의 축척에 대한 설명으로 옳은 것은?

① 초점거리에 비례하고 촬영고도에 반비례한다.

② 초점거리에 반비례하고 촬영고도에 비례한다.

③ 초점거리와 촬영고도에 모두 비례한다.

④ 초점거리에는 무관하고 촬영고도에는 반비례한다.

해설

기준면에 대한 축척	비고가 있을 경우 축척
$M=\frac{1}{m}=\frac{f}{H}=\frac{l}{L}$ 여기서, M : 축척 분모수 H : 촬영고도 f : 초점거리	$M=\frac{1}{m}=\left(\frac{f}{H\pm h}\right)$

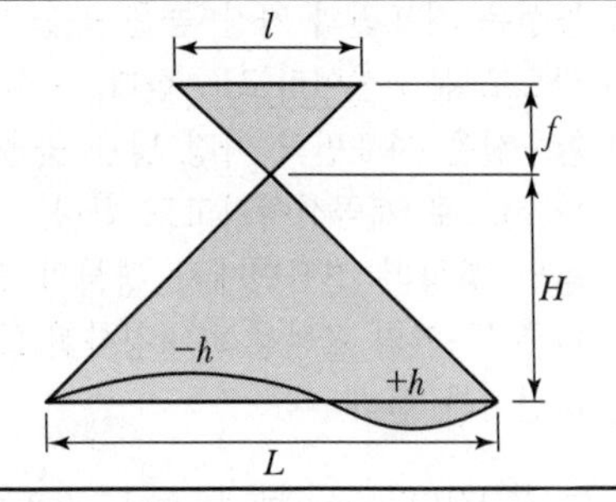

06. GNSS 측량의 정확도에 영향을 미치는 요소와 가장 거리가 먼 것은?

① 기지점의 정확도

② 위성 정밀력의 정확도

③ 안테나의 높이 측정 정확도

④ 관측 시의 온도 측정 정확도

해설 관측 시의 온도 측정 정확도는 GNSS 측량의 정확도에 영향을 미치지 않는다.

07. 곡선부 통과 시 열차의 탈선을 방지하기 위하여 레일 안쪽을 움직여 곡선부 궤간을 넓히는데 이때 넓힌 폭의 크기를 무엇이라 하는가?

① 캔트(Cant)

② 확폭(Slack)

③ 편경사(Super Elevation)

④ 클로소이드(Clothoid)

해설 캔트(Cant)와 슬랙(Slack, 확폭)

㉠ 캔트 : 곡선부를 통과하는 차량이 원심력이 발생하여 접선 방향으로 탈선하려는 것을 방지하기 위해 바깥쪽 노면을 안쪽 노면보다 높이는 정도를 말하며, 편경사라고도 한다.

㉡ 슬랙 : 차량과 레일이 꼭 끼어서 서로 힘을 입게 되면 때로는 탈선의 위험도 생긴다. 이러한 위험을 막기 위해서 레일 안쪽을 움직여 곡선부에서는 궤간을 넓힐 필요가 있는데, 이 넓인 치수를 말한다. 확폭이라고도 한다.

08. 지름이 5m, 깊이가 150m인 수직 터널을 설치하려 할 때에 지상과 지하를 연결하는 측량방법으로 가장 적당한 것은?

① 직접법 ② 삼각법

③ 트래버스법 ④ 추선에 의하는 법

해설 수직 터널을 설치하려 할 때에 지상과 지하를 연결하는 측량방법으로 추선에 의한 방법이 적당하다.

 Answer 05. ① 06. ④ 07. ② 08. ④

09. 그림과 같이 지성선 방향이나 주요한 방향의 여러 개의 관측선에 대하여 A로부터의 거리와 높이를 관측하여 등고선을 삽입하는 방법은?

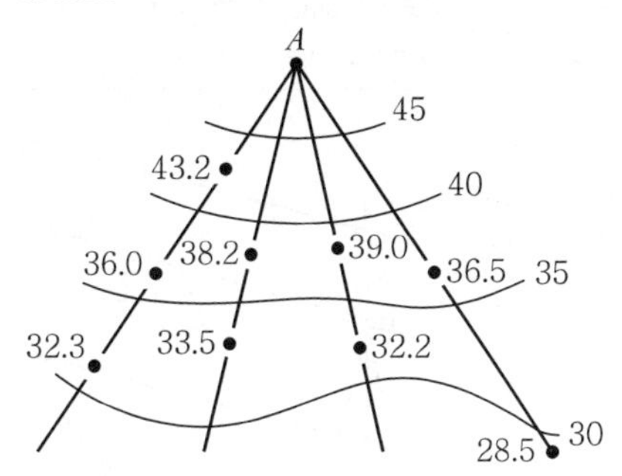

① 직접법
② 횡단점법
③ 종단점법(기준점법)
④ 좌표점법(사각형 분할법)

해설

목측에 의한 방법	현장에서 목측에 의해 점의 위치를 대충 결정하여 그리는 방법으로 1/10,000 이하의 소축척의 지형 측량에 이용되며 많은 경험이 필요하다.
방안법(좌표점고법)	각 교점의 표고를 측정하고 그 결과로부터 등고선을 그리는 방법으로 지형이 복잡한 곳에 이용한다.
종단점법	지형상 중요한 지성선 위의 여러 개의 측선에 대하여 거리와 표고를 측정하여 등고선을 그리는 방법으로 비교적 소축척의 산지 등의 측량에 이용한다.
횡단점법	노선측량의 평면도에 등고선을 삽입할 경우에 이용되며 횡단측량의 결과를 이용하여 등고선을 그리는 방법이다.

10. 수준측량기의 기포관 감도와 기포관의 곡률반지름에 대한 설명으로 틀린 것은?

① 기포관의 곡률반지름의 크기는 기포관의 감도에 영향을 미친다.
② 감도라 하면 기포관 한 눈금 사이의 곡률중심각의 변화를 초(″)로 나타낸 것이다.
③ 기포관의 이동이 민감하려면 곡률반지름은 되도록 커야 한다.
④ 기포관 1눈금이 2mm이고 반지름이 13.751m이면 그 감도는 30″이다.

해설 기포관

기포관의 구조	알코올이나 에테르와 같은 액체를 넣어서 기포를 남기고 양단을 막은 것
기포관의 감도	감도란 기포 한 눈금(2mm)이 움직이는 데 대한 중심각을 말하며, 중심각이 작을수록 감도는 좋다.
기포관이 구비해야 할 조건	• 곡률반지름이 클 것 • 관의 곡률이 일정하고, 관의 내면이 매끈할 것 • 액체의 점성 및 표면장력이 작을 것 • 기포의 길이가 클 것

$$\theta'' = \frac{l}{nD}\rho'' = \frac{0.002}{1\times 13.751}\times 206265'' = 30''$$

11. 항공사진측량의 특징에 대한 설명으로 옳지 않은 것은?

① 정상적인 관측이 가능하다.
② 좁은 지역의 측량일수록 경제적이다.
③ 분업화에 의한 능률적 작업이 가능하다.
④ 움직이는 물체의 상태를 분석할 수 있다.

해설 사진측량의 장단점

1. 장점
㉠ 정량적 및 정성적 측정이 가능하다.
㉡ 정확도가 균일하다.
• 평면(X, Y) 정도 : $(10\sim30)\mu\times m$
• 높이(H) 정도
$$\left(\frac{1}{10,000}\sim\frac{1}{15,000}\right)\times H$$
여기서, $1\mu = \frac{1}{1,000}$(mm)
m : 촬영축척의 분모 수
H : 촬영고도
㉢ 동체 측정에 의한 현상보존이 가능하다.
㉣ 접근하기 어려운 대상물의 측정도 가능하다.
㉤ 축척 변경도 가능하다.
㉥ 분업화로 작업을 능률적으로 할 수 있다.
㉦ 경제성이 높다.
㉧ 4차원의 측정이 가능하다.
㉨ 비지형측량이 가능하다.

Answer 09. ③ 10. ③ 11. ②

2. 단점
   ㉠ 좁은 지역에서는 비경제적이다.
   ㉡ 기자재가 고가이다.(시설비용이 많이 소요된다.)
   ㉢ 피사체에 대한 식별의 난해가 있다.(지명, 행정경계, 건물명, 음영에 의하여 분별하기 힘든 곳 등의 측정은 현장의 작업으로 보충측량이 요구된다.)
   ㉣ 기상조건에 영향을 받는다.
   ㉤ 태양고도 등에 영향을 받는다.

12. 대지표정이 끝났을 때 사진과 실제 지형의 관계는?

① 대응 ② 상사
③ 역대칭 ④ 합동

해설 대지표정이 완전히 끝났을 때 사진모델과 실제 모델의 관계는 상사(相似 : 서로 모양이 비슷한 것)관계이다.

13. GPS에서 채택하고 있는 타원체는?

① Hayford ② WGS84
③ Bessel1841 ③ 지오이드

해설 우주부문
1. 구성 : 31개의 GPS 위성
2. 기능 : 측위용 전파 상시 방송, 위성궤도 정보, 시각신호 등 측위 계산에 필요한 정보 방송
   ㉠ 궤도형상 : 원궤도
   ㉡ 궤도면 수 : 6개 면
   ㉢ 위성 수 : 1궤도면에 4개의 위성(24개+보조위성 7개)=31개
   ㉣ 궤도경사각 : 55°
   ㉤ 궤도고도 : 20,183km
   ㉥ 사용좌표계 : WGS84
   ㉦ 회전주기 : 11시간 58분(0.5항성일)(1항성일은 23시간 56분 4초)
   ㉧ 궤도간이격 : 60도
   ㉨ 기준발진기 : 10.23MHz(세슘원자시계 2대, 루비듐원자시계 2대)

14. 경사진 터널의 고저차를 구하기 위한 관측값이 다음과 같을 때 A, B 두 점 간의 고저차는?(단, 측점은 천장에 설치)

$a=2.00\text{m}$, $b=1.50\text{m}$
$\alpha=20°30'$, $S=60\text{m}$

① 20.51m
② 21.01m
③ 21.51m
④ 23.01m

해설 $H = 1.50 + \sin 20°30' \times 60 - 2.0$
$= 20.51\text{m}$

15. 지형을 표현하는 방법 중에서 음영법(Shading)에 대한 설명으로 옳은 것은?

① 비교적 정확한 지형의 높이를 알 수 있어 하천, 호수, 항만의 수심을 표현하는 경우에 사용된다.
② 지형이 높아질수록 색을 진하게, 낮아질수록 연하게 채색의 농도를 변화시켜 고저를 표현한다.
③ 짧은 선으로 지표의 기복을 나타내는 것으로 우모법이라고도 한다.
④ 태양광선이 서북쪽에서 경사 45° 각도로 비춘다고 가정했을 때 생기는 명암으로 표현한다.

해설

자연적 도법	영선법 (우모법, Hatching)	"게바"라 하는 단선상(短線上)의 선으로 지표의 기본을 나타내는 것으로 게바의 사이, 굵기, 방향 등에 의하여 지표를 표시하는 방법
	음영법 (명암법, Shading)	태양광선이 서북쪽에서 45°로 비친다고 가정하여 지표의 기복을 도상에서 2~3색 이상으로 채색하여 지형을 표시하는 방법으로, 지형의 입체감이 가장 잘 나타나는 방법이다.

 Answer 12. ② 13. ② 14. ① 15. ④

부호적도법	점고법 (Spot Height System)	지표면상의 표고 또는 수심의 숫자에 의하여 지표를 나타내는 방법으로 하천, 항만, 해양 등에 주로 이용
	등고선법 (Contour System)	동일 표고의 점을 연결한 것으로 등고선에 의하여 지표를 표시하는 방법으로 토목공사용으로 가장 널리 사용
	채색법 (Layer System)	같은 등고선의 지대를 같은 색으로 채색하여 높을수록 진하게, 낮을수록 연하게 칠하여 높이의 변화를 나타내며 지리관계의 지도에 주로 사용

16. 촬영고도 1,500m에서 촬영한 항공사진의 연직점으로부터 10cm 떨어진 위치에 찍힌 굴뚝의 변위가 2mm이었다면 굴뚝의 실제 높이는?

① 20m ② 25m
③ 30m ④ 35m

$\Delta r = \frac{h}{H}r$에서

$h = \frac{H}{r}\Delta r = \frac{1500}{0.10} \times 0.002 = 30\text{m}$

17. 다음 중 상호표정인자로 구성되어 있는 것은?

① b_y, b_z, κ, ϕ, ω
② b_y, κ, ϕ, ω, ω_1
③ κ, ϕ, ω, λ, Ω, ω_1, ω_2
④ b_y, κ, ϕ, ω, λ, Ω, ω_1

해설 상호표정

지상과의 관계는 고려하지 않고 좌우 사진의 양 투영기에서 나오는 광속이 촬영 당시 촬영면에 이루어지는 종시차(ϕ)를 소거하여 목표 지형물의 상대위치를 맞추는 작업

㉠ 비행기의 수평회전을 재현해 주는 (κ, b_y)
㉡ 비행기의 전후 기울기를 재현해 주는 (ϕ, b_z)
㉢ 비행기의 좌우 기울기를 재현해 주는 (ω)
㉣ 과잉수정계수(o, c, f) $= \frac{1}{2}\left(\frac{h^2}{d^2} - 1\right)$
㉤ 상호표정인자 : κ, ϕ, ω, b_y, b_z

18. 수준측량에서 작업자의 유의사항에 대한 설명으로 틀린 것은?

① 표척수는 표척의 눈금이 잘 보이도록 양손으로 표척의 측면을 잡고 세운다.
② 표척과 레벨의 거리는 10m를 넘어서는 안 된다.
③ 레벨의 전방에 있는 표척과 후방에 있는 표척의 중간에 거리가 같도록 레벨을 세우는 것이 좋다.
④ 표척을 전후로 기울여 관측할 때에는 최소 읽음 값을 취하여야 한다.

해설 직접수준측량의 주의사항

1. 수준측량은 반드시 왕복측량을 원칙으로 하며, 노선은 다르게 한다.
2. 정확도를 높이기 위하여 전시와 후시의 거리는 같게 한다.
3. 이기점(TP)은 1mm까지, 그 밖의 점에서는 5mm 또는 1cm 단위까지 읽는 것이 보통이다.
4. 직접수준측량의 시준거리
   ㉠ 적당한 시준거리 : 40~60m(60m가 표준)
   ㉡ 최단거리는 3m이며, 최장거리 100~180m 정도이다.
5. 눈금오차(영점오차) 발생 시 소거방법
   ㉠ 기계를 세운 표척이 짝수가 되도록 한다.
   ㉡ 이기점(TP)이 홀수가 되도록 한다.
   ㉢ 출발점에 세운 표척을 도착점에 세운다.

19. 반지름(R)=215m인 원곡선을 편각법으로 설치하려 할 때 중심말뚝 간격=20m에 대한편각(δ)은?

① 1°42′54″ ② 2°39′54″
③ 5°37′54″ ④ 7°24′54″

$\delta = 1718.87' \times \frac{l}{R} = 1718.87' \times \frac{20}{215}$
$= 2°39'53.69''$

20 GNSS의 활용분야와 거리가 먼 것은?

① 위성영상의 지상기준점(Ground Control Point) 측량
② 항공사진의 촬영순간 카메라 투영중심점의 위치 측정
③ 위성영상의 분광특성조사
④ 지적측량에서 기준점 측량

해설 위성영상의 분광특성조사는 원격탐측에서의 활용분야이다.

 Answer 20. ③

응용측량(2017년 1회 지적기사)

01. 기복변위에 관한 설명으로 틀린 것은?

① 지표면에 기복이 있을 경우에는 연직으로 촬영하면 축척이 동일하게 나타나는 것이다.
② 지형의 고저변화로 인하여 사진상에 동일 지물의 위치변위가 생기는 것이다.
③ 기준면상의 저면 위치와 정점 위치가 중심투영을 거치기 때문에 사진상에 나타나는 위치가 달라지는 것이다.
④ 사진면에서 연직점을 중심으로 생기는 방사상의 변위를 말한다.

해설 기복변위
대상물에 기복이 있는 경우 연직으로 촬영하여도 축척은 동일하지 않되, 사진면에서 연직점을 중심으로 방사상의 변위가 발생하는데 이를 기복변위라 한다.

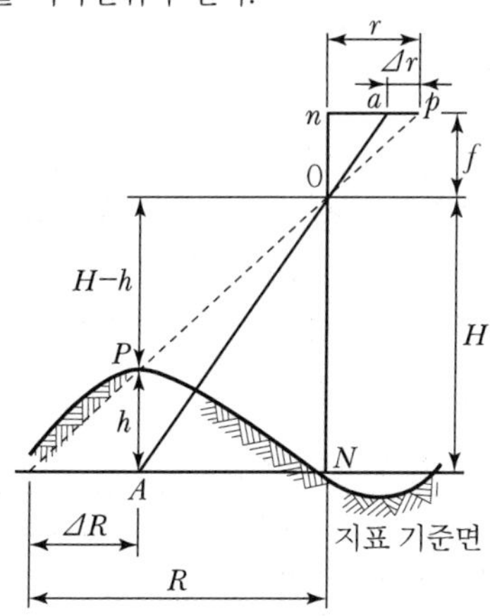

- 변위량 : $\Delta r = \dfrac{h}{H} \cdot r$
- 최대변위량 : $\Delta r_{max} = \dfrac{h}{H} \cdot r_{max}$
  $\left(\text{단, } r_{max} = \dfrac{\sqrt{2}}{2} \cdot a\right)$

02. 비행속도 180km/h인 항공기에서 초점거리 150mm인 카메라로 어느 시가지를 촬영한 항공사진이 있다. 최장 허용 노출시간이 1/250초, 사진의 크기가 23cm×23cm, 사진에서 허용 흔들림 양이 0.01mm일 때, 이 사진의 연직점으로부터 6cm 떨어진 위치에 있는 건물의 변위가 0.26cm라면 이 건물의 실제 높이는?

① 60m　　② 90m
③ 115m　　④ 130m

해설

$$T_l = \frac{\Delta S m}{V}$$

$$\Rightarrow \text{최장노출시간} = \frac{\text{흔들리는 양} \times \text{축척분모수}}{\text{항공기 속도}}$$

$$\frac{1}{250s} = \frac{0.01 \times m}{\dfrac{180 \times 10^6}{60 \times 60}} \text{ 에서}$$

$$m = \frac{180{,}000{,}000 \times \dfrac{1}{3{,}600}}{250 \times 0.01} = 20{,}000$$

$$\frac{1}{m} = \frac{f}{H},\quad \frac{1}{20{,}000} = \frac{0.15}{H} \text{ 에서}$$

$$H = 20{,}000 \times 0.15 = 3{,}000\text{m}$$

$$\because\ \Delta r = \frac{h}{H} r \text{ 에서}$$

$$h = \frac{\Delta r \times H}{r} = \frac{0.0026 \times 3{,}000}{0.06} = \frac{7.8}{0.06} = 130\text{m}$$

03. GNSS의 스태틱측량을 실시한 결과 거리오차의 크기가 0.10m이고 PDOP가 4일 경우 측위오차의 크기는?

① 0.4m　　② 0.6m
③ 1.0m　　④ 1.5m

해설 측위오차 = 거리오차(Range×PDOP)
= 0.10×4 = 0.4m

›››››

04. 도로에 사용되는 곡선 중 수평곡선에 사용되지 않는 것은?

① 단곡선
② 복심곡선
③ 반향곡선
④ 2차 포물선

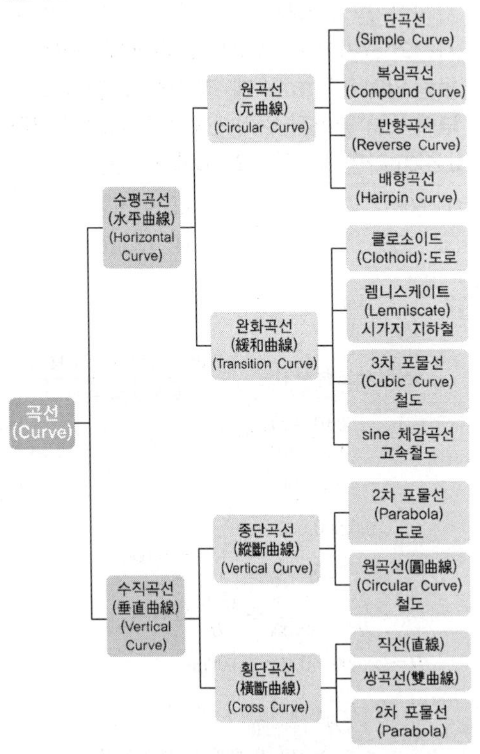

05. GPS 위성신호인 L1과 L2의 주파수의 크기는?

① L1=1274.45MHz, L2=1567.62MHz
② L1=1367.53MHz, L2=1425.30MHz
③ L1=1479.23MHz, L2=1321.56MHz
④ L1=1575.42MHz, L2=1227.60MHz

해설

반송파 (Carrier)	L1	• 주파수 1,575.42MHz(154×10.23MHz), 파장 19cm • C/A code와 P code 변조 가능
	L2	• 주파수 1,227.60MHz(120×10.23MHz), 파장 24cm • P code만 변조 가능
코드 (Code)	P code	• 반복주기 7일인 PRN code(Pseudo Ran-dom Noise code) • 주파수 10.23MHz, 파장 30m(29.3m)
	C/A code	• 반복주기 : 1ms(milli-second)로 1.023Mbps로 구성된 PPN code • 주파수 1.023MHz, 파장 300m(293m)
Navi-gation Message		1. GPS 위성의 궤도, 시간, 기타 System Para-meter들을 포함하는 Data bit 2. 측위계산에 필요한 정보 • 위성탑재 원자시계 및 전리층 보정을 위한 Parameter 값 • 위성궤도정보 • 타 위성의 항법메시지 등을 포함 3. 위성궤도정보에는 평균근점각, 이심률, 궤도장반경, 승교점적경, 궤도경사각, 근지점인수 등 기본적인 양 및 보정항 포함

06. 지성선 상의 중요점의 위치와 표고를 측정하여, 이 점들을 기준으로 등고선을 삽입하는 등고선 측정방법은?

① 좌표점법 ② 종단점법
③ 횡단점법 ④ 직접법

해설 등고선의 측정방법

방안법 (좌표점고법)	각 교점의 표고를 측정하고 그 결과로부터 등고선을 그리는 방법으로 지형이 복잡한 곳에 이용
종단점법 (기준점법)	지형상 중요한 지성선 위 여러 개의 측선에 대하여 거리와 표고를 측정하여 등고선을 그리는 방법으로 비교적 소축척의 산지 등의 측량에 이용
횡단점법	노선측량의 평면도에 등고선을 삽입할 경우에 이용되며 횡단측량의 결과를 이용하여 등고선을 그리는 방법

 Answer 04. ④ 05. ④ 06. ②

07. 완화곡선의 성질에 대해 설명으로 틀린 것은?

① 완화곡선의 반지름은 시작점에서 무한대이다.
② 완화곡선의 반지름은 종점에서 원곡선의 반지름과 같다.
③ 완화곡선의 접선은 시점에서 원호에 접한다.
④ 완화곡선에 연한 곡선반경의 감소율은 캔트의 증가율과 같다.

해설 완화곡선의 특징

㉠ 곡선반경은 완화곡선의 시점에서 무한대, 종점에서 원곡선 R로 된다.
㉡ 완화곡선의 접선은 시점에서 직선에, 종점에서 원호에 접한다.
㉢ 완화곡선에 연한 곡선반경의 감소율은 캔트는 같다.
㉣ 완화곡선의 종점의 캔트와 원곡선 시점의 캔트는 같다.
㉤ 완화곡선은 이정의 중앙을 통과한다.

08. 계산과정에서 완전한 검산을 할 수 있어 정밀한 측량에 이용되나, 중간점이 많을 때는 계산이 복잡한 야장기입법은?

① 고차식 ② 기고식
③ 횡단식 ④ 승강식

해설 야장기입방법

고차식	가장 간단한 방법으로 B.S와 F.S만 있으면 된다.
기고식	가장 많이 사용하며, 중간점이 많을 경우 편리하나 완전한 검산을 할 수 없는 것이 결점이다.
승강식	완전한 검사로 정밀 측량에 적당하나 중간점이 많으면 계산이 복잡하고, 시간과 비용이 많이 소요된다.

09. 복심곡선에 대한 설명으로 옳지 않은 것은?

① 반지름이 다른 2개의 단곡선이 그 접속점에서 공통접선을 갖는다.
② 철도 및 도로에서 복심곡선 사용은 승객에게 불쾌감을 줄 수 있다.
③ 반지름의 중심은 공통접선과 서로 다른 방향에 있다.
④ 산지의 특수한 도로나 산길 등에서 설치하는 경우가 있다.

해설

복심곡선 (Compound curve)	반경이 다른 2개의 원곡선이 1개의 공통접선을 갖고 접선의 같은 쪽에서 연결하는 곡선을 말한다. 복심곡선을 사용하면 그 접속점에서 곡률이 급격히 변화하므로 될 수 있는 한 피하는 것이 좋다.
반향곡선 (Reverse curve)	반경이 같지 않은 2개의 원곡선이 1개의 공통접선의 양쪽에 서로 곡선 중심을 가지고 연결한 곡선이다. 반향곡선을 사용하면 접속점에서 핸들의 급격한 회전이 생기므로 가급적 피하는 것이 좋다.
배향곡선 (Hairpin curve)	반향곡선을 연속시켜 머리핀 같은 형태의 곡선으로 된 것을 말한다. 산지에서 기울기를 낮추기 위해 쓰이므로 철도에서 Switch Back에 적합하여 산허리를 누비듯이 나아가는 노선에 적용한다.

10. 지질, 토양, 수자원, 삼림 조사 등의 판독작업에 주로 이용되는 사진은?

① 흑백 사진
② 적외선 사진
③ 반사 사진
④ 위색 사진

해설 필름에 의한 분류

분류	특징
팬크로 사진	일반적으로 가장 많이 사용되는 흑백사진이며 가시광선($0.4 \sim 0.75\mu$)에 해당하는 전자파로 이루어진 사진
적외선 사진	지도 작성 및 지질, 토양, 수자원 및 삼림조사 등의 판독에 이용
위색 사진	식물의 잎은 적색, 그 외는 청색으로 나타나며 생물 및 식물의 연구조사 등에 이용
팬인플러 사진	팬크로 사진과 적외선 사진 중간에 속하며 적외선용 필름과 황색 필터를 사용
천연색 사진	조사, 판독용

Answer 07. ③ 08. ④ 09. ③ 10. ②

11. 위성영상의 투영상과 가장 가까운 것은?

① 정사투영상
② 외사투영상
③ 중심투영상
④ 평사투영상

해설 원격탐측(Remote sensing)

원격탐측이란 지상이나 항공기 및 인공위성 등의 탑재기(Platform)에 설치된 탐측기(Sensor)를 이용하여 지표, 지상, 지하, 대기권 및 우주공간의 대상들에서 반사 혹은 방사되는 전자기파를 탐지하고 이들 자료로부터 토지, 환경 및 자원에 대한 정보를 얻어 이를 해석하는 기법이다.

[특징]

㉠ 짧은 시간에 넓은 지역을 동시에 측정할 수 있으며 반복측정이 가능하다.
㉡ 다중파장대에 의한 지구표면 정보획득이 용이하며 측정자료가 기록되어 판독이 자동적이고 정량화가 가능하다.
㉢ 회전주기가 일정하므로 원하는 지점 및 시기에 관측하기가 어렵다.
㉣ 관측이 좁은 시야각으로 얻어진 영상은 정사투영에 가깝다.
㉤ 탐사된 자료가 즉시 이용될 수 있으므로 재해, 환경문제 해결에 편리하다.

12 그림과 같은 단면에서 도로 용지 폭(x_1+x_2)은?

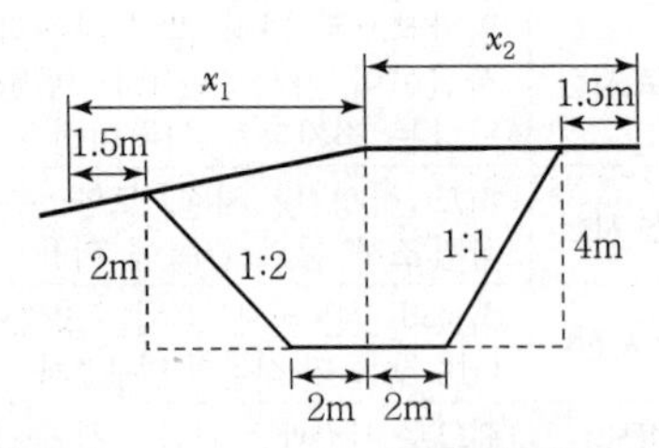

① 12.0m ② 15.0m
③ 17.2m ④ 19.0m

해설 용지폭=1.5+(2×2)+2+2+(1×4)+1.5=15m

13. 그림과 같이 A에서부터 관측하여 폐합 수준측량을 한 결과가 표와 같을 때, 오차를 보정한 D점의 표고는?

측점	거리(km)	표구(m)
A	0	20.000
B	3	12.412
C	2	11.285
D	1	10.874
A	2	20.055

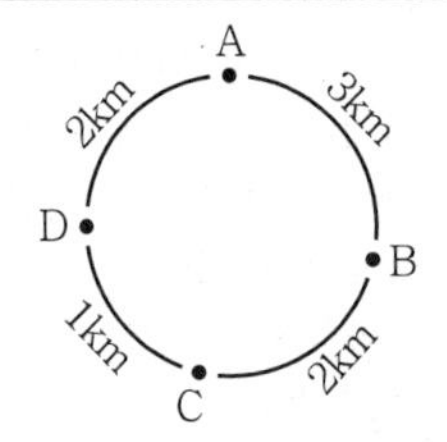

① 10.819m ② 10.833m
③ 10.915m ④ 10.929m

해설 D점의 보정량

$$\varepsilon'' = \frac{l_1+l_2+l_3}{\sum L}\times \text{오차} = \frac{D\text{점까지 거리}}{\text{전체거리}}\times \text{오차}$$

$$= \frac{6\text{km}}{8\text{km}}\times 0.055 = 0.041\ (+\text{이므로 보정은 }-\text{로})$$

$\therefore\ 10.874 - 0.041 = 10.833\text{m}$

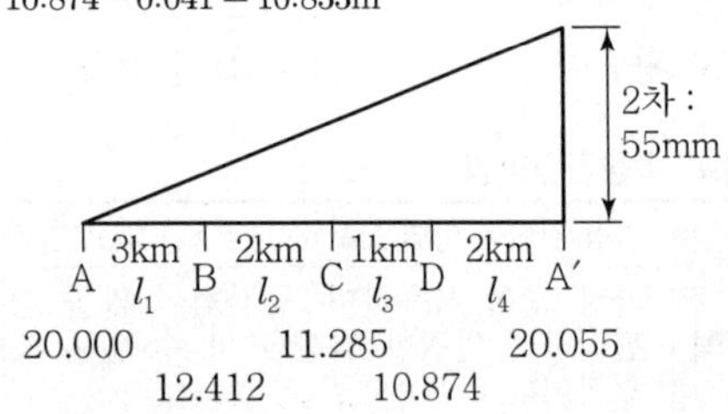

14. 수준측량에 대한 설명으로 옳지 않은 것은?

① 표고는 2점 사이의 높이차를 의미한다.
② 어느 지점의 높이는 기준면으로부터 연직거리로 표시한다.
③ 기포관의 감도는 기포 1눈금에 대한 중심각의 변화를 의미한다.
④ 기준면으로부터 정확한 높이를 측정하여 수준측량의 기준이 되는 점으로 정해 놓은 점을 수준 원점이라 한다.

 Answer 11. ① 12. ② 13. ② 14. ①

해설

구분	내용
수준원점(OBM : Original Bench Mark)	수준측량의 기준이 되는 기준면으로부터 정확한 높이를 측정하여 기준이 되는 점
수준점(BM : Bench Mark)	수준원점을 기점으로 하여 전국 주요지점에 수준표석을 설치한 점 • 1등 수준점 : 4km마다 설치 • 2등 수준점 : 2km마다 설치
표고(Elevation)	국가 수준기준면으로부터 그 점까지의 연직거리
전시(Fore sight)	표고를 알고자 하는 점(미지점)에 세운 표척의 읽음 값
후시(Back sight)	표고를 알고 있는 점(기지점)에 세운 표척의 읽음 값
기계고(Instrument height)	기준면에서 망원경 시준선까지의 높이
지반고(Ground height)	기준면으로부터 기준점까지의 높이(표고)
이기점(Turning point)	기계를 옮길 때 한 점에서 전시와 후시를 함께 취하는 점
중간점(Intermediate point)	표척을 세운 점의 표고만을 구하고자 전시만 취하는 점

15. 지형을 표시하는 일반적인 방법으로 옳지 않은 것은?

① 음영법 ② 영선법
③ 조감도법 ④ 등고선법

해설 지형도에 의한 지형표시법

구분	방법	내용
자연적 도법	영선법(우모법, Hatching)	"게바"라 하는 단선상(短線上)의 선으로 지표의 기복을 나타내는 것으로 게바의 사이, 굵기, 방향 등에 의하여 지표를 표시하는 방법
	음영법(명암법, Shading)	태양광선이 서북쪽에서 45°로 비친다고 가정하여 지표의 기복을 도상에서 2~3색 이상으로 채색하여 지형을 표시하는 방법으로 지형의 입체감이 가장 잘 나타나는 방법
부호적 도법	점고법(Spot height system)	지표면상의 표고 또는 수심의 숫자에 의하여 지표를 나타내는 방법으로 하천, 항만, 해양 등에 주로 이용
	등고선법(Contour System)	동일 표고의 점을 연결한 것으로 등고선에 의하여 지표를 표시하는 방법으로 토목공사용으로 가장 널리 사용
	채색법(Layer System)	같은 등고선의 지대를 같은 색으로 채색하여 높을수록 진하게, 낮을수록 연하게 칠하여 높이의 변화를 나타내며 지리관계의 지도에 주로 사용

16. 촬영고도 2000m에서 초점거리 150mm인 카메라로 평탄한 지역을 촬영한 밀착사진의 크기가 23cm×23cm, 종중복도는 60%, 횡중복도는 30%인 경우 이 연직사진의 유효모델에 찍히는 면적은?

① 2.0km^2 ② 2.6km^2
③ 3.0km^2 ④ 3.3km^2

해설

$$A_0 = (ma)^2 \times \left(1-\frac{p}{100}\right)\left(1-\frac{q}{100}\right)$$
$$= (13,333\times 0.23)^2 \times \left(1-\frac{60}{100}\right)\left(1-\frac{30}{100}\right)$$
$$= 9,403,974 \times 0.4 \times 0.7 = 2,633,112\text{m}^2 = 2.6\text{km}^2$$
$$M = \frac{1}{m} = \frac{f}{H} = \frac{0.15}{2,000} = \frac{1}{13,333}$$

17. 하천, 호수, 항만 등의 수심을 나타내기에 가장 적합한 지형표시방법은?

① 단채법 ② 점고법
③ 영선법 ④ 채색법

해설 문제 15번 해설 참고

Answer 15. ③ 16. ② 17. ②

18. 터널 안에서 A점의 좌표가(1,749.0m, 1,134.0m, 126.9m), B점의 좌표가(2,419.0m, 987.0m, 149.4m)일 때 A, B점을 연결하는 터널을 굴진하는 경우 이 터널의 경사거리는?

① 685.94m ② 686.19m
③ 686.31m ④ 686.57m

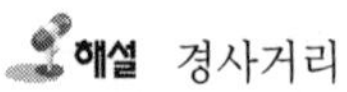 경사거리

$$= \sqrt{(2,419-1,749)^2+(987-1,134)^2 + (149.4-126.9)^2}$$

$$= \sqrt{448,900+21,609+506.25} = 686.31\text{m}$$

19. 터널 내에서의 수준측량 결과가 아래와 같을 때 B점의 지반고는?

(단위 : m)

측점	BS	FS	지반고
No.A	2.40		110.00
1	-1.20	-3.30	
2	-0.40	-0.20	
B		2.10	

① 112.20m ② 114.70m
③ 115.70m ④ 116.20m

측점	BS	FS	지반고
No.A	2.40		110.00
1	-1.20	-3.30	110+2.4-(-3.3) =115.7
2	-0.40	-0.20	115.7+(-1.2)-(-0.2) =114.7
B		2.10	114.7+(-0.4)-2.1 =112.2

20. 도로설계 시에 등경사 노선을 결정하려고 한다. 축척 1 : 5,000의 지형도에서 등고선의 간격이 5.0m이고 제한경사를 4%로 하기 위한 지형도상에서의 등고선 간 수평거리는?

① 2.5cm ② 5.0cm
③ 100.0m ④ 125.0m

해설 경사$(i) = \frac{h}{D}$에서

$D = \frac{h}{i} = \frac{5}{0.04} 125$

$\frac{1}{m} = \frac{l}{L}$에서

l(도상거리) $= \frac{\text{L}}{\text{m}} = \frac{125}{5,000} = 0.025\text{m} = 2.5\text{cm}$

응용측량(2017년 1회 지적산업기사)

01. GNSS와 관련이 없는 것은?

① GALILEO
② GPS
③ GLONASS
④ EDM

해설 전 세계 위성항법 시스템 현황

소유국	시스템명	목적	운용연도	운용궤도	위성 수
미국	GPS	전 지구 위성항법	1995	중궤도	31기 운용 중
러시아	GLONASS	전 지구 위성항법	2011	중궤도	24
EU	Galileo	전 지구 위성항법	2012	중궤도	30
중국	COMPASS (Beidou)	전 지구 위성항법 (중국 지역위성 항법)	2011	중궤도	30
				정지궤도	5
일본	QZSS	일본주변 지역위성 항법	2010	고타원궤도	3
인도	IRNSS	인도주변 지역위성 항법	2010	정지궤도	3
				고타원궤도	4

02 등고선의 간격이 가장 큰 것부터 바르게 연결된 것은?

① 주곡선 – 조곡선 – 간곡선 – 계곡선
② 계곡선 – 주곡선 – 조곡선 – 간곡선
③ 주곡선 – 간곡선 – 조곡선 – 계곡선
④ 계곡선 – 주곡선 – 간곡선 – 조곡선

해설 등고선의 간격

등고선 종류	기호	축척			
		$\frac{1}{5,000}$	$\frac{1}{10,000}$	$\frac{1}{25,000}$	$\frac{1}{50,000}$
주곡선	가는 실선	5	5	10	20
간곡선	가는 파선	2.5	2.5	5	10
조곡선 (보조곡선)	가는 점선	1.25	1.25	2.5	5
계곡선	굵은 실선	25	25	50	100

03. 곡선반지름(R)이 500m, 곡선의 단현길이(l)가 20m일 때 이 단현에 대한 편각은?

① 1°08′45″ ② 1°18′45″
③ 2°08′45″ ④ 2°18′45″

해설 $\delta = 1718.87' \times \frac{l}{R} = 1718.87' \times \frac{20}{500} = 1°8'45.29''$

04. GNSS 측량 시 유사거리에 영향을 주는 오차와 거리가 먼 것은?

① 위성시계의 오차
② 위성궤도의 오차
③ 전리층의 굴절 오차
④ 지오이드의 변화 오차

해설 구조적인 오차

종류	특징
위성시계 오차	GPS 위성에 내장되어 있는 시계의 부정확성으로 인해 발생
위성궤도 오차	위성궤도 정보의 부정확성으로 인해 발생
대기권전파 지연	위성신호의 전리층, 대류권 통과 시 전파지연오차(약 2m)

Answer 01. ④ 02. ④ 03. ① 04. ④

전파적 잡음	수신기 자체에서 발생하며 PRN 코드잡음과 수신기 잡음이 합쳐져서 발생
다중경로 (Multipath)	다중경로오차는 GPS 위성으로 직접 수신된 전파 이외에 부가적으로 주위의 지형, 지물에 의한 반사된 전파로 인해 발생하는 오차로서 측위에 영향을 미친다. • 다중경로는 금속제 건물 · 구조물과 같은 커다란 반사적 표면이 있을때 일어난다. • 다중경로의 결과로서 수신된 GPS 신호는 처리될 때 GPS 위치의 부정확성을 제공 • 다중경로가 일어나는 경우를 최소화하기 위하여 미션 설정, 수신기, 안테나 설계 시에 고려한다면 다중경로의 영향을 최소화할 수 있다. • GPS 신호시간의 기간을 평균하는 것도 다중경로의 영향을 감소시킨다. • 가장 이상적인 방법은 다중경로의 원인이 되는 장애물에서 멀리 떨어져서 관측하는 방법이다.

05. 사진판독 시 과고감에 의하여 지형, 지물을 판독하는 경우에 대한 설명으로 옳지 않은 것은?

① 과고감은 촬영 시 사용한 렌즈의 초점거리와 사진의 중복도에 따라 다르다.
② 낮고 평탄한 지형의 판독에 유용하다.
③ 경사면이나 계곡, 산지 등에서는 오판하기 쉽다.
④ 사진에서의 과고감은 실제보다 기복이 완화되어 나타난다.

해설 사진판독 요소

요소	분류	특징
주 요소	색조	피사체(대상물)가 갖는 빛의 반사에 의한 것으로 수목의 종류를 판독하는 것을 말한다.
	모양	피사체(대상물)의 배열상황에 의하여 판별하는 것으로 사진상에서 볼 수 있는 식생, 지형 또는 지표상의 색조 등을 말한다.
	질감	색조, 형상, 크기, 음영 등의 여러 요소의 조합으로 구성된 조밀, 거칢, 세밀함 등으로 표현하며 초목 및 식물의 구분을 나타낸다.
	형상	개체나 목표물의 구성, 배치 및 일반적인 형태를 나타낸다.
	크기	어느 피사체(대상물)가 갖는 입체적, 평면적인 넓이와 길이를 나타낸다.
	음영	판독 시 빛의 방향과 촬영 시의 빛의 방향을 일치시키는 것이 입체감을 얻는 데 용이하다.
보조 요소	상호 위치 관계	어떤 사진상이 주위의 사진상과 어떠한 관계가 있는가 파악하는 것으로 주위의 사진상과 연관되어 성립되는 것이 일반적인 경우이다.
	과고감	과고감은 지표면의 기복을 과장하여 나타낸 것으로 낮고 평평한 지역에서의 지형 판독에 도움이 되는 반면 경사면의 경사는 실제보다 급하게 보이므로 오판에 주의해야 한다.

06. 경사터널에서의 관측결과가 그림과 같을 때, AB의 고저차는?(단, $a=0.50$m, $b=1.30$m, $S=22.70$m, $\alpha=30°$)

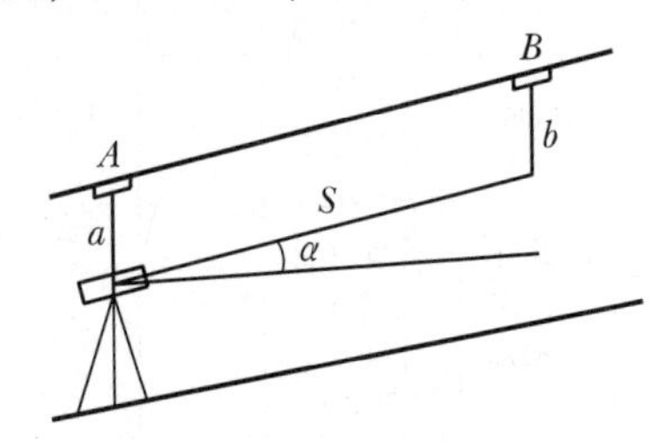

① 13.91m
② 12.31m
③ 12.15m
④ 10.55m

해설 $\Delta H = b + S \times \sin 30° - a$
$= 1.3 + 22.7 \times \sin 30° - 0.5 = 12.15\text{m}$

07. 항공사진의 특수 3점 중 렌즈 중심으로부터 사진면에 내린 수선의 발은?

① 주점
② 연직점
③ 등각점
④ 부점

 Answer 05. ④ 06. ③ 07. ①

해설 항공사진의 특수 3점

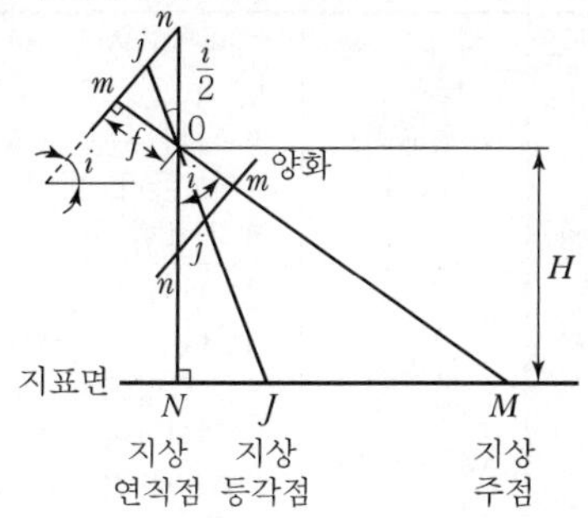

특수 3점	특징
주점 (Principal Point)	주점은 사진의 중심점이라고도 한다. 주점은 렌즈 중심으로부터 화면(사진면)에 내린 수선의 발을 말하며 렌즈의 광축과 화면이 교차하는 점이다.
연직점 (Nadir Point)	• 렌즈 중심으로부터 지표면에 내린 수선의 발을 말하고 N을 지상연직점(피사체연직점), 그 선을 연장하여 화면(사진면)과 만나는 점을 화면연직점(n)이라 한다. • 주점에서 연직점까지의 거리(mn) = $f\tan i$
등각점 (Isocenter)	• 주점과 연직점이 이루는 각을 2등분한 점으로 또한 사진면과 지표면에서 교차되는 점을 말한다. • 주점에서 등각점까지의 거리(mn) = $f\tan\frac{i}{2}$

08. 곡선반지름 R=300m, 교각 I=50°인 단곡선의 접선길이(T.L)와 곡선길이(C.L)는?

① T.L=126.79m, C.L=261.80m
② T.L=139.89m, C.L=261.80m
③ T.L=126.79m, C.L=361.75m
④ T.L=139.89m, C.L=361.75m

해설

$$\text{T.L} = R \times \tan\frac{I}{2} = 300 \times \tan\frac{50}{2} = 139.89\text{m}$$

$$\text{C.L} = 0.01745RI = 0.01745 \times 300 \times 50° = 261.75\text{m}$$

09. 노선측량의 종・횡단측량과 같이 중간점이 많은 경우에 사용하기 적합한 수준측량의 야장 기입방법은?

① 기고식　　② 고차식
③ 열거식　　④ 승강식

해설 야장 기입방법

고차식	가장 간단한 방법으로 B.S와 F.S만 있으면 된다.
기고식	가장 많이 사용하며, 중간점이 많을 경우 편리하나 완전한 검산을 할 수 없는 것이 결점이다.
승강식	완전한 검사로 정밀 측량에 적당하나 중간점이 많으면 계산이 복잡하고, 시간과 비용이 많이 소요된다.

10. 높이가 150m인 어떤 굴뚝이 축척 1 : 20,000인 수직사진상에서 연직점으로부터의 거리가 40mm일 때, 비고에 의한 변위량은?

① 1mm　　② 2mm
③ 5mm　　④ 10mm

해설

$$\Delta r = \frac{h}{H}r = \frac{h}{mf}r$$
$$= \frac{150}{20000 \times 0.15} \times 0.04 = 0.002\text{m} = 2\text{mm}$$

11. 터널 양쪽 입구의 두 점 A, B의 수평위치 및 표고가 각각 A(4,370.60, 2,365.70, 465.80) B(4,625.30, 3,074.20, 432.50)일 때 AB 간의 경사거리는?(단, 좌표의 단위 : m)

① 254.73m　　② 708.52m
③ 753.63m　　④ 823.51m

해설

$$\overline{AB} = \sqrt{\Delta x^2 + \Delta y^2 + \Delta z^2}$$
$$= \sqrt{(4,625.30 - 4,370.60)^2 + (3,074.20 - 2,365.70)^2 + (432.50 - 465.80)^2}$$
$$= \sqrt{64,872.09 + 501,972.25 + 1,108.89}$$
$$= 753.63\text{m}$$

12. 등경사지 $\overline{AB}$에서 A의 표고가 32.10m, B의 표고가 52.35m, $\overline{AB}$의 도상 길이가 70mm이다. 표고 40m인 지점과 A점과의 도상길이는?

① 20.2mm　　② 27.3mm
③ 32.1mm　　④ 52.3mm

Answer 08. ② 09. ① 10. ② 11. ③ 12. ②

해설 70 : 20.25 = x : 7.9,

$$x=\frac{70\times7.9}{20.25}=27.3\text{mm}$$

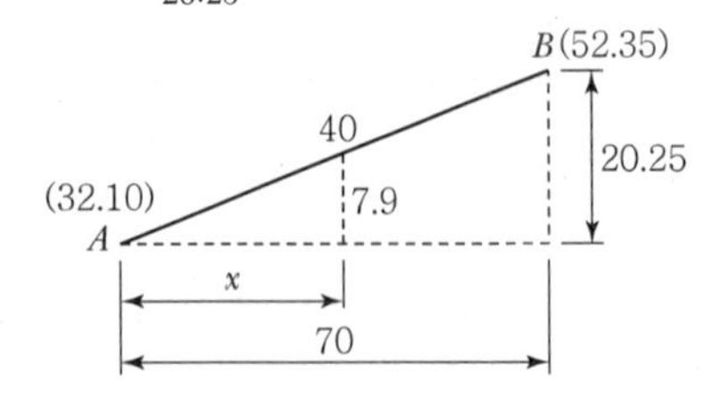

13. 완화곡선에 해당하지 않는 것은?

① 3차 포물선　　② 복심곡선
③ 클로소이드 곡선　　④ 렘니스케이트

해설

14. 지형의 표시방법으로 옳지 않은 것은?

① 음영법　　② 교회법
③ 우모법　　④ 등고선법

해설 지형도에 의한 지형 표시법

자연적 도법	영선법 (우모법) (Hatching)	"게바"라 하는 단선상(短線上)의 선으로 지표의 기본을 나타내는 것으로 게바의 사이, 굵기, 방향 등에 의하여 지표를 표시하는 방법
	음영법 (명암법) (Shading)	태양광선이 서북쪽에서 45°로 비친다고 가정하여 지표의 기복을 도상에서 2~3색 이상으로 채색하여 지형을 표시하는 방법으로 지형의 입체감이 가장 잘 나타나는 방법
부호적 도법	점고법 (Spot height system)	지표면상의 표고 또는 수심의 숫자에 의하여 지표를 나타내는 방법으로 하천, 항만, 해양 등에 주로 이용
	등고선법 (Contour System)	동일 표고의 점을 연결한 것으로 등고선에 의하여 지표를 표시하는 방법으로 토목공사용으로 가장 널리 사용
	채색법 (Layer System)	같은 등고선의 지대를 같은 색으로 높을수록 진하게, 낮을수록 연하게 칠하여 높이의 변화를 나타내며 지리관계의 지도에 주로 사용

15. 항공사진측량의 기복변위 계산에 직접적인 영향을 미치는 인자가 아닌 것은?

① 지표면의 고저차
② 사진의 촬영고도
③ 연직점에서의 거리
④ 주점 기선 거리

해설 기복변위

대상물에 기복이 있는 경우 연직으로 촬영하여도 축척은 동일하지 않되, 사진면에서 연직점을 중심으로 방사상의 변위가 발생하는데 이를 기복변위라 한다.

- 변위량 : $\Delta r=\frac{h}{H}\cdot r$
- 최대변위량 :

$$\Delta r_{\max}=\frac{h}{H}\cdot r_{\max}\left(\text{단, } r_{\max}=\frac{\sqrt{2}}{2}\cdot a\right)$$

Answer 13. ② 14. ② 15. ④

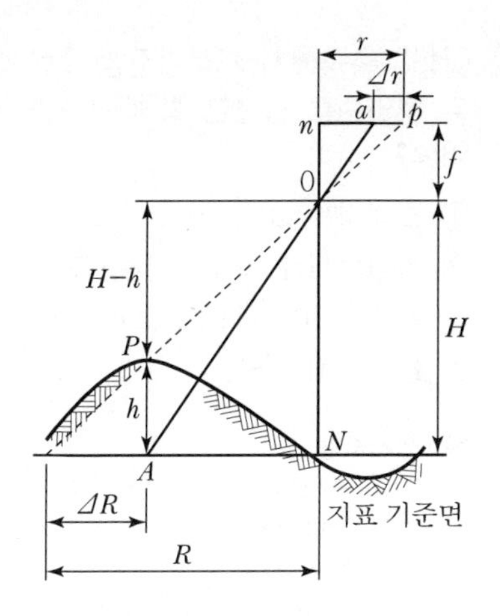

기준면 (Datum)	표고의 기준이 되는 수평면을 기준면이라 하며 표고는 0으로 정한다. 기준면은 계산을 위한 가상면이며 평균해면을 기준면으로 한다.
평균해면 (Mean sea level)	여러 해 동안 관측한 해수면의 평균값
수준점 (BM : Bench Mark)	수준원점을 기점으로 하여 전국 주요 지점에 수준표석을 설치한 점 • 1등 수준점 : 4km마다 설치 • 2등 수준점 : 2km마다 설치
표고 (Elevation)	국가 수준기준면으로부터 그 점까지의 연직거리
전시 (Fore sight)	표고를 알고자 하는 점(미지점)에 세운 표척의 읽음 값
후시 (Back sight)	표고를 알고 있는 점(기지점)에 세운 표척의 읽음 값
기계고 (Instrument height)	기준면에서 망원경 시준선까지의 높이
지반고 (Ground height)	기준면으로부터 기준점까지의 높이(표고)
이기점 (Turning point)	기계를 옮길 때 한 점에서 전시와 후시를 함께 취하는 점
중간점 (Intermediate point)	표척을 세운 점의 표고만을 구하고자 전시만 취하는 점

16. 수준측량에 관한 용어의 설명으로 틀린 것은?

① 수평면(Level surface)은 정지된 해수면을 육지까지 연장하여 얻은 곡면으로 연직방향에 수직인 곡면이다.

② 이기점(Turning point)은 높이를 알고 있는 지점에 세운 표척을 시준한 점을 말한다.

③ 표고(Elevation)는 기준면으로부터 임의의 지점까지의 연직거리를 의미한다.

④ 수준점(Bench mark)은 수직위치 결정을 보다 편리하게 하기 위하여 정확하게 표고를 관측하여 표시해 둔 점을 말한다.

해설

수평면 (Level surface)	모든 점에서 연직방향과 수직인 면으로 수평면은 곡면이며 회전타원체와 유사하다. 정지하고 있는 해수면 또는 지오이드면은 수평면의 좋은 예이다.
수평선 (Level line)	수평면 안에 있는 하나의 선으로 곡선을 이룬다.
지평면 (Horizontal plane)	어느 점에서 수평면에 접하는 평면 또는 연직선에 직교하는 평면
지평선 (Horizontal Line)	지평면 위에 있는 한 선을 말하며, 지평선은 어느 한 점에서 수평선과 접하는 직선으로 연직선과 직교한다.

17. 등고선의 성질에 대한 설명으로 틀린 것은?

① 등고선이 능선을 횡단할 때 능선과 직교한다.

② 지표의 경사가 완만하면 등고선의 간격은 넓다.

③ 등고선은 어떠한 경우라도 교차하거나 겹치지 않는다.

④ 등고선은 도면 안 또는 밖에서 폐합하는 폐곡선이다.

해설 등고선의 성질

㉠ 동일 등고선상에 있는 모든 점은 같은 높이이다.

㉡ 등고선은 반드시 도면 안이나 밖에서 서로가 폐합한다.

㉢ 지도의 도면 내에서 폐합되면 가장 가운데 부분은 산꼭대기(산정) 또는 凹지(요지)가 된다.

㉣ 등고선은 도중에 없어지거나, 엇갈리거나 합쳐지거나 갈라지지 않는다.

㉤ 높이가 다른 두 등고선은 동굴이나 절벽의 지형이 아닌 곳에서는 교차하지 않는다.

㉥ 등고선은 경사가 급한 곳에서는 간격이 좁고 완만한 경사에서는 넓다.

㉦ 최대경사의 방향은 등고선과 직각으로 교차한다.

㉧ 분수선(능선)과 곡선(유하선)은 등고선과 직각으로 만난다.

㉨ 2쌍의 등고선의 볼록부가 상대할 때는 볼록부를 나타낸다.

㉩ 동등한 경사의 지표에서 양 등고선의 수평거리는 같다.

㉪ 같은 경사의 평면일 때는 나란한 직선이 된다.

㉫ 등고선이 능선을 직각방향으로 횡단한 다음 능선 다른 쪽을 따라 거슬러 올라간다.

㉬ 등고선의 수평거리는 산꼭대기 및 산 밑에서는 크고 산 중턱에서는 작다.

18. 수준측량에서 왕복거리 4km에 대한 허용오차가 20mm이었다면 왕복거리 9km에 대한 허용오차는?

① 45mm ② 40mm

③ 30mm ④ 25mm

해설 직접수준측량의 오차는 노선거리(왕복거리)의 제곱근에 비례한다.

$E=C\sqrt{L}, \quad C=\dfrac{E}{\sqrt{L}}$

여기서, E : 수준측량 오차의 합

C : 1km에 대한 오차

L : 노선거리(km)

$E=C\sqrt{L}=20 : \sqrt{4}=C : \sqrt{9}$

$C=\dfrac{\sqrt{9}}{\sqrt{4}}\times 20=30\text{mm}$

19. GNSS 측량에서 지적기준점 측량과 같이 높은 정밀도를 필요로 할 때 사용하는 관측방법은?

① 스태틱(Static) 관측

② 키네마틱(Kinematic) 관측

③ 실시간 키네마틱(Realtime Kinematic) 관측

④ 1점 측위 관측

해설 정지측량

GPS 측량기를 사용하여 기초측량 또는 세부측량을 하고자 하는 때에는 정지측량(Static) 방법에 의한다.

정지측량방법은 2개 이상의 수신기를 각 측점에 고정하고 양 측점에서 동시에 4개 이상의 위성으로부터 신호를 30분 이상 수신하는 방식이다.

20. 캔트(cant)가 C인 원곡선에서 설계속도와 반지름을 각각 2배씩 증가시키면 새로운 캔트의 크기는?

① $\dfrac{C}{4}$ ② $\dfrac{C}{2}$

③ $2C$ ④ $4C$

해설 $C=\dfrac{SV^2}{Rg}=\dfrac{2^2}{2}=2$

V와 R을 2배로 하면 C는 2배 증가한다.

 Answer 18. ③ 19. ① 20. ③

응용측량(2017년 2회 지적기사)

01. A, B 두 점의 표고가 120m, 144m이고 두 점 간의 경사가 1 : 2인 경우 표고가 130m 되는 지점을 C라 할 때, A점과 C점의 경사거리는?

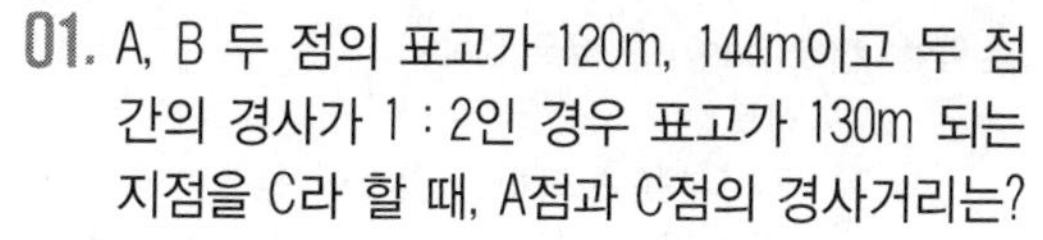

① 22.36m ② 25.85m
③ 28.28m ④ 29.82m

 해설

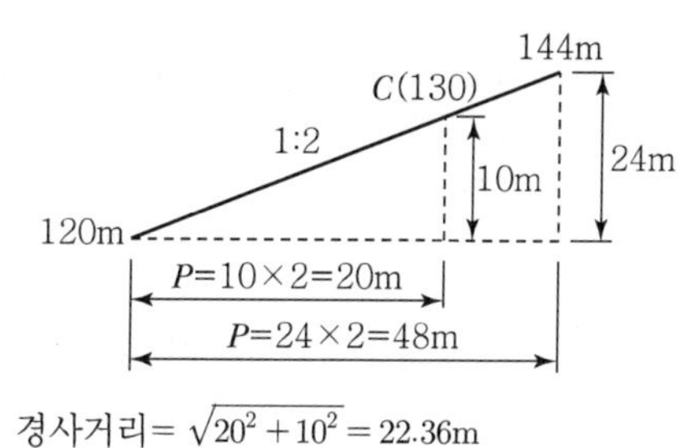

경사거리$=\sqrt{20^2+10^2}=22.36\text{m}$

02. 클로소이드의 형식 중 반향곡선 사이에 2개의 클로소이드를 삽입하는 것은?

① 복합형 ② 난형
③ 철형 ④ S형

해설 클로소이드 형식

기본형	직선, 클로소이드, 원곡선 순으로 나란히 설치되어 있는 것	직선, 원곡선, 직선, 클로소이드 A_1, 클로소이드 A_1
S형	반향곡선의 사이에 클로소이드를 삽입한 것	원곡선 R_1, 클로소이드 A_1, 클로소이드 A_2, R_2 원곡선
난형	복심곡선의 사이에 클로소이드를 삽입한 것	원곡선, 클로소이드 A, 원곡선
凸형	같은 방향으로 구부러진 2개 이상의 클로소이드를 직선적으로 삽입한 것	원곡선, 클로소이드 A_1, 클로소이드 A_1
복합형	같은 방향으로 구부러진 2개 이상의 클로소이드를 이은 것으로 모든 접합부에서 곡률은 같다.	클로소이드 A_1, 클로소이드 A, 클로소이드 A_2

03. 수준측량에서 굴절오차와 관측거리의 관계를 설명한 것으로 옳은 것은?

① 거리의 제곱에 비례한다.
② 거리의 제곱에 반비례한다.
③ 거리의 제곱근에 비례한다.
④ 거리의 제곱근에 반비례한다.

해설

구차 (h_1)	지구의 곡률에 의한 오차이며 이 오차만큼 높게 조정한다.	$h_1=+\dfrac{S^2}{2R}$
기차 (h_2)	지표면에 가까울수록 대기의 밀도가 커지므로 생기는 오차(굴절오차)를 말하며, 이 오차만큼 낮게 조정한다.	$h_2=-\dfrac{KS^2}{2R}$
양차	구차와 기차의 합을 말하며 연직각 관측값에서 이 양차를 보정하여 연직각을 구한다.	양차$=\dfrac{S^2}{2R}+\left(-\dfrac{KS^2}{2R}\right)=\dfrac{S^2}{2R}(1-K)$

여기서, R : 지구의 곡률반경
S : 수평거리
K : 굴절계수(0.12~0.14)

Answer 01. ① 02. ④ 03. ①

04. 측점이 터널의 천장에 설치되어 있는 수준측량에서 그림과 같은 관측결과를 얻었다. A점의 지반고가 15.32m일 때, C점의 지반고는?

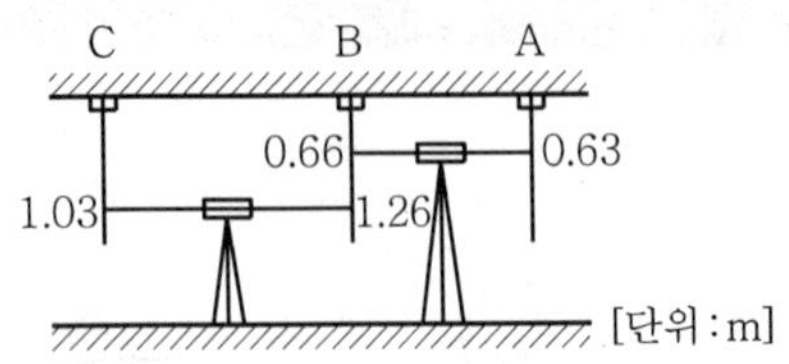

① 14.32m ② 15.12m
③ 16.32m ④ 16.49m

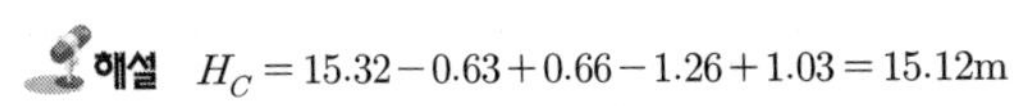

해설 $H_C = 15.32 - 0.63 + 0.66 - 1.26 + 1.03 = 15.12\text{m}$

05 원격센서(remote sensor)를 능동적 센서와 수동적 센서로 구분할 때, 능동적 센서에 해당되는 것은?

① TM(Thematic Mapper)
② 천연색사진
③ MSS(Multi-Spectral Scanner)
④ SLAR(Side Looking Airborne Radar)

해설 탐측기(Sensor)

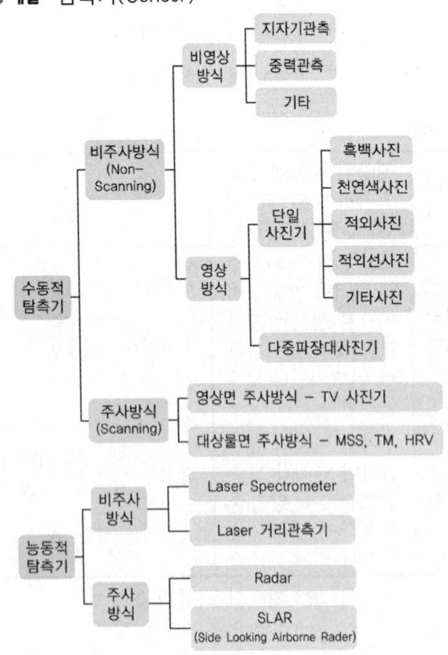

06. 원심력에 의한 곡선부의 차량탈선을 방지하기 위하여 곡선부의 횡단 노면 외측부를 높여주는 것은?

① 캔트 ② 확폭
③ 종거 ④ 완화구간

해설 캔트(Cant)와 확폭(Slack)

㉠ 캔트

곡선부를 통과하는 차량이 원심력이 발생하여 접선방향으로 탈선하려는 것을 방지하기 위해 바깥쪽 노면을 안쪽노면보다 높이는 정도를 말하며 편경사라고 한다.

$$C = \frac{SV^2}{Rg}$$

여기서, C : 캔트, S : 궤간, V : 차량속도, R : 곡선반경, g : 중력가속도

㉡ 슬랙

차량과 레일이 꼭 끼어서 서로 힘을 입게 되면 때로는 탈선의 위험도 생긴다. 이러한 위험을 막기 위해서 레일 안쪽을 움직여 곡선부에서는 궤간을 넓힐 필요가 있는데, 이 넓힌 치수를 말한다. 확폭이라고도 한다.

$$\varepsilon = \frac{L^2}{2R}$$

여기서, ε : 확폭량
L : 차량 앞바퀴에서 뒷바퀴까지의 거리
R : 차선 중심선의 반경

07. 수준측량 야장에서 측점 5의 기계고와 지반고는?(단, 표의 단위는 m이다.)

측점	B.S	F.S		I.H	G.H
		T.P	I.P		
A	1.14				80.00
1	2.41	1.16			
2	1.64	2.68			
3			0.11		
4			1.23		
5	0.30	0.50			
B		0.65			

① 81.35m, 80.85m
② 81.35m, 80.50m
③ 81.15m, 80.85m
④ 81.15m, 80.50m

해설

측점	B.S	F.S		I.H	G.H
		T.P	I.P		
A	1.14			80.00+1.14 =81.14	80.00
1	2.41	1.16		79.88+2.41 =82.39	81.14−1.16 =79.98
2	1.64	2.68		79.71+1.64 =81.35	82.39−2.68 =79.71
3			0.11		81.35−0.11 =81.24
4			1.23		81.35−1.23 =80.12
5	0.30	0.50		80.85+0.30 =81.15	81.35−0.50 =80.85
B		0.65			81.15−0.65 =80.50

08. 입체영상의 영상정합(image matching)에 대한 설명으로 옳은 것은?

① 경사와 축척을 바로 수정하여 축척을 통일시키고 변위가 없는 수직 사진으로 수정하는 작업
② 사진상의 주점이나 표정점 등 제점의 위치를 인접한 사진상에 옮기는 작업
③ 지표의 상태를 파악하기 위하여 사진에 찍혀 있는 것이 무엇인지를 판별하는 작업
④ 한 영상의 한 위치에 해당하는 실제의 객체가 다른 영상의 어느 위치에 형성되었는가를 발견하는 작업

해설 영상정합(Image Matching)
영상정합(Image Matching)은 입체영상 중 한 영상의 한 위치에 해당하는 실제의 객체가 다른 영상의 어느 위치에 형성되어 있는가를 발견하는 작업으로서 상응하는 위치를 발견하기 위해 유사성 측정을 하는 것이다.

[영상정합의 분류]
1. 영역기준정합(Area-based Matching) : 영상소의 밝기값 이용
   ㉠ 밝기값상관법(GVC : Gray Value Correlation)
   ㉡ 최소제곱정합법(LSM : Least Sauare Matching)
2. Feature Matching : 경계정보 이용
3. Relation Matching : 대상물의 점, 선, 밝기값 등을 이용

09. GNSS 측량에서 의사거리(Pseudo Range)에 대한 설명으로 가장 적합한 것은?

① 인공위성과 기지점 사이의 거리측정값이다.
② 인공위성과 지상수신기 사이의 거리측정값이다.
③ 인공위성과 지상송신기 사이의 거리측정값이다.
④ 관측된 인공위성 상호 간의 거리측정값이다.

해설 Pseudo Range(의사거리, 類似距離)
C/A코드나 P코드를 사용하여 Delay-Lock Loop에 의해 측정된 위성과 수신기의 안테나 사이의 위상거리로서 수신기의 시계에 의한 오차와 대기층에 대한 전파지역이 포함되어 있다. 단독 위치결정에서는 4개의 위성 거리를 관측하여 구해지는데 거리는 전파가 위성을 출발한 시각과 수신기에 도착한 시각의 차로 구하여 얻어진다.
이 거리는 일차적으로 수신기 시계에 포함된 오차와 이차적으로 위성시계에 포함된 오차, 대기의 영향 오차 등을 포함하고 있으며 이와 같은 오차들은 위성과 수신기 사이의 거리에 포함되므로 이를 의사거리라 한다. 의사거리의 정확도는 코드(C/A−코드나 P-코드)에 따라 좌우된다. C/A−코드 의사거리는 여러 가지 요소에 따라 약 ±100m의 정확도를 갖는 수신기 위치를 산출한다. P-코드 의사거리는 약 ±30m의 정확도를 갖는 위치에 제공된다.

Answer 08. ④ 09. ②

10. 노선측량에서 완화곡선의 성질을 설명한 것으로 틀린 것은?

① 완화곡선의 종점의 캔트는 완곡선의 캔트와 같다.
② 완화곡선에 연한 곡률반지름의 감소율은 캔트의 증가율과 같다.
③ 완화곡선의 접선은 시점에서는 원호에, 종점에서는 직선에 접한다.
④ 완화곡선의 반지름은 시점에서는 무한대이며, 종점에서는 원곡선의 반지름과 같다.

해설 완화곡선의 특징

㉠ 곡선반경은 완화곡선의 시점에서 무한대, 종점에서 원곡선 R로 된다.
㉡ 완화곡선의 접선은 시점에서 직선에, 종점에서 원호에 접한다.
㉢ 완화곡선에 연한 곡선반경의 감소율은 캔트는 같다.
㉣ 완화곡선의 종점의 캔트와 원곡선 시점의 캔트는 같다.
㉤ 완화곡선은 이정의 중앙을 통과한다.

11. 노선측량 중 공사측량에 속하지 않는 것은?

① 용지측량
② 토공의 기준틀 측량
③ 주요말뚝의 인조점 설치 측량
④ 중심말뚝의 검측

해설 공사측량(工事測量)

검사관측	중심 말뚝의 검사관측, TBM(가고저기준점 : Temporary Bench Mark)과 중심 말뚝의 높이의 검사관측을 실시한다.
가인조점 등의 설치	필요하면 TBM을 500m 이내에 1개 정도로 실시한다. 또 중요한 보조말뚝의 외측에 인조점을 설치하고, 토공의 기준틀, 콘크리트 구조물의 형간의 위치측량 등을 실시한다.

12. 터널 내에서 A점의 평면좌표 및 표고가 (1328, 810, 86), B점의 평면좌표 및 표고가 (1734, 589, 112)일 때, A, B점을 연결하는 터널을 굴진할 경우 이 터널의 경사거리는?(단, 좌표 및 표고의 단위는 m이다.)

① 341.5m　② 363.1m
③ 421.6m　④ 463.0m

해설 $\overline{AB} = \sqrt{\Delta x^2 + \Delta y^2 + \Delta z^2}$

$= \sqrt{(1,734-1,328)^2 + (589-810)^2 + (112-86)^2}$

$= \sqrt{406^2 + 221^2 + 26^2}$

$= 462.98\text{m}$

13. 촬영고도 4000m에서 촬영한 항공사진에 나타난 건물의 시차를 주점에서 측정하니 정상부분이 19.32mm, 밑부분이 18.88mm이었다. 한 층의 높이를 3m로 가정할 때 이 건물의 층수는?

① 15층　② 28층
③ 30층　④ 45층

해설

$$h = \frac{H}{P_r + \Delta P} \times \Delta P$$

$$= \frac{4,000,000}{18.88 + (19.32 - 18.88)} \times (19.32 - 18.88)$$

$$= \frac{1,760,000}{19.32} = 91,097\text{mm} = 91\text{m}$$

여기서, h : 높이, H : 비행고도
P_a : 정상의 시차, P_r : 기준면의 시차

∴ 91m이며, 1층의 높이가 3m이므로 30층이 된다.

14. 지성선에 대한 설명으로 옳은 것은?

① 지표면의 다른 종류의 토양 간에 만나는 선
② 경작지와 산지가 교차되는 선
③ 지모의 골격을 나타내는 선
④ 수평면과 직교하는 선

해설 지성선(Topographical Line)

지표는 많은 凸선, 凹선, 경사변환선, 최대경사선으로 이루어졌다고 생각할 때 이 평면의 접합부, 즉 접선을 말하며 지세선이라고도 한다.

Answer 10. ③ 11. ① 12. ④ 13. ③ 14. ③

능선(凸선), 분수선	지표면의 높은 곳을 연결한 선으로 빗물이 이것을 경계로 좌우로 흐르게 되므로 분수선 또는 능선이라 한다.
계곡선(凹선), 합수선	지표면이 낮거나 움푹 패인 점을 연결한 선으로 합수선 또는 합곡선이라 한다.
경사변환선	동일 방향의 경사면에서 경사의 크기가 다른 두 면의 접합선(등고선 수평간격이 뚜렷하게 달라지는 경계선)
최대경사선	지표의 임의의 한 점에 있어서 그 경사가 최대로 되는 방향을 표시한 선으로 등고선에 직각으로 교차하며 물이 흐르는 방향이라는 의미에서 유하선이라고도 한다.

15. GPS를 구성하는 위성의 궤도 주기로 옳은 것은?

① 약 6시간 ② 약 12시간
③ 약 18시간 ④ 약 24시간

우주부문

구성	31개의 GPS 위성
기능	측위용 전파 상시 방송, 위성궤도정보, 시각신호 등 측위계산에 필요한 정보 방송 ㉠ 궤도형상 : 원궤도 ㉡ 궤도면수 : 6개면 ㉢ 위성수 : 1궤도면에 4개 위성(24개+보조위성 7개)=31개 ㉣ 궤도경사각 : 55° ㉤ 궤도고도 : 20,183km ㉥ 사용좌표계 : WGS84 ㉦ 회전주기 : 11시간 58분(0.5 항성일) : 1항성일은 23시간 56분 4초 ㉧ 궤도 간 이격 : 60도 ㉨ 기준발진기 : 10.23MHz • 세슘원자시계 2대 • 루비듐원자시계 2대

16. 항공사진측량 시 촬영고도 1,200m에서 초점거리 15cm, 단촬영경로에 따라 촬영한 연속사진 10장의 입체부분의 지상 유효면적(모델면적)은?(단, 사진크기 23cm×23cm, 중복도 60%)

① 10.24km² ② 12.19km²
③ 13.54km² ④ 14.26km²

$A_0 = (ma)^2(1 - \frac{p}{100})$

$= (8,000 \times 0.23)^2 \times \left(1 - \frac{60}{100}\right)$

$= 3,385,600 \times 0.4 = 1,354,240\text{m}^2 = 1.354\text{km}^2$

10장의 사진 속에 모델은 9개가 나오므로

$A_0 = 1.354 \times 9 = 12.186\text{km}^2$

17. 지형표시방법의 하나로 단선상의 선으로 지표의 기복을 나타내는 것으로 일명 게바법이라고도 하는 것은?

① 음영법 ② 단채법
③ 등고선법 ④ 영선법

해설 지형도에 의한 지형표시법

자연적 도법	영선법(우모법, Hatching)	"게바"라 하는 단선상(短線上)의 선으로 지표의 기본을 나타내는 것으로 게바의 사이, 굵기, 방향 등에 의하여 지표를 표시하는 방법
	음영법(명암법, Shading)	태양광선이 서북쪽에서 45°로 비친다고 가정하여 지표의 기복을 도상에서 2~3색 이상으로 채색하여 지형을 표시하는 방법으로 지형의 입체감이 가장 잘 나타나는 방법이다.
부호적 도법	점고법(Spot height system)	지표면상의 표고 또는 수심을 숫자에 의하여 지표를 나타내는 방법으로 하천, 항만, 해양 등에 주로 이용
	등고선법(Contour System)	동일 표고의 점을 연결한 것으로 등고선에 의하여 지표를 표시하는 방법으로 토목공사용으로 가장 널리 사용
	채색법(Layer System)	같은 등고선의 지대를 같은색으로 채색하여 높을수록 진하게, 낮을수록 연하게 칠하여 높이의 변화를 나타내며 지리관계의 지도에 주로 사용

Answer 15. ② 16. ② 17. ④

18. GPS 측량에서 이용하는 좌표계는?

① WGS84 ② GRS80
③ JGD2000 ④ ITRF2000

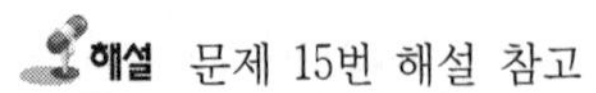
해설 문제 15번 해설 참고

19. 축척 1 : 50,000 지형도에서 등고선 간격을 20m로 할 때 도상에서 표시될 수 있는 최소 간격을 0.45mm로 할 경우 등고선으로 표현할 수 있는 최대 경사각은?

① 40.1° ② 41.6°
③ 44.6° ④ 46.1°

해설

$$\frac{1}{50,000}=\frac{l}{L}=\frac{0.45}{L}$$

실제거리$(L)=50,000\times0.45\text{mm}=22,500\text{mm}$
$=22.5\text{m}$

$$\text{최대경사각}(i)=\frac{\text{높이(등고선간격)}}{\text{실제거리(수평거리)}}$$

$$\tan i=\frac{20}{22.5}$$

$$i=\tan^{-1}\frac{20}{22.5}=41.6^\circ$$

20. 수준측량에 관한 용어 설명으로 틀린 것은?

① 표고 : 평균해수면으로부터의 연직거리
② 후시 : 표고를 결정하기 위한 점에 세운 표척 읽음 값
③ 중간점 : 전시만을 읽는 점으로서, 이 점의 오차는 다른 점에 영향이 없음
④ 기계고 : 기준면으로부터 망원경의 시준선까지의 높이

해설

표고(elevation)	국가 수준기준면으로부터 그 점까지의 연직거리
전시(fore sight)	표고를 알고자 하는 점(미지점)에 세운 표척의 읽음 값
후시(back sight)	표고를 알고 있는 점(기지점)에 세운 표척의 읽음 값
기계고 (instrument height)	기준면에서 망원경 시준선까지의 높이
이기점 (turning point)	기계를 옮길 때 한 점에서 전시와 후시를 함께 취하는 점
중간점 (intermediate point)	표척을 세운 점의 표고만을 구하고자 전시만 취하는 점

Answer 18. ① 19. ② 20. ②

응용측량(2017년 2회 지적산업기사)

01. 교호수준측량을 통해 소거할 수 있는 오차로 옳은 것은?

① 레벨의 불완전 조정으로 인한 오차
② 표척의 이음매 불완전에 의한 오차
③ 관측자의 오독에 의한 오차
④ 표척의 기울기 오차

해설 교호수준측량

전시와 후시를 같게 취하는 것이 원칙이나 2점 간에 강·호수·하천 등이 있으면 중앙에 기계를 세울 수 없을 때 양 지점에 세운 표척을 읽어 고저차를 2회 산출하여 평균하며, 높은 정밀도를 필요로 할 경우에 이용된다.

[교호 수준측량을 할 경우 소거되는 오차]

㉠ 레벨의 기계오차(시준축 오차)
㉡ 관측자의 읽기오차
㉢ 지구의 곡률에 의한 오차(구차)
㉣ 광선의 굴절에 의한 오차(기차)

02. 도로에 사용하는 클로소이드(clothoid) 곡선에 대한 설명으로 틀린 것은?

① 완화곡선의 일종이다.
② 일종의 유선형 곡선으로 종단곡선에 주로 사용된다.
③ 곡선길이에 반비례하여 곡률반지름이 감소한다.
④ 차가 일정한 속도로 달리고 그 앞바퀴의 회전속도를 일정하게 유지할 경우의 운동궤적과 같다.

해설 클로소이드(clothoid) 곡선

곡률이 곡선장에 비례하는 곡선을 클로소이드 곡선이라 한다.

1. 클로소이드 공식

매개변수(A)	$A=\sqrt{RL}=l\cdot R=L\cdot r$ $=\frac{L}{\sqrt{2\tau}}=\sqrt{2\tau}\cdot R$ $A^2=RL=\frac{L^2}{2\tau}=2\tau R^2$
곡률반경(R)	$R=\frac{A^2}{L}=\frac{A}{l}=\frac{L}{2\tau}=\frac{A}{2\tau}$
곡선장(L)	$L=\frac{A^2}{R}=\frac{A}{r}=2\tau R=A\sqrt{2\tau}$
접선각(τ)	$\tau=\frac{L}{2R}=\frac{L^2}{2A^2}=\frac{A^2}{2R^2}$

2. 클로소이드의 성질

㉠ 클로소이드는 나선의 일종이다.
㉡ 모든 클로소이드는 닮은꼴이다.(상사성이다.)
㉢ 단위가 있는 것도 있고 없는 것도 있다.
㉣ τ는 30°가 적당하다.
㉤ 확대율을 가지고 있다.
㉥ τ는 라디안으로 구한다.

03. 단일 노선의 폐합수준측량에서 생긴 오차가 허용오차 이하일 때, 폐합오차를 각 측점에 배부하는 방법으로 옳은 것은?

① 출발점에서 그 측점까지의 거리에 비례하여 배부한다.
② 각 측점 간의 관측거리의 제곱근에 반비례하여 배부한다.
③ 관측한 측점 수에 따라 등분배하여 배부한다.
④ 측점 간의 표고에 따라 비례하여 배부한다.

Answer 01. ① 02. ② 03. ①

해설 직접수준측량의 오차조정

[동일 기지점의 왕복관측 또는 다른 표고기준점에 폐합한 경우]

㉠ 각 측점 간의 거리에 비례하여 배분한다.

㉡ 각 측점의 조정량

$$= \frac{\text{조정할 측점까지의 추가거리}}{\text{총거리}(\Sigma L)} \times \text{폐합오차}$$

㉢ 각 측점의 최확값 = 각 측점의 관측값 ± 조정량

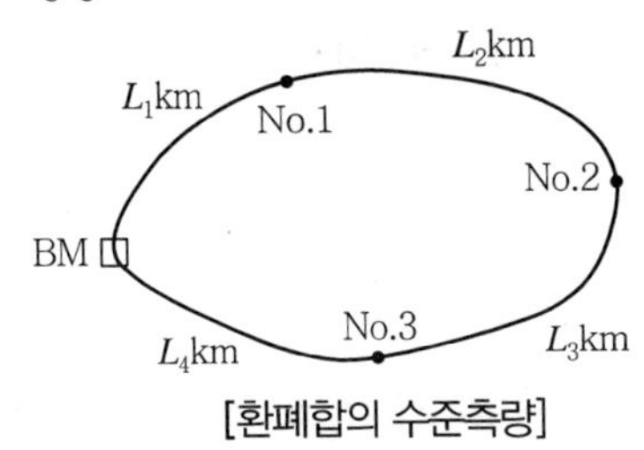

[환폐합의 수준측량]

04. 내부표정에 대한 설명으로 옳은 것은?

① 입체 모델을 지상 기준점을 이용하여 축척 및 경사 등을 조정하여 대상물의 좌표계와 일치시키는 작업이다.

② 독립적으로 이루어진 입체 모델을 인접 모델과 경사와 축척 등을 일치시키는 작업이다.

③ 동일 대상을 촬영한 후 한 쌍의 좌우 사진 간에 촬영 시와 같게 투영관계를 맞추는 작업을 말한다.

④ 사진 좌표의 정확도를 향상시키기 위해 카메라의 렌즈와 센서에 대한 정확한 제원을 산출하는 과정이다.

해설 내부표정(Inner Orientation)은 사진촬영 당시 빛이 입사한 각을 도화기에 똑같이 재설정하는 것으로 사진의 주점을 투사기의 중심에 맞추고 투사기의 초점거리와 사진의 화면거리를 일치시키는 것을 말한다.

내부표정은 사진주점을 도화기의 촬영 중심에 일치시키고 초점거리를 도화기의 눈금에 맞추는 작업과 상좌표인 사진좌표로 구분되며 화면거리를 조정하고 건판신축, 대기굴절, 지구곡률보정, 렌즈수차를 보정한다.

05. 삼각형 세 변의 길이가 $a = 30\text{m}$, $b = 15\text{m}$, $c = 20\text{m}$일 때 이 삼각형의 면적은?

① 32.50m² ② 133.32m²

③ 325.00m² ④ 1,333.20m²

해설

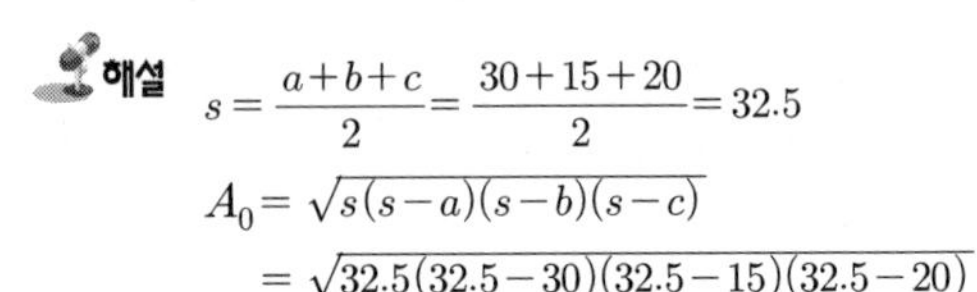

$$s = \frac{a+b+c}{2} = \frac{30+15+20}{2} = 32.5$$

$$A_0 = \sqrt{s(s-a)(s-b)(s-c)}$$

$$= \sqrt{32.5(32.5-30)(32.5-15)(32.5-20)}$$

$$= 133.32\text{m}^2$$

06. 도로에서 경사가 5%일 때 높이차 2m에 대한 수평거리는?

① 20m ② 25m

③ 40m ④ 50m

해설

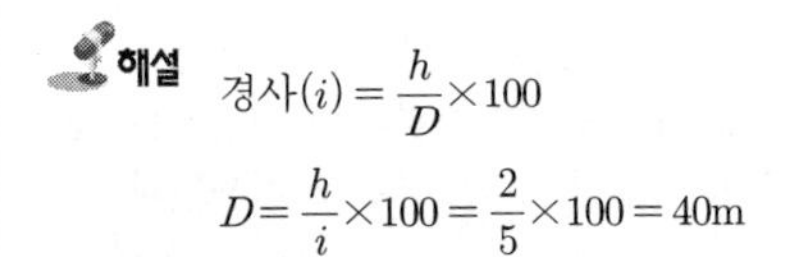

$$\text{경사}(i) = \frac{h}{D} \times 100$$

$$D = \frac{h}{i} \times 100 = \frac{2}{5} \times 100 = 40\text{m}$$

07. 지형측량의 등고선에 대한 설명으로 틀린 것은?

① 주곡선은 기본이 되는 등고선으로 가는 실선으로 표시한다.

② 간곡선의 간격은 조곡선 간격의 1/2로 한다.

③ 조곡선은 주곡선과 간곡선 사이에 짧은 파선으로 표시한다.

④ 계곡선은 주곡선 5개마다 굵은 실선으로 표시한다.

해설 등고선의 종류

구분	설명
주곡선	지형을 표시하는 데 가장 기본이 되는 곡선으로 가는실선으로 표시
간곡선	주곡선 간격의 $\frac{1}{2}$ 간격으로 그리는 곡선으로 완경사지나 주곡선만으로 지모를 명시하기 곤란한 장소에 가는 파선으로 표시

 Answer 04. ④ 05. ② 06. ③ 07. ②

조곡선	간곡선 간격의 $\frac{1}{2}$ 간격으로 그리는 곡선으로 불규칙한 지형을 표시(주곡선 간격의 $\frac{1}{4}$ 간격으로 그리는 곡선)
계곡선	주곡선 5개마다 1개씩 그리는 곡선으로 표고의 읽음을 쉽게 하고 지모의 상태를 명시하기 위해 굵은 실선으로 표시

08. 수준측량의 용어에 대한 설명으로 틀린 것은?

① 전시는 기지점에 세운 표척의 눈금을 읽은 값이다.
② 기계고는 기준면으로부터 망원경의 시준선까지의 높이이다.
③ 기계고는 지반고와 후시의 합으로 구한다.
④ 중간점은 다른 점에 영향을 주지 않는다.

해설

표고 (elevation)	국가 수준기준면으로부터 그 점까지의 연직거리
전시 (fore sight)	표고를 알고자 하는 점(미지점)에 세운 표척의 읽음 값
후시 (back sight)	표고를 알고 있는 점(기지점)에 세운 표척의 읽음 값
기계고 (instrument height)	기준면에서 망원경 시준선까지의 높이
이기점 (turning point)	기계를 옮길 때 한 점에서 전시와 후시를 함께 취하는 점
중간점 (intermediate point)	표척을 세운 점의 표고만을 구하고자 전시만 취하는 점

09. 완화곡선의 성질에 대한 설명으로 옳은 것은?

① 완화곡선 시점에서 곡선반지름은 무한대이다.
② 완화곡선의 접선은 시점에서 원호에 접한다.
③ 완화곡선 종점에서 곡선반지름은 0이 된다.
④ 완화곡선의 곡선반지름과 슬랙의 감소율은 같다.

해설 완화곡선의 특징

㉠ 곡선반경은 완화곡선의 시점에서 무한대, 종점에서 원곡선 R로 된다.
㉡ 완화곡선의 접선은 시점에서 직선에, 종점에서 원호에 접한다.
㉢ 완화곡선에 연한 곡선반경의 감소율은 캔트는 같다.
㉣ 완화곡선의 종점의 캔트와 원곡선 시점의 캔트는 같다.
㉤ 완화곡선은 이정의 중앙을 통과한다.

10. 항공사진의 입체시에서 나타나는 과고감에 대한 설명으로 옳지 않은 것은?

① 인공적인 입체시에서 과장되어 보이는 정도를 말한다.
② 사진 중심으로부터 멀어질수록 방사상으로 발생된다.
③ 평면축척에 비해 수직축척이 크게 되기 때문이다.
④ 기선 고도비가 커지면 과고감도 커진다.

해설 과고감(Vertical Exaggeration)

㉠ 지표면의 기복을 과장하여 나타낸 것으로 낮고 평평한 지역에서의 지형판독에 도움이 되는 반면 경사면의 경사는 실제보다 급하게 보이므로 오판에 주의해야 한다.
㉡ 인공입체시할 경우 과장되어 보이는 정도를 말하며 항공사진을 입체시할 경우 평면축척보다 수직축척이 크기 때문에 실제 도형보다 높게 보이는 현상을 말한다. 과고감은 촬영높이에 대한 촬영기선 길이와의 비인 기선고도비에 비례하며 일반적으로 사람 눈의 시차각 분해 능력은 10~25도 정도이며 거리는 약 500~1,300미터에 해당한다.

Answer 08. ① 09. ① 10. ②

11. 그림과 같이 터널 내 수준측량을 하였을 경우 A점의 표고가 156.632m라면 B점의 표고는?

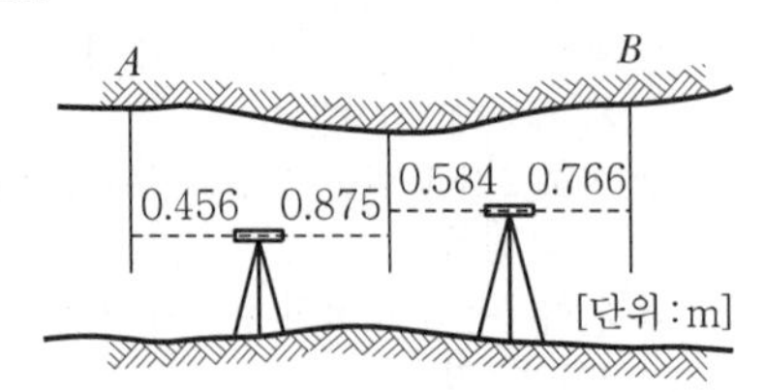

① 156.869m ② 157.233m
③ 157.781m ④ 158.401m

해설

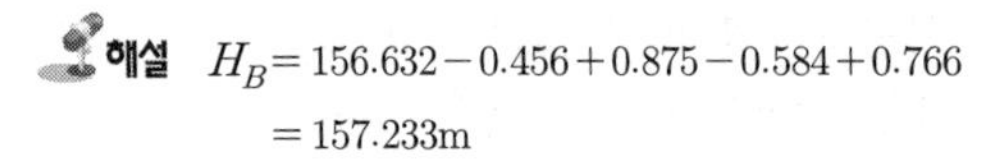

$H_B = 156.632 - 0.456 + 0.875 - 0.584 + 0.766$
$= 157.233\text{m}$

12. 항공삼각측량에서 사진좌표를 기본단위로 공선조건식을 이용하는 방법은?

① 에어로 폴리곤법(aeropolygon triangulation)
② 스트립조정법(strip aerotriangulation)
③ 독립모형법(independent model method)
④ 광속조정법(bundle adjustment)

해설 항공삼각측량에는 조정의 기본단위로서 블록(block), 스트립(strip), 모델(model), 사진(photo)이 있으며 이것을 기본단위로 하는 항공삼각측량 조정방법에는 다항식 조정법, 독립모델법, 광속조정법, DLT법 등이 있다.

㉠ 다항식 조정법(Polynomial Method)
촬영경로, 즉 종접합모형(Strip)을 기본단위로 하여 종횡접합모형, 즉 블록을 조정하는 것으로 촬영경로마다 접합표정 또는 개략의 절대표정을 한 후 복수촬영경로에 포함된 기준점과 접합표정을 이용하여 각 촬영경로의 절대표정을 다항식에 의한 최소제곱법으로 결정하는 방법이다.

㉡ 독립모델조정법(IMT : Independent Model Triangulation)
입체모형(Model)을 기본단위로 하여 접합점과 기준점을 이용하여 여러 모델의 좌표를 조정하는 방법에 의하여 절대좌표를 환산하는 방법

3. 광속조정법(Bundle Adjustment)
상좌표를 사진좌표로 변환시킨 다음 사진좌표(photo coordinate)로부터 직접절대좌표(absolute coordinate)를 구하는 것으로 종횡접합모형(block) 내의 각 사진상에 관측된 기준점, 접합점의 사진좌표를 이용하여 최소제곱법으로 각 사진의 외부표정요소 및 접합점의 최확값을 결정하는 방법이다.

4. DLT 방법(Direct Linear Transformation)
광속조정법의 변형인 DLT 방법은 상좌표로부터 사진좌표를 거치지 않고 11개의 변수를 이용하여 직접절대좌표를 구할 수 있다.

13. 축척 1 : 25,000 지형도에서 높이차가 120m인 두 점 사이의 거리가 2cm라면 경사각은?

① 13° 29′ 45″
② 13° 53′ 12″
③ 76° 06′ 48″
④ 76° 30′ 15″

해설

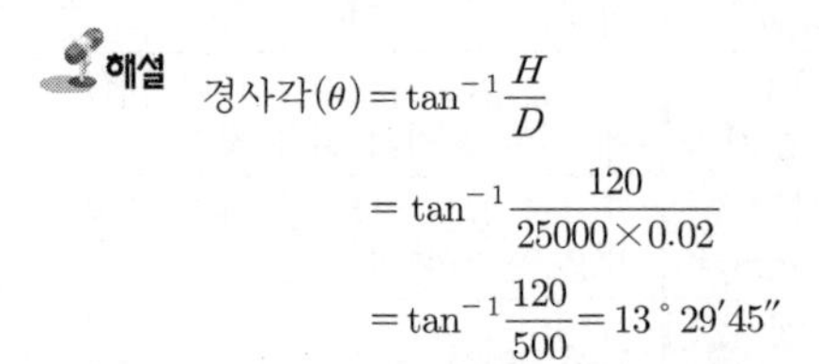

$$\text{경사각}(\theta) = \tan^{-1}\frac{H}{D} = \tan^{-1}\frac{120}{25000 \times 0.02} = \tan^{-1}\frac{120}{500} = 13°\,29'45''$$

14. 원곡선에서 교각 $I = 40°$, 반지름 $R = 150\text{m}$, 곡선시점 $\text{B.C} = \text{No.}32 + 40\text{m}$일 때, 도로 기점으로부터 곡선종점 E.C까지의 거리는?(단, 중심말뚝 간격은 20m)

① 104.7m ② 138.2m
③ 744.7m ④ 748.7m

해설

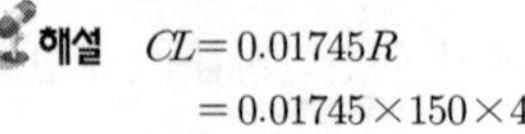

$CL = 0.01745R$
$= 0.01745 \times 150 \times 40 = 104.7\text{m}$
$EC = BC + CL$
$= 644 + 104.7 = 748.7\text{m}$

 Answer 11. ② 12. ④ 13. ① 14. ④

15. 터널 내 기준점측량에서 기준점을 보통 천장에 설치하는 이유로 틀린 것은?

① 파손될 염려가 적기 때문에
② 발견하기 쉽게 하기 위하여
③ 터널시공의 조명으로 사용하기 위하여
④ 운반이나 기타 작업에 장애가 되지 않게 하기 위하여

해설 터널 내 기준점측량에서 기준점을 보통 천장에 설치하는 이유

㉠ 운반이나 기타 작업에 장애가 되지 않게 하기 위하여
㉡ 파손될 염려가 적기 때문에
㉢ 발견하기 쉽게 하기 위하여

16. GNSS의 제어부문에 대한 설명으로 옳은 것은?

① 시스템을 구성하는 위성을 의미하며 위성의 개발, 제조, 발사 등에 관한 업무를 담당한다.
② 결정된 위치를 활용한 다양한 소프트웨어의 개발 등의 응용분야를 의미한다.
③ 위성에 대한 궤도모니터링, 위성의 상태 파악 및 각종 정보의 갱신 등의 업무를 담당한다.
④ 위성으로부터 수신된 신호로부터 수신기 위치를 결정하며, 이를 위한 다양한 장치를 포함한다.

해설 제어부문

제어부문은 위성에 대한 궤도모니터링, 위성의 상태 파악 및 각종 정보의 갱신 등의 업무를 담당한다.

1. 구성
   1개의 주제어국, 5개의 추적국 및 3개의 지상안테나(Up Link 안테나 : 전송국)
2. 기능
   ㉠ 주제어국 : 추적국에서 전송된 정보를 사용하여 궤도요소를 분석한 후 신규 궤도요소, 시계보정, 항법메시지 및 컨트롤 명령정보, 전리층 및 대류층의 주기적 모형화 등을 지상안테나를 통해 위성으로 전송함
   - 콜로라도 스프링스(Colorado Springs) – 미국 콜로라도주

   ㉡ 추적국 : GPS 위성의 신호를 수신하고 위성의 추적 및 작동상태를 감독하여 위성에 대한 정보를 주제어국으로 전송
   - 어세션(Ascension Is) – 대서양
   - 디에고 가르시아(Diego Garcia) – 인도양
   - 쿠에제린(Kwajalein Is) – 태평양
   - 하와이(Hawaii) – 태평양

   ㉢ 전송국 : 주관제소에서 계산된 결과치로서 시각보정값, 궤도보정치를 사용자에게 전달할 메시지 등을 위성에 송신하는 역할
   - 3개의 지상안테나(전송국) : 갱신자료 송신

17. 기존의 여러 수신기로부터 얻어진 GNSS 측량 자료를 후처리하기 위한 표준형식은?

① RTCM – SC ② NMEA
③ RTCA ④ RINEX

해설 신기독립변환형식(RINEX : Receiver Independent Exchange Format)

수신기독립변환형식는 GPS 데이터의 호환을 위한 표준화된 공통형식으로서 서로 다른 종류의 GPS 수신기를 사용하여 관측하여도 기선해석이 가능하게 하는 자료형식으로 전 세계적인 표준이다.

1. RINEX의 특징
   ㉠ 수신기의 출력형식과 포맷은 제조사에 따라 각각 다르기 때문에 기선해석이 불가능하여 이를 해결하기 위한 공통형식으로 사용되는 것이 RINEX 형식이다.
   ㉡ 공통형식으로 미국의 NGS(National Geodetic Survey) 포맷도 있다.
   ㉢ 최근 일반측량 S/W에도 RINEX 형식의 변환프로그램이 포함되어 시판된다.
   ㉣ 1996년부터 GPS의 공통형식으로 사용하고 있으며 향후에도 RINEX 형식에 의한 데이터 교환이 주류가 될 것이다.

Answer 15. ③ 16. ③ 17. ④

2. RINEX의 구성
   ㉠ 자료처리 및 컴퓨터 관련 기기 간의 통신을 위해 고안된 세계 표준코드인 ASCII (American Standard Code for Information Interchange) 형식으로 구성
   ㉡ 헤더 부분과 데이터 부분으로 구성되며 RINEX 파일의 종류에는 관측데이터, 항법메시지, 기상데이터파일이 있다.
   ㉢ 변환되는 공통자료는 의사거리, 위상자료, 도플러자료 등이다.

18. 태양 광선이 서북쪽에서 비친다고 가정하고, 지표의 기복에 대해 명암으로 입체감을 주는 지형 표시 방법은?

① 음영법　② 단채법
③ 점고법　④ 등고선법

해설 지형도에 의한 지형표시법

자연적 도법	영선법 (우모법) (Hatching)	"게바"라 하는 단선상(短線上)의 선으로 지표의 기본을 나타내는 것으로 게바의 사이, 굵기, 방향 등에 의하여 지표를 표시하는 방법
	음영법 (명암법) (Shading)	태양광선이 서북쪽에서 45°로 비친다고 가정하여 지표의 기복을 도상에서 2~3색 이상으로 채색하여 지형을 표시하는 방법으로 지형의 입체감이 가장 잘 나타나는 방법
부호적 도법	점고법 (Spot height system)	지표면상의 표고 또는 수심의 숫자에 의하여 지표를 나타내는 방법으로 하천, 항만, 해양 등에 주로 이용
	등고선법 (Contour System)	동일 표고의 점을 연결한 것으로 등고선에 의하여 지표를 표시하는 방법으로 토목공사용으로 가장 널리 사용
	채색법 (Layer System)	같은 등고선의 지대를 같은 색으로 채색하여 높을수록 진하게, 낮을수록 연하게 칠하여 높이의 변화를 나타내며 지리관계의 지도에 주로 사용

19. 촬영고도가 2,100m이고 인접 중복사진의 주점기선 길이는 70mm일 때 시차차가 1.6mm인 건물의 높이는?

① 12m　② 24m
③ 48m　④ 72m

해설

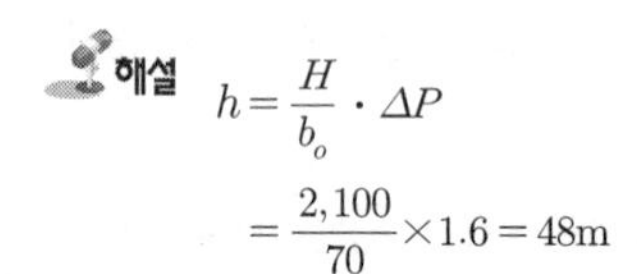

$$h=\frac{H}{b_o}\cdot \Delta P = \frac{2,100}{70}\times 1.6 = 48\text{m}$$

20. GNSS 측량에서 기준점측량(지적삼각점) 방식으로 옳은 것은?

① Stop & Go 측량방식
② Kinematic 측량방식
③ RTK 측량방식
④ Static 측량방식

해설 정지측량(Static Surveying)

정지측량은 2대 이상의 GPS 수신기를 이용하여 한 대는 고정점에, 다른 한 대는 미지점에 동시에 설치하여 관측하는 기법이다.

1. 측량방법
   ㉠ 3대 이상의 수신기를 이용하여 기지점과 미지점을 동시에 관측한다.(세션 관측)
   ㉡ 각 수신기의 데이터 수신시간은 최소 30분 이상 관측한다.
   ㉢ 관측된 데이터를 후처리 기법에 의하여 계산하여 미지점에 대한 좌푯값을 구한다.
2. 특징
   ㉠ 2개의 기지점이 필요하다.
   ㉡ 측량 정밀도가 높아 기준점 측량에 유효하게 활용된다.
   ㉢ 비교적 저렴한 비용으로 높은 정도의 좌푯값을 얻을 수 있다.
   ㉣ 오차의 크기는 1cm 정도이다.
   ㉤ 지적위성측량에 적용 시 기초(삼각)측량, 세부측량에 활용이 가능하다.

 Answer 18. ① 19. ③ 20. ④

응용측량(2017년 3회 지적기사)

01. 터널에서 수준측량을 실시한 결과가 표와 같을 때 측점 NO.3의 지반고는?(단, (-)는 천장에 설치된 측점이다.)

측점	후시(m)	전시(m)	지반고(m)
NO.0	0.87		43.27
NO.1	1.37	2.64	
NO.2	-1.47	-3.29	
NO.3	-0.22	-4.25	
NO.4		0.69	

① 36.80m ② 41.21m
③ 48.94m ④ 49.35m

해설

측점	B.S	F.S	I.H	G.H
0	0.87	-	43.27+0.87 =44.14	43.27
1	1.37	2.64	41.50+1.37 =42.87	44.14-2.64 =41.50
2	-1.47	-3.29	46.16+(-1.47) =44.69	42.87-(-3.29) =46.16
3	-0.22	-4.25	48.94+(-0.22) =48.72	44.69-(-4.25) =48.94
4	-	0.69	-	48.72-0.69 =48.03

해설 등고선의 종류

주곡선	지형을 표시하는 데 가장 기본이 되는 곡선으로 가는 실선으로 표시
간곡선	주곡선 간격의 $\frac{1}{2}$ 간격으로 그리는 곡선으로 완경사지나 주곡선만으로 지모를 명시하기 곤란한 장소에 가는 파선으로 표시
조곡선	간곡선 간격의 $\frac{1}{2}$ 간격으로 그리는 곡선으로 불규칙한 지형을 표시(주곡선 간격의 $\frac{1}{4}$간격으로 그리는 곡선)
계곡선	주곡선 5개마다 1개씩 그리는 곡선으로 표고의 읽음을 쉽게 하고 지모의 상태를 명시하기 위해 굵은 실선으로 표시

등고선의 간격

등고선 종류	기호	축척			
		$\frac{1}{5,000}$	$\frac{1}{10,000}$	$\frac{1}{25,000}$	$\frac{1}{50,000}$
주곡선	가는 실선	5	5	10	20
간곡선	가는 파선	2.5	2.5	5	10
조곡선 (보조곡선)	가는 점선	1.25	1.25	2.5	5
계곡선	굵은 실선	25	25	50	100

02. 지형측량에 관한 설명으로 틀린 것은?

① 축척 1 : 50000, 1 : 5000 지형도의 주곡선 간격은 각각 20m, 10m, 2m이다.
② 지성선은 지형을 묘사하기 위한 중요한 선으로 능선, 최대경사선, 계곡선 등이 있다.
③ 지형의 표시방법에는 우모법, 음영법, 채색법, 등고선법 등이 있다.
④ 등고선 중 간곡선 간격은 조곡선 간격의 2배이다.

03. 상호표정에 대한 설명으로 틀린 것은?

① 종시차는 상호표정에서 소거되지 않는다.
② 상호표정 후에도 횡시차는 남는다.
③ 상호표정으로 형성된 모델은 지상모델과 상사관계이다.
④ 상호표정에서 5개의 표정인자를 결정한다.

Answer 01. ③ 02. ① 03. ①

해설 1. 내부표정
내부표정이란 도화기의 투영기에 촬영 당시와 똑같은 상태로 양화건판을 정착시키는 작업이다.
㉠ 주점의 위치결정
㉡ 화면거리(f)의 조정
㉢ 건판의 신축측정, 대기굴절, 지구곡률 보정, 렌즈수차 보정

2. 외부표정
㉠ 상호표정
지상과의 관계는 고려하지 않고 좌우 사진의 양투영기에서 나오는 광속이 촬영 당시 촬영면에 이루어지는 종시차(ϕ)를 소거하여 목표 지형물의 상대위치를 맞추는 작업(κ, ϕ, ω, b_y, b_z)
㉡ 대지(절대)표정
상호표정이 끝난 입체모델을 지상 기준점(피사체 기준점)을 이용하여 지상좌표계(피사 체좌표계)와 일치하도록 하는 작업
- 축척의 결정
- 수준면(표고, 경사)의 결정
- 위치(방위)의 결정
- 절대표정인자 : λ, ϕ, ω, κ, b_x, b_y, b_z(7개의 인자로 구성)

3. 접합표정
한 쌍의 입체사진 내에서 한쪽의 표정인자는 전혀 움직이지 않고 다른 한쪽만을 움직여 그 다른 쪽에 접합시키는 표정법을 말하며, 삼각측정에 사용한다.
㉠ 7개의 표정인자 결정(λ, κ, ω, ϕ, c_x, c_y, c_z)
㉡ 모델 간, 스트립 간의 접합요소 결정(축척, 미소변위, 위치 및 방위)

04. 수준기의 감도가 4″인 레벨로 60m 전방에 세운 표척을 시준한 후 기포가 1눈금 이동하였을 때 발생하는 오차는?

① 0.6mm ② 1.2mm
③ 1.8mm ④ 2.4mm

해설 $l=\frac{\theta''}{\rho''}nD=\frac{4}{206265}\times 1\times 60=1.16=1.2\text{mm}$

05. 터널측량의 일반적인 순서로 옳은 것은?

A. 답사
B. 단면 측량
C. 지하 중심선 측량
D. 계획
E. 터널 내외 연결 측량
F. 지상 중심선 측량
G. 터널 내 수준 측량

① A→D→B→C→F→E→G
② D→A→F→C→E→G→B
③ A→D→C→F→E→G→B
④ D→A→C→F→G→B→E

해설 터널측량의 일반적 순서
계획→답사→지상 중심선 측량→지하 중심선 측량→터널 내외 연결측량→터널 내 수준측량→단면측량

06. 등고선에 대한 설명으로 틀린 것은?

① 높이가 다른 두 등고선은 어떠한 경우도 서로 교차하지 않는다.
② 동일 등고선상에 있는 모든 점은 같은 높이이다.
③ 등고선은 도면 내외에서 폐합하는 폐곡선이다.
④ 지도의 도면 내에서 폐합하는 경우 등고선의 내부에 산꼭대기 또는 분지가 있다.

해설 등고선의 성질
㉠ 동일 등고선상에 있는 모든 점은 같은 높이이다.
㉡ 등고선은 반드시 도면 안이나 밖에서 서로가 폐합한다.
㉢ 지도의 도면 내에서 폐합되면 가장 가운데 부분을 산꼭대기(산정) 또는 凹지(요지)가 된다.
㉣ 등고선은 도중에 없어지거나 엇갈리거나 합쳐지거나 갈라지지 않는다.
㉤ 높이가 다른 두 등고선은 동굴이나 절벽의 지형이 아닌 곳에서는 교차하지 않는다.
㉥ 등고선은 경사가 급한 곳에서는 간격이 좁

고 완만한 경사에서는 넓다.

ⓢ 최대경사의 방향은 등고선과 직각으로 교차한다.

ⓞ 분수선(능선)과 곡선(유하선)은 등고선과 직각으로 만난다.

ⓩ 2쌍의 등고선의 볼록부가 상대할 때는 볼록부를 나타낸다.

ⓒ 동등한 경사의 지표에서 양 등고선의 수평거리는 같다.

ⓚ 같은 경사의 평면일 때는 나란한 직선이 된다.

ⓣ 등고선이 능선을 직각방향으로 횡단한 다음 능선 다른 쪽을 따라 거슬러 올라간다.

ⓟ 등고선의 수평거리는 산꼭대기 및 산 밑에서는 크고 산 중턱에서는 작다.

07. 수십 MHz~수 GHz 주파수 대역의 전자기파를 이용하여 전자기파의 반사와 회절현상 등을 측정하고 이를 해석하여 지하구조의 파악 및 지하시설물을 측량하는 방법은?

① 지표 투과 레이더(GPR) 탐사법
② 초장기선 전파간섭계법
③ 전자유도 탐사법
④ 자기 탐사법

해설

전자유도측량 방법	지표로부터 매설된 금속관로 및 케이블 관측과 탐침을 이용하여 공관로나 비금속관로를 관측할 수 있는 방법으로, 장비가 저렴하고 조작이 용이하며 운반이 간편하여 지하시설물 측량기법 중 가장 널리 이용되는 방법이다.
지중레이더 측량 기법	지중레이더 측량기법은 전자파의 반사의 성질을 이용하여 지하시설물을 측량하는 방법이다.
음파측량기법	전자유도 측량방법으로 측량이 불가능한 비금속 지하시설물에 이용하는 방법으로 물이 흐르는 관 내부에 음파신호를 보내면 관 내부에 음파가 발생된다. 이때 수신기를 이용하여 발생된 음파를 측량하는 기법이다.
지표 투과 레이더(GPR) 탐사법	수십 MHz ~ 수 GHz 주파수 대역의 전자기파를 이용하여 전자기파의 반사와 회절 현상 등을 측정하고 이를 해석하여 지하구조의 파악 및 지하시설물을 측량하는 기법이다.

08. 수준점 A, B, C에서 수준측량을 한 결과가 표와 같을 때 P점의 최확값은?

수준점	표고(m)	고저차 관측값(m)		노선거리(km)
A	19.332	A→P	+1.533	2
B	20.933	B→P	−0.074	4
C	18.852	C→P	+1.986	3

① 20.839m ② 20.842m
③ 20.855m ④ 20.869m

해설 $P_A = 19.332 + 1.533 = 20.865$

$P_B = 20.933 - 0.074 = 20.859$

$P_C = 18.852 + 1.986 = 20.838$

경중률은 노선거리에 반비례한다.

$P_A : P_B : P_C = \frac{1}{2} : \frac{1}{4} : \frac{1}{3} = 6 : 3 : 4$

$H_P = 20 + \frac{6\times0.865 + 3\times0.859 + 4\times0.838}{6+3+4}$

$= 20.855\text{m}$

09. 클로소이드 곡선 설치의 평면선형에 대한 설명으로 옳은 것은?

① 기본형은 직선 − 클로소이드 − 직선으로 연결한 선형이다.
② S형은 반향곡선 사이에 두 개의 클로소이드를 연결한 선형이다.
③ 볼록(凸)형은 복심곡선 사이에 클로소이드를 삽입한 것이다.
④ 복합형은 같은 방향으로 구부러진 2개의 클로소이드를 직선적으로 삽입한 것이다.

Answer 07. ① 08. ③ 09. ②

해설 클로소이드 형식

기본형	직선, 클로소이드, 원곡선 순으로 나란히 설치되어 있는 것	직선, 원곡선, 직선, 클로소이드 A_1, 클로소이드 A_1
S형	반향곡선의 사이에 클로소이드를 삽입한 것	원곡선 R_1, 클로소이드 A_1, 클로소이드 A_2, 원곡선 R_2
난형	복심곡선의 사이에 클로소이드를 삽입한 것	원곡선, 클로소이드 A, 원곡선
凸형	같은 방향으로 구부러진 2개 이상의 클로소이드를 직선적으로 삽입한 것	원곡선, 클로소이드 A_1, 클로소이드 A_1
복합형	같은 방향으로 구부러진 2개 이상의 클로소이드를 이은 것으로 모든 접합부에서 곡률은 같다.	클로소이드 A_1, 클로소이드 A, 클로소이드 A_2

10. 그림과 같이 $\overline{BC}$와 평행한 $\overline{xy}$로 면적을 m : n = 1 : 4의 비율로 분할하고자 한다. AB = 75m일 때 $\overline{Ax}$의 거리는?

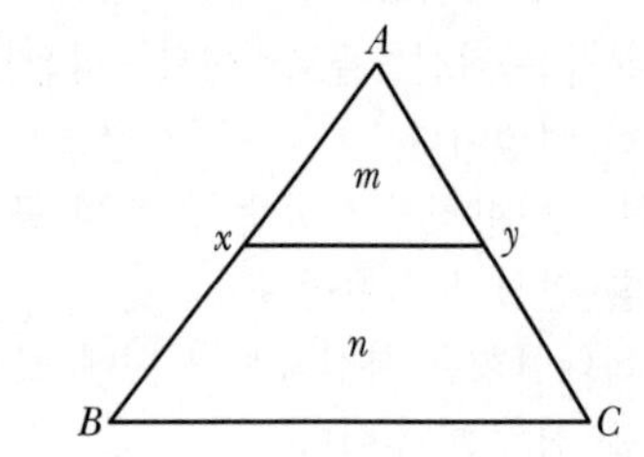

① 15.0m ② 18.8m
③ 33.5m ④ 37.5m

해설 $AD = AB\sqrt{\dfrac{m}{m+n}} = 75\sqrt{\dfrac{1}{1+4}} = 33.5\text{m}$

1변에 평행한 직선에 따른 분할

$\triangle ADE : DBCE = m : n$으로 분할

$$\frac{\triangle ADE}{\triangle ABC} = \frac{m}{m+n} = \left(\frac{DE}{BC}\right)^2 = \left(\frac{AD}{AB}\right)^2 = \left(\frac{AE}{AC}\right)^2$$

$$\therefore AD = AB\sqrt{\frac{m}{m+n}}$$

$$\therefore AE = AC\sqrt{\frac{m}{m+n}}$$

11. 사진축척 1 : 20000, 초점거리 15cm, 사진크기 23cm×23cm로 촬영한 연직 사진에서 주점으로부터 100mm 떨어진 위치에 철탑의 정상부가 찍혀 있다. 이 철탑의 사진상에서 길이가 5mm이었다면 철탑의 실제 높이는?

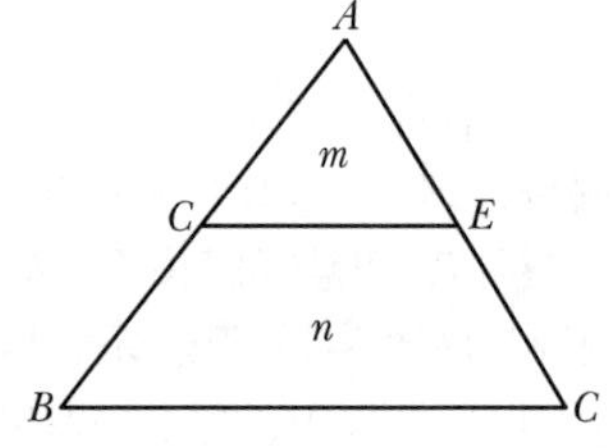

① 50m ② 100m
③ 150m ④ 200m

해설 $\dfrac{1}{m} = \dfrac{f}{H}$에서

$H = mf = 20{,}000 \times 0.15 = 3{,}000\text{m}$

$h = \dfrac{H}{b_0} \times \Delta p = \dfrac{3{,}000}{0.10} \times 0.005 = 150\text{m}$

12. GNSS 측량방법 중 후처리방식이 아닌 것은?

① Static 방법
② Kinematic 방법
③ Pseudo-Kinematic 방법
④ Real-Time Kinematic 방법

해설 실시간이동측량(Real Time Kinematic)

㉠ 후처리에 의한 성과 산출 및 점검을 위하여 관측신호를 기록할 수 있도록 GNSS측량기에 기능을 설정할 것
㉡ 기준국과 이동관측점 간의 무선데이터 송수신이 원활하도록 설정하고, 관측 중 송수신 상황을 수시로 점검할 것

 Answer 10. ③ 11. ③ 12. ④

13. 곡률반지름이 현의 길이에 반비례하는 곡선으로 시가지 철도 및 지하철 등에 주로 사용되는 완화곡선은?

① 렘니스케이트
② 반파장 체감곡선
③ 클로소이드
④ 3차포물선

14. 사진판독에 대한 설명으로 옳지 않은 것은?

① 사진판독 요소에는 색조, 형태, 질감, 크기, 형상, 음영 등이 있다.
② 사진의 판독에는 보통 흑백 사진보다 천연색 사진이 유리하다.
③ 사진판독에서 얻을 수 있는 자료는 사진의 질과 사진판독의 기술, 전문적 지식 및 경험 등에 좌우된다.
④ 사진판독의 작업은 촬영계획, 촬영과 사진작성, 정리, 판독, 판독기준의 작성 순서로 진행된다.

해설 사진판독은 사진면으로부터 얻어진 여러 가지 피사체(대상물)의 정보 중 특성을 목적에 따라 적절히 해석하는 기술로서 이것을 기초로 하여 대상체를 종합분석함으로써 피사체(대상물) 또는 지표면의 형상, 지질, 식생, 토양 등의 연구수단으로 이용하고 있다.

1. 사진판독 요소

요소	분류	특징
주요소	색조	피사체(대상물)가 갖는 빛의 반사에 의한 것으로 수목의 종류를 판독하는 것을 말한다.
	모양	피사체(대상물)의 배열상황에 의하여 판별하는 것으로 사진상에서 볼 수 있는 식생, 지형 또는 지표상의 색조 등을 말한다.
	질감	색조, 형상, 크기, 음영 등의 여러 요소의 조합으로 구성된 조밀, 거칢, 세밀함 등으로 표현하며 초목 및 식물의 구분을 나타낸다.
	형상	개체나 목표물의 구성, 배치 및 일반적인 형태를 나타낸다.
	크기	어느 피사체(대상물)가 갖는 입체적, 평면적인 넓이와 길이를 나타낸다.
	음영	판독 시 빛의 방향과 촬영 시의 빛의 방향을 일치시키는 것이 입체감을 얻는 데 용이하다.
보조요소	상호위치관계	어떤 사진상이 주위의 사진상과 어떠한 관계가 있는가 파악하는 것으로 주위의 사진상과 연관되어 성립되는 것이 일반적인 경우이다.
	과고감	과고감은 지표면의 기복을 과장하여 나타낸 것으로 낮고 평평한 지역에서의 지형판독에 도움이 되는 반면 경사면의 경사는 실제보다 급하게 보이므로 오판에 주의해야 한다.

2. 사진판독의 장단점

㉠ 단시간에 넓은 지역의 정보를 얻을 수 있다.
㉡ 대상지역의 여러 가지 정보를 종합적으로 획득할 수 있다.
㉢ 현지에 직접 들어가기 곤란한 경우도 정보 취득이 가능하다.

Answer 13. ① 14. ④

㉣ 정보가 사진에 의해 정확히 기록 · 보존 된다.

3. 사진판독의 순서
촬영계획 → 촬영 → 판독기준의 작성 → 판독 → 현지조사 → 정리

15. GNSS 위치결정에서 정확도와 관련된 위성의 위치 상태에 관한 내용으로 옳지 않은 것은?

① 결정좌표의 정확도는 정밀도 저하율(DOP)과 단위관측정확도의 곱에 의해 결정된다.
② 3차원 위치는 TDOP(Time DOP)에 의해 정확도가 달라진다.
③ 최적의 위성배치는 한 위성은 관측자의 머리 위에 있고 다른 위성의 배치가 각각 120°를 이룰 때이다.
④ 높은 DOP는 위성의 배치 상태는 나쁘다는 것을 의미한다.

해설 위성의 배치상태에 따른 오차

1. 정밀도 저하율(DOP ; Dilution of Precision)
GNSS 관측지역의 상공을 지나는 위성의 기하학적 배치상태에 따라 측위의 정확도가 달라지는데 이를 DOP(Dilution of Precision)이라 한다.(정밀도 저하율)
㉠ 종류
- GDOP : 기하학적 정밀도 저하율
- PDOP : 위치 정밀도 저하율
- HDOP : 수평 정밀도 저하율
- VDOP : 수직 정밀도 저하율
- RDOP : 상대 정밀도 저하율
- TDOP : 시간 정밀도 저하율

㉡ 특징
- 3차원 위치의 정확도는 PDOP에 따라 달라지는데 PDOP는 4개의 관측위성들이 이루는 사면체의 체적이 최대일 때 가장 정확도가 좋으며 이때는 관측자의 머리 위에 다른 3개의 위성이 각각 120°를 이룰 때이다.
- DOP는 값이 작을수록 정확한데 1이 가장 정확하고 5까지는 실용상 지장이 없다.

16. 수준측량과 관련된 용어에 대한 설명으로 틀린 것은?

① 후시는 기지점에 세운 표척의 읽음 값이다.
② 전시는 미지점 표척의 읽음 값이다.
③ 중간점은 오차가 발생해도 다른 지점에 영향이 없다.
④ 이기점은 전시와 후시값이 항상 같게 된다.

해설

용어	설명
기준면(datum)	표고의 기준이 되는 수평면을 기준면이라 하며 표고는 0으로 정한다. 기준면은 계산을 위한 가상면이며 평균해면을 기준면으로 한다.
평균해면 (mean sea level)	여러 해 동안 관측한 해수면의 평균값
지오이드(Geoid)	평균해수면으로 전 지구를 덮었다고 가정한 곡면
수준원점 (OBM : Original Bench Mark)	수준측량의 기준이 되는 기준면으로부터 정확한 높이를 측정하여 기준이 되는 점
수준점 (BM : Bench Mark)	수준원점을 기점으로 하여 전국 주요지점에 수준표석을 설치한 점 • 1등 수준점 : 4km마다 설치 • 2등 수준점 : 2km마다 설치
표고(elevation)	국가 수준기준면으로부터 그 점까지의 연직거리
전시(fore sight)	표고를 알고자 하는 점(미지점)에 세운 표척의 읽음 값
후시(back sight)	표고를 알고 있는 점(기지점)에 세운 표척의 읽음 값
기계고(instrument height)	기준면에서 망원경 시준선까지의 높이
이기점 (turning point)	기계를 옮길 때 한 점에서 전시와 후시를 함께 취하는 점
중간점 (intermediate point)	표척을 세운 점의 표고만을 구하고자 전시만 취하는 점

17. 등고선 측량방법 중 표고를 알고 있는 기지점에서 중요한 지성선을 따라 측선을 설치하고, 측선을 따라 여러 점의 표고와 거리를 측량하여 등고선을 측량하는 방법은?

① 방안법 ② 횡단점법
③ 영선법 ④ 종단점법

Answer 15. ② 16. ④ 17. ④

해설 등고선의 측정방법

[기지점의 표고를 이용한 계산법]

기지점의 표고를 이용한 계산법	$D : H = d_1 : h_1 \quad \therefore d_1 = \frac{D}{H} \times h_1$ $D : H = d_2 : h_2 \quad \therefore d_2 = \frac{D}{H} \times h_2$ $D : H = d_3 : h_3 \quad \therefore d_3 = \frac{D}{H} \times h_3$
목측에 의한 방법	현장에서 목측에 의해 점의 위치를 대충 결정하여 그리는 방법으로 1/10,000 이하의 소축척의 지형 측량에 이용되며 많은 경험이 필요하다.
방안법 (좌표점고법)	각 교점의 표고를 측정하고 그 결과로부터 등고선을 그리는 방법으로 지형이 복잡한 곳에 이용한다.
종단점법	지형상 중요한 지성선 위의 여러 개의 측선에 대하여 거리와 표고를 측정하여 등고선을 그리는 방법으로 비교적 소축척의 산지 등의 측량에 이용
횡단점법	노선측량의 평면도에 등고선을 삽입할 경우에 이용되며 횡단측량의 결과를 이용하여 등고선을 그리는 방법이다.

18. GNSS 측량에서 위도, 경도, 고도, 시간에 대한 차분해(differential solution)를 얻기 위해서는 최소 몇 개의 위성이 필요한가?

① 2　　② 4

③ 6　　④ 8

해설 GNSS 측량에서 위도, 경도, 고도, 시간에 대한 차분해를 얻기 위해서는 최소 4개 이상의 위성이 필요하다.

19. 단곡선에서 반지름 R=300m, 교각 I=60°일 때, 곡선길이(C.L.)는?

① 310.10m　　② 315.44m

③ 314.16m　　④ 311.55m

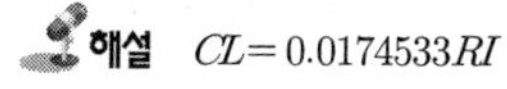

$CL = 0.0174533RI$

$= 0.0174533 \times 300 \times 60° = 314.16\text{m}$

20. 단곡선 설치에서 두 접선의 교각이 60°이고, 외선 길이(E)가 14m인 단곡선의 반지름은?

① 24.2m　　② 60.4m

③ 90.5m　　④ 104.5m

$E = R\left(\sec\frac{I}{2} - 1\right)$에서

$R = \frac{E}{\sec\frac{I}{2} - 1} = \frac{14}{\frac{1}{\cos 30} - 1} = 90.498 = 90.5\text{m}$

응용측량(2017년 3회 지적산업기사)

01. GPS의 위성신호에서 P코드의 주파수 크기로 옳은 것은?

① 10.23MHz ② 1227.60MHz
③ 1574.42MHz ④ 1785.13MHz

해설 GPS 신호

GPS 신호는 C/A코드, P코드 및 항법메시지 등의 측위 계산용 신호가 각기 다른 주파수를 가진 L1 및 L2 파의 2개 전파에 실려 지상으로 방송이 되며 L1/L2 파는 코드신호 및 항법메시지를 운반한다고 하여 반송파(Carrier Wave)라고 한다.

<table>
<tr><th>신호</th><th>구분</th><th>내용</th></tr>
<tr><td rowspan="2">반송파
(Carrier)</td><td>L1</td><td>• 주파수
1,575.42MHz(154×10.23MHz),
파장 19cm
• C/A code와 P code 변조 가능</td></tr>
<tr><td>L2</td><td>• 주파수
1,227.60MHz(120×10.23MHz),
파장 24cm
• P code만 변조 가능</td></tr>
<tr><td rowspan="2">코드
(Code)</td><td>P code</td><td>• 반복주기 7일인 PRN code(Pseudo Random Noise code)
• 주파수 10.23MHz, 파장 30m(29.3m)</td></tr>
<tr><td>C/A code</td><td>• 반복주기 : 1ms(milli-second)로 1.023Mbps로 구성된 PPN code
• 주파수 1.023MHz, 파장 300m(293m)</td></tr>
<tr><td rowspan="3">Navigation Message</td><td colspan="2">GPS 위성의 궤도, 시간, 기타 System Para-meter들을 포함하는 Data bit</td></tr>
<tr><td colspan="2">측위계산에 필요한 정보
• 위성탑재 원자시계 및 전리층 보정을 위한 Parameter 값
• 위성궤도정보
• 타 위성의 항법메시지 등을 포함</td></tr>
<tr><td colspan="2">위성궤도정보에는 평균근점각, 이심률, 궤도장반경, 승교점적경, 궤도경사각, 근지점인수 등 기본적인 양 및 보정항이 포함</td></tr>
</table>

02. 그림과 같은 사면을 지형도에 표시할 때에 대한 설명으로 옳은 것은?

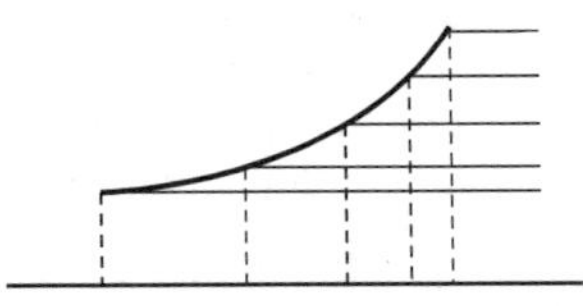

① 지형도상의 등고선 간의 거리가 일정한 사면
② 지형도상에서 상부는 등고선 간의 거리가 넓고 하부에서는 좁은 사면
③ 지형도상에서 상부는 등고선 간의 거리가 좁고 하부에서는 넓은 사면
④ 지형도상에서 등고선 간의 거리가 높이에 비례하여 일정하게 증가하는 사면

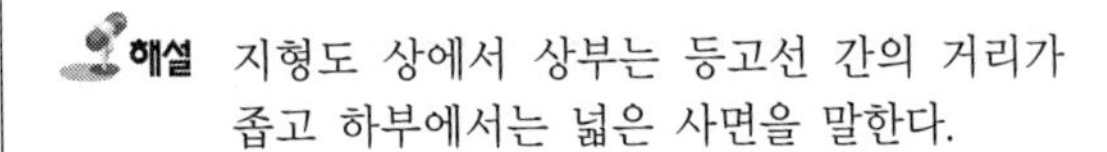

해설 지형도 상에서 상부는 등고선 간의 거리가 좁고 하부에서는 넓은 사면을 말한다.

03 출발점에 세운 표척과 도착점에 세운 표척을 같게 하는 이유는?

① 정준의 불량으로 인한 오차를 소거한다.
② 수직축의 기울어짐으로 인한 오차를 제거한다.
③ 기포관의 감도불량으로 인한 오차를 제거한다.
④ 표척의 상태(마모 등)로 인한 오차를 소거한다.

해설 직접수준측량의 주의사항

1. 수준측량은 반드시 왕복측량을 원칙으로 하며, 노선은 다르게 한다.
2. 정확도를 높이기 위하여 전시와 후시의 거리는 같게 한다.
3. 이기점(TP)은 1mm까지 그 밖의 점에서는 5mm 또는 1cm 단위까지 읽는 것이 보통이다.

 Answer 01. ① 02. ③ 03. ④

4. 직접수준측량의 시준거리
   ㉠ 적당한 시준거리 : 40~60m(60m가 표준)
   ㉡ 최단거리는 3m이며, 최장거리 100~180m 정도이다.

5. 눈금오차(영점오차) 발생 시 소거방법
   ㉠ 기계를 세운 표척이 짝수가 되도록 한다.
   ㉡ 이기점(T.P)이 홀수가 되도록 한다.
   ㉢ 출발점에 세운 표척을 도착점에 세운다.

04. 그림과 같은 수준망에서 수준점 P의 최확값은?(단, A점에서의 관측지반고 10.15m, B점에서의 관측지반고 10.16m, C점에서의 관측지반고 10.18m)

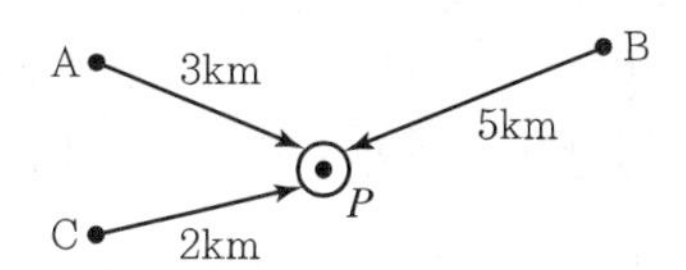

① 10.180m ② 10.166m
③ 10.152m ④ 10.170m

해설 경중률은 노선거리에 반비례한다.

$$P_1 : P_2 : P_3 = \frac{1}{S_1} : \frac{1}{S_2} : \frac{1}{S_3} = \frac{1}{3} : \frac{1}{5} : \frac{1}{2}$$
$$= 10 : 6 : 15$$
$$(L_o) = \frac{P_1H_1 + P_2H_2 + P_3H_3}{P_1 + P_2 + P_3}$$
$$= \frac{10 \times 10.15 + 6 \times 10.16 + 15 \times 10.18}{10 + 6 + 15}$$
$$= 10.166\text{m}$$

05. 다음 중 터널에서 중심선 측량의 가장 중요한 목적은?

① 터널 단면의 변위 측정
② 인조점의 바른 매설
③ 터널입구 형상의 측정
④ 정확한 방향과 거리 측정

해설 터널의 중심선 측량은 양갱구(兩坑口)의 중심선상에 기준점을 설치하고 이 두 점의 좌표를 구하여 터널을 굴진(掘進)하기 위한 방향을 줌과 동시에 정확한 거리를 찾아내는 것이 목적이다. 터널측량에 있어서 방향과 고저, 특히 방향의 오차는 영향이 크므로 되도록 직접 구하여 터널을 굴진하기 위한 방향을 구하는 것과 동시에 정확한 거리를 찾아내는 것이 목적이다.

06. 터널 내 두 점의 좌표가 A점(102.34m, 340.26m), B점(145.45m, 423.86m)이고 표고는 A점 53.20m, B점 82.35m일 때 터널의 경사각은?

① 17°12′7″ ② 17°13′7″
③ 17°14′7″ ④ 17°15′7″

해설
$$\overline{AB} = \sqrt{(145.45 - 102.34)^2 + (423.86 - 340.26)^2}$$
$$= 94.06\text{m}$$
$$\theta = \tan^{-1}\frac{82.35 - 53.20}{94.06} = 17°13'7.16''$$

07. 단곡선을 설치하기 위해 교각을 관측하여 46° 30′를 얻었다. 곡선 반지름이 200m일 때 교점으로부터 곡선시점까지의 거리는?

① 210.76m ② 105.38m
③ 85.93m ④ 85.51m

해설
$$TL = R\tan\frac{I}{2} = 200 \times \tan\frac{46°30'}{2} = 85.93\text{m}$$

08. 지적삼각점의 신설을 위해 가장 적합한 GNSS 측량방법은?

① 정지측량방식(static)
② DGPS(Differential GPS)
③ Stop & Go 방식
④ RTK(Real Time Kinematic)

해설 정지측량
GPS 측량기를 사용하여 기초측량 또는 세부측량을 하고자 하는 때에는 정지측량(Static) 방법에 의한다.
정지측량방법은 2개 이상의 수신기를 각 측점에 고정하고 양 측점에서 동시에 4개 이상의 위성으로부터 신호를 30분 이상 수신하는 방식이다.

Answer 04. ② 05. ④ 06. ② 07. ③ 08. ①

09. 지형도의 표시방법에 해당되지 않는 것은?

① 등고선법 ② 방사법
③ 점고법 ④ 채색법

해설 지형도에 의한 지형표시법

자연적 도법	영선법 (우모법) (Hatching)	"게바"라 하는 단선상(短線上)의 선으로 지표의 기본을 나타내는 것으로 게바의 사이, 굵기, 방향 등에 의하여 지표를 표시하는 방법
	음영법 (명암법) (Shading)	태양광선이 서북쪽에서 45°로 비친다고 가정하여 지표의 기복을 도상에서 2~3색 이상으로 채색하여 지형을 표시하는 방법으로 지형의 입체감이 가장 잘 나타나는 방법
부호적 도법	점고법 (Spot height system)	지표면상의 표고 또는 수심의 숫자에 의하여 지표를 나타내는 방법으로 하천, 항만, 해양 등에 주로 이용
	등고선법 (Contour System)	동일 표고의 점을 연결한 것으로 등고선에 의하여 지표를 표시하는 방법으로 토목공사용으로 가장 널리 사용
	채색법 (Layer System)	같은 등고선의 지대를 같은 색으로 채색하여 높을수록 진하게, 낮을수록 연하게 칠하여 높이의 변화를 나타내며 지리관계의 지도에 주로 사용

10. 지형측량의 작업공정으로 옳은 것은?

① 측량계획 → 조사 및 선점 → 세부측량 → 기준점측량 → 측량원도 작성 → 지도편집
② 측량계획 → 조사 및 선점 → 기준점측량 → 측량원도 작성 → 세부측량 → 지도편집
③ 측량계획 → 기준점측량 → 조사 및 선점 → 세부측량 → 측량원도 작성 → 지도편집
④ 측량계획 → 조사 및 선점 → 기준점측량 → 세부측량 → 측량원도 작성 → 지도편집

해설 1. 지형측량의 작업순서
측량계획 → 답사 및 선점 → 기준점(골조) 측량 → 세부측량 → 측량원도 작성 → 지도편집
2. 측량계획, 답사 및 선점 시 유의사항
㉠ 측량범위, 축척, 도식 등을 결정한다.
㉡ 지형도 작성을 위해서 가능한 자료를 수집한다.
㉢ 작업의 용이성, 시간, 비용, 정밀도 등을 고려하여 선점한다.
㉣ 날씨 등의 외적 조건의 변화를 고려하여 여유있는 작업 일지를 취한다.
㉤ 측량의 순서, 측량 지역의 배분 및 연결 방법 등에 대해 작업원 상호의 사전조정을 한다.
㉥ 가능한 한 초기에 오차를 발견할 수 있는 작업방법과 계산방법을 택한다.

11. 수치사진측량에서 영상정합의 분류 중, 영상소의 밝기값을 이용하는 정합은?

① 영역기준 정합 ② 관계형 정합
③ 형상기준 정합 ④ 기호 정합

해설 1. 영상정합(Image Matching)
입체영상 중 한 영상의 한 위치에 해당하는 실제의 객체가 다른 영상의 어느 위치에 형성되어 있는가를 발견하는 작업으로서 상응하는 위치를 발견하기 위해 유사성 측정을 하는 것이다.
2. 영상정합의 분류
㉠ 영역기준정합(Area-based Matching) : 영상소의 밝기값 이용
- 밝기값상관법(GVC : Gray Value Correlation)
- 최소제곱정합법(LSM : Least Square Matching)
㉡ Feature Matching : 경계정보 이용
㉢ Relation Matching : 대상물의 점, 선, 밝기값 등을 이용

12. 곡선반지름 115m인 원곡선에서 현의 길이 20m에 대한 편각은?

① 2°51′21″ ② 3°48′29″
③ 4°58′56″ ④ 5°29′38″

해설 $\delta = 1718.87' \dfrac{20}{115} = 4°58'56''$

13. 화각(피사각)이 90°이고 일반도화 판독용으로 사용하는 카메라로 옳은 것은?

① 초광각 카메라 ② 광각 카메라
③ 보통각 카메라 ④ 협각 카메라

해설 사용 카메라의 의한 분류

종류	렌즈의 화각	화면 크기 (cm)	용도	비고
초광각 사진	120°	23×23	소축척 도화용	완전평지에 이용
광각 사진	90°	23×23	일반도화, 사진 판독용	경제적 일반도화
보통각 사진	60°	18×18	산림 조사용	• 산악지대 도심지촬영 • 정면도 제작
협각 사진	약 60° 이하		특수한 대축척 도화용	특수한 평면도 제작

14. 노선측량에 사용되는 곡선 중 주요 용도가 다른 것은?

① 2차 포물선
② 3차 포물선
③ 클로소이드 곡선
④ 렘니스케이트 곡선

해설

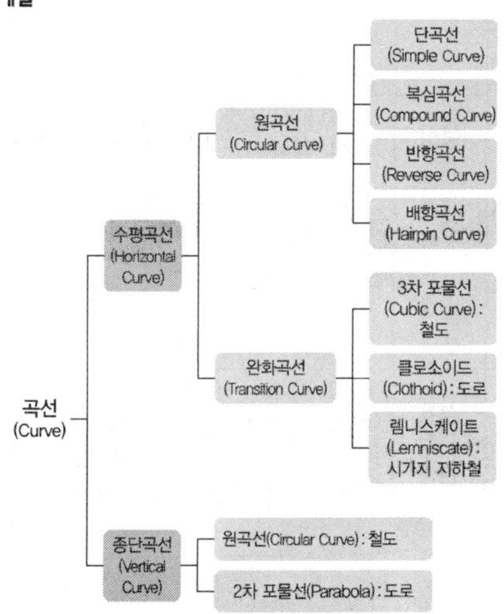

15. 간접수준측량으로 관측한 수평거리가 5km일 때, 지구의 곡률오차는?(단, 지구의 곡률반지름은 6,370km)

① 0.862m ② 1.962m
③ 3.925m ④ 4.862m

해설 $h=\dfrac{S^2}{2R}=\dfrac{5,000^2}{2\times 6,370,000}=1.962\text{m}$

16. GNSS(Golbal Navigation Satellite System) 측량에서 의사거리 결정에 영향을 주는 오차의 원인으로 가장 거리가 먼 것은?

① 위성의 궤도 오차
② 위성의 시계 오차
③ 안테나의 구심 오차
④ 지상의 기상 오차

해설 구조적인 오차

1. 위성에서 발생하는 오차
   ㉠ 위성시계오차
   ㉡ 위성궤도오차
2. 대기권 전파지연
   ㉠ 위성신호의 전리층 통과 시 전파 지연 오차
   ㉡ 수신기에서 발생하는 오차
   - 수신기 자체의 전파적 잡음에 의한 오차
   - 안테나의 구심오차, 높이 오차 등
   - 전파의 다중경로(Multipath)에 의한 오차

종류	특징
위성시계 오차	GPS 위성에 내장되어 있는 시계의 부정확성으로 인해 발생
위성궤도 오차	위성궤도 정보의 부정확성으로 인해 발생
대기권 전파 지연	위성신호의 전리층, 대류권 통과 시 전파지연오차(약 2m)
전파적 잡음	수신기 자체에서 발생하며 PRN코드 잡음과 수신기 잡음이 합쳐져서 발생
다중경로 (Multipath)	다중경로오차는 GPS 위성으로 직접 수신된 전파 이외에 부가적으로 주위의 지형, 지물에 의한 반사된 전파로 인해 발생하는 오차로서 측위에 영향을 미친다.

Answer 13. ② 14. ① 15. ② 16. ④

다중경로 (Multipath)	• 다중경로는 금속제 건물, 구조물과 같은 커다란 반사적 표면이 있을 때 일어난다. • 다중경로의 결과로서 수신된 GPS신호는 처리될 때 GPS 위치의 부정확성을 제공한다. • 다중경로가 일어나는 경우를 최소화하기 위하여 미션 설정, 수신기, 안테나 설계 시에 고려한다면 다중경로의 영향을 최소화할 수 있다. • GPS 신호시간의 기간을 평균하는 것도 다중경로의 영향을 감소시킨다. • 가장 이상적인 방법은 다중경로의 원인이 되는 장애물에서 멀리 떨어져서 관측하는 방법이다.

17. 항공사진의 특수 3점에 해당되지 않는 것은?

① 부점 ② 연직점
③ 등각점 ④ 주점

해설

특수 3점	특징
주점 (Principal Point)	주점은 사진의 중심점이라고도 한다. 주점은 렌즈 중심으로부터 화면(사진면)에 내린 수선의 발을 말하며 렌즈의 광축과 화면이 교차하는 점이다.
연직점 (Nadir Point)	• 렌즈 중심으로부터 지표면에 내린 수선의 발을 말하고 N을 지상연직점(피사체연직점), 그 선을 연장하여 화면(사진면)과 만나는 점을 화면연직점(n)이라 한다. • 주점에서 연직점까지의 거리(mn) = $f\tan i$
등각점 (Isocenter)	• 주점과 연직점이 이루는 각을 2등분한 점으로 또한 사진면과 지표면에서 교차되는 점을 말한다. • 주점에서 등각점까지의 거리(mn) = $f\tan\frac{i}{2}$

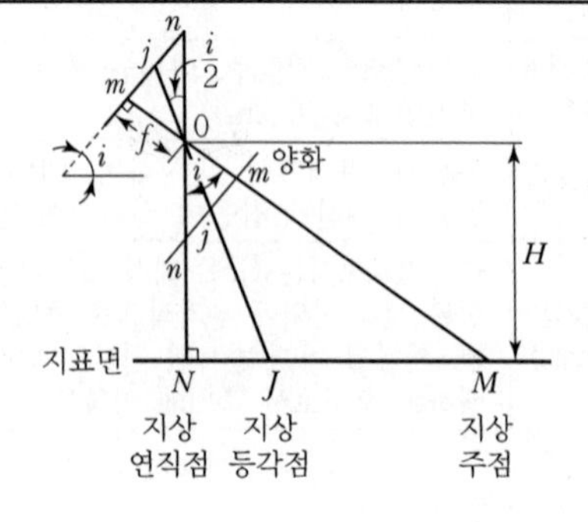

18. 항공사진 판독에 대한 설명으로 틀린 것은?

① 사진 판독은 단시간에 넓은 지역을 판독할 수 있다.
② 근적외선 영상은 식물과 물을 판독하는 데 유용하다.
③ 수목의 종류를 판독하는 주요 요소는 음영이다.
④ 색조, 모양, 입체감 등이 나타나지 않는 지역은 판독에 어려움이 있다.

해설 사진 판독

사진판독은 사진면으로부터 얻어진 여러 가지 피사체(대상물)의 정보 중 특성을 목적에 따라 적절히 해석하는 기술로서 이것을 기초로 하여 대상체를 종합분석함으로써 피사체(대상물) 또는 지표면의 형상, 지질, 식생, 토양 등의 연구 수단으로 이용하고 있다.

사진 판독의 요소

요소	분류	특징
주 요소	색조	피사체(대상물)가 갖는 빛의 반사에 의한 것으로 수목의 종류를 판독하는 것을 말한다.
	모양	피사체(대상물)의 배열상황에 의하여 판별하는 것으로 사진상에서 볼 수 있는 식생, 지형 또는 지표상의 색조 등을 말한다.
	질감	색조, 형상, 크기, 음영 등의 여러 요소의 조합으로 구성된 조밀, 거칢, 세밀함 등으로 표현하며 초목 및 식물의 구분을 나타낸다.
	형상	개체나 목표물의 구성, 배치 및 일반적인 형태를 나타낸다.
	크기	어느 피사체(대상물)가 갖는 입체적, 평면적인 넓이와 길이를 나타낸다.
	음영	판독 시 빛의 방향과 촬영 시의 빛의 방향을 일치시키는 것이 입체감을 얻는 데 용이하다.
보조 요소	상호 위치 관계	어떤 사진상이 주위의 사진상과 어떠한 관계가 있는가 파악하는 것으로 주위의 사진상과 연관되어 성립되는 것이 일반적인 경우이다.

 Answer 17. ① 18. ③

보조요소	과고감	과고감은 지표면의 기복을 과장하여 나타낸 것으로 낮고 평평한 지역에서의 지형 판독에 도움이 되는 반면 경사면의 경사는 실제보다 급하게 보이므로 오판에 주의해야 한다.

19. 등고선에 관한 설명 중 틀린 것은?

① 주곡선은 등고선 간격의 기준이 되는 선이다.
② 간곡선은 주곡선 간격의 1/2마다 표시한다.
③ 조곡선은 간곡선 간격의 1/4마다 표시한다.
④ 계곡선은 주곡선 5개마다 굵게 표시한다.

해설 등고선의 종류

구분	설명
주곡선	지형을 표시하는 데 가장 기본이 되는 곡선으로 가는 실선으로 표시
간곡선	주곡선 간격의 $\frac{1}{2}$ 간격으로 그리는 곡선으로 완경사지나 주곡선만으로 지모를 명시하기 곤란한 장소에 가는 파선으로 표시
조곡선	간곡선 간격의 $\frac{1}{2}$ 간격으로 그리는 곡선으로 불규칙한 지형을 표시(주곡선 간격의 $\frac{1}{4}$ 간격으로 그리는 곡선)
계곡선	주곡선 5개마다 1개씩 그리는 곡선으로 표고의 읽음을 쉽게 하고 지모의 상태를 명시하기 위해 굵은 실선으로 표시

등고선의 간격

등고선 종류	기호	축척			
		$\frac{1}{5,000}$	$\frac{1}{10,000}$	$\frac{1}{25,000}$	$\frac{1}{50,000}$
주곡선	가는 실선	5	5	10	20
간곡선	가는 파선	2.5	2.5	5	10
조곡선 (보조곡선)	가는 점선	1.25	1.25	2.5	5
계곡선	굵은 실선	25	25	50	100

20. 단곡선에서 교각 I=36°20′, 반지름 R=500m 노선의 기점에서 교점까지의 거리는 6,500m이다. 20m 간격으로 중심말뚝을 설치할 때 종단현의 길이(l_2)는?

① 7m ② 10m
③ 13m ④ 16m

해설

$TL = R\tan\frac{I}{2} = 500 \times \tan\frac{36°20'}{2} = 164.07\text{m}$

$BC = IP - TL = 6,500 - 164.07 = 6,335.93\text{m}$

$CL = 0.01745RI = 0.01745 \times 500 \times 36°20'$
$= 317.01\text{m}$

$EC = BC + CL = 6,335.93 + 317.01 = 6,652.94\text{m}$

$\therefore l_2 = \text{No}332 + 12.94\text{m}$

Answer 19. ③ 20. ③

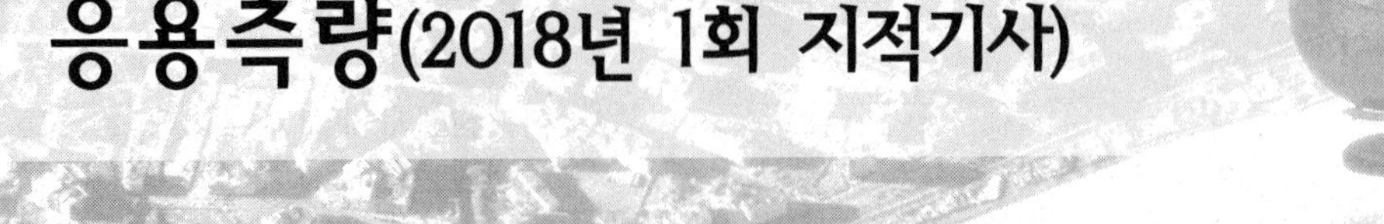

응용측량(2018년 1회 지적기사)

01. 수준측량에서 전시(F.S : Fore Sight)에 대한 설명으로 옳은 것은?

① 미지점에 세운 표척의 눈금을 읽은 값
② 기준면으로부터 시준선까지의 높이를 읽은 값
③ 가장 먼저 세운 표척의 눈금을 읽은 값
④ 지반고를 알고 있는 점에 세운 표척의 눈금을 읽은 값

해설

평균해면 (mean sea level)	여러 해 동안 관측한 해수면의 평균값
지오이드 (Geoid)	평균해수면으로 전 지구를 덮었다고 가정한 곡면
수준원점 (OBM : Original Bench Mark)	수준측량의 기준이 되는 기준면으로부터 정확한 높이를 측정하여 기준이 되는 점
수준점 (BM : Bench Mark)	수준원점을 기점으로 하여 전국 주요지점에 수준표석을 설치한 점 • 1등 수준점 : 4km마다 설치 • 2등 수준점 : 2km마다 설치
표고 (elevation)	국가 수준기준면으로부터 그 점까지의 연직거리
전시 (fore sight)	표고를 알고자 하는 점(미지점)에 세운 표척의 읽음 값
후시 (back sight)	표고를 알고 있는 점(기지점)에 세운 표척의 읽음 값
기계고 (instrument height)	기준면에서 망원경 시준선까지의 높이
이기점 (turning point)	기계를 옮길 때 한 점에서 전시와 후시를 함께 취하는 점
중간점 (intermediate point)	표척을 세운 점의 표고만을 구하고자 전시만 취하는 점

02. 터널측량의 일반적인 작업순서에 맞게 나열된 것은?

A. 지표 설치
B. 계획 및 답사
C. 예측
D. 지하 설치

① B→C→D→A ② C→B→A→D
③ B→C→A→D ④ C→B→D→A

해설 터널측량의 작업

답사(踏査)	미리 실내에서 개략적인 계획을 세우고 현장 부근의 지형이나 지질을 조사하여 터널의 위치를 예정한다.
예측(豫測)	답사의 결과에 따라 터널위치를 약측에 의하여 지표에 중심선을 미리 표시하고 다시 도면상에 터널을 설치할 위치를 검토한다.
지표 설치 (地表設置)	예측의 결과 정한 중심선을 현지의 지표에 정확히 설정하고 이때 갱문이나 수갱의 위치를 결정하고 터널의 연장도 정밀히 관측한다.
지하 설치 (地下設置)	지표에 설치된 중심선을 기준으로 하고 갱문에서 굴삭을 시작하고 굴삭이 진행함에 따라 갱내의 중심선을 설정하는 작업을 한다.

03. 직접수준측량에 따른 오차 중 시준거리의 제곱에 비례하는 성질을 갖는 것은?

① 기포관축과 시준이 평행하지 않아 발생하는 오차
② 표척의 길이가 표준길이와 달라 발생하는 오차
③ 지구의 곡률 및 대기 중 광선의 굴절로 인한 오차
④ 망원경 시야가 흐려 발생되는 표척의 독취 오차

 Answer 01. ① 02. ③ 03. ③

해설

구차 (h_1)	지구의 곡률에 의한 오차이며 이 오차만큼 높게 조정을 한다.	$h_1 = +\frac{S^2}{2R}$
기차 (h_2)	지표면에 가까울수록 대기의 밀도가 커지므로 생기는 오차(굴절 오차)를 말하며, 이 오차만큼 낮게 조정한다.	$h_2 = -\frac{KS^2}{2R}$
양차	구차와 기차의 합을 말하며 연직각 관측값에서 이 양차를 보정하여 연직각을 구한다.	양차 $= \frac{S^2}{2R} + \left(-\frac{KS^2}{2R}\right) = \frac{S^2}{2R}(1-K)$

여기서, R : 지구의 곡률반경, S : 수평거리
K : 굴절계수(0.12~0.14)

04. 사이클 슬립(cycle slip)이나 멀티패스(multipath)의 오차를 줄일 목적으로 낮은 위성의 고도각을 제한하기도 한다. 일반적으로 제한하는 위성의 고도각 범위로 알맞은 것은?

① 10° 이상 ② 15° 이상
③ 30° 이상 ④ 40° 이상

해설 위성의 최저고도각은 15도를 기준으로 한다. 다만, 상공시야의 확보가 어려운 지점에서는 최저고도각을 30도까지 할 수 있다.

05. 카메라의 초점거리(f)와 촬영한 항공사진의 종중복도(p)가 다음과 같을 때, 기선고도비가 가장 큰 것은?(단, 사진크기는 18cm×18cm로 동일하다.)

① f=21cm, p=70%
② f=21cm, p=60%
③ f=11cm, p=75%
④ f=11cm, p=60%

해설 기선고도비

$$\frac{B}{H} = \frac{ma\left(1-\frac{p}{100}\right)}{mf} = \frac{a\left(1-\frac{p}{100}\right)}{f}$$ 에서

① $\frac{0.18(0.3)}{0.21} = 0.257$
② $\frac{0.18(0.4)}{0.21} = 3.428$
③ $\frac{0.18(0.25)}{0.11} = 0.409$
④ $\frac{0.18(0.4)}{0.11} = 0.654$

06. 지형도의 도식과 기호가 만족하여야 할 조건에 대한 설명으로 옳지 않은 것은?

① 간단하면서도 그리기 용이해야 한다.
② 지물의 종류가 기호로써 명확히 판별될 수 있어야 한다.
③ 지도가 깨끗이 만들어지며 도식의 의미를 잘 알 수 있어야 한다.
④ 지도의 사용목적과 축척의 크기에 관계없이 동일한 모양과 크기로 빠짐없이 표시하여야 한다.

해설 지형도의 도식과 기호가 만족하여야 할 조건
㉠ 간단하면서도 그리기 용이해야 한다.
㉡ 지물의 종류가 기호로써 명확히 판별될 수 있어야 한다.
㉢ 지도가 깨끗이 만들어지며 도식의 의미를 잘 알 수 있어야 한다.
㉣ 지도의 사용목적과 축척에 따라 동일한 모양과 크기로 빠짐없이 표시하여야 한다.

07 축척 1 : 10,000의 항공사진을 180km/h로 촬영할 경우 허용 흔들림의 범위를 0.02mm로 한다면 최장노출시간은?

① 1/50초 ② 1/100초
③ 1/150초 ④ 1/250초

해설
$$T_l = \frac{\Delta S \cdot m}{V} = \frac{0.02 \times 10,000}{180,000,000 \times \frac{1}{3600}} = \frac{200}{50,000} = \frac{1}{250}\text{초}$$

Answer 04. ② 05. ④ 06. ④ 07. ④

08. 축척 1 : 50,000의 지형도에서 A, B점 간의 도상거리가 3cm이었다. 어느 수직항공사진상에서 같은 A, B점 간의 거리가 15cm이었다면 사진의 축척은?

① 1 : 5,000 ② 1 : 10,000
③ 1 : 15,000 ④ 1 : 20,000

$\frac{1}{m}=\frac{\text{도상거리}(l)}{\text{실제거리}(L)}$에서

$L=ml=50,000\times0.03=1,500\text{m}$

$\therefore \frac{1}{m}=\frac{0.15}{1,500}=\frac{1}{10,000}$

09. GPS 위성궤도면의 수는?

① 4개 ② 6개
③ 8개 ④ 10개

우주부문	구성	31개의 GPS 위성
	기능	측위용 전파 상시 방송, 위성궤도정보, 시각신호등 측위계산에 필요한 정보 방송 • 궤도형상 : 원궤도 • 궤도면수 : 6개면 • 위성 수 : 1궤도면에 4개 위성(24개+보조위성 7개)=31개 • 궤도경사각 : 55° • 궤도고도 : 20,183km • 사용좌표계 : WGS84 • 회전주기 : 11시간 58분(0.5항성일) : 1항성일은 23시간 56분 4초 • 궤도 간 이격 : 60도 • 기준발진기 : 10.23MHz(세슘원자시계 2대, 루비듐원자시계 2대)

10. 다음 중 우리나라에서 발사한 위성은?

① KOMPSAT ② LANDSAT
③ SPOT ④ IKONOS

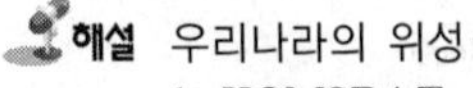 우리나라의 위성

1. KOMSPAT

2006년 우리나라의 9번째 위성이자 다목적 실용위성 2호인 아리랑 2호 위성이 성공적으로 발사되어 임무를 수행하고 있다. 고해상도 카메라가 장착된 아리랑 2호의 위성영상은 국토모니터링, 국가지리정보시스템 구축, 환경감시, 자원탐사, 재해감시 및 분석 등에 활용가치가 매우 높을 것으로 예상된다.

㉠ 아리랑 1호
- 1994년에 개발을 시작하여 1999년에 발사한 우리나라 최초의 다목적 실용위성
- 해상도는 6.6m
- 사용 연수는 3년 이상

㉡ 아리랑 2호
- 1999년에 개발을 시작하여 2006년 7월 발사에 성공
- 1m급 해상도의 다중대역카메라(MSC)를 장착하여 고해상도의 위성영상 제공
- 영상지도 제작, 지질탐지 및 재해예방, 기상변화탐지, 국토개발과 관련된 토지이용현황 파악 등 다양한 서비스 제공
- 별 추적기와 S밴드 안테나, 다중대역카메라, 영상자료 전송 안테나, 태양전지판, 이차면경 방열판 등으로 구성
- 고도 685km에서 적도를 남북으로 가르며(태양동기궤도) 하루 14.5바퀴씩 돈다.

2. 무궁화 위성

㉠ 우리나라 위성통신과 위성방송사업을 담당하기 위해 발사된 통신위성
㉡ 1995년 무궁화 1호를 시작으로 1996년 무궁화 2호, 1999년 무궁화 3호를 성공적으로 발사
㉢ 방송분야와 통신분야의 임무를 수행
㉣ 주로 통신을 목적으로 하므로 지구의 자전각 속도와 동일한 각속도로 운동함으로써 정지궤도를 유지

3. 우리별 위성

㉠ 우리나라가 쏘아 올린 최초의 과학위성
㉡ 1992년 우리별 1호를 시작으로 1993년 우리별 2호, 1999년 우리별 3호를 성공적으로 발사
㉢ 지구표면 촬영, 우주실험 등의 임무를 수행
㉣ 우리별 3호의 경우 15m급의 해상도

 Answer 08. ② 09. ② 10. ①

4. 과학기술위성
   ㉠ 과학기술위성 1호
   - 우리나라 최초의 과학기술위성으로 우주관측, 우주환경 측정, 과학실험 등의 임무를 수행
   - 1998년 개발에 착수하여 2003년 성공적으로 발사
   - 원자외선 분광기, 우주물리시험장치, 데이터수집장비 및 고정밀 별감지기 탑재

   ㉡ 과학기술위성 2호(STSAT-2)
   - 2009. 7. 전남 고흥군 외나로도에 건설된 나로우주센터에서 발사예정
   - 한국최초의 우주발사체이며 100kg급 소형 위성을 지구저궤도에 진입시킬 수 있는 발사체인 (KSLV-1)로 쏘아 올릴 예정
   - 지구온도분포 및 대기 수분량 측정, 위성의 정확한 궤도측정 등의 임무 수행
   - 중량 99.4kg으로 임무 수명은 2년

11. 축척 1 : 50000의 지형도에서 A의 표고가 235m, B의 표고가 563m일 때 두 점 A, B 사이 주곡선의 수는?

① 13　② 15
③ 17　④ 18

해설 등고선의 간격

등고선 종류	기호	축척			
		$\frac{1}{5,000}$	$\frac{1}{10,000}$	$\frac{1}{25,000}$	$\frac{1}{50,000}$
주곡선	가는 실선	5	5	10	20
간곡선	가는 파선	2.5	2.5	5	10
조곡선(보조곡선)	가는 점선	1.25	1.25	2.5	5
계곡선	굵은 실선	25	25	50	100

주곡선 수 $= \frac{560-240}{20}+1=17$개

12. 지형도 작성 시 활용하는 지형 표시방법과 거리가 먼 것은?

① 방사법　② 영선법
③ 채색법　④ 점고법

해설 지형도에 의한 지형표시법

자연적 도법	영선법(우모법)(Hatching)	"게바"라 하는 단선상(短線上)의 선으로 지표의 기본을 나타내는 것으로 게바의 사이, 굵기, 방향 등에 의하여 지표를 표시하는 방법
	음영법(명암법)(Shading)	태양광선이 서북쪽에서 45°로 비친다고 가정하여 지표의 기복을 도상에서 2~3색 이상으로 채색하여 지형을 표시하는 방법으로 지형의 입체감이 가장 잘 나타나는 방법
부호적 도법	점고법(Spot height system)	지표면상의 표고 또는 수심의 숫자에 의하여 지표를 나타내는 방법으로 하천, 항만, 해양 등에 주로 이용
	등고선법(Contour System)	동일 표고의 점을 연결한 것으로 등고선에 의하여 지표를 표시하는 방법으로 토목공사용으로 가장 널리 사용
	채색법(Layer System)	같은 등고선의 지대를 같은 색으로 채색하여 높을수록 진하게, 낮을수록 연하게 칠하여 높이의 변화를 나타내며 지리관계의 지도에 주로 사용

13. 지하시설물의 탐사방법으로 수도관로 중 PVC 또는 플라스틱 관을 찾는 데 주로 이용되는 방법은?

① 전자탐사법(electromagnetic survey)
② 자기탐사법(magnetic detection method)
③ 음파탐사법(acoustic prospecting method)
④ 전기탐사법(electrical survey)

Answer 11. ③ 12. ① 13. ③

해설 지하시설물 측량기법

전자유도 측량기법	지표로부터 매설된 금속관로 및 케이블 관측과 탐침을 이용하여 공관로나 비금속관로를 관측할 수 있는 방법으로, 장비가 저렴하고 조작이 용이하며 운반이 간편하여 지하시설물 측량기법 중 가장 널리 이용되는 방법이다.
지중레이더 측량기법	지중레이더 측량기법은 전자파의 반사의 성질을 이용하여 지하시설물을 측량하는 방법이다.
음파 측량기법	전자유도 측량방법으로 측량이 불가능한 비금속 지하시설물에 이용하는 방법으로 물이 흐르는 관 내부에 음파 신호를 보내면 관 내부에 음파가 발생된다. 이때 수신기를 이용하여 발생된 음파를 측량하는 기법이다.

14. 직선부 포장도로에서 주행을 위한 편경사는 필요 없지만, 1.5~2.0% 정도의 편경사를 주는 경우의 가장 큰 목적은?

① 차량의 회전을 원활히 하기 위하여
② 노면배수가 잘 되도록 하기 위하여
③ 급격한 노선변화에 대비하기 위하여
④ 주행에 따른 노면침하를 사전에 방지하기 위하여

해설

캔트(Cant)	곡선부를 통과하는 차량이 원심력이 발생하여 접선 방향으로 탈선하려는 것을 방지하기 위해 바깥쪽 노면을 안쪽 노면보다 높이는 정도를 말하며 편경사라고도 한다.
확폭(Slack)	차량과 레일이 꼭 끼어서 서로 힘을 입게 되면 때로는 탈선의 위험도 생긴다. 이러한 위험을 막기 위해서 레일 안쪽을 움직여 곡선부에서는 궤간을 넓힐 필요가 있는데, 이 넓힌 치수를 확폭이라고 한다.

직선부 포장도로에서 주행을 위한 편경사는 필요 없지만 1.5~2.0% 정도의 편경사를 주는 목적은 노면의 배수가 잘되도록 하기 위해서다.

15. 반지름 200m의 원곡선 노선에 10m 간격의 중심점을 설치할 때 중심간격 10m에 대한 현과 호의 길이차는?

① 1mm ② 2mm
③ 3mm ④ 4mm

해설

$$L = CL - \frac{L^3}{24R^2}$$

$$CL - L = \frac{CL^3}{24R^2} = \frac{10^3}{24 \times 200^2} = 0.001\text{m} = 1\text{mm}$$

16. 종단측량을 행하여 표와 같은 결과를 얻었을 때, 측점 1과 측점 5의 지반고를 연결한 도로 계획선의 경사도는?(단, 중심선의 간격은 20m이다.)

측점	지반고(m)	측점	지반고(m)
1	53.38	4	50.56
2	52.28	5	52.38
3	55.76		

① +1.00% ② −1.00%
③ +1.25% ④ −1.25%

해설 측점1과 측점5의 높이차(h)는 53.38−52.38 =1.0m
수평거리는 중심선 간격이 20m이므로 측점1에서 측점5까지는 80m

$$경사 = \frac{높이}{수평거리} = \frac{1.0}{80} \times 100 = 1.25\%$$

측점1보다 측점5 지반이 낮으므로 경사는 −1.25%

17. 수평각 관측의 측각오차 중 망원경을 정·반으로 관측하여 소거할 수 있는 오차가 아닌 것은?

① 시준축 오차
② 수평축 오차
③ 연직축 오차
④ 편심 오차

 Answer 14. ② 15. ① 16. ④ 17. ③

해설 트랜싯의 6조정

구분	조정	항목	내용
수평각 조정	제1조정 (평판기포관의 조정 : 연직축 오차)		평판기포관축은 연직축에 직교해야 한다.
		원인	연직축이 연직이 되지 않기 때문에 생기는 오차
		처리 방법	소거 불능
	제2조정 (십자종선의 조정 : 시준축오차)		십자종선은 수평축에 직교해야 한다.
		원인	시준축과 수평축이 직교하지 않기 때문에 생기는 오차
		처리 방법	망원경을 정·반위로 관측하여 평균을 취한다.
	제3조정 (수평축의 조정 : 수평축오차)		수평축은 연직축에 직교해야 한다.
		원인	수평축이 연직축에 직교하지 않기 때문에 생기는 오차
		처리 방법	망원경을 정·반위로 관측하여 평균을 취한다.
연직각 조정	제4조정 (십자횡선의 조정 : 내심오차)		십자선의 교점은 정확하게 망원경의 중심(광축)과 일치하고 십자횡선은 수평축과 평행해야 한다.
		원인	기계의 수평회전축과 수평분도원의 중심이 불일치
		처리 방법	180° 차이가 있는 2개(A, B)의 버니어의 읽음값을 평균한다.
	제5조정 (망원경기포관의 조정 : 외심오차)		망원경에 장치된 기포관축(수준기)과 시준선은 평행해야 한다.
		원인	시준선이 기계의 중심을 통과하지 않기 때문에 생기는 오차
		처리 방법	망원경을 정·반위로 관측하여 평균을 취한다.
	제6조정 (연직분도원 버니어조정)		시준선은 수평(기포관의 기포가 중앙)일 때 연직분도원의 0°가 버니어의 0과 일치해야 한다.
		원인	눈금 간격이 균일하지 않기 때문에 생기는 오차
		처리 방법	버니어의 0의 위치를 $\frac{180°}{n}$씩 옮겨가면서 대회관측을 한다.

18. 두 점 간의 고저차를 A, B 두 사람이 정밀하게 측정하여 다음과 같은 결과를 얻었다. 두 점 간 고저차의 최확값은?

> A : 68.994m±0.008m
> B : 69.003m±0.004m

① 69.001m ② 68.998m
③ 68.996m ④ 68.995m

해설 경중률은 오차의 자승에 반비례한다.

$$p_1 : p_2 = \frac{1}{0.008^2} : \frac{1}{0.004^2} = \frac{1}{64} : \frac{1}{16} = 1 : 4$$

$$\therefore \text{최확치} = \frac{p_1h_1 + p_2h_2}{p_1 + p_2} = 68 + \frac{1 \times 0.994 + 4 \times 1.003}{1+4} = 69.001\text{m}$$

19. 그림과 같은 수평면과 45°의 경사를 가진 사면의 길이($\overline{AB}$)가 25m이다. 이 사면의 경사를 30°로 할 때, 사면의 길이($\overline{AC}$)는?

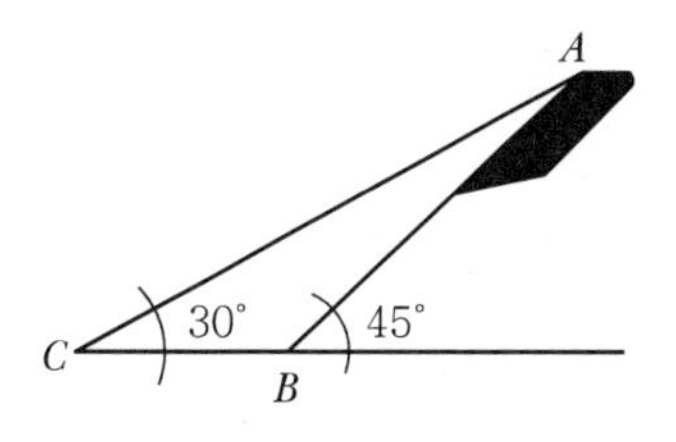

① 32.36m ② 33.36m
③ 34.36m ④ 35.36m

해설

$$\frac{25}{\sin 90°} = \frac{x}{\sin 45°}$$

$$x = \frac{\sin 45°}{\sin 90°} \times 25 = 17.68\text{m}$$

$$\therefore \overline{AC} = \frac{\sin 90°}{\sin 30°} \times 17.68 = 35.36\text{m}$$

Answer 18. ① 19. ④

20. 터널측량에 대한 설명으로 옳지 않은 것은?

① 터널측량은 터널 내 측량, 터널 외 측량, 터널 내외 연결측량으로 구분할 수 있다.

② 터널 내의 측점은 천장에 설치하는 것이 유리하다.

③ 터널 내 측량에서는 망원경의 십자선 및 표적에 조명이 필요하다.

④ 터널 내에서의 곡선 설치는 중앙종거법을 사용하는 것이 가장 유리하다.

해설 갱내 곡선 설치는 현편거법과 접선편거법을 적용한다.

 Answer 20. ④

응용측량(2018년 1회 지적산업기사)

01. 두 변의 길이가 각각 38m와 42m이고 그 사이각이 50°14′45″인 밑면과 높이 7m인 삼각기둥의 부피(m³)는?

① 3,994.7m³
② 4,027.7m³
③ 4,119.5m³
④ 4,294.5m³

해설

$A=\frac{1}{2}ab\times\sin a=\frac{1}{2}\times38\times42\times\sin50°14'45''$
$=613.5\text{m}^2$
$V=Ah=613.5\times7=4,294.5\text{m}^3$

02. 노선의 곡선에서 수평곡선으로 주로 사용되지 않는 곡선은?

① 복심곡선 ② 단곡선
③ 2차곡선 ④ 반향곡선

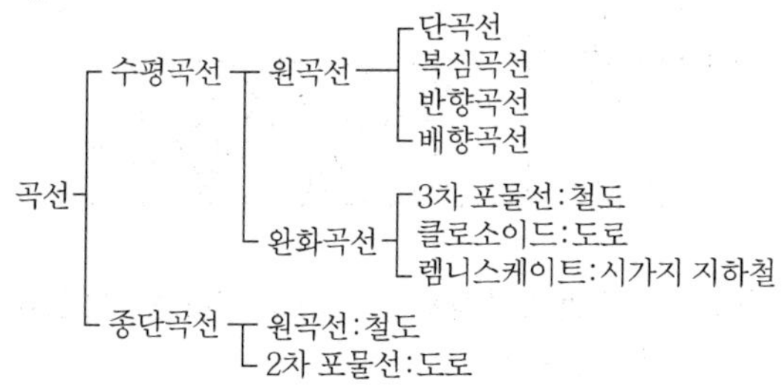

03. 항공삼각측량 시 사진을 기본단위로 사용하여 절대좌표를 구하며 정확도가 가장 양호하고 조정 능력이 높은 방법은?

① 광속 조정법
② 독립 모델 조정법
③ 스트립 조정법
④ 다항식 조정법

해설 항공삼각측량의 조정방법

㉠ 다항식 조정법(Polynomial method)
다항식 조정법은 촬영경로, 즉 종접합모형(Strip)을 기본단위로 하여 종횡접합모형, 즉 블록을 조정하는 것으로 촬영경로마다 접합표정 또는 개략의 절대표정을 한 후 복수촬영경로에 포함된 기준점과 접합표정을 이용하여 각 촬영경로의 절대표정을 다항식에 의한 최소제곱법으로 결정하는 방법이다.

㉡ 독립 모델 조정법(독립 입체 모형법, IMT : Independent Model Triangulation)
독립 모델 조정법은 입체모형(Model)을 기본단위로 하여 접합점과 기준점을 이용하여 여러 모델의 좌표를 조정하는 방법에 의하여 절대좌표를 환산하는 방법이다.

㉢ 광속 조정법(Bundle Adjustment)
광속 조정법은 상좌표를 사진좌표로 변환시킨 다음 사진좌표(photo coordinate)로부터 직접절대좌표(absolute coordinate)를 구하는 것으로 종횡접합모형(block) 내의 각 사진상에 관측된 기준점, 접합점의 사진좌표를 이용하여 최소제곱법으로 각 사진의 외부표정요소 및 접합점의 최확값을 결정하는 방법이다.

㉣ 방법(DLT : Direct Linear Transformation)
광속조정법의 변형인 DLT 방법은 상좌표로부터 사진좌표를 거치지 않고 11개의 변수를 이용하여 직접절대좌표를 구할 수 있다.

04. GNSS 측량의 정지측량 방법에 관한 설명으로 옳지 않은 것은?

① 관측시간 중 전원(배터리)부족에 문제가 없도록 하여야 한다.
② 기선결정을 위한 경우에는 두 측점 간의 시통이 잘 되어야 한다.

Answer 01. ④ 02. ③ 03. ① 04. ②

③ 충분한 시간 동안 수신이 이루어져야 한다.
④ GNSS 측량 방법 중 후처리 방식에 속한다.

해설 1. 정지측량
GPS 측량기를 사용하여 기초측량 또는 세부측량을 하고자 하는 때에는 정지측량(Static) 방법에 의한다. 정지측량방법은 각 측점에 2개 이상의 수신기를 고정하고 양 측점에서 동시에 4개 이상의 위성으로부터 신호를 30분 이상 수신하는 방식이다.
2. GPS의 특징
㉠ 지구상 어느 곳에서나 이용할 수 있다.
㉡ 기상에 관계없이 위치결정이 가능하다.
㉢ 측량기법에 따라 수 mm~수십 m까지 다양한 정확도를 가지고 있다.
㉣ 측량거리에 비하여 상대적으로 높은 정확도를 지니고 있다.
㉤ 하루 24시간 어느 때나 이용이 가능하다.
㉥ 사용자가 무제한 사용할 수 있으며 신호 사용에 따른 부담이 없다.
㉦ 다양한 측량기법이 제공되어 목적에 따라 적당한 기법을 선택할 수 있으므로 경제적이다.
㉧ 3차원 측량을 동시에 할 수 있다.
㉨ 기선 결정의 경우 두 측점 간의 시통에 관계가 없다.
㉩ 세계측지기준계(WGS84) 좌표계를 사용하므로 지역기준계를 사용할 시에는 다소 번거로움이 있다.

05. 터널측량, 노선측량, 하천측량과 같이 폭이 좁고, 거리가 긴 지역의 측량에 적합하며 거리에 비하여 측점 수가 적어 정확도가 낮은 삼각망은?

① 사변형 삼각망
② 유심다각망
③ 단열삼각망
④ 개방삼각망

해설 삼각망의 종류

단열삼각쇄(망) (single chain of triangles)	• 폭이 좁고 길이가 긴 지역에 적합하다. • 노선 · 하천 · 터널 측량 등에 이용한다. • 거리에 비해 관측 수가 적다. • 측량이 신속하고 경비가 적게 든다. • 조건식의 수가 적어 정도가 낮다. 기선 검기선
유심삼각쇄(망) (chain of central points)	• 동일 측점에 비해 포함면적이 가장 넓다. • 넓은 지역에 적합하다. • 농지측량 및 평탄한 지역에 사용된다. • 정도는 단열삼각망보다 좋으나 사변형보다 적다. 기선 검기선
사변형삼각쇄(망) (chain of quadrilaterals)	• 조건식의 수가 가장 많아 정밀도가 가장 높다. • 기선삼각망에 이용된다. • 삼각점 수가 많아 측량시간이 많이 걸리며 계산과 조정이 복잡하다. 기선 검기선

06. 직접수준측량에서 기계고를 구하는 식으로 옳은 것은?

① 기계고=지반고－후시
② 기계고=지반고＋후시
③ 기계고=지반고－전시－후시
④ 기계고=지반고＋전시－후시

해설 ㉠ 기계고=지반고＋후시
㉡지반고=기계고－전시

 Answer 05. ③ 06. ②

07. 그림과 같이 터널 내의 천장에 측점이 설치되어 있을 때 두 점의 고저차는?(단, I.H=1.20m, H.P=1.82m, 사거리=45m, 연직각 $\alpha = 15°30'$)

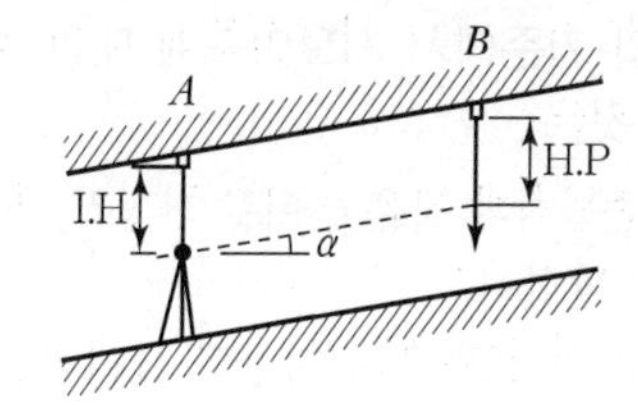

① 11.41m ② 12.65m
③ 13.10m ④ 15.50m

해설 $\Delta H = (\sin\alpha \times l) + H.P - I.H$
$= (\sin 15°30' \times 45) + 1.82 - 1.2$
$= 12.65\text{m}$

08. 축척 1 : 5,000의 항공사진을 촬영고도 1,000m에서 촬영하였다면 사진의 초점거리는?

① 200mm ② 210mm
③ 250mm ④ 500mm

해설 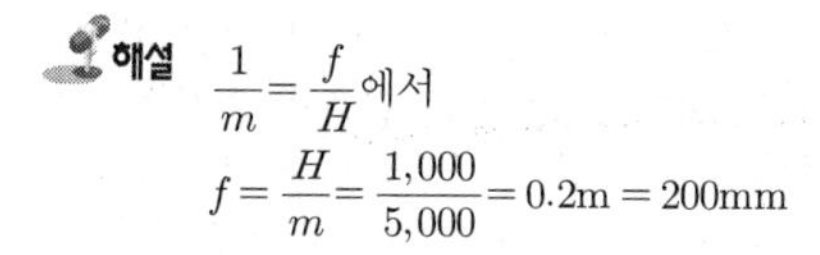

$\frac{1}{m} = \frac{f}{H}$에서

$f = \frac{H}{m} = \frac{1,000}{5,000} = 0.2\text{m} = 200\text{mm}$

09. 축척 1 : 500 지형도를 이용하여 축척 1 : 3,000의 지형도를 제작하고자 한다. 같은 크기의 축척 1 : 3,000 지형도를 만들기 위해 필요한 1 : 500 지형도의 매수는?

① 36매 ② 38매
③ 40매 ④ 42매

해설

$$\left(\frac{1}{500}\right)^2 : \left(\frac{1}{3,000}\right)^2 = \frac{\left(\frac{1}{500}\right)^2}{\left(\frac{1}{3,000}\right)^2}$$
$$= \left(\frac{3,000}{500}\right)^2 = 36\text{매}$$

10. 사진측량의 특징에 대한 설명으로 옳지 않은 것은?

① 측량의 정확도가 균일하다.
② 축척변경이 용이하며 시간적 변화를 포함하는 4차원 측량도 가능하다.
③ 정량적, 정성적 해석이 가능하며 접근하기 어려운 대상물도 측정 가능하다.
④ 촬영 대상물에 대한 판독 및 식별이 항상 용이하여 별도의 측량을 필요로 하지 않는다.

해설 사진측량의 특징

구분	내용
장점	• 정량적 및 정성적 측정이 가능하다. • 정확도가 균일하다. • 동체측정에 의한 현상보존이 가능하다. • 접근하기 어려운 대상물의 측정도 가능하다. • 축척변경도 가능하다. • 분업화로 작업을 능률적으로 할 수 있다. • 경제성이 높다. • 4차원의 측정이 가능하다. • 비지형측량이 가능하다.
단점	• 좁은 지역에서는 비경제적이다. • 기재가 고가이다(시설 비용이 많이 든다). • 피사체 식별이 난해하다(지명, 행정경계 건물명, 음영에 의하여 분별하기 힘든 곳 등의 측정은 현장 작업으로 보충측량이 요구된다).

11. 도로의 직선과 원곡선 사이에 곡률을 서서히 증가시켜 넣는 곡선은?

① 복심곡선 ② 반향곡선
③ 완화곡선 ④ 머리핀곡선

 완화곡선(Transition Curve)

완화곡선은 차량의 급격한 회전 시 원심력에 의한 횡방향 힘의 작용으로 인해 발생하는 차량운행의 불안정과 승객의 불쾌감을 줄이는 목적으로 곡률을 0에서 조금씩 증가시켜 일정한 값에 이르게 하기 위해 직선부와 곡선부 사이에 넣는 매끄러운 곡선을 말한다.

Answer 07. ② 08. ① 09. ① 10. ④ 11. ③

12. GNSS 측량을 구성하고 있는 3부문(segment)에 해당되지 않는 것은?

① 사용자 부문　　② 궤도 부문
③ 제어 부문　　④ 우주 부문

해설

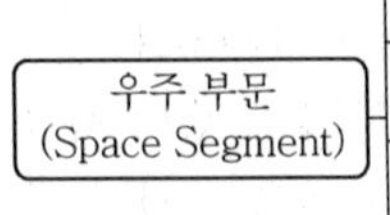

- 연속적 다중위치 결정체계
- GNSS는 55° 궤도 경사각, 위도 60°의 6개 궤도
- 고도는 20,183km로 약 12시간 주기로 운행
- 3차원 후방교회법으로 위치 결정

제어 부문 (Control Segment)

- 궤도와 시각 결정을 위한 위성의 추적
- 전리층 및 대류층의 주기적 모형화 (방송궤도력)
- 위성시간의 동일화
- 위성으로 자료전송

사용자 부문 (User Segment)

- 위성에서 보낸 전파를 수신해 원하는 위치 또는 두 점 사이의 거리를 계산

13. GNSS 측량에서 위치를 결정하는 기하학적인 원리는?

① 위성에 의한 평균계산법
② 위성기점 무선항법에 의한 후방교회법
③ 수신기에 의하여 처리하는 망평균계산법
④ GPS에 의한 폐합 도선법

해설 GNSS의 정의
GNSS는 인공위성을 이용한 범세계적 위치결정체계로 정확한 위치를 알고 있는 위성에서 발사한 전파를 수신하여 관측점까지의 소요시간을 관측함으로써 관측점의 위치를 구하는 체계이다. 즉 GNSS 측량은 위치가 알려진 다수의 위성을 기지점으로 하여 수신기를 설치한 미지점의 위치를 결정하는 후방교회법(Resection method)에 의한 측량방법이다.

14. 경사거리가 50m인 경사터널에서 수평각을 관측한 시준선에서 직각으로 5mm의 시준오차가 생겼다면 각에 미치는 오차는?

① 21″　　② 30″
③ 35″　　④ 41″

해설 $L : l = \rho'' : \theta''$에서

$$\theta'' = \frac{l}{L}\rho'' = \frac{0.005}{50} \times 206,265'' = 20.6 = 21''$$

15. 측량의 기준에서 지오이드에 대한 설명으로 옳은 것은?

① 수준원점과 같은 높이로 가상된 지구타원체를 말한다.
② 육지의 표면으로 지구의 물리적인 형태를 말한다.
③ 육지와 바다 밑까지 포함한 지형의 표면을 말한다.
④ 정지된 평균해수면이 지구를 둘러쌌다고 가상한 곡면을 말한다.

해설 ㉠ 지구의 형상
지구의 형상은 물리적 지표면, 구, 타원체, 지오이드, 수학적형상으로 대별되며 타원체는 회전, 지구, 준거, 국제타원체로 분류된다.
㉡ 타원체
지구를 표현하는 수학적 방법으로서 타원체 면의 장축 또는 단축을 중심축으로 회전시켜 얻을 수 있는 모형이며 좌표를 표현하는 데 있어서 수학적 기준이 되는 모델이다.
㉢ 지오이드
정지된 해수면을 육지까지 연장하여 지구 전체를 둘러쌌다고 가상한 곡면을 지오이드(geoid)라 한다. 지구타원체는 기하학적으로 정의한 데 비하여 지오이드는 중력장 이론에 따라 물리학적으로 정의한다.

16. 수준측량에서 전시, 후시를 같게 하여 제거할 수 있는 오차는?

① 기포관축과 시준선이 평행하지 않을 때 생기는 오차
② 관측자의 읽기 착오에 의한 오차
③ 지반의 침하에 의한 오차
④ 표척의 눈금 오차

Answer 12. ② 13. ② 14. ① 15. ④ 16. ①

 전시와 후시의 거리를 같게 함으로써 제거되는 오차

㉠ 레벨의 조정이 불완전(시준선이 기포관축과 평행하지 않을 때)할 때(시준축오차 : 오차가 가장 크다.)

㉡ 지구의 곡률오차(구차)와 빛의 굴절오차(기차)를 제거한다.

㉢ 초점나사를 움직이는 오차가 없으므로 그로 인해 생기는 오차를 제거한다.

17. 사진측량에서 고저차(h)와 시차차(Δp)의 관계로 옳은 것은?

① 고저차는 시차차에 비례한다.
② 고저차는 시차차에 반비례한다.
③ 고저차는 시차차의 제곱에 비례한다.
④ 고저차는 시차차의 제곱에 반비례한다.

$$h = \frac{H}{P_r} \cdot \Delta P = \frac{H}{bo} \cdot \Delta P$$

$$\therefore \Delta P = \frac{h}{H} \cdot P_r = \frac{h}{H} \cdot b_0$$

여기서, H : 비행고도
h : 시차(굴뚝의 높이)
ΔP(시차차) : $P_a - P_r$
P_a : 건물 정상의 시차

고저차는 시차차에 비례한다.

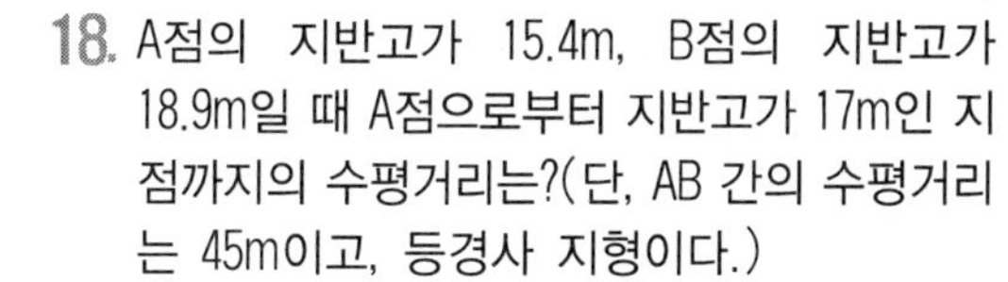

18. A점의 지반고가 15.4m, B점의 지반고가 18.9m일 때 A점으로부터 지반고가 17m인 지점까지의 수평거리는?(단, AB 간의 수평거리는 45m이고, 등경사 지형이다.)

① 17.3m ② 18.3m
③ 19.3m ④ 20.6m

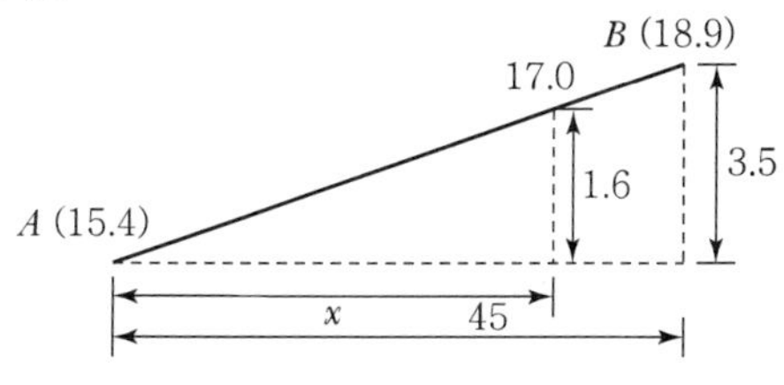

$$45 : 3.5 = x : 1.6$$

$$x = \frac{45}{3.5} \times 1.6 = 20.6\text{m}$$

19. 원곡선 설치에서 교각 $I = 70°$, 반지름 $R =$ 100m일 때 접선길이는?

① 50.0m ② 70.0m
③ 86.6m ④ 259.8m

$$TL = R\tan\frac{I}{2} = 100 \times \tan\frac{70°}{2} = 70\text{m}$$

20. 등고선의 성질에 대한 설명으로 옳지 않은 것은?

① 동일 등고선 위의 모든 점은 기준면으로부터 모두 동일한 높이이다.
② 경사가 같은 지표에서는 등고선의 간격은 동일하며 평행하다.
③ 등고선의 간격이 좁을수록 경사가 완만한 지형을 의미한다.
④ 등고선은 절벽 또는 동굴에서는 교차할 수 있다.

해설 등고선의 성질

㉠ 동일 등고선상에 있는 모든 점은 같은 높이이다.
㉡ 등고선은 반드시 도면 안이나 밖에서 서로가 폐합한다.
㉢ 지도의 도면 내에서 폐합되면 가장 가운데 부분은 산꼭대기(산정) 또는 凹지(요지)가 된다.
㉣ 등고선은 도중에 없어지거나 엇갈리거나 합쳐지거나 갈라지지 않는다.
㉤ 높이가 다른 두 등고선은 동굴이나 절벽의 지형이 아닌 곳에서는 교차하지 않는다.
㉥ 등고선은 경사가 급한 곳에서는 간격이 좁고 완만한 경사에서는 넓다.
㉦ 최대경사의 방향은 등고선과 직각으로 교차한다.
㉧ 분수선(능선)과 곡선(유하선)은 등고선과 직각으로 만난다.
㉨ 2쌍의 등고선의 볼록부가 상대할 때는 볼

Answer 17. ① 18. ④ 19. ② 20. ③

록부를 나타낸다.

㉩ 동등한 경사의 지표에서 양 등고선의 수평 거리는 같다.

㉪ 같은 경사의 평면일 때는 나란한 직선이 된다.

㉫ 등고선이 능선을 직각방향으로 횡단한 다음 능선 다른 쪽을 따라 거슬러 올라간다.

㉬ 등고선의 수평거리는 산꼭대기 및 산 밑에서는 크고 산 중턱에서는 작다.

01. A, B 두 개의 수준점에서 P점을 관측한 결과가 표와 같을 때 P점의 최확값은?

구분	관측값	거리
A → P	80.258m	4km
B → P	80.218m	3km

① 80.235m ② 80.238m
③ 80.240m ④ 80.258m

해설 직접수준측량에서 경중률은 노선거리에 반비례한다.

$P_1 : P_2 = \frac{1}{4} : \frac{1}{3} = 3 : 4$

$최확값 = 80 + \frac{3 \times 0.258 + 4 \times 0.218}{3+4}$
$= 80 + 0.235 = 80.235\text{m}$

02. 터널측량의 작업순서 중 선정한 중심선을 현지에 정확히 설치하여 터널의 입구나 수직터널의 위치를 결정하는 단계는?

① 답사 ② 예측
③ 지표 설치 ④ 지하 설치

해설 터널측량의 작업

답사(踏査)	미리 실내에서 개략적인 계획을 세우고 현장 부근의 지형이나 지질을 조사하여 터널의 위치를 예정한다.
예측(豫測)	답사의 결과에 따라 터널위치를 약측에 의하여 지표에 중심선을 미리 표시하고 다시 도면상에 터널을 설치할 위치를 검토한다.
지표 설치(地表設置)	예측의 결과 정한 중심선을 현지의 지표에 정확히 설정하고 이때 갱문이나 수갱의 위치를 결정하고 터널의 연장도 정밀히 관측한다.
지하 설치(地下設置)	지표에 설치된 중심선을 기준으로 하고 갱문에서 굴삭을 시작하고 굴삭을 진행함에 따라 갱내의 중심선을 설정하는 작업을 한다.

03. 사진 렌즈의 중심으로부터 지상 촬영 기준면에 내린 수선이 사진면과 교차하는 점에 대한 설명으로 옳은 것은?

① 사진의 경사각에 관계없이 이 점에서 수직 사진의 축척과 같은 축척이 된다.
② 지표면에 기복이 있는 경우 사진상에는 이 점을 중심으로 방사상의 변위가 발생하게 된다.
③ 사진상에 나타난 점과 그와 대응되는 실제점의 상관성을 해석하기 위한 점이다.
④ 항공사진에서는 마주 보는 지표의 대각선이 서로 만나는 교점이 이 점의 위치가 된다.

해설

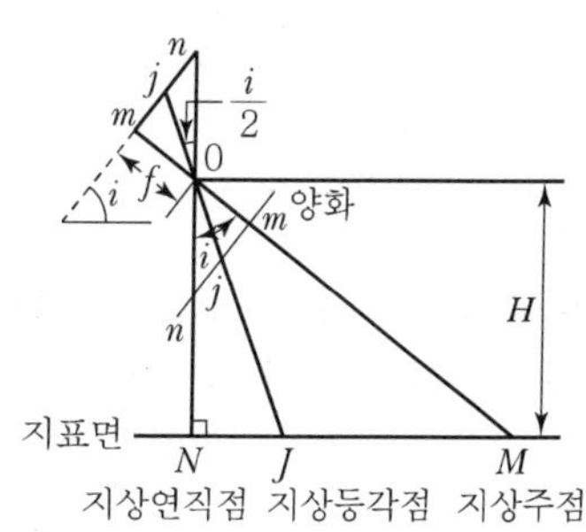

[항공사진의 특수 3점]

특수 3점	특징
주점(Principal Point)	주점은 사진의 중심점이라고도 한다. 주점은 렌즈 중심으로부터 화면(사진면)에 내린 수선의 발을 말하며 렌즈의 광축과 화면이 교차하는 점이다.
연직점(Nadir Point)	• 렌즈 중심으로부터 지표면에 내린 수선의 발을 말하고 N을 지상연직점(피사체연직점), 그 선을 연장하여 화면(사진면)과 만나는 점을 화면연직점(n)이라 한다. • 주점에서 연직점까지의 거리(mn) $= f\tan i$

Answer 01. ① 02. ③ 03. ②

등각점 (Isocenter)	• 주점과 연직점이 이루는 각을 2등분한 점으로 또한 사진면과 지표면에서 교차되는 점을 말한다. • 주점에서 등각점까지의 거리(mn) = $f\tan\frac{i}{2}$

04. 완화곡선에 대한 설명으로 옳은 것은?

① 완화곡선의 반지름은 종점에서 무한대가 된다.
② 완화곡선의 접선은 시점에서 원호에 접한다.
③ 완화곡선은 원곡선과 원곡선 사이에 위치하는 곡선을 의미한다.
④ 완화곡선에서 곡선 반지름의 감소율은 캔트의 증가율과 같다.

해설

완화곡선의 특징	• 곡선반경은 완화곡선의 시점에서 무한대, 종점에서 원곡선 R로 된다. • 완화곡선의 접선은 시점에서 직선에 종점에서 원호에 접한다. • 완화곡선에 연한 곡선반경의 감소율은 캔트는 같다. • 완화곡선의 종점의 캔트와 원곡선 시점의 캔트는 같다. • 완화곡선은 이점의 중앙을 통과한다.

05. 지형도 작성 시 점고법(spot height system)이 주로 이용되는 곳으로 거리가 먼 것은?

① 호안 ② 항만의 심천
③ 하천의 수심 ④ 지형의 등고

해설 지형도에 의한 지형표시법

자연적 도법	영선법 (우모법) (Hatching)	"게바"라 하는 단선상(短線上)의 선으로 지표의 기본을 나타내는 것으로 게바의 사이, 굵기, 방향 등에 의하여 지표를 표시하는 방법
	음영법 (명암법) (Shading)	태양광선이 서북쪽에서 45°로 비친다고 가정하여 지표의 기복을 도상에서 2~3색 이상으로 채색하여 지형을 표시하는 방법으로 지형의 입체감이 가장 잘 나타나는 방법
부호적 도법	점고법 (Spot height system)	지표면상의 표고 또는 수심의 숫자에 의하여 지표를 나타내는 방법으로 하천, 항만, 해양 등에 주로 이용
	등고선법 (Contour System)	동일 표고의 점을 연결한 것으로 등고선에 의하여 지표를 표시하는 방법으로 토목공사용으로 가장 널리 사용
	채색법 (Layer System)	같은 등고선의 지대를 같은 색으로 채색하여 높을수록 진하게, 낮을수록 연하게 칠하여 높이의 변화를 나타내며 지리관계의 지도에 주로 사용

06. 그림과 같은 등고선에서 AB의 수평거리가 60m일 때 경사도(incline)로 옳은 것은?

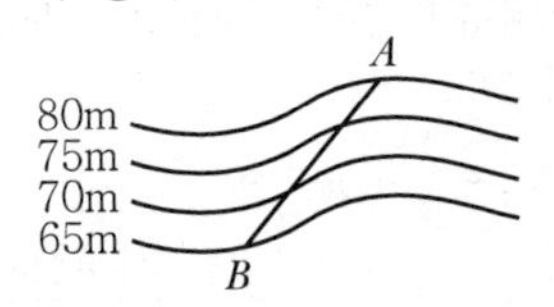

① 10% ② 15%
③ 20% ④ 25%

해설 경사도$(i) = \frac{h}{D}\times 100 = \frac{80-65}{60}\times 100 = 25\%$

07. 터널공사에서 터널 내 측량에 주로 사용되는 방법으로 연결된 것은?

① 삼각측량 – 평판측량
② 평판측량 – 트래버스측량
③ 트래버스측량 – 수준측량
④ 수준측량 – 삼각측량

해설 갱내(지하) 측량

1. 트래버스측량

터널측량용 트랜싯의 구비조건

㉠ 이심장치를 가지고 있고 상·하 어느 측점에도 빠르게 구심시킬 수 있어야 한다.
㉡ 연직분도원은 전원일 것
㉢ 상반·하반 고정나사의 모양을 바꾸어 어두운 갱내에서도 촉감으로 구별할 수 있어야 한다.

 Answer 04. ④ 05. ④ 06. ④ 07. ③

㉣ 주망원경의 위 또는 옆에 보조망원경(정위망원경, 측위망원경)을 달 수 있도록 되어 있을 것
㉤ 수평분도원은 0°~360°까지 한 방향으로 명확하게 새겨져 있을 것

2. 갱내 수준측량

직접수준측량	간접수준측량
레벨과 표척을 이용하여 직접고저차를 측정하는 방법	갱내에서 고저측량을 할 때 갱내의 경사가 급할 경우 경사거리와 연직각을 측정하여 트랜싯으로 삼각고저측량을 한다.

08. GNSS 측량에서 의사거리(pseudo-range)에 대한 설명으로 옳지 않은 것은?

① 인공위성과 지상수신기 사이의 거리 측정값이다.
② 대류권과 이온층의 신호지연으로 인한 오차의 영향력이 제거된 관측값이다.
③ 기하학적인 실제거리와 달라 의사거리라 부른다.
④ 인공위성에서 송신되어 수신기로 도착된 신호의 송신시간을 PRN 인식 코드로 비교하여 측정한다.

해설 의사거리(擬似距離, pseudo range)
GNSS 관측자료인 코드나 반송파의 위상으로부터 계산된 거리로서 이는 실제 위성과 수신기 사이의 기하학적 거리에 의한 오차, 위성과 수신기 시계에 의한 오차 등이 포함되어 있으므로 이를 의사거리라 한다.
㉠ 인공위성과 지상수신기 사이의 거리 측정값이다.
㉡ 기하학적인 실제거리와 달라 의사거리라 부른다.
㉢ 인공위성에서 송신되어 수신기로 도착된 신호의 송신시간을 PRN 인식 코드로 비교하여 측정한다.

09. 우리나라의 일반철도에 주로 이용되는 완화곡선은?

① 클로소이드 곡선 ② 3차 포물선
③ 2차 포물선 ④ sine 곡선

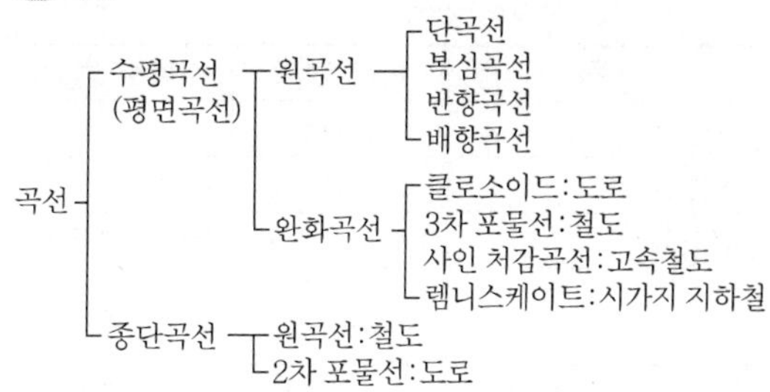

10. 항공사진측량으로 촬영된 사진에서 높이가 250m인 건물의 변위가 16mm이고, 건물의 정상부분에서 연직점까지의 거리가 48mm이었다. 이 사진에서 어느 굴뚝의 변위가 9mm이고, 굴뚝의 정상부분이 연직점으로부터 72mm 떨어져 있었다면 이 굴뚝의 높이는?

① 90m ② 94m
③ 100m ④ 92m

㉠ 건물에서
h : 250m, Δr : 0.016m, r : 0.048m

$$H = \frac{h}{\Delta r} r = \frac{250}{0.016} \times 0.048 = 750\text{m}$$

㉡ 굴뚝에서
H: 750m, r : 0.072m, Δr : 0.009m

$$h = \frac{H}{r} \Delta r = \frac{750}{0.072} \times 0.009 = 93.75\text{m}$$

11. 다음 원격탐사에 사용되는 전자스펙트럼 중에서 가장 파장이 긴 것은?

① 가시광선 ② 열적외선
③ 근적외선 ④ 자외선

해설 전자파의 분류
전자파의 원래 명칭은 전기자기파로서 이것을 줄여서 전자파라고 부른다.
전기 및 자기의 흐름에서 발생하는 일종의 전

자기에너지로서 전기장과 자기장이 반복하여 파도처럼 퍼져나가기 때문에 전자파라 부른다. 전자파는 파장이 짧은 것부터 순서대로 γ선, x선, 자외선, 가시광선, 적외선, 전파로 분류한다. 전자파는 파장이 짧을수록 입자적 성질이 강해서 직진성과 지향성이 강하다.

명칭			파장 범위	주파수 범위
γ선			0.1nm	
x선			0.1~10nm	
자외선			10nm~0.4μm	750~3,000THz
가시광선			0.4μm~0.7μm	430~750THz
적외선	근적외선		0.7μm~1.3μm	230~430THz
	단파장적외선		1.3~3μm	100~230THz
	중적외선		3~8μm	38~100THz
	열적외선		8~14μm	22~38THz
	원적외선		14μm~1mm	0.3~22THz
전파	Sub millimeter파		0.1~1mm	0.3~3THz
	마이크로파	millimeter파(EHF)	1~10mm	30~300GHz
		centimeter파(SHF)	1~10cm	3~30GHz
		decimeter파(UHF)	0.1~1m	0.3~3GHz
	초단파(VHF)		1~10m	30~300MHz
	단파(HF)		10~100m	3~30MHz
	중파(MF)		0.1~1km	0.3~3MHz
	장파(LF)		1~10km	30~300kHz
	초장파(VLF)		10~100km	3~30kHz

12. 교각 55°, 곡선반지름 285m인 단곡선이 설치된 도로의 기점에서 교점($I.P.$)까지의 추가거리가 423.87m일 때, 시단현의 편각은? (단, 말뚝 간의 중심거리는 20m이다.)

① 0°11′24″ ② 0°27′05″
③ 1°45′16″ ④ 1°45′20″

해설

$$TL = R\tan\frac{I}{2} = 285\times\tan\frac{55°}{2} = 148.36\text{m}$$

$$BC = IP - TL = 423.87 - 148.36 = 275.51\text{m}$$

$$l_1 = 280 - 275.51 = 4.49$$

$$\delta_1 = 1718.87'\times\frac{l_2}{R} = 1718.87'\times\frac{4.49}{285} = 0°27'4.78''$$

13. 그림과 같은 수준망에서 폐합수준측량을 한 결과, 표와 같은 관측오차를 얻었다. 이 중 관측 정확도가 가장 낮은 것으로 추정되는 구간은?

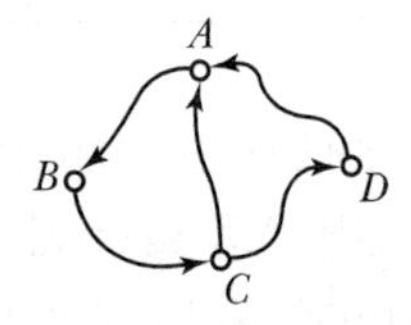

구간	오차(mm)	총거리(km)
AB	4.68	4
BC	2.27	3
CD	5.68	3
DA	7.50	5
CA	3.24	2

① AB구간 ② AC구간
③ CA구간 ④ DA구간

해설

$E = C\sqrt{L}$에서

$$AB\text{구간}: C = \frac{E}{\sqrt{L}} = \frac{4.68}{\sqrt{4\times2}} = 1.65$$

$$BC\text{구간}: C = \frac{2.27}{\sqrt{3\times2}} = 0.92$$

$$CD\text{구간}: C = \frac{5.68}{\sqrt{3\times2}} = 2.32$$

$$DA\text{구간}: C = \frac{7.50}{\sqrt{5\times2}} = 2.37$$

$$CA\text{구간}: C = \frac{3.24}{\sqrt{2\times2}} = 1.62$$

∴ 정확도가 가장 낮은 구간은 DA구간이다.

14. 지형도 작성을 위한 측량에서 해안선의 기준이 되는 높이기준면은?

① 측정 당시 정수면
② 평균해수면
③ 약최저저조면
④ 약최고고조면

해설 표고의 기준
- 육지표고기준 : 평균해수면(중등조위면, MSL : Mean Sea Level)
- 海底水深, 干出岩의 높이,低潮線 : 평균최저간조면(Mean Lowest Low Walter Level)
- 해안선(海岸線) : 해면이 평균 최고고조면(MHHW : Mean Highest High Water Level)에 달하였을 때 육지와 해면의 경계로 표시한다.

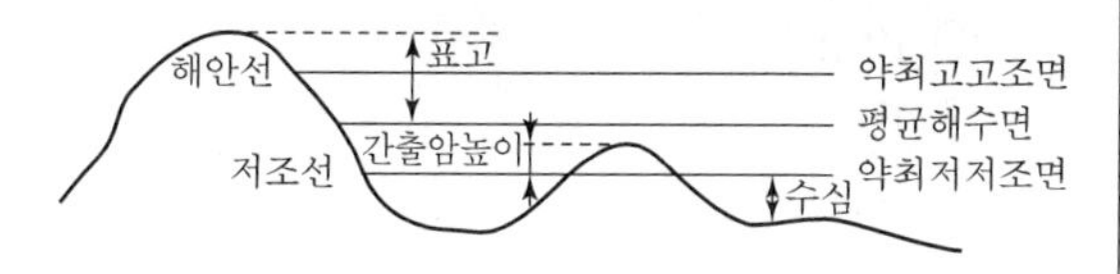

15. AB, BC의 경사 거리를 측정하여 $AB=21.562$m, $BC=28.064$m를 얻었다. 레벨을 설치하여 A, B, C의 표척을 읽은 결과가 그림과 같을 때 AC의 수평거리는?(단, AB, BC 구간은 각각 등경사로 가정한다.)

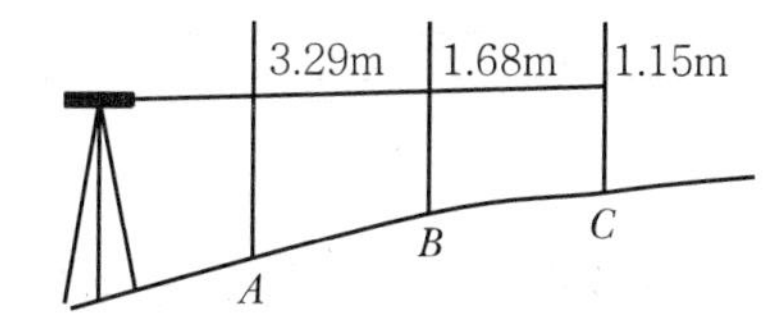

① 49.6m ② 50.1m
③ 59.6m ④ 60.1m

해설 측점 A와 C의 높이차 $3.29-1.15=2.14$m
AC의 경사거리
$AB+BC=21.562+28.064=49.626$m
AC의 수평거리
$=\sqrt{49.626^2-2.14^2}=49.58=49.6$m

16. GPS 신호 중에서 P-code의 특징이 아닌 것은?

① 주파수가 10.23MHz이다.
② 파장이 30m이다.
③ 허가된 사용자만이 이용할 수 있다.
④ 주기가 1ms(millisecond)로 매우 짧다.

해설 GPS 신호
GPS 신호는 C/A코드, P코드 및 항법메시지 등의 측위계산용 신호가 각기 다른 주파수를 가진 L1 및 L2 파의 2개 전파에 실려 지상으로 방송이 되며 L1/L2 파는 코드신호 및 항법메시지를 운반한다고 하여 반송파(Carrier Wave)라 한다.

반송파 (Carrier)	L1	• 주파수 1,575.42MHz(154×10.23MHz), 파장 19cm • C/A code와 P code 변조 가능
	L2	• 주파수 1,227.60MHz(120×10.23MHz), 파장 24cm • P code만 변조 가능
코드 (Code)	P code	• 반복주기 7일인 PRN code(Pseudo Ran-dom Noise code) • 주파수 10.23MHz, 파장 30m(29.3m)
	C/A code	• 반복주기 : 1ms(milli-second)로 1.023Mbps로 구성된 PPN code • 주파수 1.023MHz, 파장 300m(293m)
Navi-gation Message	㉠ GPS 위성의 궤도, 시간, 기타 System Para-meter들을 포함하는 Data bit ㉡ 측위계산에 필요한 정보 • 위성탑재 원자시계 및 전리층 보정을 위한 Parameter 값 • 위성궤도정보 • 타 위성의 항법메시지 등을 포함 ㉢ 위성궤도정보에는 평균근점각, 이심률, 궤도장반경, 승교점적경, 궤도경사각, 근지점인수 등 기본적인 양 및 보정항이 포함	

Answer 14. ④ 15. ① 16. ④

17. 다음 중 지상(공간) 해상도가 가장 좋은 영상을 얻을 수 있는 위성은?

① SPOT
② LANDSAT
③ IKONOS
④ KOMPSAT-1

해설 다양한 위성영상 데이터가 가지는 특징들은 해상도(Resolution)라는 기준을 사용하여 구분이 가능하다. 위성영상 해상도에는 공간해상도, 분광해상도, 시간 또는 주기 해상도, 반사 또는 복사 해상도로 분류된다.

공간해상도 (Spatial Resolution or Geometric Resolution)	• Spatial Resolution이라고도 한다. • 인공위성영상을 통해 모양이나 배열의 식별이 가능한 하나의 영상소의 최소 지상면적을 뜻한다. • 일반적으로 한 영상소의 실제 크기로 표현된다. • 센서에 의해 하나의 화소(pixel)가 나타낼 수 있는 지상면적 또는 물체의 크기를 의미하는 개념으로서 공간해상도의 값이 작을수록 지형지물의 세밀한 모습까지 확인이 가능하고 이 경우 해상도는 높다고 할 수 있다. • 예를 들어 1m 해상도란 이미지의 한 pixel이 1m×1m의 가로, 세로 길이를 표현한다는 의미로 1m 정도 크기의 지상물체가 식별 가능함을 나타낸다. • 따라서 숫자가 작아질수록 지형지물의 판독성이 향상됨을 의미한다.

공간해상도

SPOT 1호(프랑스)	전정색 : 10m
SPOT 2,3호 HRV(프랑스)	다중분광 : 20m
SPOT 5호(프랑스)	스펙트럼 밴드 : 10m×10m
	SWIR 밴드 : 2.5m×2.5m
	전정색 : 2.5m×2.5m
LANDSAT 1,2호(미국)	MSS : 80m
	TM : 30m
LANDSAT 7호(미국)	MSS : 80m
	열적외선 밴드 : 60m×60m
QUICKBIRD-2(미국)	다중분광 : 0.61m
IKONOS(미국)	다중분광 : 1m
IRS-1C(인도)	전정색 : 5m
KOMPSAT-2 (아리랑 : 한국)	전정색 : 1m
	다중분광 : 4m

18. 등경사면 위의 A, B점에서 A점의 표고 180m, B점의 표고 60m, AB의 수평거리 200m일 때, A점 및 B점 사이에 위치하는 표고 150m인 등고선까지의 B점으로부터 수평거리는?

① 50m
② 100m
③ 150m
④ 200m

해설
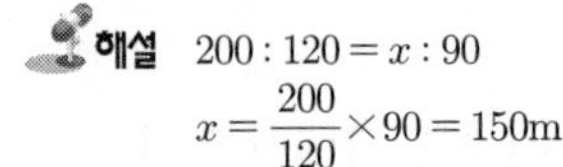
$200 : 120 = x : 90$

$x = \frac{200}{120} \times 90 = 150\text{m}$

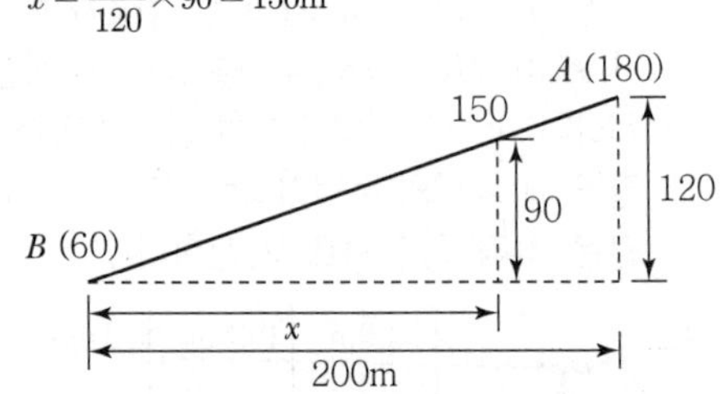

19. 도로의 개설을 위하여 편입되는 대상 용지와 경계를 정하는 측량으로서 설계가 완료된 이후에 수행할 수 있는 노선측량 단계는?

① 용지측량
② 다각측량
③ 공사측량
④ 조사측량

해설 노선측량 세부 작업과정

구분	작업과정	
노선 선정(路線選定)	도상 선정	
	종단면도 작성	
	현지답사	
계획조사측량(計劃調査測量)	지형도 작성	
	비교노선의 선정	
	종단면도 작성	
	횡단면도 작성	
	개략노선의 결정	
실시설계측량(實施設計測量)	지형도 작성	
	중심선의 선정	
	중심선 설치(도상)	
	다각측량	
	중심선 설치(현지)	
	고저측량	고저측량
		종단면도 작성
세부측량(細部測量)	구조물의 장소에 대해서, 지형도(축척 종 1/500~1/100)와 종횡단면도(축척 종 1/100, 횡 1/500~1/100)를 작성한다.	
용지측량(用地測量)	횡단면도에 계획단면을 기입하여 용지 폭을 정하고, 축척 1/500 또는 1/600로 용지도를 작성한다.	
공사측량(工事測量)	기준점 확인, 중심선 검측, 검사관측	
	인조점 확인 및 복원, 가인조점 등의 설치	

20. 사진의 크기가 23cm×23cm인 카메라로 평탄한 지역을 비행고도 2000m에서 촬영하여 촬영면적이 21.16km²인 연직사진을 얻었다. 이 카메라의 초점거리는?

① 10cm ② 27cm
③ 25cm ④ 20cm

해설

$$A=(ma)^2=\frac{H^2}{f^2}a^2\text{에서}$$

$$f=\sqrt{\frac{H^2}{A}a^2}=\sqrt{\frac{2000^2\times0.23^2}{21,160,000}}=0.1\text{m}=10\text{cm}$$

Answer 20. ①

응용측량(2018년 2회 지적산업기사)

01. GNSS 측량에서 이동국 수신기를 설치하는 순간 그 지점의 보정 데이터를 기지국에 송신하여 상대적인 방법으로 위치를 결정하는 것은?

① Static 방법
② Kinematic 방법
③ Pseudo-Kinematic 방법
④ Real Time Kinematic 방법

해설 1. 정지측량
GNSS 측량기를 사용하여 기초측량 또는 세부측량을 하고자 하는 때에는 정지측량(Static) 방법에 의한다. 정지측량 방법은 2개 이상의 수신기를 각 측점에 고정하고 양 측점에서 동시에 4개 이상의 위성으로부터 신호를 30분 이상 수신하는 방식이다.

2. 이동측량(Kinematic)
GNSS 측량기를 사용하여 이동측량(Kinematic) 방법에 의하여 지적도근측량 또는 세부측량을 하고자 하는 경우의 관측은 다음의 기준에 의한다.
㉠ 기지점(지적측량기준점)에 기준국을 설치하고 측량성과를 구하고자 하는 지적도근점 등에 GNSS 측량기를 순차적으로 이동하며 관측을 실시할 것
㉡ 이동 및 관측은 GNSS 측량기의 초기화 작업을 한 후 실시하며, 이동 중에 전파수신의 단절 등이 된 때에는 다시 초기화 작업을 한 후 실시할 것

3. 실시간이동측량(Real Time Kinematic) 시에는 위의 규정 외에 다음 사항을 고려하여야 한다.
㉠ 후처리에 의한 성과산출 및 점검을 위하여 관측신호를 기록할 수 있도록 GNSS 측량기에 기능을 설정할 것
㉡ 기준국과 이동관측점 간의 무선데이터 송수신이 원활하도록 설정하고, 관측 중 송수신 상황을 수시로 점검할 것

02. 항공사진을 판독할 때 사면의 경사는 실제보다 어떻게 보이는가?

① 사면의 경사는 방향이 반대로 나타난다.
② 실제보다 경사가 완만하게 보인다.
③ 실제보다 경사가 급하게 보인다.
④ 실제와 차이가 없다.

해설 사진판독은 사진면에서 얻은 여러 가지 피사체(대상물)의 정보 중 특성을 목적에 따라 적절히 해석하는 기술로서 이것을 기초로 하여 대상체를 종합분석함으로써 피사체(대상물) 또는 지표면의 형상, 지질, 식생, 토양 등의 연구수단으로 이용하고 있다.

사진판독 요소

요소	분류	특징
주요소	색조	피사체(대상물)가 갖는 빛의 반사에 의한 것으로 수목의 종류를 판독하는 것을 말한다.
	모양	피사체(대상물)의 배열상황에 의하여 판별하는 것으로 사진상에서 볼 수 있는 식생, 지형 또는 지표상의 색조 등을 말한다.
	질감	색조, 형상, 크기, 음영 등의 여러 요소의 조합으로 구성된 조밀, 거칢, 세밀함 등으로 표현하며 초목 및 식물의 구분을 나타낸다.
	형상	개체나 목표물의 구성, 배치 및 일반적인 형태를 나타낸다.
	크기	어느 피사체(대상물)가 갖는 입체적, 평면적인 넓이와 길이를 나타낸다.
	음영	판독 시 빛의 방향과 촬영 시의 빛의 방향을 일치시키는 것이 입체감을 얻는 데 용이하다.

 Answer 01. ④ 02. ③

보조 요소	상호 위치 관계	어떤 사진상이 주위의 사진상과 어떠한 관계가 있는가 파악하는 것으로 주위의 사진상과 연관되어 성립되는 것이 일반적인 경우이다.
	과고감	과고감은 지표면의 기복을 과장하여 나타낸 것으로 낮고 평평한 지역에서의 지형 판독에 도움이 되는 반면 경사면의 경사는 실제보다 급하게 보이므로 오판에 주의해야 한다.

03. 경사거리가 130m인 터널에서 수평각을 관측할 때 시준방향에서 직각으로 5mm의 시준오차가 발생하였다면 수평각 오차는?

① 5″ ② 8″
③ 10″ ④ 20″

해설

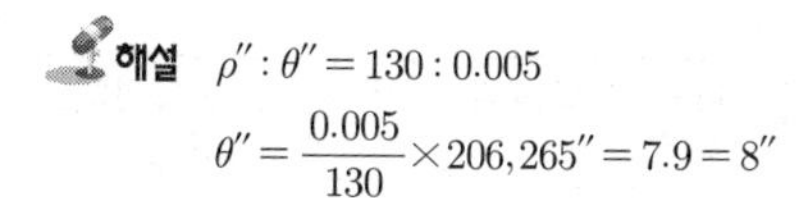

$\rho'' : \theta'' = 130 : 0.005$

$\theta'' = \dfrac{0.005}{130} \times 206{,}265'' = 7.9 = 8''$

04. 축척 1 : 25,000 지형도에서 간곡선의 간격은?

① 1.25m ② 2.5m
③ 5m ④ 10m

해설 등고선의 간격

등고선 종류	기호	축척			
		$\frac{1}{5,000}$	$\frac{1}{10,000}$	$\frac{1}{25,000}$	$\frac{1}{50,000}$
주곡선	가는 실선	5	5	10	20
간곡선	가는 파선	2.5	2.5	5	10
조곡선 (보조곡선)	가는 점선	1.25	1.25	2.5	5
계곡선	굵은 실선	25	25	50	100

05. 단곡선의 설치에 사용되는 명칭의 표시로 옳지 않은 것은?

① E.C. - 곡선시점 ② C.L. - 곡선장
③ I - 교각 ④ T.L. - 접선장

해설

B.C	곡선시점(Biginning of Curve)
E.C	곡선종점(End of Curve)
S.P	곡선중점(Secant Point)
I.P	교점(Intersection Point)
I	교각(Intersetion angle)
∠AOB	중심각(Central angle) : I
R	곡선반경(Radius of curve)
$\overset{\frown}{AB}$	곡선장(Curve Length) : C.L
AB	현장(Long chord) : C
T.L	접선장(Tangent length) : AD, BD
M	중앙종거(Middle ordinate)
E	외할(External secant)
δ	편각(Deflection angle) : ∠*VAG*

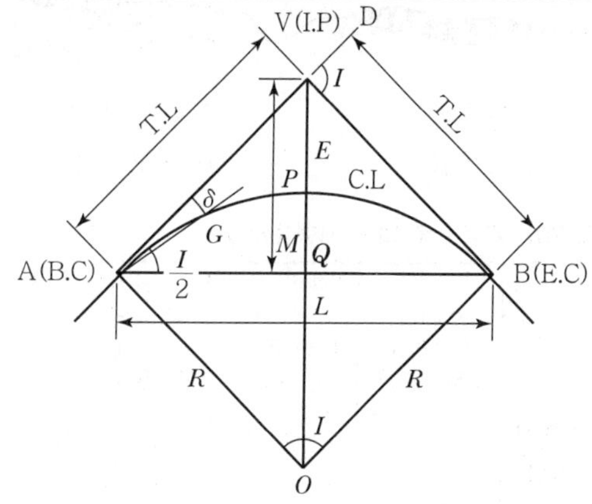

[단곡선의 명칭]

06. 사진크기 23cm×23cm, 초점거리 153mm, 촬영고도 750m, 사진주점기선장 10cm인 2장의 인접사진에서 관측한 굴뚝의 시차차가 7.5mm일 때 지상에서의 실제 높이는?

① 45.24m ② 56.25m
③ 62.72m ④ 85.36m

해설

$\Delta P = \dfrac{h}{H} b_0$

$h = \dfrac{H}{b_0} \Delta P = \dfrac{750}{0.1} \times 0.0075 = 56.25\text{m}$

07. 상향경사 4%, 하향경사 4%, 종단곡선 길이(l)가 50m인 종단곡선에서 끝단의 종거(y)는?(단, 종거 $y=\frac{i}{2l}x^2$)

① 0.5m ② 1m
③ 1.5m ④ 2m

해설

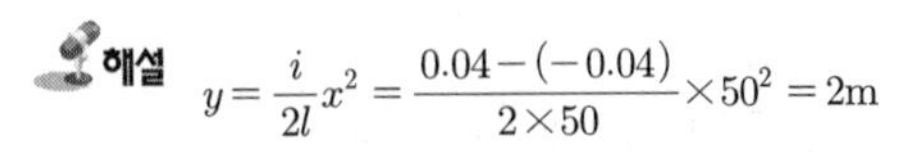

$$y=\frac{i}{2l}x^2=\frac{0.04-(-0.04)}{2\times50}\times50^2=2\text{m}$$

08. 그림과 같은 지형표시법을 무엇이라고 하는가?

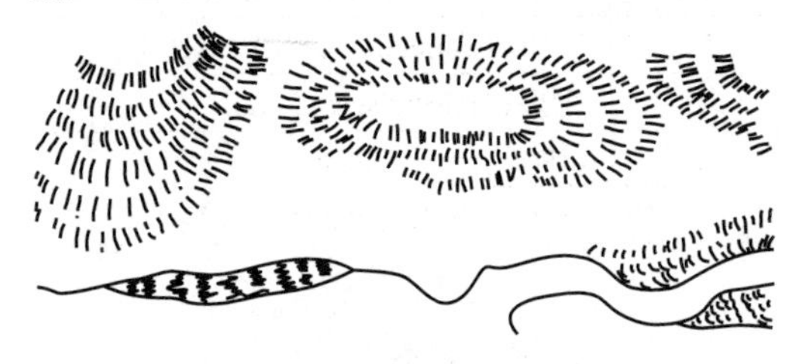

① 영선법 ② 음영법
③ 채색법 ④ 등고선법

해설 지형도에 의한 지형표시법

자연적 도법	영선법 (우모법) (Hatching)	"게바"라 하는 단선상(短線上)의 선으로 지표의 기본을 나타내는 것으로 게바의 사이, 굵기, 방향 등에 의하여 지표를 표시하는 방법
	음영법 (명암법) (Shading)	태양광선이 서북쪽에서 45°로 비친다고 가정하여 지표의 기복을 도상에서 2~3색 이상으로 채색하여 지형을 표시하는 방법으로 지형의 입체감이 가장 잘 나타나는 방법
부호적 도법	점고법 (Spot height system)	지표면상의 표고 또는 수심의 숫자에 의하여 지표를 나타내는 방법으로 하천, 항만, 해양 등에 주로 이용
	등고선법 (Contour System)	동일 표고의 점을 연결한 것으로 등고선에 의하여 지표를 표시하는 방법으로 토목공사용으로 가장 널리 사용
	채색법 (Layer System)	같은 등고선의 지대를 같은 색으로 채색하여 높을수록 진하게, 낮을수록 연하게 칠하여 높이의 변화를 나타내며 지리관계의 지도에 주로 사용

09. 한 개의 깊은 수직터널에서 터널 내외를 연결하는 연결측량방법으로서 가장 적당한 것은?

① 트래버스 측량방법
② 트랜싯과 추선에 의한 방법
③ 삼각측량 방법
④ 측위 망원경에 의한 방법

해설 갱내외의 연결측량

1. 목적
   - ㉠ 공사계획이 부적당할 때 그 계획을 변경하기 위하여
   - ㉡ 갱내외의 측점의 위치관계를 명확히 해두기 위해서
   - ㉢ 갱내에서 재변이 일어났을 때 갱외에서 그 위치를 알기 위해서
2. 방법

한 개의 수직갱에 의한 방법	두 개의 수직갱에 의한 방법
1개의 수직갱으로 연결할 경우에는 수직갱에 2개의 추를 매달아서 이것에 의해 연직면을 정하고 그 방위각을 지상에서 관측하여 지하의 측량을 연결한다.	2개의 수갱구에 각각 1개씩 수선 AE를 정한다. 이 A·E를 기정 및 폐합점으로 하고 지상에서는 A, 6, 7, 8, E, 갱내에서는 A, 1, 2, 3, 4, E의 다각측량을 실시한다.

10. 지형측량에서 기설 삼각점만으로 세부측량을 실시하기에 부족할 경우 새로운 기준점을 추가적으로 설치하는 점은?

① 경사변환점
② 방향변환점
③ 도근점
④ 이기점

해설 지형측량에서 기설 삼각점만으로 세부측량을 실시하기에 부족할 경우 새로운 기준점을 추가적으로 설치하는 점은 도근점이다.

 Answer 07. ④ 08. ① 09. ② 10. ③

11. GNSS 측량에서 제어부문의 주요 임무로 틀린 것은?

① 위성시각의 동기화
② 위성으로의 자료전송
③ 위성의 궤도 모니터링
④ 신호정보를 이용한 위치결정 및 시각비교

해설

<table>
<tr><td rowspan="6">제어부문</td><td>구성</td><td>1개의 주제어국, 5개의 추적국 및 3개의 지상안테나(Up Link 안테나 : 전송국)</td></tr>
<tr><td rowspan="5">기능</td><td>• 주제어국 : 추적국에서 전송된 정보를 사용하여 궤도요소를 분석한 후 신규궤도요소, 시계보정, 항법 메시지 및 컨트롤 명령정보, 전리층 및 대류층의 주기적 모형화 등을 지상안테나를 통해 위성으로 전송</td></tr>
<tr><td>• 추적국 : GPS위성의 신호를 수신하고 위성의 추적 및 작동상태를 감독하여 위성에 대한 정보를 주제어국으로 전송</td></tr>
<tr><td>• 전송국 : 주 관제소에서 계산된 결과치로서 시각보정값, 궤도보정치를 사용자에게 전달할 메시지 등을 위성에 송신하는 역할을 함</td></tr>
<tr><td>㉠ 주제어국 : 콜로라도스링스(Colorado Springs) – 미국 콜로라도주
㉡ 추적국
• 어센션(Ascension Is) – 대서양
• 디에고 가르시아(Diego Garcia) – 인도양
• 콰절레인(Kwajalein Is) – 태평양
• 하와이(Hawaii) – 태평양
㉢ 3개의 지상안테나(전송국) : 갱신자료 송신</td></tr>
</table>

12. 표고가 0m인 해변에서 눈높이 1.45m인 사람이 볼 수 있는 수평선까지의 거리는?(단, 지구반지름 R=6,370km, 굴절계수 k=0.14)

① 4,713.91m
② 4,634.68m
③ 4,298.02m
④ 4,127.47m

해설

$$양차(h) = 구차 + 기차 = \frac{S^2}{2R} + \left(-\frac{KS^2}{2R}\right) = \frac{S^2}{2R}(1-K)$$

$$S = \sqrt{\frac{2Rh}{1-K}} = \sqrt{\frac{2\times 6,370,000 \times 1.45}{1-0.14}} = 4,634.68\text{m}$$

13. 수준측량의 왕복거리 2km에 대하여 허용오차가 ±3mm라면 왕복거리 4km에 대한 허용오차는?

① ±4.24mm ② ±6.00mm
③ ±6.93mm ④ ±9.00mm

해설 직접 수준측량의 오차는 노선 왕복거리의 평방근에 비례하므로

$\sqrt{2} : 3 = \sqrt{4} : x$

$x = \frac{\sqrt{4}}{\sqrt{2}} \times 3 = \pm 4.24\text{mm}$

14. 지구 곡률에 의한 오차인 구차에 대한 설명으로 옳은 것은?

① 구차는 거리제곱에 반비례한다.
② 구차는 곡률반지름의 제곱에 비례한다.
③ 구차는 곡률반지름에 비례한다.
④ 구차는 거리제곱에 비례한다.

해설

구분	설명	식
구차 (h_1)	지구의 곡률에 의한 오차이며 이 오차만큼 높게 조정한다.	$h_1 = +\frac{S^2}{2R}$
기차 (h_2)	지표면에 가까울수록 대기의 밀도가 커지므로 생기는 오차(굴절오차)를 말하며, 이 오차만큼 낮게 조정한다.	$h_2 = -\frac{KS^2}{2R}$
양차	구차와 기차의 합을 말하며 연직각 관측값에서 이 양차를 보정하여 연직각을 구한다.	$양차 = \frac{S^2}{2R} + \left(-\frac{KS^2}{2R}\right) = \frac{S^2}{2R}(1-K)$

Answer 11. ④ 12. ② 13. ① 14. ④

여기서, R : 지구의 곡률반경
S : 수평거리
K : 굴절계수(0.12~0.14)

15. 노선측량에서 일반국도를 개설하려고 한다. 측량의 순서로 옳은 것은?

① 계획조사측량 → 노선선정 → 실시설계측량 → 세부측량 → 용지측량
② 노선선정 → 계획조사측량 → 실시설계측량 → 세부측량 → 용지측량
③ 노선선정 → 계획조사측량 → 세부측량 → 실시설계측량 → 용지측량
④ 계획조사측량 → 노선선정 → 세부측량 → 실시설계측량 → 용지측량

해설 노선측량 세부 작업과정

구분	작업	
노선 선정(路線選定)	도상 선정	
	종단면도 작성	
	현지답사	
계획조사측량(計劃調査測量)	지형도 작성	
	비교노선의 선정	
	종단면도 작성	
	횡단면도 작성	
	개략노선의 결정	
실시설계측량(實施設計測量)	지형도 작성	
	중심선의 선정	
	중심선 설치(도상)	
	다각측량	
	중심선 설치(현지)	
	고저측량	고저측량
		종단면도 작성
세부측량(細部測量)	구조물의 장소에 대해서, 지형도(축척 종 1/500~1/100)와 종횡단면도(축척 종 1/ 100, 횡 1/500~1/100)를 작성한다.	
용지측량(用地測量)	횡단면도에 계획단면을 기입하여 용지 폭을 정하고, 축척 1/500 또는 1/600로 용지도를 작성한다.	
공사측량(工事測量)	기준점 확인, 중심선 검측, 검사관측	
	인조점 확인 및 복원. 가인조점 등의 설치	

16. 단곡선 측량에서 교각이 50°, 반지름이 250m인 경우에 외할(E)은?

① 10.12m ② 15.84m
③ 20.84m ④ 25.84m

해설

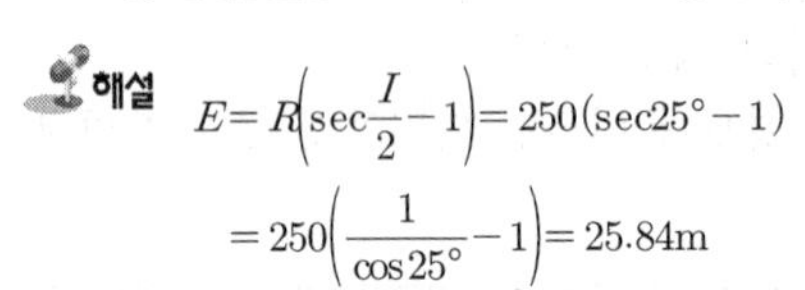

$$E = R\left(\sec\frac{I}{2} - 1\right) = 250(\sec 25° - 1)$$
$$= 250\left(\frac{1}{\cos 25°} - 1\right) = 25.84\text{m}$$

17. 항공사진에서 나타나는 지상 기복물의 왜곡(歪曲)현상에 대한 설명으로 옳지 않은 것은?

① 기복물의 왜곡 정도는 사진중심으로부터의 거리에 비례한다.
② 왜곡 정도를 통해 기복물의 높이를 구할 수 있다.
③ 기복물의 왜곡은 촬영고도가 높을수록 커진다.
④ 기복물의 왜곡은 사진중심에서 방사방향으로 일어난다.

해설 입체상의 변화

구분	내용
렌즈의 초점거리 변화에 의한 변화	렌즈의 초점거리가 긴 사진이 짧은 사진보다 더 낮게 보인다.
촬영기선의 변화에 의한 변화	촬영기선이 긴 경우 짧은 때보다 높게 보인다.
촬영고도의 차에 의한 변화	촬영고도가 낮은 사진이 높은 사진보다 더 높게 보인다.
눈을 옆으로 돌렸을 때의 변화	눈을 좌우로 움직여 옆에서 바라볼 때 항공기의 방향선상에서 움직이면 눈이 움직이는 쪽으로 기울어져 보인다.
눈의 높이에 따른 변화	눈의 위치가 높아짐에 따라 입체상은 더 높게 보인다.

기복물의 왜곡현상
㉠ 기복물의 왜곡 정도는 사진중심으로부터의 거리에 비례한다.
㉡ 왜곡 정도를 통해 기복물의 높이를 구할 수 있다.
㉢ 기복물의 왜곡은 사진중심에서 방사방향으로 일어난다.
㉣ 기복물의 왜곡은 촬영고도가 낮을수록 커진다.

 Answer 15. ② 16. ④ 17. ③

18. GNSS 측량에 의한 위치결정 시 최소 4대 이상의 위성에서 동시 관측해야 하는 이유로 옳은 것은?

① 궤도오차를 소거한 3차원 위치를 구하기 위하여

② 다중경로오차를 소거한 3차원 위치를 구하기 위하여

③ 시계오차를 소거한 3차원 위치를 구하기 위하여

④ 전리층오차를 소거한 3차원 위치를 구하기 위하여

해설 GNSS 측량에 의한 위치결정 시 최소 4대 이상의 위성에서 동시 관측해야 하는 이유는 시계오차를 소거한 3차원 위치를 구하기 위함이다.

19. 다음 중 지성선에 속하지 않는 것은?

① 능선 ② 계곡선

③ 경사변환선 ④ 지질변환선

해설 지성선(Topographical Line)

지표는 많은 凸선, 凹선, 경사변환선, 최대경사선으로 이루어졌다고 생각할 때 이 평면의 접합부, 즉 접선을 말하며 지세선이라고도 한다.

구분	내용
능선(凸선), 분수선	지표면의 높은 곳을 연결한 선으로 빗물이 이것을 경계로 좌우로 흐르게 되므로 분수선 또는 능선이라 한다.
계곡선(凹선), 합수선	지표면이 낮거나 움푹 팬 점을 연결한 선으로 합수선 또는 합곡선이라 한다.
경사변환선	동일 방향의 경사면에서 경사의 크기가 다른 두 면의 접합선이다(등고선 수평간격이 뚜렷하게 달라지는 경계선).
최대경사선	지표의 임의의 한 점에서 그 경사가 최대로 되는 방향을 표시한 선으로 등고선에 직각으로 교차하며 물이 흐르는 방향이라는 의미에서 유하선이라고도 한다.

20. 사진측량에서의 사진 판독 순서로 옳은 것은?

① 촬영계획 및 촬영 ⇨ 판독기준 작성 ⇨ 판독 ⇨ 현지조사 ⇨ 정리

② 촬영계획 및 촬영 ⇨ 판독기준 작성 ⇨ 현지조사 ⇨ 정리 ⇨ 판독

③ 판독기준 작성 ⇨ 촬영계획 및 촬영 ⇨ 판독 ⇨ 현지조사 ⇨ 정리

④ 판독기준 작성 ⇨ 촬영계획 및 촬영 ⇨ 현지조사 ⇨ 판독 ⇨ 정리

해설 판독의 순서

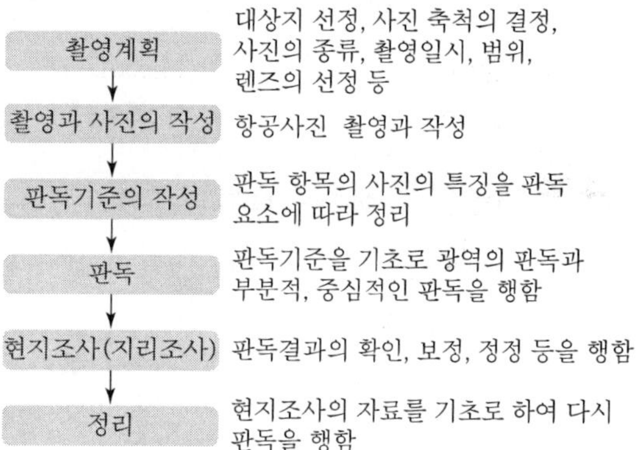

Answer 18. ③ 19. ④ 20. ①

응용측량(2018년 3회 지적기사)

01. 그림과 같은 노선 횡단면의 면적은?

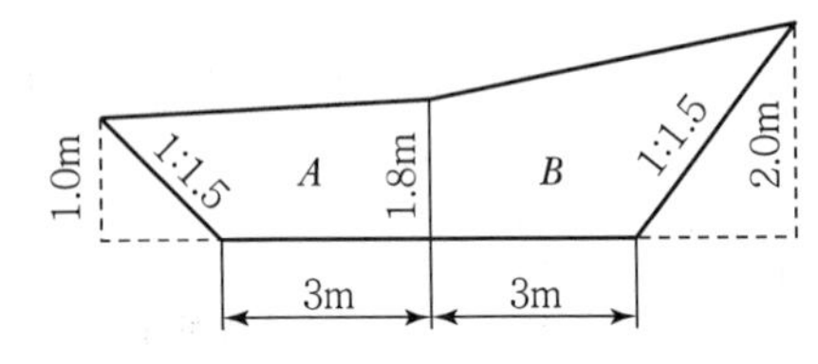

① 13.95m² ② 14.95m²
③ 15.95m² ④ 16.95m²

$A=\frac{1+1.8}{2}\times 4.5-\frac{1}{2}\times 1.5\times 1=5.55$

$B=\frac{1.8+2.0}{2}\times 6-\frac{1}{2}\times 3\times 2=8.4$

$\therefore A+B=5.55+8.4=13.95\text{m}^2$

여기서, (A)밑변은 $1.5\times 1+3=4.5\text{m}$

(B)밑변은 $2\times 1.5+3=6.0\text{m}$

02. 완화곡선의 성질에 대한 설명으로 옳지 않은 것은?

① 곡선반지름은 완화곡선의 시점에서 무한대, 종점에서 원곡선의 반지름(R)으로 된다.
② 완화곡선의 접선은 시점에서 원호에, 종점에서는 직선에 접한다.
③ 완화곡선에 연한 곡선반지름의 감소율은 캔트의 증가율과 같다.
④ 종점에 있는 캔트는 원곡선의 캔트와 같게 된다.

해설 완화곡선의 특징

㉠ 곡선반경은 완화곡선의 시점에서 무한대, 종점에서 원곡선 R로 된다.
㉡ 완화곡선의 접선은 시점에서 직선에, 종점에서 원호에 접한다.
㉢ 완화곡선에 연한 곡선반경의 감소율은 캔트는 같다.
㉣ 완화곡선의 종점의 캔트와 원곡선 시점의 캔트는 같다.
㉤ 완화곡선은 이정의 중앙을 통과한다.
㉥ 완화곡선의 곡률은 시점에서 0, 종점에서 $\frac{1}{R}$이다.

03. GNSS 측량에서 위치를 결정하는 기하학적인 원리는?

① 위성에 의한 평균계산법
② 무선항법에 의한 후방교회법
③ 수신기에 의하여 처리하는 자료해석법
④ GNSS에 의한 폐합 도선법

해설 1. GNSS의 정의

GNSS는 인공위성을 이용한 범세계적 위치결정체계로 정확한 위치를 알고 있는 위성에서 발사한 전파를 수신하여 관측점까지의 소요시간을 관측함으로써 관측점의 위치를 구하는 체계이다. 즉 GNSS 측량은 위치가 알려진 다수의 위성을 기지점으로 하여 수신기를 설치한 미지점의 위치를 결정하는 후방교회법(Resection method)에 의한 측량방법이다.

2. GNSS의 특징

㉠ 지구상 어느 곳에서나 이용할 수 있다.
㉡ 기상에 관계없이 위치결정이 가능하다.
㉢ 측량기법에 따라 수 mm~수십 m까지 다양한 정확도를 가지고 있다.
㉣ 측량거리에 비하여 상대적으로 높은 정확도를 지니고 있다.
㉤ 하루 24시간 어느 때나 이용이 가능하다.
㉥ 사용자가 무제한 사용할 수 있으며 신호 사용에 따른 부담이 없다.
㉦ 다양한 측량기법이 제공되어 목적에 따라 적당한 기법을 선택할 수 있으므로 경제적이다.
㉧ 3차원 측량을 동시에 할 수 있다.

Answer 01. ① 02. ② 03. ②

㉫ 기선 결정의 경우 두 측점 간의 시통에 관계가 없다.
㉬ 세계측지기준계(WGS84) 좌표계를 사용하므로 지역기준계를 사용할 시에는 다소 번거로움이 있다.

04. 곡선반지름이 80m, 클로소이드 곡선길이가 20m일 때 클로소이드의 파라미터(A)는?

① 40m ② 80m
③ 120m ④ 1,600m

해설 $A=\sqrt{RL}=\sqrt{80\times20}=40\text{m}$

05. 항공사진측량을 통하여 촬영된 사진에서 볼 때 태양광선을 받아 주위보다 밝게 찍혀 보이는 부분을 무엇이라 하는가?

① Sun spot ② Lineament
③ Overlay ④ Shadow spot

해설 선 스폿 과 섀도우 스폿
사진 판독은 사진화면에서 얻은 여러 가지 정보를 목적에 따라 적절히 해석하는 기술을 말한다. 태양고도, 즉 태양반사광에 의해 사진에서는 희게 혹은 검게 찍히는 경우가 있다. 이것은 토양 등의 색깔에 의한 것이 아니고 태양반사광에 의한 광휘작용(光輝作用, halation)이라는 것을 알 수 있다. 강한 태양광선에 의해 선 스폿이나 섀도우 스폿현상이 나타난다.

㉠ sun spot
태양광선의 반사지점에 연못이나 논과 같이 반사능이 강한 수면이 있으면 그 부근이 희게 반짝이는 광휘작용이 생긴다. 이와 같은 작용을 선 스폿이라 한다. 즉 사진상에서 태양광선의 반사에 의해 주위보다 밝게 촬영되는 부분을 말한다.

㉡ shadow spot
사진기의 그림자가 찍히는 지점에 높은 수목 등이 있으면 그 부근의 원형부분이 주위보다 밝게 된다. 이것은 마치 만월(滿月)이 가장 밝게 보이는 것과 같은 이유인 것으로 이 부근에서는 태양광선을 받아 밝은 부분만 찍히게 되고 어두운 부분은 감춰지기 때문이다. 이와 같은 현상을 섀도우 스폿이라 한다.

06. 초점거리 210mm의 카메라로 비고가 50m인 구릉지에서 촬영한 사진의 축척이 1 : 25,000이다. 이 사진의 비고에 의한 최대 변위량은?(단, 사진크기 = 23cm×23cm, 종중복도 = 60%)

① ±0.15mm ② ±0.24mm
③ ±1.5mm ④ ±2.4mm

해설
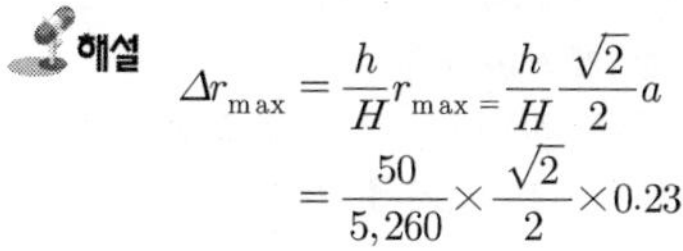

$$\Delta r_{\max}=\frac{h}{H}r_{\max}=\frac{h}{H}\frac{\sqrt{2}}{2}a=\frac{50}{5,260}\times\frac{\sqrt{2}}{2}\times0.23=\pm0.0015\text{m}=\pm1.5\text{mm}$$

$$H=mf=(25,000+50)\times0.21=5,260$$

07. 터널구간의 고저차를 관측하기 위하여 그림과 같이 간접수준측량을 하였다. 경사각은 부각 30°이며, AB의 경사거리가 18.64m이고 A점의 표고가 200.30m일 때 B점의 표고는?

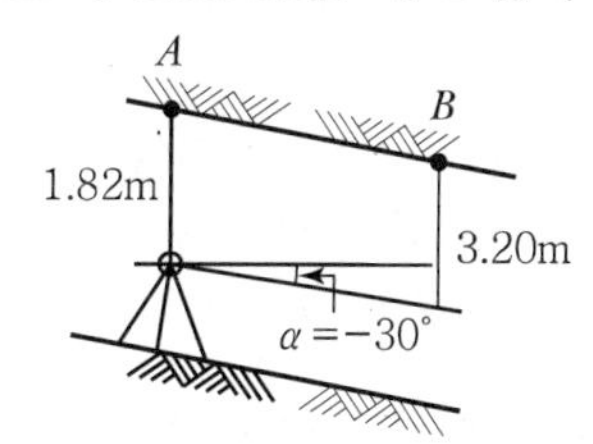

① 182.78m ② 189.60m
③ 190.92m ④ 192.36m

해설 $H_B=H_A-1.82-H+3.2$
$=200.30-1.82-9.32+3.20=192.36\text{m}$
$H=18.64\times\sin30°=9.32$

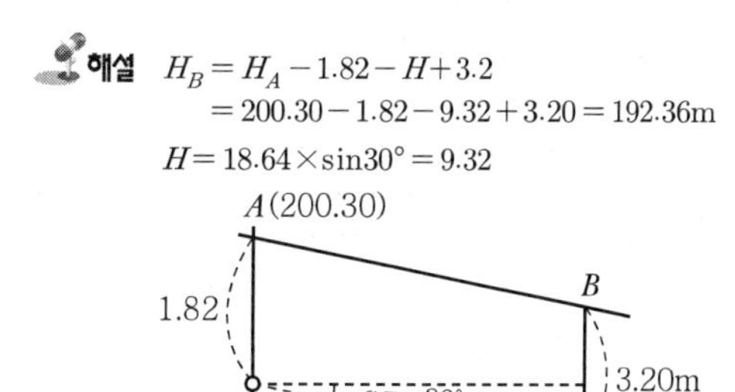

08. 수준측량에서 전시와 후시의 거리를 같게 하여 소거할 수 있는 오차는?

① 표척의 눈금 오차
② 레벨의 침하에 의한 오차

③ 지구의 곡률 오차
④ 레벨과 표척의 경사에 의한 오차

해설 전시와 후시의 거리를 같게 함으로써 제거되는 오차
㉠ 레벨의 조정이 불완전(시준선이 기포관축과 평행하지 않을 때)할 때(시준축오차 : 오차가 가장 크다.)
㉡ 지구의 곡률오차(구차)와 빛의 굴절오차(기차)를 제거한다.
㉢ 초점나사를 움직이는 오차가 없으므로 그로 인해 생기는 오차를 제거한다.

09. GNSS에서 이중차분법(Double Differencing)에 대한 설명으로 옳은 것은?
① 1개의 위성을 동시에 추적하는 2대의 수신기는 이중차 관측이다.
② 여러 에포크에서 2개의 수신기로 추적되는 1개의 위성 관측을 통하여 얻을 수 있다.
③ 여러 에포크에서 1개의 수신기로 추적되는 2개의 위성 관측을 통하여 얻을 수 있다.
④ 동시에 2개의 위성을 추적하는 2개의 수신기는 이중차 관측이다.

해설 간섭측위에 의한 위상차 측정
정적 간섭측위(Static Positioning)를 통하여 기선해석을 하는 데 사용하는 방법이다. 두 개의 기지점에 GPS 수신기를 설치하고 위상차를 측정하여 기선의 길이와 방향을 3차원 벡터량으로 결정하는데 다음과 같은 위상차 차분기법을 통하여 기선해석 품질을 높인다.

구분	특징
일중위상차 (Single Phase Difference)	• 한 개의 위성과 두 대의 수신기를 이용한 위성과 수신기 간의 거리측정차(행로차) • 동일위성에 대한 측정치이므로 위성의 궤도오차와 원자시계에 의한 오차가 소거된 상태 • 그러나 수신기의 시계오차는 포함되어 있는 상태
이중위상차 (Double Phase Difference)	• 두 개의 위성과 두 대의 수신기를 이용하여 각각의 위성에 대한 수신기 간 1중차끼리의 차이값 • 두 대의 수신기로 두 개의 위성을 관측함으로써 같은 양으로 존재하는 수신기의 시계오차를 소거한 상태 • 일반적으로 최소 4개의 위성을 관측하여 3회의 이중차를 측정하여 기선해석을 하는 것이 통례
삼중위상차 (Triple Phase Difference)	• 한 개 위성의 어떤 시각의 위상적산치(측정치)와 다음 시각의 적산치와의 차이값을 적분위상차라고도 한다. • 반송파의 모호정수(불명확상수)를 소거하기 위하여 일정시간 간격으로 이중차의 차이값을 측정하는 것을 말한다. • 즉, 일정시간 동안의 위성거리 변화를 뜻하며 파장의 정수배의 불명확을 해결하는 방법으로 이용된다.

10. 지상에서 이동하고 있는 물체가 사진에 나타나 그 물체를 입체시할 때 그 운동이 기선방향이면 물체가 뜨거나 가라앉아 보이는 현상(효과)은?
① 정사 효과(orthoscopic effect)
② 역 효과(pseudoscopic effect)
③ 카메론 효과(cameron effect)
④ 반사 효과(reflection effect)

해설

카메론 효과 (Cameron Effect)	도로변 상공 위의 항공기에서 주행 중인 차량을 연속하여 촬영하여 이것을 입체화하여 볼 때 차량이 비행방향과 동일방향으로 주행하고 있다면 가라앉아 보이고, 반대방향으로 주행하고 있다면 부상(浮上 : 뜨는 것)하여 보인다. 또한 뜨거나 가라앉는 높이는 차량의 속도에 비례하고 있다. 이와 같이 이동하는 피사체가 뜨거나 가라앉아 보이는 현상을 카메론 효과라고 한다.
과고감 (Vertical Exaggeration)	항공사진을 입체시하는 경우 산의 높이 등이 실제보다 과장되어 보이는 현상을 말한다. 평면축척에 비해 수직 축척이 크게 되기 때문에 실제 도형보다 산이 더 높게 보인다. • 항공사진은 평면축척에 비해 수직축척이 크므로 다소 과장되어 나타난다. • 대상물의 고도, 경사율 등을 반드시 고려해야 한다.

 Answer 09. ④ 10. ③

과고감 (Vertical Exaggeration)	• 과고감은 필요에 따라 사진판독 요소로 사용될 수 있다. • 과고감은 사진의 기선고도비와 이에 상응하는 입체시의 기선고도비의 불일치에 의해서 발생한다. • 과고감은 촬영고도 H에 대한 촬영기선길이 B의 비인 기선고도비 B/H에 비례한다.

11. 등고선의 특징에 대한 설명으로 틀린 것은?

① 등고선은 경사가 급한 곳에서는 간격이 좁다.

② 경사변환점은 능선과 계곡선이 만나는 점이다.

③ 능선은 빗물이 이 능선을 경계로 좌우로 흘러 분수선이라고도 한다.

④ 계곡선은 지표가 낮거나 움푹 파인 점을 연결한 선으로 합수선이라고도 한다.

해설 1. 등고선의 성질

㉠ 동일 등고선상에 있는 모든 점은 같은 높이이다.

㉡ 등고선은 반드시 도면 안이나 밖에서 서로가 폐합한다.

㉢ 지도의 도면 내에서 폐합되면 가장 가운데 부분을 산꼭대기(산정) 또는 凹지(요지)가 된다.

㉣ 등고선은 도중에 없어지거나, 엇갈리거나 합쳐지거나 갈라지지 않는다.

㉤ 높이가 다른 두 등고선은 동굴이나 절벽의 지형이 아닌 곳에서는 교차하지 않는다.

㉥ 등고선은 경사가 급한 곳에서는 간격이 좁고 완만한 경사에서는 넓다.

㉦ 최대경사의 방향은 등고선과 직각으로 교차한다.

㉧ 분수선(능선)과 곡선(유하선)은 등고선과 직각으로 만난다.

㉨ 2쌍의 등고선의 볼록부가 상대할 때는 볼록부를 나타낸다.

㉩ 동등한 경사의 지표에서 양 등고선의 수평거리는 같다.

㉪ 같은 경사의 평면일 때는 나란한 직선이 된다.

㉫ 등고선이 능선을 직각방향으로 횡단한 다음 능선 다른 쪽을 따라 거슬러 올라간다.

㉬ 등고선의 수평거리는 산꼭대기 및 산 밑에서는 크고 산 중턱에서는 작다.

2. 지성선(Topographical Line)

지표는 많은 凸선, 凹선, 경사변환선, 최대경사선으로 이루어졌다고 생각할 때 이 평면의 접합부, 즉 접선을 말하며 지세선이라고도 한다.

능선(凸선), 분수선	지표면의 높은 곳을 연결한 선으로 빗물이 이것을 경계로 좌우로 흐르게 되므로 분수선 또는 능선이라 한다.
계곡선(凹선), 합수선	지표면이 낮거나 움푹 팬 점을 연결한 선으로 합수선 또는 합곡선이라 한다.
경사변환선	동일 방향의 경사면에서 경사의 크기가 다른 두 면의 접합선이다(등고선 수평간격이 뚜렷하게 달라지는 경계선).
최대경사선	지표의 임의의 한 점에서 그 경사가 최대로 되는 방향을 표시한 선으로 등고선에 직각으로 교차하며 물이 흐르는 방향이라는 의미에서 유하선이라고도 한다.

12. 지형의 표시방법 중 길고 짧은 선으로 지표의 기복을 나타내는 방법은?

① 영선법 ② 채색법

③ 등고선법 ④ 점고법

해설 지형도에 의한 지형표시법

자연적 도법	영선법 (우모법) (Hatching)	"게바"라 하는 단선상(短線上)의 선으로 지표의 기본을 나타내는 것으로 게바의 사이, 굵기, 방향 등에 의하여 지표를 표시하는 방법
	음영법 (명암법) (Shading)	태양광선이 서북쪽에서 45°로 비친다고 가정하여 지표의 기복을 도상에서 2~3색 이상으로 채색하여 지형을 표시하는 방법으로 지형의 입체감이 가장 잘 나타나는 방법

Answer 11. ② 12. ①

부호적 도법	점고법 (Spot height system)	지표면상의 표고 또는 수심의 숫자에 의하여 지표를 나타내는 방법으로 하천, 항만, 해양 등에 주로 이용
	등고선법 (Contour System)	동일 표고의 점을 연결한 것으로 등고선에 의하여 지표를 표시하는 방법으로 토목 공사용으로 가장 널리 사용
	채색법 (Layer System)	같은 등고선의 지대를 같은 색으로 채색하여 높을수록 진하게, 낮을수록 연하게 칠하여 높이의 변화를 나타내며 지리관계의 지도에 주로 사용

13. 수준측량의 기고식에 대한 설명으로 옳은 것은?

① 중력 측정을 통한 기계적 고도 수정 방법
② 시준축 오차를 소거하기 위한 수준 측량 방법
③ 기압 측정을 통한 간접 수준 측량 방법
④ 중간점이 많은 경우에 편리한 야장 기입 방법

해설 야장기입방법

고차식	가장 간단한 방법으로 B.S와 F.S만 있으면 된다.
기고식	가장 많이 사용하며, 중간점이 많을 경우 편리하나 완전한 검산을 할 수 없는 것이 결점이다.
승강식	완전한 검사로 정밀 측량에 적당하나 중간점이 많으면 계산이 복잡하고, 시간과 비용이 많이 소요된다.

14. 곡선 반지름이 150m, 교각이 90°인 단곡선에서 기점으로부터 교점까지의 추가거리가 1,273.45m일 때, 기점으로부터 곡선 시점($B.C$)까지의 추가거리는?

① 1,034.25m ② 1,123.45m
③ 1,245.56m ④ 1,368.86m

해설

$$TL = R\tan\frac{I}{2} = 150\times\tan45° = 150\text{m}$$

$$BC = IP - TL = 1,273.45 - 150 = 1,123.45\text{m}$$

15. 터널공사를 위한 트래버스 측량의 결과가 다음 표와 같을 때 직선 EA의 거리와 EA의 방위각은?

측선	위거(m)		경거(m)	
	+	−	+	−
AB		31.4	41.4	
BC		20.9		13.2
CD		13.2		50.9
DE	19.7			37.2

① 74.39m, 52°35′53.5″
② 74.39m, 232°35′53.5″
③ 75.40m, 52°35′53.5″
④ 75.40m, 232°35′53.5″

해설 위거, 경거의 총합은 0이 되어야 한다.

$\sum$위거 $= (31.4+20.9+13.2)-19.7=45.8$
$\sum$경거 $= (13.2+50.9+37.2)-41.4=59.9$

$$\overline{EA} = \sqrt{L^2+D^2} = \sqrt{45.8^2+59.9^2} = 75.40\text{m}$$

$$\theta = \tan^{-1}\frac{\text{경거}}{\text{위거}} = \tan^{-1}\frac{59.9}{45.8} = 52°35'53.5''$$

16. 교호수준측량을 실시하여 다음 결과를 얻었다. A점의 표고가 56.674m일 때 B점의 표고는?

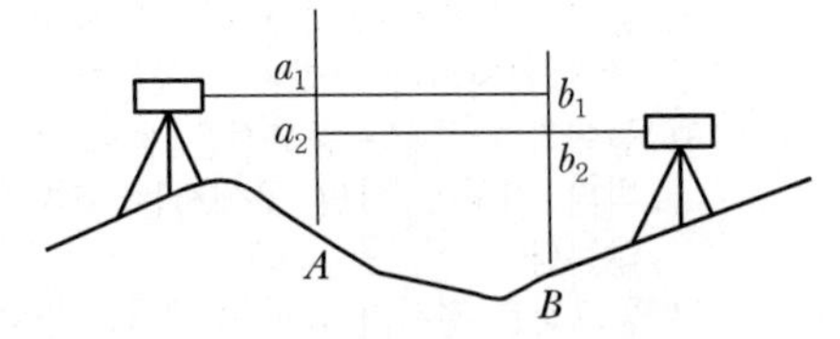

$a_1 = 2.556\text{m}$, $b_1 = 3.894\text{m}$
$a_2 = 0.772\text{m}$, $b_2 = 2.106\text{m}$

① 54.130m ② 54.768m
③ 55.338m ④ 57.641m

해설

$$h = \frac{(a_1+a_2)-(b_1+b_2)}{2} = \frac{(2.556+0.772)-(3.894+2.106)}{2} = -1.336\text{m}$$

$$B = H_A - h = 56.674 - 1.336 = 55.338\text{m}$$

 Answer 13. ④ 14. ② 15. ③ 16. ③

17. 어떤 도로에서 원곡선의 반지름이 200m일 때 현의 길이 20m에 대한 편각은?

① 2°51′53″ ② 3°49′11″
③ 5°44′02″ ④ 8°21′12″

해설

$$\delta = 1,718.87' \times \frac{l}{R}$$
$$= 1,718.87' \times \frac{20}{200} = 2°51'53''$$

18. 축척 1 : 50,000 지형도에서 주곡선의 간격은?

① 5m ② 10m
③ 20m ④ 100m

해설

등고선 종류	기호	축척			
		$\frac{1}{5,000}$	$\frac{1}{10,000}$	$\frac{1}{25,000}$	$\frac{1}{50,000}$
주곡선	가는 실선	5	5	10	20
간곡선	가는 파선	2.5	2.5	5	10
조곡선(보조곡선)	가는 점선	1.25	1.25	2.5	5
계곡선	굵은 실선	25	25	50	100

19. 항공사진 투영방식(A)과 지도 투영방식(B)의 연결이 옳은 것은?

① (A)정사투영, (B)중심투영
② (A)중심투영, (B)정사투영
③ (A)평행투영, (B)중심투영
④ (A)평행투영, (B)정사투영

해설 중심투영과 정사투영

지표면이 평탄한 곳에서는 항공사진과 지도가 같으나 지표면의 높낮이가 있는 경우에는 사진의 형상이 다르다. 항공사진은 중심투영이고 지도는 정사투영이다.

중심투영 (Central Projection)	사진의 상은 피사체로부터 반사된 광이 렌즈중심을 직진하여 평면인 필름면에 투영되어 나타나는 것을 말하며 사진을 제작할 때 사용한다(사진측량의 원리).
정사투영 (Ortho projection)	항공사진과 지형도를 비교하면 같으나, 지표면의 높낮이가 있는 경우에는 평탄한 곳은 같으나 평탄치 않은 곳은 사진의 형상이 다르다. 정사투영은 지도를 제작할 때 사용한다.

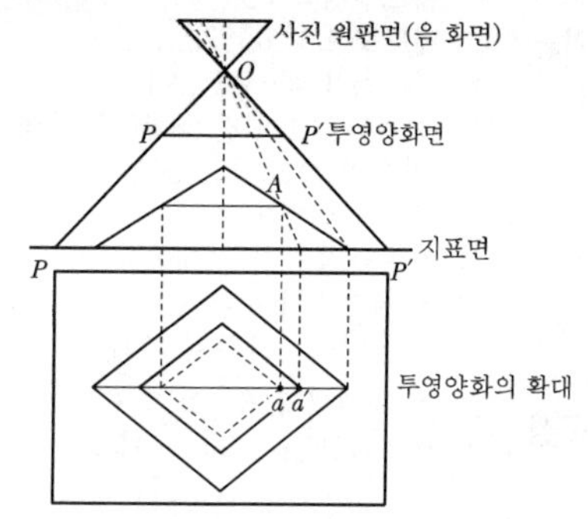

[정사투영과 중심투영의 비교]

왜곡수차 (Distortion)	이론적인 중심투영에 의하여 만들어진 점과 실제점의 변위	
	왜곡수차의 보정방법	
	포로-코페(Porro-Koppe)의 방법	촬영카메라와 동일 렌즈를 갖춘 투영기를 사용하는 방법
	보정판을 사용하는 방법	양화건판과 투영렌즈 사이에 렌즈(보정판)를 넣는 방법
	화면거리를 변화시키는 방법	화면거리를 연속적으로 움직이는 방법

20. GNSS의 구성요소 중 위성을 추적하여 위성의 궤도와 정밀시간을 유지하고 관련정보를 송신하는 역할을 담당하는 부문은?

① 우주부문 ② 제어부문
③ 수신부문 ④ 사용자부문

Answer 17. ① 18. ③ 19. ② 20. ②

해설

부문	구분	내용
우주부문	구성	31개의 GPS 위성
	기능	측위용 전파 상시 방송, 위성궤도정보, 시각신호 등 측위계산에 필요한 정보 방송 ㉠ 궤도형상 : 원궤도 ㉡ 궤도면 수 : 6개면 ㉢ 위성 수 : 1궤도면에 4개 위성(24개+보조위성 7개)=31개 ㉣ 궤도경사각 : 55° ㉤ 궤도고도 : 20,183km ㉥ 사용좌표계 : WGS84 ㉦ 회전주기 : 11시간 58분(0.5 항성일) : 1항성일은 23시간 56분 4초 ㉧ 궤도 간 이격 : 60도 ㉨ 기준발진기 : 10.23MHz • 세슘원자시계 : 2대 • 루비듐원자시계 : 2대
제어부문	구성	1개의 주제어국, 5개의 추적국 및 3개의 지상안테나(Up Link 안테나 : 전송국)
	기능	• 주제어국 : 추적국에서 전송된 정보를 사용하여 궤도요소를 분석한 후 신규궤도요소, 시계보정, 항법메시지 및 컨트롤 명령정보, 전리층 및 대류층의 주기적 모형화 등을 지상안테나를 통해 위성으로 전송
		• 추적국 : GPS 위성의 신호를 수신하고 위성의 추적 및 작동상태를 감독하여 위성에 대한 정보를 주제어국으로 전송
		• 전송국 : 주 관제소에서 계산된 결과치로서 시각보정값, 궤도보정치를 사용자에게 전달할 메시지 등을 위성에 송신하는 역할
		㉠ 주제어국 : 콜로라도 스프링스(Colorado Springs) – 미국 콜로라도주 ㉡ 추적국 • 어센션(Ascension Is) – 대서양 • 디에고 가르시아(Diego Garcia • 인도양 • 콰절레인(Kwajalein Is) – 태평양 • 하와이(Hawaii) – 태평양 ㉢ 3개의 지상안테나(전송국) : 갱신자료 송신

응용측량(2018년 3회 지적산업기사)

01. 축척 1 : 10,000으로 평지를 촬영한 연직사진의 사진크기 23cm×23cm 종중복도 60%일 때 촬영기선장은?

① 1,380m ② 1,180m
③ 1,020m ④ 920m

해설
$$B = ma\left(1 - \frac{p}{100}\right)$$
$$= 10,000 \times 0.23(1-0.6) = 920\text{m}$$

02. GNSS 측량에서 지적기준점 측량과 같이 높은 정밀도를 필요로 할 때 사용하는 관측방법은?

① 실시간 키네마틱(realtime kinematic) 관측
② 키네마틱(kinematic) 측량
③ 스태틱(static) 측량
④ 1점 측위관측

해설 정지측량
GPS 측량기를 사용하여 기초측량 또는 세부측량을 하고자 하는 때에는 정지측량(Static) 방법에 의한다.
정지측량방법은 2개 이상의 수신기를 각 측점에 고정하고 양 측점에서 동시에 4개 이상의 위성으로부터 신호를 30분 이상 수신하는 방식이다.

03. NNSS(Navy Navigation Satellite System)에 대한 설명으로 옳지 않은 것은?

① 미해군 항행위성시스템으로 개발되었다.
② 처음부터 WGS-84를 채택하였다.
③ Doppler 효과를 이용한다.
④ 세계 좌표계를 이용한다.

해설 1. GPS의 정의
GPS는 인공위성을 이용한 범세계적 위치결정체계로 정확한 위치를 알고 있는 위성에서 발사한 전파를 수신하여 관측점까지의 소요시간을 관측함으로써 관측점의 위치를 구하는 체계이다. 즉 GPS측량은 위치가 알려진 다수의 위성을 기지점으로 하여 수신기를 설치한 미지점의 위치를 결정하는 후방교회법(Resection method)에 의한 측량방법이다.

2. GPS의 특징
㉠ 지구상 어느 곳에서나 이용할 수 있다.
㉡ 기상에 관계없이 위치결정이 가능하다.
㉢ 측량기법에 따라 수 mm~수십 m까지 다양한 정확도를 가지고 있다.
㉣ 측량거리에 비하여 상대적으로 높은 정확도를 지니고 있다.
㉤ 하루 24시간 어느 시간에서나 이용이 가능하다.
㉥ 사용자가 무제한 사용할 수 있으며 신호사용에 따른 부담이 없다.
㉦ 다양한 측량기법이 제공되어 목적에 따라 적당한 기법을 선택할 수 있으므로 경제적이다.
㉧ 3차원 측량을 동시에 할 수 있다.
㉨ 기선 결정의 경우 두 측점 간의 시통에 관계가 없다.
㉩ 세계측지기준계(WGS84) 좌표계를 사용하므로 지역기준계를 사용할 시에는 다소 번거로움이 있다.

04. 지형이 고르지 않은 지역에서 연장이 긴 터널의 중심선 설치에 대한 설명으로 옳지 않은 것은?

① 삼각점 등을 이용하여 기준점 위치를 정한다.
② 예비측량을 시행하여 2점의 T.P점을 설치한다.

Answer 01. ④ 02. ③ 03. ② 04. ④

③ 2점의 T.P점을 연결하여 터널 입구에 필요한 기준점을 측설한다.

④ 기준점은 평판측량에 의하여 기준점망을 구성하여 결정한다.

해설 지표 중심선 측량

직접측설법	거리가 짧고 장애물이 없는 곳에서 pole 또는 트랜싯으로 중심선을 측설한 후 Steel Tape에 의해 직접 재는 방법
트래버스에 의한 법	장애물이 있을 때 갱내의 양단의 점을 연결하는 Traverse를 만들어 좌표를 구하고, 좌표로부터 거리 및 방향을 계산하는 방법 • $\overline{AB}$거리 $=\sqrt{(\Sigma L)^2+(\Sigma D)^2}$ 또는 $\overline{AB}=\sqrt{(X_B-X_A)^2+(Y_B-Y_A)^2}$ • AB방위각$(\theta)=\tan^{-1}\dfrac{\Sigma D}{\Sigma L}$ 또는 $\tan^{-1}\dfrac{Y_B-Y_A}{X_B-X_A}$
삼각측량에 의한 법	터널길이가 길 때, 장애물로 인하여 위의 방법이 불가능할 때 사용

05. 수평거리가 24.9m 떨어져 있는 등경사 지형의 두 측점 사이에 1m 간격의 등고선을 삽입할 때, 등고선의 개수는?(단, 낮은 측점의 표고=46.8m, 경사= 15%)

① 2　　② 4
③ 6　　④ 8

해설

$$경사도(i)=\frac{H}{D}\times 100$$

$$H=\frac{24.9}{100}\times 15=3.735\text{m}$$

$$\therefore\ B=46.8+3.735=50.535\text{m}$$

A점과 B점 사이의 1m 등고선 개수
47, 48, 49, 50m(4개이다.)

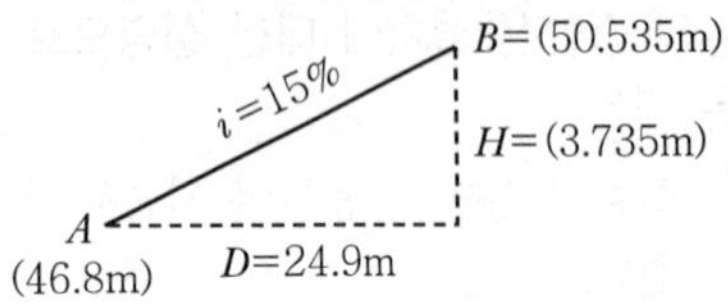

06. 클로소이드 곡선에 대한 설명으로 틀린 것은?

① 곡률이 곡선의 길이에 반비례한다.
② 형식에는 기본형, 복합형, S자형 등이 있다.
③ 설치법에는 주접선에서 직교좌표에 의해 설치하는 방법이 있다.
④ 단위 클로소이드란 클로소이드의 매개변수 $A=1$, 즉 $R\cdot L=1$의 관계에 있는 경우를 말한다.

해설 클로소이드(clothoid) 곡선
곡률이 곡선장에 비례하는 곡선을 말한다.

클로소이드 성질	• 클로소이드는 나선의 일종이다. • 모든 클로소이드는 닮은꼴이다.(상사성이다.) • 단위가 있는 것도 있고 없는 것도 있다. • τ는 30°가 적당하다. • 확대율을 가지고 있다. • τ는 라디안으로 구한다.

07. 축척 1 : 10000의 항공사진에서 건물의 시차를 측정하니 상단이 21.51mm, 하단이 16.21mm이었다. 건물의 높이는?(단, 촬영고도는 1000m, 촬영기선길이 850m이다.)

① 61.55m
② 62.35m
③ 62.55m
④ 63.35m

해설

$$h=\frac{H}{b_0}\Delta p=\frac{1000}{850}\times 53=62.35\text{m}$$

여기서, $10{,}000\times 21.51=215{,}100\text{mm}=215.1\text{m}$
$10{,}000\times 16.21=162100\text{mm}=162.1\text{m}$
$\Delta p=215.1-162.1=53\text{m}$

08. 노선측량의 작업과정으로 몇 개의 후보 노선 중 가장 좋은 노선을 결정하고 공사비를 개산(槪算)할 목적으로 실시하는 것은?

① 답사　　② 예측
③ 실측　　④ 공사측량

 Answer 05. ② 06. ① 07. ② 08. ②

해설 노선측량 작업과정

도상계획	지형도상에서 한두 개의 계획노선을 선정한다.
현장답사	도상계획노선에 따라 현장 답사를 한다.
예측	답사에 의하여 유망한 노선이 결정되면 그 노선을 더욱 자세히 조사하기 위하여 트래버스측량과 주변에 대한 측량을 실시한다.
도상 선정	예측이 끝나면 노선의 기울기, 곡선, 토공량, 터널과 같은 구조물의 위치와 크기, 공사비 등을 고려하여 가장 바람직한 노선을 지형도 위에 기입하는 단계이다.
현장 실측	도상에서 선정된 최저 노선을 지상에 측설하는 것이다.

09. 위성을 이용한 원격탐사의 특징에 대한 설명으로 옳지 않은 것은?

① 관측이 좁은 시야각으로 얻어진 영상은 중심투영에 가깝다.
② 회전주기가 일정한 위성의 경우에 원하는 시기에 원하는 지점을 관측하기 어렵다.
③ 탐사된 자료는 재해, 환경문제 해결에 편리하게 이용할 수 있다.
④ 짧은 시간에 넓은 지역을 동시에 측정할 수 있으며 반복측정이 가능하다.

해설 원격탐측(Remote sensing)

1. 원격탐측의 정의
원격탐측이란 지상이나 항공기 및 인공위성 등의 탑재기(Platform)에 설치된 탐측기(Sensor)를 이용하여 지표, 지상, 지하, 대기권 및 우주공간의 대상들에서 반사 혹은 방사되는 전자기파를 탐지하고 이들 자료로부터 토지, 환경 및 자원에 대한 정보를 얻어 이를 해석하는 기법이다.

2. 원격탐측의 특징
㉠ 짧은 시간에 넓은 지역을 동시에 측정할 수 있으며 반복측정이 가능하다.
㉡ 다중파장대에 의한 지구표면 정보 획득이 용이하며 측정자료가 기록되어 판독이 자동적이고 정량화가 가능하다.
㉢ 회전주기가 일정하므로 원하는 지점 및 시기에 관측하기가 어렵다.
㉣ 관측이 좁은 시야각으로 얻어진 영상은 정사투영에 가깝다.
㉤ 탐사된 자료가 즉시 이용될 수 있으므로 재해, 환경문제 해결에 편리하다.

10. 어느 지역에 다목적 댐을 건설하여 댐의 저수용량을 산정하려고 할 때에 사용되는 방법으로 가장 적합한 것은?

① 점고법
② 삼사법
③ 중앙단면법
④ 등고선법

해설 지형도에 의한 지형표시법

자연적 도법	영선법 (우모법) (Hatching)	"게바"라 하는 단선상(短線上)의 선으로 지표의 기본을 나타내는 것으로 게바의 사이, 굵기, 방향 등에 의하여 지표를 표시하는 방법
	음영법 (명암법) (Shading)	태양광선이 서북쪽에서 45°로 비친다고 가정하여 지표의 기복을 도상에서 2~3색 이상으로 채색하여 지형을 표시하는 방법으로 지형의 입체감이 가장 잘 나타나는 방법
부호적 도법	점고법 (Spot height system)	지표면상의 표고 또는 수심의 숫자에 의하여 지표를 나타내는 방법으로 하천, 항만, 해양 등에 주로 이용
	등고선법 (Contour System)	동일 표고의 점을 연결한 것으로 등고선에 의하여 지표를 표시하는 방법으로 토목공사용으로 가장 널리 사용
	채색법 (Layer System)	같은 등고선의 지대를 같은 색으로 채색하여 높을수록 진하게, 낮을수록 연하게 칠하여 높이의 변화를 나타내며 지리관계의 지도에 주로 사용

Answer 09. ① 10. ④

11. 그림과 같은 등고선도에서 가장 급경사인 곳은?(단, A점은 산 정상이다.)

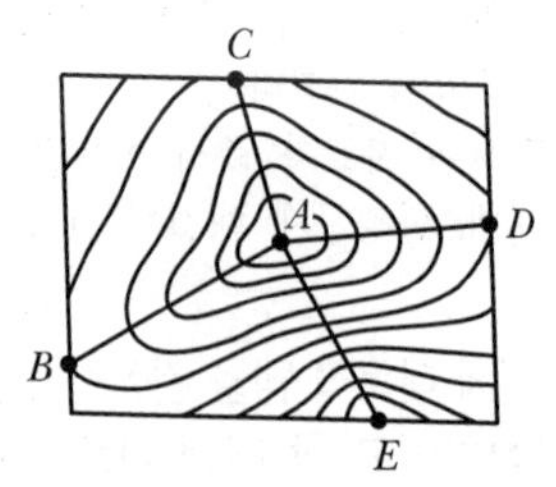

① AB ② AC
③ AD ④ AE

해설 등고선의 성질

㉠ 동일 등고선상에 있는 모든 점은 같은 높이이다.
㉡ 등고선은 반드시 도면 안이나 밖에서 서로가 폐합한다.
㉢ 지도의 도면 내에서 폐합되면 가장 가운데 부분을 산꼭대기(산정) 또는 凹지(요지)가 된다.
㉣ 등고선은 도중에 없어지거나 엇갈리거나 합쳐지거나 갈라지지 않는다.
㉤ 높이가 다른 두 등고선은 동굴이나 절벽의 지형이 아닌 곳에서는 교차하지 않는다.
㉥ 등고선은 경사가 급한 곳에서는 간격이 좁고 완만한 경사에서는 넓다.
㉦ 최대경사의 방향은 등고선과 직각으로 교차한다.
㉧ 분수선(능선)과 곡선(유하선)은 등고선과 직각으로 만난다.
㉨ 2쌍의 등고선의 볼록부가 상대할 때는 볼록부를 나타낸다.
㉩ 동등한 경사의 지표에서 양 등고선의 수평거리는 같다.
㉪ 같은 경사의 평면일 때는 나란한 직선이 된다.
㉫ 등고선이 능선을 직각방향으로 횡단한 다음 능선 다른 쪽을 따라 거슬러 올라간다.
㉬ 등고선의 수평거리는 산꼭대기 및 산 밑에서는 크고 산 중턱에서는 작다.

12. 도로 기점으로부터 I.P(교점)까지의 거리가 418.25m, 곡률반지름 300m, 교각 38°08′인 단곡선을 편각법에 의해 설치하려고 할 때에 시단현의 거리는?

① 20.000m ② 14.561m
③ 5.439m ④ 14.227m

해설

$$TL = R \cdot \tan\frac{I}{2}$$
$$= 300 \times \tan\frac{38°08'}{2} = 103.689\text{m}$$

$BC = IP - TL = 418.25 - 103.689 = 314.561\text{m}$
$l = 320 - 314.561 = 5.439\text{m}$

13. 터널측량의 구분 중 터널 외 측량의 작업공정으로 틀린 것은?

① 두 터널 입구 부근의 수준점 설치
② 두 터널 입구 부근의 지형측량
③ 지표중심선 측량
④ 줄자에 의한 수직 터널의 심도측정

해설 갱외(지상) 측량

[지표중심선 측량]

직접측설법	거리가 짧고 장애물이 없는 곳에서 pole 또는 트랜싯으로 중심선을 측설한 후 Steel Tape에 의해 직접 재는 방법
트래버스에 의한 법	장애물이 있을 때 갱내의 양단의 점을 연결하는 Traverse를 만들어 좌표를 구하고, 좌표로부터 거리 및 방향을 계산하는 방법 • $\overline{AB}$거리 $= \sqrt{(\Sigma L)^2 + (\Sigma D)^2}$ 또는 $\overline{AB} = \sqrt{(X_B - X_A)^2 + (Y_B - Y_A)^2}$ • AB방위각$(\theta) = \tan^{-1}\frac{\Sigma D}{\Sigma L}$ 또는 $\tan^{-1}\frac{Y_B - Y_A}{X_B - X_A}$
삼각측량에 의한 법	터널길이가 길 때, 장애물로 인하여 위의 방법이 불가능할 때 사용

터널 외 기준점 측량
㉠ 터널 입구 부근에 인조점(引照點)을 설치한다.
㉡ 측량의 정확도를 높이기 위해 가능한 한 후시를 길게 잡는다.
㉢ 고저측량용 기준점은 터널 입구 부근과 떨어진 곳

Answer 11. ④ 12. ③ 13. ④

에 2개소 이상 설치하는 것이 좋다.

㉣ 기준점을 서로 관련시키기 위해 기준점이 시통되는 곳에 보조삼각점을 설치한다.

14. 등고선의 성질에 대한 설명으로 틀린 것은?

① 등경사지에서 등고선의 간격은 일정하다.
② 높이가 다른 등고선은 절대로 서로 만나지 않는다.
③ 동일 등고선상에 있는 모든 점은 같은 높이이다.
④ 등고선은 최대경사선, 유선, 분수선과 직각으로 만난다.

해설 문제 11번 해설 참고

15. 철도, 도로 등의 단곡선 설치에서 접선과 현이 이루는 각을 이용하여 곡선을 설치하는 방법은?

① 편각법　　② 중앙종거법
③ 접선편거법　　④ 접선지거법

해설 단곡선(Simple curve) 설치방법

1. 편각 설치법
   원곡선 설치법 중에서 가장 정밀한 결과를 얻을 수 있으나 계산이 복잡하고 시간이 많이 걸린다. 철도, 도로 등의 곡선 설치에 가장 일반적인 방법이며, 다른 방법에 비해 정확하나 반경이 작을 때 오차가 많이 발생한다.
2. 접선편거 및 현편거법에 의한 원곡선 설치법
   트랜싯을 사용하지 못할 때 폴과 테이프로 설치하는 방법으로 지방도로에 이용되며 정밀도는 편각법보다 떨어지나 설치가 간단하여 많이 사용한다.
3. 지거법에 의한 단곡선 설치
   ㉠ 접선지거법(接線支距法)
   양 접선에 지거를 내려 곡선을 설치하는 방법으로 터널 내의 곡선 설치와 산림지에서 벌채량을 줄일 경우에 적당한 방법이다.
   ㉡ 중앙종거법(中央縱距法)
   폴과 줄자만을 가지고 설치하는데 곡선반경이 작은 도심지 곡선설치에 유리하며 기설곡선의 검사나 정정에 편리하다. 일반적으로 1/4법이라고도 한다. 중앙종거법은 최초에 중앙종거 M_1을 구하고 다음에 M_2, M_3…로 하여 작은 중앙종거를 구하여 적당한 간격마다 곡선의 중심말뚝을 박는 방법이다.
   ㉢ 장현지거법(長弦支距法)
   곡선반경이 짧은 곳에 많이 이용되는 방법으로 곡선시점에서 곡선종점을 연결한 선을 횡축으로 하고 F점에서 AB에 그은 수선을 종축으로 하여 곡선상의 P의 좌표를 식에 의해 구한다.

16. 레벨(level)의 중심에서 40m 떨어진 지점에 표척을 세우고 기포가 중앙에 있을 때 1.248m, 기포가 2눈금 움직였을 때 1.223m를 각각 읽은 경우, 이 레벨의 기포관 곡률반지름은?(단, 기포관 1눈금 간격은 2mm이다.)

① 5.0m　　② 5.7m
③ 6.4m　　④ 8.0m

해설 $(1.248-1.223):40=0.004:R$

$$R=\frac{40\times 0.004}{1.248-1.223}=6.4\text{m}$$

1눈금 간격 = 2mm
2눈금 × 2 = 4mm = 0.004m

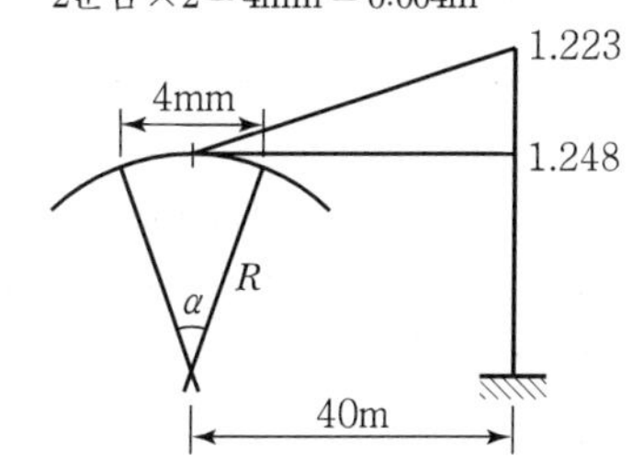

17. 야장기입 방법 중 종단 및 횡단 수준측량에서 중간점이 많은 경우에 편리한 것은?

① 승강식　　② 고차식
③ 기고식　　④ 교호식

해설 야장기입 방법

고차식	가장 간단한 방법으로 B.S와 F.S만 있으면 된다.
기고식	가장 많이 사용하며, 중간점이 많을 경우 편리하나 완전한 검산을 할 수 없는 것이 결점이다.
승강식	완전한 검사로 정밀 측량에 적당하나 중간점이 많으면 계산이 복잡하고, 시간과 비용이 많이 소요된다.

18. 수준측량에서 발생할 수 있는 정오차인 것은?

① 전시와 후시를 바꿔 기입하는 오차
② 관측자의 습관에 따른 수평 조정 오차
③ 표척 눈금의 부정확으로 인한 오차
④ 관측 중 기상 상태 변화에 의한 오차

해설

정오차	부정오차
• 표척눈금 부정에 의한 오차 • 지구곡률에 의한 오차(구차) • 광선굴절에 의한 오차(기차) • 레벨 및 표척의 침하에 의한 오차 • 표척의 영눈금(0점) 오차 • 온도 변화에 대한 표척의 신축 • 표척의 기울기에 의한 오차	• 레벨 조정 불완전(표척의 읽음오차) • 시차에 의한 오차 • 기상 변화에 의한 오차 • 기포관의 둔감 • 기포관의 곡률의 부등 • 진동, 지진에 의한 오차 • 대물경의 출입에 의한 오차

19. 촬영고도가 1500m인 비행기에서 표고 1000m의 지형을 촬영했을 때 이 지형의 사진 축척은 약 얼마인가?(단, 초점거리는 150mm)

① 1 : 3300
② 1 : 6600
③ 1 : 10000
④ 1 : 12500

해설 $\frac{1}{m} = \frac{f}{H-h} = \frac{0.15}{1500-1000} = \frac{1}{3300}$

20. GNSS 측량의 관측 시 주의사항으로 거리가 먼 것은?

① 측정점 주위에 수신을 방해하는 장애물이 없도록 하여야 한다.
② 충분한 시간 동안 수신이 이루어져야 한다.
③ 안테나 높이, 수신시간과 마침시간 등을 기록한다.
④ 온도의 영향을 많이 받으므로 5℃ 이하에서는 관측을 중단한다.

해설 관측 시 위성의 조건과 주의사항

위성의 조건	• 관측점으로부터 위성에 대한 고도각이 15° 이상에 위치할 것 • 위성의 작동상태가 정상일 것 • 관측점에서 동시에 수신 가능한 위성 수는 정지측량에 의하는 경우에는 4개 이상, 이동측량에 의하는 경우에는 5개 이상일 것
주의사항	• 안테나 주위의 10미터 이내에는 자동차 등의 접근을 피할 것 • 관측 중에는 무전기 등 전파발신기의 사용을 금한다. 다만, 부득이한 경우에는 안테나로부터 100미터 이상의 거리에서 사용할 것 • 발전기를 사용하는 경우에는 안테나로부터 20미터 이상 떨어진 곳에서 사용할 것 • 관측 중에는 수신기 표시장치 등을 통하여 관측 상태를 수시로 확인하고 이상 발생 시에는 재관측을 실시할 것

 Answer 18. ③ 19. ① 20. ④

응용측량(2019년 1회 지적기사)

01. 곡선설치에서 캔트(Cant)의 의미는?

① 확폭 ② 편경사
③ 종곡선 ④ 매개변수

해설 캔트(Cant)와 확폭(Slack)

㉠ 캔트

곡선부를 통과하는 차량이 원심력이 발생하여 접선 방향으로 탈선하려는 것을 방지하기 위해 바깥쪽 노면을 안쪽 노면보다 높이는 정도를 말하며 편경사라고도 한다.

$C=\dfrac{SV^2}{Rg}$

여기서, C : 캔트
S : 궤간
V : 차량속도
R : 곡선반경
g : 중력가속도

2. 슬랙

차량과 레일이 꼭 끼어서 서로 힘을 받게 되면 때로는 탈선의 위험도 생긴다. 이러한 위험을 막기 위하여 레일 안쪽을 움직여 곡선부에서는 궤간을 넓힐 필요가 있다. 이 넓힌 치수를 슬랙이라고 하며 확폭이라고도 한다.

슬랙 : $\varepsilon=\dfrac{L^2}{2R}$

여기서, ε : 확폭량
L : 차량 앞바퀴에서 뒷바퀴까지의 거리
R : 차선중심선의 반경

02. GNSS 측량을 위하여 어느 곳에서나 같은 시간대에 관측할 수 있어야 하는 위성의 최소 개수는?

① 2개 ② 4개
③ 6개 ④ 8개

해설 GNSS 단독측위

단독측위법은 한 개의 수신기에서 4개 이상의 위성을 관측하는 방법이고 상대측위법은 두 개 이상의 수신기에서 똑같은 위성을 동시에 관측하는 방법이다.

[GNSS 관측 위성수]

3차원 위치결정	위치(x, y, z)+시간(t)으로 4개의 미지수 결정을 위해 4개의 위성 필요
RTK 위치결정	5개의 위성 필요
단독측위	4개의 위성 필요
단독측위(높이가 필요하지 않을 경우)	3개의 위성 필요
DGNSS	4개의 위성 필요
GNSS 측량	4개의 위성 필요
시각동기	1개의 위성 필요

03. 수준측량에서 표척(수준척)을 세우는 횟수를 짝수로 하는 주된 이유는?

① 표척의 영점오차 소거
② 시준축에 의한 오차의 소거
③ 구차의 소거
④ 기차의 소거

해설 직접수준측량의 주의사항

㉠ 수준측량은 반드시 왕복측량을 원칙으로 하며, 노선은 다르게 한다.
㉡ 정확도를 높이기 위하여 전시와 후시의 거리는 같게 한다.
㉢ 이기점(T.P)은 1mm까지 그 밖의 점에서는 5mm 또는 1cm 단위까지 읽는 것이 보통이다.
㉣ 직접수준측량의 시준거리
- 적당한 시준거리 : 40~60m(60m가 표준)
- 최단거리는 3m이며, 최장거리는 100~180m

Answer 01. ② 02. ② 03. ①

정도이다.

㉤ 눈금오차(영점오차) 발생 시 소거방법
- 기계를 세운 표척이 짝수가 되도록 한다.
- 이기점(T.P)이 홀수가 되도록 한다.
- 출발점에 세운 표척을 도착점에 세운다.

04. 입체시에 의한 과고감에 대한 설명으로 옳은 것은?

① 사진의 초점거리와 비례한다.
② 사진 촬영의 기선 고도비에 비례한다.
③ 입체시할 경우 눈의 위치가 높아짐에 따라 작아진다.
④ 렌즈 피사각의 크기와 반비례한다.

해설 카메론효과(Cameron Effect)와 과고감(Vertical Exaggeration)

카메론효과 (Cameron Effect)	항공사진으로 도로변 상공 위의 항공기에서 주행 중인 차량을 연속하여 촬영하여 이것을 입체화시켜 볼 때 차량이 비행방향과 동일방향으로 주행하고 있다면 가라앉아 보이고, 반대방향으로 주행하고 있다면 부상(浮上 : 뜨는 것)하여 보인다. 또한 뜨거나 가라앉는 높이는 차량의 속도에 비례하고 있다. 이와 같이 이동하는 피사체가 뜨거나 가라앉아 보이는 현상을 카메론효과라고 한다.
과고감 (Vertical Exaggeration)	항공사진을 입체시하는 경우 산의 높이 등이 실제보다 과장되어 보이는 현상을 말한다. 평면축척에 대하여 수직축척이 크게 되기 때문에 실제 도형보다 산이 더 높게 보인다. • 항공사진은 평면축척에 비해 수직축척이 크므로 다소 과장되어 나타난다. • 대상물의 고도, 경사율 등을 반드시 고려해야 한다. • 과고감은 필요에 따라 사진판독 요소로 사용될 수 있다. • 과고감은 사진의 기선고도비와 이에 상응하는 입체시의 기선고도비의 불일치에 의해서 발생한다. • 과고감은 촬영고도 H에 대한 촬영기선길이 B와의 비인 기선고도비 B/H에 비례한다.

05. 그림과 같이 경사지에 폭 6.0m의 도로를 만들고자 한다. 절토 기울기 1 : 0.7, 절토고 2.0m, 성토기울기 1 : 1, 성토고 5.0m일 때, 필요한 용지폭($x_1 + x_2$)은?(단, 여유폭 a는 1.50m로 한다.)

① 16.9m ② 15.4m
③ 11.8m ④ 7.9m

해설 용지 폭 = 1.5 + (1×5) + 6 + (0.7×2) + 1.5
= 15.4m

06. 터널 내 두 점의 좌표(X, Y, Z)가 각각 A(1,328.0m, 810.0m, 86.3m), B(1,734.0m, 589.0m, 112.4m)일 때, A, B를 연결하는 터널의 경사거리는?

① 341.52m ② 341.98m
③ 462.25m ④ 462.99m

해설 $L = \sqrt{\Delta x^2 + \Delta y^2 + \Delta z^2}$
$= \sqrt{(1734-1328)^2 + (589-810)^2 + (112.4-86.3)^2}$
$= \sqrt{406^2 + 221^2 + 26.1^2}$
$= 462.99\text{m}$

07. 회전주기가 일정한 인공위성에 의한 원격탐사의 특성이 아닌 것은?

① 얻어진 영상이 정사투영에 가깝다.
② 판독이 자동적이고 정량화가 가능하다.
③ 넓은 지역을 동시에 측정할 수 있다.
④ 어떤 지점이든 원하는 시기에 관측할 수 있다.

해설 원격탐측(Remote sensing)

1. 정의
원격탐측이란 지상이나 항공기 및 인공위성 등의 탑재기(Platform)에 설치된 탐측기(Sensor)를 이용하여 지표, 지상, 지하, 대기권 및 우주공간의 대상들에서 반사 혹은 방사되는 전자기파를 탐지하고 이들 자료로부터 토지, 환경 및 자원에 대한 정보를 얻어 이를 해석하는 기법이다.

2. 특징
   ㉠ 짧은 시간에 넓은 지역을 동시에 측정할 수 있으며 반복측정이 가능하다.
   ㉡ 다중파장대에 의한 지구표면 정보획득이 용이하며 측정자료가 기록되어 판독이 자동적이고 정량화가 가능하다.
   ㉢ 회전주기가 일정하므로 원하는 지점 및 시기에 관측하기가 어렵다.
   ㉣ 관측이 좁은 시야각으로 얻어진 영상은 정사투영에 가깝다.
   ㉤ 탐사된 자료가 즉시 이용될 수 있으므로 재해, 환경문제 해결에 편리하다.

08. 평판을 이용하여 측량한 결과 경사분획(n)이 10, 수평거리(D)가 50m, 표척의 읽은 값(l)이 1.50m, 기계고(I)가 1.0m, 기계를 세운 점의 지반고(H_A)가 20m인 경우 표척을 세운 지점의 지반고는?

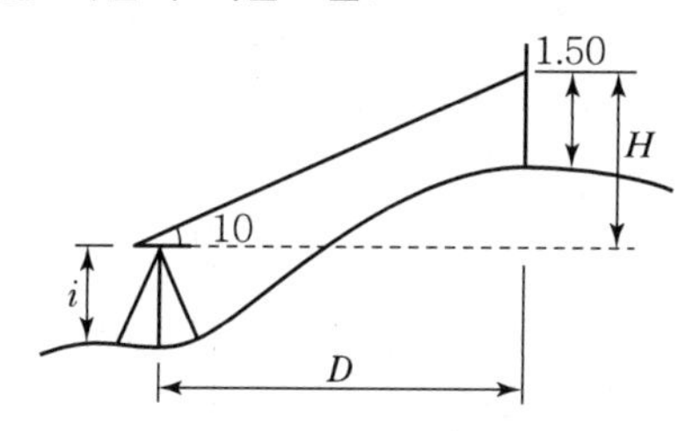

① 21.1m ② 21.6m
③ 22.7m ④ 24.5m

해설
$$H_B = H_A + I + H - 1.5 = 20 + 1.0 + 5 - 1.5 = 24.5$$
$$D : H = 100 : 10$$
$$H = \frac{50}{100} \times 10 = 5$$

09. 거리가 80m 떨어진 곳에 표척을 세워 기포가 중앙에 있을 때와 기포관의 눈금이 5눈금 이동했을 때, 표척 읽음 값의 차이가 0.09m이었다면 이 기포관의 곡률반지름은?(단, 기포관 한 눈금의 간격은 2mm이고, $\rho'' = 206,265''$이다.)

① 8.9m ② 9.1m
③ 9.4m ④ 9.6m

해설 기포관의 감도(α'')
$$= \frac{l}{nD}\rho''$$
$$= \frac{0.09}{5 \times 80} \times 206265'' = 46.4''$$
$$\therefore R = \frac{d\rho''}{\alpha''} = \frac{2\text{mm} \times 206265''}{46.4''}$$
$$= 8,890.7\text{mm} = 8.89\text{m}$$

10. 지형도의 이용과 가장 거리가 먼 것은?

① 도로, 철도, 수로 등의 도상 선정
② 종단면도 및 횡단면도의 작성
③ 간접적인 지적도 작성
④ 집수면적의 측정

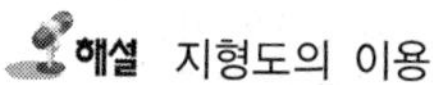
해설 지형도의 이용
㉠ 방향결정
㉡ 위치결정
㉢ 경사결정(구배계산)
- 경사$(i) = \frac{H}{D} \times 100(\%)$
- 경사각$(\theta) = \tan^{-1}\frac{H}{D}$

㉣ 거리결정
㉤ 단면도 제작
㉥ 면적 계산
㉦ 체적계산(토공량 산정)

11. 터널측량에 대한 설명 중 옳지 않은 것은?

① 터널측량은 크게 터널 내 측량, 터널 외 측량, 터널 내외 연결측량으로 구분할 수 있다.
② 터널 내 측량에서는 망원경의 십자선 및 표척에 조명이 필요하다.
③ 터널의 길이 방향은 주로 트래버스 측량으로 행한다.
④ 터널 내외 곡선설치는 일반적으로 지상에서와 같이 편각법을 주로 사용한다.

Answer 08. ④ 09. ① 10. ③ 11. ④

해설 접선에서 지거를 이용하는 방법
양접선에 지거를 내려 곡선을 설치하는 방법으로 터널 내의 곡선설치와 산림지에서 벌채량을 줄일 경우에 적당한 방법이다.

12. 짧은 선의 간격, 굵기, 길이 및 방향 등으로 지표의 기복을 나타내는 지형 표시 방법은?

① 영선법 ② 등고선법
③ 점고법 ④ 채색법

해설 지형도에 의한 지형표시법

자연적 도법	영선법 (우모법) (Hatching)	"게바"라 하는 단선상(短線上)의 선으로 지표의 기본을 나타내는 것으로 게바의 사이, 굵기, 방향 등에 의하여 지표를 표시하는 방법
	음영법 (명암법) (Shading)	태양광선이 서북쪽에서 45°로 비친다고 가정하여 지표의 기복을 도상에서 2~3색 이상으로 채색하여 지형을 표시하는 방법으로 지형의 입체감이 가장 잘 나타나는 방법
부호적 도법	점고법 (Spot height system)	지표면상의 표고 또는 수심의 숫자에 의하여 지표를 나타내는 방법으로 하천, 항만, 해양 등에 주로 이용
	등고선법 (Contour System)	동일 표고의 점을 연결한 것으로 등고선에 의하여 지표를 표시하는 방법으로 토목공사용으로 가장 널리 사용
	채색법 (Layer System)	같은 등고선의 지대를 같은 색으로 채색하여 높을수록 진하게, 낮을수록 연하게 칠하여 높이의 변화를 나타내며 지리관계의 지도에 주로 사용

13. 노선의 중심점 간 길이가 20m이고 단곡선의 반지름 R=100m일 때, 중심점 간 길이(20m)에 대한 편각은?

① 5°40′ ② 5°20′
③ 5°44′ ④ 5°54′

해설

$$\delta = 1718.87' \times \frac{l}{R}$$
$$= 1718.87' \times \frac{20}{100}$$
$$= 5°43'46.44''$$
$$= 5°44'$$

14. 지형도에서 92m 등고선상의 A점과 118m 등고선상의 B점 사이에 일정한 기울기 8%의 도로를 만들었을 때, AB 사이 도로의 실제 경사거리는?

① 347m
② 339m
③ 332m
④ 326m

해설 경사$(i) = \frac{h}{D}$에서

수평거리$(D) = \frac{h}{i} = \frac{26}{0.08} = 325\text{m}$

경사거리$(L) = \sqrt{325^2 + 26^2} = 326\text{m}$

높이$(h) = 118 - 92 = 26\text{m}$

15. 30km×20km의 토지를 사진 크기 18cm×18cm, 초점거리 150mm, 종중복도 60%, 횡중복도 30%, 축척 1 : 30,000으로 촬영할 때, 필요한 총 모델 수는?

① 65모델 ② 74모델
③ 84모델 ④ 98모델

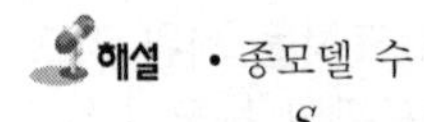

해설 • 종모델 수

$$= \frac{S_1}{B} = \frac{30{,}000}{ma\left(1 - \frac{p}{100}\right)}$$
$$= \frac{30{,}000}{30{,}000 \times 0.18 \times 0.4} = 13.8 = 14\text{모델}$$

• 횡모델 수

$$= \frac{S_2}{C} = \frac{20,000}{ma\left(1-\frac{q}{100}\right)}$$

$$= \frac{20,000}{30,0000 \times 0.18 \times 0.7}$$

$$= 5.3 = 6\text{모델}$$

$\therefore$ 모델 수 $= 14 \times 6 = 84$모델

16 그림과 같이 지역에 정지작업을 하였을 때, 절토량과 성토량이 같게 되는 지반고는? (단, 각 구역의 면적은 16m²로 동일하고, 지반고 단위는 m이다.)

14.5	14.3	14.1	14.0
14.4	14.2	14.0	13.8
14.2	14.1	13.9	

① 13.78m
② 14.09m
③ 14.15m
④ 14.23m

해설

$$\text{토량}(V_0) = \frac{A}{4}(\Sigma h_1 + 2\Sigma h_2 + 3\Sigma h_3 + 4\Sigma h_4)$$

$$= \frac{16}{4}\{(70.4 + 113.8 + 42 + 56.8)\}$$

$$= 1,132\text{m}^3$$

$\Sigma h_1 = 14.5 + 14 + 13.8 + 13.9 + 14.2 = 70.4$

$2\Sigma h_2 = 2(14.3 + 14.1 + 14.1 + 14.4) = 113.8$

$3\Sigma h_3 = 3(14) = 42$

$4\Sigma h_4 = 4(14.2) = 56.8$

$$\text{계획고}(h) = \frac{V_0}{nA} = \frac{1,132}{5 \times 16} = 14.15\text{m}$$

17. GPS 신호에서 P코드의 1/10 주파수를 가지는 C/A코드의 파장 크기로 옳은 것은?

① 100m
② 200m
③ 300m
④ 400m

해설

신호	구분	내용
반송파 (Carrier)	L1	• 주파수 1,575.42MHz(154×10.23MHz), 파장 19cm • C/A code와 P code 변조 가능
	L2	• 주파수 1,227.60MHz(120×10.23MHz), 파장 24cm • P code만 변조 가능
코드 (Code)	P code	• 반복주기 7일인 PRN code(Pseudo Random Noise code) • 주파수 10.23MHz, 파장 30m(29.3m)
	C/A code	• 반복주기 : 1ms(milli-second)로 1.023Mbps로 구성된 PPN code • 주파수 1.023MHz, 파장 300m(293m)
Navigation Message		GPS 위성의 궤도, 시간, 기타 System Para-meter들을 포함하는 Data bit
		측위계산에 필요한 정보 • 위성탑재 원자시계 및 전리층 보정을 위한 Parameter 값 • 위성궤도정보 • 타 위성의 항법메시지 등을 포함
		위성궤도정보에는 평균근점각, 이심률, 궤도장반경, 승교점적경, 궤도경사각, 근지점인수 등 기본적인 양 및 보정항이 포함

18. 항공사진을 촬영하기 위한 비행고도가 3,000m일 때, 평지에 있는 200m 높이의 언덕에 대한 사진상 최대 기복변위는?(단, 항공사진 1장의 크기는 23cm×23cm이다.)

① 7.67mm
② 10.84mm
③ 15.33mm
④ 21.68mm

해설

$$\Delta r_{\max} = \frac{h}{H} r_{\max} = \frac{h}{H} \cdot \frac{\sqrt{2}}{2} a$$

$$= \frac{200}{3,000} \times \frac{\sqrt{2}}{2} \times 0.23$$

$$= 0.01084\text{m} = 10.84\text{mm}$$

Answer 16. ③ 17. ③ 18. ②

19. GPS 위성의 궤도 주기로 옳은 것은?

① 약 6시간 ② 약 10시간
③ 약 12시간 ④ 약 18시간

해설

우주부문	구성	31개의 GPS 위성
	기능	측위용전파 상시 방송, 위성궤도정보, 시각신호 등 측위계산에 필요한 정보 방송 • 궤도형상 : 원궤도 • 궤도면수 : 6개면 • 위성 수 : 1궤도면에 4개 위성(24개 + 보조위성 7개)=31개 • 궤도경사각 : 55° • 궤도고도 : 20,183km • 사용좌표계 : WGS84 • 회전주기 : 11시간 58분(0.5 항성일) : 1항성일은 23시간 56분 4초 • 궤도간이격 : 60도 • 기준발진기 : 10.23MHz(세슘원자시계 2대, 루비듐원자시계 2대)

20. 곡선설치법에서 원곡선의 종류가 아닌 것은?

① 렘니스케이트 ② 복심곡선
③ 반향곡선 ④ 단곡선

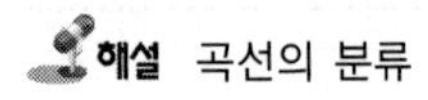
해설 곡선의 분류

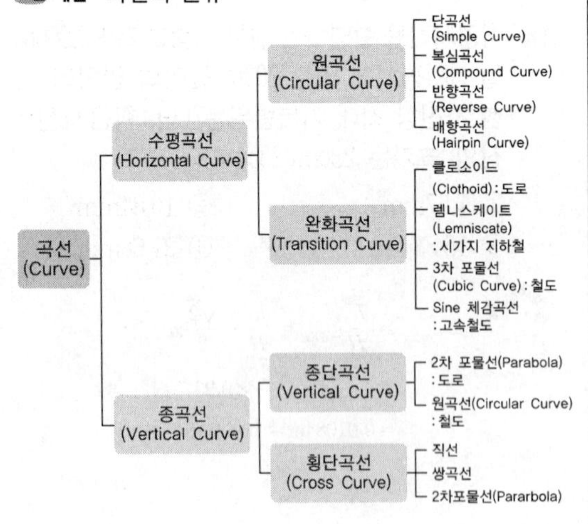

 Answer 19. ③ 20. ①

응용측량(2019년 1회 지적산업기사)

01. 완화곡선의 성질에 대한 설명으로 옳지 않은 것은?

① 완화곡선의 반지름은 시점에서 무한대이다.
② 완화곡선의 반지름은 종점에서 원곡선의 반지름과 같다.
③ 완화곡선의 접선은 시점과 종점에서 직선에 접한다.
④ 곡선반지름의 감소율은 캔트의 증가율과 같다.

해설 완화곡선의 특징

㉠ 곡선반경은 완화곡선의 시점에서 무한대, 종점에서 원곡선 R로 된다.
㉡ 완화곡선의 접선은 시점에서 직선에, 종점에서 원호에 접한다.
㉢ 완화곡선에 연한 곡선반경의 감소율은 캔트는 같다.
㉣ 완화곡선의 종점의 캔트와 원곡선 시점의 캔트는 같다.
㉤ 완화곡선은 이정의 중앙을 통과한다.
㉥ 완화곡선의 곡률은 시점에서 0, 종점에서 $\frac{1}{R}$이다.

02. 노선측량에서 그림과 같이 교점에 장애물이 있어 $\angle ACD = 150°$, $\angle CDB = 90°$를 측정하였다. 교각(I)은?

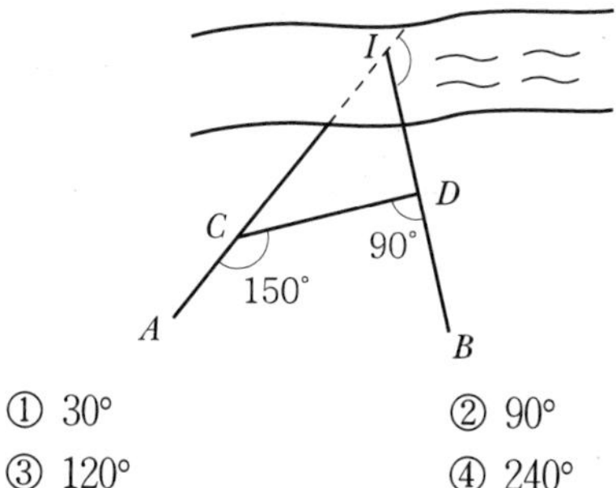

① 30° ② 90°
③ 120° ④ 240°

해설 $I = 30° + 90° = 120°$

03. 수준측량에서 전시와 후시의 시준거리를 같게 관측할 때 완전히 소거되는 오차는?

① 지구의 곡률오차
② 시차에 의한 오차
③ 수준척이 연직이 아니어서 발생되는 오차
④ 수준척의 눈금이 정확하지 않기 때문에 발생되는 오차

해설 전시와 후시의 거리를 같게 함으로써 제거되는 오차

㉠ 레벨의 조정이 불완전(시준선이 기포관축과 평행하지 않을 때)할 때(시준축오차 : 오차가 가장 크다.)
㉡ 지구의 곡률오차(구차)와 빛의 굴절오차(기차)를 제거한다.
㉢ 초점나사를 움직이는 오차가 없으므로 그로 인해 생기는 오차를 제거한다.

04. 절대표정에 대한 설명으로 틀린 것은?

① 사진의 축척을 결정한다.
② 주점의 위치를 결정한다.
③ 모델당 7개의 표정인자가 필요하다.
④ 최소한 3개의 표정점이 필요하다.

해설 표정의 종류

내부표정	도화기의 투영기에 촬영 당시와 똑같은 상태로 양화건판을 정착시키는 작업이다. • 주점의 위치 결정 • 화면거리(f)의 조정 • 건판의 신축측정, 대기굴절, 지구곡률 보정, 렌즈수차 보정

Answer 01. ③ 02. ③ 03. ① 04. ②

상호표정	지상과의 관계는 고려하지 않고 좌우사진의 양투영기에서 나오는 광속이 촬영 당시 촬영면에서 이루어지는 종시차(ϕ)를 소거하여 목표 지형물의 상대위치를 맞추는 작업이다. • 비행기의 수평회전을 재현해 주는(κ, b_y) • 비행기의 전후 기울기를 재현해 주는 (ϕ, b_z) • 비행기의 좌우 기울기를 재현해 주는 (ω) • 과잉수정계수$(o, c, f)=\frac{1}{2}\left(\frac{h^2}{d^2}-1\right)$ • 상호표정인자 : $(\kappa, \phi, \omega, b_y, b_z)$
절대표정	상호표정이 끝난 입체모델을 지상 기준점(피사체 기준점)을 이용하여 지상좌표에(피사체좌표계)와 일치하도록 하는 작업이다. • 축척의 결정 • 수준면(표고, 경사)의 결정 • 위치(방위)의 결정 • 절대표정인자 : $\lambda, \phi, \omega, \kappa, b_x, b_y, b_z$(7개의 인자로 구성)
접합표정	한 쌍의 입체사진 내에서 한쪽의 표정인자는 전혀 움직이지 않고 다른 한쪽만을 움직여 그 다른 쪽에 접합시키는 표정법을 말하며, 삼각측정에 사용한다. • 7개의 표정인자 결정 $(\lambda, \kappa, \omega, \phi, c_x, c_y, c_z)$ • 모델 간, 스트립 간의 접합요소 결정(축척, 미소변위, 위치 및 방위)

05. 도로설계 시에 등경사 노선을 결정하려고 한다. 축척 1 : 5,000인 지형도에서 등고선의 간격이 5m일 때, 경사를 4%로 하려고 하면 등고선 간의 도상거리는?

① 25mm ② 33mm
③ 45mm ④ 53mm

해설

경사$(i)=\frac{h}{D}$에서

$$D=\frac{h}{i}=\frac{5}{0.04}=125\text{m}$$

$$\frac{1}{m}=\frac{l(\text{도상거리})}{L(\text{실제거리})}$$

$$l=\frac{L}{m}=\frac{125}{5000}=0.025\text{m}=25\text{mm}$$

06. GNSS를 이용하는 지적기준점(지적삼각점) 측량에서 가장 일반적으로 사용하는 방법은?

① 정지측량 ② 이동측량
③ 실시간 이동측량 ④ 도근점측량

해설 정지측량

2개 이상의 수신기를 각 측점에 고정하고 양 측점에서 동시에 4개 이상의 위성으로부터 신호를 30분 이상 수신하는 방식이다.

GPS 측량기를 사용하여 기초측량 또는 세부측량을 하고자 하는 때에는 정지측량(Static) 방법에 의한다.

07. 등고선에 직각이며 물이 흐르는 방향이 되므로 유하선이라고도 하는 지성선은?

① 분수선 ② 합수선
③ 경사변환선 ④ 최대경사선

해설 지성선(Topographical Line)

지표는 많은 凸선, 凹선, 경사변환선, 최대경사선으로 이루어졌다고 생각할 때 이 평면의 접합부, 즉 접선을 말하며 지세선이라고도 한다.

능선(凸선), 분수선	지표면의 높은 곳을 연결한 선으로 빗물이 이것을 경계로 좌우로 흐르게 되므로 분수선 또는 능선이라 한다.
계곡선(凹선), 합수선	지표면이 낮거나 움푹 파인 점을 연결한 선으로 합수선 또는 합곡선이라 한다.
경사변환선	동일 방향의 경사면에서 경사의 크기가 다른 두 면의 접합선이다(등고선 수평간격이 뚜렷하게 달라지는 경계선).
최대경사선	지표의 임의의 한 점에서 그 경사가 최대로 되는 방향을 표시한 선으로 등고선에 직각으로 교차하며 물이 흐르는 방향이라는 의미에서 유하선이라고도 한다.

 Answer 05. ① 06. ① 07. ④

08. 우리나라 1 : 50,000 지형도의 간곡선 간격으로 옳은 것은?

① 5m ② 10m
③ 20m ④ 25m

해설 등고선의 간격

등고선 종류	기호	축척			
		$\frac{1}{5,000}$	$\frac{1}{10,000}$	$\frac{1}{25,000}$	$\frac{1}{50,000}$
주곡선	가는 실선	5	5	10	20
간곡선	가는 파선	2.5	2.5	5	10
조곡선 (보조곡선)	가는 점선	1.25	1.25	2.5	5
계곡선	굵은 실선	25	25	50	100

09. 그림과 같이 2개의 수준점 A, B를 기준으로 임의의 점 P의 표고를 측량한 결과 A점 기준 42.375m, B점 기준 42.363m를 관측하였다면 P점의 표고는?

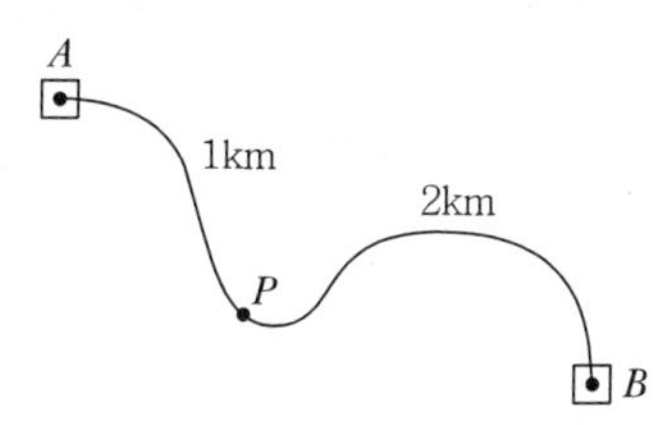

① 42.367m
② 42.369m
③ 42.371m
④ 42.373m

해설 경중률은 노선거리에 반비례한다.

$$P_1 : P_2 = \frac{1}{1} : \frac{1}{2} = 2 : 1$$

$$L_0 = 42.3 + \frac{2 \times 0.075 + 1 \times 0.063}{2+1} = 42.371\text{m}$$

10. 정확한 위치에 기준국을 두고 GNSS 위성신호를 받아 기준국 주위에서 움직이는 사용자에게 위성신호를 넘겨주어 정확한 위치를 계산하는 방법은?

① DGNSS ② DOP
③ SPS ④ S/A

해설 DGPS(Differential GNSS)

DGNSS는 상대측위 방식의 GNSS 측량기법으로서 이미 알고 있는 기지점 좌표를 이용하여 오차를 최대한 줄여서 이용하기 위한 위치결정방식이다. 기지점에 기준국용 GNSS 수신기를 설치하며 위성을 관측하여 각 위성의 의사거리 보정값을 구한 뒤 이를 이용하여 이동국용 GNSS 수신기의 위치결정오차를 개선하는 위치결정형태이다.

11. 터널 내 측량에 대한 설명으로 옳은 것은?

① 지상측량보다 작업이 용이하다.
② 터널 내의 기준점은 터널 외의 기준점과 연결될 필요가 없다.
③ 기준점은 보통 천장에 설치한다.
④ 지상측량에 비하여 터널 내에서는 시통이 좋아서 측점 간의 거리를 멀리한다.

해설 터널 내 측량

터널 측량이란 도로, 철도 및 수로 등을 지형 및 경제적 조건에 따라 산악의 지하나 수저를 관통시키고자 터널의 위치선정 및 시공을 하기 위한 측량을 말하며 갱외 측량과 갱내 측량으로 구분한다.

터널 내 측량에서 기준점은 보통 천장에 설치한다.

[터널측량용 트랜싯의 구비조건]

㉠ 이심장치를 가지고 있고 상·하 어느 측점에도 빠르게 구심시킬 수 있을 것
㉡ 연직분도원은 전원일 것
㉢ 상반·하반 고정나사의 모양을 바꾸어 어두운 갱내에서도 촉감으로 구별할 수 있을 것
㉣ 주망원경의 위 또는 옆에 보조망원경(정위망원경, 측위망원경)을 달 수 있도록 되어 있을 것
㉤ 수평분도원은 0°~360°까지 한 방향으로 명확하게 새겨져 있을 것

Answer 08. ② 09. ③ 10. ① 11. ③

12. 그림과 같이 직선 AB상의 점 B'에서 $B'C=10\text{m}$인 수직선을 세워 $\angle CAB=60°$가 되도록 측설하려고 할 때, AB'의 거리는?

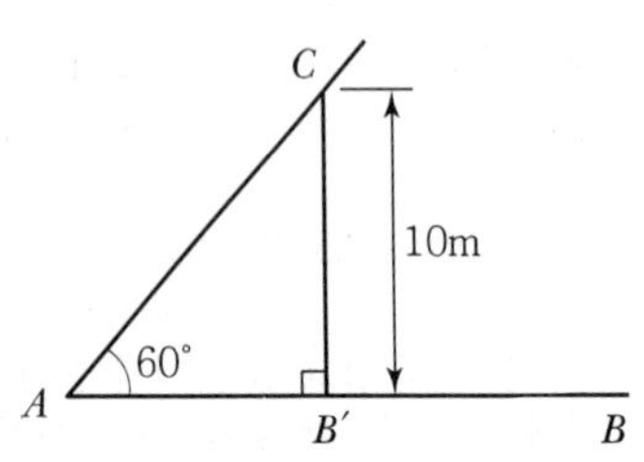

① 5.05m ② 5.77m
③ 8.66m ④ 17.3m

해설

$$AB'=\frac{\sin 30°}{\sin 60°}\times 10=5.77\text{m}$$

13. 항공사진측량용 카메라에 대한 설명으로 틀린 것은?

① 초광각 카메라의 피사각은 60°, 보통각 카메라의 피사각은 120°이다.
② 일반 카메라보다 렌즈 왜곡이 작으며 왜곡의 보정이 가능하다.
③ 일반 카메라와 비교하여 피사각이 크다.
④ 일반 카메라보다 해상력과 선명도가 좋다.

해설 사용 카메라에 의한 분류

종류	렌즈의 화각	초점거리 (mm)	화면크기 (cm)	필름의 길이 (m)	용도	비고
초광각 사진	120°	88	23×23	80	소축척 도화용	완전 평지에 이용
광각 사진	90°	152~153	23×23	120	일반도화, 사진 판독용	경제적 일반도화
보통각 사진	60°	210	18×18	120	산림 조사용	• 산악지대 도심지 촬영 • 정면도 제작
협각 사진	약 60° 이하				특수한 대축척 도화용	특수한 평면도 제작

측량용 사진기의 특징	• 초점길이가 길다. • 화각이 크다. • 렌즈지름이 크다. • 거대하고 중량이 크다. • 해상력과 선명도가 높다. • 셔터의 속도는 1/100~1/1,000초이다. • 파인더로 사진의 중복도를 조정한다. • 수차가 극히 적으며 왜곡수차가 있더라도 보정판을 이용하여 수차를 제거한다.

14. 그림과 같이 $\triangle ABC$를 AD로 면적을 $\triangle ABD:\triangle ABC=1:3$으로 분할하려고 할 때, BD의 거리는?(단, $BC=42.6\text{m}$)

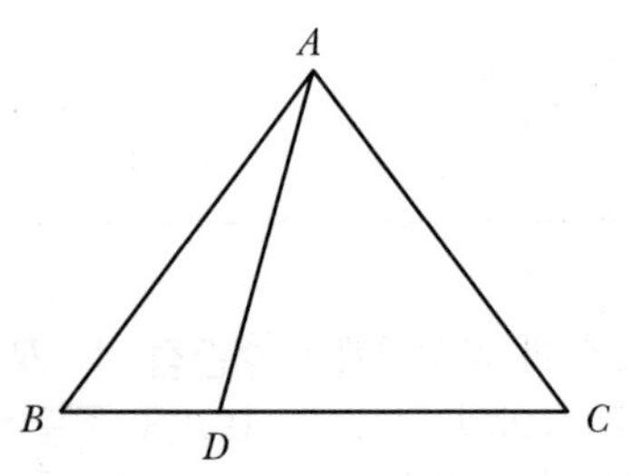

① 2.66m ② 4.73m
③ 10.65m ④ 14.20m

해설

$$BD=\frac{m}{m+n}\cdot BC=\frac{1}{1+2}\times 42.6=14.2\text{m}$$

15. 그림과 같이 교호수준측량을 실시하여 구한 B점의 표고는?(단, $H_A=20\text{m}$이다)

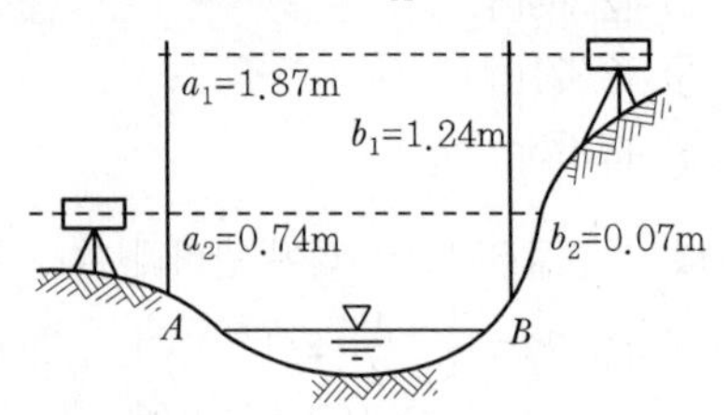

① 19.34m ② 20.65m
③ 20.67m ④ 20.75m

해설

$$h=\frac{(1.87+0.74)-(1.24+0.07)}{2}=0.65$$

$$H_B=H_A+h=20+0.65=20.65\text{m}$$

 Answer 12. ② 13. ① 14. ④ 15. ②

16. 노선측량의 단곡선 설치에서 반지름이 200m, 교각이 67°42′일 때, 접선길이($T.L.$)와 곡선길이($C.L.$)는?

① $T.L.=134.14\text{m}$, $C.L.=234.37\text{m}$
② $T.L.=134.14\text{m}$, $C.L.=236.32\text{m}$
③ $T.L.=136.14\text{m}$, $C.L.=234.37\text{m}$
④ $T.L.=136.14\text{m}$, $C.L.=236.32\text{m}$

- $T.L=R\cdot\tan\frac{I}{2}$
$=200\times\tan\frac{67°42'}{2}$
$=134.14\text{m}$
- $C.L=0.0174533RI$
$=0.0174533\times200\times67°42'$
$=236.32\text{m}$

17. 고속도로의 건설을 위한 노선측량을 하고자 한다. 각 단계별 작업이 다음과 같을 때, 노선측량의 순서로 옳은 것은?

㉠ 실시설계측량	㉡ 용지측량
㉢ 계획조사측량	㉣ 세부측량
㉤ 공사측량	㉥ 도상선정

① ㉥→㉠→㉢→㉣→㉤→㉡
② ㉥→㉢→㉠→㉣→㉡→㉤
③ ㉥→㉤→㉢→㉠→㉣→㉡
④ ㉥→㉤→㉠→㉢→㉡→㉣

해설 노선측량 세부 작업과정

구분	내용	
노선선정(路線選定)	• 도상선정 • 종단면도 작성 • 현지답사	
계획조사측량(計劃調査測量)	• 지형도 작성 • 비교노선의 선정 • 종단면도 작성 • 횡단면도 작성 • 개략노선의 결정	
실시설계측량(實施設計測量)	• 지형도 작성 • 중심선의 선정 • 중심선 설치(도상) • 다각측량 • 중심선설치(현지)	
실시설계측량(實施設計測量)	고저측량	• 고저측량 • 종단면도 작성
세부측량(細部測量)	구조물의 장소에 대해서, 지형도(축척 종 1/500~1/100)와 종횡단면도(축적 종 1/100, 횡 1/500~1/100)를 작성한다.	
용지측량(用地測量)	횡단면도에 계획단면을 기입하여 용지 폭을 정하고, 축척 1/500 또는 1/600로 용지도를 작성한다.	
공사측량(工事測量)	기준점 확인, 중심선 검측, 검사관측	
	인조점 확인 및 복원, 가인조점 등의 설치	

18. GPS의 우주 부문에 대한 설명으로 옳지 않은 것은?

① 각 궤도는 4개의 위성과 예비 위성으로 운영된다.
② 위성은 0.5항성일 주기로 지구주위를 돌고 있다.
③ 위성은 모두 6개의 궤도로 구성되어 있다.
④ 위성은 고도 약 1,000km의 상공에 있다.

해설

부문	구분	내용
우주부문	구성	31개의 GPS 위성
	기능	측위용전파 상시 방송, 위성궤도정보, 시각신호 등 측위계산에 필요한 정보 방송 ㉠ 궤도형상 : 원궤도 ㉡ 궤도면 수 : 6개면 ㉢ 위성 수 : 1궤도면에 4개 위성(24개+보조위성 7개)=31개 ㉣ 궤도경사각 : 55° ㉤ 궤도고도 : 20,183km ㉥ 사용좌표계 : WGS84 ㉦ 회전주기 : 11시간 58분(0.5 항성일) : 1항성일은 23시간 56분 4초 ㉧ 궤도 간 이격 : 60도 ㉨ 기준발진기 : 10.23MHz • 세슘원자시계 : 2대 • 루비듐원자시계 : 2대
제어부문	구성	1개의 주제어국, 5개의 추적국 및 3개의 지상안테나(Up Link 안테나 : 전송국)
		• 주제어국 : 추적국에서 전송된 정보를 사용하여 궤도요소를 분석한 후 신규궤도요소, 시계보정, 항법메시지

Answer 16. ② 17. ② 18. ④

제어부문	기능	및 컨트롤 명령정보, 전리층 및 대류층의 주기적 모형화 등을 지상안테나를 통해 위성으로 전송
		• 추적국 : GPS 위성의 신호를 수신하고 위성의 추적 및 작동상태를 감독하여 위성에 대한 정보를 주제어국으로 전송
		• 전송국 : 주 관제소에서 계산된 결과치로서 시각보정값, 궤도보정치를 사용자에게 전달할 메시지 등을 위성에 송신하는 역할
		㉠ 주제어국 : 콜로라도 스프링스(Colorado Springs) – 미국 콜로라도주 ㉡ 추적국 • 어센션(Ascension Is) – 대서양 • 디에고 가르시아(Diego Garcia) – 인도양 • 콰절레인(Kwajalein Is) – 태평양 • 하와이(Hawaii) – 태평양 ㉢ 3개의 지상안테나(전송국) : 갱신자료 송신

19. 항공사진의 특수 3점이 아닌 것은?

① 주점　　② 연직점
③ 등각점　　④ 중심점

해설 특수 3점

특수 3점	특징
주점 (Principal Point)	주점은 사진의 중심점이라고도 한다. 주점은 렌즈 중심으로부터 화면(사진면)에 내린 수선의 발을 말하며 렌즈의 광축과 화면이 교차하는 점이다.
연직점 (Nadir Point)	• 렌즈 중심으로부터 지표면에 내린 수선의 발을 말하고 N을 지상연직점(피사체연직점), 그 선을 연장하여 화면(사진면)과 만나는 점을 화면연직점(n)이라 한다. • 주점에서 연직점까지의 거리(mn) $= f\tan i$
등각점 (Isocenter)	• 주점과 연직점이 이루는 각을 2등분한 점으로 또한 사진면과 지표면에서 교차되는 점을 말한다. • 주점에서 등각점까지의 거리(mn) $= f\tan\frac{i}{2}$

20. 항공사진측량의 특성에 대한 설명으로 옳지 않은 것은?

① 측량의 정확도가 균일하다.
② 정량적 및 정성적 해석이 가능하다.
③ 축척이 크고, 면적이 작을수록 경제적이다.
④ 동적인 대상물 및 접근하기 어려운 대상물의 측량이 가능하다.

해설 사진측량의 장단점

장점	단점
㉠ 정량적 및 정성적 측정이 가능하다. ㉡ 정확도가 균일하다. • 평면(X, Y) 정도 $(10\sim30)\mu\times$촬영축척의 분모수(m) • 높이(H) 정도 $\left(\frac{1}{10,000}\sim\frac{1}{15,000}\right)$×촬영고도($H$) 여기서, $1\mu=\frac{1}{1,000}$(mm) m : 촬영축척의 분모수 H : 촬영고도 ㉢ 동체측정에 의한 현상보존이 가능하다. ㉣ 접근하기 어려운 대상물의 측정도 가능하다. ㉤ 축척변경도 가능하다. ㉥ 분업화로 작업을 능률적으로 할 수 있다. ㉦ 경제성이 높다. ㉧ 4차원의 측정이 가능하다. ㉨ 비지형측량이 가능하다.	㉠ 좁은 지역에서는 비경제적이다. ㉡ 기자재가 고가이다(시설 비용이 많이 든다). ㉢ 피사체 식별이 난해한 경우가 있다(지명, 행정경계 건물명, 음영에 의하여 분별하기 힘든 곳 등의 측정은 현장 작업으로 보충측량이 필요하다). ㉣ 기상조건 및 태양고도 등의 영향을 받는다.

 Answer 19. ④ 20. ③

응용측량(2019년 2회 지적기사)

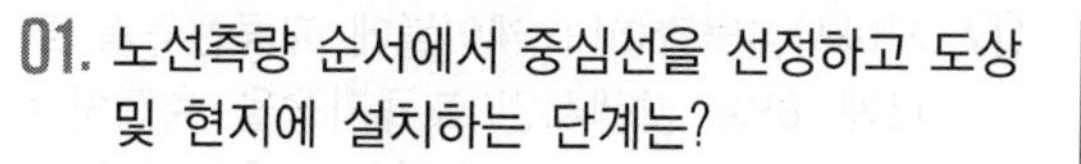

01. 노선측량 순서에서 중심선을 선정하고 도상 및 현지에 설치하는 단계는?

① 계획조사측량
② 실시설계측량
③ 세부측량
④ 노선선정

해설 노선측량 세부 작업과정

구분		내용
노선선정(路線選定)		• 도상선정 • 종단면도 작성 • 현지답사
계획조사측량(計劃調査測量)		• 지형도 작성 • 비교노선의 선정 • 종단면도 작성 • 횡단면도 작성 • 개략노선의 결정
실시설계측량(實施設計測量)		• 지형도 작성 • 중심선의 선정 • 중심선 설치(도상) • 다각측량 • 중심선설치(현지)
	고저측량	• 고저측량 • 종단면도 작성
세부측량(細部測量)		구조물의 장소에 대해서, 지형도(축척 종 1/500~1/100)와 종횡단면도(축척 종 1/100, 횡 1/500~1/100)를 작성한다.
용지측량(用地測量)		횡단면도에 계획단면을 기입하여 용지 폭을 정하고, 축척 1/500 또는 1/600으로 용지도를 작성한다.
공사측량(工事測量)		기준점 확인, 중심선 검측, 검사관측
		인조점 확인 및 복원, 가인조점 등의 설치

02. 그림과 같이 터널 내 수준측량에서 A점의 표고가 450.50m이었다면 B점의 표고는?

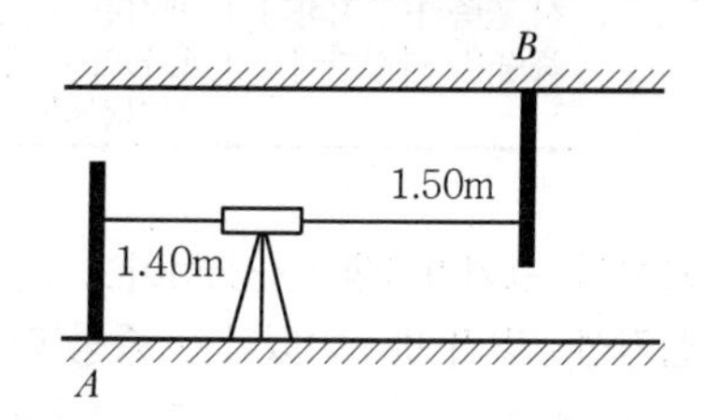

① 450.40m　② 450.60m
③ 453.40m　④ 453.60m

해설 $H_B = H_A + i - (-1.5)$
$= 450.5 + 1.4 + 1.5 = 453.4\text{m}$

03. 터널측량에 관한 설명으로 옳지 않은 것은?

① 터널측량은 크게 터널 내 측량, 터널 외 측량, 터널 내외 연결측량으로 나눈다.
② 터널 내외 연결측량은 지상측량의 좌표와 지하측량의 좌표를 같게 하는 측량이다.
③ 터널 내외 연결측량 시 추를 드리울 때는 보통 피아노선이 이용된다.
④ 터널 내외 연결측량 방법 중 가장 일반적인 것은 다각법이다.

해설 갱내외의 연결측량

1. 목적
㉠ 공사계획이 부적당할 때 그 계획을 변경하기 위하여
㉡ 갱내외의 측점의 위치관계를 명확히 해두기 위해서
㉢ 갱내에서 재변이 일어났을 때 갱외에서 그 위치를 알기 위해서

Answer 01. ② 02. ③ 03. ④

2. 방법

한 개의 수직갱에 의한 방법	두 개의 수직갱에 의한 방법
1개의 수직갱으로 연결할 경우에는 수직갱에 2개의 추를 매달아서 이것에 의해 연직면을 정하고 그 방위각을 지상에서 관측하여 지하의 측량을 연결한다.	2개의 수갱구에 각각 1개씩 수선 AE를 정한다. 이 A·E를 기정 및 폐합점으로 하고 지상에서는 A, 6, 7, 8, E, 갱내에서는 A, 1, 2, 3, 4, E의 다각측량을 실시한다.

04. 사진의 크기가 23cm×23cm이고 사진의 주점기선길이가 8cm이었다면 종중복도는?

① 약 43% ② 약 65%
③ 약 67% ④ 약 70%

$$b_0 = a\left(1 - \frac{p}{100}\right)$$

$$p = \left(1 - \frac{b_0}{a}\right) \times 100$$

$$= \left(1 - \frac{8}{23}\right) \times 100 = 65\%$$

05. 수준측량 시 중간점이 많을 경우에 가장 편리한 야장기입법은?

① 고차식 ② 승강식
③ 교차식 ④ 기고식

해설 야장기입방법

고차식	가장 간단한 방법으로 B.S와 F.S만 있으면 된다.
기고식	가장 많이 사용하며, 중간점이 많을 경우 편리하나 완전한 검산을 할 수 없는 것이 결점이다.
승강식	완전한 검사로 정밀 측량에 적당하나 중간점이 많으면 계산이 복잡하고, 시간과 비용이 많이 소요된다.

06. 축척 1 : 1,000의 도면을 이용하여 측정한 면적이 2,600m²였다. 이 도면의 종·횡 크기가 모두 1.5%씩 줄어 있었다면 실제면적은?

① $2,510m^2$ ② $2,520m^2$
③ $2,610m^2$ ④ $2,680m^2$

해설

$$A_0 = A(1+\varepsilon)^2$$

$$= 2,600(1+0.015)^2$$

$$= 2,678.6m^2$$

$$\fallingdotseq 2,680m^2$$

07. 지하시설물관이나 케이블에 교류전류를 흐르게 하여 발생시킨 교류자장을 측정하여 평면위치 및 깊이를 측정하는 측량방법은?

① 원자탐사법
② 음파탐사법
③ 전자유도탐사법
④ 지중레이더탐사법

해설 지하시설물 측량기법

전자유도 측량기법	지표로부터 매설된 금속관로 및 케이블 관측과 탐침을 이용하여 공관로나 비금속관로를 관측할 수 있는 방법으로, 장비가 저렴하고 조작이 용이하며 운반이 간편하여 지하시설물 측량기법 중 가장 널리 이용되는 방법이다.
지중레이더 측량기법	지중레이더 측량기법은 전자파의 반사의 성질을 이용하여 지하시설물을 측량하는 방법이다.
음파 측량기법	전자유도 측량방법으로 측량이 불가능한 비금속 지하시설물에 이용하는 방법으로 물이 흐르는 관 내부에 음파 신호를 보내면 관 내부에 음파가 발생된다. 이때 수신기를 이용하여 발생된 음파를 측량하는 기법이다.

08. 곡선길이가 104.7m이고, 곡선반지름이 100m일 때, 곡선시점과 곡선종점 간의 곡선길이와 직선거리(장현)의 거리 차는?

① 4.7m ② 5.3m
③ 10.9m ④ 18.1m

$$L - l = \frac{L^3}{24R^2}$$

$$= \frac{104.7^3}{24 \times 100^2} = 4.7m$$

 Answer 04. ② 05. ④ 06. ④ 07. ③ 08. ①

09. 등고선에 대한 설명으로 옳지 않은 것은?

① 계곡선 간격이 100m이면 주곡선 간격은 20m이다.
② 계곡선은 주곡선보다 굵은 실선으로 그린다.
③ 주곡선 간격이 10m이면 축척 1 : 10,000 지형도이다.
④ 간곡선 간격이 2.5m이면 주곡선 간격은 5m이다.

해설 등고선의 간격

등고선 종류	기호	축척			
		$\frac{1}{5,000}$	$\frac{1}{10,000}$	$\frac{1}{25,000}$	$\frac{1}{50,000}$
주곡선	가는 실선	5	5	10	20
간곡선	가는 파선	2.5	2.5	5	10
조곡선 (보조곡선)	가는 점선	1.25	1.25	2.5	5
계곡선	굵은 실선	25	25	50	100

10. 종 · 횡방향의거리가 25km×10km인 지역을 종중복(P) 60%, 횡중복(Q) 30%, 사진축척 1 : 5,000으로 촬영하였을 때의 입체 모델 수는?(단, 사진의 크기는 23cm×23cm이다).

① 356매 ② 534매
③ 625매 ④ 715매

해설

$$\text{종모델 수}=\frac{S_1}{B}=\frac{S_1}{ma\left(1-\frac{p}{100}\right)}$$
$$=\frac{25,000}{5,000\times 0.23\times\left(1-\frac{60}{100}\right)}=54.3$$
$$=55\text{모델}$$

$$\text{횡모델 수}=\frac{S_2}{C}=\frac{S_2}{ma\left(1-\frac{q}{100}\right)}$$
$$=\frac{10,000}{5,000\times 0.23\times\left(1-\frac{30}{100}\right)}=12.4$$
$$=13\text{모델}$$

$\therefore$ 총모델 수 $=55\times 13=715$모델

11. GNSS 측량의 구성에서 제어부문(지상관제국)이 실시하는 주 임무에 해당되지 않는 것은?

① 수신기의 위치결정 및 시각비교
② 궤도와 시각결정을 위한 위성의 추적
③ 위성의 궤도 수정 및 위성 상태 유지 · 관리
④ 위성시간의 동일화 및 위성으로의 자료전송

해설 1. 우주부문(Space Segment)
㉠ 연속적 다중위치 결정체계
㉡ GPS는 55° 궤도 경사각, 위도 60°의 6개 궤도
㉢ 고도 20,183km 고도와 약 12시간 주기로 운행
㉣ 3차원 후방교회법으로 위치 결정

2. 제어부문(Control Segment)
㉠ 궤도와 시각 결정을 위한 위성의 추적
㉡ 전리층 및 대류층의 주기적 모형화(방송 궤도력)
㉢ 위성시간의 동일화
㉣ 위성으로의 자료전송

3. 사용자부문(User Segment)
㉠ 위성으로부터 보내진 전파를 수신해 원하는 위치
㉡ 또는 두 점 사이의 거리를 계산

12. 정밀도 저하율(DOP : Dilution of Precision)에 대한 설명으로 틀린 것은?

① 정밀도 저하율의 수치가 클수록 정확하다.
② 위성들의 상대적인 기하학적 상태가 위치 결정에 미치는 오차를 표시한 것이다.
③ 무차원수로 표시된다.
④ 시간의 정밀도에 의한 DOP의 형식을 TDOP라 한다.

해설 정밀도 저하율(DOP : Dilution of Precision)
GPS 관측지역의 상공을 지나는 위성의 기하학적 배치상태에 따라 측위의 정확도가 달라지는데, 이를 DOP라 한다.

Answer 09. ③ 10. ④ 11. ① 12. ①

종류	특징
• GDOP : 기하학적 정밀도 저하율 • PDOP : 위치 정밀도 저하율 • HDOP : 수평 정밀도 저하율 • VDOP : 수직 정밀도 저하율 • RDOP : 상대 정밀도 저하율 • TDOP : 시간 정밀도 저하율	• 3차원 위치의 정확도는 PDOP에 따라 달라지는데, PDOP는 4개의 관측위성들이 이루는 사면체의 체적이 최대일 때 가장 정확도가 좋으며 이때는 관측자의 머리 위에 다른 3개의 위성이 각각 120°를 이룰 때이다. • DOP는 값이 작을수록 정확한데, 1이 가장 정확하고 5까지는 실용상 지장이 없다.

13. 하천, 호수, 항만 등의 수심을 숫자로 도상에 나타내는 지형표시 방법은?

① 등고선법 ② 음영법
③ 모형법 ④ 점고법

해설 지형도에 의한 지형표시법

자연적 도법	영선법(우모법)(Hatching)	"게바"라 하는 단선상(短線上)의 선으로 지표의 기본을 나타내는 것으로 게바의 사이, 굵기, 방향 등에 의하여 지표를 표시하는 방법
	음영법(명암법)(Shading)	태양광선이 서북쪽에서 45°로 비친다고 가정하여 지표의 기복을 도상에서 2~3색 이상으로 채색하여 지형을 표시하는 방법으로 지형의 입체감이 가장 잘 나타나는 방법
부호적 도법	점고법(Spot height system)	지표면상의 표고 또는 수심의 숫자에 의하여 지표를 나타내는 방법으로 하천, 항만, 해양 등에 주로 이용
	등고선법(Contour System)	동일 표고의 점을 연결한 것으로 등고선에 의하여 지표를 표시하는 방법으로 토목공사용으로 가장 널리 사용
	채색법(Layer System)	같은 등고선의 지대를 같은 색으로 채색하여 높을수록 진하게, 낮을수록 연하게 칠하여 높이의 변화를 나타내며 지리관계의 지도에 주로 사용

14. 그림과 같이 곡선중점(E)을 E'로 이동하여 교각의 변화 없이 새로운 곡선을 설치하고자 한다. 새로운 곡선의 반지름은?

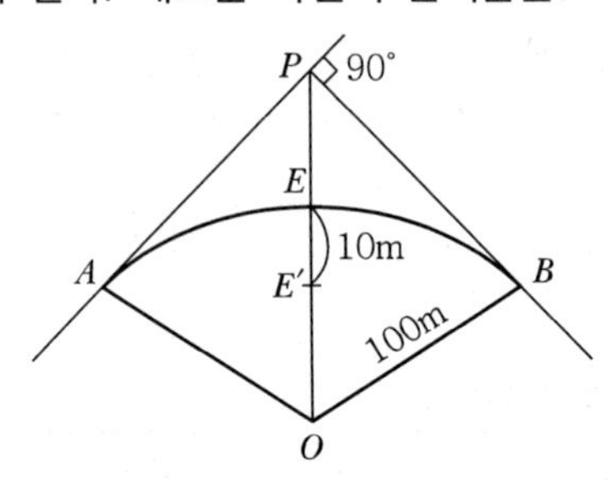

① 68m ② 90m
③ 124m ④ 200m

해설 곡선의 중심을 내측으로 e만큼 옮겼다고 하면

$$R_0\left(\sec\frac{I}{2}-1\right)+e=R_N\left(\sec\frac{I}{2}-1\right)$$

$$100\left(\frac{1}{\cos 45°}-1\right)+10=R_N\left(\frac{1}{\cos 45°}-1\right)$$

$$51.42=R_N\,0.414$$

$$\therefore R_N=\frac{51.42}{0.414}=124\text{m}$$

15. 단일 주파수 수신기와 비교할 때, 이중 주파수 수신기의 특징에 대한 설명으로 옳은 것은?

① 전리층 지연에 의한 오차를 제거할 수 있다.
② 단일 주파수 수신기보다 일반적으로 가격이 저렴하다.
③ 이중 주파수 수신기는 C/A코드를 사용하고 단일 주파수 수신기는 P코드를 사용한다.
④ 단거리 측량에 비하여 장거리 기선측량에서는 큰 이점이 없다.

해설 ㉠ 대류권오차
GPS 관측데이터로부터 기선벡터, 정수 바이어스 등의 미지수(파라미터)를 추정하기 위해서는 관측데이터와 파라미터의 수학적인 관계를 알고 있어야 한다. 이 관계를 수학적 모델(Mathematical Model)이라고 한다. 대류권 지연은 표준적인 대기를 가정한 이론식을 사용하는 방법 또는 천정방향의 지연량을 미지수로 두고 관측점별로 적당한

 Answer 13. ④ 14. ③ 15. ①

간격으로 추정 계산하는 방법 등을 사용하여 제거할 수 있다. 즉, 대류권 오차는 수학적 모델링을 통하여 감소시킬 수 있다.

ⓛ 전리층 오차
전리층 오차는 이중주파수의 사용으로 감소시킬 수 있다. 즉, 2개의 주파수로 방송되는 이유는 위성궤도와 지표면 중간에 있는 전리층의 영향을 보정하기 위함이다.(L2파 : 전리층 지연량 보정기능)

ⓒ 다중경로 오차
높은 건물이나 나무에서 떨어져 관측함으로써 다중경로 오차를 줄일 수 있다.

ⓔ 위상중심(Phase Center)
위상중심이란 위성과 안테나 간의 거리를 관측하는 안테나의 기준점을 말하는데, 실제 안테나 패치가 설치된 물리적 위상중심의 위치와 위상측정이 이루어지는 전기적 위상중심점의 위치는 위성의 고도와 수신신호의 방위각에 따라 변화하게 되므로 이를 PCV(위상신호가변성)라 하며, 이로부터 얻은 안테나 옵셋값을 실측에 적용함으로써 고정밀 GPS 측량이 가능하다.

16. 지형도를 이용하여 작성할 수 있는 자료에 해당되지 않는 것은?

① 종·횡 단면도 작성
② 표고에 의한 평균유속 결정
③ 절토 및 성토 범위의 결정
④ 등고선에 의한 체적 계산

해설 지형도의 이용

㉠ 방향 결정
ⓛ 위치 결정
ⓒ 경사 결정(구배 계산)

- 경사$(i) = \dfrac{H}{D} \times 100(\%)$
- 경사각$(\theta) = \tan^{-1}\dfrac{H}{D}$

ⓔ 거리 결정
ⓜ 단면도 제작
ⓗ 면적 계산
ⓢ 체적 계산(토공량 산정)

17. 폭이 넓은 하천을 횡단하여 정밀하게 수준측량을 실시할 때 가장 좋은 방법은?

① 교호수준측량에 의해 실시
② 삼각측량에 의해 실시
③ 시거측량에 의해 실시
④ 육분의에 의해 실시

해설 교호수준측량

1. 개요
전시와 후시를 같게 취하는 것이 원칙이나 2점 간에 강·호수·하천 등이 있으면 중앙에 기계를 세울 수 없을 때 양 지점에 세운 표척을 읽어 고저차를 2회 산출하여 평균하며 높은 정밀도를 필요로 할 경우에 이용된다.
2. 교호수준측량을 할 경우 소거되는 오차
㉠ 레벨의 기계오차(시준축 오차)
ⓛ 관측자의 읽기 오차
ⓒ 지구의 곡률에 의한 오차(구차)
ⓔ 광선의 굴절에 의한 오차(기차)

18. 반지름이 다른 2개의 원곡선이 그 접속점에서 공통접선을 갖고 그것들의 중심이 공통접선에 대하여 같은 쪽에 있는 곡선은?

① 반향곡선 ② 머리핀곡선
③ 복심곡선 ④ 종단곡선

해설 곡선의 종류

구분	설명
복심곡선 (Compound Curve)	반경이 다른 2개의 원곡선이 1개의 공통접선을 갖고 접선의 같은 쪽에서 연결하는 곡선을 말한다. 복심곡선을 사용하면 그 접속점에서 곡률이 급격히 변화하므로 될 수 있는 한 피하는 것이 좋다.
반향곡선 (Reverse Curve)	반경이 같지 않은 2개의 원곡선이 1개의 공통접선의 양쪽에 서로 곡선 중심을 가지고 연결한 곡선이다. 반향곡선을 사용하면 접속점에서 핸들의 급격한 회전이 생기므로 가급적 피하는 것이 좋다.
배향곡선 (Hairpin Curve)	반향곡선을 연속시켜 머리핀 같은 형태의 곡선으로 된 것을 말한다. 산지에서 기울기를 낮추기 위해 쓰이므로 철도에서 Switch Back에 적합하여 산허리를 누비듯이 나아가는 노선에 적용한다.

Answer 16. ② 17. ① 18. ③

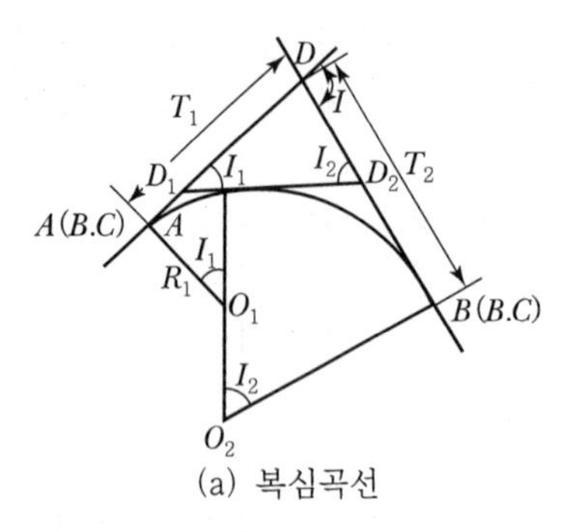

(a) 복심곡선

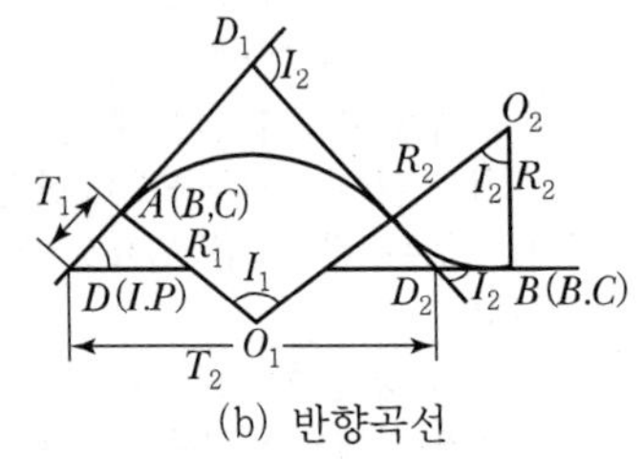

(b) 반향곡선

19. 다음 중 수동적 센서에 해당하는 것은?

① 항공사진카메라
② SLAR(Side Looking Airborne Radar)
③ 레이더
④ 레이저 스캐너

해설 Sensor(탐측기)

감지기는 전자기파(Electromagnetic Wave)를 수집하는 장비로서 수동적 감지기와 능동적 감지기로 대별된다. 수동방식(受動方式, passive sensor)은 태양광의 반사 또는 대상물에서 복사되는 전자파를 수집하는 방식이고, 능동방식(能動方式, active sensor)은 대상물에 전자파를 쏘아 그 대상물에서 반사되어 오는 전자파를 수집하는 방식이다.

수동적 탐측기	비주사 방식 (非走査方式)	비영상 방식 (非映像方式)	지자기 측량		
			중력 측량		
			기타		
		영상방식 (映像方式)	단일 사진기	흑백사진	
				천연색 사진	
				적외사진	
				적외컬러 사진	
				기타사진	
			다중 파장대 사진기	단일렌즈	단일 필름
					다중 필름
				다중렌즈	단일 필름
					다중 필름
	주사방식 (走査方式)	영상면 주사방식 (映像面走査方式)	TV사진기(vidicon 사진기)		
			고체 주사기		
		대상물면 주사방식 (對象物面走査方式)	다중 파장대 주사기	Analogue 방식	
				Digital 방식	MSS
					TM
					HRV
			극초단파주사기 (Microwave Radiometer)		
능동적 탐측기	비주사 방식 (非走査方式)	Laser spectrometer			
		Laser 거리측량기			
	주사방식 (走査方式)	레이더			
		SLAR	RAR (Rear Aperture Radar)		
			SAR (Synthetic Aperture Radar)		

 Answer 19. ①

20. 굴뚝의 높이를 구하기 위하여 A, B점에서 굴뚝 끝의 경사각을 관측하여 A점에서는 30°, B점에서는 45°를 얻었다. 이때 굴뚝의 표고는?(단, AB의 거리는 22m, A, B 및 굴뚝의 하단은 모두 일직선상에 있고, 기계고(I.H)는 A, B 모두 1m이다.)

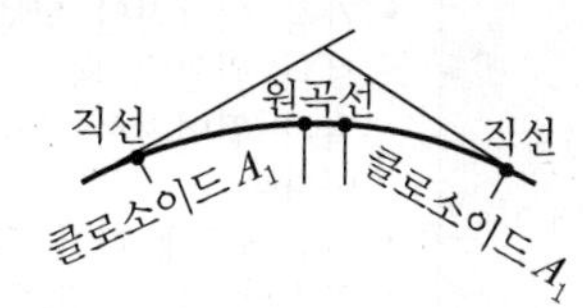

① 30m ② 31m
③ 33m ④ 35m

해설

$$\frac{x}{\sin 30°} = \frac{22}{\sin 15}$$

$$x = \frac{\sin 30}{\sin 15} \times 22 = 42.5\text{m}$$

$$\frac{h}{\sin 45°} = \frac{42.5}{\sin 90°}$$

$$h = \frac{\sin 45°}{\sin 90°} \times 42.5 = 30.05\text{m}$$

굴뚝의 높이$=h+$기계고$=30.05+1=31$m

응용측량(2019년 2회 지적산업기사)

01. GNSS를 이용하여 위치를 결정할 때 발생하는 중요한 오차요인이 아닌 것은?

① 위성의 배치상태와 관련된 오차
② 자료호환과 관련된 오차
③ 신호전달과 관련된 오차
④ 수신기에 관련된 오차

해설 구조적인 오차

종류	특징
위성시계오차	GPS 위성에 내장되어 있는 시계의 부정확성으로 인해 발생
위성궤도오차	위성궤도정보의 부정확성으로 인해 발생
대기권전파지연	위성신호의 전리층, 대류권 통과 시 전파지연오차(약 2m)
전파적 잡음	수신기 자체에서 발생하며 PRN 코드잡음과 수신기 잡음이 합쳐져서 발생
다중경로 (Multipath)	다중경로오차는 GPS 위성으로 직접 수신된 전파 이외에 부가적으로 주위의 지형, 지물에 의한 반사된 전파로 인해 발생하는 오차로서 측위에 영향을 미친다. • 다중경로는 금속제 건물, 구조물과 같은 커다란 반사적 표면이 있을 때 일어난다. • 다중경로의 결과로서 수신된 GPS 신호는 처리될 때 GPS 위치의 부정확성을 제공한다. • 다중경로가 일어나는 경우를 최소화하기 위하여 미션 설정, 수신기, 안테나 설계 시에 고려한다면 다중경로의 영향을 최소화할 수 있다. • GPS 신호시간의 기간을 평균하는 것도 다중경로의 영향을 감소시킨다.
다중경로 (Multipath)	• 가장 이상적인 방법은 다중경로의 원인이 되는 장애물에서 멀리 떨어져서 관측하는 방법이다. • 다중경로에 따른 영향은 위상측정방식보다 코드측정방식에서 더 크다.

위성의 배치상태에 따른 오차
[정밀도 저하율(DOP : Dilution of Precision)]
GPS 관측지역의 상공을 지나는 위성의 기하학적 배치상태에 따라 측위의 정확도가 달라지는데 이를 DOP라고 한다.

종류	특징
• GDOP : 기하학적 정밀도 저하율 • PDOP : 위치 정밀도 저하율 • HDOP : 수평 정밀도 저하율 • VDOP : 수직 정밀도 저하율 • RDOP : 상대 정밀도 저하율 • TDOP : 시간 정밀도 저하율	• 3차원 위치의 정확도는 PDOP에 따라 달라지는데, PDOP는 4개의 관측위성들이 이루는 사면체의 체적이 최대일 때 가장 정확도가 좋으며 이때는 관측자의 머리 위에 다른 3개의 위성이 각각 120°를 이룰 때이다. • DOP는 값이 작을수록 정확한데, 1이 가장 정확하고 5까지는 실용상 지장이 없다.

02. 그림과 같이 지표면에서 성토하여 도로폭 $b=6$의 도로면을 단면으로 개설하고자 한다. 성토높이 $h=5.0$m, 성토기울기를 1 : 1로 한다면 용지폭($2x$)은?(단, a : 여유폭 = 1m)

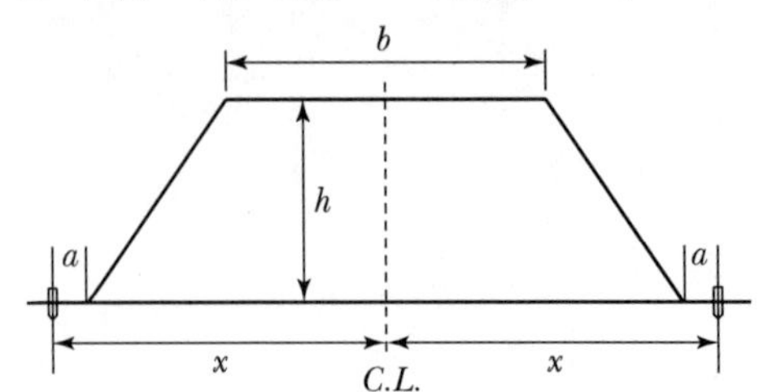

 Answer 01. ② 02. ③

① 10.0m ② 14.0m
③ 18.0m ④ 22.0m

해설 용지폭 $= a+1\times5+b+1\times5+a$
$= 1+5+6+5+1$
$= 18\text{m}$

03. GNSS 시스템의 구성요소에 해당하지 않는 것은?

① 위성에 대한 우주 부문
② 지상 관제소의 제어 부문
③ 경영활동을 위한 영업 부문
④ 수신기에 대한 사용자 부문

해설 GNSS 시스템의 구성요소
1. 우주 부문(Space Segment)
   ㉠ 연속적 다중위치 결정체계
   ㉡ GPS는 55° 궤도 경사각, 위도 60°의 6개 궤도
   ㉢ 고도 20,183km, 약 12시간 주기로 운행
   ㉣ 3차원 후방교회법으로 위치 결정
2. 제어 부문(Control Segment)
   ㉠ 궤도와 시각 결정을 위한 위성의 추척
   ㉡ 전리층 및 대류층의 주기적 모형화(방송궤도력)
   ㉢ 위성시간의 동일화
   ㉣ 위성으로의 자료전송
3. 사용자 부문(User Segment)
   ㉠ 위성에서 보낸 전파를 수신하여 원하는 위치
   ㉡ 또는 두 점 사이의 거리를 계산

04. 축척 1 : 1,000, 등고선 간격 2m, 경사 5%일 때 등고선 간의 수평거리 L의 도상길이는?

① 1.2cm ② 2.7cm
③ 3.1cm ④ 4.0cm

해설 $\text{경사}(i) = \dfrac{\text{고저차}(h)}{\text{수평거리}(D)}$

$D = \dfrac{h}{i} = \dfrac{200\text{cm}}{0.05} = 4{,}000\text{cm}$

$\dfrac{1}{m} = \dfrac{\text{도상거리}}{\text{실제거리}}$

$\text{도상거리} = \dfrac{\text{실제거리}}{m} = \dfrac{4{,}000}{1{,}000} = 4\text{cm}$

05. 촬영고도 10,000m에서 축척 1 : 5,000의 편위수정 사진에서 지상연직점으로부터 400m 떨어진 곳의 비고 100m인 산악 지역의 사진상 기복변위는?

① 0.008mm ② 0.8mm
③ 8mm ④ 80mm

해설

$\Delta r = \dfrac{h}{H}r$

$= \dfrac{100}{10{,}000}\times 80 = 0.8\text{mm}$

$\dfrac{1}{m} = \dfrac{l}{L}$

$l = \dfrac{L}{m} = \dfrac{400}{5{,}000} = 0.08\text{m} = 80\text{mm}$

06. 경사가 일정한 터널에서 두 점 AB 간의 경사거리가 150m이고 고저차가 15m일 때 AB 간의 수평거리는?

① 149.2m ② 148.5m
③ 147.2m ④ 146.5m

해설
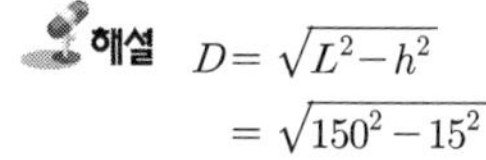
$D = \sqrt{L^2 - h^2}$
$= \sqrt{150^2 - 15^2}$
$= 149.2\text{m}$

07. 그림과 같은 수준측량에서 B점의 지반고는? [단, $\alpha = 13°20'30''$, A점의 지반고 = 27.30m, $I.H$(기계고) = 1.54m, 표척 읽음값 = 1.20m, AB의 수평거리 = 50.13m이다.]

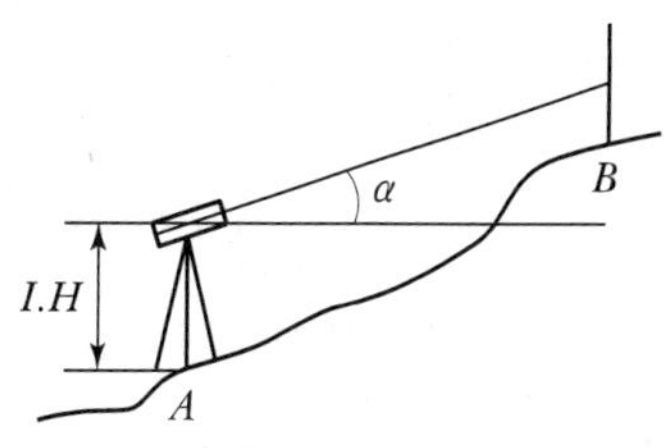

① 38.53m ② 38.98m
③ 39.40m ④ 39.53m

해설
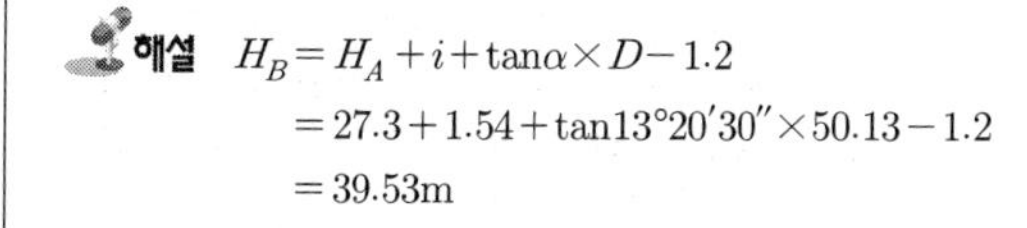
$H_B = H_A + i + \tan\alpha \times D - 1.2$
$= 27.3 + 1.54 + \tan 13°20'30'' \times 50.13 - 1.2$
$= 39.53\text{m}$

08. 터널측량에 관한 설명 중 틀린 것은?

① 터널측량은 터널 외 측량, 터널 내 측량, 터널 내·외 연결측량으로 구분할 수 있다.
② 터널 굴착이 끝난 구간에는 기준점을 주로 바닥의 중심선에 설치한다.
③ 터널 내 측량에서는 기계의 십자선 및 표척 등에 조명이 필요하다.
④ 터널의 길이방향측량은 삼각 또는 트래버스 측량으로 한다.

해설 터널 내 기준점측량에서 기준점을 천장에 설치하는 이유
㉠ 운반이나 기타 작업에 장애가 되지 않게 하기 위하여
㉡ 발견하기 쉽게 하기 위하여
㉢ 파손될 염려가 적기 때문에

09. 사진판독에 사용하는 주요 요소가 아닌 것은?

① 음영(shadow)
② 형상(shape)
③ 질감(texture)
④ 촬영고도(flight height)

해설 사진판독 요소

요소	분류	특징
주 요소	색조	피사체(대상물)가 갖는 빛의 반사에 의한 것으로 수목의 종류를 판독하는 것을 말한다.
	모양	피사체(대상물)의 배열상황에 의하여 판별하는 것으로 사진상에서 볼 수 있는 식생, 지형 또는 지표상의 색조 등을 말한다.
	질감	색조, 형상, 크기, 음영 등의 여러 요소의 조합으로 구성된 조밀, 거칢, 세밀함 등으로 표현하며 초목 및 식물의 구분을 나타낸다.
	형상	개체나 목표물의 구성, 배치 및 일반적인 형태를 나타낸다.
	크기	어느 피사체(대상물)가 갖는 입체적, 평면적인 넓이와 길이를 나타낸다.
	음영	판독 시 빛의 방향과 촬영 시의 빛의 방향을 일치시키는 것이 입체감을 얻는 데 용이하다.
보조 요소	상호 위치 관계	어떤 사진상이 주위의 사진상과 어떠한 관계가 있는가 파악하는 것으로 주위의 사진상과 연관되어 성립되는 것이 일반적인 경우이다.
	과고감	과고감은 지표면의 기복을 과장하여 나타낸 것으로 낮고 평평한 지역에서의 지형 판독에 도움이 되는 반면 경사면의 경사는 실제보다 급하게 보이므로 오판에 주의해야 한다.

10. 초광각 카메라의 특징으로 옳지 않은 것은?

① 같은 축척으로 촬영할 경우 다른 사진에 비하여 촬영고도가 낮다.
② 동일한 고도에서 촬영된 사진 1장의 포괄 면적이 크다.
③ 사각부분이 많이 발생된다.
④ 표고 측정의 정확도가 높다.

해설 사용 카메라에 의한 분류

종류	렌즈의 화각	초점거리(mm)	화면크기(cm)	필름의 길이(m)	용도	비고
초광각사진	120°	88	23×23	80	소축척 도화용	완전 평지에 이용
광각사진	90°	152~153	23×23	120	일반도화, 사진 판독용	경제적 일반도화
보통각사진	60°	210	18×18	120	산림 조사용	• 산악지대 도심지 촬영 • 정면도 제작
협각사진	약 60° 이하				특수한 대축척 도화용	특수한 평면도 제작

카메론효과와 과고감

카메론효과 (Cameron Effect)	항공사진으로 도로변 상공 위의 항공기에서 주행 중인 차량을 연속하여 촬영하여 이것을 입체화시켜 볼 때 차량이 비행방향과 동일방향으로 주행하고 있다면 가라앉아 보이고, 반대방향으로 주행하고 있다면 부상(浮上 : 물 위로 떠오름)하여 보인다.

 Answer 08. ② 09. ④ 10. ④

카메론효과 (Cameron Effect)	또한 뜨거나 가라앉는 높이는 차량의 속도에 비례하고 있다. 이와 같이 이동하는 피사체가 뜨거나 가라앉아 보이는 현상을 카메론효과라고 한다.
과고감 (Vertical Exaggeration)	항공사진을 입체시하는 경우 산의 높이 등이 실제보다 과장되어 보이는 현상을 말한다. 평면축척에 대하여 수직축척이 크게 되기 때문에 실제 도형보다 산이 더 높게 보인다. • 항공사진은 평면축척에 비해 수직축척이 크므로 다소 과장되어 나타난다. • 대상물의 고도, 경사율 등을 반드시 고려해야 한다. • 과고감은 필요에 따라 사진판독요소로 사용될 수 있다. • 과고감은 사진의 기선고도비와 이에 상응하는 입체시의 기선고도비의 불일치에 의해서 발생한다. • 과고감은 촬영고도 H에 대한 촬영기선길이 B와의 비인 기선고도비 B/H에 비례한다.

11. 레벨에서 기포관의 한 눈금의 길이가 4mm이고, 기포가 한 눈금 움직일 때의 중심각 변화가 10″라 하면 이 기포관의 곡률반지름은?

① 80.2m ② 81.5m
③ 82.5m ④ 84.2m

 해설

$$R \doteq \frac{d}{\theta''}\rho'' = \frac{0.004}{10''} \times 206,265'' = 82.5\text{m}$$

감도측정

$$\theta'' = \frac{l}{nD}\rho''$$

$$l = \frac{\theta'' enD}{\rho''}$$

$$R = \frac{d}{\theta''}\rho''$$

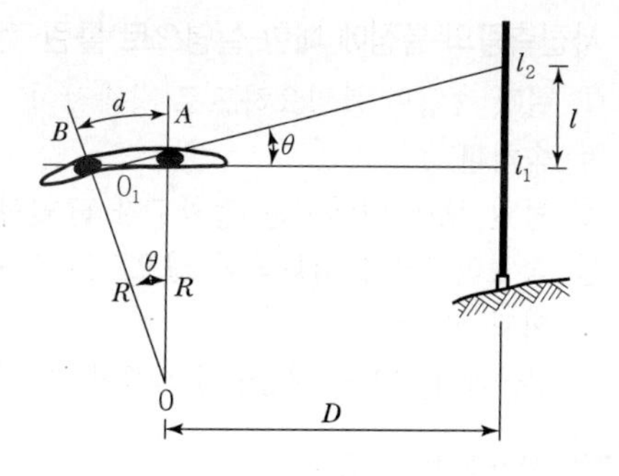

여기서, D : 수평거리
d : 기포 한 눈금의 크기(2mm)
R : 기포관의 곡률반경
ρ'' : 1라디안초수(206,265″)
θ'' : 감도(측각오차)
l : 위치오차($l_2 - l_1$)
n : 기포의 이동눈금수
m : 축척의 분모수

12. 철도의 캔트양을 결정하는 데 고려하지 않아도 되는 사항은?

① 확폭 ② 설계속도
③ 레일간격 ④ 곡선반지름

 해설

캔트 : $C = \dfrac{SV^2}{Rg}$

여기서, C : 캔트
S : 궤간
V : 차량속도
R : 곡선반경
g : 중력가속도

※ 슬랙 : $\varepsilon = \dfrac{L^2}{2R}$

여기서, ε : 확폭량
L : 차량 앞바퀴에서 뒷바퀴까지의 거리
R : 차선 중심선의 반경

Answer 11. ③ 12. ①

13. 사진측량의 특징에 대한 설명으로 틀린 것은?
① 현장 측량이 불필요하므로 경제적이고 신속하다.
② 동일 모델 내에서는 정확도가 균일하다.
③ 작업단계가 분업화되어 있으므로 능률적이다.
④ 접근하기 어려운 대상물의 관측이 가능하다.

해설 사진측량의 장단점

장점	단점
㉠ 정량적 및 정성적 측정이 가능하다. ㉡ 정확도가 균일하다. • 평면(X, Y) 정도 (10~30) μ×촬영축척의 분모수(m) • 높이(H) 정도 $\left(\frac{1}{10,000} \sim \frac{1}{15,000}\right)$ ×촬영고도(H) 여기서, $1\mu = \frac{1}{1,000}$(mm) m : 촬영축척의 분모수 H : 촬영고도 ㉢ 동체측정에 의한 현상보존이 가능하다. ㉣ 접근하기 어려운 대상물의 측정도 가능하다. ㉤ 축척변경도 가능하다. ㉥ 분업화로 작업을 능률적으로 할 수 있다. ㉦ 경제성이 높다. ㉧ 4차원의 측정이 가능하다. ㉨ 비지형측량이 가능하다.	㉠ 좁은 지역에서는 비경제적이다. ㉡ 기자재가 고가이다(시설 비용이 많이 든다). ㉢ 피사체 식별이 난해한 경우가 있다(지명, 행정경제 건물명, 음영에 의하여 분별하기 힘든 곳 등의 측정은 현장 작업으로 보충측량이 필요하다). ㉣ 기상조건 및 태양고도 등의 영향을 받는다.

14. 일반적으로 GNSS 측위 정밀도가 가장 높은 방법은?
① 단독측위
② DGPS
③ 후처리 상대측위
④ 실시간 이동측위(Real Time Kinematic)

해설 일반적으로 GNSS 측위 정밀도가 가장 높은 방법은 후처리 상대측위방법이다.

15. 축척 1 : 50,000 지형도 1매에 해당되는 지역을 동일한 크기의 축척 1 : 5,000 지형도로 확대 제작할 경우에 새로 제작되는 해당 지역의 지형도 총 매수는?
① 10매 ② 20매
③ 50매 ④ 100매

해설 $\frac{50,000}{5,000} = 10$

면적비는 축척 $\left(\frac{1}{m}\right)^2$에 비례한다.

$\therefore\ 10^2 = 100$매

또는

면적비$= \left(\frac{50,000}{5,000}\right)^2 = 100$매

16. 수준측량 야장기입법 중 중간점이 많은 경우에 편리한 방법은?
① 고차식 ② 기고식
③ 승강식 ④ 약도식

해설 야장기입방법

고차식	가장 간단한 방법으로 B.S와 F.S만 있으면 된다.
기고식	가장 많이 사용하며, 중간점이 많을 경우 편리하나 완전한 검산을 할 수 없는 것이 결점이다.
승강식	완전한 검사로 정밀 측량에 적당하나 중간점이 많으면 계산이 복잡하고, 시간과 비용이 많이 소요된다.

17. 곡선길이 및 횡거 등에 의해 캔트를 직선적으로 체감하는 완화곡선이 아닌 것은?
① 3차 포물선
② 반파장 정현 곡선
③ 클로소이드 곡선
④ 렘니스케이트 곡선

 Answer 13. ① 14. ③ 15. ④ 16. ② 17. ②

해설 완화곡선의 종류

㉠ 클로소이드 : 고속도로
㉡ 렘니스케이트 : 시가지 철도
㉢ 3차 포물선 : 철도
㉣ sine 체감곡선 : 고속철도

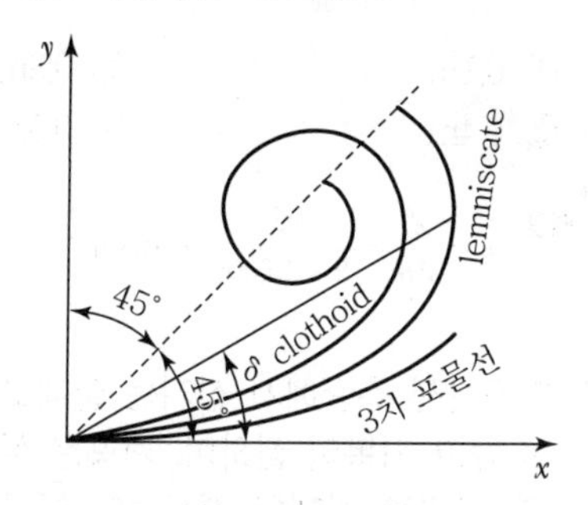

18. 지형도의 이용에 관한 설명으로 틀린 것은?

① 토량의 결정
② 저수량의 결정
③ 하천유역면적의 결정
④ 지적 일필지 면적의 결정

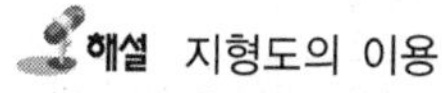
해설 지형도의 이용

㉠ 방향결정
㉡ 위치결정
㉢ 경사결정(구배계산)

- 경사$(i) = \dfrac{H}{D} \times 100(\%)$
- 경사각$(\theta) = \tan^{-1}\dfrac{H}{D}$

㉣ 거리결정
㉤ 단면도제작
㉥ 면적 계산
㉦ 체적계산(토공량산정)

19. 단곡선에서 반지름이 300m이고 교각이 80°일 경우에 접선길이(TL)와 곡선길이(CL)는?

① $TL = 251.73\text{m}$, $CL = 418.88\text{m}$
② $TL = 251.73\text{m}$, $CL = 209.44\text{m}$
③ $TL = 192.84\text{m}$, $CL = 418.88\text{m}$
④ $TL = 192.84\text{m}$, $CL = 209.44\text{m}$

해설

$$TL = R\tan\frac{I}{2} = 300 \times \tan 40° = 251.73\text{m}$$

$$CL = 0.0174533RI = 0.0174533 \times 300 \times 80° = 418.88\text{m}$$

20. 축척 1 : 50,000 지형도에서 표고 317.6m로부터 521.4m까지 사이에 주곡선 간격의 등고선 개수는?

① 5개 ② 9개
③ 11개 ④ 21개

해설 등고선의 간격

등고선 종류	기호	축척			
		$\frac{1}{5,000}$	$\frac{1}{10,000}$	$\frac{1}{25,000}$	$\frac{1}{50,000}$
주곡선	가는 실선	5	5	10	20
간곡선	가는 파선	2.5	2.5	5	10
조곡선 (보조곡선)	가는 점선	1.25	1.25	2.5	5
계곡선	굵은 실선	25	25	50	100

등고선 개수$= \dfrac{520 - 320}{20} + 1 = 11$개

응용측량(2019년 3회 지적기사)

01. 클로소이드 곡선의 매개변수를 2배 증가시키고자 한다. 이때 곡선의 반지름이 일정하다면 완화곡선의 길이는 몇 배가 되는가?

① 2 ② 4
③ 8 ④ 14

해설 $A^2 = RL$
$2^2 = 4$

02. 그림과 같은 지역에 정지작업을 하였을 때, 절토량과 성토량이 같아지는 지반고는?(단, 각 구역의 크기(4m×4m)는 동일하다.)

클로소이드 A_1 클로소이드 A_1

클로소이드 A_1 클로소이드 A_2 클로소이드 A_3

① 8.95m ② 9.05m
③ 9.15m ④ 9.35m

해설 $\Sigma h_1 = 9.5+9.0+8.8+8.9+9.2 = 45.4$
$2\Sigma h_2 = 9.3+9.1+9.1+9.4 = 36.9\times 2 = 73.8$
$3\Sigma h_3 = 9\times 3 = 27$
$4\Sigma h_3 = 9.2\times 4 = 36.8$

$$V = \frac{A}{4}(\Sigma h_1 + 2\Sigma h_2 + 3\Sigma h_3 + 4\Sigma h_4)$$
$$= \frac{4\times 4}{4}(45.4+73.8+27+36.8) = 732$$
$$\therefore \text{ 평균표고}(h_0) = \frac{V}{nA} = \frac{732}{5\times 16} = 9.15\text{m}$$

03. 상향기울기 7.5/1,000와 하향기울기 45/1,000인 두 직선에 반지름 2,500m인 원곡선을 종단곡선으로 설치할 때, 곡선시점에서 25m 떨어져 있는 지점의 종거 y값은 약 얼마인가?

① 0.1m ② 0.3m
③ 0.4m ④ 0.5m

해설 $y = \dfrac{x^2}{2R} = \dfrac{25^2}{2\times 2{,}500} = 0.125\text{m}$

04. 항공사진 측량에서 산지는 실제보다 돌출하여 높고 기복이 심하며, 계곡은 실제보다 깊고, 사면은 실제의 경사보다 급하게 느껴지는 것은 무엇에 의한 영향인가?

① 형상 ② 음영
③ 색조 ④ 과고감

해설 사진판독요소

요소	분류	특징
주요소	색조	피사체(대상물)가 갖는 빛의 반사에 의한 것으로 수목의 종류를 판독하는 것을 말한다.
	모양	피사체(대상물)의 배열상황에 의하여 판별하는 것으로 사진상에서 볼 수 있는 식생, 지형 또는 지표상의 색조 등을 말한다.
	질감	색조, 형상, 크기, 음영 등의 여러 요소의 조합으로 구성된 조밀, 거칢, 세밀함 등으로 표현하며 초목 및 식물의 구분을 나타낸다.
	형상	개체나 목표물의 구성, 배치 및 일반적인 형태를 나타낸다.
	크기	어느 피사체(대상물)가 갖는 입체적, 평면적인 넓이와 길이를 나타낸다.
	음영	판독 시 빛의 방향과 촬영 시의 빛의 방향을 일치시키는 것이 입체감을 얻는 데 용이하다.
보조요소	상호위치관계	어떤 사진상이 주위의 사진상과 어떠한 관계가 있는가 파악하는 것으로 주위의 사진상과 연관되어 성립되는 것이 일반적인 경우이다.

Answer 01. ② 02. ③ 03. ① 04. ④

보조요소	과고감	과고감은 지표면의 기복을 과장하여 나타낸 것으로 낮고 평평한 지역에서의 지형 판독에 도움이 되는 반면 경사면의 경사는 실제보다 급하게 보이므로 오판에 주의해야 한다.

05. 터널을 만들기 위하여 A, B 두 점의 좌표를 측정한 결과 A점은 $N(X)_A$ =1,000.00m, $E(Y)_A$ =250.00m, B점은 $N(X)_B$ =1,500.00m, $E(Y)_B$ =50.00m이었다면 AB의 방위각은?

① 21°48′05″ ② 158°11′55″
③ 201°48′05″ ④ 338°11′55″

해설

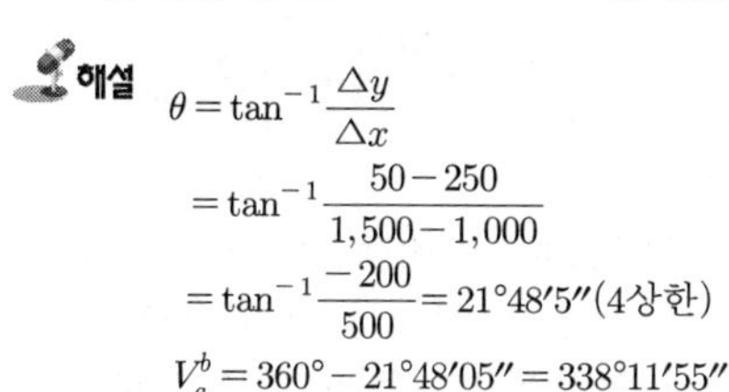

$$\theta = \tan^{-1}\frac{\Delta y}{\Delta x}$$
$$= \tan^{-1}\frac{50-250}{1,500-1,000}$$
$$= \tan^{-1}\frac{-200}{500} = 21°48'5''(4상한)$$
$$V_a^b = 360° - 21°48'05'' = 338°11'55''$$

06. 지형도의 이용과 가장 거리가 먼 것은?

① 연직단면의 작성
② 저수용량, 토공량의 산정
③ 면적의 도상 측정
④ 지적도 작성

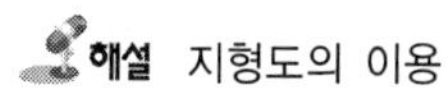 지형도의 이용

㉠ 방향 결정
㉡ 위치 결정
㉢ 경사 결정(구배 계산)
- 경사$(i) = \frac{H}{D} \times 100(\%)$
- 경사각$(\theta) = \tan^{-1}\frac{H}{D}$

㉣ 거리 결정
㉤ 단면도 제작
㉥ 면적 계산
㉦ 체적 계산(토공량 산정)

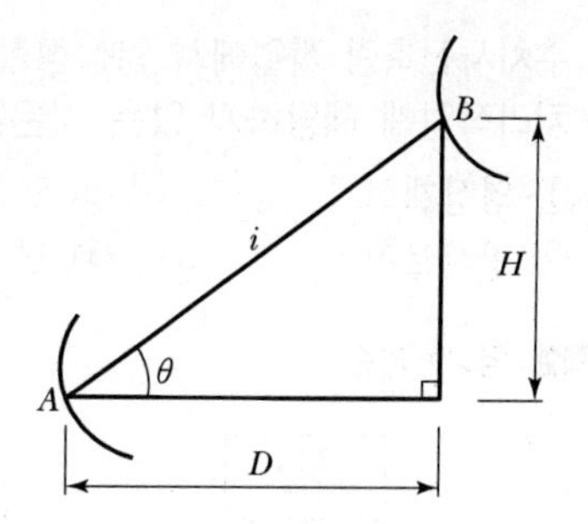

07. GPS에서 사용되는 L1과 L2신호의 주파수로 옳은 것은?

① 150MHz와 400MHz
② 420.9MHz와 585.53MHz
③ 1,575.42MHz와 1,227.60MHz
④ 1,832.12MHz와 3,236.94MHz

해설 GPS 신호

신호	구분	내용
반송파(Carrier)	L1	• 주파수 1,575.42MHz(154×10.23MHz), 파장 19cm • C/A code와 P code 변조 가능
	L2	• 주파수 1,227.60MHz(120×10.23MHz), 파장 24cm • P code만 변조 가능
코드(Code)	P code	• 반복주기 7일인 PRN code(Pseudo Random Noise code) • 주파수 10.23MHz, 파장 30m(29.3m)
	C/A code	• 반복주기 : 1ms(milli-second)로 1.023Mbps로 구성된 PPN code • 주파수 1.023MHz, 파장 300m(293m)
Navigation Message		GPS 위성의 궤도, 시간, 기타 System Para-meter들을 포함하는 Data bit
		측위계산에 필요한 정보 • 위성탑재 원자시계 및 전리층 보정을 위한 Parameter 값 • 위성궤도정보 • 타 위성의 항법메시지 등을 포함
		위성궤도정보에는 평균근점각, 이심률, 궤도장반경, 승교점적경, 궤도경사각, 근지점인수 등 기본적인 양 및 보정항이 포함

Answer 05. ④ 06. ④ 07. ③

08. 수치사진측량 작업에서 영상정합 이전의 전처리작업에 해당하지 않는 것은?

① 영상개선 ② 영상복원
③ 방사보정 ④ 경계선탐색

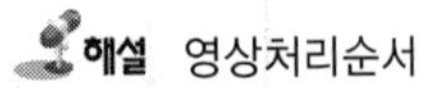

영상처리순서

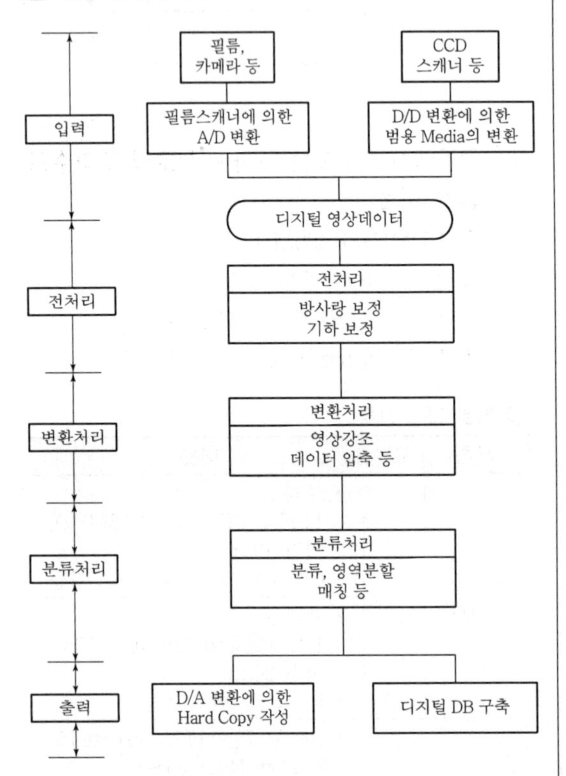

09. 다음 중 원곡선의 종류가 아닌 것은?

① 반향 곡선
② 단곡선
③ 렘니스케이트 곡선
④ 복심 곡선

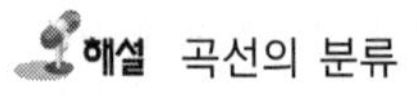

곡선의 분류

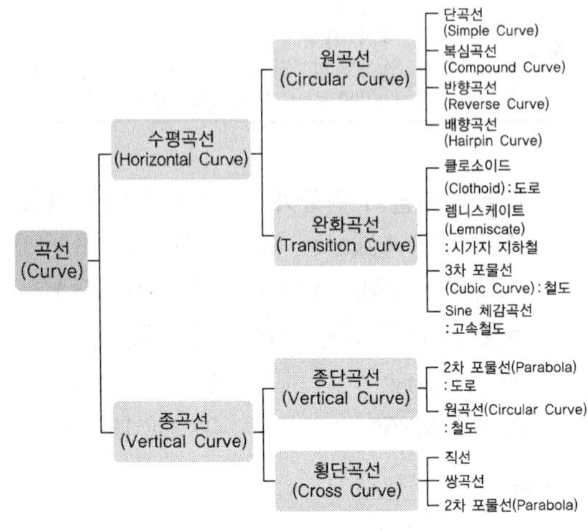

10. 촬영기준면으로부터 비행고도 4,350m에서 촬영한 연직사진의 크기가 23cm×23cm이고 이 사진의 촬영면적이 48km²라면 카메라의 초점거리는?

① 14.4cm ② 17.0cm
③ 21.0cm ④ 47.9cm

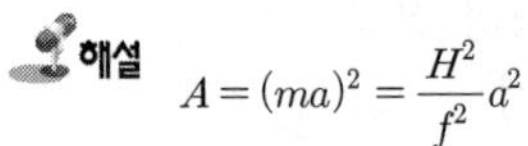

$$A = (ma)^2 = \frac{H^2}{f^2}a^2$$

$$f = \sqrt{\frac{H^2 a^2}{A}} = \sqrt{\frac{4350^2 \times 0.23^2}{48,000,000}}$$

$$= 0.144\text{m} = 14.4\text{cm}$$

11. 수준측량에서 각 점들이 중력방향에 직각으로 이루어진 곡면을 뜻하는 용어는?

① 지평면(horizontal plane)
② 수준면(level surface)
③ 연직면(plumb plane)
④ 특별기준면(special datum plane)

 Answer 08. ④ 09. ③ 10. ① 11. ②

해설 수준측량 관련 용어

수직선 (vertical line)	지표 위 어느 점으로부터 지구의 중심에 이르는 선, 즉 타원체면에 수직한 선으로 삼각(트래버스)측량에 이용된다.
연직선 (plumb line)	천체 측량에 의한 측지좌표의 결정은 지오이드면에 수직한 연직선을 기준으로 하여 얻는다.
수평면 (Level surface)	• 모든 점에서 연직방향과 수직인 면으로 수평면은 곡면이며 회전타원체와 유사하다. • 정지하고 있는 해수면 또는 지오이드면은 수평면의 좋은 예이다.
수평선 (Level line)	수평면 안에 있는 하나의 선으로 곡선을 이룬다.
지평면 (Horizontal plane)	어느 점에서 수평면에 접하는 평면 또는 연직선에 직교하는 평면이다.
지평선 (Horizontal Line)	지평면 위에 있는 한 선을 말하며 지평선은 어느 한 점에서 수평선과 접하는 직선이며 연직선과 직교한다.
기준면 (datum)	표고의 기준이 되는 수평면을 기준면이라 하며 표고는 0으로 정한다. 기준면은 계산을 위한 가상면이며 평균해면을 기준면으로 한다.
평균해면 (mean sea level)	여러 해 동안 관측한 해수면의 평균값이다.
지오이드(Geoid)	평균해수면으로 전 지구를 덮었다고 가정한 곡면이다.

12. 축척 1 : 50000의 지형도에서 A점과 B점 사이의 거리를 도상에서 관측한 결과 16mm였다. A점의 표고가 230m, B점의 표고가 320m일 때, 이 사면의 경사는?

① 1/9 ② 1/10
③ 1/11 ④ 1/12

해설 $\frac{1}{50,000}=\frac{16}{D}$

$D=50,000\times16=800,000\text{mm}=800\text{m}$

$i=\frac{h}{D}=\frac{90}{800}=\frac{1}{8.88888}=\frac{1}{9}$

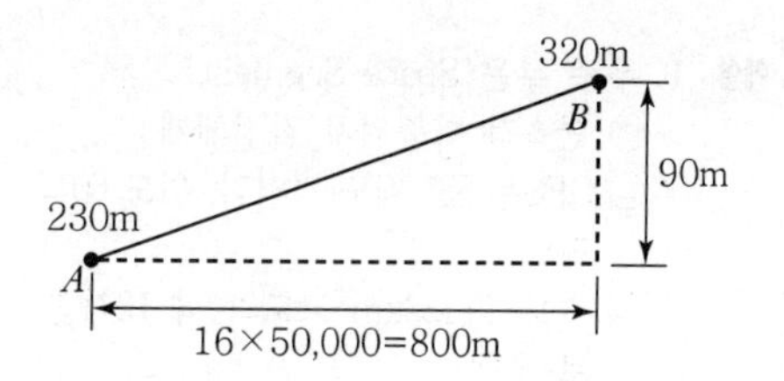

13. 캔트의 계산에 있어서 곡선반지름만을 반으로 줄이면 캔트의 크기는 어떻게 되는가?

① 반으로 준다. ② 변화가 없다.
③ 2배가 된다. ④ 4배가 된다.

해설

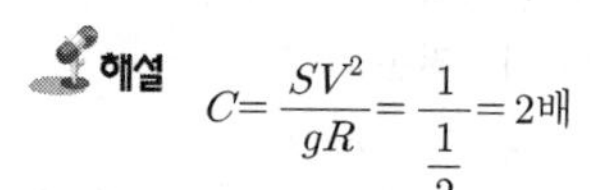

14. 경사 터널 내 고저차를 구하기 위해 그림과 같이 고저각 α, 경사거리 L을 측정하여 다음과 같은 결과를 얻었다. A, B 간의 고저차는?(단, $I.H$=1.15m, $H.P$=1.56m, L = 31.00m, α = +30°)

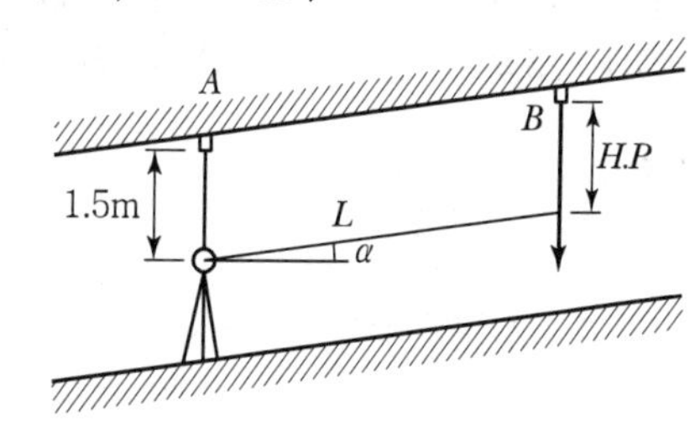

① 15.09m ② 15.91m
③ 18.31m ④ 18.21m

해설

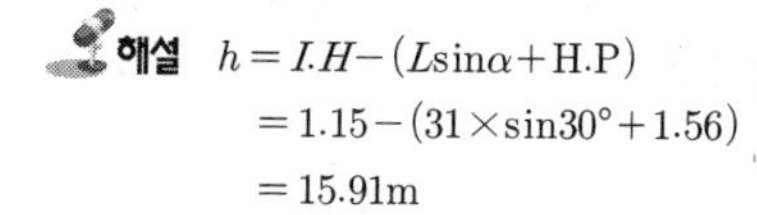

15. GNSS의 구성체계에 포함되지 않는 부문은?

① 우주 부문 ② 사용자 부문
③ 제어 부문 ④ 탐사 부문

Answer 12. ① 13. ③ 14. ② 15. ④

해설 1. 우주 부문(Space Segment)
㉠ 연속적 다중위치 결정체계
㉡ GPS는 55° 궤도 경사각, 위도 60°의 6개 궤도
㉢ 고도 20,183km 고도와 약 12시간 주기로 운행
㉣ 3차원 후방교회법으로 위치 결정

2. 제어 부문(Control Segment)
㉠ 궤도와 시각 결정을 위한 위성의 추척
㉡ 전리층 및 대류층의 주기적 모형화(방송 궤도력)
㉢ 위성시간의 동일화
㉣ 위성으로의 자료전송

3. 사용자 부문(User Segment)
㉠ 위성으로부터 보내진 전파를 수신해 원하는 위치
㉡ 또는 두 점 사이의 거리를 계산

16. 지상 1km²의 면적이 어떤 지형도상에서 400cm²일 때 이 지형도의 축척은?

① 1 : 1,000 ② 1 : 5,000
③ 1 : 25,000 ④ 1 : 50,000

해설 $\left(\frac{1}{m}\right)^2 = \frac{\text{도상면적}}{\text{실제면적}}$

$\frac{1}{m} = \sqrt{\frac{0.04}{1,000,000}} = \frac{1}{5,000}$

17. 평탄한 지형에서 초점거리 150mm인 카메라로 촬영한 축척 1 : 15,000 사진상에서 굴뚝의 길이가 2.4mm, 주점에서 굴뚝 윗부분까지의 거리가 20cm로 측정되었다. 이 굴뚝의 실제 높이는?

① 20m ② 27m
③ 30m ④ 36m

해설 $H = mf = 15,000 \times 0.15 = 2,250\text{m}$

$\Delta r = \frac{h}{H} r$

$h = \frac{H}{r} \Delta r$

$= \frac{2,250}{0.2} \times 0.0024 = 27\text{m}$

18. 수준측량에서 전시와 후시의 거리를 같게 함으로써 소거할 수 있는 주요 오차는?

① 망원경의 시준선이 기포관축에 평행하지 않아 생기는 오차
② 시준하는 순간 기포가 중앙에 있지 않아 생기는 오차
③ 전시와 후시의 야장기입을 잘못하여 생기는 오차
④ 표척이 표준길이와 달라서 생기는 오차

해설 전시와 후시의 거리를 같게 함으로써 제거되는 오차
㉠ 레벨의 조정이 불완전(시준선이 기포관축과 평행하지 않을 때)할 때(시준축오차 : 오차가 가장 크다.)
㉡ 지구의 곡률오차(구차)와 빛의 굴절오차(기차)를 제거한다.
㉢ 초점나사를 움직이는 오차가 없으므로 그로 인해 생기는 오차를 제거한다.

19. 네트워크 RTK GNSS 측량의 특징이 아닌 것은?

① 실내·외 어디에서도 측량이 가능하다.
② 1대의 GNSS 수신기만으로도 측량이 가능하다.
③ GNSS 상시관측소를 기준국으로 사용한다.
④ 관측자가 1명이어도 관측이 가능하다.

해설 GPS의 특징
㉠ 지구상 어느 곳에서나 이용할 수 있다.
㉡ 기상에 관계없이 위치결정이 가능하다.
㉢ 측량기법에 따라 수 mm~수십 m까지 다양한 정확도를 가지고 있다.
㉣ 측량거리에 비하여 상대적으로 높은 정확도를 지니고 있다.
㉤ 하루 24시간 어느 시간에서나 이용이 가능하다.
㉥ 사용자가 무제한 사용할 수 있으며 신호사용에 따른 부담이 없다.
㉦ 다양한 측량기법이 제공되어 목적에 따라 적당한 기법을 선택할 수 있으므로 경제적이다.

Answer 16. ② 17. ② 18. ① 19. ①

ⓞ 3차원 측량을 동시에 할 수 있다.
ⓧ 기선 결정의 경우 두 측점 간의 시통에 관계가 없다.
ⓩ 세계측지기준계(WGS84) 좌표계를 사용하므로 지역기준계를 사용할 시에는 다소 번거로움이 있다.

20. 수준측량으로 지반고(GH)를 구하는 식은? (단, BS : 후시, FS : 전시, IH : 기계고)

① $GH = IH + FS$
② $GH = IH + BS$
③ $GH = IH - FS$
④ $GH = IH - BS$

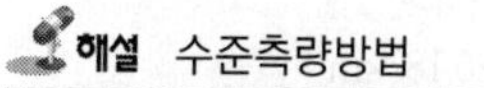
수준측량방법

기계고(IH)	$IH = GH + BS$
지반고(GH)	$GH = IH - FS$

응용측량(2019년 3회 지적산업기사)

01. GNSS측량에서 GDOP에 관한 설명으로 옳은 것은?

① 위성의 수치적인 평면의 함수 값이다.
② 수신기의 기하학적인 높이의 함수 값이다.
③ 위성의 신호 강도와 관련된 오차로서 그 값이 크면 정밀도가 낮다.
④ 위성의 기하학적인 배열과 관련된 함수 값이다.

해설 정밀도 저하율(DOP : Dilution of Precision)
GPS관측지역의 상공을 지나는 위성의 기하학적 배치상태에 따라 측위의 정확도가 달라지는데 이를 DOP라고 한다.

종류	특징
• GDOP : 기하학적 정밀도 저하율 • PDOP : 위치 정밀도 저하율 • HDOP : 수평 정밀도 저하율 • VDOP : 수직 정밀도 저하율 • RDOP : 상대 정밀도 저하율 • TDOP : 시간 정밀도 저하율	• 3차원 위치의 정확도는 PDOP에 따라 달라지는데, PDOP는 4개의 관측위성들이 이루는 사면체의 체적이 최대일 때 가장 정확도가 좋으며 이때는 관측자의 머리 위에 다른 3개의 위성이 각각 120°를 이룰 때이다. • DOP는 값이 작을수록 정확한데, 1이 가장 정확하고 5까지는 실용상 지장이 없다.

02. GPS에서 채택하고 있는 타원체는?

① Hayford
② WGS84
③ Bessel1841
④ 지오이드

해설

우주부문	구성	31개의 GPS 위성
	기능	측위용전파 상시 방송, 위성궤도정보, 시각신호 등 측위계산에 필요한 정보 방송 • 궤도형상 : 원궤도 • 궤도면수 : 6개면 • 위성 수 : 1궤도면에 4개 위성(24개 + 보조위성 7개) = 31개 • 궤도경사각 : 55° • 궤도고도 : 20,183km • 사용좌표계 : WGS84 • 회전주기 : 11시간 58분(0.5 항성일) : 1항성일은 23시간 56분 4초 • 궤도간이격 : 60도 • 기준발진기 : 10.23MHz(세슘원자시계 2대, 루비듐원자시계 2대)

03. 측량의 구분에서 노선측량과 가장 거리가 먼 것은?

① 철도의 노선설계를 위한 측량
② 지형, 지물 등을 조사하는 측량
③ 상하수도의 도수관 부설을 위한 측량
④ 도로의 계획조사를 위한 측량

해설

지물(地物)	지표면 위의 인공적인 시설물. 즉 교량, 도로, 철도, 하천, 호수, 건축물 등
지모(地貌)	지표면 위의 자연적인 토지의 기복상태. 즉 산정, 구릉, 계곡, 평야 등

04. 터널 내에서 차량 등에 의하여 파손되지 않도록 콘크리트 등을 이용하여 일반적으로 천장에 설치하는 중심말뚝을 무엇이라 하는가?

① 도갱　　② 자이로(gyro)
③ 레벨(level)　　④ 도벨(dowel)

Answer 01. ④ 02. ② 03. ② 04. ④

해설 도벨(dowel) 설치

㉠ 갱내에서의 중심말뚝은 차량 등에 의하여 파괴되지 않도록 견고하게 만들어야 한다.
㉡ 보통 도벨이라 하는 기준점을 설치한다.
㉢ 도벨은 노반을 사방 30cm, 깊이 30~40cm 정도 파내어 그 안에 콘크리트를 넣어 목괴를 묻어서 만든다.

05. 노선측량에서 원곡선 설치에 대한 설명으로 틀린 것은?

① 철도, 도로 등에는 차량의 운전에 편리하도록 단곡선보다는 복심곡선을 많이 설치하는 것이 좋다.
② 교통안전의 관점에서 반향곡선은 가능하면 사용하지 않는 것이 좋고 불가피한 경우에는 두 곡선 사이에 충분한 길이의 완화곡선을 설치한다.
③ 두 원의 중심이 같은 쪽에 있고 반지름이 각기 다른 두 개의 원곡선을 설치하는 경우에는 완화곡선을 넣어 곡선이 점차로 변하도록 해야 한다.
④ 고속주행 차량의 통과를 위하여 직선부와 원곡선 사이나 큰 원과 작은 원 사이에는 곡률반지름이 점차 변화하는 곡선부를 설치하는 것이 좋다.

해설 철도, 도로 등에는 차량의 운전에 편리하도록 단곡선을 많이 설치하는 것이 좋다.

06. 노선측량에서 단곡선의 교각이 75°, 곡선반지름이 100m, 노선 시작점에서 교점까지의 추가거리가 250.73m일 때 시단현의 편각은?(단, 중심말뚝의 거리는 20m이다.)

① 4°00′39″　　② 1°43′08″
③ 0°56′12″　　④ 4°47′34″

해설

$$TL=R\tan\frac{I}{2}=100\times\tan\frac{75}{2}=76.73\text{m}$$

$$BC=IP-TL$$

$$=250.73-76.73=174\text{m}$$

$$l_1=180-174=6\text{m}$$

$$\delta_1=1,718.87'\times\frac{l_1}{R}=1,718.87'\times\frac{6}{100}=1°43'08''$$

07. 2km를 왕복 직접수준측량하여 ±10mm 오차를 허용한다면 동일한 정확도로 측량하여 4km를 왕복 직접수준측량할 때 허용오차는?

① ±8mm　　② ±14mm
③ ±20mm　　④ ±24mm

해설 직접수준측량의 오차는 노선 왕복거리(S)의 제곱근($\sqrt{S}$)에 비례하므로

$$\sqrt{2\times2}:10=\sqrt{4\times2}:x$$

$$x=\frac{\sqrt{8}}{\sqrt{4}}\times10=14.14=\pm14\text{mm}$$

08. 축척 1 : 500 지형도를 이용하여 1 : 1,000 지형도를 만들고자 할 때 1 : 1,000 지형도 1장을 완성하려면 1 : 500 지형도 몇 매가 필요한가?

① 16매　　② 8매
③ 4매　　④ 2매

해설

$$\left(\frac{1}{500}\right)^2:\left(\frac{1}{1,000}\right)^2=\frac{\left(\frac{1}{500}\right)^2}{\left(\frac{1}{1,000}\right)^2}=\frac{1,000^2}{500^2}=4\text{매}$$

09. 지형도의 등고선 간격을 결정하는 데 고려하지 않아도 되는 사항은?

① 지형　　② 축척
③ 측량목적　　④ 측정거리

해설 등고선 간격 결정 시 고려사항

㉠ 지형의 형태
㉡ 지도축척
㉢ 측량목적
㉣ 지형도 사용 목적
㉤ 측량시간과 경비
㉥ 세부 지형지물의 표현 가능 정도

Answer 05. ① 06. ② 07. ② 08. ③ 09. ④

10. 터널측량에 관한 설명으로 옳지 않은 것은?

① 터널 내에서의 곡선설치는 지상의 측량방법과 동일하게 한다.

② 터널 내의 측량기기에는 조명이 필요하다.

③ 터널 내의 측점은 천장에 설치하는 것이 좋다.

④ 터널측량은 터널 내 측량, 터널 외 측량, 터널 내외 측량으로 구분할 수 있다.

해설 곡선 설치는 일반적으로 지상에서 편각법, 중앙종거법 등을 사용하지만, 갱내의 곡선 설치는 경내가 협소하여 지거법, 접선편거, 현편거방법 등으로 이용한다.

11. 클로소이드 곡선에서 매개변수 A =400m, 곡선반지름 R =150m일 때 곡선의 길이 L은?

① 560.2m ② 898.4m
③ 1,066.7m ④ 2,066.7m

해설 $A^2 = RL$

$L = \frac{A^2}{R} = \frac{400^2}{150} = 1{,}066.7\text{m}$

12. 항공사진의 촬영고도 6,000m, 초점거리 150mm, 사진크기 18cm×18cm에 포함되는 실면적은?

① 48.7km² ② 50.6km²
③ 51.8km² ④ 52.4km²

해설 $\frac{1}{m} = \frac{f}{H} = \frac{0.15}{6{,}000} = \frac{1}{40{,}000}$

$A = (ma)^2$
$= (40{,}000 \times 0.18)^2$
$= 51{,}840{,}000\text{m}^2 = 51.8\text{km}^2$

13. 항공사진에서 기복변위량을 구하는 데 필요한 요소가 아닌 것은?

① 지형의 비고

② 촬영고도

③ 사진의 크기

④ 연직점으로부터의 거리

해설 기복변위
대상물에 기복이 있는 경우 연직으로 촬영하여도 축척은 동일하지 않되, 사진면에서 연직점을 중심으로 방사상의 변위가 발생하는데 이를 기복변위라 한다.

- 변위량 $\Delta r = \frac{h}{H} r$
- 최대변위량
  $\Delta r_{\max} = \frac{h}{H} \cdot r_{\max}$
  단, $r_{\max} = \frac{\sqrt{2}}{2} \cdot a$

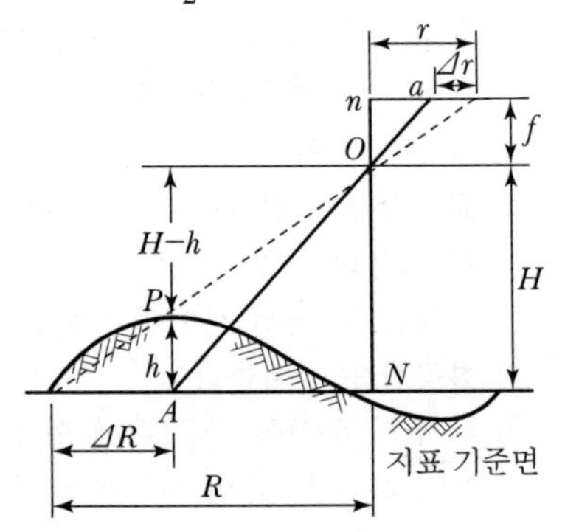

14. 두 개 이상의 표고 기지점에서 미지점의 표고를 측정하는 경우에 경중률과 관측거리의 관계를 설명한 것으로 옳은 것은?

① 관측값의 경중률은 관측거리의 제곱근에 비례한다.

② 관측값의 경중률은 관측거리의 제곱근에 반비례한다.

③ 관측값의 경중률은 관측거리에 비례한다.

④ 관측값의 경중률은 관측거리에 반비례한다.

해설 경중률(무게 : P)

1. 정의
   경중률이란 관측값의 신뢰 정도를 표시하는 값으로 관측 방법, 관측 횟수, 관측거리 등에 따른 가중치를 말한다.
2. 특징
   ㉠ 경중률은 관측횟수(n)에 비례한다.
   ($P_1 : P_2 : P_3 = n_1 : n_2 : n_3$)
   ㉡ 경중률은 평균제곱오차(m)의 제곱에 반비례한다.

 Answer 10. ① 11. ③ 12. ③ 13. ③ 14. ④

$\left(P_1 : P_2 : P_3 = \frac{1}{m_1^2} : \frac{1}{m_2^2} : \frac{1}{m_3^2}\right)$

ⓒ 경중률은 정밀도(R)의 제곱에 비례한다.

$(P_1 : P_2 : P_3 = R_1^2 : R_2^2 : R_3^2)$

ⓔ 직접수준측량에서 오차는 노선거리(S)의 제곱근($\sqrt{S}$)에 비례한다.

$(m_1 : m_2 : m_3 = \sqrt{S_1} : \sqrt{S_2} : \sqrt{S_3})$

ⓜ 직접수준측량에서 경중률은 노선거리(S)에 반비례한다.

$\left(P_1 : P_2 : P_3 = \frac{1}{S_1} : \frac{1}{S_2} : \frac{1}{S_3}\right)$

ⓗ 간접수준측량에서 오차는 노선거리(S)에 비례한다.

$(m_1 : m_2 : m_3 = S_1 : S_2 : S_3)$

ⓢ 간접수준측량에서 경중률은 노선거리(S)의 제곱에 반비례한다.

$\left(P_1 : P_2 : P_3 = \frac{1}{S_1^2} : \frac{1}{S_2^2} : \frac{1}{S_3^2}\right)$

15. 그림과 같이 지성선 방향이나 주요한 방향의 여러 개 관측선에 대하여 A로부터의 거리와 높이를 관측하여 등고선을 삽입하는 방법은?

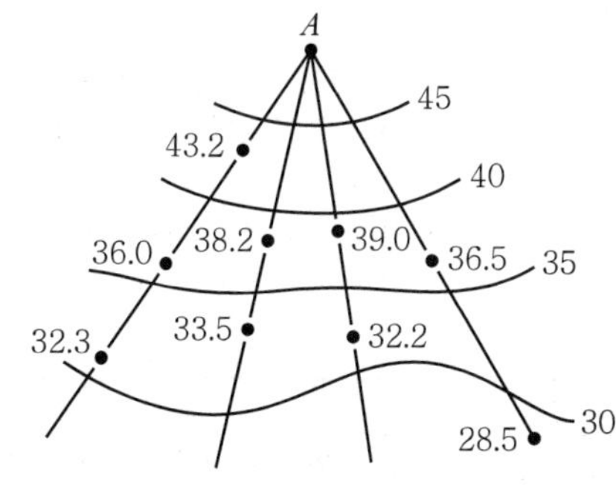

① 직접법
② 횡단점법
③ 종단점법(기준점법)
④ 좌표점법(사각형 분할법)

해설 기지점의 표고를 이용한 계산법

기지점의 표고를 이용한 계산법	$D : H = d_1 : h_1 \quad \therefore d_1 = \frac{D}{H} \times h_1$ $D : H = d_2 : h_2 \quad \therefore d_2 = \frac{D}{H} \times h_2$ $D : H = d_3 : h_3 \quad \therefore d_3 = \frac{D}{H} \times h_3$ 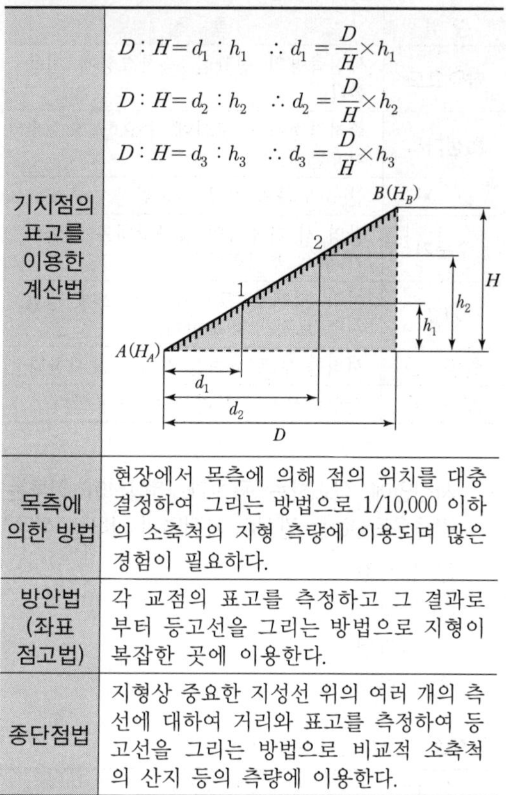
목측에 의한 방법	현장에서 목측에 의해 점의 위치를 대충 결정하여 그리는 방법으로 1/10,000 이하의 소축척의 지형 측량에 이용되며 많은 경험이 필요하다.
방안법 (좌표점고법)	각 교점의 표고를 측정하고 그 결과로부터 등고선을 그리는 방법으로 지형이 복잡한 곳에 이용한다.
종단점법	지형상 중요한 지성선 위의 여러 개의 측선에 대하여 거리와 표고를 측정하여 등고선을 그리는 방법으로 비교적 소축척의 산지 등의 측량에 이용한다.
횡단점법	노선측량의 평면도에 등고선을 삽입할 경우에 이용되며 횡단측량의 결과를 이용하여 등고선을 그리는 방법이다.

16. 항공사진을 판독할 때 미리 알아두어야 할 조건이 아닌 것은?

① 카메라의 초점거리
② 촬영고도
③ 촬영 연월일 및 촬영시각
④ 도식기호

해설 항공사진의 보조자료

종 류	특 징
촬영고도	사진측량의 정확한 축척결정에 이용한다.
초점거리	축척결정이나 도화에 중요한 요소로 이용한다.
고도차	앞 고도와의 차를 기록한다.
수준기	촬영 시 카메라의 경사상태를 알아보기 위해 부착한다.
지표	여러 형태로 표시되어 있으며 필름 신축 보정시 이용한다.
촬영시간	셔터를 누르는 순간 시각을 표시한다.
사진번호	촬영순서를 구분하는 데 이용한다.

17. 사진면에 직교하는 광선과 연직선이 이루는 각을 2등분하는 광선이 사진면과 만나는 점은?

① 등각점
② 주점
③ 연직점
④ 수평점

해설 항공사진의 특수 3점

특수 3점	특징
주점 (Principal Point)	주점은 사진의 중심점이라고도 한다. 주점은 렌즈 중심으로부터 화면(사진면)에 내린 수선의 발을 말하며 렌즈의 광축과 화면이 교차하는 점이다.
연직점 (Nadir Point)	• 렌즈 중심으로부터 지표면에 내린 수선의 발을 말하고 N을 지상연직점(피사체연직점), 그 선을 연장하여 화면(사진면)과 만나는 점을 화면연직점(n)이라 한다. • 주점에서 연직점까지의 거리(mn) $= f\tan i$
등각점 (Isocenter)	• 주점과 연직점이 이루는 각을 2등분한 점으로 또한 사진면과 지표면에서 교차되는 점을 말한다. • 주점에서 등각점까지의 거리(mn) $= f\tan\frac{i}{2}$

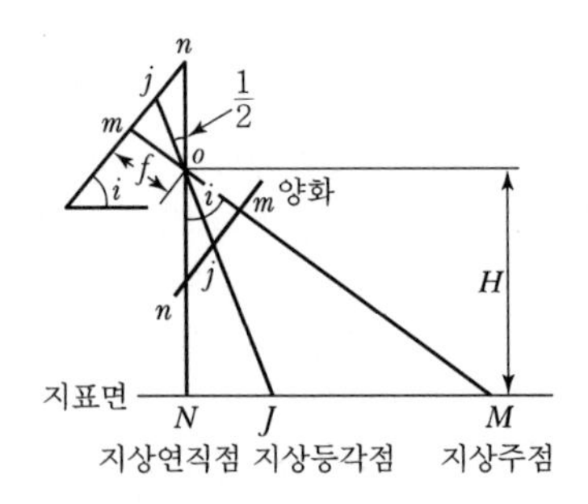

18. GNSS 오차 중 송신된 신호를 동기화하는 데 발생하는 시계오차와 전기적 잡음에 의한 오차는?

① 수신기 오차
② 위성의 시계 오차
③ 다중 전파경로에 의한 오차
④ 대기조건에 의한 오차

해설 구조적인 오차

1. 위성에서 발생하는 오차
   - ㉠ 위성시계오차
   - ㉡ 위성궤도오차
2. 대기권 전파지연
   - ㉠ 위성신호의 전리층 통과 시 전파 지연 오차
   - ㉡ 수신기에서 발생하는 오차
     - 수신기 자체의 전파적 잡음에 의한 오차
     - 안테나의 구심오차, 높이 오차 등
     - 전파의 다중경로(Multipath)에 의한 오차

종류	특징
위성시계오차	GPS 위성에 내장되어 있는 시계의 부정확성으로 인해 발생
위성궤도오차	위성궤도정보의 부정확성으로 인해 발생
대기권전파 지연	위성신호의 전리층, 대류권 통과 시 전파지연오차(약 2m)
전파적 잡음	수신기 자체에서 발생하며 PRN 코드잡음과 수신기 잡음이 합쳐져서 발생

 Answer 17. ① 18. ①

다중경로 (Multipath)	다중경로오차는 GPS 위성으로 직접수신된 전파 이외에 부가적으로 주위의 지형, 지물에 반사된 전파로 인해 발생하는 오차로서 측위에 영향을 미친다. ㉠ 다중경로는 금속제건물 · 구조물과 같은 커다란 반사적 표면이 있을 때 일어난다. ㉡ 다중경로의 결과로서 수신된 GPS 신호는 처리될 때 GPS 위치의 부정확성을 제공한다. ㉢ 다중경로가 일어나는 경우를 최소화하기 위하여 미션설정, 수신기, 안테나 설계 시에 고려한다면 다중경로의 영향을 최소화할 수 있다. ㉣ GPS 신호시간의 기간을 평균하는 것도 다중경로의 영향을 감소시킨다. ㉤ 가장 이상적인 방법은 다중경로의 원인이 되는 장애물에서 멀리 떨어져서 관측하는 방법이다.

19. 지형도의 등고선에 대한 설명으로 옳지 않은 것은?

① 등고선의 표고수치는 평균해수면을 기준으로 한다.
② 한 장의 지형도에서 주곡선의 높이간격은 일정하다.
③ 등고선은 수준점 높이와 같은 정도의 정밀도가 있어야 한다.
④ 계곡선은 도면의 안팎에서 반드시 폐합한다.

해설 등고선의 성질

㉠ 동일 등고선상에 있는 모든 점은 같은 높이이다.
㉡ 등고선은 반드시 도면 안이나 밖에서 서로가 폐합한다.
㉢ 지도의 도면 내에서 폐합되면 가장 가운데 부분을 산꼭대기(산정) 또는 凹지(요지)가 된다.
㉣ 등고선은 도중에 없어지거나, 엇갈리거나 합쳐지거나 갈라지지 않는다.
㉤ 높이가 다른 두 등고선은 동굴이나 절벽의 지형이 아닌 곳에서는 교차하지 않는다.
㉥ 등고선은 경사가 급한 곳에서는 간격이 좁고 완만한 경사에서는 넓다.
㉦ 최대경사의 방향은 등고선과 직각으로 교차한다.
㉧ 분수선(능선)과 곡선(유하선)은 등고선과 직각으로 만난다.
㉨ 2쌍의 등고선의 볼록부가 상대할 때는 볼록부를 나타낸다.
㉩ 동등한 경사의 지표에서 양 등고선의 수평거리는 같다.
㉪ 같은 경사의 평면일 때는 나란한 직선이 된다.
㉫ 등고선이 능선을 직각방향으로 횡단한 다음 능선 다른 쪽을 따라 거슬러 올라간다.
㉬ 등고선의 수평거리는 산꼭대기 및 산 밑에서는 크고 산 중턱에서는 작다.

20. 수준면(level surface)에 대한 설명으로 옳은 것은?

① 레벨의 시준면으로 고저각을 잴 때 기준이 되는 평면
② 지구상 어떤 점에서 지구의 중심 방향에 수직인 평면
③ 지구상 모든 점에서 중력의 방향에 직각인 곡면
④ 지구상 어떤 점에서 수평면에 접하는 평면

해설 수준측량 관련 용어

수직선 (vertical line)	지표 위 어느 점으로부터 지구의 중심에 이르는 선, 즉 타원체면에 수직한 선으로 삼각(트래버스) 측량에 이용된다.
연직선 (plumb line)	천체 측량에 의한 측지좌표의 결정은 지오이드면에 수직한 연직선을 기준으로 하여 얻는다.
수평면 (Level surface)	• 모든 점에서 연직방향과 수직인 면으로 수평면은 곡면이며 회전타원체와 유사하다. • 정지하고 있는 해수면 또는 지오이드면은 수평면의 좋은 예이다.
수평선 (Level line)	수평면 안에 있는 하나의 선으로 곡선을 이룬다.

Answer 19. ③ 20. ③

지평면 (Horizontal plane)	어느 점에서 수평면에 접하는 평면 또는 연직선에 직교하는 평면이다.
지평선 (Horizontal Line)	지평면 위에 있는 한 선을 말하며 지평선은 어느 한 점에서 수평선과 접하는 직선이며 연직선과 직교한다.
기준면 (datum)	표고의 기준이 되는 수평면을 기준면이라 하며 표고는 0으로 정한다. 기준면은 계산을 위한 가상면이며 평균해면을 기준면으로 한다.
평균해면 (mean sea level)	여러 해 동안 관측한 해수면의 평균값이다.
지오이드 (Geoid)	평균해수면으로 전 지구를 덮었다고 가정한 곡면이다.
수준원점 (OBM : Original Bench Mark)	수준측량의 기준이 되는 기준면으로부터 정확한 높이를 측정하여 기준이 되는 점이다.

응용측량
(2020년 통합 1 · 2회 지적기사)

01. 노선측량의 완화곡선에서 클로소이드에 대한 설명으로 옳지 않은 것은?

① 클로소이드는 곡률이 곡선의 길이에 비례한다.
② 모든 클로소이드는 닮은꼴이다.
③ 종단곡선 설치에 가장 효과적이다.
④ 클로소이드의 요소에는 길이의 단위를 갖는 것과 단위가 없는 것이 있다.

해설 클로소이드의 성질

㉠ 클로소이드는 나선의 일종이다.
㉡ 모든 클로소이드는 닮은꼴이다.(상사성이다.)
㉢ 단위가 있는 것도 있고 없는 것도 있다.
㉣ τ는 30°가 적당하다.
㉤ 확대율을 가지고 있다.
㉥ τ는 라디안으로 구한다.

02. 반지름 100m의 단곡선을 설치하기 위하여 교각 I를 관측하였더니 60°이었다. 곡선시점과 교점(IP) 간의 거리는?

① 45.25m
② 55.57m
③ 57.74m
④ 81.37m

해설

$$TL = R\tan\frac{I}{2} = 100\times\tan\frac{60°}{2} = 57.74\text{m}$$

03. 수준측량에서 중간시가 많을 경우 가장 편리한 야장기입법은?

① 승강식
② 고차식
③ 기고식
④ 하강식

해설 야장기입방법

고차식	가장 간단한 방법으로 B.S와 F.S만 있으면 된다.
기고식	가장 많이 사용하며, 중간점이 많을 경우 편리하나 완전한 검산을 할 수 없는 것이 결점이다.
승강식	완전한 검사로 정밀 측량에 적당하나, 중간점이 많으면 계산이 복잡하고, 시간과 비용이 많이 소요된다. • 후시값과 전시값의 차가 ⊕이면 승란에 기입 • 후시값과 전시값의 차가 ⊖이면 강란에 기입

04. GPS에 이용되는 WGS84 좌표계는 다음 중 어디에 해당하는가?

① 경위도좌표계 ② 극좌표계
③ 평면직교좌표계 ④ 지심좌표계

해설 우주부문

구성	31개의 GPS 위성
기능	측위용 전파 상시 방송, 위성궤도정보, 시각신호 등 [측위계산에 필요한 정보 방송] ㉠ 궤도형상 : 원궤도 ㉡ 궤도면수 : 6개면 ㉢ 위성수 : 1궤도면에 4개 위성(24개+보조위성 7개)=31개 ㉣ 궤도경사각 : 55° ㉤ 궤도고도 : 20,183km ㉥ 사용좌표계 : WGS84 ㉦ 회전주기 : 11시간 58분(0.5 항성일) : 1항성일은 23시간 56분 4초 ㉧ 궤도 간 이격 : 60도 ㉨ 기준발진기 : 10.23MHz • 세슘원자시계 2대 • 루비듐원자시계 2대

Answer 01. ③ 02. ③ 03. ③ 04. ④

05. 교각 $I=60°$, 곡선반지름 $R=150$m인 노선의 기점에서 교점(IP)까지의 추가거리가 210.60m일 때 시단현의 편각은?(단, 중심말뚝은 40m마다 설치하는 것으로 가정한다.)

① 0°45′50″ ② 3°03′59″
③ 6°16′20″ ④ 6°52′32″

해설

$$TL = R\tan\frac{I}{2} = 150 \times \tan\frac{60°}{2} = 86.6\text{m}$$

$$B.C = I.P - TL = 210.6 - 86.6 = 124\text{m}$$

$$l_1 = N_0 3 + 4\text{m}$$

$$l_1 = 40 - 4 = 36\text{m}$$

$$\delta_1 = 1718.87' \times \frac{36}{150} = 6°52'32''$$

06. 그림과 같이 2개의 산꼭대기가 서로 만나는 곳으로 좋은 교통로가 되는 고개부분을 무엇이라 하는가?

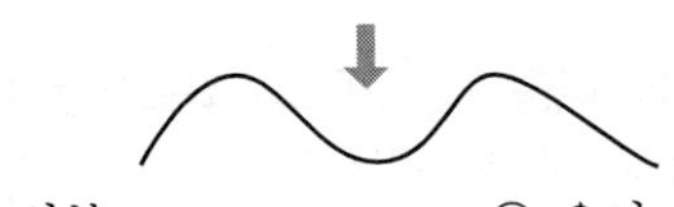

① 안부 ② 요지
③ 능선 ④ 경사변환점

해설

산배[山背, 산능(山稜)]	산꼭대기와 산꼭대기 사이의 제일 높은 점을 이은 선으로 미근(尾根)이라 한다.
안부(鞍部)	서로 인접한 두 개의 산꼭대기가 서로 만나는 곳으로 좋은 교통로가 되는 고개부분을 말한다.
계곡(溪谷)	계곡은 凹(요)선(곡선)으로 표시되며 계곡의 종단면은 상류가 급하고 하류가 완만하게 되므로 상류가 좁고 하류가 넓게 된다.
요지(凹地)와 산정(山頂)	최대 경사선의 방향에 화살표를 붙여서 표시한다.
대지(臺地)	대지에서 산꼭대기는 평탄하고 사면의 경사는 급하게 되므로 등고선 간격은 상부에서는 넓고 하부에서는 좁다.
선상지(扇狀地)	산간부로부터 흐른 아래의 하천이 평지에 나타나면 급한 하천경사가 완만하게 되며 그곳에 모래를 많이 쌓아두며 원추상(圓錘狀)의 경사지(傾斜地), 즉 삼각주를 구성하는것을 말한다.
산급(山級)	산꼭대기 부근이나 凸선(능선)상에서 표시한 바와 같이 대지상(臺地狀)으로 되어 있는 것을 말하며 산급은 지형상의 요소로 기준선을 설치하기에 적당하다.
단구(段丘)	하안단구, 해안단구와 같이 계단상을 이룬 좁은 평지의 부분에서는 등고선 간격이 크게 된다. 단구는 여러 단으로 되어 있으나 급경사면과의 경계를 밝혀 식별되도록 등고선을 그린다.

07. 터널측량에 대한 설명으로 틀린 것은?

① 터널 내 측량은 주로 굴착방향과 표고를 결정하기 위하여 실시한다.
② 터널 내·외 연결 측량은 지상측량의 좌표와 지하측량의 좌표를 연결하기 위하여 실시한다.
③ 터널 외 측량은 주로 굴착을 위한 기준점 설치를 목적으로 한다.
④ 세부측량은 터널의 단면 변형과 변위관리를 위해 시공 후 실시한다.

해설 터널공사 시 측량

구분	시기	목적	내용	성과
갱외 기준점 측량	설계 완료 후 시공 전	굴삭을 위한 측량의 기준점의 설치	삼각측량 또는 외각측량 및 고저측량	기준점의 설치 및 중심선 방향의 설치
세부 측량	갱외 기준점 설치 후 시공 전	항구 및 터널 가설 계획에 필요한 상세한 지형도의 작성	평판측량, 고저측량 등	1 : 200 지형도
갱내 측량	시공 중	설계 중심선의 갱내에의 설정 및 굴삭, 지보공, 형틀 설치 등의 조사	외각측량, 고저측량	갱내 기준점의 설치

 Answer 05. ④ 06. ① 07. ④

작업갱으로부터의 측량	작업갱 완성 후	작업갱으로부터의 중심선 및 수도의 도입	동상 또는 지주측량 방법	갱내 기준점의 설치

08. 정밀도저하율(DOP)의 종류에 대한 설명으로 틀린 것은?

① GDOP : 기하학적 정밀도저하율
② HDOP : 시간 정밀도저하율
③ RDOP : 상대 정밀도저하율
④ PDOP : 위치 정밀도저하율

해설 정밀도저하율(DOP : Dilution of Precision)

㉠ 정의
GPS 관측지역의 상공을 지나는 위성의 기하학적 배치상태에 따라 측위의 정확도가 달라지는데 이를 DOP(Dilution of Precision)이라 한다.

㉡ 종류

종류	특징
• GDOP : 기하학적 정밀도 저하율 • PDOP : 위치 정밀도 저하율 • HDOP : 수평 정밀도 저하율 • VDOP : 수직 정밀도 저하율 • RDOP : 상대 정밀도 저하율 • TDOP : 시간 정밀도 저하율	• 3차원 위치의 정확도는 PDOP에 따라 달라지는데, PDOP는 4개의 관측위성들이 이루는 사면체의 체적이 최대일 때 가장 정확도가 좋으며 이때는 관측자의 머리 위에 다른 3개의 위성이 각각 120°를 이룰 때이다. • DOP는 값이 작을수록 정확한데, 1이 가장 정확하고 5까지는 실용상 지장이 없다.

09. 축척 1:50000 지도상에서 도상거리가 8cm인 두 점 사이의 실제거리는?

① 1.6km ② 4km
③ 8km ④ 16km

해설 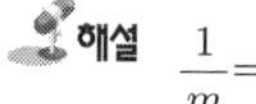

$$\frac{1}{m}=\frac{l}{L}$$

$$L=ml=50,000\times 0.08\text{m}=4,000\text{m}=4\text{km}$$

10. 항공사진의 특수 3점 중 기복변위의 중심점이 되는 것은?

① 연직점 ② 주점
③ 등각점 ④ 표정점

해설 항공사진의 특수 3점

특수 3점	특징
주점 (Principal Point)	주점은 사진의 중심점이라고도 한다. 주점은 렌즈 중심으로부터 화면(사진면)에 내린 수선의 발을 말하며 렌즈의 광축과 화면이 교차하는 점이다.
연직점 (Nadir Point)	• 렌즈 중심으로부터 지표면에 내린 수선의 발을 말하고 N을 지상연직점(피사체연직점), 그 선을 연장하여 화면(사진면)과 만나는 점을 화면연직점(n)이라 한다. • 주점에서 연직점까지의 거리(mn) $=f\tan i$
등각점 (Isocenter)	• 주점과 연직점이 이루는 각을 2등분한 점으로 또한 사진면과 지표면에서 교차되는 점을 말한다. • 주점에서 등각점까지의 거리(mn) $=f\tan\frac{i}{2}$

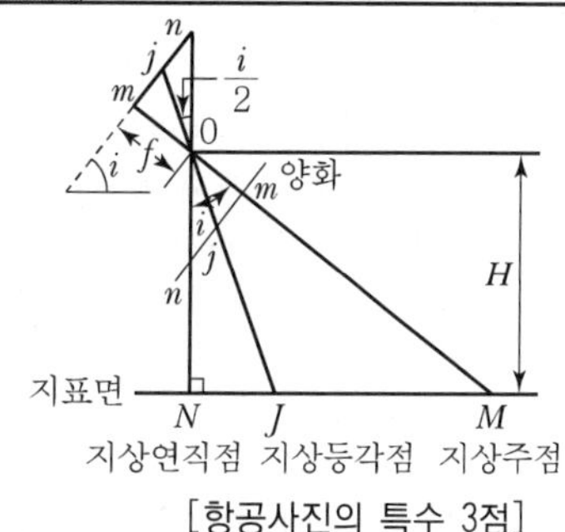

[항공사진의 특수 3점]

11. 완화곡선의 성질에 대한 설명으로 옳은 것은?

① 완화곡선의 반지름은 종점에서 무한대가 된다.
② 완화곡선은 원곡선이 연속되는 경우에 설치되는 것으로 원곡선과 원곡선 사이에 설치하는 곡선이다.
③ 완화곡선의 접선은 종점에서 직선에 접한다.
④ 완화곡선의 종점에 있는 캔트는 원곡선의 캔트와 같게 된다.

Answer 08. ② 09. ② 10. ① 11. ④

해설 완화곡선의 특징

㉠ 곡선반경은 완화곡선의 시점에서 무한대, 종점에서 원곡선 R로 된다.
㉡ 완화곡선의 접선은 시점에서 직선에, 종점에서 원호에 접한다.
㉢ 완화곡선에 연한 곡선반경의 감소율은 캔트의 증가율과 같다.
㉣ 완화곡선의 종점의 캔트와 원곡선 시점의 캔트는 같다.
㉤ 완화곡선은 이정의 중앙을 통과한다.
㉥ 완화곡선의 곡률은 시점에서 0, 종점에서 $\frac{1}{R}$이다.

12. GNSS 측량 시 이중주파수 관측을 통해 실질적으로 소거할 수 있는 오차는?

① 다중경로 오차
② 전리층 굴절 오차
③ 대류권 굴절 오차
④ 위성궤도 오차

해설 ㉠ 대류권 오차
GPS 관측데이터로부터 기선벡터, 정수 바이어스 등의 미지수(파라미터)를 추정하기 위해서는 관측데이터와 파라미터의 수학적인 관계를 알고 있어야 한다. 이 관계를 수학적 모델(Mathematical Model)이라고 한다. 대류권 지연은 표준적인 대기를 가정한 이론식을 사용하는 방법 또는 천정방향의 지연량을 미지수로 두고 관측점별로 적당한 간격으로 추정 계산하는 방법 등을 사용하여 제거할 수 있다. 즉, 대류권 오차는 수학적 모델링을 통하여 감소시킬 수 있다.

㉡ 전리층 오차
전리층 오차는 이중주파수의 사용으로 감소시킬 수 있다. 즉, 2개의 주파수로 방송되는 이유는 위성궤도와 지표면 중간에 있는 전리층의 영향을 보정하기 위함이다(L2파 : 전리층 지연량 보정기능).

㉢ 다중경로 오차
높은 건물이나 나무에서 떨어져 관측함으로써 다중경로 오차를 줄일 수 있다.

㉣ 위상중심(Phase Center)
위상중심이란 위성과 안테나 간의 거리를 관측하는 안테나의 기준점을 말하는데, 실제 안테나 패치가 설치된 물리적 위상중심의 위치와 위상측정이 이루어지는 전기적 위상중심점의 위치는 위성의 고도와 수신신호의 방위각에 따라 변하게 되므로 이를 PCV(위상신호가변성)라 하며, 이로부터 얻은 안테나 옵셋값을 실측에 적용함으로써 고정밀 GPS 측량이 가능하다.

13. A, B 두 지점 간 지반고의 차를 구하기 위하여 왕복 관측한 결과, 그림과 같은 관측값을 얻었다. 지반고 차의 최확값은?

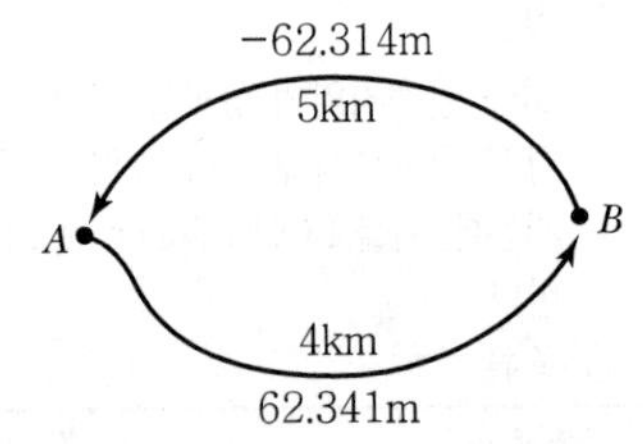

① 62.326m ② 62.329m
③ 62.334m ④ 62.341m

해설

$$P_1 : P_2 = \frac{1}{5} : \frac{1}{4} = 4 : 5$$

$$L_0 = 62 + \frac{4\times0.314+5\times0.341}{4+5} = 62.329\text{m}$$

14. 수준측량의 오차 중 우연오차에 해당되는 것은?

① 지구의 곡률에 의한 오차
② 빛의 굴절에 의한 오차
③ 표척의 눈금이 표준(검정)길이와 달라 발생하는 오차
④ 순간적인 레벨 시준축 변위에 의한 읽음 오차

 Answer 12. ② 13. ② 14. ④

정오차	부정오차
• 표척눈금 부정에 의한 오차 • 지구곡률에 의한 오차(구차) • 광선굴절에 의한 오차(기차) • 레벨 및 표척의 침하에 의한 오차 • 표척의 영눈금(0점) 오차 • 온도 변화에 대한 표척의 신축 • 표척의 기울기에 의한 오차	• 레벨 조정 불완전(표척의 읽음 오차) • 시차에 의한 오차(시차로 인해 정확한 표척값을 읽지 못할 때 발생) • 기상 변화에 의한 오차(바람이나 온도가 불규칙하게 변화하여 발생) • 기포관의 둔감 • 기포관의 곡률의 부등 • 진동, 지진에 의한 오차 • 대물경의 출입에 의한 오차

15. 수치사진측량의 영상정합(Image Matching) 방법에 해당되지 않는 것은?

① 형상기준 정합
② 미분연산자 정합
③ 영역기준 정합
④ 관계형 정합

해설 영상정합(Image Matching)

1. 정의
   영상정합은 입체영상 중 한 영상의 한 위치에 해당하는 실제의 객체가 다른 영상의 어느 위치에 형성되어 있는가를 발견하는 작업으로서 상응하는 위치를 발견하기 위해 유사성 측정을 하는 것이다.
2. 영상정합의 분류
   ㉠ 영역기준 정합(Area-based Matching) : 영상소의 밝기값 이용
   • 밝기값 상관법(GVC : Gray Value Correlation)
   • 최소제곱 정합법(LSM : Least Square Matching)

   ㉡ 형상기준 정합(Featurebased Matching) : 경계정보 이용
   ㉢ 관계형 정합(Relation Matching) : 대상물의 점, 선, 밝기값 등을 이용

16. 지형측량에서 산지의 형상, 토지의 기복 등을 나타내기 위한 지형의 표시방법이 아닌 것은?

① 등고선법 ② 방사법
③ 음영법 ④ 영선법

해설 지형도에 의한 지형표시법

자연적 도법	영선법(우모법, Hatching)	"게바"라 하는 단선상(短線上)의 선으로 지표의 기본을 나타내는 것으로 게바의 사이, 굵기, 방향 등에 의하여 지표를 표시하는 방법
	음영법(명암법, Shading)	태양광선이 서북쪽에서 45°로 비친다고 가정하여 지표의 기복을 도상에서 2~3색 이상으로 채색하여 지형을 표시하는 방법으로 지형의 입체감이 가장 잘 나타나는 방법
부호적 도법	점고법(Spot Height System)	지표면상의 표고 또는 수심을 숫자에 의하여 지표를 나타내는 방법으로 하천, 항만, 해양 등에 주로 이용
	등고선법(Contour System)	동일 표고의 점을 연결한 것으로 등고선에 의하여 지표를 표시하는 방법이며 토목공사용으로 가장 널리 사용
	채색법(Layer System)	같은 등고선의 지대를 같은 색으로 채색하여 높을수록 진하게, 낮을수록 연하게 칠하여 높이의 변화를 나타내며 지리관계의 지도에 주로 사용

17. 위성을 이용한 원격탐사의 일반적인 특징에 대한 설명으로 옳지 않은 것은?

① 넓은 지역을 짧은 시간에 관측할 수 있다.
② 육안으로 식별되지 않는 대상도 측정할 수 있다.
③ 어떤 대상이든 원하는 시간에 쉽게 관측할 수 있다.
④ 관측 시야각이 작아 취득한 영상은 정사투영에 가깝다.

Answer 15. ② 16. ② 17. ③

해설 원격탐사(Remote Sensing)의 특징

㉠ 짧은 시간에 넓은 지역을 동시에 측정할 수 있으며 반복측정이 가능하다.
㉡ 다중파장대에 의한 지구표면 정보획득이 용이하며 측정자료가 기록되어 판독이 자동적이고 정량화가 가능하다.
㉢ 회전주기가 일정하므로 원하는 지점 및 시기에 관측하기 어렵다.
㉣ 관측이 좁은 시야각으로 얻은 영상은 정사투영에 가깝다.
㉤ 탐사된 자료가 즉시 이용될 수 있으므로 재해, 환경문제 해결에 편리하다.

18. 표고가 동일한 A, B 두 지점에서 지구중심 방향으로 깊이 1,000m인 수직터널을 각각 굴착하였다. 지표에서 150m 떨어진 두 점간의 수평거리와 지하 1,000m 깊이의 두 점간 수평거리의 차이는?(단, 지구의 반지름은 6,370km이다.)

① 2cm ② 4cm
③ 6cm ④ 8cm

**해설**

$$C=-\frac{L\cdot H}{R}=-\frac{150\times1,000}{6,367\times1,000}$$
$$=-0.023\text{m}=-0.02\text{m}=-2\text{cm}$$

19. 초점거리 15cm, 사진의 크기 23cm×23cm, 축척 1:20000, 촬영기준면으로부터 종중복도 60%가 되도록 수립된 촬영계획을 촬영종기선장을 유지하며 종중복도를 50%로 변경하였을 때, 비행고도의 변화량은?

① 333m ② 420m
③ 550m ④ 600m

해설 비행고도의 변화량

• 촬영기준면에서의 촬영고도
$H=mf=20,000\times0.15=3,000\text{m}$

• $B=ma(1-p)=20,000\times0.23(1-0.6)$
$=1,840\text{m}$

• 임의지역의 축척 분모수
$B=ma(1-\frac{p}{100})$에서
$$m=\frac{B}{a(1-p)}=\frac{1,840}{0.23(1-0.5)}=16,000$$

• $\frac{1}{m}=\frac{f}{H-h}$
$\therefore\ h=H-mf=3,000-16,000\times0.15$
$=600\text{m}$

20. 등고선을 이용하여 결정하는 지성선(地性線)과 거리가 먼 것은?

① 삼각망 기선 ② 최대 경사선
③ 계곡선 ④ 능선

해설 지성선(Topographical Line)

지표는 많은 凸선, 凹선, 경사변환선, 최대 경사선으로 이루어졌다고 생각할 때 이 평면의 접합부, 즉 접선을 말하며 지세선이라고도 한다.

구분	내용
능선(凸선), 분수선	지표면의 높은 곳을 연결한 선으로 빗물이 이것을 경계로 좌우로 흐르게 되므로 분수선 또는 능선이라 한다.
계곡선(凹선), 합수선	지표면이 낮거나 움푹 패인 점을 연결한 선으로 합수선 또는 합곡선이라 한다. 지표의 경사가 최소로 되는 방향을 표시한 선이다.
경사변환선	동일 방향의 경사면에서 경사의 크기가 다른 두 면의 접합선을 말한다(등고선 수평간격이 뚜렷하게 달라지는 경계선).
최대경사선	지표의 임의의 한 점에서 그 경사가 최대로 되는 방향을 표시한 선으로 등고선에 직각으로 교차하며 물이 흐르는 방향이라는 의미에서 유하선이라고도 한다.

 Answer 18. ① 19. ④ 20. ①

응용측량
(2020년 통합 1·2회 지적산업기사)

01. 곡선반지름이 500m인 원곡선 위를 60km/h로 주행할 때에 필요한 캔트는?(단, 궤간은 1,067mm이다.)

① 6.05mm ② 7.84mm
③ 60.5mm ④ 78.4mm

해설 캔트 $C=\frac{SV^2}{Rg}$

$$=\frac{1,067\times(60\times10^6\times\frac{1}{3,600})^2}{500,000\times9,810}$$

$$=60.426\text{mm} \fallingdotseq 60.5\text{mm}$$

02. 항공사진판독의 요소와 거리가 먼 것은?

① 음영(Shadow)과 색조(Tone)
② 질감(Texture)과 모양(Pattern)
③ 크기(Size)와 형상(Shape)
④ 축척(Scale)과 초점거리(Focal Distance)

해설 사진판독 요소

주요소	색조(Tone Color)	피사체(대상물)가 갖는 빛의 반사에 의한 것으로 수목의 종류를 판독하는 것을 말한다.
	모양(Pattern)	피사체(대상물)의 배열상황에 의하여 판별하는 것으로 사진상에서 볼 수 있는 식생, 지형 또는 지표상의 색조 등을 말한다.
	질감(Texture)	색조, 형상, 크기, 음영 등의 여러 요소의 조합으로 구성된 조밀, 거칢, 세밀함 등으로 표현하며 초목 및 식물의 구분을 나타낸다.
	형상(Shape)	개체나 목표물의 구성, 배치 및 일반적인 형태를 나타낸다.
	크기(Size)	어느 피사체(대상물)가 갖는 입체적, 평면적인 넓이와 길이를 나타낸다.
	음영(Shadow)	판독 시 빛의 방향과 촬영 시의 빛의 방향을 일치시키는 것이 입체감을 얻는 데 용이하다.
보조요소	상호 위치 관계(Location)	어떤 사진상이 주위의 사진상과 어떠한 관계가 있는가 파악하는 것으로 주위의 사진상과 연관되어 성립되는 것이 일반적인 경우이다.
	과고감(Vertical Exaggeration)	과고감은 지표면의 기복을 과장하여 나타낸 것으로 낮고 평평한 지역에서의 지형 판독에 도움이 되는 반면 경사면의 경사는 실제보다 급하게 보이므로 오판에 주의해야 한다.

03. GNSS 측량에서 발생하는 오차가 아닌 것은?

① 위성시계오차 ② 위성궤도오차
③ 대기권굴절오차 ④ 시차(時差)

해설 구조적인 오차

종류	특징
위성시계오차	GPS 위성에 내장되어 있는 시계의 부정확성으로 인해 발생한다.
위성궤도오차	위성궤도정보의 부정확성으로 인해 발생한다.
대기권전파지연	위성신호의 전리층, 대류권 통과 시 전파지연오차(약 2m)
전파적 잡음	수신기 자체에서 발생하며 PRN 코드 잡음과 수신기 잡음이 합쳐져서 발생한다.
다중경로(Multipath)	다중경로오차는 GPS 위성으로 직접 수신된 전파 이외에 부가적으로 주위의 지형, 지물에 의한 반사된 전파로 인해 발생하는 오차로서 측위에 영향을 미친다. • 다중경로는 금속제 건물, 구조물과 같은 커다란 반사적 표면이 있을 때 일어난다. • 다중경로의 결과로서 수신된 GPS 신호는 처리될 때 GPS 위치의 부정확성을 제공한다.

Answer 01. ③ 02. ④ 03. ④

다중경로 (Multipath)	• 다중경로가 일어나는 경우를 최소화하기 위하여 미션 설정, 수신기, 안테나 설계 시에 고려한다면 다중경로의 영향을 최소화할 수 있다. • GPS 신호시간의 기간을 평균하는 것도 다중경로의 영향을 감소시킨다. • 가장 이상적인 방법은 다중경로의 원인이 되는 장애물에서 멀리 떨어져서 관측하는 방법이다. • 다중경로에 따른 영향은 위상측정방식보다 코드측정방식에서 더 크다.

04. 1:25000 지형도의 주곡선 간격은?

① 5m ② 10m
③ 15m ④ 20m

해설 등고선의 간격

등고선 종류	기호	축척			
		$\frac{1}{5,000}$	$\frac{1}{10,000}$	$\frac{1}{25,000}$	$\frac{1}{50,000}$
주곡선	가는 실선	5	5	10	20
간곡선	가는 파선	2.5	2.5	5	10
조곡선 (보조곡선)	가는 점선	1.25	1.25	2.5	5
계곡선	굵은 실선	25	25	50	100

05. 지형측량에 의거하고 지표의 지형·지물을 도면에 표현하는 기호의 형태와 선의 종류 등을 결정하는 데 필요한 도식과 기호의 조건으로 가장 거리가 먼 것은?

① 도식과 기호는 될 수 있는 대로 그리기 용이하고 간단하여야 한다.
② 도식과 기호는 표현하려는 지형·지물이 쉽게 연상할 수 있는 것이어야 한다.
③ 도식과 기호는 표현하려는 물체의 성질과 중요성에 따라 식별을 쉽게 하여야 한다.
④ 지형·지물의 표현을 도상에서는 문자를 제외한 기호로서만 표현하여야 한다.

 지도도식규칙 제3조(정의)

이 규칙에서 사용하는 용어의 정의는 다음과 같다.

1. "지도"라 함은 지표면·지하·수중 및 공간의 위치와 지형·지물·지명 및 행정구역경계 등의 각종 지형공간정보를 일정한 축척에 의하여 기호나 문자 등으로 표시한 도면을 말한다.
2. "도식"이라 함은 지도에 표기하는 지형·지물 및 지명 등을 나타내는 상징적인 기호나 문자 등의 크기·모양·색상 및 그 배열방식 등을 말한다.
3. "도곽"이라 함은 지도의 내용을 둘러싸고 있는 2중의 구획선을 말한다.

지도도식규칙 제4조(기호 및 선의 종류)

① 지물의 실제형상 또는 상징물의 표현은 선 또는 기호로 한다.
② 선은 실선과 파선으로 구분한다.
③ 기호 및 선의 굵기는 국립지리원장이 정한다.

06. 초점거리 20cm의 카메라로 표고 150m의 촬영기준면을 사진축척 1:10000으로 촬영한 연직사진상에서 표고 200m인 구릉지의 사진축척은?

① 1 : 9000
② 1 : 9250
③ 1 : 9500
④ 1 : 9750

• $\frac{1}{m}=\frac{f}{H\pm h}$

• $H=mf+h$
$=10,000\times 0.2+150$
$=2,150\text{m}$

• $\frac{1}{m}=\frac{f}{H\pm h}$
$=\frac{0.2}{2,150-200}=\frac{1}{9,750}$

 Answer 04. ② 05. ④ 06. ④

07. 고속차량이 직선부에서 곡선부로 진입할 때 발생하는 횡방향 힘을 제거하여, 안전하고 원활히 통과할 수 있도록 곡선부와 직선부 사이에 설치하는 선은?

① 단곡선　② 접선
③ 절선　④ 완화곡선

해설 완화곡선(Transition Curve)
완화곡선은 차량의 급격한 회전 시 원심력에 의한 횡방향 힘의 작용으로 인해 발생하는 차량운행의 불안정과 승객의 불쾌감을 줄이는 목적으로 곡률을 0에서 조금씩 증가시켜 일정한 값에 이르게 하기 위해 직선부와 곡선부 사이에 넣는 매끄러운 곡선을 말한다.

완화곡선의 특징
㉠ 곡선반경은 완화곡선의 시점에서 무한대, 종점에서 원곡선 R로 된다.
㉡ 완화곡선의 접선은 시점에서 직선에, 종점에서 원호에 접한다.
㉢ 완화곡선에 연한 곡선반경의 감소율은 캔트의 증가율과 같다.
㉣ 완화곡선의 종점의 캔트와 원곡선 시점의 캔트는 같다.
㉤ 완화곡선은 이정의 중앙을 통과한다.
㉥ 완화곡선의 곡률은 시점에서 0, 종점에서 $\frac{1}{R}$이다.

08. 축척 1:30000으로 촬영한 카메라의 초점거리가 15cm, 사진크기는 18cm×18cm, 종중복도 60%일 때 이 사진의 기선고도비는?

① 0.21　② 0.32
③ 0.48　④ 0.72

해설 기선고도비

$$\frac{B}{H}=\frac{ma(1-\frac{p}{100})}{mf}$$

$$=\frac{0.18(1-\frac{60}{100})}{0.15}=0.48$$

09. 원곡선 중 단곡선을 설치할 때 접선장(TL)을 구하는 공식은?(단, R : 곡선반지름, I : 교각)

① $TL=R\cos\frac{I}{2}$

② $TL=R\tan\frac{I}{2}$

③ $TL=R\text{cosec}\frac{I}{2}$

④ $TL=R\sin\frac{I}{2}$

해설

접선장 (Tangent Length)	$TL=R\cdot\tan\frac{I}{2}$
곡선장 (Curve Length)	$CL=\frac{\pi}{180°}\cdot R\cdot I$ $=0.01745RI$
외할 (External Secant)	$E=R(\sec\frac{I}{2}-1)$
중앙종거 (Middle Ordinate)	$M=R(1-\cos\frac{I}{2})$

10. GNSS 항법메시지에 포함되는 내용이 아닌 것은?

① 지구의 자전속도
② 위성의 상태정보
③ 전리층 보정계수
④ 위성시계 보정계수

해설 GPS 신호

반송파 (Carrier)	L1	• 주파수 1,575.42MHz(154×10.23MHz), 파장 19cm • C/A code와 P code 변조 가능
	L2	• 주파수 1,227.60MHz(120×10.23MHz), 파장 24cm • P code만 변조 가능

Answer 07. ④ 08. ③ 09. ② 10. ①

코드 (Code)	P Code	• 반복주기 7일인 PRN code(Pseudo Random Noise Code) • 주파수 10.23MHz, 파장 30m (29.3m)
	C/A Code	• 반복주기 : 1ms(milli-second)로 1.023Mbps로 구성된 PPN Code • 주파수 1.023MHz, 파장 300m (293m)
Navi-gation Message	㉠ GPS 위성의 궤도, 시간, 기타 System Parameter들을 포함하는 Data bit ㉡ 측위계산에 필요한 정보 • 위성탑재 원자시계 및 전리층 보정을 위한 Parameter 값 • 위성궤도정보 • 타 위성의 항법메시지 등 포함 ㉢ 위성궤도정보에는 평균근점각, 이심률, 궤도장반경, 승교점적경, 궤도경사각, 근지점인수 등 기본적인 양 및 보정항 포함	

11. 등고선에 대한 설명으로 틀린 것은?

① 주곡선은 지형을 표시하는 데 기본이 되는 선이다.
② 계곡선은 주곡선 10개마다 굵게 표시한다.
③ 간곡선은 주곡선 간격의 1/2이다.
④ 조곡선은 간곡선 간격의 1/2이다.

해설 등고선의 종류

주곡선	지형을 표시하는 데 가장 기본이 되는 곡선으로 가는 실선으로 표시
간곡선	주곡선 간격의 $\frac{1}{2}$ 간격으로 그리는 곡선으로 완경사지나 주곡선만으로 지모를 명시하기 곤란한 장소에 가는 파선으로 표시
조곡선	간곡선 간격의 $\frac{1}{2}$ 간격으로 그리는 곡선으로 불규칙한 지형을 표시(주곡선 간격의 $\frac{1}{4}$ 간격으로 그리는 곡선)
계곡선	주곡선 5개마다 1개씩 그리는 곡선으로 표고의 읽음을 쉽게 하고 지모의 상태를 명시하기 위해 굵은 실선으로 표시

등고선의 간격

등고선 종류	기호	축척			
		$\frac{1}{5,000}$	$\frac{1}{10,000}$	$\frac{1}{25,000}$	$\frac{1}{50,000}$
주곡선	가는 실선	5	5	10	20
간곡선	가는 파선	2.5	2.5	5	10
조곡선 (보조곡선)	가는 점선	1.25	1.25	2.5	5
계곡선	굵은 실선	25	25	50	100

12. 노선의 결정에 고려하여야 할 사항으로 옳지 않은 것은?

① 절토의 운반거리가 짧을 것
② 가능한 한 경사가 완만할 것
③ 가능한 한 곡선으로 할 것
④ 배수가 완전할 것

해설 노선조건
㉠ 가능한 한 직선으로 할 것
㉡ 가능한 한 경사가 완만할 것
㉢ 토공량이 적고 절토와 성토가 짧은 구간에서 균형을 이룰 것
㉣ 절토의 운반거리가 짧을 것
㉤ 배수가 완전할 것

13. GNSS 측량의 특성에 대한 설명으로 틀린 것은?

① 측점 간 시통이 요구된다.
② 야간관측이 가능하다.
③ 날씨에 영향을 거의 받지 않는다.
④ 전리층 영향에 대한 보정이 필요하다.

해설 GPS의 특징
㉠ 지구상 어느 곳에서나 이용할 수 있다.
㉡ 기상에 관계없이 위치결정이 가능하다.
㉢ 측량기법에 따라 수 mm~수십 m까지 다양한 정확도를 가지고 있다.
㉣ 측량거리에 비하여 상대적으로 높은 정확도를 지니고 있다.

 Answer 11. ② 12. ③ 13. ①

㉤ 하루 24시간 어느 시간에서나 이용이 가능하다.
㉥ 사용자가 무제한 사용할 수 있으며 신호 사용에 따른 부담이 없다.
㉦ 다양한 측량기법이 제공되어 목적에 따라 적당한 기법을 선택할 수 있으므로 경제적이다.
㉧ 3차원 측량을 동시에 할 수 있다.
㉨ 기선 결정의 경우 두 측점 간의 시통에 관계가 없다.
㉩ 세계측지기준계(WGS84)좌표계를 사용하므로 지역기준계를 사용할 시에는 다소 번거로움이 있다.

14. 촬영고도 750m에서 촬영한 사진상에 철탑의 상단이 주점으로부터 70mm 떨어져 나타나 있으며, 철탑의 기복변위가 6.15mm일 때 철탑의 높이는?

① 57.15m ② 63.12m
③ 65.89m ④ 67.03m

해설

$$h = \frac{H}{r} \cdot \Delta r = \frac{750}{0.07} \times 0.00615 = 65.89\text{m}$$

15. 교호수준측량의 성과가 그림과 같을 때 B점의 표고는?(단, A점의 표고는 70m, a_1 = 0.87m, a_2 = 1.74m, b_1 = 0.24m, b_2 = 1.07m)

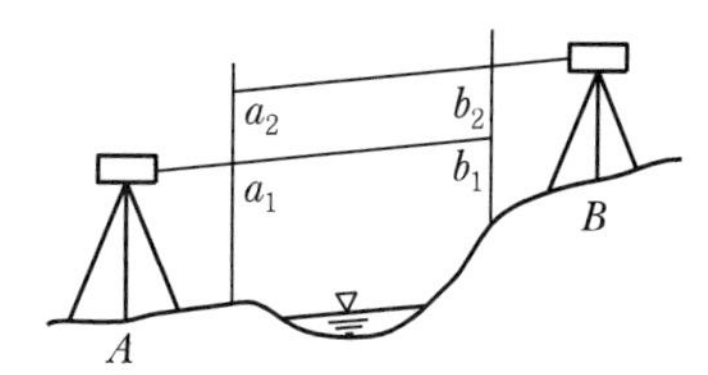

① 50.65m ② 50.85m
③ 70.65m ④ 70.85m

해설

$$h = \frac{1}{2}(a_1 + a_2) - (b_1 + b_2) = \frac{(0.87 + 1.74) - (0.24 + 1.07)}{2} = 0.65$$

$$H_B = H_A + h = 70 + 0.65 = 70.65\text{m}$$

16. 지표면에서의 500m 떨어져 있는 두 지점에서 수직터널을 모두 지구 중심방향으로 800m 굴착하였다고 하면 두 수직터널 간 지표면에서의 거리와 깊이 800m에서의 거리에 대한 차는?(단, 지구는 반지름이 6,370km인 구로 가정한다.)

① 6.3cm ② 7.3cm
③ 8.3cm ④ 9.3cm

해설

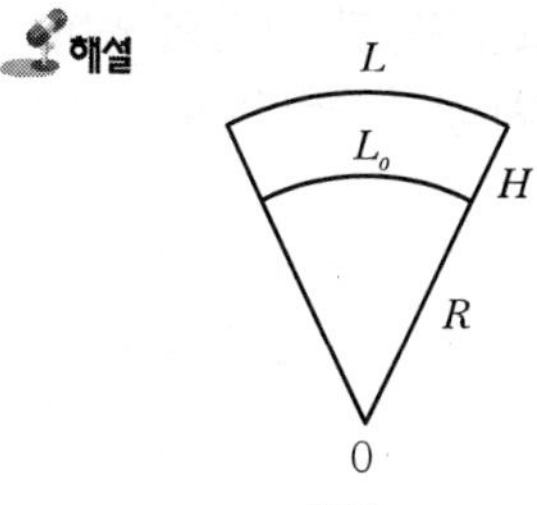

여기서,
R : 지구의 곡률 반경
H : 표고
L : 관측길이

$$C_k = -\frac{LH}{R} = -\frac{500 \times 800}{6,370,000} = 0.0627\text{m} = 6.27\text{cm}$$

17. 수준측량에서 시점의 지반고가 100m이고, 전시의 총합은 107m, 후시의 총합은 125m일 때 종점의 지반고는?

① 82m ② 118m
③ 232m ④ 332m

해설 $GH = 100 + (125 - 107) = 118\text{m}$

18. 터널측량에서 지상의 측량좌표와 지하의 측량좌표를 일치시키는 측량은?

① 터널 내외 연결측량
② 지상(터널 외)측량
③ 지하(터널 내)측량
④ 지하 관통측량

해설 갱내외 연결측량의 목적
㉠ 공사계획이 부적당할 때 그 계획을 변경하기 위하여
㉡ 갱내외의 측점의 위치관계를 명확히 해두기 위해서

Answer 14. ③ 15. ③ 16. ① 17. ② 18. ①

ⓒ 갱내에서 재변이 일어났을 때 갱외에서 그 위치를 알기 위해서

19. 삼각점 A에서 B점의 표고값을 구하기 위해 양방향 삼각수준측량을 시행하여 고저각 $\alpha_A = +2°30'$와 $\alpha_B = -2°13'$, A점의 기계높이가 $i_A = 1.4$m, B점의 기계높이 $i_B = 1.4$m, 측표의 높이 $h_A = 4.20$m, $h_B = 4.20$m를 취득하였다. 이때의 B점의 표고값은?(단, A점의 높이 = 325.63m, A점과 B점 간의 수평거리는 1,580m 이다.)

① 325.700m ② 390.700m
③ 419.490m ④ 425.490m

해설

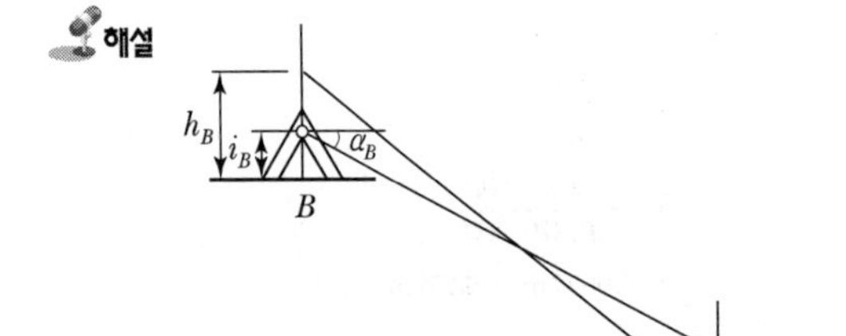

$$h = \frac{1}{2}[(i_A - i_B) + (h_A - h_B) + (D.\tan\alpha_A - D.\tan\alpha_B)]$$

$$= \frac{1}{2}[(1.4-1.4)+(4.2-4.2)+\begin{pmatrix}1,580\times\tan2°30' - \\ (-1,580\times\tan2°13'\end{pmatrix}$$

$$= 65.07$$

$$H_B = H_A + h = 325.63 + 65.07 = 390.70\text{m}$$

20. 지형의 표시법 중 급경사는 굵고 짧게, 완경사는 가늘고 길게 표시하는 방법은?

① 음영법
② 영선법
③ 채색법
④ 등고선법

해설 지형도에 의한 지형표시법

자연적 도법	영선법 (우모법, Hatching)	"게바"라고 하는 단선상(短線上)의 선으로 지표의 기본을 나타내는 것으로 게바의 사이, 굵기, 방향 등에 의하여 지표를 표시하는 방법이다.
	음영법 (명암법, Shading)	태양광선이 서북쪽에서 45°로 비친다고 가정하여 지표의 기복을 도상에서 2~3색 이상으로 채색하여 지형을 표시하는 방법으로 지형의 입체감이 가장 잘 나타나는 방법이다.
부호적 도법	점고법 (Spot Height System)	지표면상의 표고 또는 수심의 숫자에 의하여 지표를 나타내는 방법으로 하천, 항만, 해양 등에 주로 이용한다.
	등고선법 (Contour System)	동일 표고의 점을 연결한 것으로 등고선에 의하여 지표를 표시하는 방법으로 토목공사용으로 가장 널리 사용한다.
	채색법 (Layer System)	같은 등고선의 지대를 같은 색으로 채색하여 높을수록 진하게, 낮을수록 연하게 칠하여 높이의 변화를 나타내며 지리관계의 지도에 주로 사용한다.

 Answer 19. ② 20. ②

응용측량(2020년 3회 지적기사)

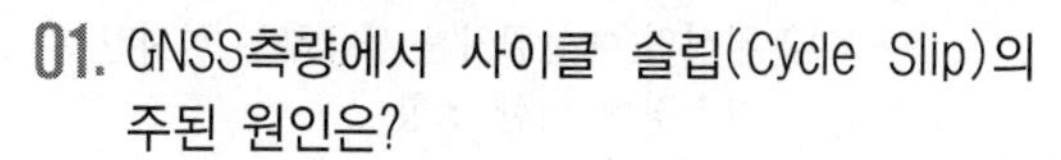

01. GNSS측량에서 사이클 슬립(Cycle Slip)의 주된 원인은?

① 높은 위성의 고도
② 높은 신호 강도
③ 낮은 신호 잡음
④ 지형·지물에 의한 신호단절

해설 Cycle Slip

사이클슬립은 GPS반송파위상 추적회로에서 반송파 위상치의 값을 순간적으로 놓침으로 인해 발생하는 오차. 사이클슬립은 반송파 위상데이터를 사용하는 정밀위치측정분야에서는 매우 큰 영향을 미칠 수 있으므로 사이클슬립의 검출은 매우 중요하다.

원인	처리
• GPS 안테나 주위의 지형지물에 의한 신호단절 • 높은 신호 잡음 • 낮은 신호 강도 • 낮은 위성의 고도각 • 사이클슬립은 이동측량에서 많이 발생	• 수신회로의 특성에 의해 파장의 정수배만큼 점프하는 특성 • 데이터 전처리 단계에서 사이클슬립을 발견, 편집 가능 • 기선해석 소프트웨어에서 자동처리

02. GPS 위성의 신호에 대한 설명 중 틀린 것은?

① L1 반송파에는 C/A코드와 P코드가 포함되어 있다.
② L2 반송파에는 C/A코드만 포함되어 있다.
③ L1 반송파가 L2 반송파보다 높은 주파수를 가지고 있다.
④ 위성에서 송신되는 신호는 대기의 상태에 따라 전파의 속도가 달라지는 것을 보정하기 위하여 파장이 다른 2가지의 전파를 동시에 수신한다.

해설 GPS 신호

GPS 신호는 C/A코드, P코드 및 항법메시지 등의 측위 계산용 신호가 각기 다른 주파수를 가진 L1 및 L2 파의 2개 전파에 실려 지상으로 방송이 되며 L1/L2 파는 코드신호 및 항법메시지를 운반한다고 하여 반송파(Carrier Wave)라 한다.

구분		내용
반송파(Carrier)	L1	• 주파수 1,575.42MHz(154×10.23MHz), 파장 19cm • C/A code와 P code 변조 가능
	L2	• 주파수 1,227.60MHz(120×10.23MHz), 파장 24cm • P code만 변조 가능
코드(Code)	P Code	• 반복주기 7일인 PRN code(Pseudo Random Noise Code) • 주파수 10.23MHz, 파장 30m(29.3m)
	C/A Code	• 반복주기 : 1ms(milli-second)로 1.023Mbps로 구성된 PPN Code • 주파수 1.023MHz, 파장 300m(293m)
Navi-gation Message		㉠ GPS 위성의 궤도, 시간, 기타 System Parameter들을 포함하는 Data bit ㉡ 측위계산에 필요한 정보 • 위성탑재 원자시계 및 전리층 보정을 위한 Parameter 값 • 위성궤도정보 • 타 위성의 항법메시지 등 포함 ㉢ 위성궤도정보에는 평균근점각, 이심률, 궤도장반경, 승교점적경, 궤도경사각, 근지점인수 등 기본적인 양 및 보정항 포함

Answer 01. ④ 02. ②

03. 터널측량 시 터널입구를 결정하기 위하여 측점 A, B, C, D 순으로 트래버스 측량한 결과가 아래와 같을 때, AD 간의 거리는?

[측량결과]
측선 AB : 거리=30m, 방위각=40°
측선 BC : 거리=35m, 방위각=120°
측선 CD : 거리=40m, 방위각=210°

① 40.45m ② 40.54m
③ 41.45m ④ 41.54m

해설

측선	방위각	거리	위거 +	위거 −	경거 +	경거 −
$A-B$	40	30	22.98		19.28	
$B-C$	120	35		-17.5	30.31	
$C-D$	210	40		-34.64		-20
$D-A$			29.16			-29.59
계			52.14	52.14	49.59	49.59

$\overline{DA} = \sqrt{29.16^2 + 29.59^2} = 41.54\text{m}$

04. 단곡선에서 반지름 $R=300\text{m}$, 교각 $I=60°$일 때, 곡선길이(CL)는?

① 310.10m ② 315.44m
③ 314.16m ④ 311.55m

해설 $CL = 0.0174533RI$
$= 0.0174533 \times 300 \times 60$
$= 314.16\text{m}$

05. GNSS측량에서 구조적 요인에 의한 오차에 해당하지 않는 것은?

① 전리층 오차
② 대류층 오차
③ SA(Selective Availability) 오차
④ 위성궤도오차 및 시계오차

해설 GPS 구조적 원인에 의한 오차
1. 위성시계오차
 ㉠ 위성에 장착된 정밀한 원자시계의 미세한 오차
 ㉡ 위성시계오차로서 잘못된 시간에 신호를 송신함으로써 오차 발생
2. 위성궤도오차
 ㉠ 항법메시지에 의한 예상궤도, 실제궤도의 불일치
 ㉡ 위성의 예상위치를 사용하는 실시간 위치결정에 의한 영향
3. 전리층과 대류권의 전파지연
 ㉠ 전리층 : 지표면에서 70~1,000km 사이의 충전된 입자들이 포함된 층
 ㉡ 대류권 : 지표면상 10km까지 이르는 것으로 지구의 기후 형태에 의한 층
 ㉢ 전리층, 대류권에서 위성신호의 전파속도지연과 경로의 굴절오차
4. 수신기에서 발생하는 오차
 ㉠ 전파적 잡음이 한정되어 있는 시간 차이를 측정하는 GPS 수신기의 능력과 관련된 다양한 오차를 포함한다.
 ㉡ 다중경로오차 : GPS 위성으로부터 직접 수신된 전파 이외에 부가적으로 주위의 지형, 지물에 의해 반사된 전파로 인해 발생하는 오차
  • 다중경로는 보통 금속제 건물, 구조물과 같은 커다란 반사적 표면이 있을 때 일어난다.
  • 다중경로의 결과로서 수신된 GPS의 신호는 처리될 때 GPS 위치의 부정확성을 제공한다.

06. 축척 1 : 50,000 지형도에서 등고선 간격을 20m로 할 때 도상에서 표시될 수 있는 최소 간격을 0.45mm로 할 경우 등고선으로 표현할 수 있는 최대 경사각은?

① 40.1° ② 41.6°
③ 44.6° ④ 46.1°

해설

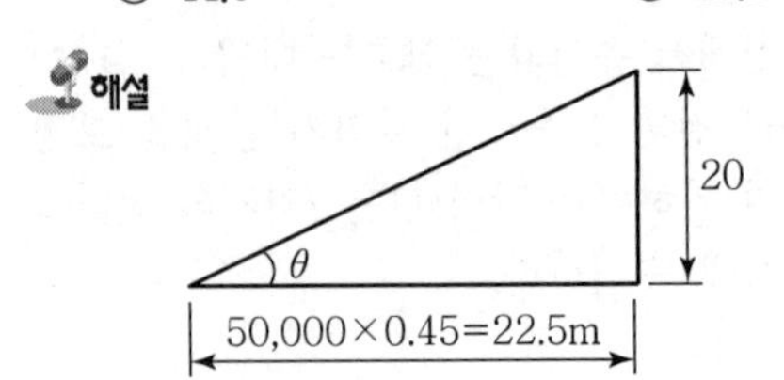

$$\frac{1}{m}=\frac{1}{50,000}=\frac{0.45\text{mm}}{L}$$
$$L=50,000\times0.45=22,500\text{mm}=22.5\text{m}$$
$$\theta=\tan^{-1}\frac{20}{22.5}=41.6°$$

07. 수준측량에서 전시와 후시 거리를 같게 취하는 가장 큰 이유는?

① 시준축과 기포관축이 평행이 아니므로 생기는 오차의 제거를 위해
② 표척에 있을 수 있는 눈금오차의 제거를 위해
③ 표척이 연직이 아닐 때의 오차 제거를 위해
④ 관측을 편하게 하기 위해

해설 전시와 후시의 거리를 같게 함으로써 제거되는 오차

㉠ 레벨의 조정이 불완전(시준선이 기포관축과 평행하지 않을 때)할 때
(시준축 오차 : 오차가 가장 크다.)
㉡ 지구의 곡률오차(구차)와 빛의 굴절오차(기차)를 제거한다.
㉢ 초점나사를 움직이는 오차가 없으므로 그로 인해 생기는 오차를 제거한다.

08. 사진의 주점이나 표정점 등 제점의 위치를 인접한 사진에 옮기는 작업은?

① 점이사 ② 표정
③ 투영 ④ 정합

해설 점이사는 사진의 주점이나 표정점 등 제점의 위치를 인접한 사진에 옮기는 작업을 말한다.

09. 편각법으로 원곡선을 설치할 때 기점으로부터 교점까지의 거리=123.45m, 교각(I)=40°20′, 곡선반지름(R)=100m일 때 시단현의 길이는?(단, 중심말뚝의 간격은 20m이다.)

① 4.15m ② 6.72m
③ 13.28m ④ 14.18m

해설 $TL=R\tan\frac{I}{2}=100\times\tan\frac{40°20'}{2}=36.73\text{m}$

$B.C=IP-TL$
$=123.45-36.73=89.72$
$l_1=100-89.72=13.28\text{m}$

10. 항공삼각측량에서 기본단위가 사진으로, 블록 내의 각 사진상의 관측된 기준점, 접합점의 사진좌표를 이용하여 최소제곱법으로 사진의 외부표정요소 및 접합점의 최확값을 결정하는 방법은?

① 다항식법 ② 독립 모델법
③ 광속조정법 ④ 그루버법

해설 광속조정법(光束調整法, Bundle Adjustment)
중심투영의 기하학적 원리인 공선 조건(Collinear Equation)을 이용한 광속조정법은 사진을 단위로 하여 조정을 수행함으로써 사진기의 위치와 자세를 나타내는 6개의 외부표정(Exterior Orientation)요소 및 대상점의 3차원 좌표를 결정한다. 공선 조건의 해석은 최소제곱법을 이용하여 관측 방정식과 정규 방정식 및 축약 방정식을 구성함으로써 수행된다.

외부표정요소
항공사진측량에서 항공기에 GPS수신기를 탑재할 경우 비행기의 위치(X_0, Y_0, Z_0)를 얻을 수 있으며, 관성측량장비(INS)까지 탑재할 경우 (κ, ϕ, ω)를 얻을 수 있다. 즉, (X_0, Y_0, Z_0) 및 (κ, ϕ, ω)를 사진측량의 외부표정요소라 한다.

㉠ 사진을 기본단위로 사용하여 다수의 광속을 공선조건에 따라 표정한다.
㉡ 상좌표를 사진좌표로 변환한 다음 직접 절대좌표로 환산한다.
㉢ 기준점 및 접합점을 이용하여 최소제곱법으로 절대좌표를 산정한다.
㉣ 각 점의 사진좌표가 관측값에 이용되며 가장 조정능력이 높은 방법이다.

Answer 07. ① 08. ① 09. ③ 10. ③

11. 갑, 을 2인이 두 점 간의 수준측량을 하여 고저차를 구하였더니 다음과 같았다면 최확값은?

갑 : 25.56±0.029m, 을 : 25.52±0.012m

① 25.515m ② 25.526m
③ 25.537m ④ 25.548m

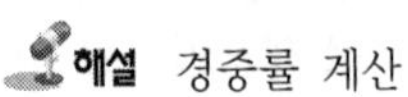

해설 경중률 계산

$$p_1 : p_2 = \frac{1}{0.029^2} : \frac{1}{0.012^2} = 1,189 : 6,944$$
$$= 1 : 5.84$$

최확값 계산

$$L_0 = 25 + \frac{1 \times 0.56 + 5.84 \times 0.52}{1 + 5.84} = 25 + 0.526$$
$$= 25.526\text{m}$$

12. 지형의 표시방법 중에서 자연적 도법에 해당되는 것은?

① 영선법 ② 점고법
③ 채색법 ④ 등고선법

해설 지형도에 의한 지형표시법

자연적 도법	영선법 (우모법, Hatching)	'게바'라고 하는 단선상(短線上)의 선으로 지표의 기본을 나타내는 것으로 게바의 사이, 굵기, 방향 등에 의하여 지표를 표시하는 방법
	음영법 (명암법, Shading)	태양광선이 서북쪽에서 45°로 비친다고 가정하여 지표의 기복을 도상에서 2~3색 이상으로 채색하여 지형을 표시하는 방법으로 지형의 입체감이 가장 잘 나타나는 방법
부호적 도법	점고법 (Spot Height System)	지표면상의 표고 또는 수심을 숫자에 의하여 지표를 나타내는 방법으로 하천, 항만, 해양 등에 주로 이용
	등고선법 (Contour System)	동일표고의 점을 연결한 것으로 등고선에 의하여 지표를 표시하는 방법으로 토목공사용으로 가장 널리 사용
	채색법 (Layer System)	같은 등고선의 지대를 같은색으로 채색하여 높을수록 진하게, 낮을수록 연하게 칠하여 높이의 변화를 나타내며 지리관계의 지도에 주로 사용

13. 노선측량에서 일반적으로 종단면도에 기입되는 항목이 아닌 것은?

① 관측점 간 수평거리 ② 절토 및 성토량
③ 계획선의 경사 ④ 관측점의 지반고

해설 종단측량

종단측량은 중심선에 설치된 관측점 및 변화점에 박은 중심말뚝, 추가말뚝 및 보조말뚝을 기준으로 하여 중심선의 지반고를 측량하고 연직으로 토지를 절단하여 종단면도를 만드는 측량이다.

1. 종단면도 작성
   외업이 끝나면 종단면도를 작성한다. 수직축척은 일반적으로 수평축척보다 크게 잡으며 고저차를 명확히 알아볼 수 있도록 한다.
2. 종단면도 기재사항
   ㉠ 관측점 위치
   ㉡ 관측점 간의 수평거리
   ㉢ 각 관측점의 기점에서의 누가거리
   ㉣ 각 관측점의 지반고 및 고저기준점(BM)의 높이
   ㉤ 관측점에서의 계획고
   ㉥ 지반고와 계획고의 차(성토, 절토별)
   ㉦ 계획선의 경사

14. 항공사진측량에서 동일한 지역을 사진의 크기와 촬영고도는 같게 하고, 카메라를 달리하여 촬영하였을 때, 1장의 사진에서 나타나는 초광각 카메라에 의한 촬영면적은 광각카메라에 의한 촬영면적의 몇 배인가?(단, 초광각 카메라 초점거리 = 88mm, 광각카메라 초점거리 = 150mm)

① 약 2배 ② 약 3배
③ 약 4배 ④ 약 5배

해설

$$A = (ma)^2 = \frac{H^2}{f^2}a^2$$

$$\text{초광각} = \frac{H^2}{0.088^2}a^2 = \frac{1}{0.007744}$$

$$\text{광각} = \frac{H^2}{0.150^2}a^2 = \frac{1}{0.0225}$$

$$\therefore \frac{0.0225}{0.007744} = 2.9 ≒ 3\text{배}$$

15. 수준측량의 야장기입법 중에서 완전한 검산을 계산으로 할 수 있으며 높은 정도를 필요로 하는 측량에 적합하나 중간점이 많을 경우 계산이 복잡하고 시간이 많이 소요되는 단점을 갖고 있는 것은?

① 고차식 ② 기고식
③ 승강식 ④ 종단식

해설 야장기입방법

고차식	가장 간단한 방법으로 B.S와 F.S만 있으면 된다.
기고식	가장 많이 사용하며, 중간점이 많을 경우 편리하나 완전한 검산을 할 수 없는 것이 결점이다.
승강식	완전한 검사로 정밀 측량에 적당하나, 중간점이 많으면 계산이 복잡하고, 시간과 비용이 많이 소요된다. • 후시값과 전시값의 차가 ⊕이면 승란에 기입 • 후시값과 전시값의 차가 ⊖이면 강란에 기입

16. 완화곡선의 성질에 대한 설명으로 옳지 않은 것은?

① 곡선의 반지름은 완화곡선의 시점에서 무한대, 종점에서 원곡선의 반지름이 된다.
② 완화곡선의 접선은 시점에서 원호에, 종점에서 직선에 접한다.
③ 완화곡선에 연한 곡선반지름의 감소율은 캔트의 증가율과 같다.
④ 완화곡선의 종점에 있는 캔트는 원곡선의 캔트와 같다.

해설 완화곡선의 특징

㉠ 곡선반경은 완화곡선의 시점에서 무한대, 종점에서 원곡선 R로 된다.
㉡ 완화곡선의 접선은 시점에서 직선에, 종점에서 원호에 접한다.
㉢ 완화곡선에 연한 곡선반경의 감소율은 캔트의 증가율과 같다.
㉣ 완화곡선의 종점의 캔트와 원곡선 시점의 캔트는 같다.
㉤ 완화곡선은 이정량의 중앙을 통과한다.
㉥ 완화곡선의 곡률은 시점에서 0, 종점에서 $\frac{1}{R}$이다.

17. 터널 내 수준측량의 특징에 대한 설명으로 옳은 것은?

① 지상에서의 수준측량방법과 장비 모두 동일하다.
② 관측점의 위치는 바닥레일의 중심점을 이용한다.
③ 이동식 답판을 주로 이용해야 안정성이 있다.
④ 수준측량을 위한 관측점은 천장에 설치되는 경우가 많다.

해설 터널 내 고저측량

㉠ 터널의 굴착이 진행됨에 따라 터널 입구 부근에 이미 설치된 고저기준점(B.M)으로부터 터널 내의 B.M에 연결하여 터널 내의 고저를 관측한다.
㉡ 터널 내의 B.M은 터널 내 작업에 의하여 파손되지 않는 곳에 설치가 쉽고 측량이 편리한 장소를 선택한다.
㉢ 터널 내의 고저측량에서 완경사에는 레벨을, 급경사에는 트랜싯에 의한 간접수준측량을 실시한다.
㉣ 터널 내의 표적은 작업에 지장이 없도록 알맞은 길이를 사용하고 조명을 할 수 있도록 해야 한다.

터널 내 기준점측량에서 기준점을 천장에 설치하는 이유

㉠ 운반이나 기타 작업에 장애가 되지 않게 하기 위하여
㉡ 발견하기 쉽게 하기 위하여
㉢ 파손될 염려가 적기 때문에

도벨(Dowel) 설치

㉠ 갱내에서의 중심말뚝은 차량 등에 의하여 파괴되지 않도록 견고하게 만들어야 한다.
㉡ 보통 도벨이라 하는 기준점을 설치한다.
㉢ 도벨은 노반을 사방 30cm, 깊이 30~40cm 정도 파내어 그 안에 콘크리트를 넣어 목괴를 묻어서 만든다.

Answer 15. ③ 16. ② 17. ④

18. 항공사진을 실체시할 때 생기는 과고감에 영향을 미치는 인자가 아닌 것은?

① 사진의 크기
② 카메라의 초점거리
③ 기선고도비
④ 입체시할 경우 눈의 위치

해설 카메론효과(Cameron Effect)와 과고감(Vertical Exaggeration)

카메론효과 (Cameron Effect)	항공사진으로 도로변 상공 위의 항공기에서 주행 중인 차량을 연속하여 촬영하여 이것을 입체화시켜 볼 때 차량이 비행방향과 동일방향으로 주행하고 있다면 가라앉아 보이고, 반대방향으로 주행하고 있다면 부상(浮上 : 뜨는 것)하여 보인다. 또한 뜨거나 가라앉는 높이는 차량의 속도에 비례하고 있다. 이와 같이 이동하는 피사체가 뜨거나 가라앉아 보이는 현상을 카메론효과라고 한다.
과고감 (Vertical Exaggeration)	항공사진을 입체시하는 경우 산의 높이 등이 실제보다 과장되어 보이는 현상을 말한다. 평면축척에 대하여 수직축척이 크게 되기 때문에 실제 도형보다 산이 더 높게 보인다. • 항공사진은 평면축척에 비해 수직축척이 크므로 다소 과장되어 나타난다. • 대상물의 고도, 경사율 등을 반드시 고려해야 한다. • 과고감은 필요에 따라 사진판독 요소로 사용될 수 있다. • 과고감은 사진의 기선고도비와 이에 상응하는 입체시의 기선고도비의 불일치에 의해서 발생한다. • 과고감은 촬영고도 H에 대한 촬영기선길이 B와의 비인 기선고도비 B/H에 비례한다.

19. 다음 중 지형측량의 지성선에 해당되지 않는 것은?

① 합수선 ② 능선(분수선)
③ 경사변환선 ④ 주곡선

해설 지성선(Topographical Line)
지표는 많은 凸선, 凹선, 경사변환선, 최대경사선으로 이루어졌다고 생각할 때 이 평면의 접합부, 즉 접선을 말하며 지세선이라고도 한다.

능선(凸선), 분수선	지표면의 높은 곳을 연결한 선으로 빗물이 이것을 경계로 좌우로 흐르게 되므로 분수선 또는 능선이라 한다.
계곡선(凹선), 합수선	지표면이 낮거나 움푹 패인 점을 연결한 선으로 합수선 또는 합곡선이라 한다.
경사변환선	동일 방향의 경사면에서 경사의 크기가 다른 두 면의 접합선(등고선 수평간격이 뚜렷하게 달라지는 경계선)
최대경사선	지표의 임의의 한 점에 있어서 그 경사가 최대로 되는 방향을 표시한 선으로 등고선에 직각으로 교차하며 물이 흐르는 방향이라는 의미에서 유하선이라고도 한다.

20. 등고선의 성질을 설명한 것으로 틀린 것은?

① 등고선은 등경사지에서 등간격으로 나타낸다.
② 등고선은 도면 내·외에서 반드시 폐합하는 폐곡선이다.
③ 등고선은 절벽이나 동굴에서는 교차할 수 있다.
④ 등고선은 급경사지에서는 간격이 넓고 완경사지에서는 좁다.

해설 등고선의 성질
㉠ 동일 등고선상에 있는 모든 점은 같은 높이이다.
㉡ 등고선은 반드시 도면 안이나 밖에서 서로가 폐합한다.
㉢ 지도의 도면 내에서 폐합되면 가장 가운데 부분이 산꼭대기(산정) 또는 凹지(요지)가 된다.
㉣ 등고선은 도중에 없어지거나 엇갈리거나 합쳐지거나 갈라지지 않는다.
㉤ 높이가 다른 두 등고선은 동굴이나 절벽의 지형이 아닌 곳에서는 교차하지 않는다.
㉥ 등고선은 경사가 급한 곳에서는 간격이 좁고 완만한 경사에서는 넓다.

 Answer 18. ① 19. ④ 20. ④

ⓢ 최대경사의 방향은 등고선과 직각으로 교차한다.
ⓞ 분수선(능선)과 곡선(유하선)은 등고선과 직각으로 만난다.
ⓩ 2쌍의 등고선의 볼록부가 상대할 때는 볼록부를 나타낸다.
ⓒ 동등한 경사의 지표에서 양 등고선의 수평거리는 같다.
ⓚ 같은 경사의 평면일 때는 나란한 직선이 된다.
ⓣ 등고선이 능선을 직각방향으로 횡단한 다음 능선 다른 쪽을 따라 거슬러 올라간다.
ⓟ 등고선의 수평거리는 산꼭대기 및 산 밑에서는 크고 산 중턱에서는 작다.

응용측량(2020년 3회 지적산업기사)

01. 상호표정이 끝났을 때 사진모델과 실제 지형모델의 관계로 옳은 것은?

① 상사　　② 대칭
③ 합동　　④ 일치

해설 상호표정

㉠ 상호표정은 양 투영기에서 나오는 광속이 촬영 당시 촬영면에 이루어지는 종시차를 소거하여 목표지형물의 상대위치를 맞추는 작업으로 종시차는 종접합점을 기준으로 제거한다.
㉡ 상호표정은 내부표정에서 얻은 사진좌표를 이용하여 모델좌표를 얻기 위한 과정이다. 그러므로 입체도화기에 의한 표정 작업에서 일반적으로 오차의 파급효과가 가장 큰 것은 상호표정이다.
㉢ 상호표정이 끝났을 때 사진모델과 실제 지형모델의 관계는 상사 관계이다.

02. 클로소이드에 관한 설명으로 옳지 않은 것은?(단, A : 클로소이드의 매개변수)

① 클로소이드는 매개변수(A)가 변함에 따라 형태는 변하나 크기는 변하지 않는다.
② 클로소이드는 나선의 일종이다.
③ 클로소이드의 매개변수(A)는 길이 단위를 갖는다.
④ 클로소이드의 결정을 위해 단위클로소이드에 A배할 때, 길이의 단위가 없는 요소는 A배하지 않는다.

해설 클로소이드의 성질

㉠ 클로소이드는 나선의 일종이다.
㉡ 모든 클로소이드는 닮은꼴이다(상사성이다).
㉢ 단위가 있는 것도 있고 없는 것도 있다.
㉣ τ는 30°가 적당하다.
㉤ 확대율을 가지고 있다.
㉥ τ는 라디안으로 구한다.

03. 터널 양쪽 입구에 위치한 점 A, B의 평면직각좌표(x, y)가 각각 A(827.48m, 327.56m), B(263.27m, 724.35m)일 때 이 두 점을 연결하는 터널 중심선 $\overline{AB}$의 방위각은?

① 144°52′57″　　② 125°07′03″
③ 54°52′57″　　④ 35°07′03″

해설

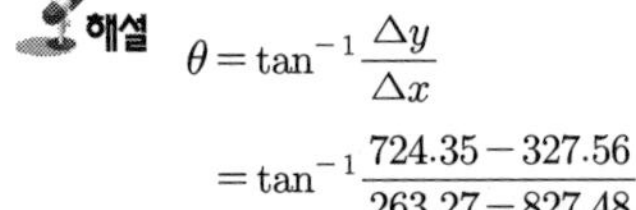

$$\theta = \tan^{-1}\frac{\Delta y}{\Delta x}$$
$$= \tan^{-1}\frac{724.35-327.56}{263.27-827.48}$$
$$= \tan^{-1}\frac{+396.79}{-564.21} = 35°7'2.77''(2\text{상한})$$
$$\therefore V_a^b = 180° - 35°7'2.77'' = 144°52'57''$$

04. GNSS의 구성요소에 해당되지 않는 것은?

① 우주 부문(Space Segment)
② 관리 부문(Manage Segment)
③ 제어 부문(Control Segment)
④ 사용자 부문(User Segment)

해설

우주 부문(Space Segment)
- 연속적 다중위치 결정체계
- GPS는 55° 궤도 경사각, 위도 60°의 6개 궤도
- 고도는 20,183km로 약 12시간 주기로 운행
- 3차원 후방교회법으로 위치 결정

제어 부문(Control Segment)
- 궤도와 시각 결정을 위한 위성의 추적
- 전리층 및 대류층의 주기적 모형화(방송궤도력)
- 위성시간의 동일화
- 위성으로 자료전송

사용자 부문(User Segment)
- 위성에서 보낸 전파를 수신하여 원하는 위치 또는 두 점 사이의 거리 계산

Answer 01. ① 02. ① 03. ① 04. ②

05. 지형측량에서의 지형의 표현에 대한 설명으로 틀린 것은?

① 지모의 골격이 되는 선을 지성선이라 한다.
② 경사변환선은 물이 흐르는 방향을 의미한다.
③ 등고선과 지성선은 매우 밀접한 관계에 있다.
④ 능선은 빗물이 이 선을 경계로 좌우로 흘러 분수선이라고도 한다.

해설 지성선(Topographical Line)
지표는 많은 凸선, 凹선, 경사변환선, 최대경사선으로 이루어졌다고 생각할 때 이 평면의 접합부, 즉 접선을 말하며 지세선이라고도 한다.

능선(凸선), 분수선	지표면의 높은 곳을 연결한 선으로 빗물이 이것을 경계로 좌우로 흐르게 되므로 분수선 또는 능선이라 한다.
계곡선(凹선), 합수선	지표면이 낮거나 움푹 패인 점을 연결한 선으로 합수선 또는 합곡선이라 한다.
경사변환선	동일 방향의 경사면에서 경사의 크기가 다른 두 면의 접합선(등고선 수평간격이 뚜렷하게 달라지는 경계선)
최대경사선	지표의 임의의 한 점에 있어서 그 경사가 최대로 되는 방향을 표시한 선으로 등고선에 직각으로 교차하며 물이 흐르는 방향이라는 의미에서 유하선이라고도 한다.

06. 어느 지역의 지반고를 측량한 결과가 그림과 같을 때 토공량은?

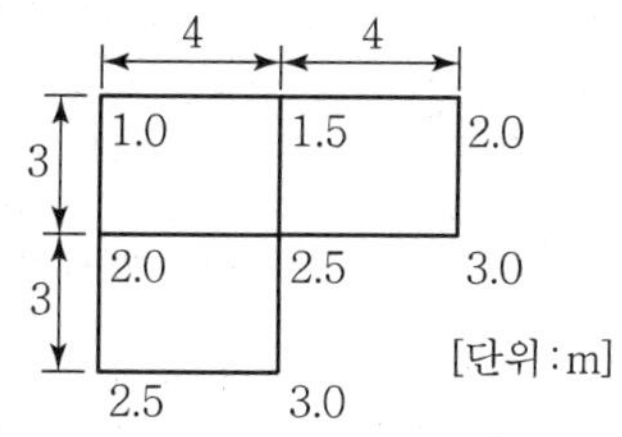

① $52.5m^3$ ② $62.0m^3$
③ $72.5m^3$ ④ $78.0m^3$

해설

$$V = \frac{A}{4}(\Sigma h_1 + 2\Sigma h_2 + 3\Sigma h_3)$$

$$= \frac{3\times4}{4}[1.0+2.0+3.0+3.0+2.5+2(1.5+2.0)+3(2.5)]$$

$$= 78m^3$$

07. GNSS 측량 시 의사거리(Pseudo-Range)에 영향을 주는 오차와 거리가 먼 것은?

① 위성시계의 오차
② 위성궤도의 오차
③ 전리층의 굴절 오차
④ 지오이드의 변화 오차

해설 구조적인 오차

종류	특징
위성시계 오차	GPS 위성에 내장되어 있는 시계의 부정확성으로 인해 발생한다.
위성궤도 오차	위성궤도 정보의 부정확성으로 인해 발생한다.
대기권전파 지연	위성신호의 전리층, 대류권 통과 시 전파지연오차(약 2m)
전파적 잡음	수신기 자체에서 발생하며 PRN 코드 잡음과 수신기 잡음이 합쳐져서 발생한다.
다중경로 (Multipath)	다중경로오차는 GPS 위성으로 직접 수신된 전파 이외에 부가적으로 주위의 지형, 지물에 의한 반사된 전파로 인해 발생하는 오차로서 측위에 영향을 미친다. • 다중경로는 금속제 건물·구조물과 같은 커다란 반사적 표면이 있을때 일어난다. • 다중경로의 결과로서 수신된 GPS 신호는 처리될 때 GPS 위치의 부정확성을 제공한다.
다중경로 (Multipath)	• 다중경로가 일어나는 경우를 최소화하기 위하여 미션 설정, 수신기, 안테나 설계 시에 고려한다면 다중경로의 영향을 최소화할 수 있다. • GPS 신호시간의 기간을 평균하는 것도 다중경로의 영향을 감소시킨다. • 가장 이상적인 방법은 다중경로의 원인이 되는 장애물에서 멀리 떨어져서 관측하는 방법이다. • 다중경로에 따른 영향은 위상측정방식보다 코드측정방식에서 더 크다.

08. 항공사진측량의 3차원 항공삼각측량방법 중에서 공선 조건식을 이용하는 해석법은?

① 블록조정법 ② 평균해수면
③ 번들조정법 ④ 독립모델법

Answer 05. ② 06. ④ 07. ④ 08. ③

해설 광속조정법(Bundle Adjustment)

광속조정법은 상좌표를 사진좌표로 변환시킨 다음 사진좌표(Photo Coordinate)로부터 직접절대좌표(Absolute Coordinate)를 구하는 것으로 종횡접합모형(Block) 내의 각 사진상에 관측된 기준점, 접합점의 사진좌표를 이용하여 최소제곱법으로 각 사진의 외부표정요소 및 접합점의 최확값을 결정하는 방법이다.

㉠ 광속법은 사진(Photo)을 기본단위로 사용하여 다수의 광속(Bundle)을 공선조건에 따라 표정한다.

㉡ 각 점의 사진좌표가 관측값으로 이용되며, 이 방법은 세 가지 방법 중 가장 조정능력이 높은 방법이다.

㉢ 각 사진의 6개 외부표정요소(X_o, Y_o, Z_o, ω, ϕ, κ)가 미지수가 된다.

㉣ 외부표정요소뿐만 아니라 주점거리, 주점위치변위, 렌즈 왜곡 및 필름 신축 등에 관련된 내부표정요소를 미지수로 조정하는 방법을 자체검정에 의한 광속법 또는 증가변수에 의한 광속법이라 한다.

㉤ 자체검정을 한 광속법은 독립입체모형법보다 높은 정확도를 얻을 수 있다.

09. 수직 터널에서 지하와 지상을 연결하는 측량은 수직 터널 추선 측량에 의한 방법으로 한다. 한 개의 수직 터널로 연결할 경우에 대한 설명으로 옳지 않은 것은?

① 수직 터널은 통풍이 잘되게 하여 추선의 흔들림을 일정량 이상 유지하여야 한다.

② 수직 터널 밑에 물이나 기름을 담은 물통을 설치하고 그 속에 추를 넣어 진동하는 것을 방지한다.

③ 깊은 수직 터널에서는 피아노선으로 하되 추의 중량을 50~60kg으로 한다.

④ 얕은 수직 터널에서는 보통 철선, 황동선, 동선을 이용하고 추의 중량은 5kg 이하로 할 수 있다.

해설 갱내외의 연결측량

1. 목적

㉠ 공사계획이 부적당할 때 그 계획을 변경하기 위하여

㉡ 갱내외의 측점의 위치관계를 명확히 해두기 위해서

㉢ 갱내에서 재변이 일어났을 때 갱외에서 그 위치를 알기 위해서

2. 방법

한 개의 수직갱에 의한 방법	두 개의 수직갱에 의한 방법
1개의 수직갱으로 연결할 경우에는 수직갱에 2개의 추를 매달아서 이것에 의해 연직면을 정하고 그 방위각을 지상에서 관측하여 지하의 측량을 연결한다.	2개의 수갱구에 각각 1개씩 수선 AE를 정한다. 이 $A \cdot E$를 기정 및 폐합점으로 하고 지상에서는 A, 6, 7, 8, E, 갱내에서는 A, 1, 2, 3, 4, E의 다각측량을 실시한다.
	N, 1, A, α, α', 2, 6, E, 7, 3, 8, 4

깊은 수갱	얕은 수갱
• 피아노선(강선) • 추의 중량 : 50~60kg	• 철선, 동선, 황동선 • 추의 중량 : 5kg

• 수갱 밑에 물 또는 기름을 넣은 탱크를 설치하고 그 속에 추를 넣어 진동하는 것을 막는다.
• 추가 진동하므로 직각방향으로 수선 진동의 위치를 10회 이상 관측해서 평균값을 정지점으로 한다.
• 하나의 수갱(Shaft)에서 두 개의 추를 달아 이것에 의하여 연직면을 결정하고 그 방위각을 지상에서 측정하여 지하의 측량에 연결하는 것이다.

10. 수준측량에서 우리나라가 채택하고 있는 기준면으로 옳은 것은?

① 평균고조면 ② 평균해수면
③ 최조조위면 ④ 최고조위면

 Answer 09. ① 10. ②

해설 공간정보의 구축 및 관리 등에 관한 법률 시행령 제7조(세계측지계 등)
대한민국 수준원점
가. 지점 : 인천광역시 남구 인하로 100(인하공업전문대학에 있는 원점표석 수정판의 영 눈금선 중앙점
나. 수치 : 인천만 평균해수면상의 높이로부터 26.6871미터 높이

11. 수치사진측량에서 수치영상을 취득하는 방법과 거리가 먼 것은?

① 항공사진 디지타이징
② 디지털센서의 이용
③ 항곡사진필름 제작
④ 항공사진 스캐닝

해설 수치사진측량에서 수치영상을 취득하는 방법
㉠ 항공사진 디지타이징
㉡ 디지털센서의 이용
㉢ 항공사진 스캐닝

12. 캔트(Cant)의 크기가 C인 원곡선에서 곡선반지름만을 2배 증가시켰을 때, 캔트의 크기는?

① $4C$ ② $2C$
③ $0.5C$ ④ $0.25C$

해설

$$C = \frac{S \cdot V^2}{g \cdot R}$$

$$= \frac{SV^2}{2gR} = \frac{SV^2}{2gR} = 0.5$$

여기서, C : 캔트
S : 제간
V : 차량속도
R : 곡선반경
g : 중력가속도

∴ $0.5C$가 된다.

13. GPS 측량을 위해 위성에서 발사하는 신호가 아닌 것은?

① SA(Selective Availability)
② 반송파(carrier)
③ C/A-코드
④ P-코드

해설 GPS 신호
GPS 신호는 C/A코드, P코드 및 항법메시지 등의 측위 계산용 신호가 각기 다른 주파수를 가진 L1 및 L2 파의 2개 전파에 실려 지상으로 방송이 되며 L1/L2 파는 코드신호 및 항법메시지를 운반한다고 하여 반송파(Carrier Wave)라고 한다.

<table>
<tr><th>신호</th><th>구분</th><th>내용</th></tr>
<tr><td rowspan="2">반송파
(Carrier)</td><td>L1</td><td>• 주파수
1,575.42MHz(154×10.23MHz),
파장 19cm
• C/A code와 P code 변조 가능</td></tr>
<tr><td>L2</td><td>• 주파수
1,227.60MHz(120×10.23MHz),
파장 24cm
• P code만 변조 가능</td></tr>
<tr><td rowspan="2">코드
(Code)</td><td>P code</td><td>• 반복주기 7일인 PRN code(Pseudo Random Noise code)
• 주파수 10.23MHz, 파장 30m(29.3m)</td></tr>
<tr><td>C/A code</td><td>• 반복주기 : 1ms(milli-second)로 1.023Mbps로 구성된 PPN code
• 주파수 1.023MHz, 파장 300m(293m)</td></tr>
<tr><td rowspan="3">Navigation
Message</td><td colspan="2">GPS 위성의 궤도, 시간, 기타 System Parameter들을 포함하는 Data bit</td></tr>
<tr><td colspan="2">측위계산에 필요한 정보
• 위성탑재 원자시계 및 전리층 보정을 위한 Parameter 값
• 위성궤도정보
• 타 위성의 항법메시지 등을 포함</td></tr>
<tr><td colspan="2">위성궤도정보에는 평균근점각, 이심률, 궤도장반경, 승교점적경, 궤도경사각, 근지점인수 등 기본적인 양 및 보정항이 포함</td></tr>
</table>

14. 노선측량에서 곡선시점에 대한 접선길이가 80m, 교각이 60°일 때 원곡선의 곡선길이는?

① 41.60m ② 95.91m
③ 145.10m ④ 150.374m

Answer 11. ③ 12. ③ 13. ① 14. ③

해설 $TL = R\tan\frac{I}{2}$에서

$$R = \frac{TL}{\tan 30°} = \frac{80}{\tan 30°} = 138.56\text{m}$$

$$CL = 0.0174533RI = 0.0174533 \times 138.56 \times 60 = 145.10\text{m}$$

15. 측량장비에 사용되는 기포관의 구비조건으로 옳지 않은 것은?

① 기포의 움직임이 적당히 민감해야 한다.
② 유리관이 변질되지 않아야 한다.
③ 액체의 점성 및 표면장력이 커야 한다.
④ 관의 곡률이 일정하고, 내면이 매끈해야 한다.

해설 기포관

기포관의 구조	알코올이나 에테르와 같은 액체를 넣어서 기포를 남기고 양단을 막은 것
기포관의 감도	감도란 기포 한 눈금(2mm)이 움직이는 데 대한 중심각을 말하며, 중심각이 작을수록 감도가 좋다.
기포관이 구비해야 할 조건	• 곡률반지름이 클 것 • 관의 곡률이 일정하며, 관의 내면이 매끈할 것 • 액체의 점성 및 표면장력이 작을 것 • 기포의 길이가 길 것

16. 완화곡선의 성질에 대한 설명 중 틀린 것은?

① 완화곡선의 반지름은 시점에서 무한대이다.
② 완화곡선은 시점에서는 직선에 접하고 종점에서는 원호에 접한다.
③ 완화곡선에 연한 곡선반지름의 감소율은 캔트의 증가율과 같다.
④ 완화곡선 시점의 캔트는 원곡선의 캔트와 같다.

해설 완화곡선의 특징

㉠ 곡선반지름은 완화곡선의 시점에서 무한대, 종점에서 원곡선 R로 된다.
㉡ 완화곡선의 접선은 시점에서 직선에, 종점에서 원호에 접한다.
㉢ 완화곡선에 연한 곡선반지름의 감소율은 캔트의 증가율과 같다.
㉣ 완화곡선의 종점의 캔트와 원곡선 시점의 캔트는 같다.
㉤ 완화곡선은 이정의 중앙을 통과한다.
㉥ 완화곡선의 곡률은 시점에서 0, 종점에서 $\frac{1}{R}$이다.

17. 폭이 100m이고 양안(兩岸)의 고저차가 1m인 하천을 횡단하여 수준측량을 실시하는 방법으로 가장 적합한 것은?

① 시거측량으로 구한다.
② 교호수준측량으로 구한다.
③ 기압수준측량으로 구한다.
④ 양안의 수면으로부터의 높이로 구한다.

해설 교호수준측량

1. 교호수준측량방법
전시와 후시를 같게 취하는 것이 원칙이나 2점 간에 강·호수·하천 등이 있으면 중앙에 기계를 세울 수 없을 때 양 지점에 세운 표척을 읽어 고저차를 2회 산출하여 평균하며 높은 정밀도를 필요로 할 경우에 이용된다.

2. 교호수준측량을 할 경우 소거되는 오차
㉠ 레벨의 기계오차(시준축 오차)
㉡ 관측자의 읽기오차
㉢ 지구의 곡률에 의한 오차(구차)
㉣ 광선의 굴절에 의한 오차(기차)

18. 축척 1:25000 지형도상의 표고 368m인 A점과 표고 282m인 B점 사이의 주곡선 간격의 등고선 개수는?

① 3개 ② 4개
③ 7개 ④ 8개

 Answer 15. ③ 16. ④ 17. ② 18. ④

해설 등고선의 간격

등고선 종류	기호	축척			
		$\frac{1}{5,000}$	$\frac{1}{10,000}$	$\frac{1}{25,000}$	$\frac{1}{50,000}$
주곡선	가는 실선	5	5	10	20
간곡선	가는 파선	2.5	2.5	5	10
조곡선 (보조곡선)	가는 점선	1.25	1.25	2.5	5
계곡선	굵은 실선	25	25	50	100

등고선 개수$=\frac{360-290}{10}+1=8$개

19. 초점거리가 153mm인 카메라로 축척 1:37000의 항공사진을 촬영하기 위한 촬영고도는?

① 2,418m ② 3,700m
③ 5,061m ④ 5,661m

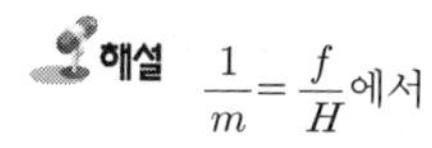

해설 $\frac{1}{m}=\frac{f}{H}$에서

$H=mf=37,000\times0.153=5,661\mathrm{m}$

20. 등고선의 성질에 대한 설명으로 틀린 것은?

① 높이가 다른 등고선은 서로 교차하거나 만나지 않는다.
② 동일한 등고선상의 모든 점의 높이는 같다.
③ 등고선은 반드시 폐합하는 폐곡선이다.
④ 등고선과 분수선은 직각으로 교차한다.

해설 등고선의 성질

㉠ 동일 등고선상에 있는 모든 점은 같은 높이이다.
㉡ 등고선은 반드시 도면 안이나 밖에서 서로가 폐합한다.
㉢ 지도의 도면 내에서 폐합되면 가장 가운데 부분은 산꼭대기(山頂, 산정) 또는 凹지(凹地, 요지)가 된다.
㉣ 등고선은 도중에 없어지거나 엇갈리거나 합쳐지거나 갈라지지 않는다.
㉤ 높이가 다른 두 등고선은 동굴이나 절벽의 지형이 아닌 곳에서는 교차하지 않는다.
㉥ 등고선은 경사가 급한 곳에서는 간격이 좁고 완만한 경사에서는 넓다.
㉦ 최대경사의 방향은 등고선과 직각으로 교차한다.
㉧ 분수선(능선)과 곡선(유하선)은 등고선과 직각으로 만난다.
㉨ 2쌍의 등고선의 볼록부가 상대할 때는 볼록부를 나타낸다.
㉩ 동등한 경사의 지표에서 양 등고선의 수평거리는 같다.
㉪ 같은 경사의 평면일 때는 나란한 직선이 된다.
㉫ 등고선이 능선을 직각방향으로 횡단한 다음 능선 다른 쪽을 따라 거슬러 올라간다.
㉬ 등고선의 수평거리는 산꼭대기 및 산 밑에서는 크고 산 중턱에서는 작다.

Answer 19. ④ 20. ①

응용측량(2020년 4회 지적기사)

01. 축척 1 : 50,000 지형도에서 길이가 6.58cm인 두 점 A, B의 길이가 항공사진 촬영한 사진에서 23.03cm이었다면 항공사진의 촬영고도는?(단, 사진기의 초점거리는 21cm이다.)

① 2,000m ② 2,500m
③ 3,000m ④ 3,500m

해설

$$\frac{1}{50000} = \frac{6.58}{L}$$

$$L = 50,000 \times 6.58 = 329,000\text{cm} = 3,290\text{m}$$

$$\frac{l}{L} = \frac{f}{H}$$

$$H = \frac{L}{l} f = \frac{3,290}{0.2303} \times 0.21 = 3,000\text{m}$$

02. 등고선의 성질에 대한 설명으로 틀린 것은?

① 등고선의 최대경사선과 직교한다.
② 동일 등고선상에 있는 모든 점은 높이가 같다.
③ 등고선은 절벽이나 동굴의 지형을 제외하고는 교차하지 않는다.
④ 등고선은 폭포와 같이 도면 내외 어느 곳에서도 폐합되지 않는 경우가 있다.

해설 등고선의 성질

㉠ 동일 등고선상에 있는 모든 점은 같은 높이이다.
㉡ 등고선은 반드시 도면 안이나 밖에서 서로가 폐합한다.
㉢ 지도의 도면 내에서 폐합되면 가장 가운데 부분이 산꼭대기(산정) 또는 凹지(요지)가 된다.
㉣ 등고선은 도중에 없어지거나, 엇갈리거나 합쳐지거나 갈라지지 않는다.
㉤ 높이가 다른 두 등고선은 동굴이나 절벽의 지형이 아닌 곳에서는 교차하지 않는다.
㉥ 등고선은 경사가 급한 곳에서는 간격이 좁고 완만한 경사에서는 넓다.
㉦ 최대경사의 방향은 등고선과 직각으로 교차한다.
㉧ 분수선(능선)과 곡선(유하선)은 등고선과 직각으로 만난다.
㉨ 2쌍의 등고선의 볼록부가 상대할 때는 볼록부를 나타낸다.
㉩ 동등한 경사의 지표에서 양 등고선의 수평거리는 같다.
㉪ 같은 경사의 평면일 때는 나란한 직선이 된다.
㉫ 등고선이 능선을 직각방향으로 횡단한 다음 능선 다른 쪽을 따라 거슬러 올라간다.
㉬ 등고선의 수평거리는 산꼭대기 및 산 밑에서는 크고 산 중턱에서는 작다.

03. 다음 중 수동적 센서 방식이 아닌 것은?

① 사진방식 ② 선주사방식
③ Laser방식 ④ Vidicon방식

해설

수동적 탐측기	비주사 방식(非走査方式)	비영상 방식(非映像方式)	지자기 측량		
			중력 측량		
			기타		
		영상방식(映像方式)	단일 사진기	흑백사진	
				천연색 사진	
				적외사진	
				적외컬러 사진	
				기타사진	
			다중 파장대 사진기	단일렌즈	단일 필름
					다중 필름
				다중렌즈	단일 필름
					다중 필름

 Answer 01. ③ 02. ④ 03. ③

수동적 탐측기	주사방식(走査方式)	영상면 주사방식(映像面走査方式)	TV사진기(vidicon 사진기)		
			고체 주사기		
		대상물면 주사방식(對象物面走査方式)	다중 파장대 주사기	Analogue 방식	
				Digital 방식	MSS
					TM
					HRV
			극초단파주사기(Microwave Radiometer)		
능동적 탐측기	비주사 방식(非走査方式)	Laser spectrometer			
		Laser 거리측량기			
	주사방식(走査方式)	레이더			
		SLAR	RAR (Rear Aperture Radar)		
			SAR (Synthetic Aperture Radar)		

04. 초점거리 210mm, 사진크기 18cm×18cm인 카메라로 평지를 촬영한 항공사진 입체모델의 주점기선장이 60mm라면 종중복도는?

① 56%　② 61%　③ 67%　④ 72%

$$b_0 = a(1-\frac{p}{100})$$

$$p = (1-\frac{b_0}{a})\times 100$$

$$= (1-\frac{60}{180})\times 100 = 66.67 = 67\%$$

05. 단곡선 설치에 있어서 접선과 현이 이루는 각을 이용하여 곡선을 설치하는 방법은?

① 편각설치법
② 지거설치법
③ 중앙종거법
④ 현편거법

해설

방법	설명
편각설치법	원곡선 설치법 중에서 가장 정밀한 결과를 얻을 수 있으나 계산이 복잡하고 시간이 많이 걸린다. 철도, 도로 등의 곡선 설치에 가장 일반적인 방법이며, 다른 방법에 비해 정확하나 반경이 적을 때 오차가 많이 발생한다.
접선편거 및 현편거법에 의한 원곡선 설치법	트랜싯을 사용하지 못할 때 폴과 테이프로 설치하는 방법으로 지방도로에 이용되며 정밀도는 편각법보다 떨어지나 설치가 간단하여 많이 사용한다.
접선지거법(接線支距法)	양 접선에 지거를 내려 곡선을 설치하는 방법으로 터널 내의 곡선설치와 산림지에서 벌채량을 줄일 경우에 적당한 방법이다.
중앙종거법(中央縱距法)	폴과 줄자만을 가지고 설치하는데 곡선반경이 작은 도심지 곡선설치에 유리하며 기설곡선의 검사나 정정에 편리하다. 일반적으로 1/4법이라고도 한다. 중앙종거법은 최초에 중앙종거 M_1을 구하고 다음에 M_2, M_3 …로 하여 작은 중앙종거를 구하여 적당한 간격마다 곡선의 중심말뚝을 박는 방법이다.
장현지거법(長弦支距法)	곡선반경이 짧은 곳에 많이 이용되는 방법으로 곡선시점에서 곡선종점을 연결한 선을 횡축으로 하고 F점에서 AB에 그은 수선을 종축으로 하여 곡선상의 P의 좌표를 식에 의해 구한다.

06. 축척 1:5,000의 지형측량에서 위치의 허용오차를 도상 ±0.5mm, 실제 관측 높이의 허용오차를 ±1.0m로 하는 경우에 토지의 경사가 25°인 지형에서 발생할 수 있는 등고선의 최대 오차는?

① ±2.51m　② ±2.17m　③ ±2.04m　④ ±1.83m

해설 최대 수직위치오차(ΔH)

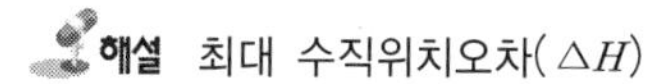

$$\Delta H = d_h + d_l \times \tan\theta$$

$$= 1.0 + 2.5 \times \tan 25°$$

$$= 2.1657\text{m}$$

Answer 04. ③ 05. ① 06. ②

도상위치 허용오차를 실제거리로 한산

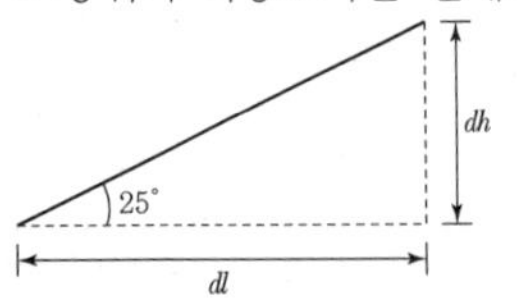

$dl = 0.5 \times 5,000 = 2,500\text{mm} = 2.5\text{m}$

07. 그림과 같이 측점 A의 밑에 기계를 세워 천장에 설치된 측점 A, B를 관측하였을 때 두 점의 높이차(H)는?

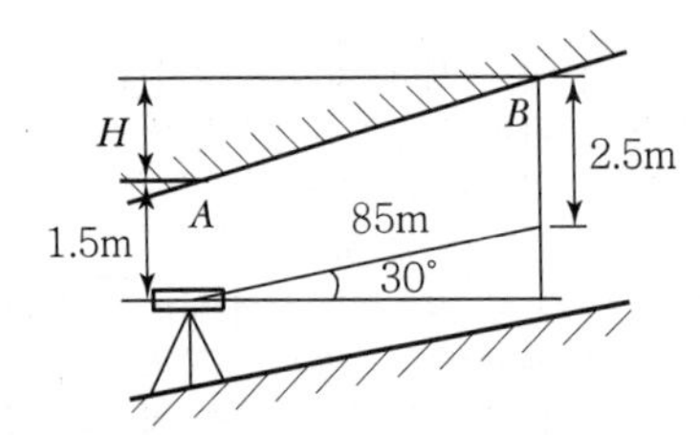

① 42.5m ② 43.5m
③ 45.5m ④ 46.5m

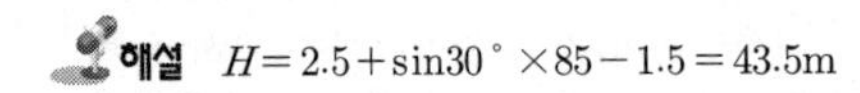

해설 $H = 2.5 + \sin 30° \times 85 - 1.5 = 43.5\text{m}$

08. GNSS 측량에서 위도, 경도, 고도, 시간에 대한 차분해(Differential Solution)를 얻기 위해 필요한 최소 위성의 수는?

① 2 ② 4
③ 6 ④ 8

해설 GNSS 측량에서 위도, 경도, 고도, 시간에 대한 차분해(Differential Solution)를 얻기 위해 필요한 최소 위성의 수는 4개 이상 필요하다.

09. 수준기의 감도가 20″인 레벨(Level)을 사용하여 40m 떨어진 표척을 시준할 때 발생할 수 있는 시준 오차는?

① ±0.5mm ② ±3.9mm
③ ±5.2mm ④ ±8.5mm

해설
$$h = \frac{\theta''}{\rho''} \times L$$
$$= \frac{20''}{206,265''} \times 40 = 0.003878\text{m} = 3.9\text{mm}$$

10. 지하시설물측량에 대한 설명으로 옳은 것은?

① 전자기유도법 – 고가이고 판독기술이 요구된다.
② 지하레이더탐사법 – 비금속 탐지가 가능하다.
③ 음파탐사법 – 지중에 있는 강자성체의 이상자기를 조사하는 방법이다.
④ 전기탐사법 – 문화유적지 조사, 지중금속체 탐지에 는 부적합하다.

해설 지하시설물 측량기법

전자유도측량 방법	지표로부터 매설된 금속관로 및 케이블 관측과 탐침을 이용하여 공관로나 비금속관로를 관측할 수 있는 방법으로, 장비가 저렴하고 조작이 용이하며 운반이 간편하여 지하시설물 측량기법 중 가장 널리 이용되는 방법이다.
지중레이더 측량 기법	지중레이더측량기법은 전자파의 반사의 성질을 이용하여 지하시설물을 측량하는 방법이다.
음파측량기법	전자유도 측량방법으로 측량이 불가능한 비금속 지하시설물에 이용하는 방법이며 물이 흐르는 관 내부에 음파 신호를 보내면 관 내부에 음파가 발생된다. 이때 수신기를 이용하여 발생된 음파를 측량하는 기법이다.

11. 수준측량에서 n회 기계를 설치하여 높이를 측정할 때 1회 기계 설치에 따른 표준오차가 $\hat{\sigma_r}$이면 전체 높이에 대한 오차는?

① $n\hat{\sigma_r}$ ② $\frac{\sqrt{\hat{\sigma_r}}}{n}$
③ $\hat{\sigma_r}$ ④ $\sqrt{n}\,\hat{\sigma_r}$

해설 전 측정거리의 오차는 기계를 세우는 횟수의 제곱근에 비례하므로
$E = \pm \hat{\sigma_r}\sqrt{n}$

 Answer 07. ② 08. ② 09. ② 10. ② 11. ④

12. 노선측량의 작업 단계를 A~E와 같이 나눌 때, 일반적인 작업순서로 옳은 것은?

> A : 실시설계측량
> B : 계획조사측량
> C : 노선선정
> D : 용지 및 공사측량
> E : 세부측량

① A-C-D-E-B
② A-C-B-D-E
③ C-A-D-B-E
④ C-B-A-E-D

해설 노선측량 세부 작업과정

<table>
<tr><td rowspan="3">노선선정
(路線選定)</td><td colspan="2">도상선정</td></tr>
<tr><td colspan="2">종단면도 작성</td></tr>
<tr><td colspan="2">현지답사</td></tr>
<tr><td rowspan="5">계획조사측량
(計劃調査測量)</td><td colspan="2">지형도 작성</td></tr>
<tr><td colspan="2">비교노선의 선정</td></tr>
<tr><td colspan="2">종단면도 작성</td></tr>
<tr><td colspan="2">횡단면도 작성</td></tr>
<tr><td colspan="2">개략노선의 결정</td></tr>
<tr><td rowspan="7">실시설계측량
(實施設計測量)</td><td colspan="2">지형도 작성</td></tr>
<tr><td colspan="2">중심선의 선정</td></tr>
<tr><td colspan="2">중심선 설치(도상)</td></tr>
<tr><td colspan="2">다각측량</td></tr>
<tr><td colspan="2">중심선 설치(현지)</td></tr>
<tr><td rowspan="2">고저
측량</td><td>고저측량</td></tr>
<tr><td>종단면도 작성</td></tr>
<tr><td>세부측량
(細部測量)</td><td colspan="2">구조물의 장소에 대해서, 지형도(축척 종 1/500~1/100)와 종횡단면도(축적 종 1/100,횡 1/500~1/100)를 작성한다.</td></tr>
<tr><td>용지측량
(用地測量)</td><td colspan="2">횡단면도에 계획단면을 기입하여 용지 폭을 정하고, 축척 1/500 또는 1/600으로 용지도를 작성한다.</td></tr>
<tr><td rowspan="2">공사측량
(工事測量)</td><td colspan="2">기준점 확인, 중심선 검측, 검사관측</td></tr>
<tr><td colspan="2">인조점 확인 및 복원, 가인조점 등의 설치</td></tr>
</table>

13. 현장에서 수준측량을 정확하게 수행하기 위해서 고려해야 할 사항이 아닌 것은?

① 전시와 후시의 거리를 가능한 한 동일하게 한다.
② 기포가 중앙에 있을 때 읽는다.
③ 표척이 연직으로 세워졌는지 확인한다.
④ 레벨의 설치 횟수는 홀수회로 끝나도록 한다.

해설 직접수준측량의 주의사항

1. 수준측량은 반드시 왕복측량을 원칙으로 하며, 노선은 다르게 한다.
2. 정확도를 높이기 위하여 전시와 후시의 거리는 같게 한다.
3. 이기점(T.P)은 1mm까지 그 밖의 점에서는 5mm 또는 1cm 단위까지 읽는 것이 보통이다.
4. 직접수준측량의 시준거리
   ㉠ 적당한 시준거리 : 40~60m(60m가 표준)
   ㉡ 최단거리는 3m이며, 최장거리 100~180m 정도이다.
5. 눈금오차(영점오차) 발생 시 소거방법
   ㉠ 기계를 세운 표척이 짝수가 되도록 한다.
   ㉡ 이기점(T.P)이 홀수가 되도록 한다.
   ㉢ 출발점에 세운 표척을 도착점에 세운다.

14. 설치되어 있는 기준점만으로 세부측량을 실시하기에 부족할 경우 설치되어 있는 기준점을 기준으로 지형측량에 필요한 새로운 측점을 관측하여 결정된 기준점은?

① 도근점 ② 경사변환점
③ 등각점 ④ 이점

해설 도근점(Supplementary Control Point, 圖根點)
지형측량에서 기준점이 부족한 경우 설치하는 보조기준점으로 이미 설치한 기준점만으로는 세부측량을 실시하기가 쉽지 않은 경우에 이 기준점을 기준으로 하여 새로운 수평위치 및 수직위치를 관측하여 결정되는 기준점을 가리킨다. 도근점의 배점 및 밀도는 일반적으로 지형도상 5cm당 한 점을 표준으로 하며 도근점의 설치에는 기계도근점측량과 도해도근점측량이 있다.

Answer 12. ④ 13. ④ 14. ①

15. 터널의 시점(P)과 종점(Q)의 좌표를 P(1,200, 800, 75), Q(1,600, 600, 100)로 하여 터널을 굴진할 경우 경사각은?(단, 좌표 단위 : m)

① 2°11′59″ ② 2°13′19″
③ 3°11′59″ ④ 3°13′19″

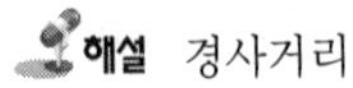 경사거리

$= \sqrt{(1,600-1,200)^2+(600-800)^2+(100-75)^2}$

$= 447.9\text{m}$

경사각 $= \tan^{-1}\dfrac{100-75}{447.9} = 3°11'40.95''$

16. GPS에서 이용하는 좌표계는?

① WGS84 ② Bessel
③ JGD2000 ④ ITRF2000

해설 우주부문

구성	31개의 GPS 위성
기능	측위용 전파 상시 방송, 위성궤도정보, 시각신호 등 측위계산에 필요한 정보 방송 ㉠ 궤도형상 : 원궤도 ㉡ 궤도면수 : 6개면 ㉢ 위성수 : 1궤도면에 4개 위성(24개 + 보조위성 7개) = 31개 ㉣ 궤도경사각 : 55° ㉤ 궤도고도 : 20,183km ㉥ 사용좌표계 : WGS84 ㉦ 회전주기 : 11시간 58분(0.5 항성일) : 1항성일은 23시간 56분 4초 ㉧ 궤도 간 이격 : 60도 ㉨ 기준발진기 : 10.23MHz • 세슘원자시계 2대 • 루비듐원자시계 2대

17. 축척 1 : 50,000의 지형도에서 A의 표고가 235m, B의 표고가 563m일 때 두 점 A, B 사이 주곡선 간격의 등고선 수는?

① 13 ② 15
③ 17 ④ 18

해설 등고선의 간격

등고선 종류	기호	축척			
		$\frac{1}{5,000}$	$\frac{1}{10,000}$	$\frac{1}{25,000}$	$\frac{1}{50,000}$
주곡선	가는 실선	5	5	10	20
간곡선	가는 파선	2.5	2.5	5	10
조곡선 (보조곡선)	가는 점선	1.25	1.25	2.5	5
계곡선	굵은 실선	25	25	50	100

등고선 수 $= \dfrac{560-240}{20} + 1 = 17$

18. 완화곡선의 성질에 대한 설명으로 틀린 것은?

① 곡선의 반지름은 시점에서 원곡선의 반지름이 되고 종점에서는 무한대이다.
② 완화곡선의 접선은 시점에서 직선, 종점에서 원호에 접한다.
③ 완화곡선에 연한 곡선반지름의 감소율은 캔트의 증가율과 동률로 된다.
④ 종점에 있는 캔트는 원곡선의 캔트와 같게 된다.

해설 완화곡선의 특징

㉠ 곡선반경은 완화곡선의 시점에서 무한대, 종점에서 원곡선 R로 된다.
㉡ 완화곡선의 접선은 시점에서 직선에, 종점에서 원호에 접한다.
㉢ 완화곡선에 연한 곡선반경의 감소율은 캔트는 같다.
㉣ 완화곡선의 종점의 캔트와 원곡선 시점의 캔트는 같다.
㉤ 완화곡선은 이정량의 중앙을 통과한다.
㉥ 완화곡선의 곡률은 시점에서 0, 종점에서 $\dfrac{1}{R}$이다.

19. 동서(종방향) 45km, 남북(횡방향) 25km인 직사각형의 토지를 종중복도 60%, 횡중복도 30%, 초점거리 150mm, 촬영고도 3,000m, 사진크기 23cm×23cm로 촬영하였을 경우에 필요한 입체 모델 수는?

① 100 ② 125
③ 150 ④ 200

해설
• 종 모델 수

$$(D)=\frac{S_1}{B}=\frac{S_1}{ma(1-\frac{p}{100})}$$

$$=\frac{45\times 1,000}{20,000\times 0.23(1-\frac{60}{100})}=24.4=25\text{모델}$$

• 횡 모델 수

$$(D')=\frac{S_2}{c}=\frac{25\times 1000}{ma(1-\frac{q}{100})}$$

$$=\frac{25\times 1,000}{20,000\times 0.23(1-\frac{30}{100})}=7.76=8\text{모델}$$

∴ 총 모델 수 $=D\times D'=25\times 8=200$모델

20. 곡선의 반지름이 250m, 교각 80°20′의 원곡선을 설치하려고 한다. 시단현에 대한 편각이 2°10′이라면 시단현의 길이는?

① 16.29m ② 17.29m
③ 17.45m ④ 18.91m

해설

$\delta=1,718.87'\times\frac{l}{R}$에서

$$l=\frac{R\times\delta}{1,718.87'}=\frac{250\times 20°10'}{1,718.87'}=18.91\text{m}$$

Answer 19. ④ 20. ④

응용측량

발행일 | 2013. 8. 10 초판발행
2021. 3. 20 개정 1판 1쇄

저 자 | 김석종 · 이영욱 · 이영수
발행인 | 정용수
발행처 | 예문사

주 소 | 경기도 파주시 직지길 460(출판도시) 도서출판 예문사
TEL | 031) 955－0550
FAX | 031) 955－0660
등록번호 | 11－76호

• 이 책의 어느 부분도 저작권자나 발행인의 승인 없이 무단 복제하여 이용할 수 없습니다.
• 파본 및 낙장은 구입하신 서점에서 교환하여 드립니다.
• 예문사 홈페이지 http : //www.yeamoonsa.com

정가 : 25,000원

ISBN 978-89-274-3955-4 13530